U0359200

钻井手册

DRILLING HANDBOOK

（第二版）

《钻井手册》编写组　编

上

石油工业出版社

内 容 提 要

本手册是在1990年出版的《钻井手册（甲方）》基础上编修而成，总结补充了石油钻井相关专业20多年来取得的成果、经验与认识。本手册以实际应用技术为主，同时既有理论知识，又有实践经验。手册分上、下两册。上册主要内容有：钻井设计、地层压力与井身结构、套管设计与下套管作业、固井与完井、钻井液、钻头与钻井参数设计、井控技术、钻柱与下部钻具组合设计；下册主要内容有：特殊工艺井钻井、欠平衡钻井、海洋钻井、深井与超深井钻井、钻井装备与工具、地质综合评价、钻井HSE管理、井下复杂与事故、钻井新技术、附录。

本手册可供从事油气钻井工程的技术人员、管理人员使用，也可供相关专业技术人员、管理人员和相关院校师生参考。

图书在版编目（CIP）数据

钻井手册．上／《钻井手册》编写组编．—2版．
北京：石油工业出版社，2013.8
ISBN 978-7-5021-9391-1

Ⅰ．钻…
Ⅱ．钻…
Ⅲ．油气钻井－技术手册
Ⅳ．TE2-62

中国版本图书馆CIP数据核字（2012）第294590号

出版发行：石油工业出版社
（北京安定门外安华里2区1号　100011）
网　址：www.petropub.com.cn
编辑部：（010）64523583　发行部：（010）64523620
经　　销：全国新华书店
印　　刷：北京中石油彩色印刷有限责任公司

2013年9月第2版　2013年9月第3次印刷
787×1092毫米　开本：1/16　印张：110.75
字数：2620千字

定价（上、下册）：420.00元
（如出现印装质量问题，我社发行部负责调换）

《钻井手册》编委会

（第二版）

顾　问：沈忠厚　罗平亚　李鹤林　苏义脑

主　任：

副主任：孙　宁　杨庆理

委　员：（按姓氏笔画排序）

王瑞和　　　　　伍贤柱　刘乃震　闫　铁　安文华

杨　龙　杨再生　吴　奇　佟德安　辛俊和　张　镇

张凤民　张宝增　陈　平　陈　刚　郑　毅　郑新权

屈　展　屈建省　孟英峰　赵业荣　钟启刚　秦文贵

高德利　路继臣

编　写　组

主　编：孙　宁

副主编：秦文贵　张　镇

成　员：（按姓氏笔画排序）

毛蕴才　冯耀荣　许树谦　李　琪　李国顺　李根生

余　雷　余金海　汪海阁　宋朝晖　张健庚　陈　勉

胡世杰　查永进　郭小阳　鄢捷年

责任编辑：方代煊

《钻井手册（第二版）》编审人员名单

章	编　写　人	审稿人
第一章　钻井设计	查永进　毕文欣　陈志学　程荣超	孙　宁　汪海阁　朱明亮　董　杰　周煜辉
第二章　地层压力及井身结构设计	陈　勉　金　衍　管志川　樊洪海	刘希圣　查永进
第三章　套管设计与下套管作业	林　凯　王建军　申昭熙　刘文红　王建东　上官丰收	冯耀荣
第四章　固井与完井	郭小阳　刘硕琼　吕光明　马　勇　谭文礼　王兆会　刘　洋　齐奉中　肖峭中	许树谦　查永进　张兴国
第五章　钻井液	鄢捷年　蒋官澄　孙金声　邱正松　蒲晓林　李志勇　叶　艳　刘晓平	罗平亚　樊世忠　张克勤　刘雨晴
第六章　钻头与钻井参数设计	李根生　闫　铁　邹和钧　杨迎新　王镇全　史怀忠	沈忠厚
第七章　井控技术	高碧桦　晏国秀	伍贤柱　陈忠实　晏　凌
第八章　钻柱与下部钻具组合设计	高德利　王新虎	冯耀荣
第九章　特殊工艺井钻井技术	余　雷　喻　晨　陈文森　王廷瑞　白冬青　靳树忠　尹肇学　尚宪飞　刘青云　张　薇　张宏波　丁文正　朱太辉　王　龙　任海洋　张乃彤　王小月	刘乃震　高远文　董　杰
第十章　欠平衡钻井技术	孟英峰　肖新宇　杨　玻　邓　虎　王建毅　伊　明　李永杰　李　皋	孙　宁　查永进
第十一章　海洋石油钻井技术	张贺恩　周树合　邹树江　郑　贤　蔡德军　魏士鹏　张志鹏　孙培东	路继臣　徐珍鑫　黄名召
第十二章　深井、超深井钻井技术	陈　平　蒲晓林　杨远光	施太和

章	编　写　人	审稿人
第十三章　钻井装备与工具	张健庚　蒲玲霞　苏学斌　崔远众　黎　勤　黄悦华　龚惠娟　范亚民　秦万信　罗西超　张国田	王益山　黄悦华　龚惠娟　邹连阳
第十四章　科学钻井地质综合评价及完井技术	张乃彤　聂上振　董德仁　杨继军　姬月凤　王小月　贾金辉　任永宏　李长喜　杨延征　窦同伟　周宝义　蒋友强　陈紫薇　张海军　陈　虹　袁照永　曲庆利　韩　斌　陈　立　刑　立　程相志　齐月魁　张东亭　李　民　董建华	郑新权　刘延平　单桂栋　尹肇学　韩烈祥　周灿灿　周宝义　朱礼斌　李国欣
第十五章　钻井HSE管理	郑　毅　工计平　许　星　陈学林　刘雪梅　金雪梅　刘勇萍	秦文贵　张彦平　李新民
第十六章　井下复杂与事故	宋朝晖　王　新　刘　灵　林　晶　王占珂　燕　青	潘仁杰　许树谦　陈若铭　查永进
第十七章　钻井新技术	余金海　汪海阁　王　辉　贺会群　周英操　查永进　王　凯　徐丙贵　冯　来　熊　革　王　力	孙　宁　苏义脑　董　杰　马家骥
附录	李　琪	田和金
总编审	孙　宁　查永进　方代煊	

《钻井手册（甲方）》编委会

（第一版）

编审组名单

序

钻井是石油天然气勘探与开发的重要手段。在应用地球物理勘探的基础上，要更为直接地了解地下地质情况，证实已经探明的地质构造是否含有油气，进一步搞清含油气的面积和储量，进而把地下的石油、天然气开采出来，都需要借助钻井工程来加以实现。

多年来，随着石油天然气勘探开发工作的深入，钻井技术在持续进步，钻井所面对的环境也在不断发生变化。一方面从地表环境来看，钻井作业正在朝着条件艰苦的偏远地区、沙漠、高山、深海等领域延伸；另一方面从地下地质结构来说，钻井作业正在向着深层、低渗透、难动用、非常规等储层推进。

石油钻井是一个技术密集、资金密集、高投入、高风险的行业。一般而言，钻井费用要占整个石油勘探和开发总投资的50%以上，钻井是影响石油天然气勘探开发整体经济效益最关键的因素之一。与此同时，安全、环保等诸多方面对钻井作业的要求也越来越苛刻。

这些因素对钻井提出了更高的要求，钻井作业必须更加安全、更加经济和更加环保。钻井工程的任务已不仅仅是打开油气层和建立油气生产通道，而是要通过新技术的研发和应用，成为提高探井油气发现率和成功率、提高油气井采收率、增储上产的新途径。因此，钻井技术的进步对石油工业的发展有着举足轻重的作用。钻井方式是否合理、工艺是否先进、钻井速度的高低、井身质量的好坏、油气层保护的效果等，直接关系到油气井产量、油气采收率和勘探开发整体效益。

1990年出版的《钻井手册（甲方）》第一版是一部技术性很强的工具书，由钻井界众多老领导、老专家参与编写，并得到中国石油天然气总公司领导的关怀和支持。20多年来，《钻井手册（甲方）》在石油钻井生产、科研中发挥了重要作用，受到广大钻井技术人员、管理人员的欢迎。

随着钻井技术不断进步，许多新的技术取得突破，如水平井、丛式井、大位移井钻井技术，欠平衡钻井技术，地质导向钻井技术等已成为成熟技术，并得到大规模应用。原手册无法很好地适应广大技术人员与管理人员的需要。

前　　言

《钻井手册（甲方）》第一版于 1990 年出版，是第一部全面反映国内外先进技术成果的手册，具有较强的理论性与实用性，凝聚了老一辈技术专家的辛勤汗水。20 多年来，这部手册对钻井生产与科研都发挥了非常重要的作用，成为广大石油钻井技术人员与管理人员重要的参考书和工具书。随着近 20 多年来钻井技术的进步，特别是一些新技术取得突破，并得到大规模应用，原手册已无法适应钻井技术人员与管理人员的需要，迫切需要加以修订。在这样一个大背景下，中国石油天然气集团公司科技管理部于 2008 年正式立项，启动《钻井手册》编修工作。

在 2008 年广泛征求意见和多次召开专题会议进行研讨的基础上，2009 年 1 月组织召开了《钻井手册》编修筹备会议。这次会议对编修任务进行了明确，提出了编委会组成方案与手册编修方案；与此同时，会议讨论提出，手册原名包含“甲方”一词是基于当时管理体制的考虑，而手册面向的使用者不限于甲方人员，因此，本次修订后手册名称定为《钻井手册》，不再出现“甲方”字样。

经请示时任中国石油天然气集团公司副总经理　　同意，《钻井手册》编修筹备委员会于 2009 年 4 月 29 日在北京组织召开了《钻井手册》编修启动会。会议确定了编修工作所遵循的原则，确定了编委会和编审组成员名单。会议对编修方案进行了认真细致的讨论，在此基础上，确定了编修方案和编修大纲，明确了各章节内容、各章编修责任单位与责任人，手册编修工作正式启动。

手册编修工作展开后，得到了各参与编修单位和执笔人的大力支持。2010 年 6 月，编委会在北京组织召开手册编修进展情况汇报会，会上各参加编修单位汇报了手册编修进展情况和具体编修成果，提交了编修初稿，与会专家进行了认真审查和充分研讨，形成了各章节具体编修意见，并以编委会会议纪要的形式发给有关编写单位和人员，规范了各章节的编修要求。各编写单位根据会议纪要进行了认真的修改与完善，于 2010 年底前陆续送交了各章节的修改审定稿。查永进根据手册编修大纲要求对手册进行了统稿和技术初审，孙宁对各章节进行了认真的统稿审查，方代煊对全手册进行了编辑统稿。

本次编修继承了原手册的基本结构与编写特点，针对钻井技术进步，增加了近 20 年来形成的部分新技术，在原手册章节基础上，进行了适当的删减、合

序
（第一版）

这部钻井手册（甲方）是根据中国石油天然气总公司领导要求编写的，目的是适应改革的需要，实行勘探开发为甲方，钻井等为乙方。钻井要满足勘探开发的要求，做到取全取准资料，有利于发现油气，保护油气层，做到优质高速钻井，交出合格井。因此，凡是勘探开发设计上提出的要求，钻井等乙方要坚决做好。

过去我国钻井手册很多，内容多为套管、钻具、工具、规格、尺寸和操作要求等。这本手册内容不同，它主要是技术、规程、质量标准和施工要求等。它体现甲方利益和甲方要求。手册介绍和规定了在什么作业中，什么情况下应采用什么技术，而不应采用什么技术，应该达到什么标准和要求等。这本手册总结了我国近 40 年钻井工程、钻井地质、测试和测井等的实践经验和最新技术，也包括国外新技术。该手册既有理论，也有实践经验，且以实际应用技术为主。它包括钻井设计、地层压力预测、套管设计、固井、钻井液、固控、钻井参数设计、井控、钻柱设计、定向井、储集层评价、保护油气层、防腐、环保和安全等。本手册适用于从事勘探、开发和钻井等各级领导干部及广大技术人员、勘探开发项目管理的甲方和乙方参考；亦可作为各石油院校教材的参考资料及各油田在职干部的培训教材。

在手册编写过程中，邀请了我国石油钻井界老前辈和老专家座谈，他们提了许多宝贵意见。在手册编写前聘请有经验的专家、教授反复讨论了编写提纲。再由现场有经验的总工程师、高级工程师、工程师和有关院校研究所的教授、副教授和高级工程师进行编写。编写该手册共邀请了 40 名同志，43 人参加了全面审查，100 多人参加了部分章节审查，并先后在北京、大庆石油管理局、胜利石油管理局等地召开了 4 次大型审查会和 42 次小型专题审查会。

本书在编写过程中得到我国石油钻井老前辈、老专家及石油各级干部和工程技术人员的热情关心，并得到南海东部石油公司、大庆石油管理局、胜利石油管理局、北京石油勘探开发科学研究院及万庄分院、石油大学、四川石油管理局、华北石油管理局、中原石油勘探局、辽河石油管理局、长庆石油勘探局、大港石油管理局、新疆石油管理局、江苏石油勘探局以及中国石油天然气总公司勘探、开发、科技发展、财务等部的热情支持，在石油工业出版社的大力协助下得以早日出版，我代表编委会向以上单位表示衷心的感谢！

本手册第一章由倪荣富编写，刘希圣、李允子审定；第二章由陈永生、陈庭根、左新华、高章伟和黄荣樽编写，高华、沙润荣、陈庭根、陆大卫和陆邦干审定；第三章由龚伟安、徐惠峰编写，沈忠厚、吴克信和郭再耕审定；第四章由徐惠峰编写，刘崇健、郭再耕、沈忠厚和吴克信审定；第五章由陈乐亮编写，张克勤、孙万能和樊世忠审定；第六章由褚长青编写，郑甘桐、龚伟安审定；第七章由解浚昌编写，李克向、胡湘炯审定；第八章由高碧华编写，曾时田、李克向、蒋希文和杜晓瑞审定；第九章由杨勋尧编写，施太和、解浚昌和吕英民审定；第十章由颉金铃、许钰编写，韩志勇、蒲健康审定；第十一章由周通宝、李开荣、梁宝昌、王凤鸣、夔复兴、叶荣、邓世文、程金良、樊世忠、应凤祥、谢荣院、周福元、韩孔英、廖周急、田学孟、于绍成、蒋阒和丁谨编写，康竹林、林浩然、王凤鸣、梁宝昌、高华、谭庭栋、陆大卫、高锡五、陈乐亮、李丕训、郝俊芳、万仁溥、朱兆明和孟慕尧、马兴中审定；第十二章由黄纹琴、高文光和路金宽编写，吴永泽、原青民审定；第十三章由洪雨田编写，刘植椿、倪荣富审定；第十四章由党文利、李克向编写，蒋希文、赵凯民审定。

由于第一次编写这样的手册，涉及的内容多、技术领域广，加上我们水平有限、缺乏经验，难免有错误之处，恳请各级领导和广大同志给予批评指正。

李克向

1990 年 2 月于北京

目　　录

上　册

下　册

第一章 钻井设计

钻井是石油与天然气勘探与开发的关键环节之一，是实现地质目的和产能建设的必要手段。对于勘探来说，钻井最先与油气层直接接触，直接影响到油气的发现与评价；对于开发来说，钻井不仅关系到建立油气产出通道，为油气开采作业创造条件，还对开发效果产生重大影响。钻井成本占石油行业上游领域成本的50%以上，钻井成本的高低、质量的好坏直接关系到油气勘探与开发的效果与效益，钻井速度在一定程度上影响着油气勘探与开发的进程。

钻井设计是钻井作业必须遵循的准则，是组织钻井生产和技术协作的基础，是成本预算与结算的依据，也是钻井监督与质量验收的依据。钻井设计的科学性、先进性、合理性关系到一口井的成败、质量与效益，对油气勘探与生产的效益起着十分关键的作用。由于钻井设计承担重大的责任，这种责任不因为设计的简化而削弱，相反，不详尽、科学、合理的设计可能成为设计人员承担相应法律责任的依据，这要求钻井设计必须能精细、详尽、科学、合理，要求设计人员做细致的工作，要求各相关部门强化设计的组织、人员编制，设计条件的配置，使设计人员具备按相关规定高质量完成钻井设计的条件。

目前我国石油钻井设计采用的是甲方设计，因此本章主要介绍甲方钻井设计，第六节简单介绍施工设计与策划。

第一节 钻井设计的基本要求

一、钻井设计的基本内容

钻井设计包括钻井业主单位的钻井设计与钻井施工单位的钻井施工设计。业主单位的钻井设计包括钻井地质设计、钻井工程设计、施工成本预算三个部分。钻井施工设计包括钻井工程施工设计、HSE 策划、固井施工设计等内容。

钻井地质设计依据井位设计书与地质任务书要求，介绍设计井区自然情况、设计井基本数据、区域地质情况，提出设计依据及钻探目的与工程设计要求，给出预测地层剖面，预计油气水层位置及温度、压力情况，提出录井、测井资料录取、中途测试以及特殊要求，为钻井设计提供必要的地质图件。

钻井工程设计依据钻井地质设计及相关的法规、规定做出，体现业主单位对钻井工程施工的要求。钻井工程设计包括设计依据、技术指标及质量要求、井下复杂情况提示、地层可钻性分级及地层压力预测、井身结构设计、钻机选型及钻井主要设备选择、推荐钻具组合、钻井液设计、推荐钻头及钻井参数设计、油气井压力控制设计、特殊工艺设计、取心设计、地层孔隙压力监测与地层漏失试验要求、中途测试安全措施、油气层保护设计、固井设计、各次开钻或分井段施工重点要求、完井设计、弃井要求、钻井进度计划、健康、安全与环境管理要求、生产信息及完井提交资料、邻井资料及其分析等内容。

施工成本预算依据定额与钻井工期、材料消耗的设计做出。作为成本测算、招标的标底测算依据。

钻井工程施工设计由施工单位依据钻井设计结合自身的技术特色与技术特点做出的具体施工措施设计。钻井工程施工设计包括的内容有钻井难点分析、钻头与钻井参数、提高钻井速度措施、复杂事故的预防处理预案、钻井液技术措施和固井技术措施等。

HSE 策划应结合设计井的特点，将本企业的 HSE 措施具体落实到设计井中，保证设计井安全钻成，同时减少 HSE 的风险。

固井施工设计依据钻井设计，结合实钻井的具体情况做出固井施工设计，具体内容包括套管强度的校核，采用现场水样与水泥样模拟井下条件的固井水泥浆配方试验、水泥浆性能优化，套管扶正器安放设计，浆柱结构设计，固井流变学设计，施工具体措施等内容。

二、钻井设计的责任与义务

钻井设计是钻井施工的依据，这决定了钻井设计人员不可避免地需承担相应的责任。设计人员的责任包括：

（1）设计必须满足油气勘探与开发的要求，实现油气勘探与开发的地质目的，并运用适当的技术实现勘探与开发效益的最大化；

（2）设计必须依据标准、规定、法规进行，涉及安全与质量问题必须严格按规范进行；

（3）设计必须采用成熟技术，新技术试验必须分析试验可能存在的风险，提出规避与减少风险的措施；

（4）设计人员必须树立对环境、人身与财产安全负责任的意识，力求通过周密完善的设计避免对环境产生危害，避免人身与财产安全事故的发生；

（5）设计者对重大安全事故、环境事件负有法律责任，对于可能存在的安全和质量隐患必须明确指出，并采用一定的技术对策措施加以避免。

钻井过程对环境的损害可能并不是直接和即时的，需要对钻井活动对当地环境的影响进行长期评估和监测。作为一个负责任的大公司，必须树立百年发展意识，所有的生产经营活动必须保证 100 年以上不会对环境造成损害，这一点在确定井身结构、完井方式以及弃井措施时都应予以认真考虑和体现。不能因为某一阶段的生产经营活动，造成若干年后花费巨额资金对环境损害行为买单。

钻井设计是集体智慧的结晶，通常钻井设计完成人员包括：

（1）钻井设计方案的决策人员；

（2）钻井设计方案讨论人员；

（3）钻井工程设计与钻井地质设计书署名人员；

（4）钻井设计的审核人员。

以上人员都必须对设计负责，但不同的人员对设计负的责任不同，其中钻井设计书署名人员对全部钻井设计负主要责任，决策人员、设计方案讨论人员对讨论过程与讨论形成的决定负责，设计审批人员负领导责任。设计书要有上述人员的签字确认。

三、钻井设计人员知识要求

钻井设计是团队集体智慧的结晶，钻井设计人员的知识要求是对团队的总体要求，但钻井设计的技术负责人（首席专家）应具备较全面的知识，或通过正确的程序发挥团队总体智慧来满足要求。

为使钻井设计人员具备钻井设计的知识要求，钻井设计人员必须不断参加各类钻井技术培训学习，进行访问交流学习，不断提高自己的业务水平。设计人员每年应至少参加一次技术培训，了解技术发展的最新动态。

钻井设计应是首席专家（技术负责人）负责制，首席专家在确定设计方案前应广泛征求各方面意见，在此基础上形成设计方案，主导完成钻井设计。因此在某种程度上，首席专家的技术水平决定着设计团队的技术水平。

钻井设计人员要求具备以下知识：

（1）钻井地质知识。地层是钻井施工的对象，对地层情况全面深入了解是钻井设计的基础，了解地质知识可以来自于地质设计，但由于地质设计主要关心的是地质目标与任务，对钻井过程中的地质情况描述也许并不能完全满足钻井的需求，另外钻井地质设计站的角度也与钻井人员不完全一致，钻井的特殊需求在地质设计中往往难以体现。因此，一个负责任的钻井设计人员必须全面了解所设计井地区的地质情况，并从钻井角度对地层进行深入的研究。

钻井设计人员了解地质知识除了需要学习地质知识，还要多看地层露头剖面，多与地质录井人员进行交流。

一般在井位确定前，地质上要经过一系列相关论证，如地震解释处理成果验收、构造解释方案论证、井位论证，这些论证对于钻井设计人员掌握地质信息非常有价值，如断层解释、构造模式可能有几种方案，这些方案导致钻井技术相差甚远。如果钻井人员不了解其他可能存在的方案，则钻井设计就难以适应各种可能存在的地质条件，钻井就会经常变成遭遇战。

地层压力系统是对钻井影响最大的地质因素，钻井设计人员必须准确把握设计井的地层孔隙压力、破裂压力、坍塌压力三压力剖面。

（2）钻井工艺知识。对钻井工艺的全面掌握是设计的前提，钻井设计人员必须具有全面的钻井工艺知识，丰富的现场经验，只有这样才能全面、科学合理地从事钻井工程设计。钻井工艺知识包括：

①钻机设备性能、使用方法及配备；

②地层压力与井眼稳定性；

③钻具组合力学特性、使用方法与防斜技术；

④钻头类型、性能特点、使用方法、配套钻井参数，提高钻速相关技术；

⑤钻井液体系、性能特点、使用与维护方法；

⑥油气层保护技术；

⑦固井与完井技术；

⑧复杂与事故征兆、识别、预防与处理技术；

⑨配合测井、试油、录井的技术措施；

⑩定向井、丛式井、水平井、分支井等特殊结构井知识；

⑪欠平衡钻井、控压钻井知识。

(3) 与钻井设计有关的知识。钻井设计人员必须调研，掌握钻井工程所需的装备、器材、工具和材料等物资的型号、性能、质量状况、数量等情况，如需进口物资应考虑到货时间对工期的影响程度。设计者还应熟知设计所涉及的标准规范，确保设计符合相关的标准规范要求。

(4) 钻井新技术知识。解决特殊钻井问题、提高钻井效率与效益，需要应用钻井新技术、新方法来兼顾安全与效益的关系，钻井设计人员必须全面了解国内外钻井新技术的最新进展情况，掌握各种新技术应用的前景，并能在实际钻井设计过程中灵活运用这些新技术，不断提高设计地区钻井工艺水平，促进技术进步，使钻井设计更加科学合理。

(5) 监督知识。监督是设计执行的保证，设计人员熟知监督知识才能使监督更好地监督设计执行，使监督充分完全行使业主单位监督的职权，因此设计人员必须系统掌握监督的相关知识，并取得监督证。

(6) 井控与安全知识。设计人员负有井控与安全的责任，设计中必须按有关规定详细设计井控与安全措施，因此设计人员必须熟知井控与安全的知识。

四、钻井设计的资质要求

钻井设计必须由具备相应资质的单位完成，钻井设计的资质要求包括：

(1) 设计单位的资历与信誉：由于钻井设计对钻井施工监督的约束作用，设计的严肃性非常重要，一定的资历与信誉是设计质量的基本保证；

(2) 设计单位的人员素质：要求人员配备合理，包含钻井设计所涉及到的各个专业人员，人员配备合理，其业务水平要达到一定的要求；

(3) 设计单位应具备从事钻井设计所需的软件、设备等条件，具有完善的管理制度，保证设计质量。

行业主管部门根据以上条件，对设计单位进行资质审查，并评定出资质等级，取得甲级资质的单位可以从事常规井及特殊工艺井、高难度复杂井的钻井设计，而取得乙级资质的单位只能从事常规钻井设计。

钻井设计单位必须具有完备的资料，这些资料包括：

(1) 设计井地区的钻井井史、钻井施工总结、固井施工总结、钻井液技术总结等现场资料；

(2) 钻井设计相关标准、规范资料；

(3) 钻井工艺技术方面的报告、书籍等；

(4) 设计井地区的钻井生产动态信息；

(5) 各种处理剂、添加剂试验分析资料；

(6) 各种工具、装置、仪器的性能特性资料。

五、钻井设计对钻井生产资料要求

钻井过程中的资料是钻井投资的重要体现，是钻井投资成果的一部分。准确、详尽的钻井资料可以使一个地区钻井设计能不断优化，后续井可以充分吸取已钻井的经验与教训，从而不断提高钻井技术指标，不断减少复杂与事故的发生。钻井施工与技术服务单位有义务认真详尽记录各种钻井相关信息，随时接受业主单位的检查与验收，并按时向业主单位上交相关资料。

业主单位应从提高钻井的效率与效益出发，重视对钻井资料的管理，及时检查施工单位填写与上报的动态生产数据，严格审查相关单位完井上交的包括井史在内的各种钻井资料。

由于钻井设计部门是这些资料的直接使用者，因此设计单位应保管这些资料，至少设计人员有权随时查阅与使用这些资料。

第二节 钻井设计的基本原则和程序

一、钻井设计的基本原则

钻井设计应遵循以下原则：

(1) 满足地质设计对工程的要求。钻井是实现地质目的的手段，钻井也是为地质目的服务，对于探井是取得地层资料，力争获得地质发现，对于开发井来说是快速建成生产能力。钻井设计必须以保证实现地质任务为前提，充分考虑录井、测井、中途测试、完井、试油等方面的需要，因此钻井设计必须提高服务于地质目的的意识。通过采取一系列先进适用技术，适当的成本投入，提高为地质目的服务的质量。如探井应为油气发现与评价创造良好的条件，钻井液密度尽可能接近于地层孔隙压力，避免使用影响气测与录井的添加剂，有利于录井捕捉油气显示，提高井眼质量，并为录井、试油创造良好的环境，减少油气层伤害，为准确评价油气层创造条件。对于开发井应建立良好的采油（气）与注水、井下作业的井筒环境，保证油气井安全生产与后期作业。

(2) 钻井设计法律法规遵循原则。钻井设计是在充分分析有关地质和工程资料基础上进行编制，必须符合国家及当地政府有关法律、法规和要求，必须依据国家、行业、企业有关标准及规定进行编制，保证钻井的合法性。钻井设计前必须对钻井地质、工程、井位、周边环境等进行前期研究和现场调研，区域探井和重点预探井必须完成可行性论证报告。在此基础上设计应按照安全、快速、优质和高效的原则编制，形成的钻井设计必须具有可操作性，所提出的钻井指标要体现该地区或可比地区的钻井先进水平。

(3) 客观、公正原则。钻井设计要体现业主对钻井工程施工的要求，同时也要本着客观、公正的原则，平衡各方利益，在工期、材料消耗设计时要考虑平均水平，使大多数施工队伍按设计施工都不亏损。设计的工期在考虑技术进步情况下按一般平均水平考虑，如果风险费不能体现钻井向更复杂地区发展的实际，设计工期还应附加一定的风险工期。

(4) 安全与环保优先原则。作为负责任的大公司，应树立百年发展意识，也就是其生产活动必须保证在长达100年以上的时间内不会对环境造成严重的损害，因为这种损害一旦发生，公司将付出沉重的代价，甚至导致公司无法取得社会公众的支持。钻井活动对安全与环境影响巨大，12.23 等数次特大安全环境事故都发生于钻井行业，对集团公司的社会形象造成极其恶劣的影响。钻井设计必须树立安全与环境优先意识，确保钻井以及后期油气开发生产中不会因为钻井问题而导致对安全与环境的严重损害。

例如，一般地表淡水层必须得到有效保护，在稠油开采时应考虑到多次注汽吞吐对水泥环的破坏，因此表层套管应封到淡水层以下，不应考虑这种淡水层目前是否已动用。有些淡水层虽然现在没有动用，但未来可能会需要动用，今天的无人区可能明天成为繁华的都市。

在井身结构、套管强度以及弃井设计中都必须考虑长时间不会对环境造成严重危害。

（5）责任与权利、义务相统一原则。钻井设计人员负有安全的责任，地质设计人员并不能承担钻井安全的责任，因此钻井设计的地层压力预测必须由钻井人员完成才能体现责任与义务的相统一。一般地质设计人员关心目的层的压力情况，对钻井需经过的上部地层可能研究不深入，不排除由于地质人员的主要目标是油气层保护与地质发现，而有意修正预测结果，以最大限度有利于自己工作成果取得的可能性。区域预探井钻井设计应利用地震、邻区情况进行压力预测，评价井与开发井应利用邻井地层压力监测、检测与地层压力测试资料预测本井地层压力。老区开发井应分析近几年各开发动用油气层压力公报，搞清全部所钻地层的压力。

（6）钻井风险与经济性统一原则。钻井总是会存在风险的，减少风险往往带来钻井成本的增加，有时甚至表面上看增加了施工成本可以减少风险，但事实上又带来新的风险，因此设计必须平衡钻井的风险与经济性，做到风险与经济性的统一，以适中的投资适度控制钻井的风险。钻井设计在主要目的层段必须体现有利于发现与保护油气层，而在非目的层段应主要考虑满足钻井工程施工作业安全和降低成本的需要。

（7）强制性与推荐性措施区分。钻井设计是业主单位利益的体现，对于业主单位有影响的内容如对质量要求、安全要求等，应是强制执行的设计内容。但由于设计者并不能保证是知识最全面、最具权威性的人，因此对于提高钻井生产效率的措施应是推荐措施，应鼓励施工单位采用自己最先进的特色技术，不断提高钻井生产效率，降低钻井风险，从而提高自身的经济效益。因此设计应区分推荐性与强制性措施，以便于充分发挥施工单位的积极性，设计单位也可通过及时收集施工信息，不断提高设计的水平。

（8）设计要科学合理、详尽、完备性原则。设计必须做到科学合理、详尽、完备，这就要求设计不能出现遗漏，但对于有区块标准设计的批钻井，在执行区块标准设计基础上，可以只对差异部分做出具体设计，共性部分可以执行标准设计（或已形成的相应规范）。

（9）采用技术成熟、先进、适用原则。钻井面临的对象复杂多变，钻井需克服各种复杂的地质情况，同时钻井还要追求最高的效率与效益，先进适用的技术是实现这一目标的保证，钻井设计应尽可能采用先进、适用的技术，提高钻井安全性与效率。钻井设计中采用的技术必须是成熟的技术，如果现有技术难以满足钻井作业需要时，应积极组织攻关研究，探索解决钻井难题的途径，确保钻井目的的实现，还没有成熟的技术进入设计应提出试验保证措施。

（10）充分研究地层、地质条件原则。钻井设计人员必须与具体的地层、地质条件打交道，解决钻井过程中出现的地质问题，因此钻井设计人员必须认真分析地质、地层情况，使钻井设计的措施更具有针对性，尽可能减少钻井施工的风险。

(11) 充分分析并提供邻井资料原则。邻井资料分析是钻井设计的基础，只有充分参考邻井的经验与教训，才能充分优化钻井设计。同时邻井资料也是现场施工人员的重要参考，一个钻井设计即便水平不高，只要邻井资料提供全面，分析正确，一个有经验的井队工程师也能制订出最佳的措施，高效完成钻井施工，反之如果钻井设计中没有提供充分的邻井资料，则井队工程师可能难以吃透钻井设计精神，执行措施可能不具有针对性，因此不可避免地会出现各种复杂情况，重复别人犯过的同样错误。设计书中要有邻井资料与情况分析的详细内容。

二、钻井设计的前期工作及质量控制

钻井设计的科学性、先进性和可操作性对钻井工程作业的成败和油气勘探与生产效益起着十分关键的作用，减少差错、提高设计的科学合理性是钻井设计的生命。因此对钻井设计中所提及的技术和措施必须在设计前做充分的调查研究与分析，钻井设计必须通过一定的程序、措施与制度来保证设计的质量。钻井设计的前期工作及控制设计质量的措施包括：

(1) 钻井设计人员深入了解地质情况。钻井设计人员应早期介入井位的论证，参与地质方案的讨论，熟悉掌握地质、工程资料，深入了解地质目的，明确设计任务。地质部门应组织工程管理部门、钻前施工单位、钻井设计人员进行井位勘察，了解地貌、地形、地物、道路、通信、气象、水文等情况对井位确定的影响，同时井位的确定、井场确定还应考虑对周边环境、周边居民的影响。

(2) 钻井设计的资料收集与分析。钻井设计人员在接受设计任务后，应详细收集分析设计井的邻区、邻井的工程、地质资料，形成钻井设计的邻井资料分析部分的内容，这些资料同时也是施工设计、钻井施工井队的重要参考资料。在此基础上形成初步的设计方案与设计要点。

(3) 充分的设计方案论证。油田公司工程技术部门召集由地质、录井、钻井、固井、井控、钻井液、安全环保等方面的技术人员参加的会议，研究讨论钻井设计方案的基本原则。设计方案论证时参加设计的各方互相通报设计的依据与设计井的基本情况，形成设计的要点，特别是地质部门通报地层与地质情况，与工程设计人员就井身结构、钻井液密度等达成一致，避免钻井设计中出现严重的不一致。同时讨论还可以保证设计的主要内容科学合理，减少设计出现原则性错误的可能性。

设计讨论首先由井位提出人员介绍本井地质任务及地质地层研究中与工程相关的内容。地质录井人员介绍地形、地貌有无影响钻井施工的因素，介绍钻遇地层情况，介绍邻井情况、邻井地层压力情况、钻井液密度使用情况及井眼稳定情况。

钻井工程设计人员由设计技术负责人介绍以下内容：

①邻井情况：邻井与本井关系、邻井井身结构及优缺点、邻井钻井液密度的使用、邻井复杂与事故情况及其分析、邻井钻井液使用情况、邻井井径情况、邻井钻具组合使用及井斜情况、邻井钻头使用情况、邻井钻井技术指标情况、邻井固井情况、邻井地层压力（孔隙压力、破裂压力，包括测试、检测、监测结果）情况。

②钻井工程设计方案：井身结构方案、各开次固井方案、钻井液方案、钻机设计、井

控与安全环保方案、钻头设计方案及工期预测。

设计讨论形成记录表格式见表1-2-1。

表1-2-1　设计讨论记录表

<table>
<tr><td>井　号</td><td></td><td>井　型</td><td></td><td>类　别</td><td></td></tr>
<tr><td>主持单位</td><td></td><td>参加单位</td><td colspan="3"></td></tr>
<tr><td>讨论日期</td><td></td><td colspan="4" rowspan="3">参加人：</td></tr>
<tr><td>讨论地点</td><td></td></tr>
<tr><td>主持人</td><td></td></tr>
<tr><td>设计人员提出的设计方案要点</td><td colspan="5"></td></tr>
<tr><td>讨论中提出的不同意见</td><td colspan="5"></td></tr>
<tr><td>最终形成结论</td><td colspan="5"></td></tr>
<tr><td>其他说明</td><td colspan="5"></td></tr>
</table>

设计论证应形成论证记录与结论。

(4) 设计过程的质量控制。在钻井设计过程中，应遵守一定的程序，引用的资料、数据应尽量用拷贝、粘贴，避免输入时产生错误。另外设计应尽量按设计内容顺序，逐项完成，避免出现遗漏。

工程设计应尽可能全面地提供邻井钻井情况，并对邻井情况做出科学的总结，以便于钻井施工过程中更多地参考邻井钻井情况。工程设计必须按讨论的技术要点进行，设计严禁千篇一律，钻井技术措施设计必须根据邻井情况针对性提出。设计中的推荐措施应进行说明，不做说明的应视为强制执行内容。对于可以由施工单位自主决定的措施应充分发挥施工单位的主观能动性，设计中仅作为推荐措施提出。钻头与钻井工期预测与材料、成本控制必须科学合理。

钻井液必须分井段分地层提出维护处理措施，并尽可能对井下出现的各种复杂情况提出预案。钻井液密度使用必须按地层按井深提出控制程序，避免大井段只提出钻井液密度变化范围。钻井液材料必须标出类别及作用，设计中只能出现已取得入网许可的合格产品，试验性的新产品使用必须经设计讨论确定后方可按试验的方式进入设计。

(5) 钻井设计的三级质量审查。设计完成后首先是设计人员自检，设计人员仔细对设计书进行检查，尽量减少设计的差错，然后，工程设计、钻井液设计、固井设计人员进行互检，互检修订后再进入审批环节。审批过程也是设计质量控制的过程，审批人员除对设计内容负责外，还需要对设计的质量负责，审批人员需认真审查设计的差错情况与设计的科学合理性。设计单位内部在设计审批过程中发现的设计缺陷应直接进行更正，设计委托单位与主管单位在审批过程中发现的缺陷应记入设计三级质量审查记录中，设计三级质量审查结果需反馈到设计人员，设计人员应综合考虑审核意见，据此对设计进行最后定型。设计三级质量审查记录格式见表 1–2–2。

表 1–2–2　钻井设计三级质量审查记录

<table>
<tr><td>设计名称</td><td colspan="5"></td></tr>
<tr><td>设计完成单位</td><td colspan="5"></td></tr>
<tr><td>设计完成人</td><td colspan="5"></td></tr>
<tr><td colspan="2">审批 1</td><td colspan="2">审批 2</td><td colspan="2">……</td></tr>
<tr><td>设计存在问题</td><td></td><td>设计存在问题</td><td></td><td>设计存在问题</td><td></td></tr>
<tr><td colspan="2">审批日期：</td><td colspan="2">审批日期：</td><td colspan="2">审批日期：</td></tr>
<tr><td colspan="2">审批人（签字）：</td><td colspan="2">审批人（签字）：</td><td colspan="2">审批人（签字）：</td></tr>
<tr><td>设计整改情况</td><td></td><td>设计整改情况</td><td></td><td>设计整改情况</td><td></td></tr>
<tr><td>整改日期</td><td></td><td>整改日期</td><td></td><td>整改日期</td><td></td></tr>
<tr><td colspan="2">落实人（签字）：</td><td colspan="2">落实人（签字）：</td><td colspan="2">落实人（签字）：</td></tr>
</table>

三、钻井设计的审批程序

设计的审批通常包含设计单位的审批与业主单位的审批，不同的油田可能审批程序有差异，但审批程序应包含以下环节：

（1）设计单位的审批。设计单位的审批包含设计单位技术负责人审核与设计单位负责人审批。

(2) 业主单位的审批。业主单位通常是勘探公司、开发公司（或勘探事业部、开发事业部），其审批通常包含项目部审批、领导审批、安全环保审批等。

(3) 油田公司主管部门与主管领导审批。油田公司的主管部门通常是工程技术处，工程技术处代表油田管理机关对设计进行审批。重点井与复杂井、特殊工艺井设计还需要油田公司主管领导审批。

钻井设计三级审查记录随钻井设计审批过程运行，审查中发现的差错及对设计的不同意见分别记入钻井设计三级审查记录中。设计审批人员不能对已讨论形成的设计主要原则与内容发表意见，只能对文字错误与完善设计提出意见。设计审查完成后钻井设计三级审查记录由设计完成单位、审批单位分别存留，设计人员根据钻井设计三级审查记录修改完善钻井设计后交付印刷。

工程设计人员参与进行钻井地质设计初审，工程设计人员审查钻井地质设计内容是否提供了详细的地质、地貌及钻井条件资料，是否提供了齐全的邻井情况及地层情况资料，资料录取要求是否明确，是否有与设计讨论有不一致之处。

钻井设计及审批流程如图 1-2-1 所示。

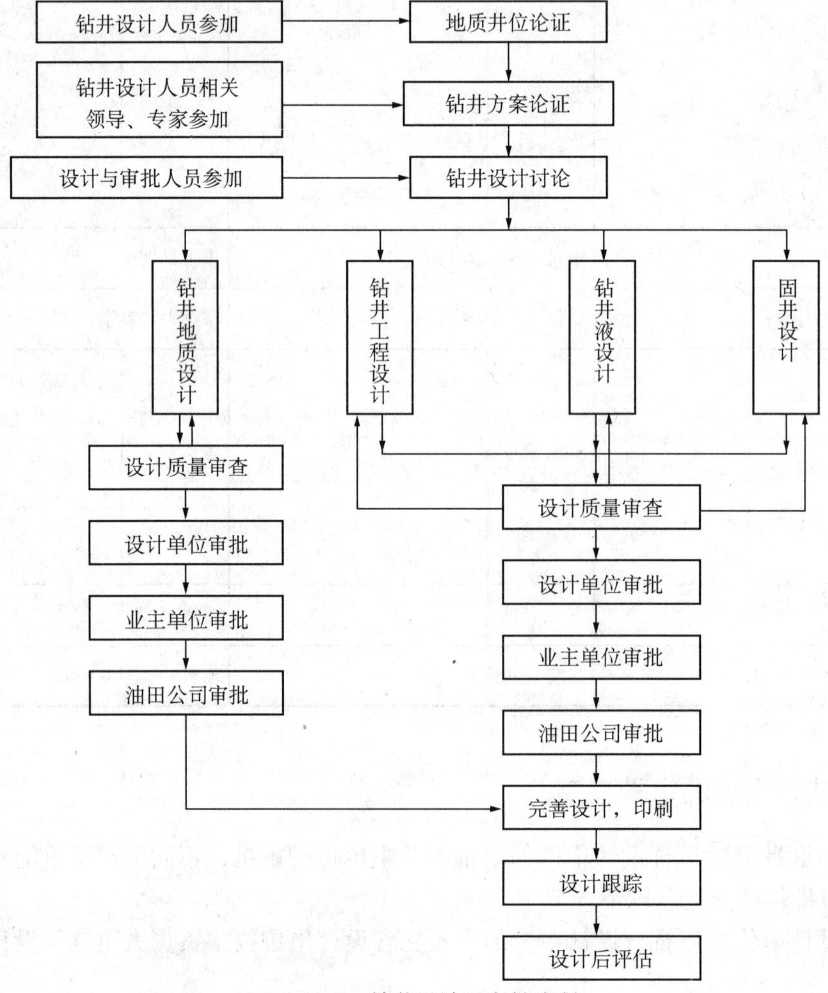

图 1-2-1　钻井设计及审批流程

四、钻井设计执行的现场跟踪与变更

钻井设计的现场跟踪是提高设计水平与设计质量的重要途径，设计单位应经常性到现场跟踪了解设计执行情况，了解设计还存在哪些不足，现场还有哪些技术可以吸收进设计等，通过这些信息的及时掌握，可以不断提高设计水平。

设计执行过程中如果出现了意外的情况、地质要求变更、地层情况与设计不符等，无法执行原钻井设计，应及时进行变更设计。设计不能随意变更，变更设计必须依据充分，经过与设计同样的论证与审批程序方能生效。

五、钻井设计的后评估

钻井设计的后评估是不断提高设计质量的重要途径，钻后评估可以检查钻井设计方案是否合理，设计质量是否达到要求，还可以寻找到继续进一步改进设计的途径。后评估包括以下内容 ：

(1) 设计质量评估。监督或业主单位委托井队等施工单位对设计的文字错误及设计审查质量进行评价。

(2) 井身结构合理性评估，提出井身结构改进方向。根据实钻地层岩性剖面、地层压力剖面、实钻井发生的井下复杂与事故情况、钻井技术经济指标等资料，评价设计与实际下入的套管层次、套管下入深度、井眼尺寸、水泥返高等是否满足安全、优质、快速、高效钻井的要求，是否适应所钻井实际地层属性需要，是否有利于油气发现和满足勘探地质取资料要求，提出井身结构改进的方向。

(3) 钻井液密度与钻井液体系合理性评估。根据实际钻遇地层特点、地层岩性、岩矿理化特性及矿物组分分析、地层三压力剖面、油气水分布及性质、钻遇地层发生的有关复杂情况及其处理情况等资料，评价设计和实际使用的钻井液体系、配方、钻井液密度等主要性能参数是否与实钻地层属性相适应，是否有利于减少井下复杂与事故，是否满足井控与安全钻井的需要，并根据钻井液现场维护处理情况和实际钻井助剂消耗情况，评价设计和实际钻井液处理剂品种选择、配方、加量和材料消耗是否经济、合理，钻井液维护处理技术措施及固控技术是否满足钻井液固相控制、维护处理和提高钻井效果的需要。在此基础上，围绕满足安全、优质、快速、高效钻井要求，提出如何进一步完善钻井液技术的途径和方法，最优的钻井液密度程序，最佳钻井液体系配方。

(4) 钻头与钻井参数设计符合性评估。根据实钻地层特点、岩石力学特性处理结果、实钻技术经济指标等资料，通过分析钻头及钻井参数使用中的经验教训、分井段评价钻头选型、钻头数量、钻速预测的符合程度、设计钻头喷嘴组合、机械参数、水力参数的科学合理性等情况，对设计和实际使用钻头的实施效果以及钻井参数与水力参数的优化情况是否有利于对井身质量的控制和钻井速度的提高等进行评价。

(5) 工期成本预测误差分析。根据所钻井实际施工情况、钻井进度和实际钻井工程材料、工具消耗情况，评价钻井工程设计的钻井材料消耗、钻井进度、钻井直接成本等是否合理，并对设计技术经济指标与实钻情况是否吻合以及产生误差的原因进行分析。

(6) 重点技术措施的针对性评估。评价施工重点措施是否具有针对性，对现场发生的复杂情况是否发挥了作用，是否最大限度减少了事故复杂的发生。

(7) 安全环保评估。评估安全环保方面有无疏漏。

(8) 设计执行变更情况。如果有设计的变更，应说明变更的原因。

(9) 设计讨论中不同意见的合理性。对设计讨论中的不同意见进行评价。

(10) 设计改进的方向。提出进一步提高设计质量的改进方向。

设计的后评估应分出等级，对于低于规定要求，应对设计人与设计单位提出批评，同时评估结论应通报设计审批人员。

第三节　一般井钻井设计的主要内容

一般井钻井设计适用于探井（包括预探井与评价井）、特殊工艺井和没有标准设计的一般开发井。

一、钻井地质设计内容

钻井地质设计主要内容包括：

(1) 井区自然状况：

①地理简况。介绍设计井区的地理概况，包括地面建筑、设施、附近矿井设施等与钻井相关的地理概况。

②气象、水文。介绍设计井区的气象与水文情况。

③灾害性地理地质现象。提示可能发生的地质灾害，如山洪、沙尘等。

(2) 基本数据：

①基本数据表。列出设计井的基本数据表。

②定向井数据。提出定向井、水平井等目标靶区的要求。

(3) 区域地质简介：

①构造概况。介绍设计目标区的地质构造情况，包括构造形态、断层分布情况。

②地层概况。介绍设计井自上而下钻遇的地层情况，对于可能引起钻井复杂的地层要详尽描述。

③生、储油（气）层分析及封（堵）盖条件。描述本井可能钻遇的油气层。

④油气藏分析及储量估算。

⑤邻井钻探成果。列出邻井钻探成果。

⑥地质风险分析。分析钻探的地质风险，包括地质情况引起的工程风险。

(4) 设计依据及钻探目的：

①设计依据。

②钻探目的。

③完钻层位及原则、完井方法。

④钻探要求。提出钻探过程中对钻井工程的要求。

(5) 设计地层剖面及预计油气水层位置：

①地层分层。列出地质分层表，提示工程可能出现的复杂情况。

②分组、段岩性简述。分层段描述地层岩性。

③油气水层简述。

(6) 工程设计要求：

①地层压力。提供压力预测数据、邻井测压情况、邻井使用的钻井液密度情况，为本井钻井液密度设计提供依据，其中压力预测数据必须取得钻井工程设计人员认可。

②钻井液类型及性能使用原则。提出钻井液体系、性能要求，以及钻井液使用维护原则。

③井身质量要求。

④弃井。

(7) 资料录取要求：

①岩屑录井。

②综合（钻时或气测）录井。

③循环观察（地质观察）。

④钻井取心。

⑤井壁取心。

⑥钻井液录井。

⑦荧光录井。

⑧地球化学录井。

⑨酸解烃。

⑩罐装气。

⑪碳酸盐岩分析。

⑫泥页岩密度。

⑬地层漏失量。

⑭压力检测（*dc* 指数）。

⑮特殊录井要求。

⑯化验分析选送样品要求。

(8) 地球物理测井：

①测井内容。

②原则及要求。

(9) 试油：

①试油原则。

②试油要求。

(10) 设计及施工变更：

①施工计划变更程序。

②设计变更程序。

③井位移动情况。

④特殊要求。

(11) 钻井地质设计附件、附图：

①附件。

②附图（含过井十字地震剖面图、构造平面图、构造模式图、交通位置图等）。

二、钻井工程设计内容

钻井工程设计主要内容包括：

(1) 设计依据，引述地质设计相应内容：

①构造名称。

②地理及环境资料。

③地质要求。

④地质分层及油气水层。

⑤储层简要描述。

(2) 技术指标及质量要求：

①井身质量要求。提出井身质量要求，包括对井斜、全角变化率、井底位移、靶区要求、井径扩大率等要求。

②固井质量要求。提出固井封固段及固井质量、完井要求。

③钻井取心及井壁取心要求。提出取心（井壁取心）井段、进尺及收获率要求。

④录取资料要求。提出录取的资料要求，上综合录井仪的井还应提出综合录井为钻井工程服务的要求。

(3) 工程设计：

①井下复杂情况提示。提示钻井过程中可能出现的各种复杂与事故。

②地层可钻性分级及地层压力预测。开发井与评价井要求利用邻井资料进行地层压力检测形成三压力剖面，提供邻井试油、地层破裂试验、开发井各层系动态压力分布等压力数据，同时提供邻井地层可钻性剖面。区域探井利用地震层速度预测地层孔隙压力剖面，提供邻区相同地层的破裂压力数据与地层可钻性数据。

③井身结构。依据地层压力剖面与复杂地层情况，结合钻井技术水平，设计井身结构的套管层次，以及各层套管水泥封固要求。井身结构设计要明确套管下入原则，各层套管封固的地质目标，便于现场实施。对于定向井、丛式井以及水平井进行井眼轨迹设计，进行防碰扫描分析。

④钻机选型及钻井主要设备。根据设计井的井深、井型确定钻机设备要求，按明细表的形式列出钻机主要部分的性能、配备要求，列出井控装置、仪器仪表、工具等配备要求，对于特殊工艺井列出特殊工艺井装备、仪器配套要求。

⑤钻具组合。综合考虑防斜、提高速度、减少复杂等因素，推荐钻具组合，由于推荐的钻具组合可能不止一种，需要注明钻具组合的使用原则，便于施工单位参考使用。对于深井、复杂井以及特殊工艺井，应进行钻具强度校核，水平井钻具组合应进行造斜（降斜）特性的预测分析。

⑥钻井液。按各次开钻不同层段设计钻井液体系、配方与维护处理措施，提出钻井液性能要求，提出减少钻井复杂的钻井液技术措施。列出预计的钻井液材料消耗，提出备用钻井液（材料）要求。

⑦钻头及钻井参数设计。根据地层可钻性推荐钻头类型与钻井参数，钻头的指标预测既要考虑到钻头使用指标的离散性，也要考虑到钻头技术的进步，推荐在邻井（邻区）使用总体平均指标较好的钻头，使钻头设计尽可能合理，钻速与钻头数量预测尽可能准确。

在钻井参数设计上应与钻具组合、防斜要求结合考虑。

⑧油气井压力控制。设计各次开钻的井口装置、控制装置、内防喷装置等压力控制装置，提出对套管、井口、管汇的试压要求。提出井控要求与防喷措施。

⑨欠平衡钻井设计。针对欠平衡钻井，设计欠平衡施工井段与施工工艺，提出设备与监测仪器要求，设计具体欠平衡工艺措施。

⑩取心设计。根据取心层段，设计取心钻头、取心工具与取心钻具组合，设计取心技术措施。

⑪地层孔隙压力监测。提出地层孔隙压力监测要求，包括录井辅助工程监测要求。

⑫地层漏失试验。提出地层漏失试验及取资料要求。

⑬中途测试安全措施。对探井提出配合中途测试的钻井技术措施。

⑭油气层保护设计。分析储层特性与敏感性，提出储层保护的钻井完井液配方及储层保护措施。

⑮固井设计。分析固井存在的难点与固井要求，进行各层套管的强度设计与校核，设计套管串结构与扶正器安放要求，提出下套管（筛管、尾管等）技术措施。根据固井封固要求，设计水泥浆体系配方与性能，设计固井浆柱结构各不同工作液体系、配方与性能，设计固井施工工艺，提出保证固井质量的措施。

⑯各次开钻或分井段施工重点要求。列出从开钻准备到完井，不同井段的重点施工措施，对可能出现的复杂与事故提出预防与处理措施，以提高钻井效率，减少复杂与事故的发生。

⑰完井设计。提出完井的井口与井下要求。

⑱弃井要求。提出弃井时井眼处理要求。

⑲钻井进度计划。根据预计的机械钻速及各工序作业过程，预计从开钻到完井的作业时间。

(4) 健康、安全与环境管理：

①基本要求。列出健康、安全与环境保护的基本要求与必须遵守的法律、法规。

②健康、安全与环境管理体系要求。列出必须遵守的健康、安全与环境管理体系标准。

③关键岗位配置要求。对司钻以上关键岗位人员配置提出要求。

④健康管理要求。对劳动保护用品、进入钻井作业区人身安全保护、钻井队医疗器械和药品配置、饮食管理、营地卫生、员工的身体健康检查、有毒药品及化学处理剂的管理等提出要求，列出相关的标准规范。

⑤安全管理要求。对安全标志牌、设备的安全检查与维护、易燃易爆物品的管理、井场灭火器材和防火安全、井场动火安全、井喷预防和应急措施、营地安全提出要求。

⑥环境管理要求。提出钻前、钻井作业期间与钻井作业完成后环境管理要求，提出营地环境保护要求。油气钻井环境保护，关系到企业的形象与责任，对环境保护不重视会导致政府机关的处罚，设计中必须提出与地方环保要求相一致的环保措施。

(5) 生产信息及完井提交资料：

①生产信息类。提出钻井生产过程中需填写并向业主单位提交的生产信息。

②完井提交资料。填写完井后需向业主单位提交的资料。

(6) 附则：

①钻井施工设计要求。对施工设计、HSE 策划等提出要求。

②对特殊施工作业要求。

（7）附件：

①邻区邻井资料分析。对本地区存在的邻井钻井历史，已有资料，相关邻井与本井关系做简要介绍。

②邻区邻井已钻井情况。介绍邻井钻井的技术指标，分析邻井钻井发生的事故与复杂情况，总结邻井钻井成功经验与不足之处，分析邻井钻具组合使用与井身质量情况。主要内容包括：邻井钻井液使用情况，邻井复杂事故情况，邻井井身结构及分析，邻井主要技术经济指标，邻井钻井时效分析，邻井井径情况，邻井井斜情况，邻井钻具组合使用情况。

③邻区邻井地层可钻性分级。分析邻井地层可钻性以及钻头使用情况，分层段统计各类钻头的使用指标，便于施工人员优化钻头。

④邻区邻井地层压力。分析邻井的地层压力情况，包括压力监测、检测情况，地层压力测试情况，地层破裂试验情况等。

⑤邻井测温情况。分析邻井地层温度情况，预测本井各次完井时地层温度。

⑥分析邻区邻井已钻井地层岩石矿物组分及储层油气水层物性。

三、高难度井与重点开发区块的方案论证

高难度井往往钻井周期长，钻井成本高，钻井也面临着巨大的风险。重点开发区块钻井工作量大，方案的微小偏差将对整体效益产生巨大影响，因此对于高难度井与重点开发区块必须进行充分的方案论证，以提高设计的科学合理性。

高难度井方案论证包括内容有：地质概况、预计地质分层、预测地层压力情况、邻区邻井已钻井情况、钻井难点、井身结构方案、钻井设备要求、钻头与钻井参数设计、钻具组合设计、钻井工艺措施、套管头及采油（气）树要求、钻井液方案、固井技术方案、工期预测、钻井直接成本估算等。

高难度井方案论证应广泛吸收熟悉了解本地区地层情况与钻井技术的专家参加，尽量听取不同方面的意见。论证前尽量搞清地层与地质情况，准确预测地层压力，论证过程中形成专家论证意见。

针对高难度井钻井的关键技术问题，应提前组织开展专项技术攻关研究，解决制约安全、优质、高效钻井的关键技术问题。特别是如果地层温度、压力超高，现有的钻井液、水泥浆、套管难以满足要求时，更应提前研究出技术方案。

对于钻井工作量大、钻井数量多的开发区块应组织进行开发钻井方案的论证，特别重点区块总部组织进行论证。开发区块钻井方案论证的内容有：地质概况、地质分层与地层三压力剖面、地层可钻性剖面、已钻井情况、钻井难点、井身结构设计、钻井设备要求、钻头与钻井参数、钻具组合、钻井工艺措施、钻井液方案、完井方案、固井技术方案、工期预测、新技术推广试验内容等。

第四节 批钻井钻井设计的主要内容

批钻井是指同一个区块，同一个开发方案中实施的地质条件相似的一批井。

一、区块批钻井标准钻井设计内容

批钻井可以在区块开发钻井方案基础上形成区块标准设计，在此基础上对于具体实施的每口井，只针对具体情况做出简单的单井设计。

区块标准设计执行一般井设计内容标准，但需增加以下内容：

(1) 区块地质特点与布井情况；

(2) 区块三压力剖面在平面上与纵向上的分布；

(3) 地层可钻性在平面与纵向上的分布；

(4) 新技术推广试验内容与要求。

二、批钻井单井钻井设计的主要内容

由于已有区块标准设计指导，批钻井单井设计可以只对每口井具体情况做出针对性设计，其具体内容有：

(1) 设计基本情况，包括井位、井深、地质分层等；

(2) 井身结构设计与井眼轨迹设计；

(3) 钻井液密度与体系、性能设计；

(4) 取心设计；

(5) 固井设计；

(6) 工期设计与材料消耗设计。

三、调整井钻井设计的主要内容

调整井钻井设计在一般井钻井设计基础上考虑以下内容：

(1) 区块开采方式、开采历史；

(2) 连续三年地层压力等值图，已开发层位的地层压力情况；

(3) 针对井控安全的停注配合钻井措施；

(4) 提高固井质量措施。

第五节 钻井工程的质量要求

一、井身质量要求

井身质量是钻井验收的重要内容，井身质量包括井斜与位移要求、井径扩大率要求、固井质量要求等指标。

(1) 对于直井来说井斜是重要考核指标，除要求井斜不超过标准规定外，还要求全角

变化率不超过标准规定。水平井、定向井设计中一般只对勘探与开发后期作业有影响的全角变化率做出针对性规定。

(2) 井径扩大率对于减少复杂事故、提高电测资料质量、提高固井质量都非常重要，井身质量标准对井径扩大率做出了明确规定，一般规定目的层井径扩大率小于10%，其他地层各油田做出了具体规定。

(3) 固井质量对于试油与采油都具有重要影响，固井质量的判定标准不同油田有不同规定，一般除要求声幅检查外，还要求进行特殊检查，以保证固井质量达到勘探与开发要求。

二、资料录取对钻井施工要求

钻井的目的不仅是建立油气生产通道，同时也需要录取地质资料，对于探井来说，资料录取是非常重要的目的。为提高资料录取质量，需要钻井做好以下工作：

(1) 钻井液添加剂不影响或尽可能减少影响气测对油气层的识别，钻井液体系能保持岩屑的代表性与完整性，尽可能实现近平衡甚至欠平衡钻井，以提高气测录井发现油气的能力。

(2) 钻井液添加剂与钻井液体系还尽可能减少对测井影响，为测井准确获取地层与油气信息创造条件，要求钻井液体系中滤液矿化度与地层有明显区别，钻井液浸入带深度适中，不影响本井特殊测井项目实施。

(3) 配合录井，准确、高收获率起出地层岩心。

(4) 配合测井做好测井工作，避免测井仪器阻卡。

(5) 保持井眼质量，为中途测试创造良好的条件，配合测试队伍做好中途测试。

三、储层保护要求

储层保护技术应用可以减少对油气层的伤害，从而有利于提高单井油气产量。储层保护设计首先需要对储层进行敏感性分析，找出储层主要敏感因素，针对敏感因素设计针对性的储层保护措施，减少对储层的伤害。

屏蔽暂堵技术可以最大限度地减少外来流体与固体进入储层，屏蔽暂堵技术的应用需要对储层岩心进行分析，找出其孔、缝、洞的尺寸分布，设计针对性的屏蔽暂堵剂配方。

储层保护设计实施必须进行严格的现场监督，要求现场按设计要求加足储层保护剂。此外还应当取现场完井液到实验室试验，测试其渗透率恢复值是否达到要求。

第六节　钻井施工设计与策划

一、钻井施工设计目的、意义与程序

一般意义上的钻井设计是甲方设计，是体现业主单位的要求，并为业主单位管理钻井生产服务。甲方设计人员可能不是钻井方面的高水平专家，设计虽然也考虑了先进性、科学性，但却只能考虑施工单位具有普遍性的一般情况。施工单位据此进行设计不能达到自己的最高效益。因此施工单位还需要充分发挥自己在钻井施工方面的特长，在认真分析地

层、地质情况的基础上，形成具有自己特色的施工设计。

固井部分虽然也包含在钻井设计中，但具体钻达固井井深时，可能井深、井底温度压力与设计时有差别，具体的水泥与现场水样也需要进行试验，套管扶正器安放、水泥量计算需与具体井身质量结合等，这些都要求固井前必须有详细的施工设计。

钻井施工设计由钻井施工单位完成，施工单位进行审批，报业主单位备案。

固井施工设计在固井前电测结束时由固井施工单位完成，报经固井施工单位主管领导与油田公司主管固井的领导审批后执行。

二、钻井施工设计主要内容

钻井工程施工设计包含钻井工程施工设计、固井施工设计、HSE 策划三部分。

钻井工程施工设计主要内容包括：设计基本情况，地层与地质情况分析，钻井难点，分层段钻井技术措施，钻井液难点与技术措施，设备、工具与材料准备，重点井段复杂事故的预防与处理措施，施工的组织保障等内容。

固井施工设计主要内容包括：井身结构设计情况，井眼状况（包括钻井液密度、三压力剖面、地层温度等），钻井施工简况，套管强度校核，固井水泥浆体系配方化验结果，套管扶正器安放设计，下套管措施，固井施工措施，施工设备，组织保障。

HSE 策划主要内容包括：

（1）钻井设计简况。施工地区地理、地质、地面环境、气象资料，可能的地质灾害，可供信托的交通保障体系。

（2）HSE 组织机构及其各自的职责划分。

（3）人力资源与设备资源配备。

（4）管理制度与体系控制。

（5）钻井施工过程的安全控制。

（6）风险管理措施。

（7）测量与监测仪器。

（8）各种情况下的应急工作。

（9）资料要求。

（10）监督与监理管理。

（11）变更与不符合项整改要求。

第七节 钻井设计的监督与执行

一、钻井施工过程的监督

钻井监督是业主单位派驻现场的全权代表，依据钻井设计对生产进行监督，对关键生产环节进行把关，保证钻井工程质量。钻井施工过程的监督必须依据设计进行，遵循以下原则：

（1）监督以设计为依据，保证钻井施工按设计执行，设计中推荐的措施可以根据自身的技术特色，采用相应的技术，但设计中未注明是推荐措施的必须强制执行。

(2) 钻井施工过程中如果出现设计之外的意外情况，影响设计的执行，或对设计工期、成本、材料产生较大影响的应及时通过有关渠道反映，及时按规定的程序变更设计。

(3) 监督有义务对设计进行审查，及时反馈对设计的改进意见，并参与设计的后评估，促进设计水平不断提高。

(4) 监督有义务保证钻井生产现场填写资料正确、齐全，杜绝出现现场假资料误导钻井设计。

(5) 监督应配合设计人员跟踪设计执行，及时向设计人员介绍设计的执行情况，为设计人员深入现场提供支持。

二、业主单位对设计的责任与义务

钻井设计是在业主单位的领导之下完成，但钻井设计由于其责任重大，业主单位必须给予合力的支持，业主单位需做好以下工作：

(1) 强化设计的基础研究工作，为设计人员开展深入细致的设计前期基础研究创造必要的条件，并提供人员编制、资金、试验条件的支持。

(2) 认真组织进行设计方案的讨论，使钻井设计的主要内容科学合理。

(3) 理解设计人员的法律责任，尊重设计人员就安全、环境等问题提出的意见。

(4) 对设计质量进行把关，认真审查、审核设计内容，减少设计的差错。

(5) 约束监督队伍严格执行设计，防止随意变更设计，在钻井工程验收与成本结算时严格执行设计，维护设计的权威性。

(6) 组织好对设计的跟踪反馈，组织好设计的后评估，不断提高设计的质量。

(7) 对钻井现场资料进行严格把关，提高现场钻井资料的质量。

(8) 及时就提高钻井设计质量进行专题研讨，为不断提高设计质量创造条件。

附录一　钻井设计编制规范

第一章　总　则

第一条　钻井是油气勘探与开发的重要环节，是实现地质目的和产能建设的必要手段，钻井设计是确保油气钻井工程顺利实施和质量控制的重要保证，也是钻井工程预算的依据；钻井设计是钻井作业必须遵循的准则，也是组织钻井生产和技术协作的基础。因此，钻井设计的科学性、先进性和可操作性对钻井工程作业的成败和油气勘探与生产的效益起着十分关键的作用。

第二条　为统一中国石油天然气股份有限公司（以下简称股份公司）钻井设计编制格式，规范股份公司内钻井工程作业和钻井技术的管理，提高钻井工程设计的水平和生产效率，特制订本规范。

第三条　本规范内容包括钻井地质设计、钻井工程设计和固井设计三个部分。

第四条　本规范适用于股份公司所属的各油气田分（子）公司的探井单井钻井设计、开发区块的钻井标准设计。开发井的单井设计，可依照本规范并根据实际情况予以适当简化；特殊工艺井钻井工程设计应依据本规范规定的设计格式进行详细设计。

第二章 设计基本原则

第五条 设计应在充分分析有关地质和工程资料的基础上，遵守国家及当地政府有关法律、法规和要求，按照安全、快速、优质和高效的原则进行编制。

第六条 设计必须以保证实现地质任务为前提。设计应充分考虑录井、测井、中途测试、完井、试油及开发的需要。

第七条 设计应首先体现安全第一的原则。主要目的层段的设计必须体现有利于发现与保护油气层；非目的层段的设计应主要考虑满足钻井工程施工作业和降低成本的需要。

第八条 设计必须具有可操作性，并且其指标要体现该地区或可比地区的钻井先进水平。

第九条 设计前必须进行前期研究和现场调研，区域探井和重点预探井必须完成可行性论证报告。

第十条 设计要采用国内外成熟的各种先进技术，如果现有技术难以满足钻井作业需要时，必须积极组织攻关研究，探索解决钻井难题的途径，确保钻井目的的实现。

第十一条 设计要贯彻和执行有关环保要求，做到钻井施工与环境保护措施同时安排和实施。

第十二条 设计必须按规定的设计格式逐项编写。设计单位应取全取准设计所需的各项基础资料，并充分运用各种辅助设计手段，保证设计的水平和质量。

第十三条 设计单位要经常深入现场，跟踪设计，现场人员也应该及时将意见反馈给设计单位。当钻井设计与钻井现场生产实际情况不吻合时，可以修改设计，但必须按程序进行。

第三章 设计前期基础工作

第十四条 设计人员必须早期介入井位的论证，参与地质方案的讨论，熟悉掌握地质、工程资料，深入了解地质目的，明确设计任务。

第十五条 设计人员必须参与地面井位勘察，结合地面踏勘，了解地面露头、构造、矿产、地形、地物、道路、通信、环保、气象、水文等情况，在满足地下井位坐标前提下，从经济效益和施工技术可行性出发，论证、确定地面井位。

第十六条 钻井工程设计人员必须调研并掌握钻井工程所需的装备、器材、工具和材料等物资的型号、性能及质量状况。

第十七条 进行设计前，应收集资料主要包括：

1. 所钻区块地震剖面资料、地震层速度资料；
2. 地质研究报告；
3. 邻区、邻井已钻井地质和工程录井资料，地质分析化验等资料；
4. 邻区、邻井岩心与岩屑理化分析、物性分析与敏感性分析资料，岩心的强度试验、可钻性试验资料；
5. 邻区、邻井常规测井、偶极声波成像（DSI）等测井资料；
6. 邻区、邻井测试、试油得出的温度、压力以及含油、气、水情况资料，特别注意地层流体中是否含有 H_2S 等腐蚀性介质；

7. 邻区、邻井钻井与完井等各种相关工程资料；

8. 邻区、邻井钻井各项指标（包括钻井时效、材料消耗及成本费用）；

9. 设计井所在地区地理环境、矿业、交通、通信、气象、水文、海况及灾害性地质现象。

第十八条 区域探井和重点预探井设计前必须进行技术调研和钻井可行性论证，可行性论证报告内容主要包括：

1. 井型和钻井方式；
2. 地层压力预测与岩石可钻性分级；
3. 井身结构；
4. 下部钻具组合方案；
5. 钻井液体系及配方；
6. 钻头选型及钻井参数优选；
7. 固井工艺及技术方案；
8. 油气层保护措施；
9. 钻井作业的难点及相关措施；
10. 钻井作业过程中随钻研究的内容；
11. 钻井工程成本分析。

第四章 设计要求

第十九条 设计要求主要是对地质、钻井和固井三个设计中的关键技术进行规定，并对相关内容进一步描述。

第一节 地质设计

第二十条 钻井地质设计的编写应依本规范为准，参考 SY/T 5965—94（探井地质设计规范）和 SY/T 6244—1996（油气探井井位设计规程）的要求执行。

第二十一条 井区自然状况：

1. 必须详细调查、阐明钻井地区的地理、自然环境、气象、水文及地面地质资料；
2. 有坑道、管道和井口地层风化切割较深的地区必须详细描述；
3. 勘探程度较高的地区可以简述。

第二十二条 井深设计以 50m 为基数，分层以 5m 为基数。

第二十三条 构造描述应包括：

1. 构造展布、形态、走向；
2. 主断层的发育（走向、断距）及对次级断层的影响；
3. 次断层的分布特征及井区的断层发育状况。

第二十四条 地层概况描述：

1. 地层概况应首先描述探区内地层岩性、标准层、倾角及特征；然后叙述生、储油层的岩性、厚度、物性及流体特性；
2. 邻井的实钻情况描述包括地层分布、岩石电性及录井和试油。
3. 设计井应自上而下按地质时代描述岩性、厚度、产状、胶结程度及分层特征；

4. 断层、漏层、超压层、膏盐层及浅气层等特殊岩性段要进行详细描述。

第二十五条 探井必须做地质风险分析，主要包括地层变化、构造形态和断层分布，同时，给钻井工程设计以提示。

第二十六条 地质设计必须为钻井工程设计提供相关的基础资料。详细提供地层压力剖面、预测依据和方法。

第二十七条 资料录取应考虑地质和工程施工所需数据。探井和深井必须取得全套工程与地质资料，为提高时效和安全施工提供依据。资料录取执行：

1. SY/T 5251—2001《油气探井质量基本要求及地质资料录取项目》；
2. SY/T 5788.2—1997《油气探井气测录井规范》；
3. SY/T 6243—1996《油气探井工程录井规范》；
4. SY/T 6294—1997《油气探井分析样品现场采样规范》；
5. SY/T 6028—1994《探井化验项目取样及成果要求》；
6. GB/T 18602—2001《岩石热解分析》。

第二十八条 为了便于资料交流和入库，热解分析一律使用三分法记录（S_0、S_1、S_2、T_{max}）。

第二十九条 设计确定取心层位和数量时，既要考虑地质研究需要，又要考虑钻井难度。

第三十条 地球物理测井：

1. 测井项目选择要有明确的针对性，要求选择先进的、有效的测井方法，要明确每个井段具体的测量项目和目的。

2. 区域探井和重点探井设计时应安排地震测井（VSP）。

第三十一条 地质设计明确试油层位和试油方法，提出试油要求。

第三十二条 应根据不同勘探阶段和井区地表条件综合考虑确定弃井的方式和方法。

第三十三条 设计的变更和施工计划的变更（包括：施工工序、进度及非正常作业）应在设计文本中有明确的要求及批准程序。

第三十四条 钻井地质设计文本中必须附全所有附图和附表，附图中应有详细标注，并符合有关技术标准或规范。

第二节 钻井工程设计

第三十五条 地层压力预测：

1. 钻井设计人员必须根据地质提供的相关资料、地震资料和邻区、邻井资料做出压力预测剖面；

2. 在地应力发育区如山前构造带的探井必须进行坍塌压力预测，作为稳定井壁设计的依据。

第三十六条 井身结构设计应考虑：

1. 根据地层压力剖面以及地层复杂情况，设计套管层序，并注明封隔目的。
2. 依据采油、试油的需要确定油层套管尺寸。
3. 地层压力不清或地层复杂的深探井，套管设计要留有余地。
4. 高压天然气井套管设计必须考虑密封和防腐因素。

5. 套管强度设计必须充分考虑蠕变地层的影响。

第三十七条 钻机及主要设备选型：

1. 钻井工程设计应根据工程施工的最大负荷，合理地选择钻机装备。所选钻机在钻井作业期间所受最大负荷不得超过钻机额定负荷能力的80%。对于预探井应选择负荷能力高一级的钻机。

2. 井架底座的净空高度应能满足各次开钻井口装置的安装要求。

3. 区域探井、复杂地区的深井和大位移井应使用顶部驱动装置。

4. 设计文本格式中钻井主要设备中包括普通钻机、电动钻机和欠平衡钻井装备等。做设计时，根据井型列出与设计有关的设备。

第三十八条 钻具及专用工具选择：

1. 探井现场必须配齐常用打捞工具。

2. 定向井、水平井、大位移井和井深超过4000m的直井必须进行钻具强度校核。

3. 应针对不同井眼条件及可能出现的各种井下复杂情况设计不同的钻具组合。

4. 直井下部钻具组合设计方法，按SY/T 5172—1996行业标准执行。定向井下部钻具组合设计方法，按SY/T 5619—1999行业标准执行。

5. 对于超深井、大位移井或可能发生技术套管严重磨损的井必须设计套管防磨保护措施。

第三十九条 钻井液设计应考虑：

1. 钻井液设计应根据地层岩性、井底温度和压力，分段设计钻井液体系及性能，同时根据设计井具体情况，明确提出维护处理要求。

2. 钻井液处理剂必须设计使用质检合格的产品。

3. 设计时必须作出将要使用的钻井液处理剂性能对比试验以及性能价格比分析。

4. 钻井液液柱压力应高于地层孔隙压力和坍塌压力，小于地层破裂压力。其安全附加值油井为1.5 ~ 3.5MPa，气井为3.0 ~ 5.0MPa。

5. 如果钻井液密度选择因泥浆密度安全窗口太窄而不能满足本条第4款规定时，允许设计密度超过地层漏失压力，但在设计中必须提出切实可行的堵漏措施。

第四十条 钻头及钻井参数优选：

1. 钻头设计必须依据地层可钻性分级与岩性选择钻头型号，依据每米进尺钻井综合成本最低的原则选择钻头厂家。

2. 钻井参数设计按SY/T 6201—1996《优选参数钻井基本方法》、SY/T 5234—1991《喷射钻井水力参数设计方法》行业标准执行。

第四十一条 压力控制与井口装置选择：

1. 以本井所钻遇的最大地层孔隙压力为依据选择井口装置。压井管汇、节流管汇和套管头的压力等级应与井口装置相匹配。

2. 圆井深度设计要满足各层次套管头和井口装置安装高度的要求，保证四通两侧内控管线沿地面接出，防止离地面过高。

3. 井口装置示意图必须标明型号；节流管汇及压井管汇示意图必须标明阀门名称及其常规状态下的开关所处的位置。

第四十二条 欠平衡钻井的井底欠压值应依据储层孔隙压力确定，钻进时一般控制井口压力在 2 ~ 4MPa 之间，并以此设计循环介质的密度。明确要求施工单位做出欠平衡钻井施工设计。

第四十三条 取心技术措施必须明确描述井眼准备、取心工具的检查、下钻、树心、取心钻进、割心、起钻等要求。

第四十四条 地层压力监测与漏失试验要求：

1. 探井必须进行地层孔隙压力监测，设计中必须规定具体的监测方法以及监测要求，提出监测发现异常压力情况的处理措施。

2. 对于砂泥岩地层必须做完整的地层破裂试验，对于难以做出完整的地层破裂压力的地层，可以在试到一定压力后终止试验，此时试验压力作为地层承压能力的参考依据。

3. 地层破裂试验按 SY 5430—1992 标准进行。

第四十五条 中途测试安全措施应明确描述井眼准备、起下钻要求、测试结束时的压力控制和安全措施等过程。

第四十六条 油气层保护措施应明确描述完井液体系、配方和性能维护要求及钻井操作措施等内容。

第四十七条 各次开钻或分段钻井施工重点措施要求描述：

1. 设备安装、井口安装、井控、固控、井口及套管防磨、井斜控制、井下复杂情况、钻井技术要求、新工艺新技术应用和安全提示等。

2. 设计时要考虑各井段可能发生的复杂情况，做出有针对性和可操作性的具体措施。

第四十八条 完井要求应按 SY/T 5678—93《钻井完井交井验收规则》行业标准提出具体要求。

第四十九条 探井设计中必须根据地质设计和环保提出弃井的具体方案。

第五十条 以预测的各种参数为依据，合理地作出分井段施工进度计划。

第五十一条 健康、安全与环境管理要求按 SY/T 6283—1997《石油天然气钻井健康、安全与环保管理体系指南》行业标准执行，针对本井的具体情况提出具体要求。

第五十二条 投资预算按股份公司制订的定额标准进行测算，并按《× × 井钻井工程投资预算书》格式详细列出。

第三节 固井设计

第五十三条 固井技术要求按中国石油天然气股份有限公司勘探与生产分公司发布的《固井技术规定（试行）》执行。

第五十四条 固井设计时必须详细了解地质情况，并跟踪掌握实钻资料，作为设计的依据。特殊情况下还应考虑：

1. 孔隙压力和渗透率是防窜计算的基础数据，应尽可能获得此项数据写入设计。

2. 岩盐层、盐膏层和软泥岩层等应测定蠕变系数，并将获得的数据写入设计。

第五十五条 套管强度设计要求与钻井工程设计相关条款一致。

第五十六条 水泥浆设计时必须测定水泥浆、冲洗液和隔离液的流变参数，作为确定技术方案和措施的重要依据。

第五十七条 注水泥设计时必须采用适当的方法对环空压力系统进行压稳校核，确保固井前、固井过程中和候凝期间压稳油气水层，防止发生油气水窜流。

第五十八条 固井技术措施应明确描述：

1. 井眼准备、下套管、注水泥、候凝及胶结测井，特殊固井作业等具体内容。

2. 根据实际的地质和钻井情况，提出有关安全、提高顶替效率和防止油气水窜流等措施。

第五十九条 固井设计中应明确提出上交资料要求。资料主要包括：固井施工记录单、固井参数记录卡和固井施工总结（含固井复杂情况处理、固井 HSE 执行情况总结)。

第五章 设计格式

第六十条 设计格式和内容必须按钻井地质设计、钻井工程设计和固井设计三个附件执行。在实际使用过程中各油气田分（子）公司可以根据具体情况在保留设计内容和格式完整的基础上增加设计内容。

第六十一条 设计审核、批准人若发现设计中有问题或错误，应明确提出修改意见，并返回设计单位修改。审核、批准人只需签字认可，无须另加批示。

第六十二条 设计的幅面和字体

1. 纸张大小：A4 纸

2. 版面设计

页边距：上 32mm、下 32mm、左 23mm、右 23mm；页眉：15mm；页脚：20mm。

3. 封面左上角为股份公司标志。

4. 字体：中文为宋体，英文和数字为 Arial。

5. 字号大小

5.1. 封面

“构造”和“井别”等：三号，加黑；“×××××× 设计”：小初号，加黑；“中国石油天然气股份有限公司 ×××××× 油气田分（子）公司”：三号，加黑。

5.2. 封 1 和目录页

封 1 内容和“目录”两字：三号；一级标题字号：四号；二级标题字号：小四号。

5.3. 正文部分

一级标题：小三号；二级标题：四号；表格内文字：五号；其余文字：小四号。

5.4. 页眉

“中国石油”：小三号，加黑；“××× 设计”等：小四号，加黑；“第　页　共　页”：五号。

5.5. 页脚

“×××× 油气田分（子）公司”：五号，加黑；“×××× 年 ×× 月 ×× 日”：五号。

第六章 附 则

第六十三条 本规范由股份公司勘探与生产分公司组织制订和发布。

第六十四条 本规范的解释权与修改权属股份公司勘探与生产分公司。

第六十五条 本规范自发布之日起执行。

附录二 中国石油天然气集团公司井筒工程设计资质管理办法

第一章 总 则

第一条 为了进一步规范中国石油天然气集团公司（以下简称集团公司）井筒工程设计单位（以下简称设计单位）资质管理，保证工程设计单位的设计能力，依据《中国石油天然气集团公司石油工程技术服务企业及施工作业队伍资质管理规定》（中油工程字[2006]209号），制定本办法。

第二条 进入集团公司工程技术服务市场，从事井筒工程设计的单位，必须通过资质审核并获得《中国石油天然气集团公司井筒工程设计资质证书》（以下简称资质证书）。

第三条 设计资质审核内容包括：资历信誉、人员素质、技术装备、技术水平、管理水平和设计业绩等方面。

第四条 设计资质分为甲、乙两个等级。取得甲级资质的设计单位可以承担特殊工艺井、复杂高难度井的井筒工程项目（包括“高压、高含硫和高危”井等）及常规井筒工程项目的设计；取得乙级资质的设计单位只能承担常规井筒工程项目的设计。

第五条 集团公司资质管理委员会是设计单位的资质管理的决策机构，资质管理委员会下设资质管理办公室，具体组织实施企业和队伍资质管理工作。

管理局和油气田公司共同组成的资质初审领导小组，负责对申请资质和年审的企业和队伍进行初审和推荐，并配合资质管理办公室组织现场核查和评估等工作。

第二章 资质的基本条件

第六条 设计单位的资历和信誉应具备以下条件：

（一）申报乙级资质设计单位应有5年以上设计资历，申报甲级资质设计单位应有10年以上的设计资历。

（二）应有良好的信誉，信誉证明由主要建设方提供。

（三）应有相应的经济实力，固定资产总额大于1000万元。

第七条 设计单位的人员素质应具备以下条件：

（一）人员配备齐全、专业结构合理，有地质和油藏专业的专职人员或外部资源参与设计，具有同时承担4项以上井筒工程设计的能力。申报甲级资质的设计单位应具有同时承担4项以上特殊工艺或复杂高难度的井筒工程设计能力。

（二）主要技术负责人应具有高级工程师及以上的技术职称，有本专业的设计、研究和现场工作经历，从事本专业工作10年以上，参加过10项以上（其中至少主持5项）井筒工程项目设计。

（三）主要设计人员应定期参加相关业务的技术培训，并取得相应的证书，同时还需要持有有效的井控合格证。

第八条 设计单位在技术水平上应达到以下标准：

（一）能够应用实用技术和设计软件，独立承担工程设计。

（二）具有相应的研究能力和新技术、新工艺的推广应用能力。

（三）设计人员应熟练掌握相关的技术标准和规范。

第九条 设计单位在技术装备方面应当具备以下条件：

（一）有配套的计算机软硬件系统。具有完善的工程设计、资料管理和查询软件，具有先进的信息管理系统。

（二）按照设计规范及标准配齐应有的实验设施和分析、化验、检验等仪器仪表。

第十条 设计单位在管理水平方面应当达到以下要求：

（一）与本专业设计有关的最新专业标准、规范、规定和技术手册等文件资料齐全，及时更新，规范管理。

（二）组织机构、管理制度、质量管理体系健全并有效运行，同时能够实行动态管理。

第十一条 设计单位应当具备以下业绩：

（一）近三年中独立承担过的井筒工程设计不少于100井次，或独立承担特殊工艺井、复杂高难度井、重点探井不少于20井次，并已完工，且无因工程设计而遗留的隐患。

（二）近五年获得过与设计有关的局级及以上奖励。

第三章 资质的申报与批准

第十二条 符合资质申请基本条件的单位申请资质时，须向所在地区的企业资质初审领导小组提交以下资料（一式两份）；

（一）《井筒工程设计单位资质申报表》（以下简称“申报表”）；

（二）企业法人（或委托企业法人）营业执照复印件；

（三）设计单位主要技术负责人简历、技术职称及行政职务的任职文件复印件；

（四）由本企业组织人事部门提供申报表中所列技术人员任职证、毕业证及培训证的证明材料；

（五）能证明申报表中所列代表性工程项目设计的相关材料；

（六）需要出具的其他有关证明材料。

第十三条 申请晋升资质的设计单位，除提交第十二条要求的证明材料外，还需提交下列材料：

（一）单位原资质正、副本；

（二）单位近两年的资质年检证明材料复印件；

（三）资质申报表中所列的代表性工程项目的合同复印件及设计文件审查合格证明材料复印件。

第十四条 设计单位申请资质或晋升资质，在申请之日前一年内有下列行为之一，不予批准：

（一）采取不正当手段承接设计业务；

（二）将承接的设计业务进行转包；

（三）违反国家、行业标准或合同规定，造成严重后果；

（四）因设计原因造成工程重大质量、安全、环境等事故；

（五）未根据有关单位提供的地质设计或勘探成果文件进行设计；

（六）转让、伪造、涂改资质证书，或为其他单位提供图章、图签；

（七）以欺骗、弄虚作假等手段申请资质；

（八）违反国家有关法律、法规受到处罚，或因涉嫌违反国家有关法律、法规而正在接受查处。

第十五条 集团公司所属企业资质初审领导小组对企业工程设计单位提出的资质申请，应按照相应的细则（见附件）进行初审并提出推荐意见，将资质申报材料和推荐意见，统一上报集团公司资质管理委员会办公室。

第十六条 集团公司资质管理委员会办公室组织对申请材料进行审核及现场抽查，并提出审核意见。

第十七条 集团公司资质管理委员会对审核意见进行最终审定，公布结果，颁发资质证书。

第四章 资质的管理

第十八条 符合设计资质要求的设计单位，由集团公司资质管理委员会颁发《中国石油天然气集团公司井筒工程设计资质证书》。该证书由集团公司统一印制，分正本、副本，正本和副本具有同等效力。

第十九条 资质证书有效期五年，每两年进行一次审验。连续两次通过审验的乙级资质单位，可以在第五年申报甲级资质；审验不合格的设计单位，限期整改；经复检仍不合格的，经集团公司资质管理委员会同意后，予以降低资质等级或取消资质的处理。

第二十条 资质证书不得涂改、伪造、出借、出租、转让、出卖，发现上述情况之一的，由主管部门给予通报，并由资质管理办公室收回资质证书，予以注销。

第二十一条 持证单位名称、地址、法定（委托）代表人等发生变更时，应在变更后的一个月内，向初审领导小组办公室提出换证申请并附变更批准文件等有关材料和原资质证书，经初审后报集团公司资质管理委员会办公室，办理变更手续。逾期未提出变更申请的设计单位，其资质证书自动失效。

第二十二条 设计单位发生分立、合并后组建的新单位，继续从事井筒工程设计的，应于重组后的三个月内重新提出资质审核申请，并将原资质证书交回集团公司资质管理委员会办公室，予以注销。

设计单位因破产、倒闭、撤销、歇业的，应将资质证书交回集团公司资质管理委员会办公室，予以注销。

第二十三条 设计资质实行公告制度，公告由集团公司资质管理委员会办公室发布。

第五章 附 则

第二十四条 本办法未规定的，依照《中国石油天然气集团公司石油工程技术服务企业及施工作业队伍资质管理规定》相关规定执行。

第二十五条 本办法由集团公司工程技术与市场部负责解释。

第二十六条 本办法自印发之日起施行。

附录三 钻井井身质量控制规范（SY/T 5088—2008）

1. 井身质量定义：

井身质量指井跟施工作业的质量，包括井眼轨迹、井径扩大率等内容。

2. 井身质量的控制项目：

1）垂直探井与开发井井身质量控制项目包括：

a）数据采集间隔

b）井斜角

c）目标点水平位移

d）全角变化率

e）目的层平均井径扩大率

f）井口头倾角

2）定向探井与开发井井身质量控制项目包括：

a）数据采集间隔

b）靶区半径

c）全角变化率

d）目的层平均井径扩大率

e）井口头倾角

3）水平开发井井身质量控制项目包括：

a）数据采集间隔

b）全角变化率

c）着陆点水平靶靶区

d）水平段纵横向偏移

e）井口头倾角

3. 垂直探井井身质量控制要求：

1）数据采集间隔不大于300m。

2）井斜角及井底水平位移见附表1-3-1。

附表1-3-1　垂直探井井斜角及水平位移控制范围

井深，m	井斜角，(°)	井底水平位移，m
0～500	≤1	≤10
＞500～1000	≤2	≤30
＞1000～2000	≤3	≤50
＞2000～3000	≤5	≤80
＞3000～4000	≤7	≤120
＞4000～5000	≤9	≤160
＞5000～6000	≤11	≤200
＞6000～7000	≤12	≤240
＞7000～8000	≤14	≤290
＞8000～9000	≤16	≤350

3）全角变化率见附表1-3-2。

附表 1–3–2 垂直探井全角变化率控制要求

井深 m	井段，m						
	≤ 1000	≤ 2000	≤ 3000	≤ 4000	≤ 5000	≤ 6000	> 6000
≤ 1000	≤ 2.00°						
≤ 2000	≤ 1.75°	≤ 2.25°					
≤ 3000	≤ 1.50°	≤ 2.00°	≤ 2.50°				
≤ 4000	≤ 1.50°	≤ 1.75°	≤ 2.25°	≤ 2.75°			
≤ 5000	≤ 1.25°	≤ 1.75°	≤ 2.00°	≤ 2.50°	≤ 3.00°		
≤ 6000	≤ 1.25°	≤ 1.50°	≤ 2.00°	≤ 2.25°	≤ 2.50°	≤ 3.25°	
> 6000	≤ 1.25°	≤ 1.50°	≤ 1.75°	≤ 2.25°	≤ 2.75°	≤ 3.25°	≤ 3.50°

4）目的层平均井径扩大率不宜大于 25%。

5）井口头倾斜角不大于 0.5° 。

4. 定向探井井身质量控制要求：

1）数据采集间隔不大于 100m，造斜和扭方位井段不大于 30m。

2）靶区半径不大于附表 1–3–3 数值。

附表 1–3–3 定向探井靶区半径控制要求

井深，m	靶区半径，m	井深，m	靶区半径，m
≤ 500	≤ 15	≤ 3000	≤ 80
≤ 1000	≤ 30	≤ 4000	≤ 120
≤ 1500	≤ 40	≤ 5000	≤ 165
≤ 2000	≤ 50	≤ 6000	≤ 215
≤ 2500	≤ 65		

3）全角变化率直井段和稳斜井段不大于 3°/30m，造斜和扭方位井段不大于 5°/30m。

5. 常规开发井井身质量控制水平位移不大于附表 1–3–4 数值。

附表 1–3–4 垂直开发井水平位移控制要求

井深，m	靶区半径，m	井深，m	靶区半径，m
≤ 500	≤ 15	≤ 3000	≤ 75
≤ 1000	≤ 30	≤ 4000	≤ 90
≤ 1500	≤ 40	≤ 5000	≤ 120
≤ 2000	≤ 50	≤ 6000	≤ 150
≤ 2500	≤ 60		

第二章　地层压力及井身结构设计

钻井工程中，地层孔隙压力、坍塌压力、破裂压力和漏失压力 4 个压力剖面是进行井身结构设计、钻井液密度确定、油气层保护、油气井压力控制、欠平衡钻井（气体钻井）的科学依据，压力剖面的准确性决定着钻井、完井与测试作业的成败。

现代钻井通过钻前预测地下压力剖面，预知井下井控与井下复杂事故风险，钻井过程通过随钻监测地层压力及时调整钻进参数控制风险，钻后建立地下压力模型掌握各类复杂地层的压力特征，为后续井设计提供依据。

第一节　几个基本概念

一、静液压力和静压梯度

在静止液体中的任意点液体所产生的压力称为静液压力（简称静压），用符号 p_h 表示，p_h 是液柱密度和垂直高度的函数，单位 MPa（兆帕）。

单位垂直高度静压的变化称为静压梯度，用符号 G_h 表示。钻井工程中单位用等效钻井液密度表示，为 g/cm³。

因此得

$$p_{\rm h} = 10^{-3} \times \rho_{\rm f} \times g \times H \tag{2-1-1}$$

$$G_{\rm h} = \frac{10^3 p_{\rm h}}{gH} \tag{2-1-2}$$

式中　ρ_f——流体密度，g/cm³；

g——重力加速度，9.81m/s²；

H——液柱高度，m。

在陆上井中，H 为目的层深度，起始点自转盘方钻杆补心（简称 RKB）算起，液体密度为钻井液密度，用 ρ_m 表示，单位 g/cm³。

则有

$$p_{\rm h} = 0.001 \times \rho_{\rm m} \times g \times H \tag{2-1-3}$$

在海上井中，液柱高度起始点自钻井液液面（即出口管）高度算起，它与 RKB 高差约为 0.6 ~ 33m，此高差在浅层计算压力梯度时要引起重视，但在深层，可以忽略不计。

二、上覆岩层压力和压力梯度

任意深度岩层的上覆岩层压力是指上覆岩层的岩石骨架及孔隙中流体的总重量所产生的压力，用 p_0 表示，单位为 MPa。

$$p_0=\int_0^H 10^{-3}\times\rho_b(H)\times g\mathrm{d}H \tag{2-1-4}$$

式中　H——目的层深度，m；

$\rho_b(H)$——岩层的体积密度，g/cm³。

岩层的体积密度 $\rho_b(H)$ 是某一深度岩石骨架本身的密度、岩层孔隙度及孔隙流体密度的函数，即

$$\rho_b=\phi\rho_f+(1-\phi)\rho_{ma} \tag{2-1-5}$$

式中　ϕ——岩层孔隙度，%；

ρ_{ma}——岩石骨架密度，g/cm³；

ρ_f——孔隙流体密度，g/cm³。

表 2-1-1 和表 2-1-2 是几种常见岩石的骨架密度、流体密度及声波时差值。

表 2-1-1　几种岩石骨架密度及对应声波时差值

岩石骨架		岩石骨架密度，g/cm³	岩石骨架声波时差，μs/m
砂岩	$\phi\geqslant10\%$	2.65	182
	$\phi<10\%$	2.68	168
石灰岩		2.71	156
白云岩		2.87	143
硬石膏		2.98	164
石　膏		2.35	171
岩　盐		2.03	220

表 2-1-2　孔隙流体密度和对应声波时差典型值

孔隙流体	矿化度，μg/g	流体密度，g/cm³	声波时差，μs/m
淡　水	0	1.0	620
	6000	1.003	
微咸水	7000	1.004	620 ↓ 608
	10000	1.005	
	20000	1.011	
	30000	1.016	
	50000	1.028	
盐　水	60000	1.033	608
	80000	1.045	
	100000	1.057	
	330000	1.193	

同样，上覆岩层压力梯度可表示为：

$$G_0=\frac{p_0}{H}=\frac{1}{H}\int_0^H 10^{-3}\times\rho_b(H)\times g\times \mathrm{d}H \tag{2-1-6}$$

由于压实作用是随深度而不同，岩石的体积密度也随压实程度不同而不同，因而上覆岩层压力梯度不是常数，而是深度的函数，并且不同的构造，压实程度也是不同的，所以上覆岩层压力梯度随深度的变化关系也不同，如图 2-1-1 所示。图中各条曲线分别表示了不同构造岩层的上覆岩层压力梯度随深度变化的关系曲线。

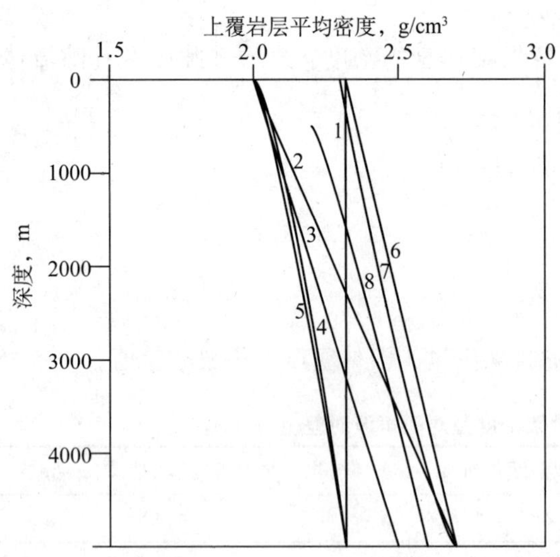

图 2-1-1　不同地区上覆岩层压力梯度与深度的关系

1—不变的上覆岩层压力梯度；2—大港油田南部；3—冀东油田；4—中原油田文留构造；5—墨西哥湾海岸地区；6—塔里木油田塔中地区；7—克拉玛依油田；8—南海西部

利用密度测井数据，即取测井质量良好的密度曲线，每 5 ~ 10m 的深度间隔（密度值相近的地层）读取其平均密度值（注意，不要读取井径过大层段的密度值），然后，把读取的采样点与深度的散点关系绘在合适的坐标上，根据散点的分布，用统计回归分析方法作出密度与深度关系的拟合公式。该公式认为是这个构造地层的上覆岩层压力梯度随深度变化的关系式。例如，冀东油田高尚堡构造，上覆岩层压力梯度与深度的关系为：

$$\left.\begin{aligned}&\text{当}H\leqslant 2700\text{m时，}G_0=2.009\mathrm{e}^{0.565\times10^{-4}\times H}\\&\text{当}H>2700\text{m时，}G_0=1.998\mathrm{e}^{0.584\times10^{-4}\times H}\end{aligned}\right\}$$

上覆岩层压力梯度计算的参考起始点与计算 G_h 时是一致的，但应注意，对于海上油田，需考虑海水、气隙及浅部厚层非固结沉积岩的影响，上覆岩层压力梯度值小很多。例如，海上钻井平台所处的海水深为 145m，钻井液返出面高度距海平面 20m，海水密度为 1.03g/cm³，求得在海底上覆压力和上覆压力梯度分别为：

$$p_0=10^{-3}\left(\frac{1}{H}\sum\rho_b\right)\times g\times H$$

$$=10^{-3}\times1.03\times9.8\times145=1.46\text{MPa}$$

$$G_0=\frac{10^3 p_0}{g\times H}$$

$$=\frac{10^3\times1.46}{9.8\times(145+20)}=0.9\text{g}/\text{cm}^3$$

由本例可见，浅层因海水、气隙等的影响，使上覆岩层压力梯度明显变小，仅为 0.9g/cm³。

三、地层孔隙压力

地层孔隙压力指地下岩石孔隙内流体的压力，用 p_p 表示。在正常沉积环境中，地层处于正常的压实状态，地层压力保持为静液柱压力，亦即正常地层压力，即 $p_p=p_h$，压力系数为 1；在异常的压实环境中，当地层压力小于正常地层压力时，称欠压地层，即 $p_p < p_h$，压力系数小于 1；当地层压力大于正常地层压力时，称异常高压地层，这时 $p_p > p_h$，压力系数大于 1。

通过钻探实践表明，这三种类型的地层都可钻遇到，其中异常高压地层更为多见，它与钻井工程的设计及施工关系也最大。

四、地层破裂压力

在井下一定深度，近井壁地层承受来自井内液体压力的能力是有限的，当井内液体压力达到一定值的时候，井壁地层就会因受张应力而破裂，这个压力值就被定义为地层破裂压力。

在钻井过程中，应该防止地层破裂，因为地层的破裂会导致井壁无法支撑液柱压力，从而发生严重漏失，且难以通过堵漏解决。因此准确计算地层的破裂压力对于进行井身结构设计和钻井施工都非常重要。如果井身结构或钻井液密度设计掌握不当，尤其在地层压力差别较大的裸眼井段，会造成“先漏后喷”，“上吐下泻”的恶性事故。

影响地层破裂的因素主要包括地应力、地层本身的弹性常数、强度、断裂韧性、天然裂缝的发育情况、孔隙压力的大小等因素。在本章第四节中将对这些因素进行必要的讨论。

五、地层坍塌压力

深部地层在原场应力的作用下是处于平衡状态的，当地层钻开之后，原先的平衡被打破，在井壁围岩产生应力集中，虽然井内可能有流体压力支撑，但在井壁不同位置产生不同的应力分布，通常在最小主地应力方向产生最大的压应力，如果应力的组合达到岩石最易达到的破坏形式，井壁围岩将会出现坍塌、掉块或缩径现象。随钻井液密度提高，液柱压力产生的径向应力就越大，支撑程度就越高。维持井壁稳定的最小临界钻井液液柱压力，称为坍塌压力，通常用当量钻井液密度表示。

钻井过程中，入井的循环介质与地层之间不同程度的物理、力学作用和化学反应，引起地层的应力、强度特性随时间、空间的变化，因此坍塌压力是变化的，取决于循环介质的性能、地层特性、地层原始应力状态、井眼轨迹及钻进参数。坍塌压力大于孔隙压力、小于孔隙压力，甚至小于零都有可能；同一口井、同一地层，钻井方式不同坍塌压力也随着改变。如气体循环介质条件下井壁稳定，而改为钻井液钻井井壁可能坍塌。

六、漏失压力

在钻井过程中，如果井内流体与地层流体之间存在正压差，并且存在开口尺寸大于外来流体固相颗粒直径的流通通道时，井内流体将向地层渗漏，发生渗漏的临界井内流体压力被称为漏失压力。地层漏失压力的预测比较复杂，影响因素多，判定起来困难较大。

一般针对漏失通道和容纳漏失钻井液空间状况，井漏的形式分为四种：原始裂缝性漏失、溶洞性漏失、裂缝诱导性漏失和渗透性漏失。

（1）原始裂缝性漏失：钻井液液柱压力的作用导致原始闭合裂缝张开、延伸而形成漏失。特点是当钻井液液柱压力大于或等于地层漏失压力时，就会产生井漏。

（2）溶洞性漏失：在钻遇断层或大裂缝区域可能会形成严重的井漏，此时的地层漏失压力等于地层孔隙流体压力。

（3）裂缝诱导性漏失：钻井液液柱压力的作用导致地层产生新的裂缝而发生井漏。此时的地层漏失压力等于地层破裂压力。

（4）渗透性漏失：在孔喉尺寸较大的地层会产生渗透性或近似渗透性漏失。特点是漏失液柱压力不足以压破地层或使地层裂缝张开，漏失可以通过屏蔽暂堵技术封堵。

通过对井眼漏失类型的判断和井壁垂直、水平裂缝大小的计算及漏失速度的模拟等预测地层漏失压力。

由于裂缝诱导性压裂漏失的地层漏失压力等于地层破裂压力，溶洞性漏失的漏失压力等于地层孔隙流体压力，因此，确定老油区地层漏失压力主要是判定原始闭合裂缝性漏失和渗透性漏失的漏失压力。

第二节　地　应　力

一、地应力的概念

来自天体的、地球内部的、外部的以及地球自转速度的变化，导致地壳不同部位出现受力不均衡，分别受到挤压、拉伸、旋扭等力的作用，促使地壳中的岩层发生变形。与此同时，岩层也产生一种反抗变形的力，这种内部产生的并作用在地壳单位面积上的力，称为地应力。

油气生储盖地层是地壳上部的组成部分。在漫长的地质年代里，它经历了无数次沉积轮回和升沉运动的各个历史阶段，地壳物质内产生了一系列的内应力效应。这些内应力来源于板块周围的挤压、地幔对流、岩浆活动、地球的转动、新老地质构造运动以及地层重力、地层温度的不均匀、地层中的水压梯度等，使地下岩层处于十分复杂的自然受力状态。这种应力统称为地应力，它是随时间和空间变化的。它主要以两种形式存在于地层中：一部分是以弹性能形式；其余则由于种种原因在地层中处于自我平衡而以冻结形式保存着。

一般地，地应力视为水平方向的两个主应力和垂直方向地应力，分别为最大水平地应力 σ_H、最小水平地应力 σ_h 和垂向地应力 σ_z。垂向地应力一般等同于上覆岩层压力，水平向地应力由岩体自重、地质构造运动、地层流体压力及地层温度变化等因素产生。

地应力是客观存在的一种自然力，它影响着油气勘探和开发的过程。在油气田钻井和开发中，掌握油气储集区域构造应力的大小和方位，可以进行油气田开发井网布置和优选钻井液的密度来稳定井壁，减少或避免诸如漏、喷、塌、卡等事故造成的严重经济损失和人身事故等。掌握地应力的分布规律，包括其作用的方向和数值大小是极为重要的。

二、地应力大小和方位的确定

1. 地层破裂试验确定地应力

为了用水力压裂试验法测定地应力，应进行地层破裂压力试验以取整取全各项数据。图 2–2–1 所示为一典型的现场破裂压力试验曲线，从中可以确定以下应力值：

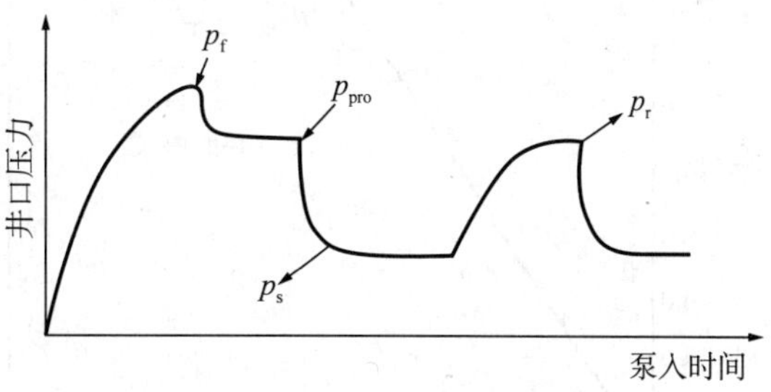

图 2–2–1　地层破裂试验曲线

（1）破裂压力 p_f：压力最大的点，反映了液压克服地层的抗拉强度使其破裂，形成井漏，造成压力突然下降。

（2）延伸压力 p_{pro}：压力趋于平缓的点，为裂隙不断向远处扩展所需的压力。

（3）瞬时停泵压力 p_s：当裂缝延伸到离开井壁应力集中区，即 6 倍井眼半径以外时（估计从破裂点起历时 1~3min），进行停泵，记录下停泵时的压力 p_s。由于此时裂缝仍开启，p_s 应与垂直于裂缝的最小水平地应力 σ_h 相平衡，即有：

$$p_s=\sigma_h \tag{2–2–1}$$

此后，随着停泵时间的延长，钻井液向裂缝两边渗滤，使液压进一步下降。此时由于地应力的作用，裂隙将闭合。

（4）裂缝重张压力 p_r：停泵后重新开泵向井内加压，使闭合的裂缝重新张开。由于张开闭合裂缝所需的压力 p_r 与破裂压力 p_f 相比不需克服岩石的拉伸强度，因此可以认为破裂层的拉伸强度等于这两个压力的差值，即有：

$$S_t=p_f-p_r \tag{2–2–2}$$

因此，只要通过破裂压力试验测得地层的破裂压力 p_f、瞬时停泵压力 p_s 和裂缝重张压力 p_r，结合地层孔隙压力 p_p 的测定，利用式（2–2–1）和式（2–2–2）即可以确定出地层某深处的最大、最小水平地应力：

$$\begin{cases} S_t = p_f - p_r \\ \sigma_h = p_s \\ \sigma_H = 3\sigma_h - p_f - \alpha p_p + S_t \end{cases} \tag{2–2–3}$$

式中 σ_h——最小水平地应力，MPa；

σ_H——最大水平地应力，MPa；

α——有效应力系数。

另外地应力分量、上覆地层压力可以由密度测井数据求得。这样，地层某深处的三个主地应力即可以完全确定。

现在我们通过一口井地层破裂试验数据来分析一下如何利用上述破裂压力试验求取公式（2–2–3）中的相关参数。

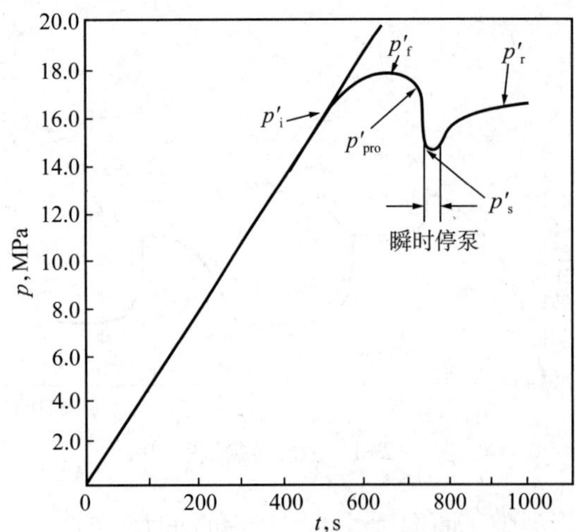

图 2-2-2　文 72-8 井破裂压力试验曲线

注：p'_i，p'_{pro}，p'_s，p'_r 为井口表压力

图 2-2-2 为文 72-8 井破裂压力试验曲线，文留断块 2050m 深度处正常孔隙压力 p_p=21.02MPa，有效应力系数为 0.9。各参数计算如下：

（1）拉伸强度 S_t：从图 2-2-2 中查得 p'_f 和 p'_r 的井口泵压分别为 17.8MPa 和 16.3MPa，于是根据式（2-2-2）直接计算出 S_t 值：

$$S_t=p'_f-p'_r=17.8-16.3=1.5\text{MPa}$$

（2）破裂压力 p_f：从图 2-2-2 的试验曲线上可确定地层破裂时的井口泵压力为 17.8MPa，其破裂压力 p_f 由公式（2-1-1）计算如下：

$$\begin{aligned} p_f &= 17.8+10^{-3}\times\rho_m\times g\times H \\ &= 17.8+10^{-3}\times 1.10\times 9.8\times 2050 \\ &= 39.9\text{MPa} \end{aligned}$$

（3）停泵压力 p_s：从图 2-2-2 的试验曲线上可确定地层破裂时的井口泵压力为 15.0MPa，其停泵压力 p_s 计算如下：

$$\begin{aligned} p_s &= 15.0+10^{-3}\times\rho_m\times g\times H \\ &= 15.0+10^{-3}\times 1.10\times 9.8\times 2050 \\ &= 37.1\text{MPa} \end{aligned}$$

将上述得到的 p_f、S_t 和 p_s 值代入式（2-2-3）便可算出最大与最小水平地应力：

$$\begin{cases} \sigma_h = p_s = 37.1\text{MPa} \\ \sigma_H = 3\sigma_h - p_f - \alpha p_p + S_t = 3\times 37.1 - 39.9 - 0.9\times 21.02 + 1.5 = 53.6\text{MPa} \end{cases}$$

2. 岩石声发射凯塞尔（Kaiser）效应测定地应力

声发射凯塞尔效应实验可以测量岩样曾经承受过的最大压应力。该类实验一般要在单轴压机上进行，测定单向应力（图 2-2-3）。在轴加载过程中如果岩石的应力大于原始应力时，会产生新的应变，这时声发射率突然增大，此点对应着的轴向应力是沿该岩样钻取方向曾经受过的最大压应力。目前的实验方法一般采用与钻井岩心轴线垂直的水平面内，沿增量为 45° 的方向钻取三块岩样，测出三个方向的正应力，而后求出水平最大、最小主应力（图 2-2-4）。

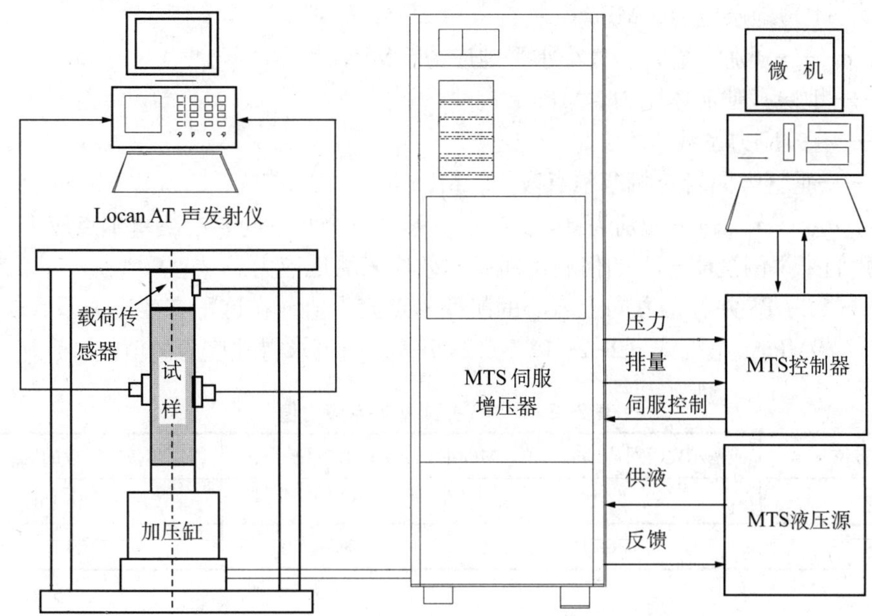

图 2-2-3　声发射测地应力流程图

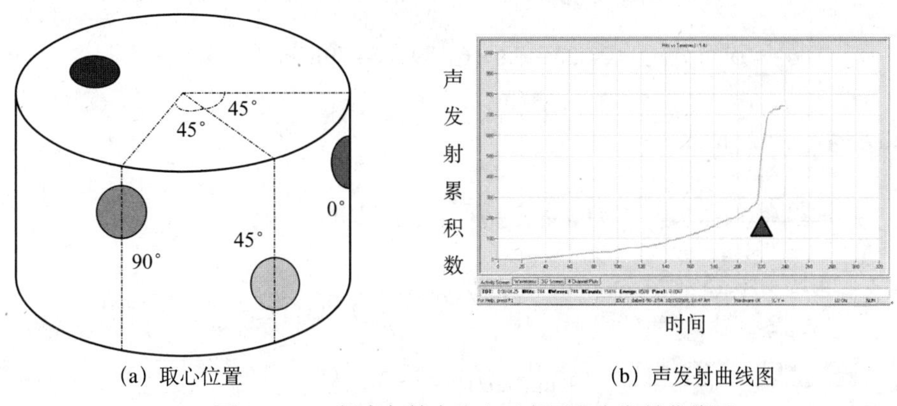

(a) 取心位置　　(b) 声发射曲线图

图 2-2-4　凯塞尔效应取心示意图和声发射曲线图

由上述四个方向岩心进行实验测得四个方向的正应力，利用下式可确定出深部岩石所处的地应力。

$$\sigma_z = \sigma_\perp + \alpha p_p \tag{2-2-4}$$

$$\sigma_H = \frac{\sigma_{0^\circ} + \sigma_{90^\circ}}{2} + \frac{\sigma_{0^\circ} - \sigma_{90^\circ}}{2}\left(1+\tan^2 2\theta\right)^{\frac{1}{2}} + \alpha p_p \tag{2-2-5}$$

$$\sigma_h = \frac{\sigma_{0^\circ} + \sigma_{90^\circ}}{2} - \frac{\sigma_{0^\circ} - \sigma_{90^\circ}}{2}\left(1+\tan^2 2\theta\right)^{\frac{1}{2}} + \alpha p_p \tag{2-2-6}$$

$$\tan 2\theta = \frac{\sigma_{0^\circ} + \sigma_{90^\circ} - 2\sigma_{45^\circ}}{\sigma_{0^\circ} + \sigma_{90^\circ}} \tag{2-2-7}$$

式中 σ_z——上覆地层应力，MPa；

σ_H，σ_h——分别为最大、最小水平地应力，MPa；

p_p——地层孔隙流体压力，MPa；

α——有效应力系数；

$\sigma_\perp$——垂直方向岩心凯塞尔点应力，MPa；

σ_{0°，σ_{45°，σ_{90°——分别为0°、45°、90°三个水平向岩心凯塞尔点应力，MPa。

现在我们来举例说明一下如何利用凯塞尔效应来测地应力。

表2-2-1为T3井各个方向上岩心的凯塞尔点应力值。在这里有效应力系数取0.6，地层压力为67.39MPa，根据式（2-2-4）~（2-2-7）则可求得地应力的值。

表2-2-1　T3井凯塞尔点应力值

取心方位	凯塞尔效应对应的应力值，MPa	取心方位	凯塞尔效应对应的应力值，MPa
0°	24.15	90°	16.15
45°	26.21	轴向	24.35

$$\tan 2\theta = \frac{\sigma_{0^\circ} + \sigma_{90^\circ} - 2\sigma_{45^\circ}}{\sigma_{0^\circ} + \sigma_{90^\circ}} = \frac{24.15 + 16.15 - 2\times 26.21}{24.15 + 16.15} = -0.3$$

$$\sigma_z = \sigma_\perp + \alpha p_p = 24.35 + 0.6\times 67.39 = 64.79\text{MPa}$$

由于此处 $\sigma_{0^\circ} > \sigma_{90^\circ}$ 故：

$$\sigma_H = \frac{\sigma_{0^\circ} + \sigma_{90^\circ}}{2} + \frac{\sigma_{0^\circ} - \sigma_{90^\circ}}{2}\left(1 + \tan^2 2\theta\right)^{\frac{1}{2}} + \alpha p_p$$

$$= \frac{24.15 + 16.15}{2} + \frac{24.15 - 16.15}{2}\left[1 + (-0.3)^2\right]^{\frac{1}{2}} + 0.6\times 67.39 = 64.76\text{MPa}$$

$$\sigma_h = \frac{\sigma_{0^\circ} + \sigma_{90^\circ}}{2} - \frac{\sigma_{0^\circ} - \sigma_{90^\circ}}{2}\left(1 + \tan^2 2\theta\right)^{\frac{1}{2}} + \alpha p_p$$

$$= \frac{24.15 + 16.15}{2} - \frac{24.15 - 16.15}{2}\left[1 + (-0.3)^2\right]^{\frac{1}{2}} + 0.6\times 67.39 = 56.41\text{MPa}$$

则

$$\begin{cases} \sigma_h = 56.41\text{MPa} \\ \sigma_H = 64.76\text{MPa} \\ \sigma_z = 64.79\text{MPa} \end{cases}$$

三、地应力预测模式

1. 单轴应变模式

对于受地壳构造运动影响小的区域，如盆地的中心地带，水平地应力表现为各向同性，由上覆岩层压力产生。由弹性力学可推导：

$$
\begin{cases}
\sigma_{\mathrm{H}} = \dfrac{\upsilon}{1-\upsilon}(\sigma_{\mathrm{z}} - \alpha p_{\mathrm{p}}) + \alpha p_{\mathrm{p}} \\
\sigma_{\mathrm{h}} = \dfrac{\upsilon}{1-\upsilon}(\sigma_{\mathrm{z}} - \alpha p_{\mathrm{p}}) + \alpha p_{\mathrm{p}} \\
\sigma_{\mathrm{z}} = \int_0^z \rho(z) g \mathrm{d}z
\end{cases}
\tag{2-2-8}
$$

式中　υ——地层的泊松比；

α——有效应力系数。

2. 构造应力修正模式

黄荣樽等人假设地下岩层的地应力主要由上覆岩层压力与水平方向的构造应力产生，且水平方向的构造应力与上覆岩层压力成正比，同时引入了温差的影响。该模式没有考虑刚性地层和岩性对地应力的影响。最大水平地应力 σ_{H}、最小水平地应力 σ_{h} 和垂向应力 σ_{z} 则可表示为：

$$
\begin{cases}
\sigma_{\mathrm{H}} = \left(\xi_{\mathrm{H}} + \dfrac{\upsilon}{1-\upsilon}\right)\left(\sigma_{\mathrm{z}} - \alpha p_{\mathrm{p}}\right) + 2G\dfrac{1+\upsilon}{1-2\upsilon}\alpha_{\mathrm{T}}\left(T - T_0\right) + \alpha p_{\mathrm{p}} \\
\sigma_{\mathrm{h}} = \left(\xi_{\mathrm{h}} + \dfrac{\upsilon}{1-\upsilon}\right)\left(\sigma_{\mathrm{z}} - \alpha p_{\mathrm{p}}\right) + 2G\dfrac{1+\upsilon}{1-2\upsilon}\alpha_{\mathrm{T}}\left(T - T_0\right) + \alpha p_{\mathrm{p}} \\
\sigma_{\mathrm{z}} = \int_0^H \rho(z) g \mathrm{d}z
\end{cases}
\tag{2-2-9}
$$

式中　ξ_{H}，ξ_{h}——分别为水平最大和最小地应力方向的构造应力系数；

G——剪切模量，MPa；

α_{T}——温度引起的膨胀系数；

T_0——初始地层温度，℃；

T——当前地层温度，℃。

石油钻井钻遇的地层基本上为层状分布的沉积岩，同一层岩性相同，因此构造应力系数在同一岩性地层视为常数。

3. 连续应变修正模式

黄荣樽等人在构造应力修正模式的基础上，假设地层为均质各向同性的线弹性体，并假定在沉积后期地质构造运动过程中，地层与地层之间不发生相对位移，所有地层两水平方向的应变均为常数，则：

$$
\begin{cases}
\sigma_{\mathrm{H}} = \dfrac{1}{2}\left[\dfrac{\xi_{\mathrm{H}} E}{1-\upsilon} + \dfrac{2\upsilon\left(\sigma_{\mathrm{z}} - \alpha p_{\mathrm{p}}\right)}{1-\upsilon} + \dfrac{\xi_{\mathrm{h}} E}{1+\upsilon}\right] + 2G\dfrac{1+\upsilon}{1-2\upsilon}\alpha_{\mathrm{T}}\left(T - T_0\right) + \alpha p_{\mathrm{p}} \\
\sigma_{\mathrm{h}} = \dfrac{1}{2}\left[\dfrac{\xi_{\mathrm{H}} E}{1-\upsilon} + \dfrac{2\upsilon\left(\sigma_{z} - \alpha p_{\mathrm{p}}\right)}{1-\upsilon} - \dfrac{\xi_{\mathrm{h}} E}{1+\upsilon}\right] + 2G\dfrac{1+\upsilon}{1-2\upsilon}\alpha^{\mathrm{T}}\left(T - T_0\right) + \alpha p_{\mathrm{p}} \\
\sigma_{\mathrm{z}} = \int_0^H \rho(z) g \mathrm{d}z
\end{cases}
\tag{2-2-10}
$$

式中 E—— 地层弹性模量，MPa。

这种模式也称为连续应变模型，意味着地应力不但与泊松比有关，而且与地层的弹性模量成正比，此模式可解释砂岩地层比相邻页岩地层有更高的地应力现象。其缺陷在于各岩层水平方向应变相等的假设在构造运动剧烈地区受到一定的限制。

四、利用测井资料建立地应力剖面

压力剖面的确定对钻井工程至关重要，而要确定压力剖面需要事先确定井眼剖面每一深度的地应力，即地应力剖面。地应力剖面的确定可由前面介绍的地应力预测模式结合测井资料来实现。

1. 测井资料的利用

1）地层的声波速度

声波在岩石中的传播速度与岩石的性质、孔隙度和孔隙液体等有关，研究声波在岩石中的传播速度可以确定岩石的性质和孔隙度。声波测井中声源发射的声波能量较小，作用在岩石上的时间也很短，所以对声波来说，岩石看作是弹性体。因此可用弹性波在介质中的传播规律来研究声波在岩石中的传播特性。在均匀无限地层中，声速主要取决于岩石的弹性和密度。可见，若测出声波在地层中的传播速度，则可反映该地层的弹性状态。

声波速度测井测量滑行波通过地层传播的时差（纵波时差 Δt_p 和横波时差 Δt_s）可由测井曲线或磁盘数据中得到，经过换算即可得到纵、横声波速度：

$$\begin{cases} v_p = \dfrac{1}{\Delta t_p} \\ v_s = \dfrac{1}{\Delta t_s} \end{cases} \tag{2-2-11}$$

在大部分的油田测井作业中，并不做全波列测井，即缺失横波测井资料，针对某一地层就要借助经验公式来估计横波速度：

$$v_s = (0.61 \sim 0.53)\ v_p \tag{2-2-12}$$

基于回归的经验公式有：

$$v_s = \sqrt{11.44 v_p + 18.03} - 5.686 \tag{2-2-13}$$

2）岩石密度

常规的补偿密度测井可求得密度值，该数值为容积密度，单位为 g/cm^3。除了井壁非常凹凸不平的情况之外，该数值用于计算弹性模量是足够准确的。在油气层中，由于孔隙度较大，因而应对密度值进行油气影响校正。校正公式如下：

$$\rho = \rho_{log} + 0.5\phi_e \times S \times (\rho_{ma} - \rho_f) \tag{2-2-14}$$

式中 ρ——修正后的密度，g/cm^3；

ρ_{log}——测井密度值，g/cm^3；

ρ_{ma}——地层骨架的密度，g/cm^3；

ρ_f——地层液体密度，g/cm^3；

ϕ_e——孔隙度，%；

S——含油气饱和度，%。

3）泥质含量

自然伽马测井是在井内测量岩层中自然存在的放射性核素核衰变过程中放射出来的 γ 射线的强度，它可用于划分岩性，估算地层泥质含量。

由于泥质颗粒细小，具有较大的比表面，使它对放射性物质有较大的吸附能力，并且沉积时间长，有充分的时间与溶液中的放射性物质一起沉积下来，所以泥质有很高的放射性。在不含放射性矿物的情况下，泥质含量的多少就决定了沉积岩石放射性的强弱。所以可利用自然伽马测井资料来估算泥质的含量，具体方法有两种：

（1）相对值法：

$$V_{sh}=\frac{2^{GCUR\cdot I_{GR}}-1}{2^{GCUR}-1} \tag{2-2-15}$$

$$I_{GR}=\frac{GR-GR_{sh\,min}}{GR_{sd\,max}-GR_{sh\,min}} \tag{2-2-16}$$

式中　V_{sh}——泥质的体积含量；

$GCUR$——希尔奇指数，与地质时代有关，可根据取心分析资料与自然伽马测井值进行统计确定，对于新近—古近系地层取 3.7，老地层取 2；

I_{GR}——泥质含量指数；

GR，$GR_{sh\,min}$，$GR_{sd\,max}$——分别表示目的层、纯泥岩层最小和纯砂岩层最大的自然伽马值° API。

（2）斯仑贝谢公司泥质体积含量 V_{sh} 计算公式：

$$V_{sh}=\frac{\rho_b\cdot GR-B_0}{\rho_{sh}\cdot GR_{sh}-B_0} \tag{2-2-17}$$

$$B_0=\rho_{sd}\times GR_{sd}\text{（或 }\rho_{ls}\times GR_{ls}\text{）}$$

式中　B_0——纯地层的前景值；

ρ_b，ρ_{sh}，ρ_{sd}，ρ_{ls}——分别为目的层、泥岩层、纯砂岩、纯石灰岩的体积密度（由密度测井曲线读出）g/cm³；

GR，GR_{sh}，GR_{sd}，GR_{ls}——分别为目的层、泥岩层、纯砂岩、纯石灰岩的自然伽马值，° API。

2. 静态和动态弹性模量、泊松比的确定

从大量的实验数据可看出岩石力学特性参数的静态值和动态值存在着一定的差值，静态弹性模量普遍小于动态弹性模量，而静态泊松比有的大于动态泊松比，有的小于动态泊松比。根据实际受载情况，岩石的静态力学特性参数更适合工程需要，利用声波法得到的参数不能直接用于工程分析中。因此利用现场提供的纵波测井、密度测井、地层压力、部分岩心等资料，寻找动、静力学特性参数之间的关系以及静态参数之间的关系有着积极的

意义。

假设岩石为各向同性无限弹性体，则根据纵波速度和横波速度计算动态泊松比和动态杨氏模量的关系式为：

$$\begin{cases} E_{\mathrm{d}} = \rho v_{\mathrm{s}}^{2}\left(3v_{\mathrm{p}}^{2} - 4v_{\mathrm{s}}^{2}\right)\Big/\left(v_{\mathrm{p}}^{2} - 2v_{\mathrm{s}}^{2}\right) \\ \mu_{\mathrm{d}} = \left(v_{\mathrm{p}}^{2} - 2v_{\mathrm{s}}^{2}\right)\Big/2\left(v_{\mathrm{p}}^{2} - v_{\mathrm{s}}^{2}\right) \end{cases} \tag{2-2-18}$$

式中 μ_{d}——动态泊松比；

E_{d}——动态杨氏模量，MPa；

v_{p}——纵波声波速度，km/s；

v_{s}——横波声波速度，km/s。

中国石油大学（北京）岩石力学室通过对东部各主要油田砂泥岩的三轴试验研究发现，静态泊松比随围压增大而增大，岩石的泊松比、弹性模量同所处的深度有关，并提出计算公式：

$$\mu_{\mathrm{s}}=\mu_{\mathrm{so}}+mp_{\mathrm{c}}^{n} \tag{2-2-19}$$

$$E_{\mathrm{s}}=E_{\mathrm{so}}+ap_{\mathrm{c}}^{b} \tag{2-2-20}$$

式中 μ_{s}——静态泊松比；

m，n，a，b——取决于岩性的常数；

E_{s}——静态杨氏模量，MPa；

μ_{so}——单轴静态泊松比；

E_{so}——单轴静态杨氏模量，MPa；

p_{c}——围压，MPa。

3. 构造应力系数的确定

根据构造应力修正的地应力预测模型计算公式（2-2-9）可反算构造应力系数：

$$\begin{cases} \xi_{\mathrm{H}} = \dfrac{\sigma_{\mathrm{H}} - 2G\dfrac{1+\upsilon}{1-2\upsilon}\alpha_{\mathrm{T}}\left(T-T_{0}\right) - \alpha p_{\mathrm{p}}}{\sigma_{\mathrm{z}} - \alpha p_{\mathrm{p}}} - \dfrac{\upsilon}{1-\upsilon} \\ \xi_{\mathrm{h}} = \dfrac{\sigma_{\mathrm{h}} - 2G\dfrac{1+\upsilon}{1-2\upsilon}\alpha_{\mathrm{T}}\left(T-T_{0}\right) - \alpha p_{\mathrm{p}}}{\sigma_{\mathrm{z}} - \alpha p_{\mathrm{p}}} - \dfrac{\upsilon}{1-\upsilon} \\ \sigma_{\mathrm{z}} = \int_{0}^{H}\rho(z)g\mathrm{d}z \end{cases} \tag{2-2-21}$$

例如地层孔隙流体压力当量密度 ρ_{p}=1.03g/cm^{3}，当 H=2450m 时，σ_{H}=59MPa，σ_{h}=49MPa，v_{s}=0.248km/s。另外，

$$p_{\mathrm{p}}=10^{-3}\rho_{\mathrm{p}}gH=10^{-3}\times 9.81\times 1.03\times 2450=24.78\mathrm{MPa}$$

$$\sigma_z = 10^{-3} \times 9.81 \times 1.03 \times 700 + \sum_{i=700}^{2450} 10^{-3} \times 9.81 \times \rho_i \times \Delta h_i = 44.91\text{MPa}$$

将上面数据代入公式（2-2-21）中，可以求得构造应力系数为：

$$\begin{cases} \xi_H = 0.64 \\ \xi_h = 0.59 \end{cases}$$

同理，根据连续应变修正地应力预测模型计算公式（2-2-10）也可反算构造应力系数。

4. 地应力剖面

利用测井中的声波时差数据，通过经验公式求得地层的静态泊松比和静态弹性模量，结合密度测井数据，可以利用分层地应力解释模型求得地应力剖面（图 2-2-5）。

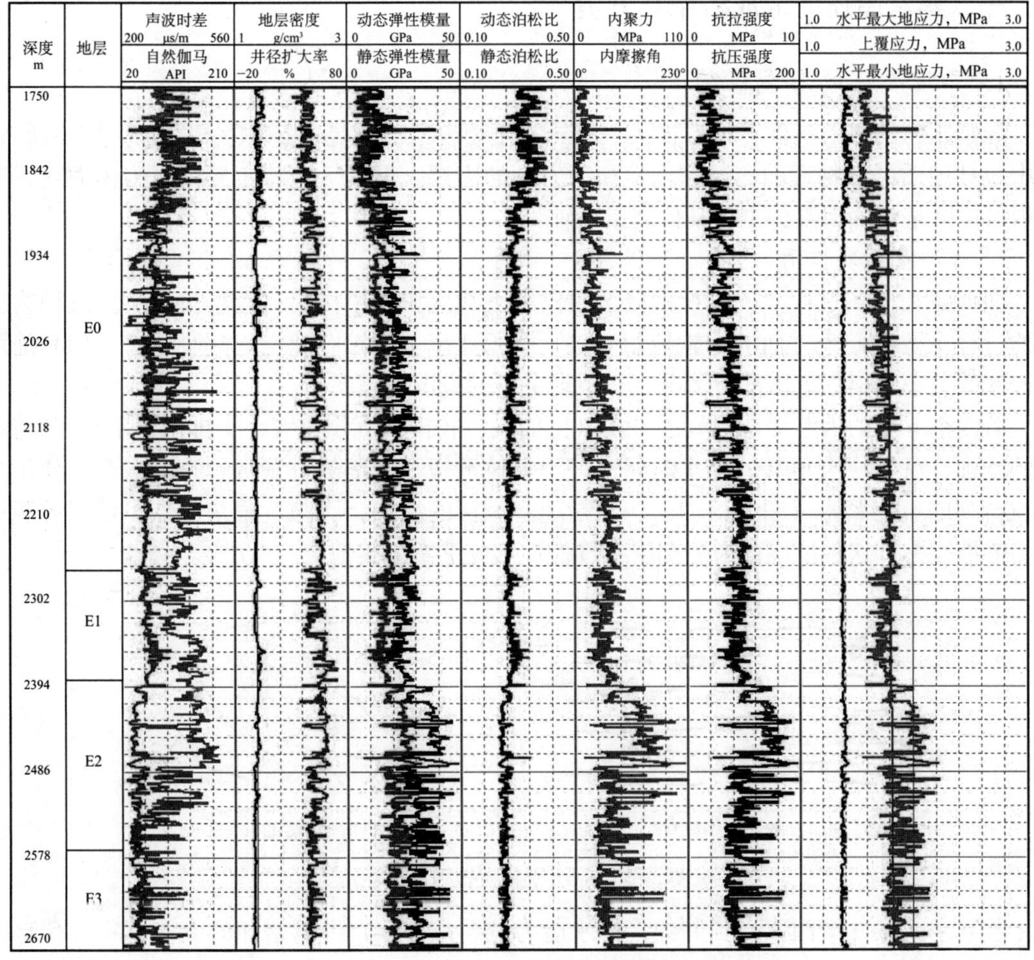

图 2-2-5　W-1 井地应力剖面图

第三节　地层孔隙流体压力

地层孔隙流体压力是重要的钻井工程地质参数，它是钻井液密度和套管层次设计的基础，直接关系到钻井工程的成败。地层孔隙流体压力是指地层孔隙中流体所承受的压力，地层孔隙流体压力与岩石骨架应力共同平衡地应力。地层孔隙流体压力一般简称为地层压力，存在正常压力、异常低压和异常高压三种情况。多年的油气勘探实践表明，异常孔隙压力的存在具有普遍性，而钻遇到的高压地层比低压地层更为多见，异常高压一直是油气钻探开发的研究重点。

地层压力在钻井设计与施工不同阶段可以进行预测、监测、检测，通常在未钻井前利用邻区以及本井区地震资料可以预测待钻井的地层压力，在钻井过程中利用实钻获取的钻井与录井资料可以进行地层压力监测，而完钻（或中完）后利用测井、测试资料可以进行地层压力检测。

一、异常高压的形成机制及分类

1. 异常高压的形成机制

异常压力的成因条件多种多样，一种异常压力现象可能是由多种互相叠加的因素所致，其中包括地质的、物理的、地球化学和动力学的因素。但就一个特定异常压力体而言，其成因可能以某一种因素为主，其他因素为辅。

1）不平衡压实作用

在埋藏和压实过程中，水在机械力的作用下从沉积物中排出，地层被压实。沉积物压实的过程主要受四个方面的因素控制 ：(1) 沉积速率 ；(2) 孔隙空间减小速率 ；(3) 地层渗透率的大小 ；(4) 流体排出情况。其中最主要的是沉积速率。

若四个方面的因素保持很好的平衡（比如沉积较慢，沉积速率小于排水速率），随着埋深的增加，沉积层有足够的排水时间，沉积颗粒承担了全部的上覆沉积物的载荷，使沉积颗粒排列的更为紧密（图 2-3-1a），于是随着埋深的增加，孔隙度很快降低，地层孔隙压力为静液压力。这种情况称为平衡压实过程，形成正常压实地层。

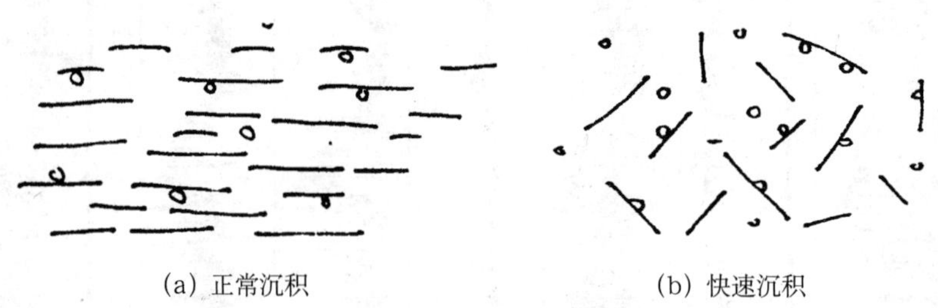

(a) 正常沉积　　　　(b) 快速沉积

图 2-3-1　沉积颗粒排列示意图

若某个或某几个因素受到制约，排水能力减弱或停止，继续增加的上覆沉积载荷部分或全部由孔隙流体承担，沉积物进一步压实所需的有效载荷（垂直有效应力）减小或不变，出现地层欠压实及异常高压地层。这种情况称为不平衡压实过程。

快速沉积是造成不平衡压实的主要原因之一，由于沉积速率过快，造成沉积颗粒排列不规则（没有足够的时间），孔隙性变差（图 2–3–1b），排水能力减弱，继续增加的上覆沉积载荷部分由孔隙流体承担，形成异常高压，同时减缓了沉积物的进一步压实，造成地层的欠压实。

2）水热增压

随着埋深增加而不断升高的温度，使孔隙水的膨胀大于岩石的膨胀（水的热膨胀系数大于岩石的热膨胀系数）。如果孔隙水由于存在流体隔层而无法逸出，孔隙压力将升高（图 2–3–2）。

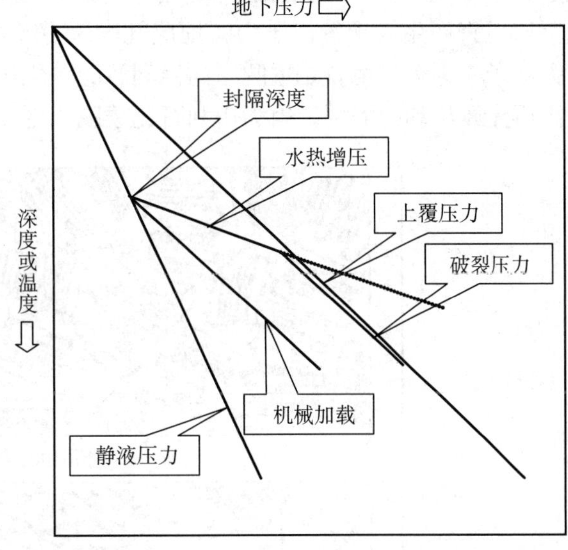

图 2–3–2　水热增压作用示意图

3）构造挤压

在构造变形地区，由于地层的剧烈升降，产生构造挤压应力，如果正常的排水速率跟不上附加压力（构造挤压力）所产生的附加压实作用，将会引起地层孔隙压力增加，产生异常高压。与构造有关的异常压力还有可能是由于构造短时间被抬升，地层孔隙中流体未及排出。

4）生烃作用

在逐渐埋深期间，将有机物转化成烃的反应也产生流体体积的增加，从而导致单个压力封存箱内的超压。许多研究表明与烃类生成有关的超压产生的破裂是烃类从烃源岩中运移出来进入多孔的、高渗透储集岩的机制，尤其是甲烷的生成在许多储层中已被认为是超压产生的原因。气体典型地同异常压力有联系，异常压力具有气体饱和的特点。当烃源岩中的有机质或进入储层中的油转变成甲烷时，引起相当大的体积增加。在良好的封闭条件下，这些体积的增加能产生很强的超高压。烃源岩生气造成的压力很大，足以使气体进入毛细管力很大的岩石中，并且在此过程中驱替出水，甚至即使在阻碍流体的隔层存在的条件下也能流动。在有效封闭存在的地方，不断产生的甲烷能将压力提高到超过上覆岩层压力，从而使封闭层破裂并导致流体的渗漏。甲烷的生成对异常压力的产生是一个潜在的高效机制，尤其是在与烃源岩有密切联系的岩石中。连续的甲烷生成能产生如此巨大的压力以至于封闭层不能永久存在，它们要么连续地渗漏，要么周期性地发生破裂和渗漏。然而，即使封闭层被突破（或因地层孔隙压力超过了驱替压力门限或因地层孔隙压力超过了上覆岩层压力而导致封闭层的破裂），但在达到常压之前，封闭层将有可能“愈合”（通过水的浸滤或破裂的闭合），因此，封存箱依然超压，只是其中的压力低于渗漏以前的超压而已。另一方面，烃类生成使地下单相流渗流体系转变为多相流渗流体系，大大降低了流体的相渗透率，减缓了流体排出系统的速度，同样能引起压力的增加。

5）蒙脱土脱水作用

沉积下来的蒙脱土发生水合作用，不断的吸附粒间自由水，直至结构晶格膨胀到最大为止，吸附水成了黏土层间束缚水。随着埋深的增加，温度逐渐升高。当地温达到一定程度时，黏土结构晶格开始破裂，蒙脱土的层间束缚水被排出而成为自由水，该过程称为蒙脱土的脱水过程，相应的埋深称为蒙脱土的脱水深度。释放到孔隙中的束缚水因发生膨胀，体积远远超过晶格破坏所减少的体积，使孔隙中自由水的体积大量增加。若排水通畅，则地层进一步压实，地层孔隙压力为静液压力。如果岩石是封闭的，增加的流体向外排出受到阻碍，将产生高于静液压力的地层孔隙压力。在这个过程中，如果存在钾离子，由于吸附钾离子，这个作用就是蒙脱土向伊利石的转化作用（图 2–3–3）。这一机制也被认为能产生阻碍流体流动的隔层，因为伊利石比蒙脱石更致密。

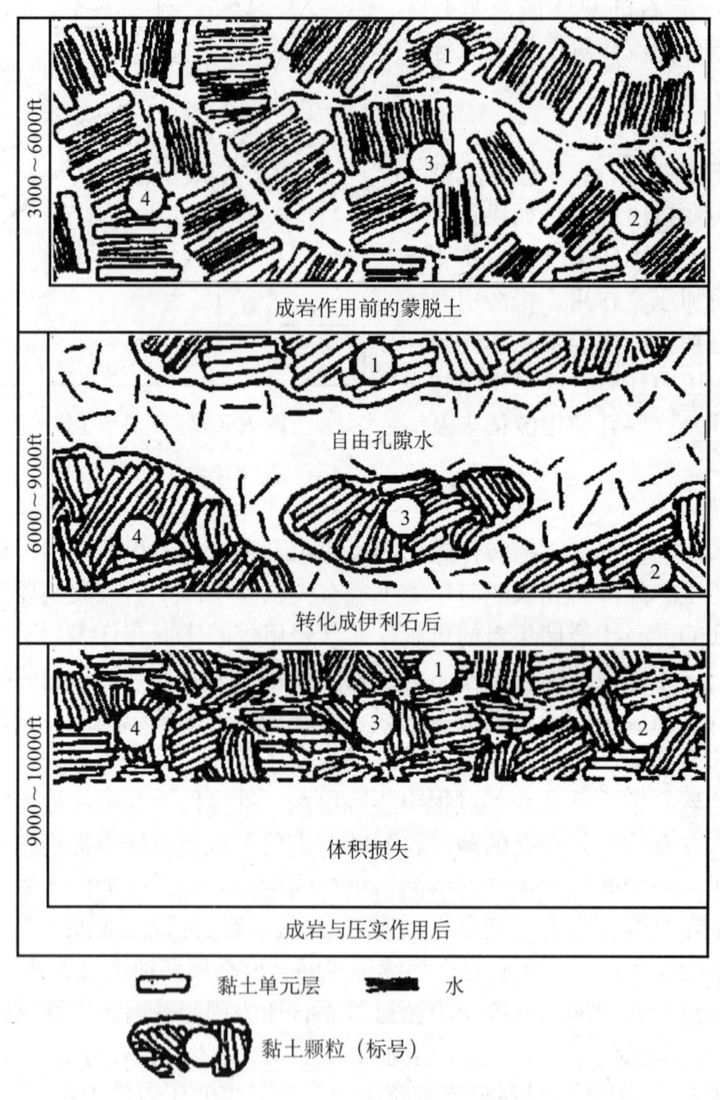

图 2–3–3　蒙脱石向伊利石转变脱水作用示意图

6）浓差作用

浓差作用是盐度较低的水体通过半渗透隔膜向盐度较高水体的物质迁移。只要黏土或页岩两侧的盐浓度有明显的差别，黏土或页岩便起着半渗透膜的作用，产生渗透压力。渗透压差与浓度差成正比，浓度差越大，渗透压差也越大。黏土沉积物越纯，其渗透作用就越强。浓差流动可以在一个封闭区内产生高压。如果一个封闭区内部的孔隙水比周围孔隙水的含盐度高，浓差流动方向指向封闭区内，致使区内压力升高。浓差作用引起的异常高压远比压实作用和水热作用引起的高压小得多，当 NaCl 含量差为 50000ppm 时，渗透压差大约只有 4MPa。

7）逆浓差作用

逆浓差作用也就是水从高压、高盐度区流向低压、低盐度区。当水从高压区流入时，在低盐度区的压力就会升高（高于正常压力），而这种机制同样不能用于解释有效封存箱中产生的异常压力。

8）石膏/硬石膏转化

无论是石膏脱水转化成硬石膏，还是硬石膏在深部再水化成石膏都被作为碳酸盐岩中产生异常压力的可能机制。

9）流体密度差异

烃类密度的差异，尤其是水—气之间的密度差异，能在烃类聚集的顶部产生异常压力。烃柱越长，烃类与周围水的密度相差越大，超压也就越大。一般说来，浮力差异能使压力上升到几兆帕这一数量级，而不能上升更多至数十兆帕数量级，而且，异常压力也只限于烃柱的上面接触处，典型地是毛细管圈闭的结果。因为烃类的聚集能发生在有限但开放的水力体系中，所以，浮力产生压力差不一定表明封存箱的存在。如图 2-3-4 所示。

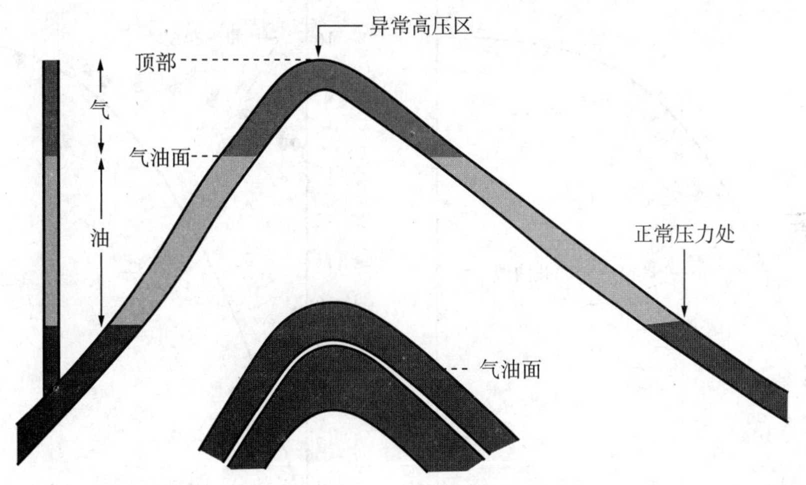

图 2-3-4　流体密度差异引起异常高压示意图

10）水势面的不规则性

在自流条件下或者由于浅层与较深的高压层间有渗透通道存在，能使孔隙压力高于正常值。这种情况在山脚下钻井时经常遇到。

尽管关于异常高压形成的机制有以上所列 10 种之多，但不平衡压实是最常见的异常高压产生的机制，同时水热增压和构造挤压也是非常重要的增压机制。

2. 异常高压形成机制的分类

1）沉积压实过程的力学关系

根据 Terzaghi 定理，沉积物压实变形仅受垂直有效应力控制，研究沉积压实过程中的力学关系（应力—应变关系）只需考虑垂直有效应力即可，沉积物变形主要是孔隙度的变化，故应变由孔隙度（ϕ）或压实度（$1-\phi$）度量即可。研究沉积压实过程中的应力—应变关系，一方面是为了解释异常地层压力的形成机制，另一方面是为了更科学的确定地层压力。

岩石的应力—应变关系分为两种：压实加载曲线（原始压实曲线）关系和压实过后的卸载曲线关系。

（1）压实加载曲线。沉积过程中，随上覆岩层压力增加，沉积物逐渐压实，垂直有效应力增加，孔隙减小。垂直有效应力与孔隙度或压实度的关系称为压实加载曲线。平衡压实与不平衡压实过程中的力学关系符合压实加载曲线。图 2-3-5 为某地区一条原始压实加载曲线，反映的是泥岩垂直有效应力与声速的关系。声波传播速度主要反映孔隙度变化，该曲线实际是原始压实加载过程中垂直有效应力与孔隙度的关系。

（2）卸载曲线。压实过程中或压实后，若因某种原因孔隙压力升高或上覆压力减小，造成垂直有效应力减小而孔隙度增大，该过程称为卸载过程。因岩石并非完全弹性，卸载过程中垂直有效应力—孔隙度关系与原始压实加载曲线不同。图 2-3-6 是某地区地下泥岩在室内测得的声速—垂直有效应力关系，因岩样从地下取出后，已经卸载，在模拟地下应力条件下测得的不同的声速—垂直有效应力值必定在卸载曲线上。

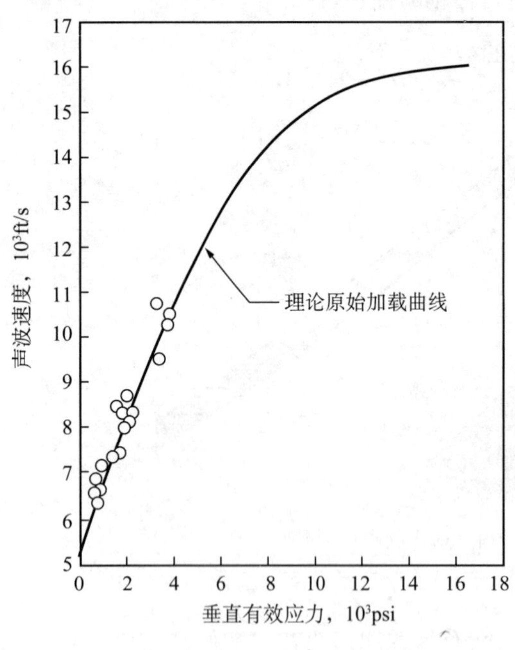

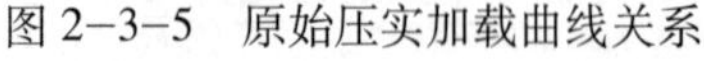
图 2-3-5　原始压实加载曲线关系

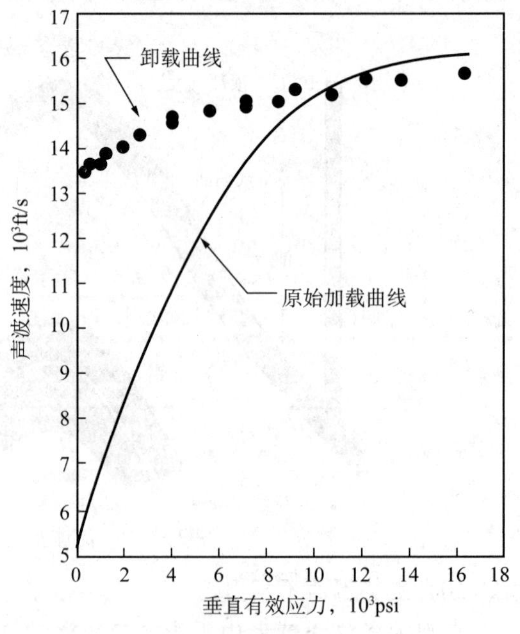

图 2-3-6　卸载曲线关系

2）异常高压形成机制最新分类

近年来，国外对异常高压形成机制及对地层压力确定方法的影响研究得比较多。Ward（1994）从沉积压实过程中应力—应变关系（加载与卸载）角度，将众多的异常高压形成机制分成三大类，详见表 2-3-1。

表 2-3-1　异常地层高压产生机制分类表

符合原始加载曲线	不平衡压实	符合卸载曲线	浓差作用
符合卸载曲线	孔隙流体膨胀		逆浓差作用
	水热增压		地层抬升、剥蚀
	生烃作用	无孔隙度变化	构造挤压应力
	蒙脱石脱水		流体密度差异作用

二、上覆岩层压力梯度的计算

上覆岩层压力是一个非常重要的地质参数。它是地下应力产生的根源，也是沉积物压实的源动力，地层压力检测精度直接受其影响。无论检测还是预测地层压力，首先需要确定上覆岩层压力值。

由定义可知，上覆岩层压力梯度主要取决于上覆岩层体密度随井深的变化情况，一般通过密度测井资料积分求取。

1. 密度测井资料的处理方法

利用密度测井资料确定上覆岩层压力梯度是最常用也是最为可靠的方法。密度测井资料受井径扩大的影响较大，尽管补偿密度测井对井径变化产生的影响进行了一定的补偿，但在选取密度测井资料时还是应尽可能选取井径较为规则的补偿密度资料，以保证原始密度测井资料的可靠性。另外，密度测井资料还受仪器可靠程度、泥岩蚀变等因素的影响，而目前对这些影响尚无法完全通过资料编辑与校正来解决，而必须去除。为获得比较可靠的密度数据，必须采用以下步骤对密度测井资料进行预处理。

(1) 根据井径测井数据的变化，按照一定的相对偏差限将测井的井段分为若干个子井段，在这些井段内可以忽略井径变化对密度测井资料的影响。

(2) 去掉厚度小于设定值的子井段内的密度数据，同时去掉超出合理范围的密度数据。

(3) 根据余下的密度数据的变化情况，按照一定的相对偏差限将井段分为若干个子井段。

(4) 在每一子井段内求取密度平均值。

通过第一步处理，可以消除多数不合理的数据。第二步为人工编辑处理，对第一步获得的密度处理结果，参照井径测井资料，人工编辑去掉那些明显不合理的数据点，通过该步，可以消除那些受仪器可靠程度、泥岩蚀变等因素引起的不合理数据。

2. 上覆岩层压力梯度数据求取

对前面处理好的密度散点数据进行等间距插值处理，然后采用以下公式计算上覆岩层压力梯度散点数据：

$$G_{\text{obi}} = \frac{\rho_{\text{w}} H_{\text{w}} + \rho_0 H_0 + \sum_{i=1}^{n} \rho_{bi} \Delta H}{H_{\text{w}} + H_0 + \sum_{i=1}^{n} \Delta H} \tag{2-3-1}$$

式中 G_{obi}——一定深度的上覆压力梯度，g/cm³；

ρ_w——海水密度，g/cm³；

H_w——水深，m；

ρ_o——上部无密度测井地层段平均密度，g/cm³；

H_0——上部无密度测井地层段厚度，m；

ρ_{bi}——一定深度的密度散点数据，g/cm³；

ΔH——深度间隔，m。

3. 回归与外推模型研究

由测井密度散点数据或其他方法得出上覆岩层压力梯度数据后，应用时可以由深度数据直接插值求得上覆岩层压力梯度。但是有时因已钻井深度较浅或密度测井段较短等限制，往往不能获得浅部或深部无密度测井地层段的上覆岩层压力梯度数据，这时需要将已有的数据回归为深度的函数以进行外推（向上或向下外推）。过去使用的回归模型一般是指数或二项式函数，但是拟合精度不高。现多采用一种新的四参数拟合模型：

$$G_{ob}=A+BH-Ce^{-DH} \tag{2-3-2}$$

式中 G_{ob}——一定深度的上覆压力梯度，g/cm³；

H——深度，km；

A，B，C，D——模型系数。

实际应用表明，该模型对于上覆岩层压力梯度的回归计算适应性非常好，拟合精度相当高，而且该模型可以很好地反映压实程度（密度）随深度的变化趋势，因此用其进行上覆压力数据的外推可以获得良好的结果。

三、利用测井资料检测地层压力

地层压力的确定方法有很多，测井资料检测地层压力是最好的方法之一。测井资料检测地层压力主要优点有：

（1）声波测井是最常用的测井系列之一，资料易于获得。几乎每口探井都有从井口到井底连续的声波测井曲线（数据）。特别是补偿声波测井技术的应用，大大减少了井径变化的影响，提高了声波测井资料的精度。

（2）声波速度与孔隙度及垂直有效应力有明显的相关关系。尤其是泥岩地层更是如此。对于泥岩地层可以建立速度与垂直有效应力之间直接的函数关系。

（3）能对一口井的纵向地层剖面作连续的地层压力评价。

（4）在地质构造比较了解的地区，如果已钻探一口井或多口井，就能借助这些井的测井资料作出单井纵向和区域的横向地层压力变化的分布规律。这不但能使人们了解地区地层压力的分布状况，提供钻井设计和地质分析等应用，还有利于与本地区相邻的新钻井剖面的压力预测。并可将这些预测资料与地震资料的压力预测及随钻压力检测资料进行综合分析，提高压力预测精度。

直接用于评价地层压力的常用测井资料包括声波测井、密度测井、电阻率测井以及中子测井等。其中，声波测井是最为常用的地层压力计算资料，目前绝大多数测井资料检测地层压力的方法都属于声波测井法。由于测井资料检测地层压力模型都存在一定误差，因此需利用测试取得的地层压力点进行标定，以提高检测精度。

1. Eaton 法

Eaton 原始方法是 Eaton 在 1972 年提出来的一种基于正常压实趋势线计算地层压力的方法，它是目前石油行业应用最为广泛的地层压力确定方法。利用的是孔隙压力和声波时差等参数的幂指数关系，这种关系并不随深度的变化而变化：

$$p_{\mathrm{p}}=p_{\mathrm{ob}}-\left(p_{\mathrm{ob}}-p_{\mathrm{h}}\right)\left(\frac{\Delta t_{\mathrm{n}}}{\Delta t_{\mathrm{o}}}\right)^{n} \tag{2-3-3}$$

式中　p_{p}——地层压力，MPa；

p_{ob}——上覆岩层压力，MPa；

p_{h}——正常的静水压力，MPa；

Δt_{n}——给定深度泥页岩正常趋势线时差值；

Δt_{o}——给定深度实测的泥页岩地层时差值；

n——Eaton 指数，与地层有关的系数。

该方法的前提是给出一个假定的沉积压实条件，即该方法只适用于泥页岩地层。指数幂 n 随地区和地质年代的不同而变化。墨西哥湾的 n 值通常为 3.0。

1975 年 Eaton 又给出了利用其他资料的压力计算公式：

声波速度：

$$p_{\mathrm{p}}=p_{\mathrm{ob}}-\left(p_{\mathrm{ob}}-p_{\mathrm{h}}\right)\left(\frac{V_{\mathrm{o}}}{V_{\mathrm{n}}}\right)^{3} \tag{2-3-4}$$

dc 指数：

$$p_{\mathrm{p}}=p_{\mathrm{ob}}-\left(p_{\mathrm{ob}}-p_{\mathrm{h}}\right)\left(\frac{dc_{\mathrm{o}}}{dc_{\mathrm{n}}}\right)^{1.2} \tag{2-3-5}$$

电阻率：

$$p_{\mathrm{p}}=p_{\mathrm{ob}}-\left(p_{\mathrm{ob}}-p_{\mathrm{h}}\right)\left(\frac{R_{\mathrm{o}}}{R_{\mathrm{n}}}\right)^{1.2} \tag{2-3-6}$$

电导率：

$$p_{\mathrm{p}}=p_{\mathrm{ob}}-\left(p_{\mathrm{ob}}-p_{\mathrm{h}}\right)\left(\frac{C_{\mathrm{n}}}{C_{\mathrm{o}}}\right)^{1.2} \tag{2-3-7}$$

2. Bowers 方法

该方法是由 Exxon 公司的 Bowers 于 1994 年提出来的。它系统的考虑了泥岩欠压实及欠压实以外的所有其他影响异常压力的因素，并将其他因素用流体膨胀的概念统一起来。最终将产生异常压力的原因归结为两个因素：欠压实和流体膨胀。

该方法的基础是有效应力定理。也不需要建立正常趋势线，用垂直有效应力与声波速度之间的原始加载及卸载曲线方程直接计算垂直有效应力，利用有效应力定理由上覆岩层压力和垂直有效应力确定地层压力。

1）原始压实曲线方程

通过实验研究和理论分析发现，在实际感兴趣的应力范围内，泥岩的原始压实曲线可以用下式很好地描述：

$$v = 5000 + A\sigma_{ev}^{B} \tag{2-3-8}$$

式中 v——声波速度，ft/s；

σ_{ev}——垂直有效应力，psi；

A，B——系数，由邻井（v，σ_{ev}）数据（σ_{ev} 由实测地层压力或正常压实段数据获得）回归求得。

2）卸载曲线方程

卸载曲线可用如下形式的方程描述：

$$v = 5000 + A\left[\sigma_{max}\left(\sigma / \sigma_{max}\right)^{1/U}\right]^{B} \tag{2-3-9}$$

$$\sigma_{max} = \left(\frac{v_{max} - 5000}{A}\right)^{1/B} \tag{2-3-10}$$

式中 σ_{max}、v_{max}——卸载开始时最大垂直有效应力及相应的声波速度；

U——泥岩弹塑性系数；

A，B 意义同前。

在流体膨胀引起泥岩卸载的地层，声波速度有明显的降低（与欠压实相比），Bowers 称之为速度回降区。在这些地层，流体膨胀引起的高压占主导地位，用卸载方程确定其垂直有效应力，其他地层用原始加载曲线方程确定。

由上覆岩层压力与垂直有效应力确定地层压力：

$$p_p = p_0 - \sigma_{ev} \tag{2-3-11}$$

（1）关于 σ_{max}，v_{max} 的确定：在主要岩性变化不大的情况下，v_{max} 通常取速度回降区开始点的速度值。此时假定回降区内岩石在过去同一时间经历了同样的最大应力状态。

（2）关于泥岩弹塑性系数 U：U=1 表示没用永久变形，为完全弹性，卸载曲线与原始加载曲线重合；U= ∞ 表示完全不可逆变形，为完全塑性。对于钻井遇到的泥岩，U 值变化范围一般为 3 ～ 8。在同一地区变化不大。

U 值的确定比 A、B 值的确定复杂，从不同井获得的同一地层的卸载曲线数据（p_p，p_o，σ_{ev}，v，v_{max}，σ_{max} 等）在不同的卸载曲线上，因为即使岩性等相差不大，但其所经历过的最大应力状态也可能不同。为利用不同井的数据得到 U 值，用下列办法将数据进行标准化处理。将以上方程变换得：

$$\sigma_{ev} / \sigma_{max} = \left(\sigma_{vc} / \sigma_{max}\right)^{U} \tag{2-3-12}$$

$$\sigma_{vc} = \left[\left(v - 5000\right)/A\right]^{1/B}$$

式中　σ_{vc}——由原始加载曲线方程计算的垂直有效应力。

3. 利用声速检测地层压力简易方法

利用声速检测地层压力的简易方法适用于确定欠压实机制泥岩的异常高压，特点是简单实用。实践证明这种方法对砂泥岩剖面欠压实机制造成的异常高压检测效果良好，较传统声波时差法有更高的精度。

研究表明，采用如下形式的线性与指数组合的经验模型，可以更合理的描述泥质沉积物的声波速度与垂直有效应力间的函数关系：

$$v = a + k\sigma_{ev} - be^{-d\sigma_{ev}} \tag{2-3-13}$$

式中　v——声波速度，km/s；

σ_{ev}——垂直有效应力，MPa；

a、k、b、d——经验系数。

该模型能够很好地反映泥质沉积物压实过程中声波速度随垂直有效应力的变化情况。

对于泥岩地层，在 a、k、b、d 确定的情况下，已知测井声波速度，由式（2-3-13）反求垂直有效应力 σ_{ev}，然后由下式（有效应力定理）计算地层压力：

$$p_p = p_o - \sigma_{ev} \tag{2-3-14}$$

式中　p_p——地层压力，MPa；

p_o——上覆岩层压力，MPa；

σ_{ev}——垂直有效应力，MPa。

对于一定地区，模型参数 a、k、b、d 变化不大，现场确定它们一般有两种方法：

（1）可以根据正常压实段泥岩的声波速度与静液压力条件下计算的垂直有效应力数据回归求得。具体做法为，在研究区块（地层的横向变化不大）内选取一口或多口声波测井资料好的已钻井，通过一定的算法求得正常压实地层各泥岩段的声波时差并换算为速度，并由上覆岩层压力与静液压力之差求得相应的垂直有效应力，然后对（速度、垂直有效应力）数据回归，求得 a、k、b、d 参数值。

（2）利用实测的地层压力数据及相应的声波测井的速度数据进行回归求得。

4. 利用声速检测地层压力综合解释方法

Han 等对大量砂泥岩岩心（泥质含量不同）进行了力学特性与声学特性的实际测试，另外还对孔隙度、泥质含量对声波速度的影响规律进行了分析研究。Eberhart、Phillips 等详细分析了 Han 等的大量测试数据，指出影响砂泥岩中声波传播速度的因素主要有孔隙度、泥质含量和有效应力，并给出如下纵波速度的经验模型：

$$v_p = 5.77 - 6.94\phi - 1.73\sqrt{V_{sh}} + 0.446\left(p_e - e^{-16.7\sigma_{ev}}\right) \tag{2-3-15}$$

式中　ϕ——孔隙度；

p_e——骨架应力，MPa；

V_{sh}——泥质含量。

该模型描述了孔隙度、有效应力、泥质含量对岩石中声波传播速度的综合影响规律：声波速度随孔隙度、泥质含量的增加而减小，随垂直有效应力的增加而增加，这与地下岩石对声波速度测井的响应规律一致。中国石油大学（北京）樊洪海（2002）首先提出将此模型应用于地层压力计算，并取得良好的检测结果。综合解释法将上述模型归结为以下形式：

$$v_p = A_0 + A_1\phi + A_2\sqrt{V_{sh}} + A_3\left(p_e - e^{-D\sigma_{ev}}\right) \tag{2-3-16}$$

式中 v_p——纵波速度，km/s；

ϕ——孔隙度；

V_{sh}——泥质含量；

σ_{ev}——垂直有效应力，MPa；

A_0，A_1，A_2，A_3，D——模型系数。

若利用相关数据资料确定了适合于研究区的速度模型系数 A_0，A_1，A_2，A_3，D，即可利用该速度模型确定垂直有效应力进而进行地层压力检测。

可以利用孔隙度测井资料确定孔隙度剖面，利用自然伽马或自然电位测井资料确定泥质含量 V_{sh}，由补偿声波测井速度数据通过速度模型计算垂直有效应力 σ_{ev}，最后利用有效应力计算孔隙压力。该方法的特点是适用于砂泥岩剖面，不受欠压实机制的限制。

四、随钻监测地层压力

随钻监测地层压力是 20 世纪 60 年代中后期发展起来的一种地层压力确定方法，它是地层压力评价技术的重要组成部分。到目前为止，随钻地层压力监测主要是指利用随钻获取的钻井、录井资料来进行地层压力监测。近年来随着随钻测井技术的飞速发展，国外又出现了利用随钻测井资料监测地层压力的技术。

随钻压力监测主要是指录井资料压力监测方法，它包括 *dc* 指数法、Sigma 指数法、标准化钻速法和岩石强度法等。其中 *dc* 指数法和 Sigma 指数法比较简便易行，应用也最为广泛。

1. *dc* 指数法

dc 指数法是目前应用最好的随钻压力监测方法，但只适用于泥页岩地层。正常地层在其上覆岩层的作用下，随着岩层埋藏深度的增加，泥页岩的压实程度相应地增加，地层的孔隙度减小，钻进时机械钻速降低。而当钻进异常高压地层时，由于高压地层欠压实，孔隙度增大，因此，机械钻速相应地升高。利用这一规律可及时地发现高压地层，并根据钻速升高的多少来评价地层压力的高低，这就是最初的所谓机械钻速法。

dc 指数法是在机械钻速法的基础上建立起来的。1966 年 Jorden，J. R. 与 Shirley，O. J. 依据 Bingham 钻速方程首先提出了 *d* 指数法，方程如下：

$$R = KN^e\left(\frac{W}{D}\right)^d \tag{2-3-17}$$

式中 R——机械钻速，m/h；

K——可钻性系数；

N——转盘转速，r/min；

W——钻压，kN；

D——钻头直径，mm；

e——转速指数；

d——钻压指数，即 d 指数。

假设钻井条件（水力因素和钻头类型）和岩性不变（均为泥页岩），则 K 为常数，取 K=1。又因泥页岩是软地层，转速与机械钻速间呈线性关系，即 e=1，作方程变换，换算得：

$$d=\frac{\lg\left(\frac{3.282}{NT}\right)}{\lg\left(\frac{0.0684W}{D}\right)} \tag{2-3-18}$$

式中　T——每米钻时，min/m；

N——转盘转速，r/min；

W——钻压，kN；

D——钻头直径，mm。

d 指数法的前提之一是保持钻井液密度不变，但这在生产中难以达到，尤其在进入压力过渡带后，为安全起见，须增加钻井液密度，这样，d 指数便随之升高，影响了它的正常显示。

为了消除此影响，于是，提出了修正的 d 指数，即 dc 指数法，公式为：

$$dc=d\frac{\rho_n}{\rho_m} \tag{2-3-19}$$

$$dc=\frac{\lg\left(\frac{3.282}{NT}\right)}{\lg\left(\frac{0.0684W}{D}\right)}\frac{\rho_n}{\rho_m} \tag{2-3-20}$$

式中　ρ_n——正常压力层段地层水密度，g/cm^3；

ρ_m——实际使用的钻井液密度，g/cm^3。

从式（2-3-20）可以看出，在正常压力地层，随着井深的增加，对泥页岩而言，钻时逐渐增大，dc 指数也逐渐增大，在录井图上表现为随井深增加，dc 指数逐渐增大的趋势。

在异常高压段，钻时相对减小，dc 指数也相应减小。在 dc 指数录井图上表现为向左偏离了正常趋势。在正常和异常压力井段之间，通常存在压力过渡带。这时，钻时是逐渐地减小，dc 指数逐渐地偏离正常的趋势。需要指出的是，过渡带可能很薄或不易发现，在实践中应当引起注意。

根据一口井的正常压力地层的 dc 指数数据，用数学或几何方法做出正常的 dc 指数趋势线，并建立正常趋势线数学方程，或利用多口井的资料，建立本地区的正常压实趋势线和趋势线方程。然后，利用趋势线方程计算或从图上查出相应井深的 dc_n 值。人们可选用下面推荐的四种求地层压力公式，定量地计算出地层压力的大小。

（1）对数法：

$$\rho_{\mathrm{p}}=0.9\lg\left(dc_{\mathrm{n}}-dc\right)+1.98 \tag{2-3-21}$$

（2）等效深度法：

$$\rho_{\mathrm{p}}=\rho_{\mathrm{n}}+\left(\rho_0-\rho_{\mathrm{n}}\right)\frac{dc_{\mathrm{n}}-dc}{aH_{\mathrm{e}}} \tag{2-3-22}$$

（3）反算法：

$$\rho_{\mathrm{p}}=\frac{dc_{\mathrm{n}}}{dc}\rho_{\mathrm{n}} \tag{2-3-23}$$

（4）伊顿法：

$$\rho_{\mathrm{p}}=\rho_0-\left(\rho_0-\rho_{\mathrm{n}}\right)\left(\frac{dc}{dc_{\mathrm{n}}}\right)^{1.2} \tag{2-3-24}$$

式中 ρ_{p}——地层压力梯度等效密度，g/cm³；

ρ_0——上覆压力梯度等效密度，g/cm³；

ρ_{n}——正常地层压力梯度等效密度，g/cm³；

H_{e}——等效深度，m；

a——正常趋势线斜率；

dc_{n}——深度 H 的正常趋势线 dc 指数；

dc——实际计算的 dc 指数。

2. Sigma 指数法

Sigma 指数法是一种在 20 世纪 70 年代中期由意大利石油公司 AGIP 在坡山谷钻探时提出来的地层压力评价方法。在不连续的砂泥岩层或石灰岩层中，dc 指数计算出的压力数据不可靠，并且很难建立一条连续的压实趋势线。另外，dc 指数的计算也不能直接补偿压差的变化，而压差对井眼的冲洗和钻速的影响都非常大。Sigma 录井对这些参数进行了优选，并成功地运用在全世界的黏土质地层录井中。

（1）原始 Sigma（σ_{t}）。基本的 Sigma 计算包括两个部分。第一部分关于岩石的可钻性的确定，第二部分关于压差的影响。首先，需确定原始 Sigma（σ_{t}）值，它是无量纲的：

$$\sqrt{\sigma_{\mathrm{t}}}=\frac{W^{0.5}N^{0.25}}{D_{\mathrm{h}}R^{0.25}} \tag{2-3-25}$$

式中 W——钻压，t；

N——转盘转速，r/min；

R——机械钻速，m/h；

D_{h}——钻头直径，in。

不同参数之间的关系是经验性的。在理论上讲，在同样的深度钻穿相同的岩层，除不同的钻压、转速、钻头直径和钻速外，σ_{t} 的值对于两个同类钻头应该相同。在实际应用中，由于钻井参数的不断变化，可能引起 σ_{t} 值的一些变化。

(2) 对浅层井眼条件下校正后的原始 Sigma 值（σ_{t1}）。当把 σ_t 的值对应于井深绘图时，有大量的 σ_t 的点比平均值大或小。这在浅井中尤为明显。正因为如此，计算中使用了一个校正系数计算调整后的原始 Sigma（σ_{t1}）值，经验式如下：

$$\sqrt{\sigma_{t1}}=\sqrt{\sigma_t}+0.028\left(7-\frac{L}{1000}\right) \tag{2-3-26}$$

式中　L——井深，m。

一般说来，当 Sigma（σ_{t1}）< 1 时代表砂岩，当 Sigma（σ_{t1}）> 1 时代表页岩。

(3) 真实 Sigma（σ_0）。井眼清洗系数 n 是地层孔隙度和渗透率的函数。当井底压差为正值时，岩石的孔隙度和渗透率确定岩层内部流体压力何时才能与钻井液压力相等，反过来将影响到岩屑能被钻井液带到地面的速度（"岩屑沉降效应"）。因此，n 描述钻井液把岩屑从钻头上冲洗掉的效率。

n 的计算有两种方法，这与 σ_{t1} 的值有关：

如果 $\sqrt{\sigma_{t1}}\leqslant 1$，则：

$$n=\frac{3.2}{640\sqrt{\sigma_{t1}}} \tag{2-3-27}$$

如果 $\sqrt{\sigma_{t1}}>1$，则：

$$n=\frac{1}{640}\left(4-\frac{0.75}{\sqrt{\sigma_{t1}}}\right) \tag{2-3-28}$$

由此可见页岩的 n 值比砂岩大，页岩层井眼清洗效率比砂岩的要低。

压差的影响描述了压差对地层可钻性的影响。这里要有一个已知的对于每个目标层的压差值。

实际的压力差为：

$$\Delta p=\left(\rho-p_h\right)\frac{L}{10} \tag{2-3-29}$$

式中　Δp——压力差，MPa；

ρ——钻井液密度，g/cm^3；

p_h——正常地层流体压力梯度，MPa/m；

L——深度，m。

p_h 的值是由局部地层流体的平均密度确定的。通常，由于缺乏对局部地层信息的了解，操作员必须估计出 p_h。一般地说，Δp 值的增加引起钻速的减慢，而 Δp 的减小引起钻速的加快。当 Δp 的值为零或接近于零时，钻速最大。钻速相对于 Δp 的变化是非线性的。为了计算 Sigma 值，压差的影响被描述为一个系数 F，对于每个预计深度，F 满足方程：

$$F=1+\frac{1-\sqrt{1+n^2\Delta p^{2n}}}{n\Delta p} \tag{2-3-30}$$

式中　n——井眼清洗系数；

Δp——压差，MPa。

以此为基础可以得到真实 Sigma 值的表达式，真实 Sigma（σ_0）值也称为“岩石强度参数”。计算公式如下：

$$\sigma_0=F\sqrt{\sigma_{t1}} \tag{2-3-31}$$

式中 σ_0——岩石强度参数。

（4）Sigma 趋势值（σ_r）。岩石强度参数（σ_0）的范围从 0 到 1，在可钻性增大时具有向左偏移的趋势，而当可钻性减小时，具有向右偏移的趋势。发生偏移是由于岩石机械特性的变化（岩性或孔隙度）、钻井参数的变化（主要是井眼直径），或以上两种因素影响造成的。对于一个岩性相同的地层剖面，σ_0 的值随着深度的增加而增大，为正常压实趋势 σ_r。岩性的改变，如从页岩到砂页岩，或者钻井参数的重大变化，会引起 σ_0 值的突然偏移，接着从岩性或钻井参数开始变化的下一点，出现一个新的平均值。因此，当出现岩性变化，井眼直径或钻头类型变化时，要对 σ_r 的值进行偏移处理，以使它同 σ_0 维持适当的关系。

以下方程描述了趋势线在每个点的位置：

$$\sqrt{\sigma_r}=0.088\frac{L}{1000}+\beta \tag{2-3-32}$$

式中 L——井深，m；

β——井深为零时 σ_t 值，即坐标截距，无量纲。

当 σ_0 平均值变化时，σ_r 趋势线也会变化。注意：不要随意改变 σ_r 趋势线。

下列方程描述了趋势线每一段的起始点：标准化的 Sigma 对孤立的 σ_r 线段进行重组，形成一条连续的趋势线，而在趋势线上的每一点维持着 σ_0 同 σ_r 的联系。正常趋势线上 Sigma 值（σ_r）：

$$\sigma_r=A\frac{H_v}{1000}+B \tag{2-3-33}$$

式中 A、B——分别为正常趋势线的斜率与截距，可由初始化给定的两点确定（一般 A=0.088）；

H_v——垂深，m。

（5）Sigma 换算地层压力 p_p。有了上述的参数为基础，在长期的实践经验中，提出了利用 Sigma 参数来计算地层压力的公式：

$$p_p=\rho_m-\frac{20(1-Y)}{S_nY(2-Y)H_v} \tag{2-3-34}$$

$$Y=\frac{\sigma_r}{\sigma_t} \tag{2-3-35}$$

式中 ρ_m——钻井液密度，g/cm^3；

H_v——垂直井深，m；

S_n——井眼冲洗系数。

钻井液的密度、垂直井深在钻井时可以获得，正常趋势线上的 Sigma 值、原始 Sigma

值也可以从前面公式求出，带入地层压力计算公式就可以得到该井深处的地层压力。

3. 随钻测井资料压力监测方法

随钻测井（LWD）是将测井仪器安放在钻头上，一边钻进一边就获取地层的各种资料。由于随钻测井获得的地层参数是刚钻开的地层参数，它最接近地层的原始状态，所以利用随钻测井资料监测地层压力具有较高的精度。随钻测井资料监测地层压力与常规测井资料的地层压力检测模型并无本质差别，只是利用精度较高的随钻测井资料替代常规测井资料用于地层压力解释。在利用随钻测井资料进行地层压力监测时，可以先利用与目标井地质构造相似的邻井来建立地层压力监测模型，然后实时采用随钻测井资料进行压力监测。

五、利用地震资料预测地层压力

在钻前或已钻井较少的新探区地震资料是唯一可用于地层压力评价的资料，因此国内外普遍都很重视地震压力预测技术的研究和应用。国外利用地震方法预测地层压力的研究始于20世纪60年代。他们利用地震层速度建立正常压实曲线来预测地层超压获得成功。70年代末，随着地震勘探技术的进步和对大量岩石物性测定结果的研究，总结出了一套用层速度直接计算地层压力的经验公式。这种直接计算法用于世界许多盆地中，都取得较好的效果。我国20世纪80年代初也开始了这项研究工作，各油田针对地震资料预测地层压力问题进行了许多试验，取得了一定的效果。

1. 基本原理

地震纵波（下称地震波）在岩石中传播的速度受岩石的类型、埋深和结构的影响。岩石的类型不同，其密度和波速也不同。表2–3–2为某地不同岩石的实测波速和密度。地震波速与岩石的埋深有关，埋得愈深则意味着压实作用愈强。年代愈久，密度愈大，地震波速就愈高。影响波速的主要因素还是岩石结构。从结构上讲，岩石是由矿物本身即岩石骨架和充填于孔隙中的流体组成。地震波在流体中传播的速度低于岩石固体骨架中的传播速度，因而，岩层孔隙度越大，岩石中所含的流体就愈多，地震波速也就越低，即是地震波速度与孔隙度成反比关系。由于密度与孔隙度成反比，因此，地震波的速度与密度成正比关系。

表2–3–2　某地岩石的实测波速和密度

岩石名称	波速，m/s	岩石密度，g/cm³
土　壤	200 ~ 800	1.1 ~ 1.2
砂　层	300 ~ 1300	1.4 ~ 2.0
黏　土	1800 ~ 2400	1.5 ~ 2.2
砂　岩	2000 ~ 4000	2.1 ~ 2.8
石灰岩	3200 ~ 5500	2.3 ~ 3.0
岩　盐	4500 ~ 5500	2.0 ~ 2.2
结晶岩石	4500 ~ 6000	2.4 ~ 3.4

由高压地层的成因可知，地层压力增高，往往孔隙度增大，岩石的密度减小，使地震波的速度降低，这就是地震预测地层压力的物理基础。在此基础上就能建立地震波速与地层压力的关系。如果地震波速随深度的增加而明显减低，便可认为有可能是高压异常的反映。根据波速与压力的关系就可预测异常压力带和估算压力。必须注意的是高压地层往往引起地层波速的降低，而地震资料中低速现象却不一定都是压力异常的反映，这就容易造成波速的多解性。

2. 基本方法

地震预测地层压力是利用地震波的层速度进行计算的，按其要求和计算方式可分为直接预测法、等效深度法、比值预测法和图版预测法。其中直接预测法是指直接利用一些经验公式结合地震层速度直接计算地层压力，是最为常用的一种方法。下面详细介绍几种常用的直接预测法的经验公式。等效深度法、比值预测法和图版预测法预测精度不高，在计算机已普及的情况下，已不再适用，这里就不再介绍。

1）Fillippone 法

Fillippone（1982）通过对墨西哥湾等地区的钻井、测井、地震等多方面资料的综合研究，提出不依赖于正常压实速度趋势线的计算公式：

$$p_{\mathrm{p}}=\frac{v_{\max}-v_{\mathrm{int}}}{v_{\max}-v_{\min}}p_{\mathrm{o}} \tag{2-3-36}$$

式中 p_{p}——预测的地层压力，MPa；

$v_{\max}$——孔隙度为零时岩石的声速，m/s；

$v_{\min}$——孔隙度为 50% 时岩石的声速，m/s；

v_{int}——计算出的层速度，m/s；

p_{o}——上覆岩层压力，MPa。

该式实际上隐含了地层压力与速度之间呈线性变化这样一个假设，而实际的岩石未必符合线性变化规律。当 $v_{\min}<v_{\mathrm{int}}<v_{\max}$ 时，压力的估算主要是靠线性内插的办法来求得。

2）刘震法

刘震（1990）通过对辽东湾辽西凹陷的压力测试资料的分析发现，在异常压力幅度不太大的中、浅层深度范围内，地层压力与速度呈对数关系，为：

$$p_{\mathrm{p}}=\frac{\ln\left(v_{\mathrm{int}}/v_{\max}\right)}{\ln\left(v_{\min}/v_{\max}\right)}p_{\mathrm{o}} \tag{2-3-37}$$

该方法由于其不依赖难以确定的正常压实趋势线，并且更符合岩石的沉积压实规律，因此特别适用于初探区。

3）单点计算模型

樊洪海（2002）根据地震资料的采集和存储特征，提出一种单点计算模型。所谓单点计算模型，指的是在由层速度计算地层压力时，将层速度和地层压力之间假设为简单的一一对应关系，即一个层速度点对应一个地层压力点，速度高算出的地层压力低，速度低算出的地层压力高，不考虑其他影响层速度的因素以及上下地层间的逻辑关系。如果地层岩性比较单一且以泥岩为主，则可以忽略砂岩或其他岩性夹层的影响，若异常高压成因以欠压实机制为主，单点算法有比较高的精度。在这种假设条件下，结合有效应力定理可以采用如下计算模型：

$$\begin{cases} v_{\text{int}} = a + k\sigma_{\text{er}_e} - b\text{e}^{-d\sigma_{\text{er}}} \\ p_{\text{p}} = p_{\text{o}} - \sigma_{\text{er}_e} \end{cases} \tag{2-3-38}$$

式中 v_{int}——地震层速度，m/s；

σ_{er}——垂直有效应力，MPa；

a、k、b、d——经验系数；

p_{p}——地层压力，MPa；

p_{o}——上覆岩层压力，MPa。

该模型适用于泥质岩石且欠压实超压机制。利用该模型进行钻前地层压力预测需注意以下几点：

（1）研究区的地层岩性是砂泥岩剖面，且以泥岩为主。另外，超压机制为欠压实机制，当然在新探区若无已钻井的详细分析，钻前难以确定超压机制。对于流体膨胀的超压机制，该方法预测的结果就会偏低。

（2）该模型对于连续沉积地层预测效果好，特别是对于连续沉积的新生代地层适应性相当好。对于非连续沉积地层，应视不整合面以下地层的剥蚀程度来确定是否以不整合面为界分别确定预测模型的参数。

（3）对于地表剥蚀量很大的地区，使用时要特别注意，不能引用剥蚀量很小的邻区的模型参数，要单独分析确定。这种情况对于构造运动强烈的山前地区比较普遍。

另外根据该单点计算模型，可以利用三维地震层速度资料计算三维地层压力。地震数据一般以地震道为单位进行组织，采用 SEG-Y 文件格式存储。通过地震反演技术得到的三维层速度数据体也是以道为单位组织的，每一道上又有若干密度数据点，且数据点间的采样间隔一致。在三维地层压力计算时可以逐道逐点地通过地震层速度来求取地层压力，直到处理完每一个地震道。最终得到的是与三维层速度一一对应的三维压力体数据。

3. 层速度的合理求取

获取地震层速度有多种途径。可以通过对地震资料进行井约束反演处理获得（深度、层速度）数据，但是除非有其他方面的特殊需要，油田公司一般不会仅为地层压力预测而进行这种处理，因为处理成本较高。另外，若地震测线上没有已钻井，也无法进行井约束反演。

因此，地层压力预测经常使用的资料还是地震速度谱。速度谱比较容易获得，因为地震资料处理过程中一般都要制作速度谱。特别是对于资料较为缺乏的新探区，地震速度谱就成为地层压力预测的主要依据。

1）地震速度谱的选择

地震速度谱是地层压力预测最关键的资料，因而，必须力求使用高精度、高分辨率的速度谱。若速度谱质量较差最好不要用，否则不但预测精度不高，还可能造成错误的预测结果。

压力预测中使用较为方便的速度谱如图 2-3-7 所示。速度谱中的速度为叠加速度 v_{f}，时间为双程垂直时间 T_0。

直观判断速度谱质量好坏的原则：(1) 多次反射波少，且能量团比较集中；(2) 叠加速度 $v_Q\left(\sqrt{\bar{v}^2}\right)$ 随深度变化的趋势比较好。

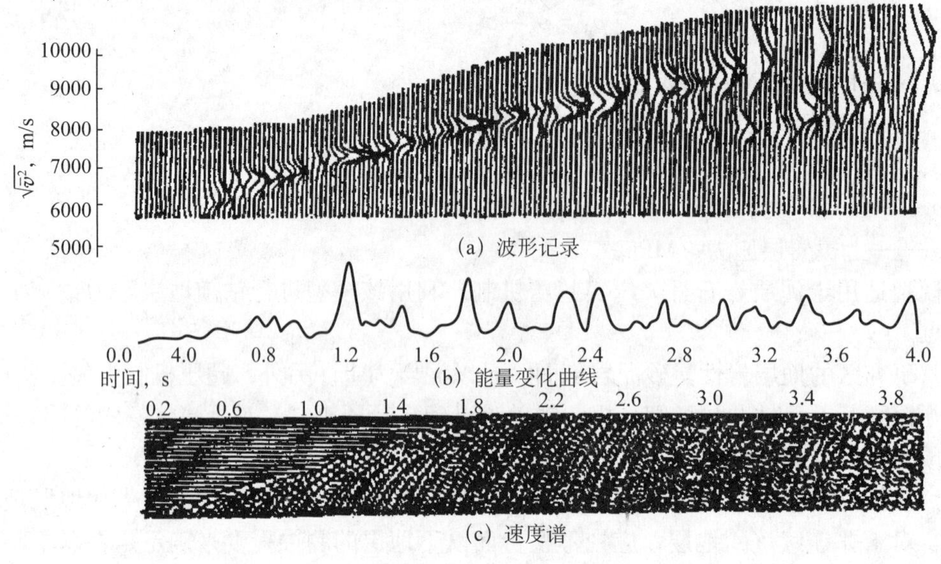

图 2–3–7 常用速度谱形式

2）叠加速度数据的拾取

层速度是由速度谱中拾取的叠加速度数据通过计算获得的。因此，从速度谱中拾取的叠加速度正确与否将直接影响层速度求取结果的精度。从速度谱中拾取叠加速度数据应注意以下三点：

(1) 拾取时间—叠加速度数据对时，应选择速度谱中能良好对应 CDP（共深度点）或 CMP（共中心点）记录中反射轴和能量曲线中能量团的速度值，且这个速度值要位于速度趋势线附近。

(2) 若使用的速度谱不是来自于叠前偏移处理后的资料，则当地层倾角较大时（大于 10°），需要对叠加速度进行倾角校正。因为制作速度谱时，假设地层为水平条件，此时叠加速度与均方根速度相等，当地层倾角大于 10° 时，均方根速度与叠加速度的偏差已不可忽视，应按下式校正：

$$v_Q = v_f \cos\alpha \tag{2–3–39}$$

或

$$v_Q = v_f \cos\left(\arcsin\frac{v_f \cdot \Delta T}{2\Delta x}\right) \tag{2–3–40}$$

式中 v_Q——均方根速度，m/s；

v_f——速度谱中叠加速度，m/s；

α——地层倾角，(°)；

ΔT——地震剖面中 Δx 距离内反射层的倾斜时差，ms。

(3) 对拾取的 $[T_0, v_Q]$ 数据，视具体情况，用 50 ~ 100ms 的 T_0 时间间隔将速度 v_Q 进行插值，一般采用三次样条插值方法。

3）层速度的求取方法与步骤

由均方根速度通过如下公式计算层速度：

$$v_{\text{int}}=\sqrt{\frac{v_n^2T_{0,n}-v_{n-1}^2T_{0,n-1}}{T_{0,n}-T_{0,n-1}}} \qquad (2-3-41)$$

式中 v_n^2，v_{n-1}^2——第 n 和第 $n-1$ 个均方速度，m^2/s^2；

$T_{0,n}$，$T_{0,n-1}$——第 n 和第 $n-1$ 个 T_0 时间，s。

相应的深度可以通过两种方法求得，若已建立了时深关系模型，则由时深关系求得相应的深度。若无时深关系模型，则按下式求取相应的深度：

$$H=\sum_{n=1}^{N}v_{\text{int},n}\left(T_{0,n}-T_{0,n-1}\right)/2 \qquad (2-3-42)$$

式中 T_0——双程时间。

但是，有时尽管拾取的 [双程时间，均方根速度] 数据点较多，但并不是所有的数据点都是合理的，这就需要去伪存真，进行一些判断处理。计算时采用了以下算法步骤：

(1) 用原始 $[T_0, v_Q]$ 数据利用式（2–3–41）计算层速度，若层速度值小于最小限制值 $v_{\text{int min}}$ 或大于最大限制值 $v_{\text{int max}}$（视研究区具体情况设定），则认为数据不合理，并将该组数据标记为“bad”；否则认为合理并标记为“good”；

(2) 去掉标记为“bad”（T_0，v_Q）数据点；

(3) 返回第一步重新计算，直到无“bad”标记的数据点为止；

(4) 对于余下的（T_0，v_Q）数据点，利用式（2–3–41）计算层速度并作为层速度的最终计算结果；

(5) 利用双程时间数据求计算层速度点对应的深度。

4）层速度的校正

如前所述，地震层速度既有随机误差又有系统误差。对一定区域范围内地震层速度系统误差可以进行分析并校正。可以通过与声波测井资料或 VSP 测井资料的对比分析，确定地震层速度的系统误差校正量，在预测前对地震层速度或层间传播时间数据进行误差校正。

4. 提高地层压力预测可靠性途径

由于地震资料分辨率差，在许多时候地质提供的是由地震解释人员提供的速度谱，由于追求目的不同，这种速度谱可能对预测地层压力并不是最佳的，因此地层压力预测可能会产生较大的误差，严重时导致预测的趋势不正确，这可能导致井身结构与钻井液密度设计错误。因此必须认真对待压力预测工作，尽可能提高预测的可靠性。提高预测的可靠性有以下途径：

(1) 尽可能从单张速度谱读取层速度资料，如果不能可靠读取较多速度点的层速度，应多取几张速度谱，进行压力预测对比。

(2) 尽可能不要使用偏移速度谱，因为进行构造解释时，为取得较好的构造解释效果，可能对层速度进行了修正，这种修正可能影响压力预测的可靠性。

（3）可以沿二维地震测线，从已知井点开始进行沿测线压力预测，如果这个测线上没有大的断层或岩性变化，则地层压力应是有规律变化。

第四节　地层破裂压力

一、破裂压力的影响因素

目前对于地层破裂的起因有两种基本不同的看法。一种观点认为地下岩层充满着层理、节理和裂缝，井内流体压力只是沿着这些薄弱面侵入，使其张开，因此，使裂缝张开的流体压力只需克服垂直于裂缝面的地应力。另一种观点却认为地层的破裂取决于井壁上的应力集中现象。增大井内的流体压力会改变井壁上的应力状态，井壁处切向应力超过井壁岩石抗拉强度时，地层便被压裂。井壁上的应力和地应力、地层特性、井眼轨迹等密切相关，地层的破裂压力和所产生裂缝的方向都受到这些因素的影响和控制。此外，如果需要知道裂缝延伸的方位，则还应了解水平地应力的主方向。

破裂压力的影响因素可以分为两类：一是地层自身的特性，包括地应力、地层岩石的力学特征、地层层理、天然裂缝产状等，这些都是非可控因素；二是人为因素，包括井眼轨迹、井内压力和钻井液性能等。

二、破裂压力预测模型

迄今国内外在研究地层破裂压力的预测方法上已经提出了许多模型，由于这些模型考虑的影响因素和假设条件不同，所以反映在这些模型上也存在着较大的差别。

1. *伊顿*（Eaton）*法*

这个方法在美国海湾地区应用比较广泛。它是在哈伯特（Hubbert M.K.）和威利斯（Willis D.G.）理论的基础上发展起来的。他们认为，地下岩层处于均匀水平地应力状态，且其中充满着层理、节理和裂缝，钻井液在压力作用下将沿着这些薄弱面侵入，使其张开并向远处延伸，且张开裂缝的流体压力只需克服垂直裂缝面的地应力，即

$$p_\mathrm{f}-p_\mathrm{p}=\frac{\upsilon}{1-\upsilon}\left(\sigma_\mathrm{z}-p_\mathrm{p}\right) \tag{2-4-1}$$

于是地层破裂压力：

$$p_\mathrm{f}=\frac{\upsilon}{1-\upsilon}\left(\sigma_\mathrm{z}-p_\mathrm{p}\right)+p_\mathrm{p} \tag{2-4-2}$$

式中　υ——泊松比。

该方法比较适用于像墨西哥湾这样的地层沉积较新、受构造运动影响小的连续沉积盆地，而对于地层年代较老、构造运动影响大的区域，其预测效果欠佳。但是这个模型，可能适合海洋钻井碰到的浅层破裂压力的预测。

2. *史蒂芬*（Stephen R.D.）*法*

史蒂芬认为作用在垂直裂缝面的水平地应力由两部分组成：水平均匀构造地应力和上

覆岩层应力在水平向引起的侧向力。张开垂直裂缝所需的有效流体压力等于有效水平地应力，裂缝重新开启，地层破裂。于是

$$p_{\mathrm{f}}-p_{\mathrm{p}}=\left(\frac{\upsilon}{1-\upsilon}+\xi\right)\left(\sigma_{\mathrm{z}}-p_{\mathrm{p}}\right) \tag{2-4-3}$$

即

$$p_{\mathrm{f}}=\left(\frac{\upsilon}{1-\upsilon}+\xi\right)\left(\sigma_{\mathrm{z}}-p_{\mathrm{p}}\right)+p_{\mathrm{p}} \tag{2-4-4}$$

式中　ξ——均匀构造应力系数。

史蒂芬提出可直接采用声波法在实验室内大气条件下用岩样测得的动态泊松比，按公式（2–4–3）计算各种地层的破裂压力值。史蒂芬推荐了一个在实验室内用声波法测得动态泊松比与岩性关系的表（表 2–4–1）供计算破裂压力时使用。但是，动态泊松比 υ_{d} 比静力学方法测出的静态泊松比（由岩石的应力应变曲线上得到）往往偏高。而破裂压力公式（2–4–3）中的 υ 系指静态泊松比。因此，直接使用表 2–4–1 中的数据也会造成一定误差。式（2–4–3）中的均匀构造应力系数 ξ 可用实测破裂压力数据进行反求。

表 2–4–1　岩石类型和泊松比的关系

岩石类型		泊松比
很湿的黏土		0.50
黏土		0.17
砾岩		0.20
白云岩		0.21
石灰岩	细粒，微晶质的	0.28
	中粒，灰屑的	0.31
	多孔的	0.20
	裂缝性的	0.27
	含化石的	0.09
	层状化石	0.17
	泥质的	0.17
砂岩	粗粒的	0.05
	粗粒，胶结的	0.10
	细粒的	0.03
	微粒的	0.04
	中粒的	0.06
	分选差，含黏土的	0.24
	含化石的	0.01

续表

岩石类型		泊松比
泥页岩	石灰质的（< 50%$CaCO_3$）	0.14
	白云质的	0.28
	硅质的	0.12
	粉砂的（< 70% 粉砂）	0.17
	砂质的（< 70% 砂）	0.12
	页岩状	0.25
粉砂岩		0.08
板岩		0.13

3. 黄荣樽法

中国石油大学黄荣樽教授认为地层的破裂是由井壁上的应力状态决定的，而且考虑了地下实际存在非均匀地应力场的作用，由无限大空间圆孔壁面应力分布推导出了地层破裂压力计算公式。

视井壁地层受力表现为各向同性的线弹性变形，则井壁应力为：

$$\sigma_r = p_i \tag{2-4-5}$$

$$\sigma_\theta = -p_i + \sigma_H + \sigma_h - 2(\sigma_H - \sigma_h)\cos 2\theta + 2f\left(p_i - p_p\right) \tag{2-4-6}$$

$$\sigma_z = \sigma_v - 2\upsilon(\sigma_H - \sigma_h)\cos 2\theta + 2f\left(p_i - p_p\right) \tag{2-4-7}$$

式中 p_i——液柱压力，MPa；

f——渗透系数。

随井内液柱压力的增大，在井壁 θ=0 或 π 处，即为水平最大地应力 σ_H 方位，σ_θ 取得极小值并可能出现负值，即井壁由压应力转变为拉应力

$$\sigma_\theta = 3\sigma_h - \sigma_H - p_i + 2f\left(p_i - p_p\right) \tag{2-4-8}$$

当液柱压力增大得足够大，超过岩石的抗拉强度 S_t，$\sigma'_\theta < -S_t$，井壁地层将发生拉伸破坏，破裂压力为

$$p_f = \frac{3\sigma_h - \sigma_H + \left(2f - \alpha\right)p_p + S_t}{1 - 2f} \tag{2-4-9}$$

式中 α——修正系数。

如果井壁不渗透，破裂压力为

$$p_f = 3\sigma_h - \sigma_H - \alpha p_p + S_t \tag{2-4-10}$$

将地应力的构造应力修正模式代入（2–4–10），并不考虑温度变化并令 α=1，可导出破裂压力的黄荣樽预测法：

$$p_{\mathrm{f}}=\left(\frac{2\upsilon}{1-\upsilon}-K\right)(\sigma_{\mathrm{z}}-p_{\mathrm{p}})+p_{\mathrm{p}}+S_{\mathrm{t}} \tag{2-4-11}$$

式中，$K=\xi_{\mathrm{H}}-3\xi_{\mathrm{h}}$，称为非均匀的地质构造应力系数。这个方法经过中原油田文留地区应用，预测误差小于5%。

将式（2–2–9）代入式（2–4–10），并不考虑温度变化，可导出破裂压力的黄荣樽预测的另一种方法：

$$p_{\mathrm{f}}=\frac{\xi_{\mathrm{H}}E}{1-\upsilon}-\frac{2\xi_{\mathrm{h}}E}{1+\upsilon}+\frac{2\upsilon}{1-\upsilon}(\sigma_{\mathrm{z}}-\alpha p_{\mathrm{p}})+\alpha p_{\mathrm{p}}+S_{\mathrm{t}} \tag{2-4-12}$$

4. 陈勉方法

黄荣樽法适用于井壁完好无损且井壁不渗透，这对于大部分地层是不适合的。因为绝大部分地层有层理、节理和裂缝等薄弱面，薄弱面的产状和几何空间分布影响着井壁的破裂方式，因此井壁破裂应该同时存在两种方式：沿薄弱面破裂或从井壁岩石（水平最大地应力方位）。新的破裂压力预测模式考虑井壁渗透且发育薄弱面，计算两种状态的破裂压力薄弱面启裂压力 $p_{\mathrm{f}}^{\mathrm{w}}$ 和岩石破裂压力 $p_{\mathrm{f}}^{\mathrm{r}}$，取两者较小者作为破裂压力 p_{f}。

假设薄弱面走向和倾向基本保持一定。在大地坐标系中，天然裂缝面的走向为北东 *TR* 度，地层倾角为 *DIP* 度，水平最大地应力方位为 θ_{H} 度。薄弱面与井壁相交于 θ 角处（θ 的定义：始边为水平最大地应力方位，顺时针），薄弱面上正应力的表达式为（图 2–4–1、图 2–4–2）：

$$\sigma_{\mathrm{n}}=\sigma_{\mathrm{z}}l_1^2+\sigma_{\theta}l_2^2+\sigma_{\mathrm{r}}l_3^2 \tag{2-4-13}$$

式中

$$l_1=\sin(DIP)$$

$$l_2=-\sin\theta\cos(DIP)\cos(TR-\theta_{\mathrm{H}})+\cos\theta\cos(DIP)\sin(TR-\theta_{\mathrm{H}})$$

$$l_3=\cos\theta\cos(DIP)\cos(TR-\theta_{\mathrm{H}})+\sin\theta\cos(DIP)\sin(TR-\theta_{\mathrm{H}})$$

$$\sigma_{\mathrm{r}}=p_{\mathrm{i}}$$

$$\sigma_{\theta}=-p_{\mathrm{i}}+\sigma_{\mathrm{H}}+\sigma_{\mathrm{h}}-2(\sigma_{\mathrm{H}}-\sigma_{\mathrm{h}})\cos2\theta+2f\left(p_{\mathrm{i}}-p_{\mathrm{p}}\right)$$

$$\sigma_{\mathrm{z}}=\sigma_{\mathrm{v}}-2\upsilon(\sigma_{\mathrm{H}}-\sigma_{\mathrm{h}})\cos2\theta+2f\left(p_{\mathrm{i}}-p_{\mathrm{p}}\right)$$

解出 σ_{n} 之后，代入到下式中：

$$p_{\mathrm{i}}=\sigma_{\mathrm{n}}-\alpha p_{\mathrm{p}} \tag{2-4-14}$$

解出的 p_{i} 即为 $p_{\mathrm{f}}^{\mathrm{w}}$

$$p_{\mathrm{i}}=\frac{l_2^{\,2}-2\upsilon\cos2\theta l_1^{\,2}-2\cos2\theta l_2^{\,2}}{1+l_2^{\,2}-l_3^{\,2}-2fl_1^{\,2}-2fl_2^{\,2}}\sigma_{\mathrm{H}}+\frac{2\upsilon\cos2\theta l_1^{\,2}+l_2^{\,2}+2\cos2\theta l_2^{\,2}}{1+l_2^{\,2}-l_3^{\,2}-2fl_1^{\,2}-2fl_2^{\,2}}\sigma_{\mathrm{h}}$$
$$+\frac{l_1^{\,2}}{1+l_2^{\,2}-l_3^{\,2}-2fl_1^{\,2}-2fl_2^{\,2}}\sigma_{\mathrm{v}}+\frac{-2fl_1^{\,2}-2fl_2^{\,2}-\alpha}{1+l_2^{\,2}-l_3^{\,2}-2fl_1^{\,2}-2fl_2^{\,2}}p_{\mathrm{p}} \qquad (2-4-15)$$

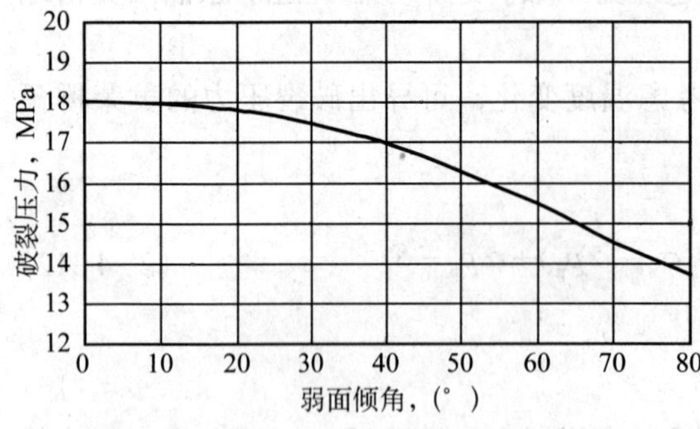

图 2-4-1　破裂压力与薄弱面的倾角关系

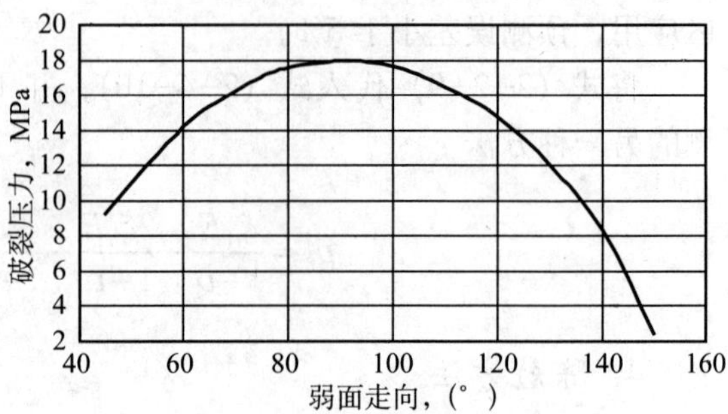

图 2-4-2　破裂压力与薄弱面的走向（与地应力方位的夹角）关系

$$p_{\mathrm{f}}^{\mathrm{w}}=A\sigma_{\mathrm{H}}+B\sigma_{\mathrm{h}}+C\sigma_{\mathrm{v}}+Dp_{\mathrm{p}} \qquad (2-4-16)$$

其中：

$$A=\frac{l_2^{\,2}-2\upsilon\cos2\theta l_1^{\,2}-2\cos2\theta l_2^{\,2}}{1+l_2^{\,2}-l_3^{\,2}-2fl_1^{\,2}-2fl_2^{\,2}} \qquad (2-4-17)$$

$$B=\frac{2\upsilon\cos2\theta l_1^{\,2}+l_2^{\,2}+2\cos2\theta l_2^{\,2}}{1+l_2^{\,2}-l_3^{\,2}-2fl_1^{\,2}-2fl_2^{\,2}} \qquad (2-4-18)$$

$$C=\frac{l_1^{\,2}}{1+l_2^{\,2}-l_3^{\,2}-2fl_1^{\,2}-2fl_2^{\,2}} \qquad (2-4-19)$$

$$D=\frac{-2fl_1^{\,2}-2fl_2^{\,2}-\alpha}{1+l_2^{\,2}-l_3^{\,2}-2fl_1^{\,2}-2fl_2^{\,2}} \qquad (2-4-20)$$

视薄弱面胶接强度为 0，薄弱面启裂压力 $p_{\mathrm{f}}^{\mathrm{w}}$：

$$p_{\mathrm{f}}^{\mathrm{w}}=\sigma_{\mathrm{n}}-\alpha_1 p(r,t) \qquad (2-4-21)$$

井壁渗透条件下井壁岩石破裂压力 $p_{\mathrm{f}}^{\mathrm{r}}$：

$$p_{\mathrm{f}}^{\mathrm{r}}=\frac{3\sigma_{\mathrm{h}}-\sigma_{\mathrm{H}}+(2f-\alpha)p_{\mathrm{p}}+S_{\mathrm{t}}}{1-2f} \qquad (2-4-22)$$

5. 斜井的破裂压力

斜井井眼（井斜角 $\varPsi$、井斜方位角 $\varOmega$）与地应力坐标系是斜交的，井壁的破裂位置不同于直井（一般发生在最大水平地应力方位），因为直井井壁的径向应力 σ_r、切向应力 σ_θ 和垂向应力 σ_z 都是主应力，而斜井壁还作用 $\sigma_{\theta z}$。地层的破裂和破坏是发生在 $\theta - z$ 平面上，斜井壁上的岩石单元如图 2-4-3 所示，σ_r 是一个主应力，所以斜井壁面仍为一个主应力面。为了判断岩石的破坏发生的位置，必须先求出其余两个主应力面。

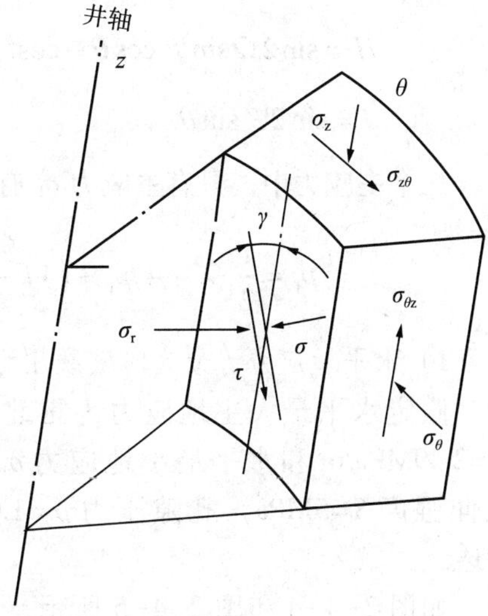

图 2-4-3 井壁上岩石单元的应力分布

斜井壁上的三个主应力：

$$\begin{cases} \sigma_i = \sigma_r = p_i \\ \sigma_j = \dfrac{1}{2}\left[X - 4fp_p + (4f-1)p_i\right] + \dfrac{1}{2}\sqrt{(Y-p_i)^2 + Z} \\ \sigma_k = \dfrac{1}{2}\left[X - 4fp_p + (4f-1)p_i\right] - \dfrac{1}{2}\sqrt{(Y-p_i)^2 + Z} \end{cases} \tag{2-4-23}$$

式中 p_i——井内液柱压力，MPa。

$$X = (A+D)\sigma_h + (B+E)\sigma_H + (C+F)\sigma_v \tag{2-4-24}$$

$$Y = (A-D)\sigma_h + (B-E)\sigma_H + (C-F)\sigma_v \tag{2-4-25}$$

$$Z = 4(G\sigma_h + H\sigma_H + J\sigma_v)^2 \tag{2-4-26}$$

式中

$$A = \cos\varPsi\left[\cos\varPsi(1-2\cos 2\theta)\sin^2\varOmega + 2\sin 2\varOmega\sin 2\theta\right] + (1+2\cos 2\theta)\cos^2\varOmega$$

$$B = \cos\varPsi\left[\cos\varPsi(1-2\cos 2\theta)\cos^2\varOmega - 2\sin 2\varOmega\sin 2\theta\right] + (1+2\cos 2\theta)\sin^2\varOmega$$

$$C = (1-2\cos 2\theta)\sin^2\varPsi$$

$$D = \sin^2\varOmega\sin^2\varPsi + 2\upsilon\sin 2\varOmega\cos\varPsi\sin 2\theta + 2\upsilon\cos 2\theta\left(\cos^2\varOmega - \sin^2\varOmega\cos^2\varPsi\right)$$

$$E = \cos^2\varOmega\sin^2\varPsi - 2\upsilon\sin 2\varOmega\cos\varPsi\sin 2\theta + 2\upsilon\cos 2\theta\left(\sin^2\varOmega - \cos^2\varOmega\cos^2\varPsi\right)$$

$$F = \cos^2\varPsi - 2\upsilon\sin^2\varPsi\cos 2\theta$$

$$G = -\left(\sin 2\varOmega\sin\varPsi\cos\theta + \sin^2\varOmega\sin 2\varPsi\sin\theta\right)$$

$$H=\sin 2\Omega \sin \Psi \cos \theta -\cos^2 \Omega \sin 2\Psi \sin \theta$$

$$J=\sin 2\Psi \sin \theta$$

三个主应力中，只有主应力 σ_k 有出现负值的可能，因此破裂压力 p_f 由下式获得

$$p_f=\frac{1}{2}\left[X-4fp_p+(4f-1)p_i\right]-\frac{1}{2}\sqrt{(Y-p_i)^2+Z}-\alpha p_p+S_t=0 \tag{2-4-27}$$

1）水平地应力为最大时破裂压力情况

假定水平最大主地应力为正北向，上覆地应力 σ_v=2.23MPa/m，水平最大主地应力 σ_H=2.49MPa/m 和水平最小地应力 σ_h=1.76MPa/m，黏聚力 S_0=7MPa，内摩擦角 ϕ=25°，拉伸强度 S_t=5MPa，孔隙压力 p_p=1.01MPa/m；泊松比 υ=0.2，钻井液在井壁处不发生渗透。

如图 2-4-4 和图 2-4-5 所示，随着井斜角和井斜方位角的增大，破裂压力值增大。但当井斜角接近 90° 时，破裂压力值先增大后略减小。

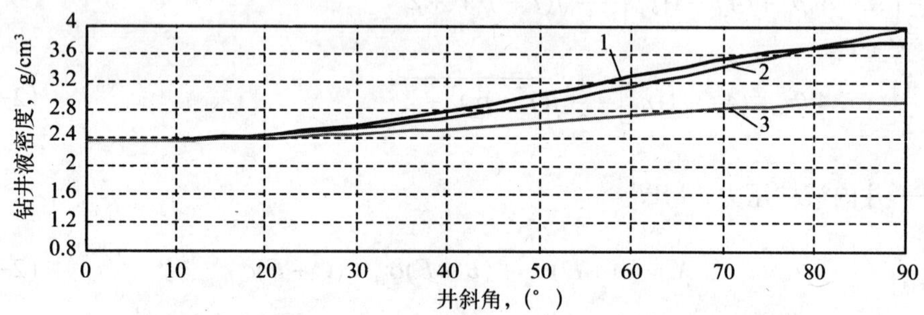

图 2-4-4 水平地应力最大时破裂压力随井斜角变化规律

1—井斜角 90° 时破裂压力；2—井斜角 60° 时破裂压力；3—井斜角 30° 时破裂压力

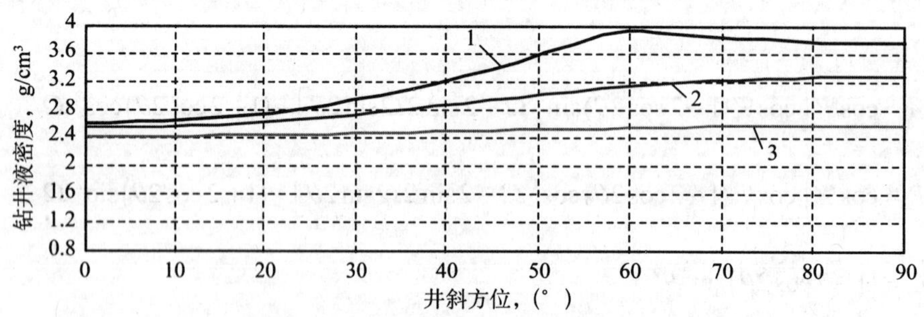

图 2-4-5 水平地应力最大时破裂压力随井斜方位角变化规律

1—井斜方位 90° 时破裂压力；2—井斜方位 60° 时破裂压力；3—井斜方位 30° 时破裂压力

2）垂向地应力最大时破裂压力情况

假定上覆地应力 σ_v=2.23MPa/m，水平最大主地应力 σ_H=2.09MPa/m 和水平最小地应力 σ_h=1.56MPa/m，其余与上述相同。

如图 2-4-6 和图 2-4-7 所示，随着井斜角和井斜方位角的增大，破裂压力值增大。

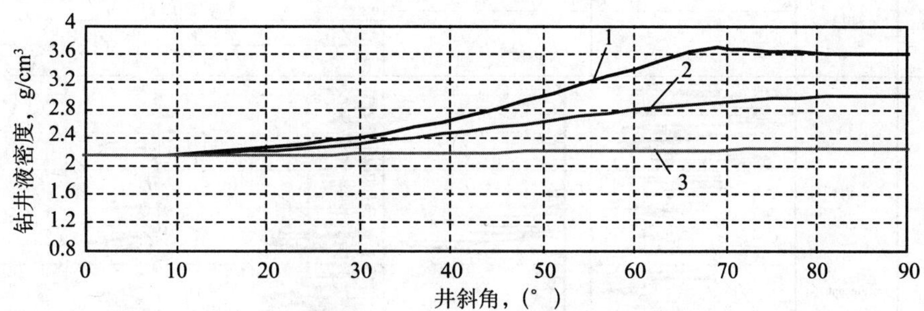

图 2-4-6　垂向地应力最大时破裂压力随井斜角变化规律

1—井斜角 90°时破裂压力；2—井斜角 60°时破裂压力；3—井斜角 30°时破裂压力

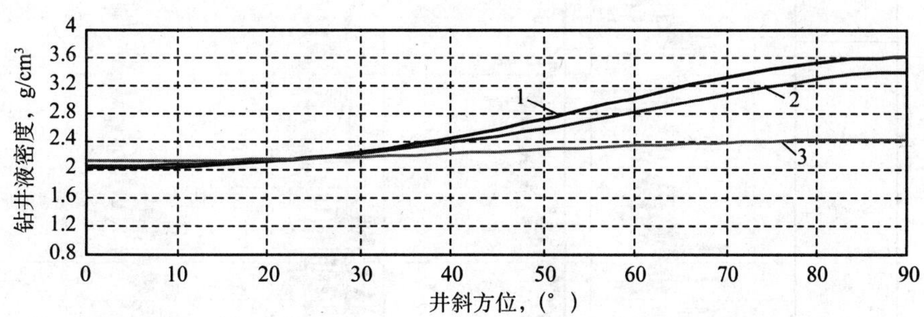

图 2-4-7　垂向地应力最大时破裂压力随井斜方位角变化规律

1—井斜方位 90°时破裂压力；2—井斜方位 60°时破裂压力；3—井斜方位 30°时破裂压力

三、利用测井资料预测地层破裂压力

Deer 和 Miller 根据大量的室内实验结果曾建立了砂泥岩的单轴抗压强度 σ_c 和动态杨氏模量 $E_{动态}$以及岩石的泥质含量 $V_{泥质}$之间的关系：

$$\sigma_c=(0.0045+0.0035V_{泥质})E_{动态} \tag{2-4-28}$$

岩石的单轴抗压强度一般是抗拉强度的 8 ~ 15 倍，因此抗拉强度：

$$s_{抗拉}=\frac{(0.0045+0.0035V_{泥质})E_{动态}}{K_t} \tag{2-4-29}$$

$$K_t=8\sim15$$

前面的分析研究表明，利用声波测井、密度测井和伽马测井（确定泥质含量）及建立的岩石静动态弹性参数的关系式，可以连续预测地应力和抗拉强度，结合孔隙压力剖面和合适的破裂压力预测模型，就可计算出破裂压力剖面（图 2-4-8）。

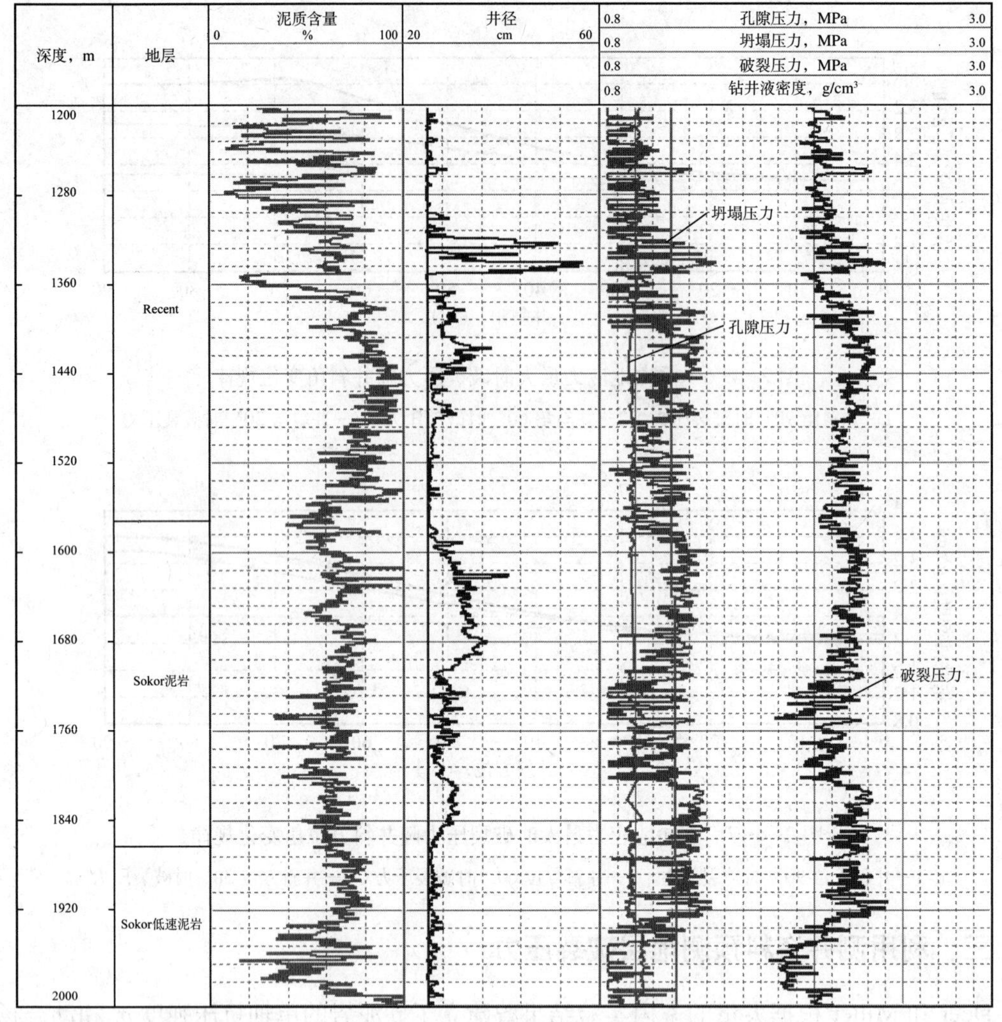

图 2-4-8　s-1 井破裂压力剖面

第五节　地层坍塌压力与井眼稳定性

坍塌压力 p_b 指的是维持井壁不坍塌或不缩径的最小井内钻井液柱压力，通常用当量钻井液密度来表示，其换算关系：

$$\rho_b = \frac{101.94 p_b}{h} \tag{2-5-1}$$

式中　ρ_b——当量钻井液密度表示的坍塌压力，g/cm³；

h——地层深度，m；

p_b——坍塌压力，MPa。

钻井过程中，地层某点的坍塌压力不是一成不变的，随循环介质性能、井眼轨迹、水力参数等变化而体现出不同程度的增大或减小的趋势。在气体钻井中井壁不坍塌的地层，

坍塌压力 $\rho_b \leqslant 0$，当循环介质转换成钻井液时，出现严重的井壁坍塌，$\rho_b \geqslant 1g/cm^3$。对于同一地层，在有的井眼轨迹条件下地层稳定，而另一些井眼轨迹条件下地层却坍塌比较严重。

坍塌压力本质上是井壁地层应力与强度综合变化的结果。如果井眼形成后，地层的物理、化学和力学特性保持原状，坍塌压力就处于最小值（可能小于0）。入井的钻井液改变了这些特性，使得坍塌压力不同程度的变大。井壁稳定的工作一定程度上就是如何最大程度有效地维持地层的原状。

一、坍塌压力的影响因素

在岩石强度较高且正常地应力的地层，一般不会发生井壁坍塌，导致井壁坍塌的原因很多，分为天然和人为两个方面。

（1）天然因素：有地质构造类型和原地应力、地层的岩性和产状、含黏土矿物的类型、弱面的存在及其倾角、层面的胶结情况、地层强度、裂隙节理的发育、孔隙度、渗透率及孔隙流体压力等。

（2）人为因素：有钻井液的性能（失水、黏度、密度）、钻井液和泥页岩化学作用的强弱（水化膨胀）、井眼周围钻井液侵入带的深度和范围、井眼裸露的时间、钻井液的环空返速对井壁的冲刷作用、循环波动压力和起下钻的抽吸压力、井眼轨迹的形状及钻柱对井壁的摩擦和碰撞等。

从力学的角度来说，造成井壁坍塌的主要原因为井内液柱压力较低，使得井壁周围岩石所受应力超过岩石本身的强度而产生剪切破坏所造成的。此时，对于脆性地层会产生坍塌掉块、井径扩大，而对塑性地层则向井眼内产生塑性变形，造成缩径。井壁坍塌与否与井壁围岩的应力状态、围岩的强度特性等密切相关。解决井壁坍塌问题，要从钻井液化学和岩石力学入手，抓住主要因素进行分析才能获得满意的结果。

二、坍塌压力计算模型

假设井壁为线弹性，最大的应力差出现在井壁上，因此井壁破坏出现在井壁上。井壁应力表达为

$$\sigma_r = p_i \tag{2-5-2}$$

$$\sigma_\theta = -p_i + \sigma_H + \sigma_h - 2(\sigma_H - \sigma_h)\cos 2\theta + 2f(p_i - p_p) \tag{2-5-3}$$

假设岩石破坏遵循 Mohr−Coulomb 准则，用有效应力可表示为

$$\sigma_1 - \alpha p_p = \left(\sigma_3 - \alpha p_p\right)\cot^2\left(45° - \frac{\varphi}{2}\right) + 2C\cot\left(45° - \frac{\varphi}{2}\right) \tag{2-5-4}$$

式中 σ_1——最大主应力；
σ_3——最小主应力；
C——岩石黏聚力；
φ——岩石内摩擦角。

由式（2–5–3）知，对于井壁主应力有不同的排列方式，其破坏形态也不同。当$\theta=\dfrac{\pi}{2}$或$\dfrac{3\pi}{2}$时，即为水平最小地应力σ_h方位，σ_θ取得极大值：

$$\sigma_\theta=3\sigma_H-\sigma_h-p_i+2f\ (p_i-p_p) \tag{2–5–5}$$

一般情况，井壁应力的排序为$\sigma_\theta>\sigma_z>\sigma_r$，代入式（2–5–4），得井壁渗透条件下的坍塌压力：

$$p_b^w=\frac{3\sigma_H-\sigma_h-2CK+\left(\alpha K^2-2f-\alpha\right)p_p}{K^2-2f+1} \tag{2–5–6}$$

$$K=\cot^2\left(45°-\frac{\varphi}{2}\right)$$

如果井壁不渗透：

$$p_b^g=\frac{3\sigma_H-\sigma_h-2CK+\left(K^2-1\right)\alpha p_p}{K^2+1} \tag{2–5–7}$$

由式（2–5–6）和式（2–5–7）知：

$$p_b^g=p_b{}^w+2f\left(p_p-p_b{}^w\right) \tag{2–5–8}$$

对于泥页岩地层，坍塌压力比孔隙压力要大，根据式（2–5–7）井壁不渗透情况下坍塌压力比渗透情况下要小，这说明滤饼对泥页岩地层井壁稳定有重要意义。

应当特别说明，以上坍塌压力适合油基钻井液。对于水基钻井液，不论滤饼造壁性效果如何好，井壁岩石物理、力学特性都会发生变化，钻井液滤液渗透得多，地层强度下降得显著，同时改变井壁围岩应力状态，因此水化地层的坍塌时间上表现为有一定周期性。对于强水敏地层，需要通过室内实验测试给定钻井液体系条件的泥页岩变形特性和破坏特性，才能分析井壁坍塌机理，确定坍塌压力。但是，对于弱水敏地层，坍塌压力仍可用式（2–5–6）计算，但是岩石黏聚力和内摩擦角与原地层相比有显著降低，降低值需要实验来测试。

对于气体钻井，井内液柱压力近似为零，若按照式（2–5–8），井壁坍塌压力应该满足下式：

$$p_b=\frac{3\sigma_H-\sigma_h-2CK}{K^2+1}\leqslant 0 \tag{2–5–9}$$

但实际上不满足式（2–5–9）的情况，气体钻井井壁依然不会出现水基钻井液条件下的井壁垮塌。这是因为上述模型是基于线弹性理论推导出来的，一般认为地层进入塑性状态井壁就失稳，这主要考虑钻井液对地层力学性能改变的综合考虑的结果。而对于气体钻井条件下，地层进入塑性状态产生裂缝，裂缝间有摩擦力，井壁破碎岩石仍然得到较好的支撑，只有井壁变形到一定程度才发生坍塌，但是井径扩大后，地层趋于稳定，因此，在气体钻井中井壁坍塌不出现钻井液条件下的程度。

干气页岩井壁坍塌压力可由式（2−5−9）计算。

三、利用测井资料计算坍塌压力剖面

大量的室内实验结果曾建立了砂泥岩的单轴抗压强度 σ_c 和动态杨氏模量以及岩石的泥质含量 V_{cl} 之间的关系：

$$\sigma_c=(0.0045+0.0035V_{cl})E_d \tag{2-5-10}$$

沉积岩的黏聚力 C_o 和单轴抗压强度 σ_c 的经验关系式：

$$C_o=3.625\times10^{-6}\sigma_c K_d \tag{2-5-11}$$

式中　K_d——岩石的动态体积压缩模量。

$$K_d=\frac{E_d}{3(1-2\upsilon_d)}=\rho\left(v_p^2-\frac{4}{3}v_s^{\ 2}\right) \tag{2-5-12}$$

可得黏聚力：

$$C_o=A(1-2\upsilon_d)\left(\frac{1+\upsilon_d}{1-\upsilon_d}\right)^2\rho^2 v_p^4(1+0.78V_{cl}) \tag{2-5-13}$$

式中　A——与岩石性质有关的常数；

v_p——纵波声波速度；

v_s——横波声波速度。

岩石的类型、颗粒大小等均对内摩擦角 φ 值有很大影响。一般岩石的 φ 值与 C_0 值存在着一定的关系，其相关关系的建立应根据试验数据的回归来实现。根据对塔里木油田岩心的实测强度参数值，并通过回归分析得到砂泥岩地层内摩擦角 φ 与黏聚力 C_0 间的相关关系式为：

$$\varphi=a\cdot\lg\left[M+\left(M^2+1\right)^{\frac{1}{2}}\right]+b \tag{2-5-14}$$

$$M=a_1-b_1\cdot C_o$$

式中　a，b，a_1，b_1——与岩石有关的常数。

声波测井可以求得地层的强度参数 C_o、φ 值。

四、钻井液安全密度窗口

井眼稳定性是指保持井内钻井液液柱压力始终处于以孔隙压力、坍塌压力为低限，以破裂压力、漏失压力为高限所限定的区域内，井眼处于稳定状态，且能保持钻井过程中不漏、不涌、不喷的状态。井眼不稳定表现为以下状态：

（1）钻井液液柱压力低于地层坍塌压力，井眼发生缩径、坍塌，当发生坍塌时，掉块大小与钻井液液柱压力与坍塌压力差值大小有关，有时为兼顾钻井液液柱压力高限，允许钻井液液柱压力略低于坍塌压力，这时会产生较小掉块，但不致于卡钻。

(2) 钻井液液柱压力低于孔隙压力时，地层流体可能侵入井眼，从而发生井涌或井喷。但在地层坍塌压力较高时，通过地面装置有效控制地层流体进入井眼，并在地面得到有效处理，这就是欠平衡钻井技术。

(3) 钻井液液柱压力高于漏失压力时，通常会发生漏失，造成钻井液材料与时间上的损失，对于破碎性泥岩段，会发生地层微裂缝扩张，如果钻井液封堵能力不强，加之起下钻等压力波动，就会发生大规模垮塌卡钻。与钻井液密度过低坍塌卡钻不同，此时井眼长轴方向为最大水平主地应力方向。防止此类卡钻的主要途径是保持增强钻井液的封堵能力，减少井内压力波动，控制适当的钻井液液柱压力。

(4) 井内液柱压力大于地层破裂压力时，通常会发生漏失，且这类漏失不能通过堵漏等途径解决。

第六节　井身结构设计

井身结构是指油气井在设计时或完井后的基本空间形态，包括套管层次和每层套管的下入深度，每层套管的注水泥返高，以及套管和井眼尺寸的配合等。井身结构设计就是根据油气井所在的区域地质条件、现有技术装备条件、钻井目的、安全要求和工程技术要求等，合理确定以上主要内容。它是钻井工程设计的基础，不仅关系到钻井技术经济指标和钻井工作的成效，也关系到生产层的保护和产能的维持。

在经验钻井阶段，由于对地层孔隙压力和破裂压力不能准确掌握，因此，井身结构设计只能凭经验确定。到了 20 世纪 60 年代中期，地层孔隙压力、破裂压力的预测和检测技术得到发展，特别是近平衡钻井的推广和井控技术的掌握，使井身结构中套管层次和下入深度的设计，逐步总结出了一套较为科学的设计方法。SY/T 5431—2008《井身结构设计方法》提出了以满足防止井涌、防止套管鞋处地层压裂和避免压差卡钻为主要依据，满足工程必封点为约束条件的设计思想，以合理的井身结构确保钻井过程的安全、高效和保护油气层为设计原则。确定了以地层孔隙压力和破裂压力两个压力剖面为根据，用图解或解析法，从下而上（先技术套管，再表层套管）确定套管层次和下入深度，再由约束条件进行调节的设计方法。所得到的设计结果可使每层套管下入深度最浅、套管费用最低，尽早结束大尺寸井眼钻进阶段，提高钻井效率。这种设计方法所存在的问题是：由于采用了自下而上的设计步骤，上部套管下入深度的合理性取决于对下部地层特性了解的准确程度和充分程度，应用于已较准确地掌握了地层孔隙压力和破裂压力剖面地区的井身结构设计是比较合理的。但对于新区的深探井井身结构设计来说，由于对下部地层了解不充分，地层压力信息存在较大的不确定性，应用这种自下而上的方法难以确定出合理的套管层次和每层套管的下入深度。

“九五”期间提出了针对深探井钻井的自上而下的套管下入层次及深度设计方法（管志川等，2001）。该方法的特点是：以确保钻井成功率、顺利钻达目的层为首选设计目标；每层套管下入深度根据上部已钻地层的资料确定，不受下部地层的影响；可给出每层套管的最大下入深度，有利于保证实现钻探目的，顺利钻达目的层位。与原来自下而上的设计方法相结合，可以给出套管的合理下深区间，有利于井身结构的动态调整。后续的钻井工程设计和施工实践表明，利用自下而上和自上而下方法结合起来确定套管下入层次及深度是复杂地质条件下深井超深井较为合理的一种井身结构设计方法。该方法已经列入行业标准SY/T 5431—2008《井身结构设计方法》。

一、井身结构设计的基本原则

进行井身结构设计所遵循的原则主要有：

（1）符合当地法律、法规，满足HSE管理体系的要求。

（2）能有利于发现、认识和有效的保护油气层，使不同压力梯度的油气层不受钻井液伤害。

（3）应避免漏、喷、塌、卡等复杂情况产生，为全井顺利钻井创造条件，确保钻井成功率，尽可能降低钻井成本，使钻井周期最短。

（4）应具备井控能力，钻进下部高压地层时所用的较高密度钻井液或井涌关井后产生的液柱压力，不致压裂裸眼井段薄弱的裸露地层。

（5）下套管及钻进过程中，井内钻井液液柱压力和地层压力之间的压差不致产生压差卡钻和压差卡套管问题。

（6）探井设计要考虑加深和增下中间套管的需要。

二、井身结构设计的依据及基础数据

1. 设计依据

（1）钻井地质设计。

（2）地层孔隙压力、地层破裂压力及坍塌压力剖面。

（3）地层岩性剖面。

（4）完井方式和油层套管尺寸要求。

（5）相邻区块参考井、同区块邻井实钻资料。

（6）钻井装备及工艺技术水平。

（7）井位附近河流河床底部深度、饮用水水源的地下水底部深度、附近水源分布情况、地下矿产采掘区开采层深度、开发调整井的注水（汽）层位深度。

（8）钻井技术规范。

2. 基础数据及取值范围

（1）抽吸压力系数S_b。上提钻柱时，由于抽吸作用使井内液柱压力降低的值，用当量密度表示。S_b一般取0.015～0.040g/cm^3。

（2）激动压力系数S_g。下放钻柱时，由于钻柱向下运动产生的激动压力使井内液柱压力的增加值，用当量密度表示。S_g一般取0.015～0.040g/cm^3。

（3）破裂压力安全系数S_f。为避免上部套管鞋处裸露地层被压裂的地层破裂压力安全增值，用当量密度表示。安全系数的大小与地层破裂压力的预测精度有关。S_f一般取0.03g/cm^3。

（4）井涌允量S_k。井涌关井后因井口回压引起井内液柱压力上升，井涌允量表示关井前后允许井内液柱压力（当量钻井液密度）的增加值。与地层孔隙压力预测的精度及井控技术能力有关。S_k一般取0.05～0.10g/cm^3。

（5）压差允值（Δp_N与Δp_A）。裸眼井段所允许的井内液柱压力与地层孔隙压力之间的最大压差。裸眼井段的压差控制在该允许值范围内可以避免钻进和固井过程中的压差卡钻和压差卡套管问题。它的大小与钻井工艺技术和钻井液性能有关，也与裸眼井段的地层孔隙压力和渗透性有关。若正常地层压力和异常高压同处一个裸眼井段，卡钻易发生在正常压力井段，所以压差允值又有正常压力井段和异常压力井段之分，分别用 Δp_N 和 Δp_A 表示。正常压力井段的压差允值 Δp_N 一般取 12 ~ 15MPa，异常压力井段的压差允值 Δp_A 一般取 15 ~ 20MPa。

3. 基础数据的求取

1）抽吸压力系数 S_b 和激动压力系数 S_g 的确定

对于抽吸和激动压力系数可通过以下步骤求出：

(1) 收集所研究地区常用钻井液体系的性能，主要包括密度和流变参数（黏度、切力、*n* 值和 *K* 值等）。

(2) 收集所研究地区常用的套管钻头系列、井眼尺寸及钻具组合。

(3) 根据稳态或瞬态波动压力计算公式，计算不同钻井液性能、井眼尺寸、钻具组合以及起下钻速度条件下的井内波动压力，根据波动压力和井深计算抽吸压力和激动压力系数。

图 2-6-1 和图 2-6-2 是按照以上方法利用瞬态波动压力计算公式根据新疆油田呼 2 井、克 101 井的实际钻井资料计算出的波动压力系数随井深的变化情况。

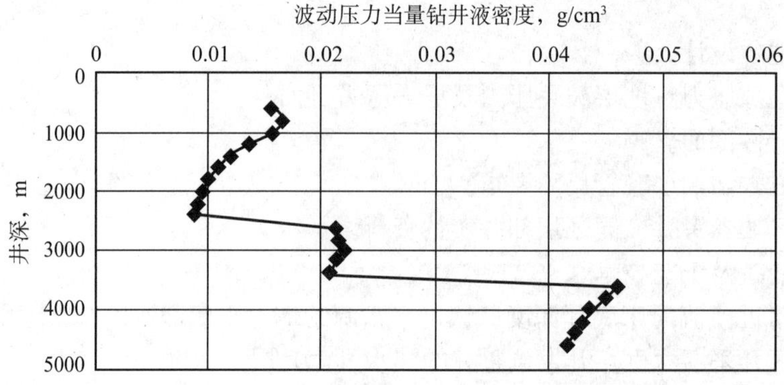

图 2-6-1　呼 2 井波动压力系数随井深的变化

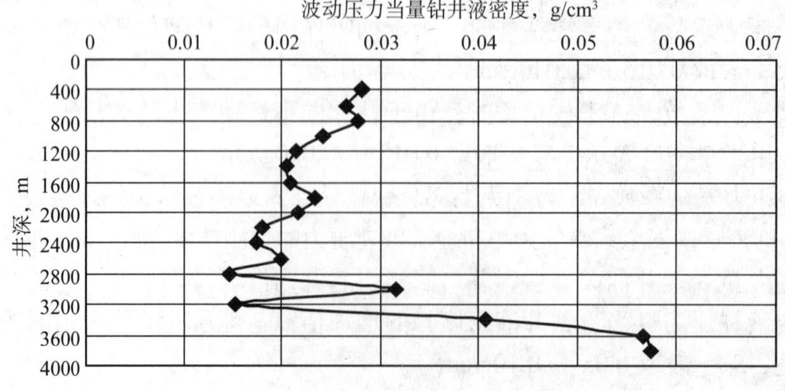

图 2-6-2　克 101 井波动压力系数随井深的变化

从图 2-6-1、图 2-6-2 中可以看出，在不同的钻进井深，井眼内的抽吸和激动压力系数并不是一个定值。上部井眼内的系数普遍较小，下部井眼则较大。S_b 和 S_g 一般在 0.01 ~ 0.06g/cm^3 的范围内。

2）破裂压力安全系数 S_f 的确定

在井身结构设计中，可根据对地层破裂压力预测或测试结果的可信程度来定。对于测试数据（漏失试验）较充分或地层破裂压力预测结果较准确的区块，S_f 取值可小一些；而在测试数据较少、探井或在地层破裂压力预测中把握较小时，S_f 取值需大一些。一般可取 S_f=0.03g/cm^3。

可通过以下步骤求出：

（1）收集所研究地区不同层位的破裂压力实测值和破裂压力预测值。

（2）根据实测值与预测值的对比分析，找出统计误差作为破裂压力安全系数。

3）井涌允量 S_k 的确定

S_k 的选取和确定一般根据异常高压层地层压力预测和检测的误差来确定。现场控制井涌的技术和装备条件较好时，可取低值；对风险较大的高压气层和浅层气应取高值。根据"九五"期间所调研的准噶尔盆地所发生的几口井井涌后的关井立管压力计算出的井涌允量在 0.05 ~ 0.08g/cm^3 范围内。

可通过以下步骤求出：

（1）统计所研究地区异常高压层以及井涌事故易发生的层位、井深、关井求压计算的地层压力值、发生井涌时的钻井液密度等。

（2）根据现有地层压力检测技术水平以及井涌报警的精度和灵敏度，确定允许地层流体进入井眼的体积量（如果井场配有综合录井仪，一般将地层流体允许进入量的体积报警限定为 2m^3）。

（3）计算地面溢流量达到报警限时井底压力的降低值。

（4）根据异常高压层所处的井深、真实地层压力值、溢流报警时的井底压力降低值、井涌时的钻井液密度等，计算各样本点的井涌允量，然后根据多样本点的统计结果确定出所研究地区的井涌允量值。

4）压差允值（Δp_N 和 Δp_A）的确定

在井身结构设计中应考虑避免压差卡钻和压差卡套管事故的发生。具体方法就是在井身结构设计时保证裸眼段任何部位钻井液液柱压力与地层压力的差值小于某一安全的数值，即压差允值。各个地区，由于地层条件、所采用的钻井液体系、钻井液性能、钻具结构、钻井工艺措施有所不同，因此压差允许值也不同，应通过大量的现场统计获得。

可通过以下步骤求出：

（1）收集压差卡钻资料，确定出易压差卡钻的层位、井深及卡钻层位的地层压力值。

（2）统计压差卡钻发生前同一裸眼段曾用过的最大安全钻井液密度，以及卡钻发生时的钻井液密度。

（3）根据卡钻井深、卡点地层压力、井内最大安全钻井液密度值，计算单点压差卡钻允值。

（4）根据多样本点的统计结果，确定出适合于所研究地区的压差卡钻允值。

"九五"期间通过对准噶尔盆地发生压差卡钻的资料分析，计算出该地区的压差卡钻允

值范围是 Δp_N=15 ~ 18MPa，Δp_A=21 ~ 23MPa。

三、套管层次及下入深度设计

套管层次和下入深度设计的实质是确定两相邻套管下入深度之差，也就是确定安全裸眼井段的井深区间。所谓安全裸眼井段是指在该裸眼井段中，应防止钻进过程中发生井涌、井壁坍塌、压差卡钻、钻进时压裂地层发生井漏、井涌关井或压井时压裂地层而发生井漏以及下套管时压差卡套管等井下复杂情况。对同一口井，在套管层次和下入深度设计时，所选择的裸眼井段的起始点以及设计顺序不同，所得到的套管层次和下入深度的设计结果也不同。因此，套管层次及下深的设计方法分为自下而上设计方法和自上而下设计方法（管志川等，2001)。一般，对于已探明区块的开发井或地质环境清楚的井，采用自下而上设计方法，对于新探区的探井或下部地层地质信息存在不确定性的井，采用自上而下和自下而上相结合的方法。

1. 安全裸眼井段的约束条件

依据井身结构设计的原则和安全裸眼井段的定义，在裸眼井段钻进或固井时应满足防止井涌、防止井壁坍塌、防止正常钻进时压裂地层、防止压差卡钻或卡套管、防止井涌关井压裂地层等要求。

1）钻井液密度

正常钻进过程中，应保证钻遇最大地层压力当量密度所处的地层时井内的钻井液密度不小于该地层的最大孔隙压力当量密度，即防止井涌的约束条件。

$$\rho_m \geqslant \rho_{pmax}+\Delta\rho \tag{2-6-1}$$

式中 ρ_m——钻井液密度，g/cm³；

ρ_{pmax}——裸眼井段最大地层压力的当量密度，g/cm³；

$\Delta\rho$——钻井液密度附加值，g/cm³（按 SY/T 6426—2005《钻井井控技术规程》中的规定选取，有时 $\Delta\rho$ 也依据抽吸压力系数 S_b 的大小取值)。

2）防止井壁坍塌的约束条件

考虑地层坍塌压力对井壁稳定的影响，裸眼井段的最大钻井液密度还应该满足以下条件。

$$\rho_{mmax} \geqslant \max\{(\rho_{pmax}+\Delta\rho), \rho_{cmax}\} \tag{2-6-2}$$

式中 ρ_{mmax}——钻进时裸眼井段使用的最大钻井液密度，g/cm³；

ρ_{cmax}——裸眼井段最大地层坍塌压力的当量密度，g/cm³。

3）防止正常钻进时压裂地层的约束条件

正常钻进或起下钻时，在裸眼井段内最薄弱地层的井深位置处有可能出现的最大液柱压力应小于该层位破裂压力的最小值。

$$\rho_{bnmax} \leqslant \rho_{ffmin} \tag{2-6-3}$$

$$\rho_{bnmax}=\rho_{mmax}+S_g \tag{2-6-4}$$

$$\rho_{\rm ff}=\rho_{\rm f}-S_{\rm f} \tag{2-6-5}$$

式中　$\rho_{\rm bnmax}$——正常钻进或起下钻时最大井内压力的当量密度，g/cm^3；

$S_{\rm g}$——激动压力系数，g/cm^3。

$\rho_{\rm ffmin}$——裸眼井段最小安全地层破裂压力的当量密度，g/cm^3；

$\rho_{\rm ff}$——安全地层破裂压力的当量密度，g/cm^3；

$\rho_{\rm f}$——地层破裂压力的当量密度，g/cm^3；

$S_{\rm f}$——破裂压力安全系数，g/cm^3。

4）防止压差卡钻或卡套管的约束条件

钻进或下套管作业过程中，裸眼段内钻井液液柱压力与地层压力之间有可能出现的最大压差应不大于 $\Delta p_{\rm N}$ 或 $\Delta p_{\rm A}$。

$$\Delta p=0.00981(\rho_{\rm mmax}-\rho_{\rm pmin})D_{\rm n} \leqslant \Delta p_{\rm N} \text{ 或 } \Delta p_{\rm A} \tag{2-6-6}$$

式中　Δp——钻井液液柱压力与地层压力之间的最大压差，MPa；

$\rho_{\rm pmin}$——裸眼井段内最大压差处所对应的最小地层压力当量密度，g/cm^3；

$D_{\rm n}$——裸眼井段最大压差处所对应的井深，m（一般，在正常孔隙压力地层，取正常压力地层的最大井深；在异常压力地层，取地层压力当量密度最小值所对应的最大井深）；

$\Delta p_{\rm N}$——正常压力地层的压差允值，MPa；

$\Delta p_{\rm A}$——异常压力地层的压差允值，MPa。

5）防止井涌关井压裂地层的约束条件

当井涌关井后，由井口套压和井内钻井液液柱压力联合作用所产生的井内液压的当量密度随井深的不同是变化的，深度越小，当量密度越高。井涌关井后位于裸眼井段顶端（即上层套管的套管鞋处）的地层容易被压裂而发生井漏。因此，应保证井涌关井后在上层套管的套管鞋处，井内可能产生的最大压力不大于该处的地层破裂压力。同时，在裸眼井段的其他薄弱地层也应保证不被压裂。其约束条件为：

$$\rho_{\rm bamax} \leqslant \rho_{\rm ffmin} \tag{2-6-7}$$

$$\rho_{\rm bamax}=\rho_{\rm m\,max}+\frac{D_{\rm m}}{D_{\rm x}}S_{\rm k} \tag{2-6-8}$$

式中　$\rho_{\rm bamax}$——发生溢流关井时最大井内压力当量密度，g/cm^3；

$\rho_{\rm ffmin}$——裸眼井段最浅井深处安全地层破裂压力的当量密度，g/cm^3；

$D_{\rm m}$——裸眼井段最大地层压力当量密度对应的井深，m；

$D_{\rm x}$——裸眼井段最薄弱地层对应的井深（一般按裸眼井段的最浅井深取值），m；

$S_{\rm k}$——井涌允量，g/cm^3。

2. 套管层次和下深的自下而上确定方法

因油层套管的下入深度主要取决于完井方法和油气层的位置，因此设计的步骤是由中间套管开始由下而上逐层确定每层套管的下入深度。其设计步骤为：

（1）首先获得设计地区的地层孔隙压力、坍塌压力和破裂压力三压力剖面图（图2-6-3），图中纵坐标表示深度，横坐标以地层孔隙压力剖面、坍塌压力和破裂压力的当量密度表示。

（2）根据地区特点和所设计井的性质选取钻井液密度附加值 $\Delta\rho$、抽吸压力系数 S_b、激动压力系数 S_g、破裂压力安全系数 S_f、井涌允量 S_k、压差允值 Δp_N 和 Δp_A。

（3）在三压力剖面图中查找全井最大地层孔隙压力当量密度值 ρ_{pmax} 和最大地层坍塌压力当量密度值 ρ_{cmax}，并分别记录两个最大值所处的井深。利用式（2–6–2）计算裸眼井段的最大钻井液密度 ρ_{mmax}。利用式（2–6–4）计算正常钻进或起下钻时最大井内压力的当量密度 ρ_{bnmax}。利用（2–6–5）计算全井不同井深处的安全地层破裂压力的当量密度 ρ_{ff}，并在三压力剖面图上绘制安全地层破裂压力的当量密度曲线。如图 2–6–3 中的 ρ_{ff} 曲线所示。

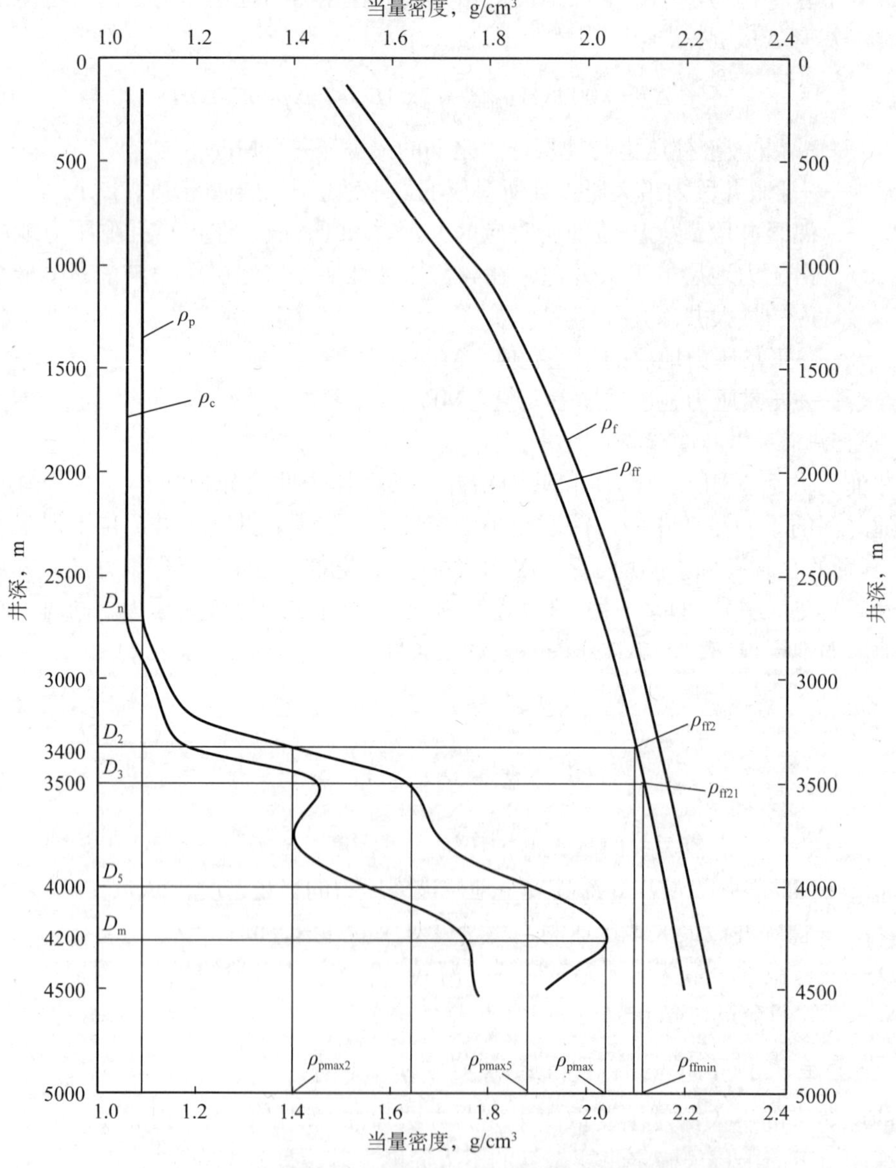

图 2–6–3　自下而上确定套管层次和深度设计步骤示意图

(4) 依据防止正常钻进时压裂地层约束条件式（2−6−3），让 $\rho_{ffmin}=\rho_{bnmax}$，从图 2−6−3 中底部的横坐标上找出 ρ_{ffmin} 值点，自 ρ_{ffmin} 值点上引垂线与安全地层破裂压力 ρ_{ff} 曲线相交，交点井深即为初选的技术套管下入深度 D_3。

(5) 在小于 D_3 的井深区间内从三压力曲线上分别查找该井深区间内的最大地层孔隙压力当量密度值 ρ_{pmax} 和最大地层坍塌压力当量密度值 ρ_{cmax}，并利用式（2−6−2）计算该井深区间内使用的最大钻井液密度 ρ_{mmax}。同时，在该井深区间内扫描计算不同井深处的最大井筒压力与地层孔隙压力之间的压差，并记录该井深区间内最大压差位置所对应的地层孔隙压力当量密度值 ρ_{pmax} 和井深 D_n。依据防止压差卡钻约束条件式（2−6−6），验证初选技术套管下入深度 D_3 有无压差卡钻的危险。

①若 $\Delta p \leqslant \Delta p_N$ 或 Δp_A，则初选深度 D_3 为技术套管下入的复选深度 D_{21}。然后，依据防止井涌关井压裂地层约束条件，校核技术套管下入复选深度 D_{21} 处是否有压漏的危险。即：根据全井最大地层孔隙压力当量密度 ρ_{pmax} 及对应的井深 D_m，利用式（2−6−8）计算 D_{21} 处最大井内压力当量密度 $\rho_{bamax21}$。当 $\rho_{bamax21}$ 小于且接近 D_{21} 处地层安全破裂压力当量密度 ρ_{ff21} 时，满足设计要求，D_{21} 即为技术套管下入深度 D_2。否则，应适当加深技术套管下入深度，并回到步骤（5）重新校核是否发生压差卡钻，最终确定技术套管下入深度 D_2。

②若 $\Delta p > \Delta p_N$ 或 Δp_A，则技术套管下入深度应小于初选深度 D_3。此时，依据式（2−6−6）计算在 D_n 深度处压力差为 Δp_N 或 Δp_A 时所允许的最大钻井液密度值 ρ_{mmax2}，利用式（2−6−1）计算允许的最大地层孔隙压力当量密度值 ρ_{pmax2}，并在横坐标上找出 ρ_{pmax2} 值对应点引垂线与地层孔隙压力当量密度线相交，交点井深即为技术套管下入深度 D_2。由于此时的技术套管下入深度 D_2 没有达到初选井深 D_3，D_2 以下还需要继续设计尾管。

(6) 重复步骤（3）、(4)、(5)，逐次设计井深 D_2 以上的其他各层技术套管，直至表层套管下入深度确定完。

(7) 尾管设计。当技术套管下入深度 D_2 小于初选深度 D_3 时，需要下尾管并确定尾管下入深度 D_4。

①首先确定尾管的最大可下入深度 D_5。在压力剖面图上查得井深 D_2 处的安全破裂压力当量密度 ρ_{ff2}，依据防止正常钻进时压裂地层的约束条件式（2−6−3），让 $\rho_{bnmax2}=\rho_{ff2}$，ρ_{bnmax2} 即为井深 D_2 处所能承受的最大井内压力的当量密度值。利用式（2−6−4）计算出 D_2 至尾管最大可下入深度 D_5 井段内允许使用的最大钻井液密度值 ρ_{mmax5}。然后再利用式（2−6−1）计算出 D_2 至 D_5 井段内允许出现的最大地层孔隙压力当量密度值 ρ_{pmax5} 在横坐标上找出 ρ_{pmax5} 数值点，从该点引垂线与地层孔隙压力当量密度线相交，最靠近井深 D_2 的交点位置（如果存在多个交点）即为尾管最大可下入深度 D_5。确定出 D_5 以后，还应该进行下尾管井段钻进时的压差卡钻校核和井涌关井压漏地层校核。

②校核下尾管井段钻进或下尾管时是否存在压差卡钻的危险。校核方法同步骤（5）。

③校核下尾管井段钻进时是否存在井涌关井后压漏薄弱地层的危险。根据下尾管井段所遇到的最大地层孔隙压力当量密度 ρ_{pmax5} 及对应的井深 D_{m5}，利用式（2−6−8）计算 D_2 处的最大井内压力当量密度 ρ_{bamax2}。若 ρ_{bamax2} 小于 D_2 处的地层安全破裂压力当量密度 ρ_{ff2}，则尾管最大下入深度 D_5 满足设计要求。否则应适当减少尾管下入深度，重新依据防止井涌关井压裂地层的约束条件进行试算。

④在下尾管井段钻进时的压差卡钻校核和井涌关井压漏地层校核通过后。若 $D_5 \geqslant D_3$，

则最终确定尾管下入深度 $D_4=D_5$。否则，则需要按照步骤（7）再设计一层尾管。

3. 套管层次和下深的自上而下确定方法

该设计方法是在根据设计区域的浅部地质条件和设计原则确定了表层套管的下入深度以后，从表层套管下入深度开始由上而下逐层确定每层套管的下入深度，直至目的层套管。其设计步骤为：

（1）首先获得设计地区的地层孔隙压力、坍塌压力和破裂压力三压力剖面图，图中纵坐标表示深度，横坐标以地层孔隙压力剖面、坍塌压力和破裂压力的当量密度表示。

（2）根据地区特点和所设计井的性质选取钻井液密度附加值 $\Delta\rho$、抽吸压力系数 S_b、激动压力系数 S_g、破裂压力安全系数 S_f、井涌允量 S_k、压差允值 Δp_N 和 Δp_A。

（3）利用式（2–6–5）计算全井不同井深处的安全地层破裂压力的当量密度 ρ_{ff}，并在三压力剖面图上绘制安全地层破裂压力的当量密度曲线。

（4）根据地质基本参数，按设计原则确定表层套管下入深度 D_1。

（5）设深度 D_1 以下第一层技术套管的最大可下入深度初选点为 D_{2m}。在压力剖面图上查得井深 D_1 处的安全破裂压力当量密度 ρ_{ff1}，依据防止正常钻进时压裂地层的约束条件式（2–6–3），让 $\rho_{bnmax1}=\rho_{ff1}$，ρ_{bnmax1} 即为井深 D_1 处所能承受的最大井内压力的当量密度值。利用式（2–6–4）计算出下一层技术套管最大可下入深度 D_{2m} 处的允许最大钻井液密度值 ρ_{mmax3}。然后再利用式（2–6–1）计算出深度 D_{2m} 处允许的最大地层孔隙压力当量密度值 ρ_{pmax3}。在横坐标上找出 ρ_{pmax3} 数值点，从该点引垂线与地层孔隙压力当量密度线相交，最靠近井深 D_1 的交点位置（如果存在多个交点）即为下一层技术套管最大可下入深度初选点 D_{2m}。

（6）校核 D_1 至 D_{2m} 井段钻进或下套管时是否存在压差卡钻的危险。在 D_1 至 D_{2m} 的井深区间内从三压力曲线上分别查找该井深区间内的最大地层孔隙压力当量密度值 ρ_{pmax} 和最大地层坍塌压力当量密度值 ρ_{cmax}，并利用式（2–6–2）计算该井深区间内使用的最大钻井液密度 ρ_{mmax}。同时，在该井深区间内扫描计算不同井深处的最大井筒压力与地层孔隙压力之间的压差，并记录该井深区间内最大压差位置所对应的地层孔隙压力当量密度值 ρ_{pmin} 和井深 D_n。依据防止压差卡钻约束条件式（2–6–6），验证在 D_1 至 D_{2m} 井段有无压差卡钻的危险。

①若 $\Delta p \leqslant \Delta p_N$（$\Delta p_A$），则初选深度 D_{2m} 为技术套管下入的复选深度 D_{21}。

②若 $\Delta p > \Delta p_N$（Δp_A），则下一层技术套管下入深度应小于初选深度 D_{2m}。此时，依据式（2–6–6）计算在 D_n 深度处压力差为 Δp_N（Δp_A）时所允许的最大钻井液密度值 ρ_{mmax2}，利用式（2–6–1）计算允许的最大地层孔隙压力当量密度值 ρ_{pmax2}，并在横坐标上找出 ρ_{pmax2} 值对应点，从该点引垂线与地层孔隙压力当量密度线相交，交点井深即为技术套管下入的复选深度 D_{21}。

（7）依据防止井涌关井压裂地层约束条件，校核在 D_1 至复选深度 D_{21} 井段钻进时是否存在井涌关井后压漏薄弱地层的危险。根据 D_1 至 D_{21} 井段所遇到的最大地层孔隙压力当量密度 ρ_{pmax} 及对应的井深 D_m，利用式（2–6–8）计算 D_1 处最大井内压力的当量密度 ρ_{bamax1}。若 ρ_{bamax1} 小于 D_1 处的地层安全破裂压力当量密度 ρ_{ff1}，则下一层套管的最大可下入深度 D_{21} 满足设计要求，D_{21} 即为下一层技术套管下入深度 D_2。否则应适当减小该技术套管的下入深度，重新依据防止井涌关井压裂地层的约束条件进行试算，最终确定

出 D_2。

(8) 重复步骤 (5)、(6)、(7)，逐次确定井深 D_2 以下其他各层套管的下入深度，直至完钻井深。

四、套管与井眼尺寸选择及配合

套管尺寸及井眼（钻头）尺寸的选择和配合涉及勘探、钻井及采油的顺利进行和成本。

1. 套管与井眼尺寸选择及配合应考虑的因素

(1) 确定套管与井眼配合尺寸一般由内向外逐层依次进行。首先确定生产套管尺寸，再确定下入生产套管的井眼尺寸，然后确定各层技术套管尺寸及相对应的井眼尺寸。以此类推，直到表层套管的井眼尺寸，最后确定导管尺寸。

(2) 生产套管尺寸应满足勘探和采油工程的要求。对于生产井，根据储层的产能、油管大小、增产措施及井下作业等要求确定。对于探井，应满足顺利钻达设计目的层以及勘探对目的层井眼尺寸的要求。

(3) 对于探井，要考虑原设计井深是否需要加深。对于复杂地质条件和地质信息存在不确定性的区域，应考虑井眼尺寸留有余量以便施工中能够增加技术套管的层数。

(4) 套管与井眼（钻头尺寸）间隙配合应保证套管安全下入并满足固井质量的要求。如井眼情况、曲率大小、井斜角、下套管时的井底波动压力以及地质复杂情况带来的问题等。

2. 套管和井眼的间隙配合

套管与井眼之间应有合适的间隙。间隙过大或过小，都会给下套管和固井工作带来一系列不利的影响。间隙过大，将明显增加钻井成本、固井成本和影响水泥浆的顶替效率。间隙过小，则不利于下套管作业、下套管的压力激动易压裂地层、固井质量难以保证。

1) 固井对套管与井眼间隙的要求

为确保固井质量，套管与井眼的间隙选择应考虑到避免水泥浆在较小的环隙内局部先期脱水造成桥堵、有利于提高水泥浆的顶替效率、水泥环要有足够的强度能承受套管重力及射孔等井下作业产生的冲击载荷。

(1) 避免形成水泥桥的最小间隙。当套管与井眼的环隙较小时，水泥滤饼填满环形空间的最大允许失水量就比较小，很容易造成局部先期脱水形成水泥桥。研究表明，在较深的高温井中，环隙较小时就可能会出现水泥桥。避免水泥桥出现的最小环隙一般为 $^3/_8$ ~ $^1/_2$in。当然，是否形成桥堵还取决于水泥浆的失水性能、地层的渗透性、井内压力与地层压力之差以及注水泥时间。

(2) 顶替效率对环隙的要求。一般在水泥浆流量相同的情况下，小间隙环空更容易达到紊流状态，有利于提高水泥浆的顶替效率。但由于环隙还直接影响套管的居中度 [居中度 =（套管与井眼最小间隙 / 井眼与套管的半径之差）×100]。研究表明，要从偏心环空的窄边将钻井液充分清除，居中度必须大于或等于 67%，居中度小于 67% 时，清除钻井液的困难程度急剧增加。而在套管与井眼间隙较小的情况下，居中度很难达到 67%。研究及现场实践证明，在直井段，$^7/_{16}$in 的环空间隙内仍可以获得界面胶结良好的水泥环。

(3) 水泥环强度对环隙的要求。研究表明，$^3/_4$in 的环空间隙可以保证水泥浆的充分水化和有足够的水泥环强度。要达到要求的水泥环强度，套管每边最小的环空间隙为 $^3/_8$ ～ $^1/_2$in。

2）安全顺利下套管对套管与井眼间隙的要求

从安全顺利下套管的角度考虑，套管与井眼的间隙越大越好。但间隙过大，将明显增加钻井成本并影响水泥浆的顶替效率。因此需要找出安全顺利下套管要求的最小间隙值。为保证套管安全顺利下入井内，与之配合的井眼尺寸首先必须能使套管柱上的各种工具如扶正器和刮泥器通过；再就是在一定的下套管速度下，钻井液沿环空上返时产生的压力激动不会压漏薄弱地层。

套管扶正器的作用是使套管能下至预定井深并促使套管位于井眼中心。表 2–6–1 给出了套管扶正器与井眼的尺寸配合，符合该尺寸配合时，扶正器可产生有效扶正套管的扶正力。

表 2–6–1　套管扶正器与井眼尺寸配合

扶正器尺寸		井眼尺寸	
in	mm	in	mm
$4^1/_2$	114	6，$6^1/_4$，$7^7/_8$	152，159，200
5	127	6，$6^1/_8$，$6^1/_4$，$7^7/_8$	152，156，159，200
$5^1/_2$	140	$6^5/_8$，$7^7/_8$，$8^3/_4$，$9^7/_8$	168，200，222，251
$6^5/_8$	168	$8^3/_8$	213
7	178	$8^3/_8$，$8^1/_2$，$8^3/_4$，$9^7/_8$	213，216，222，251
$7^5/_8$	194	$8^3/_8$，$8^1/_2$，$8^5/_8$，$9^5/_8$，$9^7/_8$	213，216，219，244，251
$8^5/_8$	219	$12^1/_4$	311
$9^5/_8$	244	$12^1/_4$	311
$10^3/_4$	273	$14^3/_4$	375
$11^3/_4$	298	$15^1/_2$	394
$13^3/_8$	340	$17^1/_2$	444
16	406	20	508
$18^5/_8$	473	22	559
20	508	24	610

套管与井眼间隙直接影响下套管时环空波动压力的大小，在下套管速度相同的条件下，套管与井眼间隙越小，下套管时产生的波动压力越大，当该波动压力与环空静液柱压力之和大于地层的破裂压力时就会压漏地层。此外，环空间隙过小将导致注水泥期间的当量循环密度较大，循环压力有可能超过地层破裂压力而导致地层被压破。计算分析表明（管志川等，1999），在正常的下套管操作规范条件下，为保证下套管过程中不会由于井内压力波动将地层压破，下入 ϕ177.8mm、ϕ244.5mm 和 ϕ298.5mm 套管时，应分别将套管与井眼之间的间隙控制在 9mm、12mm 和 13mm 以上。

在调研分析了国内外数十种具有代表性的井身结构实例的基础上，推荐套管与井眼尺寸配合见表 2–6–2。

表 2–6–2　套管与井眼尺寸配合

套管尺寸		井眼尺寸		间 隙 值	
in	mm	in	mm	in	mm
36	914.4	42	1066.8	3	76.2
30	762.0	34 ~ 36	863.6 ~ 914.4	2 ~ 3	50.8 ~ 76.2
26	660.4	30 ~ 32	762.0 ~ 812.8	2 ~ 3	50.8 ~ 76.2
$24^1/_2$	622.3	28 ~ 30	711.2 ~ 762.0	1.75 ~ 2.75	44.5 ~ 69.9
24	609.6	28 ~ 30	711.2 ~ 762.0	2 ~ 3	50.8 ~ 76.2
20	508.0	24 ~ 26	609.6 ~ 660.4	2 ~ 3	50.8 ~ 76.2
$11^5/_8$	473.1	22 ~ 24	558.8 ~ 609.6	1.69 ~ 2.69	42.9 ~ 68.3
16	406.4	$17^1/_2$ ~ 22	444.5 ~ 558.8	0.75 ~ 3	19.1 ~ 76.2
14	355.6	$14^3/_4$ ~ $17^1/_2$	374.7 ~ 444.5	0.375 ~ 1.75	9.5 ~ 44.5
$13^3/_8$	339.7	$14^3/_4$ ~ $17^1/_2$	374.7 ~ 444.5	0.69 ~ 2.06	17.5 ~ 52.4
$11^7/_8$	301.7	$13^1/_2$ ~ $15^1/_2$	342.9 ~ 393.7	0.81 ~ 1.8	20.6 ~ 46
$11^3/_4$	298.7	$13^1/_2$ ~ $15^1/_2$	342.9 ~ 393.7	0.875 ~ 1.875	22.2 ~ 47.5
$10^3/_4$	273.1	$12^1/_4$ ~ $14^3/_4$	311.2 ~ 342.9	0.75 ~ 2.0	19.1 ~ 50.8
$9^7/_8$	250.8	$10^5/_8$ ~ $12^1/_4$	269.9 ~ 311.2	0.375 ~ 1.19	9.5 ~ 30.2
$9^5/_8$	244.5	$10^5/_8$ ~ $12^1/_4$	269.9 ~ 311.2	0.5 ~ 1.31	12.7 ~ 33.4
$8^5/_8$	219.1	$9^1/_2$ ~ $10^5/_8$	241.3 ~ 269.9	0.44 ~ 1.0	11.1 ~ 25.4
$7^3/_4$	196.9	$8^1/_2$ ~ $9^7/_8$	215.9 ~ 250.8	0.375 ~ 1.06	9.5 ~ 26.9
$7^5/_8$	193.7	$8^1/_2$ ~ $9^7/_8$	215.9 ~ 250.8	0.44 ~ 1.125	11.1 ~ 28.6
7	177.8	$8^3/_8$ ~ $8^3/_4$	212.7 ~ 241.3	0.69 ~ 0.875	17.5 ~ 22.2
$5^1/_2$	139.7	$6^1/_2$ ~ $8^1/_2$	165.1 ~ 215.9	0.5 ~ 1.5	12.7 ~ 38.1
5	127.0	$5^7/_8$ ~ $6^1/_2$	149.2 ~ 171.5	0.44 ~ 0.75	11.1 ~ 19.1
$4^1/_2$	114.3	$5^7/_8$ ~ $6^1/_8$	149.2 ~ 155.6	0.69 ~ 0.81	17.5 ~ 20.6

3. 套管与井眼尺寸标准组合

图 2–6–4 给出了套管与井眼尺寸配合选择路线图（SY/T 5431—2008《井身结构设计方法》）。使用该路线图时，先确定最后一层套管（或尾管）尺寸。实线箭头代表常用配合，它有足够的间隙以下入该套管及注水泥。虚线箭头表示非常规配合，如选用虚线所示的组合时，则须充分注意到套管接箍、钻井液密度、注水泥措施、井眼曲率大小等对下套管和固井质量的影响。

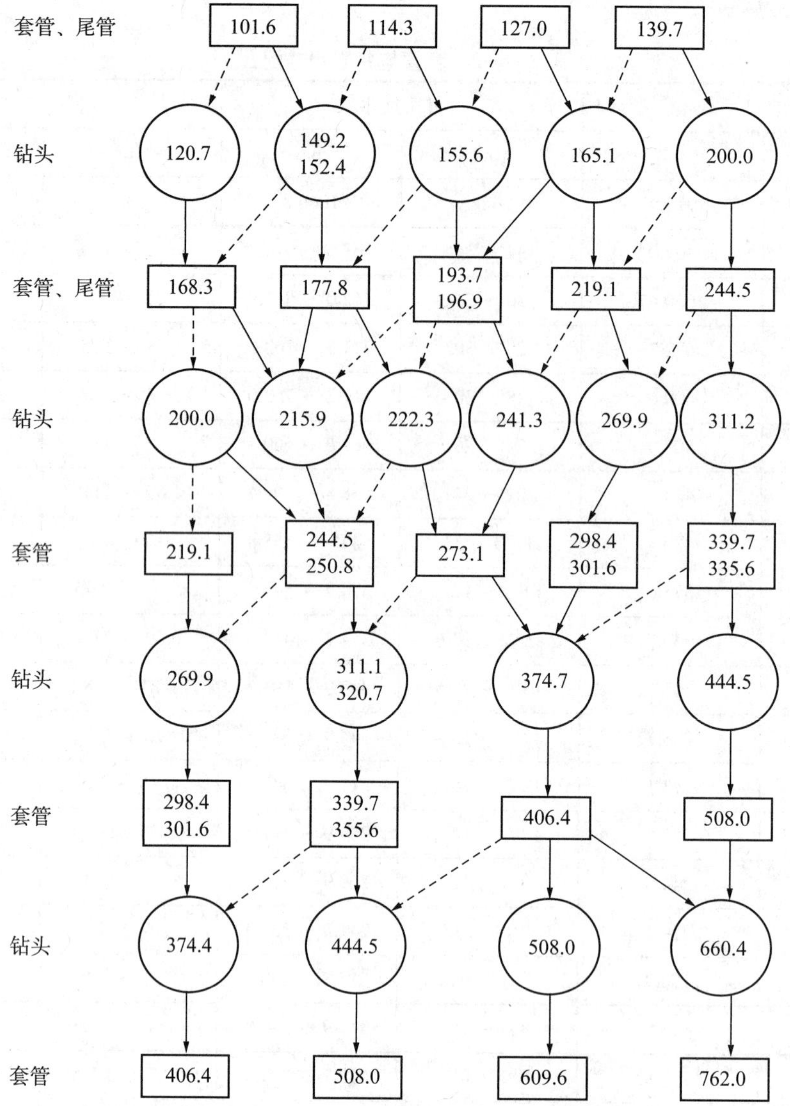

图 2-6-4 套管与井眼（钻头）尺寸配合选择路线图

注：数据的单位均为 mm；实线箭头代表常用配合，虚线箭头表示非常规配合

参 考 文 献

[1] 沈忠厚．油井设计基础和计算［M］．北京：石油工业出版社，1998

[2]《钻井手册（甲方）》编写组．钻井手册（甲方）［M］．北京：石油工业出版社，1990

[3] 管志川，等．深井和超深井井身结构设计方法．石油大学学报（自然科学版），2001，25（6）：42 ~ 44

[4] 管志川，等．波动压力约束条件下套管与井眼之间环空间隙的研究，石油大学学报（自然科学版），1999，23（6）：33 ~ 35

第三章　套管设计与下套管作业

第一节　套管柱类型

套管柱类型如图 3−1−1 所示。正常压力系统的井通常仅下三层套管：导管、表层套管、生产套管。异常压力系统的井，可下一层或一层以上的技术套管。尾管则是一种不延伸到井口的套管柱。

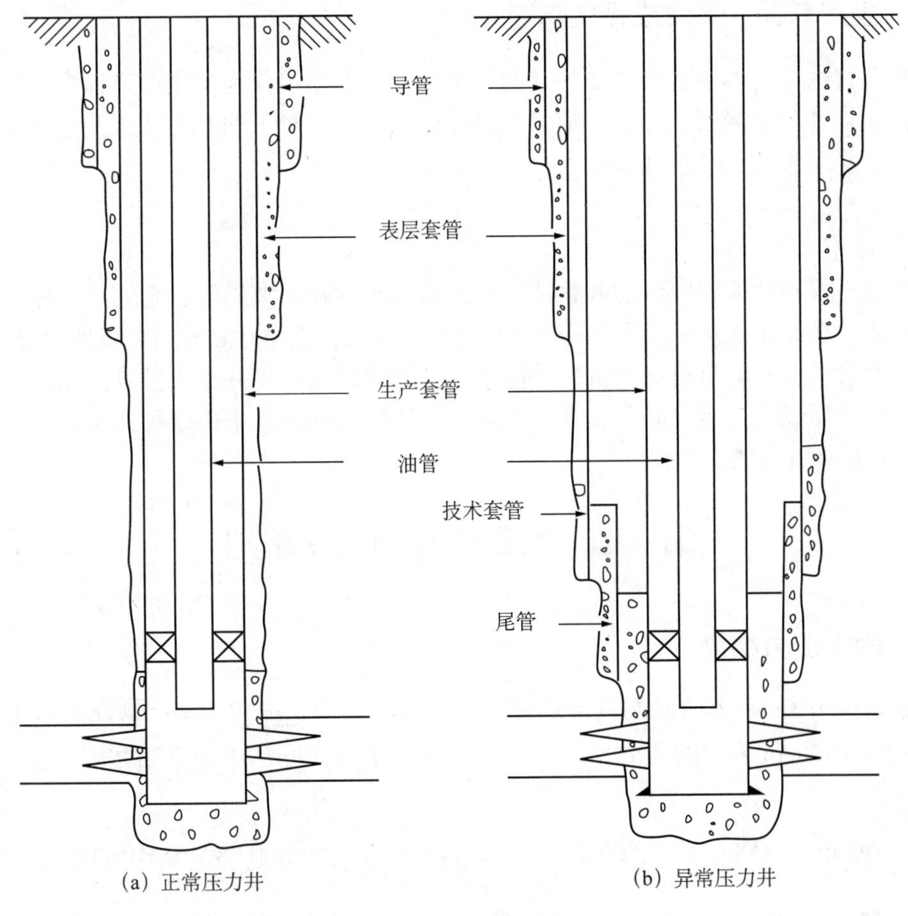

图 3−1−1　套管柱类型

一、导管

导管是在开钻前埋入，并打水泥固结的一段管子，其作用是在钻表层井眼时将钻井液从地表引导到钻井液处理装置上来。这一层管柱其长度变化较大，在坚硬的岩层中仅用 1 ~ 20m，而在沼泽地区则可能上百米。

二、表层套管

表层套管是第一层开钻后下入的套管，其作用是用来防护浅水层污染，封隔浅层流砂、砾石层及浅层气，安装井控装置，并承载后续下入各层套管与井口装置的重量，通常水泥浆返至地表。表层套管下深一般在 25 ～ 1500m。

三、技术套管

技术套管是满足安全钻井要求而下入的套管，通常用来解决不同压力系统的钻井安全问题，此外也可用于隔离坍塌地层及高压水层，防止井径扩大，减少阻卡及键槽的发生，以便继续钻进，为井控设备的安装、防喷、防漏及悬挂尾管提供条件，对油层套管还具有保护作用。

四、生产套管（采油或采气套管）

生产套管的主要作用是提供油气井的开采、注入等通道，满足生产过程中各种作业要求，达到油气井分层测试、分层采油、分层改造之目的。对于油井与注水井通常水泥返至最上部油气层顶部以上超过 200m。

五、尾管

尾管是一段不延伸到井口的套管柱，分为钻井尾管和采油尾管。它的优点是下入长度短、费用低。在深井钻井中，尾管另一个突出的优点是，在继续钻进时可以使用异径钻具。在顶部的大直径钻具具有更高的抗拉伸能力。尾管的缺点是固井施工困难。尾管的顶部通常要进行抗内压试验。需要时，尾管可以回接。高压气井通常采用这种方法，并使水泥返到地面，以保持井筒的完整性。

第二节　套管设计的力学基础

一、静水压力梯度

横截面积为 $1m^2$ 时的 1m 高的液柱作用在底部的压力是体积为 $1m^3$ 液体的重力，这就是 9.80665×10^3Pa/m 表示的压力梯度。工程上静水压力梯度常用当量钻井液密度（g/cm^3）表示：

$$1g/cm^3=1000kg/m^3=9.80665\times10^3Pa/m=9.80665kPa/m=0.980665MPa/100m$$

二、静水压力

静水压力等于压力梯度乘以深度。

例如，密度为 $1.35g/cm^3$ 的钻井液在深度为 1000m 时的静水压力为多少？

静水压力 = 压力梯度 × 深度 $=1.35\times9.80665\times1000=13239kPa=13.239MPa$

作为近似计算，有时将 $1g/cm^3$ 的压力梯度取为 10kPa/m，其误差为 1.97%，用于工程计算其精度足够。

三、浮力

浮力是由物体所排开液体体积的重力。一般情况下，浮力在数值上等于钻井液密度乘以套管柱的体积。

$$浮力=-9.80665\rho_e LA_s\ (\mathrm{kN}) \tag{3-2-1}$$

式中　ρ_e——钻井液密度，g/cm³；

L——套管长度，m；

A_s——管体横截面积，m²。

例　长度为1000m、外径177.80mm（7in）、平均重为423.2N/m的套管柱，在密度为1.2g/cm³的钻井液中的浮力是多少？

套管的钢材横截面积=54.45cm²=54.45×10⁻⁴m²

浮力=−9.80665×1.2×54.45×10⁻⁴×1000=−64.08kN

在井内充满钻井液的套管柱，钻井液浮力均匀作用在套管段，产生向上的压应力σ_z。作用在套管柱上的轴向拉力随套管长度增加，在井口轴向拉力最大。如套管在空气中，则浮力为零，底部轴向应力也为零。上述情况的浮力和轴向应力分布如图3−2−1和图3−2−2所示。

研究井内套管的轴向应力，目的是用来进行双轴应力计算。

浮力随套管深度而变化。在顶部的最大轴向应力等于套管浮重。下套管时轴向应力计算是以浮重为基础的（图3−2−2）。

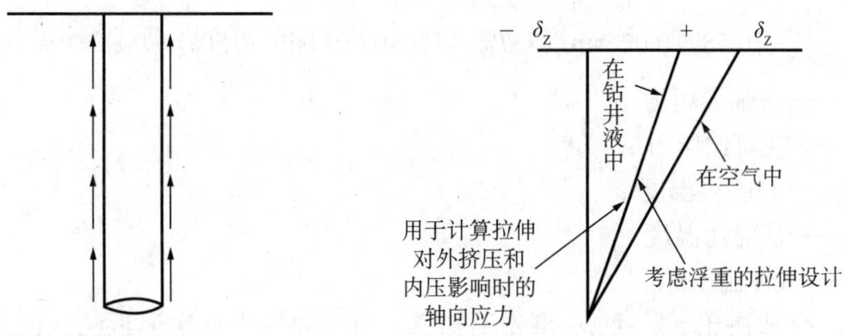

图3−2−1　井下套管柱浮力作用示意图　　　图3−2−2　轴向应力计算

四、气体压力梯度

气体压力梯度比液体压力梯度小得多。气体压力梯度沿气柱长度连续变化，它是气柱长度、分子量、压缩率和温度的函数。气柱顶部的压力又是气柱底部的压力及气体压力梯度的函数。我们可以把这些变量的复杂关系用一个方程式表述。该方程显示气柱顶部与底部压力之间的关系：

$$p_G=\frac{p_B}{e^{\frac{0.06158\gamma L}{T_A Z_A}}} \tag{3-2-2}$$

式中 p_G——气柱顶部压力，kPa；

p_B——气柱底部压力，kPa；

γ——气体相对密度（空气相对密度 =1）；

L——气柱长度，m；

T_A——气体平均温度，°R；

Z_A——气体平均压力 p_V 和气体平均温度 T_A 所决定的平均系数；

e——自然对数，e=2.71828。

以下用 Z 系数来计算 Z_A。Z 系数方程如下：

$$\begin{cases} p_{PC} = 652.12 - 43.297\ln\gamma \\ T_{PC} = 171.36 + 312.14\gamma \\ p_{Pr} = p_V / (6.894757 p_{PC}) \\ T_{Pr} = T / T_{PC} \end{cases} \tag{3-2-3}$$

当 $p_{Pr} < 4$：

$$Z = p_{Pr}[0.9946(T_{Pr}-1.4)^{0.0105}]e^{[-0.00302+0.02685\ln(T_{Pr}-1.4)]} \tag{3-2-4}$$

当 $4 \leqslant p_{Pr} < 8$：

$$Z = p_{Pr}[0.8952(T_{Pr}-1.4)^{0.1715}]e^{[0.025(T_{Pr}-1.3)-0.5628]} \tag{3-2-5}$$

当 $p_{Pr} \geqslant 8$：

$$Z = [(0.547+0.2980\sin(75T_{Pr}-135)+0.044\sin(150T_{Pr}-270)] + [0.587+0.026\sin(75T_{Pr}+45)+0.0037\sin(150T_{Pr}-90)]p_{Pr} \tag{3-2-6}$$

式中 p_{PC}——视临界压力；

p_{Pr}——视对比压力；

T_{PC}——视临界温度；

T_{Pr}——视对比温度；

T——气体温度。

因为，Z_A 取决于 p_G，而 p_G 事先不知道，所以要采用逐次逼近法（试凑法）来计算气顶压力 p_G。第一步是计算气柱平均温度，即将气顶和气底温度加以平均（以°R 为单位，°R=°F+460），然后假设一个 p_G 值，再计算 p_V 和 T_A，然后根据已计算的 p_V 和 T_A 就可以计算 p_G，并将计算出的 p_G 和假设的 p_G 相比较。

用以上方法来计算气柱井口压力是较精确的，但也较麻烦。通常采用近似方程：

$$p_G = p_B / e^{0.000111549\gamma L} \tag{3-2-7}$$

式中 γ——气体相对密度；

L——井深，m。

计算时一般使用相对密度为 0.55 的甲烷气，因为甲烷比大多数遇到的气体都轻。于是式（3-2-7）变成：

$$p_G=p_B/e^{0.000061325L} \quad (3-2-8)$$

例如 γ=0.7，L=3048m 代入（3−2−7）式，得：

$$p_G=0.7882p_B$$

代入（3−2−8）式，则得 p_G=0.8295p_B。看来近似方法所得出的井口压力很接近正确值。

在计算出 p_G 后，所需要计算的气体密度梯度：

$$\gamma_G=(p_B-p_G)/L \quad (3-2-9)$$

式中　γ_G——气体密度梯度，kPa/m。

上述方程假定气体密度梯度是线性变化的，尽管不完全准确，但其精度足够工程使用。可以应用同样的方法来计算底部是气柱、顶部是液柱的情况。计算气柱顶部（液气交界面）压力的方法和前面一样，首先假设压力是$\frac{1}{2}$（p_G+ 液柱压力），而不是$\frac{1}{2}p_G$，其他步骤则完全相同。要注意 L 代表气柱的长度，T_A 是指气体的平均温度，而不是井的平均温度。

五、一维虎克定律

虎克定律告诉我们，线弹性体的应变（ε）与应力（σ）成正比，如图 3−2−3 所示。

$$\sigma=E\varepsilon \quad (3-2-10)$$

式中　E——弹性模量，对于钢材 E=206×10^{6}kPa。

该方程仅用于固体，固体的变形与应力有以下两种典型情况：

（1）没有应力而有应变，如放在管架上的钻具，在炎热天气下伸长，但没有应力作用。

（2）无应变但有应力，如注热蒸汽井的套管是用水泥全井封固的，当套管受热时无法伸长，但有应力存在。

考虑一个长方形棱柱体，该物体具有不变的横截面积 A，忽略自重，下端作用拉伸力 P（图 3−2−4）：

$$\sigma=P/A$$

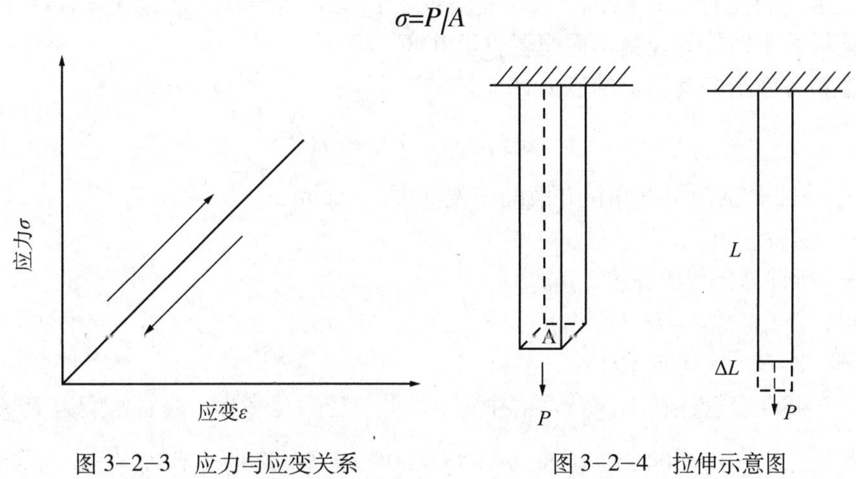

图 3−2−3　应力与应变关系　　　　图 3−2−4　拉伸示意图

式中 σ——轴向应力。

由虎克定律

$$\varepsilon=\sigma/E$$

$$\frac{\Delta L}{L}=(P/A)/E \text{ 或 } \Delta L=\frac{PL}{AE} \tag{3-2-11}$$

例 ϕ139.70mm（$5^1/_2$in），248.1N/m 的套管柱在 3048m 被卡住，除套管自重外，上提力为 444.8222kN，问套管伸长多少？

套管内径 d_i=124.3mm

套管横截面积 =（$0.1397^2-0.1243^2$）× π /4=3.193×10^{-3}m²

$$\Delta L=\frac{444822.2\times3048}{0.003193\times206\times10^6\times10^3}=2.06127\text{m}$$

我们通常不知道卡点深度，更实际的例子如下：ϕ139.7mm（$5^1/_2$in），248.1N/m，套管柱在 133.447kN 拉力后伸长了 0.4572m，问卡点在什么深度？

由（3−2−11）式变换

$$L=\frac{\Delta L\cdot A\cdot \text{E}}{P}=\frac{0.4572\times3.193\times10^{-3}\times206\times10^6\times10^3}{133447}$$
$$=2253.53\text{m}$$

运用虎克定律可以计算出套管自重引起的伸长。只要将（3−2−11）式中的拉伸力 P 代以$\frac{1}{2}$的管重，得到自重引起的伸长：

$$\Delta L=\frac{WL}{2AE} \tag{3-2-12}$$

式中 W——单位套管长度所产生的重力，N/m。

套管与钻柱都会存在自重伸长的问题，一般情况下钻柱下部有钻铤，其伸长大于等壁厚、等直径套管自重伸长，但当下入尾管、或套管壁厚不一致时，需计算各自伸长量，防止套管伸长量大于钻柱伸长量，而使套管坐井底。

悬挂在钻井液中的套管上的应力计算式如下：

$$\sigma_Z=\gamma_S(H-Z)-\gamma_e H \tag{3-2-13}$$

式中 γ_S，γ_e——分别为钢材和钻井液的密度梯度，kPa/m；

H——井深，m；

Z——所计算部位的深度，m。

在井口，Z=0，故 $\sigma_Z=H(\gamma_S-\gamma_e)$

在底部，$Z=H$，故 $\sigma_Z=-\gamma_e H$

例 ϕ3048m 套管柱在 1.2g/cm³ 钻井液中，井口应力是多少（套管密度为 7.8g/cm³）？

$$\sigma_Z=3048\times(7.8-1.2)\times9.80665=197.278\times10^3\text{kPa}$$

六、三维虎克定律

前面介绍的虎克定律仅适用于线弹性物体，对于三维空间，我们必须使用笛卡尔坐标或极坐标，如图 3–2–5 所示。

一个方向的应变主要与同一方向的应力有关，但也受其他两方向的应力影响。三维应力与应变的基本关系如下。

笛卡尔坐标		极坐标	
应力	应变	应力	应变
σ_x	ε_x	σ_r	ε_r
σ_y	ε_y	σ_θ	ε_θ
σ_z	ε_z	σ_z	ε_z

三维虎克定律在两坐标系统中分别为：

笛卡尔坐标　　　　极坐标

$$\begin{cases}\varepsilon_x=\dfrac{1}{E}\left[\sigma_x-\mu\left(\sigma_y+\sigma_z\right)\right]\\ \varepsilon_y=\dfrac{1}{E}\left[\sigma_y-\mu\left(\sigma_x+\sigma_z\right)\right]\\ \varepsilon_z=\dfrac{1}{E}\left[\sigma_z-\mu\left(\sigma_x+\sigma_y\right)\right]\end{cases}\qquad \begin{aligned}\varepsilon_r&=\frac{1}{E}\left[\sigma_r-\mu\left(\sigma_\theta+\sigma_z\right)\right]\\ \varepsilon_\theta&=\frac{1}{E}\left[\sigma_\theta-\mu\left(\sigma_r+\sigma_z\right)\right]\\ \varepsilon_z&=\frac{1}{E}\left[\sigma_z-\mu\left(\sigma_r+\sigma_\theta\right)\right]\end{aligned}\tag{3-2-14}$$

式中　μ——泊松比。

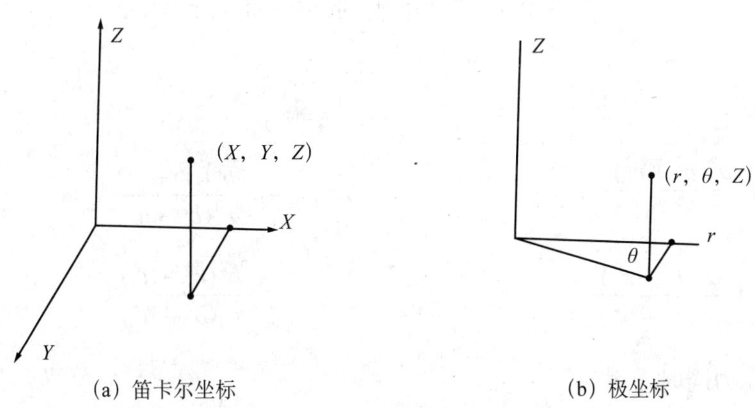

(a) 笛卡尔坐标　　　　(b) 极坐标

图 3–2–5　笛卡尔坐标和极坐标

七、拉梅（Lame）方程

厚壁筒的拉梅方程用来计算在内外压力作用下而产生的压力，其应力分布如图 3–2–6 所示。

在压力均布且忽略物体重力的情况下，拉梅方程有：

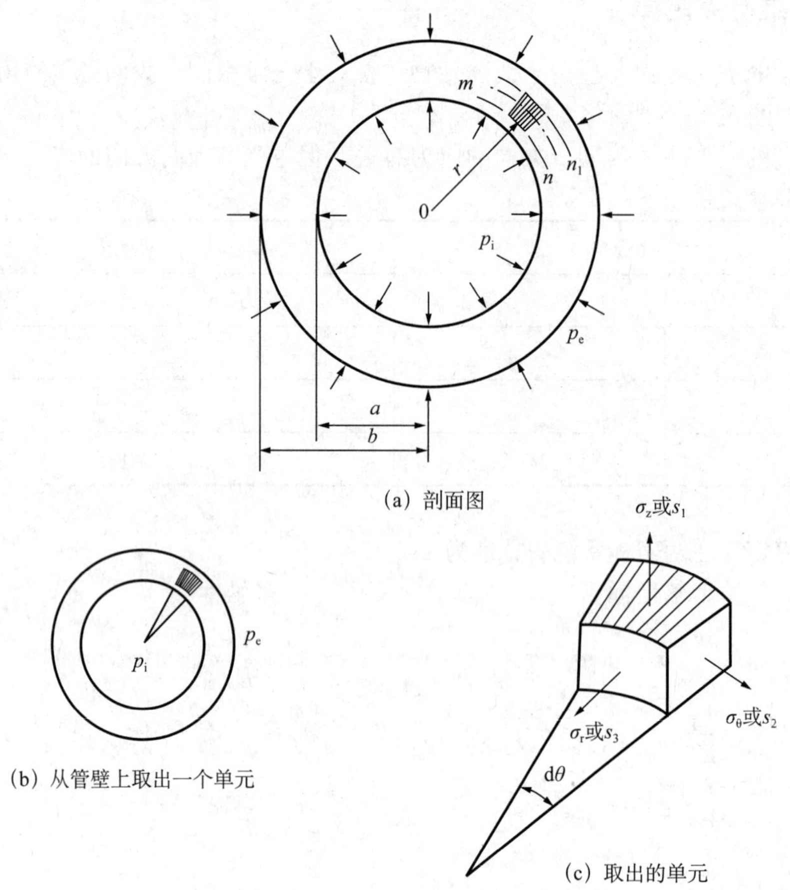

图 3-2-6 径向压力作用下管子的剖面

内压（p_i）

$$\sigma_Z=0$$

$$\sigma_\theta = p_i \frac{a^2(b^2+r^2)}{r^2(b^2-a^2)}$$

$$\sigma_r = -p_i \frac{a^2(b^2-r^2)}{r^2(b^2-a^2)}$$

外压（p_e）

$$\sigma_Z=0$$

$$\sigma_\theta = -p_e \frac{b^2(a^2+r^2)}{r^2(b^2-a^2)}$$

$$\sigma_r = -p_e \frac{b^2(r^2-a^2)}{r^2(b^2-a^2)}$$

考虑内外压力同时作用时：

$$\sigma_Z=0$$

$$\sigma_\theta = p_i \frac{a^2(b^2+r^2)}{r^2(b^2-a^2)} - p_e \frac{b^2(a^2+r^2)}{r^2(b^2-a^2)}$$

或

$$\sigma_\theta = -\frac{p_e b^2 - p_i a^2}{b^2-a^2} - \frac{(p_e-p_i)a^2b^2}{r^2(b^2-a^2)} \tag{3-2-15}$$

$$\sigma_{\mathrm{r}}=-p_{\mathrm{i}}\frac{a^2(b^2-r^2)}{r^2(b^2-a^2)}-p_{\mathrm{e}}\frac{b^2(r^2-a^2)}{r^2(b^2-a^2)}$$

或
$$\sigma_{\mathrm{r}}=-\frac{p_{\mathrm{e}}b^2-p_{\mathrm{i}}a^2}{b^2-a^2}-\frac{(p_{\mathrm{e}}-p_{\mathrm{i}})a^2b^2}{r^2(b^2-a^2)} \tag{3-2-16}$$

第四强度理论有效应力为：

$$\sigma_{\mathrm{c}}=\sqrt{\frac{(\sigma_{\mathrm{z}}-\sigma_\theta)^2+(\sigma_\theta-\sigma_{\mathrm{r}})^2+(\sigma_{\mathrm{r}}-\sigma_{\mathrm{z}})^2}{2}} \tag{3-2-17}$$

式中　b，a——分别为厚壁筒的外半径和内半径，mm；

p_{e}，p_{i}——分别为作用的外压和内压，kPa；

r——所求应力点的半径，mm。

例　用拉梅公式计算 ϕ 244.47mm（$9^5/_8$in），685.9N/m（47#），N80 套管，在 API 抗内压和抗外挤强度额定值下的合成应力。其中套管的内径为 220.5mm。

b^2=（0.24447/2）^{2}=0.01494m^2

a^2=（0.2205/2）^{2}=0.01216m^2

b^2-a^2=0.00278m^2　　　b^2+a^2=0.0271m^2

在外挤压力作用下，在轴向载荷为零、管内压力为零的条件下，API 抗挤毁强度额定值为 32819kPa。

在内壁 $r=a$

$$\sigma_\theta=\frac{-2p_{\mathrm{e}}b^2}{b^2-a^2}=\frac{-2\times32819\times0.01494}{0.00278}=-352745\text{kPa}$$

$\sigma_{\mathrm{r}}=0$

由公式（3–2–17）得：

第四强度理论有效应力 σ_{c}=352745kPa

在外壁 $r=b$

$\sigma_{\mathrm{z}}=0$

$$\sigma_\theta=\frac{-p_{\mathrm{e}}b^2(a^2+b^2)}{b^2(b^2-a^2)}=\frac{-32819\times0.0271}{0.00278}=-319926\text{kPa}$$

$\sigma_{\mathrm{r}}=-p_{\mathrm{e}}=-32819$kPa

由公式（3–2–17）得：

第四强度理论有效应力 σ_{c}=304844kPa。

上述套管在额定抗挤强度下，最大等效应力点在内壁上，其值（352745kPa）为该套管最小屈服值的 64%。

在内压作用下：

API 抗内压额定值为 47367kPa。

在内壁 $r=a$

$\sigma_{\mathrm{z}}=0$

$$\sigma_\theta=\frac{p_\mathrm{e}a^2(b^2+a^2)}{a^2(b^2-a^2)}=47367\frac{0.0271}{0.00278}=461743\text{kPa}$$

$\sigma_\mathrm{r}=-p_\mathrm{i}=-47367$kPa

由公式（3–2–17）得：

合成应力 σ_c=492405kPa

在外壁 $r=b$

$\sigma_\mathrm{z}=0$

$$\sigma_\theta=\frac{-p_\mathrm{i}a^2(b^2+a^2)}{b^2(b^2-a^2)}=\frac{47367\times0.01216\times2}{0.00278}=414376\text{kPa}$$

$\sigma_\mathrm{r}=0$

由公式（3–2–17）得：

合成应力 σ_c=414376kPa

上述套管在额定抗挤强度下，最大应力点在内壁上，其值（492405kPa）为该套管最小屈服值的 88%。

八、拉梅（Lame）公式在 API 标准中的应用

拉梅公式是 API 用于计算套管的最小抗挤压强度的四个方程之一，用于计算厚壁套管。

注意到上例中最大应力点均在内壁上，因此，只研究内壁上的应力。当内压力为零时，拉梅公式：

$$\sigma_\mathrm{z}=0$$

$$\sigma_\theta=-p_\mathrm{e}\frac{b^2(a^2+a^2)}{a^2(b^2-a^2)}=-p_\mathrm{e}\frac{2b^2}{b^2-a^2}$$

$$\sigma_\mathrm{r}=0$$

设合成应力等于套管的最小屈服强度 Y_P，于是抗挤压力：

$$-p_\mathrm{e}=Y_\mathrm{P}\frac{b^2-a^2}{2b^2}$$

令套管外径为 D，壁厚为 t，有：

$$b=D/2,\ a=(D-2t)/2$$

重新整理上式，得到：

$$p_\mathrm{e}=2Y_\mathrm{P}\left[\frac{\left(\frac{D}{t}\right)-1}{\left(\frac{D}{t}\right)^2}\right]$$

九、巴洛（Barlow）公式

薄壁筒的内屈服压力由巴洛公式计算：

$$p_b=2Y_P/(D/t)$$

式中　p_b——抗内压力强度（burst），kPa。

API 规范允许套管壁厚下偏差为 −12.5%，将壁厚 t 修正为 $0.875t$，代入上式得到 API 抗内压强度公式：

$$p_b=\frac{1.75Y_p}{(D/t)}$$

十、动载荷（冲击载荷）

动载荷是在套管柱向下运动时，由于套管加速、遇阻或卡住造成的。冲击应力应加到已经作用在套管柱上的应力上。如果合成应力大于套管屈服强度，那么套管将会发生破坏。

Vreeland 指出由于套管突然遇阻引起的动载荷是套管速度和横截面积的函数，即：

$$F_d=1800vA$$

如果换算成 SI 单位，则：

$$F_d=4071.7vA \tag{3-2-18}$$

式中　F_d——动载荷，N；

v——速度，m/s；

A——横截面积，cm^2。

例　ϕ177.80mm（7in），423.2N/m 套管以 0.9144m/s 速度下行时，突然遇阻，问动载荷有多大？（A=54.45cm^2）

$$F_d=4071.7\times0.9144\times54.45\text{N}=202.726\text{kN}$$

十一、形变强化与包辛格（Bauschinger）效应

钢材受到正向预形变将增大材料的屈服强度，这种现象称为形变强化。而受到反向预变形将降低材料的屈服强度，这种现象称为包辛格效应。考虑一个具有如图 3−2−7 所示的应力—应变图的钢试件。试件是具有拉伸屈服点 T 和压缩屈服点 C 的弹性件。当试件加载超过屈服点 T 到了 T'，将产生塑性变形。如果在 T' 点将载荷卸掉，试件沿 $T'C'$ 呈现弹性状态，现在试件产生一个新的屈服点 T'。因此，该试件的拉伸屈服强度加大了，但是试件对应的抗压屈服强度减少了。总的弹性范围保持不变且 $CT=C'T'$。

十二、叠加原理

叠加原理用来解决套管上作用有多个独立力之间的关系问题。这一原理认为，各个力的效应是独立的，所有力的效应被看作各个独立力作用效果的总和。例如，一根简支梁在不同的位置上作用着三个集中力，某一点总的位移是三个力分别在该点位移的和，如图 3−2−8 所示。

在计算由于套管重量、压力和温度产生的各力时，总的力被认为是单独作用其上每一个力的总和。

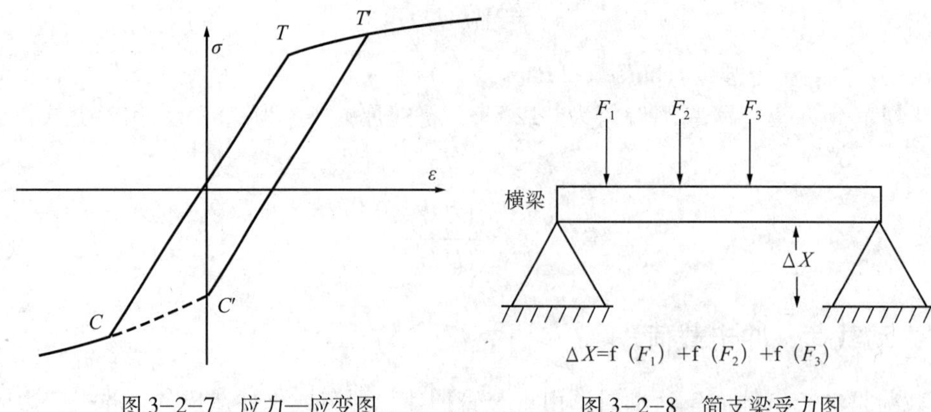

图 3–2–7　应力—应变图　　　　图 3–2–8　简支梁受力图

十三、弯曲力

在弯曲一个梁时，最大轴向应力 σ 出现在外边界上：

$$\sigma=\frac{MZ}{I}$$

式中　σ——最大轴向应力，kPa；

I——惯性矩，cm^4；

Z——到中性轴的距离，cm；

M——弯矩，kN · m。

曲率半径：

$$R=\frac{EI}{M}$$

以上两式合并，得到：

$$\sigma=\frac{EI}{R}\cdot\frac{Z}{I}=\frac{EZ}{R}$$

用来计算套管，$Z=\frac{D}{2}$，代入上式得到：

$$\sigma=\frac{ED}{2R}$$

Lubinski 用字母 C_0 表示套管的曲率：

$$C_0=1/R$$

于是

$$\sigma=\frac{EDC_0}{2}$$

井眼曲率用 C 表示，与套管曲率 C_0 的关系如下：

$$C=C_0\frac{\tanh(KL)}{KL}$$

$$K=\sqrt{T/EI}$$

式中　L——两接箍距离之半，cm。

将后两个方程合并整理，得到以井眼曲率 C 表示的弯曲轴向应力：

$$\sigma=\frac{ED}{2}C\frac{KL}{\tanh(KL)} \tag{3-2-19}$$

弯曲轴向应力乘以面积得到弯曲等效轴向载荷：

$$Q_b=A_s\frac{ED}{2}C\frac{KL}{\tanh(KL)}$$

式中　A_s——横截面积，cm^2。

式中 C 是井眼曲率（俗称“狗腿严重度”），以度 /100ft 为单位。而在式（3–2–19）中，C 的实际单位为每英寸弧度。为化成 100ft 为单位，应除以 12×100；将弧度化成角度再除以$\frac{180}{\pi}$，然后转换成 SI 单位，于是：

$$\sigma=-\frac{\pi EDKLC}{4320\times10^6\times\tanh(0.3937KL)} \tag{3-2-20}$$

$$Q_b=-\frac{\pi EDKLCA_s}{27871\times10^6\tanh(0.3937KL)} \tag{3-2-21}$$

$$K=\sqrt{64.5158T/(EI)}$$

$$I=\frac{\pi}{64}(D^4-d^4)$$

式中　Q_b——弯曲载荷，N；

E——弹性模量，E=206.84 × 10^6kPa（钢材）；

D——套管外径，cm；

L——套管接头之间的距离之半，cm；

T——弯曲井眼下部套管的重量，N；

I——套管的惯性矩，cm^4；

C——井眼曲率，（°）/30.48m；

A_s——横截面积，cm^2；

d——套管内径，cm；

tanh（KL）——KL 的双曲正切。

由式（3–2–21）可以看出，当套管沿着弯曲井眼弯曲时，弯曲产生的力与套管大小、井眼曲率、横截面积和管柱的伸长有关。如果在弯曲井眼以下的套管产生的拉力较小，则 KL/tanh（KL）≈ 1，式（3–2–20）和（3–2–21）变成：

$$\sigma=121.823D\cdot C \tag{3-2-22}$$

$$Q_b=\frac{59.22}{10^3}\cdot D\cdot C\cdot A_s \tag{3-2-23}$$

（3−2−20）式由 Lubinski 公式演变而来，考虑了在拉伸载荷下弯曲井眼的曲率逐渐增大的情况。

例 ϕ244.47mm（$9^5/_8$in），583.8N/m（40lbf/ft），C−95 套管，在井眼曲率 C=5°/30.48m 的弯曲载荷为多少？套管接箍之间的距离为 B=1219.2cm。讨论两种情况：（1）在套管顶部附近，套管张力为 1112.06kN（250000lbf）；（2）在套管底部附近，套管张力为 44.48kN（10000lbf）。

①由套管重量产生的张力为 1112.06kN。

已知：C=5°/30.48m（5°/100ft）

$$L=B/2=1219.2\text{cm}/2=609.6\text{cm}$$

套管壁截面积 A_s=74.79cm²

$$T=1112.06\text{kN}=1112060\text{N}$$

代入公式

$$K=\sqrt{64.5158T/(EI)}$$

其中 $I=\dfrac{\pi}{64}(D^4-d^4)=\dfrac{\pi}{64}(24.447^4-22.44^4)=5086.74\ \text{cm}^4$

$$K=\sqrt{64.5158\times1112060/(206.84\times10^6\times5086.74)}=0.00825$$

$$KL=0.00825\times609.6=5.0292\text{cm}$$

$$\tanh(0.3937\times5.0292)=0.96259$$

套管外径 D=24.447cm

所以 $Q_b=\dfrac{\pi\times206.84\times10^6\times24.447\times5.0292\times5\times74.79}{27871000000\times0.96259}=1113.60\text{kN}$

在弯曲井眼处的有效拉力是套管重量拉力与弯曲载荷之和，即 1112.06+1113.60=2225.66kN。在弯曲井眼处抗拉设计系数 D_F 是：

套管管体屈服强度 D_F=4839.7/2225.66=2.1745

长圆螺纹连接强度 D_F=3767.6/2225.66=1.6928

②由套管重量产生的张力为 44.48kN

应用近似公式（3−2−23）：

Q_b=59.22×24.447×5×74.79=541.387kN

在弯曲井眼处的有效拉力 =541.387+44.48=585.867kN，抗拉设计系数 D_F 为：

套管管体屈服强度

D_F=4839.7/585.867=8.261

长圆螺纹连接强度

D_F=3767.6/585.867=6.431

有效拉伸载荷将使套管抗挤强度额定值降低，具体计算方法将在后面介绍。

十四、套管中的三维应力设计

作用在套管上的各种载荷是同时存在的，例如，在给套管施加外挤压力或内压力的同时，悬挂重量引起的轴向应力总是存在的。

图 3–2–9 表明在笛卡尔坐标系统中一个立方体六面上的正应力与剪应力分布情况。

用数学方法可以证明，当各平面的正应力达到最大值时，沿着这些平面的剪应力将为零。沿无剪应力存在的单因素应力叫作主应力。在直角坐标和极坐标系统中，有下表关系：

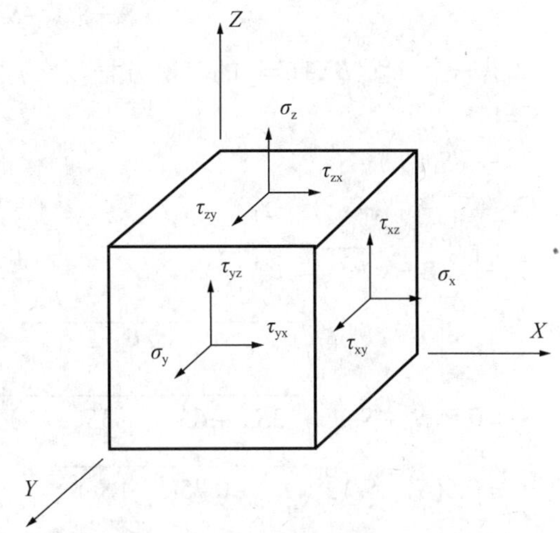

图 3–2–9 正应力与剪应力分布情况

主应力		剪应力	
笛卡尔坐标	极坐标	笛卡尔坐标	极坐标
σ_z	σ_z 或 S_1	$t_{xy}=0$	$t_{r\theta}=0$
σ_y	σ_θ 或 S_2	$t_{xz}=0$	$t_{rz}=0$
σ_x	σ_r 或 S_3	$t_{yz}=0$	$t_{\theta z}=0$

这里 S_1，S_2，S_3 分别表示：

S_1= 轴向应力（要考虑钻井液浮重）

$$S_2=\text{周向应力}=p_i\frac{a^2(b^2+r^2)}{r^2(b^2-a^2)}-p_e\frac{b^2(r^2+a^2)}{r^2(b^2-r^2)}$$

$$S_3=\text{径向应力}=-p_i\frac{a^2(b^2-r^2)}{r^2(b^2-a^2)}-p_e\frac{b^2(r^2-a^2)}{r^2(b^2-r^2)}$$

式中 a，b——分别为套管的内、外半径，cm；

r——a 与 b 之间的任意半径，cm；

p_i，p_e——分别为管内、外压力，kPa。

应用米塞斯（Von Mises）方程：

$$(S_1-S_2)^2+(S_2-S_3)^2+(S_3-S_1)^2=2S_e^2$$

我们可以计算出同时作用在管体上的三维应力作用的复合等效应力 S_e。

当复合等效应力等于管材屈服强度时材料将发生塑性破坏。如以屈服强度 Y_P 代替 S_e，则可得到材料破坏时的平衡方程：

$$(S_1-S_2)^2+(S_2-S_3)^2+(S_3-S_1)^2=2Y_P^2$$

当 S_1 和 S_3 已知时，我们可以求解出周向应力 S_2，由上式展开得：

$$(S_1^2-2S_1S_2+S_2^2)+(S_2^2-2S_2S_3+S_3^2)+(S_3^2-2S_3S_1+S_1^2)-2Y_P^2=0$$

$$S_2^2-S_2(S_1-S_3)+S_1^2-S_1S_3^2+S_3^2-Y_P^2=0$$

这里一个 $AX^2+BX+C=0$ 的二次方程；

$A=1$

$B=-(S_1+S_3)$

$C=(S_1^2-S_1S_3+S_3^2)-Y_P^2$

$$S_2=\left[-B\pm\sqrt{B^2-4AC}\right]/2A$$

$$=0.5\left[S_1+S_3\pm\sqrt{S_1^2+2S_1S_3+S_3^2-4(S_1^2-S_1S_3^2+S_3^2-Y_P^2)}\right]$$

$$=0.5\left[S_1+S_3\pm\sqrt{-3S_1^2+6S_1S_3-3S_3^2+4Y_P^2}\right]$$

$$=0.5(S_1+S_3)\pm\sqrt{Y_P^2-0.75(S_1-S_3)^2}$$

方程中 S_2 有两个解，一个解表示外压条件，另一个解表示内压条件。

抗外挤：

$$S_2=0.5(S_1+S_3)-\sqrt{Y_P^2-0.75(S_1-S_3)^2} \tag{3-2-24}$$

抗内压：

$$S_2=0.5(S_1+S_3)+\sqrt{Y_P^2-0.75(S_1-S_3)^2} \tag{3-2-25}$$

十五、三维条件下的挤毁压力

由公式（3–2–24）得知，等式两边除以 Y_P 得到：

$$S_2/Y_P=0.5(S_1+S_3)/Y_P-\sqrt{1-0.75(S_1-S_3)^2/Y_P^2} \tag{3-2-26}$$

根据拉梅公式

在 $r=a$ 处：$S_2=p_i\dfrac{b^2+a^2}{b^2-a^2}-p_e\dfrac{2b^2}{b^2-a^2}$

$S_3=-p_i$

在材料破坏时，管外工作压力等于管内压力加三维载荷下的挤毁压力

$$p_e=p_{ca}+p_i$$

代入拉梅公式：

$$S_2=p_i\frac{b^2+a^2}{b^2-a^2}-p_{ca}\frac{2b^2}{b^2-a^2}-p_i\frac{2b^2}{b^2-a^2}$$

$$S_2=-p_{ca}(2b^2)/(b^2-a^2)-p_i$$

又因 $S_3=-p_i$

$\therefore S_2=-p_{ca}(2b^2)/(b^2-a^2)+S_3$

等式两边除以 Y_P，得到：

$$S_2/Y_P=-p_{ca}(2b^2)/Y_P(b^2-a^2)+S_3/Y_P \tag{3-2-27}$$

API 挤毁压力 p_{co}，是在轴向载荷为零、内压为零的条件下获得的，在拉梅公式里，当 $r=a$ 时，则有：

$S_1=0$

$S_2=-p_e(2b^2)/(b^2-a^2)=-p_{co}(2b^2)/(b^2-a^2)$

$S_3=0$

复合等效应力 $Y_P=p_{co}(2b^2)/(b^2-a^2)$，将此式代入（3–2–27）式，得出

$S_2/Y_P=-p_{ca}/p_{co}+S_3/Y_P$

将上式代入（3–2–26）式，得到：

$$p_{ca}/p_{co}=\sqrt{1-0.75(S_1-S_3)^2/Y_P^2}-0.5(S_1-S_3)/Y_P \tag{3-2-28}$$

式中　p_{ca}——在三维应力作用下的挤毁压力，kPa；

p_{co}——无轴向力时的 API 挤毁压力值，kPa；

S_1——轴向应力（$S_1=S_a$），kPa；

S_3——径向应力（在 $r=a$ 处，$S_3=-p_i$），kPa；

Y_P——屈服强度，kPa。

这就是计算挤毁压力的三维方程：

当径向应力 $S_3=-p_i$，三维方程可以简化为二维方程：

$$p_{ca}/p_{co}=\sqrt{1-0.75(S_a+p_i)^2/Y_P^2}-0.5(S_a+p_i)/Y_P \tag{3-2-29}$$

式中　S_a——轴向拉伸应力，kPa。

例　ϕ244.47mm（$9^5/_8$in）、685.9N/m（47lbf/ft），N80 套管承受 68947.57kPa 轴向拉应力，内压为 34473.785kPa，Y_P=551580.56kPa。试问二维和三维挤毁压力额定值各多少？

二维——假定内压为零：

查表 3–6–25 得 p_{co}=32819kPa。

又 $p_i=0$，$S_2=S_a$=68947.57kPa 代入（3–2–29）式：

$$p_{ca}/p_{co}=p_{ca}/32819=\sqrt{1-0.75\left(68947.57/551580.56\right)^2}-0.5(68947.57/551580.56)$$

p_{ca}=30575kPa

在 34473.785kPa 内压下，当管外压力达到：

30575+34473.785=65049kPa 时，套管将被挤毁。

三维：

p_{co}=32819kPa，S_1=68947.5kPa，$S_3=-p_i$=−34473.785kPa，由（3–2–29）式：

$$p_{ca}/p_{co}=\sqrt{1-0.75(S_1-S_3)^2/Y_P^2}-0.5(S_1-S_3)/Y_P$$

$$p_{ca}/32819=\sqrt{1-0.75(103421.355/551580.56)^2}-0.5(103421.355/551580.56)$$

p_{ca}=29306.66kPa

当内压为 34473.785kPa 时，管外压力可达到 34473.785+29306.66=63780kPa。

由此我们可以得出以下结论：

(1) 轴向拉伸将降低套管的抗挤毁强度额定值（图 3−2−10）。

(2) 内压力会使套管的抗挤毁强度额定值有所降低。当管内存在内压时，套管的三维抗挤压力额定值小于用二维方程计算的抗挤压力额定值。如内压为零，三维与二维方法的计算结果相同（图 3−2−11）。

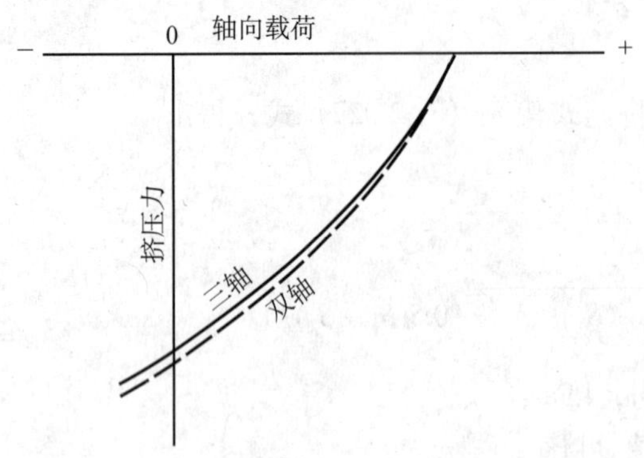

图 3−2−10　轴向拉应力对挤毁的影响

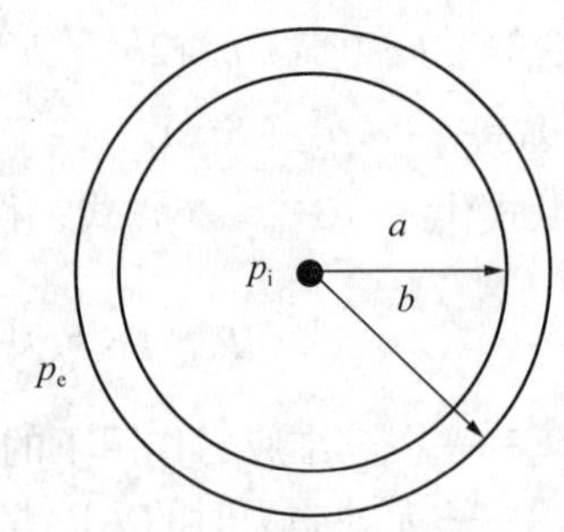

图 3−2−11　套管内外压力示意图

十六、三维载荷下的抗内压强度

在三维条件下，规定下述符号（图 3−2−11）：

p_i——管内压力；

p_e——管外压力；

p_{bo}——无轴向载荷下的 API 抗内压力；

p_{ba}——三维载荷下的抗内压力；

a——套管内半径；

b——套管外半径。

由米塞斯（Von Mises）方程可以获得套管抗内压的屈服强度条件：

$2Y_P^2=(S_1-S_2)^2+(S_2-S_3)^2+(S_3-S_1)^2$

在 API 抗内压条件下：

$p_i=p_{bo}$，$p_e=0$

由拉梅（Lame）方程得知，在 $r=a$ 处：

$S_1=0$

$S_2=p_{bo}(b^2+a^2)/(b^2-a^2)$

$S_3=-p_{bo}$

把 $S_1=0$ 代入米塞斯方程得：

$$Y_P^2=S_2^2-S_2S_3+S_3^2$$

$$Y_P=p_{bo}\sqrt{3b^4+a^4}/(b^2-a^2)$$

在三维条件下：

S_1= 轴向载荷，由拉梅方程得知，在 $r=a$：

$$S_2=p_i(b^2+a^2)/(b^2-a^2)-p_e(2b^2)/(b^2-a^2)$$

$$S_3=-p_i$$

当套管发生破坏时，管内压力等于管外压力加上三维条件下的套管抗内压额定值：

$$p_i=p_{ba}+p_e$$

将上式代入拉梅方程中的 S_2 和 S_3 中，得到：

$$S_2=p_{ba}\frac{b^2+a^2}{b^2-a^2}+p_e\frac{b^2+a^2}{b^2-a^2}-p_e\frac{2b^2}{b^2-a^2}$$

化简：$S_2=p_{ba}(b^2+a^2)/(b^2-a^2)-p_e$

$$S_3=-p_i=-p_{ba}=-p_e$$

将以上 S_1、S_2 和 S_3 代入米塞斯方程，求出 p_{ba}。首先将米塞斯方程展开得到：

$$Y_P{}^2=S_1{}^2+S_2{}^2+S_3{}^2-S_1S_2-S_2S_3-S_3S_1$$

$$\begin{aligned}Y_P{}^2=&S_1{}^2+[p_{ba}(b^2+a^2)/(b^2-a^2)-p_e]^2+(-p_{ba}-p_e)^2\\&-S_1[p_{ba}(b^2+a^2)/(b^2-a^2)-p_e]\\&-[p_{ba}(b^2+a^2)/(b^2-a^2)-p_e]^2-S_1(-p_{ba}-p_e)\end{aligned}$$

合并同类项，有

$$p_{ba}{}^2\frac{3b^4+a^4}{b^2-a^2}+p_{ba}\frac{-2a^2}{b^2-a^2}(S_1+p_e)+(S_1+p_e)^2-Y_P{}^2=0$$

解二次方程：

$$p_{ba}=\frac{a^2(b^2-a^2)}{3b^4+a^4}(S_1+p_e)+\sqrt{\frac{(b^2-a^2)^2}{3b^4+a^4}Y_P{}^2-(S_1+p_e)^2\frac{(b^2-a^2)^2(3b^4)}{(3b^4+a^4)(3b^4+a^4)}}$$

用 $Y_P(b^2-a^2)/\sqrt{3b^4+a^4}$ 除以等式两端：

$$\frac{p_{ba}\sqrt{3b^4+a^4}}{Y_P(b^2-a^2)}=\frac{a^2}{\sqrt{3b^4+a^4}}\left(\frac{S_1+p_e}{Y_P}\right)+\sqrt{1-\left(\frac{S_1+p_e}{Y_P}\right)^2\frac{3b^4}{3b^4+a^4}}$$

现将 $Y_P=\dfrac{p_{ba}\sqrt{3b^4+a^4}}{b^2-a^2}$ 代入方程左边，三维方程变成：

$$p_{ba}/p_{bo}=\frac{a^2}{\sqrt{3b^4+a^4}}\left(\frac{S_1+p_e}{Y_P}\right)+\sqrt{1-\frac{3b^4}{3b^4+a^4}\left(\frac{S_1+p_e}{Y_P}\right)^2}\tag{3-2-30}$$

式中　S_1——轴向应力，kPa；

Y_P——屈服强度，kPa。

对于薄壁筒，套管内半径和外半径近似相等，(3−2−30) 式变成：

$$p_{ba} / p_{bo} = 0.5(S_1 + p_e) / Y_P + \sqrt{1 - 0.75(S_1 + p_e)^2 / Y_P^{\ 2}} \tag{3-2-31}$$

当管外压力（径向）为零时，该方程即为二维抗内压方程

$$p_{ba} / p_{bo} = 0.5(S_a / Y_P) + \sqrt{1 - 0.75(S_a / Y_P)^2} \tag{3-2-32}$$

例 ϕ 244.47mm（$9^5/_8$in），685.9N/m（47lbf/ft），N80 套管，下入钻井液密度为 1.44 g/cm^3 的井眼内，其基本数据见下表，问三维和二维的抗内压为多少？

部位	深度 m	轴向应力 kPa	管外压力 kPa
管柱顶部	0	191398	0
管柱中部	1524	74188	21512
管柱底部	3048	−43023	43023

查表 3−6−25 得 p_{bo}=47367kPa，Y_P=55158kPa。

二维条件：

$$p_{ba} / p_{bo} = (S_a / Y_P) + \sqrt{1 - 0.75(S_a / Y_P)^2}$$

①管柱顶部：

$$p_{ba} / 47367 = 0.5(191398/551580) + \sqrt{1 - 0.75\left(\frac{191398}{551580}\right)^2}$$

$\therefore p_{ba}$=53396kPa

②管柱中部：

$$p_{ba} / 47367 = 0.5(74188/551580) + \sqrt{1 - 0.75\left(\frac{74188}{551580}\right)^2}$$

$\therefore p_{ba}$=50230kPa

③管柱底部：

$$p_{ba} / 47367 = 0.5(-43023/551580) + \sqrt{1 - 0.75\left(\frac{-43023}{551580}\right)^2}$$

$\therefore p_{ba}$=45412kPa

三维条件：

$$p_{ba} / p_{bo} = \frac{a^2}{\sqrt{3b^4 + a^4}}\left(\frac{S_1 + p_e}{Y_P}\right) + \sqrt{1 - \frac{3b^4}{3b^4 + a^4}\left(\frac{S_1 + p_e}{Y_P}\right)^2}$$

将 a 和 b 换成英寸代入得：

b=9.625/2=4.8125，b^4=536.393

a=8.681/2=4.3405，a^4=354.943

a^2=18.84

于是上式变成：

$$p_{ba}/p_{bo}=0.425\left(\frac{S_1+p_e}{Y_P}\right)+\sqrt{1-0.819\left(\frac{S_1+p_e}{Y_P}\right)^2}$$

①管柱顶部：

$$p_{ba}/47367=0.425(191398/551580)+\sqrt{1-0.819\left(\frac{191398}{551580}\right)^2}$$

$\therefore\ p_{ba}$=51968kPa

②管柱中部：

$$p_{ba}/47367=0.425(74188+21512)+\sqrt{1-0.819\left[(74188+21512)/551580\right]^2}$$

$\therefore\ p_{ba}$=50272kPa

③管柱底部：

$$p_{ba}/47367=0.425(-43023+43023)/551580+\sqrt{1-0.819(-43023+43023)^2/551580^2}$$

$\therefore\ p_{ba}$=47367kPa

整理结果列于下表：

部位	三维抗内压额定值 kPa	二维抗内压额定值 kPa
顶部	51968	53396
中部	50272	50230
底部	47367	45412

由此得出以下结论：轴向拉伸使套管增大了抗内压额定值。考虑管外压力的三维抗内压额定值是正确的，并且在井眼底部与API抗内压额定值相等。二维抗内压值忽略了管外压力，并且在管柱中部与三维抗内压额定值近似相等。二维抗内压值在井底偏低（4%），在顶部偏高（3%）。它们之间的相对关系如图3–2–12所示。

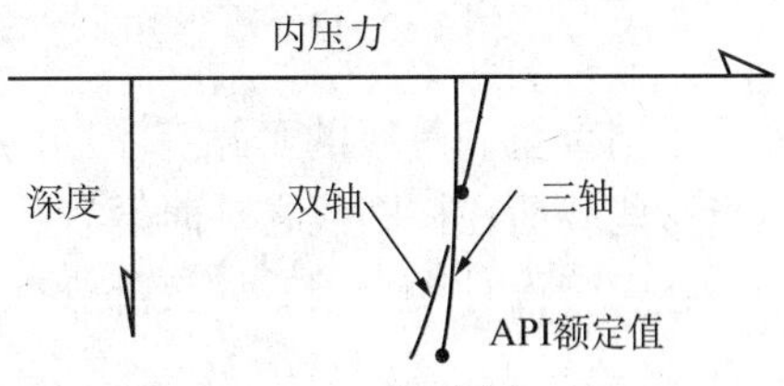

图3–2–12　三维载荷下抗内压强度

十七、双轴应力——塑性椭圆

推荐用来判断套管破坏的强度理论有好几种，弹性材料最可靠的是米塞斯（Von Mises）的最大应变能理论。API公式就是根据这一破坏准则由霍姆奎斯特和纳达（Holmquist和Nadai）推导出来的。该公式用于双轴应力（二维应力）计算，是一个椭圆方程，如图3–2–13所示。

各种压力下强度变化：

（1）最大扭曲能力；

（2）拉伸力：降低抗挤压强度和增加抗内压强度；

（3）压缩力：增加抗挤压强度和降低抗内压强度。

米塞斯方程：

$$(S_1-S_2)^2+(S_2-S_3)^2+(S_3-S_1)^2=2Y_P^2$$

设径向应力 S_3=0，则有

$$S_1^2-S_1S_2+S_2^2=Y_P^2$$

上式两端同除以 Y_P^2 后得

$$(S_1/Y_P)^2-S_1S_2/Y_P^2+(S_2/Y_P)^2=1 \tag{3-2-33}$$

本方程是以（S_1/Y_P）作 X 轴，以（S_2/Y_P）作 Y 轴的椭圆方程，如图 3-2-14 所示。椭圆通过坐标点（1，0），（1，1），（0，1）和（0，-1）。

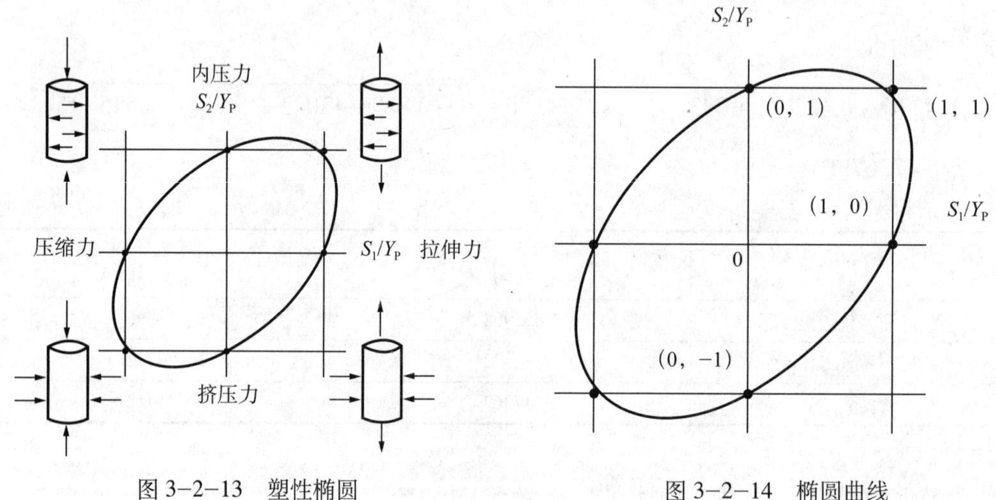

图 3-2-13　塑性椭圆　　　　图 3-2-14　椭圆曲线

不同重量和等级的套管有不同的塑性椭圆。套管能承受落在椭圆区域之内的所有载荷，但当这些载荷在椭圆线之外时套管将发生破坏。

在套管设计中，因管柱大部分处于拉伸状态，所以主要考虑的是一、四象限。

十八、双轴应力（二维条件）下的抗挤毁压力

在 1985 年 2 月以前的 API 5C3 公报中，引用的均为霍姆奎斯特和纳达推导出来的双轴应力计算公式，即将方程（3-2-33）中的（S_2/Y_P）用（p_{ca}/p_{co}）或（p_{ba}/p_{bo}）代替，（S_1/Y_P）用（S_a/Y_P）代替，于是有：

$$\left(\frac{p_{ca}}{p_{co}}\right)^2-\left(\frac{p_{ca}}{p_{co}}\right)\left(\frac{S_a}{Y_P}\right)+\left(\frac{S_a}{Y_P}\right)^2-1=0$$

式中　p_{ca}——轴向载荷下的抗挤毁压力（强度），kPa；

p_{co}——无轴向载荷下的抗挤毁压力（强度），一般由套管特性表内查出，kPa；

S_a——轴向拉伸载荷的应力，kPa；

Y_P——管体的屈服强度，kPa。

解出以上二次方程，得到：

$$\frac{p_{ca}}{p_{co}}=\sqrt{1-0.75(S_a/Y_P)^2}-0.5(S_a/Y_P) \tag{3-2-34}$$

我们注意到式（3–2–24）与内压 p_i=0 时，由拉梅方程所获得的（3–2–29）式是完全一致的。特别要指出的是，这二者结果虽然一致，但在物理意义上有着本质的区别。由于拉梅方程所获得关系式（3–2–29），是在 $r=a$ 的套管内壁上，指的是一个点层（内表面），属于厚壁筒范筹。由米塞斯方程导出的结果是指在薄壁筒情况下，它在壁上径向的应力分布，是全断面的，均匀的，在严谨的推导过程中，使用了薄壁筒的巴洛公式。

要着重指出的是 1985 年 2 月颁布的 API BUL 5C3 公式通报中，双轴应力（二维应力）计算再不使用（3–2–34）式了，在相应的部分我们将作详细介绍。

十九、二维条件下的抗内压力

将式（3–2–33）中的 S_2/Y_P 和 S_1/Y_P 分别用（p_{ba}/p_{bo}）和（S_a/Y_P）代替后有

$$\left(\frac{p_{ba}}{p_{bo}}\right)^2-\left(\frac{p_{ba}}{p_{bo}}\right)\left(\frac{S_a}{Y_P}\right)+\left(\frac{S_a}{Y_P}\right)^2-1=0$$

解二次方程，得到：

$$\frac{p_{ba}}{p_{bo}}=\sqrt{1-0.75(S_a/Y_P)^2}+0.5(S_a/Y_P) \tag{3-2-35}$$

我们要指出的是，式（3–2–35）在结构上与式（3–2–32）完全相同，但在物理意义上是不相同的。式（3–2–35）是在薄壁筒条件下仅用 Von Mises 公式的结果，而式（3–2–32）是在应用计算厚壁的 Lame 和 Von Mises 公式的结果。

二十、双轴（二维条件）应力计算

二维条件下的抗外挤和抗内压计算，实际上，就是在轴向应力作用下抗挤压力减小多少？抗内压力增加多少？可以应用式（3–2–34）和式（3–2–35）计算。这里一个主要问题是，式（3–2–34）和式（3–2–35）是在薄壁筒条件下导出来的，但在应用这些公式计算轴向力作用下的抗挤毁强度和抗内压强度时，根本没有涉及套管的外径与壁厚的比值 D/t 之大小。D/t 之大小表示套管的抗挤属性，在 API BUL 5C3 中明确规定了不同 D/t 值，要求用不同的计算公式。抗内压强度计算也存在同一问题，厚壁筒下要应用拉梅公式，薄壁筒要应用巴洛公式。因此，二维条件下的抗挤或抗内压计算首先要确定出 D/t 值。而 D/t 值的确定要由屈服极限来计算，所以计算出在轴向力下的屈服极限是决定因素。这一屈服极限在 API BUL 5C3 中称为轴向应力当量屈服强度（Yield Strength of axial Stress equivalent grade）。我们注意到式（3–2–33）中 S_1 是轴向应力，S_2 应是在轴向应力为 S_1=S_a、屈服强度为 Y_P 的条件下允许产生的周向应力（外压或内压引起的），也可理解为周向应力的最大允许值，相当于在轴向应力作用下的屈服强度值，即轴向应力下的当量（或等效）屈服强度，计作 $S_2=Y_{Pa}$，式（3−2−33）变成：

$$\left(\frac{Y_{pa}}{Y_P}\right)^2-\left(\frac{Y_{pa}}{Y_P}\right)\left(\frac{S_a}{Y_P}\right)+\left(\frac{S_a}{Y_P}\right)^2=1$$

由此解出：

$$Y_{pa}=\left[\sqrt{1-0.75(S_a/Y_P)^2}-0.5(S_a/Y_P)\right]Y_P \tag{3-2-36}$$

（3−2−36）式就是 API 标准关于双轴（二维）应力计算的基本算式。

二十一、压力对轴向应力的影响

用拉梅方程可以计算出由于管内压力和管外压力造成的轴向应变，考察一个管内压力为 p_i，管外压力为 p_e，忽略自身重力的厚壁筒：

$$S_1=0$$

$$S_2=-\frac{p_e b^2-p_i a^2}{b^2-a^2}-\frac{(p_e-p_i)a^2b^2}{r^2(b^2-a^2)}$$

$$S_3=-\frac{p_e b^2-p_i a^2}{b^2-a^2}+\frac{(p_e-p_i)a^2b^2}{r^2(b^2-a^2)}$$

$$S_2+S_3=-2\frac{p_e b^2-p_i a^2}{b^2-a^2}$$

由于轴向应力而产生的轴向应变可以由三维虎克定律求得：

$$\varepsilon_1=\frac{1}{E}\left[S_1-\nu(S_2+S_3)\right]$$

将 S_1，S_2 和 S_3 代入上式得到

$$\varepsilon_1=\frac{1}{E}\left[0-\nu\left(-2\frac{p_e b^2-p_i a^2}{b^2-a^2}\right)\right]$$

$$\varepsilon_1=\frac{2\nu}{E}\cdot\frac{p_e b^2-p_i a^2}{b^2-a^2}$$

用虎克定律可以计算与轴向应变对应的轴向应变：

$$\varepsilon=\frac{S}{E}$$

因此：

$$S=2\nu\frac{p_e b^2-p_i a^2}{b^2-a^2}$$

当用水泥将套管封固之后，套管内、外的平均压力为：

$$p_i = d_i Z / 2; \quad p_e = d_e Z / 2$$

式中　d_i——管内钻井液压力梯度，kPa/m；

d_e——管外钻井液压力梯度，kPa/m；

Z——深度，m。

在注水泥时，套管的轴向应力为：

$$S_{in} = 2v\frac{p_e b^2 - p_i a^2}{b^2 - a^2}$$

假定套管鞋已为水泥封固，而套管在套管头内又不能滑动，那么在套管内、外液体相同、井口压力为 p_s 的情况下，套管上的轴向应力为：

$$S_{fi} = 2v\frac{p_e b^2 - (p_i + p_S)a^2}{b^2 - a^2}$$

应力变化量为：$\Delta S = S_{in} - S_{fi}$

载荷 = 应力 × 面积

$\therefore$ 载荷变化量 $= [2vp_S a^2/(b^2 - a^2)] \cdot \pi(b^2 - a^2) = 2\pi v p_S a^2$　　(3–2–37)

用套管内径 d_i=2a 和泊松比 v=0.3，我们得到：

载荷变化量 =0.471 · $d_i^2 p_S$

例　ϕ244.47mm（9⁵/₈in），685.9N/m（47lb/ft），N80 套管在井口施加 20684kPa 内压力，问对轴向力有多大影响？注水泥时套管悬挂在大钩上，大钩载荷为 1779.29kN。套管内径为 222.4mm。

套管载荷的增量 =0.471 × 20684 × 10^3（0.2224）^{2}=482kN

套管的轴向载荷由 1779.29kN 增加到 2261.29kN。对长圆螺纹接头，其抗拉伸强度为 4025.6kN。因此设计系数由 2.26 降至 1.78。

二十二、排空应力（Evacuation Stress）

排空应力是由于将套管中的钻井液抽吸排出后引起轴向载荷降低而产生的。因为在钻井液排出套管的同时，相当于增大了外压，也降低了轴向载荷。所以有人建议，在计算拉伸力对抗内压强度的影响时，应当采用这个降低了的轴向力。

由前面得知，管内、外压力产生的轴向应力为：

$$S = 2v\frac{p_e b^2 - p_i a^2}{b^2 - a^2}$$

在注水泥时，轴向应力为：

$$S_{in} = vZ\frac{d_e b^2 - d_i a^2}{b^2 - a^2}$$

式中　Z——深度，m；

d_e，d_i——分别为管外、内钻井液压力梯度，kPa/m。

在套管排空后，d_i=0

$$S_{fi}=vZ\frac{d_e b^2}{b^2-a^2}$$

排空应力就是这两个应力的差值：

$$\Delta S=f_{in}-f_{fi}=-vZd_i a^2/(b^2-a^2) \tag{3-2-38}$$

轴向载荷的变化值 = 应力 × 面积

$$排空载荷 =-\pi vZd_i a^2 \tag{3-2-39}$$

例 ϕ244.47mm（$9^5/_8$in），685.9N/m（47lbf/ft），N80 套管下入密度为 1.44g/cm³ 的钻井液中，深度为 3048m，当管内钻井液排空后，问作用在套管上的排空载荷为多少？

Z=3048m，d_i=9.80665 × 1.44=14.125kPa/m

$2a$=0.2224m，v=0.3

排空载荷 $=-\pi\times0.3\times3048\times14.125\times0.2224^2/4=-2006.5$kN/4=−501.62kN

二十三、温度对轴向应力的影响

钢的热膨胀系数为 α，则有

$$\Delta L=\alpha L\Delta t \tag{3-2-40}$$

式中 ΔL——长度变化值，m；

L——长度，m；

α——热膨胀系数，对于钢材 $\alpha=12.45\times10^{-6}$（1/℃）；

Δt——温度变化值，℃。

如果将钢材固定，不让其膨胀和收缩，那么在管柱内就会产生内应力。由虎克定律得知：

$$\frac{\Delta L}{L}=\pm\sigma/E$$

$$\sigma=\pm\Delta LE/L$$

$$\sigma=\pm\alpha L\Delta tE/L=-\alpha\Delta tE$$

例 问一口全部井段已用水泥固井的井，采用注蒸汽，当温度增加 200℃时套管压缩应力增大到多少？

$$\sigma=-12.45\times206\times200=-512940\text{kPa}$$

此热应力值已与 C75 套管的屈服值接近。

第三节 套管载荷分析

拉伸、外压和内压是作用在套管上的主要载荷。套管能承受的外压力和内压力的额定值与套管所受的轴向力有关。套管特性数据表所给出的挤毁压力和抗内压额定值是指

在轴向载荷为零时的值。轴向拉力虽然降低了套管的抗挤毁压力的额定值，但增大了抗内压的额定值。套管柱的顶部壁厚大都由所受拉力决定。而套管柱的各部分均要考虑内压力的大小。

所设计的套管柱必须在其使用阶段能够承受所用在它上面的最大应力。

一、有效内压力计算

井口敞开时套管内压力等于管内液柱或气柱压力，井口关闭时套管内压力等于井口内压力 p_S 与管柱内液柱或气柱压力之和。

1. 井口压力的确定

有以下几种方法确定井口压力：

(1) 井口关闭，管内全为天然气。

较精确的计算方法已经在第二节作过介绍。推荐使用以下近似公式：

$$p_S = p_B / e^{0.000111548\gamma_G L} = p_B / e^{1.1155\times10^{-4}\gamma_G L} \tag{3-3-1}$$

式中 p_S——井口压力，kPa；

p_B——井底天然气压力，kPa；

L——井深，m；

γ_G——天然气相对密度，如无资料，通常取甲烷气相对密度为0.55。

(2) 以井口防喷装置的许用最高压力作为井口压力。

(3) 最严重的情况是气柱由井底油气层处不膨胀上升到井口，此时井口压力为：

$$p_S = \frac{T_S + 273}{T_S + 273 + T_G Z} p_Z \tag{3-3-2}$$

式中 p_Z——气体在深度为 Z 处的压力，kPa；

T_S——地面温度，℃；

T_G——地温梯度，℃/m；

Z——深度，m。

生产套管所受内压力与完井方式有关。如在生产套管（油气层套管）和油管环空底部用封隔器隔离，封隔器上部充满完井液，用油管进行生产。这种完井方式，套管受内压最严重情况是油井生产初期封隔器处油管螺纹漏失，高压天然气通过接头螺纹进入到油管与套管环空。在环空封闭条件下，气体滑脱上升到井口，仍保持原井底压力。

2. 内压力的确定

(1) 在井内任意点 Z 处所受内压力 p_{iZ}，等于井口压力和该处深度上钻井液柱压力之和，即：

$$p_{iZ} = p_S + \gamma(Z - V_K\alpha) \tag{3-3-3}$$

式中 γ——钻井液压力梯度，kPa/m；

V_K——侵入井内的气体体积（井底气体体积）；

α——换算系数，即 $1m^3$ 天然气在环空所占的高度。

在 $Z < V_K\alpha$ 范围内，套管所受内压等于井口气柱压力。

(2) 套管底部封隔器以上套管所受内压力为油气层压力与完井液柱压力之和。套管深度 Z 处所受内压力为：

$$p_{iZ} = p_P + \gamma_m Z \tag{3-3-4}$$

式中 p_P——生产层压力，kPa；

γ_m——完井液密度梯度，kPa/m。

3. 有效内压力计算

有效内压力是指考虑管外压力的平衡作用之后的压力，据此设计套管更符合实际情况，是目前国内外使用的普遍方法。

有效内压力 = 井口压力 + 管内外压力差 = 管内压力 − 管外平衡压力

管内外压力有各种不同的方法进行选择。有人将选择管内外液体状态分为“一般选择”和“保守选择”。如何选择要根据油田具体情况。在进行抗内压设计时，推荐按表 3-3-1 选择管内外液柱状态。

表 3-3-1 抗内压设计时套管内外液体条件选择表

套管	管内		管外	
	一般选择	保守选择	一般选择	保守选择
表层套管	1. 部分充气 2. 40% 充气	1. 全部充气 2. 井口压力 = 注入压力 − 气柱	钻井液压力梯度	11.5kPa/m（饱和盐水梯度）
技术套管	1. 按全井 1/3 气涌 2. 全井 40% 气涌	井口装置额定压力 井底压力 =（破裂压力梯度 +1.2kPa/m）× 井深	钻井液压力梯度	1. 11.5kPa/m 2. 10.5kPa/m（盐水梯度）
生产套管	油管不带封隔器时，以完井液密度计算井底、井口压力	油管带封隔器时，以井口油管泄油情况计算压力	1. 钻井液压力梯度 2. 11.5kPa/m	10.5 ~ 11.5kPa/m（盐水至饱和盐水梯度）

例 设计参数（技术套管）：H（下套管井深）=3048m；p_S（井口装置额定压力）=34.5MPa；G_{bur}（地层破裂压力梯度）=20.47kPa/m；γ_1=1.44g/cm^3（下套管的钻井液柱压力梯度 14.1kPa/m）；γ_2=2.04g/cm^3（钻至下一层深为 L 时钻井液柱压力梯度 20kPa/m）；γ_g=2.6kPa/m（气柱压力梯度，规定值）；G_m=10.5kPa/m（地层盐水柱压力梯度，等效于地层孔隙压力梯度）。试求有效内压力。

井口内压以地层破裂压力（推荐附加梯度 1.2kPa/m）为依据：

$$p_S=3048\ (20.47+1.2) \approx 66000\text{kPa}$$

设井内钻井液高度为 x，气体柱高度为 y，则有以下方程：

$x+y=3048$

$34500+x\times 20+y\times 2.6=66000$

解出 $x \approx 1355$m，$y \approx 1693$m

①抗内压计算。

0m（井口）　　p_S=34500kPa

1355m　　　　内压力 =34500+1355×20=61600kPa

3048m　　　　内压力 =34500+1355　×20+2.6×1630=66000kPa

②管外地层液体压力，按盐水考虑，则有 0m（井口）。

3048m　　　　孔隙压力 $=G_m \cdot H$=10.5×3048=32000kPa

③有效内压力。

0m（井口）内压力 =34500kPa

1355m　　内压力 =61600−1355×10.5=47400kPa

3048m　　内压力 =66000−32000=34000kPa

以上是按表 3−3−1 中技术套管“保守选择”的条件和内容进行计算的。

有效内压计算也可采用下列公式计算：

①表层套管与技术套管深度 Z 处有效内压力为：

$$p_{ie} = p_S + Z(\gamma_i - \gamma_{sw}) \tag{3-3-5}$$

②油层套管深度 Z 处有效内压力：

$$p_{ie} = p_P - (L-Z)\gamma_y - Z\gamma_{sw} \tag{3-3-6}$$

③气井生产套管深 Z 处有效内压力：

$$p_{ie} = p_P \big/ e^{1.1155\times10^{-4}\gamma_{GL}} - Z\cdot\gamma_{sw} \tag{3-3-7}$$

式中　γ_i——套管内液体压力梯度，kPa/m；

γ_y——套管内原油压力梯度，kPa/m；

γ_{sw}——地层水压力梯度，kPa/m；

γ_G——天然气相对密度；

p_S——井口压力，kPa；

p_P——井底产层压力，kPa。

二、有效外挤压力计算

分两种情况计算。

第一，对于探井及套管内压可能下降很低的油气井，管内按全掏空，管外按钻进的钻井液柱压力。特殊层段按实际可能出现的外压力计算。这是因为：水泥面以上按钻井液柱压力计算，要较实际值偏高而趋于安全；套管内全掏空即内压为零的条件是可能出现的最大有效外压力，对于探井这种方法较为安全。

有效外压力计算式：

$$p_{ee} = Z\gamma_m \tag{3-3-8}$$

严重坍塌、膨胀、滑移或蠕动地层段：

$$p_{ee} = ZG_0 \tag{3-3-9}$$

式中，G_0 为上覆岩层压力梯度，新探区按 G_0=22.55kPa/m，以后要根据实际情况计算确定。按上式计算外压力的范围等于地层厚度加 50m（上、下各加 25m）。

第二，地质情况熟悉且管内钻井液或原油液面只降低到一定深度（距井口），按有效外压计算，即将上面按第一种情况计算出的压力减去管内液柱压力。有效外压力计算如下：

（1）在漏失液面以上位置：

$$p_{ee} = Z\gamma_m \tag{3-3-10}$$

（2）在漏失液面以下位置：

$$p_{ee} = Z\gamma_m - \gamma_{sw}(Z-H) \tag{3-3-11}$$

(3) 严重坍塌或滑移井段（设深度为 Z）的有效外压力按实际外压力减去管内液柱压力计算，即：

$$p_{ee} = p_e - \gamma_i(Z-H) \tag{3-3-12}$$

式中 Z——所计算处的深度，m；

γ_m——套管外钻井液压力梯度，kPa/m；

p_e——计算深度 Z 处的实际外压力，kPa；

H——管内液柱深度，m；

γ_i——管内液柱压力梯度，kPa/m。

推荐套管抗挤计算时套管内外液体状态的“选择条件”，按表 3-3-2 所列选择。

表 3-3-2 抗外压设计、套管内外“液体条件”选择表

套管	管内		管外	
	一般选择	保守选择	一般选择	保守选择
表层套管	全部掏空	全部掏空	1．选 10.5 ~ 11.5kPa/m； 2．水泥浆与钻井液压力梯度差	15.0kPa/m
技术套管	因井漏形成部分套管掏空	全部掏空	1．下套管钻井液压力梯度； 2．11.5kPa/m	1．下套管时钻井液密度； 2．水泥浆密度
生产套管	全部掏空	全部掏空	1．水泥浆封固段 11.5kPa/m； 2．钻井液压力梯度	1．钻井液密度； 2．射孔段 18 ~ 23kPa/m

三、有效轴向力计算

按套管在钻井液中的重量计算，在弯曲井段要加上弯曲载荷，这是因为：

（1）套管所受浮力都能准确计算，且浮力又因各井钻井液而异，所以应当考虑在有效轴向载荷之内。

（2）其他轴向力，如冲击、摩擦等难以计算的部分，一般考虑在安全系数之内。

（3）完井后井内温度、压力变化时对轴向力的影响，可在合理选用井口装定初拉力时加以考虑。

四、其他载荷

在适用条件下应考虑其他载荷和因素。

1．失稳

当套管柱所承受的轴向载荷达到临界值时，管柱将失稳而弯曲。一般情况下，这种弯曲将成螺旋形状。

最初下入的套管很少发生弯曲变形。API 研究了成千上万个套管柱表明，在水泥面处套管不发生弯曲的条件是：(1) 该处以后的液体密度不要超过 1.5g/cm^3；(2) 采用标准的安全系数；(3) 井口套管头和外部套管柱（即装套管头的表层套管）的强度足以能够承受联顶载荷。

API 研究认为，由于钻井使用重钻井液、加热套管和坍塌引起的载荷变化可能引起套管弯曲变形。在这种情况下，采用特殊加载方法有可能消除套管弯曲变形。

鲁宾斯基（Lubinski）研究表明，拉应力并不一定能消除弯曲变形，相反，在一定条件下，处于拉伸状态的套管柱也可能发生弯曲变形。一般说来，拉力增加会减少套管柱的弯曲变形，压力增加会加大其弯曲变形。

2．弯曲

这里所说的弯曲是指套管下入有一定井斜和曲率变化的井内引起的弯曲。弯曲应力与井斜变化率、井眼曲率和弯曲套管的曲率半径成正比。复合的轴向拉力（弯曲应力 + 轴向应力）通常用来计算弯曲变形对抗挤外压额定值的影响。

弯曲变形引起的拉力增加将降低套管连接强度。如井眼曲率不超过 10°/30.48m，对套管螺纹强度影响不大。

3．卡瓦挤压

在井口的卡瓦面上对套管作用着外挤载荷。用控制卡瓦摩擦力的方法来悬挂套管柱。对大多数套管，这些载荷都在允许的范围内。井口装置制造厂指出，对于 339.71mm ($13^3/_8$in)，1050.8N/m 的 L80 套管，悬挂重量为 1779.3kN 时，其内径减少 0.381mm。使用标准的套管头有利于套管的悬挂，对于悬挂重量较大的套管可通过延长卡瓦长度提高抗挤毁能力。

4．表层套管的压缩载荷

由于表层套管通过套管头悬挂着技术套管和生产套管，所以表层套管在井口承受着压缩载荷。在载荷较大以及表层套管水泥固结在软地层上时，必须校核表层套管所承受的载荷，否则可造成井口装置倾斜或下沉。

5．套管在钻井时的磨损

当下入表层套管或技术套管柱后继续钻进时，会对最内层套管产生磨损。通常磨损最严重的是在井口以及井眼曲率变化较大处，井口附近套管可以通过加装防磨套减少磨损，井内套管可使用钻杆减磨带、防磨保护接头等减少磨损。考虑钻杆磨损的影响，在设计套管时应留有磨损余量。磨损之后，要降级使用。

6．射孔

射孔可降低套管的外压挤毁强度，但对平均每米射 26 孔时，对套管抗挤强度影响不大。当需要使用更高的射孔密度、加大射孔药量时，应在设计时留有余量。

7．旋转与上下提放

在注水泥过程中，转动和上下提放套管将使套管承受外载。在转动和上下提放时要保证在允许的扭矩和轴向力的情况下进行。

8．腐蚀

套管内外表面均可能发生腐蚀。对于在腐蚀环境下的套管，应设计耐腐蚀材质（见本章第六节），或采取缓蚀保护液来减缓腐蚀速度。

第四节　API 套管强度计算公式

一、抗挤毁强度

API 根据套管不同外径与壁厚比值 D/t 和屈服强度，将套管、油管、钻杆的抗挤毁压力计算分为四种公式分别进行计算，即屈服强度挤毁压力 p_{yp}、塑性挤毁压力 p_r、塑弹性挤毁压力 p_T、弹性挤毁压力 p_E。这四种公式应用的范围取决于 D/t 之大小。

1．屈服强度挤毁

当 $(D/t) \leqslant (D/t)_{yp}$ 时

$$p_{yp} = 2Y_P \frac{D/t-1}{(D/t)^2} \tag{3-4-1}$$

$$\left(\frac{D}{t}\right)_{yp} = \frac{\sqrt{(A-2)^2 + 8(B+6.894757C/Y_P)} + (A-2)}{2(B+6.894757C/Y_P)} \tag{3-4-2}$$

2．塑性挤毁

当 $(D/t)_{yp} \leqslant (D/t) \leqslant (D/t)_{PT}$ 时

$$p_P = Y_P\left(\frac{A}{D/t} - B\right) - 6.894757C \tag{3-4-3}$$

$$\left(\frac{D}{t}\right)_{PT} = \frac{Y_P(A-F)}{6.894757C + Y_P(B-G)} \tag{3-4-4}$$

3．塑弹性挤毁

当 $\left(\frac{D}{t}\right)_T \leqslant \left(\frac{D}{t}\right) \leqslant \left(\frac{D}{t}\right)_{TE}$ 时

$$p_T = Y_P\left(\frac{F}{D/t} - G\right) \tag{3-4-5}$$

$$(D/t)_{TE} = \frac{2 + B/A}{3(B/A)} \tag{3-4-6}$$

4．弹性挤毁

当（D/t）$_{TE}$ ≤（D/t）时

$$p_E = \frac{323.7088 \times 10^6}{(D/t)[(D/t) - 1]^2} \tag{3-4-7}$$

式中　Y_P——最小屈服强度，kPa；

D——管体名义外径，mm；

t——管体名义壁厚，mm；

p_{yp}——屈服强度挤毁压力，kPa；

p_P——塑性挤毁压力，kPa；

p_T——塑弹性挤毁压力，kPa；

p_E——弹挤毁压力，kPa；

（D/t）$_{yp}$——屈服与塑性挤毁分界点上的（D/t）值；

（D/t）$_{PT}$——塑性与塑弹性挤毁分界点上的（D/t）值；

（D/t）$_{TE}$——塑弹性与弹性挤毁分界点上的（D/t）值。

上述公式中的 A、B、C、F、G 及分界点上的（D/t）值列于表 3-4-1。

表 3-4-1　API 公式的 D/t 分界值及其系数

钢级	（D/t）范围			p_P			p_T	
	（D/t）$_{yp}$	（D/t）$_{PT}$	（D/t）$_{TE}$	A	B	C	F	G
H40	16.4	26.62	42.70	2.950	0.0463	755	2.047	0.034125
−50	15.24	25.63	38.83	2.976	0.0515	1056	2.003	0.0347
J55、K55 和 D	14.80	24.99	37.20	2.990	0.0541	1205	1.990	0.0360
−60	14.44	24.42	35.73	3.005	0.0566	1356	1.983	0.0373
−70	13.85	23.38	33.17	3.037	0.0617	1656	1.984	0.0403
C75 和 E	13.67	23.09	32.05	3.060	0.0642	1805	1.985	0.0417
L80 和 N80	13.38	22.46	31.05	3.070	0.0667	1955	1.998	0.0434
−90	13.01	21.69	29.18	3.166	0.0718	2254	2.017	0.0466
C95	12.83	21.21	28.25	3.125	0.0745	2405	2.047	0.0490
−100	12.70	21.00	27.60	3.142	0.0768	2553	2.040	0.0499
P105	12.55	20.66	26.88	3.162	0.0795	2700	2.052	0.0515
−110	12.42	20.09	26.20	3.180	0.0820	2855	2.075	0.0535
−120	12.21	19.88	25.01	3.219	0.0870	3151	2.092	0.0565
−125	12.12	19.65	24.53	3.240	0.0895	3300	2.102	0.0580
−130	12.02	19.40	23.94	3.258	0.0920	3451	2.119	0.0599

续表

钢级	(D/t) 范围			p_P			p_T	
	$(D/t)_{yp}$	$(D/t)_{PT}$	$(D/t)_{TE}$	A	B	C	F	G
−135	11.90	19.14	23.42	3.280	0.0945	3600	2.129	0.0613
−140	11.83	18.95	23.00	3.295	0.0970	3750	2.142	0.0630
−150	11.67	18.57	22.12	3.335	0.1020	4055	2.170	0.0663
−155	11.59	18.37	21.70	3.356	0.1047	4204	2.188	0.06825
−160	11.52	18.19	21.32	3.375	0.1072	4356	2.202	0.0700
−170	11.37	18.45	20.59	3.413	0.1123	4660	2.132	0.0698
−180	11.23	17.47	19.93	3.449	0.1173	4966	2.261	0.0769

注：钢级前无字母为非 API 标准钢级。

5. 挤毁压力计算

计算中间值时可用下列各式：

$$A=2.8762+0.10679\times10^{-5}K+0.21301\times10^{-10}K^2-0.53132\times10^{-16}K^3 \quad (3-4-8)$$

$$B=0.026233+0.50609\times10^{-6}K \quad (3-4-9)$$

$$C=-465.93+0.030867K-0.10483\times10^{-7}K^2+0.36989\times10^{-13}K^3 \quad (3-4-10)$$

$$F=\frac{323.7088\times10^6[3(B/A)/(2+B/A)]^3}{Y_P\left[\frac{3(B/A)}{2+B/A}-(B/A)\right]\left[1-\frac{3(B/A)}{2+B/A}\right]^2} \quad (3-4-11)$$

$$G=F\,(B/A) \quad (3-4-12)$$

式中 $K=Y_P/6.894757$ (3−4−13)

二、抗拉强度

1. 圆螺纹套管连接强度

圆螺纹套管连接强度公式取下面三个公式计算结果的最小值：

$$p_j=0.95A_{jp}f_{umnp} \text{（管体断裂强度）} \quad (3-4-14)$$

$$p_j=0.95A_{jp}L_{et}\left[(0.74D^{-0.59}f_{umnp})/(0.5L_{et}+0.14D)+f_{ymnp}/(L_{et}+0.14D)\right] \text{（滑脱强度）} \quad (3-4-15)$$

$$p_j=0.95A_{jc}f_{umc} \text{（接箍断裂强度）} \quad (3-4-16)$$

上述式中

$$A_{jp}=\pi[(D-0.1425)^2-d^2]/4$$
$$A_{jc}=\pi(W^2-d_1^2)/4$$

$d_1 = E_1 - (L_1 + A)T_d + H - 2S_m$

A——手紧紧密距；

A_{jc}——接箍横截面面积，in^2；

A_{jp}——外螺纹最后一个完整螺纹处横截面面积，in^2；

D——管体名义外径，in；

d——管体名义内径（d=D−2t），in；

d_1——机紧后外螺纹端部对应的接箍螺纹根部内径，in；

E_1——手紧平面中径；

f_{umnp}——管体最小名义抗拉强度，psi；

f_{umc}——从接箍上取的典型试样的实际抗拉强度，psi；

f_{ymnp}——管体最小名义屈服强度，psi；

H——圆螺纹等效为 V 形螺纹的齿高，10 牙螺纹为 2.1996mm（0.08660in），8 牙螺纹为 2.7496mm（0.10825in）；

L_{et}——啮合螺纹长度，in；

L_1——从管端到手紧平面的长度；

p_j——接头连接强度，lbf；

S_m——圆螺纹外螺纹的根部抗剪面长度，10 牙螺纹为 0.36mm（0.014in），8 牙螺纹为 0.43mm（0.017in）；

t——名义壁厚，in；

T_d——螺纹锥度，0.0625mm/mm（0.0625in/in）；

W——接箍名义外径，in。

2. 偏梯形螺纹套管连接强度

偏梯形螺纹套管连接强度用公式（3−4−17）和（3−4−18）计算，取这两个公式求得的较低值。

接头螺纹强度：

$$p_j = 0.95 A_p f_{umnp} \left[1.008 - 0.0396(1.083 - f_{ymnp} / f_{umnp})D \right] \tag{3-4-17}$$

接箍断裂强度：

$$p_j = 0.95 A_{jc} f_{umnc} \tag{3-4-18}$$

式中 A_{jc}——接箍横截面面积（$A_{jc} = \pi(W^2 - d_1^2)/4$），$in^2$；

A_p——管体横截面面积（$A_p = \pi(D^2 - d^2)/4$），in^2；

D——管体名义外径，in；

d——管体名义内径（d=D−2t），in；

d_1——机紧后外螺纹端部对应的接箍螺纹根部内径（$d_1 - E_l - (L_l + I_B)T_d + h_B$），in；

f_{umnp}——管体最小名义抗拉强度，psi；

f_{umnc}——接箍最小名义屈服强度，psi；

f_{ymnp}——管体最小名义屈服强度，psi；

p_j——接头连接强度，lb；

t——名义壁厚，in；

W——接箍名义外径，in；

E_7——中径，in；

h_B——偏梯形螺纹齿高，1.575mm（0.062in）；

I_B——接箍端面到手紧位置的三角形底边的长度，$4^1/_2$in 套管为 10.16mm（0.400in），5 ~ $13^3/_8$in 套管为 12.70mm，超过 $13^3/_8$in 的为 9.52mm；

L_7——完整螺纹长度；

T_d——螺纹锥度，外径小于等于 $13^3/_8$in 的套管为 0.0625mm/mm（0.0625in/in），更大外径规格的锥度为 0.0833mm/mm（0.0833in/in）。

3．直连型套管连接强度

直连型套管连接强度由公式（3–4–19）计算：

$$P_j = A_{crit} f_{umn} \tag{3–4–19}$$

式中 f_{umn}——最小名义抗拉强度，psi；

P_j——最小连接强度，lbf。

A_{crit} 取以下计算值的最小值：

如果外螺纹是临界的，$A_{crit} = \pi(M^2 - d_b^2)/4$；

如果内螺纹是临界的，$A_{crit} = \pi({D_p}^2 - d_j^2)/4$；

如果管子是临界的，$A_{crit} = \pi(D^2 - d^2)/4$；

式中 D——管体名义外径；

D_p——直连型管体临界截面外径（$D_p = H_x + \delta - \varphi$）；

d——管体内径（$d = D - 2t$）；

d_b——直连型内螺纹临界截面内径（$d_b = I_x + 2h_x - \Delta + \theta$）；

d_j——直连型管材接头名义内径（上扣后的）；

H_x——直连型管材外螺纹最后一个完整螺纹根部最大直径；

h_x——直连型套管外螺纹内螺纹最小齿高，每英寸 6 牙的螺纹为 1.52mm（0.060in），每英寸 5 牙的螺纹为 2.03mm（0.080in）；

I_x——直连型套管平面 H 处内螺纹最小底径；

M——直连型套管名义外径；管线管、圆螺纹套管和油管为从接箍端面到手紧平面的长度；

Δ——外螺纹完整螺纹长度范围内锥度降值，每英寸 6 牙的螺纹为 6.43mm（0.253in），每英寸 5 牙的螺纹为 5.79mm（0.228in）；

δ——直连型平面 H 和平面 J 之间的锥度升值，每英寸 6 牙的螺纹为 0.89mm（0.035in），每英寸 5 牙的螺纹为 0.81mm（0.032in）；

φ——直连型最大密封干涉量的一半，$\varphi = (A_x - O_x)/2$；

O_x——直连型内螺纹密封剪切点处最小直径；

A_x——直连型管材外螺纹密封剪切点处的最大外径；

θ——直连型最大螺纹干涉量的一半，$\theta = (H_x - I_x)/2$。

4．不加厚油管接头连接强度

不加厚油管接头连接强度按下式计算：

$$p_j = f_{ymn}\{\pi[(D_4 - 2h_s)^2 - d^2]/4\} \tag{3-4-20}$$

$$d=D-2t$$

式中　D——管体名义外径，in；

d——管体名义内径，in；

p_j——最小连接强度，psi；

D_4——大端直径，in；

f_{ymn}——最小名义屈服强度，psi；

h_s——螺纹齿高，每英寸10牙螺纹为1.3122mm（0.05560in），每英寸8牙螺纹为1.8098mm（0.07125in）；

t——名义壁厚，in。

5．加厚油管接头连接强度

加厚油管接头拉伸强度按下式计算：

$$p_j = f_{ymn}\left[\pi(D^2 - d^2)/4\right] \tag{3-4-21}$$

式中　D——管体名义外径，in；

d——管体名义内径（$d=D-2t$），in；

p_j——最小连接强度，psi；

f_{ymn}——最小名义屈服强度，psi；

t——名义壁厚，in。

三、抗内压强度

1．管体抗内压强度

套管抗内压强度是使管体钢材达到最小屈服强度时所需要的内压力，其计算公式是：

$$p_j = 0.875\left(\frac{2Y_P t}{D}\right) \tag{3-4-22}$$

式中　p_j——管体最小抗内压强度，kPa；

Y_P——管体最小屈服强度，kPa；

t——套管名义壁厚，cm；

D——套管名义外径，cm。

式中0.875是考虑壁厚不均而引入的系数。上式是按巴洛公式导出的。

2．接箍抗内压强度

$$p_j = Y_c\left(\frac{W - d_1}{W}\right) \tag{3-4-23}$$

式中 Y_c——接箍最小屈服极限，kPa；

W——接箍的名义外径，cm；

d_1——机械紧扣后套管端部处接箍螺纹扣根直径，cm。

对于圆螺纹套管及油管：

$$d_1=E_1-(L_1+A)T+H-2S_{rn}$$

式中 E_1——手动上紧面中径，cm；

L_1——管端至手动上紧面的长度，cm；

A——手动上紧间隙，cm；

T——锥度（=0.0625cm/cm）；

H——螺纹高度（见表 3-4-2），cm。

表 3-4-2 螺纹高度

牙数 /2.54cm	H	S_{rn}
8	0.10825×2.54=0.274955	0.04318cm（0.017in）
10	0.08669×2.54=0.2201926	0.03556cm（0.014in）

对于偏梯形螺纹套管：

$$d_1=E_7-(L_7+l)T+0.15748 \quad (3-4-24)$$

式中 E_7——中径（图 3-4-1），cm；

L_7——完整螺纹长度，cm。

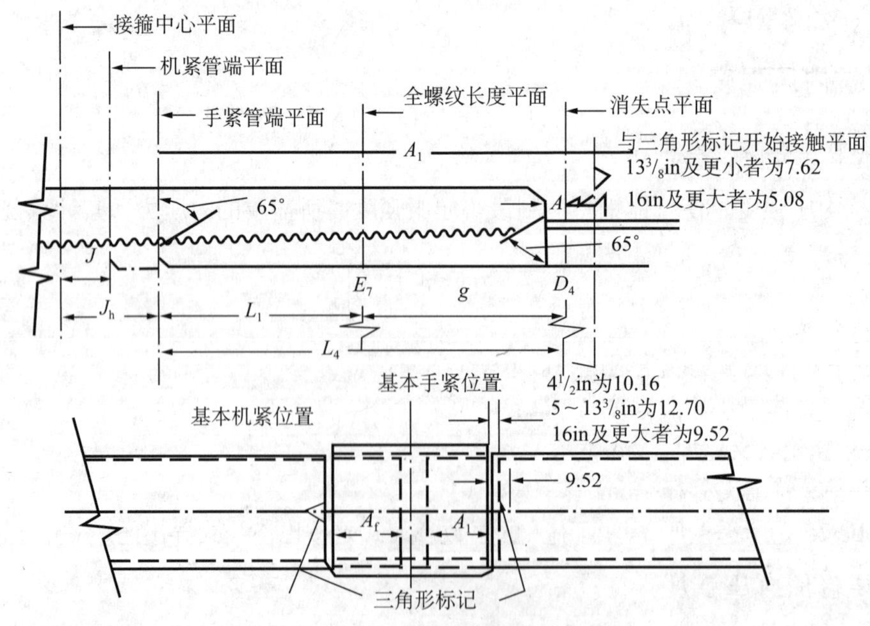

图 3-4-1 偏梯形螺纹

T、l 由表 3–4–3 查出。

表 3–4–3　接箍抗内压强度计算中的 l、T

接箍直径	114.3mm（$4^{1}/_{2}$in）	127 ~ 339.725mm（5 ~ $13^{3}/_{8}$in）	大于 339.725mm（$13^{3}/_{8}$in）
l	1.016	1.27	0.9525
T	0.1588	0.1588	0.2116

四、ISO/TR 10400：2007 内压延性断裂计算公式

延性断裂公式适用于管体由于内压造成的失效。前面抗内压强度公式是描述永久性塑性变形的出现，不是压力承载能力的损失，内压延性断裂公式是描述管子压力作用下的极限抗力，这时管子由于失去内压完整性而失效。

只有管子材料在使用环境中具有满足最低要求的足够韧性，即在这个环境中的管子变形到断裂都是延性而不是脆性时，这些公式才适用。

仅有内压作用的封堵管端管子的延性断裂用下式表示（p_{iR} 是爆破时极限内压）：

$$p_{iR}=2k_{dr}t_{dr}f_u/(D-t_{dr})$$

$$K_{dr}=[(1/2)^{n+1}+(1/\sqrt{3})^{n+1}]$$

$$t_{dr}=t_{min}-k_a a \tag{3–4–25}$$

式中　a——对极限状态公式，类裂纹缺欠的实际最大深度（对设计公式，为可通过生产厂检测系统的最大类裂纹缺欠深度），in；

D——名义外径，in；

f_u——典型拉伸试样的抗拉强度，psi；

k_a——爆破强度参数（对淬火和回火（马氏体）或 13Cr 产品，值为 1.0；对轧制和正火产品值为 2.0；正火产品则基于试验数据确定；无检测值时默认为 2.0。对特定管材，可根据试验确定参数值）；

k_{dr}——修正系数，根据管子变形和材料应变硬化情况；

n——无量纲硬化指数，由单轴拉伸试验得到的真应力—应变曲线的拟合得到；

t_{min}——不考虑类裂纹缺欠的实测最小壁厚，in。

n 推荐值：

钢级	n	钢级	n	钢级	n	钢级	n
H40	0.14	M65	0.12	L80 Chrome	0.10	T95	0.09
J55	0.12	N80	0.10	C90	0.10	P110	0.08
K55	0.12	L80 Type 1	0.10	C95	0.09	Q125	0.07

五、ISO/TR 10400：2007 推荐抗外挤强度计算方法

本节第一部分外压挤毁强度设计公式是 API 历史公式，是根据大批量不同规格、不同

钢级的试验结果统计分析得到的。但是由于多种原因，使得 API 历史公式计算得到的结果偏于保守，且公式计算比较繁琐，因此 ISO/TR 10400：2007 根据现有研究成果的分析，推荐了一个外压抗挤强度计算方法。公式如下：

$$p_{des}=\left\{(k_{e\,des}p_e+k_{y\,des}p_y)-\left[(k_{e\,des}p_e-k_{y\,des}p_y)^2+4k_{e\,des}p_e k_{y\,des}p_y Ht_{des}\right]^{1/2}\right\}\Big/\left[2(1-Ht_{des})\right] \tag{3-4-26}$$

$$p_e=2E\Big/\left[(1-\nu^2)(D/t)(D/t-1)^2\right]$$

$$p_y=2f_{ymn}(t/D)\left[1+t/(2D)\right]$$

式中 D——名义外径，in；

E——弹性模量，psi；

f_{ymn}——典型拉伸试样的实测屈服强度，psi；

Ht_{des}——耗损因子；

$k_{e\,des}$——极限弹性挤毁压力标定因子（=1.089）；

$k_{y\,des}$——极限屈服挤毁压力标定因子（=0.9911）；

p_{des}——极限挤毁压力，psi；

p_e——极限弹性挤毁压力，psi；

p_y——极限屈服挤毁压力，psi；

t——实测最大壁厚，in；

ν——泊松比。

其中耗损因子 Ht_{des}：

$$Ht_{des}=0.127\mu_{ov}+0.0039\mu_{ec}-0.440(\sigma_{rs}/\sigma_{fy})+h_n \tag{3-4-27}$$

式中 h_n——应力—应变曲线形状系数，一般由试验确定；

μ_{ec}——平均壁厚不均度（壁厚不均度$=100(t_{c\,max}-t_{c\,min})/t_{c\,ave}$），%；

σ_{fy}——平均屈服强度，psi；

μ_{ov}——平均椭圆度（椭圆度$=100(D_{max}-D_{min})/D_{ave}$），%；

σ_{rs}——平均残余应力（内表面压缩为负），psi。

应力—应变曲线形状系数 h_n 是由挤毁试验数据得到的经验系数。大部分淬火和回火产品应力—应变曲线（SSCs）硬化很不明显，因此不必进行修正。挤毁试验数据还显示少部分淬火和回火产品应力—应变曲线有较好的硬化，降低了挤毁压力，需要根据试验结果分析该类钢管的应力—应变曲线形状系数 h_n，以便更准确地预测钢管的抗外压挤毁强度。

第五节 双轴应力计算

在 2008 年 11 月美国石油学会新颁布的 API/TR 5C3（ISO/TR 10400：2007）中，对有关套管的挤毁压力计算公式及方法作了新的规定。双轴应力计算有两点重大变化。一点是双轴应力计算不考虑内压的影响，另一点是由过去修正挤毁压力变为修正屈服应力。本

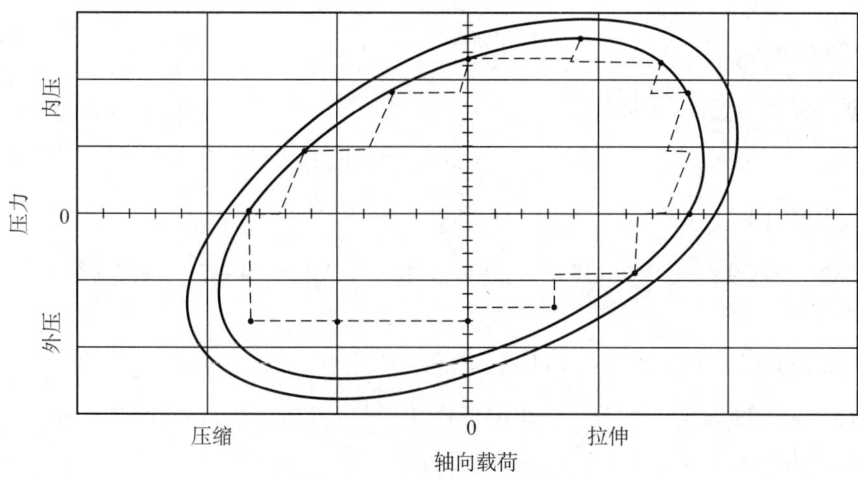

图 3−5−1　双轴应力椭圆图

节主要介绍在轴向应力条件下，如何计算抗挤毁强度和抗内压强度。在双轴应力条件下的变化曲线如图 3−5−1 中虚线所示。其中双轴应力条件下的内压计算根据屈服强度理论计算，外压是根据失稳理论计算得到的。

一、轴向拉应力下抗挤毁强度计算方法

在已知轴向为压缩应力、管体材料的最小屈服极限条件下，则可由式（3−5−1）计算出当量屈服强度。

$$Y_{pa}=\left[\sqrt{1-0.75(S_A/Y_P)^2}-0.5S_A/Y_P\right]Y_P \tag{3−5−1}$$

式中　Y_{pa}——在轴向应力下的当量屈眼强度，kPa；

S_A——轴向应力（拉应力取正值，压应力取负值），kPa；

Y_P——管体的最小屈服极限，kPa。

由第四节的公式（3−4−8），(3−4−9)，(3−4−10)，(3−4−11)，(3−4−12）和（3−4−13）分别计算出系数 A、B、C、F、G。根据公式（3−4−2），(3−4−4)，(3−4−6）计算出 API 挤毁压力四个公式的（D/t）分界点。再由所计算的套管的实际（D/t）值，与计算出的分界点（D/t）相比较，选出相应的 API 公式，并由该公式计算出挤毁压力，此挤毁压力即为在轴向应力作用下套管的挤毁压力。

下面计算一个实例，以说明双轴应力计算新方法的计算过程。

例　计算外径为 139.7mm（$5^1/_2$in），壁厚 7.72mm（0.362in），P110 钢级的套管，在轴向应力 S_A=344737.85kPa（50000psi）下的挤毁压力。P110 的最小屈服极限 Y_P=758423.27kPa（110000psi）。

解：

①将 Y_P 代入（3−5−1）式中，求出轴向应力下的当量屈服应力为：

$$Y_{pa}=\left[\sqrt{1-0.75(344737.85/758423.27)^2}-0.5\times 344737.85/758423.27\right]\times 758423.27$$

=524820kPa

②根据当量屈服应力，求出系数 A、B、C、F、G。由（3−4−13）式得出：

$$K=524820/6.894757=76118.85$$

K 值代入式（3−4−8），式（3−4−9）和式（3−4−10）：

A=2.8762+0.10679×10^{-5}×76118.85+0.21301×10^{-10}×76118.850−0．53132×10^{-16}×76118.85^3
=3.05727

B=0.026233+0.50609×10^{-6}×76118.85=0.0647559

C=−465.93+0.030867×76118.85−0.10483×10^{-7}×76118．852+0.36989×10^{-13}×76118.85^3
=1839.20

③根据求出的 A、B、C 代入式（3−4−11）和式（3−4−12）得：
已知 B/A=0.0647559/3.05727=2.1181×10^{-2}

$$F=\frac{323.7088\times 10^6\times 0.031438^3}{75423.27(0.031438-0.021181)(1-0.031438)}=1.99173$$

式中 $\dfrac{3(B/A)}{2+(B/A)}=\dfrac{3\times 2.1181\times 10^{-2}}{2+2.1181\times 10^{-2}}=0.031438$

代入公式（3−4−12）得到

G=1.99173×2.1181×10^{-2}=4.21868×10^{-2}

④已知系数 A、B、C、F、G，求出（D/t）分界点值。
将有关系数代入公式（3−4−2），（3−4−4），（3−4−6）得：

$$(D/t)_{yp}=\frac{\sqrt{(3.05727-2)^2+8(0.0647559+6.894757\times 1839.20/524820)}+(3.05727-2)}{2(0.0647559+6.894757\times 1839.20/524820)}$$

=13.55

$$(D/t)_{PT}=\frac{524820(3.05727-1.99173)}{6.894757\times 1839.20+524820(0.0647559-4.21868\times 10^{-2})}$$

=22.80

$$(D/t)_{TE}=\frac{2+2.1181\times 10^{-2}}{3\times 2.1181\times 10^{-2}}=31.81$$

⑤双轴应力下所计算套管的（D/t）实际值为：

（D/t）=（139/7.72）=18.09585

⑥根据实际（D/t）值与计算出的分界点（D/t）值比较选出计算公式并计算出轴向应力下的挤毁压力。

∵（D/t）$_{yp}$=13.55

（D/t）$_{PT}$=18.09585

∴（D/t）$_{yp}$ < 18.09585 <（D/t）$_{PT}$

故应选用塑性挤毁压力公式（3–4–3）进行计算：

$$p_P=Y_P\left(\frac{A}{D/t}-B\right)-6.894757C$$

$$=524820\left(\frac{3.05727A}{18.09585}-0.0647559\right)-6.894757\times1839.20$$

$$=42\text{MPa}$$

当轴向为拉伸应力时，套管抗挤毁强度取上述方法计算结果和（3–5–2）式计算结果中的较小值。

$$p_{ca}=\frac{-B\pm\sqrt{B^2-4AC}}{2A} \tag{3–5–2}$$

$$A=k_o^2$$

$$B=\sigma_a k_o$$

$$C=\sigma_a^2-\sigma_v^2$$

$$k_o=\frac{2D^2}{D^2-(D-2t)^2}$$

$$\sigma_a=F_a/[\pi(D-t)t]$$

式中 p_{ca}——有轴向载荷外压挤毁强度，MPa；

D——套管外径，mm；

t——壁厚，mm；

σ_a——套管承受外加载荷轴向应力，MPa；

σ_v——材料屈服强度，MPa；

F_a——外加轴向载荷，kN。

二、轴向应力下抗内压的计算

在轴向拉应力作用下，套管的额定内压值将有所增加，最大可达 15%。忽略轴向力的影响，抗内压的安全系数依其轴向力大小，比设计值要大。如原设计值为 1.1，则实际上可能是 1.1 ～ 1.27。

轴向应力作用下套管的抗内压强度 p_{ba}：

$$p_{ba}=\frac{-B\pm\sqrt{B^2-4AC}}{2A} \tag{3–5–3}$$

$$A = k_i^2 + k_i + 1$$
$$B = \sigma_a - k_i \sigma_a$$
$$C = \sigma_a^2 - \sigma_v^2$$
$$k_i = \frac{D^2 + (D-2t)^2}{D^2 - (D-2t)^2}$$
$$\sigma_a = F_a / [\pi(D-t)t]$$

式中 p_{ba}——有轴向载荷和外压时的额定极限内压，MPa；
D——套管外径，mm；
t——壁厚，mm；
σ_a——套管承受外加载荷轴向应力，MPa；
σ_v——材料屈服强度，MPa；
F_a——外加轴向载荷，kN。

第六节 套 管 特 性

一、概述

在 API Spec 5CT《套管和油管规范》中规定的套管可采用无缝管或电焊管方法制造。

无缝管是经轧制而成没有焊缝的钢管。一般由热轧成型或必要时可对热轧管进行冷热加工以获得需要的形状、尺寸和性能，其加工过程如图 3−6−1 所示。

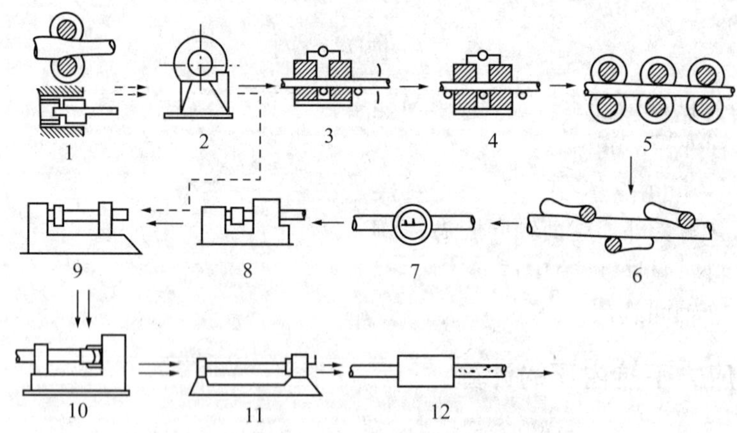

图 3−6−1 套管无缝加工过程

1—轧管；2—切管；3—钢管加热、淬火；4—钢管回火；5—钢管定径；6—钢管矫直；7—无损探伤；8—切管；9—钢管车丝；10—拧上接箍；11—水压试验；12—涂防锈剂，入库

电焊管一般是高频电阻焊焊接的具有一条轴向焊缝的管子，它不外加其他金属材料。高频电阻焊管焊缝在焊后应进行热处理，使焊缝中没有未回火马氏体组织。高频电阻焊管工艺过程如图 3−6−2 所示。

(a)

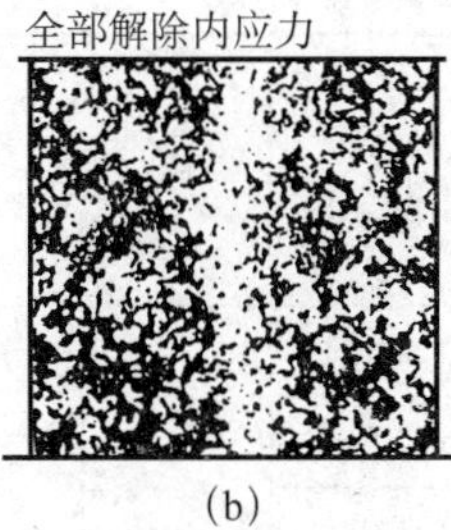

(b)

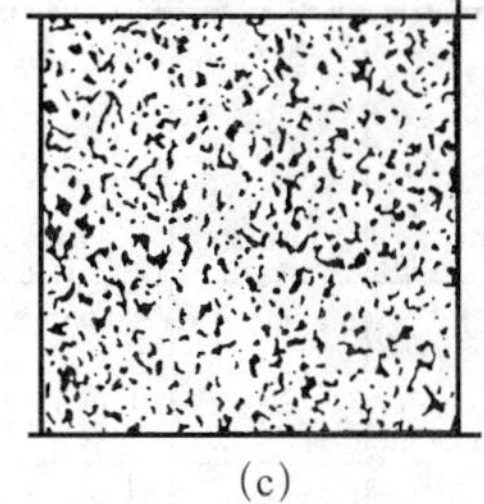
(c)

图 3–6–2　套管电阻焊过程

(a) 成型焊接；(b) 焊后金相组织；(c) 热处理后焊缝

二、套管生产的尺寸系列

套管系列尺寸是长期形成的，它与钻头尺寸密切相关。API 钻头尺寸系列见表 3–6–1。

各厂家生产套管尺寸系列，主要根据 API 标准，非 API 标准由使用者向厂家提出特殊订货。目前国际上主要钢管厂家亦生产非 API 标准尺寸系列套管，这是出于实际勘探开发作业需要，也是超出 API 范围的进一步发展。

目前有 99 种 API 标准尺寸系列的套管（表 3–6–2），非 API 标准尺寸系列的套管也有数十种以上，部分非 API 标准套管尺寸系列见表 3–6–3。表 3–6–4 是常规采用的套管和钻头配合系列。某些特殊加工的高抗挤套管，由于更高的壁厚均匀度与圆度控制标准，使通径更接近于套管公称内径，具体见厂家产品特性参数。

表 3–6–1　API 标准的钻头尺寸系列（in）

$3\frac{3}{4}$	$5\frac{5}{8}$	$7\frac{7}{8}$	$10\frac{5}{8}$	20
$3\frac{7}{8}$	$5\frac{7}{8}$	$8\frac{3}{8}$	11	24
$4\frac{1}{8}$	6	$8\frac{1}{2}$	$12\frac{1}{4}$	26
$4\frac{1}{2}$	$6\frac{1}{8}$	$8\frac{3}{4}$	$14\frac{3}{4}$	
$4\frac{3}{4}$	$6\frac{1}{4}$	$9\frac{1}{2}$	16	
$4\frac{7}{8}$	$6\frac{3}{4}$	$9\frac{7}{8}$	$17\frac{1}{2}$	

表 3–6–2　API 标准套管尺寸

外径 D		壁厚 t	内径 d	通径	外径 D		壁厚 t	内径 d	通径
in	mm	mm	mm	mm	in	mm	mm	mm	mm
$4\frac{1}{2}$	114.3	5.21	103.88	100.7	5	127	6.43	114.14	110.96
		5.69	102.92	99.74			7.52	111.96	108.78
		6.35	101.6	98.42			9.19	108.62	105.44
		7.37	99.56	96.38			11.1	104.8	101.62
		8.56	97.18	94			12.14	102.72	99.54
5	127	5.59	115.82	112.64			12.7	101.6	98.42

续表

外径 D in	外径 D mm	壁厚 t mm	内径 d mm	通径 mm
$5^{1}/_{2}$	139.7	6.2	127.3	124.12
		6.98	125.74	122.56
		7.72	124.26	121.08
		9.17	121.36	118.18
		10.54	118.62	115.44
		12.7	114.3	111.12
		14.27	111.16	107.98
		15.88	107.94	104.76
		17.45	104.8	101.62
		19.05	101.6	98.42
		20.62	98.46	95.28
		22.22	95.25	92.08
$6^{5}/_{8}$	168.28	7.32	153.64	150.46
		8.94	150.4	147.22
		10.59	147.1	143.92
		12.06	144.16	140.98
7	177.8	5.87	166.06	162.88
		6.91	163.98	160.8
		8.05	161.7	158.75①
		8.05	161.7	158.52
		9.19	159.42	156.24
		10.36	157.08	153.9
		11.51	154.78	152.40①
		11.51	154.78	151.6
		12.65	152.5	149.32
		13.72	150.36	147.18
		15.88	146.04	142.86
		17.45	142.9	139.72
		19.05	139.7	136.52
		20.62	136.56	133.38
		22.22	133.36	130.18
$7^{5}/_{8}$	193.68	7.62	178.44	175.26

外径 D in	外径 D mm	壁厚 t mm	内径 d mm	通径 mm
$7^{5}/_{8}$	193.68	8.33	177.02	173.84
		9.52	174.64	171.46
		10.92	171.84	168.66
		12.7	168.28	165.1
		14.27	165.14	161.96
		15.11	163.46	160.28
		15.88	161.92	158.74
		17.45	158.78	155.6
		19.05	155.58	152.4
$7^{3}/_{4}$	196.85	15.11	166.63	165.10①
		15.11	166.63	163.45
$8^{5}/_{8}$	219.08	6.71	205.66	202.48
		7.72	203.64	200.46
		8.94	201.2	200.02①
		8.94	201.2	198.02
		10.16	198.76	195.58
		11.43	196.22	193.68①
		11.43	196.22	193.04
		12.7	193.68	190.5
		14.15	190.78	187.6
$9^{5}/_{8}$	244.48	7.92	228.6	224.66
		8.94	226.6	222.63
		10.03	224.4	222.25①
		10.03	224.4	220.45
		11.05	222.4	218.41
		11.99	220.5	216.54
		13.84	216.8	215.90①
		13.84	216.8	212.83
		15.11	214.25	212.72①
		15.11	214.25	210.29
		15.47	213.5	209.58
		17.07	210.3	206.38

续表

外径 D		壁厚 t	内径 d	通径	外径 D		壁厚 t	内径 d	通径
in	mm	mm	mm	mm	in	mm	mm	mm	mm
$9^{5}/_{8}$	244.48	18.64	207.2	203.23	$11^{3}/_{4}$	298.45	12.42	273.6	269.65
		20.24	204	200.02			13.56	271.3	269.88①
$10^{3}/_{4}$	273.05	7.09	258.9	254.91			13.56	271.3	267.36
		8.89	255.3	251.31			14.78	268.9	264.92
		10.16	252.7	250.82①	$13^{3}/_{8}$	339.72	8.38	322.96	318.99
		10.16	252.7	248.77			9.65	320.42	316.45
		11.43	250.2	246.23			10.92	317.88	313.91
		12.57	247.9	244.48①			12.19	315.34	311.37
		12.57	247.9	243.94			13.06	313.6	311.15①
		13.84	245.4	241.4			13.06	313.6	309.63
		15.11	242.8	238.86	16	406.4	9.53	387.4	382.57
		17.07	238.9	234.95			11.13	384.1	379.37
		18.64	235.8	231.8			12.57	381.3	376.48
		20.24	232.6	228.6			16.66	373.1	368.3
$11^{3}/_{4}$	298.45	8.46	281.5	279.40①	$18^{5}/_{8}$	473.08	11.05	450.98	446.2
		8.46	281.5	277.5	20	508	11.13	485.7	480.97
		9.52	279.41	275.44			12.7	482.6	477.82
		11.05	276.4	272.39			16.13	475.7	470.97
		12.42	273.6	269.88①					

①适用于大多数通用钻头尺寸的通径规直径。

表 3–6–3　非 API 标准套管尺寸

外径 D		壁厚 t	内径 d	通径	外径 D		壁厚 t	内径 d	通径
in	mm	mm	mm	mm	in	mm	mm	mm	mm
$4^{1}/_{2}$	114.3	10.92	92.46	89.28	7	177.8	16.26	145.29	142.11
		12.70	88.90	85.72			17.02	143.76	140.59
		14.22	85.85	82.68			18.54	140.72	137.54
5	127	10.36	106.27	103.10	$7^{5}/_{8}$	193.68	11.81	170.05	166.88
		10.72	105.56	102.39			17.14	159.40	156.24
6	152.4	16.90	118.60	115.42	$9^{7}/_{8}$	250.83	15.88	219.08	215.11
$6^{5}/_{8}$	168.28	13.34	141.60	138.43			16.97	216.89	212.93

续表

外径 D		壁厚 t	内径 d	通径	外径 D		壁厚 t	内径 d	通径
in	mm	mm	mm	mm	in	mm	mm	mm	mm
$9^7/_8$	250.83	17.78	215.27	211.30	$13^3/_8$	339.72	14.73	310.26	306.30
$11^3/_4$	298.45	15.70	267.05	263.09			15.44	308.84	304.88
		16.66	265.13	261.16			15.88	307.98	304.01
$11^7/_8$	301.63	14.78	272.07	268.10	$13^1/_2$	342.90	14.73	313.44	308.69
$12^3/_4$	323.85	11.00	301.85	297.89	$13^5/_8$	346.08	15.88	314.33	309.58
		12.50	298.85	294.89			19.30	307.48	302.72
		13.49	296.87	292.91	14	355.60	14.27	327.06	322.30
$13^3/_8$	339.72	13.97	311.78	307.82			16.66	322.28	317.52

表 3–6–4　套管与钻头尺寸配合系列　　单位：mm（in）

套管	井眼	套管	井眼	套管	井眼
762 (30)	914.4 (36)	298.45 ($11^3/_4$)	381 ~ 444.5 ($15 \sim 17^1/_2$)	177.8 (7)	212.725 ~ 250.825 ($8^3/_8 \sim 9^7/_8$)
508 (20)	660.4 (26)	273.05 ($10^3/_4$)	311.15 ~ 381 ($12^1/_4 \sim 15$)	168.275 ($6^5/_8$)	200.025 ~ 222.25 ($7^7/_8 \sim 8^3/_4$)
473.075 ($18^5/_8$)	609.6 (24)	244.475 ($9^5/_8$)	311.15 ($12^1/_4$)	139.7 ($5^1/_2$)	171.45 ~ 222.25 ($6^3/_4 \sim 8^3/_4$)
406.4 (16)	469.9 ~ 508 ($18^1/_2 \sim 20$)	219.075 ($8^5/_8$)	241.3 ~ 311.15 ($9^1/_2 \sim 12^1/_4$)	127 (5)	152.4 ~ 200.025 ($6 \sim 7^7/_8$)
339.725 ($13^3/_8$)	444.5 ($17^1/_2$)	193.675 ($7^5/_8$)	215.9 ~ 269.875 ($8^1/_2 \sim 10^5/_8$)	114.3 ($4^1/_2$)	152.4 ~ 200.025 ($6 \sim 7^7/_8$)

三、套管类型

API 标准套管共有 11 种钢级，即 H40、J55、K55、N80、M65、L80、C90、C95、T95、P110、Q125。若考虑其化学成分和热处理工艺的不同，API 标准套管可分为 4 个组别，共 19 种钢级类型，如 L80 可分为 L80–1、L80–9Cr、L80–13Cr。

API 规范规定，钢级代号后面的数值乘以 1000psi（6894.757kPa）即为套管以 psi 为单位的最小屈服强度。这一规定也适用于非 API 标准的套管。API 标准套管的机械性能和化学成分要求分别见表 3–6–5 和表 3–6–6。

表 3–6–5　机械性能要求

组别	钢级	类型	屈服强度 MPa		抗拉强度 min MPa	硬度[①] max	
			min	max		HRC	HBW
1	H40	—	276	552	414	—	—
	J55	—	379	552	517	—	—

续表

组别	钢级	类型	屈服强度 MPa		抗拉强度 min MPa	硬度[①] max	
			min	max		HRC	HBW
1	K55	—	379	552	655	—	—
	N80	1	552	758	689	—	—
	N80	Q	552	758	689	—	—
2	M65	—	448	586	586	22	235
	L80	1	552	655	655	23	241
	L80	9Cr	552	655	655	23	241
	L80	13Cr	552	655	655	23	241
	C90	1、2	621	724	689	25.4	255
	C95	—	655	758	724	—	—
	T95	1、2	655	758	724	25.4	255
3	P110	—	758	965	862	—	—
4	Q125	1、2、3、4	862	1034	931	[②]	—

①若有争议时，应采用试验室的洛氏硬度作为仲裁方法。

②未规定硬度极限，但按 API 标准规定限制最大变化量可作为生产控制。

表 3-6-6　化学成分要求（质量百分比）

组别	钢级	类型	碳		锰		钼		铬		镍 max	铜 max	磷 max	硫 max	硅 max
			min	max	min	max	min	max	min	max					
1	H40	—	—	—	—	—	—	—	—	—	—	—	0.030	0.030	—
	J55	—	—	—	—	—	—	—	—	—	—	—	0.030	0.030	—
	K55	—	—	—	—	—	—	—	—	—	—	—	0.030	0.030	—
	N80	1	—	—	—	—	—	—	—	—	—	—	0.030	0.030	—
	N80	Q	—	—	—	—	—	—	—	—	—	—	0.030	0.030	—
2	M65	—	—	—	—	—	—	—	—	—	—	—	0.030	0.030	—
	L80	1	—	0.43[①]	—	1.90	—	—	—	—	0.25	0.35	0.030	0.030	0.45
	L80	9Cr	—	0.15	0.30	0.60	0.90	1.10	8.00	10.0	0.50	0.25	0.020	0.010	1.00
	L80	13Cr	0.15	0.22	0.25	1.00	—	—	12.0	14.0	0.50	0.25	0.020	0.010	1.00
	C90	1	—	0.35	—	1.20	0.25[②]	0.85	—	1.50	0.99	—	0.020	0.010	—
	C90	2	—	0.50	—	1.90	—	NL	—	NL	0.99	—	0.030	0.010	—
	C95	—	—	0.45[③]	—	1.90	—	—	—	—	—	—	0.030	0.030	0.45
	T95	1	—	0.35	—	1.20	0.254[④]	0.85	0.40	1.50	0.99	—	0.020	0.010	—
	T95	2	—	0.50	—	1.90	—	—	—	—	0.99	—	0.030	0.010	—

续表

组别	钢级	类型	碳		锰		钼		铬		镍	铜	磷	硫	硅
			min	max	min	max	min	max	min	max	max	max	max	max	max
3	P110	⑤	—	—	—	—	—	—	—	—	—	—	0.030⑤	0.030⑤	—
4	Q125	1	—	0.35	—	1.35	—	0.85	—	1.50	0.99	—	0.020	0.010	—
	Q125	2	—	0.35	—	1.00	—	NL	—	NL	0.99	—	0.020	0.020	—
	Q125	3	—	0.50	—	1.90	—	NL	—	NL	0.99	—	0.030	0.010	—
	Q125	4	—	0.50	—	1.90	—	NL	—	NL	0.99	—	0.030	0.020	—

①若产品采用油淬，则 L80 钢级的碳含量上限可增加到 0.50%。
②若壁厚小于 17.78mm，则 C90 钢级 1 类的钼含量无下限规定。
③若产品采用油淬，则 C95 钢级的碳含量上限可增加到 0.55%。
④若壁厚小于 17.78mm，则 T95 钢级 1 类的钼含量下限可减少到 0.15%。
⑤对于 P110 钢级的电焊管，磷的含量最大值是 0.020%；硫的含量最大值是 0.010%。
NL——不限制，但所示元素含量在产品分析时应报告。

除化学成分和强度指标外，对较高级别钢级的 API 标准套管的韧性也有不同的要求。具体可参考最新版 API 标准和我国国家标准。

对非 API 标准套管，其化学成分、力学性能要求可参考最新版行业标准。

结合油田使用环境的不同，非 API 套管又分为八大类：

1. 用于深井、超深井的超高强度套管

代表性牌号如天钢的 TP140V、TP150V，V&M 公司的 VM 28 125、VM 28 135，住友公司的 SM 125G、SM 140G、SM 150G，Tenaris 公司的 TN 140DW、TN 150DW，JFE 钢铁的 JFE 125V、JFE 140V。

2. 用于寒冷地区的低温高韧性套管

代表性牌号如 V&M 公司的 VM 55LT、VM 80LT、VM 95LT、VM 110LT、VM125LT，住友公司的 SM 80L、SM 80LL、SM 95L、SM 95LL、SM 110L、SM 110LL，Tenaris 公司的 TN 55LT、TN 80LT、TN 95LT、TN 110LT、TN 125LT，JFE 钢铁的 JFE 80L、JFE 95L、JFE 110L、JFE 125L。

3. 高抗挤套管

代表性牌号如天钢的 TP80T、TP95T、TP95TT、TP110T、TP110TT、TP125T、TP125TT、TP130TT，V&M 公司的 VM 80HC、VM 95HC、VM 110HC、VM 125HC，住友公司的 SM 80T、SM 95T、SM 95TT、SM 110T、SM 110TT、SM 125TT，Tenaris 公司的 TN 80HC、TN 95HC、TN 110HC、TN 140HC，JFE 钢铁的 JFE 80T、JFE 95T、JFE 110T。

4. 抗 H_2S 应力腐蚀的套管

代表性牌号如天钢的 TP80S、TP80SS、TP90S、TP90SS、TP95S、TP95SS、TP110S，V&M 公司的 VM 80S、VM 90S、VM 95S、VM 90SS、VM 95SS、VM 100SS、VM 110SS，住友公司的 SM 80S、SM 90S、SM 95S、SM 110S、SM 125S、SM 90SS、SM C100、SM C110，Tenaris 公司的 TN 80SS、TN 90SS、TN 95SS、TN 100SS、TN 110SS，JFE 钢铁的

JFE 80S、JFE 85S、JFE 90S、JFE 95S、JFE 110S、JFE 85SS、JFE 90SS、JFE 95SS、JFE 110SS。

5．同时兼顾抗硫和高抗挤性能的油套管

代表性牌号如天钢的TP80TS、TP80TSS、TP90TS、TP90TSS、TP95TS、TP95TSS、TP110TS，V&M公司的VM 80HCS、VM 90HCS、VM 95HCS、VM 80HCSS、VM 90HCSS、VM 95HCSS、VM 110HCSS，住友公司的SM 80TS、SM 90TS、SM 95TS、SM 110TS，Tenaris公司的TN 80HS、TN 95HS、TN 110HS，JFE钢铁的JFE 80TS、JFE 95TS。

6．耐 CO_2 腐蚀的油套管

代表性牌号如天钢的TP80NC 3CR、TP80NC 5CR、TP80NC 13CR、TP110NC 3CR、TP110NC 5CR、TP110NC 13CR、TP95 HP13CR、TP95 SUP13CR、TP110 HP13CR、TP110 SUP13CR，V&M公司的VM 80 13CR、VM 90 13CR、VM 95 13CR，住友公司的SM 13CR 80、SM 13CR 85、SM 13CR 95、SM 13CRI 110、SM 13CRM 95、SM 13CRM 110、SM 13CRS 95、SM 13CRS 110，Tenaris公司的TN 70CS、TN 95CR3、TN 110 CR3、TN 13CR 110、TN 13CRM 110、TN 13CRS 110，JFE钢铁的JFE HP1 13CR110、JFE HP2 13CR 110等。

7．耐 CO_2+ 低 H_2S 腐蚀的油套管

代表性牌号如住友公司的SM22CR 110、SM22CR 125、SM25CR 110、SM25CR 125、SM25CRW 125。

8．耐 CO_2+H_2S+Cl^- 腐蚀的油套管

代表性牌号如住友公司的SM2035 110、SM2035 125、SM2535 110、SM2535 125、SM2242 110、SM2242 125、SM2550 110、SM2550 125、SM2550 140、SM2050 110、SM2050 125、SM2050 140、SMC276 110、SMC276 125、SMC276 140，Tenaris公司的TN2205、TN2507、TN28、TN29等。

六、腐蚀环境（H_2S 与 CO_2）下套管的选择

1. 工况条件

腐蚀工况条件包括预定的使用暴露条件和由于控制措施或保护方法失效可能造成的不可预定暴露条件等两个方面。

影响套管材料在含 H_2S 环境中腐蚀性能的因素，包括管材冶金特性和服役环境两个方面。管材冶金特性主要包括：化学成分、制造方法、产品形状、强度、硬度及其局部的变化、冷加工量、热处理状态、微观组织及其均匀性。

服役环境影响因素包括下列参数并应对其量化：

（1）H_2S 分压或在水相中的当量浓度；

（2）CO_2 分压或在水相中的当量浓度；

（3）溶解的氯化物或其他卤化物浓度；

（4）水相中原位pH值；

（5）元素硫或其他氧化剂的存在；

(6) 暴露温度；

(7) 总的机械应力（外加的应力和残余应力）；

(8) 暴露时间；

(9) 电偶效应；

(10) 暴露于非开采流体。

碳钢或低合金钢发生 SSC 的酸性环境的严重程度与 H_2S 分压（p_{H_2S}）和溶液的原位 pH 值有关。如图 3-6-3 所示，由 p_{H_2S} 和 pH 将区域分为 4 块：0 区、SSC1 区、SSC2 区和 SSC3 区。其酸性环境的严重程度：SSC3 区＞SSC2 区＞SSC1 区＞0 区。

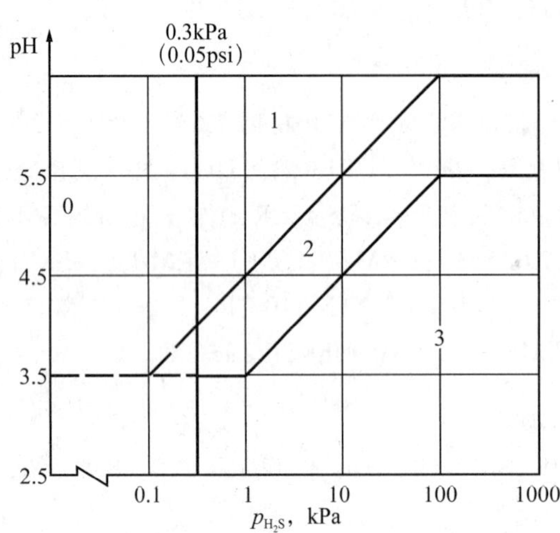

0—0 区；1—SSC1 区；2—SSC2 区；3—SSC3 区

图 3-6-3 碳钢和低合金钢 SSC 的环境严重程度的区域

注：H_2S 分压低于 0.3kPa（0.05psi）和高于 1MPa（150psi）的不连续性反映了测量低 H_2S 分压时的不确定性和超出 H_2S 分压范围（包括低和高 H_2S）时钢材性能的不确定性

在确定含有 H_2S 环境的严重程度时，应考虑在不正常的工作条件下或修井作业时暴露于未缓冲的低 pH 值凝析水相时，或者井下增产酸液或反排增产酸液的可能性。

2. 腐蚀类型

套管与含 H_2S、CO_2 和 Cl^- 等腐蚀介质的井流物接触，一般会发生两类腐蚀形式，分别为：第一种腐蚀形式为所有由 H_2S 所引起的环境敏感开裂，这些开裂形式包括硫化物应力开裂（SSC）、应力腐蚀开裂（SCC）、氢致开裂（HIC）及阶梯型裂纹（SWC）、应力定向氢致开裂（SOHIC）、软区开裂（SZC）和电偶诱发的氢应力开裂（GIHSC），套管因材质不同，在含 H_2S 环境中，会发生这七种环境敏感开裂形式的一种或几种。

第二种腐蚀形式为失重腐蚀（MLC），是由电化学机理所引起的金属质量损失的一种腐蚀形态。包括全面腐蚀、点蚀和缝隙腐蚀等。

不同材质的套管在含 CO_2/H_2S 介质中可能会发生的腐蚀类型见表 3-6-7。

表 3-6-7 套管在含 CO_2/H_2S 介质中的腐蚀类型

环境类型	CO_2 分压 MPa	H_2S 分压 kPa	碳钢和低合金管材 腐蚀类型	耐蚀合金管材腐蚀类型	腐蚀严重程度
一般环境	＜ 0.05	＜ 0.3	MLC	MLC	轻微
一般环境	0.05 ~ 0.21	＜ 0.3	MLC	MLC	较轻
一般环境	＞ 0.21	＜ 0.3	MLC	MLC	中等—严重
酸性环境	＜ 0.05	＜ 0.3	MLC，SSC，SCC	MLC，SSC，SCC，GIHSC	轻微
酸性环境	0.05 ~ 0.21	⩾ 0.3	MLC，SSC，SCC	MLC，SSC，SCC，GIHSC	较轻
酸性环境	＞ 0.21	⩾ 0.3	MLC，SSC，SCC	MLC，SSC，SCC，GIHSC	中等—严重

3．选用原则

当井流物中含 H_2S、CO_2 和 Cl^- 等腐蚀介质时，只有通过选用高质量等级或特殊性能的套管才能保证油气田的安全生产，在选用这些套管时，除符合 SY/T 6268—2008《套管和油管选用推荐做法》标准要求外，还应符合下面所陈述的一般性原则。

1）API 产品选用

用户可根据井况条件选择表 3–6–8 所列举出的 API Spec 5CT《套管和油管规范》规定的套管产品，为保证所选用 API Spec 5CT 规定的套管产品满足抗由 H_2S 引起的各种开裂要求，在选用这些套管时，还应符合以下要求：

表 3–6–8　API Spec 5CT 套管产品适用的环境条件

钢级	制造方法①	热处理	最高硬度要求 HRC	产品规范等级	适用温度范围⑥
H40	S 或 EW⑧	②	22	PSL–2 及以上等级	在所有温度下
J55/K55	S 或 EW⑧	③	22	PSL–2 及以上等级	在所有温度下
N80 1 类	S	④	23	PSL–2 及以上等级	≥ 80℃
N80 Q 类	S	Q&T	23	PSL–2 及以上等级	≥ 65℃
M65	S	③	22	PSL–2 及以上等级	在所有温度下
L80 1 类⑦	S	Q&T	23	PSL–2 及以上等级	在所有温度下
C90 1 类⑦	S	Q&T	25.4	PSL–2 及以上等级	在所有温度下
T95 1 类⑦	S	Q&T	25.4	PSL–2 及以上等级	在所有温度下
C95	S	Q&T	26	PSL–2 及以上等级	≥ 65℃
P110	S	Q&T	30	PSL–2 及以上等级	≥ 80℃
Q125 1 类和 2 类⑤, ⑦	S	Q&T	30	PSL–2 及以上等级	≥ 107℃

① S—无缝工艺，EW—电焊工艺。
②由制造厂选择根据 ISO 15156–2：2003 进行。
③进行全长正火（N）、正火 + 回火（N&T）或者淬火 + 回火（Q&T），或者由制造厂选择根据 ISO 15156–2：2003 进行。
④由制造厂选择进行全长正火（N）、正火 + 回火（N&T）。
⑤ 1 类和 2 类是基于最大屈服强度 140ksi，化学成分为 Cr–Mo 的 Q&T 级。不接受碳锰钢。
⑥给出的温度是就 SSC 而言的最低允许工作温度。
⑦为 Cr–Mo 低合金钢，应满足 ISO 15156–2：2003 要求，并应通过 SSC 性能检验。
⑧可接受的硫最大含量是 0.01%，对于 ERW 管，应满足 ISO 15156–2：2003 关于焊接要求。

（1）表 3–6–8 所列出的套管，满足相应要求并在规定温度范围内、图 3–6–3 所表示所有区域内使用具有抗 SSC 性能，但任何成为材料生产规范一部分的 SSC 试验应成功地进行，并且报告结果。

（2）表 3–6–8 所列出的套管应用于含 H_2S 天然气介质接触工况环境，应选择 API Spec 5CT 所规定产品规范 PSL–2 或更高等级，制造厂可以选择提供较高的产品规范等级供货。

（3）选用 H40、J55、K55 无缝以及 ERW 套管产品，应进行 HIC/SWC 性能检验，试验程序和验收标准依据相关标准规定。

(4) 选用 H40、J55 和 K55 的 ERW 套管产品应进行 SOHIC/SZC 性能检验，试验程序和验收标准依据相关标准规定。

(5) 所有电阻焊管还应进行焊缝沟腐蚀评价试验。

2) 非 API 产品选用

用户可根据不同井况服役条件选择非 API Spec 5CT 规定的套管产品，为保证所选用非 API Spec 5CT 规定的套管产品的基本质量要求，在选用这些特殊用途套管时，应符合以下要求：

(1) 选用非 API Spec 5CT 规定的产品，用户应委托第三方检验结构进行各项检验和全尺寸评价试验。

(2) 选用非 API Spec 5CT 规定的产品，需要进行基于现场试验和（或）实验室评定。

进行基于现场试验评定，材料冶金特征的描述和已获得经验的使用环境描述应符合本部分第 1 段工况条件的相关要求，并具有相关评价结果，提供的现场经验至少经过持续两年时间验证，并且包括一个现场使用之后的设备全面检查的成功结果。预想的使用环境苛刻程度不能超过提供的现场经验所处的环境。

进行基于实验室试验评定所采用环境仅仅是近似于现场环境，试验程序和方法分别按 NACE TM0177、NACE TM0284 等相关标准进行。进行的实验室评价可以用于下述情况：

①评判管材在图 3-6-3 所示或超出图 3-6-3 所示环境中抗 SSC 的性能评价；

②在有其他限制的使用环境下，进行抗 SSC 性能评判。例如：在高于正常可接受的 H_2S 含量、低于正常所需的试验应力或改变极限温度、或降低 pH 值时，进行金属材料的评判。

③关于套管抗 HIC、SOHIC 或 SZC 的评判。

(3) 对于高抗挤套管若可能与含 H_2S 介质接触，应满足抗 SSC 性能和钢级规定强度水平。

4. 抗 SSC 性能

套管在投入使用前，应进行 NACE TM0177 等相关标准所规定的检验程序以保证每炉批管子具有可接受的抗 SSC 性能。根据套管抗硫水平不同将管材分为普通抗硫和高抗硫套管，分别表示为“钢级 + S”和“钢级 + SS”，检验方法和验收标准应按照表 3-6-9 进行。对于 125ksi 钢级套管产品，抗 SSC 性能验收判据可由购方和制造厂协商确定。

表 3-6-9 耐 SSC 性能门槛值与抗硫性能等级

抗硫等级		A 法		C 法①		D 法	
		普通抗硫管 (S)	高抗硫管 (SS)	普通抗硫管 (S)	高抗硫管 (SS)	普通抗硫管 (S)	高抗硫管 (SS)
应力水平	标准尺寸	80% SMYS	90% SMYS	90% SMYS	95% SMYS	②	②
	小尺寸	72%SMYS	81%SMYS	①	①	②	②
溶液		A 溶液	A 溶液	A 溶液	A 溶液	A 溶液	A 溶液

续表

抗硫等级	A法		C法[①]		D法	
	普通抗硫管（S）	高抗硫管（SS）	普通抗硫管（S）	高抗硫管（SS）	普通抗硫管（S）	高抗硫管（SS）
温度	24℃ ±3℃	24℃ ±3℃	24℃ ±3℃	24℃ ±3℃	24℃ ±3℃	24℃ ±3℃
时间	720h	720h	720h	720h	336h	336h
验收判据	③，④	③，④	③，④	③，④	至少三个有效试样的 K_{1SSC} 平均值最低为 $33.0MPa\cdot m^{1/2}$，单点 K_{1SSC} 不低于 $30.0MPa\cdot m^{1/2}$ ④	至少三个有效试样的 K_{1SSC} 平均值最低为 $36.0MPa\cdot m^{1/2}$，单点 K_{1SSC} 不低于 $33.0MPa\cdot m^{1/2}$ ④

注：本标准所列方法均采用 NACE TM0177 中规定的 A 溶液；在试验进行的过程中，溶液应保持在 24℃ ±3℃。

① C 型环试验尺寸依据 NACE TM0177 规定，根据管壁厚来决定。

②若管径、壁厚允许，应首先选择标准尺寸试样，由于管壁厚和管径尺寸不能满足 D 法的标准试样尺寸，经购方和制造厂就合格标准协商一致，才能选择 D 法的非标准试样，非标试样包括亚尺寸试样（尺寸降低 15%，B = 6.35mm）和小尺寸试样（尺寸降低 20%，B = 4.76mm）。

③检验合格应试样不开裂且不产生肉眼可见的裂纹，标距段（或 C 环顶部）如果有裂纹应采用金相显微镜观察以确定裂纹是否属于环境敏感断裂。

④对于 125ksi 钢级套管产品，抗 SSC 性能验收判据可由购方和制造厂协商确定。

七、套管的典型破坏

1．拉伸破坏

（1）套管在接箍处滑脱是拉伸破坏最常见的原因。由于外螺纹接头具有锥度，沿 60° 螺纹侧角作用的径向载荷使外螺纹接头破坏，从而产生套管在接箍处脱开现象，外螺纹接头处的根部下凹，并脱开接箍，如图 3–6–4 所示。

（2）当极限强度小于套管接箍强度时，在管壁较厚的情况下，在小直径的最后一个啮合螺纹处断裂，如图 3–6–5 所示。

（3）对于接箍强度高于管体的套管，则会产生管体断裂。在管体上首先出现缩径，壁厚因而减小，最后断裂，如图 3–6–6 所示。

（4）套管的氢脆断裂是一种脆性拉伸断裂。当高强度钢级套管暴露在 H_2S 浓度高于 0.05psi（0.3447kPa 绝对压力）环境下，高应力则将产生硫化氢脆性断裂。其断口如图 3–6–7 所示。

2．挤压破坏

在已经增强的套管部分，如像水泥面或接箍附近，其挤压破坏将以沟槽的形貌出现，如图 3–6–8 所示。

当套管没有注水泥固结起来，其管体挤毁破坏将成带状形貌，如图 3–6–9 所示。

盐岩层的塑性流动挤压套管，使其压坏。当盐岩层沿径向给套管加外压时逐渐使套管内径减小。所以通过盐岩断层的套管，设计时应使套管经得住超过 22.62kPa/m（1psi/ft）的压力。此外，必须保证固井质量，在套管环空应充满水泥而没有“窜槽”现象发生，否则在那些水泥固结不好的地方盐岩层依然能挤毁套管，盐岩层挤坏套管的形貌如图 3–6–10 所示。

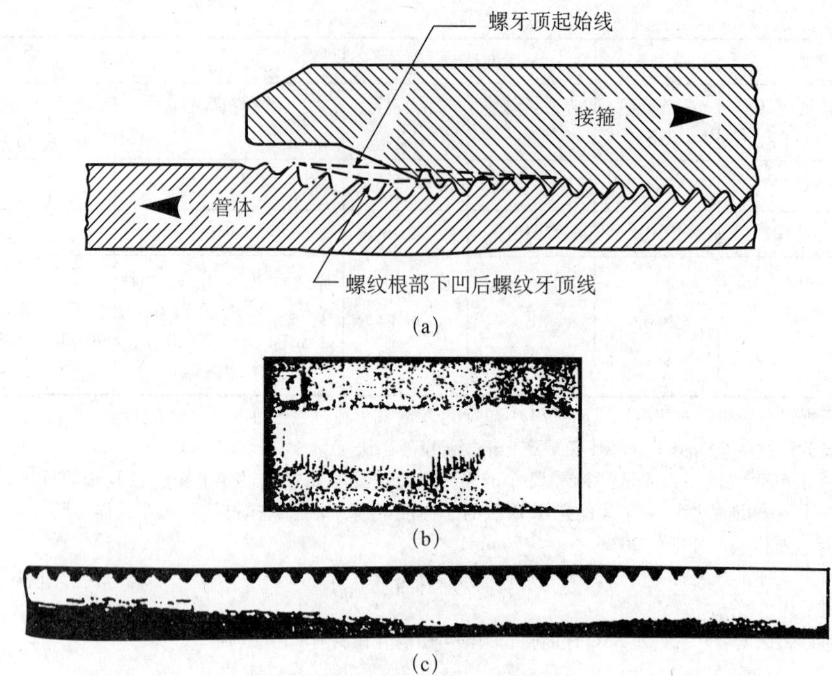

图 3-6-4　套管接箍滑脱失效

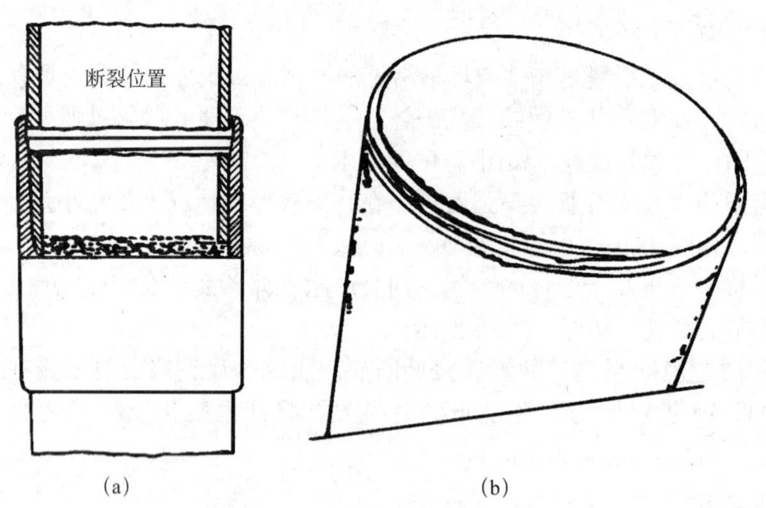

图 3-6-5　套管螺纹处断裂失效

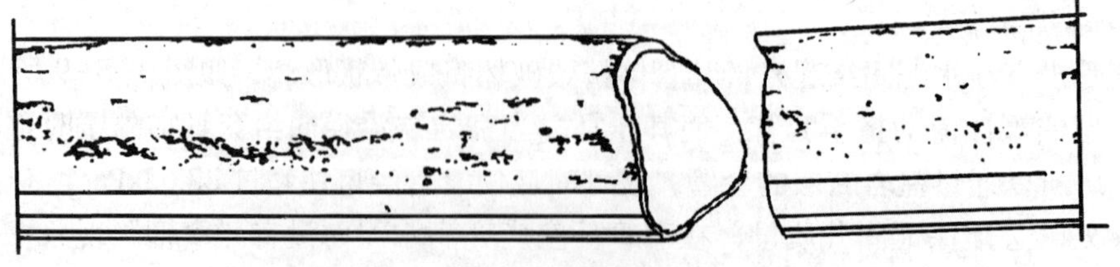

图 3-6-6　套管管体断裂失效

在挤水泥过程中，如果井下坐封的封隔器靠近射孔段，此时管外可能造成很大的挤注压力而引起套管挤毁，如图 3–6–11 所示。因此，封隔器必须安装在用于挤水泥射孔处以上井段至少有 35m 的距离。

3．内压损坏

内压损坏一般是沿套管纵向裂开，这种破坏形貌可能在管子端部不开裂而是膨胀。纵向开裂如图 3–6–12 所示。

如套管无膨胀破坏发生，则从四周开裂，如图 3–6–13 所示。

在套管钢材韧性不足，表面裂缝缺陷或管内堵塞均可能引起脆性破裂，其形貌如图 3–6–14 所示。

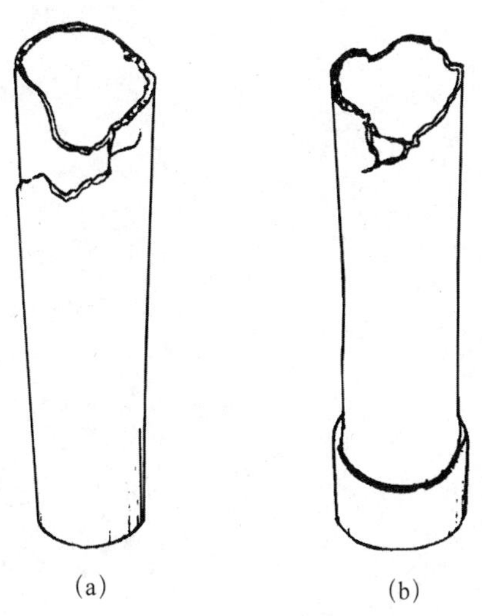

图 3–6–7　套管的氢脆断裂

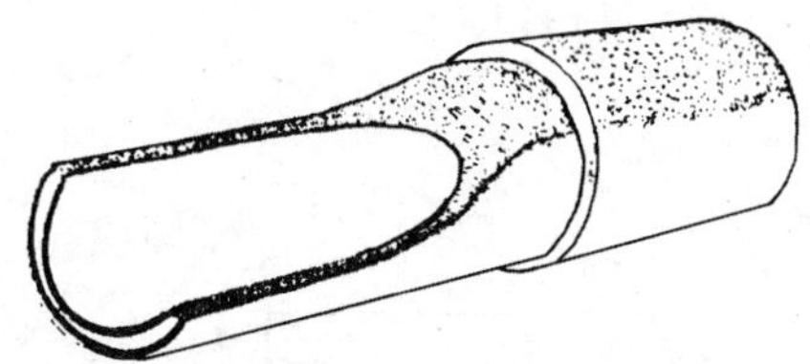

图 3–6–8　套管挤压破坏沟槽形貌

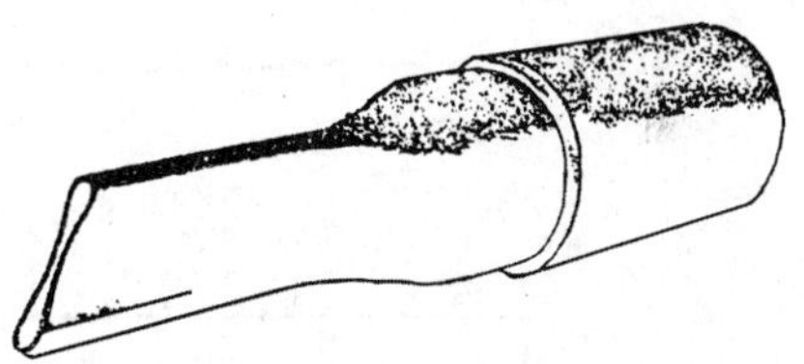

图 3–6–9　套管挤压破坏带状形貌

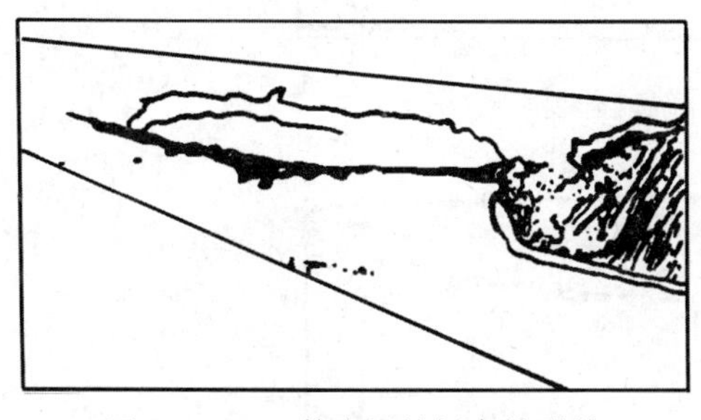

图 3–6–10　盐岩层挤坏套管形貌

4．表层套管及技术套管下部脱扣破坏

钻井过程中下部几根表层或技术套管连接螺纹遭到破坏时有发生。其破坏原因，不外乎是张力、扭转、弯曲、疲劳破坏、多次冲击及共振的作用。

通过分析得知，要产生张力破坏，以强度最次的 $5^1/_2$in，H40 套管为例，需 59t，钻压不可能有如此之大；要产生弯曲破坏则要求井眼曲率达到（7.06°～13.4°）/30m，这样大的变化率已超过现场实况；由于疲劳破坏要求在套管上有交变应力产生，因套管已由水泥封固，因而不可能出现交变应力，如果水泥塞已经钻开，通过旋转钻杆要达到套管的退扣扭矩，也是不可能的，因为无法使钻杆产生 400kN 左右的斜靠力。

因此，无论冲击还是共振，只能是在钻水泥塞的过程中，将钻头的卸扣扭矩传递给下面几根套管。

通过数学分析得知，在钻水泥塞时，钻头可能“上跳”，“上跳”时旋转速度发生突然变化，产生了一个短暂的高能量的扭矩冲量，这个扭矩冲量通过钻头传递给了套管柱，其值为：

$$T=44.8646NJ \tag{3-6-1}$$

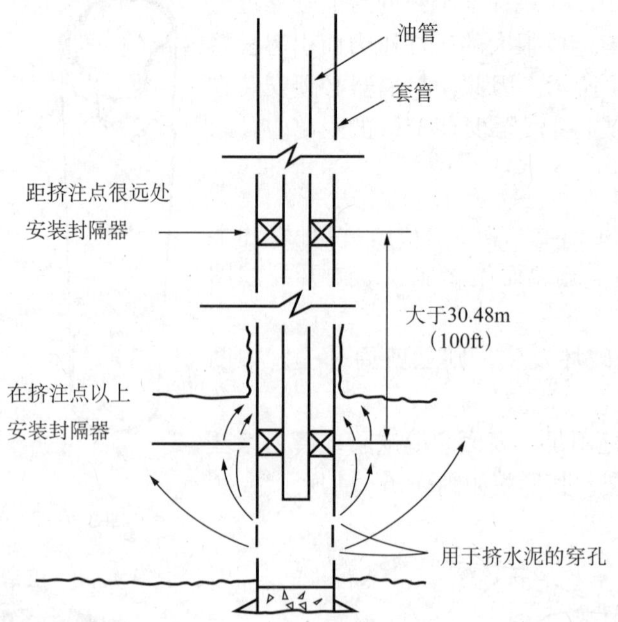

图 3-6-11　封隔器坐封位置

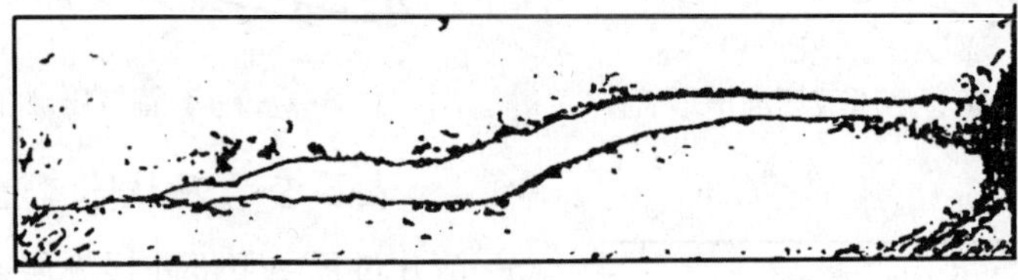

图 3-6-12　套管膨胀纵向开裂

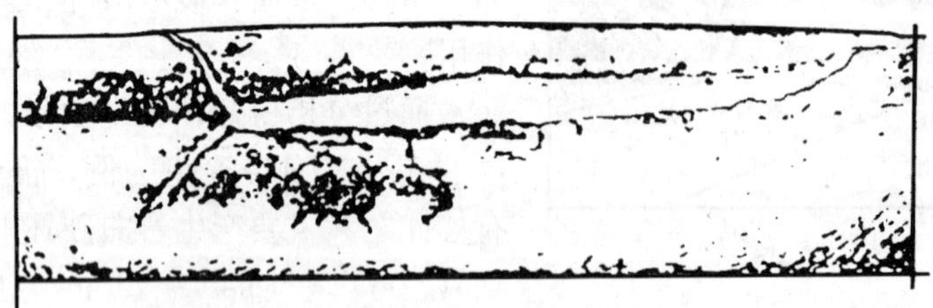

图 3-6-13　套管四周开裂

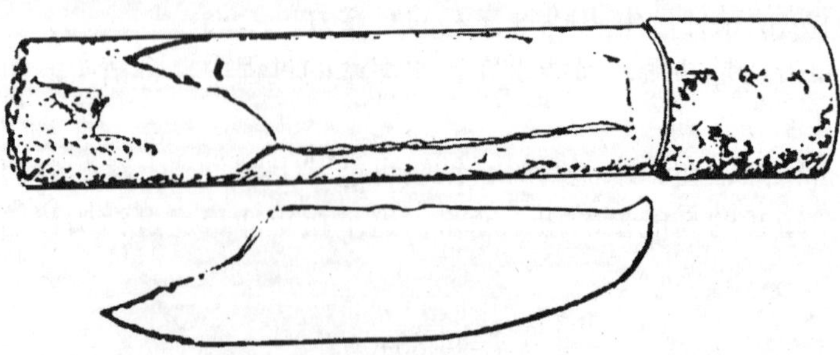

图 3-6-14　套管脆性破裂

式中　T——钻头上的扭矩冲量，N · m。

N——钻头上跳之前的转速，r/min；

J——下部钻铤的惯性矩，cm^4。

$$J = A\left(\frac{D^2_{\mathrm{o}} + D^2_{\mathrm{i}}}{8}\right)$$

图 3−6−15 表示了拧松但没有采取强化措施的套管所需的最小旋转速度及相应的钻铤尺寸。由此可以看出常规钻铤尺寸和转速通常都超过了套管破坏（退扣）所需要的最小钻铤尺寸和转速。

图 3−6−16 表示了在钻水泥塞时 J55 以上钢级焊接了接箍的套管滑脱（失效）所需要的最小转速和钻铤尺寸。

图 3−6−17 表示了在钻水泥塞时螺纹锁定（粘结剂固定）的和 H40 套管焊接套管失效所需要的最小转速和钻铤尺寸。

图 3−6−17 中螺纹粘结剂的抗剪切强度为 13100kPa（1900psi），其值系由工厂按 $4^1/_2$ ~ 7in 套管的试验确定出来的。表 3−6−10 是美国得克萨斯某一石油工具公司，应用 Bakerlok 螺纹粘结剂的试验结果。表中试验数据是用旧套管条件下得出的。如果用新套管，其滑脱扭矩可能远远低于此值。另外，在表内最下一栏，在涂抹粘结剂前又加了钻基螺纹涂料，故粘结强度偏低。

表 3−6−10　螺纹粘结剂试验结果

接头 in	装配后初始滑脱扭矩 N · m	粘结前螺纹清洗方法	上紧扭矩 N · m	24h 后的破坏扭矩 N · m	有效螺纹面积 cm^2	剪切力 kN	剪切强度 kPa
7 长圆螺纹	32675	汽油刷洗	5423	63046	526.5	709.5	13445
$5^1/_2$ 长圆螺纹	14236	汽油和丙酮刷洗	4881	33353	356.8	478.2	13376
$5^1/_2$ 短圆螺纹	14643	刷洗	4881	15727	289.0	224.6	7791.1
$4^1/_2$ 短圆螺纹	5017	汽油和丙酮刷洗	4067	14236	156.1	249.1	15857.9
$4^1/_2$ 短圆螺纹	5762	汽油刷洗	4067	5423	156.1	95.2	6067.4

重复能量冲击是造成套管脱扣的主要原因。

钻柱旋转的动能可以用下式计算：

$$T = \frac{\gamma}{2g}\omega^2 J_{\mathrm{p}} L$$

式中　γ——钢材重度，ρ=0.7689N/cm^3；

g——重力加速度，980cm/s^2；

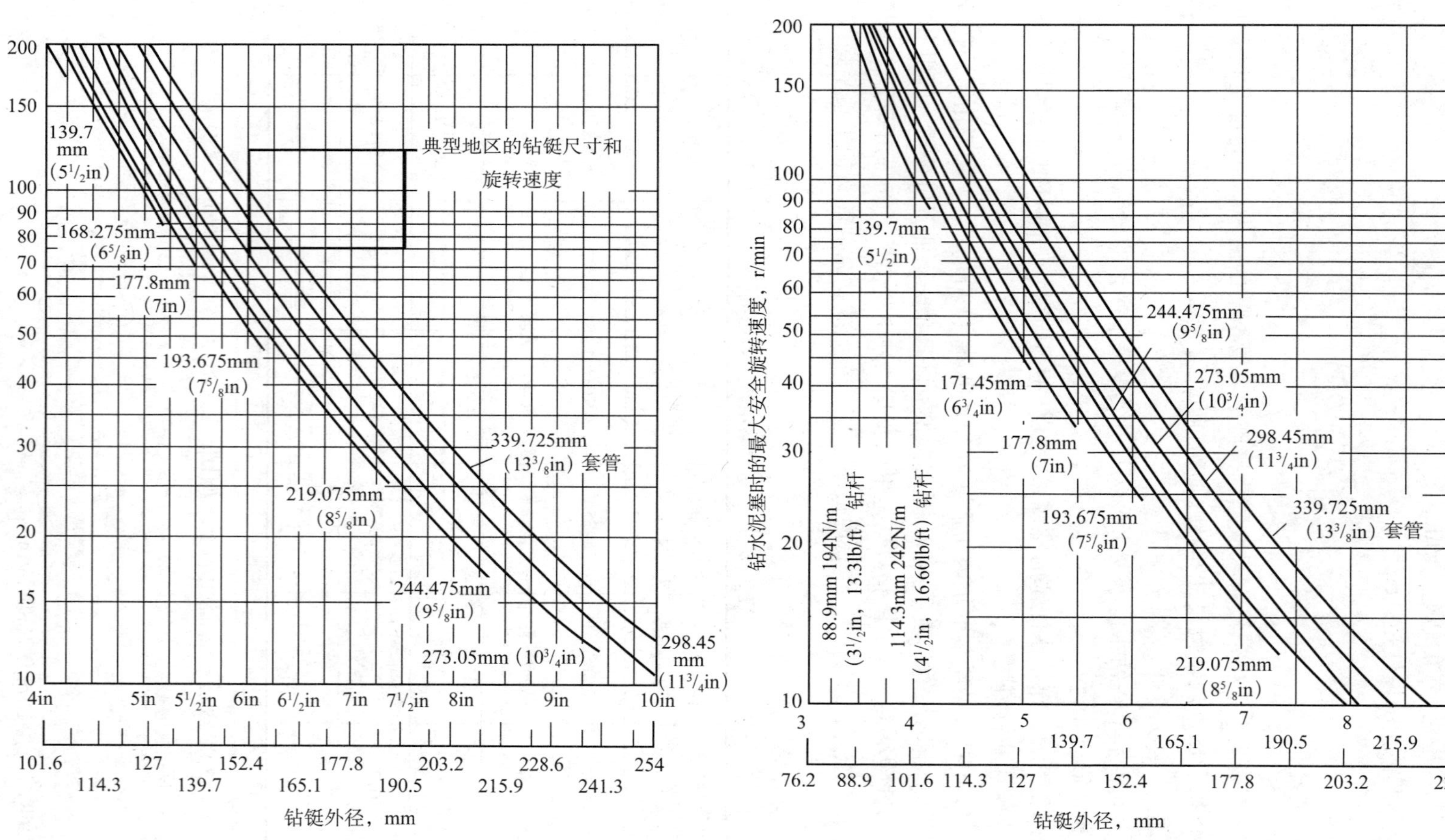

图 3-6-15 套管失效与钻铤尺寸、转速的关系

图 3-6-16 钻水泥塞时（接箍焊接）钻铤尺寸与转速

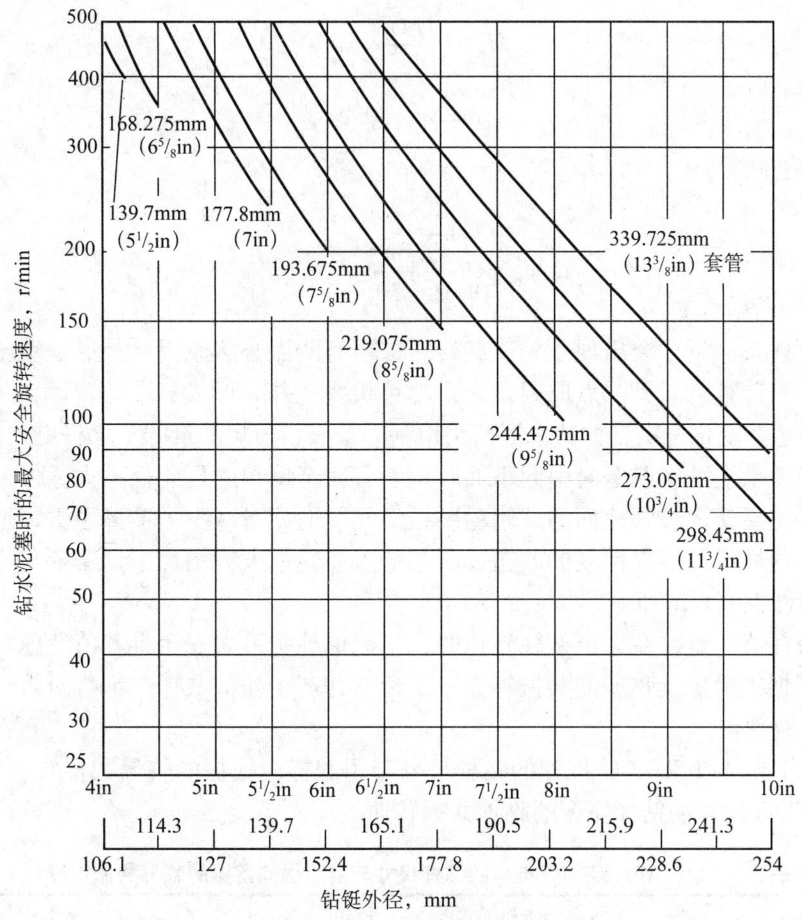

图 3−6−17　钻水泥塞时（螺纹锁定）钻铤尺寸与转速

ω——钻柱的角速度，弧度 /s；

J_p——钻柱的平均极惯矩，cm^4；

L——钻柱长度，cm；

T——旋转动能，N · m。

钻柱在旋转时，带着钻头钻进，其上将有扭矩势能。

$$U = \frac{M^2 L}{2GJ_p}$$

式中　M——附加扭矩，N · m；

G——剪切模量，钢材 G=785 × 10^5kPa。

如因钻头遇阻或遇卡，那么钻柱的动能立即以位能的形势储存起来。假定钻头遇阻或遇卡时的附加扭矩为 M_b，旋转动能将变成扭矩势能，即：

$$T=U$$

$$\frac{\rho}{2g}\omega^2 J_p L = \frac{M^2{}_b L}{2GJ_p}$$

$$M_b = \sqrt{\frac{\rho G}{g}} \cdot \omega J_p$$

$$\omega = n\pi / 30$$

式中　n——钻柱的转速，r/min。

于是
$$M_b = \sqrt{\frac{\rho G}{g}} \cdot \frac{\pi}{30} \cdot n \cdot J_p \qquad (3-6-2)$$

钻头在下述条件下才会出现非匀速旋转。这里有两点必然原因：一点是钻压给进不可能完全均匀，引起蹩跳；另一点原因是三牙轮钻头将在井底形成三个凸台，钻头每转动一次，因而扭矩也就变化一次。如钻水泥塞采用刮刀钻头，扭矩冲量的变化将更大。

钻柱扭矩冲量在一次遇卡时引起下面几根套管完全倒扣的可能性不大。但是，我们知道，重复冲击将会使螺纹摩擦面的“粗糙颗粒流动”而相对减少了摩擦系数，造成螺纹产生滑脱趋势，这样经过多次反复的冲击，脱扣的可能性就大大增加了，套管与水泥胶结面被破坏的可能性也大大增加了。

特别值得注意的是，在选用钻柱转速时，不能单纯按最大安全推荐值考虑，因为需要避开钻柱的摆振、纵振及弦振的共振转数。不论钻柱产生任何共振，都将对管柱下部的几根套管造成重复冲击。

表 3–6–11 为 API RP 7G 推荐的钻杆尺寸与引起横向摆振的临界共振转速。表 3–6–12 为 API RP 7G 推荐的钻柱扭振的临界共振转速。

表 3–6–11　API RP 7G 推荐的钻杆尺寸与引起横向摆振的临界共振转速

钻杆尺寸，in	近似的临界转速，r/min	避开的转速范围，r/min
$2^3/_8$	110	94 ~ 126
$2^1/_2$	130	111 ~ 149
$3^1/_2$	160	136 ~ 184
4	185	157 ~ 213
$4^1/_2$	210	179 ~ 241
5	235	200 ~ 270
$5^1/_2$	260	221 ~ 299

表 3–6–12　API RP 7G 推荐的钻柱扭振的临界共振转速

钻柱长度，m	扭转共振转速，r/min	范围
250	315	
500	157	
750	105	
1000	79	
1250	62.91	

续表

钻柱长度，m	扭转共振转速，r/min	范围
1500	52	
1750	45	
2000	39	
2250	35	30 ~ 40
2500	31	
2750	29	$\frac{78638.40}{L}$
3000	26	

根据图 3–6–16 和图 3–6–17 判断几乎所有采用焊接或螺纹粘结剂都能防止套管滑脱失效。但现场经过上述强化连接措施后仍有失效的情况出现。由此看来，目前在现场进行的焊接和现场螺纹粘结，并没有达到预定的高强度。下面将作一些具体分析并提出相应的防止滑脱的预防措施。

（1）采用焊接方法防止滑脱。高强度钢材焊接的金相分析研究表明，在现场对 J55 和更高强度的套管进行焊接是很不可靠的。试验表明，在不热处理的条件下具有良好可焊性的最大碳当量为 0.60。因为 J55 的碳当量至少为 0.70，而在现场又可能采取热处理措施，所以不可能对 J55 或强度更高的套管得到可靠的焊接焊缝。

如果强度允许，套管下部 3 ~ 6 根采用 H40 套管是可取的。此时可围绕接头周边用 8mm × 8mm 的角焊缝将接箍与套管焊接起来。因 H40 套管的碳和锰的含量低，完全满足不了进行热处理的要求，其焊接性能认为是比较可靠的。

没有条件对 J55 和强度级别更高的套管进行螺纹鉴定（例如螺纹粘结），则应严格遵守 API RP 5C1 的有关规定，采用平焊将接箍焊上。

这里需要特别注意的是，诸如浮箍之类的套管附件大都是用 N80 钢材制造的，因此绝不能采用一般简单的焊接方法。

（2）使用螺纹粘结剂增加联结强度。在现场采用螺纹粘结剂而失效的套管，显然是由于在涂抹粘结剂之前，没有将螺纹牙清洗干净造成的，使得粘结剂无法胶结在钢材上。为此，必须用汽油或其他溶剂彻底清除掉螺纹上的污物。

（3）提高固井质量增加套管与水泥的胶结强度。当套管上作用一扭矩时，该扭矩被传递到水泥上，并以剪切应力的形式作用在施加扭矩附近的水泥上。如果这一扭矩超过某一临界值，那么水泥与套管的胶结首先在作用点上被剪切破坏。然后从该点逐渐向上和向下扩展，直到扭矩由破坏点的临界抗剪强度与摩擦阻力之和相平衡为止。

如果套管与水泥的胶结已被破坏，套管将被拧松而脱扣，如水泥与地层之间的胶结尚未破坏，那么这一段水泥将继续在垂直方向上固定已经分离了的套管，直到已经破坏了的水泥被冲刷掉为止。套管下落之前，表面上看起来套管柱仿佛没有受到损坏似的。

建议在顶替水泥浆时采用上下两个水泥胶塞，这样可显著提高水泥的胶结强度。这一措施可以防止套管鞋附近的水泥被钻井液所污染。只要浮箍不漏，都应在井口没有回压的情况下候凝。这一作法至少间接地增加了受剪切水泥的扭转阻力。在钻水泥胶塞之前，如没有减少管内压力，因而也就不会因此减少了水泥与套管之间的胶结力。

（4）根据情况正确确定需要采用强化连接的套管根数。为了防止套管失效，下部套管的螺纹联结必须加强，其加强深度应当是从套管鞋向上一直到水泥粘合力足以抗得住最大扭矩冲量时为止。据过去国外现场的经验，使用单水泥塞固井时，应当对管柱下部七个单根上的六个接箍进行强化连接。而采用双顶替水泥胶塞时，下部有四个单根三个接箍采取强化措施就完全满足要求了。

（5）适当延长候凝时间。当套管鞋处水泥胶结强度达到 35MPa 以上时才进行钻水泥塞的作业。

（6）适当限制钻柱旋转速度，减少扭矩冲量。要求套管阻力矩与钻铤最大扭矩冲量之间保持一个较大的安全系数，其推荐值为 2。在钻水泥塞时，采用平头焊的 J55 以上钢级，对不同的钻铤尺寸的最大安全旋转速度应按图 3–6–16 选用。

在大多数情况下，建议不使用钻铤的方法来钻水泥塞，一般情况能保证其安全性。

（7）钻水泥塞时要特别注意均匀加压，任何蹩跳均可带来严重后果。同时必须均匀旋转，以减少扭矩冲量。钻水泥塞时，最好不要使用刮刀钻头或 PDC 钻头。

（8）表 3–6–13 推荐的只是最大安全转速的上限，在选择工作转速时，必须避开共振转速。

表 3–6–13　J55 以上钢级套管平头焊时钻水泥塞最大安全转速（r/min）（安全系数 =2）

钻具尺寸		套管外径，mm （in）						
		177.8（7）	193.67（$7\frac{5}{8}$）	219.07（$8\frac{5}{8}$）	244.47（$9\frac{5}{8}$）	273.05（$10\frac{3}{4}$）	298.44（$11\frac{3}{4}$）	339.71（$13\frac{3}{8}$）
钻杆	$3\frac{1}{2}$in	342	370					
	$4\frac{1}{2}$in			197	217	236	275	314
钻铤外径 mm（in）	101.6（4）	123	133	105	162	181	210	240
	107.95（$4\frac{1}{4}$）	96	104	118	160	142	162	189
	114.30（$4\frac{1}{2}$）	77	83	94	103	113	131	150
	120.65（$4\frac{3}{4}$）	62	67	76	83	91	106	121
	127.00（5）	50	54	62	68	74	86	98
	133.35（$5\frac{1}{4}$）	41	45	51	56	61	71	81
	139.70（$5\frac{1}{2}$）		37	42	46	51	59	67
	146.05（$5\frac{3}{4}$）		31	35	39	42	49	56
	152.40（6）		26	30	33	36	42	48
	158.75（$6\frac{1}{4}$）			25	28	30	35	40
	165.10（$6\frac{1}{2}$）			22	24	26	30	34
	171.45（$6\frac{3}{4}$）				20	22	26	30
	177.80（7）						23	26
	184.15（$7\frac{1}{4}$）							22

例　使用 $3^1/_2$in 钻杆在 7in 技术套管内钻开井深为 2250m 的水泥塞，套管为 J55，下部按 API 规定，接箍采用了平头焊。为保证套管下端不被退扣，应选用什么样的转速？

解：

(1) 防止“扭矩冲量”的退扣作用，根据表 3−6−13 查得最大安全转速为 342r/min；

(2) 为避开钻柱横向共振，由表 3−6−11 查得应避开钻速的范围为 136 ~ 184r/min；

(3) 为避开钻柱扭转共振，由表 3−6−12 查得应避开转速的范围为 30 ~ 40r/min。

因此，可供选择的范围是：

184 ~ 342r/min

40 ~ 136r/min

0 ~ 30r/min

钻柱动能与转速平方成正比，故不宜选用高转速。40r/min 以下的已超过转盘转速下限，因此在使用 $3^1/_2$in 钻杆（下部不用钻铤）钻水泥塞时，推荐在 40 ~ 136r/min 范围内选用。

八、套管连接螺纹

1. 概述

套管螺纹的基本连接类型在 API 标准中有四种。非 API 标准螺纹称为特殊螺纹，由各厂家专门开发。

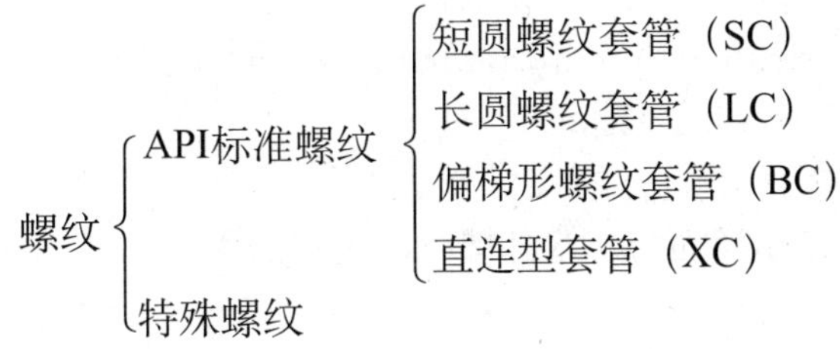

API 螺纹具有以下优点：

(1) 加工容易，现场配接短节方便，成本低。

(2) 设计精度允许一般条件下操作，而不致对螺纹造成严重损坏，现场易修扣。

(3) 在优质密封脂配合下满足 69MPa，149℃的流体密封。

(4) 适应重复上扣。

但遇更严峻条件，API 螺纹不能满足油气井需要，例如：

(1) 遇超高压油井时，尤其是高压气体。

(2) 需要更高的连接强度，因 API 螺纹连接强度一般仅是管体强度的 80%。

(3) 有腐蚀性环境时，因为 API 接箍容易产生过大圆周应力易产生氢脆破坏，或发生应力腐蚀开裂。

由此钢管制造厂推出各种非 API 标准的特殊螺纹。这些特殊螺纹致力于满足以下 5 点要求：

(1) 设计使连接强度与管体强度相等。

(2) 提供优质密封，向金属对金属密封发展。

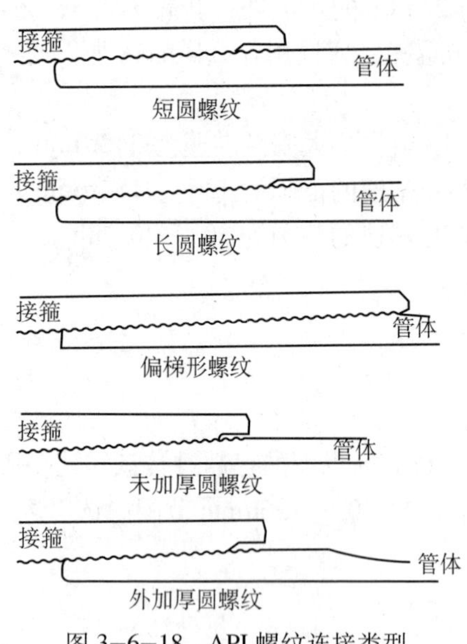

图 3-6-18　API 螺纹连接类型

（3）减小轴向螺纹连接接箍径向膨胀变形量。

（4）很容易对扣和上扣，并使内孔面光滑，避免产生涡流或使涡流减小。

（5）具有扭矩台肩，满足抗扭强度要求，又能控制不发生过大周向应力。

2. API 套管螺纹及基本参数

API 套管螺纹类型包括圆螺纹和偏梯形螺纹（图 3-6-18）。接箍连接都是通过锥形螺纹，在上紧过程中使得在一定的啮合点上，接箍和管子螺纹保持完全紧密的结合。

API 圆螺纹和偏梯形螺纹的齿形剖面如图 3-6-19 所示。

外径等于或大于 406.4mm（16in）的偏梯形螺纹连接的锥度为 $^1/_{12}$（1 in/ft），其他直径的连接螺纹锥度均为 $^1/_{16}$（$^3/_4$ in/ft）。套管圆螺纹的螺距均为 3.175mm（8 牙 /in）。偏梯形螺纹的螺距是 5.08mm（5 牙 /in）。

API Spec 5B、API RP 5C1 均有规定：圆螺纹套管上扣后接箍端面应与管子外螺纹最后一扣或称螺纹消失点相重合（图 3-6-20）；偏梯形螺纹上扣后应使接箍端面与管子表面上的三角标记对齐即可（图 3-6-21）。

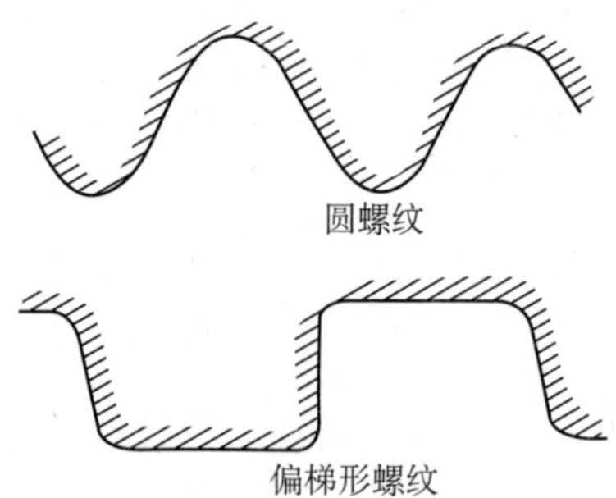

图 3-6-19　API 螺纹剖面

在 API RP 5C1《套管和油管的维护与使用》标准中，对套管现场上扣的接箍端面与套管外螺纹消失点的距离，做了如下规定：

1）使用动力大钳上扣

外径为 114.3 ～ 339.7mm（$4^1/_2$ ～ $13^3/_8$in）的圆螺纹套管接头的上扣位置宜至少超过手紧位置 3 牙（外径大于等于 193.7mm（$7^5/_8$in）的套管至少为 3.5 牙），接箍端面与螺纹消失点齐平或者正负两牙。

外径为 406mm（16in）、473mm（$18^5/_8$in）和 508mm（20in），应上扣到每个接头的螺纹消失点，或以 API RP 5C1 推荐扭矩值的 75% 确定的三角标记底边（最小位置）。

外径为 114.3 ～ 508mm（$4^1/_2$ ～ 20in）的偏梯形螺纹套管，应至少上扣到接头三角形标记底边。

2）使用普通大钳上扣

对于外径为 114.3 ～ 177.8mm（$4^1/_2$ ～ 7in）的套管，接头的上扣位置宜至少超过手紧位置 3 牙；对于 193.7mm（$7^5/_8$in）和更大的套管，至少宜超过 3.5 牙。但钢级为 P110 的 244.5mm（$9^5/_8$in）、273.1mm（$10^3/_4$in）和钢级为 J55、K55 的 508mm（20in）的套管，其接头的上扣位置宜超过手紧位置的 4 牙。

显然，套管上紧后，接箍相应部位要产生径向扩张而引起切向拉应力，管端部位产生压缩而引起切向压应力。管子有内压或外压作用，对管端和接箍上的应力有显著影响。内

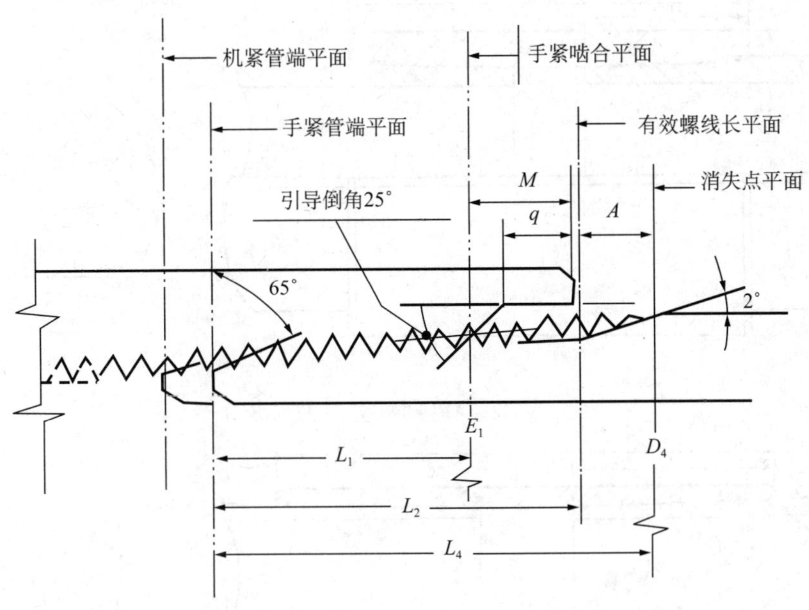

图 3-6-20　套管圆螺纹手紧上扣基本尺寸

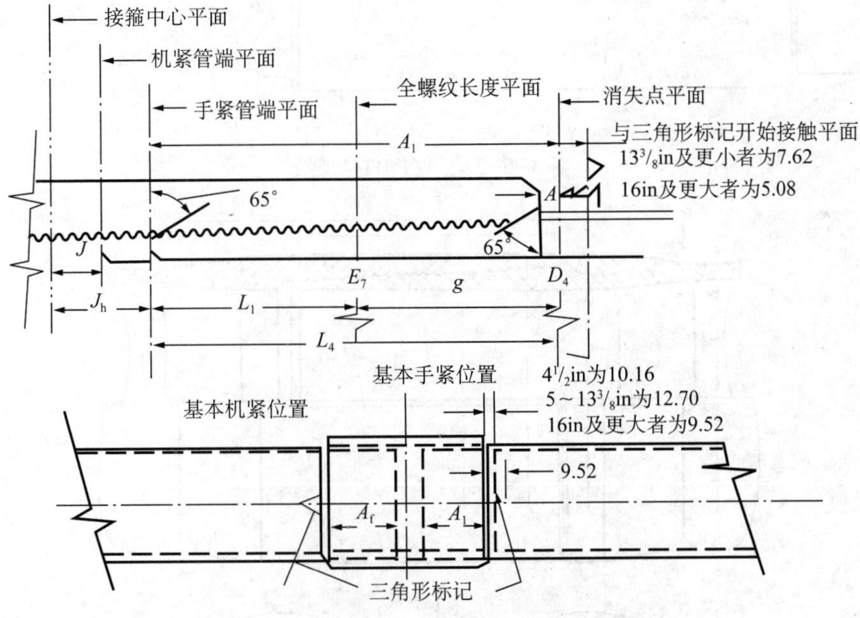

图 3-6-21　套管偏梯形螺纹手紧上扣基本尺寸

压使接箍中的切向拉应力增加，使管端上的切向压应力减小。外压的作用与内压相反。接箍和管端的应力是螺纹锥度和螺距、超过手紧位置牙数的函数。这些参数都有一定公差，按公差组合可能出现各种复杂情况。

3．主要套管连接螺纹

(1) API 螺纹如图 3-6-22 ～图 3-6-24 所示。

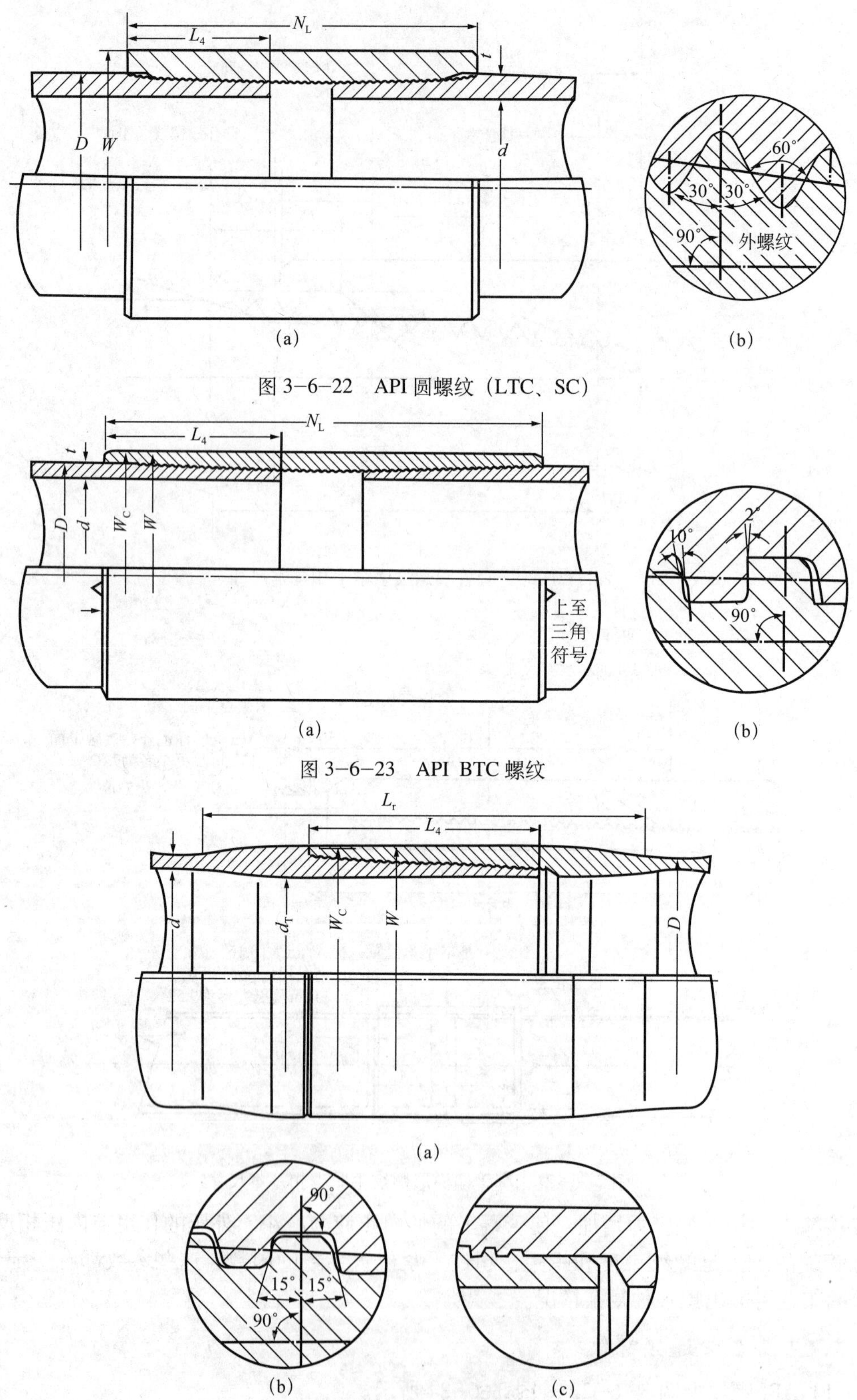

图 3-6-22 API 圆螺纹（LTC、SC）

图 3-6-23 API BTC 螺纹

图 3-6-24 API XC 螺纹

（2）国内常用的非 API 螺纹（即特殊螺纹）型式主要有：

① VAM 特殊螺纹。VAM 螺纹是法国瓦鲁瑞克于 1965 年研究开发成功的复合多重密封结构接头，日本住友金属、英国钢公司、意大利达尔明公司都购买了 VAM 接头的制造专利。据统计，VAM 系列特殊接头产品占世界特殊螺纹接头产量的 20% 以上。欧洲的瓦鲁瑞克—曼内斯曼、日本住友金属、新日铁、NKK、川崎制铁的特殊螺纹接头产品生产都具有相当规模，并都建立了自己的专利群，基本覆盖了现在所有的应用领域。其中 VAM TOP 系列特殊接头用量最大，如图 3-6-25 所示。

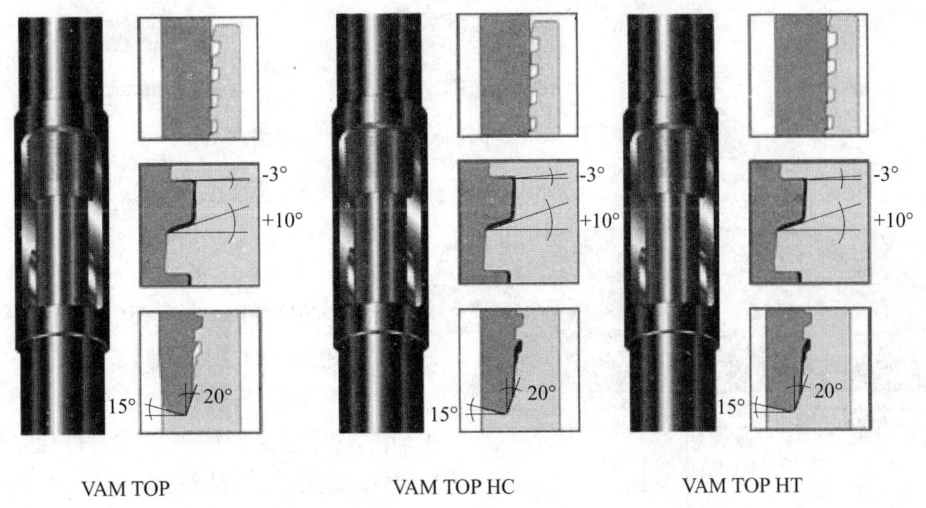

图 3-6-25　VAM TOP 特殊接头螺纹

VAM TOP 系列接头市场占有率较高，特点有：

a. 复合载荷作用下的良好气密封性能；

b. 较高的抗弯曲、压缩和过扭矩性能；

c. 易于上卸扣，抗粘扣性能较好；

d. 接箍临界截面积大于管体，保证了接头的强度。

② Hydril 系列接头螺纹。Hydril 系列接头类型有 Type 521、563 等，其全新的锲形螺纹（WedgeThread）设计思想，为特殊螺纹接头设计提供了一个新的方向，提高了接头的使用性能、可靠性和适用性。但这种类型接头对螺纹加工和表面处理技术要求高。Hydril 系列接头以 Type 563 接头（图 3-6-26）应用较多。

采用楔形螺纹是该类型接头设计的核心，防止了内外螺纹分开，大大提高了接头性能：

a. 连接强度高，抗压缩和拉伸载荷的效率均超过 100%；

b. 复合载荷作用下的接头气密封压力超过管体内屈服强度。

③ 3SB 特殊接头螺纹。这种接头采用每英寸 8 牙设计，导向面角度为 45°，承载面角度为 0°，主要特点为：锥面对球面接触密封，适用于腐蚀环境，较高的连接强度，牙顶、牙底平行于管柱轴线，易于对扣、上扣，内外螺纹的导向面及承载面之间无间隙，减小了轴向 / 弯曲载荷作用下的相对移动，0° 扭矩台肩，如图 3-6-27 所示。

内外螺纹的导向面及承载面之间无间隙是该类型接头的关键，提高了接头性能：

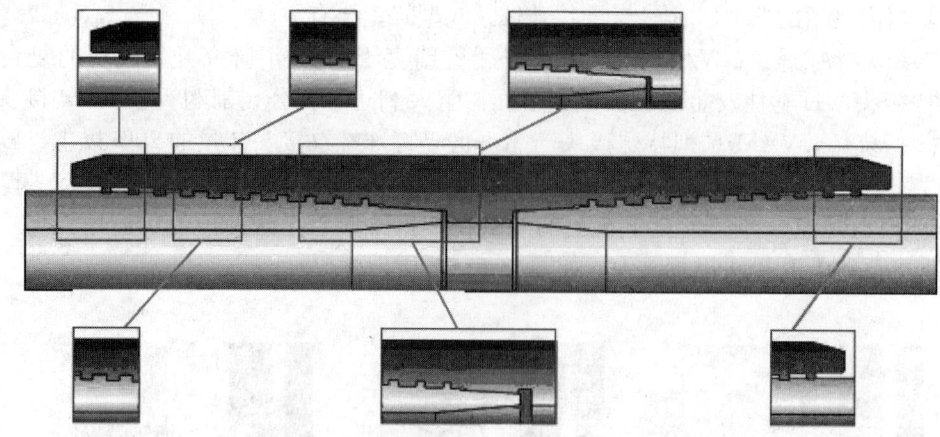

图 3-6-26　Hydril Type 563 接头螺纹结构示意图

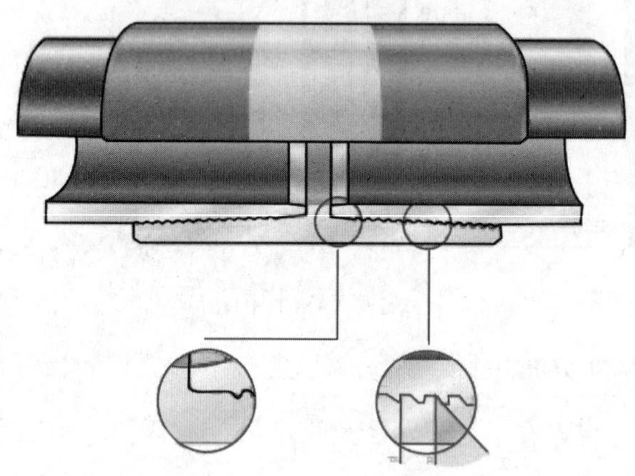

图 3-6-27　3SB 特殊接头螺纹示意图

a. 连接强度高，抗压缩和拉伸载荷的效率均超过 100%；

b. 抗弯曲能力较高，弯曲条件下内、外螺纹间基本上没有相对位移。

④ BGT1 接头螺纹。BGT1 接头是宝钢开发的特殊螺纹接头，连接螺纹采用 API 偏梯形螺纹，同时优化了螺纹中径，严格控制螺纹过盈量，开发出了新的镀层工艺、新的镀层材料，提高了接头螺纹的抗粘扣性能。以金属接触面保证接头的密封性。主要特点为：

a. 螺纹采用优化了加工公差的偏梯形螺纹，如图 3-6-28（a）所示；

b. 采用金属与金属柱面—柱面和球面—球面密封结构形式，两点密封，如图 3-6-28（b）所示。轴向拉伸载荷和温度作用下接头密封能力达到 100% 管体屈服强度。

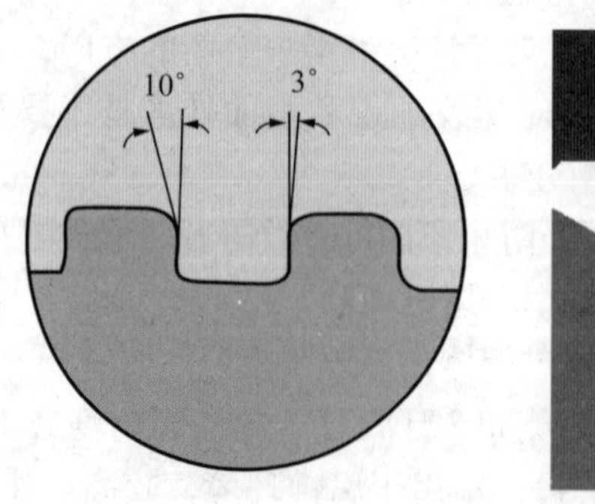

（a）偏梯形连接螺纹

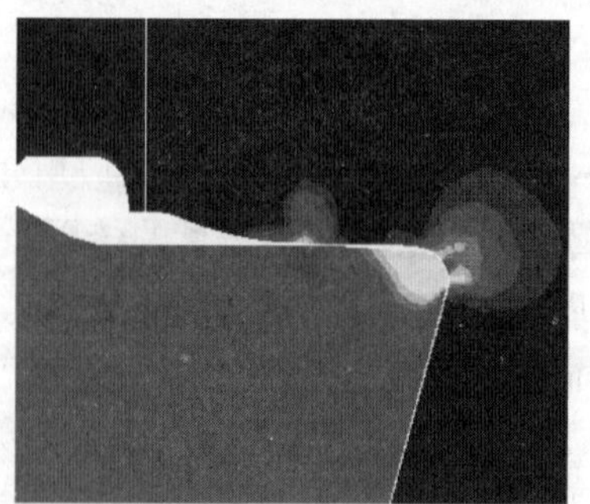

（b）负角度的台扭矩肩

图 3-6-28　BGT1 接头螺纹示意图

⑤ TP−EX 接头螺纹。TP−EX 接头是天津钢管集团股份有限公司开发设计的管柱特殊螺纹接头，连接螺纹采用 API 偏梯形螺纹，以金属接触面保证接头的密封性。主要特点为：a. 连接螺纹采用偏梯形螺纹，如图 3−6−29 所示；b. 采用金属与金属密封结构形式，如图 3−6−29 所示；c. 扭矩台肩采用了 −20° 逆向台肩结构，具有良好的抗粘扣性能；d. 外螺纹端部加工成内平形式，减缓管内流体紊流。

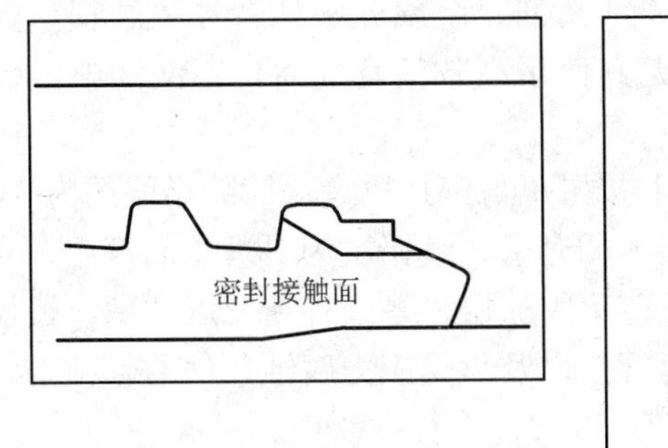

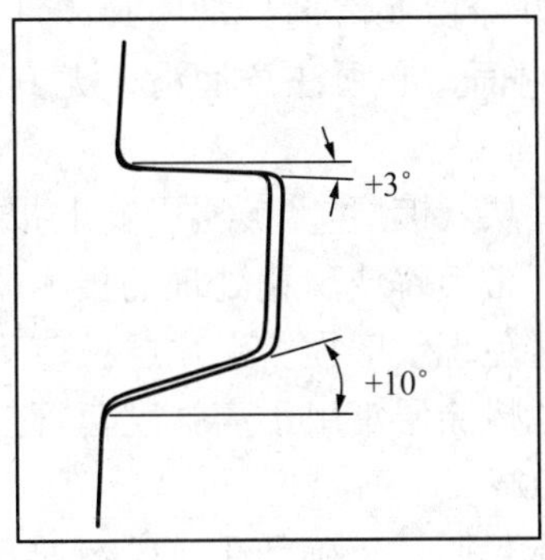

图 3−6−29　TP−EX 接头螺纹示意图

4．螺纹配接

1）密封

有三种基本密封形式：

(1) 锥形螺纹依靠螺纹金属对金属压合，并以密封脂固体粒子充填间隙的密封。例如 API 螺纹，在特殊螺纹中则主要靠金属对金属螺纹面压合密封。

(2) 有一定精度的光洁面的金属对金属的封口式密封。例如内、外台肩面（平面或斜面）接触密封，属于金属对金属切点密封。

(3) 弹性密封，例如锥度螺纹连接及采用聚四氟乙烯的密封环密封。

所有连接密封，必须达到使螺纹间或金属对金属间产生的承载压力大于套管的内压力或套管的外压力。

第一种密封形式：典型的例子是 API 圆螺纹，上扣（预定圈数）后，在外螺纹与内纹之间引起压配合，这种径向接触产生较大接箍周向应力。由经验决定使外螺纹端受力近屈服点，并保持在弹性范围内，临界接合应力点产生在接头面末端及手紧面位置上。这种螺纹连接的上扣扭矩及防止漏失的扭矩被认为是紧扣圈数的函数。由于 API 螺纹制造的间隙允许公差为 0.076mm，使这种间隙存在于啮合面或螺纹顶和根之间，螺纹密封主要靠螺纹密封脂所含的金属微粒产生的桥接，另一方面也靠螺尾部分的金属挤压从而起到密封作用。

第二种密封形式：平滑金属对金属表面形成压力密封。这些螺纹设计均有较大间隙，螺纹没有防漏能力，金属密封面设计是密封的关键，即使在较低的扭矩下，依靠很小的接触面（点）产生较大的接触应力实现密封。

第三种密封形式：是一种补充密封形式并用于防止腐蚀介质进入。

2）套管上扣应考虑的基本问题

(1) 上扣旋转速度的控制。为防止粘扣，在现场接头上扣速度不宜超过 25r/min。上扣时管柱重量压于螺纹上，上扣旋转产生热，与转速、摩擦系数和压于螺纹面上承受压力有关，过高的温度和压力破坏了润滑，而使螺纹磨损破坏。例如，当每分钟 125 转，在 20in 套管上产生 200m/min 的圆周线速度。

（2）螺纹的加工表面。没有润滑剂的螺纹车削刀具不同，将影响上扣。硬质合金刀具使螺纹表面更趋于平滑。现场经验证明，光滑螺纹更易发生粘卡和磨损。这是由于光滑表面不能很好滞留润滑剂，常因缺少润滑剂，金属分子粘合导致磨损。因此，对特殊螺纹的金属密封面，必须注意润滑，尤其使用高效清洗剂后，不涂润滑油，合扣时就发生螺纹粘卡。

（3）螺纹涂层（镀层）。镀层影响上扣扭矩与密封质量。锌镀层厚约为 0.025mm。API 推荐扭矩适用于带镀锌或磷化处理的接箍的套管。镀锡层为最理想的镀层，它可降低上扣扭矩，更好地避免螺纹磨损。磷化层及硫化物涂层，是一种新发展的螺纹镀层，有利于防腐蚀。聚四氟乙烯涂层常用于高强度套管上以及易受应力腐蚀条件的管柱上，其上扣扭矩相当于镀锌的 70%。

（4）螺纹密封脂。正确使用 API 标准的密封脂，以改善螺纹摩擦系数是十分重要的。同时依据井下条件及螺纹类型选择适宜的品种。注意不同密封脂上扣扭矩相差较大，同时不合适的品种会使 API 螺纹的密封性能下降。

（5）螺纹清洁。不清洁的螺纹造成表面破坏并影响上扣扭矩。

（6）技术培训。操作人员应结合上扣工具进行技术培训。

5．套管常用连接螺纹尺寸

见表 3–6–14 ~ 表 3–6–16。

表 3–6–14　套管短圆螺纹尺寸

规格	大端直径	标称重量（带螺纹和接箍）	每英寸螺纹牙数	管端至手紧面长度	有效螺纹长度	管端至消失点总长度	手紧面处中径	机紧后管端至接箍中心	接箍端面至手紧面长度	接箍镗孔直径	接箍镗孔深度	手紧紧密距牙数	从管端起全顶螺纹最小长度
D	D_4	lb/ft		L_1	L_2	L_4	E_1	J	M	Q	q	A	L_C^*
$4^{1}/_{2}$	4.500	9.50	8	0.921	1.715	2.000	4.40337	1.125	0.704	$4^{19}/_{32}$	0.500	3	0.875
		其余重量	8	1.546	2.340	2.625	4.40337	0.500	0.704	$4^{19}/_{32}$	0.500	3	1.500
5	5.000	11.50	8	1.421	2.215	2.500	4.90337	0.750	0.704	$5^{3}/_{32}$	0.500	3	1.375
		其余重量	8	1.671	2.465	2.750	4.90337	0.500	0.704	$5^{3}/_{32}$	0.500	3	1.625
$5^{1}/_{2}$	5.500	全部重量	8	1.796	2.590	2.875	5.40337	0.500	0.704	$5^{19}/_{32}$	0.500	3	1.750
$6^{5}/_{8}$	6.625	全部重量	8	2.046	2.840	3.125	6.52837	0.500	0.704	$6^{23}/_{32}$	0.500	3	2.000
7	7.000	17.00	8	1.296	2.090	2.375	6.90337	1.250	0.704	$7^{3}/_{32}$	0.500	3	1.250
		其余重量	8	2.046	2.840	3.125	6.90337	0.500	0.704	$7^{3}/_{32}$	0.500	3	2.000
$7^{5}/_{8}$	7.625	全部重量	8	2.104	2.965	3.250	7.52418	0.500	0.709	$7^{25}/_{32}$	0.433	$3^{1}/_{2}$	2.125
$8^{5}/_{8}$	8.625	24.00	8	1.854	2.715	3.000	8.52418	0.875	0.709	$8^{25}/_{32}$	0.433	$3^{1}/_{2}$	1.875
		其余重量	8	2.229	3.090	3.375	8.52418	0.500	0.709	$8^{25}/_{32}$	0.433	$3^{1}/_{2}$	2.250

规格	大端直径	标称重量（带螺纹和接箍）	每英寸螺纹牙数	管端至手紧面长度	有效螺纹长度	管端至消失点总长度	手紧面处中径	机紧后管端至接箍中心	接箍端面至手紧面长度	接箍镗孔直径	接箍镗孔深度	手紧紧密距牙数	从管端起全顶螺纹最小长度
D	D_4	lb/ft		L_1	L_2	L_4	E_1	J	M	Q	q	A	L_C*
$9^{5}/_{8}$	9.625	全部重量	8	2.229	3.090	3.375	9.52418	0.500	0.709	$9^{25}/_{32}$	0.433	$3^{1}/_{2}$	2.250①
		全部重量	8	2.162	3.090	3.375	9.51999	0.500	0.713	$9^{25}/_{32}$	0.433	4	2.250②
$10^{3}/_{4}$	10.750	32.75	8	1.604	2.465	2.750	10.64918	1.250	0.709	$10^{29}/_{32}$	0.433	$3^{1}/_{2}$	1.625①
		其余重量	8	2.354	3.215	3.500	10.64918	0.500	0.709	$10^{29}/_{32}$	0.433	$3^{1}/_{2}$	2.375①
		其余重量	8	2.287	3.215	3.500	10.64499	0.500	0.713	$10^{29}/_{32}$	0.433	4	2.375②
$11^{3}/_{4}$	11.750	全部重量	8	2.354	3.215	3.500	11.64918	0.500	0.709	$11^{29}/_{32}$	0.433	$3^{1}/_{2}$	2.375①
		全部重量	8	2.287	3.215	3.500	11.64499	0.500	0.713	$11^{29}/_{32}$	0.433	4	2.375②
$13^{3}/_{8}$	13.375	全部重量	8	2.354	3.215	3.500	13.27418	0.500	0.709	$13^{17}/_{32}$	0.433	$3^{1}/_{2}$	2.375①
		全部重量	8	2.287	3.215	3.500	13.26999	0.500	0.713	$13^{17}/_{32}$	0.433	4	2.375②
16	16.000	全部重量	8	2.854	3.715	4.000	15.89918	0.500	0.709	$16^{7}/_{32}$	0.366	$3^{1}/_{2}$	2.875
$18^{5}/_{8}$	18.625	87.50	8	2.854	3.715	4.000	18.52418	0.500	0.709	$18^{27}/_{32}$	0.366	$3^{1}/_{2}$	2.875
20	20.000	全部重量	8	2.854	3.715	4.000	19.89918	0.500	0.709	$20^{7}/_{32}$	0.366	$3^{1}/_{2}$	2.785③
		全部重量	8	2.787	3.715	4.000	19.89499	0.500	0.713	$20^{7}/_{32}$	0.366	4	2.875④
所有规格管子的螺纹在直径上的锥度均为0.0625in/in。													

注：除注明者外，其余尺寸均以 in 为单位，见图 3-6-20。

手紧紧密距“A”是基本机紧上扣的基本留量，如图 3-6-20 所示。

*L_C=（L_4−1.125）in，对于 8 牙圆螺纹套管。

①适用于低于 P110 钢级的接箍。

②适用于 P110 钢级及更高钢级的接箍。

③适用于低于 J55 和 K55 钢级的接箍。

④适用于 J55 和 K55 钢级及更高钢级的接箍。

表 3-6-15 套管长圆螺纹尺寸

规格	大端直径	每英寸螺纹牙数	管端至手紧面长度	有效螺纹长度	管端至消失点总长度	手紧面处中径	机紧后管端至接箍中心	接箍端面至手紧面长度	接箍镗孔直径	接箍镗孔深度	手紧紧密距牙数	从管端起全顶螺纹最小长度
D	D_4		L_1	L_2	L_4	E_1	J	M	Q	q	A	L_C*
$4^{1}/_{2}$	4.500	8	1.921	2.715	3.000	4.40337	0.500	0.704	$4^{19}/_{32}$	0.500	3	1.875
5	5.000	8	2.296	3.090	3.375	4.90337	0.500	0.704	$5^{3}/_{32}$	0.500	3	2.250
$5^{1}/_{2}$	5.500	8	2.421	3.215	3.500	5.40337	0.500	0.704	$5^{19}/_{32}$	0.500	3	2.375
$6^{5}/_{8}$	6.625	8	2.796	3.590	3.875	6.52837	0.500	0.704	$6^{25}/_{32}$	0.500	3	2.750
7	7.000	8	2.921	3.715	4.000	6.90337	0.500	0.704	$7^{3}/_{32}$	0.500	3	2.875
$7^{5}/_{8}$	7.625	8	2.979	3.840	4.125	7.52418	0.500	0.709	$7^{25}/_{32}$	0.433	$3^{1}/_{2}$	3.000

续表

规格	大端直径	每英寸螺纹牙数	管端至手紧面长度	有效螺纹长度	管端至消失点总长度	手紧面处中径	机紧后管端至接箍中心	接箍端面至手紧面长度	接箍镗孔直径	接箍镗孔深度	手紧紧密距牙数	从管端起全顶螺纹最小长度
D	D_4		L_1	L_2	L_4	E_1	J	M	Q	q	A	L_C^*
$8\frac{5}{8}$	8.625	8	3.354	4.215	4.500	8.52418	0.500	0.709	$8\frac{25}{32}$	0.433	$3\frac{1}{2}$	3.375
$9\frac{5}{8}$	9.625	8	3.604	4.465	4.750	9.52418	0.500	0.709	$9\frac{25}{32}$	0.433	$3\frac{1}{2}$	3.625①
		8	3.537	4.465	4.75`0	9.51999	0.500	0.713	$9\frac{25}{32}$	0.433	4	3.625②
20	20.000	8	4.104	4.965	5.250	19.89918	0.500	0.709	$20\frac{7}{32}$	0.366	$3\frac{1}{2}$	4.125③
		8	4.037	4.965	5.250	19.89499	0.500	0.713	$20\frac{7}{32}$	0.366	4	4.125④
所有规格管子的螺纹在直径上的锥度均为0.0625in/in。												

注：除注明者外，其余尺寸均以in为单位，见图3-6-20。

手紧紧密距“A”是基本机紧上扣的基本留量，如图3-6-20所示。

* L_C=（L_4−1.125）in，对于8牙圆螺纹套管。

①适用于低于P110钢级的接箍。

②适用于P110和高于P110钢级的接箍。

③适用于低于J55和K55钢级的接箍。

④适用于J55和K55钢级及更高钢级的接箍。

表3-6-16　偏梯形套管螺纹尺寸

规格	大端直径	每英寸螺纹牙数	不完整螺纹长度	完整螺纹长度	管端至消失点总长度	中径①	机紧后管端至接箍中心	手紧后管端至接箍中心	接箍端面至E_7平面长度	管端至三角形标记长度	手紧紧密距牙数	接箍镗孔直径	从管端起全顶螺纹最小长度
D	D_4		g	L_7	L_4	E_7	J	J_n		A_1	A	Q	L_C^*
$4\frac{1}{2}$	4.516	5	1.984	1.6535	3.6375	4.454	0.500	0.900	1.884	$3\frac{15}{16}$	$\frac{1}{2}$	4.640	1.2535
5	5.016	5	1.984	1.7785	3.7625	4.954	0.500	1.000	1.784	$4\frac{1}{16}$	1	5.140	1.3785
$5\frac{1}{2}$	5.516	5	1.984	1.8410	3.8250	5.454	0.500	1.000	1.784	$4\frac{1}{8}$	1	5.640	1.4410
$6\frac{5}{8}$	6.641	5	1.984	2.0285	4.0125	6.579	0.500	1.000	1.784	$4\frac{5}{16}$	1	6.765	1.6285
7	7.016	5	1.984	2.2160	4.2000	6.954	0.500	1.000	1.784	$4\frac{1}{2}$	1	7.140	1.8160
$7\frac{5}{8}$	7.641	5	1.984	2.4035	4.3875	7.579	0.500	1.000	1.784	$4\frac{11}{16}$	1	7.765	2.0035
$8\frac{5}{8}$	8.641	5	1.984	2.5285	4.5125	8.579	0.500	1.000	1.784	$4\frac{13}{16}$	1	8.765	2.1285
$9\frac{5}{8}$	9.641	5	1.984	2.5285	4.5125	9.579	0.500	1.000	1.784	$4\frac{13}{16}$	1	9.765	2.1285
$10\frac{3}{4}$	10.766	5	1.984	2.5285	4.5125	10.704	0.500	1.000	1.784	$4\frac{13}{16}$	1	10.890	2.1285
$11\frac{3}{4}$	11.766	5	1.984	2.5285	4.5125	11.704	0.500	1.000	1.784	$4\frac{13}{16}$	1	11.890	2.1285
$13\frac{3}{8}$	13.391	5	1.984	2.5285	4.5125	13.329	0.500	1.000	1.784	$4\frac{13}{16}$	1	13.515	2.1285
16	16.000	5	1.488	3.1245	4.6125	15.938	0.500	0.875	1.313	$4\frac{13}{16}$	$\frac{7}{8}$	16.154	2.7245

续表

规格	大端直径	每英寸螺纹牙数	不完整螺纹长度	完整螺纹长度	管端至消失点总长度	中径①	机紧后管端至接箍中心	手紧后管端至接箍中心	接箍端面至 E_7 平面长度	管端至三角形标记长度	手紧紧密距牙数	接箍镗孔直径	从管端起全顶螺纹最小长度
D	D_4		g	L_7	L_4	E_7	J	J_n	A_1	A	Q	L_C*
18⁵/₈	18.625	5	1.488	3.1245	4.6125	18.563	0.500	0.875	1.313	4¹³/₁₆	⁷/₈	18.779	2.7245
20	20.000	5	1.488	3.1245	4.6125	19.938	0.500	0.875	1.313	4¹³/₁₆	⁷/₈	20.154	2.7245
规格不大于 13³/₈ 者在直径上的锥度均为 0.0625in/in，规格不小于 16 者均为 0.0833in/in。													

注：(1) 除注明者外，其余尺寸均以 in 为单位，见图 3–6–21。

(2) 对于规格不大于 13³/₈ 的管子，在完整螺纹长度 L_7 端面处的管子螺纹和塞规螺纹的基本大端直径比管子标称直径 D 大 0.016in；而对于规格不小于 16 的管子，两者直径相同。

(3) 手紧紧密距"A"是基本机紧上扣的基本留量，如图 3–6–21。位于管子上距离管子端部 A_1 长度处的高为 ³/₈in 的等边三角形标记有助于达到手紧紧密距"A"所规定的机紧状态。

①偏梯形套管螺纹上的中径的定义是大径和小径之间的中间值。

* 对于偏梯形螺纹套管，L_C=（L_7–0.400）in。在 L_C 长度范围内，允许存在两牙黑顶螺纹，但黑顶螺纹的长度不能超过管子圆周长的 25%，在 L_C 长度的其他螺纹均应是全顶螺纹。

九、公差标准及标记

1. 套管有关公差标准

(1) API 通径标准见表 3–6–17，表中 d 指套管名义内径。

表 3–6–17　标准通径规尺寸

套管和衬管，mm	标准通径规最小尺寸，mm	
	长　度	直　径
＜ 244.48	152	d–3.18
⩾ 244.48 ～ ⩽ 339.72	305	d–3.97
＞ 339.72	305	d–4.76

注：直连型套管用通径棒的最小直径应按表 3–6–20 规定。

(2) 外径、壁厚、重量公差见表 3–6–18。

表 3–6–18　外径、壁厚、重量试压标准

项　目		公　差
外径	D ＜ 114.30mm	±0.79mm
	⩾ 114.30mm	+1%D ～ –0.5%D
壁厚 t		–12.5%t
单根重量误差		+6.5% ～ –3.5%
水压试验标准的套管范围	D ＞ 244.48mm 的 H40、J55、K55	最小屈服压力值的 60%
	除上之外的其他钢级和规格	最小屈服压力值的 80%

（3）套管长度级别见表 3–6–19。

表 3–6–19　长度级别　　单位：m

项　目		R_1	R_2	R_3
套管和衬管	总长度范围	4.88 ～ 7.62	7.62 ～ 10.36	10.36 ～ 14.63
	95% 及更大车载量的长度范围①： 最大允许变化量 最小允许长度	 1.83 5.49	 1.52 8.53	 1.83 10.97
短节		长度：0.61、0.91、1.22、1.83、2.44、3.05、3.66② 公差：±0.076		

① 车载量允差限不适用于管子订货量小于 18144kg 的合同项目。对于任一车载量为 18144kg 或更多管子如未经中途转运或卸车而直到最终目的地，车载量允差限适用于每一辆车装量。如订货量为 18144kg 以上的管子，用火车从工厂发货，但不能直接到达最终目的地，则车载量允差限适用于总订货量，但不适用于单个车皮。

② 经购方与制造厂协商，0.61m 长的短节也可以 0.91m 长供货。非表列长度可按购方与制造厂协商的尺寸供货。

（4）API 与替换性通径标准见表 3–6–20。

表 3–6–20　替换性通径规尺寸

外径 D mm	产品单位长度 名义重量 kg/m	替换性通径规最小尺寸 mm	
		长度	直径
177.80	34.23	152	158.75
177.80	47.62	152	152.40
196.85	68.60	152	165.10
219.08	47.62	152	200.02
219.08	59.53	152	193.68
244.48	59.53	305	222.25
244.48	79.62	305	215.90
244.48	86.91	305	212.72
273.05	67.71	305	250.82
273.05	82.59	305	244.48
298.45	62.50	305	279.40
298.45	89.29	305	269.88
298.45	96.73	305	269.88
339.72	107.15	305	311.15

2．标记

1）API 标准套管使用的标志

（1）按照 API Spec 5CT《套管和油管规范》制造的产品应按其标准规定作出标记。

套管应采用模印标记，或同时采用模印和锤压标记，但下列两种情况除外：一是经购方与制造厂协议，锤压印标记可达要求，在此情况下，锤压印和模印标记应同时采用；二是由制造厂选择，可用管子和接箍上的热滚压印或热锤压印标记代替模压印标记，并允许沿管子全长间隔标记。管子钢级标记符号分别为 H、J、K、M、N1、NQ、L、L9、L13、C90–1、

C90–2、C、T95–1、T95–2、P、Q1、Q2、Q3、Q4 等，即分别表示 H40、J55、K55、M65、N80 1 类、N80Q、L80 1 类、L80 9Cr 类、L80 13Cr 类、C90 1 类、C90 2 类、C95、T95 1 类、T95 2 类、P110、Q125 1 类、Q125 2 类、Q125 3 类、Q125 4 类等钢级。

（2）区分热处理状态，正火使用“Z”标记，淬火加回火使用“Q”标记。

（3）无缝标记为 S，电阻焊管标记为 E。

（4）API 螺纹类型标记见表 3–6–21。当管体按 API 加工，螺纹为非 APl 标准时，则应在 API 会标后加入如下符号“CF”。

表 3–6–21　套管 API 螺纹类型标记

螺纹类型	标记符号
短圆螺纹	SC
长圆螺纹	LC
偏梯形螺纹	BC
直连型	XC

（5）套管产品应标记色标，见表 3–6–22。

表 3–6–22　钢级色标

钢级	类型	管子、接箍毛坯和长度 1.8m 及以上短节的色带数量及颜色	接箍颜色	
			整个接箍	色带
H40		由制造厂选择不标记或黑色带	无	与管子同
J55		一条明亮绿色带	明亮的绿色	一条白色带
K55		两条明亮绿色带	明亮的绿色	无
M65		一条明亮绿色带、一条蓝色带	M65 钢级管子使用 L80 钢级 1 类接箍	
N80	1	一条红色带	红色	无
N80	Q	一条红色带、一条明亮绿色带	红色	绿色带
L80	1	一条红色带、一条棕色带	红色	一条棕色带
L80	9Cr	一条红色带、一条棕色带、两条黄色带	红色	两条黄色带
L80	13Cr	一条红色带、一条棕色带、一条黄色带	红色	一条黄色带
C90	1	一条紫色带	紫色	无
C90	2	一条紫色带、一条黄色带	紫色	一条黄色带
T95	1	一条银色带	银色	无
T95	2	一条银色带、一条黄色带	银色	一条黄色带
C95		一条棕色带	棕色	无
P110		一条白色带	白色	无
Q125	1	条橙色带	橙色	无
Q125	2	一条橙色带、一条黄色带	橙色	一条黄色带
Q125	3	一条橙色带、一条绿色带	橙色	一条绿色带
Q125	4	一条橙色带、一条棕色带	橙色	一条棕色带

（6）具体标记要求应按 API Spec 5CT 规定。

（7）套管上的标记识别如图 3-6-30、图 3-6-31 和图 3-6-32 所示。

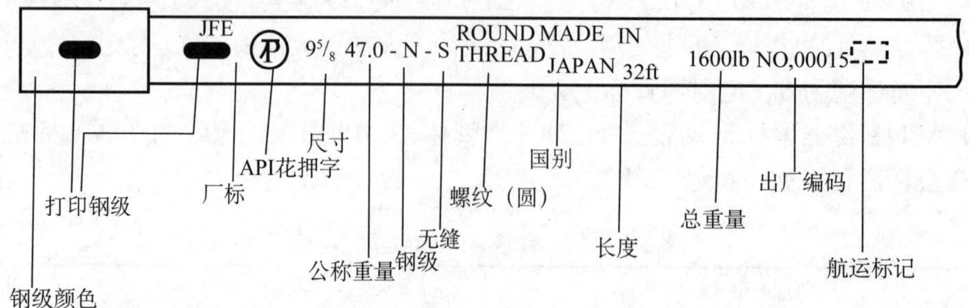

图 3-6-30 JFE 生产的 API 圆螺纹套管标记

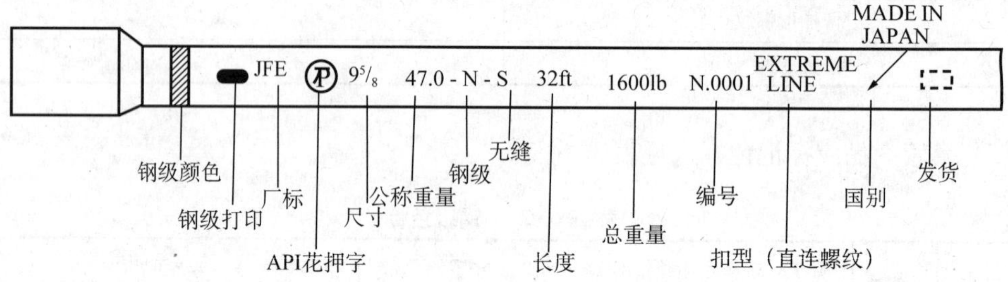

图 3-6-31 API 直连型螺纹套管标记

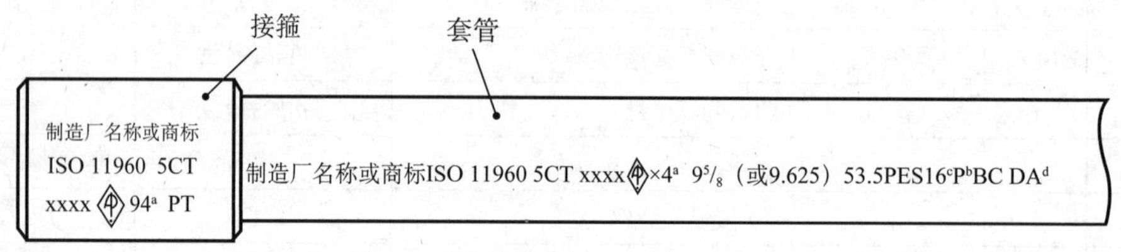

（a）漆模印标记（起始处距接箍不小于0.6m（2ft））

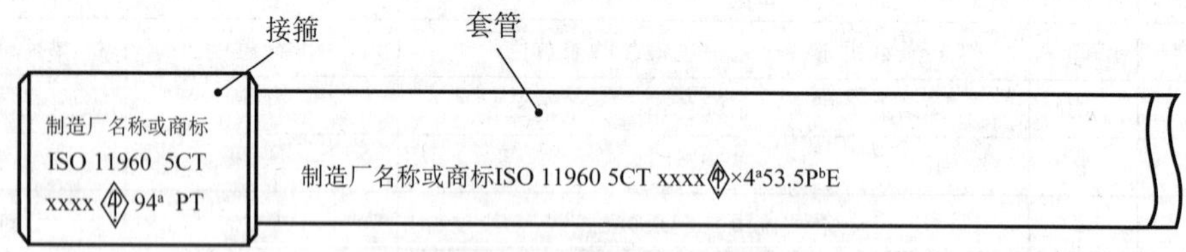

（b）锤压印标记——可选择（距接箍大约0.6m（2ft））

注：接箍中心的标记可沿纵向或横向。

图 3-6-32 带接箍偏梯形螺纹套管（9⁵/₈in、53.5lb/ft、P110 钢级、电焊）标记

a. API 许可证编号、API 会标、生产日期。

b. 按国际单位制制造的管子用 MPa 表示压力；按美国惯用单位制制造的管子用 psi 表示压力。

c. 按国际单位制制造的管子用焦耳（J）表示 CVN 要求，用摄氏度（℃）表示温度；按美国惯用单位制制造的管子用英尺磅（ft · lb）表示 CVN 要求，用华氏度（°F）表示温度。

d. 对于按国际单位制制造的管子，以 mm 为单位表示替换性通径棒直径；对于按美国惯用单位制制造的管子，以 in 为单位表示替换性通径棒直径。

2）旧套管的分类与识别

旧套管（使用过的套管）宜根据表 3–6–23 所列公称壁厚的损失量分类。

管体实际壁厚与管体公称壁厚的百分率代表壁厚损失量。管体壁厚损失对管体沿内表面或外表面（或两者）计算的管体面积有影响。无论管端是带螺纹、外加厚或整体接头，螺纹部分或加厚部分（或这两部分）壁厚减小的管子，不能根据表 3–6–23 分类。在过厚部分的壁厚损失量允许再大些，但要取决于以后的服役条件。若损伤或壁厚减小（或两者）将影响管子端部的螺纹时，则需要根据用户提出的预期服役条件单独考虑。

除了表 3–6–23 所列的管体壁厚损失分类外，表 3–6–24 给出了通常用来表明各种状况的着色识别方法。在距管子内螺纹端约 300mm（1ft）处，环绕管子喷涂宽度约为 50mm（2in）的合适颜色的色带。

表 3–6–23　旧套管的分类及着色规则

类　型	色　类	公称壁厚损失 %	最小剩余壁厚 %
2	黄色	0 ~ 15	85
3	蓝色	16 ~ 30	70
4	绿色	31 ~ 50	50
5	红色	> 50	< 50

表 3–6–24　着色识别

状　况	颜　色
损坏区域或外螺纹端损伤	一条环绕管体的红色带，约 50mm 宽，位于损伤螺纹的旁边
接箍或内螺纹接头损伤	一条环绕损伤接箍或内螺纹端的红色带，约 50mm 宽
管体通径检验不合格	一条 50mm 宽的绿色带，位于通径规受阻的位置，并与管体壁厚分类色相邻

十、套管性能

按照 API Spec 5CT 标准规定的套管共有 11 种钢级，表 3–6–25 和表 3–6–26 分别给出了不同几何尺寸、不同螺纹类型（圆螺纹、偏梯型、直连型）下的抗外压、抗内压性能和管体、接头轴向拉伸性能。

表中每种规格 M65 和 N80 钢级管材的计算结果有 2 个，第一个表征的是未经淬火和回火处理的管子，第二个表征的是经淬火和回火处理的管子。对特定钢级产品，轴向拉伸性能不受热处理工艺影响。

每种规格 P110 钢级管材的计算结果有 2 个，第一个表征的是最大缺欠为 12.5% 壁厚的产品，第二个表征的是最大缺欠为 5% 壁厚的产品。L80* 符号代表了 L80 1 类和 L80 13Cr 两种钢级。

最小内屈服压力是管体内屈服压力和接箍内屈服压力两者中的较小值。

表 3-6-25 外压和内压

规格 in	重量 lbf/ft	钢级	外径 D mm	材料 K_a/ 临界缺欠 a_N %	壁厚 t mm	内径 d mm	带螺纹和接箍			直连型 内螺纹外径－机紧		
							通径 mm	外径				
								标准接箍 W mm	特殊间隙接箍 W_c mm	通径 mm	标准接头 M mm	优化接头 M_c mm
4 1/2	9.50	H40	114.30	2/12.5	5.21	103.89	100.71	127.00	—	—	—	—
4 1/2	9.50	J55	114.30	2/12.5	5.21	103.89	100.71	127.00	—	—	—	—
4 1/2	10.50	J55	114.30	2/12.5	5.69	102.92	99.75	127.00	123.83	—	—	—
4 1/2	11.60	J55	114.30	2/12.5	6.35	101.60	98.43	127.00	123.83	—	—	—
4 1/2	9.50	K55	114.30	2/12.5	5.21	103.89	100.71	127.00	—	—	—	—
4 1/2	10.50	K55	114.30	2/12.5	5.69	102.92	99.75	127.00	123.83	—	—	—
4 1/2	11.60	K55	114.30	2/12.5	6.35	101.60	98.43	127.00	123.83	—	—	—
4 1/2	9.50	M65	114.30	2/12.5	5.21	103.89	100.71	127.00	123.83	—	—	—
4 1/2	10.50	M65	114.30	2/12.5	5.69	102.92	99.75	127.00	123.83	—	—	—
4 1/2	11.60	M65	114.30	2/12.5	6.35	101.60	98.43	127.00	123.83	—	—	—
4 1/2	13.50	M65	114.30	2/12.5	7.37	99.57	96.39	127.00	123.83	—	—	—
4 1/2	9.50	M65	114.30	1/12.5	5.21	103.89	100.71	127.00	123.83	—	—	—
4 1/2	10.50	M65	114.30	1/12.5	5.69	102.92	99.75	127.00	123.83	—	—	—
4 1/2	11.60	M65	114.30	1/12.5	6.35	101.60	98.43	127.00	123.83	—	—	—
4 1/2	13.50	M65	114.30	1/12.5	7.37	99.57	96.39	127.00	123.83	—	—	—
4 1/2	11.60	L80 9Cr	114.30	2/12.5	6.35	101.60	98.43	127.00	123.83	—	—	—
4 1/2	13.50	L80 9Cr	114.30	2/12.5	7.37	99.57	96.39	127.00	123.83	—	—	—
4 1/2	11.60	L80*	114.30	1/12.5	6.35	101.60	98.43	127.00	123.83	—	—	—
4 1/2	13.50	L80*	114.30	1/12.5	7.37	99.57	96.39	127.00	123.83	—	—	—
4 1/2	11.60	N80	114.30	2/12.5	6.35	101.60	98.43	127.00	123.83	—	—	—
4 1/2	13.50	N80	114.30	2/12.5	7.37	99.57	96.39	127.00	123.83	—	—	—
4 1/2	11.60	N80	114.30	1/12.5	6.35	101.60	98.43	127.00	123.83	—	—	—
4 1/2	13.50	N80	114.30	1/12.5	7.37	99.57	96.39	127.00	123.83	—	—	—
4 1/2	11.60	C90	114.30	1/5	6.35	101.60	98.43	127.00	123.83	—	—	—
4 1/2	13.50	C90	114.30	1/5	7.37	99.57	96.39	127.00	123.83	—	—	—
4 1/2	11.60	C95	114.30	1/12.5	6.35	101.60	98.43	127.00	123.83	—	—	—
4 1/2	13.50	C95	114.30	1/12.5	7.37	99.57	96.39	127.00	123.83	—	—	—
4 1/2	11.60	T95	114.30	1/5	6.35	101.60	98.43	127.00	123.83	—	—	—
4 1/2	13.50	T95	114.30	1/5	7.37	99.57	96.39	127.00	123.83	—	—	—
4 1/2	11.60	P110	114.30	1/12.5	6.35	101.60	98.43	127.00	123.83	—	—	—
4 1/2	13.50	P110	114.30	1/12.5	7.37	99.57	96.39	127.00	123.83	—	—	—
4 1/2	15.10	P110	114.30	1/12.5	8.56	97.18	94.01	127.00	123.83	—	—	—
4 1/2	11.60	P110	114.30	1/5	6.35	101.60	98.43	127.00	123.83	—	—	—
4 1/2	13.50	P110	114.30	1/5	7.37	99.57	96.39	127.00	123.83	—	—	—
4 1/2	15.10	P110	114.30	1/5	8.56	97.18	94.01	127.00	123.83	—	—	—
4 1/2	15.10	Q125	114.30	1/5	8.56	97.18	94.01	127.00	—	—	—	—

作用下的套管使用性能

抗挤强度 MPa	内压，MPa										
	管体 内屈服				接头						
	API 历史公式	拉梅－Von Mises		延性断裂	圆螺纹		偏梯形螺纹				直连型
							标准		特殊间隙		
		开口端部	封堵管端	封堵管端	短圆螺纹	长圆螺纹	同等钢级	更高钢级	同等钢级	更高钢级	
19	21.9	21.8	24.3	23.9	21.9	—	—	—	—	—	—
22.8	30.2	30.1	33.4	30.2	30.2	—	—	—	—	—	—
27.6	33	32.9	36.4	33.1	33	—	33	33	33	33	—
34.2	36.9	36.7	40.4	37.1	36.9	36.9	36.9	36.9	36.9	36.9	—
22.8	30.2	30.1	33.4	38.3	30.2	—	—	—	—	—	—
27.6	33	32.9	36.4	42	33	—	33	33	33	33	—
34.2	36.9	36.7	40.4	47	36.9	36.9	36.9	36.9	36.9	36.9	—
24.8	35.7	35.6	39.5	34.5	35.7	—	—	—	—	—	—
30.5	39	38.9	43	37.7	39	—	39	—	39	—	—
38.3	43.5	43.3	47.7	42.2	—	43.5	43.5	—	43.5	—	—
50.4	50.5	50.1	54.9	49.3	—	50.5	50.5	—	50.5	—	—
24.8	35.7	35.6	39.5	41.5	35.7	—	—	—	—	—	—
30.5	39	38.9	43	45.5	39	—	39	—	39	—	—
38.3	43.5	43.3	47.7	51.1	—	43.5	43.5	—	43.5	—	—
50.4	50.5	50.1	54.9	59.7	—	50.5	50.5	—	50.5	—	—
43.8	53.6	53.3	58.7	47.5	—	53.6	53.6	—	53.6	—	—
58.8	62.1	61.7	67.6	55.5	—	62.1	62.1	—	55.1	—	—
43.8	53.6	53.3	58.7	57.5	—	53.6	53.6	—	53.6	—	—
58.8	62.1	61.7	67.6	67.2	—	62.1	62.1	—	55.1	—	—
43.8	53.6	53.3	58.7	50.1	—	53.6	53.6	—	53.6	—	—
58.8	62.1	61.7	67.6	58.4	—	62.1	62.1	—	55.1	—	—
43.8	53.6	53.3	58.7	60.6	—	53.6	53.6	53.6	53.6	53.6	—
58.8	62.1	61.7	67.6	70.7	—	62.1	62.1	62.1	55.1	62.1	—
47	60.3	59.9	66.1	67.2	—	60.3	60.3	—	60.3	—	—
64.1	69.9	69.4	76	78.5	—	69.9	69.9	—	61.9	—	—
48.4	63.7	63.3	69.7	64	—	63.7	63.7	—	63.7	—	—
66.6	73.8	73.2	80.3	74.8	—	73.8	73.8	—	65.4	—	—
48.4	63.7	63.3	69.7	70.8	—	63.7	63.7	—	63.7	—	—
66.6	73.8	73.2	80.3	82.7	—	73.8	73.8	—	65.4	—	—
52.2	73.7	73.2	80.8	76.8	—	73.7	73.7	73.7	73.7	73.7	—
73.7	85.5	84.8	92.9	89.7	—	85.5	85.5	85.5	75.7	85.5	—
98.8	99.4	98.3	106.9	105.1	—	99.4	92.7	99.4	75.7	86.1	—
52.2	73.7	73.2	80.8	84.9	—	73.7	73.7	73.7	73.7	73.7	—
73.7	85.5	84.8	92.9	99.2	—	85.5	85.5	85.5	75.7	85.5	—
98.8	99.4	98.3	106.9	116.3	—	99.4	92.7	99.4	75.7	86.1	—
109.1	112.9	111.6	121.5	126.6	—	112.9	105.4	—	—	—	—

规格 in	重量 lbf/ft	钢级	外径 D mm	材料 K_a/ 临界缺欠 a_N %	壁厚 t mm	内径 d mm	带螺纹和接箍			直连型 内螺纹外径－机紧		
							通径 mm	外径				
								标准接箍 W mm	特殊间隙接箍 W_c mm	通径 mm	标准接头 M mm	优化接头 M_c mm
5	11.5	J55	5	2 / 12.5	5.59	115.82	112.65	141.3	—	—	—	—
5	13	J55	5	2 / 12.5	6.43	114.15	110.97	141.3	136.53	—	—	—
5	15	J55	5	2 / 12.5	7.52	111.96	108.79	141.3	136.53	105.44	136.14	—
5	11.5	K55	5	2 / 12.5	5.59	115.82	112.65	141.3	—	—	—	—
5	13	K55	5	2 / 12.5	6.43	114.15	110.97	141.3	136.53	—	—	—
5	15	K55	5	2 / 12.5	7.52	111.96	108.79	141.3	136.53	105.44	136.14	—
5	11.5	M65	5	2 / 12.5	5.59	115.82	112.65	141.3	—	—	—	—
5	13	M65	5	2 / 12.5	6.43	114.15	110.97	141.3	136.53	—	—	—
5	15	M65	5	2 / 12.5	7.52	111.96	108.79	141.3	136.53	—	—	—
5	18	M65	5	2 / 12.5	9.19	108.61	105.44	141.3	136.53	—	—	—
5	21.4	M65	5	2 / 12.5	11.1	104.8	101.63	141.3	136.53	—	—	—
5	11.5	M65	5	1 / 12.5	5.59	115.82	112.65	141.3	—	—	—	—
5	13	M65	5	1 / 12.5	6.43	114.15	110.97	141.3	136.53	—	—	—
5	15	M65	5	1 / 12.5	7.52	111.96	108.79	141.3	136.53	—	—	—
5	18	M65	5	1 / 12.5	9.19	108.61	105.44	141.3	136.53	—	—	—
5	21.4	M65	5	1 / 12.5	11.1	104.8	101.63	141.3	136.53	—	—	—
5	15	L80 9Cr	5	2 / 12.5	7.52	111.96	108.79	141.3	136.53	105.44	136.14	—
5	18	L80 9Cr	5	2 / 12.5	9.19	108.61	105.44	141.3	136.53	105.44	136.14	—
5	21.4	L80 9Cr	5	2 / 12.5	11.1	104.8	101.63	141.3	136.53	—	—	—
5	23.2	L80 9Cr	5	2 / 12.5	12.14	102.72	99.54	141.3	136.53	—	—	—
5	24.1	L80 9Cr	5	2 / 12.5	12.7	101.6	98.43	141.3	136.53	—	—	—
5	15	L80*	5	1 / 12.5	7.52	111.96	108.79	141.3	136.53	105.44	136.14	—
5	18	L80*	5	1 / 12.5	9.19	108.61	105.44	141.3	136.53	105.44	136.14	—
5	21.4	L80*	5	1 / 12.5	11.1	104.8	101.63	141.3	136.53	—	—	—
5	23.2	L80*	5	1 / 12.5	12.14	102.72	99.54	141.3	136.53	—	—	—
5	24.1	L80*	5	1 / 12.5	12.7	101.6	98.43	141.3	136.53	—	—	—
5	15	N80	5	2 / 12.5	7.52	111.96	108.79	141.3	136.53	105.44	136.14	—
5	18	N80	5	2 / 12.5	9.19	108.61	105.44	141.3	136.53	105.44	136.14	—
5	21.4	N80	5	2 / 12.5	11.1	104.8	101.63	141.3	136.53	—	—	—
5	23.2	N80	5	2 / 12.5	12.14	102.72	99.54	141.3	136.53	—	—	—
5	24.1	N80	5	2 / 12.5	12.7	101.6	98.43	141.3	136.53	—	—	—
5	15	N80	5	1 / 12.5	7.52	111.96	108.79	141.3	136.53	105.44	136.14	—
5	18	N80	5	1 / 12.5	9.19	108.61	105.44	141.3	136.53	105.44	136.14	—
5	21.4	N80	5	1 / 12.5	11.1	104.8	101.63	141.3	136.53	—	—	—
5	23.2	N80	5	1 / 12.5	12.14	102.72	99.54	141.3	136.53	—	—	—
5	24.1	N80	5	1 / 12.5	12.7	101.6	98.43	141.3	136.53	—	—	—
5	15	C90	5	1 / 5	7.52	111.96	108.79	141.3	136.53	105.44	136.14	—
5	18	C90	5	1 / 5	9.19	108.61	105.44	141.3	136.53	105.44	136.14	—
5	21.4	C90	5	1 / 5	11.1	104.8	101.63	141.3	136.53	—	—	—
5	23.2	C90	5	1 / 5	12.14	102.72	99.54	141.3	136.53	—	—	—
5	24.1	C90	5	1 / 5	12.7	101.6	98.43	141.3	136.53	—	—	—

续表

抗挤强度MPa	内压，MPa										
	管体内屈服				接头						
	API历史公式	拉梅－Von Mises		延性断裂封堵管端	圆螺纹		偏梯形螺纹				直连型
							标准		特殊间隙		
		开口端部	封堵管端		短圆螺纹	长圆螺纹	同等钢级	更高钢级	同等钢级	更高钢级	
21.1	29.2	29.1	32.3	29.1	29.2	—	—	—	—	—	—
28.5	33.6	33.4	36.9	33.7	33.6	33.6	33.6	33.6	33.6	33.6	—
38.3	39.3	39	42.9	39.6	39.3	39.3	39.3	39.3	35.3	39.3	39.3
21.1	29.2	29.1	32.3	36.9	29.2	—	—	—	—	—	—
28.5	33.6	33.4	36.9	42.6	33.6	33.6	33.6	33.6	33.6	33.6	—
38.3	39.3	39.0	42.9	50.2	39.3	39.3	39.3	39.3	35.3	39.3	39.3
22.7	34.5	34.4	38.2	33.2	34.5	—	—	—	—	—	—
31.6	39.7	39.5	43.7	38.4	39.7	39.7	39.7	—	39.7	—	—
43.3	46.4	46.1	50.7	45.1	—	46.4	46.4	—	46.4	—	—
60.1	56.8	56.2	61.3	55.7	—	56.8	56.8	—	51.4	—	—
71.4	68.5	67.5	72.9	67.9	—	68.5	68.3	—	51.4	—	—
22.7	34.5	34.4	38.2	40.1	34.5	—	—	—	—	—	—
31.6	39.7	39.5	43.7	46.3	39.7	39.7	39.7	—	39.7	—	—
43.3	46.4	46.1	50.7	54.6	—	46.4	46.4	—	46.4	—	—
60.1	56.8	56.2	61.3	67.5	—	56.8	56.8	—	51.4	—	—
71.4	68.5	67.5	72.9	82.4	—	68.5	68.3	—	51.4	—	—
50.0	57.1	56.7	62.4	50.8	—	57.1	57.1	—	51.4	—	57.1
72.3	69.9	69.1	75.4	62.7	—	69.9	68.3	—	51.4	—	69.9
87.9	84.3	83.1	89.7	76.4	—	74.5	68.3	—	51.4	—	—
95.3	92.2	90.6	97.4	84.1	—	74.5	68.3	—	51.4	—	—
99.2	96.5	94.6	101.4	88.2	—	74.5	68.3	—	51.4	—	—
50.0	57.1	56.7	62.4	61.5	—	57.1	57.1	—	51.4	—	57.1
72.3	69.9	69.1	75.4	75.9	—	69.9	68.3	—	51.4	—	69.9
87.9	84.3	83.1	89.7	92.8	—	74.5	68.3	—	51.4	—	—
95.3	92.2	90.6	97.4	102.2	—	74.5	68.3	—	51.4	—	—
99.2	96.5	94.6	101.4	107.2	—	74.5	68.3	—	51.4	—	—
50.0	57.1	56.7	62.4	53.5	—	57.1	57.1	—	51.4	—	57.1
72.3	69.9	69.1	75.4	66.0	—	69.9	68.3	—	51.4	—	69.9
87.9	84.3	83.1	89.7	80.5	—	74.5	68.3	—	51.4	—	—
95.3	92.2	90.6	97.4	88.5	—	74.5	68.3	—	51.4	—	—
99.2	96.5	94.6	101.4	92.8	—	74.5	68.3	—	51.4	—	—
50.0	57.1	56.7	62.4	64.7	—	57.1	57.1	57.1	51.4	57.1	57.1
72.3	69.9	69.1	75.4	79.9	—	69.9	68.3	69.9	51.4	69.9	69.9
87.9	84.3	83.1	89.7	97.6	—	74.5	68.3	84.3	51.4	70.6	—
95.3	92.2	90.6	97.4	107.6	—	74.5	68.3	92.2	51.4	70.6	—
99.2	96.5	94.6	101.4	112.9	—	74.5	68.3	93.8	51.4	70.6	—
53.9	64.2	63.8	70.2	71.9	—	64.2	64.2	—	57.8	—	64.2
79.4	78.5	77.8	84.8	88.9	—	78.5	76.8	—	57.8	—	78.5
98.9	94.9	93.4	100.9	108.7	—	83.9	76.8	—	57.8	—	—
7.2	103.8	101.9	109.6	119.8	—	83.9	76.8	—	57.8	—	—
11.6	108.5	106.5	114.1	125.8	—	83.9	76.8	—	57.8	—	—

规格 in	重量 lbf/ft	钢级	外径 D mm	材料 K_a/ 临界缺欠 a_N %	壁厚 t mm	内径 d mm	带螺纹和接箍			直连型 内螺纹外径－机紧		
							通径 mm	外径		通径 mm	标准接头 M mm	优化接头 M_c mm
								标准接箍 W mm	特殊间隙接箍 W_c mm			
5	15	C95	5	1 / 12.5	7.52	111.96	108.79	141.3	136.53	105.44	136.14	—
5	18	C95	5	1 / 12.5	9.19	108.61	105.44	141.3	136.53	105.44	136.14	—
5	21.4	C95	5	1 / 12.5	11.1	104.8	101.63	141.3	136.53	—	—	—
5	23.2	C95	5	1 / 12.5	12.14	102.72	99.54	141.3	136.53	—	—	—
5	24.1	C95	5	1 / 12.5	12.7	101.6	98.43	141.3	136.53	—	—	—
5	15.000	T95	5.00	1 / 5	7.52	111.96	108.79	141.30	136.53	105.44	136.14	—
5	18.000	T95	5.00	1 / 5	9.19	108.61	105.44	141.30	136.53	105.44	136.14	—
5	21.400	T95	5.00	1 / 5	11.10	104.80	101.63	141.30	136.53	—	—	—
5	23.200	T95	5.00	1 / 5	12.14	102.72	99.54	141.30	136.53	—	—	—
5	24.100	T95	5.00	1 / 5	12.70	101.60	98.43	141.30	136.53	—	—	—
5	15.000	P110	5.00	1 / 12.5	7.52	111.96	108.79	141.30	136.53	105.44	136.14	—
5	18.000	P110	5.00	1 / 12.5	9.19	108.61	105.44	141.30	136.53	105.44	136.14	—
5	21.400	P110	5.00	1 / 12.5	11.10	104.80	101.63	141.30	136.53	—	—	—
5	23.200	P110	5.00	1 / 12.5	12.14	102.72	99.54	141.30	136.53	—	—	—
5	24.100	P110	5.00	1 / 12.5	12.70	101.60	98.43	141.30	136.53	—	—	—
5	15.000	P110	5.00	1 / 12.5	7.52	111.96	108.79	141.30	136.53	105.44	136.14	—
5	18.000	P110	5.00	1 / 12.5	9.19	108.61	105.44	141.30	136.53	105.44	136.14	—
5	21.400	P110	5.00	1 / 12.5	11.10	104.80	101.63	141.30	136.53	—	—	—
5	23.200	P110	5.00	1 / 12.5	12.14	102.72	99.54	141.30	136.53	—	—	—
5	24.100	P110	5.00	1 / 12.5	12.70	101.60	98.43	141.30	136.53	—	—	—
5	18.000	Q125	5.00	1 / 5	9.19	108.61	105.44	141.30	—	105.44	136.14	—
5	21.400	Q125	5.00	1 / 5	11.10	104.80	101.63	141.30	—	—	—	—
5	23.200	Q125	5.00	1 / 5	12.14	102.72	99.54	141.30	—	—	—	—
5	24.100	Q125	5.00	1 / 5	12.70	101.60	98.43	141.30	—	—	—	—
5 1/2	14	H40	5.5	2 / 12.5	6.2	127.3	124.13	153.67	—	—	—	—
5 1/2	14.000	J55	5.50	2 / 12.5	6.20	127.30	124.13	153.67	—	—	—	—
5 1/2	15.500	J55	5.50	2 / 12.5	6.99	125.73	122.56	153.67	149.23	118.19	148.84	146.81
5 1/2	17.000	J55	5.50	2 / 12.5	7.72	124.26	121.08	153.67	149.23	118.19	148.84	146.81
5 1/2	14.000	K55	5.50	2 / 12.5	6.20	127.30	124.13	153.67	—	—	—	—
5 1/2	15.500	K55	5.50	2 / 12.5	6.99	125.73	122.56	153.67	149.23	118.19	148.84	146.81
5 1/2	17.000	K55	5.50	2 / 12.5	7.72	124.26	121.08	153.67	149.23	118.19	148.84	146.81
5 1/2	14.000	M65	5.50	2 / 12.5	6.20	127.30	124.13	153.67	—	—	—	—
5 1/2	15.500	M65	5.50	2 / 12.5	6.99	125.73	122.56	153.67	149.23	—	—	—
5 1/2	17.000	M65	5.50	2 / 12.5	7.72	124.26	121.08	153.67	149.23	—	—	—
5 1/2	20.000	M65	5.50	2 / 12.5	9.17	121.36	118.19	153.67	149.23	—	—	—
5 1/2	23.000	M65	5.50	2 / 12.5	10.54	118.62	115.44	153.67	149.23	—	—	—
5 1/2	14.000	M65	5.50	1 / 12.5	6.20	127.30	124.13	153.67	—	—	—	—
5 1/2	15.500	M65	5.50	1 / 12.5	6.99	125.73	122.56	153.67	149.23	—	—	—
5 1/2	17.000	M65	5.50	1 / 12.5	7.72	124.26	121.08	153.67	149.23	—	—	—
5 1/2	20.000	M65	5.50	1 / 12.5	9.17	121.36	118.19	153.67	149.23	—	—	—

续表

抗挤强度 MPa	内压，MPa										
	管体 内屈服				接头						
	API 历史公式	拉梅－Von Mises		延性断裂	圆螺纹		偏梯形螺纹				直连型
							标准		特殊间隙		
		开口端部	封堵管端	封堵管端	短圆螺纹	长圆螺纹	同等钢级	更高钢级	同等钢级	更高钢级	
55.9	67.8	67.4	74.1	68.4	—	67.8	67.8	—	61	—	67.8
82.9	83	82.1	89.5	84.5	—	83	81.1	—	61	—	83
4.4	100.1	98.7	106.5	103.3	—	88.5	81.1	—	61	—	—
13.2	109.5	107.6	115.6	113.8	—	88.5	81.1	—	61	—	—
17.8	114.6	112.3	120.4	119.4	—	88.5	81.1	—	61	—	—
55.9	67.8	67.4	74.1	75.7	—	67.8	67.8	—	61.0	—	67.8
82.9	83.0	82.1	89.5	93.6	—	83.0	81.1	—	61.0	—	83.0
04.4	100.1	98.7	106.5	114.4	—	88.5	81.1	—	61.0	—	—
13.2	109.5	107.6	115.6	126.1	—	88.5	81.1	—	61.0	—	—
17.8	114.6	112.3	120.4	132.4	—	88.5	81.1	—	61.0	—	—
61.0	78.5	78.0	85.8	82.1	—	78.5	78.5	78.5	70.6	78.5	78.5
92.8	96.0	95.1	103.6	101.4	—	96.0	93.8	96.0	70.6	80.3	96.0
20.9	115.9	114.2	123.3	124.0	—	102.5	93.8	106.7	70.6	80.3	—
31.0	126.8	124.6	133.9	136.4	—	102.5	93.8	106.7	70.6	80.3	—
36.4	132.6	130.1	139.5	143.2	—	102.5	93.8	106.7	70.6	80.3	—
61.0	78.5	78.0	85.8	90.7	—	78.5	78.5	78.5	70.6	78.5	78.5
92.8	96.0	95.1	103.6	112.2	—	96.0	93.8	96.0	70.6	80.3	96.0
20.9	115.9	114.2	123.3	137.2	—	102.5	93.8	106.7	70.6	80.3	—
31.0	126.8	124.6	133.9	151.2	—	102.5	93.8	106.7	70.6	80.3	—
36.4	132.6	130.1	139.5	158.8	—	102.5	93.8	106.7	70.6	80.3	—
102.1	109.1	108.0	117.8	122.1	—	109.1	106.7	—	—	—	109.1
137.4	131.7	129.8	140.1	149.4	—	116.4	106.7	—	—	—	—
149.0	144.1	141.5	152.1	164.6	—	116.4	106.7	—	—	—	—
155.0	150.8	147.8	158.5	172.9	—	116.4	106.7	—	—	—	—
18.1	21.4	21.3	23.7	23.4	21.4	—	—	—	—	—	—
21.5	29.4	29.3	32.6	29.4	29.4	—	—	—	—	—	—
27.8	33.1	33.0	36.5	33.3	33.1	33.1	33.1	33.1	32.6	33.1	33.1
33.8	36.7	36.4	40.2	36.9	36.7	36.7	36.7	36.7	32.6	36.7	36.7
21.5	29.4	29.3	32.6	37.3	29.4	—	—	—	—	—	—
27.8	33.1	33.0	36.5	42.2	33.1	33.1	33.1	33.1	32.6	33.1	33.1
33.8	36.7	36.4	40.2	46.7	36.7	36.7	36.7	36.7	32.6	36.7	36.7
23.2	34.8	34.7	38.5	33.5	34.8	—	—	—	—	—	—
30.8	39.2	39.0	43.2	37.9	39.2	39.2	39.2	—	39.2	—	—
37.9	43.3	43.1	47.5	42.0	—	43.3	43.3	—	43.3	—	—
52.0	51.5	51.0	55.9	50.2	—	51.5	51.5	—	47.4	—	—
62.5	59.1	58.5	63.7	58.2	—	59.1	59.1	—	47.4	—	—
23.2	34.8	34.7	38.5	40.4	34.8	—	—	—	—	—	—
30.8	39.2	39.0	43.2	45.7	39.2	39.2	39.2	—	39.2	—	—
37.9	43.3	43.1	47.5	50.8	—	43.3	43.3	—	43.3	—	—
52.0	51.5	51.0	55.9	60.8	—	51.5	51.5	—	47.4	—	—

规格 in	重量 lbf/ft	钢级	外径 D mm	材料 K_a/ 临界缺欠 a_N %	壁厚 t mm	内径 d mm	带螺纹和接箍			直连型 内螺纹外径－机紧		
							通径 mm	外径		通径 mm	标准接头 M mm	优化接头 M_c mm
								标准接箍 W mm	特殊间隙接箍 W_c mm			
5 1/2	23.000	M65	5.50	1 / 12.5	10.54	118.62	115.44	153.67	149.23	—	—	—
5 1/2	17.000	L80 9Cr	5.50	2 / 12.5	7.72	124.26	121.08	153.67	149.23	118.19	148.84	146.81
5 1/2	20.000	L80 9Cr	5.50	2 / 12.5	9.17	121.36	118.19	153.67	149.23	118.19	148.84	146.81
5 1/2	23.000	L80 9Cr	5.50	2 / 12.5	10.54	118.62	115.44	153.67	149.23	115.44	148.84	146.81
5 1/2	17.000	L80*	5.50	1 / 12.5	7.72	124.26	121.08	153.67	149.23	118.19	148.84	146.81
5 1/2	20.000	L80*	5.50	1 / 12.5	9.17	121.36	118.19	153.67	149.23	118.19	148.84	146.81
5 1/2	23.000	L80*	5.50	1 / 12.5	10.54	118.62	115.44	153.67	149.23	115.44	148.84	146.81
5 1/2	17.000	N80	5.50	2 / 12.5	7.72	124.26	121.08	153.67	149.23	118.19	148.84	146.81
5 1/2	20.000	N80	5.50	2 / 12.5	9.17	121.36	118.19	153.67	149.23	118.19	148.84	146.81
5 1/2	23.000	N80	5.50	2 / 12.5	10.54	118.62	115.44	153.67	149.23	115.44	148.84	146.81
5 1/2	17.00	N80	5.5	1 / 12.5	7.72	124.26	121.08	153.67	149.23	118.19	148.84	146.81
5 1/2	20.00	N80	5.5	1 / 12.5	9.17	121.36	118.19	153.67	149.23	118.19	148.84	146.81
5 1/2	23.00	N80	5.5	1 / 12.5	10.54	118.62	115.44	153.67	149.23	115.44	148.84	146.81
5 1/2	17.00	C90	5.5	1 / 5	7.72	124.26	121.08	153.67	149.23	118.19	148.84	146.81
5 1/2	20.00	C90	5.5	1 / 5	9.17	121.36	118.19	153.67	149.23	118.19	148.84	146.81
5 1/2	23.00	C90	5.5	1 / 5	10.54	118.62	115.44	153.67	149.23	115.44	148.84	146.81
5 1/2	26.80	C90	5.5	1 / 5	12.70	114.30	111.13	—	—	—	—	—
5 1/2	29.70	C90	5.5	1 / 5	14.27	111.15	107.98	—	—	—	—	—
5 1/2	32.60	C90	5.5	1 / 5	15.88	107.95	104.78	—	—	—	—	—
5 1/2	35.30	C90	5.5	1 / 5	17.45	104.80	101.63	—	—	—	—	—
5 1/2	38.00	C90	5.5	1 / 5	19.05	101.60	98.43	—	—	—	—	—
5 1/2	40.50	C90	5.5	1 / 5	20.62	98.45	95.28	—	—	—	—	—
5 1/2	43.10	C90	5.5	1 / 5	22.23	95.25	92.08	—	—	—	—	—
5 1/2	17.00	C95	5.5	1 / 12.5	7.72	124.26	121.08	153.67	149.23	118.19	148.84	146.81
5 1/2	20.00	C95	5.5	1 / 12.5	9.17	121.36	118.19	153.67	149.23	118.19	148.84	146.81
5 1/2	23.00	C95	5.5	1 / 12.5	10.54	118.62	115.44	153.67	149.23	115.44	148.84	146.81
5 1/2	17.00	T95	5.5	1 / 5	7.72	124.26	121.08	153.67	149.23	118.19	148.84	146.81
5 1/2	20.00	T95	5.5	1 / 5	9.17	121.36	118.19	153.67	149.23	118.19	148.84	146.81
5 1/2	23.00	T95	5.5	1 / 5	10.54	118.62	115.44	153.67	149.23	115.44	148.84	146.81
5 1/2	26.80	T95	5.5	1 / 5	12.70	114.30	111.13	—	—	—	—	—
5 1/2	29.70	T95	5.5	1 / 5	14.27	111.15	107.98	—	—	—	—	—
5 1/2	32.60	T95	5.5	1 / 5	15.88	107.95	104.78	—	—	—	—	—
5 1/2	35.30	T95	5.5	1 / 5	17.45	104.80	101.63	—	—	—	—	—
5 1/2	38.00	T95	5.5	1 / 5	19.05	101.60	98.43	—	—	—	—	—
5 1/2	40.50	T95	5.5	1 / 5	20.62	98.45	95.28	—	—	—	—	—
5 1/2	43.10	T95	5.5	1 / 5	22.23	95.25	92.08	—	—	—	—	—
5 1/2	17.00	P110	5.5	1 / 12.5	7.72	124.26	121.08	153.67	149.23	118.19	148.84	146.81
5 1/2	20.00	P110	5.5	1 / 12.5	9.17	121.36	118.19	153.67	149.23	118.19	148.84	146.81
5 1/2	23.00	P110	5.5	1 / 12.5	10.54	118.62	115.44	153.67	149.23	115.44	148.84	146.81
5 1/2	17.00	P110	5.5	1 / 5	7.72	124.26	121.08	153.67	149.23	118.19	148.84	146.81
5 1/2	20.000	P110	5.50	1 / 5	9.17	121.36	118.19	153.67	149.23	118.19	148.84	146.81

续表

抗挤强度MPa	内压，MPa										
	管体				接头						
	内屈服				圆螺纹		偏梯形螺纹				直连型
	API 历史公式	拉梅－Von Mises		延性断裂			标准		特殊间隙		
		开口端部	封堵管端	封堵管端	短圆螺纹	长圆螺纹	同等钢级	更高钢级	同等钢级	更高钢级	
62.5	59.1	58.5	63.7	70.5	—	59.1	59.1	—	47.4	—	—
43.3	53.3	53.0	58.4	47.3	—	53.3	53.3	—	47.4	—	53.3
60.8	63.3	62.8	68.8	56.6	—	63.3	61.9	—	47.4	—	63.3
76.9	72.8	72.0	78.3	65.5	—	68.1	61.9	—	47.4	—	72.8
43.3	53.3	53.0	58.4	57.2	—	53.3	53.3	—	47.4	—	53.3
60.8	63.3	62.8	68.8	68.5	—	63.3	61.9	—	47.4	—	63.3
76.9	72.8	72.0	78.3	79.3	—	68.1	61.9	—	47.4	—	72.8
43.3	53.3	53.0	58.4	49.8	—	53.3	53.3	—	47.4	—	53.3
60.8	63.3	62.8	68.8	59.5	—	63.3	61.9	—	47.4	—	63.3
76.9	72.8	72.0	78.3	68.9	—	68.1	61.9	—	47.4	—	72.8
43.3	53.3	53.0	58.4	60.2	—	53.3	53.3	53.3	47.4	53.3	53.3
60.8	63.3	62.8	68.8	72.1	—	63.3	61.9	63.3	47.4	63.3	63.3
76.9	72.8	72.0	78.3	83.5	—	68.1	61.9	72.8	47.4	65.2	72.8
46.4	60	59.6	65.7	66.8	—	60	60	—	53.3	—	60
66.4	71.2	70.6	77.4	80.1	—	71.2	69.7	—	53.3	—	71.2
85.3	81.9	81	88.1	92.9	—	76.5	69.7	—	53.3	—	81.9
102.5	98.7	97.1	104.7	113.5	—	—	—	—	—	—	—
113.8	110.9	108.7	116.4	128.8	—	—	—	—	—	—	—
124.9	123.3	120.2	127.9	144.8	—	—	—	—	—	—	—
135.6	135.5	131.5	139.1	160.7	—	—	—	—	—	—	—
146.1	148	142.7	150.2	177.3	—	—	—	—	—	—	—
156.1	160.2	153.5	160.8	194	—	—	—	—	—	—	—
165.9	172.7	164.3	171.3	211.4	—	—	—	—	—	—	—
47.8	63.3	62.9	69.4	63.7	—	63.3	63.3	—	56.3	—	63.3
69.0	75.2	74.5	81.6	76.3	—	75.2	73.6	—	56.3	—	75.2
89.1	86.4	85.5	93.0	88.3	—	80.8	73.6	—	56.3	—	86.4
47.8	63.3	62.9	69.4	70.3	—	63.3	63.3	—	56.3	—	63.3
69	75.2	74.5	81.6	84.3	—	75.2	73.6	—	56.3	—	75.2
89.1	86.4	85.5	93	97.8	—	80.8	73.6	—	56.3	—	86.4
108.2	104.1	102.5	110.4	119.4	—	—	—	—	—	—	—
120.1	117.1	114.6	122.8	135.6	—	—	—	—	—	—	—
131.9	130.2	126.9	135.1	152.3	—	—	—	—	—	—	—
143.1	143.1	138.8	146.9	169.2	—	—	—	—	—	—	—
154.2	156.2	150.6	158.5	186.7	—	—	—	—	—	—	—
164.7	169.1	162.1	169.7	204.3	—	—	—	—	—	—	—
175.1	182.2	173.5	180.8	222.5	—	—	—	—	—	—	—
51.5	73.3	72.9	80.3	76.4	—	73.3	73.3	73.3	65.2	73.3	73.3
76.5	87.1	86.3	94.5	91.4	—	87.1	85.2	87.1	65.2	74.0	87.1
00.2	100.1	98.9	107.7	106.0	—	93.6	85.2	96.8	65.2	74.0	100.1
51.5	73.3	72.9	80.3	84.4	—	73.3	73.3	73.3	65.2	73.3	73.3
76.5	87.1	86.3	94.5	101.1	—	87.1	85.2	87.1	65.2	74.0	87.1

规格 in	重量 lbf/ft	钢级	外径 D mm	材料 K_a/临界缺欠 a_N %	壁厚 t mm	内径 d mm	带螺纹和接箍			直连型 内螺纹外径－机紧		
							通径 mm	外径		通径 mm	标准接头 M mm	优化接头 M_c mm
								标准接箍 W mm	特殊间隙接箍 W_c mm			
5 1/2	23.000	P110	5.50	1 / 5	10.54	118.62	115.44	153.67	149.23	115.44	148.84	146.81
5 1/2	23	Q125	5.5	1 / 5	10.54	118.62	115.44	153.67	—	115.44	148.84	—
6 5/8	20	H40	6.63	2 / 12.5	7.32	153.64	150.47	187.71	—	—	—	—
6 5/8	20.000	J55	6.63	2 / 12.5	7.32	153.64	150.47	187.71	177.80	—	—	—
6 5/8	24.000	J55	6.63	2 / 12.5	8.94	150.39	147.22	187.71	177.80	145.54	177.80	176.02
6 5/8	20.000	K55	6.63	2 / 12.5	7.32	153.64	150.47	187.71	177.80	—	—	—
6 5/8	24.000	K55	6.63	2 / 12.5	8.94	150.39	147.22	187.71	177.80	145.54	177.80	176.02
6 5/8	20.000	M65	6.63	2 / 12.5	7.32	153.64	150.47	187.71	177.80	—	—	—
6 5/8	24.000	M65	6.63	2 / 12.5	8.94	150.39	147.22	187.71	177.80	—	—	—
6 5/8	28.000	M65	6.63	2 / 12.5	10.59	147.09	143.92	187.71	177.80	—	—	—
6 5/8	20.00	M65	6.625	1 / 12.5	7.32	153.64	150.47	187.71	177.80	—	—	—
6 5/8	24.00	M65	6.625	1 / 12.5	8.94	150.39	147.22	187.71	177.80	—	—	—
6 5/8	28.00	M65	6.625	1 / 12.5	10.59	147.09	143.92	187.71	177.80	—	—	—
6 5/8	24.00	L80 9Cr	6.625	2 / 12.5	8.94	150.39	147.22	187.71	177.80	145.54	177.80	176.02
6 5/8	28.00	L80 9Cr	6.625	2 / 12.5	10.59	147.09	143.92	187.71	177.80	143.92	177.80	176.02
6 5/8	32.00	L80 9Cr	6.625	2 / 12.5	12.07	144.15	140.97	187.71	177.80	140.97	177.80	176.02
6 5/8	24.00	L80*	6.625	1 / 12.5	8.94	150.39	147.22	187.71	177.80	145.54	177.80	176.02
6 5/8	28.00	L80*	6.625	1 / 12.5	10.59	147.09	143.92	187.71	177.80	143.92	177.80	176.02
6 5/8	32.00	L80*	6.625	1 / 12.5	12.07	144.15	140.97	187.71	177.80	140.97	177.80	176.02
6 5/8	24.00	N80	6.625	2 / 12.5	8.94	150.39	147.22	187.71	177.80	145.54	177.80	176.02
6 5/8	28.00	N80	6.625	2 / 12.5	10.59	147.09	143.92	187.71	177.80	143.92	177.80	176.02
6 5/8	32.00	N80	6.625	2 / 12.5	12.07	144.15	140.97	187.71	177.80	140.97	177.80	176.02
6 5/8	24.00	N80	6.625	1 / 12.5	8.94	150.39	147.22	187.71	177.80	145.54	177.80	176.02
6 5/8	28.00	N80	6.625	1 / 12.5	10.59	147.09	143.92	187.71	177.80	143.92	177.80	176.02
6 5/8	32.00	N80	6.625	1 / 12.5	12.07	144.15	140.97	187.71	177.80	140.97	177.80	176.02
6 5/8	24.00	C90	6.625	1 / 5	8.94	150.39	147.22	187.71	177.80	145.54	177.80	176.02
6 5/8	28.00	C90	6.625	1 / 5	10.59	147.09	143.92	187.71	177.80	143.92	177.80	176.02
6 5/8	32.00	C90	6.625	1 / 5	12.07	144.15	140.97	187.71	177.80	140.97	177.80	176.02
6 5/8	24.00	C95	6.625	1 / 12.5	8.94	150.39	147.22	187.71	177.80	145.54	177.80	176.02
6 5/8	28.00	C95	6.625	1 / 12.5	10.59	147.09	143.92	187.71	177.80	143.92	177.80	176.02
6 5/8	32.00	C95	6.625	1 / 12.5	12.07	144.15	140.97	187.71	177.80	140.97	177.80	176.02
6 5/8	24.00	T95	6.625	1 / 5	8.94	150.39	147.22	187.71	177.80	145.54	177.80	176.02
6 5/8	28.00	T95	6.625	1 / 5	10.59	147.09	143.92	187.71	177.80	143.92	177.80	176.02
6 5/8	32.00	T95	6.625	1 / 5	12.07	144.15	140.97	187.71	177.80	140.97	177.80	176.02
6 5/8	24.00	P110	6.625	1 / 12.5	8.94	150.39	147.22	187.71	177.80	145.54	177.80	176.02
6 5/8	28.00	P110	6.625	1 / 12.5	10.59	147.09	143.92	187.71	177.80	143.92	177.80	176.02

续表

抗挤强度 MPa	内压，MPa										
	管体 内屈服				接头						
	API 历史公式	拉梅－Von Mises		延性断裂	圆螺纹		偏梯形螺纹				直连型
							标准		特殊间隙		
		开口端部	封堵管端	封堵管端	短圆螺纹	长圆螺纹	同等钢级	更高钢级	同等钢级	更高钢级	
100.2	100.1	98.9	107.7	117.3	—	93.6	85.2	96.8	65.2	74.0	100.1
110.7	113.8	112.4	122.4	127.6	—	106.3	96.8	—	—	—	113.8
17.4	20.9	20.9	23.2	22.9	20.9	—	—	—	—	—	—
20.5	28.8	28.7	32.0	28.8	28.8	28.8	28.8	28.8	28.0	28.8	—
31.4	35.2	35.1	38.7	35.4	35.2	35.2	35.2	35.2	28.0	35.2	35.2
20.5	28.8	28.7	32.0	36.4	28.8	28.8	28.8	28.8	28.0	28.8	—
31.4	35.2	35.1	38.7	44.9	35.2	35.2	35.2	35.2	28.0	35.2	35.2
22.0	34.0	34.0	37.8	32.8	34.0	34.0	34.0	—	34.0	—	—
35.0	41.6	41.4	45.7	40.4	—	41.6	41.6	—	40.7	—	—
48.3	49.3	48.9	53.7	48.1	—	49.3	49.3	—	40.7	—	—
22.0	34.0	34.0	37.8	39.6	34.0	34.0	34.0	—	34.0	—	—
35.0	41.6	41.4	45.7	48.7	—	41.6	41.6	—	40.7	—	—
48.3	49.3	48.9	53.7	58.2	—	49.3	49.3	—	40.7	—	—
39.7	51.3	51.0	56.3	45.4	—	51.3	51.3	—	40.7	—	51.3
56.3	60.7	60.2	66.1	54.2	—	60.7	60.7	—	40.7	—	60.7
71.1	69.2	68.5	74.7	62.1	—	69.2	67.7	—	40.7	—	69.2
39.7	51.3	51.0	56.3	54.9	—	51.3	51.3	—	40.7	—	51.3
56.3	60.7	60.2	66.1	65.5	—	60.7	60.7	—	40.7	—	60.7
71.1	69.2	68.5	74.7	75.2	—	69.2	67.7	—	40.7	—	69.2
39.7	51.3	51.0	56.3	47.8	—	51.3	51.3	—	40.7	—	51.3
56.3	60.7	60.2	66.1	57.0	—	60.7	60.7	—	40.7	—	60.7
71.1	69.2	68.5	74.7	65.3	—	69.2	67.7	—	40.7	—	69.2
39.7	51.3	51.0	56.3	57.8	—	51.3	51.3	51.3	40.7	51.3	51.3
56.3	60.7	60.2	66.1	69.0	—	60.7	60.7	60.7	40.7	55.9	60.7
71.1	69.2	68.5	74.7	79.1	—	69.2	67.7	69.2	40.7	55.9	69.2
42.3	57.7	57.3	63.3	64.1	—	57.7	57.7	—	45.8	—	57.7
61.2	68.3	67.8	74.3	76.6	—	68.3	68.3	—	45.8	—	68.3
78.1	77.8	77.0	84.0	88.0	—	77.8	76.1	—	45.8	—	77.8
43.5	60.8	60.5	66.8	61.1	—	60.8	60.8	—	48.4	—	60.8
63.5	72.1	71.5	78.5	73.0	—	72.1	72.1	—	48.4	—	72.1
81.4	82.1	81.3	88.7	83.7	—	82.1	80.3	—	48.4	—	82.1
43.5	60.8	60.5	66.8	67.5	—	60.8	60.8	—	48.4	—	60.8
63.5	72.1	71.5	78.5	80.7	—	72.1	72.1	—	48.4	—	72.1
81.4	82.1	81.3	88.7	92.6	—	82.1	80.3	—	48.4	—	82.1
46.4	70.5	70.1	77.4	73.3	—	70.5	70.5	70.5	55.9	63.6	70.5
70.0	83.5	82.8	90.9	87.5	—	83.5	83.5	83.5	55.9	63.6	83.5

规格 in	重量 lbf/ft	钢级	外径 D mm	材料 K_a/ 临界缺欠 a_N %	壁厚 t mm	内径 d mm	带螺纹和接箍			直连型 内螺纹外径－机紧		
							通径 mm	外径		通径 mm	标准接头 M mm	优化接头 M_c mm
								标准接箍 W mm	特殊间隙接箍 W_c mm			
6 5/8	32.000	P110	6.63	1 / 12.5	12.07	144.15	140.97	187.71	177.80	140.97	177.80	176.02
6 5/8	24.00	P110	6.625	1 / 5	8.94	150.39	147.22	187.71	177.80	145.54	177.80	176.02
6 5/8	28.00	P110	6.625	1 / 5	10.59	147.09	143.92	187.71	177.80	143.92	177.80	176.02
6 5/8	32.00	P110	6.625	1 / 5	12.07	144.15	140.97	187.71	177.80	140.97	177.80	176.02
6 5/8	32	Q125	6.625	1 / 5	12.07	144.15	140.97	187.71	—	140.97	177.8	—
7	17.00	H40	7.000	2 / 12.5	5.87	166.07	162.89	194.46	—	—	—	—
7	20.00	H40	7.000	2 / 12.5	6.91	163.98	160.81	194.46	—	—	—	—
7	20.00	J55	7.000	2 / 12.5	6.91	163.98	160.81	194.46	—	—	—	—
7	23.00	J55	7.000	2 / 12.5	8.05	161.70	158.52	194.46	187.33	156.24	187.71	185.67
7	26.00	J55	7.000	2 / 12.5	9.19	159.41	156.24	194.46	187.33	156.24	187.71	185.67
7	20.00	K55	7.000	2 / 12.5	6.91	163.98	160.81	194.46	—	—	—	—
7	23.00	K55	7.000	2 / 12.5	8.05	161.70	158.52	194.46	187.33	156.24	187.71	185.67
7	26.00	K55	7.000	2 / 12.5	9.19	159.41	156.24	194.46	187.33	156.24	187.71	185.67
7	20.00	M65	7.000	2 / 12.5	6.91	163.98	160.81	194.46	—	—	—	—
7	23.00	M65	7.000	2 / 12.5	8.05	161.70	158.52	194.46	187.33	—	—	—
7	26.00	M65	7.000	2 / 12.5	9.19	159.41	156.24	194.46	187.33	—	—	—
7	29.00	M65	7.000	2 / 12.5	10.36	157.07	153.90	194.46	187.33	—	—	—
7	32.00	M65	7.000	2 / 12.5	11.51	154.79	151.61	194.46	187.33	—	—	—
7	20.00	M65	7.000	1 / 12.5	6.91	163.98	160.81	194.46	—	—	—	—
7	23.00	M65	7.000	1 / 12.5	8.05	161.70	158.52	194.46	187.33	—	—	—
7	26.00	M65	7.000	1 / 12.5	9.19	159.41	156.24	194.46	187.33	—	—	—
7	29.00	M65	7.000	1 / 12.5	10.36	157.07	153.90	194.46	187.33	—	—	—
7	32.00	M65	7.000	1 / 12.5	11.51	154.79	151.61	194.46	187.33	—	—	—
7	23.00	L80 9Cr	7.000	2 / 12.5	8.05	161.70	158.52	194.46	187.33	156.24	187.71	185.67
7	26.00	L80 9Cr	7.000	2 / 12.5	9.19	159.41	156.24	194.46	187.33	156.24	187.71	185.67
7	29.00	L80 9Cr	7.000	2 / 12.5	10.36	157.07	153.90	194.46	187.33	153.90	187.71	185.67
7	32.00	L80 9Cr	7.000	2 / 12.5	11.51	154.79	151.61	194.46	187.33	151.61	187.71	185.67
7	35.00	L80 9Cr	7.000	2 / 12.5	12.65	152.50	149.33	194.46	187.33	149.33	191.26	187.71
7	38.00	L80 9Cr	7.000	2 / 12.5	13.72	150.37	147.19	194.46	187.33	147.19	191.26	187.71
7	23.00	L80*	7.000	1 / 12.5	8.05	161.70	158.52	194.46	187.33	156.24	187.71	185.67
7	26.00	L80*	7.000	1 / 12.5	9.19	159.41	156.24	194.46	187.33	156.24	187.71	185.67
7	29.00	L80*	7.000	1 / 12.5	10.36	157.07	153.90	194.46	187.33	153.90	187.71	185.67
7	32.00	L80*	7.000	1 / 12.5	11.51	154.79	151.61	194.46	187.33	151.61	187.71	185.67
7	35.00	L80*	7.000	1 / 12.5	12.65	152.50	149.33	194.46	187.33	149.33	191.26	187.71
7	38.00	L80*	7.000	1 / 12.5	13.72	150.37	147.19	194.46	187.33	147.19	191.26	187.71
7	23.00	N80	7.000	2 / 12.5	8.05	161.70	158.52	194.46	187.33	156.24	187.71	185.67
7	26.00	N80	7.000	2 / 12.5	9.19	159.41	156.24	194.46	187.33	156.24	187.71	185.67
7	29.00	N80	7.000	2 / 12.5	10.36	157.07	153.90	194.46	187.33	153.90	187.71	185.67
7	32.00	N80	7.000	2 / 12.5	11.51	154.79	151.61	194.46	187.33	151.61	187.71	185.67
7	35.00	N80	7.000	2 / 12.5	12.65	152.50	149.33	194.46	187.33	149.33	191.26	187.71

续表

抗挤强度 MPa	内压，MPa										
	管体内屈服				接头						
	API 历史公式	拉梅－Von Mises		延性断裂	圆螺纹		偏梯形螺纹				直连型
							标准		特殊间隙		
		开口端部	封堵管端	封堵管端	短圆螺纹	长圆螺纹	同等钢级	更高钢级	同等钢级	更高钢级	
91.1	95.1	94.1	102.7	100.4	—	95.1	93.0	95.1	55.9	63.6	95.1
46.4	70.5	70.1	77.4	81.0	—	70.5	70.5	70.5	55.9	63.6	70.5
70.0	83.5	82.8	90.9	96.7	—	83.5	83.5	83.5	55.9	63.6	83.5
91.1	95.1	94.1	102.7	111.1	—	95.1	93.0	95.1	55.9	63.6	95.1
100.2	108	107	116.7	120.9	—	108	105.7	—	—	—	108
9.8	15.9	15.9	17.8	17.2	15.9	—	—	—	—	—	—
3.6	18.7	18.7	20.9	20.4	18.7	—	—	—	—	—	—
15.6	25.8	25.7	28.7	25.7	25.8	—	—	—	—	—	—
22.5	30.0	29.9	33.2	30.0	30.0	30.0	30.0	30.0	27.2	30.0	30.0
29.8	34.3	34.1	37.7	34.5	34.3	34.3	34.3	34.3	27.2	34.3	34.3
15.6	25.8	25.7	28.7	32.5	25.8	—	—	—	—	—	—
22.5	30.0	29.9	33.2	38.0	30.0	30.0	30.0	30.0	27.2	30.0	30.0
29.8	34.3	34.1	37.7	43.6	34.3	34.3	34.3	34.3	27.2	34.3	34.3
17.1	30.5	30.4	33.9	29.2	30.5	—	—	—	—	—	—
24.4	35.5	35.3	39.3	34.2	—	35.5	35.5	—	35.5	—	—
33.1	40.5	40.3	44.6	39.2	—	40.5	40.5	—	39.5	—	—
42.0	45.7	45.4	50.0	44.4	—	45.7	45.7	—	39.5	—	—
50.7	50.7	50.3	55.1	49.5	—	50.7	50.7	—	39.5	—	—
17.1	30.5	30.4	33.9	35.3	30.5	—	—	—	—	—	—
24.4	35.5	35.3	39.3	41.3	—	35.5	35.5	—	35.5	—	—
33.1	40.5	40.3	44.6	47.4	—	40.5	40.5	—	39.5	—	—
42.0	45.7	45.4	50.0	53.7	—	45.7	45.7	—	39.5	—	—
50.7	50.7	50.3	55.1	59.9	—	50.7	50.7	—	39.5	—	—
26.4	43.7	43.5	48.3	38.5	—	43.7	43.7	—	39.5	—	43.7
37.3	49.9	49.6	54.8	44.2	—	49.9	49.9	—	39.5	—	49.9
48.4	56.2	55.9	61.5	50.0	—	56.2	56.2	—	39.5	—	56.2
59.3	62.4	61.9	67.9	55.7	—	62.4	58.3	—	39.5	—	62.4
70.1	68.6	67.9	74.1	61.5	—	63.7	58.3	—	39.5	—	68.6
78.5	74.4	73.6	79.9	67.0	—	63.7	58.3	—	39.5	—	74.4
26.4	43.7	43.5	48.3	46.5	—	43.7	43.7	—	39.5	—	43.7
37.3	49.9	49.6	54.8	53.4	—	49.9	49.9	—	39.5	—	49.9
48.4	56.2	55.9	61.5	60.4	—	56.2	56.2	—	39.5	—	56.2
59.3	62.4	61.9	67.9	67.5	—	62.4	58.3	—	39.5	—	62.4
70.1	68.6	67.9	74.1	74.5	—	63.7	58.3	—	39.5	—	68.6
78.5	74.4	73.6	79.9	81.2	—	63.7	58.3	—	39.5	—	74.4
26.4	43.7	43.5	48.3	40.6	—	43.7	43.7	—	39.5	—	43.7
37.3	49.9	49.6	54.8	46.5	—	49.9	49.9	—	39.5	—	49.9
48.4	56.2	55.9	61.5	52.6	—	56.2	56.2	—	39.5	—	56.2
59.3	62.4	61.9	67.9	58.7	—	62.4	58.3	—	39.5	—	62.4
70.1	68.6	67.9	74.1	64.8	—	63.7	58.3	—	39.5	—	68.6

规格 in	重量 lbf/ft	钢级	外径 D mm	材料 K_a/ 临界缺欠 a_N %	壁厚 t mm	内径 d mm	带螺纹和接箍 通径 mm	带螺纹和接箍 外径 标准接箍 W mm	带螺纹和接箍 外径 特殊间隙接箍 W_c mm	直连型 内螺纹外径－机紧 通径 mm	直连型 内螺纹外径－机紧 标准接头 M mm	直连型 内螺纹外径－机紧 优化接头 M_c mm
7	38.00	N80	7.000	2 / 12.5	13.72	150.37	147.19	194.46	187.33	147.19	191.26	187.71
7	23.00	N80	7.000	1 / 12.5	8.05	161.70	158.52	194.46	187.33	156.24	187.71	185.67
7	26.00	N80	7.000	1 / 12.5	9.19	159.41	156.24	194.46	187.33	156.24	187.71	185.67
7	29.00	N80	7.000	1 / 12.5	10.36	157.07	153.90	194.46	187.33	153.90	187.71	185.67
7	32.00	N80	7.000	1 / 12.5	11.51	154.79	151.61	194.46	187.33	151.61	187.71	185.67
7	35.00	N80	7.000	1 / 12.5	12.65	152.50	149.33	194.46	187.33	149.33	191.26	187.71
7	38.00	N80	7.000	1 / 12.5	13.72	150.37	147.19	194.46	187.33	147.19	191.26	187.71
7	23.00	C90	7.000	1 / 5	8.05	161.70	158.52	194.46	187.33	156.24	187.71	185.67
7	26.00	C90	7.000	1 / 5	9.19	159.41	156.24	194.46	187.33	156.24	187.71	185.67
7	29.00	C90	7.000	1 / 5	10.36	157.07	153.90	194.46	187.33	153.90	187.71	185.67
7	32.00	C90	7.000	1 / 5	11.51	154.79	151.61	194.46	187.33	151.61	187.71	185.67
7	35.00	C90	7.000	1 / 5	12.65	152.50	149.33	194.46	187.33	149.33	191.26	187.71
7	38.00	C90	7.000	1 / 5	13.72	150.37	147.19	194.46	187.33	147.19	191.26	187.71
7	42.70	C90	7.000	1 / 5	15.88	146.05	142.88	—	—	—	—	—
7	46.40	C90	7.000	1 / 5	17.45	142.90	139.73	—	—	—	—	—
7	50.10	C90	7.000	1 / 5	19.05	139.70	136.53	—	—	—	—	—
7	53.60	C90	7.000	1 / 5	20.62	136.55	133.38	—	—	—	—	—
7	57.10	C90	7.000	1 / 5	22.23	133.35	130.18	—	—	—	—	—
7	23.00	C95	7.000	1 / 12.5	8.05	161.70	158.52	194.46	187.33	156.24	187.71	185.67
7	26.00	C95	7.000	1 / 12.5	9.19	159.41	156.24	194.46	187.33	156.24	187.71	185.67
7	29.00	C95	7.000	1 / 12.5	10.36	157.07	153.90	194.46	187.33	153.90	187.71	185.67
7	32.00	C95	7.000	1 / 12.5	11.51	154.79	151.61	194.46	187.33	151.61	187.71	185.67
7	35.00	C95	7.000	1 / 12.5	12.65	152.50	149.33	194.46	187.33	149.33	191.26	187.71
7	38.00	C95	7.000	1 / 12.5	13.72	150.37	147.19	194.46	187.33	147.19	191.26	187.71
7	23.00	T95	7.000	1 / 5	8.05	161.70	158.52	194.46	187.33	156.24	187.71	185.67
7	26.00	T95	7.000	1 / 5	9.19	159.41	156.24	194.46	187.33	156.24	187.71	185.67
7	29.00	T95	7.000	1 / 5	10.36	157.07	153.90	194.46	187.33	153.90	187.71	185.67
7	32.00	T95	7.000	1 / 5	11.51	154.79	151.61	194.46	187.33	151.61	187.71	185.67
7	35.00	T95	7.000	1 / 5	12.65	152.50	149.33	194.46	187.33	149.33	191.26	187.71
7	38.00	T95	7.000	1 / 5	13.72	150.37	147.19	194.46	187.33	147.19	191.26	187.71
7	42.70	T95	7.000	1 / 5	15.88	146.05	142.88	—	—	—	—	—
7	46.40	T95	7.000	1 / 5	17.45	142.90	139.73	—	—	—	—	—
7	50.10	T95	7.000	1 / 5	19.05	139.70	136.53	—	—	—	—	—
7	53.60	T95	7.000	1 / 5	20.62	136.55	133.38	—	—	—	—	—
7	57.10	T95	7.000	1 / 5	22.23	133.35	130.18	—	—	—	—	—
7	26.00	P110	7.000	1 / 12.5	9.19	159.41	156.24	194.46	187.33	156.24	187.71	185.67
7	29.00	P110	7.000	1 / 12.5	10.36	157.07	153.90	194.46	187.33	153.90	187.71	185.67
7	32.00	P110	7.000	1 / 12.5	11.51	154.79	151.61	194.46	187.33	151.61	187.71	185.67
7	35.00	P110	7.000	1 / 12.5	12.65	152.50	149.33	194.46	187.33	149.33	191.26	187.71
7	38.00	P110	7.000	1 / 12.5	13.72	150.37	147.19	194.46	187.33	147.19	191.26	187.71
7	26.00	P110	7.000	1 / 5	9.19	159.41	156.24	194.46	187.33	156.24	187.71	185.67
7	29.00	P110	7.000	1 / 5	10.36	157.07	153.90	194.46	187.33	153.90	187.71	185.67
7	32.00	P110	7.000	1 / 5	11.51	154.79	151.61	194.46	187.33	151.61	187.71	185.67
7	35.00	P110	7.000	1 / 5	12.65	152.50	149.33	194.46	187.33	149.33	191.26	187.71

续表

抗挤强度MPa	内压，MPa										
	管体内屈服				接头						
	API 历史公式	拉梅－Von Mises		延性断裂	圆螺纹		偏梯形螺纹				直连型
							标准		特殊间隙		
		开口端部	封堵管端	封堵管端	短圆螺纹	长圆螺纹	同等钢级	更高钢级	同等钢级	更高钢级	
78.5	74.4	73.6	79.9	70.6	—	63.7	58.3	—	39.5	—	74.4
26.4	43.7	43.5	48.3	48.9	—	43.7	43.7	43.7	39.5	43.7	43.7
37.3	49.9	49.6	54.8	56.2	—	49.9	49.9	49.9	39.5	49.9	49.9
48.4	56.2	55.9	61.5	63.7	—	56.2	56.2	56.2	39.5	54.4	56.2
59.3	62.4	61.9	67.9	71.0	—	62.4	58.3	62.4	39.5	54.4	62.4
70.1	68.6	67.9	74.1	78.5	—	63.7	58.3	68.6	39.5	54.4	68.6
78.5	74.4	73.6	79.9	85.5	—	63.7	58.3	74.4	39.5	54.4	74.4
27.8	49.1	48.9	54.4	54.3	—	49.1	49.1	—	44.5	—	49.1
39.5	56.2	55.8	61.7	62.4	—	56.2	56.2	—	44.5	—	56.2
52.2	63.3	62.8	69.2	70.7	—	63.3	63.3	—	44.5	—	63.3
64.6	70.2	69.7	76.3	78.9	—	70.2	65.6	—	44.5	—	70.2
77	77.2	76.5	83.4	87.2	—	71.6	65.6	—	44.5	—	77.2
88.3	83.7	82.7	89.9	95.1	—	71.6	65.6	—	44.5	—	83.7
100.9	96.9	95.4	102.9	111.3	—	—	—	—	—	—	—
109.8	106.5	104.5	112.2	123.3	—	—	—	—	—	—	—
118.6	116.2	113.6	121.4	135.5	—	—	—	—	—	—	—
127.2	125.9	122.6	130.4	148.1	—	—	—	—	—	—	—
135.7	135.7	131.6	139.2	160.9	—	—	—	—	—	—	—
28.5	51.9	51.7	57.4	51.8	—	51.9	51.9	—	46.9	—	51.9
40.6	59.3	58.9	65.2	59.5	—	59.3	59.3	—	46.9	—	59.3
54.0	66.8	66.4	73.0	67.3	—	66.8	66.8	—	46.9	—	66.8
67.1	74.1	73.5	80.5	75.1	—	74.1	69.2	—	46.9	—	74.1
80.3	81.5	80.7	88.1	83.0	—	75.6	69.2	—	46.9	—	81.5
92.5	88.4	87.4	94.9	90.5	—	75.6	69.2	—	46.9	—	88.4
28.5	51.9	51.7	57.4	57.2	—	51.9	51.9	—	46.9	—	51.9
40.6	59.3	58.9	65.2	65.7	—	59.3	59.3	—	46.9	—	59.3
54	66.8	66.4	73	74.4	—	66.8	66.8	—	46.9	—	66.8
67.1	74.1	73.5	80.5	83.1	—	74.1	69.2	—	46.9	—	74.1
80.3	81.5	80.7	88.1	91.8	—	75.6	69.2	—	46.9	—	81.5
92.5	88.4	87.4	94.9	100.1	—	75.6	69.2	—	46.9	—	88.4
106.5	102.2	100.7	108.7	117.1	—	—	—	—	—	—	—
115.9	112.4	110.3	118.4	129.7	—	—	—	—	—	—	—
125.3	122.7	120	128.2	142.8	—	—	—	—	—	—	—
134.2	132.9	129.4	137.6	155.9	—	—	—	—	—	—	—
143.2	143.2	138.9	147	169.4	—	—	—	—	—	—	—
42.9	68.6	68.2	75.4	71.3	—	68.6	68.6	68.6	54.4	61.8	68.6
58.8	77.3	76.8	84.5	80.8	—	77.3	77.3	77.3	54.4	61.8	77.3
74.3	85.8	85.2	93.3	90.1	—	85.8	80.2	85.8	54.4	61.8	85.8
89.8	94.4	93.4	102.0	99.6	—	87.5	80.2	91.1	54.4	61.8	94.4
04.2	102.3	101.1	109.9	108.5	—	87.5	80.2	91.1	54.4	61.8	102.3
42.9	68.6	68.2	75.4	78.8	—	68.6	68.6	68.6	54.4	61.8	68.6
58.8	77.3	76.8	84.5	89.2	—	77.3	77.3	77.3	54.4	61.8	77.3
74.3	85.8	85.2	93.3	99.6	—	85.8	80.2	85.8	54.4	61.8	85.8
89.8	94.4	93.4	102.0	110.2	—	87.5	80.2	91.1	54.4	61.8	94.4

规格 in	重量 lbf/ft	钢级	外径 D mm	材料 K_a/ 临界缺欠 a_N %	壁厚 t mm	内径 d mm	带螺纹和接箍 通径 mm	带螺纹和接箍 外径 标准接箍 W mm	带螺纹和接箍 外径 特殊间隙接箍 W_c mm	直连型 内螺纹外径－机紧 通径 mm	直连型 内螺纹外径－机紧 标准接头 M mm	直连型 内螺纹外径－机紧 优化接头 M_c mm
7	38.00	P110	7.000	1 / 5	13.72	150.37	147.19	194.46	187.33	147.19	191.26	187.71
7	35.00	Q125	7.000	1 / 5	12.65	152.50	149.33	194.46	—	149.33	191.26	—
7	38.00	Q125	7.000	1 / 5	13.72	150.37	147.19	194.46	—	147.19	191.26	—
7 5/8	24	H40	7.625	2 / 12.5	7.62	178.44	175.26	215.9	—	—	—	—
7 5/8	26.4	J55	7.625	2 / 12.5	8.33	177.01	173.84	215.9	206.38	171.45	203.45	201.17
7 5/8	26.4	K55	7.625	2 / 12.5	8.33	177.01	173.84	215.9	206.38	171.45	203.45	201.17
7 5/8	26.40	M65	7.625	2 / 12.5	8.33	177.01	173.84	215.90	206.38	—	—	—
7 5/8	29.70	M65	7.625	2 / 12.5	9.53	174.63	171.45	215.90	206.38	—	—	—
7 5/8	33.70	M65	7.625	2 / 12.5	10.92	171.83	168.66	215.90	206.38	—	—	—
7 5/8	26.40	M65	7.625	1 / 12.5	8.33	177.01	173.84	215.90	206.38	—	—	—
7 5/8	29.70	M65	7.625	1 / 12.5	9.53	174.63	171.45	215.90	206.38	—	—	—
7 5/8	33.70	M65	7.625	1 / 12.5	10.92	171.83	168.66	215.90	206.38	—	—	—
7 5/8	26.40	L80 9Cr	7.625	2 / 12.5	8.33	177.01	173.84	215.90	206.38	171.45	203.45	201.17
7 5/8	29.70	L80 9Cr	7.625	2 / 12.5	9.53	174.63	171.45	215.90	206.38	171.45	203.45	201.17
7 5/8	33.70	L80 9Cr	7.625	2 / 12.5	10.92	171.83	168.66	215.90	206.38	168.66	203.45	201.17
7 5/8	39.00	L80 9Cr	7.625	2 / 12.5	12.70	168.28	165.10	215.90	206.38	165.10	203.45	201.17
7 5/8	42.80	L80 9Cr	7.625	2 / 12.5	14.27	165.13	161.95	215.90	206.38	—	—	—
7 5/8	45.30	L80 9Cr	7.625	2 / 12.5	15.11	163.45	160.27	215.90	206.38	—	—	—
7 5/8	47.10	L80 9Cr	7.625	2 / 12.5	15.88	161.93	158.75	215.90	206.38	—	—	—
7 5/8	26.40	L80*	7.625	1 / 12.5	8.33	177.01	173.84	215.90	206.38	171.45	203.45	201.17
7 5/8	29.70	L80*	7.625	1 / 12.5	9.53	174.63	171.45	215.90	206.38	171.45	203.45	201.17
7 5/8	33.70	L80*	7.625	1 / 12.5	10.92	171.83	168.66	215.90	206.38	168.66	203.45	201.17
7 5/8	39.00	L80*	7.625	1 / 12.5	12.70	168.28	165.10	215.90	206.38	165.10	203.45	201.17
7 5/8	42.80	L80*	7.625	1 / 12.5	14.27	165.13	161.95	215.90	206.38	—	—	—
7 5/8	45.30	L80*	7.625	1 / 12.5	15.11	163.45	160.27	215.90	206.38	—	—	—
7 5/8	47.10	L80*	7.625	1 / 12.5	15.88	161.93	158.75	215.90	206.38	—	—	—
7 5/8	26.40	N80	7.625	2 / 12.5	8.33	177.01	173.84	215.90	206.38	171.45	203.45	201.17
7 5/8	29.70	N80	7.625	2 / 12.5	9.53	174.63	171.45	215.90	206.38	171.45	203.45	201.17
7 5/8	33.70	N80	7.625	2 / 12.5	10.92	171.83	168.66	215.90	206.38	168.66	203.45	201.17
7 5/8	39.00	N80	7.625	2 / 12.5	12.70	168.28	165.10	215.90	206.38	165.10	203.45	201.17
7 5/8	42.80	N80	7.625	2 / 12.5	14.27	165.13	161.95	215.90	206.38	—	—	—
7 5/8	45.30	N80	7.625	2 / 12.5	15.11	163.45	160.27	215.90	206.38	—	—	—
7 5/8	47.10	N80	7.625	2 / 12.5	15.88	161.93	158.75	215.90	206.38	—	—	—
7 5/8	26.40	N80	7.625	1 / 12.5	8.33	177.01	173.84	215.90	206.38	171.45	203.45	201.17
7 5/8	29.70	N80	7.625	1 / 12.5	9.53	174.63	171.45	215.90	206.38	171.45	203.45	201.17
7 5/8	33.70	N80	7.625	1 / 12.5	10.92	171.83	168.66	215.90	206.38	168.66	203.45	201.17
7 5/8	39.00	N80	7.625	1 / 12.5	12.70	168.28	165.10	215.90	206.38	165.10	203.45	201.17
7 5/8	42.80	N80	7.625	1 / 12.5	14.27	165.13	161.95	215.90	206.38	—	—	—
7 5/8	45.30	N80	7.625	1 / 12.5	15.11	163.45	160.27	215.90	206.38	—	—	—
7 5/8	47.10	N80	7.625	1 / 12.5	15.88	161.93	158.75	215.90	206.38	—	—	—

续表

抗挤强度 MPa	内压，MPa										
	管体 内屈服				接头						
	API 历史公式	拉梅－Von Mises		延性断裂	圆螺纹		偏梯形螺纹				直连型
							标准		特殊间隙		
		开口端部	封堵管端	封堵管端	短圆螺纹	长圆螺纹	同等钢级	更高钢级	同等钢级	更高钢级	
104.2	102.3	101.1	109.9	120.1	—	87.5	80.2	91.1	54.4	61.8	102.3
98.6	107.2	106.2	115.8	119.9	—	99.4	91.1	—	—	—	107.2
15.3	116.3	114.9	124.9	130.6	—	99.4	91.1	—	—	—	116.3
14	18.9	18.9	21.1	20.7	18.9	—	—	—	—	—	—
20	28.5	28.5	31.6	28.5	28.5	28.5	28.5	28.5	28.5	28.5	28.5
20	28.5	28.5	31.6	36.1	28.5	28.5	28.5	28.5	28.5	28.5	28.5
21.4	33.7	33.6	37.3	32.5	33.7	33.7	33.7	—	33.7	—	—
29.7	38.5	38.4	42.5	37.3	—	38.5	38.5	—	38.5	—	—
39.4	44.2	44.0	48.4	42.9	—	44.2	44.2	—	44.2	—	—
21.4	33.7	33.6	37.3	39.1	33.7	33.7	33.7	—	33.7	—	—
29.7	38.5	38.4	42.5	45.0	—	38.5	38.5	—	38.5	—	—
39.4	44.2	44.0	48.4	51.9	—	44.2	44.2	—	44.2	—	—
23.4	41.5	41.3	46.0	36.5	—	41.5	41.5	—	41.5	—	41.5
33.0	47.5	47.2	52.3	42.0	—	47.5	47.5	—	45.1	—	47.5
45.2	54.4	54.1	59.6	48.3	—	54.4	54.4	—	45.1	—	54.4
60.8	63.3	62.7	68.7	56.5	—	63.3	63.3	—	45.1	—	63.3
74.5	71.1	70.3	76.6	63.9	—	71.1	67.5	—	45.1	—	—
79.3	75.2	74.4	80.8	67.8	—	72.3	67.5	—	45.1	—	—
83.0	79.1	78.1	84.5	71.4	—	72.3	67.5	—	45.1	—	—
23.4	41.5	41.3	46.0	44.1	—	41.5	41.5	—	41.5	—	41.5
33.0	47.5	47.2	52.3	50.6	—	47.5	47.5	—	45.1	—	47.5
45.2	54.4	54.1	59.6	58.4	—	54.4	54.4	—	45.1	—	54.4
60.8	63.3	62.7	68.7	68.4	—	63.3	63.3	—	45.1	—	63.3
74.5	71.1	70.3	76.6	77.4	—	71.1	67.5	—	45.1	—	—
79.3	75.2	74.4	80.8	82.2	—	72.3	67.5	—	45.1	—	—
83.0	79.1	78.1	84.5	86.6	—	72.3	67.5	—	45.1	—	—
23.4	41.5	41.3	46.0	38.4	—	41.5	41.5	—	41.5	—	41.5
33.0	47.5	47.2	52.3	44.2	—	47.5	47.5	—	45.1	—	47.5
45.2	54.4	54.1	59.6	50.8	—	54.4	54.4	—	45.1	—	54.4
60.8	63.3	62.7	68.7	59.5	—	63.3	63.3	—	45.1	—	63.3
74.5	71.1	70.3	76.6	67.2	—	71.1	67.5	—	45.1	—	—
79.3	75.2	74.4	80.8	71.4	—	72.3	67.5	—	45.1	—	—
83.0	79.1	78.1	84.5	75.2	—	72.3	67.5	—	45.1	—	—
23.4	41.5	41.3	46.0	46.4	—	41.5	41.5	41.5	41.5	41.5	41.5
33.0	47.5	47.2	52.3	53.3	—	47.5	47.5	47.5	45.1	47.5	47.5
45.2	54.4	54.1	59.6	61.5	—	54.4	54.4	54.4	45.1	54.4	54.4
60.8	63.3	62.7	68.7	72.0	—	63.3	63.3	63.3	45.1	62.0	63.3
74.5	71.1	70.3	76.6	81.4	—	71.1	67.5	71.1	45.1	62.0	—
79.3	75.2	74.4	80.8	86.5	—	72.3	67.5	75.2	45.1	62.0	—
83.0	79.1	78.1	84.5	91.2	—	72.3	67.5	79.1	45.1	62.0	—

规格 in	重量 lbf/ft	钢级	外径 D mm	材料 K_a/ 临界缺欠 a_N %	壁厚 t mm	内径 d mm	带螺纹和接箍			直连型 内螺纹外径－机紧		
							通径 mm	外径 标准接箍 W mm	外径 特殊间隙接箍 W_c mm	通径 mm	标准接头 M mm	优化接头 M_c mm
$7^{5}/_{8}$	26.400	C90	7.63	1 / 5	8.33	177.01	173.84	215.90	206.38	171.45	203.45	201.17
$7^{5}/_{8}$	29.700	C90	7.63	1 / 5	9.53	174.63	171.45	215.90	206.38	171.45	203.45	201.17
$7^{5}/_{8}$	33.700	C90	7.63	1 / 5	10.92	171.83	168.66	215.90	206.38	168.66	203.45	201.17
$7^{5}/_{8}$	39.000	C90	7.63	1 / 5	12.70	168.28	165.10	215.90	206.38	165.10	203.45	201.17
$7^{5}/_{8}$	42.800	C90	7.63	1 / 5	14.27	165.13	161.95	215.90	206.38	—	—	—
$7^{5}/_{8}$	45.300	C90	7.63	1 / 5	15.11	163.45	160.27	215.90	206.38	—	—	—
$7^{5}/_{8}$	47.100	C90	7.63	1 / 5	15.88	161.93	158.75	215.90	206.38	—	—	—
$7^{5}/_{8}$	51.200	C90	7.63	1 / 5	17.45	158.78	155.60	—	—	—	—	—
$7^{5}/_{8}$	55.300	C90	7.63	1 / 5	19.05	155.58	152.40	—	—	—	—	—
$7^{5}/_{8}$	26.400	C95	7.63	1 / 12.5	8.33	177.01	173.84	215.90	206.38	171.45	203.45	201.17
$7^{5}/_{8}$	29.700	C95	7.63	1 / 12.5	9.53	174.63	171.45	215.90	206.38	171.45	203.45	201.17
$7^{5}/_{8}$	33.700	C95	7.63	1 / 12.5	10.92	171.83	168.66	215.90	206.38	168.66	203.45	201.17
$7^{5}/_{8}$	39.000	C95	7.63	1 / 12.5	12.70	168.28	165.10	215.90	206.38	165.10	203.45	201.17
$7^{5}/_{8}$	42.800	C95	7.63	1 / 12.5	14.27	165.13	161.95	215.90	206.38	—	—	—
$7^{5}/_{8}$	45.300	C95	7.63	1 / 12.5	15.11	163.45	160.27	215.90	206.38	—	—	—
$7^{5}/_{8}$	47.100	C95	7.63	1 / 12.5	15.88	161.93	158.75	215.90	206.38	—	—	—
$7^{5}/_{8}$	26.400	T95	7.63	1 / 5	8.33	177.01	173.84	215.90	206.38	171.45	203.45	201.17
$7^{5}/_{8}$	29.700	T95	7.63	1 / 5	9.53	174.63	171.45	215.90	206.38	171.45	203.45	201.17
$7^{5}/_{8}$	33.700	T95	7.63	1 / 5	10.92	171.83	168.66	215.90	206.38	168.66	203.45	201.17
$7^{5}/_{8}$	39.000	T95	7.63	1 / 5	12.70	168.28	165.10	215.90	206.38	165.10	203.45	201.17
$7^{5}/_{8}$	42.800	T95	7.63	1 / 5	14.27	165.13	161.95	215.90	206.38	—	—	—
$7^{5}/_{8}$	45.300	T95	7.63	1 / 5	15.11	163.45	160.27	215.90	206.38	—	—	—
$7^{5}/_{8}$	47.100	T95	7.63	1 / 5	15.88	161.93	158.75	215.90	206.38	—	—	—
$7^{5}/_{8}$	51.200	T95	7.63	1 / 5	17.45	158.78	155.60	—	—	—	—	—
$7^{5}/_{8}$	55.300	T95	7.63	1 / 5	19.05	155.58	152.40	—	—	—	—	—
$7^{5}/_{8}$	29.70	P110	7.625	1 / 12.5	9.53	174.63	171.45	215.90	206.38	171.45	203.45	201.17
$7^{5}/_{8}$	33.70	P110	7.625	1 / 12.5	10.92	171.83	168.66	215.90	206.38	168.66	203.45	201.17
$7^{5}/_{8}$	39.00	P110	7.625	1 / 12.5	12.70	168.28	165.10	215.90	206.38	165.10	203.45	201.17
$7^{5}/_{8}$	42.80	P110	7.625	1 / 12.5	14.27	165.13	161.95	215.90	206.38	—	—	—
$7^{5}/_{8}$	45.30	P110	7.625	1 / 12.5	15.11	163.45	160.27	215.90	206.38	—	—	—
$7^{5}/_{8}$	47.10	P110	7.625	1 / 12.5	15.88	161.93	158.75	215.90	206.38	—	—	—
$7^{5}/_{8}$	29.70	P110	7.625	1 / 5	9.53	174.63	171.45	215.90	206.38	171.45	203.45	201.17
$7^{5}/_{8}$	33.70	P110	7.625	1 / 5	10.92	171.83	168.66	215.90	206.38	168.66	203.45	201.17
$7^{5}/_{8}$	39.00	P110	7.625	1 / 5	12.70	168.28	165.10	215.90	206.38	165.10	203.45	201.17
$7^{5}/_{8}$	42.80	P110	7.625	1 / 5	14.27	165.13	161.95	215.90	206.38	—	—	—
$7^{5}/_{8}$	45.30	P110	7.625	1 / 5	15.11	163.45	160.27	215.90	206.38	—	—	—
$7^{5}/_{8}$	47.10	P110	7.625	1 / 5	15.88	161.93	158.75	215.90	206.38	—	—	—
$7^{5}/_{8}$	39.00	Q125	7.625	1 / 5	12.70	168.28	165.10	215.90	—	165.10	203.45	—
$7^{5}/_{8}$	42.80	Q125	7.625	1 / 5	14.27	165.13	161.95	215.90	—	—	—	—
$7^{5}/_{8}$	45.30	Q125	7.625	1 / 5	15.11	163.45	160.27	215.90	—	—	—	—
$7^{5}/_{8}$	47.10	Q125	7.625	1 / 5	15.88	161.93	158.75	215.90	—	—	—	—
$7^{3}/_{4}$	46.1	L80 9Cr	7.75	2 / 12.5	15.11	166.62	163.45	—	—	—	—	—

续表

抗挤强度 MPa	内压，MPa										
	管体 内屈服				接头						
	API 历史公式	拉梅－Von Mises		延性断裂封堵管端	圆螺纹		偏梯形螺纹				直连型
							标准		特殊间隙		
		开口端部	封堵管端		短圆螺纹	长圆螺纹	同等钢级	更高钢级	同等钢级	更高钢级	
24.9	46.7	46.5	51.7	51.5	—	46.7	46.7	—	46.7	—	46.7
34.7	53.4	53.1	58.8	59.2	—	53.4	53.4	—	50.8	—	53.4
48.6	61.2	60.8	67	68.3	—	61.2	61.2	—	50.8	—	61.2
66.3	71.2	70.6	77.3	80	—	71.2	71.2	—	50.8	—	71.2
81.9	80	79.2	86.2	90.6	—	80	75.9	—	50.8	—	—
89.2	84.7	83.7	90.9	96.3	—	81.4	75.9	—	50.8	—	—
93.3	88.9	87.8	95.2	101.5	—	81.4	75.9	—	50.8	—	—
1.7	97.8	96.3	103.8	112.4	—	—	—	—	—	—	—
10	106.7	104.7	112.4	123.5	—	—	—	—	—	—	—
25.6	49.3	49.1	54.6	49.1	—	49.3	49.3	—	49.3	—	49.3
35.3	56.4	56.1	62.1	56.4	—	56.4	56.4	—	53.6	—	56.4
50.2	64.6	64.2	70.8	65.0	—	64.6	64.6	—	53.6	—	64.6
68.9	75.1	74.5	81.6	76.2	—	75.1	75.1	—	53.6	—	75.1
85.5	84.4	83.5	91.0	86.2	—	84.4	80.1	—	53.6	—	—
94.2	89.4	88.3	96.0	91.6	—	85.8	80.1	—	53.6	—	—
98.5	93.9	92.7	100.4	96.5	—	85.8	80.1	—	53.6	—	—
25.6	49.3	49.1	54.6	54.2	—	49.3	49.3	—	49.3	—	49.3
35.3	56.4	56.1	62.1	62.3	—	56.4	56.4	—	53.6	—	56.4
50.2	64.6	64.2	70.8	71.9	—	64.6	64.6	—	53.6	—	64.6
68.9	75.1	74.5	81.6	84.3	—	75.1	75.1	—	53.6	—	75.1
85.5	84.4	83.5	91.0	95.4	—	84.4	80.1	—	53.6	—	—
94.2	89.4	88.3	96.0	101.4	—	85.8	80.1	—	53.6	—	—
98.5	93.9	92.7	100.4	106.8	—	85.8	80.1	—	53.6	—	—
07.3	103.2	101.6	109.6	118.2	—	—	—	—	—	—	—
16.1	112.7	110.6	118.6	130.1	—	—	—	—	—	—	—
36.9	65.2	64.9	71.9	67.7	—	65.2	65.2	65.2	62.0	65.2	65.2
54.2	74.8	74.3	81.9	78.0	—	74.8	74.8	74.8	62.0	70.5	74.8
76.3	87.0	86.3	94.5	91.4	—	87.0	87.0	87.0	62.0	70.5	87.0
96.0	97.8	96.7	105.3	103.4	—	97.8	92.7	97.8	62.0	70.5	—
06.4	103.5	102.2	111.1	109.8	—	99.4	92.7	103.5	62.0	70.5	—
14.0	108.7	107.3	116.3	115.7	—	99.4	92.7	105.3	62.0	70.5	—
36.9	65.2	64.9	71.9	74.7	—	65.2	65.2	65.2	62.0	65.2	65.2
54.2	74.8	74.3	81.9	86.2	—	74.8	74.8	74.8	62.0	70.5	74.8
76.3	87.0	86.3	94.5	101.0	—	87.0	87.0	87.0	62.0	70.5	87.0
96.0	97.8	96.7	105.3	114.4	—	97.8	92.7	97.8	62.0	70.5	—
06.4	103.5	102.2	111.1	121.5	—	99.4	92.7	103.5	62.0	70.5	—
14.0	108.7	107.3	116.3	128.2	—	99.4	92.7	105.3	62.0	70.5	—
83.1	98.8	98.0	107.3	110.0	—	98.8	98.8	—	—	—	98.8
05.8	111.1	109.9	119.7	124.4	—	111.1	105.3	—	—	—	—
17.8	117.6	116.2	126.2	132.3	—	113.0	105.3	—	—	—	—
28.8	123.5	122.0	132.2	139.4	—	113.0	105.3	—	—	—	—
78.1	74.1	73.2	79.6	66.7	—	—	—	—	—	—	—

规格 in	重量 lbf/ft	钢级	外径 D mm	材料 K_a/ 临界缺欠 a_N %	壁厚 t mm	内径 d mm	通径 mm	带螺纹和接箍 外径 标准接箍 W mm	特殊间隙接箍 W_c mm	直连型 内螺纹外径－机紧 通径 mm	标准接头 M mm	优化接头 M_c mm
7 3/4	46.10	L80*	7.750	1 / 12.5	15.11	166.62	163.45	—	—	—	—	—
7 3/4	46.10	N80	7.75	2 / 12.5	15.11	166.62	163.45	—	—	—	—	—
7 3/4	46.10	N80	7.75	1 / 12.5	15.11	166.62	163.45	—	—	—	—	—
7 3/4	46.10	C90	7.75	1/5	15.11	166.62	163.45	—	—	—	—	—
7 3/4	46.10	C95	7.75	1 / 12.5	15.11	166.62	163.45	—	—	—	—	—
7 3/4	46.10	T95	7.75	1/5	15.11	166.62	163.45	—	—	—	—	—
7 3/4	46.10	P110	7.75	1 / 12.5	15.11	166.62	163.45	—	—	—	—	—
7 3/4	46.10	P110	7.75	1/5	15.11	166.62	163.45	—	—	—	—	—
7 3/4	46.10	Q125	7.75	1/5	15.11	166.62	163.45	—	—	—	—	—
8 5/8	28.00	H40	8.625	2 / 12.5	7.72	203.63	200.46	244.48	—	—	—	—
8 5/8	32.00	H40	8.625	2 / 12.5	8.94	201.19	198.02	244.48	—	—	—	—
8 5/8	24.00	J55	8.625	2 / 12.5	6.71	205.66	202.49	244.48	231.78	—	—	—
8 5/8	32.00	J55	8.625	2 / 12.5	8.94	201.19	198.02	244.48	231.78	195.58	231.65	229.36
8 5/8	36.00	J55	8.625	2 / 12.5	10.16	198.76	195.58	244.48	231.78	195.58	231.65	229.36
8 5/8	24.00	K55	8.625	2 / 12.5	6.71	205.66	202.49	244.48	231.78	—	—	—
8 5/8	32.00	K55	8.625	2 / 12.5	8.94	201.19	198.02	244.48	231.78	195.58	231.65	229.36
8 5/8	36.00	K55	8.625	2 / 12.5	10.16	198.76	195.58	244.48	231.78	195.58	231.65	229.36
8 5/8	24.00	M65	8.625	2 / 12.5	6.71	205.66	202.49	244.48	231.78	—	—	—
8 5/8	28.00	M65	8.625	2 / 12.5	7.72	203.63	200.46	244.48	231.78	—	—	—
8 5/8	32.00	M65	8.625	2 / 12.5	8.94	201.19	198.02	244.48	231.78	—	—	—
8 5/8	36.00	M65	8.625	2 / 12.5	10.16	198.76	195.58	244.48	231.78	—	—	—
8 5/8	40.00	M65	8.625	2 / 12.5	11.43	196.22	193.04	244.48	231.78	—	—	—
8 5/8	24.00	M65	8.625	1 / 12.5	6.71	205.66	202.49	244.48	231.78	—	—	—
8 5/8	28.00	M65	8.625	1 / 12.5	7.72	203.63	200.46	244.48	231.78	—	—	—
8 5/8	32.00	M65	8.625	1 / 12.5	8.94	201.19	198.02	244.48	231.78	—	—	—
8 5/8	36.00	M65	8.625	1 / 12.5	10.16	198.76	195.58	244.48	231.78	—	—	—
8 5/8	40.00	M65	8.625	1 / 12.5	11.43	196.22	193.04	244.48	231.78	—	—	—
8 5/8	36.00	L80 9Cr	8.625	2 / 12.5	10.16	198.76	195.58	244.48	231.78	195.58	231.65	229.36
8 5/8	40.00	L80 9Cr	8.625	2 / 12.5	11.43	196.22	193.04	244.48	231.78	193.04	231.65	229.36
8 5/8	44.00	L80 9Cr	8.625	2 / 12.5	12.70	193.68	190.50	244.48	231.78	190.50	231.65	229.36
8 5/8	49.00	L80 9Cr	8.625	2 / 12.5	14.15	190.78	187.60	244.48	231.78	187.60	231.65	229.36
8 5/8	36.00	L80*	8.625	1 / 12.5	10.16	198.76	195.58	244.48	231.78	195.58	231.65	229.36
8 5/8	40.00	L80*	8.625	1 / 12.5	11.43	196.22	193.04	244.48	231.78	193.04	231.65	229.36
8 5/8	44.00	L80*	8.625	1 / 12.5	12.70	193.68	190.50	244.48	231.78	190.50	231.65	229.36
8 5/8	49.00	L80*	8.625	1 / 12.5	14.15	190.78	187.60	244.48	231.78	187.60	231.65	229.36

续表

抗挤强度MPa	内压，MPa										
	管体内屈服				接头						
	API历史公式	拉梅－Von Mises		延性断裂	圆螺纹		偏梯形螺纹				直连型
		开口端部	封堵管端	封堵管端	短圆螺纹	长圆螺纹	标准		特殊间隙		
							同等钢级	更高钢级	同等钢级	更高钢级	
78.1	74.1	73.2	79.6	80.8	—	—	—	—	—	—	—
78.1	74.1	73.2	79.6	70.1	—	—	—	—	—	—	—
78.1	74.1	73.2	79.6	85.1	—	—	—	—	—	—	—
87.8	83.3	82.3	89.6	94.6	—	—	—	—	—	—	—
91.8	87.9	87	94.5	90	—	—	—	—	—	—	—
91.8	87.9	87	94.5	99.6	—	—	—	—	—	—	—
103.4	101.8	100.7	109.4	108	—	—	—	—	—	—	—
103.4	101.8	100.7	109.4	119.5	—	—	—	—	—	—	—
114.3	115.7	114.4	124.4	130	—	—	—	—	—	—	—
11.1	17.0	16.9	18.9	18.5	17.0	—	—	—	—	—	—
15.2	19.7	19.6	21.8	21.4	19.7	—	—	—	—	—	—
9.4	20.3	20.3	22.7	20.1	20.3	—	—	—	—	—	—
7.4	27.1	27.0	30.0	27.0	27.1	27.1	27.1	27.1	27.1	27.1	27.1
3.8	30.7	30.7	34.0	30.8	30.7	30.7	30.7	30.7	28.0	30.7	30.7
9.4	20.3	20.3	22.7	25.5	20.3	—	—	—	—	—	—
7.4	27.1	27.0	30.0	34.2	27.1	27.1	27.1	27.1	27.1	27.1	27.1
3.8	30.7	30.7	34.0	39.0	30.7	30.7	30.7	30.7	28.0	30.7	30.7
9.8	24	24	26.9	22.9	24	—	—	—	—	—	—
13.9	27.6	27.6	30.9	26.5	27.6	—	—	—	—	—	—
18.9	32	31.9	35.6	30.7	32	32	32	—	32	—	—
25.9	36.4	36.2	40.2	35.1	36.4	36.4	36.4	—	36.4	—	—
33.8	40.9	40.7	44.9	39.6	—	40.9	40.9	—	40.7	—	—
9.8	24	24	26.9	27.6	24	—	—	—	—	—	—
13.9	27.6	27.6	30.9	31.9	27.6	—	—	—	—	—	—
18.9	32	31.9	35.6	37.1	32	32	32	—	32	—	—
25.9	36.4	36.2	40.2	42.3	36.4	36.4	36.4	—	36.4	—	—
33.8	40.9	40.7	44.9	47.8	—	40.9	40.9	—	40.7	—	—
28.2	44.7	44.6	49.5	39.5	—	44.7	44.7	—	40.7	—	44.7
38.0	50.3	50.1	55.3	44.6	—	50.3	50.3	—	40.7	—	50.3
47.9	55.9	55.5	61.2	49.7	—	55.9	55.9	—	40.7	—	55.9
59.0	62.3	61.8	67.7	55.6	—	62.3	62.3	—	40.7	—	62.3
28.2	44.7	44.6	49.5	47.7	—	44.7	44.7	—	40.7	—	44.7
38.0	50.3	50.1	55.3	53.9	—	50.3	50.3	—	40.7	—	50.3
47.9	55.9	55.5	61.2	60.1	—	55.9	55.9	—	40.7	—	55.9
59.0	62.3	61.8	67.7	67.3	—	62.3	62.3	—	40.7	—	62.3

规格 in	重量 lbf/ft	钢级	外径 D mm	材料 K_a/临界缺欠 a_N %	壁厚 t mm	内径 d mm	带螺纹和接箍			直连型 内螺纹外径－机紧		
							通径 mm	外径		通径 mm	标准接头 M mm	优化接头 M_c mm
								标准接箍 W mm	特殊间隙接箍 W_c mm			
8 5/8	36	N80	8.63	2 / 12.5	10.16	198.76	195.58	244.48	231.78	195.58	231.65	229.36
8 5/8	40	N80	8.63	2 / 12.5	11.43	196.22	193.04	244.48	231.78	193.04	231.65	229.36
8 5/8	44	N80	8.63	2 / 12.5	12.7	193.68	190.5	244.48	231.78	190.5	231.65	229.36
8 5/8	49	N80	8.63	2 / 12.5	14.15	190.78	187.6	244.48	231.78	187.6	231.65	229.36
8 5/8	36.00	N80	8.625	1 / 12.5	10.16	198.76	195.58	244.48	231.78	195.58	231.65	229.36
8 5/8	40.00	N80	8.625	1 / 12.5	11.43	196.22	193.04	244.48	231.78	193.04	231.65	229.36
8 5/8	44.00	N80	8.625	1 / 12.5	12.70	193.68	190.50	244.48	231.78	190.50	231.65	229.36
8 5/8	49.00	N80	8.625	1 / 12.5	14.15	190.78	187.60	244.48	231.78	187.60	231.65	229.36
8 5/8	36.00	C90	8.625	1 / 5	10.16	198.76	195.58	244.48	231.78	195.58	231.65	229.36
8 5/8	40.00	C90	8.625	1 / 5	11.43	196.22	193.04	244.48	231.78	193.04	231.65	229.36
8 5/8	44.00	C90	8.625	1 / 5	12.70	193.68	190.50	244.48	231.78	190.50	231.65	229.36
8 5/8	49.00	C90	8.625	1 / 5	14.15	190.78	187.60	244.48	231.78	187.60	231.65	229.36
8 5/8	36.00	C95	8.625	1 / 12.5	10.16	198.76	195.58	244.48	231.78	195.58	231.65	229.36
8 5/8	40.00	C95	8.625	1 / 12.5	11.43	196.22	193.04	244.48	231.78	193.04	231.65	229.36
8 5/8	44.00	C95	8.625	1 / 12.5	12.70	193.68	190.50	244.48	231.78	190.50	231.65	229.36
8 5/8	49.00	C95	8.625	1 / 12.5	14.15	190.78	187.60	244.48	231.78	187.60	231.65	229.36
8 5/8	36.00	T95	8.625	1 / 5	10.16	198.76	195.58	244.48	231.78	195.58	231.65	229.36
8 5/8	40.00	T95	8.625	1 / 5	11.43	196.22	193.04	244.48	231.78	193.04	231.65	229.36
8 5/8	44.00	T95	8.625	1 / 5	12.70	193.68	190.50	244.48	231.78	190.50	231.65	229.36
8 5/8	49.00	T95	8.625	1 / 5	14.15	190.78	187.60	244.48	231.78	187.60	231.65	229.36
8 5/8	40.00	P110	8.625	1 / 12.5	11.43	196.22	193.04	244.48	231.78	193.04	231.65	229.36
8 5/8	44.00	P110	8.625	1 / 12.5	12.70	193.68	190.50	244.48	231.78	190.50	231.65	229.36
8 5/8	49.00	P110	8.625	1 / 12.5	14.15	190.78	187.60	244.48	231.78	187.60	231.65	229.36
8 5/8	40.00	P110	8.625	1 / 5	11.43	196.22	193.04	244.48	231.78	193.04	231.65	229.36
8 5/8	44.00	P110	8.625	1 / 5	12.70	193.68	190.50	244.48	231.78	190.50	231.65	229.36
8 5/8	49.00	P110	8.625	1 / 5	14.15	190.78	187.60	244.48	231.78	187.60	231.65	229.36
8 5/8	49	Q125	8.625	1 / 5	14.15	190.78	187.6	244.48	—	187.6	231.65	229.36
9 5/8	32.30	H40	9.625	2 / 12.5	7.92	228.63	224.66	269.88	—	—	—	—
9 5/8	36.00	H40	9.625	2 / 12.5	8.94	226.59	222.63	269.88	—	—	—	—
9 5/8	36.00	J55	9.625	2 / 12.5	8.94	226.59	222.63	269.88	257.18	—	—	—
9 5/8	40.00	J55	9.625	2 / 12.5	10.03	224.41	220.45	269.88	257.18	218.41	256.54	254.51
9 5/8	36.00	K55	9.625	2 / 12.5	8.94	226.59	222.63	269.88	257.18	—	—	—
9 5/8	40.00	K55	9.625	2 / 12.5	10.03	224.41	220.45	269.88	257.18	218.41	256.54	254.51
9 5/8	36.00	M65	9.625	2 / 12.5	8.94	226.59	222.63	269.88	257.18	—	—	—
9 5/8	40.00	M65	9.625	2 / 12.5	10.03	224.41	220.45	269.88	257.18	—	—	—
9 5/8	43.50	M65	9.625	2 / 12.5	11.05	222.38	218.41	269.88	257.18	—	—	—
9 5/8	47.00	M65	9.625	2 / 12.5	11.99	220.50	216.54	269.88	257.18	—	—	—

续表

抗挤强度 MPa	内压，MPa										
	管体内屈服				接头						
	API 历史公式	拉梅－Von Mises		延性断裂	圆螺纹		偏梯形螺纹				直连型
							标准		特殊间隙		
		开口端部	封堵管端	封堵管端	短圆螺纹	长圆螺纹	同等钢级	更高钢级	同等钢级	更高钢级	
28.2	44.7	44.6	49.5	41.5	—	44.7	44.7	—	40.7	—	44.7
38	50.3	50.1	55.3	46.9	—	50.3	50.3	—	40.7	—	50.3
47.9	55.9	55.5	61.2	52.4	—	55.9	55.9	—	40.7	—	55.9
59	62.3	61.8	67.7	58.6	—	62.3	62.3	—	40.7	—	62.3
28.2	44.7	44.6	49.5	50.2	—	44.7	44.7	44.7	40.7	44.7	44.7
38.0	50.3	50.1	55.3	56.7	—	50.3	50.3	50.3	40.7	50.3	50.3
47.9	55.9	55.5	61.2	63.3	—	55.9	55.9	55.9	40.7	55.9	55.9
59.0	62.3	61.8	67.7	70.8	—	62.3	62.3	62.3	40.7	55.9	62.3
29.3	50.3	50.1	55.6	55.7	—	50.3	50.3	—	45.7	—	50.3
40.4	56.6	56.3	62.2	62.9	—	56.6	56.6	—	45.7	—	56.6
51.6	62.9	62.5	68.8	70.3	—	62.9	62.9	—	45.7	—	62.9
64.4	70.1	69.5	76.2	78.8	—	70.1	70.1	—	45.7	—	70.1
30.0	53.1	52.9	58.7	53.1	—	53.1	53.1	—	48.3	—	53.1
41.5	59.7	59.5	65.7	60.0	—	59.7	59.7	—	48.3	—	59.7
53.3	66.4	65.9	72.6	67.0	—	66.4	66.4	—	48.3	—	66.4
66.8	74.0	73.4	80.4	75.0	—	74.0	74.0	—	48.3	—	74.0
30.0	53.1	52.9	58.7	58.6	—	53.1	53.1	—	48.3	—	53.1
41.5	59.7	59.5	65.7	66.2	—	59.7	59.7	—	48.3	—	59.7
53.3	66.4	65.9	72.6	74.0	—	66.4	66.4	—	48.3	—	66.4
66.8	74.0	73.4	80.4	82.9	—	74.0	74.0	—	48.3	—	74.0
44.0	69.2	68.8	76.1	71.9	—	69.2	69.2	69.2	55.9	63.5	69.2
58.0	76.9	76.4	84.1	80.3	—	76.9	76.9	76.9	55.9	63.5	76.9
73.9	85.6	85.0	93.1	89.9	—	85.6	85.6	85.6	55.9	63.5	85.6
44.0	69.2	68.8	76.1	79.4	—	69.2	69.2	69.2	55.9	63.5	69.2
58.0	76.9	76.4	84.1	88.7	—	76.9	76.9	76.9	55.9	63.5	76.9
73.9	85.6	85.0	93.1	99.4	—	85.6	85.6	85.6	55.9	63.5	85.6
80.3	97.4	96.5	105.8	108.2	—	97.4	97.4	—	—	—	97.4
9.4	15.6	15.6	17.5	16.9	15.6	—	—	—	—	—	—
1.9	17.6	17.6	19.6	19.2	17.6	—	—	—	—	—	—
13.9	24.3	24.2	27.0	24.1	24.3	24.3	24.3	24.3	24.3	24.3	—
17.7	27.2	27.1	30.2	27.1	27.2	27.2	27.2	27.2	25.2	27.2	27.2
13.9	24.3	24.2	27.0	30.5	24.3	24.3	24.3	24.3	24.3	24.3	—
17.7	27.2	27.1	30.2	34.4	27.2	27.2	27.2	27.2	25.2	27.2	27.2
15.1	28.7	28.6	32.0	27.5	28.7	28.7	28.7	—	28.7	—	—
19.1	32.2	32.0	35.7	30.9	32.2	32.2	32.2	—	32.2	—	—
24.3	35.4	35.3	39.2	34.2	—	35.4	35.4	—	35.4	—	—
29.5	38.4	38.2	42.4	37.1	—	38.4	38.4	—	36.7	—	—

规格 in	重量 lbf/ft	钢级	外径 D mm	材料 K_a/ 临界缺欠 a_N %	壁厚 t mm	内径 d mm	带螺纹和接箍			直连型 内螺纹外径－机紧		
							通径 mm	外径		通径 mm	标准接头 M mm	优化接头 M_c mm
								标准接箍 W mm	特殊间隙接箍 W_c mm			
9 5/8	36.00	M65	9.625	1 / 12.5	8.94	226.59	222.63	269.88	257.18	—	—	—
9 5/8	40.00	M65	9.625	1 / 12.5	10.03	224.41	220.45	269.88	257.18	—	—	—
9 5/8	43.50	M65	9.625	1 / 12.5	11.05	222.38	218.41	269.88	257.18	—	—	—
9 5/8	47.00	M65	9.625	1 / 12.5	11.99	220.50	216.54	269.88	257.18	—	—	—
9 5/8	40.00	L80 9Cr	9.625	2 / 12.5	10.03	224.41	220.45	269.88	257.18	218.41	256.54	254.51
9 5/8	43.50	L80 9Cr	9.625	2 / 12.5	11.05	222.38	218.41	269.88	257.18	218.41	256.54	254.51
9 5/8	47.00	L80 9Cr	9.625	2 / 12.5	11.99	220.50	216.54	269.88	257.18	216.54	256.54	254.51
9 5/8	53.50	L80 9Cr	9.625	2 / 12.5	13.84	216.79	212.83	269.88	257.18	212.83	256.54	254.51
9 5/8	58.40	L80 9Cr	9.625	2 / 12.5	15.11	214.25	210.29	269.88	257.18	—	—	—
9 5/8	40.00	L80*	9.625	1 / 12.5	10.03	224.41	220.45	269.88	257.18	218.41	256.54	254.51
9 5/8	43.50	L80*	9.625	1 / 12.5	11.05	222.38	218.41	269.88	257.18	218.41	256.54	254.51
9 5/8	47.00	L80*	9.625	1 / 12.5	11.99	220.50	216.54	269.88	257.18	216.54	256.54	254.51
9 5/8	53.50	L80*	9.625	1 / 12.5	13.84	216.79	212.83	269.88	257.18	212.83	256.54	254.51
9 5/8	58.40	L80*	9.625	1 / 12.5	15.11	214.25	210.29	269.88	257.18	—	—	—
9 5/8	40.00	N80	9.625	2 / 12.5	10.03	224.41	220.45	269.88	257.18	218.41	256.54	254.51
9 5/8	43.50	N80	9.625	2 / 12.5	11.05	222.38	218.41	269.88	257.18	218.41	256.54	254.51
9 5/8	47.00	N80	9.625	2 / 12.5	11.99	220.50	216.54	269.88	257.18	216.54	256.54	254.51
9 5/8	53.50	N80	9.625	2 / 12.5	13.84	216.79	212.83	269.88	257.18	212.83	256.54	254.51
9 5/8	58.40	N80	9.625	2 / 12.5	15.11	214.25	210.29	269.88	257.18	—	—	—
9 5/8	40.00	N80	9.625	1 / 12.5	10.03	224.41	220.45	269.88	257.18	218.41	256.54	254.51
9 5/8	43.50	N80	9.625	1 / 12.5	11.05	222.38	218.41	269.88	257.18	218.41	256.54	254.51
9 5/8	47.00	N80	9.625	1 / 12.5	11.99	220.50	216.54	269.88	257.18	216.54	256.54	254.51
9 5/8	53.50	N80	9.625	1 / 12.5	13.84	216.79	212.83	269.88	257.18	212.83	256.54	254.51
9 5/8	58.40	N80	9.625	1 / 12.5	15.11	214.25	210.29	269.88	257.18	—	—	—
9 5/8	40.00	C90	9.625	1 / 5	10.03	224.41	220.45	269.88	257.18	218.41	256.54	254.51
9 5/8	43.50	C90	9.625	1 / 5	11.05	222.38	218.41	269.88	257.18	218.41	256.54	254.51
9 5/8	47.00	C90	9.625	1 / 5	11.99	220.50	216.54	269.88	257.18	216.54	256.54	254.51
9 5/8	53.50	C90	9.625	1 / 5	13.84	216.79	212.83	269.88	257.18	212.83	256.54	254.51
9 5/8	58.40	C90	9.625	1 / 5	15.11	214.25	210.29	269.88	257.18	—	—	—
9 5/8	59.40	C90	9.625	1 / 5	15.47	213.54	209.58	—	—	—	—	—
9 5/8	64.90	C90	9.625	1 / 5	17.07	210.34	206.38	—	—	—	—	—
9 5/8	70.30	C90	9.625	1 / 5	18.64	207.19	203.23	—	—	—	—	—
9 5/8	75.60	C90	9.625	1 / 5	20.24	203.99	200.03	—	—	—	—	—
9 5/8	40.00	C95	9.625	1 / 12.5	10.03	224.41	220.45	269.88	257.18	218.41	256.54	254.51
9 5/8	43.50	C95	9.625	1 / 12.5	11.05	222.38	218.41	269.88	257.18	218.41	256.54	254.51
9 5/8	47.00	C95	9.625	1 / 12.5	11.99	220.50	216.54	269.88	257.18	216.54	256.54	254.51
9 5/8	53.50	C95	9.625	1 / 12.5	13.84	216.79	212.83	269.88	257.18	212.83	256.54	254.51
9 5/8	58.40	C95	9.625	1 / 12.5	15.11	214.25	210.29	269.88	257.18	—	—	—
9 5/8	40.00	T95	9.625	1 / 5	10.03	224.41	220.45	269.88	257.18	218.41	256.54	254.51
9 5/8	43.50	T95	9.625	1 / 5	11.05	222.38	218.41	269.88	257.18	218.41	256.54	254.51
9 5/8	47.00	T95	9.625	1 / 5	11.99	220.50	216.54	269.88	257.18	216.54	256.54	254.51
9 5/8	53.50	T95	9.625	1 / 5	13.84	216.79	212.83	269.88	257.18	212.83	256.54	254.51
9 5/8	58.40	T95	9.625	1 / 5	15.11	214.25	210.29	269.88	257.18	—	—	—

续表

抗挤强度 MPa	内压，MPa										
	管体 内屈服				接头						
	API 历史公式	拉梅－Von Mises		延性断裂	圆螺纹		偏梯形螺纹				直连型
							标准		特殊间隙		
		开口端部	封堵管端	封堵管端	短圆螺纹	长圆螺纹	同等钢级	更高钢级	同等钢级	更高钢级	
15.1	28.7	28.6	32.0	33.1	28.7	28.7	28.7	—	28.7	—	—
19.1	32.2	32.0	35.7	37.3	32.2	32.2	32.2	—	32.2	—	—
24.3	35.4	35.3	39.2	41.2	—	35.4	35.4	—	35.4	—	—
29.5	38.4	38.2	42.4	44.9	—	38.4	38.4	—	36.7	—	—
21.3	39.6	39.5	44.0	34.8	—	39.6	39.6	—	36.7	—	39.6
26.3	43.6	43.4	48.2	38.4	—	43.6	43.6	—	36.7	—	43.6
32.7	47.3	47.1	52.2	41.8	—	47.3	47.3	—	36.7	—	47.3
45.6	54.6	54.3	59.8	48.5	—	54.6	54.6	—	36.7	—	54.6
54.4	59.6	59.2	65.0	53.1	—	59.6	59.6	—	36.7	—	—
21.3	39.6	39.5	44.0	42.0	—	39.6	39.6	—	36.7	—	39.6
26.3	43.6	43.4	48.2	46.4	—	43.6	43.6	—	36.7	—	43.6
32.7	47.3	47.1	52.2	50.5	—	47.3	47.3	—	36.7	—	47.3
45.6	54.6	54.3	59.8	58.6	—	54.6	54.6	—	36.7	—	54.6
54.4	59.6	59.2	65.0	64.3	—	59.6	59.6	—	36.7	—	—
21.3	39.6	39.5	44.0	36.7	—	39.6	39.6	—	36.7	—	39.6
26.3	43.6	43.4	48.2	40.4	—	43.6	43.6	—	36.7	—	43.6
32.7	47.3	47.1	52.2	44.0	—	47.3	47.3	—	36.7	—	47.3
45.6	54.6	54.3	59.8	51.1	—	54.6	54.6	—	36.7	—	54.6
54.4	59.6	59.2	65.0	55.9	—	59.6	59.6	—	36.7	—	—
21.3	39.6	39.5	44.0	44.2	—	39.6	39.6	39.6	36.7	39.6	39.6
26.3	43.6	43.4	48.2	48.9	—	43.6	43.6	43.6	36.7	43.6	43.6
32.7	47.3	47.1	52.2	53.2	—	47.3	47.3	47.3	36.7	47.3	47.3
45.6	54.6	54.3	59.8	61.7	—	54.6	54.6	54.6	36.7	50.4	54.6
54.4	59.6	59.2	65.0	67.7	—	59.6	59.6	59.6	36.7	50.4	—
22.5	44.5	44.4	49.5	49.1	—	44.5	44.5	—	41.2	—	44.5
27.6	49.1	48.9	54.3	54.2	—	49.1	49.1	—	41.2	—	49.1
34.4	53.2	53.0	58.7	59.0	—	53.2	53.2	—	41.2	—	53.2
49.0	61.5	61.0	67.2	68.6	—	61.5	61.5	—	41.2	—	61.5
59.0	67.1	66.6	73.1	75.2	—	67.1	67.1	—	41.2	—	—
61.8	68.7	68.1	74.8	77.0	—	—	—	—	—	—	—
74.4	75.8	75.0	81.9	85.5	—	—	—	—	—	—	—
86.8	82.7	81.9	88.9	93.9	—	—	—	—	—	—	—
94.2	89.8	88.7	96.0	102.6	—	—	—	—	—	—	—
22.9	47.0	46.9	52.2	46.8	—	47.0	47.0	—	43.5	—	47.0
28.5	51.7	51.5	57.3	51.7	—	51.7	51.7	—	43.5	—	51.7
35.1	56.2	55.9	61.9	56.2	—	56.2	56.2	—	43.5	—	56.2
50.6	64.8	64.5	71.0	65.3	—	64.8	64.8	—	43.5	—	64.8
61.3	70.8	70.3	77.2	71.6	—	70.8	70.8	—	43.5	—	—
22.9	47.0	46.9	52.2	51.6	—	47.0	47.0	—	43.5	—	47.0
28.5	51.7	51.5	57.3	57.0	—	51.7	51.7	—	43.5	—	51.7
35.1	56.2	55.9	61.9	62.1	—	56.2	56.2	—	43.5	—	56.2
50.6	64.8	64.5	71.0	72.2	—	64.8	64.8	—	43.5	—	64.8
61.3	70.8	70.3	77.2	79.2	—	70.8	70.8	—	43.5	—	—

规格 in	重量 lbf/ft	钢级	外径 D mm	材料 K_a/ 临界缺欠 a_N %	壁厚 t mm	内径 d mm	带螺纹和接箍			直连型 内螺纹外径－机紧		
							通径 mm	外径				
								标准接箍 W mm	特殊间隙接箍 W_c mm	通径 mm	标准接头 M mm	优化接头 M_c mm
9 5/8	59.40	T95	9.625	1 / 5	15.47	213.54	209.58	—	—	—	—	—
9 5/8	64.90	T95	9.625	1 / 5	17.07	210.34	206.38	—	—	—	—	—
9 5/8	70.30	T95	9.625	1 / 5	18.64	207.19	203.23	—	—	—	—	—
9 5/8	75.60	T95	9.625	1 / 5	20.24	203.99	200.03	—	—	—	—	—
9 5/8	43.50	P110	9.625	1 / 12.5	11.05	222.38	218.41	269.88	257.18	218.41	256.54	254.51
9 5/8	47.00	P110	9.625	1 / 12.5	11.99	220.50	216.54	269.88	257.18	216.54	256.54	254.51
9 5/8	53.50	P110	9.625	1 / 12.5	13.84	216.79	212.83	269.88	257.18	212.83	256.54	254.51
9 5/8	58.40	P110	9.625	1 / 12.5	15.11	214.25	210.29	269.88	257.18	—	—	—
9 5/8	43.50	P110	9.625	1 / 5	11.05	222.38	218.41	269.88	257.18	218.41	256.54	254.51
9 5/8	47.00	P110	9.625	1 / 5	11.99	220.50	216.54	269.88	257.18	216.54	256.54	254.51
9 5/8	53.50	P110	9.625	1 / 5	13.84	216.79	212.83	269.88	257.18	212.83	256.54	254.51
9 5/8	58.40	P110	9.625	1 / 5	15.11	214.25	210.29	269.88	257.18	—	—	—
9 5/8	47.00	Q125	9.625	1 / 5	11.99	220.50	216.54	269.88	—	216.54	256.54	—
9 5/8	53.50	Q125	9.625	1 / 5	13.84	216.79	212.83	269.88	—	212.83	256.54	—
9 5/8	58.40	Q125	9.625	1 / 5	15.11	214.25	210.29	269.88	—	—	—	—
10 3/4	32.75	H40	10.750	2 / 12.5	7.09	258.88	254.91	298.45	285.75	—	—	—
10 3/4	40.50	H40	10.750	2 / 12.5	8.89	255.27	251.31	298.45	285.75	—	—	—
10 3/4	40.50	J55	10.750	2 / 12.5	8.89	255.27	251.31	298.45	285.75	—	—	—
10 3/4	45.50	J55	10.750	2 / 12.5	10.16	252.73	248.77	298.45	285.75	248.77	291.08	—
10 3/4	51.00	J55	10.750	2 / 12.5	11.43	250.19	246.23	298.45	285.75	246.23	291.08	—
10 3/4	40.50	K55	10.750	2 / 12.5	8.89	255.27	251.31	298.45	285.75	—	—	—
10 3/4	45.50	K55	10.750	2 / 12.5	10.16	252.73	248.77	298.45	285.75	248.77	291.08	—
10 3/4	51.00	K55	10.750	2 / 12.5	11.43	250.19	246.23	298.45	285.75	246.23	291.08	—
10 3/4	40.50	M65	10.750	2 / 12.5	8.89	255.27	251.31	298.45	285.75	—	—	—
10 3/4	45.50	M65	10.750	2 / 12.5	10.16	252.73	248.77	298.45	285.75	—	—	—
10 3/4	51.00	M65	10.750	2 / 12.5	11.43	250.19	246.23	298.45	285.75	—	—	—
10 3/4	55.50	M65	10.750	2 / 12.5	12.57	247.90	243.94	298.45	285.75	—	—	—
10 3/4	40.50	M65	10.750	1 / 12.5	8.89	255.27	251.31	298.45	285.75	—	—	—
10 3/4	45.50	M65	10.750	1 / 12.5	10.16	252.73	248.77	298.45	285.75	—	—	—
10 3/4	51.00	M65	10.750	1 / 12.5	11.43	250.19	246.23	298.45	285.75	—	—	—
10 3/4	55.50	M65	10.750	1 / 12.5	12.57	247.90	243.94	298.45	285.75	—	—	—
10 3/4	51.00	L80 9Cr	10.750	2 / 12.5	11.43	250.19	246.23	298.45	285.75	246.23	291.08	11.43
10 3/4	55.50	L80 9Cr	10.750	2 / 12.5	12.57	247.90	243.94	298.45	285.75	243.94	291.08	12.57
10 3/4	51.00	L80*	10.750	1 / 12.5	11.43	250.19	246.23	298.45	285.75	246.23	291.08	—
10 3/4	55.50	L80*	10.750	1 / 12.5	12.57	247.90	243.94	298.45	285.75	243.94	291.08	—
10 3/4	51.00	N80	10.750	2 / 12.5	11.43	250.19	246.23	298.45	285.75	246.23	291.08	—
10 3/4	55.50	N80	10.750	2 / 12.5	12.57	247.90	243.94	298.45	285.75	243.94	291.08	—
10 3/4	51.00	N80	10.75	1 / 12.5	11.43	250.19	246.23	298.45	285.75	246.23	291.08	—

续表

抗挤强度 MPa	内压，MPa 管体 内屈服 API历史公式	拉梅－Von Mises 开口端部	拉梅－Von Mises 封堵管端	延性断裂 封堵管端	接头 圆螺纹 短圆螺纹	圆螺纹 长圆螺纹	偏梯形螺纹 标准 同等钢级	偏梯形螺纹 标准 更高钢级	偏梯形螺纹 特殊间隙 同等钢级	偏梯形螺纹 特殊间隙 更高钢级	直连型
64.2	72.5	71.9	78.9	81.1	—	—	—	—	—	—	—
77.6	80.0	79.2	86.5	90.1	—	—	—	—	—	—	—
90.7	87.4	86.4	93.9	98.9	—	—	—	—	—	—	—
99.4	94.9	93.6	101.4	108.0	—	—	—	—	—	—	—
30.5	59.9	59.7	66.4	62.0	—	59.9	59.9	59.9	50.4	57.3	59.9
36.5	65.0	64.8	71.7	67.5	—	65.0	65.0	65.0	50.4	57.3	65.0
54.8	75.1	74.6	82.2	78.3	—	75.1	75.1	75.1	50.4	57.3	75.1
67.3	82.0	81.4	89.4	85.9	—	82.0	82.0	82.0	50.4	57.3	—
30.5	59.9	59.7	66.4	68.4	—	59.9	59.9	59.9	50.4	57.3	59.9
36.5	65.0	64.8	71.7	74.5	—	65.0	65.0	65.0	50.4	57.3	65.0
54.8	75.1	74.6	82.2	86.5	—	75.1	75.1	75.1	50.4	57.3	75.1
67.3	82.0	81.4	89.4	94.9	—	82.0	82.0	82.0	50.4	57.3	—
38.8	73.9	73.6	81.5	81.0	—	73.9	73.9	—	—	—	73.9
58.2	85.4	84.8	93.4	94.2	—	85.4	85.4	—	—	—	85.4
72.6	93.2	92.5	101.6	103.3	—	93.2	93.2	—	—	—	—
5.8	12.5	12.5	14.1	13.5	12.5	—	—	—	—	—	—
9.6	15.7	15.6	17.6	17.0	15.7	—	—	—	—	—	—
10.9	21.6	21.6	24.2	21.4	21.6	—	21.6	21.6	21.6	21.6	—
14.4	24.7	24.6	27.5	24.5	24.7	—	24.7	24.7	22.7	24.7	24.7
18.7	27.8	27.7	30.8	27.7	27.8	—	27.8	27.8	22.7	27.8	27.8
10.9	21.6	21.6	24.2	27.1	21.6	—	21.6	21.6	21.6	21.6	—
14.4	24.7	24.6	27.5	31.1	24.7	—	24.7	24.7	22.7	24.7	24.7
18.7	27.8	27.7	30.8	35.1	27.8	—	27.8	27.8	22.7	27.8	27.8
11.5	25.5	25.5	28.5	24.4	25.5	—	25.5	—	25.5	—	—
15.6	29.1	29.1	32.5	28.0	29.1	—	29.1	—	29.1	—	—
19.8	32.8	32.7	36.4	31.6	32.8	—	32.8	—	32.8	—	—
25.4	36.1	36.0	39.9	34.8	36.1	—	36.1	—	33.0	—	—
11.5	25.5	25.5	28.5	29.4	25.5	—	25.5	—	25.5	—	—
15.6	29.1	29.1	32.5	33.7	29.1	—	29.1	—	29.1	—	—
19.8	32.8	32.7	36.4	38.1	32.8	—	32.8	—	32.8	—	—
25.4	36.1	36.0	39.9	42.0	36.1	—	36.1	—	33.0	—	—
22.2	40.4	40.2	44.8	35.6	40.4	—	40.4	—	33.0	—	40.4
27.7	44.4	44.2	49.1	39.2	44.4	—	44.4	—	33.0	—	44.4
22.2	40.4	40.2	44.8	42.9	40.4	—	40.4	—	33.0	—	40.4
27.7	44.4	44.2	49.1	47.3	44.4	—	44.4	—	33.0	—	44.4
22.2	40.4	40.2	44.8	37.4	40.4	—	40.4	—	33.0	—	40.4
27.7	44.4	44.2	49.1	41.3	44.4	—	44.4	—	33.0	—	44.4
2.2	40.4	40.2	44.8	45.1	40.4	—	40.4	40.4	33	40.4	40.4

规格 in	重量 lbf/ft	钢级	外径 D mm	材料 K_a/ 临界缺欠 a_N %	壁厚 t mm	内径 d mm	带螺纹和接箍			直连型 内螺纹外径－机紧		
							通径 mm	外径		通径 mm	标准接头 M mm	优化接头 M_c mm
								标准接箍 W mm	特殊间隙接箍 W_c mm			
10 3/4	55.50	N80	10.750	1 / 12.5	12.57	247.90	243.94	298.45	285.75	243.94	291.08	—
10 3/4	51.00	C90	10.750	1 / 5	11.43	250.19	246.23	298.45	285.75	246.23	291.08	—
10 3/4	55.50	C90	10.750	1 / 5	12.57	247.90	243.94	298.45	285.75	243.94	291.08	—
10 3/4	60.70	C90	10.750	1 / 5	13.84	245.36	241.40	298.45	285.75	241.40	291.08	—
10 3/4	65.70	C90	10.750	1 / 5	15.11	242.82	238.86	298.45	285.75	—	—	—
10 3/4	73.20	C90	10.750	1 / 5	17.07	238.91	234.95	—	—	—	—	—
10 3/4	79.20	C90	10.750	1 / 5	18.64	235.76	231.80	—	—	—	—	—
10 3/4	85.30	C90	10.750	1 / 5	20.24	232.56	228.60	—	—	—	—	—
10 3/4	51.00	C95	10.750	1 / 12.5	11.43	250.19	246.23	298.45	285.75	246.23	291.08	—
10 3/4	55.50	C95	10.750	1 / 12.5	12.57	247.90	243.94	298.45	285.75	243.94	291.08	—
10 3/4	51.00	T95	10.750	1 / 5	11.43	250.19	246.23	298.45	285.75	246.23	291.08	—
10 3/4	55.50	T95	10.750	1 / 5	12.57	247.90	243.94	298.45	285.75	243.94	291.08	—
10 3/4	60.70	T95	10.750	1 / 5	13.84	245.36	241.40	298.45	285.75	241.40	291.08	—
10 3/4	65.70	T95	10.750	1 / 5	15.11	242.82	238.86	298.45	285.75	—	—	—
10 3/4	73.20	T95	10.750	1 / 5	17.07	238.91	234.95	—	—	—	—	—
10 3/4	79.20	T95	10.750	1 / 5	18.64	235.76	231.80	—	—	—	—	—
10 3/4	85.30	T95	10.750	1 / 5	20.24	232.56	228.60	—	—	—	—	—
10 3/4	51.00	P110	10.750	1 / 12.5	11.43	250.19	246.23	298.45	285.75	246.23	291.08	—
10 3/4	55.50	P110	10.750	1 / 12.5	12.57	247.90	243.94	298.45	285.75	243.94	291.08	—
10 3/4	60.70	P110	10.750	1 / 12.5	13.84	245.36	241.40	298.45	285.75	241.40	291.08	—
10 3/4	65.70	P110	10.750	1 / 12.5	15.11	242.82	238.86	298.45	285.75	—	—	—
10 3/4	51.00	P110	10.750	1 / 5	11.43	250.19	246.23	298.45	285.75	246.23	291.08	—
10 3/4	55.50	P110	10.750	1 / 5	12.57	247.90	243.94	298.45	285.75	243.94	291.08	—
10 3/4	60.70	P110	10.750	1 / 5	13.84	245.36	241.40	298.45	285.75	241.40	291.08	—
10 3/4	65.70	P110	10.750	1 / 5	15.11	242.82	238.86	298.45	285.75	—	—	—
10 3/4	60.70	Q125	10.750	1 / 5	13.84	245.36	241.40	298.45	—	241.40	291.08	—
10 3/4	65.70	Q125	10.750	1 / 5	15.11	242.82	238.86	298.45	—	—	—	—
11 3/4	42.00	H40	11.75	2 / 12.5	8.46	281.53	277.57	323.85	—	—	—	—
11 3/4	47.00	J55	11.750	2 / 12.5	9.53	279.40	275.44	323.85	—	—	—	—
11 3/4	54.00	J55	11.750	2 / 12.5	11.05	276.35	272.39	323.85	—	—	—	—
11 3/4	60.00	J55	11.750	2 / 12.5	12.42	273.61	269.65	323.85	—	—	—	—
11 3/4	47.00	K55	11.750	2 / 12.5	9.53	279.40	275.44	323.85	—	—	—	—
11 3/4	54.00	K55	11.750	2 / 12.5	11.05	276.35	272.39	323.85	—	—	—	—
11 3/4	60.00	K55	11.750	2 / 12.5	12.42	273.61	269.65	323.85	—	—	—	—
11 3/4	47.00	M65	11.750	2 / 12.5	9.53	279.40	275.44	323.85	—	—	—	—
11 3/4	54.00	M65	11.750	2 / 12.5	11.05	276.35	272.39	323.85	—	—	—	—
11 3/4	60.00	M65	11.750	2 / 12.5	12.42	273.61	269.65	323.85	—	—	—	—
11 3/4	47.00	M65	11.750	1 / 12.5	9.53	279.40	275.44	323.85	—	—	—	—
11 3/4	54.00	M65	11.750	1 / 12.5	11.05	276.35	272.39	323.85	—	—	—	—

续表

抗挤强度 MPa	内压，MPa										
	管体内屈服				接头						
	API 历史公式	拉梅－Von Mises		延性断裂	圆螺纹		偏梯形螺纹				直连型
							标准		特殊间隙		
		开口端部	封堵管端	封堵管端	短圆螺纹	长圆螺纹	同等钢级	更高钢级	同等钢级	更高钢级	
27.7	44.4	44.2	49.1	49.8	44.4	—	44.4	44.4	33.0	44.4	44.4
23.4	45.4	45.3	50.4	50.0	45.4	—	45.4	—	37.1	—	45.4
28.7	50.0	49.7	55.3	55.3	50.0	—	50.0	—	37.1	—	50.0
37.6	55.0	54.8	60.6	61.0	55.0	—	55.0	—	37.1	—	55.0
46.6	60.1	59.7	65.9	67.0	60.1	—	60.1	—	37.1	—	—
60.4	67.9	67.3	73.9	76.1	—	—	—	—	—	—	—
71.4	74.1	73.4	80.3	83.5	—	—	—	—	—	—	—
82.7	80.5	79.6	86.7	91.2	—	—	—	—	—	—	—
24.0	48.0	47.8	53.2	47.7	48.0	—	48.0	—	39.1	—	48.0
29.6	52.8	52.5	58.3	52.7	52.8	—	52.8	—	39.1	—	52.8
24.0	48.0	47.8	53.2	52.7	48.0	—	48.0	—	39.1	—	48.0
29.6	52.8	52.5	58.3	58.2	52.8	—	52.8	—	39.1	—	52.8
38.4	58.1	57.8	63.9	64.3	58.1	—	58.1	—	39.1	—	58.1
48.0	63.4	63.0	69.5	70.5	63.4	—	63.4	—	39.1	—	—
62.6	71.6	71.0	78.0	80.1	—	—	—	—	—	—	—
74.4	78.2	77.5	84.7	87.9	—	—	—	—	—	—	—
86.4	85.0	84.0	91.5	96.0	—	—	—	—	—	—	—
25.2	55.5	55.3	61.6	57.3	55.5	—	55.5	55.5	45.3	51.5	55.5
31.8	61.0	60.8	67.5	63.2	61.0	—	61.0	61.0	45.3	51.5	61.0
40.5	67.2	66.9	74.0	69.8	67.2	—	67.2	67.2	45.3	51.5	67.2
51.7	73.4	73.0	80.5	76.5	73.4	—	73.4	73.4	45.3	51.5	—
25.2	55.5	55.3	61.6	63.2	55.5	—	55.5	55.5	45.3	51.5	55.5
31.8	61.0	60.8	67.5	69.7	61.0	—	61.0	61.0	45.3	51.5	61.0
40.5	67.2	66.9	74.0	77.1	67.2	—	67.2	67.2	45.3	51.5	67.2
51.7	73.4	73.0	80.5	84.5	73.4	—	73.4	73.4	45.3	51.5	—
41.8	76.4	76.0	84.1	83.9	76.4	—	76.4	—	—	—	76.4
54.6	83.4	83.0	91.4	92.0	83.4	—	83.4	—	—	—	—
7.2	13.6	13.6	15.4	14.7	13.6	—	—	—	—	—	—
10.4	21.2	21.2	23.7	21.0	21.2	—	21.2	21.2	—	—	—
14.3	24.5	24.5	27.4	24.4	24.5	—	24.5	24.5	—	—	—
18.4	27.6	27.5	30.7	27.6	27.6	—	27.6	27.6	—	—	—
10.4	21.2	21.2	23.7	26.6	21.2	—	21.2	21.2	—	—	—
14.3	24.5	24.5	27.4	30.9	24.5	—	24.5	24.5	—	—	—
18.4	27.6	27.5	30.7	34.9	27.6	—	27.6	27.6	—	—	—
11.0	25.0	24.9	28.0	23.9	25.0	—	25.0	—	—	—	—
15.5	29.0	28.9	32.3	27.8	29.0	—	29.0	—	—	—	—
19.6	32.6	32.5	36.2	31.3	32.6	—	32.6	—	—	—	—
11.0	25.0	24.9	28.0	28.8	25.0	—	25.0	—	—	—	—
15.5	29.0	28.9	32.3	33.6	29.0	—	29.0	—	—	—	—

规格 in	重量 lbf/ft	钢级	外径 D mm	材料 K_a/ 临界缺欠 a_N %	壁厚 t mm	内径 d mm	带螺纹和接箍			直连型 内螺纹外径－机紧		
							通径 mm	外径				
								标准接箍 W mm	特殊间隙接箍 W_c mm	通径 mm	标准接头 M mm	优化接头 M_c mm
11 3/4	60.00	M65	11.750	1 / 12.5	12.42	273.61	269.65	323.85	—	—	—	—
11 3/4	60.00	L80 9Cr	11.750	2 / 12.5	12.42	273.61	269.65	323.85	—	—	—	—
11 3/4	65.00	L80 9Cr	11.750	2 / 12.5	13.56	271.32	267.36	—	—	—	—	—
11 3/4	71.00	L80 9Cr	11.750	2 / 12.5	14.78	268.88	264.92	—	—	—	—	—
11 3/4	60.00	L80*	11.750	1 / 12.5	12.42	273.61	269.65	323.85	—	—	—	—
11 3/4	65.00	L80*	11.750	1 / 12.5	13.56	271.32	267.36	—	—	—	—	—
11 3/4	71.00	L80*	11.750	1 / 12.5	14.78	268.88	264.92	—	—	—	—	—
11 3/4	60.00	N80	11.750	2 / 12.5	12.42	273.61	269.65	323.85	—	—	—	—
11 3/4	65.00	N80	11.750	2 / 12.5	13.56	271.32	267.36	—	—	—	—	—
11 3/4	71.00	N80	11.750	2 / 12.5	14.78	268.88	264.92	—	—	—	—	—
11 3/4	60.00	N80	11.750	1 / 12.5	12.42	273.61	269.65	323.85	—	—	—	—
11 3/4	65.00	N80	11.750	1 / 12.5	13.56	271.32	267.36	—	—	—	—	—
11 3/4	71.00	N80	11.750	1 / 12.5	14.78	268.88	264.92	—	—	—	—	—
11 3/4	60.00	C90	11.750	1 / 5	12.42	273.61	269.65	323.85	—	—	—	—
11 3/4	65.00	C90	11.750	1 / 5	13.56	271.32	267.36	—	—	—	—	—
11 3/4	71.00	C90	11.750	1 / 5	14.78	268.88	264.92	—	—	—	—	—
11 3/4	60.00	C95	11.750	1 / 12.5	12.42	273.61	269.65	323.85	—	—	—	—
11 3/4	65.00	C95	11.750	1 / 12.5	13.56	271.32	267.36	—	—	—	—	—
11 3/4	71.00	C95	11.750	1 / 12.5	14.78	268.88	264.92	—	—	—	—	—
11 3/4	60.00	T95	11.750	1 / 5	12.42	273.61	269.65	323.85	—	—	—	—
11 3/4	65.00	T95	11.750	1 / 5	13.56	271.32	267.36	—	—	—	—	—
11 3/4	71.00	T95	11.750	1 / 5	14.78	268.88	264.92	—	—	—	—	—
11 3/4	60.00	P110	11.750	1 / 12.5	12.42	273.61	269.65	323.85	—	—	—	—
11 3/4	65.00	P110	11.750	1 / 12.5	13.56	271.32	267.36	—	—	—	—	—
11 3/4	71.00	P110	11.750	1 / 12.5	14.78	268.88	264.92	—	—	—	—	—
11 3/4	60.00	P110	11.750	1 / 5	12.42	273.61	269.65	323.85	—	—	—	—
11 3/4	65.00	P110	11.750	1 / 5	13.56	271.32	267.36	—	—	—	—	—
11 3/4	71.00	P110	11.750	1 / 5	14.78	268.88	264.92	—	—	—	—	—
11 3/4	60.00	Q125	11.750	1 / 5	12.42	273.61	269.65	323.85	—	—	—	—
11 3/4	65.00	Q125	11.750	1 / 5	13.56	271.32	267.36	—	—	—	—	—
11 3/4	71.00	Q125	11.750	1 / 5	14.78	268.88	264.92	—	—	—	—	—
13 3/8	48	H40	13.375	2 / 12.5	8.38	322.96	319	365.13	—	—	—	—
13 3/8	54.50	J55	13.375	2 / 12.5	9.65	320.42	316.46	365.13	—	—	—	—
13 3/8	61.00	J55	13.375	2 / 12.5	10.92	317.88	313.92	365.13	—	—	—	—
13 3/8	68.00	J55	13.375	2 / 12.5	12.19	315.34	311.38	365.13	—	—	—	—
13 3/8	54.50	K55	13.375	2 / 12.5	9.65	320.42	316.46	365.13	—	—	—	—
13 3/8	61.00	K55	13.375	2 / 12.5	10.92	317.88	313.92	365.13	—	—	—	—

续表

抗挤强度 MPa	内压，MPa										
	管体 内屈服				接头						
	API 历史公式	拉梅－Von Mises		延性断裂	圆螺纹		偏梯形螺纹				直连型
							标准		特殊间隙		
		开口端部	封堵管端	封堵管端	短圆螺纹	长圆螺纹	同等钢级	更高钢级	同等钢级	更高钢级	
19.6	32.6	32.5	36.2	37.8	32.6	—	32.6	—	—	—	—
21.9	40.2	40.0	44.6	35.3	40.2	—	40.2	—	—	—	—
26.7	43.8	43.7	48.5	38.7	—	—	—	—	—	—	—
33.6	47.7	47.5	52.6	42.2	—	—	—	—	—	—	—
21.9	40.2	40.0	44.6	42.6	40.2	—	40.2	—	—	—	—
26.7	43.8	43.7	48.5	46.6	—	—	—	—	—	—	—
33.6	47.7	47.5	52.6	51.1	—	—	—	—	—	—	—
21.9	40.2	40.0	44.6	37.2	40.2	—	40.2	—	—	—	—
26.7	43.8	43.7	48.5	40.7	—	—	—	—	—	—	—
33.6	47.7	47.5	52.6	44.5	—	—	—	—	—	—	—
21.9	40.2	40.0	44.6	44.9	40.2	—	40.2	40.2	—	—	—
26.7	43.8	43.7	48.5	49.1	—	—	—	—	—	—	—
33.6	47.7	47.5	52.6	53.7	—	—	—	—	—	—	—
23.2	45.1	45.0	50.2	49.7	45.1	—	45.1	—	—	—	—
28.0	49.3	49.1	54.6	54.5	—	—	—	—	—	—	—
35.3	53.7	53.5	59.3	59.6	—	—	—	—	—	—	—
23.7	47.7	47.5	52.9	47.5	47.7	—	47.7	—	—	—	—
28.7	52.1	51.9	57.6	52.0	—	—	—	—	—	—	—
36.1	56.7	56.5	62.5	56.9	—	—	—	—	—	—	—
23.7	47.7	47.5	52.9	52.4	47.7	—	47.7	—	—	—	—
28.7	52.1	51.9	57.6	57.4	—	—	—	—	—	—	—
36.1	56.7	56.5	62.5	62.8	—	—	—	—	—	—	—
24.9	55.2	55.0	61.3	56.9	55.2	—	55.2	55.2	—	—	—
30.9	60.3	60.0	66.7	62.4	—	—	—	—	—	—	—
37.7	65.7	65.4	72.4	68.1	—	—	—	—	—	—	—
24.9	55.2	55.0	61.3	62.8	55.2	—	55.2	55.2	—	—	—
30.9	60.3	60.0	66.7	68.8	—	—	—	—	—	—	—
37.7	65.7	65.4	72.4	75.2	—	—	—	—	—	—	—
25.4	62.7	62.5	69.6	68.3	62.7	—	62.7	—	—	—	—
32.3	68.5	68.2	75.8	74.9	—	—	—	—	—	—	—
39.7	74.7	74.3	82.3	81.9	—	—	—	—	—	—	—
5.1	11.9	11.9	13.4	12.8	11.9	—	—	—	—	—	—
7.8	18.8	18.8	21.2	18.7	18.8	—	18.8	18.8	—	—	—
0.6	21.3	21.3	23.8	21.2	21.3	—	21.3	21.3	—	—	—
3.4	23.8	23.8	26.5	23.6	23.8	—	23.8	23.8	—	—	—
7.8	18.8	18.8	21.2	23.6	18.8	—	18.8	18.8	—	—	—
0.6	21.3	21.3	23.8	26.8	21.3	—	21.3	21.3	—	—	—

规格 in	重量 lbf/ft	钢级	外径 D mm	材料 K_a/ 临界缺欠 a_N %	壁厚 t mm	内径 d mm	带螺纹和接箍			直连型 内螺纹外径－机紧		
							通径 mm	外径		通径 mm	标准接头 M mm	优化接头 M_c mm
								标准接箍 W mm	特殊间隙接箍 W_c mm			
13 3/8	68.00	K55	13.375	2 / 12.5	12.19	315.34	311.38	365.13	—	—	—	—
13 3/8	54.50	M65	13.375	2 / 12.5	9.65	320.42	316.46	365.13	—	—	—	—
13 3/8	61.00	M65	13.375	2 / 12.5	10.92	317.88	313.92	365.13	—	—	—	—
13 3/8	68.00	M65	13.375	2 / 12.5	12.19	315.34	311.38	365.13	—	—	—	—
13 3/8	54.50	M65	13.375	1 / 12.5	9.65	320.42	316.46	365.13	—	—	—	—
13 3/8	61.00	M65	13.375	1 / 12.5	10.92	317.88	313.92	365.13	—	—	—	—
13 3/8	68.00	M65	13.375	1 / 12.5	12.19	315.34	311.38	365.13	—	—	—	—
13 3/8	68.00	L80 9Cr	13.375	2 / 12.5	12.19	315.34	311.38	365.13	—	—	—	—
13 3/8	72.00	L80 9Cr	13.375	2 / 12.5	13.06	313.61	309.65	365.13	—	—	—	—
13 3/8	68.00	L80*	13.375	1 / 12.5	12.19	315.34	311.38	365.13	—	—	—	—
13 3/8	72.00	L80*	13.375	1 / 12.5	13.06	313.61	309.65	365.13	—	—	—	—
13 3/8	68.00	N80	13.375	2 / 12.5	12.19	315.34	311.38	365.13	—	—	—	—
13 3/8	72.00	N80	13.375	2 / 12.5	13.06	313.61	309.65	365.13	—	—	—	—
13 3/8	68.00	N80	13.375	1 / 12.5	12.19	315.34	311.38	365.13	—	—	—	—
13 3/8	72.00	N80	13.375	1 / 12.5	13.06	313.61	309.65	365.13	—	—	—	—
13 3/8	68.00	C90	13.375	1 / 5	12.19	315.34	311.38	365.13	—	—	—	—
13 3/8	72.00	C90	13.375	1 / 5	13.06	313.61	309.65	365.13	—	—	—	—
13 3/8	68.00	C95	13.375	1 / 12.5	12.19	315.34	311.38	365.13	—	—	—	—
13 3/8	72.00	C95	13.375	1 / 12.5	13.06	313.61	309.65	365.13	—	—	—	—
13 3/8	68.00	T95	13.375	1 / 5	12.19	315.34	311.38	365.13	—	—	—	—
13 3/8	72.00	T95	13.375	1 / 5	13.06	313.61	309.65	365.13	—	—	—	—
13 3/8	68.00	P110	13.375	1 / 12.5	12.19	315.34	311.38	365.13	—	—	—	—
13 3/8	72.00	P110	13.375	1 / 12.5	13.06	313.61	309.65	365.13	—	—	—	—
13 3/8	68.00	P110	13.375	1 / 5	12.19	315.34	311.38	365.13	—	—	—	—
13 3/8	72.00	P110	13.375	1 / 5	13.06	313.61	309.65	365.13	—	—	—	—
13 3/8	72.00	Q125	13.375	1/5	13.06	313.61	309.65	365.13	—	—	—	—
16	65.00	H40	16	2 / 12.5	9.53	387.35	382.57	431.8	—	—	—	—
16	75.00	J55	16.000	2 / 12.5	11.13	384.15	379.37	431.80	—	—	—	—
16	84.00	J55	16.000	2 / 12.5	12.57	381.25	376.48	431.80	—	—	—	—
16	109.00	J55	16.000	2 / 12.5	16.66	373.08	368.30	—	—	—	—	—
16	75.00	K55	16.000	2 / 12.5	11.13	384.15	379.37	431.80	—	—	—	—
16	84.00	K55	16.000	2 / 12.5	12.57	381.25	376.48	431.80	—	—	—	—
16	109.00	K55	16.000	2 / 12.5	16.66	373.08	368.30	—	—	—	—	—
16	75	M65	16	2 / 12.5	11.13	384.15	379.37	431.8	—	—	—	—

续表

抗挤强度MPa	内压，MPa										
	管体内屈服				接头						
	API历史公式	拉梅－Von Mises		延性断裂	圆螺纹		偏梯形螺纹				直连型
							标准		特殊间隙		
		开口端部	封堵管端	封堵管端	短圆螺纹	长圆螺纹	同等钢级	更高钢级	同等钢级	更高钢级	
13.4	23.8	23.8	26.5	30.0	23.8	—	23.8	23.8	—	—	—
7.9	22.3	22.3	25.0	21.2	22.3	—	22.3	—	—	—	—
1.2	25.2	25.1	28.2	24.1	25.2	—	25.2	—	—	—	—
4.5	28.1	28.0	31.3	26.9	28.1	—	28.1	—	—	—	—
7.9	22.3	22.3	25.0	25.6	22.3	—	22.3	—	—	—	—
1.2	25.2	25.1	28.2	29.0	25.2	—	25.2	—	—	—	—
4.5	28.1	28.0	31.3	32.5	28.1	—	28.1	—	—	—	—
15.6	34.6	34.5	38.7	30.3	34.6	—	34.6	—	—	—	—
18.4	37.1	36.9	41.3	32.5	37.1	—	37.1	—	—	—	—
15.6	34.6	34.5	38.7	36.6	34.6	—	34.6	—	—	—	—
18.4	37.1	36.9	41.3	39.3	37.1	—	37.1	—	—	—	—
15.6	34.6	34.5	38.7	32.0	34.6	—	34.6	—	—	—	—
18.4	37.1	36.9	41.3	34.2	37.1	—	37.1	—	—	—	—
15.6	34.6	34.5	38.7	38.5	34.6	—	34.6	34.6	—	—	—
18.4	37.1	36.9	41.3	41.3	37.1	—	37.1	37.1	—	—	—
16.0	38.9	38.9	43.5	42.7	38.9	—	38.9	—	—	—	—
19.2	41.7	41.6	46.4	45.8	41.7	—	41.7	—	—	—	—
16.1	41.1	41.0	45.9	40.7	41.1	—	41.1	—	—	—	—
19.4	44.0	43.9	49.0	43.7	44.0	—	44.0	—	—	—	—
16.1	41.1	41.0	45.9	44.9	41.1	—	41.1	—	—	—	—
19.4	44.0	43.9	49.0	48.2	44.0	—	44.0	—	—	—	—
16.1	47.6	47.5	53.1	48.9	47.6	—	47.6	47.6	—	—	—
19.8	51.0	50.8	56.8	52.4	51.0	—	51.0	51.0	—	—	—
16.1	47.6	47.5	53.1	53.9	47.6	—	47.6	47.6	—	—	—
19.8	51.0	50.8	56.8	57.8	51.0	—	51.0	51.0	—	—	—
19.8	57.9	57.7	64.5	62.9	57.9	—	57.9	—	—	—	—
4.3	11.3	11.3	12.7	12.2	11.3	—	—	—	—	—	—
7.0	18.1	18.1	20.4	18.0	18.1	—	18.1	18.1	—	—	—
9.7	20.5	20.5	23.0	20.3	20.5	—	20.5	20.5	—	—	—
7.6	27.2	27.1	30.2	27.1	—	—	—	—	—	—	—
7.0	18.1	18.1	20.4	22.7	18.1	—	18.1	18.1	—	—	—
9.7	20.5	20.5	23.0	25.8	20.5	—	20.5	20.5	—	—	—
7.6	27.2	27.1	30.2	34.4	—	—	—	—	—	—	—
1020	3110	3110	3500	2970	3110	—	3110	—	—	—	—

规格 in	重量 lbf/ft	钢级	外径 D mm	材料 K_a/ 临界缺欠 a_N %	壁厚 t mm	内径 d mm	带螺纹和接箍			直连型 内螺纹外径－机紧		
							通径 mm	外径				
								标准接箍 W mm	特殊间隙接箍 W_c mm	通径 mm	标准接头 M mm	优化接头 M_c mm
16	84	M65	16	2 / 12.5	12.57	381.25	376.48	431.80	—	—	—	—
16	75.00	M65	16.000	1 / 12.5	11.13	384.15	379.37	431.80	—	—	—	—
16	84.00	M65	16.000	1 / 12.5	12.57	381.25	376.48	431.80	—	—	—	—
16	109.00	L80 9Cr	16	2 / 12.5	16.66	373.08	368.30	—	—	—	—	—
16	109.00	L80*	16	1 / 12.5	16.66	373.08	368.30	—	—	—	—	—
16	109.00	N80	16	2 / 12.5	16.66	373.08	368.30	—	—	—	—	—
16	109.00	N80	16	1 / 12.5	16.66	373.08	368.30	—	—	—	—	—
16	109.00	C95	16	1 / 12.5	16.66	373.08	368.30	—	—	—	—	—
16	109.00	P110	16	1 / 12.5	16.66	373.08	368.30	—	—	—	—	—
16	109.00	P110	16	1/5	16.66	373.08	368.30	—	—	—	—	—
16	109.00	Q125	16	1/5	16.66	373.08	368.30	—	—	—	—	—
18 $^5/_8$	87.50	H40	18.625	2 / 12.5	11.05	450.98	446.20	508.00	—	—	—	—
18 $^5/_8$	87.50	J55	18.625	2 / 12.5	11.05	450.98	446.20	508.00	—	—	—	—
18 $^5/_8$	87.50	K55	18.625	2 / 12.5	11.05	450.98	446.20	508.00	—	—	—	—
18 $^5/_8$	87.50	M65	18.625	2 / 12.5	11.05	450.98	446.20	508.00	—	—	—	—
18 $^5/_8$	87.50	M65	18.625	1 / 12.5	11.05	450.98	446.20	508.00	—	—	—	—
20	94.00	H40	20	2 / 12.5	11.13	485.75	480.97	533.40	—	—	—	—
20	94.00	J55	20.000	2 / 12.5	11.13	485.75	480.97	533.40	—	—	—	—
20	106.50	J55	20.000	2 / 12.5	12.70	482.60	477.82	533.40	—	—	—	—
20	133.00	J55	20.000	2 / 12.5	16.13	475.74	470.97	533.40	—	—	—	—
20	94.00	K55	20.000	2 / 12.5	11.13	485.75	480.97	533.40	—	—	—	—
20	106.50	K55	20.000	2 / 12.5	12.70	482.60	477.82	533.40	—	—	—	—
20	133.00	K55	20.000	2 / 12.5	16.13	475.74	470.97	533.40	—	—	—	—
20	94.00	M65	20.000	2 / 12.5	11.13	485.75	480.97	533.40	—	—	—	—
20	106.50	M65	20.000	2 / 12.5	12.70	482.60	477.82	533.40	—	—	—	—
20	94.00	M65	20.000	1 / 12.5	11.13	485.75	480.97	533.40	—	—	—	—
20	106.50	M65	20.000	1 / 12.5	12.70	482.60	477.82	533.40	—	—	—	—

续表

抗挤强度 MPa	内压，MPa										
	管体 内屈服				接头						
					圆螺纹		偏梯形螺纹				直连型
	API 历史公式	拉梅－Von Mises		延性断裂			标准		特殊间隙		
		开口端部	封堵管端	封堵管端	短圆螺纹	长圆螺纹	同等钢级	更高钢级	同等钢级	更高钢级	
10.1	24.3	24.2	27.1	23.2	24.3	—	24.3	—	—	—	—
21.2	39.5	39.4	43.9	34.8	—	—	—	—	—	—	—
21.2	39.5	39.4	43.9	42	—	—	—	—	—	—	—
21.2	39.5	39.4	43.9	36.6	—	—	—	—	—	—	—
21.2	39.5	39.4	43.9	44.2	—	—	—	—	—	—	—
22.9	47	46.8	52.2	46.7	—	—	—	—	—	—	—
23.9	54.4	54.2	60.4	56	—	—	—	—	—	—	—
23.9	54.4	54.2	60.4	61.9	—	—	—	—	—	—	—
24.3	61.8	61.6	68.6	67.3	—	—	—	—	—	—	—
4.3	11.2	11.2	12.7	12.1	11.2	—	—	—	—	—	—
4.3	15.5	15.5	17.5	15.3	15.5	—	15.5	15.5	—	—	—
4.3	15.5	15.5	17.5	19.4	15.5	—	15.5	15.5	—	—	—
4.3	18.3	18.3	20.7	17.4	18.3	—	18.3	—	—	—	—
4.3	18.3	18.3	20.7	20.9	18.3	—	18.3	—	—	—	—
3.6	10.5	10.5	11.9	11.4	10.5	10.5	—	—	—	—	—
10.1	24.3	24.2	27.1	23.2	24.3	—	24.3	—	—	—	—
21.2	39.5	39.4	43.9	34.8	—	—	—	—	—	—	—
3.6	14.5	14.5	16.4	14.3	14.5	14.5	14.5	14.5	—	—	—
5.3	16.6	16.5	18.7	16.4	16.6	16.6	16.6	16.6	—	—	—
0.3	21.1	21.0	23.6	20.9	21.1	21.1	21.1	21.1	—	—	—
3.6	14.5	14.5	16.4	18.1	14.5	14.5	14.5	14.5	—	—	—
5.3	16.6	16.5	18.7	20.7	16.6	16.6	16.6	16.6	—	—	—
0.3	21.1	21.0	23.6	26.5	21.1	21.1	21.1	21.1	—	—	—
3.6	17.2	17.2	19.4	16.3	17.2	17.2	17.2	—	—	—	—
5.3	19.6	19.6	22.0	18.7	19.6	19.6	19.6	—	—	—	—
3.6	17.2	17.2	19.4	19.6	17.2	17.2	17.2	—	—	—	—
5.3	19.6	19.6	22.0	22.5	19.6	19.6	19.6	—	—	—	—

表 3-6-26 套管接头和管体的轴向拉伸使用性能

规格	重量	钢级	材料 K_a/临界缺欠 a_N	壁厚 t	内径 d	平端管体屈服强度	带螺纹和接箍的接头强度							
							圆螺纹		偏梯形螺纹					
									标准接箍		特殊间隙接箍		直连型	
							短圆螺纹	长圆螺纹	同等钢级	更高钢级	同等钢级	更高钢级	标准	优化
in	lb/ft		%	mm	mm	kN	kN	kN	kN	kN	kN	kN	kN	kN
$4^1/_2$	9.50	H40	2 / 12.5	5.21	103.89	492	341	—	—	—	—	—	—	—
$4^1/_2$	9.50	J55	2 / 12.5	5.21	103.89	677	452	—	—	—	—	—	—	—
$4^1/_2$	10.50	J55	2 / 12.5	5.69	102.92	736	589	—	902	902	902	902	—	—
$4^1/_2$	11.60	J55	2 / 12.5	6.35	101.60	817	685	721	1001	1001	1001	1001	—	—
$4^1/_2$	9.50	K55	2 / 12.5	5.21	103.89	677	498	—	—	—	—	—	—	—
$4^1/_2$	10.50	K55	2 / 12.5	5.69	102.92	736	652	—	1110	1110	1110	1110	—	—
$4^1/_2$	11.60	K55	2 / 12.5	6.35	101.60	817	758	799	1231	1231	1231	1231	—	—
$4^1/_2$	9.50	M65	2 / 12.5	5.21	103.89	800	525	—	—	—	—	—	—	—
$4^1/_2$	10.50	M65	2 / 12.5	5.69	102.92	870	684	—	1029	—	1029	—	—	—
$4^1/_2$	11.60	M65	2 / 12.5	6.35	101.60	966	—	838	1141	—	1141	—	—	—
$4^1/_2$	13.50	M65	2 / 12.5	7.37	99.57	1110	—	1015	1311	—	1311	—	—	—
$4^1/_2$	9.50	M65	1 / 12.5	5.21	103.89	800	525	—	—	—	—	—	—	—
$4^1/_2$	10.50	M65	1 / 12.5	5.69	102.92	870	684	—	1029	—	1029	—	—	—
$4^1/_2$	11.60	M65	1 / 12.5	6.35	101.60	966	—	838	1141	—	1141	—	—	—
$4^1/_2$	13.50	M65	1 / 12.5	7.37	99.57	1110	—	1015	1311	—	1311	—	—	—
$4^1/_2$	11.60	L80 9Cr	2 / 12.5	6.35	101.60	1188	—	943	1294	—	1294	—	—	—
$4^1/_2$	13.50	L80 9Cr	2 / 12.5	7.37	99.57	1366	—	1142	1487	—	1423	—	—	—
$4^1/_2$	11.60	L80*	1 / 12.5	6.35	101.60	1188	—	943	1294	—	1294	—	—	—
$4^1/_2$	13.50	L80*	1 / 12.5	7.37	99.57	1366	—	1142	1487	—	1423	—	—	—
$4^1/_2$	11.60	N80n	2 / 12.5	6.35	101.60	1188	—	992	1351	—	1351	—	—	—
$4^1/_2$	13.50	N80n	2 / 12.5	7.37	99.57	1366	—	1202	1553	—	1498	—	—	—
$4^1/_2$	11.60	N80	1 / 12.5	6.35	101.60	1188	—	992	1351	1351	1351	1351	—	—
$4^1/_2$	13.50	N80	1 / 12.5	7.37	99.57	1366	—	1202	1553	1553	1498	1553	—	—

续表

规格	重量	钢级	材料 K_a/临界缺欠 a_N	壁厚 t	内径 d	平端管体屈服强度	带螺纹和接箍的接头强度							
							圆螺纹		偏梯形螺纹				直连型	
									标准接箍		特殊间隙接箍			
							短圆螺纹	长圆螺纹	同等钢级	更高钢级	同等钢级	更高钢级	标准	优化
in	lb/ft		%	mm	mm	kN	kN	kN	kN	kN	kN	kN	kN	kN
$4^{1}/_{2}$	11.60	C90	1 / 5	6.35	101.60	1337	—	992	1376	—	1376	—	—	—
$4^{1}/_{2}$	13.50	C90	1 / 5	7.37	99.57	1536	—	1202	1582	—	1498	—	—	—
$4^{1}/_{2}$	11.60	C95	1 / 12.5	6.35	101.60	1411	—	1042	1446	—	1446	—	—	—
$4^{1}/_{2}$	13.50	C95	1 / 12.5	7.37	99.57	1622	—	1262	1662	—	1573	—	—	—
$4^{1}/_{2}$	11.60	T95	1 / 5	6.35	101.60	1411	—	1042	1446	—	1446	—	—	—
$4^{1}/_{2}$	13.50	T95	1 / 5	7.37	99.57	1622	—	1262	1662	—	1573	—	—	—
$4^{1}/_{2}$	11.60	P110	1 / 12.5	6.35	101.60	1634	—	1240	1714	1714	1714	1714	—	—
$4^{1}/_{2}$	13.50	P110	1 / 12.5	7.37	99.57	1878	—	1503	1970	1970	1872	1970	—	—
$4^{1}/_{2}$	15.10	P110	1 / 12.5	8.56	97.18	2157	—	1805	2263	2263	1872	2022	—	—
$4^{1}/_{2}$	11.60	P110	1/5	6.35	101.6	1634	—	1240	1714	1714	1714	1714	—	—
$4^{1}/_{2}$	13.50	P110	1 / 5	7.37	99.57	1878	—	1503	1970	1970	1872	1970	—	—
$4^{1}/_{2}$	15.10	P110	1 / 5	8.56	97.18	2157	—	1805	2263	2263	1872	2022	—	—
$4^{1}/_{2}$	15.1	Q125	1/5	8.56	97.18	2451	—	1950	2465	—	—	—	—	—
5	11.50	J55	2 / 12.5	5.59	115.82	809	593	—	—	—	—	—	—	—
5	13.00	J55	2 / 12.5	6.43	114.15	923	750	810	1123	1123	1123	1123	—	—
5	15.00	J55	2 / 12.5	7.52	111.96	1071	919	992	1302	1302	1279	1302	1460	—
5	11.50	K55	2 / 12.5	5.59	115.82	809	652	—	—	—	—	—	—	—
5	13.00	K55	2 / 12.5	6.43	114.15	923	827	895	1376	1376	1376	1376	—	—
5	15.00	K55	2 / 12.5	7.52	111.96	1071	1013	1096	1595	1595	1595	1595	1849	—
5	11.50	M65	2 / 12.5	5.59	115.82	956	689	—	—	—	—	—	—	—
5	13.00	M65	2 / 12.5	6.43	114.15	1091	873	942	1281	—	1281	—	—	—
5	15.00	M65	2 / 12.5	7.52	111.96	1265	—	1154	1485	—	1485	—	—	—
5	18.00	M65	2 / 12.5	9.19	108.61	1526	—	1471	1791	—	1620	—	—	—
5	21.40	M65	2 / 12.5	11.10	104.80	1812	—	1820	2127	—	1620	—	—	—

续表

规格	重量	钢级	材料 K_a/临界缺欠 a_N	壁厚	内径	平端管体屈服强度	带螺纹和接箍的接头强度							
							圆螺纹		偏梯形螺纹				直连型	
									标准接箍		特殊间隙接箍			
				t	d		短圆螺纹	长圆螺纹	同等钢级	更高钢级	同等钢级	更高钢级	标准	优化
in	lb/ft		%	mm	mm	kN	kN	kN	kN	kN	kN	kN	kN	kN
5	11.50	M65	1 / 12.5	5.59	115.82	956	689	—	—	—	—	—	—	—
5	13.00	M65	1 / 12.5	6.43	114.15	1091	873	942	1281	—	1281	—	—	—
5	15.00	M65	1 / 12.5	7.52	111.96	1265	—	1154	1485	—	1485	—	—	—
5	18.00	M65	1 / 12.5	9.19	108.61	1526	—	1471	1791	—	1620	—	—	—
5	21.40	M65	1 / 12.5	11.10	104.80	1812	—	1820	2127	—	1620	—	—	—
5	15.00	L80 9Cr	2 / 12.5	7.52	111.96	1557	—	1314	1687	—	1620	—	1849	—
5	18.00	L80 9Cr	2 / 12.5	9.19	108.61	1878	—	1675	2034	—	1620	—	1984	—
5	21.40	L80 9Cr	2 / 12.5	11.10	104.80	2230	—	2073	2268	—	1620	—	—	—
5	23.20	L80 9Cr	2 / 12.5	12.14	102.72	2418	—	2284	2268	—	1620	—	—	—
5	24.10	L80 9Cr	2 / 12.5	12.70	101.60	2517	—	2396	2268	—	1620	—	—	—
5	15.00	L80*	1 / 12.5	7.52	111.96	1557	—	1314	1687	—	1620	—	1849	—
5	18.00	L80*	1 / 12.5	9.19	108.61	1878	—	1675	2034	—	1620	—	1984	—
5	21.40	L80*	1 / 12.5	11.10	104.80	2230	—	2073	2268	—	1620	—	—	—
5	23.20	L80*	1 / 12.5	12.14	102.72	2418	—	2284	2268	—	1620	—	—	—
5	24.10	L80*	1 / 12.5	12.70	101.60	2517	—	2396	2268	—	1620	—	—	—
5	15.00	N80n	2 / 12.5	7.52	111.96	1557	—	1383	1760	—	1705	—	1946	—
5	18.00	N80n	2 / 12.5	9.19	108.61	1878	—	1763	2123	—	1705	—	2089	—
5	21.40	N80n	2 / 12.5	11.10	104.80	2230	—	2182	2388	—	1705	—	—	—
5	23.20	N80n	2 / 12.5	12.14	102.72	2418	—	2404	2388	—	1705	—	—	—
5	24.10	N80n	2 / 12.5	12.70	101.60	2517	—	2522	2388	—	1705	—	—	—
5	15.00	N80	1 / 12.5	7.52	111.96	1557	—	1383	1760	1760	1705	1760	1946	—
5	18.00	N80	1 / 12.5	9.19	108.61	1878	—	1763	2123	2123	1705	2123	2089	—
5	21.40	N80	1 / 12.5	11.10	104.80	2230	—	2182	2388	2521	1705	2131	—	—
5	23.20	N80	1 / 12.5	12.14	102.72	2418	—	2404	2388	2733	1705	2131	—	—
5	24.10	N80	1 / 12.5	12.70	101.60	2517	—	2522	2388	2845	1705	2131	—	—
5	15.00	C90	1 / 5	7.52	111.96	1752	—	1383	1797	—	1705	—	1946	—

续表

规格	重量	钢级	材料 K_a/临界缺欠 a_N	壁厚 t	内径 d	平端管体屈服强度	带螺纹和接箍的接头强度							
							圆螺纹		偏梯形螺纹				直连型	
									标准接箍		特殊间隙接箍			
							短圆螺纹	长圆螺纹	同等钢级	更高钢级	同等钢级	更高钢级	标准	优化
in	lb/ft		%	mm	mm	kN	kN	kN	kN	kN	kN	kN	kN	kN
5	18.00	C90	1 / 5	9.19	108.61	2113	—	1763	2167	—	1705	—	2089	—
5	21.40	C90	1 / 5	11.10	104.80	2509	—	2182	2388	—	1705	—	—	—
5	23.20	C90	1 / 5	12.14	102.72	2720	—	2404	2388	—	1705	—	—	—
5	24.10	C90	1 / 5	12.70	101.60	2831	—	2522	2388	—	1705	—	—	—
5	15.00	C95	1 / 12.5	7.52	111.96	1849	—	1452	1889	—	1790	—	2044	—
5	18.00	C95	1 / 12.5	9.19	108.61	2230	—	1851	2278	—	1790	—	2193	—
5	21.40	C95	1 / 12.5	11.10	104.80	2648	—	2291	2507	—	1790	—	—	—
5	23.20	C95	1 / 12.5	12.14	102.72	2871	—	2524	2507	—	1790	—	—	—
5	24.10	C95	1 / 12.5	12.70	101.60	2988	—	2648	2507	—	1790	—	—	—
5	15.00	T95	1 / 5	7.52	111.96	1849	—	1452	1889	—	1790	—	2044	—
5	18.00	T95	1 / 5	9.19	108.61	2230	—	1851	2278	—	1790	—	2193	—
5	21.40	T95	1 / 5	11.10	104.80	2648	—	2291	2507	—	1790	—	—	—
5	23.20	T95	1 / 5	12.14	102.72	2871	—	2524	2507	—	1790	—	—	—
5	24.10	T95	1 / 5	12.70	101.60	2988	—	2648	2507	—	1790	—	—	—
5	15.00	P110	1 / 12.5	7.52	111.96	2141	—	1729	2237	2237	2131	2237	2433	—
5	18.00	P110	1 / 12.5	9.19	108.61	2582	—	2204	2698	2698	2131	2302	2611	—
5	21.40	P110	1 / 12.5	11.10	104.80	3066	—	2727	2985	3204	2131	2302	—	—
5	23.20	P110	1 / 12.5	12.14	102.72	3324	—	3005	2985	3223	2131	2302	—	—
5	24.10	P110	1 / 12.5	12.70	101.60	3460	—	3152	2985	3223	2131	2302	—	—
5	15.00	P110	1 / 5	7.52	111.96	2141	—	1729	2237	2237	2131	2237	2433	—
5	18.00	P110	1 / 5	9.19	108.61	2582	—	2204	2698	2698	2131	2302	2611	—
5	21.40	P110	1 / 5	11.10	104.80	3066	—	2727	2985	3204	2131	2302	—	—
5	23.20	P110	1 / 5	12.14	102.72	3324	—	3005	2985	3223	2131	2302	—	—
5	24.10	P110	1 / 5	12.70	101.60	3460	—	3152	2985	3223	2131	2302	—	—
5	18.00	Q125	1 / 5	9.19	108.61	2934	—	2380	2941	—	—	—	2820	—
5	21.40	Q125	1 / 5	11.10	104.80	3484	—	2945	3223	—	—	—	—	—
5	23.20	Q125	1 / 5	12.14	102.72	3777	—	3246	3223	—	—	—	—	—

续表

规格	重量	钢级	材料 K_a/临界缺欠 a_N	壁厚	内径	平端管体屈服强度	带螺纹和接箍的接头强度							
							圆螺纹		偏梯形螺纹				直连型	
									标准接箍		特殊间隙接箍			
				t	d		短圆螺纹	长圆螺纹	同等钢级	更高钢级	同等钢级	更高钢级	标准	优化
in	lb/ft		%	mm	mm	kN	kN	kN	kN	kN	kN	kN	kN	kN
5	24.10	Q125	1 / 5	12.70	101.60	3932	—	3404	3223	—	—	—	—	—
$5^1/_2$	14.00	H40	2 / 12.5	6.2	127.3	717	577	—	—	—	—	—	—	—
$5^1/_2$	14.00	J55	2 / 12.5	6.20	127.30	986	766	—	—	—	—	—	—	—
$5^1/_2$	15.50	J55	2 / 12.5	6.99	125.73	1105	897	967	1334	1334	1334	1334	1507	1507
$5^1/_2$	17.00	J55	2 / 12.5	7.72	124.26	1214	1019	1098	1466	1466	1414	1466	1656	1656
$5^1/_2$	14.00	K55	2 / 12.5	6.20	127.30	986	841	—	—	—	—	—	—	—
$5^1/_2$	15.50	K55	2 / 12.5	6.99	125.73	1105	986	1064	1628	1628	1628	1628	1908	1908
$5^1/_2$	17.00	K55	2 / 12.5	7.72	124.26	1214	1120	1208	1790	1790	1790	1790	2098	2098
$5^1/_2$	14.00	M65	2 / 12.5	6.20	127.30	1165	891	—	—	—	—	—	—	—
$5^1/_2$	15.50	M65	2 / 12.5	6.99	125.73	1306	1045	1125	1523	—	1523	—	—	—
$5^1/_2$	17.00	M65	2 / 12.5	7.72	124.26	1435	—	1277	1674	—	1674	—	—	—
$5^1/_2$	20.00	M65	2 / 12.5	9.17	121.36	1686	—	1572	1966	—	1791	—	—	—
$5^1/_2$	23.00	M65	2 / 12.5	10.54	118.62	1918	—	1846	2236	—	1791	—	—	—
$5^1/_2$	14.00	M65	1 / 12.5	6.20	127.30	1165	891	—	—	—	—	—	—	—
$5^1/_2$	15.50	M65	1 / 12.5	6.99	125.73	1306	1045	1125	1523	—	1523	—	—	—
$5^1/_2$	17.00	M65	1 / 12.5	7.72	124.26	1435	—	1277	1674	—	1674	—	—	—
$5^1/_2$	20.00	M65	1 / 12.5	9.17	121.36	1686	—	1572	1966	—	1791	—	—	—
$5^1/_2$	23.00	M65	1 / 12.5	10.54	118.62	1918	—	1846	2236	—	1791	—	—	—
$5^1/_2$	17.00	L80 9Cr	2 / 12.5	7.72	124.26	1766	—	1505	1904	—	1791	—	2098	2098
$5^1/_2$	20.00	L80 9Cr	2 / 12.5	9.17	121.36	2075	—	1853	2237	—	1791	—	2212	2132
$5^1/_2$	23.00	L80 9Cr	2 / 12.5	10.54	118.62	2360	—	2174	2449	—	1791	—	2441	2132
$5^1/_2$	17.00	L80*	1 / 12.5	7.72	124.26	1766	—	1505	1904	—	1791	—	2098	2098
$5^1/_2$	20.00	L80*	1 / 12.5	9.17	121.36	2075	—	1853	2237	—	1791	—	2212	2132
$5^1/_2$	23.00	L80*	1 / 12.5	10.54	118.62	2360	—	2174	2449	—	1791	—	2441	2132

续表

规格	重量	钢级	材料 K_a/临界缺欠 a_N	壁厚 t	内径 d	平端管体屈服强度	带螺纹和接箍的接头强度							
							圆螺纹		偏梯形螺纹				直连型	
									标准接箍		特殊间隙接箍			
							短圆螺纹	长圆螺纹	同等钢级	更高钢级	同等钢级	更高钢级	标准	优化
in	lb/ft		%	mm	mm	kN	kN	kN	kN	kN	kN	kN	kN	kN
$5^1/_2$	17.00	N80n	2 / 12.5	7.72	124.26	1766	—	1547	1985	—	1885	—	2208	2208
$5^1/_2$	20.00	N80n	2 / 12.5	9.17	121.36	2075	—	1904	2332	—	1885	—	2329	2244
$5^1/_2$	23.00	N80n	2 / 12.5	10.54	118.62	2360	—	2235	2578	—	1885	—	2569	2244
$5^1/_2$	17.00	N80	1 / 12.5	7.72	124.26	1766	—	1547	1985	1985	1885	1985	2208	2208
$5^1/_2$	20.00	N80	1 / 12.5	9.17	121.36	2075	—	1904	2332	2332	1885	2332	2329	2244
$5^1/_2$	23.00	N80	1 / 12.5	10.54	118.62	2360	—	2235	2578	2652	1885	2357	2569	2244
$5^1/_2$	17.00	C90	1 / 5	7.72	124.26	1987	—	1584	2031	—	1885	—	2208	2208
$5^1/_2$	20.00	C90	1 / 5	9.17	121.36	2334	—	1950	2385	—	1885	—	2329	2244
$5^1/_2$	23.00	C90	1 / 5	10.54	118.62	2655	—	2289	2578	—	1885	—	2569	2244
$5^1/_2$	26.80	C90	1 / 5	12.70	114.30	3146	—	—	—	—	—	—	—	—
$5^1/_2$	29.70	C90	1 / 5	14.27	111.15	3492	—	—	—	—	—	—	—	—
$5^1/_2$	32.60	C90	1 / 5	15.88	107.95	3834	—	—	—	—	—	—	—	—
$5^1/_2$	35.30	C90	1 / 5	17.45	104.80	4160	—	—	—	—	—	—	—	—
$5^1/_2$	38.00	C90	1 / 5	19.05	101.60	4482	—	—	—	—	—	—	—	—
$5^1/_2$	40.50	C90	1 / 5	20.62	98.45	4790	—	—	—	—	—	—	—	—
$5^1/_2$	43.10	C90	1 / 5	22.23	95.25	5092	—	—	—	—	—	—	—	—
$5^1/_2$	17.00	C95	1 / 12.5	7.72	124.26	2098	—	1663	2135	—	1980	—	2318	2318
$5^1/_2$	20.00	C95	1 / 12.5	9.17	121.36	2464	—	2048	2507	—	1980	—	2445	2356
$5^1/_2$	23.00	C95	1 / 12.5	10.54	118.62	2803	—	2403	2707	—	1980	—	2698	2356
$5^1/_2$	17.00	T95	1/5	7.72	124.26	2098	—	1663	2135	—	1980	—	2318	2318
$5^1/_2$	20.00	T95	1 / 5	9.17	121.36	2464	—	2048	2507	—	1980	—	2445	2356
$5^1/_2$	23.00	T95	1 / 5	10.54	118.62	2803	—	2403	2707	—	1980	—	2698	2356
$5^1/_2$	26.80	T95	1 / 5	12.70	114.30	3320	—	—	—	—	—	—	—	—
$5^1/_2$	29.70	T95	1 / 5	14.27	111.15	3686	—	—	—	—	—	—	—	—
$5^1/_2$	32.60	T95	1 / 5	15.88	107.95	4047	—	—	—	—	—	—	—	—
$5^1/_2$	35.30	T95	1 / 5	17.45	104.80	4392	—	—	—	—	—	—	—	—
$5^1/_2$	38.00	T95	1 / 5	19.05	101.60	4731	—	—	—	—	—	—	—	—
$5^1/_2$	40.50	T95	1 / 5	20.62	98.45	5056	—	—	—	—	—	—	—	—

续表

规格 in	重量 lb/ft	钢级	材料 K_a/临界缺欠 a_N %	壁厚 t mm	内径 d mm	平端管体屈服强度 kN	带螺纹和接箍的接头强度							
							圆螺纹		偏梯形螺纹				直连型	
									标准接箍		特殊间隙接箍			
							短圆螺纹 kN	长圆螺纹 kN	同等钢级 kN	更高钢级 kN	同等钢级 kN	更高钢级 kN	标准 kN	优化 kN
$5^1/_2$	43.10	T95	1 / 5	22.23	95.25	5375	—	—	—	—	—	—	—	—
$5^1/_2$	17.00	P110	1 / 12.5	7.72	124.26	2429	—	1980	2527	2527	2357	2527	2760	2760
$5^1/_2$	20.00	P110	1 / 12.5	9.17	121.36	2853	—	2438	2968	2968	2357	2545	2911	2805
$5^1/_2$	23.00	P110	1 / 12.5	10.54	118.62	3245	—	2861	3223	3377	2357	2545	3212	2805
$5^1/_2$	17.00	P110	1 / 5	7.72	124.26	2429	—	1980	2527	2527	2357	2527	2760	2760
$5^1/_2$	20.00	P110	1 / 5	9.17	121.36	2853	—	2438	2968	2968	2357	2545	2911	2805
$5^1/_2$	23.00	P110	1 / 5	10.54	118.62	3245	—	2861	3223	3377	2357	2545	3212	2805
$5^1/_2$	23.00	Q125	1/5	10.54	118.62	3688	—	3090	3481	—	—	—	3469	—
$6^5/_8$	20.00	H40	2 / 12.5	7.32	153.64	1021	819	—	—	—	—	—	—	—
$6^5/_8$	20.00	J55	2 / 12.5	7.32	153.64	1403	1089	1182	1666	1666	1666	1666	—	—
$6^5/_8$	24.00	J55	2 / 12.5	8.94	150.39	1698	1396	1515	2015	2015	1736	2015	2125	2125
$6^5/_8$	20.00	K55	2 / 12.5	7.32	153.64	1403	1188	1292	2017	2017	2017	2017	—	—
$6^5/_8$	24.00	K55	2 / 12.5	8.94	150.39	1698	1523	1656	2440	2440	2199	2199	2691	2691
$6^5/_8$	20.00	M65	2 / 12.5	7.32	153.64	1659	1269	1376	1905	—	1905	—	—	—
$6^5/_8$	24.00	M65	2 / 12.5	8.94	150.39	2007	—	1764	2305	—	2199	—	—	—
$6^5/_8$	28.00	M65	2 / 12.5	10.59	147.09	2352	—	2150	2702	—	2199	—	—	—
$6^5/_8$	20.00	M65	1 / 12.5	7.32	153.64	1659	1269	1376	1905	—	1905	—	—	—
$6^5/_8$	24.00	M65	1 / 12.5	8.94	150.39	2007	—	1764	2305	—	2199	—	—	—
$6^5/_8$	28.00	M65	1 / 12.5	10.59	147.09	2352	—	2150	2702	—	2199	—	—	—
$6^5/_8$	24.00	L80 9Cr	2 / 12.5	8.94	150.39	2470	—	2104	2632	—	2199	—	2691	2691
$6^5/_8$	28.00	L80 9Cr	2 / 12.5	10.59	147.09	2895	—	2563	3086	—	2199	—	2882	2868
$6^5/_8$	32.00	L80 9Cr	2 / 12.5	12.07	144.15	3267	—	2965	3482	—	2199	—	3191	2868

续表

规格	重量	钢级	材料 K_a/临界缺欠 a_N	壁厚 t	内径 d	平端管体屈服强度	带螺纹和接箍的接头强度							
							圆螺纹		偏梯形螺纹				直连型	
									标准接箍		特殊间隙接箍			
							短圆螺纹	长圆螺纹	同等钢级	更高钢级	同等钢级	更高钢级	标准	优化
in	lb/ft		%	mm	mm	kN	kN	kN	kN	kN	kN	kN	kN	kN
$6^{5}/_{8}$	24.00	L80*	1 / 12.5	8.94	150.39	2470	—	2104	2632	—	2199	—	2691	2691
$6^{5}/_{8}$	28.00	L80*	1 / 12.5	10.59	147.09	2895	—	2563	3086	—	2199	—	2882	2868
$6^{5}/_{8}$	32.00	L80*	1 / 12.5	12.07	144.15	3267	—	2965	3482	—	2199	—	3191	2868
$6^{5}/_{8}$	24.00	N80n	2 / 12.5	8.94	150.39	2470	—	2139	2738	—	2315	—	2833	2833
$6^{5}/_{8}$	28.00	N80n	2 / 12.5	10.59	147.09	2895	—	2607	3210	—	2315	—	3034	3018
$6^{5}/_{8}$	32.00	N80n	2 / 12.5	12.07	144.15	3267	—	3015	3623	—	2315	—	3359	3018
$6^{5}/_{8}$	24.00	N80	1 / 12.5	8.94	150.39	2470	—	2139	2738	2738	2315	2738	2833	2833
$6^{5}/_{8}$	28.00	N80	1 / 12.5	10.59	147.09	2895	—	2607	3210	3210	2315	2893	3034	3018
$6^{5}/_{8}$	32.00	N80	1 / 12.5	12.07	144.15	3267	—	3015	3623	3623	2315	2893	3359	3018
$6^{5}/_{8}$	24.00	C90	1 / 5	8.94	150.39	2778	—	2312	2815	—	2315	—	2833	2833
$6^{5}/_{8}$	28.00	C90	1 / 5	10.59	147.09	3257	—	2818	3301	—	2315	—	3034	3018
$6^{5}/_{8}$	32.00	C90	1 / 5	12.07	144.15	3675	—	3259	3724	—	2315	—	3359	3018
$6^{5}/_{8}$	24.00	C95	1 / 12.5	8.94	150.39	2933	—	2428	2960	—	2430	—	2975	2975
$6^{5}/_{8}$	28.00	C95	1 / 12.5	10.59	147.09	3438	—	2959	3470	—	2430	—	3186	3169
$6^{5}/_{8}$	32.00	C95	1 / 12.5	12.07	144.15	3880	—	3422	3916	—	2430	—	3527	3169
$6^{5}/_{8}$	24.00	T95	1 / 5	8.94	150.39	2933	—	2428	2960	—	2430	—	2975	2975
$6^{5}/_{8}$	28.00	T95	1 / 5	10.59	147.09	3438	—	2959	3470	—	2430	—	3186	3169
$6^{5}/_{8}$	32.00	T95	1 / 5	12.07	144.15	3880	—	3422	3916	—	2430	—	3527	3169
$6^{5}/_{8}$	24.00	P110	1 / 12.5	8.94	150.39	3396	—	2853	3500	3500	2893	3125	3541	3541
$6^{5}/_{8}$	28.00	P110	1 / 12.5	10.59	147.09	3981	—	3476	4103	4103	2893	3125	3793	3773
$6^{5}/_{8}$	32.00	P110	1 / 12.5	12.07	144.15	4492	—	4021	4630	4630	2893	3125	4199	3773
$6^{5}/_{8}$	24.00	P110	1 / 5	8.94	150.39	3396	—	2853	3500	3500	2893	3125	3541	3541
$6^{5}/_{8}$	28.00	P110	1 / 5	10.59	147.09	3981	—	3476	4103	4103	2893	3125	3793	3773
$6^{5}/_{8}$	32.00	P110	1 / 5	12.07	144.15	4492	—	4021	4630	4630	2893	3125	4199	3773

续表

规格	重量	钢级	材料 K_a/临界缺欠 a_N	壁厚 t	内径 d	平端管体屈服强度	带螺纹和接箍的接头强度							
							圆螺纹		偏梯形螺纹				直连型	
									标准接箍		特殊间隙接箍			
							短圆螺纹	长圆螺纹	同等钢级	更高钢级	同等钢级	更高钢级	标准	优化
in	lb/ft		%	mm	mm	kN	kN	kN	kN	kN	kN	kN	kN	kN
$6^5/_8$	32	Q125	1 / 5	12.07	144.15	5105	—	4400	5064	—	—	—	4535	—
7	17.00	H40	2 / 12.5	5.87	166.07	874	542	—	—	—	—	—	—	—
7	20.00	H40	2 / 12.5	6.91	163.98	1023	782	—	—	—	—	—	—	—
7	20.00	J55	2 / 12.5	6.91	163.98	1407	1040	—	—	—	—	—	—	—
7	23.00	J55	2 / 12.5	8.05	161.70	1629	1265	1392	1923	1923	1873	1923	2221	2221
7	26.00	J55	2 / 12.5	9.19	159.41	1848	1486	1635	2181	2181	1873	2181	2253	2253
7	20.00	K55	2 / 12.5	6.91	163.98	1407	1132	—	—	—	—	—	—	—
7	23.00	K55	2 / 12.5	8.05	161.70	1629	1377	1519	2321	2321	2321	2321	2814	2814
7	26.00	K55	2 / 12.5	9.19	159.41	1848	1618	1784	2632	2632	2373	2373	2854	2854
7	20.00	M65	2 / 12.5	6.91	163.98	1663	1213	—	—	—	—	—	—	—
7	23.00	M65	2 / 12.5	8.05	161.70	1925	—	1621	2200	—	2200	—	—	—
7	26.00	M65	2 / 12.5	9.19	159.41	2184	—	1905	2495	—	2373	—	—	—
7	29.00	M65	2 / 12.5	10.36	157.07	2444	—	2191	2792	—	2373	—	—	—
7	32.00	M65	2 / 12.5	11.51	154.79	2695	—	2467	3079	—	2373	—	—	—
7	20.00	M65	1 / 12.5	6.91	163.98	1663	1213	—	—	—	—	—	—	—
7	23.00	M65	1 / 12.5	8.05	161.70	1925	—	1621	2200	—	2200	—	—	—
7	26.00	M65	1 / 12.5	9.19	159.41	2184	—	1905	2495	—	2373	—	—	—
7	29.00	M65	1 / 12.5	10.36	157.07	2444	—	2191	2792	—	2373	—	—	—
7	32.00	M65	1 / 12.5	11.51	154.79	2695	—	2467	3079	—	2373	—	—	—
7	23.00	L80 9Cr	2 / 12.5	8.05	161.70	2370	—	1934	2516	—	2373	—	2814	2814
7	26.00	L80 9Cr	2 / 12.5	9.19	159.41	2687	—	2273	2854	—	2373	—	2854	2854
7	29.00	L80 9Cr	2 / 12.5	10.36	157.07	3008	—	2614	3194	—	2373	—	3050	2997
7	32.00	L80 9Cr	2 / 12.5	11.51	154.79	3317	—	2943	3522	—	2373	—	3388	2997
7	35.00	L80 9Cr	2 / 12.5	12.65	152.50	3621	—	3267	3705	—	2373	—	3783	3388
7	38.00	L80 9Cr	2 / 12.5	13.72	150.37	3901	—	3565	3705	—	2373	—	4081	3388

续表

规格	重量	钢级	材料 K_a/临界缺欠 a_N	壁厚 t	内径 d	平端管体屈服强度	带螺纹和接箍的接头强度							
							圆螺纹		偏梯形螺纹				直连型	
									标准接箍		特殊间隙接箍			
							短圆螺纹	长圆螺纹	同等钢级	更高钢级	同等钢级	更高钢级	标准	优化
in	lb/ft		%	mm	mm	kN	kN	kN	kN	kN	kN	kN	kN	kN
7	23.00	L80*	1 / 12.5	8.05	161.70	2370	—	1934	2516	—	2373	—	2814	2814
7	26.00	L80*	1 / 12.5	9.19	159.41	2687	—	2273	2854	—	2373	—	2854	2854
7	29.00	L80*	1 / 12.5	10.36	157.07	3008	—	2614	3194	—	2373	—	3050	2997
7	32.00	L80*	1 / 12.5	11.51	154.79	3317	—	2943	3522	—	2373	—	3388	2997
7	35.00	L80*	1 / 12.5	12.65	152.50	3621	—	3267	3705	—	2373	—	3783	3388
7	38.00	L80*	1 / 12.5	13.72	150.37	3901	—	3565	3705	—	2373	—	4081	3388
7	23.00	N80n	2 / 12.5	8.05	161.70	2370	—	1966	2616	—	2498	—	2962	2962
7	26.00	N80n	2 / 12.5	9.19	159.41	2687	—	2310	2967	—	2498	—	3004	3004
7	29.00	N80n	2 / 12.5	10.36	157.07	3008	—	2657	3320	—	2498	—	3210	3155
7	32.00	N80n	2 / 12.5	11.51	154.79	3317	—	2991	3661	—	2498	—	3566	3155
7	35.00	N80n	2 / 12.5	12.65	152.50	3621	—	3321	3900	—	2498	—	3982	3566
7	38.00	N80n	2 / 12.5	13.72	150.37	3901	—	3624	3900	—	2498	—	4296	3566
7	23.00	N80	1 / 12.5	8.05	161.70	2370	—	1966	2616	2616	2498	2616	2962	2962
7	26.00	N80	1 / 12.5	9.19	159.41	2687	—	2310	2967	2967	2498	2967	3004	3004
7	29.00	N80	1 / 12.5	10.36	157.07	3008	—	2657	3320	3320	2498	3122	3210	3155
7	32.00	N80	1 / 12.5	11.51	154.79	3317	—	2991	3661	3661	2498	3122	3566	3155
7	35.00	N80	1 / 12.5	12.65	152.50	3621	—	3321	3900	3997	2498	3122	3982	3566
7	38.00	N80	1 / 12.5	13.72	150.37	3901	—	3624	3900	4307	2498	3122	4296	3566
7	23.00	C90	1 / 5	8.05	161.70	2666	—	2133	2694	—	2498	—	2962	2962
7	26.00	C90	1 / 5	9.19	159.41	3023	—	2506	3055	—	2498	—	3004	3004
7	29.00	C90	1 / 5	10.36	157.07	3384	—	2882	3419	—	2498	—	3210	3155
7	32.00	C90	1 / 5	11.51	154.79	3731	—	3244	3770	—	2498	—	3566	3155
7	35.00	C90	1 / 5	12.65	152.50	4074	—	3602	3900	—	2498	—	3982	3566
7	38.00	C90	1 / 5	13.72	150.37	4389	—	3930	3900	—	2498	—	4296	3566
7	42.70	C90	1 / 5	15.88	146.05	5013	—	—	—	—	—	—	—	—
7	46.40	C90	1 / 5	17.45	142.90	5457	—	—	—	—	—	—	—	—
7	50.10	C90	1 / 5	19.05	139.70	5898	—	—	—	—	—	—	—	—
7	53.60	C90	1 / 5	20.62	136.55	6322	—	—	—	—	—	—	—	—
7	57.10	C90	1 / 5	22.23	133.35	6743	—	—	—	—	—	—	—	—

续表

规格	重量	钢级	材料 K_a/临界缺欠 a_N	壁厚 t	内径 d	平端管体屈服强度	带螺纹和接箍的接头强度							
							圆螺纹		偏梯形螺纹				直连型	
									标准接箍		特殊间隙接箍			
							短圆螺纹	长圆螺纹	同等钢级	更高钢级	同等钢级	更高钢级	标准	优化
in	lb/ft		%	mm	mm	kN	kN	kN	kN	kN	kN	kN	kN	kN
7	23.00	C95	1 / 12.5	8.05	161.7	2814	—	2248	2832	—	2622	—	3110	3110
7	26.00	C95	1 / 12.5	9.19	159.41	3191	—	2641	3212	—	2622	—	3154	3154
7	29.00	C95	1 / 12.5	10.36	157.07	3572	—	3037	3595	—	2622	—	3371	3313
7	32.00	C95	1 / 12.5	11.51	154.79	3939	—	3419	3964	—	2622	—	3745	3313
7	35.00	C95	1 / 12.5	12.65	152.50	4300	—	3796	4095	—	2622	—	4181	3745
7	38.00	C95	1 / 12.5	13.72	150.37	4633	—	4142	4095	—	2622	—	4511	3745
7	23.00	T95	1 / 5	8.05	161.70	2814	—	2248	2832	—	2622	—	3110	3110
7	26.00	T95	1 / 5	9.19	159.41	3191	—	2641	3212	—	2622	—	3154	3154
7	29.00	T95	1 / 5	10.36	157.07	3572	—	3037	3595	—	2622	—	3371	3313
7	32.00	T95	1 / 5	11.51	154.79	3939	—	3419	3964	—	2622	—	3745	3313
7	35.00	T95	1 / 5	12.65	152.50	4300	—	3796	4095	—	2622	—	4181	3745
7	38.00	T95	1 / 5	13.72	150.37	4633	—	4142	4095	—	2622	—	4511	3745
7	42.70	T95	1 / 5	15.88	146.05	5292	—	—	—	—	—	—	—	—
7	46.40	T95	1 / 5	17.45	142.90	5760	—	—	—	—	—	—	—	—
7	50.10	T95	1 / 5	19.05	139.70	6225	—	—	—	—	—	—	—	—
7	53.60	T95	1 / 5	20.62	136.55	6673	—	—	—	—	—	—	—	—
7	57.10	T95	1 / 5	22.23	133.35	7118	—	—	—	—	—	—	—	—
7	26.00	P110	1 / 12.5	9.19	159.41	3695	—	3083	3797	3797	3122	3372	3755	3755
7	29.00	P110	1 / 12.5	10.36	157.07	4136	—	3546	4249	4249	3122	3372	4013	3944
7	32.00	P110	1 / 12.5	11.51	154.79	4561	—	3992	4686	4686	3122	3372	4458	3944
7	35.00	P110	1 / 12.5	12.65	152.50	4979	—	4432	4875	5116	3122	3372	4977	4458
7	38.00	P110	1 / 12.5	13.72	150.37	5364	—	4836	4875	5265	3122	3372	5370	4458
7	26.00	P110	1 / 5	9.19	159.41	3695	—	3083	3797	3797	3122	3372	3755	3755
7	29.00	P110	1 / 5	10.36	157.07	4136	—	3546	4249	4249	3122	3372	4013	3944
7	32.00	P110	1 / 5	11.51	154.79	4561	—	3992	4686	4686	3122	3372	4458	3944
7	35.00	P110	1 / 5	12.65	152.50	4979	—	4432	4875	5116	3122	3372	4977	4458
7	38.00	P110	1 / 5	13.72	150.37	5364	—	4836	4875	5265	3122	3372	5370	4458

续表

规格	重量	钢级	材料 K_a/临界缺欠 a_N	壁厚 t	内径 d	平端管体屈服强度	带螺纹和接箍的接头强度							
							圆螺纹		偏梯形螺纹				直连型	
									标准接箍		特殊间隙接箍			
							短圆螺纹	长圆螺纹	同等钢级	更高钢级	同等钢级	更高钢级	标准	优化
in	lb/ft		%	mm	mm	kN	kN	kN	kN	kN	kN	kN	kN	kN
7	35.00	Q125	1 / 5	12.65	152.50	5658	—	4921	5265	—	—	—	5376	—
7	38.00	Q125	1 / 5	13.72	150.37	6096	—	5369	5265	—	—	—	5800	—
$7^{5}/_{8}$	24.00	H40	2 / 12.5	7.62	178.44	1229	942	—	—	—	—	—	—	—
$7^{5}/_{8}$	26.40	J55	2 / 12.5	8.33	177.01	1840	1402	1540	2151	2151	2151	2151	2460	2460
$7^{5}/_{8}$	26.40	K55	2 / 12.5	8.33	177.01	1840	1522	1675	2584	2584	2584	2584	3117	3117
$7^{5}/_{8}$	26.40	M65	2 / 12.5	8.33	177.01	2175	1636	1795	2464	—	2464	—	—	—
$7^{5}/_{8}$	29.70	M65	2 / 12.5	9.53	174.63	2470	—	2110	2799	—	2799	—	—	—
$7^{5}/_{8}$	33.70	M65	2 / 12.5	10.92	171.83	2812	—	2474	3185	—	3185	—	—	—
$7^{5}/_{8}$	26.40	M65	1 / 12.5	8.33	177.01	2175	1636	1795	2464	—	2464	—	—	—
$7^{5}/_{8}$	29.70	M65	1 / 12.5	9.53	174.63	2470	—	2110	2799	—	2799	—	—	—
$7^{5}/_{8}$	33.70	M65	1 / 12.5	10.92	171.83	2812.	—	2474	3185	—	3185	—	—	—
$7^{5}/_{8}$	26.40	L80 9Cr	2 / 12.5	8.33	177.01	2677	—	2145	2824	—	2824	—	3117	3117
$7^{5}/_{8}$	29.70	L80 9Cr	2 / 12.5	9.53	174.63	3041	—	2521	3208	—	3208	—	3117	3117
$7^{5}/_{8}$	33.70	L80 9Cr	2 / 12.5	10.92	171.83	3460	—	2955	3651	—	3269	—	3407	3312
$7^{5}/_{8}$	39.00	L80 9Cr	2 / 12.5	12.70	168.28	3984	—	3496	4204	—	3269	—	3788	3312
$7^{5}/_{8}$	42.80	L80 9Cr	2 / 12.5	14.27	165.13	4439	—	3967	4684	—	3269	—	—	—
$7^{5}/_{8}$	45.30	L80 9Cr	2 / 12.5	15.11	163.45	4678	—	4214	4936	—	3269	—	—	—
$7^{5}/_{8}$	47.10	L80 9Cr	2 / 12.5	15.88	161.93	4893	—	4436	5162	—	3269	—	—	—
$7^{5}/_{8}$	26.40	L80*	1 / 12.5	8.33	177.01	2677	—	2145	2824	—	2824	—	3117	3117
$7^{5}/_{8}$	29.70	L80*	1 / 12.5	9.53	174.63	3041	—	2521	3208	—	3208	—	3117	3117
$7^{5}/_{8}$	33.70	L80*	1 / 12.5	10.92	171.83	3460	—	2955	3651	—	3269	—	3407	3312
$7^{5}/_{8}$	39.00	L80*	1 / 12.5	12.70	168.28	3984	—	3496	4204	—	3269	—	3788	3312
$7^{5}/_{8}$	42.80	L80*	1 / 12.5	14.27	165.13	4439	—	3967	4684	—	3269	—	—	—
$7^{5}/_{8}$	45.30	L80*	1 / 12.5	15.11	163.45	4678	—	4214	4936	—	3269	—	—	—
$7^{5}/_{8}$	47.10	L80*	1 / 12.5	15.88	161.93	4893	—	4436	5162	—	3269	—	—	—

续表

规格	重量	钢级	材料 K_a/临界缺欠 a_N	壁厚 t	内径 d	平端管体屈服强度	带螺纹和接箍的接头强度							
							圆螺纹		偏梯形螺纹				直连型	
									标准接箍		特殊间隙接箍			
							短圆螺纹	长圆螺纹	同等钢级	更高钢级	同等钢级	更高钢级	标准	优化
in	lb/ft		%	mm	mm	kN	kN	kN	kN	kN	kN	kN	kN	kN
$7^{5}/_{8}$	26.40	N80n	2 / 12.5	8.33	177.01	2677	—	2179	2932	—	2932	—	3281	3281
$7^{5}/_{8}$	29.70	N80n	2 / 12.5	9.53	174.63	3041	—	2561	3331	—	3331	—	3281	3281
$7^{5}/_{8}$	33.70	N80n	2 / 12.5	10.92	171.83	3460	—	3001	3791	—	3441	—	3587	3487
$7^{5}/_{8}$	39.00	N80n	2 / 12.5	12.70	168.28	3984	—	3552	4365	—	3441	—	3988	3487
$7^{5}/_{8}$	42.80	N80n	2 / 12.5	14.27	165.13	4439	—	4029	4863	—	3441	—	—	—
$7^{5}/_{8}$	45.30	N80n	2 / 12.5	15.11	163.45	4678	—	4280	5125	—	3441	—	—	—
$7^{5}/_{8}$	47.10	N80n	2 / 12.5	15.88	161.93	4893	—	4506	5360	—	3441	—	—	—
$7^{5}/_{8}$	26.40	N80	1 / 12.5	8.33	177.01	2677	—	2179	2932	2932	2932	2932	3281	3281
$7^{5}/_{8}$	29.70	N80	1 / 12.5	9.53	174.63	3041	—	2561	3331	3331	3331	3331	3281	3281
$7^{5}/_{8}$	33.70	N80	1 / 12.5	10.92	171.83	3460	—	3001	3791	3791	3441	3791	3587	3487
$7^{5}/_{8}$	39.00	N80	1 / 12.5	12.70	168.28	3984	—	3552	4365	4365	3441	4301	3988	3487
$7^{5}/_{8}$	42.80	N80	1 / 12.5	14.27	165.13	4439	—	4029	4863	4863	3441	4301	—	—
$7^{5}/_{8}$	45.30	N80	1 / 12.5	15.11	163.45	4678	—	4280	5125	5125	3441	4301	—	—
$7^{5}/_{8}$	47.10	N80	1 / 12.5	15.88	161.93	4893	—	4506	5360	5360	3441	4301	—	—
$7^{5}/_{8}$	26.40	C90	1 / 5	8.33	177.01	3011	—	2366	3028	—	3028	—	3281	3281
$7^{5}/_{8}$	29.70	C90	1 / 5	9.53	174.63	3421	—	2781	3440	—	3440	—	3281	3281
$7^{5}/_{8}$	33.70	C90	1 / 5	10.92	171.83	3893	—	3260	3915	—	3441	—	3587	3487
$7^{5}/_{8}$	39.00	C90	1 / 5	12.70	168.28	4482	—	3858	4508	—	3441	—	3988	3487
$7^{5}/_{8}$	42.80	C90	1 / 5	14.27	165.13	4994	—	4377	5023	—	3441	—	—	—
$7^{5}/_{8}$	45.30	C90	1 / 5	15.11	163.45	5263	—	4649	5293	—	3441	—	—	—
$7^{5}/_{8}$	47.10	C90	1 / 5	15.88	161.93	5504	—	4894	5511	—	3441	—	—	—
$7^{5}/_{8}$	51.20	C90	1 / 5	17.45	158.78	5997	—	—	—	—	—	—	—	—
$7^{5}/_{8}$	55.30	C90	1 / 5	19.05	155.58	6488	—	—	—	—	—	—	—	—
$7^{5}/_{8}$	26.40	C95	1 / 12.5	8.33	177.01	3179	—	2494	3185	—	3185	—	3445	3445
$7^{5}/_{8}$	29.70	C95	1 / 12.5	9.53	174.63	3611	—	2931	3618	—	3613	—	3445	3445
$7^{5}/_{8}$	33.70	C95	1 / 12.5	10.92	171.83	4109	—	3436	4117	—	3613	—	3766	3661
$7^{5}/_{8}$	39.00	C95	1 / 12.5	12.70	168.28	4731	—	4066	4740	—	3613	—	4187	3661
$7^{5}/_{8}$	42.80	C95	1 / 12.5	14.27	165.13	5272	—	4613	5282	—	3613	—	—	—
$7^{5}/_{8}$	45.30	C95	1 / 12.5	15.11	163.45	5555	—	4900	5566	—	3613	—	—	—

续表

规格	重量	钢级	材料 K_a/临界缺欠 a_N	壁厚 t	内径 d	平端管体屈服强度	带螺纹和接箍的接头强度：圆螺纹 短圆螺纹	圆螺纹 长圆螺纹	偏梯形螺纹 标准接箍 同等钢级	偏梯形螺纹 标准接箍 更高钢级	偏梯形螺纹 特殊间隙接箍 同等钢级	偏梯形螺纹 特殊间隙接箍 更高钢级	直连型 标准	直连型 优化
in	lb/ft		%	mm	mm	kN	kN	kN	kN	kN	kN	kN	kN	kN
$7^5/_8$	47.10	C95	1 / 12.5	15.88	161.93	5810	—	5158	5787	—	3613	—	—	—
$7^5/_8$	26.40	T95	1 / 5	8.33	177.01	3179	—	2494	3185	—	3185	—	3445	3445
$7^5/_8$	29.70	T95	1 / 5	9.53	174.63	3611	—	2931	3618	—	3613	—	3445	3445
$7^5/_8$	33.70	T95	1 / 5	10.92	171.83	4109	—	3436	4117	—	3613	—	3766	3661
$7^5/_8$	39.00	T95	1 / 5	12.70	168.28	4731	—	4066	4740	—	3613	—	4187	3661
$7^5/_8$	42.80	T95	1 / 5	14.27	165.13	5272	—	4613	5282	—	3613	—	—	—
$7^5/_8$	45.30	T95	1 / 5	15.11	163.45	5555	—	4900	5566	—	3613	—	—	—
$7^5/_8$	47.10	T95	1 / 5	15.88	161.93	5810	—	5158	5787	—	3613	—	—	—
$7^5/_8$	51.20	T95	1 / 5	17.45	158.78	6330	—	—	—	—	—	—	—	—
$7^5/_8$	55.30	T95	1 / 5	19.05	155.58	6848	—	—	—	—	—	—	—	—
$7^5/_8$	29.70	P110	1 / 12.5	9.53	174.63	4181	—	3421	4273	4273	4273	4273	4101	4101
$7^5/_8$	33.70	P110	1 / 12.5	10.92	171.83	4758	—	4010	4863	4863	4301	4646	4483	4358
$7^5/_8$	39.00	P110	1 / 12.5	12.70	168.28	5478	—	4746	5599	5599	4301	4646	4985	4358
$7^5/_8$	42.80	P110	1 / 12.5	14.27	165.13	6104	—	5384	6238	6238	4301	4646	—	—
$7^5/_8$	45.30	P110	1 / 12.5	15.11	163.45	6433	—	5719	6574	6574	4301	4646	—	—
$7^5/_8$	47.10	P110	1 / 12.5	15.88	161.93	6728	—	6021	6876	6876	4301	4646	—	—
$7^5/_8$	29.70	P110	1 / 5	9.53	174.63	4181	—	3421	4273	4273	4273	4273	4101	4101
$7^5/_8$	33.70	P110	1 / 5	10.92	171.83	4758	—	4010	4863	4863	4301	4646	4483	4358
$7^5/_8$	39.00	P110	1 / 5	12.70	168.28	5478	—	4746	5599	5599	4301	4646	4985	4358
$7^5/_8$	42.80	P110	1 / 5	14.27	165.13	6104	—	5384	6238	6238	4301	4646	—	—
$7^5/_8$	45.30	P110	1 / 5	15.11	163.45	6433	—	5719	6574	6574	4301	4646	—	—
$7^5/_8$	47.10	P110	1 / 5	15.88	161.93	6728	—	6021	6876	6876	4301	4646	—	—
$7^5/_8$	39.00	Q125	1 / 5	12.70	168.28	6226	—	5315	6136	—	—	—	5383	—
$7^5/_8$	42.80	Q125	1 / 5	14.27	165.13	6936	—	6030	6836	—	—	—	—	—
$7^5/_8$	45.30	Q125	1 / 5	15.11	163.45	7310	—	6405	7204	—	—	—	—	—
$7^5/_8$	47.10	Q125	1 / 5	15.88	161.93	7645	—	6743	7440	—	—	—	—	—
$7^3/_4$	46.10	L80 9Cr	2 / 12.5	15.11	166.62	4761	—	—	—	—	—	—	—	—

续表

规格	重量	钢级	材料 K_a/临界缺欠 a_N	壁厚 t	内径 d	平端管体屈服强度	带螺纹和接箍的接头强度							
							圆螺纹		偏梯形螺纹				直连型	
									标准接箍		特殊间隙接箍			
							短圆螺纹	长圆螺纹	同等钢级	更高钢级	同等钢级	更高钢级	标准	优化
in	lb/ft		%	mm	mm	kN	kN	kN	kN	kN	kN	kN	kN	kN
$7^{3}/_{4}$	46.10	L80*	1 / 12.5	15.11	166.62	4761	—	—	—	—	—	—	—	—
$7^{3}/_{4}$	46.10	N80n	2 / 12.5	15.11	166.62	4761	—	—	—	—	—	—	—	—
$7^{3}/_{4}$	46.10	N80	1 / 12.5	15.11	166.62	4761	—	—	—	—	—	—	—	—
$7^{3}/_{4}$	46.10	C90	1 / 5	15.11	166.62	5356	—	—	—	—	—	—	—	—
$7^{3}/_{4}$	46.10	C95	1 / 12.5	15.11	166.62	5654	—	—	—	—	—	—	—	—
$7^{3}/_{4}$	46.10	T95	1 / 5	15.11	166.62	5654	—	—	—	—	—	—	—	—
$7^{3}/_{4}$	46.10	P110	1 / 12.5	15.11	166.62	6547	—	—	—	—	—	—	—	—
$7^{3}/_{4}$	46.10	P110	1/5	15.11	166.62	6547	—	—	—	—	—	—	—	—
$7^{3}/_{4}$	46.10	Q125	1/5	15.11	166.62	7439	—	—	—	—	—	—	—	—
$8^{5}/_{8}$	28.00	H40	2 / 12.5	7.72	203.63	1415	1035	—	—	—	—	—	—	—
$8^{5}/_{8}$	32.00	H40	2 / 12.5	8.94	201.19	1629	1242	—	—	—	—	—	—	—
$8^{5}/_{8}$	24.00	J55	2 / 12.5	6.71	205.66	1697	1086	—	—	—	—	—	—	—
$8^{5}/_{8}$	32.00	J55	2 / 12.5	8.94	201.19	2239	1657	1857	2578	2578	2578	2578	3053	3053
$8^{5}/_{8}$	36.00	J55	2 / 12.5	10.16	198.76	2530	1929	2162	2912	2912	2912	2912	3060	3060
$8^{5}/_{8}$	24.00	K55	2 / 12.5	6.71	205.66	1697	1172	—	—	—	—	—	—	—
$8^{5}/_{8}$	32.00	K55	2 / 12.5	8.94	201.19	2239	1790	2012	3071	3071	3071	3071	3868	3868
$8^{5}/_{8}$	36.00	K55	2 / 12.5	10.16	198.76	2530	2084	2343	3470	3470	3470	3470	3877	3877
$8^{5}/_{8}$	24.00	M65	2 / 12.5	6.71	205.66	2006	1268	—	—	—	—	—	—	—
$8^{5}/_{8}$	28.00	M65	2 / 12.5	7.72	203.63	2299	1613	—	—	—	—	—	—	—
$8^{5}/_{8}$	32.00	M65	2 / 12.5	8.94	201.19	2646	1934	2167	2956	—	2956	—	—	—
$8^{5}/_{8}$	36.00	M65	2 / 12.5	10.16	198.76	2990	2252	2522	3340	—	3340	—	—	—
$8^{5}/_{8}$	40.00	M65	2 / 12.5	11.43	196.22	3343	—	2888	3735	—	3731	—	—	—

续表

规格	重量	钢级	材料 K_a/临界缺欠 a_N	壁厚 t	内径 d	平端管体屈服强度	带螺纹和接箍的接头强度							
							圆螺纹		偏梯形螺纹				直连型	
									标准接箍		特殊间隙接箍			
							短圆螺纹	长圆螺纹	同等钢级	更高钢级	同等钢级	更高钢级	标准	优化
in	lb/ft		%	mm	mm	kN	kN	kN	kN	kN	kN	kN	kN	kN
$8^5/_8$	24.00	M65	1 / 12.5	6.71	205.66	2006	1268	—	—	—	—	—	—	—
$8^5/_8$	28.00	M65	1 / 12.5	7.72	203.63	2299	1613	—	—	—	—	—	—	—
$8^5/_8$	32.00	M65	1 / 12.5	8.94	201.19	2646	1934	2167	2956	—	2956	—	—	—
$8^5/_8$	36.00	M65	1 / 12.5	10.16	198.76	2990	2252	2522	3340	—	3340	—	—	—
$8^5/_8$	40.00	M65	1 / 12.5	11.43	196.22	3343	—	2888	3735	—	3731	—	—	—
$8^5/_8$	36.00	L80 9Cr	2 / 12.5	10.16	198.76	3680	—	3018	3843	—	3731	—	3877	3877
$8^5/_8$	40.00	L80 9Cr	2 / 12.5	11.43	196.22	4114	—	3455	4297	—	3731	—	4194	3941
$8^5/_8$	44.00	L80 9Cr	2 / 12.5	12.70	193.68	4544	—	3887	4745	—	3731	—	4483	3941
$8^5/_8$	49.00	L80 9Cr	2 / 12.5	14.15	190.78	5026	—	4373	5249	—	3731	—	4483	3941
$8^5/_8$	36.00	L80*	1 / 12.5	10.16	198.76	3680	—	3018	3843	—	3731	—	3877	3877
$8^5/_8$	40.00	L80*	1 / 12.5	11.43	196.22	4114	—	3455	4297	—	3731	—	4194	3941
$8^5/_8$	44.00	L80*	1 / 12.5	12.70	193.68	4544	—	3887	4745	—	3731	—	4483	3941
$8^5/_8$	49.00	L80*	1 / 12.5	14.15	190.78	5026	—	4373	5249	—	3731	—	4483	3941
$8^5/_8$	36.00	N80n	2 / 12.5	10.16	198.76	3680	—	3063	3982	—	3928	—	4081	4081
$8^5/_8$	40.00	N80n	2 / 12.5	11.43	196.22	4114	—	3507	4453	—	3928	—	4414	4148
$8^5/_8$	44.00	N80n	2 / 12.5	12.70	193.68	4544	—	3945	4917	—	3928	—	4719	4148
$8^5/_8$	49.00	N80n	2 / 12.5	14.15	190.78	5026	—	4438	5439	—	3928	—	4719	4148
$8^5/_8$	36.00	N80	1 / 12.5	10.16	198.76	3680	—	3063	3982	3982	3928	3982	4081	4081
$8^5/_8$	40.00	N80	1 / 12.5	11.43	196.22	4114	—	3507	4453	4453	3928	4453	4414	4148
$8^5/_8$	44.00	N80	1 / 12.5	12.70	193.68	4544	—	3945	4917	4917	3928	4910	4719	4148
$8^5/_8$	49.00	N80	1 / 12.5	14.15	190.78	5026	—	4438	5439	5439	3928	4910	4719	4148
$8^5/_8$	36.00	C90	1 / 5	10.16	198.76	4140	—	3333	4131	—	3928	—	4081	4081
$8^5/_8$	40.00	C90	1 / 5	11.43	196.22	4629	—	3816	4619	—	3928	—	4414	4148
$8^5/_8$	44.00	C90	1 / 5	12.70	193.68	5112	—	4293	5101	—	3928	—	4719	4148
$8^5/_8$	49.00	C90	1 / 5	14.15	190.78	5654	—	4829	5643	—	3928	—	4719	4148
$8^5/_8$	36.00	C95	1 / 12.5	10.16	198.76	4370	—	3513	4345	—	4124	—	4285	4285
$8^5/_8$	40.00	C95	1 / 12.5	11.43	196.22	4886	—	4022	4859	—	4124	—	4635	4356

续表

规格	重量	钢级	材料 K_a/临界缺欠 a_N	壁厚 t	内径 d	平端管体屈服强度	带螺纹和接箍的接头强度							
							圆螺纹		偏梯形螺纹				直连型	
									标准接箍		特殊间隙接箍			
							短圆螺纹	长圆螺纹	同等钢级	更高钢级	同等钢级	更高钢级	标准	优化
in	lb/ft		%	mm	mm	kN	kN	kN	kN	kN	kN	kN	kN	kN
$8^{5}/_{8}$	44.00	C95	1 / 12.5	12.70	193.68	5396	—	4525	5366	—	4124	—	4955	4356
$8^{5}/_{8}$	49.00	C95	1 / 12.5	14.15	190.78	5968	—	5091	5935	—	4124	—	4955	4356
$8^{5}/_{8}$	36.00	T95	1 / 5	10.16	198.76	4370	—	3513	4345	—	4124	—	4285	4285
$8^{5}/_{8}$	40.00	T95	1 / 5	11.43	196.22	4886	—	4022	4859	—	4124	—	4635	4356
$8^{5}/_{8}$	44.00	T95	1 / 5	12.70	193.68	5396	—	4525	5366	—	4124	—	4955	4356
$8^{5}/_{8}$	49.00	T95	1 / 5	14.15	190.78	5968	—	5091	5935	—	4124	—	4955	4356
$8^{5}/_{8}$	40.00	P110	1 / 12.5	11.43	196.22	5657	—	4693	5733	5733	4910	5302	5518	5185
$8^{5}/_{8}$	44.00	P110	1 / 12.5	12.70	193.68	6247	—	5280	6331	6331	4910	5302	5898	5185
$8^{5}/_{8}$	49.00	P110	1 / 12.5	14.15	190.78	6911	—	5939	7003	7003	4910	5302	5898	5185
$8^{5}/_{8}$	40.00	P110	1 / 5	11.43	196.22	5657	—	4693	5733	5733	4910	5302	5518	5185
$8^{5}/_{8}$	44.00	P110	1 / 5	12.70	193.68	6247	—	5280	6331	6331	4910	5302	5898	5185
$8^{5}/_{8}$	49.00	P110	1 / 5	14.15	190.78	6911	—	5939	7003	7003	4910	5302	5898	5185
$8^{5}/_{8}$	49.00	Q125	1/5	14.15	190.78	7853	—	6657	7690	—	—	—	6370	—
$9^{5}/_{8}$	32.30	H40	2 / 12.5	7.92	228.63	1625	1128	—	—	—	—	—	—	—
$9^{5}/_{8}$	36.00	H40	2 / 12.5	8.94	226.59	1825	1310	—	—	—	—	—	—	—
$9^{5}/_{8}$	36.00	J55	2 / 12.5	8.94	226.59	2510	1751	2016	2844	2844	2844	2844	—	—
$9^{5}/_{8}$	40.00	J55	2 / 12.5	10.03	224.41	2803	2010	2314	3177	3177	3177	3177	3426	3426
$9^{5}/_{8}$	36.00	K55	2 / 12.5	8.94	226.59	2510	1884	2176	3360	3360	3360	3360	—	—
$9^{5}/_{8}$	40.00	K55	2 / 12.5	10.03	224.41	2803	2163	2497	3753	3753	3753	3753	4340	4340
$9^{5}/_{8}$	36.00	M65	2 / 12.5	8.94	226.59	2966	2046	2353	3267	—	3267	—	—	—
$9^{5}/_{8}$	40.00	M65	2 / 12.5	10.03	224.41	3313	2348	2701	3649	—	3649	—	—	—
$9^{5}/_{8}$	43.500	M65	2 / 12.5	11.05	222.38	3633	—	3022	4002	—	4002	—	—	—
$9^{5}/_{8}$	47.00	M65	2 / 12.5	11.99	220.50	3926	—	3315	4324	—	4156	—	—	—

续表

规格	重量	钢级	材料 K_a/临界缺欠 a_N	壁厚 t	内径 d	平端管体屈服强度	带螺纹和接箍的接头强度							
							圆螺纹		偏梯形螺纹					
									标准接箍		特殊间隙接箍		直连型	
							短圆螺纹	长圆螺纹	同等钢级	更高钢级	同等钢级	更高钢级	标准	优化
in	lb/ft		%	mm	mm	kN	kN	kN	kN	kN	kN	kN	kN	kN
$9^5/_8$	36.00	M65	1 / 12.5	8.94	226.59	2966	2046	2353	3267	—	3267	—	—	—
$9^5/_8$	40.00	M65	1 / 12.5	10.03	224.41	3313	2348	2701	3649	—	3649	—	—	—
$9^5/_8$	43.50	M65	1 / 12.5	11.05	222.38	3633	—	3022	4002	—	4002	—	—	—
$9^5/_8$	47.00	M65	1 / 12.5	11.99	220.50	3926	—	3315	4324	—	4156	—	—	—
$9^5/_8$	40.00	L80 9Cr	2 / 12.5	10.03	224.41	4078	—	3236	4215	—	4156	—	4340	4340
$9^5/_8$	43.50	L80 9Cr	2 / 12.5	11.05	222.38	4471	—	3620	4621	—	4156	—	4340	4340
$9^5/_8$	47.00	L80 9Cr	2 / 12.5	11.99	220.50	4832	—	3972	4994	—	4156	—	4592	4592
$9^5/_8$	53.50	L80 9Cr	2 / 12.5	13.84	216.79	5535	—	4658	5721	—	4156	—	5221	4687
$9^5/_8$	58.40	L80 9Cr	2 / 12.5	15.11	214.25	6009	—	5121	6211	—	4156	—	—	—
$9^5/_8$	40.00	L80*	1 / 12.5	10.03	224.41	4078	—	3236	4215	—	4156	—	4340	4340
$9^5/_8$	43.50	L80*	1 / 12.5	11.05	222.38	4471	—	3620	4621	—	4156	—	4340	4340
$9^5/_8$	47.00	L80*	1 / 12.5	11.99	220.50	4832	—	3972	4994	—	4156	—	4592	4592
$9^5/_8$	53.50	L80*	1 / 12.5	13.84	216.79	5535	—	4658	5721	—	4156	—	5221	4687
$9^5/_8$	58.40	L80*	1 / 12.5	15.11	214.25	6009	—	5121	6211	—	4156	—	—	—
$9^5/_8$	40.00	N80n	2 / 12.5	10.03	224.41	4078	—	3282	4359	—	4359	—	4568	4568
$9^5/_8$	43.50	N80n	2 / 12.5	11.05	222.38	4471	—	3671	4779	—	4375	—	4568	4568
$9^5/_8$	47.00	N80n	2 / 12.5	11.99	220.50	4832	—	4028	5165	—	4375	—	4834	4834
$9^5/_8$	53.50	N80n	2 / 12.5	13.84	216.79	5535	—	4724	5916	—	4375	—	5496	4933
$9^5/_8$	58.40	N80n	2 / 12.5	15.11	214.25	6009	—	5193	6423	—	4375	—	—	—
$9^5/_8$	40.00	N80	1 / 12.5	10.03	224.41	4078	—	3282	4359	4359	4359	4359	4568	4568
$9^5/_8$	43.50	N80	1 / 12.5	11.05	222.38	4471	—	3671	4779	4779	4375	4779	4568	4568
$9^5/_8$	47.00	N80	1 / 12.5	11.99	220.50	4832	—	4028	5165	5165	4375	5165	4834	4834
$9^5/_8$	53.50	N80	1 / 12.5	13.84	216.79	5535	—	4724	5916	5916	4375	5468	5496	4933
$9^5/_8$	58.40	N80	1 / 12.5	15.11	214.25	6009	—	5193	6423	6423	4375	5468	—	—
$9^5/_8$	40.00	C90	1 / 5	10.03	224.41	4587	—	3577	4543	—	4375	—	4568	4568
$9^5/_8$	43.50	C90	1 / 5	11.05	222.38	5030	—	4002	4981	—	4375	—	4568	4568
$9^5/_8$	47.00	C90	1 / 5	11.99	220.50	5436	—	4391	5383	—	4375	—	4834	4834
$9^5/_8$	53.50	C90	1 / 5	13.84	216.79	6227	—	5149	6167	—	4375	—	5496	4933

续表

规格	重量	钢级	材料 K_a/临界缺欠 a_N	壁厚 t	内径 d	平端管体屈服强度	带螺纹和接箍的接头强度							
							圆螺纹		偏梯形螺纹				直连型	
									标准接箍		特殊间隙接箍			
							短圆螺纹	长圆螺纹	同等钢级	更高钢级	同等钢级	更高钢级	标准	优化
in	lb/ft		%	mm	mm	kN	kN	kN	kN	kN	kN	kN	kN	kN
$9^{5}/_{8}$	58.40	C90	1 / 5	15.11	214.25	6760	—	5661	6695	—	4375	—	—	—
$9^{5}/_{8}$	59.40	C90	1 / 5	15.47	213.54	6909	—	—	—	—	—	—	—	—
$9^{5}/_{8}$	64.90	C90	1 / 5	17.07	210.34	7570	—	—	—	—	—	—	—	—
$9^{5}/_{8}$	70.30	C90	1 / 5	18.64	207.19	8211	—	—	—	—	—	—	—	—
$9^{5}/_{8}$	75.60	C90	1 / 5	20.24	203.99	8853	—	—	—	—	—	—	—	—
$9^{5}/_{8}$	40.00	C95	1 / 12.5	10.03	224.41	4842	—	3771	4780	—	4593	—	4797	4797
$9^{5}/_{8}$	43.50	C95	1 / 12.5	11.05	222.38	5309	—	4218	5241	—	4593	—	4797	4797
$9^{5}/_{8}$	47.00	C95	1 / 12.5	11.99	220.50	5738	—	4628	5663	—	4593	—	5076	5076
$9^{5}/_{8}$	53.500	C95	1 / 12.5	13.84	216.79	6572	—	5427	6487	—	4593	—	5771	5180
$9^{5}/_{8}$	58.40	C95	1 / 12.5	15.11	214.25	7136	—	5967	7043	—	4593	—	—	—
$9^{5}/_{8}$	40.00	T95	1 / 5	10.03	224.41	4842	—	3771	4780	—	4593	—	4797	4797
$9^{5}/_{8}$	43.50	T95	1 / 5	11.05	222.38	5309	—	4218	5241	—	4593	—	4797	4797
$9^{5}/_{8}$	47.00	T95	1 / 5	11.99	220.50	5738	—	4628	5663	—	4593	—	5076	5076
$9^{5}/_{8}$	53.50	T95	1 / 5	13.84	216.79	6572	—	5427	6487	—	4593	—	5771	5180
$9^{5}/_{8}$	58.40	T95	1 / 5	15.11	214.25	7136	—	5967	7043	—	4593	—	—	—
$9^{5}/_{8}$	59.40	T95	1 / 5	15.47	213.54	7292	—	—	—	—	—	—	—	—
$9^{5}/_{8}$	64.90	T95	1 / 5	17.07	210.34	7990	—	—	—	—	—	—	—	—
$9^{5}/_{8}$	70.30	T95	1 / 5	18.64	207.19	8667	—	—	—	—	—	—	—	—
$9^{5}/_{8}$	75.60	T95	1 / 5	20.24	203.99	9344	—	—	—	—	—	—	—	—
$9^{5}/_{8}$	43.50	P110	1 / 12.5	11.05	222.38	6148	—	4918	6176	6176	5468	5906	5710	5710
$9^{5}/_{8}$	47.00	P110	1 / 12.5	11.99	220.50	6643	—	5396	6674	6674	5468	5906	6043	6043
$9^{5}/_{8}$	53.50	P110	1 / 12.5	13.84	216.79	7610	—	6328	7646	7646	5468	5906	6870	6167
$9^{5}/_{8}$	58.40	P110	1 / 12.5	15.11	214.25	8262	—	6957	8301	8301	5468	5906	—	—
$9^{5}/_{8}$	43.50	P110	1 / 5	11.05	222.38	6148	—	4918	6176	6176	5468	5906	5710	5710
$9^{5}/_{8}$	47.00	P110	1 / 5	11.99	220.50	6643	—	5396	6674	6674	5468	5906	6043	6043
$9^{5}/_{8}$	53.50	P110	1 / 5	13.84	216.79	7610	—	6328	7646	7646	5468	5906	6870	6167
$9^{5}/_{8}$	58.40	P110	1 / 5	15.11	214.25	8262	—	6957	8301	8301	5468	5906	—	—
$9^{5}/_{8}$	47.00	Q125	1 / 5	11.99	220.50	7549	—	6053	7344	—	—	—	6526	—

续表

规格	重量	钢级	材料 K_a/临界缺欠 a_N	壁厚 t	内径 d	平端管体屈服强度	带螺纹和接箍的接头强度							
							圆螺纹		偏梯形螺纹				直连型	
									标准接箍		特殊间隙接箍			
							短圆螺纹	长圆螺纹	同等钢级	更高钢级	同等钢级	更高钢级	标准	优化
in	lb/ft		%	mm	mm	kN	kN	kN	kN	kN	kN	kN	kN	kN
$9^5/_8$	53.50	Q125	1 / 5	13.84	216.79	8648	—	7098	8413	—	—	—	7419	—
$9^5/_8$	58.40	Q125	1 / 5	15.11	214.25	9389	—	7803	9133	—	—	—	—	—
$10^3/_4$	32.75	H40	2 / 12.5	7.09	258.88	1634	914	—	—	—	—	—	—	—
$10^3/_4$	40.50	H40	2 / 12.5	8.89	255.27	2035	1396	—	—	—	—	—	—	—
$10^3/_4$	40.50	J55	2 / 12.5	8.89	255.27	2799	1869	—	3115	3115	3115	3115	—	—
$10^3/_4$	45.50	J55	2 / 12.5	10.16	252.73	3183	2194	—	3543	3543	3543	3543	4341	—
$10^3/_4$	51.00	J55	2 / 12.5	11.43	250.19	3564	2515	—	3966	3966	3658	3966	4860	—
$10^3/_4$	40.50	K55	2 / 12.5	8.89	255.27	2799	2003	—	3644	3644	3644	3644	—	—
$10^3/_4$	45.50	K55	2 / 12.5	10.16	252.73	3183	2351	—	4144	4144	4144	4144	5498	—
$10^3/_4$	51.00	K55	2 / 12.5	11.43	250.19	3564	2696	—	4640	4640	4633	4633	6156	—
$10^3/_4$	40.50	M65	2 / 12.5	8.89	255.27	3308	2185	—	3585	—	3585	—	—	—
$10^3/_4$	45.50	M65	2 / 12.5	10.16	252.73	3762	2564	—	4078	—	4078	—	—	—
$10^3/_4$	51.00	M65	2 / 12.5	11.43	250.19	4212	2940	—	4565	—	4565	—	—	—
$10^3/_4$	55.50	M65	2 / 12.5	12.57	247.90	4613	3275	—	5000	—	4633	—	—	—
$10^3/_4$	40.50	M65	1 / 12.5	8.89	255.27	3308	2185	—	3585	—	3585	—	—	—
$10^3/_4$	45.50	M65	1 / 12.5	10.16	252.73	3762	2564	—	4078	—	4078	—	—	—
$10^3/_4$	51.00	M65	1 / 12.5	11.43	250.19	4212	2940	—	4565	—	4565	—	—	—
$10^3/_4$	55.50	M65	1 / 12.5	12.57	247.90	4613	3275	—	5000	—	4633	—	—	—
$10^3/_4$	51.00	L80 9Cr	2 / 12.5	11.43	250.19	5184	3531	—	5295	—	4633	—	6156	—
$10^3/_4$	55.50	L80 9Cr	2 / 12.5	12.57	247.90	5677	3934	—	5799	—	4633	—	6742	—
$10^3/_4$	51.00	L80*	1 / 12.5	11.43	250.19	5184	3531	—	5295	—	4633	—	6156	—
$10^3/_4$	55.50	L80*	1 / 12.5	12.57	247.90	5677	3934	—	5799	—	4633	—	6742	—
$10^3/_4$	51.00	N80n	2 / 12.5	11.43	250.19	5184	3577	—	5463	—	4877	—	6480	—
$10^3/_4$	55.50	N80n	2 / 12.5	12.57	247.90	5677	3984	—	5983	—	4877	—	7096	—

续表

规格	重量	钢级	材料 K_a/临界缺欠 a_N	壁厚 t	内径 d	平端管体屈服强度	带螺纹和接箍的接头强度							
							圆螺纹		偏梯形螺纹				直连型	
									标准接箍		特殊间隙接箍			
							短圆螺纹	长圆螺纹	同等钢级	更高钢级	同等钢级	更高钢级	标准	优化
in	lb/ft		%	mm	mm	kN	kN	kN	kN	kN	kN	kN	kN	kN
$10^{3}/_{4}$	51.00	N80	1 / 12.5	11.43	250.19	5184	3577	—	5463	5463	4877	5463	6480	—
$10^{3}/_{4}$	55.50	N80	1 / 12.5	12.57	247.90	5677	3984	—	5983	5983	4877	5983	7096	—
$10^{3}/_{4}$	51.00	C90	1 / 5	11.43	250.19	5832	3911	—	5725	—	4877	—	6480	—
$10^{3}/_{4}$	55.50	C90	1 / 5	12.57	247.90	6387	4356	—	6270	—	4877	—	7096	—
$10^{3}/_{4}$	60.70	C90	1 / 5	13.84	245.36	6998	4846	—	6870	—	4877	—	7118	—
$10^{3}/_{4}$	65.70	C90	1 / 5	15.11	242.82	7602	5331	—	7464	—	4877	—	—	—
$10^{3}/_{4}$	73.20	C90	1 / 5	17.07	238.91	8521	—	—	—	—	—	—	—	—
$10^{3}/_{4}$	79.20	C90	1 / 5	18.64	235.76	9250	—	—	—	—	—	—	—	—
$10^{3}/_{4}$	85.30	C90	1 / 5	20.24	232.56	9981	—	—	—	—	—	—	—	—
$10^{3}/_{4}$	51.00	C95	1 / 12.5	11.43	250.19	6156	4123	—	6025	—	5121	—	6804	—
$10^{3}/_{4}$	55.50	C95	1 / 12.5	12.57	247.90	6742	4593	—	6598	—	5121	—	7451	—
$10^{3}/_{4}$	51.00	T95	1 / 5	11.43	250.19	6156	4123	—	6025	—	5121	—	6804	—
$10^{3}/_{4}$	55.50	T95	1 / 5	12.57	247.90	6742	4593	—	6598	—	5121	—	7451	—
$10^{3}/_{4}$	60.70	T95	1 / 5	13.84	245.36	7387	5109	—	7230	—	5121	—	7474	—
$10^{3}/_{4}$	65.70	T95	1 / 5	15.11	242.82	8025	5621	—	7854	—	5121	—	—	—
$10^{3}/_{4}$	73.20	T95	1 / 5	17.07	238.91	8994	—	—	—	—	—	—	—	—
$10^{3}/_{4}$	79.20	T95	1 / 5	18.64	235.76	9764	—	—	—	—	—	—	—	—
$10^{3}/_{4}$	85.30	T95	1 / 5	20.24	232.56	10535	—	—	—	—	—	—	—	—
$10^{3}/_{4}$	51.00	P110	1 / 12.5	11.43	250.19	7128	4802	—	7091	7091	6097	6584	8100	—
$10^{3}/_{4}$	55.50	P110	1 / 12.5	12.57	247.90	7806	5349	—	7766	7766	6097	6584	8871	—
$10^{3}/_{4}$	60.70	P110	1 / 12.5	13.84	245.36	8553	5951	—	8509	8509	6097	6584	8898	—
$10^{3}/_{4}$	65.70	P110	1 / 12.5	15.11	242.82	9292	6547	—	9244	9244	6097	6584	—	—
$10^{3}/_{4}$	51.00	P110	1 / 5	11.43	250.19	7128	4802	—	7091	7091	6097	6584	8100	—
$10^{3}/_{4}$	55.50	P110	1 / 5	12.57	247.90	7806	5349	—	7766	7766	6097	6584	8871	—
$10^{3}/_{4}$	60.70	P110	1 / 5	13.84	245.36	8553	5951	—	8509	8509	6097	6584	8898	—
$10^{3}/_{4}$	65.70	P110	1 / 5	15.11	242.82	9292	6547	—	9244	9244	6097	6584	—	—

续表

规格 in	重量 lb/ft	钢级	材料 K_a/临界缺欠 a_N %	壁厚 t mm	内径 d mm	平端管体屈服强度 kN	带螺纹和接箍的接头强度							
							圆螺纹		偏梯形螺纹				直连型	
									标准接箍		特殊间隙接箍			
							短圆螺纹 kN	长圆螺纹 kN	同等钢级 kN	更高钢级 kN	同等钢级 kN	更高钢级 kN	标准 kN	优化 kN
$10^3/_4$	60.70	Q125	1 / 5	13.84	245.36	9719	6684	—	9385	—	—	—	9610	—
$10^3/_4$	65.70	Q125	1 / 5	15.11	242.82	10559	7353	—	10196	—	—	—	—	—
$11^3/_4$	42.00	H40	2 / 12.5	8.46	281.53	2126	1368	—	—	—	—	—	—	—
$11^3/_4$	47.00	J55	2 / 12.5	9.53	279.40	3280	2121	—	3592	3592	—	—	—	—
$11^3/_4$	54.00	J55	2 / 12.5	11.05	276.35	3785	2526	—	4144	4144	—	—	—	—
$11^3/_4$	60.00	J55	2 / 12.5	12.42	273.61	4234	2887	—	4637	4637	—	—	—	—
$11^3/_4$	47.00	K55	2 / 12.5	9.53	279.40	3280	2266	—	4163	4163	—	—	—	—
$11^3/_4$	54.00	K55	2 / 12.5	11.05	276.35	3785	2699	—	4803	4803	—	—	—	—
$11^3/_4$	60.00	K55	2 / 12.5	12.42	273.61	4234	3085	—	5374	5374	—	—	—	—
$11^3/_4$	47.00	M65	2 / 12.5	9.53	279.40	3876	2480	—	4141	—	—	—	—	—
$11^3/_4$	54.00	M65	2 / 12.5	11.05	276.35	4473	2954	—	4778	—	—	—	—	—
$11^3/_4$	60.00	M65	2 / 12.5	12.42	273.61	5004	3377	—	5346	—	—	—	—	—
$11^3/_4$	47.00	M65	1 / 12.5	9.53	279.40	3876	2480	—	4141	—	—	—	—	—
$11^3/_4$	54.00	M65	1 / 12.5	11.05	276.35	4473	2954	—	4778	—	—	—	—	—
$11^3/_4$	60.00	M65	1 / 12.5	12.42	273.61	5004	3377	—	5346	—	—	—	—	—
$11^3/_4$	60.00	L80 9Cr	2 / 12.5	12.42	273.61	6159	4061	—	6225	—	—	—	—	—
$11^3/_4$	65.00	L80 9Cr	2 / 12.5	13.56	271.32	6698	—	—	—	—	—	—	—	—
$11^3/_4$	71.00	L80 9Cr	2 / 12.5	14.78	268.88	7270	—	—	—	—	—	—	—	—
$11^3/_4$	60.00	L80*	1 / 12.5	12.42	273.61	6159	4061	—	6225	—	—	—	—	—
$11^3/_4$	65.00	L80*	1 / 12.5	13.56	271.32	6698	—	—	—	—	—	—	—	—
$11^3/_4$	71.00	L80*	1 / 12.5	14.78	268.88	7270	—	—	—	—	—	—	—	—
$11^3/_4$	60.00	N80n	2 / 12.5	12.42	273.61	6159	4110	—	6409			—	—	—
$11^3/_4$	65.00	N80n	2 / 12.5	13.56	271.32	6698	—	—	—	—	—	—	—	—
$11^3/_4$	71.00	N80n	2 / 12.5	14.78	268.88	7270	—	—	—	—	—	—	—	—

续表

规格	重量	钢级	材料 K_a/临界缺欠 a_N	壁厚 t	内径 d	平端管体屈服强度	带螺纹和接箍的接头强度							
							圆螺纹		偏梯形螺纹				直连型	
									标准接箍		特殊间隙接箍			
							短圆螺纹	长圆螺纹	同等钢级	更高钢级	同等钢级	更高钢级	标准	优化
in	lb/ft		%	mm	mm	kN	kN	kN	kN	kN	kN	kN	kN	kN
$11^3/_4$	60.00	N80	1 / 12.5	12.42	273.61	6159	4110	—	6409	6409	—	—	—	—
$11^3/_4$	65.00	N80	1 / 12.5	13.56	271.32	6698	—	—	—	—	—	—	—	—
$11^3/_4$	71.00	N80	1 / 12.5	14.78	268.88	7270	—	—	—	—	—	—	—	—
$11^3/_4$	60.00	C90	1 / 5	12.42	273.61	6929	4501	—	6749	—	—	—	—	—
$11^3/_4$	65.00	C90	1 / 5	13.56	271.32	7536	—	—	—	—	—	—	—	—
$11^3/_4$	71.00	C90	1 / 5	14.78	268.88	8178	—	—	—	—	—	—	—	—
$11^3/_4$	60.00	C95	1 / 12.5	12.42	273.61	7314	4746	—	7108	—	—	—	—	—
$11^3/_4$	65.00	C95	1 / 12.5	13.56	271.32	7954	—	—	—	—	—	—	—	—
$11^3/_4$	71.00	C95	1 / 12.5	14.78	268.88	8633	—	—	—	—	—	—	—	—
$11^3/_4$	60.00	T95	1 / 5	12.42	273.61	7314	4745	—	7104	—	—	—	—	—
$11^3/_4$	65.00	T95	1 / 5	13.56	271.32	7954	—	—	—	—	—	—	—	—
$11^3/_4$	71.00	T95	1 / 5	14.78	268.88	8633	—	—	—	—	—	—	—	—
$11^3/_4$	60.00	P110	1 / 12.5	12.42	273.61	8468	5525	—	8352	8352	—	—	—	—
$11^3/_4$	65.00	P110	1 / 12.5	13.56	271.32	9210	—	—	—	—	—	—	—	—
$11^3/_4$	71.00	P110	1 / 12.5	14.78	268.88	9996	—	—	—	—	—	—	—	—
$11^3/_4$	60.00	P110	1 / 5	12.42	273.61	8468	5525	—	8352	8352	—	—	—	—
$11^3/_4$	65.00	P110	1 / 5	13.56	271.32	9210	—	—	—	—	—	—	—	—
$11^3/_4$	71.00	P110	1 / 5	14.78	268.88	9996	—	—	—	—	—	—	—	—
$11^3/_4$	60.00	Q125	1 / 5	12.42	273.61	9623	6209	—	9231	—	—	—	—	—
$11^3/_4$	65.00	Q125	1 / 5	13.56	271.32	10466	—	—	—	—	—	—	—	—
$11^3/_4$	71.00	Q125	1 / 5	14.78	268.88	11359	—	—	—	—	—	—	—	—
$13^3/_8$	48.00	H40	2 / 12.5	8.38	322.96	2407	1433	—	—	—	—	—	—	—
$13^3/_8$	54.500	J55	2 / 12.5	9.65	320.42	3797	2288	—	4047	4047	—	—	—	—
$13^3/_8$	61.00	J55	2 / 12.5	10.92	317.88	4280	2648	—	4562	4562	—	—	—	—
$13^3/_8$	68.00	J55	2 / 12.5	12.19	315.34	4759	3006	—	5073	5073	—	—	—	—

续表

规格	重量	钢级	材料 K_a/临界缺欠 a_N	壁厚 t	内径 d	平端管体屈服强度	带螺纹和接箍的接头强度							
							圆螺纹		偏梯形螺纹				直连型	
									标准接箍		特殊间隙接箍			
							短圆螺纹	长圆螺纹	同等钢级	更高钢级	同等钢级	更高钢级	标准	优化
in	lb/ft		%	mm	mm	kN	kN	kN	kN	kN	kN	kN	kN	kN
$13^{3}/_{8}$	54.50	K55	2 / 12.5	9.65	320.42	3797	2433	—	4617	4617	—	—	—	—
$13^{3}/_{8}$	61.00	K55	2 / 12.5	10.92	317.88	4280	2816	—	5204	5204	—	—	—	—
$13^{3}/_{8}$	68.00	K55	2 / 12.5	12.19	315.34	4759	3196	—	5787	5787	—	—	—	—
$13^{3}/_{8}$	54.50	M65	2 / 12.5	9.65	320.42	4487	2678	—	4680	—	—	—	—	—
$13^{3}/_{8}$	61.00	M65	2 / 12.5	10.92	317.88	5058	3099	—	5275	—	—	—	—	—
$13^{3}/_{8}$	68.00	M65	2 / 12.5	12.19	315.34	5624	3518	—	5865	—	—	—	—	—
$13^{3}/_{8}$	54.50	M65	1 / 12.5	9.65	320.42	4487	2678	—	4680	—	—	—	—	—
$13^{3}/_{8}$	61.00	M65	1 / 12.5	10.92	317.88	5058	3099	—	5275	—	—	—	—	—
$13^{3}/_{8}$	68.00	M65	1 / 12.5	12.19	315.34	5624	3518	—	5865	—	—	—	—	—
$13^{3}/_{8}$	68.00	L80 9Cr	2 / 12.5	12.19	315.34	6922	4238	—	6875	—	—	—	—	—
$13^{3}/_{8}$	72.00	L80 9Cr	2 / 12.5	13.06	313.61	7393	4578	—	7343	—	—	—	—	—
$13^{3}/_{8}$	68.00	L80*	1 / 12.5	12.19	315.34	6922	4238	—	6875	—	—	—	—	—
$13^{3}/_{8}$	72.00	L80*	1 / 12.5	13.06	313.61	7393	4578	—	7343	—	—	—	—	—
$13^{3}/_{8}$	68.00	N80	2 / 12.5	12.19	315.34	6922	4286	—	7054	—	—	—	—	—
$13^{3}/_{8}$	72.00	N80	2 / 12.5	13.06	313.61	7393	4630	—	7534	—	—	—	—	—
$13^{3}/_{8}$	68.00	N80	1 / 12.5	12.19	315.34	6922	4286	—	7054	7054	—	—	—	—
$13^{3}/_{8}$	72.00	N80	1 / 12.5	13.06	313.61	7393	4630	—	7534	7534	—	—	—	—
$13^{3}/_{8}$	68.00	C90	1 / 5	12.19	315.34	7788	4702	—	7489	—	—	—	—	—
$13^{3}/_{8}$	72.00	C90	1 / 5	13.06	313.61	8318	5080	—	7999	—	—	—	—	—
$13^{3}/_{8}$	68.00	C95	1 / 12.5	12.19	315.34	8220	4958	—	7886	—	—	—	—	—
$13^{3}/_{8}$	72.00	C95	1 / 12.5	13.06	313.61	8780	5356	—	8422		—	—	—	—
$13^{3}/_{8}$	68.00	T95	1 / 5	12.19	315.34	8220	4958	—	7886	—	—	—	—	—
$13^{3}/_{8}$	72.00	T95	1 / 5	13.06	313.61	8780	5356	—	8422	—	—	—	—	—

续表

规格	重量	钢级	材料 K_a/临界缺欠 a_N	壁厚 t	内径 d	平端管体屈服强度	带螺纹和接箍的接头强度							
							圆螺纹		偏梯形螺纹				直连型	
									标准接箍		特殊间隙接箍			
							短圆螺纹	长圆螺纹	同等钢级	更高钢级	同等钢级	更高钢级	标准	优化
in	lb/ft		%	mm	mm	kN	kN	kN	kN	kN	kN	kN	kN	kN
$13^3/_8$	68.00	P110	1 / 12.5	12.19	315.34	9518	5770	—	9253	9253	—	—	—	—
$13^3/_8$	72.00	P110	1 / 12.5	13.06	313.61	10166	6234	—	9882	9882	—	—	—	—
$13^3/_8$	68.00	P110	1 / 5	12.19	315.34	9518	5770	—	9253	9253	—	—	—	—
$13^3/_8$	72.00	P110	1 / 5	13.06	313.61	10166	6234	—	9882	9882	—	—	—	—
$13^3/_8$	72.00	Q125	1 / 5	13.06	313.61	11552	7011	—	10961	—	—	—	—	—
16	65.00	H40	2 / 12.5	9.53	387.35	3277	1953	—	—	—	—	—	—	—
16	75.00	J55	2 / 12.5	11.13	384.15	5241	3160	—	5340	5340	—	—	—	—
16	84.00	J55	2 / 12.5	12.57	381.25	5901	3638	—	6012	6012	—	—	—	—
16	109.0	J55	2 / 12.5	16.66	373.08	7739	—	—	—	—	—	—	—	—
16	75.00	K55	2 / 12.5	11.13	384.15	5241	3344	—	5922	5922	—	—	—	—
16	84.00	K55	2 / 12.5	12.57	381.25	5901	3850	—	6668	6668	—	—	—	—
16	109.00	K55	2 / 12.5	16.66	373.08	7739	—	—	—	—	—	—	—	—
16	75.00	M65	2 / 12.5	11.13	384.15	6194	3701	—	6205	—	—	—	—	—
16	84.00	M65	2 / 12.5	12.57	381.25	6974	4261	—	6986	—	—	—	—	—
16	75.00	M65	1 / 12.5	11.13	384.15	6194	3701	—	6205	—	—	—	—	—
16	84.00	M65	1 / 12.5	12.57	381.25	6974	4261	—	6986	—	—	—	—	—
16	109.00	L80 9Cr	2 / 12.5	16.66	373.08	11257	—	—	—	—	—	—	—	—
16	109.00	L80*	1 / 12.5	16.66	373.08	11257	—	—	—	—	—	—	—	—
16	109.00	N80n	2 / 12.5	16.66	373.08	11257	—	—	—	—	—	—	—	—
16	109.00	N80	1 / 12.5	16.66	373.08	11257	—	—	—	—	—	—	—	—

续表

规格 in	重量 lb/ft	钢级	材料 K_a/临界缺欠 a_N %	壁厚 t mm	内径 d mm	平端管体屈服强度 kN	带螺纹和接箍的接头强度：圆螺纹 短圆螺纹 kN	圆螺纹 长圆螺纹 kN	偏梯形螺纹 标准接箍 同等钢级 kN	偏梯形螺纹 标准接箍 更高钢级 kN	偏梯形螺纹 特殊间隙接箍 同等钢级 kN	偏梯形螺纹 特殊间隙接箍 更高钢级 kN	直连型 标准 kN	直连型 优化 kN
16	109.00	C95	1 / 12.5	16.66	373.08	13368	—	—	—	—	—	—	—	—
16	109.00	P110	1 / 12.5	16.66	373.08	15479	—	—	—	—	—	—	—	—
16	109.00	P110	1/5	16.66	373.08	15479	—	—	—	—	—	—	—	—
16	109.00	Q125	1/5	16.66	373.08	17590	—	—	—	—	—	—	—	—
$18\frac{5}{8}$	87.50	H40	2 / 12.5	11.05	450.98	4425	2489	—	—	—	—	—	—	—
$18\frac{5}{8}$	87.50	J55	2 / 12.5	11.05	450.98	6084	3355	—	5912	5912	—	—	—	—
$18\frac{5}{8}$	87.50	K55	2 / 12.5	11.05	450.98	6084	3534	—	6352	6352	—	—	—	—
$18\frac{5}{8}$	87.50	M65	2 / 12.5	11.05	450.98	7190	3933	—	6907	—	—	—	—	—
$18\frac{5}{8}$	87.50	M65	1 / 12.5	11.05	450.98	7190	3933	—	6907	—	—	—	—	—
20	94.00	H40	2 / 12.5	11.13	485.75	4791	2585	2994	—	—	—	—	—	—
20	94.00	J55	2 / 12.5	11.13	485.75	6588	3485	4034	6239	6239	—	—	—	—
20	106.50	J55	2 / 12.5	12.70	482.60	7497	4061	4701	7100	7100	—	—	—	—
20	133.00	J55	2 / 12.5	16.13	475.74	9455	5303	6139	8955	8955	—	—	—	—
20	94.00	K55	2 / 12.5	11.13	485.75	6588	3663	4249	6581	6581	—	—	—	—
20	106.50	K55	2 / 12.5	12.70	482.60	7497	4268	4952	7489	7489	—	—	—	—
20	133.00	K55	2 / 12.5	16.13	475.74	9455	5573	6465	9445	9445	—	—	—	—
20	94.00	M65	2 / 12.5	11.13	485.75	7786	4087	4729	7312	—	—	—	—	—
20	106.50	M65	2 / 12.5	12.70	482.60	8860	4762	5511	8320	—	—	—	—	—
20	94.00	M65	1 / 12.5	11.13	485.75	7786	4087	4729	7312	—	—	—	—	—
20	106.50	M65	1 / 12.5	12.70	482.60	8860	4762	5511	8320	—	—	—	—	—

第七节　套管柱设计

一、设计原则

套管柱设计的目的是在最经济的条件下设计满足油井生命期（表层套管、技术套管只针对下入下一层套管前）使用要求的套管柱。表层套管损坏可能需要拖移钻机重新开钻，采油套管损坏可能使井的使用受到限制，甚至无法使用，其经济损失将更大。

套管柱设计必须保证在其工作、使用整个期间作用在套管上的最大应力在允许的安全范围内。在能够准确计算应力的情况下，例如在一些开发井上，可以设计出成本最低的套管柱；而在探井上往往按最大估算应力来设计。套管柱设计的安全保障程度越大，设计出的套管柱的费用就越高。保证套管柱设计尽可能接近实际情况是很重要的，因为套管柱的费用大约占油气井总费用的20%。

套管柱设计是一项复杂而细致的技术工作，考虑的因素较多，但一般情况下设计原则主要应从以下三方面着手：

（1）应能满足钻井作业、油气层开发和产层改造的工艺要求。在进行套管柱设计时特别要考虑油气层前期开采和后期进行注水作业、压裂改造等增产措施时套管所承受的载荷变化。而这些作业的主要载荷是较高的内压和温度。因此，近年来在生产套管设计中首先计算内压强度，这是设计观念上的重大转变。

对盐岩层、泥岩膨胀、地层滑动、热采套管柱、含硫产层以及高压气层都应在套管钢级、壁厚、钢材特性、螺纹密封等方面作出相应的特殊设计。

（2）载荷及安全储备问题。确定套管柱承受外载的大小及性质是套管柱设计的首要条件。不同用途及类型的套管柱有不同的外载。外载主要有轴向力、内压、外压以及弯曲应力、热应力等。轴向力计算较简单，而内压和外压的确定较复杂。后者不但取决于套管类型、管内管外液体密度，有时还需要考虑井口装置的耐压等级、井漏、井涌、地层破裂压力以及地层孔隙压力、盐岩层的蠕变、泥岩的膨胀、地温梯度等一系列因素。在计算套管外载时，既要结合本油田的具体情况，也要遵守一些行之有效的推荐作法。

套管的安全储备，是指抗拉、抗挤、抗内压的安全系数的大小。一般说来，对于情况较清楚的开发井安全系数选择偏小，对于探井安全系数选择较保守。作为安全储备的另一种方法是，在全套管柱上增加某一数值的载荷余量。

（3）经济性。为了保证所设计的套管柱能满足使用要求，又能花钱最少，往往要仔细考虑不同钢级不同壁厚的组合设计。组合不同，成本也不同。除了遵守一些最低成本的设计规则之外，有时也采用多种方案对比，以确定出最低成本方案。由于套管柱成本要占建井成本的五分之一左右，因此在设计时要进行精心的缜密考虑，避免造成浪费。如果设计不同壁厚的套管柱最少2～3根套管应是壁厚最厚套管以保证入井工具不会卡在井眼中间(外径不一致套管以内通径为准)。

二、套管柱设计的具体条件

设计之前，主要应了解套管尺寸及所下深度、井眼尺寸及深度、钻井液密度、下套管后的地层孔隙压力梯度及地层破裂压力梯度、井径、井斜方位变化、油气井完成方法等。

设计中所规定的“假设条件”也是需要具体确定下来的。这主要包括：

(1) 采用最大载荷法设计计算时，井口装备的额定压力值为井口压力值；

(2) 内压力预计的假设外涌量；

(3) 预计的地层孔隙压力梯度；

(4) 规定的安全系数及最小过载拉力；

(5) 预计载荷是否均采用受力极端条件，以使套管达到最大的安全程度；

(6) 设计条件及载荷的选择是采用“一般选择”还是“保守选择”；

(7) 特殊要求及特殊提示。

三、套管柱设计的基本参数

要进行套管柱设计，必须知道规格（尺寸）、深度、压力、井的类别、特殊问题等基本情况。

1. 规格（尺寸）

所用套管尺寸取决于产量和井深。浅井往往只需要一级套管柱，深井需要多级套管柱。高产井需要大直径套管。套管规格还取决于地层性质。例如 ϕ311.5mm（$12^1/_4$in）的井眼，在硬地层可下入 ϕ273.05mm（$10^3/_4$in）的套管，而在软地层下 ϕ244.47mm（$9^5/_8$in）套管。

常规的套管 / 井眼配合尺寸如图 3–7–1 所示，也可使用表 3–7–1。

表 3–7–1　常规套管 / 井眼配合尺寸

套管，in	井眼，in	套管，in	井眼，in	套管，in	井眼，in
30	36	$11^3/_4$	15	7	$9^3/_8 \sim 9^7/_8$
20	26	$10^3/_4$	$12^1/_4 \sim 15$	$6^5/_8$	$7^7/_8 \sim 8^3/_4$
$18^5/_8$	24	$9^5/_8$	$12^1/_4$	$5^1/_2$	$6^3/_4 \sim 8^3/_4$
16	$18^1/_2 \sim 20$	$8^5/_8$	$9^1/_2 \sim 12^1/_4$	5	$6 \sim 7^7/_8$
$13^3/_8$	$17^1/_2$	$7^5/_8$	$8^1/_2 \sim 10^5/_8$	$4^1/_2$	$6 \sim 7^7/_8$

API 标准钻头尺寸如下：

$3^3/_4$in	$6^1/_8$in	$8^1/_2$in	$12^1/_4$in
$4^1/_8$in	$6^1/_4$in	$8^5/_8$in	$14^3/_4$in
$4^3/_8$in	$6^1/_2$in	$8^3/_4$in	$17^1/_2$in
$5^5/_8$in	$6^3/_4$in	$9^1/_2$in	20in
$5^7/_8$in	$7^7/_8$in	$9^7/_8$in	24in
6in	8in	11in	26in

2. 深度

各套管下入深度是根据该地区地质资料确定的。导管可下入适当深度，表层套管和技

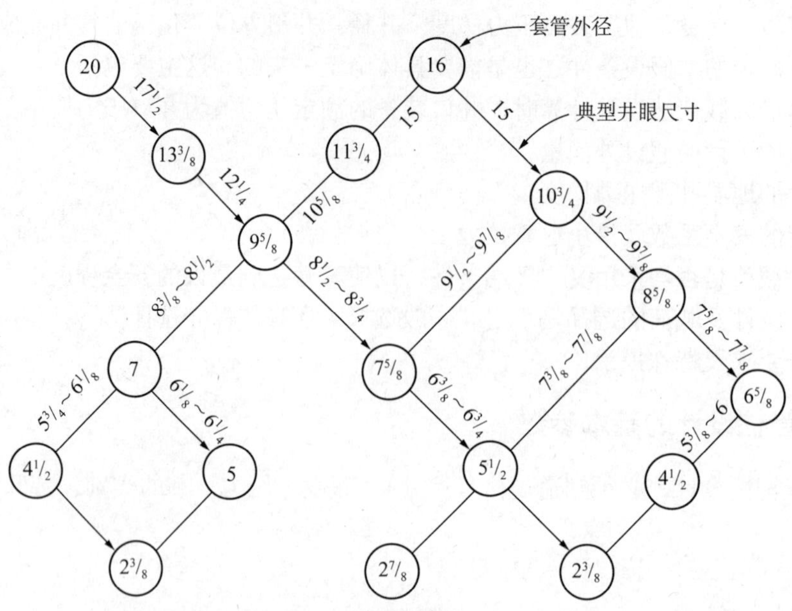

图 3-7-1　典型的套管 / 井眼尺寸

术套管的深度是根据地层孔隙压力、钻井液密度和破裂压力梯度与深度的关系曲线确定的，如图 3-7-2 所示。图中①代表表层套管；②代表技术套管封到 1524m（5000ft），以保证钻井液柱压力（含激动压力引起的附加压力）不超过地层破裂压力，并允许钻井液密度在 2133.6m（7000ft）以后增加；③代表技术套管封闭地层破裂压力梯度为 16.51kPa/m（0.73psi/ft）的层段，以保证以密度为 1.57g/cm^3 的钻井液（静液柱压力梯度 15.38kPa/m）能钻进位于 3048m（10000ft）的高压层；④代表尾管封闭高压层，以便在下部裂缝层段使用梯度较轻的钻井液；⑤代表采油尾管。

3. 压力

压力是套管设计的基础资料。套管设计中应考虑的管外压力有下入套管前的地层孔隙压力、地层蠕变挤压力、水泥浆对套管的挤压力、下套管前钻井液柱压力；管内压力有下套管后地层孔隙压力、地层破裂压力、钻进时钻井液密度、可能的井涌关井压力、漏失后的钻井液柱压力等。

4. 井的类型

井的类型对套管设计具有一定影响。地层异常压力的开发井，要获得低成本可以采用高强度的技术套管和采油尾管来完井，而不是采用生产套管来完井。某些探井可以按一次性投资钻完，使用强度较低的技术套管，然后试井，最后打水泥塞做弃井处理。

5. 特殊问题

1）抗硫（酸性环境）套管

有的资料推荐，当硫化氢分压超过 0.3447kPa（0.05psi，绝对压力）时，总压为 448kPa（绝对压力，65psi）或者更大，则认为是酸性环境（含硫气体）。在较低温度下，只有数种已检测了屈服强度的钢级适用于含硫环境。这些钢的牌号有 H40、J55、K55、S80、C75、L80、SS95、RY80、C90。在较高温度下，除 V150 之外，大多数高强度钢级的抗硫化氢的效果是满意的。因此，当存在这种情况时，在管串的底部使用高强度钢级的套管。当井内有 CO_2 气体时，有时需要用不锈钢套管。

2）热采套管

热的作用使套管柱伸长，因此在设计时要尽可能地使套管处于拉伸状态，一种通常的方法是采用预应力固井工艺，使套管在完井承受预设计的拉应力。其拉伸轴向载荷取在接头强度和管体强度之间。考虑应变的套管柱设计方法正在发展之中。

3）弯曲井眼中的套管

在直井或斜井中的急弯处使套管严重弯曲，并使轴向载荷增加。当进行抗拉设计和抗挤压设计时，一定要将弯曲引起的轴向力考虑进去。

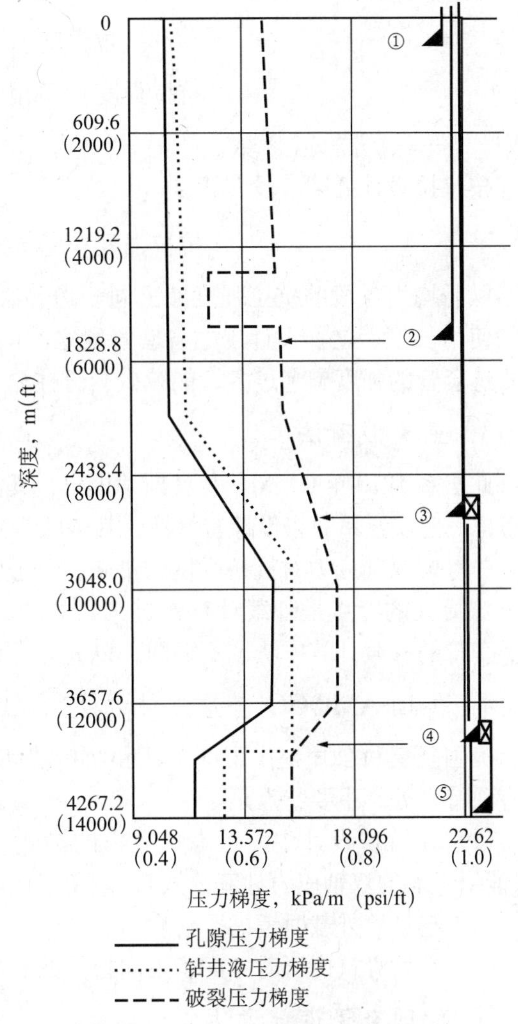

图 3-7-2　套管下入深度曲线

四、设计方法

套管柱设计方法较多。除国内使用较多的等安全系数方法外，国外还有几种新设计方法，如边界载荷法、最大载荷法、AMOCO 方法、德国及前苏联套管设计法等。这些设计方法各有特点。

1．等安全系数法

既安全又经济的设计必须使套管抵抗各种外载的强度与套管所受外载之比等于所规定的安全系数。由于轴向载荷是由下而上增加，而外挤压力则是由上而下增加，因此，为了达到既安全又经济的目的，整个套管柱应由不同强度（由不同钢级与壁厚所决定）的多段套管所组成。各段的最小安全系数应等于规定的安全系数。这种方法称为等安全系数设计法。在进行下部套管柱抗拉计算时要考虑挤压力的影响。过去一般只根据抗拉与抗挤进行设计。近来国外则多先按内压强度设计，先选出符合抗内压要求的套管后再进行抗拉与抗挤设计。SY/T 5724—2008《套管柱结构与强度设计》采用的是等安全系数法，此标准提供了一套统一的套管设计程序。

2．边界载荷法

该方法的抗内压与抗挤设计方法与等安全系数法相同，只是在中上部套管改由抗拉设计时，不用抗拉强度被安全系数除所得的可用强度，而是用第一段以抗拉设计的套管抗拉强度和安全系数所决定的边界载荷算出的许用强度来选用以上各段套管。其关系式如下。

按抗拉设计的第一段套管：

$$抗拉强度/S_T=可用强度$$

$$抗拉强度-可用强度=边界载荷$$

式中 S_T——抗拉安全系数。

按抗拉设计的第二段套管：

$$抗拉强度-边界载荷=可用强度$$

以后均用各段的抗拉强度减去同一边界载荷，而得出它们的可用强度，并以此设计各段的使用长度。这样设计出的各套管段之间的边界载荷相同，而不是安全系数相等，避免了所选套管的强度剩余过多，能减少套管柱总重，使得设计结果更为合理经济。

3．最大载荷法

此法系 1970 年 C．M．普林斯蒂提出，其实质是根据实际条件下套管柱所受的有效载荷再考虑一定安全系数来设计套管柱。其步骤是先按有效内压然后再依有效外压及拉力进行设计，并考虑双轴应力对抗挤强度的影响，一般情况下各段套管的长度是通过图解法确定的。本方法最大的特点是外载计算作过细致的考虑，按技术套管、油层套管、表层套管分类，各类套管的外载计算方法也不相同，以充分在设计中将实际外载显现出来。

4．美国 AMOCO 套管设计方法

美国阿莫科公司提出了图解法和解析法两种套管设计方法，在载荷分析及设计方法上都有独特之处。主要特点是：

（1）在抗挤设计中，考虑拉应力的影响，即进行双轴应力计算，并采用了解析方法（只能用于老的双轴应力计算公式），避免了试凑法的繁琐。

（2）在计算外载时考虑了台肩力。

（3）在计算抗内压时考虑了轴向拉力的影响。

5．德国套管设计方法

德国 BEB 公司提出了一套较完整的套管设计方法，其主要特点是根据不同的套管类型，较细致地给出了外载的不同计算办法。

6．前苏联套管设计方法

其设计方法有以下特点：

（1）给出不同时期、不同井内作业条件下套管柱各部位内压力与外压力计算公式。设计时要根据该井的具体条件，计算出套管各部位所受的有效内压力及有效外压力，并依此作为选用套管的依据。

抗内压安全系数：ϕ114 ~ 219mm 套管为 1.10，ϕ245 ~ 508mm 套管为 1.46。

（2）注水泥井段的外压计算，要考虑水泥环的卸载作用。渗透性良好地层的外压力按地层孔隙压力计算。易流动滑移地层井段的外压力按上覆岩层压力计算。

水泥环卸载系数：ϕ114 ~ 148mm 套管等于 0.25；ϕ194 ~ 245mm 套管为 0.30；ϕ273 ~ 324mm 套管为 0.35；ϕ340 ~ 508mm 套管为 0.40。

(3) 不考虑双轴应力下拉力对抗挤强度的降低作用，但规定当管体拉应力达到屈服强度的 50% 时，要把抗挤安全系数提高 10%。抗挤安全系数为：油层部分为 1 ~ 1.3；其他部分为 1.0。

(4) 拉力计算不考虑钻井液浮力。抗拉安全系数依套管直径与井深而不同，井越深套管直径越大，安全系数也越大，其变化范围为 1.3 ~ 1.75。

(5) 技术套管有考虑磨损与不考虑磨损两种方法。

7. 套管柱设计中的若干规定

如前所述，套管柱设计方法颇多，但是，任何一种设计方法都有共同的依据准则（规定），这些依据是以套管使用中的某一条件下，作用其上的最大载荷使其产生外挤、内压和出现拉力，对于不同的套管柱（表层套管、技术套管、生产套管、钻井和采油尾管）其选择依据不同。对于不同的区域或同一区域的不同井，其选择依据也不相同。

(1) 设计系数：

抗挤压设计系数	DFC=1.0
抗内压设计系数	DFB=1.1
考虑接头极限强度的抗拉设计系数	DFTJ=1.8
考虑管体屈服强度的抗拉设计系数	DFTPB=1.5

(2) 双轴应力：必须考虑轴向拉力对套管抗挤压力及抗内压力的影响。拉应力减少套管抗挤强度的额定值，而轴向压应力减少套管抗内压强度额定值。

特别值得注意的是 API 新规定下，原来的椭圆曲线及系数表用于抗外挤压力计算较为保守。轴向应力（包括轴向拉应力和压应力）对抗挤压力和抗内压额定值的影响在条件许可的情况下，应按本章提供的新数据表采用内插法进行。

(3) 浮力：在计算轴向拉伸载荷以及拉伸载荷对抗挤外压、内压额定值影响时必须考虑浮力影响，在考虑三轴应力情况下，浮力影响通常简化为套管的浮重。

(4) 外挤压力：套管外的压力大于管内压力就会产生外挤压力。考虑管内全掏空时，处于钻井液中的套管承受的外挤压力是管外钻井液压力，这时外挤压力在井底是最大值，在井口为零，如图 3−7−3 所示。

(5) 轴向拉伸力（张力）：要考虑作用在管柱上的浮力影响。拉力随井深而增加。

(6) 内压：假设在表层套管以下进行钻井，在井底出现溢流、井涌和井喷而关井时。受关井时井口附加的关井压力影响，管内压力（p_i）在套管鞋处是地层破裂压力，管外压力（p_e）在套管鞋处是地层孔隙压力，其内外压力差即为内压力。相互关系如图 3−7−4 所示。

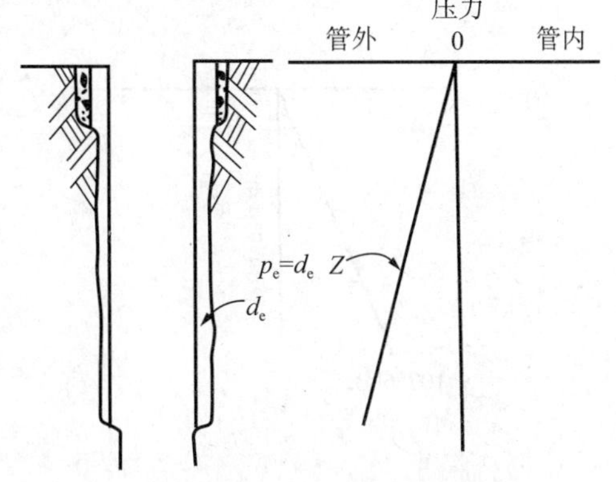

图 3−7−3 外挤压力示意图

p_e—管外压力；d_e—压力梯度；Z— 深度

五、表层套管柱设计

下面用一个例子来说明表层套管柱的设计。

例 设计下入到钻井液密度为 1.20g/cm³ 的 339.71mm（13³/₈in）套管柱，下入深度为

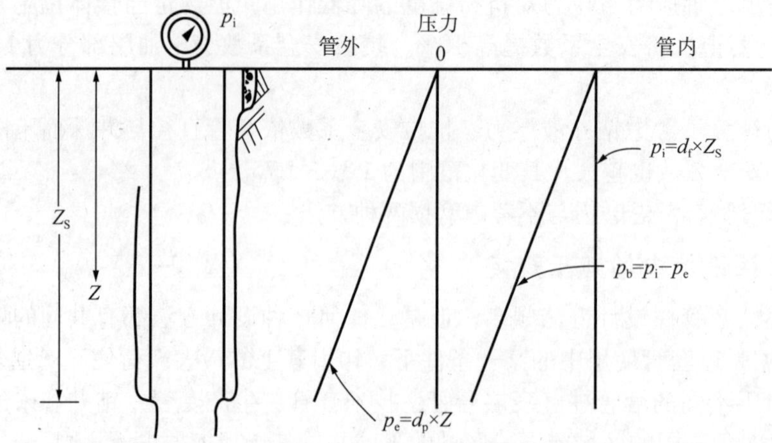

图 3–7–4　内外压力示意图

p_b—套管承受的内压，kPa；p_e—管外压力，kPa；p_i—管内压力，kPa；d_p—地层孔隙压力梯度，kPa/m；d_f—地层破裂压力梯度，kPa/m；Z—井深，m；Z_S—套管鞋深度，m

914.4m（3000ft）。地层破裂压力梯度 =15.38kPa/m（0.68psi/ft），孔隙压力梯度 =10.52kPa/m（0.465psi/ft）。

（1）外挤载荷。通常表层套管的外挤载荷计算考虑的条件是套管内全掏空。

井底钻井液压力 =914.4 × 1.20 × 9.8=10756kPa

抗挤压力设计系数为 1.0，因此，在套管鞋处的设计挤压力 =10756kPa

（2）内压载荷。表层套管内压载荷通常考虑最大关井压力，且管内全为气体的情况，不考虑气柱压力梯度。

当压破地层时，井口内压力 =914.4 × 15.38=14066kPa

内压设计系数为 1.1 时，井口设计内压力 =14066 × 1.1=15472kPa

在套管鞋处的内压力 =14066−914.4 × 10.52=4447kPa

当抗内压安全系数 DFB=1.1 时在套管鞋处的设计内压力 =1.1 × 4447=4892kPa

套管柱的内外设计压力如图 3–7–5 所示。

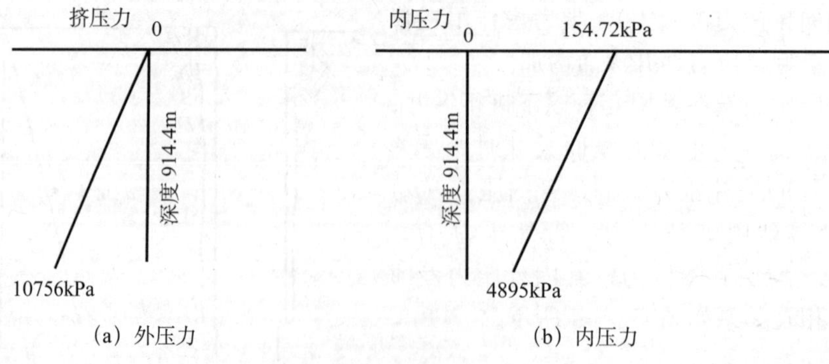

图 3–7–5　套管柱的内外设计压力

由套管特性表找出适用挤压力为 0 ～ 10756kPa，内压力为 4895 ～ 15472kPa，价格最低的套管，见表 3–7–2。

表 3-7-2　低钢级套管性能参数

钢级	管　重 N/m	抗挤 p_{ca} kPa	抗内压 p_{ba} kPa	面积 cm^2	管体屈服强度 kN	接头强度 kN	价格 单位	段序
H40	700.4	5309	11928	87.25	2406.5	1432.3	19.63	(4)
K55	795.4	7791	18823	100.09	3794.3	2433.2	22.22	(3)
K55	890.2	10618	21305	112.82	4279.2	2815.7	24.77	(2)
K55	992.4	13445	23787	125.52	4755.1	3193.8	27.52	(1)

由于外挤压力是由下至上逐步减少的，我们可以由井底向上依次使用 890.2N/m K55，795.4N/m K55 和 700.4N/m H40 套管。但注意 700.4N/m H40 在井口不能满足抗内压力的要求，因此换成 795.4N/m K55 套管。

根据套管的抗挤压力额定值可以下入的当量深度计算式（密度为 $1.2g/cm^3$）：

$$Z=p_c/(1.2\times9.8)=5309/11.77=451m$$

计算后得：

套管	抗挤压力，kPa	当量深度，m
700.4N/m H40	5309	451.41
795.4N/m K55	7791	662.33
890.2N/m K55	10618	902.82
992.4N/m K55	13445	1143.0

（3）双轴应力计算及各规格套管段长度计算。

由于轴向力对抗挤外压有影响，因此当量深度也会随着变化。

第一段套管 890.2N/m K55 可下入当量深度 902.82m，接近 915m，故第一段选用 890.2N/m K55 套管。

上一段套管选用 795.4N/m K55，其下入深度由以下方法决定：在轴向载荷与深度的关系图 3-7-6 上画出两条直线，其交点就是上段套管下入深度。一条直线由轴向载荷与深度来确定，轴向载荷包括浮力和该深度以下的套管重量。另一条直线实际上是挤压椭圆线的近似，它表示出套管在抗挤压力下的当量深度与轴向载荷的关系。当两点比较接近，又在转换点附近时，可以用一条直线近似代替椭圆曲线。

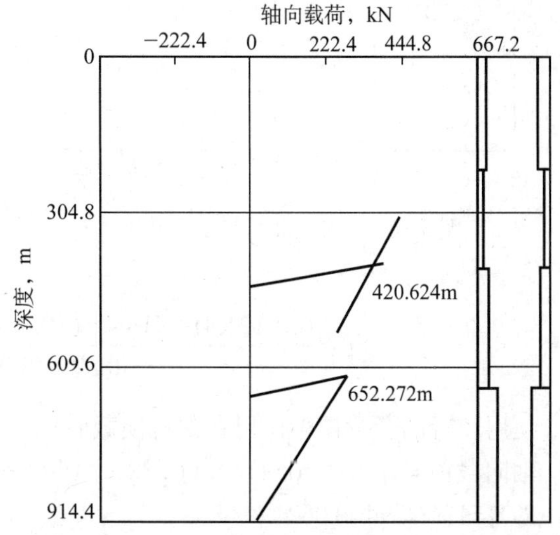

图 3-7-6　表层套管轴向载荷与深度的关系图

两点确定一直线：

①在井底（914.4m），轴向载荷等于浮力，其值为 −121.4kN；

②在井底上部任选一点，例如，取 609.6m 这一点，那么 890.2N/m K55 长度为 304.8m，其重量为 271.34kN。轴向载荷等于套管重量减去浮力：271.34−121.4=149.94kN。

③当轴向载荷为 0 时，795.4N/m K55 套管的挤压额定值是 7791kPa，当量深度（QFC=1.0）为 7791/11.77=662m。

④另一点，一般都选在轴向载荷 S_a 为 149.94kN 处。795.4N/m K55 的管体屈服强度 Y_p 为 3794kN。S_a/Y_p=0.40，查表 Y_{ca}/Y_{co}=0.9794。因此，轴向载荷为 149.94kN 处的抗挤压力是 0.9794×7791=7631kPa，当量深度为：7631/11.77=648m。

综上所述，其互相关系为：

轴向载荷 kN	深度 m	795.4N/m K55 套管	
		挤压压力，kPa	当量深度，m
−121.4	914.4	—	—
0	—	7791	662
149.94	609.6	7632	648

轴向载荷与深度的关系画在图 3−7−7 上，其交点在 652m，即为转换深度。

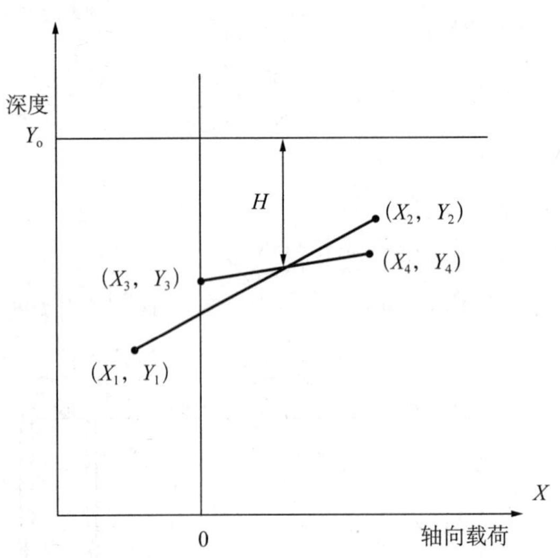

图 3−7−7　轴向载荷与深度关系

为了精确计算出转换深度，也可以使用逐步逼近法。上述作图法较麻烦，为此也可用解析方法求出转换深度：

$$H=\frac{(X_3-X_1)+Y_1K_1-Y_3K_3}{K_1-K_3}$$

其中 K_1=（X_2−X_1）/（Y_2−Y_1）；

K_3=（X_4−X_3）/（Y_4−Y_3）。

其相应的坐标关系如图 3−7−7 所示。

相应坐标值为：

X_1=−121.4，Y_1=914.4

X_2=149.94，Y_2=609.6

X_3=0，　　Y_3=662

X_4=149.94，Y_4=648

代入上式得：K_1=−0.89，K_3=−13.92

$$H=\frac{(0+121.4)+914.4\times(-0.89)-662\times(-13.92)}{-0.89+13.92}=654\text{m}$$

使用较轻的套管使得作用在钢材横截面积差上的浮力降低了，其值为：

轴向载荷 =［(915−654）×112.82×（7.86−1.2)］/1000=196kN

S_a/Y_P=196/3794=0.052

p_{ca}/p_{co}=0.973，p_{ca}=7791×0.973=7581kPa。7581kPa 可用来校核转换深度是否正确，其值为 7581/11.77=644m，该值很接近 654m。不再迭代求解，取下深为 644m。

在上层将使用 700.4N/mH40 套管。该套管在轴向力为 0 时 p_{ca}=5309kPa。按以下方法确定两直线：

①在 644m 处，其计算轴向载荷为 203.6kN。

②任选一点在井深 304.8m 处。795.4N/m 套管长为 347.5m，重量为 347.5×795.4=276.4kN，再加上井深 347.5m 处的拉伸载荷，那么在井深 304.8m 处的轴向载荷为 122+276.4=398.14kN。

③轴向载荷为 0 时，p_{ca}=5309kPa。其当量深度是 5309/11.77=451.1m。

④任选一点，现选轴向载荷为 398.14kN 处。700.4N/m H40 套管体屈服强度是 2406.5kN，S_a/Y_P=398.14/2406.5=0.165，p_{ca}/p_{co}=0.907，抗挤外压 0.907×5309=4815.3kPa，当量深度为 4815.3/11.77=409.12m。

综上所述，深度与载荷关系为：

轴向载荷 kN	深度 m	700.4N/m H40 套管	
		抗挤压力，kPa	当量深度，m
122	654	—	—
398.14	304.8	4815.3	409.12
0	—	5309	451.1

作图交点在 420.6m（1380ft）处（图 3–7–6）。

换用轻套管，浮力较低，其值为：

浮力 =−420.6×11.77（87.25−100.09）/10000

=6.36kN

轴向载荷 =122+6.36+795.4×（652.3−420.6）/1000=312.65kN，S_a/Y_P=312.65/2406.5=0.1298，p_{ca}/p_{co}=0.9286，p_{ca}=5309×0.9286=4930kPa，当量深度为 4930/11.77=418.86m，此值非常接近交点（420.6m）。

700.4N/mH40 套管满足从 420.6m 到地面的抗挤压力要求，但不能满足井口内压要求，因此再上一段应用 795.4N/m K55 套管。700.4N/m H40 套管在 420.6m 承受的内压为 1.1×（14066−420.6×10.52）=10605kPa。

在轴向载荷下的抗内压额定值由下式计算：

$$\frac{p_{ba}}{p_{bo}}=\sqrt{1-0.75(S_a/Y_P)^2}+0.5(S_a/Y_P)$$

式中　p_{ba}——轴向载荷为零时的抗内压力，kPa；

p_{bo}——在轴向载荷下的抗内压力，kPa。

与轴向载荷下求外压下的转换点相同，也可以在轴向载荷与抗内压的关系图上画出两根直线，其交点即为所求之转换点。

在 420.6m 处，轴向载荷为 312.65kN。700.4N/m H40 的 p_{bo}=11928kPa，Y_P=2406.5kN，S_a/Y_P=312.65/2406.5=0.13，得 p_{ba}=1.0586p_{bo}。所以 p_{ba}=11928×1.0586=12627kPa。而在 420.6m 需要的内压力是 10650kPa。

向上任选一点，例如192m处，该处轴向载荷 S_a=312.65+700.4（420.6−192）/1000=472.76kN，S_a/Y_P=472.76/2406.5=0.20，求出 p_{ba}/p_{bo}=1.085，所以 p_{ba}=1.085×11928=12942kPa。

在192m（630ft）所需要的内压力为：

$$1.1\times(14066-10.52\times192)=13251\text{kPa}$$

综上所述，得到：

轴向载荷 kN	深度 m（ft）	需要的抗内压值 kPa	700.4N/mH40的抗内压额定值 kPa
0	—	—	11928
312.65	420.6	10605	12627
472.76	192	13251	12942

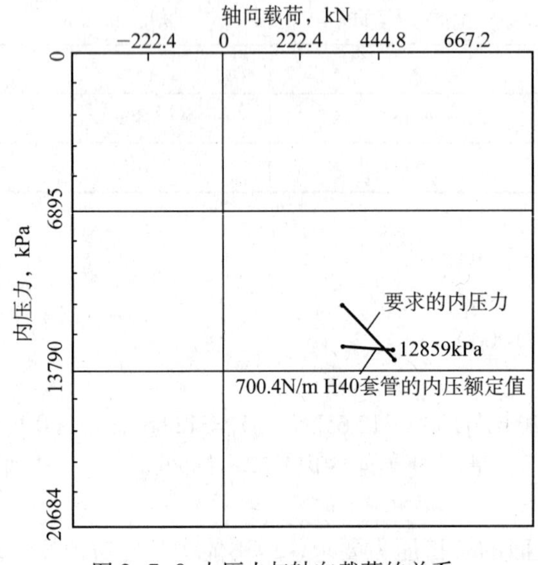

图3−7−8 内压力与轴向载荷的关系

700.4N/m H40套管的额定抗内压值和需要的抗内压值与轴向载荷的关系画在图3−7−8上，其上交点为12859kPa，由下式求出当量深度为：

当量深度=（14066−12859/1.1）÷10.52=226m

在226m处的浮力=−226×11.77（100.09−87.25）/10000=−3.44kN

轴向载荷=312.65−3.44+700.4（420.6−226）/1000=445.5kN。

795.4N/m K55套管可用于从地表到226m（740ft）。该段管柱既满足抗内压要求，又满足抗挤压力要求。

现在校核抗拉强度。在井口的轴向载荷为：

$$\text{轴向载荷}=445.5+795.4\times226/1000=625\text{kN}$$

795.4N/m K55在井口的抗拉设计系数为：

$$\frac{2406.5}{625}=3.85$$

在226m处，700.4N/m H40套管的抗拉设计系数为：

$$\frac{1432.33}{445.5+3.44}=3.19$$

因此管柱的抗拉强度是安全的。

满足内压、抗挤和抗拉要求的管柱设计见表3−7−3。

表 3–7–3　满足内压、抗挤和抗拉要求的管柱设计

套管类型	深度区间 m	段长 m	设计系数								成本单位
			抗　压		内　压		接头强度		管体强度		
			底	顶	底	顶	底	顶	底	顶	
890.2N/m K55	914.4 ~ 652	262.4	1.00	1.36	4.72	3.00	10	10	10	10	24.77
795.4N/m K55	652 ~ 420.6	231.4	1.00	1.51	2.65	2.03	10	7.95	10	10	22.22
700.4N/m H40	420.6 ~ 226	194.6	1.00	1.78	1.31	1.10	4.59	3.19	7.70	5.36	19.63
795.4N/m K55	226 ~ 0	226	2.74	10	1.70	1.43	5.46	3.85	8.51	6.07	22.22

表中设计系数大于 10 者取为 10。

实际套管设计中算例的 700N/m H40 套管长度不是 200m。为便于现场管理，减少下错风险，一般规定套管柱最多 3 段，每段长度不少于 400m，故算例中不下 700N/m H40，直接下入 795.4N/m K55 套管，由此 890.2N/m K55 下深需重新设计，全井下入 2 段套管。

总成本 =67195 单位。

压力和载荷见表 3–7–4。

表 3–7–4　压力和载荷

深　度 m	p_e kPa	p_b kPa	轴向载荷 kN	浮力 kN
914.4	10756	4447（645）	−121.4	
652			112	−121.4
652	7674	7205（1045）	122	
420.6			306.30	9.769
420.6	4930	9639（1398）	312.65	
226			449	6.36
226	2654	11694（1696）	445.5	
0	0	14066（2040）	625	−3.44

本设计中，在轴向载荷作用下的内压额定值见表 3–7–5。

表 3–7–5　在轴向载荷作用下的内压额定值

轴向载荷 kN	套管的内压力，kPa		
	890.2N/m K55	795.4N/m K55	700.4N/m H40
−121.4	21008		
0	21305	18823	11928
112	21581		

续表

轴向载荷 kN	套管的内压力，kPa		
	890.2N/m K55	795.4N/m K55	700.4N/m H40
122		19126	
306.3		19540	
312.65			12624
449			12879
445.5		19822	
625.0		20181	

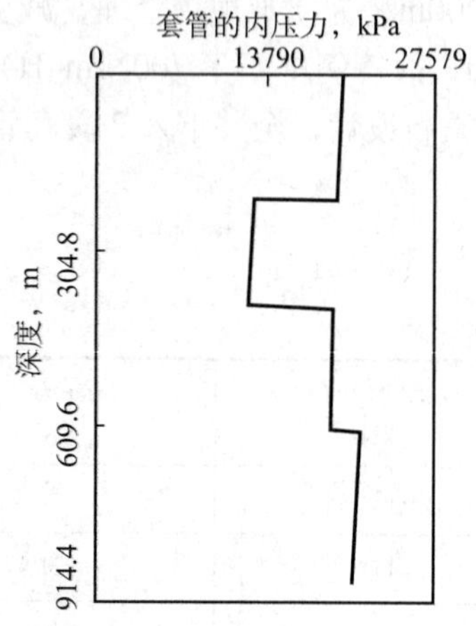

图 3–7–9　套管内压额定值与深度的关系

在进行套管柱试压时或在固井注水泥时的最大井口压力不能超过套管最小内屈服压力的 80%。套管内压额定值与深度的关系如图 3–7–9 所示。

六、技术套管柱设计

1. 挤压压力

下入技术套管后井漏时，漏失后液面可能会在套管鞋以上，所以可以计算最大可能的漏失液面来计算外挤载荷，而并不按套管完全掏空来计算。在技术套管外部，通常假定下套管前的钻井液液柱静水压头与套管鞋以上存在的最大地层孔隙压力相平衡。各压力与井深之间的关系如图 3–7–10 所示。

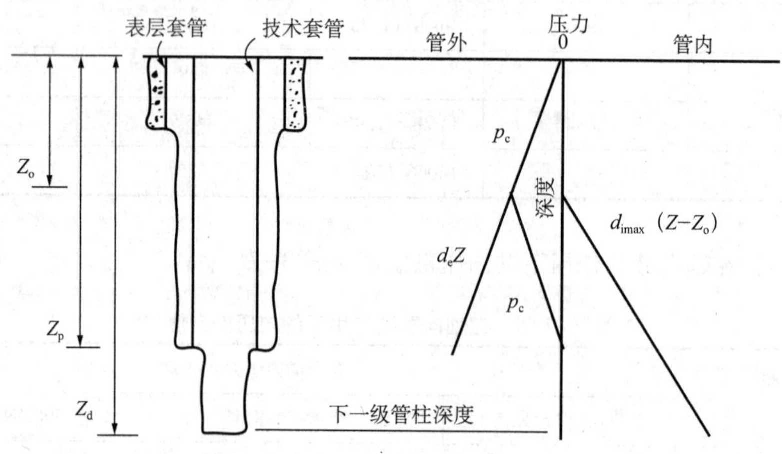

图 3–7–10　外压力与井深的关系

在液面以上外挤压力：

$$p_c = d_e Z_o$$

在液面以下外挤压力：

$$p_c = d_e Z_p = d_{imin}(Z_p - Z_o)$$

最大地层孔隙压力通常出现在套管鞋，这时在管鞋外的压力为：

$$p = d_{imin} Z_p$$

在最大钻井液梯度（重钻井液）情况下，技术套管下部钻井发生漏失，套管鞋处的压力为：

$$p = d_{imax}(Z_p - Z_o)$$

上两式相等得：

$$Z_o = Z_p(1 - d_{imin}/d_{imax})$$

这就意味着如果技术套管在钻井液密度为 1.198g/cm^3 中完成，而在下一段井身需要用 1.797g/cm^3 的钻井液钻进，那么需要按套管 l/3 掏空来设计技术套管。

2．有效内压力

当井底出现气涌（钻井液在上部，气体在下部）时，技术套管上作用着最大内压载荷。假定当下一级套管柱的预计下入深度小于 1219.2m 时，全部钻井液喷出，预计下入深度大于 1219.2m 时，通常在这样的深度下入可能部分钻井液喷出。在计算井内气柱长度时，采用一个经验折减系数 K，其值为：

$$K = \sqrt{\frac{1219.2}{D}}$$

式中　D——下一级套管柱预计下入深度，m。

这时井内气柱的长度为：

$$L=KD$$

例如，当下一级管柱预计下入深度为 1219.2m 时，由公式得到 K=1，我们要按管内全部气柱来设计套管；当下一级套管柱预计下入深度为 4876.8m 时，经验折减系数 K=0.5，我们要按管内一半钻井液，一半为气柱来设计套管。

下面分三种情况来计算技术套管的内压力，如图 3–7–11（a）是下一级套管柱（例如生产套管）的预计下入深度小于 1219.2m 的内压力计算方法。图 3–7–11（b）是下一级套管柱的预计下入深度大于 1219.2m 的内压力计算方法，但此时在下一级套管柱预计深度处的孔隙压力小于技术套管鞋的破裂压力。图 3–7–11（c）是下一级套管柱的预计下入深度大于 1219.2m 的内压力计算方法，但此时在下一级套管柱预计深度处的孔隙压力大于技术套管鞋的破裂压力。

（1）下一级套管柱预计深度小于 1219.2m，如图 3–7–11（a）所示。

有效内压力：$p_b=p_s+Zd_g-Zd_e$

其中井口压力：$p_s=Z_p d_f\,(1/e^{0.000111549\gamma L})$

或 $p_s=Z_d d_i\,(1/e^{0.000111549\gamma L})$

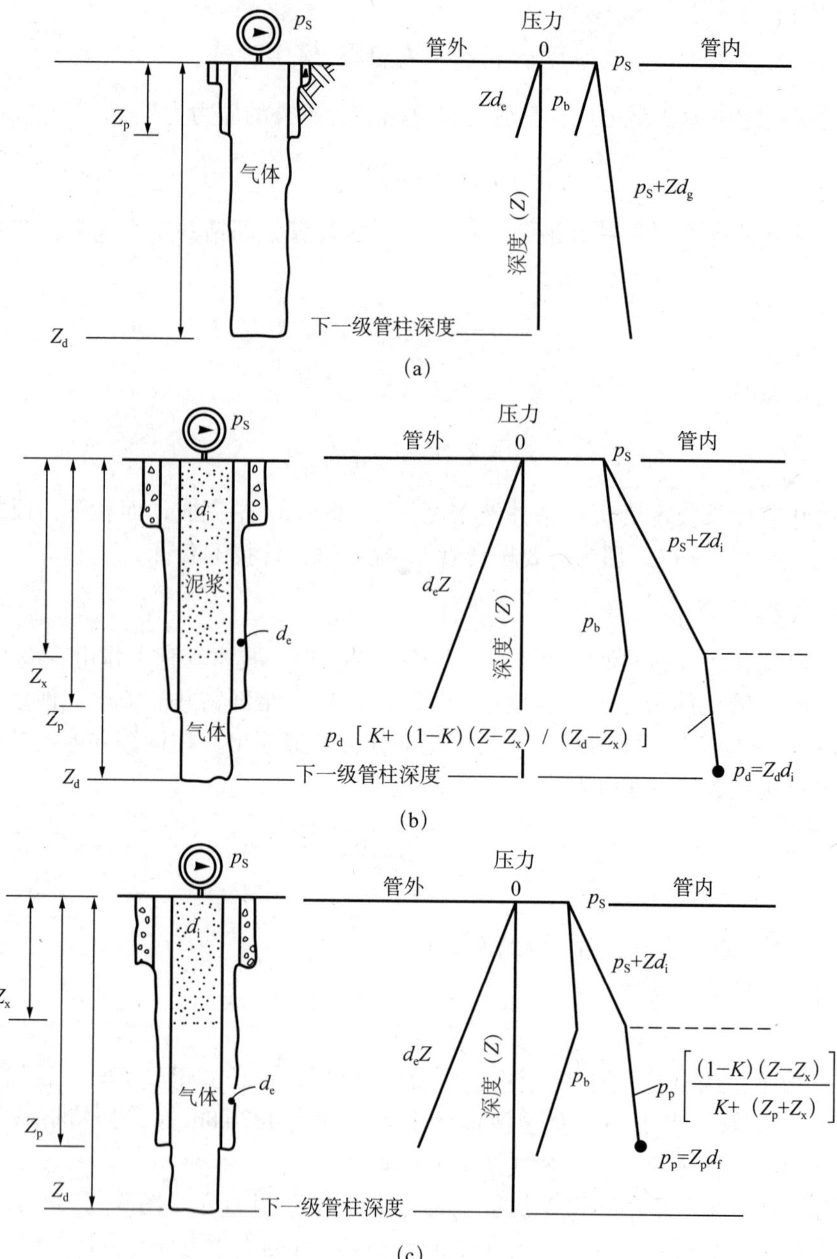

图 3-7-11　技术套管内压力计算方法

在计算气柱顶压力时更精确的公式前面已经作过介绍，一般情况下按上式计算即可。井底压力按 Z_dd_i 计算时的气体压力梯度：

$$d_g=\frac{Z_dd_i-p_s}{Z_d}$$

井底压力按套管鞋处的破裂压力（Z_pd_f）计算时的气体压力梯度：

$$d_g = \frac{Z_p d_f - p_s}{Z_p}$$

以上各式中：

p_b——套管的有效内压力，kPa；

p_s——井口压力，kPa；

d_e——管外钻井液压力梯度，kPa/m；

d_i——管内钻井液压力梯度，kPa/m；

d_f——套管鞋处地层破裂压力梯度，kPa/m；

d_g——气体压力梯度，kPa/m；

L——气柱长度，m；

Z——深度，m；

Z_d——下一级套管柱预计下入深度，m；

Z_p——技术套管下入深度，m；

γ——气体相对密度（空气相对密度 =1）。

(2) 下一级套管的预计深度大于 1219.2m 时的有效内压力计算（下一级套管深度上的孔隙压力小于技术套管鞋处的破裂压力）。

有效内压力如下：

井口到 Z_x ：$p_b=p_s\ (d_e-d_i)$

Z_x 以下：$p_b=p_d\ [K+\ (1-K)\ (Z-Z_x)\ /\ (Z_d-Z_x)]\ -d_eZ$

井底压力（Z_d）：$p_d=Z_d d_i$

井口压力：$p_s = p_d K\sqrt{1219.2/Z_d}$

式中　p_d——下一级套管柱预计深度上的压力，kPa；

Z_x——气体与钻井液界面深度，m；

$K=1/e^{0.000111549\gamma L}$

其他符号与第一种情况相同。

(3) 下一级套管柱预计下入深度大于 1219.2m 时的有效内压力计算（下一级套管柱深度上的孔隙压力大于套管鞋处的破裂压力）。

有效内压力：

井底压力（Z_p）：$p_p=Z_p d_f$

井口压力：$p_s = p_d K\sqrt{1219.2/Z_d}$

井口到 Z_x：$p_b=p_s+\ (d_i-d_e)\ Z$

Z_x 以下：$p_b = p_p\left[\frac{(1-K)(Z-Z_x)}{K+(Z_p-Z_x)}\right]-d_e Z$

3．技术套管柱设计举例

原始数据：如图 3-7-12 所示，$10^3/_4$in 技术套管下入钻井液密度为 1.318g/cm^3 的 3048m 井中。钻至 4267.2m 产层时，钻井液密度增至 1.917g/cm^3，产层气体相对密度为 0.7，套管鞋处的最小孔隙压力梯度为 10.519kPa/m，在套管鞋处地层破裂压力梯度为

19.68kPa/m。地温梯度为 1.2° F/30.48m，地面温度 80° F。

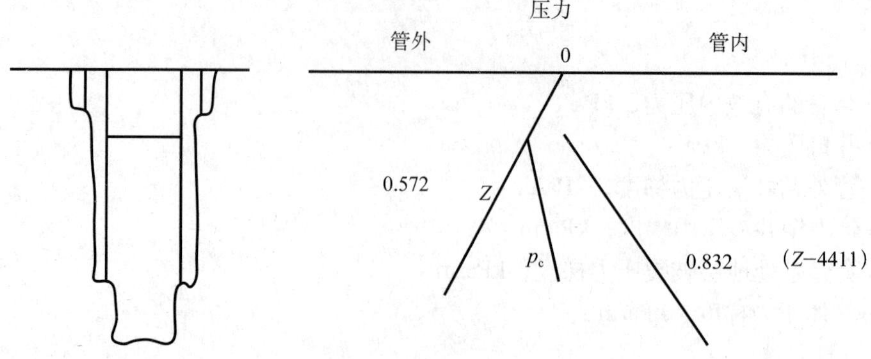

图 3−7−12　技术套管柱设计

1）外挤压力

管内钻井液压力梯度 d_i=1.318 × 9.81=12.925kPa/m

井内钻井液最大压力梯度 d_{imax}=1.917 × 9.81=18.821kPa/m

套管鞋最小孔隙压力梯度 =10.519kPa/m

$$Z_o=Z_p\ (1-d_{imin}/d_{imax})$$

$$=3048\ (1-10.519/18.821)\ =1344.48\text{m}$$

从 0 到 1344.48m 的外挤压力：

$$p_c=12.925Z$$

从 1344.48m 到 3048m 的外挤压力：

$$p_c=12.925Z-18.821\ (Z-1344.48)$$

$$=25304.46-5.896Z$$

外挤压力变化见表 3−7−6。

表 3−7−6　外挤压力

深　　度 m	外挤压力（DFC=1.0） kPa
3048	7333.44
1344.48	17377.41
0	0

2）内压力

套管鞋处地层破裂压力 =19.68 × 3048=59984.64kPa

在下一级套管柱预计下入深度处的孔隙压力 =18.821 × 4267.2=80312.97kPa。

由于生产套管下入的深度大于 1219.2m，假定在产生气体井涌后，套管内仍有一部分钻井液，气柱所占总井深的百分比为：

$$\sqrt{\frac{1219.2}{Z_d}}=\sqrt{\frac{1219.2}{4267.2}}=0.5345$$

因而可以得到气柱总长度：0.5345 × 4267.2=2280.9lm

减去气柱的长度，得到钻井液柱（1.917g/cm³）长：4267.2−2280.91=1986.29m

在套管鞋处的压力小于生产套管上的孔隙压力，因此在计算内压载荷时，只需要考虑在技术套管管鞋以上的气柱段。本井在气柱以上有 1986.29m 钻井液柱，则可算出在技术套管内尚有 L=2280.91−（4267.2−3048）=1061.71m 的气柱。在管鞋处的最大气体压力为破裂压力 p_p=59984.64kPa。

现在需要计算 1986.29m 处的气体压力（图 3−7−13）。为简化计算，采用近似公式：

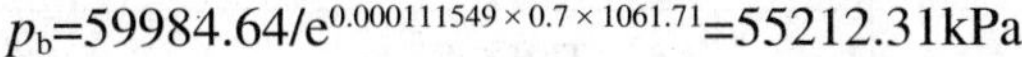

$$p_b=59984.64/e^{0.000111549\times0.7\times1061.71}=55212.31\text{kPa}$$

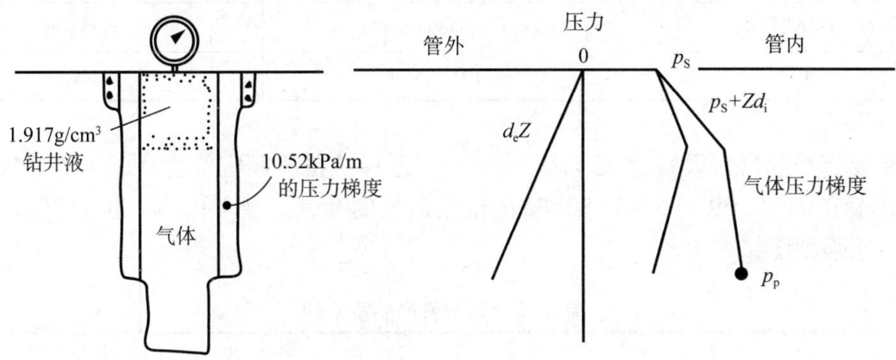

图 3−7−13　计算 1986.29m 处的气体压力

按精确公式计算得到 p_b=56757.64kPa，以下计算均按此值。

井口压力 p_s 等于气顶压力 56757.64kPa 减去气顶下部钻井液静水压头：

$$p_s=56757.64-18.821\times1986.29=19373.67\text{kPa}$$

3）有效内压力

(1) 钻井液压力（Z ≤ 1986.29m）：

内压，$p_i=p_s+Zd_i$=19373.67+18.821Z

(2) 气体压力（Z ≥ 1986.29m）：

气体部分压力 =p_s+（钻井液静水头 + 气柱压头）

钻井液静水压力 =18.821 × 1986.29=37383.96kPa

气体压力梯度为：

d_g=（底部压力 − 顶部压力）/ 气柱长度

=（59984.6−56757.64）/（3048−1986.29）

=3.039kPa/m

气体压力 =19373.67+37383.96+3.039（Z−1986.29）

=50721.29+3.039Z

有效内压力 p_b= 管内压力 − 管外压力

管外压力 =10.519Z

钻井液和气体的接触面在 1986.29m。

从井口到 1986.29m：

$p_b=p_i-p_e=$（19373.67+18.821Z）−10.519Z=19373.67+8.30Z

从 1986.29m 到 3048m：

$p_b=p_i-p_e=$［19373.67+37383.96+3.039（Z−1986.29）］−10.519Z=50738.52−7.488Z

三种情况下有效内压力值见表 3−7−7。

表 3−7−7　有效内压力

深　度 m	内　压（DBF=1.0） kPa	要求的内压（DBF=1.1） kPa
3048	27914.77	30706.24
1986.29	35865	39451.80
0	19373.67	21311.69

查阅套管产品目录及特性表（表 3−7−8），选择抗挤压额定值为 0 ~ 17377.41kPa，抗内压额定值在 21311.69 ~ 39451.80kPa 的价格最低的套管。要考虑由于拉力引起的双轴应力使抗内压强度增加约 25%。

表 3−7−8　套管产品及特性

套　管 N/m	p_c kPa	p_b kPa	面　积 cm²	管体屈服强度 kN	接头抗拉强度 kN	价格单位
H40，SC，591.05	9583.71	15720.05	73.8063	2032.8	1396.7	15.99
K55，SC，591.05	10893.72	21580.59	73.8063	2797.9	2001.7	15.97
S80，SC，591.05	14478.99	21580.59	73.8063	2797.9	2499.9	17.43
K55，BC，591.05	10893.72	21580.59	73.8063	2797.9	3643.1	17.85
K55，SC，664.02	14410.04	24683.23	83.9353	3180.5	2348.7	17.96
S80，SC，664.02	21580.59	24683.23	83.9353	3180.5	2931.4	19.74
K55，SC，744.29	18615.84	27785.87	93.9353	3563.0	2695.6	20.07
S80，SC，809.96	35990.63	30543.77	102.9030	3901.1	3745.4	26.24
N80，SC，744.29	22201.12	40403.28	93.8708	5182.2	3576.37	26.76
N80，SC，809.96	27716.92	44471.18	102.9030	5675.9	3981.2	29.12

图 3−7−14 表示了内压、外挤载荷与深度的关系。显然，在给定深度下，满足抗内压要求的套管容易同时满足抗挤压要求。因此，应以抗内压为基础来设计套管。

$$S_a=-370，Y_P=5182.18，S_a/Y_P=-0.007$$

由式（3−2−35）计算得到 $p_{ba}=p_{bc}=0.9631$

p_{ba}=0.9631×40403.28=38912.40kPa

抗内压要求值由1986.29m到井口逐渐减小。接近N80的是809.96N/m S80套管。因为二者价格相差很小，所以实际应用中只使用N80。但图解设计例子中将用到S80。

809.96N/m S80套管的抗内压值p_{bo}是30543.77kPa，因此，预计能在1011.02m深度上由N80转换成S80套管。但在1011.02m处套管处于拉伸状态，所以必须考虑张力对内压的影响效应。

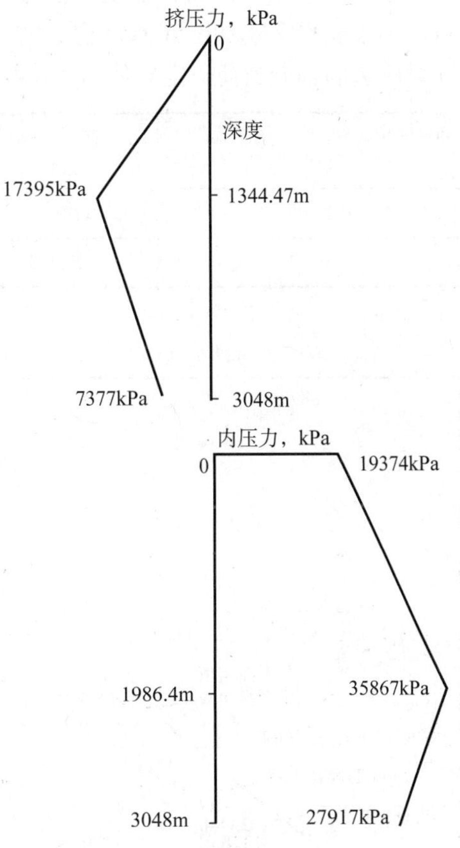

图3-7-14　技术套管的挤压和内压与深度的关系图

由744.29N/m N80套管转换成809.96N/m S80的深度可由作图法的两条直线的交点获得。一条线代表744.29N/m N80套管要求的抗内压值与轴向载荷的关系曲线，另一条（实际上是椭圆线段）是S80套管的抗内压额定值与轴向载荷的关系线。两条线的交点给出了转换深度处的内压值，由此值反算出转换深度。本例中任意一深度作为开始点，比如1501.14m 744.29N/m N80套管在3048m深度的轴向载荷为−370kN，在1501.14m深度上的轴向载荷是[(3048−1501.14)×744.3−370000]÷1000=781.33kN。现在，再向上选另一点，例如选出轴向载荷为978.61kN这一点，其相应的深度=1501.14−（978.61−781.33）/0.7443=1236.09m。在1236.09m所要求的抗内压载荷为1.1×（19373.67+8.36×1236.09）=32678.12kPa。在坐标纸上通过这两点画一直线，即得出744.29N/m N80套管的轴向载荷与要求的抗内压关系图。

另外一条曲线（椭圆线的近似）可用以下方法决定。算出809.96N/mS80在756.20kN和978.61kN轴向载荷下的内压额定值。S_a=170000，S_a/Y_P=756.20/3900=0.194，计算出p_{ba}/p_{bo}=1.0826，相应的内压力=1.0826×30543.77=33066.69kPa。

轴向载荷S_a=978.61，S_a/Y_P==0.251，p_{ba}/p_{bo}=1.102，因此得出内压值为30543.77×1.102=33659.23kPa，连接这两点。在图3-7-15中两直线的交点上其抗内压值为33440kPa，相应深度为1328.01m。744.29N/m N80套管从1328.01m到3048m，其轴向载荷为（3048−1328.01）×744.3−370000=910.19kN。

抗内压要求值从1328.01m向上到井口在减小。因为由744.29N/m N80套管转换为809.96N/m N80套管转换深度为1328.01m。从1328.01m起，轴向载荷以810N/m的速度增加，一直到下一个转换点。744.29N/m K55套管是次一级抗内压额定值最高、而价格最低的套管。744.29N/m K55套管的p_{bo}=27785.87kPa。由此确定由809.96N/m S80套管转换为744.29N/m K55套管的转换点，需要绘出轴向载荷与要求的抗内压关系线和内压额定值与轴向载荷的关系线，如前述方法，由两条线交点的内压值反算出转换深度。要得到轴向载荷与要求的抗内压关系线，需要由任意两个轴向载荷计算出要求的抗内压值，然后连接这两点。为了获得 744.29N/m K55 套管的关系线，需要标绘出内压值与轴向载荷值的点。必须注意所选的轴向载荷一定要使两条线相交。计算结果（图 3−7−15）为：

809.96N/m S80 套管轴向载荷 kN	深 度 m	要求的抗内压值（DFB=1.1） kPa	744.29N/m K55 内压额定值 kPa
1023.09	1188.11	32164.04	30902.30
1156.54	1023.21	30654.09	31178.09

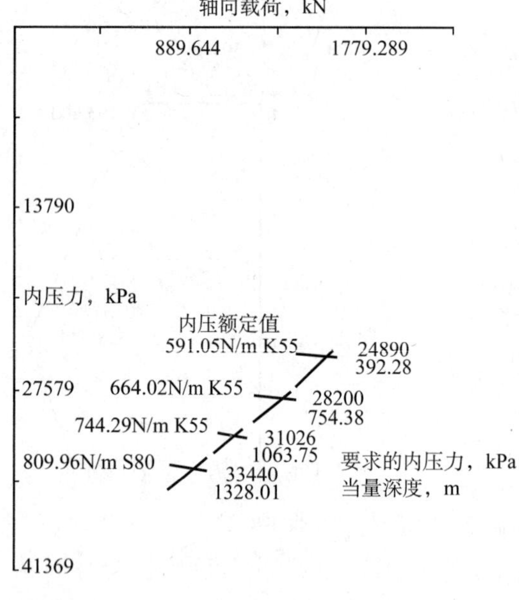

图 3−7−15　内压额定值的拉伸载荷效应

交点出现在要求的抗内压值为 31026.41kPa 的点上，该点相应的深度为 1063.75m。在 1063.75m 深度的轴向载荷为 1123.75kN，这样得出 744.29N/m N80 套管为 1328.01 ～ 3048m，809.96N/m S80 套管为 1063.75 ～ 1328.01m。

次一级内压额定值最高而价格最低的套管是 664.02N/m K55 套管。664.02N/m K55 套管的 p_{bo} 是 24683.23kPa。为了得到由 744.29N/m K55 套管转换为 664.02N/m K55 套管的转换深度，需要同以前一样给出两条线，以确定出转换点的内压值，然后反算出转换深度。同样要保证选出的轴向载荷使得两条线相交。在这种情况下，可选择轴向载荷为 1201.02kN 和 1423.43kN 这两个任意点。计算结果如下：

744.29N/m K55 轴向载荷 kN	深度 m	要求的抗内压值（DFB=1.1） kPa	664.02N/m K55 内压额定值 kPa
1201.02	959.82	30074.93	27985.82
1423.43	661.11	27351.50	28275.40

由 744.29N/m K55 换为 664.02N/m K55 的转换点出现在交点内压为 28199.56kPa 的点上。与此对应的转换深度为 754.38m。754.38m 的轴向载荷为 1354.01kN。这样得出 744.29N/m N80 套管为 1328.01 ～ 3048m，809.96N/m S80 套管为 1063.75 ～ 1328.01m，744.29N/m K55 套管为 754.38 ～ 1063.75m。

次一级抗内压值最高而价格最低的套管是 591.05N/m K55，591.05N/m K55 套管的 p_{bo} 为 21580.59kPa。为了确定由 644.02N/m K55 套管换为 591.05N/m K55 套管的转换点同以前一样，需要给出关系线，以确定出交点和内压值。此时，我们任选出轴向载荷为 1423.43kN 和 1601.36kN 这两点，并检查是否存在交点。计算结果如下：

744.29N/m K55 轴向载荷 kN	深　度 m	要求的抗内压值（DFB=1.1） kPa	591.05N/m K55 内压额定值 kPa
1423.43	649.83	27248.08	24862.49
1601.36	381.91	24800.44	24917.65

转换点的内压值是 24890.07kPa，对应于 392.28m 深度。392.28m 深度的轴向载荷是 1594.46kN。这样得出 744.29N/m N80 套管从 1328.01 ~ 3048m，809.96N/m S80 套管从 1063.75 ~ 1328.01m，744.29N/m K55 套管从 754.38 ~ 1063.75m，664.02N/m K55 套管从 392.28 ~ 754.38m。

次一级最低价格的套管是 591.05N/m H40。其 p_{bo} 为 15720.05kPa。张力增加抗内压额定值，其最大增加到 p_{bo} 以上约 15%。591.05N/m H40 套管最大可能的抗内压额定值约 18133.21kPa，这个能完全满足上部井眼抗内压要求值。因此，选用 591.05N/m K55 套管，该套管是满足从 392.28m 到井口抗内压要求的价格最低的套管。

满足抗内压要求的技术套管列于表 3–7–9。

表 3–7–9　满足抗内压要求的技术套管

深　度 m	级　别	重　　量 N/m	连接螺纹	费用 （成本单位）
0 ~ 392.28	K55	591.05	STC	15.97
392.28 ~ 754.38	K55	664.02	STC	17.96
754.38 ~ 1063.75	K55	744.29	STC	20.07
1063.75 ~ 1328.01	S80	809.96	STC	26.24
1328.01 ~ 3048	N80	744.29	STC	26.76

还必须进行管体及接头强度的拉伸校核。

拉伸随井深减小而增加，必须在每一个转换深度上校核抗拉强度。

第一转换点在 1328.01m，其轴向拉力为 910.19kN，因为管体与接头强度的设计系数分别是 1.5 和 1.8，故要求的管体屈服强度 =1.5 × 910.19=1365.29kN，要求接头强度 =910.19 × 1.8=1638.34kN。744.29N/mN80（短圆螺纹）和 809.96N/mS80（短圆螺纹）套管的抗拉额定值超过抗拉载荷，因此该深度没有必要改变设计。

第二转换点深度在 1063.75m，其轴向载荷为 1123.75kN，因此要求的管体屈服强度 =1123.75 × 1.5=1685.63kN，要求的接头强度 =1123.75 × 1.8=2022.75kN。因为 809.96N/mS80 和 744.29N/m K55 套管的强度超过拉伸强度要求值，所以也没有必要在该点改变设计。

第三转换点深度在 754.38m，其轴向载荷为 1354.01kN，相应要求的管体屈服强度 =2031.02kN，要求接头强度为 2437.58kN。664.02N/m K55 套管满足屈服强度要求，但不满足接头强度要求（2437.58 > 2348.66）。744.29N/m K55 套管在 754.38m 满足强度要求。查产品目录可以找到抗内压值相等，但接头强度较大，价格较低的套管是 664.02N/m S80 套管，其接头强度为 2931.38kN，因此可用 644.02N/m S80 代替 644.02N/m K55 套管，而不改变内压设计方案，从而满足所有的强度要求。

第四转换深度在392.28m，其轴向载荷为1594.46kN，由664.02N/m K55套管转换成591.05N/m K55套管。由于内压决定着抗内压和抗挤压设计，而且644.02N/m K55和644.02N/m S80套管具有相同的抗内压额定值，但具有较大的抗拉强度值，所以把原方案中的644.02N/m K55套管用644.02N/m S80套管代替。现在来校核抗拉强度。在392.28m要求的管体屈服强度=1594.46×1.5=2391.69kN，要求的接头强度=1594.46×1.8=2870.03kN。S80满足这一要求。事实是，591.05N/mK55套管无论在392.28m及井口均满足管体强度要求，但不满足接头强度要求。从井口到392.28m以每米591.1N重力计算，井口拉伸载荷为1826.32kN，与此对应要求的管体强度和接头强度分别是2739.47kN和3287.37kN。满足管体强度和接头强度要求的最低价格的套管是591.05N/m K55 BC（偏梯形螺纹），它的抗内值与591.05N/m K55套管相同。所以，可用591.05N/m K55 BC套管代替591.05N/m K55 SC（短圆螺纹）套管。

满足内压、挤压、拉伸要求的价格最低的技术套管设计方案列于表3-7-10，设计系数见表3-7-11。

表3-7-10　技术套管设计方案

深　　度 m	钢　　级	单位长度重 N/m	螺纹连接类型	成本单位
0 ~ 392.28	K55	591.05	BC	17.85
392.28 ~ 754.38	S80	664.02	SC	19.74
754.38 ~ 1063.75	K55	744.29	SC	20.07
1063.75 ~ 1328.01	S80	809.96	SC	26.24
1328.01 ~ 3048	N80	744.29	SC	26.76

当下层套管是尾管时，技术套管设计的下层套管下深必须是该层尾管回接时的钻井深度。如果下层尾管为生产尾管，则技术套管应按生产套管设计。

表3-7-11　技术套管设计系数

套管类型 N/m	深　　度 m	抗挤压		抗内压		接头拉伸		管体拉伸	
		底	顶	底	顶	底	顶	底	顶
591.05 K55 SC	0 ~ 392.28	1.5	1.0	1.1	1.3	2.3	2.0	1.8	1.5
664.02 S80 SC	392.28 ~ 754.38	1.6	2.8	1.6	2.8	2.2	1.8	2.3	2.0
744.29 K55 SC	754.38 ~ 1063.75	1.1	1.4	1.1	1.4	2.4	2.0	3.2	2.6
809.96 S80 SC	1063.75 ~ 1328.01	1.8	2.2	1.8	2.2	4.1	3.3	4.3	3.5
744.29 N80 SC	1328.01 ~ 3048	3.1	1.16	3.1	1.16	10	3.9	10	5.7

注：设计系数大于10的取作10。

七、生产套管柱设计

1. 挤压压力

油气井后期可能出现全空状态，因此挤压压力是管外钻井液压力，井口最小，井底最大，如图 3–7–16 所示。

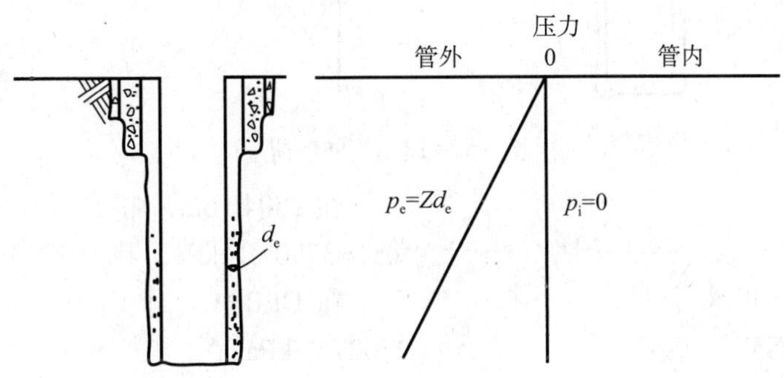

图 3–7–16　挤压压力

2. 内压力

套管内压是封隔器以上完全充满液体与井口关井压力之和（假定油管漏失）。有效压力应减去管外压力，如图 3–7–17 所示。

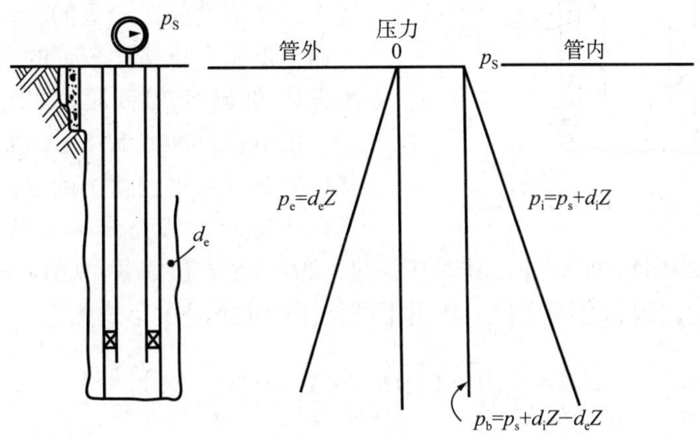

图 3–7–17　内压力

p_b—有效内压，kPa；p_s—关井井口压力，kPa；d_i—管内压力梯度，kPa/m

3. 拉伸载荷

要考虑浮力作用。管柱底部受压，井口受拉，如图 3–7–18 所示。

4. 生产套管柱设计举例

例　设计一直径为 244.48mm 生产套管，深度为 2804.16m，井内钻井液密度为 1.378 g/cm^3。抗挤以管内完全掏空设计，考虑浮力作用。抗内压以井口压力为 22752.70kPa 设计。封隔器以上管内充满 1.378g/cm^3 的钻井液柱。设计系数：抗挤压 DFC=1.0；抗内压 DFB=1.1；接头拉力 DFTJ=1.8；管体拉力 DFTP=1.5。有关状态如图 3–7–19 所示。

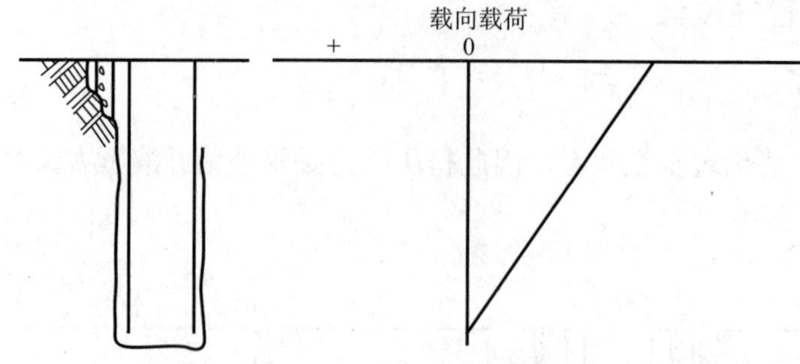

图 3–7–18　拉伸载荷

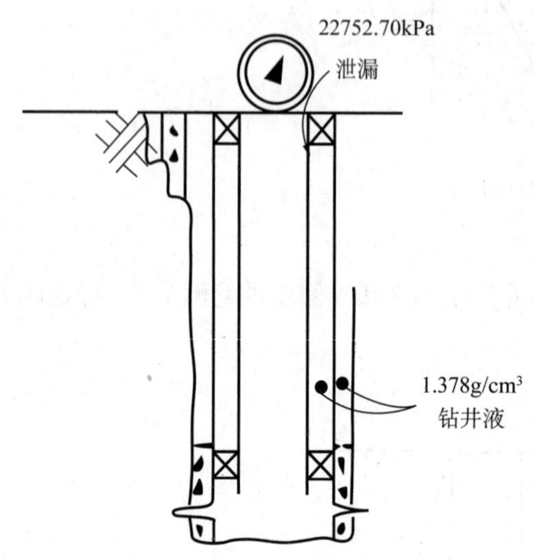

图 3–7–19　生产套管有关状态

在 2804.16m，挤压力 =2804.16×1.378×9.31=37907.14kPa（在 DFC=1 的条件下）。

在 DFB=1.1 时内压力 =22752.70×1.1=25027.97kPa。

查产品目录，将 K55，N80，S95 及 P110 级套管中符合上述要求者列于表 3–7–12 中。

在套管鞋处满足抗内压和抗外挤要求的最低价格的套管是 634.84N/m S95 LC（长圆螺纹）。挤压从下向上减少，因此应该从下向上逐次转换成性能次一级的套管。并且选用抗挤压额定值高、价格比较低的套管。根据最低费用设计的套管包括四段，如图 3–7–20 所示。

由 634.84N/m S95 换成 583.76N/m S95，其转换深度可用图解法确定。钻井液挤压力由下向上减小，假设转换位置在 583.76N/mS95 抗挤压力额定值 29164.82kPa 处，其对应深度 =29164.82/（1.378×9.81）=2157.45m。这并不是真正转换深度，因为套管在拉力作用下的挤压额定值将由下式确定：

$$\frac{p_{ca}}{p_{co}}=\sqrt{1-0.75(S_a/Y_P)^2}-0.5(S_a/Y_P)$$

表 3–7–12　套管抗压参数

套管类型	p_c，kPa	p_b，kPa	价格单位
583.76N/m K55　SC	17719.53	27234.29	
583.76N/m N80　LC	21304.80	39644.85	15.78
634.84N/m N80　LC	26269.02	43643.81	21.05
780.77N/m N80　LC	41506.44	54675.42	22.90
583.76N/m S95　LC	29164.82	47022.24	
634.84N/m S95　LC	38610.64	51779.63	22.79

续表

套管类型	p_c，kPa	p_b，kPa	价格单位
685.91N/m S95　LC	48952.77	58674.38	
634.84N/m P110　LC	30543.77	59984.39	
685.91N/m P110　LC	36611.16	64879.66	
780.77N/m P110　LC	54675.42	75152.85	

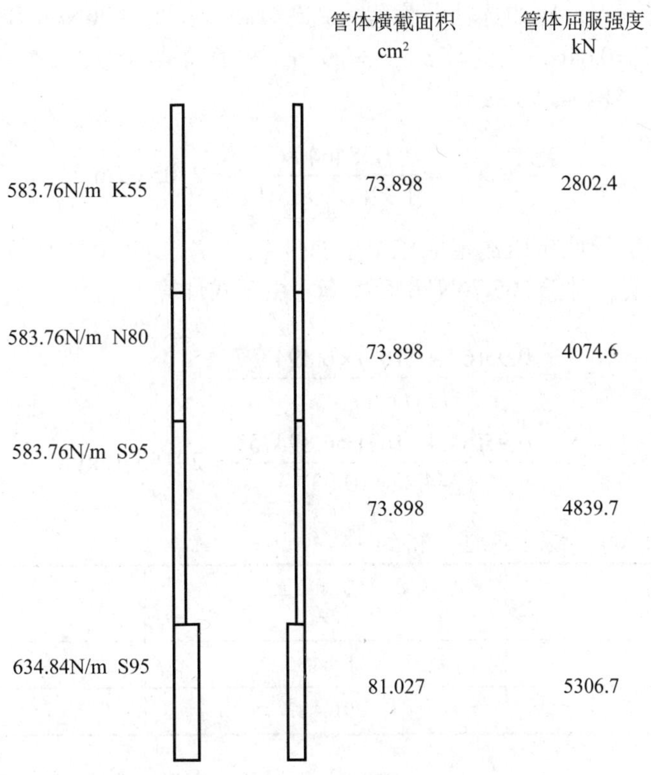

图 3-7-20　根据最低费用设计的套管柱

为了用图解法确定出套管的转换深度，需要绘出轴向载荷与深度的关系图。一条是直线，另一条是椭圆曲线。直线是管柱上轴向载荷与深度的关系。轴向载荷包括浮力和悬挂在某一深度以下的套管的重量。椭圆曲线（相当于应力椭圆的一部分）是套管挤压压力的当量深度与轴向载荷的关系。当两点比较接近，并且在转换深度附近时，可以用直线近似代替它。

浮力为钻井液压力乘以套管钢材横截面积。对于 634.84N/m S95 套管：

$$浮力=-37907.14\times81.03/10^4=-307.16\text{kN}（在井底）$$

由两点可以确定直线段：

（1）在井底 2804.16m，轴向载荷等于作用在 634.84N/m S95 套管上钻井液的浮力，这是一个压缩力，其大小等于压力乘以钢材横截面积。

轴向载荷 = 浮力 =−307.16kN

（2）在井底以上再任选一点，比如在轴向载荷为 222.41kN 处。对于 634.8N/m S95 套管，这一点将在（222.41+307.16）/0.6348=834.23m，深度为 2804.16−834.23=1970m。

583.8N/m S95 套管的椭圆曲线也可以由两点定出：

（1）当轴向载荷为零时，583.76N/m S95 套管抗挤压力是 29164.82kPa。

$$当量深度 = \frac{29164.82}{1.378 \times 9.81 \times 1.0} = 2105.67\text{m}$$

（2）再任意选一点，比如选轴向载荷为 222.41kN 处。583.76N/m S95 套管的屈服强度是 4839.67kN，S_a/Y_P=0.046，由此算 p_{ca}/p_{co}=0.976。在轴向载荷为 222.41kN 时的抗挤压压力为 0.976 × 29164.82=28464.86kPa。

$$当量深度 = \frac{28464.86}{1.378 \times 9.81 \times 1.0} = 2105.67\text{m}$$

由于上述值小于弹性挤压额定值作用下的挤毁压力，所以必须计算 583.76N/m S95 套管的弹性挤压额定值。对于 583.76N/m S95 套管由下式计算：

$$p_{eia} = \frac{0.95(64.4 \times 10^6) \times 6.894757}{(D/t)^3}$$

$$= \frac{0.95(64.4 \times 10^6) \times 6.894757}{(244.47/10.03)^3} = 29155.30\text{kPa}$$

当量深度是 2156m。综上所述，得到：

轴向载荷 kN	挤压额定值 kPa	当量深度 m
222.41	28464.86	2105.67
0	29164.82	2157.45

计算结果绘于图 3−7−21 中，图中虚线表示弹性挤压额定值。从图上得到的转换深度

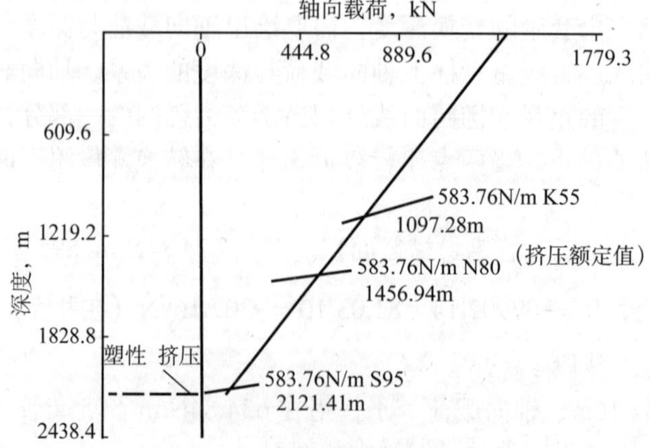

图 3−7−21 轴向载荷与深度的关系

为 2121.41m。

由 634.84N/m S95 套管转换成 583.76N/m S95 套管时，轴向载荷要改变，这将引起挤压额定值的变化。由于在上一级使用了较轻的套管，因此与下一级套管在横截面积上有一差值变化。轴向载荷是否发生变化，要看横截面是否发生变化。横截面积变化值乘以压力便得到载荷变化值。

压力 = 深度 × 钻井液梯度

=2121.41 × 1.378 × 9.81=28677.58kPa

轴向载荷变化值 =− 压力（截面积 2− 截面积 1）

=−28677.58（73.87−81.03）/10=20.5kN

2121.41m 的轴向载荷 =−307.16+（2804.36−2121.41）× 0.6348+20.5

=146.87kN

下一步是换用挤压值为 21304.80kPa 的 583.76N/m N80 套管。要获得 583.76N/m N80 套管椭圆线，需要计算两个任意轴向载荷下的挤压额定值，连接这两点，看一看是否与 S95 套管的轴向载荷线相交。在此，选取轴向载荷为 333.62kN 和 667.23kN，其相对应的井深分别为 1800.76m 和 1229.26m。计算结果为：

轴向载荷 kN	挤压额定值 kPa	当量深度 m
333.62	20380.9	1506.63
667.23	19339.79	1429.82

583.76N/m N80 套管的弹性挤压值 p_{eia} 值是 29157.93kPa。因为 p_{ca} 小于 p_{eia}，所以我们使用 p_{ca}，计算结果绘于图 3−7−21 中。

由 583.76N/m S95 换到 583.76N/m N80 套管的转换深度出现在其交点为 1456.94m 的深度。这就是说 634.84N/m S95 LC（长圆螺纹）套管下入深度为 2121.41 ~ 2804.16m，583.76N/m S95 LC 下入深度为 1456.94 ~ 2121.41m。

我们再讨论 583.76N/m N80 LC 换成 583.76N/m K55 SC 的情况。因为 583.76N/m N80 与 583.76N/m S95 的重量与壁厚相同，所以我们可以将 583.76N/m S95 套管的轴向载荷与深度的关系线外推到井口，得到 583.76N/m N80 套管的轴向载荷与深度的关系线。在井口轴向载荷是 1384.90kN。

为了得到 583.76N/mK55 SC 套管的椭圆线，分别计算轴向载荷为 667.23kN、1000.85kN 两点的挤压值。计算结果如下：

轴向载荷 kN	挤压额定值 kPa	当量深度 m
667.23	15230.52	1125.93
1000.85	13713.67	1013.76

图 3−7−21 表明了从 583.76N/m N80 套管换成 583.76N/m K55 套管的转换深度在 1097.28m。1097.28m 的轴向载荷为 744.36kN。

上述设计满足于抗挤压和抗内压要求，其设计方案列于表 3−7−13。

表 3−7−13　生产套管柱设计方案

套管类型	井深 m	井深段上部的轴向载荷 kN
634.84N/m S95	2121.41 ～ 2804.16	146.87
583.76N/m S95	1456.94 ～ 2121.41	534.40
583.76N/m N80	1097.28 ～ 1456.94	744.36
583.76N/m K55	0 ～ 1097.28	1384.90

现在需要进行抗拉伸校核。从管柱顶部开始，轴向载荷为 1384.90kN，管体屈服强度为 2802.38kN，因此设计系数 $=\dfrac{2802.38}{1384.90}=2.0$。这说明抗拉强度安全。583.76N/m K55 STC 套管接头强度为 2161.84kN，设计系数 $=\dfrac{2161.84}{1384.90}=1.56$，这是不安全的。

583.76N/m K55 SC 套管在设计系数为 1.8 时其最大可能承受的重量为 1201kN，该值相当于深度 315.16m 的位置。583.76N/m K55 LC 套管接头强度为 2495.45kN，在接头抗拉设计系数为 1.8 的条件下，其最大允许的拉伸载荷为 1386.36kN。因为井口轴向载荷 1384.90kN 稍小于该值（1386.36kN），所以从井口到 315.16m（1034ft）使用 583.76N/m K55 LC 套管是安全的。

满足抗挤压、抗内压和抗拉伸要求的设计方案见表 3−7−14。

表 3−7−14　满足抗挤压、抗内压和抗拉伸要求的生产套管柱设计方案

套管			井深区间 m	长 度 m	抗挤压设计系数		抗内压设计系数		接头抗拉设计系数		管体抗拉设计系数		分期成本
单位长度重 N/m	钢级	螺纹连接			底	顶	底	顶	底	顶	底	顶	
583.76	K55	LC	0 ～ 315.16	315.16	2.97	10.0	1.37	1.38	2.08	1.80	2.33	2.02	1710
583.76	K55	SC	315.16 ～ 1097.28	782.12	1.00	2.97	1.32	1.37	2.90	1.80	3.76	2.33	4049
583.76	N80	LC	1097.28 ～ 1456.94	359.66	1.00	1.29	1.85	1.88	6.13	4.40	7.62	5.47	2483
583.76	S95	LC	1456.94 ～ 2121.41	664.46	1.00	1.39	2.10	2.17	10.0	7.14	10.0	9.05	4968
634.84	S95	LC	2121.41 ～ 2804.16	682.75	1.04	1.33	2.20	2.31	10.0	10.0	10.0	10.0	5517

总成本为 187285 单位。设计系数大于 10 的取为 10。

压力和轴向载荷见表 3−7−15。

在轴向载荷作用下的内压额定值由下式确定：

$$p_{ba}/p_{bo}=\sqrt{10-0.75(S_a/Y_p)^2}+0.5(S_a/Y_p)$$

式中　p_{ba}——轴向载荷作用下的内屈服压力，kPa；

p_{bo}——无轴向载荷的内屈服压力，kPa；
S_a——轴向载荷，kN；
Y_P——管体屈服强度，kN。

表 3-7-15　压力和轴向载荷

深度 m	p_c kPa	p_b kPa	轴向载荷 kN
2804.16	37934.95	22752.70	−307.37
2121.41	28282.29	22752.70	146.52
1456.94	19705.22	22752.70	534.40
1097.28	14844.41	22752.70	744.36
315.36	4260.96	22752.70	1200.93
0	0	22752.70	1384.90

根据上式计算在轴向载荷下的套管内压额定值见表 3−7−16。

表 3−7−16　在轴向载荷下的套管内压额定值

轴向载荷 kN	套管内压额定值，kPa			
	583.76N/m S95	634.84N/m S95	583.76N/m N80	634.84N/m N80
−307137	50214.52			
146.52	52482.89	47718.61		
534.4		49400.93	41733.96	
744.36			42768.18	30123.19
1384.90				31343.57

生产套管按强度设计后，应考虑生产过程中套管的腐蚀、磨损、温度，附加适当的强度，这取决于设计师的经验，或统计分析当地生产井的套损情况。

生产套管与技术套管设计时井口附近 3 根套管必须设计成最大壁厚，这几根套管为通径套管，防止井下工具下到套管变径处时锥入小井眼而卡钻。

八、钻井尾管柱设计

在设计技术套管时有可能要设计钻井尾管。

例　设计 ϕ177.8mm（7in）钻井尾管下入钻井液密度为 1.198g/cm^3 的 1828.8 ~ 2743.2m 井段。下一级套管将下到钻井液密度为 1.797g/cm^3 的 3657.6m 井深段。在 1828.8 ~ 2743.2m 井段地层压裂梯度为 18.09kPa/m，孔隙压力梯度为 10.52kPa/m。在抗内压设计中假定气体相对密度 γ=0.7，温度梯度 =1.2°F/30.48m，井口温度为 80°F。

（1）挤压。

管外钻井液梯度 d_e=1.198×9.81=11.75kPa/m

管内钻井液梯度最大值 d_{emax}=1.797×9.81=17.63kPa/m

管内钻井液梯度最小值 d_{emin}=1.198×9.81=11.75kPa/m

在发生循环漏失时的液面深度为 Z、套管柱深度为 Z_p，如图 3-7-22 所示。

$$Z_o=Z_p（1-d_{emin}/d_{emax}）$$
$$=2743.20（1-11.75/17.63）$$
$$=914.40m$$

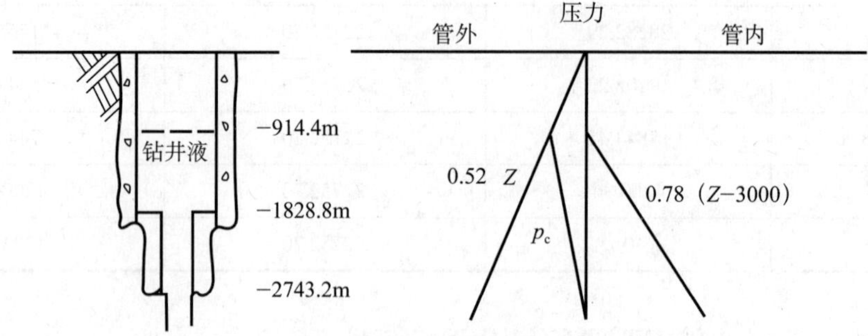

图 3-7-22　发生循环漏失时的液面深度和套管柱深度

从 1828.8 ～ 2743.2m 的挤压压力：

$$p_c=11.75Z-17.63（Z-914.40）$$
$$=16120.87-5.88Z$$

要求的抗挤压力随深度变化为：

深度 m	挤压压力（DFC=1.0） kPa
1828.8	5377.91
2743.2	0

（2）内压（图 3-7-23）。

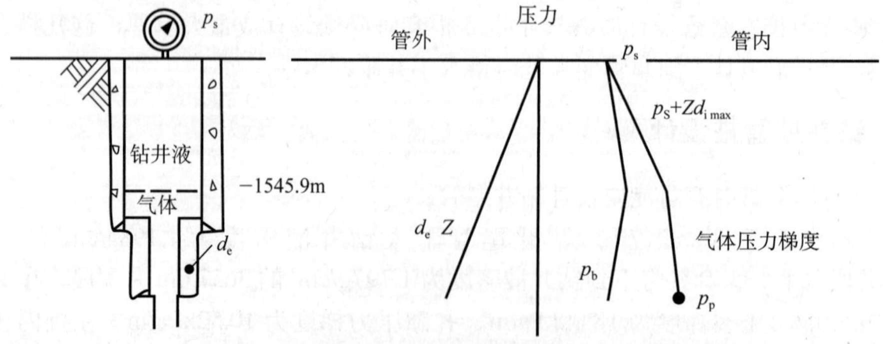

图 3-7-23　内压计算

管鞋处地层破裂压力 =18.09×2743.2=49624.49kPa

在下一级套管柱最深处的孔隙压力 =17.63 × 3657.6=64483.49kPa。

因为在套管柱处的地层破裂压力较小，所以用图 3−7−23 确定内压。

$$p_p=49624.49\text{kPa}$$

$$Z_p=2743.2\text{m}$$

由于下一级套管柱下入深度超过 1219.2m，所以用下式计算修正的气柱长度和钻井液柱长度。

$$修正的气柱长度=Z_d\sqrt{1219.2/Z_d}$$

式中　Z_d——下一级套管柱下入深度，m。

$$修正的气柱长度=3657.6\sqrt{1219.2/3657.6}=2111.7\text{m}$$

$$上部钻井液柱长度=3657.6-2111.7=1545.9\text{m}$$

需要计算气顶压力。这时气柱在尾管内的长度 =2743.2−1545.9=1197.3m。气柱底部压力为 49642.3kPa。

气柱顶部的温度如下：

$$气柱顶部温度=1.2°\text{F}/30.48\times1545.9+80°\text{F}=141°\text{F}$$

计算 2743.2m 处（气柱底部）的温度：

$$该深度的温度=1.2°\text{F}/30.48\times2743.2+80°\text{F}=188°\text{F}$$

以° R 为单位计算平均温度 T_A：

$$T_A=（141+188）/2+460=625°\text{R}$$

已知 T_A=625° R，气柱底部压力为 49642.3kPa，气柱长度为 1197.3m，运用本章第一节有关方法可计算出气柱顶端压力 p_G=46215.6kPa，K=46215.6/49642.3=0.931。应用近似公式：

$K=1/e^{0.000078\times1197.3}=0.9108$

气顶压力 =0.9108 × 49642.3=45214.2kPa

井内剩余钻井液静水压力 $=d_{imax}\times Z_o=17.63\times1545.9=27254.2$kPa

然后用下式计算井口压力 $p_s=p_G-d_{imin}\times Z_o$

$=46215.6-27254.2=18961.4$kPa

管内压力：

从井口到 1545.9m 的钻井液压力 $p_i=p_s+Zd_{imax}=18961.4+17.63\times Z$

从 1545.9m 到 2743.2m 的气柱压力 $p_i=p_p\times（1-K）（Z-Z_o）/（Z_p-Z_o）+Kp_p\ =41761.5+2.873\times Z$

有效内压 = 管内压力 − 管外压力

管外压力 $=d_z\times Z$–$10.52Z$

在钻井液中，从井口到 1545.9m 的内压：

$p_b=18961.4+17.63Z-10.52Z$

$=18961.4+7.11Z$

在气体中，从 1545.9m 到 2743.2m 的内压：

$$p_b=41761.5+（2.87-10.52）Z$$
$$=4761.5-7.65Z$$

要求的抗内压随井深变化如下：

深　度 m	内压力 kPa	要求的抗内压力（DFB=1.1） kPa
1828.8	27771.2	30548.3
2286.0	24273.6	26701.0
2743.2	20776.0	22853.6

查产品目录及特性表，选出挤压额定值从 0 ~ 5377.91kPa，抗内压额定值从 22853.6 ~ 30548.3kPa 的价格最低的套管，其结果为：

套管			p_c kPa	p_b kPa	面　积 cm²	壁　厚 mm	管体屈服强度 kN	接头强度 kN	价格单位
单位长度重，N/m	钢级	螺纹连接							
291.88	K55	SC	15651.10	25786.39	37.090	6.909	1405.64	1089.81	8.11
335.66	K55	SC	22545.86	30061.14	42.935	8.052	1628.05	1374.50	9.18
379.44	K55	SC	29785.35	34335.89	48.704	9.195	1846.01	1619.15	10.24

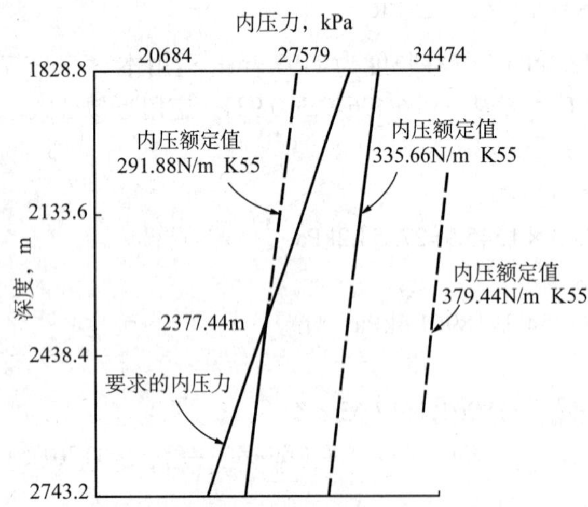

图 3-7-24　钻井尾管抗内压与深度关系图

抗内压要求比抗挤压要求更接近临界值。图 3-7-24 表示了要求的抗内压与深度的关系。

在管鞋处满足抗挤压和抗内压要求的套管是 291.88N/m K55 SC 套管。浮力将减小套管的抗内压额定值。

$$浮力\ S_a=-压力\times面积$$
$$=-2743.2\times11.75\times37.09/10^4$$
$$=-119.5\text{kN}$$
$$Y_P=1405.6\text{kN}$$
$$S_a/Y_P=-0.085$$

$$p_{ba}/p_{bo}\sqrt{1-0.75\times0.085^2}+0.5\times0.085=0.955$$

$$\therefore\ p_{ba}=25786.4\times0.955=24626\text{kPa}$$

轴向应力为 0，应下 119.3/0.2919=408.7m 的管柱，其对应井深在 2743.2−408.7=2334.5m。抗内压额定值随深度变化：

深　　度 m	轴向载荷 kN	291.88N/m K55 抗内压额定值 kPa
2743.2	−119.3	24626.0
2334.5	0	25786.4

291.88N/m K55 套管的抗内压额定值绘于图 3−7−24 中。由抗内压额定值转换到性能高一级强度的套管（335.66N/m K55）的深度为 2377.44m。

在 2377.44m 换用 335.66N/m K55 套管后可以算出浮力。

浮力 =− 压力 ×（第二段的面积 − 第一段的面积）

$$=-2377.44\times11.75\ (42.935-37.090)\ /10^4$$
$$=-16.3\text{kN}$$

轴向载荷 =−119.3+0.2919（2743.2−2377.44）−16.3

=−28.8kN

335.66N/m K55 套管在轴向力为零时抗内压额定值为 31922.7kPa。轴向力为 0 出现在井深 =2377.44−28.8/0.3357=2291.6m 处。

在 1828.8m 的轴向载荷 =0.3357 ×（2291.6−1828.8）=155.4kN。

抗内压额定值计算如下：

S_a=155.4，　Y_P=1628.05，　S_a/Y_P=0.095

p_{ba}/p_{bo}=1.044　　∴ p_{ba}=30061.1 × 1.044=31383.83kPa。

335.66N/m K55 套管的内压额定值绘于图 3−7−24 中，可以看出满足抗内压值，所以可以将 335.66N/m K55 用作 1828.8m 的尾管顶部。设计系数见表 3−7−17。压力和载荷见表 3−7−18。

表 3−7−17　钻井尾管设计系数

套管类型	区　段 m	长度 m	设计系数								单位成本
			挤压		内压		接头拉伸		管体拉伸		
			底	顶	底	顶	底	顶	底	顶	
291.88N/m K55 SC	2743.2 ~ 2377.4	365.8	10.0	7.35	1.18	1.10	L0.0	10.0	10.0	10.0	8.11
335.66N/m K55 SC	2377.4 ~ 1828.8	548.6	3.02	3.98	1.16	1.16	10.0	8.87	10.0	10.0	9.18

总成本为 26256 单位。设计系数大于 10 的取作 10。

表 3−7−18　压力和载荷

深　　度 m	p_c kPa	p_b kPa	轴向载荷 kN	浮　　力 kN
2743.2	0	20766	−119.3	−119.3
2377.4	2151.2	23574	−28.8	−16.3
1828.8	5377.9	27771	155.4	

九、生产尾管设计

在设计生产套管时可能要设计生产（采油）尾管。

例 设计 ϕ139.7mm 生产尾管，下入 2.157g/cm³ 的钻井液中，下入深度为 3657 ~ 4572m，关井油管压力为 62052.8kPa。悬挂器（带封隔器）以上钻井液密度为 2.157g/cm³。由于环空间隙小，决定采用 HYDRIL 加强型无接箍平式接头（P 型连接）。

1．挤压压力

4572m 的挤压力 =4572×2.157×9.81=96744.3kPa（DFC=1.0）。

3657m 的挤压力 =3657×2.157×9.81=77382.7kPa（DFC=1.0）。

外挤压力状态如图 3−7−25 所示。

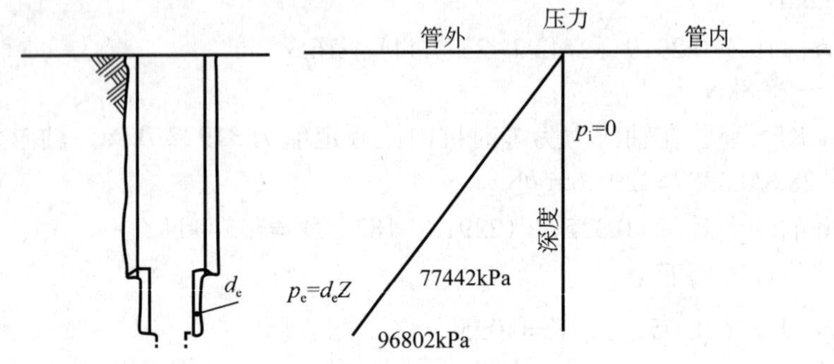

图 3−7−25 外挤压力状态

2．内压

在 DFB=1.1 时，内压力 =62052.8×1.1=68258kPa。内压状态如图 3−7−26 所示。

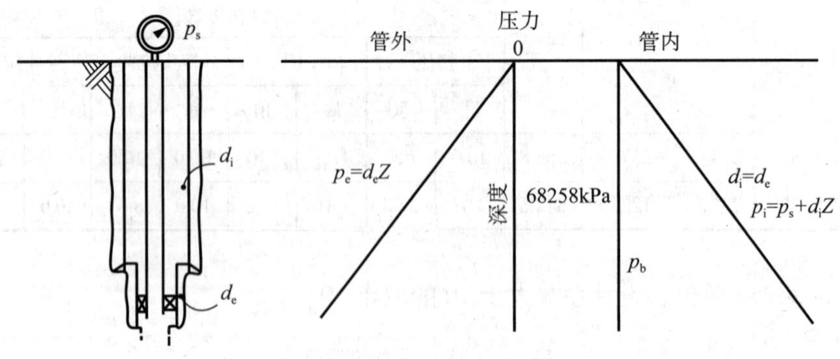

图 3−7−26 内压状态

表 3−7−19 列出需要的抗挤压和抗内压值的 ±10% 范围内所有价格最低的 ϕ139.7mm 生产尾管（加强型无接箍接头，P 型连接）。因为井底轴向载荷使抗内压和抗挤压值发生约 10% 的变化。

表 3-7-19　生产尾管

套管		载荷 p_c，kPa（包括浮力）	p_b kPa	强度，kN		成本单位
净重，N/m	钢级			管体	接头	
328.95	N80	76945.5	72808.6	2357.56	1832.67	19.56
372.73	N80	87218.7	76393.9	2673.38	1992.80	21.42
289.11	S95	74532.3	71705.5	2464.31	1623.60	20.73
328.95	S95	89907.6（96257.7）	79013.9	2802.38	2015.04	22.91
372.73	S95	103559.3（110798.7）	90666.1	3176.03	2192.97	24.15
289.11	P110	76393.9	83081.8	2851.31	1841.56	21.85
328.95	P110	100111.9	91493.4	3242.75	2290.83	24.09
372.73	P110	119899.8	105007.1	3674.23	2713.42	25.59
289.11	S125	83426.6	94389.2	3242.75	1992.80	26.88
328.95	S125	110798.7	104041.9	3687.58	2473.21	29.27

328.95N/m 套管的浮力 =− 压力 × 面积

$=-96744.3\times 46.52/10^4$

$=-450$kN

372.73N/m 套管的浮力 $=-96744.3\times 52.12/10^4=-504.3$kN

当井底浮力为 −504.3kN 时，372.73N/m S95 套管的挤压力额定值为 110798.7kPa。当底部浮力为 −450kN 时，372.73N/m S95 套管的挤压额定值为 96257.7kPa。因此 372.73N/m S95 套管是满足下部抗挤压和抗内压要求的价格最低的套管。我们可以在 372.73N/m S95 套管以上使用 328.95N/m S95 套管。

如同前述作法相同，转换深度可以通过在图 3-7-27 中绘的两条直线来确定。一条线是 372.73N/m S95 套管的轴向载荷与深度的关系，另一条线代表 328.95N/m S95 套管的压力当量深度。记住当套管金属横截面积变化时，要考虑到会引起尾管拉力发生变化。内压和拉伸载荷计算结果见表 3-7-20。

表 3-7-20　内压和拉伸载荷计算结果

轴向载荷 kN	深　度 m	328.95N/m S95 套管挤压压力 kPa	当量深度 m
−3411.36	4267.20	94871.86	4480.86
−444.85	4556.76	96188.75	4543.04
−395.35	4419.60	95575.12	4514.09

图 3-7-27 表明转换深度在 4535.4m，其上的拉伸载荷 $=-504.3+36.6\times 0.3707+(52.12-46.52)\times 2.157\times 9.81\times 4535.4/100=-437$kN。

4535.4m 深度的挤压载荷为 $4535.4\times 2.157\times 9.81=95970$kPa。

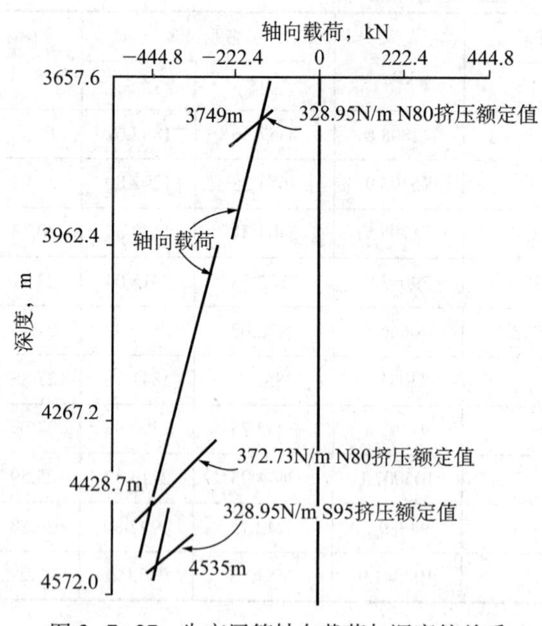

图 3−7−27 生产尾管轴向载荷与深度的关系

372.73N/m N80 套管的 p=87218.7kPa。87218.7kPa 的挤压载荷出现在 4119.4m 深度，这说明从 328.95N/m S95 套管换用到 372.73N/m N80 套管是可能的。但是由于实际管柱上作用有轴向载荷，抗挤压额定值随轴向载荷变化，所以实际转换深度并不是 4119.4m。

为了准确确定出转换深度，和以前作法一样，需要确定出轴向载荷线和椭圆线的交点，计算结果列于表 3−7−21 中。在计算轴向载荷时考虑了横截面积变化对管柱拉伸力的影响。

由图 3−7−27 得知由 328.95N/m S95 换成 328.95N/m N80 套管的深度为 4428.7m，其上的轴向载荷为 $-437+0.3289(4535.4-4428.7)+(46.52-52.12)\times 2.157\times 9.81\times 4428.7/10^4=-454.4$kN。

表 3−7−21 转换深度计算结果

深度 m	轴向载荷 kN	372.73N/m N80 套管的挤压压力 kPa	当量深度 m
3962.4	−270.55	91293.48	4311.70
4511.04	481.55	94003.12	4440.02

328.95N/m N80 套管的 p_{co}=76945.5kPa，对应的挤压载荷出现在 3634.1m。这很接近采油尾管的上顶点。因为生产尾管由上到下全部受压。由于压缩载荷将增加挤压额定值，所以在生产尾管上部附近由 372.73N/m N80 套管换成 328.95N/m N80 套管是可能的。同样要根据轴向载荷和深度的关系线与弹塑性椭圆线来确定出转换点。328.95N/m N80 套管的计算结果列入表 3−7−22 中。

表 3−7−22 328.95N/m N80 套管计算结果

深度 m	轴向载荷 kN	328.95N/mN80 套管的挤压压力 kPa	当量深度 m
3657.6	−123.77	78882.91	3725.57
3962.4	−233.77	80475.60	3800.86

图 3−7−27 表明由 372.73N/m N80 套管转换成 328.95N/m N80 套管的深度在 3749m，其上的轴向载荷为 −156.8kN。3749m 的挤压压力为 79379.3kPa。

抗内压和抗挤压的尾管设计方案见表 3−7−23。

表 3–7–23 抗内压和抗挤压的尾管设计方案

单位长度重 N/m	钢 级	连接螺纹	深 度 m	长 度 m	价格单位	总成本单位
372.73	S95	SFJP	4535.4 ~ 4572	36.6	24.15	2898
328.95	S95	SFJP	4428.7 ~ 4535.4	106.7	22.91	8018
372.73	N80	SFJP	3749.0 ~ 4428.7	679.7	21.42	47766
328.95	N80	SFJP	3657.6 ~ 3749.0	91.4	19.56	5868

因为尾管从上到下均受轴向压力，因此这段管柱的拉伸载荷等于 0。压力和载荷见表 3–7–24，设计系数见表 3–7–25。

表 3–7–24 压力和载荷

深度，m	p_c，kPa	p_b，kPa	轴向载荷，kN
4572	96744.3	62052.8	−504.3
4535.4	96030.2	62052.8	−437.1
4428.7	93768.7	62052.8	−454.4
3749.0	79379.3	62052.8	−156.8
3657.6	77441.9	62052.8	−126.7

表 3–7–25 设计系数

套管类型	井深区段 m	设计系数							
		挤压		内压		接头拉伸		管体拉伸	
		底	顶	底	顶	底	顶	底	顶
328.95N/m N80 SFJP	3657.6 ~ 3749.0	1.00	1.02	1.13	1.14	10	10	10	10
372.73N/m N80 SFJP	3749.0 ~ 4428.7	1.00	1.13	1.11	1.19	10	10	10	10
328.95N/m S95 SFJP	4428.7 ~ 4535.4	1.00	1.03	1.17	1.16	10	10	10	10
372.73N/m S95 SFJP	4535.4 ~ 4572.0	1.14	1.14	1.33	1.35	10	10	10	10

这是计算机计算尾管的一个范例。从实用角度出发，套管重量和钢级不采用多于 2 种以上的设计方法，完全满足要求的管柱是 152.4m 的 372.73N/m S95 套管和 762m 的 372.73N/m N80 套管。在近海平台上只使用一种重量和钢级的套管，372.73N/m S95 套管更适合应用。328.95N/m S95 套管除了下部 152.4m 以外都可以使用。套管设计不是非常准确的，实际上可以使用 328.95N/m S95 套管作为整个生产尾管。

十、尾管悬挂器处的套管强度校核

常用的尾管悬挂器是卡瓦结构。通过卡瓦对原井内套管的径向压力而悬挂住下部尾管。过大的径向压力将使原井内套管破裂。

悬挂器对套管作用的径向力与卡瓦式套管头悬挂套管的抗挤压计算原理相同，但受力方向不同。

根据拉梅公式，悬挂尾管后原套管最大周向应力为：

$$\sigma = \frac{a^2 + b^2}{b^2 - a^2} p$$

式中 p——井内套管在尾管悬挂处所承受的内压力，kPa；

a、b——分别为井内套管的内、外半径，cm。

我们知道，通过卡瓦锥体，悬挂力 F 将变成径向力 T，其关系为：

$$T = \frac{1 - f_1 \tan\alpha}{f_1 + \tan\alpha} \cdot F$$

一般情况下，将卡瓦背锥与卡瓦片之间的摩擦系数 f_1 取为 0.15。

α 为卡瓦的半锥角，要根据具体悬挂器结构确定。

由此得

$$p = \frac{T}{A} = \frac{1 - f_1 \tan\alpha}{f_1 + \tan\alpha} \cdot \frac{F}{A}$$

式中 A——卡瓦与套管的理论接触面积，cm^2。

于是

$$\sigma = \frac{a^2 + b^2}{b^2 - a^2} \cdot \frac{1 - f_1 \tan\alpha}{f_1 + \tan\alpha} \cdot \frac{F}{A}$$

当周向应力等于套管的屈服极限 σ_y 时，得出最大悬挂力，即 $\sigma=\sigma_y$ 得到：

$$F = \frac{b^2 - a^2}{b^2 + a^2} \cdot \frac{f_1 + \tan\alpha}{1 - f_1 \tan\alpha} \cdot A\sigma_y \frac{1}{10^4}$$

式中 F——原井内套管允许的悬挂力，kN；

$A=2\pi aL$——卡瓦理论接触面积，cm^2；

L——卡瓦长度，cm。

如假设尾管实际需要的悬挂力为：

W= 尾管在钻井液中的浮力 + 钻具给予母锥体的附加压力 + 胶塞相碰时的附加力

安全系数 $n = \frac{F}{W}$

由于悬挂力只是一暂时因素，一旦水泥封固，这一力量立刻消失，因此一般要求 n 稍大于 1 即可。

例 N80，外径 244.48mm、内径 220.5mm 的技术套管，需悬挂 ϕ177.80mm 的尾管。悬挂器卡瓦的半锥角 α=4.5°，摩擦系数 f_1=0.15，卡瓦长度为 100mm。套管的最小屈服极限 σ_y=551581kPa。尾管在钻井液中的浮重为 440kN，预计钻具操作力为 200kN，胶塞碰压附加力为 400kN。

解：b=11.2235cm，a=11.0250cm，代入公式有：

$$F=\frac{11.2235^2-11.0250^2}{11.2235^2+11.0250^2}\cdot\frac{0.15+\tan4.5°}{0.15-0.15\tan4.5°}\times\frac{2\pi\times11.0250\times10\times551581}{10^4}$$
$$=1128.24\text{kN}$$

$$W=440+200+400=1040\text{kN}$$

$$n=\frac{1128.24}{1040}=1.085>1$$

故原技术套管可以悬挂该尾管。

第八节　特殊类型井套管柱设计

一、超高外压井的套管柱设计计算

超高外压常发生在盐岩层段、易坍塌地层以及高密度钻井液完井的油气井或探井中。这里所谓的超高外压是指目前常规套管强度已无法承担的外压。因此，对不同直径的套管有不同的数值。例如 ϕ139.7mm（$5^1/_2$in）套管 API 规范中最好的钢材是 P110，最大的壁厚是 10.54mm，此时的抗外挤强度是 100.25MPa，如设计外压超过此值则属于超高外压。

目前解决超高外压的方法有两种：一种是使用非 API 标准的特厚壁套管（壁厚可达到 25.4mm）和钢级（如 TP130、V140 等），具体可参见各生产厂的产品手册，通常应用于盐层等蠕变性地层。另一种是与 API 标准抗挤强度比较的高抗挤套管（抗挤余量可参考各生产厂的最低保证值），用于超深井高地层孔隙压力情况。

1．非 API 标准的特厚壁套管强度计算

按 API 标准的计算方法已不适用。因为这类套管的直径壁厚比大都小于 10，属于厚壁壳体，因此应按厚壁壳体的公式进行计算。

1）厚壁套管的抗外压计算

厚壁套管在轴向力作用下的抗外压强度（见本章第二节）：

$$p_{ca}=\left[\sqrt{1-0.75(S_1-S_3)^2/{Y_P}^2}-0.5(S_1-S_3)/Y_P\right]p_{co} \tag{3-8-1}$$

$$p_{co}=\frac{b^2-a^2}{2b^2}Y_P$$

式中　p_{ca}——抗外压力，kPa；

S_1——轴向应力（考虑浮力后），kPa；

Y_P——屈服强度，kPa；

S_3——径向应力，kPa；

a、b——分别为套管的内、外半径，cm。

2）厚壁套管的抗内压计算

由本章第二节获得：

$$p_{\mathrm{ba}}=\left[\left\{\frac{a^2}{\sqrt{3b^4+a^4}}\frac{S_1+p_{\mathrm{e}}}{Y_{\mathrm{P}}}+\sqrt{1-\frac{3b^4}{3b^4+a^4}\left(\frac{S_1+p_{\mathrm{e}}}{Y_{\mathrm{P}}}\right)^2}\right]p_{\mathrm{bo}} \qquad (3-8-2)$$

$$p_{\mathrm{bo}}=\frac{b^2-a^2}{\sqrt{3b^4+a^4}}Y_{\mathrm{P}}$$

式中 p_{ba}——抗内压力，kPa；

p_{e}——管外压力，kPa；

其他符号与前相同。

2．高抗挤及高钢级套管的选用

高抗挤套管的抗挤强度应以工厂提供的保证值为准，不能采用计算的方法确定。由于其抗挤强度与材料化学成分、生产工艺密切相关，因此，在选用高抗挤套管时应以工况的实际需要为准，向生产厂提出相应的最低保证值，可以达到经济可靠的选用套管，而不致增加套管太多的成本。

关于盐岩层或泥岩层及其他蠕变率高的地层套管变形挤毁原因分析，就作用于套管的载荷形式而言有多种计算方法和观点，包括非均匀载荷、剪切错断、屈曲变形等，目前尚无统一的认识。加拿大 C-FER 技术公司采用多臂井径仪对套损变形测量分析基础上，采用数值模拟的手段来验证地层作用在套管上的载荷，以此为基础选择合适的套管。

无论采用特厚壁套管或高抗挤、高钢级套管，均应考虑两个方面的因素：一是满足钻井工艺要求；二是满足后续生产使用要求。

二、液压下套管弯曲时的套管柱设计

液压下的管柱，在不同的工况下（高压喷射钻井、卡钻憋泵、注水泥、压裂、注水等），均存在着出现弯曲的可能性。

1．虚拟力、弯曲力、稳定力及有效弯曲力

虚拟力的概念及其计算方法来源于管柱系统丧失稳定平衡的力学分析。最早由伍兹（Woods）提出。

如图 3-8-1 所示，在一个特殊设计的容器里装有一根管子，管子底部封闭并与外壳固定在一起，上端可在密封的、没有摩擦力的理想圆柱上滑动。于是容器被分隔成三个不同的压力腔，各压力腔具有既可排出，又可进入相应压力液体的功能。三个压力腔内的压力分别是管子内压 p_{i}、管子外压 p_{o}、用来产生轴向力的压力 p。根据最小势能原理，任何一个系统，当外界干扰力使势能变化 ΔU 大于零时，该系统初始平衡位置是稳定的；当势能变化 ΔU 小于零时，则系统的初始平衡位置是不稳定的；当 $\Delta U=0$ 时则该系统处于随机平衡状态，此时

$$\Delta U=0,\ \text{或}\ \Delta V-\Delta T=0$$

式中　ΔV——系统的应变能；

ΔT——系统的外力功。

在外力作用下（p 腔压力液），管子向下位移一个微量 δ，相当于外力作功：

$$\Delta T_1=p\ (A_o-A_i)\ \delta$$

这里假定管子具有膨胀（或收缩）能力，在膨胀（收缩）过程中管材的体积不发生变化，因此形变能可以忽略。于是当上腔管子向下位移 δ 时，也就是相当于向下腔输入了一个体积：

$$(A_o-A_i)\ \delta=A_o\delta-A_i\delta$$

由此可知，管子内腔向外腔膨胀，系统要注入体积为 $A_i\delta$、压力为 p_i 的液体，相当于外力作功：

$$\Delta T_2=A_i\delta p_i$$

同理，管子外壁向外膨胀，要由系统向外挤出体积为 $A_o\delta$、压力为 p_o 的液体，相当于系统增加了形变能 $\Delta V=A_o\delta p$。将上述三项代入能量平衡式，得：

$$p\ (A_o-A_i)\ \delta+p_iA_i\delta=p_oA_o\delta$$

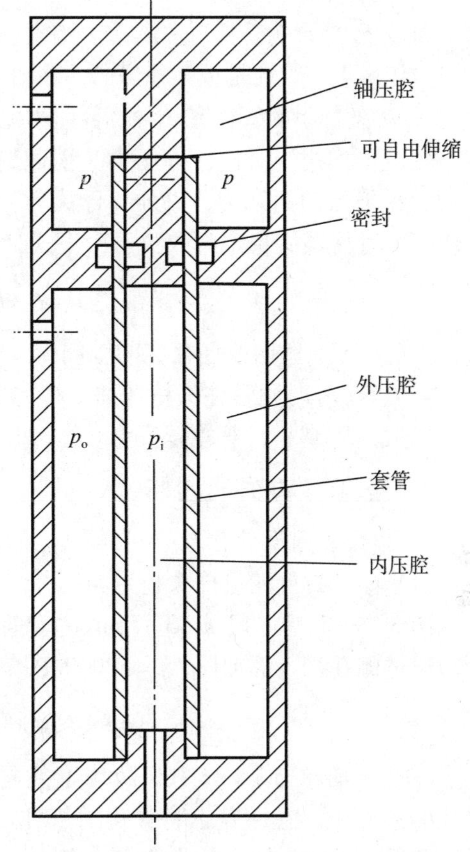

图 3-8-1　底部封闭管子的力学分析

消去 δ，解出临界平衡轴向压力：

$$p=\frac{p_oA_o-p_iA_i}{A_o-A_i}$$

为计算方便，一般规定轴向压力为正，轴向拉力为负。于是上式变成：

$$p=\frac{p_iA_i-p_oA_o}{A_o-A_i}$$

式中　A_i——管子内腔截面积，cm^2；

A_o——管子外腔截面积，cm^2。

管壁截面积 $A_s=A_o-A_i$，于是

$$F_z=pA_s=p_iA_i-p_oA_o$$

其性质如下：

(1) F_z 是影响管柱稳定的一个内力。由导出过程中可以看出，F_z 是由平衡压力 p 产生的真实的轴向力，并非“虚拟”。我们定义 F_z 为稳定影响力。

(2) F_z 是有方向性的，即有正负之分。其大小取决于 p_iA_i 与 p_oA_o 的大小。

(3) $F_z>0$ 时，因这时内力为压缩力，故一般称之为“弯曲力”。$F_z<0$ 时称之稳定

力，因这时内力为拉力。

所以 F_z 是影响管柱弯曲的重要因素，但不能就此得出结论，凡 $F_z > 0$ 时管柱就会弯曲。轴向力作用下，管柱是否失稳弯曲，除轴向力外，还取决于边界及自身物理条件（即 EI 的大小)。一种条件下的管柱有一种临界压力值 P_t，外加的轴向力只有超过 P_t 值管柱才会弯曲。

在液压作用下（内、外压力）引起的轴向力 F_z，使管壁中原已存在的轴向力（诸如机械力、封隔器的活塞力、钻压、浮力等）有所增减，从而对管柱稳定产生影响。在内、外液压下，管柱整体稳定将取决于由下式计算的有效轴向力 P_e。P_e 也称为有效弯曲压力：

$$P_e=P_a+P_z=P_a+P_iA_i-P_oA_o$$

式中 P_e——管壁内原已存在的轴向力，kN。

当 $P_e > P_t$ 时则管柱失稳弯曲；$P_e < P_t$ 时则管柱不弯曲。

显然，P_e 越小，管柱越安全。

2. 套管弯曲失稳判断

1）内压作用下管柱弯曲判别

（1）两端封死的管柱失稳判断。

图 3-8—2 是一根 ϕ 139.7mm 的套管，A_o=153.28cm^2，A_i=127.28cm^2，长 10m，两端封死。通过侧孔给内部加压，p_i=50000kPa；外压 p_o=0，由此

$$P_z=p_iA_i=50000\times 127.28/10=636.4\text{kN}$$

在这一轴向力下，ϕ 139.7mm 套管早已弯曲，但事实上并不弯曲。这是因为在两端盖封死的条件下，在端盖上将作用对管柱产生拉伸的外力 P_a，其大小显然是 p_iA_i，根据前述对正负号的规定，轴向拉力定义为负，因此有 $P_a=-p_iA_i$，故有 $P_e=P_a+P_z=0$。

有效弯曲力为零：显然管柱不会弯曲。

（2）两端封死，端盖之间有内拉绳下失稳判断。

如图 3-8-3 所示，两端系一无摩擦力的活塞，中间用拉绳拉住。然后由侧孔内部加液压。此时管体不再承受端盖引起的拉力，拉力由拉绳承受，此时，P_a=0

$$F_z=P_e=A_ip_i$$

假定此时管柱两端铰支，于是丧失弹性稳定的内压力为：

$$p_iA_i=\frac{\pi^2EI}{L^2}$$

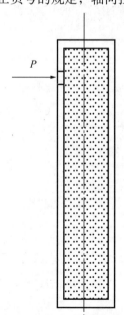

$\therefore p_i=\dfrac{\pi^2EI}{L^2A_i}$，在不断增加内压的情况下，管柱将丧失稳定而弯曲成正弦曲线（图 3-8-4）。

例 ϕ 139.7mm 套管，A_i=127.28cm^2，惯性矩 I=580.54cm^4，弹性模量 E=210×10^{6}kPa，长 L=10m，求弯曲时的临界内压力。

$$p_i=\frac{\pi^2EI}{L^2A_i}=\frac{\pi^2\times 210\times 10^6\times 580.54}{(10\times 100)^2\times 127.28}=94531\text{kPa}$$

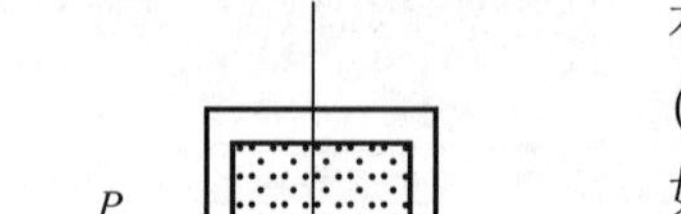

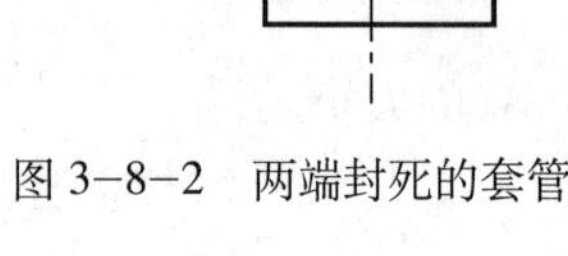

图 3-8-2 两端封死的套管

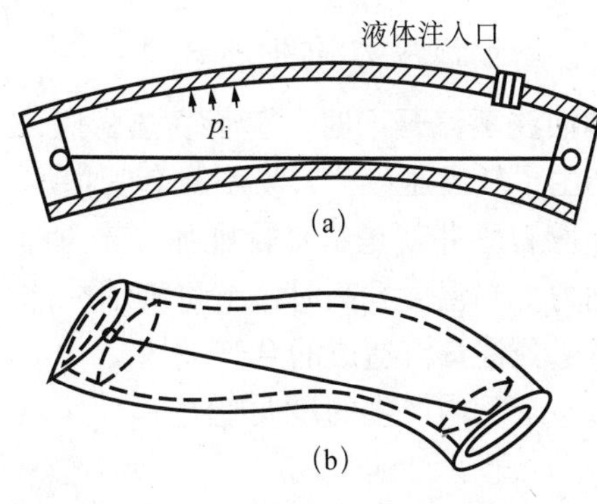

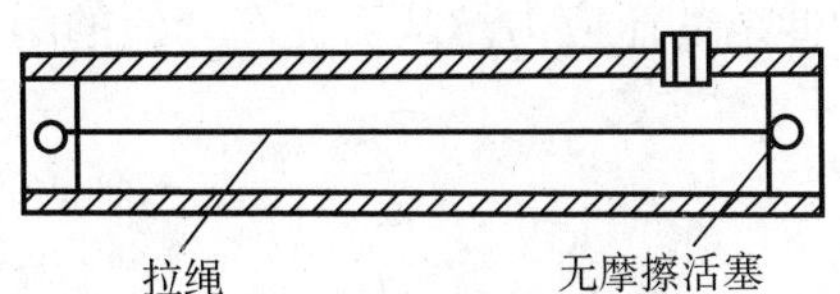

图 3-8-3　端盖之间有内拉绳的管柱

图 3-8-4　弯曲成正弦曲线

2）油层套管作为直接压裂通道时弯曲判断

例　ϕ 139.7mm 套管，A_o=153.28cm²，A_i=127.28cm²，外环形空间充满泥浆，静液柱压力 p_o=12000kPa。试用套管直接压裂，当套管鞋处的压力为 40000kPa 时套管柱是否弯曲？

一端固定一端自由的管柱，在自重作用下的临界弯曲长度可由下式计算：

$$L=\sqrt[3]{\frac{7.8373EI}{W}}$$

式中　W——套管单位长度的重量（W=208N/m）。

以 $E=210\times10^6$kPa，I=580.54cm² 代入得：

$$L=\sqrt[3]{\frac{7.8373\times210\times10^6\times580.54}{208/10}}=35.8\text{m}$$

相应的临界轴向压力：$P_t=35.8\times208=7446.4$N，压裂作业的有效轴向压力：

$$P_e=（40000\times127.28-12000\times153.28）/10=361380\text{N}$$

$P_e\geqslant P_t$，故套管将产生弯曲。

如果用套管进行直接压裂，则应在井口坐定套管时，预提拉力 361.380kN，可避免弯曲的发生。

三、热采井套管设计

1．套管选择及注水泥要求

（1）为满足工艺要求，采油套管直径通常采用 177.8mm。材料上要求采用热应力阻抗值 Y/E（Y 是屈服强度，E 是弹性模数）高的 N80 钢级套管柱。长期处于高温条件下的注蒸汽井筒，应采用连接强度较高的偏梯形螺纹。

（2）水泥返高：一般情况下，小于 1200m 的井返至地面，大于 1200m 的井可不返至地面。

（3）注蒸汽井套管试压压力不低于 24.5MPa，且无渗漏。

（4）为了保证油层套管上提拉力后能坐牢在表套上，要求表层套管下入深度不小于

25m，坐于坚硬地层并要求水泥返至地面。

2．套管预应力固井及计算

稠油注蒸汽开采时，套管受热膨胀，由于水泥固结，限制了套管自由伸长，因此套管内部产生了较大压应力，易引起套管损坏。

预应力固井就是给套管施加一定强度的拉应力，使套管在此状态下被水泥凝固后，产生收缩力。当温度升高时，就可抵消一部分套管伸缩的压应力。从而提高套管的耐温极限，减缓或避免注蒸汽造成的套管破坏。

（1）套管内产生的最大应力：

$$\sigma_{max}=ECQ_{max}$$

式中 σ_{max}——最大应力，kPa；

Q_{max}——最大升温，℃；

C——钢的膨胀系数（取 $12.1\times10^{-6}℃^{-1}$）；

E——钢材弹性模数，kPa。

不同温度下弹性模数见表 3-8-1。

表 3-8-1 套管不同温度下弹性模数

钢 级	E，10^7kPa					
	20℃	200℃	250℃	300℃	350℃	400℃
N80	20.59	16.57	14.91	13.63	11.77	11.08
P110	20.59	18.44	17.75	17.26	16.67	16.28

（2）求应施加的预应力：

$$\Delta\sigma=\sigma_{max}-AY$$

式中 $\Delta\sigma$——应力差值；

Y——套管屈服强度，kgf/cm^2；

A——不同温度下套管强度降低系数（表 3-8-2）。

表 3-8-2 不同温度下套管强度降低系数

钢 级	A					
	20℃	200℃	250℃	300℃	350℃	400℃
N80	0.77	0.76	0.76	0.76	0.72	0.66
P110	0.77	0.66	0.65	0.64	0.61	0.57

（3）套管在井内的自重（考虑浮力）：

$$m=\left(qL-\frac{SL\rho}{1000}\right)\Big/1000$$

式中　m——套管在井内重量，t；

q——单位长度重量，kg/m；

L——水泥封固段长度，cm；

S——套管壁的横截面积，cm^2；

ρ——井内液体密度，g/cm^3。

（4）井口拉力：

$$P = \frac{\Delta\sigma S}{1000} + m$$

式中　P——井口预拉力，t。

若采用套管一次地锚，固井后保压候凝。当套管内保压 14.7MPa 时，相当于给套管附加了近 30t 的拉力。考虑这一因素后，其井口预拉力是：

$$P = \frac{\Delta\sigma S}{1000} + m - F_a$$

$$F_a = A_o p_o$$

式中　A_o——套管内截面积，cm^2；

p_o——套管候凝压力，t/cm^2。

（5）井口处套管接箍的安全系数：

$$n=G/P$$

式中　n——井口安全系数；

G——套管接箍的抗拉强度，t。

（6）套管伸长：

$$\Delta L = \frac{10^5 PL}{ES}$$

（7）预应力下套管最大耐温能力：

$$T_{max} = \frac{\Delta\sigma + AY}{EC} + T_o$$

或

$$T_{max} = \frac{10^3(P - m + F_a)}{ECS} + \frac{AS}{EC} + T_o$$

式中　T_{max}——最大温升，℃；

T_o——提预拉力时井内温度，℃。

热采井套管的抗内压、抗挤、抗拉、双轴应力计算和外载荷的计算等均应按常规套管设计进行。而后，才按上述预应力进行计算，如不能满足要求，应增加套管壁厚或采用更高一级的钢材。

对于较深的热采井，预应力并不能从根本上消除套管的损坏，需要采用套管伸缩短节等措施，以补偿热胀冷缩影响。

四、技术套管磨损预测及降级使用原则

通过室内磨损实验和长期观察，获得以下认识：

(1) 套管磨损不是因钻杆往复起下钻引起的，往复磨损比因旋转钻杆的磨损小得多。

(2) 磨损量同钻杆接头给套管壁的侧向力和滑动距离的乘积成正比。套管应特别注意磨损问题。

1. 套管磨损预测

套管磨损预测方法多种多样，这里介绍一种较简单而又有一定可靠性的计算方法：

$$V = \frac{E}{H} KFL$$

式中 V——金属磨损量，m^3；

E——磨损效率，无量纲；

H——布氏硬度，Pa；

K——滑动摩擦系数；

L——滑动距离，m；

F——侧向力，N。

通过试验得到上式中的 E/H 比值见表 3-8-3。

表 3-8-3 E/H 的平均值

钻井液类型	套管钢级	E/H，$10^{-12}Pa^{-1}$
水基钻井液	K55	0.0522
	N80	0.1175
	P110	0.2031
油基钻井液	K55	0.3191
	N80	0.5656
	P110	0.6092

式中钻杆接头对套管的侧向压力可由下式进行近似计算：

$$F = T\sin\alpha$$

式中 T——钻柱拉力，N；

α——30.48m 钻杆的曲率，(°)。

例 假设钻杆在水基钻井液中通过曲率为 5°/30.48m 长度的弯曲套管（N80），弯曲井眼处钻柱下部的拉力为 20.415kN，并已旋转 10^7 次，如果钻杆接头外径为 162mm，试计算磨损量。

解：滑动距离 $L=0.162\times\pi\times10^7=0.50894\times10^7$m，侧向力 $F=20415\sin5°=1779.3$N

假定摩擦系数为 0.25，则有：

$$KFL=0.25\times1779.3\times0.50894\times10^7$$

$$=2.26389\times10^{9}\text{N}\cdot\text{m}$$

查表 3–8–3 得 $E/H=0.1175\times10^{-12}\text{Pa}^{-1}$

则　　　$V=0.1175\times10^{-12}\times2.26389\times10^{9}$

$=0.2660\times10^{-3}\text{m}^{3}$（$2660\text{cm}^{3}$）

如磨损系均布于 30.48m 上，则每米磨损量为 74.15cm³/m。如此磨损量类似月牙形，则这个数量可以转成磨损深度，大约为 2.2mm。

2．技术套管磨损后降低使用原则

技术套管被磨损是一普遍现象，即使钻杆上装有橡胶护箍也会如此。要知道实际的磨损量，只有通过微井径测井或磁测井。技术套管磨损后，其抗挤及抗内压性能有较大变化。有时将磨损状况分为四级（表 3–8–4）。

表 3–8–4　磨损状况分级

级　别	磨　损，%	壁　厚	外　径	内　径
1	0	t	D	$D-2.0t$
2	15	$0.85t$	D	$D-1.7t$
3	30	$0.70t$	D	$D-1.4t$
4	50	$0.50t$	D	$D-1.0t$

例　长 3048m、ϕ244.47mm、单重 685.9N/m、P110 钢级的技术套管，原壁厚为 11.99mm，经过两个月磨损后，已磨去 0.25mm，实际壁厚只有 $t'=11.99-0.25=11.64$mm。$D/t=244.47/11.64=21.00$，根据 API 公式，抗挤强度为：

$$p_{\text{T}}=Y_{\text{P}}\left(\frac{F}{D/t}-G\right)$$

由式（3–4–8）～式（3–4–13）计算得：$F=2.075$，$G=0.0535$，$Y_{\text{P}}=758423$kPa。

$$p_{\text{T}}=758423\left(\frac{2.075}{21.00}-0.0535\right)=34364\text{kPa}$$

未磨损前的抗挤强度为 36542kPa。

抗内压强度为：

$$p_{\text{i}}=0.875\left(\frac{2Y_{\text{P}}}{D/t}\right)$$

$$=0.875\left(\frac{2\times758423}{21.00}\right)=63202\text{kPa}$$

磨损前抗内压力为 65087kPa。

由以上分析可知，如预测技术套管磨损较大，必须在设计中予以考虑。其方法是增加套管壁厚，保证在降级使用之后，便能达到各项强度指标。

五、定向井套管柱设计

定向井套管柱设计的总体原则与垂直井是相同的。但由于套管是下入井斜角、方位角变化很大的弯曲井眼内，其主要特点是套管在弯曲井眼内引起的弯曲应力对套管的抗拉、强度及套管抗内压强度的影响。

1．定向井中套管管体允许的弯曲半径

推荐应用下式进行计算：

$$R = \frac{ED}{200Y_P}K_1$$

式中 R——允许的套管弯曲半径，cm；

E——钢材弹性模量，206×10^6kPa；

D——套管的外径，cm；

Y_P——钢材的屈服极限，kPa；

K_1——螺纹连接处的安全系数，推荐 K_1=2。

套管允许的弯曲半径应小于井眼实际的弯曲半径，否则应重新校核。

例 壁厚为10.36mm，钢级为P110的 ϕ177.8mm（7in）套管，能否下入井眼曲率为27°/100m的定向斜井中？

解：因 $R_o = \frac{5730}{K}$

式中 R_o——井眼曲率半径，m；

K——井眼曲率（K=27），(°)/100m。

由此 $R_o = \frac{5730}{27} = 212.22$m

P110的 Y_P=758423kPa，代入前式得：

$$R = \frac{ED}{200Y_P}K_1 = \frac{206\times10^6\times17.78}{200\times758423}\times2 = 48.3$$

从而有 R_o=212.22m ＞ R=48.3m

由此看出，套管允许的曲率半径 R 小于井眼的曲率半径 R_o，因此能下入井内。

2．定向井的弯曲应力

推荐下列公式进行计算：

$$\sigma_{弯} = \frac{DE}{200R_o} = \frac{DEK}{1146000}$$

式中 $\sigma_{弯}$——定向斜井中套管产生的弯曲力，kPa；

K——井眼曲率（全角变化率），(°)/100m；

其他符号含义同前。

按上例数据计算得：

$$\sigma_{弯}=\frac{DEK}{1146000}=\frac{17.78\times206\times10^{6}\times27}{1146000}=86294\text{kPa}$$

3．定向井内允许的套管轴向当量载荷计算

定向井内套管弯曲应力一侧为正，另一侧为负。正应力与套管轴向载荷引起的拉应力可以叠加起来，因此在弯曲井眼内套管柱当量轴向载荷为：

$$P=\left(\frac{W}{A}+\sigma_{弯}\right)A=W+\sigma_{弯}A$$

式中 P——套管柱上的轴向当量载荷，kN；

W——弯曲井眼以下套管柱的重量，kN；

A——套管壁截面积，cm^2。

例　上例其他数据不变，假定下部套管柱重为500kN，求套管轴向当量载荷。

解：$A=\frac{\pi\left(D_{外}^{2}-d_{内}^{2}\right)}{4}=\frac{\pi\left(17.78^{2}-15.71^{2}\right)}{4}$

$=54.45\text{cm}^{2}$

$P=W+\sigma_{弯}A=500+86294\times54.45/10^{4}$

$=969.87\text{kN}$

4．在内压和弯曲联合作用下圆螺纹套管接箍强度

在内压和弯曲联合作用下，套管的接箍抗拉强度将有较大降低。API BUL 5C4有专用的数据表可供使用。

例　ϕ139.7mm（$5^1/_2$in）、N80、单重335.7N/m套管，在实际内压为抗内压强度的70%、定向井井眼曲率（全角变化率）为30°/30.48m的情况下，求圆螺纹套管接箍的抗拉强度。

解：由API BUL 5C4所提供的数据表查出，此条件下的接箍强度为1717.01kN。

在没有内压和弯曲联合作用下的接箍强度为2233kN。因此，实际上接箍强度降低了23%。抗内压强度为68120kPa，如按70%计算，则实际内压为47684kPa。

六、腐蚀井套管柱设计

腐蚀井套管柱设计与常规井套管柱设计在外载计算和强度设计方面基本上是相同的。腐蚀井套管柱设计的主要特点是：根据腐蚀条件选择适当的钢材类型、应力水平及螺纹连接型式。设计中只要在这三方面能够作出适当选择，一般说来就是一个成功的设计。

所谓腐蚀条件，这里是指套管处于什么样的外部腐蚀介质的环境下，一般可分为：

（1）引起氢脆（HSCC）的酸性气体或酸性液体。例如，H_2S气体以及含有溶解性硫化物的重晶石或木质素磺酸盐钻井液等。

（2）不引起氢脆的酸性气体或水溶液。这类腐蚀介质只会造成一部分材料流失（失去部分重量）。例如，CO_2气体及碳酸一类溶液以及高温下的湿H_2S气体。

（3）H_2S和CO_2的混合体。在这种介质下，既有氢脆问题，又有电化学腐蚀问题。

为了更明确影响钢材氢脆的主要因素，可归纳为以下三类。

1．钢级的影响

一般地说，高于C95钢级，易产生氢脆，如图3−8−5及图3−8−6所示。这是对腐蚀影响最大的物理量。

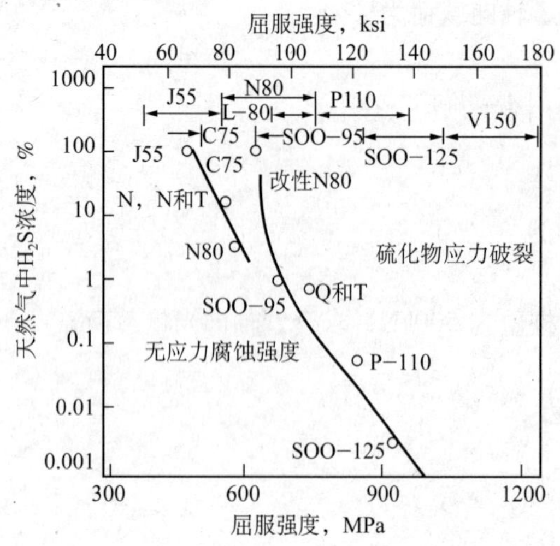

图3−8−5　H_2S浓度对套管钢材氢应力腐蚀破裂的影响

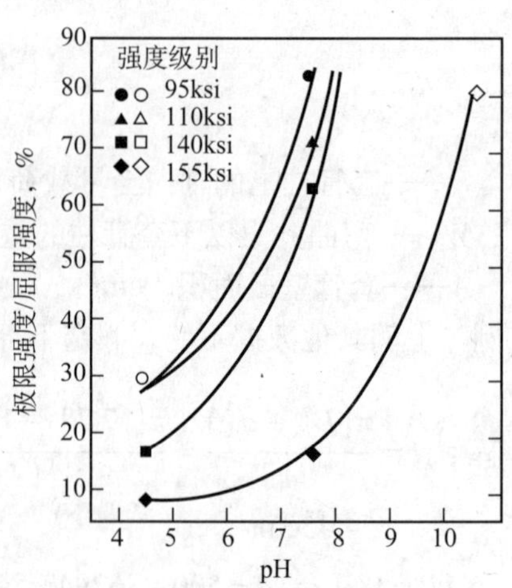

图3−8−6　pH和钢级对氢应力腐蚀破裂影响

2．应力的影响

哪一部分应力越高，哪一部分越易发生氢脆。这种影响可以通过在套管柱设计中降低设计应力（即加大安全系数）而得到控制。

3．介质的影响

pH值的影响如图3−8−7所示。pH值增大时，氢脆的可能性减小。pH值超过10时，只有在极端情况下才发生氢应力腐蚀破裂。

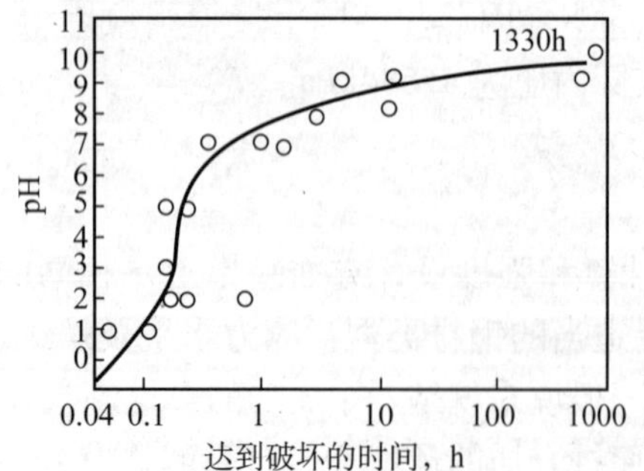

图3−8−7　pH值对氢应力腐蚀破裂的影响

在pH值可能在局部地方降低的情况下，就不应当使用高强度钢。应力不应超过屈服强度的高限1103.16MPa和抗拉强度的高限1172.11MPa。

对于高强度钢，即使硫化氢含量很小，也会使其发生氢脆。

温度对腐蚀过程影响很大，室温下的敏感性高，温度增高时敏感性反而下降。

三种主要影响因素如图3−8−8所示。圆圈重叠得越多，发生氢脆的机率就越高。如果一个物理量增加，如钢级、H_2S浓度和应力，则箭头指示圆圈移动方向。

另外，对于高腐蚀条件下，套管螺纹的类型选择在设计时也应重点考虑。考虑到锥状螺纹连接将出现高应力区。因此，一般在易发生氢脆条件下，选用不产生过大连接应力的、有限制扭矩的扣型。

关于 H_2S、CO_2 耐蚀材料性能标准，可参考 ISO 13680 耐蚀合金交货技术条件。选材图谱如图 3-8-9 和图 3-8-10 所示。

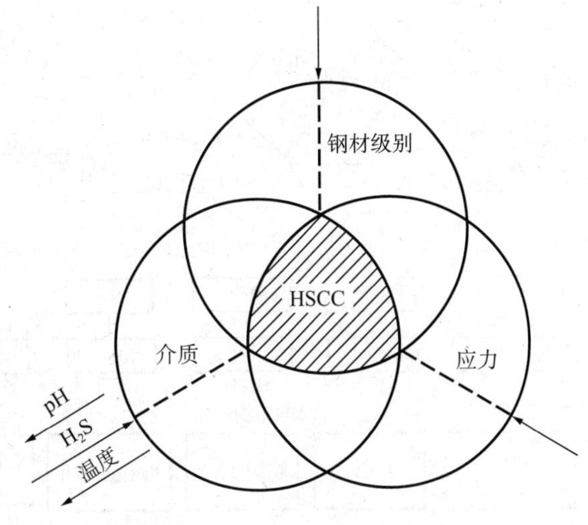

图 3-8-8　氢应力腐蚀破裂的概率

七、高温高压井套管柱设计

国际上通常认为内压在 69 ~ 103MPa，温度在 150 ~ 175℃的油气井为高温高压井。

高温高压井套管柱设计与常规井套管柱设计在外载计算和强度设计方面基本上是相同的。高温高压井套管柱设计的主要特点是：套管材料屈服强度随温度的升高而下降及螺纹连接型式。此外，还必须做温度、压力变化引起附加应力的强度校核，可以采用兰德马克钻井设计软件分析附加应力的变化。对于油气井，均应采用气密封特殊螺纹套管。

该类型井套管柱设计中应首先验证螺纹接头的拉伸、压缩及密封效率是否达到等管体，可采用相关标准选择相应的试验等级，验证评价接头的密封和结构完整性及实际效率，并绘制出载荷包络线。

在实际计算中，套管有效屈服强度计算公式为：

$$Y_T=KY_P$$

式中　K——材料屈服强度降低系数，无量纲；

Y_P——材料室温屈服强度，MPa；

Y_T——材料在不同温度下的屈服强度，MPa。

套管屈服强度降低系数 K 随温度 T 的变化曲线，对于不同的钢级和材料其曲线不同，应由供货商提供曲线或参数。

套管柱强度校核，按 SY/T 5322—2000《套管柱强度设计方法》进行。校核基本思路为在套管的型号、下深及组合方式等条件确定以后，对所计算套管柱从套管鞋处开始，向上依次编号，进行 n 等分。计算顺序是从底部依次向井口进行。

下面给出第 k 点截面处的计算步骤（k 的初始值取 0）：

（1）计算第 k 点的井深 $H_k=H-K\Delta H$。

（2）求出该点的温度 T_k。井口的温度为 T_1，井底的温度为 T_2，利用直线插值公式，可以求得第 k 点的温度值 T_k。

（3）计算第 k 点由于温度的影响套管屈服强度下降的系数 K。

（4）计算第 k 点套管在温度影响下的有效屈服强度 Y_T。

（5）计算第 k 点套管柱截面上的轴向载荷。

（6）计算第 k 点抗拉安全系数 S_T。如果 S_T 小于设计安全系数，表明套管抗拉强度不够。

（7）计算第 k 点套管的有效抗外挤强度 p_e 值、抗外挤安全系数 S_e。如果 S_e 小于设计安

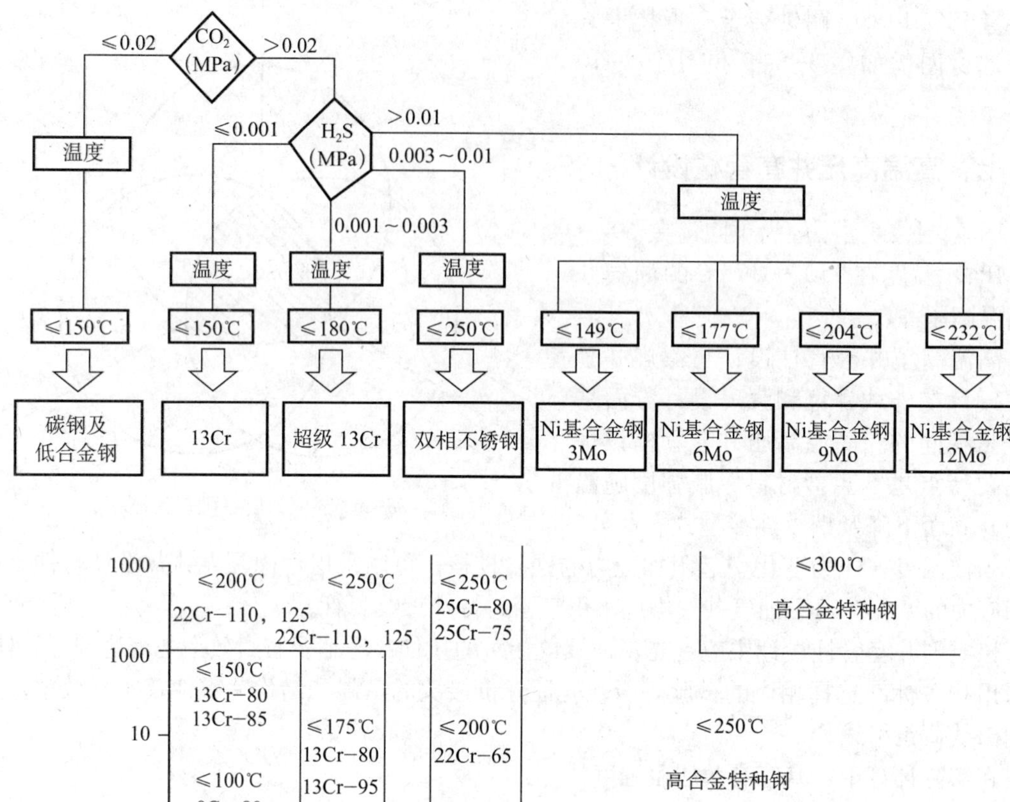

图 3−8−9 抗 H_2S、CO_2 耐蚀材料选材图

全系数，表明套管抗外挤强度不够。

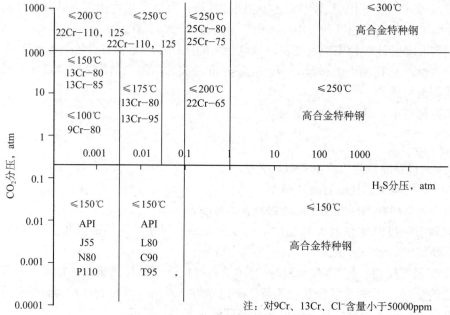

（8）计算第 k 点套管的有效抗内压值 p_i、抗内压安全系数 S_i。如果 S_i 小于设计安全系数，表明套管抗内压强度不够。

（9）将第 k 点的有效载荷与螺纹接头的实际载荷包络线比较，如果区域落在大于设计安全系数的包络线范围外，表明螺纹接头密封完整性不够。

无论是对单一套管柱、复合套管柱还是回接尾管的情况，所采用的计算方法均相同。

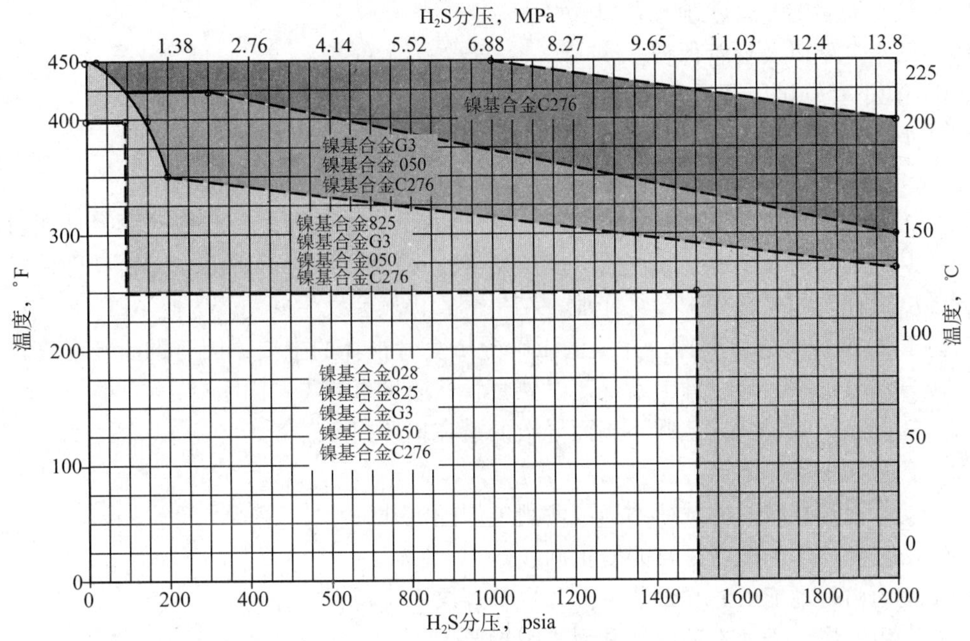

图 3-8-10　抗 H_2S 耐蚀材料选材图

第九节　下套管作业

一、概述

1．下套管作业的重要性

1）关于油气井套管柱的质量问题

引起油井套管质量因素主要是三个方面：套管柱强度设计和套管类型、钢级、品种、规范选择使用问题；套管本身质量问题，涉及制造和加工质量水平和出厂检验标准；下套管作业质量——“使用操作”问题。下套管作业涉及甲、乙两方从管理到操作技术要求的全部工序，包括从工具、材料、设备配套，油井的井下条件直至下完套管，安装井口和钻水泥塞等。其主要作业内容是：

(1) 依据钻井设计中套管柱强度设计和固井设计的管串装置规定进行套管和附件准备：选择、购置、验收、储存、运输和送井。

(2) 钻机和井控装置的检查与准备。

(3) 下套管的专业队伍和下套管专用工具、材料（密封脂等）和下套管的专用设备准备。

(4) 井眼准备，包括钻井历史了解、井身结构、井眼质量以及钻井液性能处理和准备。

(5) 套管的井场检查，包括附件检查、丈量、排列、清洗。

(6) 套管的对扣和上扣（上扣扭矩控制）。

(7) 下套管以及下套管记录。

(8) 注水泥后的套管联顶及井口安装。

(9) 钻水泥塞以及套管保护。

(10) 井下套管试压及质量检查（包括 MAC 测井的套管质量评价）。

上述 10 个方面内容，如因准备、检查、操作的不足均将影响套管柱质量。

2) 套管损坏和下套管操作的关系

固井工程的全面优质包括套管与水泥环密封两个方面。因此首先应对套管柱质量给予重视，尤其对套管螺纹连接，套管下井前的准备、检查、维护等各方面。否则即使有正确的套管强度设计，如果忽视下套管作业，结果套管仍然会发生问题。为此 API 对“下套管”提出一整套的作业规定和步骤。并认为正确分析套管损坏的主要原因有助于建立完善的下套管操作方法与步骤。除设计因素外，发生套管柱质量事故主要因素有：

(1) 轧制、运输及井场装卸不当而导致的潜在损坏因素。

(2) 套管起下操作不当。

(3) 安装套管井口时的载荷不当或使用电焊固定井口。

(4) 由现场加工的配合螺纹的质量问题。

(5) 使用由现场加工的联顶节及提升短节螺纹不符合规格。

(6) 选用的螺纹类型不适应气井耐压密封要求。

(7) 使用不符合标准的螺纹密封脂。

(8) 不适应腐蚀条件套管轴向应力与环箍应力及错误的钢级选择。

(9) 下套管用的工具、吊钳、卡瓦不符合套管尺寸规格。

(10) 钻进的钻柱接头与电测电缆对套管磨损。

(11) 错误的在套管本体进行电焊或切割作业。

(12) 套管生产厂家原装螺纹紧扣不符合标准规定。

(13) 套管过大的椭圆度及壁厚的不均匀性。

(14) 连接装配的螺纹不清洁或有硬质污物。

(15) 过大的上扣扭矩，轴向干扰形成的圆周应力过大。

(16) 螺纹连接未上至合格扭矩。

(17) 不恰当的上扣旋转速度，上扣时造成螺纹面的磨损。

(18) 带载荷情况下，装配或松卸套管螺纹。

(19) 使管柱受冲击载荷或过大的轴向拉力。

(20) 下套管过程管内掏空度不符合设计要求，在受轴向冲击载荷（拉应力）与外挤力复合力作用下的套管接箍螺纹滑脱。

(21) 其他设计未考虑到的特殊载荷。例如，热应力、盐岩塑性流动挤压、遇阻下压的过度螺旋弯曲破坏等。

2. 套管生产驻厂质量监督

油井管是一节一节管子连接起来的管串，是一个串联系统，任何一点出问题，整个系统就会出问题，所以对油井管的可靠性要求很高，对采购的油井管应当进行驻厂监造，实行驻厂监造对保证油井管质量具有重要的积极意义。

油井管的生产周期较长，在油井管的生产过程中，生产商将进行一系列的生产检验。

油井管的质量是生产“出来”的，而不是随后检验出来的，但不合格的把关和留放一定是检验决定的。驻厂监造是用户检验的一种形式，它把检验延伸到产品的生产过程中，通过用户或用户委托的第三方对生产厂质量体系运行状况的过程监督，以及对最终生产产品质量的检验，在争取时间、节省花费的情况下可以有效保证最终交给用户的钢管产品质量。

1）监造模式

监督工厂质量体系的有效运行和对工厂产品质量符合性的抽查检验相结合的监造模式。对生产全过程（从钢管轧制检验直到钢管发运完成）的监督检验，根据工厂的生产安排，施行 24 小时的跟班监督检验方式。

对承担的油井管驻厂监理项目，按照质量体系要求制订详细完善的质量计划，包括质量目标、机构设置、人力及设备资源配置、监造实施细则等，进行驻厂监造规范化的运作。

为确保驻厂监造油井管质量，主要从以下几方面开展监督检查工作：工厂资质情况；工厂生产、检验设备能力；执行生产检验人员的资格；工厂质量体系运行情况；产品质量符合性的抽查检验。

2）工作内容

(1) 生产厂资质持证情况；

(2) 审查生产厂质量控制程序，特别关注以下程序：产品标识与追溯性，过程控制，检验和试验，检验和试验状态，不合格品的控制，纠正和预防措施，搬运、储存、包装、防护和交付，培训、教育和资格 / 意识，统计技术 / 数据分析。

(3) 审查生产厂制造工艺规范。

(4) 审查生产厂质量计划、检验和试验计划。

(5) 审查材料证书，见证验收材料。

(6) 检查生产、检验和试验设备的校验状态。

(7) 审查特殊工种人员如无损探伤人员的资格。

(8) 见证特殊工艺评定试验，审核试验记录。

(9) 监督油井管生产制造过程、监督生产厂各岗位制造工艺的执行。

(10) 检查产品的实物质量。

(11) 出席停工待检点、见证点和验证点。

(12) 见证材料和产品缺陷的清除和修理作业。

(13) 见证无损探伤操作，审核探伤记录。

(14) 监督力学性能试验试件的取样加工，试验过程。

(15) 有要求时参加油井管生产厂的开工会、周例会和其他相关会议。

(16) 报告和制止油井管生产厂不合适的工艺和做法，向业主代表提出解决的办法。

(17) 审查油井管生产厂的标记跟踪系统是否符合要求，并监督其标记跟踪方法。

(18) 按照要求实施必要的抽查检验，包括无损探伤检验。

(19) 监督油井管的储存、支承、堆放、存放环境。

(20) 见证油井管的装运过程，记录装运过程中发生的损伤情况。

(21) 审查油井管生产记录和检验记录，对经检验合格的油井管签认合格证书。

(22) 审核装运文件，确保出厂的油井管是经过检验合格的产品。

(23) 向业主及时报告油井管的生产状况。

(24) 监造工作完成后，向业主提供驻厂监造报告。

监造流程如图 3-9-1 所示。

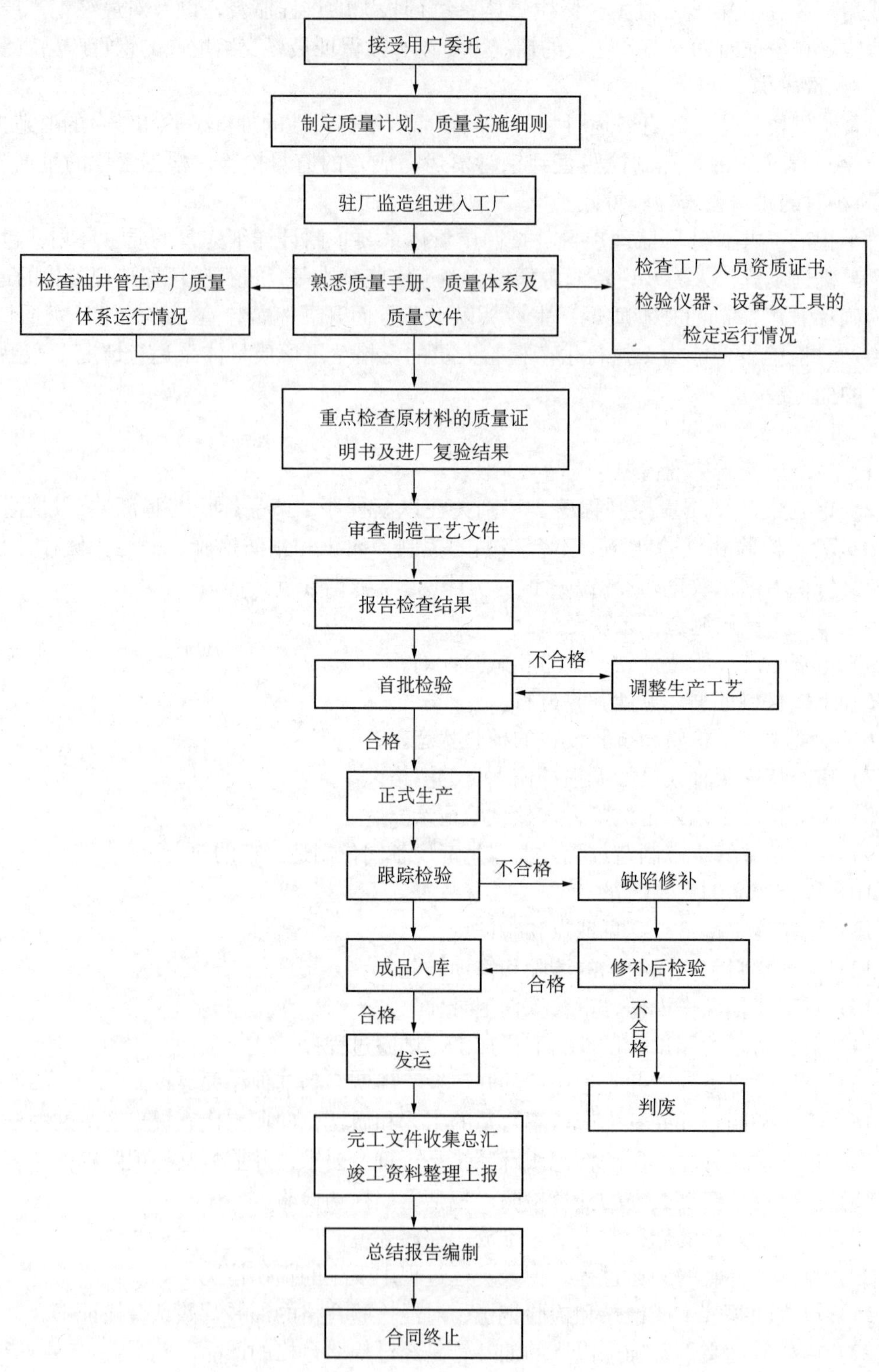

图 3-9-1 监造流程

3. 套管无损检测（NDI）与气密封检测

采用无损检查既不损害套管又可将各种缺陷检查出来，可防止有缺陷的套管下井。

工作原理：磁场所产生的磁力线因感应作用而渗入管壁，磁力线总朝向一定方向流动，当碰上“缺陷”部位使流线发生偏转，在接近套管的表面部位时，磁力线即会经空气而导致转向。搜索线圈与转向的磁力线相切割，就会产生电脉冲，记录的脉冲大小和形状，能显示出“缺陷”的位置。

1）NDI 技术的检测应用

具有典型代表的是维高（VETCO）服务公司的 VETCOLOG 及 VETCOLOGIV 检验装置，它能提供四个连续的、全长检验以及磁微粒端面检验。

(1) 当套管进入“横向缺陷检验装置”。引发一个纵向有源磁场，对缺陷所引起的磁通量变化，敏感探测器扫过全部表面，探测出横向缺陷。

(2) 套管进入测厚装置，在伽马射线源与探测器围绕管子转动，管体形成一个螺旋形的轨道。所检测到的辐射强度变化，即壁厚的变化。

(3)“纵向缺陷检验装置”，为管壁上加一个有源的沿周线的磁场，探测器围绕套管旋转，测出纵向缺陷。检测工作原理如图 3–9–2 所示。

当套管通过上述装置，三种检验被连续记录在纸带上。磁粉探伤工作接续于后，并加上“去磁”工作程序，最后完成全部的探测程序。

2）套管气密封检测

对于气密封螺纹检验密封性，需进行气密封检测，通常采用氦气检测。由于大气中氦气成分极少且较活跃，在套管螺纹连接完成后，通过接头一端位置打入氦气并施加一定压力，检测接头另一端是否有氦气渗出。

二、常规下套管作业准备

完成下套管作业，甲方钻井监督要考虑 7 个方面的问题：

(1) 以下入管柱的最大重量，核算井架载荷与大钩载荷提升能力。对此检查绞车提升条件：钢丝绳以及钻台应存留钻杆数量，在超载情况下，提出相应措施，包括井架及游动系统加固等。其次准备上扣机具、下套管过程的扭矩校准条件、准备标准螺纹规和了解现场修理螺纹能力。

(2) 更换与下入套管尺寸一致的防喷器（BOP）芯子，检查全套井控管汇套管循环接头，钻井液储量和各级除气除砂系统。并了解井场照明条件与发电设备。

(3) 检查短套管（磁性定位）或接箍定位器位置是否符合地质设计要求靠近产层。对入井套管排列检查是否符合套管柱强度设计要求，并校核长度、深度的准确性。对所有配合短节、套管附件装置的螺纹配合是否可行与一致，不存在质量问题和出现不能连接的问题。

(4) 了解并分析钻井历史，掌握井下特殊层位和井段。例如键槽、致密层、渗透层、漏失层和缩径段等，并确切掌握井涌情况以及井下钻井液性能。

(5) 准备好能迅速连接方钻杆与套管螺纹的配合接头，并备有特殊闸门，能有效处理井涌等复杂情况。

(6) 检查配置套管的灌浆设备和快速开关阀和灌浆储备量和性能。

(7) 依据全井设计，综合考虑和确定井口套管壁厚，满足下次开钻的各种钻头、工具

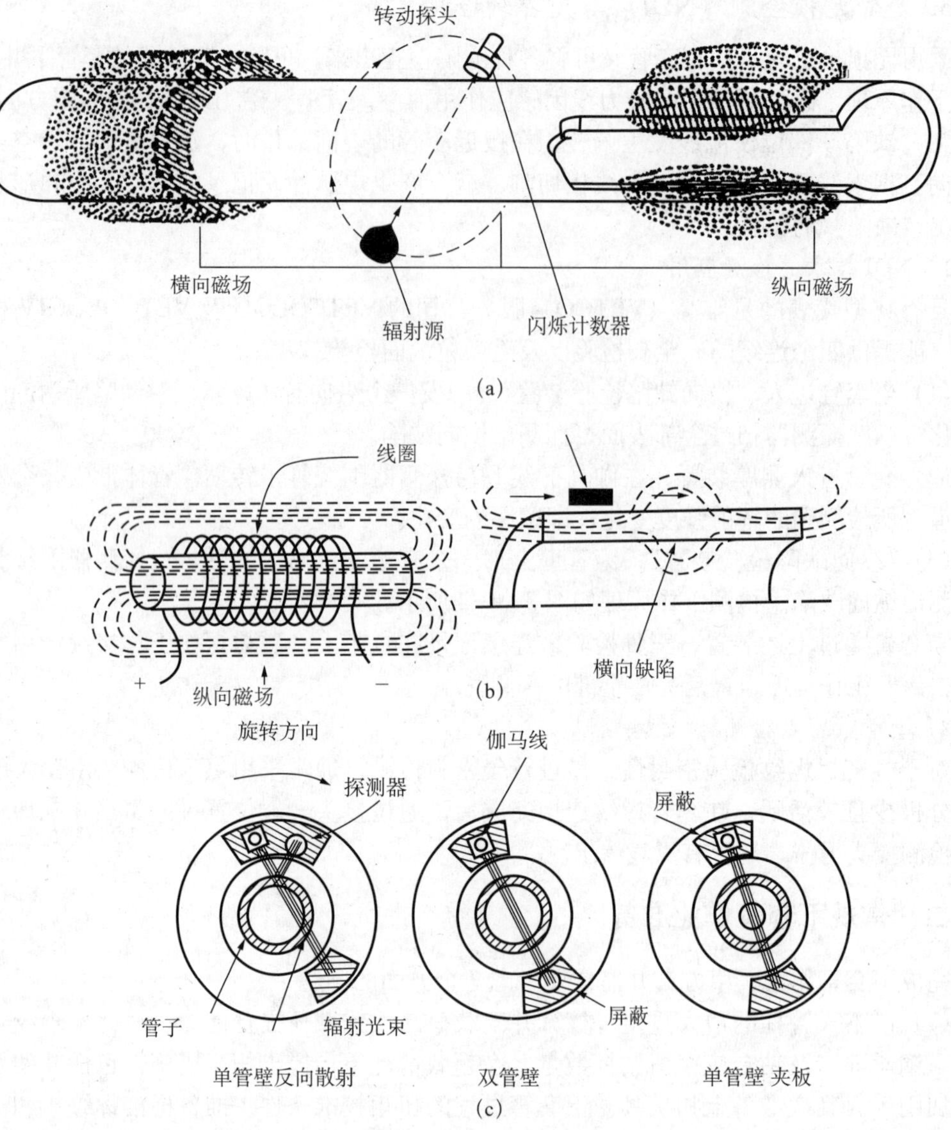

图 3-9-2 检测工作原理图示

(a) 搜索线圈传感器（探测横向缺陷）；(b) 检测辐射强度变化；(c) 探测厚度

及有关封隔器通过及坐封。

三、套管的井场准备和工具附件检查

(1) 进入井场套管均应存放在管架上（或存放离地的管子上）。接箍朝向井架大门方向。分层应隔开，避免砂土污物对螺纹接触污染。

(2) 按入井次序分壁厚、钢级、段次排列，先入井的堆放于上层。如具有不同螺纹类型应有明显标志加以分隔，以免混乱。井底段套管排在井场管架上层中区。清点井场套管总根数、应入井根数、剩余根数以及特殊短节数。对不入井套管存放于场外并作明显标记。

(3) 套管通径程序：内径规由接箍方向送入，避免通径规对内螺纹的损坏，某些特殊螺纹如 VAM 不应卸掉内螺纹护丝，否则内径规将对金属锥面擦伤而影响密封性能。

凡经通试合格套管，应使用汽油或高效溶剂清洗，对螺纹进行认真清洗，直到螺纹清洁无污。清洗时要求使用合格毛刷，禁止使用钢丝刷。凡用柴油清洗的均应再用溶剂水清洗，否则会影响密封脂性能。外螺纹护丝亦应清洗干净，并重新用手上紧。

(4) 目视检查：通过接箍上颜色查钢级，辨别不清时，应查钢印标记。无法辨认的套管应从入井管柱中清除掉。检查接箍和管体表面，凡有凹陷、刻痕（尤其是横向刻痕），深度超过名义壁厚 25%，则不能入井。

(5) 接箍检查：应检查厂家原配接端螺纹外露扣数，标准余扣不应超过 2 扣，否则应进行密封检查，超过 2.5 扣一般不能入井。在下井螺纹装配过程，过量扭矩是造成接箍破裂的主要原因之一，这时尤应检查接箍外表上的纵向槽痕。在下井螺纹装配过程中，对已上至最大扭矩，但还剩有过量余扣者，用外卡尺分几个方向测量检查接箍椭圆度以及螺纹是否清洁。

(6) 螺纹检查：在井场用标准螺纹规检查是不适宜的，一般用一对新内外螺纹接箍和短节专作检查螺纹使用，上至手紧程度测量手紧距离是否合适，所有轻微螺纹损坏均应在入井前进行修理。

(7) 套管长度测量：

①井场使用的套管附加量：以总井深核对卡车交付货单，掌握送井总数。按根数附加，井深浅于 2000m，附加 4% ~ 6%，超过 2000m 附加 3%，这样备用量是足够的，如果套管质量较差附加量可在 10%。

②长度丈量的精度，一般只取小数点后两位数。

③测量点在外螺纹端，各种不同螺纹的要求是：API 圆螺纹，在螺纹“消失点”或最终分度线记号；梯形螺纹，以印在管体上三角符号的底边为准；整体接头，在外螺纹端肩部；其他特殊螺纹按厂家制造标准规定的测量点。

④套管鞋深度是基于钻柱在“不受拉力状态”下测量的，套管长度计算亦依上述方法，不考虑套管在井下伸长来计算下入深度。

⑤具体测量时将钢尺零点对准接箍端，并应扣在台肩上由外螺纹端读数。读数与拉尺应保证互换位置，再行丈量一次，两次数据进行核对。由于塑胶尺拉伸变形不易控制应避免用塑胶尺子丈量。

⑥管鞋、浮箍、分级箍和特殊接头分别测量记录在相应段次位置内，并标明尺寸、钢级、扣型等。

⑦丈量后套管对分段次的钢级、壁厚均应有明显标记，编写入井顺序号在套管上，其顺序号应与记录本原始数据核对无误。任何变动套管工作均应在甲方监督指挥下进行，新编入套管应进行有关检查和准备，保证入井套管质量。并重新计算总长度与总深度，修改有关记录。

(8) 核实联节长度，依据不同类型钻机的转盘面高度及上一层套管接箍端面方入来计算和设计方入。并依据井口套管坐定方式（简易装定或套管头）进行认真考虑及设计。避免重复使用旧联顶节，因为内外螺纹磨损均较大降低连接强度。

(9) 工具附件的准备：

①对于管串附件，应分别清理。附件包括浮鞋、浮箍（若是压差式的应检查其工作性

能)、分级注水泥装置、水泥头、吊卡等，检查内容还包括尺寸、扣型和钢级、试压数据、内径规通过记录资料等，关键附件井场应有备用件。

②工具材料方面还应包括氧电焊及切割设备，中途循环用的钻杆套管循环接头、套管密封脂、锁紧螺纹油、旋绳、扶正器、胶件分流盘、刮泥器、制动箍及 6 ~ 8 个快卸护丝等。

四、对扣和上扣

各种非 API 特殊螺纹套管的对扣与上扣应严格按厂家规定。以下内容只适用于 API 标准螺纹。

1. 对扣工序

套管上钻台应在大门方向加挡绳，避免碰撞，用吊升系统向钻台送套管，管尾应有尾绳防止摆动而碰击接箍。上提送套管前在接箍内螺纹上涂匀密封脂并戴上套管帽，外螺纹装上快速松开型护丝（快卸护丝)。涂刷螺纹应绝对保持密封脂及油刷清洁。对扣时应小心下放套管，在井口和接箍位置操作台共同协助扶正，对扣后开始应慢慢转动，该旋绳应靠近接箍，避免错扣，整个对扣过程防止灰尘脏物落入接箍螺纹上。有条件宜使用对扣导向器，尤其某些特殊螺纹，对扣过程应当小心保护金属密封面。因此应是单根套管对扣和上扣并先用链钳引扣。

2. 上扣工序

(1) 使用旋绳及普通套管钳上扣，应采用 GB/T 17745 的推荐方法。

①上至手紧位置后（$4^1/_2$ ~ 7in 套管)，大钳再紧三圈。$7^5/_8$in 尺寸套管及以上者，再紧三圈半。旋绳上至手紧位置将要超过，则按实际情况，确定大钳再紧圈数，作为经验推荐，缆绳上紧后再上 2 ~ 3 圈。

②发现任何上不到紧扣位置，均应卸开检查，判断清楚或修扣后，才能使套管入井。

③上扣发现过大摆动，应降低上扣转速，如管柱仍然发生大的摆动，这是因为螺纹轴线与套管轴线不在一条中心线上，说明质量有问题。这种套管不能入井，同时过大摆动易磨伤螺纹表面和发生粘扣。

④当紧扣时，发现厂家原装螺纹端也紧扣，说明已上至最大扭矩，应停止紧扣。

(2) 用动力大钳上扣。

①应配置可靠准确的扭矩表，使用前进行一次校准。套管开始上扣不应发生过紧现象，否则应卸开检查。注意卸扣扭矩常超出上扣扭矩的 25% ~ 300%。

②继续上扣，注意扭矩表的规定扭矩及上扣完到达位置，转速不超过 10r/min。

③上扣至规定的扭矩值，达到定位位置，管柱较轻时应打上内钳（咬定钳)。实际上扣扭矩值与推荐的最佳扭矩值有一个偏差。因此规定最小扭矩值，其值为最佳扭矩的 75%，而最大扭矩不超过最佳扭矩值的 150%（一般情况，最佳扭矩值是最大扭矩的 75% 及最小扭矩值的 125%)。API 推荐扭矩对于长圆螺纹和短圆螺纹，为其最小接箍强度数值的 1%，等于最佳上扣扭矩。引起偏差值的因素是：螺纹间容许间隙值在 API 规定间隙内的变化；螺纹镀层引起的变化；使用不同类型密封脂引起扭矩值的变化，API 标准螺纹脂摩擦系数为 1 时（API BUL 5A2)，其他密封脂摩擦系数值不在 1.0 范围内时；由于上扣速度引起接箍温度变化；上扣时的环境温度变化。

④应保持钳臂与尾绳成直角，校正动力大钳扭矩。采用如下计算：

$$有效扭矩 = 载荷 \times 钳臂长$$

$$T = \frac{扭矩}{r}$$

式中　T——载荷（拉力），kN；

　　　r——钳臂长度，m。

其作用如图 3–9–3 所示。

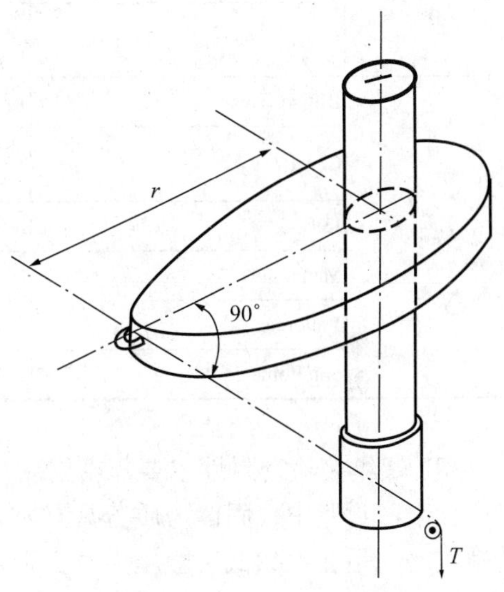

图 3–9–3　校正扭矩作用图示

(3) 紧扣后接箍端面应与外螺纹接头螺纹定位记号平齐，如超过定位记号二扣以上时，说明螺纹有问题，应予处理。或已达最佳扭矩接箍端面平齐定位记号则合格，已上至最大扭矩其余扣还超过三扣者亦不合格。上扣时，一般情况接箍应均匀变得温热，发现局部过热应卸开检查是否粘扣，正常升温在 10 ~ 20℃之间。

(4) 在有条件情况下，对动力钳或在电源上配置断流器。上扣超出最佳扭矩时，断流器起作用，从而防止上扣过紧。现场一般以液压表指针位置来判断，防止超过最大扭矩。

(5) 螺纹镀层与密封脂对上扣影响。

除密封脂对扭矩值的影响外，螺纹镀层亦产生影响，其相对扭矩见表 3–9–1。

表 3–9–1　相对扭矩

螺　纹	8 圆螺纹		梯形螺纹		API 8 圆螺纹		
镀　层	锌	锡	锌	锡	锌	锡	磷化层
相对扭矩	1.00	0.80	1.25	1.00	1.00	0.80	1.10

推荐上扣扭矩以 API 的 8 圆螺纹锌镀接箍连接为基础，锡代替锌推荐扭矩为该扭矩的 80%。推荐扭矩锌代替锡的梯形螺纹为 125%。各厂家常规用于接箍螺纹镀层见表 3–9–2。

表 3–9–2　厂家与螺纹镀层

螺纹镀层	厂　家	备注说明
锌	Algoma	所有螺纹
	Armo	所有螺纹
	British Steel CF&I	用于油管螺纹
	Lone Star	用于 $9^{5}/_{8}$in 以上尺寸
	Republic	所有螺纹

续表

螺纹镀层	厂　　家	备 注 说 明
锌	Sumitoma	所有螺纹
	Youngstown	所有螺纹，除特殊生产用磷化层
	U. S. Steel	所有螺纹，除 N80 和更高钢级的 $9^5/_8$in 以上尺寸 用于 H40 ~ N80，8 扣圆螺纹
锡	Youngstown	用于 N80 及更高钢级的 $9^5/_8$in 以上尺寸套管
	U. S. Steel	所有梯形螺纹 USS95 至 V150 钢级 8 扣圆螺纹套管
磷化	BIitish Steel	所有套管（锰磷化）
	CF&I	所有套管（锌磷化） 除 $9^5/_8$in 以上尺寸
	J&L	所有套管（锌磷化）
	Mannesan	所有套管（锰磷化）
	Vallorec	所有套管（锌磷化）
	Sumitoma	特殊生产（锰磷化）

API 螺纹接箍密封性主要靠密封脂来填补内外螺纹间的间隙而获得，如具有低的磨损压力极限密封脂中，固体物质若具有较大粒度时，由于堵塞间隙而提高密封性能。由于发现螺纹磨损是在上扣低接触压力时，则是因颗粒大的固体所引起的，为此必须控制上扣的旋转速度才能有效地控制磨损。同时也说明，API 螺纹连接高扭矩不直接提供密封，并在连接部件的高接触压力处加强螺纹的磨损。高接触压力的上扣过程如图 3−9−4 所示。

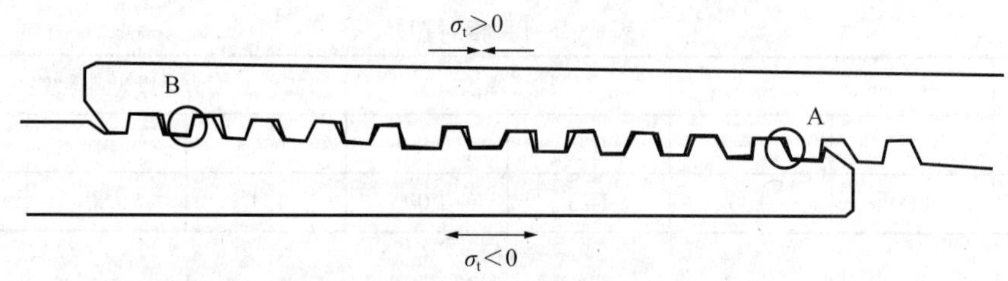

图 3−9−4　螺纹接触压力图

A、B—高接触压力面；σ_t—圆周应力

接箍顶端有一个高接触压力Ⓐ，螺纹侧面的高接触压力发生在管体和接箍顶上端Ⓑ。Ⓐ部分接触螺纹面与Ⓑ部分相反。Ⓐ表示沿接箍端接触面压力逐渐消失，而Ⓑ方向面的接触压力逐渐增大。镀层与密封脂之间没有具体的相互影响关系，仅因不同的镀层和不同密封脂，各有其相对摩擦系数，从而影响到具体的上扣扭矩值。

五、正确使用螺纹密封脂

（1）螺纹连接必须使用标准的螺纹密封脂，即符合 API BUL 5A2 规定。API 高压改良的螺纹密封脂组分包含金属的和非金属的固体，可有效地填充螺纹的啮合间隙，在 149℃ 和 69MPa 压力下保持密封性能，还具有润滑特性阻止水的影响和防止金属面磨损。改良螺纹油和硅酮螺纹油均具有同样性能，硅酮螺纹油质量更佳，但成本也高。这类密封油还被推荐应用于特殊螺纹连接，如金属对金属密封的 Hydri1 公司 F1ush 接箍，超级平接缝接箍，三重密封和超级 EU 接箍和 Armco's 的 Seal—lock 螺纹。API 改良螺纹密封油不推荐用于工具接头连接和旋转台肩类螺纹连接。

（2）工具接头的润滑油不能用于套管螺纹，并且 API 改良密封油主要分 5 种类型，它们不能混合使用，使用的密封油不允许稀释后涂用。注意锁紧螺纹油仅用于套管柱下部 3 ～ 7 根套管的螺纹，为钻水泥塞防止套管退扣。使用时均在现场临时配制，它将在短时间内固化。其松扣扭矩是上扣扭矩的 4 倍，锁紧螺纹油一般涂于外螺纹前端占全螺纹长度的三分之二，并上至规定扭矩。

（3）API BUL 5A2 五种改良螺纹油的成分及磨损压力极限见表 3–9–3。

表 3–9–3 API BUL 5A2 改良螺纹油成分及磨损压力极限

螺纹油编号	润滑脂基	成 分	磨损压力极限，kg/mm²
1	Ca	土石墨 8 ～ 20μm：10% ～ 15% 20 ～ 37μm：50% ～ 60 灰 29% 37 ～ 61μm：30% ～ 40 其他成分与 API BUL 5A2 相符	26.0
2	Li	与 1 号螺纹油相同	27.0
3	Li	鳞片石墨 20 ～ 37μm：20% ～ 25% 37 ～ 61μm：20% ～ 25% 6l ～ 147μm：45% ～ 50% 147μm 以上：0 ～ 2% 其他成分同 1 号螺纹油	16.0
4	Li	薄铜片 44μm 以下：80% 44 ～ 63μm：5% 63 ～ 74μm：10% 74μm 以上：5% 其他成分同 1 号螺纹油	23.0
5	Li+Ca	成分同 API BU L5A2	33.0

连接螺纹的密封性可减小螺纹侧面间隙值、加长连接长度和螺纹油中采用较大粒度固体而提高，因此 3 号螺纹油有较大的密封能力，但它的磨损压力极限低，其性质是最差的。所有 1 ～ 5 号螺纹油在超过 300℃时都丧失密封的可靠性。

六、套管上扣密封和 API 圆螺纹紧扣扭矩

1. 关于螺纹密封概念

有三种基本密封形式，它们是：

（1）锥形螺纹：依靠螺纹金属对金属压合，并以密封脂固体粒子充填间隙而密封（API 螺纹）。

（2）具有一定精度平滑面的金属对金属封口式密封（特殊螺纹）。

（3）弹性密封：锥度螺纹及采用聚四氟乙烯密封环的密封。

所有连接密封，必须使螺纹间或金属对金属间产生的承载压力大于套管所受的内压力

或外挤压力。

套管上扣应考虑 6 个方面的基本问题：

（1）上扣旋转速度的控制。上扣时单根管柱重量压于螺纹上（如果是双根或立柱下入压力更大，因此是错误的），上扣旋转产生热。与转速、摩擦系数和压于螺纹面上承受压力有关，过高的热度和压力破坏润滑，而使螺纹面因摩擦破坏。

（2）螺纹的加工表面。比较光滑螺纹更易发生粘卡和磨损。这是由于光滑表面不能很好滞留润滑剂，常因缺少润滑剂，金属分子粘合导致磨损。

（3）螺纹涂层（镀层）。镀层影响上扣扭矩与密封质量。锌镀层的镀厚约 0.025mm，API 推荐扭矩是基于锌层条件所提供的。镀锡层是最为理想的镀层，它可降低上扣扭矩，更好地避免螺纹磨损。

磷化层及硫化物涂层是一种发展的螺纹镀层，有利于防腐蚀。其他采用的聚四氟乙烯涂层，常用于高强度套管上及易受应力腐蚀条件管柱上，其上扣扭矩相当镀锌的 75%。

（4）螺纹密封脂。正确使用及掌握相对于 API 标准改良螺纹油的摩擦系数是重要的，同时依据井下条件及螺纹类型选择合宜的品种。注意不同密封脂有较大上扣扭矩的差值，同时不合适的品种会使 API 螺纹密封性能下降。

（5）螺纹清洁。不清洁物主要造成螺纹表面破坏及影响获得正确的上扣扭矩。

（6）操作人员结合上扣工具的技术培训。操作人员的素质直接影响上扣质量，要求结合使用工具来培训是十分重要的，因为不同工具，具有不同的操作规程。工具调校亦在培训要求范围内，例如反映扭矩的表或仪器不准确，将极大引起连接质量下降，以至发生事故。

2．API 推荐的套管上扣扭矩

表 3–9–4 给出了 API 圆螺纹套管不同尺寸、壁厚及钢级紧扣所应达到的扭矩值，现场操作主要取其最佳值。

表 3–9–4　API 圆螺纹套管紧扣扭矩

名义外径 in	重量 kg/m	钢级	紧扣扭矩，N · m					
			短扣			长扣		
			最佳值	最小值	最大值	最佳值	最小值	最大值
$4^1/_2$	14.20	H40	1040	790	1300			
	14.20	J55	1370	1030	1710			
	15.60	J55	1790	1340	2240			
	17.30	J55	2090	1570	2620	2200	1650	2750
	14.20	K55	1520	1140	1900			
	15.60	K55	1980	1490	2480			
	17.30	K55	2300	1740	2890	2440	1830	3050
	17.30	C75				2920	2180	3650
	20.10	C75				3530	2640	4410
	17.30	L/N80				3090	2320	3860

续表

名义外径 in	重量 kg/m	钢级	紧扣扭矩，N·m					
			短扣			长扣		
			最佳值	最小值	最大值	最佳值	最小值	最大值
$4^1/_2$	20.10	L/N80				3740	2810	4680
	17.30	C95				3500	2630	4380
	20.10	C95				4240	3190	5300
	17.30	P110				4090	3080	5120
	20.10	P110				4960	3730	6210
	22.50	P110				5970	4470	7460
5	17.10	J55	1800	1360	2250			
	19.40	J55	2290	1720	2860	2470	1860	3090
	22.30	J55	2810	2100	3510	3020	2260	3780
	17.10	K55	1990	1490	2490			
	19.40	K55	2520	1900	3160	2730	2050	3400
	22.30	K55	3090	2320	3860	3340	2510	4180
	22.30	C75				4010	3010	5020
	26.80	C75				5110	3840	6390
	22.30	L/N80				4260	3200	5330
	26.80	L/N80				5420	4070	6780
	22.30	C95				4830	3620	6030
	26.80	C95				6170	4620	7710
	22.30	P110				5650	4240	7060
	26.80	P110				7200	5400	9000
$5^1/_2$	20.90	H40	1760	1330	2210			
	20.90	J55	2330	1750	2920			
	23.10	J55	2740	2060	3430	2940	2210	3670
		J55	3100	2330	3880	3350	2510	4190
	20.90	K55	2560	1930	3200			
	23.10	K55	3010	2260	3770	3240	2430	4050
	25.30	K55	3420	2560	4270	3690	2770	4610
	25.30	C75				4430	3320	5550
		C75				5460	4090	6830
	29.80	C75				6410	4810	8010
	25.30	L/N80				4720	3540	5900
	29.80	L/N80				5800	4350	7250

续表

名义外径 in	重量 kg/m	钢级	紧扣扭矩，N·m					
			短扣			长扣		
			最佳值	最小值	最大值	最佳值	最小值	最大值
$5^1/_2$	34.30	L/N80				6810	5110	8510
	25.30	C95				5370	4030	6710
	29.80	C95				6600	4950	8260
	34.30	C95				7760	5820	9690
	25.30	P110				6260	4700	7840
	29.80	P110				6260	4700	9640
	34.30	P110				9060	6790	11320
$6^5/_8$	29.80	H40	2490	1870	3120			
	29.80	J55	3320	2490	4150	3610	2710	4510
	35.70	J55	4260	3200	5330	4610	3460	5760
	29.80	K55	3620	2710	4530	3930	2960	4920
	35.70	K55	4640	3480	5800	5040	3780	6300
	35.70	C75				6140	4610	7670
	41.70	C75				7480	5610	9360
	47.70	C75				8650	6490	10820
	35.70	L/N80				6520	4890	8150
	41.70	L/N80				7950	5970	9940
	47.70	L/N80				9180	6890	11470
	35.70	C95				7440	5590	9300
	41.70	C95				9070	6810	11330
	47.70	C95				10490	7880	13120
	35.70	P110				8690	6520	10860
	41.70	P110				10590	7950	13230
	47.70	P110				12260	9190	15320
7	25.30	H40	1650	1250	2070			
	29.80	H40	2390	1790	2980			
	29.80	J55	3170	2390	3970			
	34.30	J55	3850	2890	4810	4240	3190	5300
	38.70	J55	4530	3400	5670	4980	3730	6220
	29.80	K55	3440	2590	4310			
	34.30	K55	4190	3150	5230	4620	3470	5780
	38.70	K55	4940	3700	6170	5440	4080	6790

续表

名义外径 in	重量 kg/m	钢级	紧扣扭矩，N·m					
			短扣			长扣		
			最佳值	最小值	最大值	最佳值	最小值	最大值
7	34.30	C75				5640	4230	7050
	38.70	C75				6630	4980	8280
	43.20	C75				7620	5720	9530
	47.70	C75				8580	6440	10720
	52.10	C75				9530	7150	11920
	56.60	C75				10400	7800	13000
	34.30	L/N80				5990	4500	7500
	38.70	L/N80				7040	5270	8800
	43.20	L/N80				8090	6070	10110
	47.70	L/N80				9110	6830	11390
	52.10	L/N80				10110	7590	12650
	56.60	L/N80				11040	8280	13800
	34.30	C95				6850	5140	8560
	38.70	C95				8040	6030	10050
	43.20	C95				9260	6940	11580
	47.70	C95				10410	7810	13020
	52.10	C95				11570	8680	14450
	56.60	C95				12620	9460	15780
	38.70	P110				9400	7050	11740
	43.20	P110				10810	8110	13500
	47.70	P110				12160	9120	15200
	52.10	P110				13500	10310	16880
	56.60	P110				14740	11050	18430
$7^5/_8$	35.70	H40	2870	2160	3590			
	39.30	J55	4270	3200	5340	4690	3530	5870
	39.30	K55	4640	3480	5800	5110	3840	6390
	39.30	C75				6250	4690	7810
	44.20	C75				7350	5520	9190
	50.20	C75				8610	6450	10770
	58.10	C75				10180	7630	12730
	39.30	L/N80				6640	4990	8310
	44.20	L/N80				7800	5840	9750

续表

名义外径 in	重量 kg/m	钢级	紧扣扭矩，N·m					
			短扣			长扣		
			最佳值	最小值	最大值	最佳值	最小值	最大值
$7^5/_8$	50.20	L/N80				9140	6860	11430
	58.10	L/N80				10820	8110	13530
	39.30	C95				7590	5690	9490
	44.20	C95				8930	6700	11170
	50.20	C95				10470	7850	13080
	58.10	C95				12390	9300	15500
	44.20	P110				10430	7820	13030
	50.20	P110				12220	9170	15270
	58.10	P110				14450	10850	18070
$8^5/_8$	41.70	H40	3160	2370	3950			
	47.70	H40	3780	2830	4730			
	35.70	J55	3310	2480	4140			
	47.70	J55	5040	3780	6300	5650	4240	7060
	53.60	J55	5880	4420	7360	6590	4950	8240
	35.70	K55	3570	2670	4460			
	47.70	K55	5450	4090	6820	6130	4600	7660
	53.60	K55	6350	4760	7930	7130	5360	8920
	53.60	C75				8790	6590	10980
	59.60	C75				10060	7550	12580
	65.50	C75				11310	8490	14140
	73.00	C75				12730	9540	15920
	53.60	L/N80				9330	7000	11660
	59.60	L/N80				10680	8010	13350
	65.50	L/N80				12030	9020	15040
	73.00	L/N80				13520	10140	16890
	53.60	C95				10700	8030	13370
	59.60	C95				12260	9190	15320
	65.50	C95				13790	10340	17230
	73.00	C95				15510	11630	19390
	59.60	P110				14300	10720	17880
	65.50	P110				16080	12070	20110
	73.00	P110				18100	13570	22630

续表

名义外径 in	重量 kg/m	钢级	紧扣扭矩，N · m					
			短扣			长扣		
			最佳值	最小值	最大值	最佳值	最小值	最大值
$9^5/_8$	48.10	H40	3440	2590	4310			
	53.60	H40	3990	3000	4990			
	53.60	J55	5340	4010	6680	6140	4610	7670
	59.60	J55	6130	4600	7660	7050	5290	8810
	53.60	K55	5740	4300	7170	6630	4980	8280
	59.60	K55	6590	4950	8240	7610	5710	9500
	59.60	C75				9410	7060	11770
	64.80	C75				10520	7890	13150
	70.00	C75				11550	8660	14440
	79.70	C75				13540	10160	16930
	59.60	L/N80				9990	7500	12490
	64.80	L/N80				11190	8390	13980
	70.00	L/N80				12270	9210	15330
	79.70	L/N80				14400	10810	18010
	59.60	C95				11480	8610	14360
	64.80	C95				12850	9640	16070
	70.00	C95				14100	10580	17630
	79.70	C95				16540	12410	20680
	64.80	P110				15000	11250	18750
	70.00	P110				16450	12340	20550
	79.70	P110				19280	14470	24110
$10^3/_4$	48.77	H40	2780	2090	3470			
	60.30	H40	4260	3200	5330			
	60.30	J55	5690	4270	7120			
	67.80	J55	6680	5020	8350			
	70.60	J55	7660	5750	9570			
	60.30	K55	6100	4580	7630			
	67.80	K55	7160	5370	8950			
	70.60	K55	8220	6170	10280			
	76.00	C75	10250	7690	12810			
	82.70	C75	11430	8570	14290			
	76.00	L/N80	10900	8180	13630			

续表

名义外径 in	重量 kg/m	钢级	紧扣扭矩，N·m					
			短扣			长扣		
			最佳值	最小值	最大值	最佳值	最小值	最大值
$10^3/_4$	82.70	L/N80	12130	9100	15170			
	76.00	C95	12570	9420	15710			
	82.70	C95	13990	10490	17490			
	76.00	P110	14640	10980	18300			
	82.70	P110	16310	12230	20390			
	90.40	P110	18140	13610	22680			
	97.70	P110	19960	14970	24950			
$11^3/_4$	62.54	H40	4160	3120	5210			
	70.00	J55	6470	4850	8080			
	80.40	J55	7700	5780	9630			
	89.40	J55	880	6600	11000			
	70.00	K55	6900	5180	8620			
	80.40	K55	8220	6170	10280			
	89.40	K55	9400	7050	11740			
	89.40	C75	11780	8840	14720			
	89.40	L/N80	12530	9400	15660			
	89.40	C95	14450	10850	18070			
$13^3/_8$	71.48	H40	4370	3280	5460			
	81.20	J55	6970	5230	8720			
	90.90	J55	8070	6050	10090			
	101.00	J55	9150	6860	11440			
	81.20	K55	7420	5560	9270			
	90.90	K55	8580	6440	10720			
	101.00	K55	9730	7310	12180			
	107.00	C75	13260	9950	16580			
	107.00	L/N80	14100	10580	17630			
	107.00	C95	16320	12240	20410			
16	96.8	H40	5950	4460	7440			
	112.00	J55	9630	7230	12040			
	125.00	J55	11080	8310	13840			
	112.00	K55	10200	7650	12740			
	125.00	K55	11730	8800	14660			

续表

名义外径 in	重量 kg/m	钢级	紧扣扭矩，N · m					
			短扣			长扣		
			最佳值	最小值	最大值	最佳值	最小值	最大值
$18^5/_8$	130.00	H40	7580	5680	9480			
	130.00	J55	10220	7670	12790			
	130.00	K55	10770	8080	13460			
20	140.00	H40	7880	5910	9840			
	140.00	J55	10630	7970	13290	12300	9220	15370
	159.00	J55	12380	9290	15470	14330	10750	17770
	198.00	J55	16160	12120	20200	18710	14030	23390
	140.00	K55	11170	8380	13960	12950	9710	16190
	159.00	K55	13020	9760	16270	15090	11320	18860
	198.00	K55	16990	12740	21230	19700	14780	24620

七、下套管（螺纹连接后的套管下井过程）

1．对套管串下部结构的检验

检查套管鞋（引鞋）或浮鞋和下部 3 ～ 7 根套管螺纹是否上紧，是否按规定（或设计）使用锁紧螺纹油或加锁紧销钉，加入的浮箍及阻流环位置是否正确。

用常规浮箍设备，一般下入两三根套管后应进行循环观察了解工作是否正常。在某些井下套管，每隔一定深度要中途循环，但在通过渗透性井段时，下套管工作不能停下来，也不应在这些区段内延长循环时间，因为套管容易发生压差卡钻。

2．作业队及指导准则

下套管作业在国外通常由钻井承包商或服务公司的下套管专业队完成。但甲方的代表仍然负有义务，按成熟的步骤及指导准则进行监督，这将有助于避免下套管问题的发生。

3．扶正器下入

带上加有扶正器和刮泥器套管可避免在钻台边刮碰，同时扶正器可有效避免套管与井壁接触，入井应在转盘对中，慢慢下入。

4．下放速度的控制

（1）套管下放速度，一般不超过 0.46m/s。在通过低压区渗透性井段，带有浮箍和扶正器情况时，下放速度控制在 0.25 ～ 0.30m/s。因为高速下放套管，环空回流速度往往超过钻井上返流速 1 ～ 3 倍，这样将会压漏地层。

（2）采用卡瓦式吊卡或套管吊卡，在接近转盘时均应慢慢下放，避免冲击载荷对管体或接箍台肩以及螺纹造成损伤。在套管重量较大时应采用卡瓦（卡盘），以避免吊卡坐于转盘上时较大轴向拉力引起接箍变形，影响上扣。

（3）正常的硬地层及不易漏失井段，亦应对下放速度控制。一般是 300m/h 的速度，最多不超过 500m/h。当井身质量或钻井液性能欠佳时，应将下入速度控制在 180 ~ 200 m/h 内。

（4）缩径段、渗漏性层及井漏层等复杂井段应在下入根数上作标记，下套管过程应有专人观察钻井液溢流情况，如果连续下入 5 ~ 8 根，未见钻井液返出，应判明情况和作出处理。下套管全过程应记录入浆量和返出量，并计算两者的差数，核实是否井漏或因正常消耗及渗漏所造成的。

（5）套管通过有台阶井段或缩径处，司钻应特别小心，注意绝不能使吊卡离开接箍。仅 0.45m 间距，套管自由下落就能导致套管顿断或压漏地层。

5．浮下和灌浆

（1）应在安装前校验压差式自灌设备性能，并通过指重表和管外溢流情况，判断可靠性，防止意外发生。

（2）浮下时一般每 10 ~ 15 根灌一次，最佳方式是每下一根（尾管送下时每一钻杆立柱）灌浆一次，尽可能缩短套管在井下停止的时间。较长时间的灌浆过程应活动套管。上下活动套管（包括在处理套管粘卡，注水泥过程活动套管）时，甲方代表人（钻井监督）和司钻应密切监视井下活动速度，指重表变化范围。

（3）尤其应注意大尺寸套管的灌浆工作，灌浆前后应核对悬重变化，判断是否灌好钻井液，否则容易造成套管挤毁事故，灌浆过程控制排量，避免压入过多空气。

6．特殊情况处理

（1）依据下入深度，作为上下活动套管距离的基础：浅井段（2000m 以内）活动 2 ~ 3m 已满足，深井段控制在 3 ~ 5m，但条件好的井上下活动可达一个套管单根长度。因此具体要视井身质量的优劣，由甲方钻井监督作出决策。

（2）套管遇阻：上提时应掌握套管柱中最小轴向强度点，保持最小抗拉安全系数不低于 1.45 ~ 1.5。下压值可取大一些，一般控制不超过井下套管浮重的 60%。绝不允许吊卡离开接箍台肩面。

（3）套管柱下深在非渗透性地层，正常情况管鞋距井底应小于 3m，尤其技术套管控制在 1 ~ 1.5m 范围内最佳。

（4）全部套管下完，这时应清点井场剩余套管根数，及时核对下入井深的准确性。存留全部下套管记录，其中上扣扭矩记录和余扣记录尤为重要，作为甲方对管柱质量复验依据，以及油井作业和开采存查依据。

（5）对于下套管前所作全套提升系统检查以及对井架载荷、井架基座承载负荷的核算外，再进行特殊情况处理时，应当考虑吊卡、吊环钢丝绳适应动载荷要求。ARCO 公司推荐的动载荷计算经验公式如下：

$$F_d=415.55VA$$

式中 F_d——下套管的动载荷，kgf；

V——套管下放速度，m/s；

A——套管截面积，cm^2。

7. 关于套管扶正器的安置及装配

(1) 除了计算所确定的扶正器外，还有为了保护管串井下装置（例如下部套管锁紧与未锁紧问题、分接箍、尾管挂等）需要加入扶正器。

(2) 采用锁紧螺纹脂或锁紧套管的井底管串，至少在最下边3根套管加入扶正器。未加锁紧的，应在井底至少7根套管上每根套管加一组扶正器。带有分级箍、尾管挂、ECP等均应在附件上下加设扶正器。

(3) 套管扶正器装配方法：

①最佳位置装在套管单根中部，扶正器两端加止退环（止动环）。

②一端靠接箍，另一端加止退环。

③扶正器中间加止退环。

④跨装在接箍上。

⑤油气层部位加设在夹层位置，产层较厚，则在油层井段，每根套管加入扶正器。非产层段可每间隔1根套管加1只扶正器。

⑥切忌为加设扶正器，而在套管本体进行电焊。加入扶正器位置，通过该根套管编号的接箍深度，核对扶正器加入的实际井深，并记录在固井资料上，附在套管记录后。

第十节　套管的井口装定计算

一、套管的井口载荷交付

注水泥作业结束，悬挂在转盘上的套管载荷需要转移到井口上。这项重要作业称为井口的装定。使套管重量悬挂在井口（系指上一层套管上），一般通过套管头悬挂器卡瓦固定。

由于该层套管在今后钻进、试油、开采将受到各种应力和条件变化，悬挂在井口的载荷应合理设计，以防止条件变化时套管强度受到破坏，或者说可以满足今后作业各种载荷条件，而保持套管受力的合理性。因此要认真进行套管的井口装定计算。

井口装定的原则要求：

(1) 无论管外水泥返深，当采用套管头卡瓦悬挂时，通过计算满足装定时的轴向载荷可以调节。同时要求套管装定具有合理的高度，达到油田井口装置标准规定的高度。

(2) 井口环空应具备压力控制装置，套管头内外均达到规定密封耐压能力。

(3) 装定的主要任务是取得井口合理载荷，防止自由段套管弯曲，并要求装定过程不造成套管柱本身强度下降（包括不允许进行电焊作业）。同时套管柱的垂直准线弯曲是设想圆柱体承受临界载荷而发生的，取决于管柱临界载荷强度和性质。当不超过套管屈服应力，弯曲力消除后，弯曲套管将回交到原准线上去。因此装定要求自由段套管受拉力，并在条件变化情况下不发生弯曲。

(4) 如果装定载荷太大，不利于套管安全，应提高水泥封固长度，避免较大的装定载荷导致套管损坏。

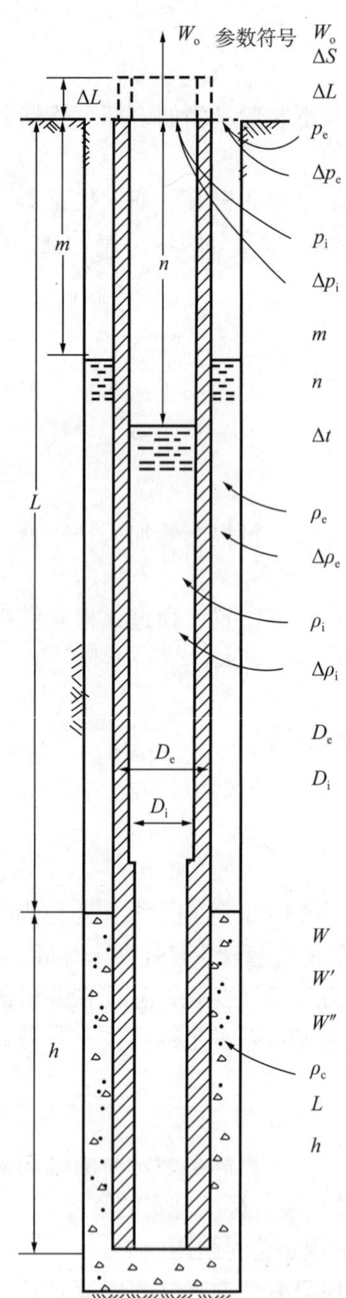

图 3-10-1　套管弯曲判断公式物理量

二、套管弯曲判断公式

1．上提力 ΔS 计算

$$\Delta S=(32.8\Delta tW'+584W')-hW+0.0785D_e^2\times[h\rho_e+(\rho_e+\Delta d_e)(0.4m+0.3m^2/L)]-3.206D_e^2\Delta p_e-0.0785D_i^2\times[h\rho_i-0.7\Delta\rho_i+(\rho_i+\Delta\rho_i)\times(0.4n+0.3n^2/L)]+3.206D_i^2\Delta p_i$$

如果注水泥后所提的上提力大于 ΔS，则管柱没有弯曲趋势存在。

2．ΔL 计算

水泥凝固后，也可将套管提一个长度而装定，该长度条件下的套管所受到的轴向载荷与悬挂载荷相当。上提长度计算式为：

$$\Delta L=1.38\Delta SL10^{-6}/W'$$

注意，“悬挂载荷”与“井口载荷”应是两个不同概念。井口载荷 W 包含有悬挂载荷。

以上二式各物理量见图 3-10-1 及表 3-10-1。

3．弯曲—校准公式各项分解及分项意义说明

弯曲—校准公式的分项值计算公式和引起弯曲载荷物理性质的说明条件解说见表 3-10-2。

B_1 ~ B_{10} 的计算如图 3-10-2 ~图 3-10-7 所示。

在使用上述公式时应注意：B_6 项中内径是套管柱平均内径；正负号不要发生错误，例如 B_6 项，套管内钻井液密度增加，$\Delta\rho_i$ 则取正值，密度下降则取 $\Delta\rho_i$ 为负值，反之 $\Delta\rho_e$ 取负值及正值。ΔS 公式为 10 项之和，每一项都代表一个井下条件变化值对套管弯曲的影响，即为防弯曲所需要上提或下放的力。

ΔS 公式是由单一重量的套管导出的，实际套管柱为组合管柱，但经研究表明，上述公式计算结果没有显著误差。

三、井口载荷计算公式（联顶计算）

选择的井口载荷不仅与套管悬挂载荷一致，而且与套管本身的强度、外层套管柱强度以及套管悬挂器的载荷容量相一致。

井口载荷计算公式由 12 项之和组成。第一项表示装定措施的影响，即上提力（或下放力）。其余 11 项都表示井下变化量对井口载荷的影响。

表 3-10-1　参数符号注解表

符　号	注　解
W_o	井口载荷，kg
ΔS	悬挂套管，上提载荷，kg（$-\Delta S$= 下放力）
ΔL	悬挂时上提长度，cm（$-\Delta L$= 下放长度）
p_e	注水泥时，井口管外压力，MPa
Δp_e	注水泥后，井口套管外压力变化值，MPa
p_i	注水泥时，井口套管所受内压力，MPa
Δp_i	注水泥后，井口套管内压力变化值，MPa
m	注水泥后，管外液面下降值，m
n	注水泥后，管内液面下降值，m
Δt	注水泥后，自由段套管变化的平均温度，℃
ρ_e	注水泥时，套管外液体密度，kg/m^3
$\Delta \rho_e$	注水泥后，套管外液体密度变化值，kg/m^3
ρ_i	注水泥时，套管内液体密度，kg/m^3
$\Delta \rho_i$	注水泥后，套管内液体密度变化值，kg/m^3
D_e	套管外径，cm
D_i	自由段套管内径，cm
W	封固段套管重量，kg/m
W'	自由段套管单位重量，kg/m
W''	套管的平均单位重量，kg/m
ρ_e'	水泥浆密度，kg/m^3
L	自由段套管长度，m
h	水泥封固段套管长度，m

表 3-10-2　悬挂载荷计算条件解说

弯曲—标准公式的单项值计算	弯曲效应因素物理性质说明
$B_1=32.8\Delta tW' \quad +584W$	温度变化（kg）
$B_2=-hW$	井下水泥封固套管段重量（kg）
$B_3=0.0785D_e^2h\rho_e$	水泥浆段重量（kg）
$B_4=-0.0785D_i^2h\rho_i$	套管内泥浆重量（kg）
$B_5=-0.055D_e^2L\Delta\rho_e$	管外液体重量变化（kg）
$B_6=0.055D_i^2L\Delta\rho_i$	管内液体重量变化（kg）
$B_7=-3.2D_e^2\Delta p_e$	管外（环空）井口压力变化（kg）

续表

弯曲—标准公式的单项值计算	弯曲效应因素物理性质说明
$B_8=3.2D_i^2\Delta p_i$	管内井口压力变化（kg）
$B_9=0.0314D_e^2$（$\rho_e+\Delta\rho_e$）（$m+0.75m^2/L$）	管外液面下降（kg）
$B_{10}=-0.0314D_i^2$（$\rho_i+\Delta\rho_i$）（$n+0.75\ n^2/L$）	管内液面下降（$n\leqslant L$）（kg）

井口载荷公式如下：

$$W_o=\Delta S-32.8\Delta tW'-584W'+W'(h+L)-\\0.0785D_e^2\left[h\rho_e+L\rho_2+0.3L\Delta\rho_e-(\rho_e+\Delta\rho_e)(0.6m-0.3m^2/L)\right]-\\4.83D_e^2(\Delta p_e+1.67p_e)+0.0785D_i^2\times\\\left[h\rho_i+L\rho_i-(\rho_i+\Delta\rho_i)(0.6n-0.3n^2/L)\right]+4.83D_i^2(\Delta p_i+1.67p_i)(\mathrm{kg})$$

条件解说见表 3–10–3。

ΔL（ΔS）、W_2 ~ W_{12} 计算如图 3–10–8 ~图 3–10–14 所示。

考虑选择载荷（井口所提拉力）、控制不发生弯曲的计算，应当是该井管柱受力的全过程。该过程包括：从注水泥后的候凝，再次钻进加深、井下试压、下尾管等，一直到油井投产后的受力条件。要计算各个时期不同井下条件的需要悬挂载荷，取其最大值，并应计算接头滑脱的安全系数值，所有计算见表 3–10–4 装定计算结果综合表。

表 3–10–3　井口载荷计算条件解说

分项值公式	井口载荷影响因素物理性质说明
$W_1=+\Delta S$	套管上提井口载荷（选择的载荷）
$W_2=-32.8\Delta tW'+584W$	温度变化
$W_3=+\ W'(h+L)$	全部管串在空气中重量
$W_4=-0.0785D_e^2h\rho_c$	水泥浆重量
$W_5=-0.0785D_e^2L\rho_e$	套管外液体重量
$W_6=+0.0785D_i^2$（$h+L$）ρ_i	泥浆在管内重量
$W_7=-0.0235D_e^2L\Delta\rho_e$	套管外液体重量变化
$W_8=+0.0235D_i^2L\Delta\rho_i$	套管内液体重量变化
$W_9=-4.807\ D_e^2$（$\Delta p_e+1.67p_e$）	套管外井口压力
$W_{10}=+4.807\ D_i^2$（$\Delta p_i+1.67p_i$）	套管内井口压力
$W_{11}=+0.047\ D_e^2$（$\rho_e+\Delta\rho_e$）（$m-0.5m^2/L$）	管外液面下降
$W_{12}=-0.047\ D_i^2$（$\rho_i+\Delta\rho_i$）（$n-0.5n^2/L$）	管内液面下降

表 3-10-4　装定计算结果综合表

<table>
<tr><td rowspan="3" colspan="2">条件
计算值</td><td colspan="4">弯曲和井口载荷依据于井下的条件和状况</td></tr>
<tr><td colspan="3">钻进</td><td>油井投入生产</td></tr>
<tr><td>水泥凝固时</td><td>加　深</td><td>试验尾管（衬管）</td><td>气　流</td></tr>
<tr><td rowspan="9">弯曲—校准和井口—载荷公式的参数</td><td>p_e</td><td></td><td></td><td></td><td></td></tr>
<tr><td>p_i</td><td></td><td></td><td></td><td></td></tr>
<tr><td>ρ_e</td><td></td><td></td><td></td><td></td></tr>
<tr><td>$\Delta\rho_e$</td><td></td><td></td><td></td><td></td></tr>
<tr><td>ρ_i</td><td></td><td></td><td></td><td></td></tr>
<tr><td>Δp_i</td><td></td><td></td><td></td><td></td></tr>
<tr><td>$\Delta\rho_i$</td><td></td><td></td><td></td><td></td></tr>
<tr><td>Δt</td><td></td><td></td><td></td><td></td></tr>
<tr><td>n</td><td></td><td></td><td></td><td></td></tr>
<tr><td rowspan="4">载荷情况</td><td>注水泥后井口悬挂载荷</td><td></td><td></td><td></td><td></td></tr>
<tr><td>不发生弯曲的允许下放载荷</td><td></td><td></td><td></td><td></td></tr>
<tr><td>不发生弯曲的选择需要的载荷</td><td></td><td></td><td></td><td></td></tr>
<tr><td>选择施加的最大井口载荷</td><td></td><td></td><td></td><td></td></tr>
</table>

注：接箍的最小连接强度被选择施加的最大井口载荷除得防滑脱的设计系数。
　　井口最大载荷选钻进及生产状况产生的最大值。

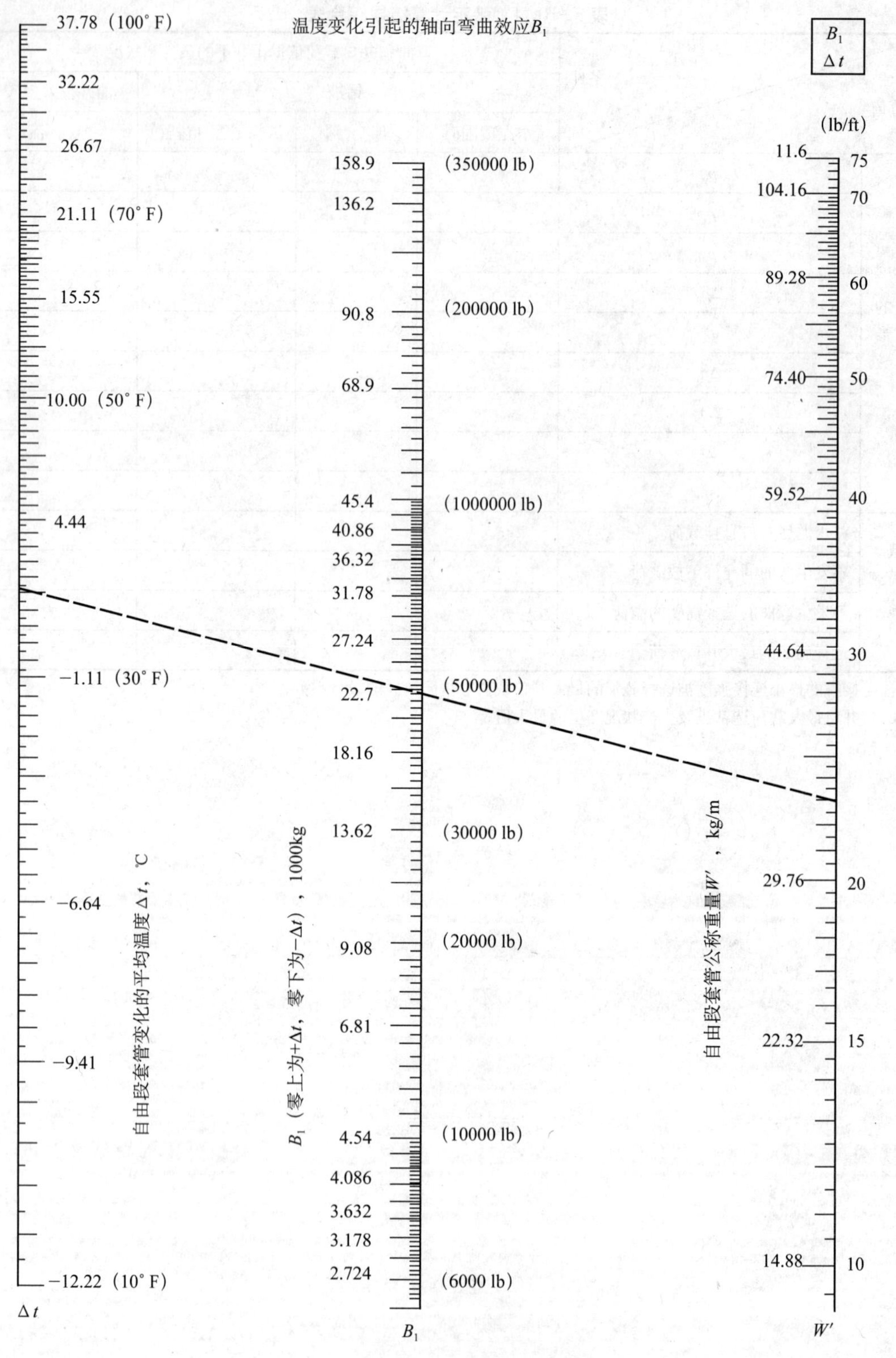

图 3−10−2　B_1 值计算图

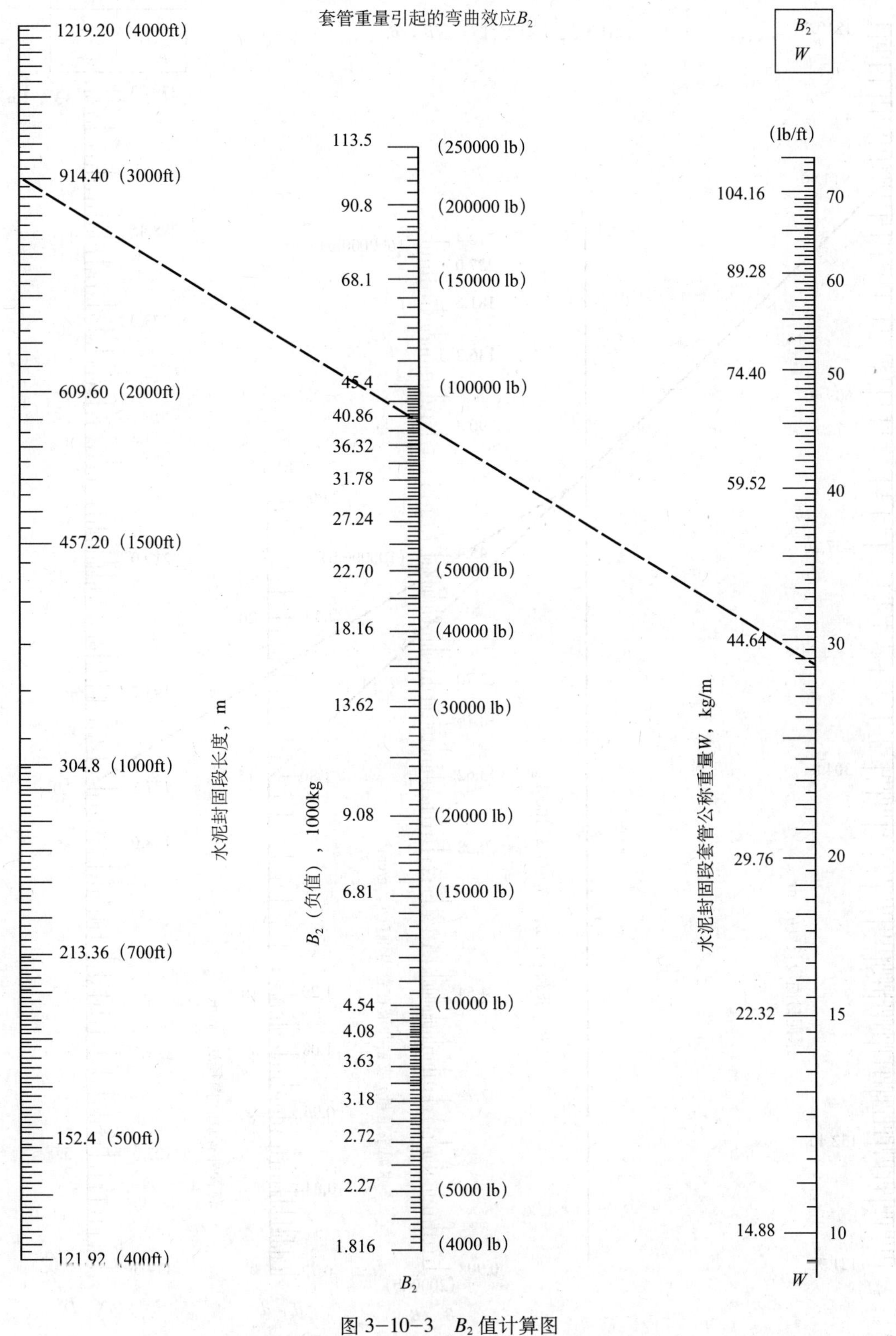

图 3-10-3　B_2 值计算图

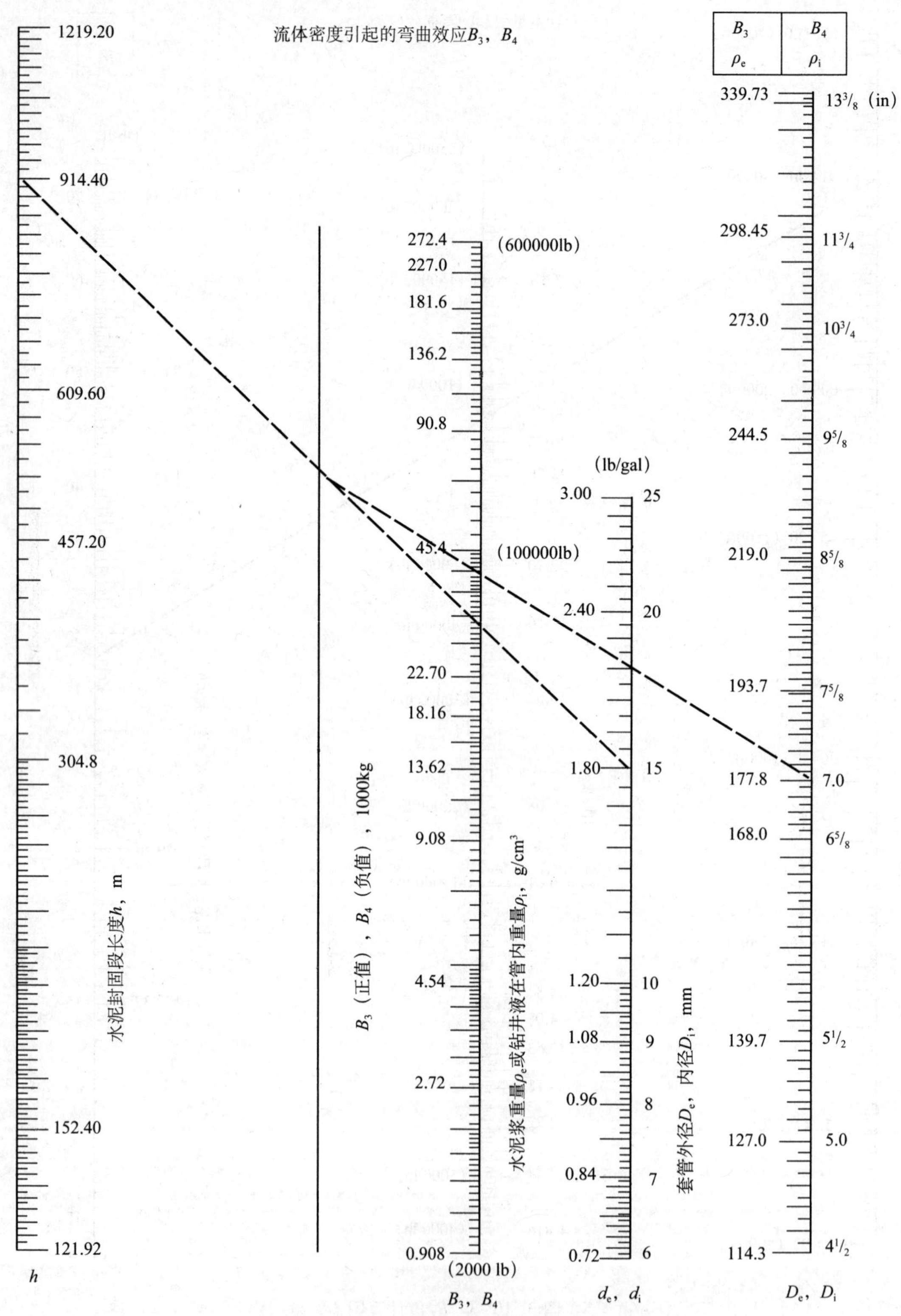

图 3-10-4 B_3、B_4 值计算图

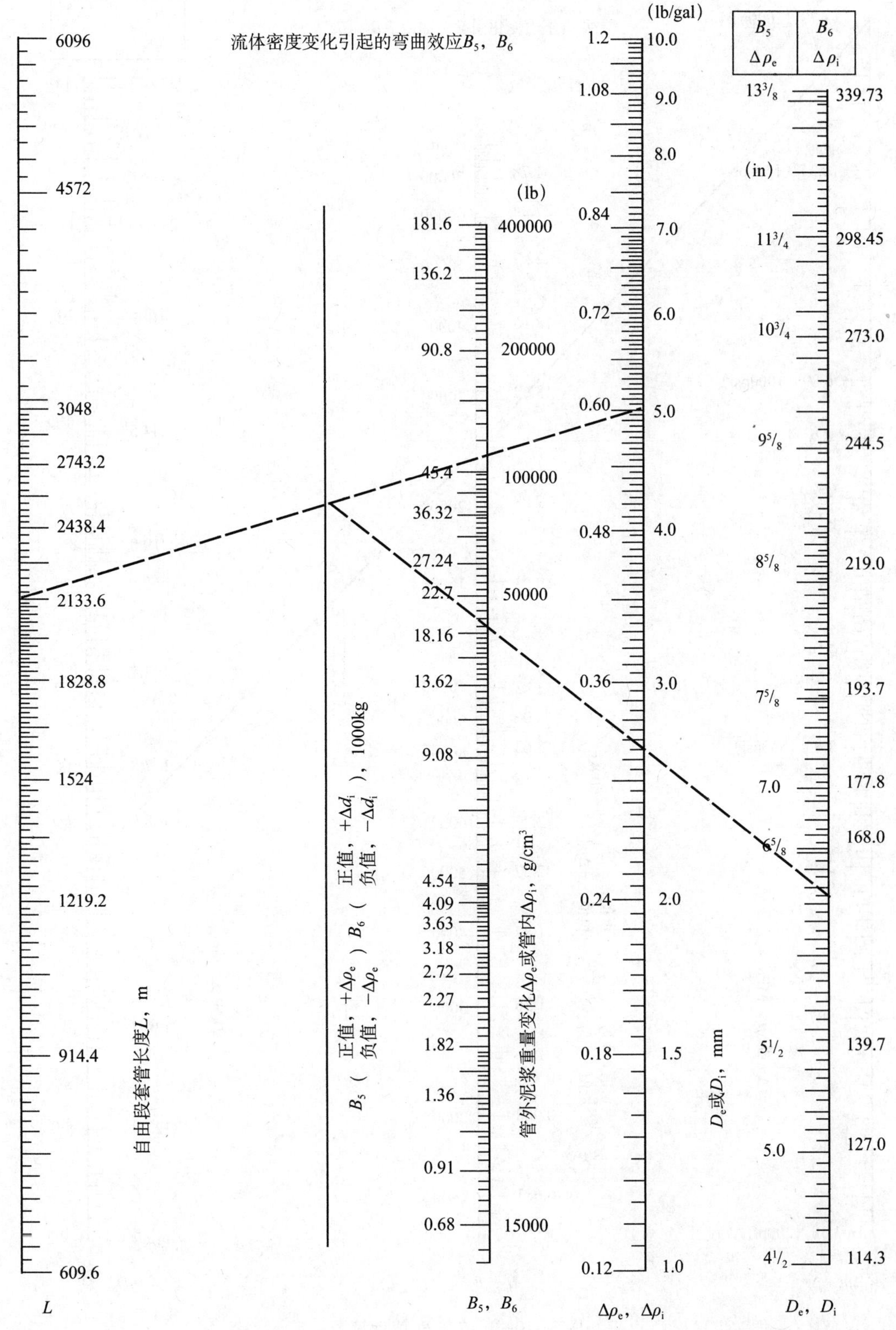

图 3-10-5 B_5、B_6 值计算图

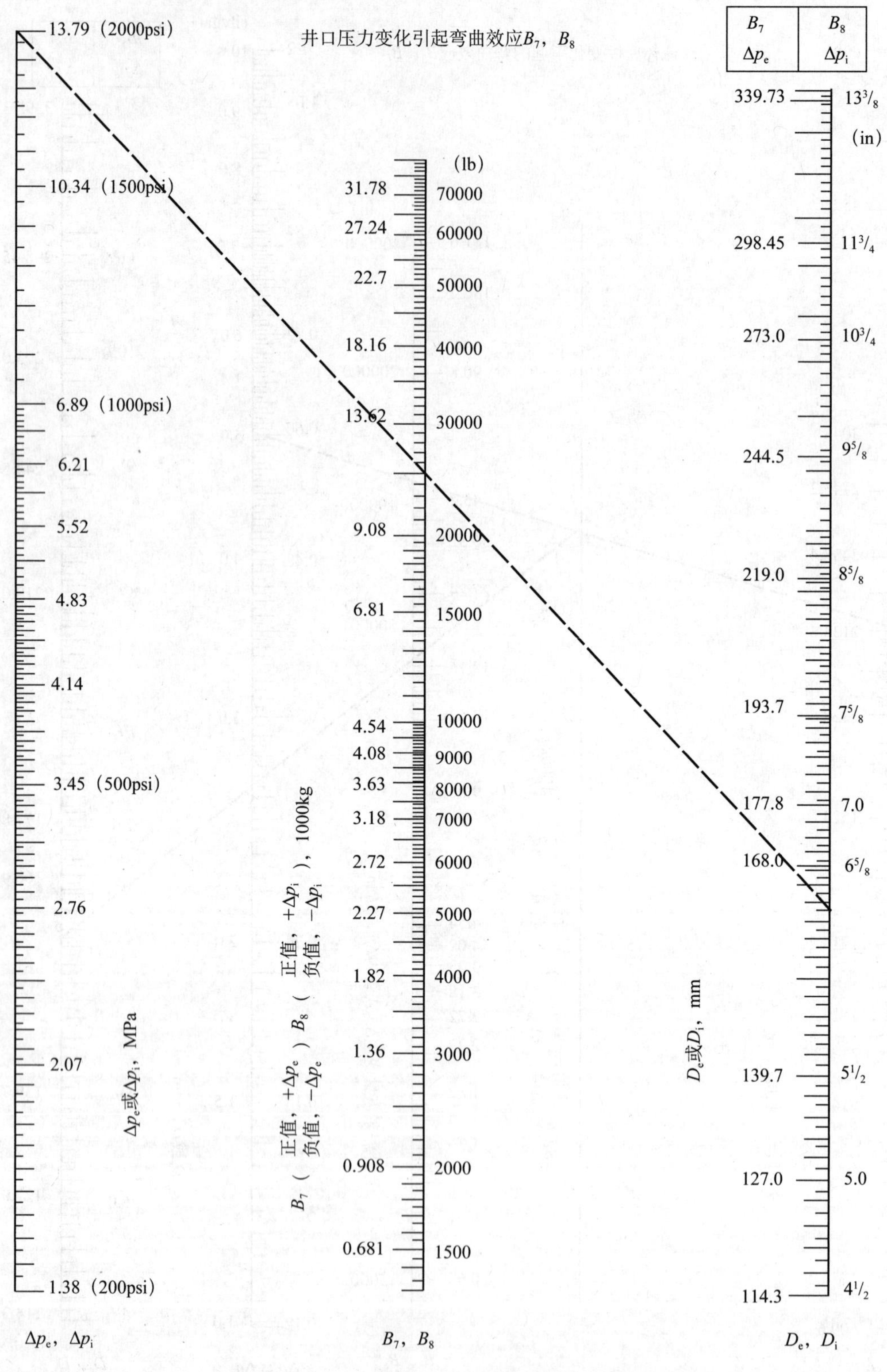

图 3-10-6 B_7、B_8 值计算图

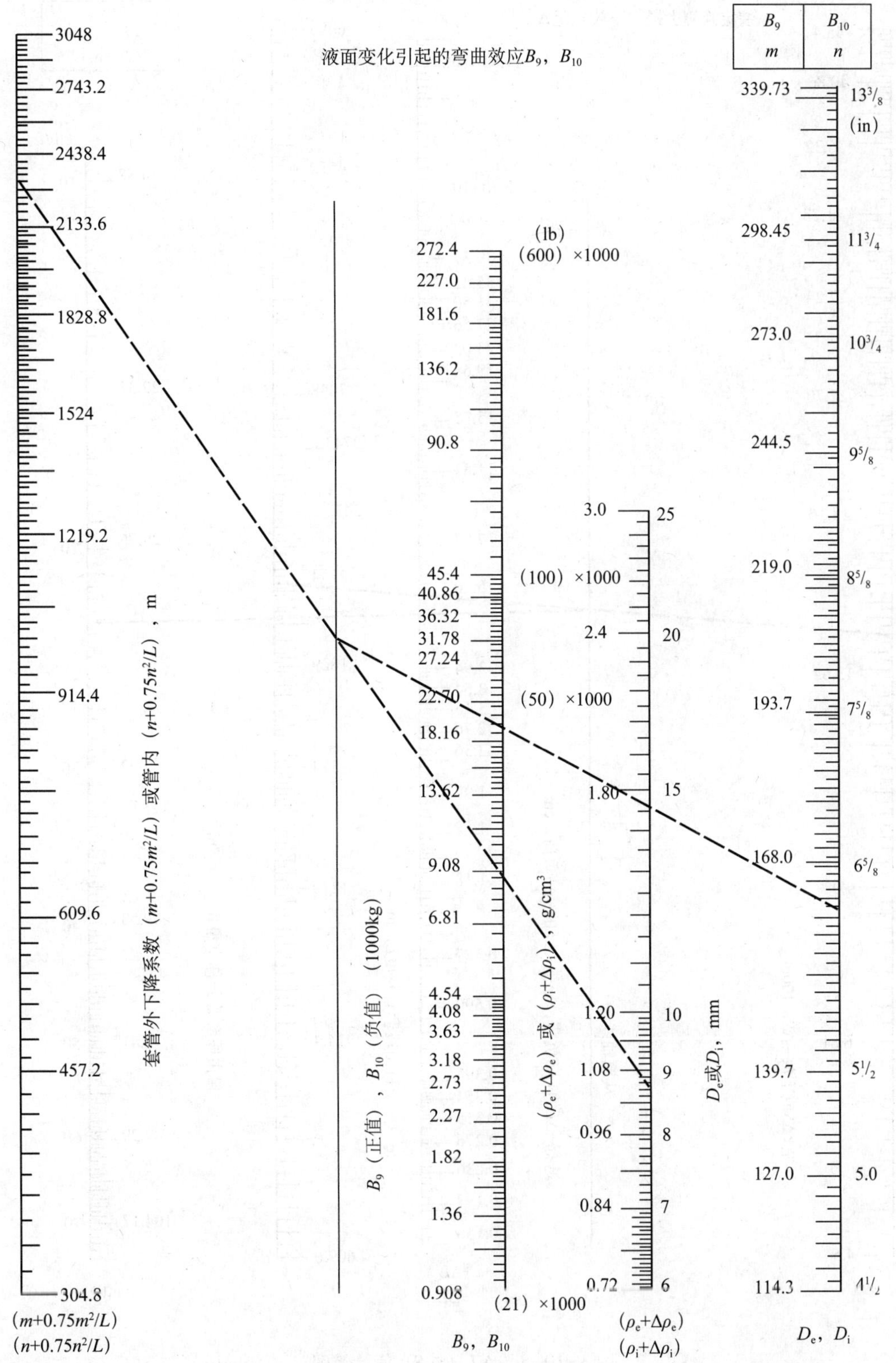

图 3-10-7　B_9、B_{10} 值计算图

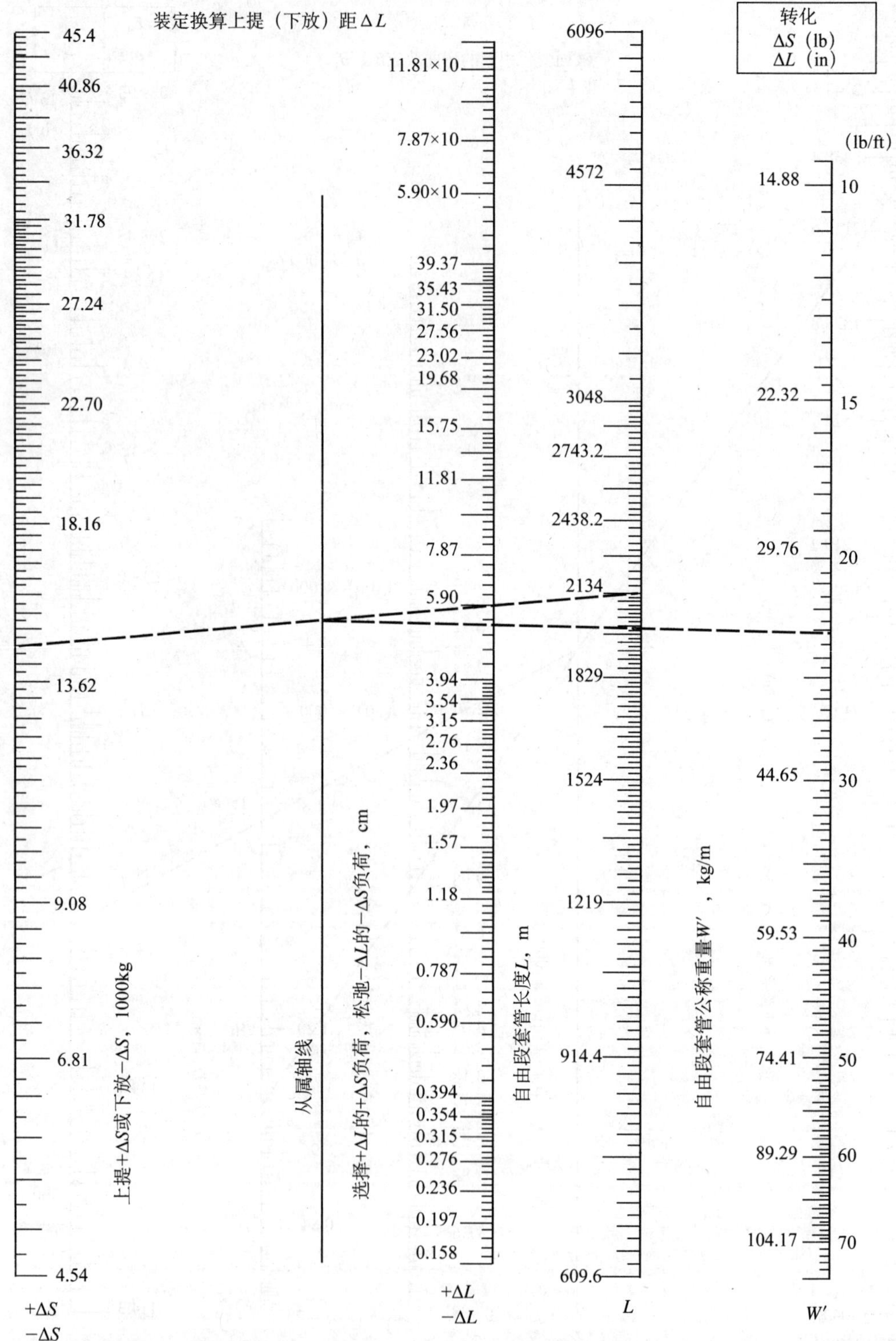

图 3-10-8　ΔL（ΔS）值计算图

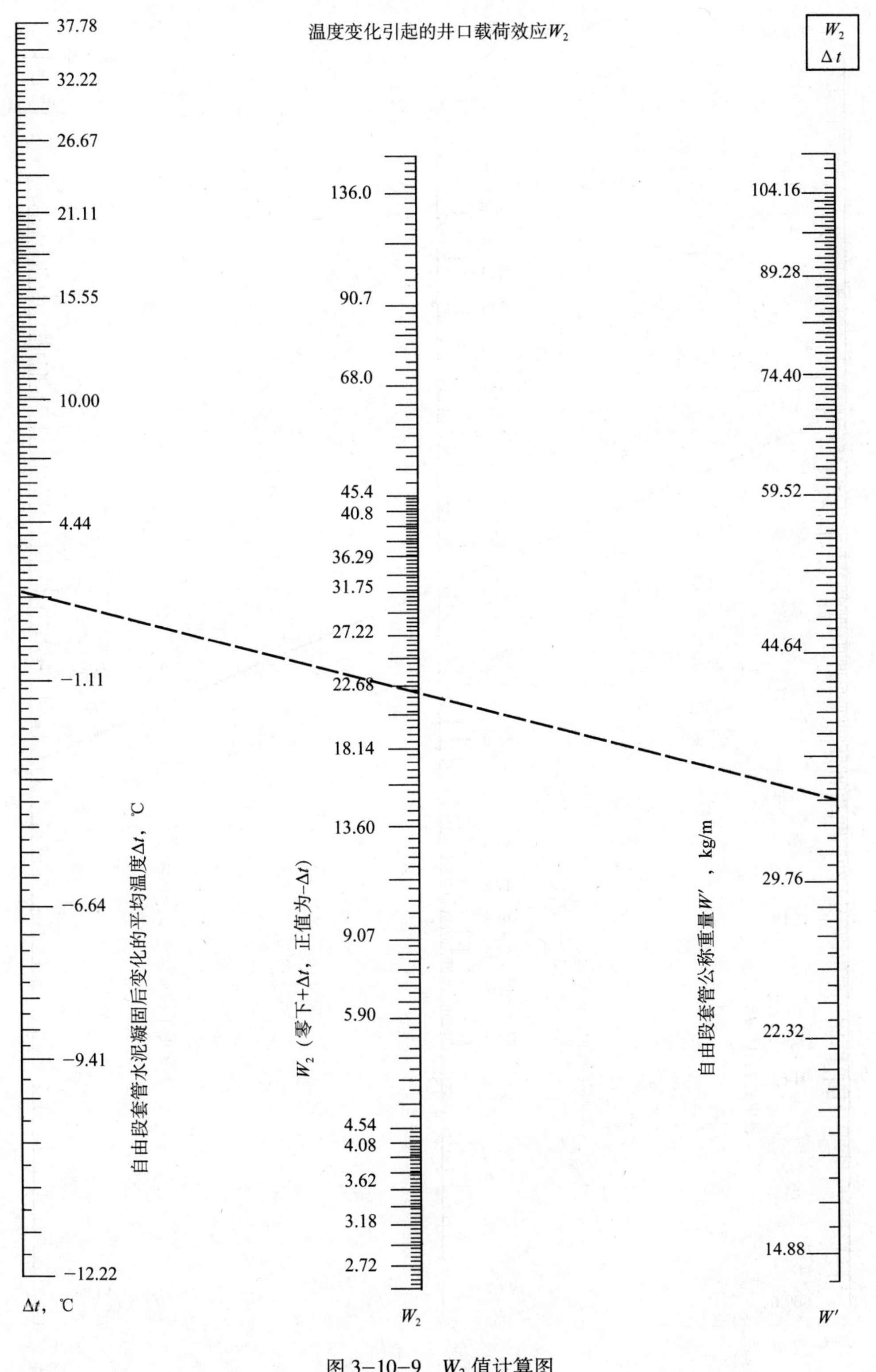

图 3-10-9　W_2 值计算图

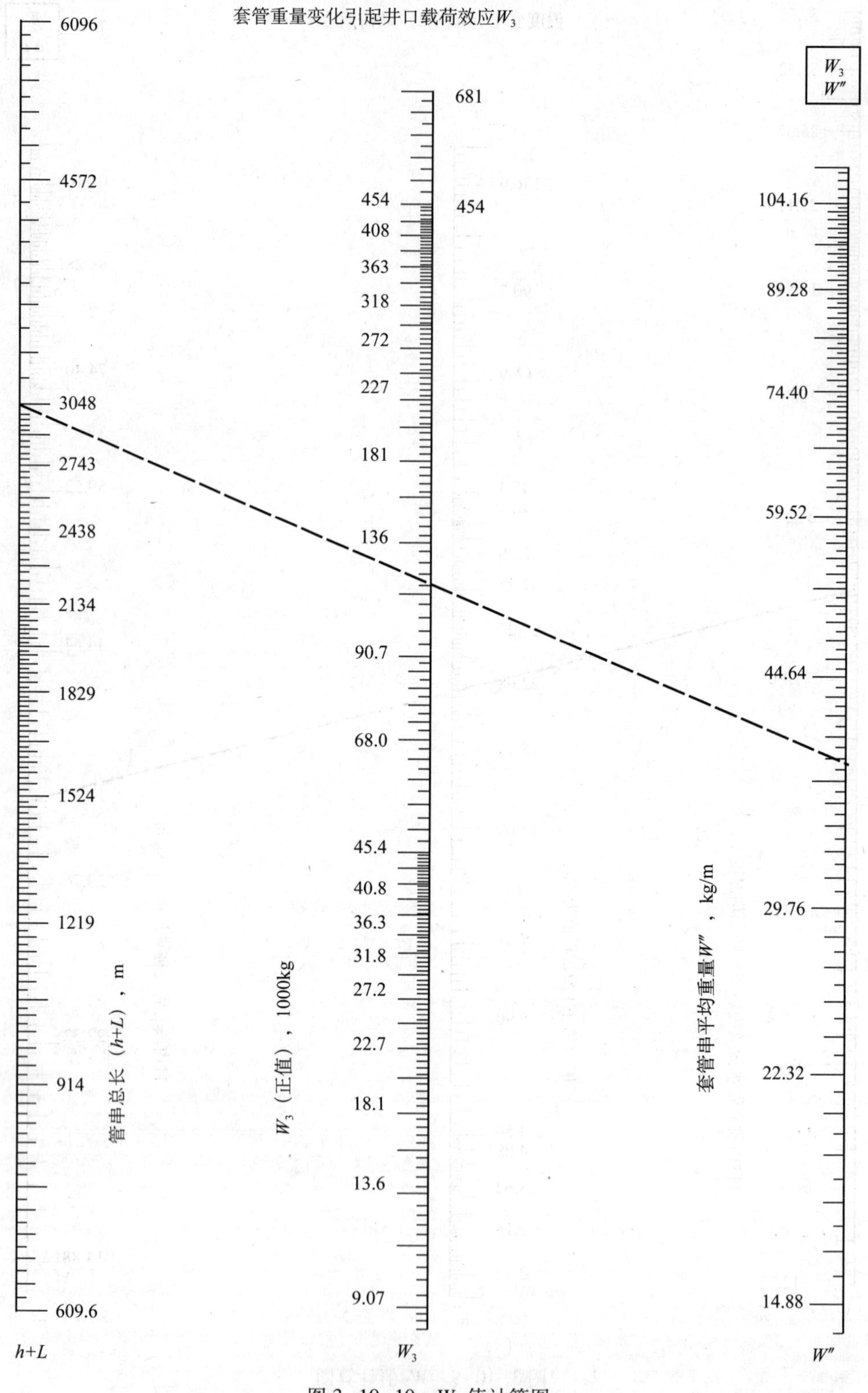

图 3-10-10　W_3 值计算图

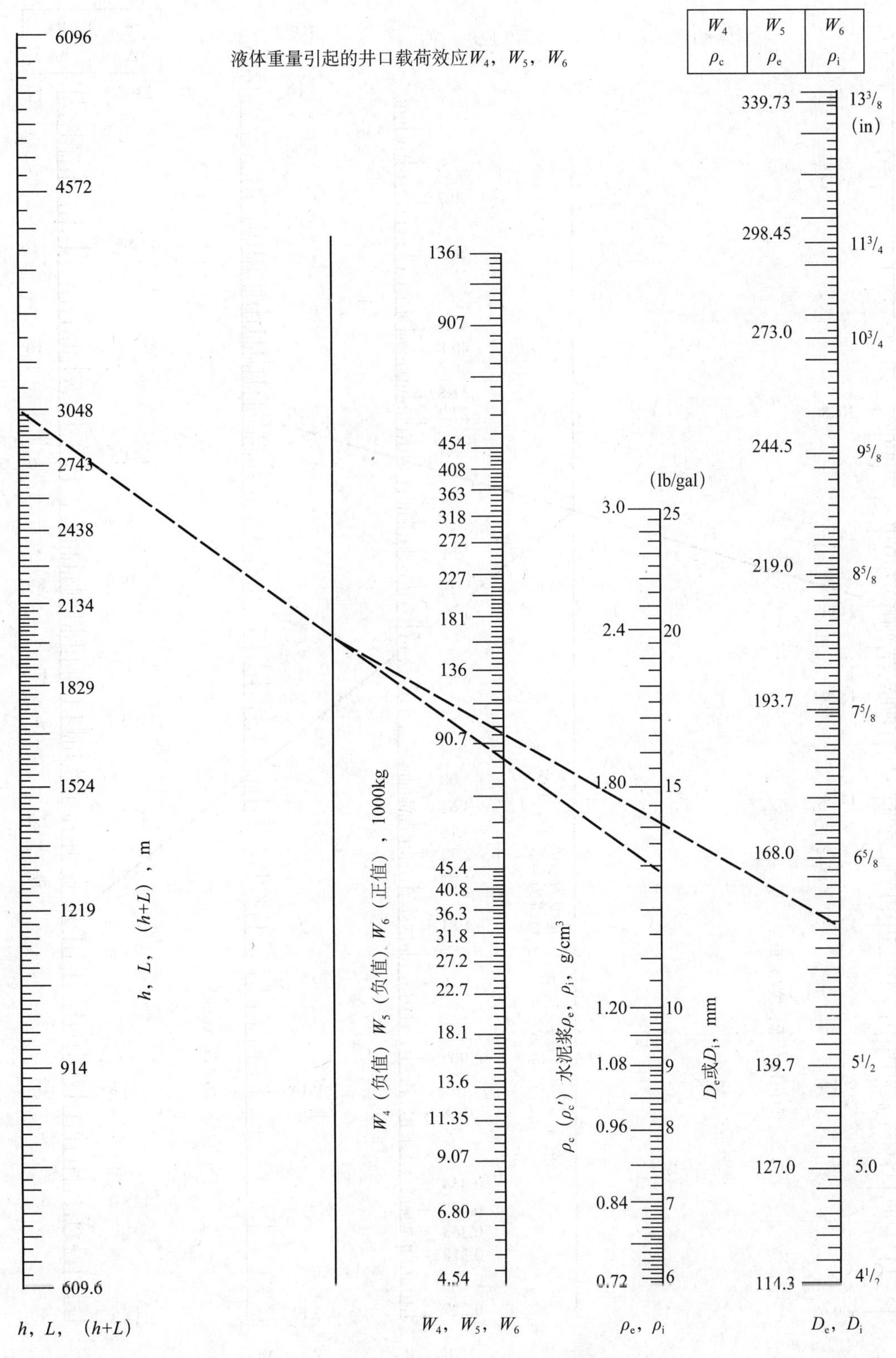

图 3-10-11　W_4、W_5、W_6 值计算图

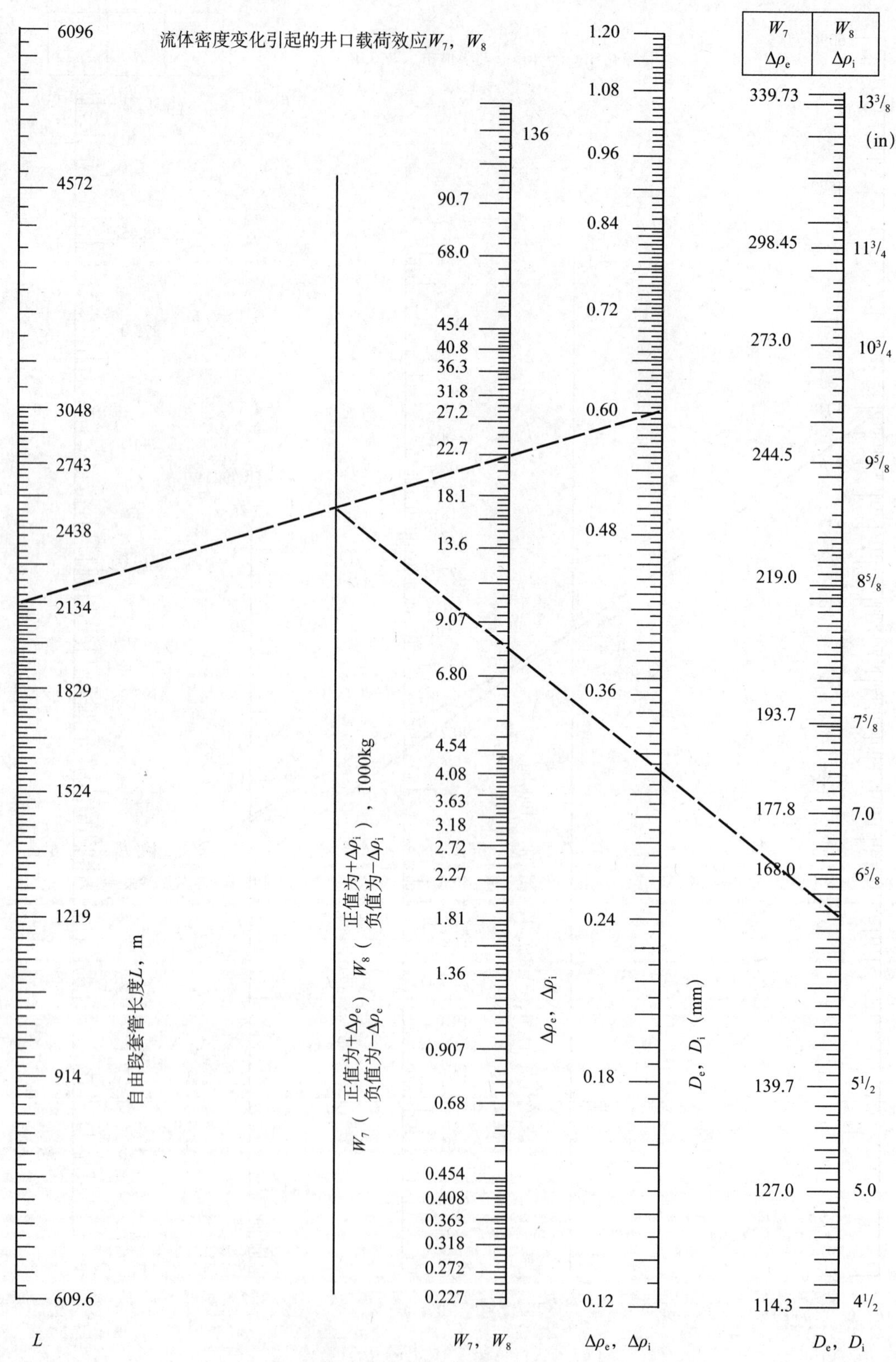

图 3-10-12 W_7、W_8 值计算图

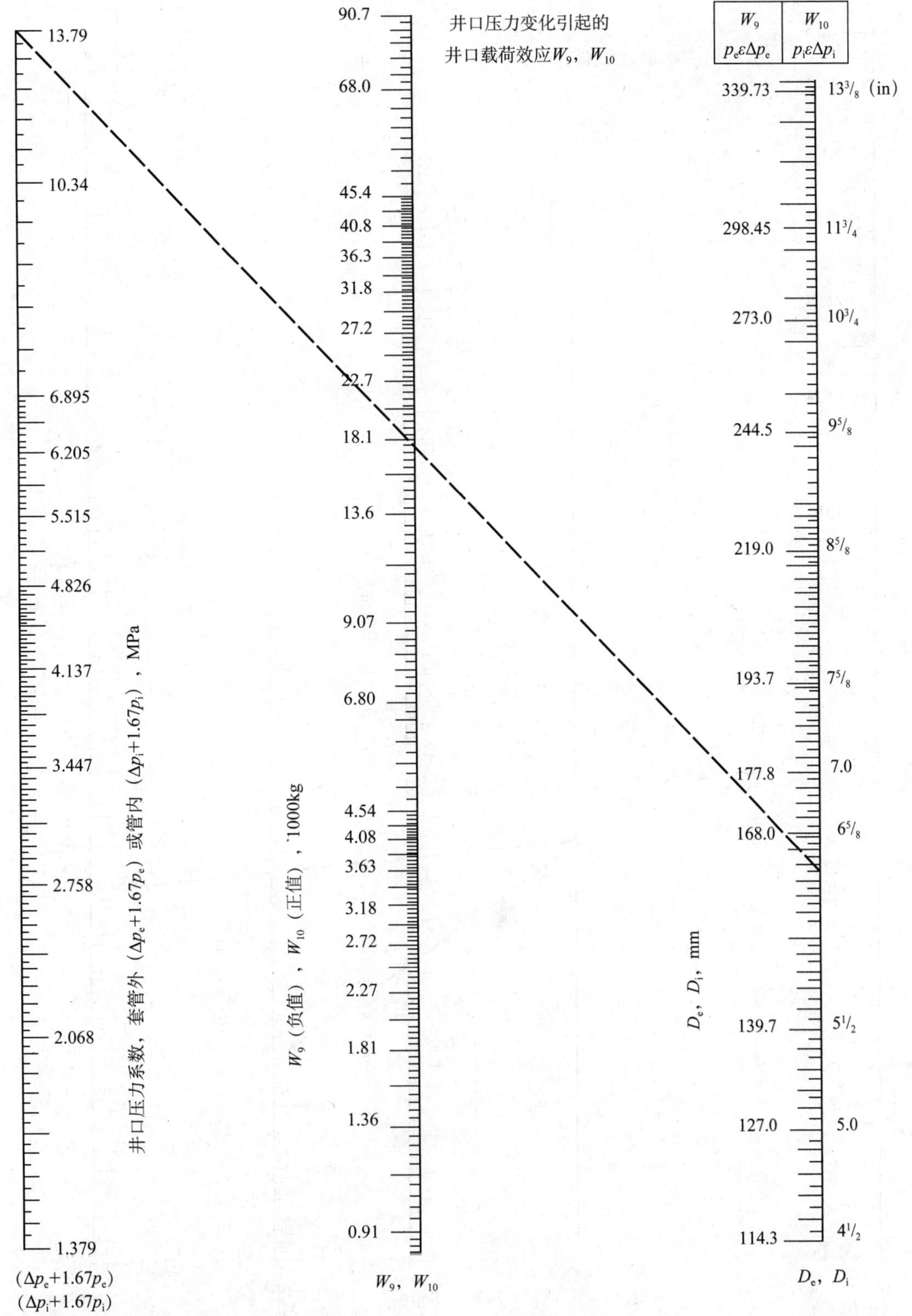

图 3-10-13　W_9、W_{10} 值计算图

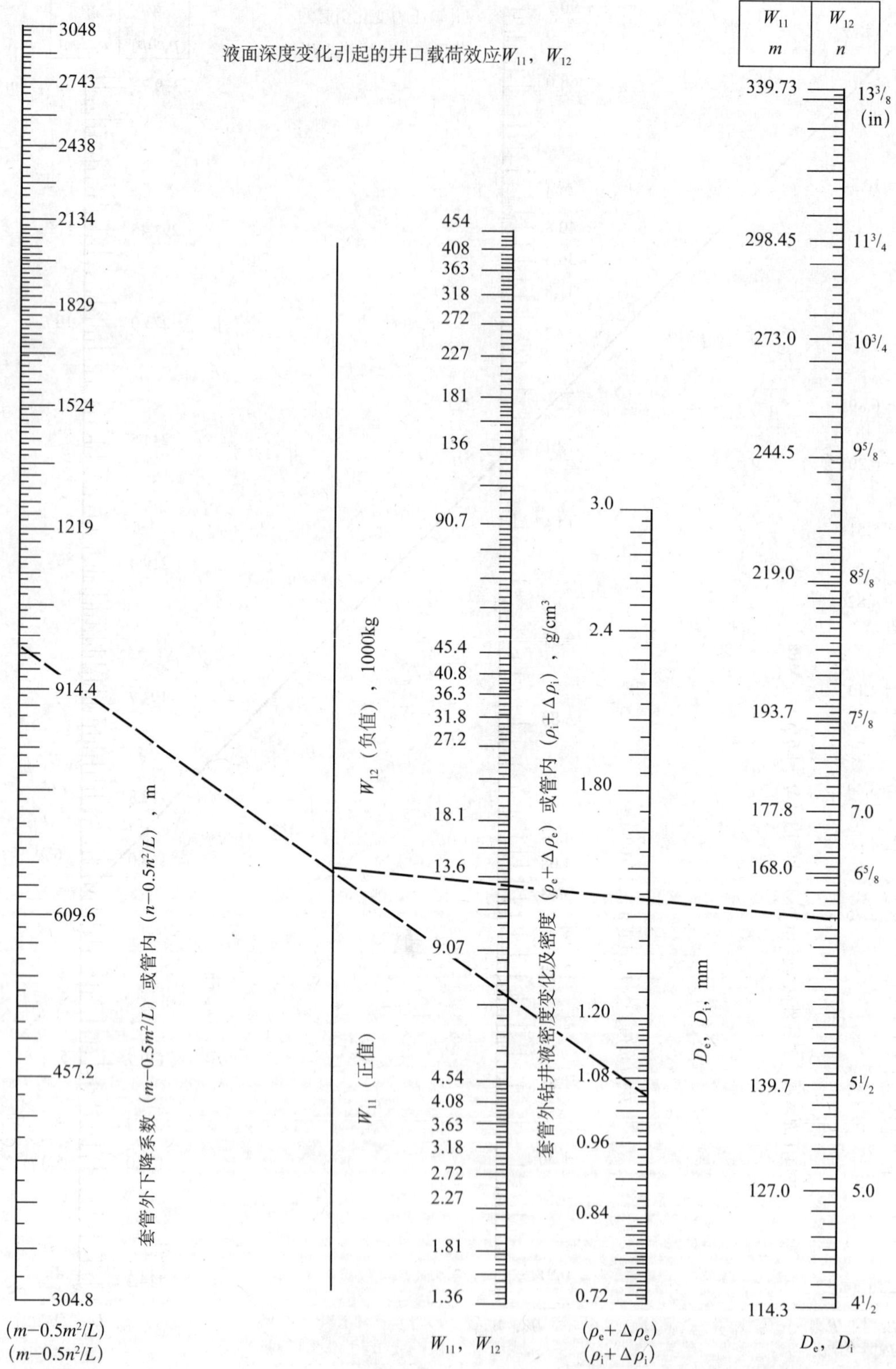

图 3-10-14 W_{11}、W_{12} 值计算图

附录　常用相关标准

一、中华人民共和国国家标准

（1）GB/T 8423—2008《石油钻采设备及专用管材词汇》

（2）GB/T 9253.2—1999《石油天然气工业套管、油管和管线管螺纹的加工、测量和检验》

（3）GB/T 17745—1999《石油天然气工业套管和油管的维护及使用》

（4）GB/T 18052—2000《套管、油管和管线管螺纹的测量和检验方法》

（5）GB/T 19830—2005《石油天然气工业油气井套管或油管用钢管》

（6）GB/T 20656—2006《石油天然气工业　新套管、油管和平端钻杆现场检验》

（7）GB/T 20657—2006《石油天然气工业　套管、油管、钻杆和管线管性能公式及计算》

（8）GB/T 20659—2006《石油天然气工业　铝合金钻杆》

（9）GB/T 20972.1—2007《石油天然气工业　油气开采中用于含硫化氢环境的材料　第1部分：选择抗裂纹材料的一般原则》

（10）GB/T 20972.2—2008《石油天然气工业　油气开采中用于含硫化氢环境的材料　第2部分：抗开裂碳钢、低合金钢和铸铁》

（11）GB/T 20972.3—2008《石油天然气工业　油气开采中用于含硫化氢环境的材料　第3部分：抗开裂耐蚀合金和其他合金》

（12）GB/T 21267—2007《石油天然气工业　套管及油管螺纹连接试验程序》

（13）GB/T 22512.2—2008《石油天然气工业　旋转钻井设备　第2部分：旋转台肩式螺纹连接的加工与测量》

（14）GB/T 23512—2009《石油天然气工业　套管、油管和管线管用螺纹脂的评价与试验》

（15）GB/T 23802—2009《石油天然气工业　套管、油管和接箍毛坯用耐腐蚀合金无缝管　交货技术条件》

二、中国石油天然气行业标准

（1）SY/T 5144—2007《钻铤》

（2）SY/T 5146—2006《整体加重钻杆》

（3）SY/T 5198—1996《钻具螺纹脂》

（4）SY/T 5199—1997《套管、油管和管线管用螺纹脂 》

（5）SY/T 5200—1997《钻柱转换接头》

（6）SY/T 5396—2000《石油套管现场检验与运输》

（7）SY/T 5412—2005《下套管作业规程》

（8）SY/T 5446—92《油井管无损检测方法　钻杆焊缝超声波探伤》

（9）SY/T 5447—92《油井管无损检测方法　超声测厚》

(10) SY/T 5448—92《油井管无损检测方法 钻具螺纹磁粉探伤》
(11) SY 5467—2007《套管柱试压规范》
(12) SY/T 5539—2000《油井管产品质量评价方法》
(13) SY/T 5561—2008《摩擦焊接钻杆》
(14) SY/T 5698—95《油井管公称尺寸》
(15) SY/T 5699—95《提升短节》
(16) SY/T 5724—2008《套管柱结构与强度设计》
(17) SY/T 5731—1995《套管柱井口悬挂载荷计算方法》
(18) SY/T 5824—93《钻杆分级检验方法》
(19) SY/T 5987—94《钻杆国外订货技术条件》
(20) SY/T 5988—94《油管转换接头》
(21) SY/T 5989—94《直焊缝套管国外订货技术条件》
(22) SY/T 5990—94《套管国外订货技术条件》
(23) SY/T 5991—94《套管、油管及输送钢管螺纹保护器》
(24) SY/T 6128—1995《油套管螺纹连接性能评价方法》
(25) SY/T 6194—2003《石油天然气工业油气井套管或油管用钢管》
(26) SY/T 6238.1—1996《油井管全尺寸试验方法套管挤毁试验》
(27) SY/T 6238.2—2002《油井管全尺寸试验方法油、套管螺纹上卸扣试验》
(28) SY/T 6268—2008《油套管选用推荐作法》
(29) SY/T 6288—2007《钻杆和钻铤选用作法》
(30) SY/T 6328—1997《石油天然气工业套管、油管、钻杆和管线管性能计算》
(31) SY/T 6417—2009《套管、油管和钻杆使用性能》
(32) SY/T 6418—1999《内压和弯曲复合作用下圆螺纹套管的连接性能》
(33) SY/T 6445—2000《石油管材常见缺陷术语》
(34) SY/T 6474—2000《新套管、油管和平端钻杆现场检验方法》
(35) SY/T 6478—2000《油管自催化镍—磷镀层技术条件》
(36) SY/T 6508—2000《油井管无损检测方法非铁磁体螺纹渗透探伤》
(37) SY/T 6509—2000《方钻杆》
(38) SY/T 6697—2007《钻杆管体》
(39) SY/T 6698—2007《油气井用连续管作业推荐作法》
(40) SY/T 6699—2007《管材缺欠超声波评价推荐作法》
(41) SY/T 6717—2008《油管和套管内涂层技术条件》
(42) SY/T 6719—2008《含缺陷钻杆适用性评价方法》
(43) SY/T 6762—2009《整体短钻杆》
(44) SY/T 6764—2009《钻柱构件螺纹超声波检测方法》
(45) SY/T 6765—2009《摩擦焊接加重钻杆》

三、API 标准

(1) API RP 5A3《套管、油管、管线管和钻柱构件用螺纹脂推荐作法》Recommended

Practice on Thread Compounds for Casing，Tubing，Line Pipe and Drill Stem Element， 第 3 版，2009 年 11 月发布。

等同采用 ISO 13678：2009《石油天然气工业 套管、油管、管线管和钻柱构件用螺纹脂的评价与试验》Petroleum and natural gas industries—Evaluation and testing of thread compounds for use with casing，tubing，line pipe and drill stem elements。

（2）API RP 5A5《新套管、油管和平端钻杆现场检验推荐作法》Field Inspection of New Casing，Tubing，and Plain-end Drill Pipe，第 7 版，2005 年 6 月发布。

等同采用 ISO 15463：2003《石油天然气工业 新套管、油管和平端钻杆现场检验》Petroleum and natural gas industries—Field inspection of new casing，tubing，and plain-end drill pipe。

（3）API Spec 5B《套管、油管和管线管螺纹的加工、测量和检验规范》Threading，Gauging，and Thread Inspection of Casing，Tubing，and Line Pipe Threads，第 15 版，2008 年 4 月发布，2008 年 10 月 1 日生效。

（4）API RP 5B1《套管、油管和管线管螺纹的加工、测量和检验推荐作法》（包括 2004 年 9 月补充件）Threading，Gauging，and Thread Inspection of Casing，Tubing，and Line Pipe Threads，第 5 版，1999 年 8 月发布。

（5）API RP 5C1《套管和油管的维护与使用推荐作法》Care and Use of Casing and Tubing，第 18 版，1999 年 5 月发布，2006 年 8 月再次确认。

（6）API TR 5C3《套管、油管及用作套管或油管的管线管公式和计算及套管和油管使用性能表技术报告》Technical Report on Equations and Calculations for Casing，Tubing，and Line Pipe used as Casing or Tubing；and Performance Properties Tables for Casing and Tubing，第 1 版，2008 年 12 月发布。

本版 API TR 5C3 代替 API Bul 5C2 and 5C3。等同采用 ISO 10400：2007《石油天然气工业 套管、油管、钻杆和管线管性能公式和计算》Petroleum and natural gas industries—Formulae and calculations for casing，tubing，drill pipe and line pipe properties。

（7）API RP 5C5《套管和油管连接试验程序推荐作法》Recommended Practice on Procedures for Testing Casing and Tubing Connections，第 3 版，2003 年 7 月发布。

等同采用 ISO 13679：2002《石油天然气工业 套管和油管连接试验程序》Petroleum and natural gas industries—Procedures for testing casing and tubing connections。

（8）API RP 5C7《油气井用挠性油管操作推荐作法》Coiled Tubing Operations in Oil and Gas Well Services，第 1 版，1996 年 12 月发布，2007 年 12 月 1 日再次确认。

（9）API Spec 5CRA《套管、油管和接箍毛坯用耐蚀合金无缝管》Specification for Corrosion Resistant Alloy Seamless Tubes for Use as Casing，Tubing and Coupling Stock，第 1 版，2010 年 2 月发布，2010 年 8 月 1 日生效。

本版 API Spec 5CRA 修改采用 ISO 13680：2008《石油天然气工业 套管、油管和接箍毛坯用耐蚀合金无缝管交货技术条件》Petroleum and natural gas industries-Corrosion-resistant alloy seamless tubes for use as casing，tubing and coupling stock-Technical delivery conditions。

（10）API Spec 5CT《套管和油管规范》Specification for Casing and Tubing，第 8 版，2005 年 7 月发布，2006 年 1 月 1 日生效。

等同采用 ISO 11960：2004《石油天然气工业 油气井套管或油管用钢管》（包括 2006 年 4 月勘误）Petroleum and natural gas industries—Steel pipes for use as casing or tubing for wells。

（11）API Spec 5DP《钻杆规范》Specification for Drill Pipe，第 1 版，2009 年 8 月发布，2010 年 8 月 1 日生效。

本标准以 API Spec 5D and API Spec 7 为基础，等同采用 ISO 11961：2008《石油天然气工业 钢质钻杆》Petroleum and natural gas industries-Steel drill pipe。

（12）API RP 5SI《购方代表在供方处的监督和 / 或检验推荐作法》Purchaser Representative Surveillance and /or Inspection at the Supplier，第 1 版，2006 年 1 月发布。

（13）API Std 5T1《缺欠术语》Standard on Imperfection Terminology（包含 2003 年 9 月补充件），第 10 版，2003 年 9 月发布。

（14）API 5TR SR22《增强抗泄漏长圆螺纹套管 SR22 补充要求技术报告》Technical Reportin SR22 Supplementary Requirements for Enhanced Leak Resistance LTC，第 1 版，2002 年 6 月发布。

包含增强抗泄漏 LTC（SR22）连接的补充要求和在 API Spec 5CT、API Std 5B、API 5B1 和 API RP 5C1 标准中生产检验这些连接有关的变化。经购方与制造商协商，SR22 补充要求应适用于按 API Spec 5CT 制造的连接。

（15）API RP 5UE《管子缺欠的超声评价推荐作法》Recommended Practice for Ultrasonic Evaluation of Pipe Imperfections，第 2 版，2005 年 6 月发布。

（16）Spec 7-1《旋转钻柱构件规范》Specification for Rotary Drill Stem Elements，第 1 版，2006 年 2 月发布，2006 年 9 月 1 日生效。

本版 API Spec7-1 修改采用 ISO 10424-1：2004《石油天然气工业 旋转钻井设备——第 1 部分：旋转钻柱构件》Petroleum and natural gas industries—Rotary drilling equipment—Part 1：Rotary drill stem elements（包括 2007 年 3 月补充 1 和 2009 年 8 月的补充 2）。

（17）Spec 7-2《旋转台肩式螺纹连接螺纹加工及测量规范》Specification for Threading and Gauging of Rotary Shouldered Thread Connections 第 1 版，2008 年 6 月发布，2008 年 12 月 1 日生效。

Spec7-2 代替原先包含在 Spec 7 中的螺纹加工和测量部分。本版 API Spec7-2 等同采用（有一些编辑性修改）ISO 10424-2：2007《石油天然气工业 旋转钻井设备——第 2 部分：旋转台肩式螺纹连接螺纹加工及测量》Petroleum and natural gas industries—Rotary drilling equipment—Part 2：Threading and gauging of rotary shouldered thread connections。

（18）API RP 7A1《旋转台肩连接用螺纹脂试验的推荐作法》Testing of Thread Compound for Rotary Shouldered Connections，第 1 版，1992 年 11 月发布，2005 年 3 月 1 日再次确认。

（19）API RP 7G《钻柱设计和操作极限推荐作法》Recommended Practice for Drill Stem Design and Operating Limits（包括 2000 年 5 月勘误件和 2003 年 11 月补充件），第 16 版，1998 年 8 月发布，1998 年 12 月 1 日生效。

（20）API RP 7G-2《钻柱构件检验推荐作法》Recommended Practice for Inspection of Drill Stem Elements，第 1 版，2009 年 8 月发布。

本版 API RP 7G–2 等同采用 ISO 10407–2：2008《石油天然气工业 旋转钻井设备——第 2 部分：钻柱构件的检验与分类》Petroleum and natural gas industries—Rotary drilling equipment—Part 2：inspection and classification of drill stem elements（包含 2009 年 10 月勘误）。

（21）API Spec 11B《抽油杆规范》Specification for Sucker Rods，第 26 版，1998 年 1 月发布，1998 年 7 月 1 日生效。

等同于 ISO 10428：1993 石油天然气工业——抽油杆（短节、光杆、接箍和变径接箍）Petroleum and natural gas industries——Sucker rods（pony rods，polished rod，couplings and sub–couplings）。

（22）API RP 11BR《抽油杆维护及操作推荐作法》Recommended Practice for Care and Handling of Sucker Rods，第 9 版，2008 年 8 月发布。

四、ISO 国际标准目录

（1）ISO/TR 10400（相关标准：API Bul 5C2 & 5C3）石油天然气工业——套管、油管、钻杆和管线管性能公式及计算（TC 67/SC5）-Formulae and calculations for casing，tubing，drill pipe and line pipe properties 第 1 版，2007 年 12 月发布。

（2）ISO 10405（相关标准：API RP 5C1）石油天然气工业——套管和油管的维护与使用（TC 67/SC5）-Care and use of casing and tubing 第 2 版，2000 年 3 月发布。

（3）ISO 10407–2 石油天然气工业——旋转钻采设备——第 2 部分：旧钻柱构件的检验和分级（TC 67/SC 4）-Rotary drilling equipment-Part 2：inspection and classification of drill stem elements 第 1 版，2008 年 10 月发布。

（4）ISO 10424–1（相关标准：API Spec 7–1）石油天然气工业——旋转钻井设备——第 1 部分：旋转钻柱构件（TC 67/SC 4）-Rotary drilling equipment-Part 1：Rotary drill stem elements 第 1 版，2007 年 12 月发布。

（5）ISO 10424–2（相关标准：API Spec 7–2）石油天然气工业——旋转钻井设备——第 2 部分：旋转台肩式螺纹连接的加工与测量（TC 67/SC 4）P&NGI-Rotary drilling equipment-Part 2：Threading and gauging of rotary shouldered thread connections 第 1 版，2007 年 11 月发布。

（6）ISO/DIS 11960（相关标准：API Spec 5CT）石油天然气工业——油气井套管或油管用钢管（TC 67/SC5）I-Steel pipes for use as casing or tubing for wells 第 4 版，2011 年 5 月发布。

（7）ISO 11961（相关标准：API Spec 5D，Spec 7+ISO 10424）石油天然气工业——钢制钻杆（TC 67/SC5）-Steel drill pipe 第 2 版，2008 年 11 月发布。

（8）ISO/PWI 12835 热采井用套管连接的鉴定（TC 67/SC5）Qualification of casing connections for thermal wells PWI（2008 年 6 月）。

（9）ISO 13678（相关标准：API RP 5A3）石油天然气工业——套管、油管、管线管和钻柱构件用螺纹脂的评价与试验（TC 67/SC5）P&NGI-Evaluation and testing of thread compound for use with casing，tubing，line pipe and drill stem elements 第 2 版，2009 年 5 月发布。

（10）ISO/DIS 13679（相关标准：API RP 5C5）石油天然气工业——套管和油管连接

试验程序（TC 67/SC5）-Procedures for testing casing and tubing connections DIS（2009 年 10 月），DIS2（2010 年 9 月），FDIS（2011 年 5 月），IS（2011 年 8 月）。

（11）ISO 13680（相关标准：API RP 5CRA）石油天然气工业——套管、油管和接箍毛坯用耐腐蚀合金无缝管交货技术条件（TC 67/SC5）-Corrosion resistant alloy seamless tubes for use as casing，tubing and coupling stock-Technical delivery conditions 第 2 版，2008 年 10 月发布。

（12）ISO 15463（相关标准：API RP 5A5）石油天然气工业——新套管、油管和平端钻杆的现场检验（TC 67/SC5）－Fiel dinspection of new casing，tubing and plain end drill pipe 第 1 版，2003 年 12 月发布。

（13）ISO TR 15464（相关标准：API RP 5B1）石油天然气工业——套管、油管和管线管螺纹的测量和检验推荐作法（TC 67/SC5）-Gauging and inspection of casing，tubing and line pipe threads TR（2011 年 6 月）。

（14）ISO 15546 石油天然气工业——铝合金钻杆（TC 67/WG5）-Aluminium alloy drill pipe 第 2 版，2007 年 5 月发布。

第四章　固井与完井

第一节　油 井 水 泥

一、油井水泥定义与分类

1. 油井水泥定义

凡将石灰质物质与黏土质物质或其他含氧化硅、氧化铝及氧化铁的物质均匀混合，在烧结温度下煅烧，并将所得的熟料与石膏粉磨制得的产品称为波特兰水泥，即硅酸盐水泥。

油井水泥是应用于油气田各种钻井条件下进行固井、修井、挤注等用途的硅酸盐水泥和非硅酸盐水泥的总称，包括掺有各种外掺料或外加剂的改性水泥，后者有时被称为特种油井水泥。

通常所指的油井水泥是包括API各级波特兰油井水泥的基本油井水泥，其他如触变水泥、膨胀水泥、抗腐蚀水泥等称作特种油井水泥。

2. 我国油井水泥分类

由于油井水泥要求在温度、压力变化范围很大条件下使用，API规范10A《油井水泥材料和实验规范》中提出八个级别的分类，即A、B、C、D、E、F、G和H共八个级别。中华人民共和国国家标准GB 10238—2005《油井水泥》把油井水泥也按上述分为八个级别，并可分为普通型（O）、中抗硫酸盐型（MSR）和高抗硫酸盐型（HSR）三类。

近年来，国内外基础水泥已有了很大的发展，其发展趋势是水泥品种越来越多，到1999年为止，已发展到13类，分别为波特兰水泥、高铝水泥、市售低密度水泥、市售膨胀水泥、微细水泥、微细波特兰水泥和微细高炉矿渣混合物、高细度水泥、高炉矿渣BFS、微细高炉矿渣、波特兰水泥和高炉矿渣的混合物、可存贮的液体水泥、酸溶性水泥、合成树脂水泥。

二、油井水泥的生产工艺

油井水泥的生产工艺与普通硅酸盐水泥相同，但在某些生产环节上，必须满足油井水泥生产的基本要求。生产中所使用的原材料中，要求石灰石的氧化钙含量要高，黏土中的钾、钠含量要低，出磨生料应入均化库均化，以保证入窑生料的成分符合规定要求；煅烧熟料时，要严格控制熟料的所占比重和游离氧化钙的含量，必须达到规定的控制指标；出磨水泥入库后，应进行充分的均化，以保证出厂的产品质量全部符合标准规定的技术要求。

油井水泥的生产工艺流程可分为：原料混配—粉磨—煅烧—冷却—熟料研磨五个单元。

目前世界上生产油井水泥主要采用回转窑进行，它的窑筒体呈卧置（略带斜度1.5%～4%），并能作回转运动，称为回转窑（也称旋窑）。

按生料制备的方法可分为干法生产和湿法生产，与生产方法相适应的回转窑分为干法回转窑和湿法回转窑两类。

湿法回转窑的主要优点是各原料之间混合好，易磨、生料成分均匀，使烧成的熟料质量高。缺点是单位熟料的能耗高，工厂占地面积大。

自 20 世纪 70 年代预分解技术投入实际应用以来，以“预分解技术”为主要代表的干法水泥生产技术得到了广泛的推广应用。其生产流程如图 4-1-1 所示。

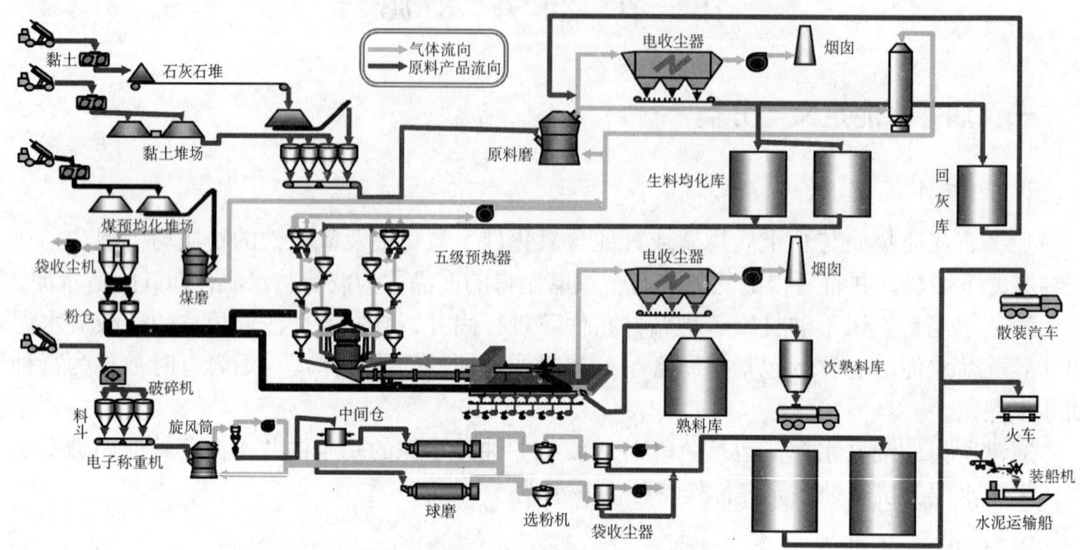

图 4-1-1　干法水泥生产流程

三、油井水泥水化硬化过程

水泥与水拌和后发生的物理化学反应，称为水泥的水化反应。水化反应初期浆体具有可塑性和流动性，随着水化反应的不断进行，浆体逐渐失去流动能力，转变为具有一定强度的固体，这一过程称为水泥的凝结和硬化过程。

1. 水泥的水化反应

水泥与水接触后，水泥的各组分立即与水发生化学反应，形成过饱和的不稳定溶液，并逐渐反应产生固相。下面介绍水泥中四种主要矿物组分的水化反应、水化产物、水泥的总体水化及温度对水化过程的影响。

1）硅酸盐水化

硅酸盐矿物包括硅酸三钙 C_3S 和硅酸二钙 C_2S，在油井水泥中硅酸盐含量通常占 70% 以上，其中主要成分为 C_3S，在理想条件下，这两种矿物的水化产物都是水化硅酸钙和氢氧化钙：

$$3CaO \cdot SiO_2 + nH_2O = xCaO \cdot SiO_2 \cdot yH_2O + (3-x)\ Ca(OH)_2 \qquad (4-1-1)$$

$$2CaO \cdot SiO_2 + mH_2O = xCaO \cdot SiO_2 \cdot yH_2O + (2-x)\ Ca(OH)_2 \qquad (4-1-2)$$

由于 C_3S 比 C_2S 水化速度快，所以 C_3S 对水泥初凝及早期强度的形成起主要作用，而

C_2S 对后期强度起主要作用。

C_2S 水化机理大体上与 C_3S 相似，这里只以 C_3S 的水化作用为例。由于 C_3S 水化是放热的过程，所以用热量来检测水化速度。图 4-1-2 是 C_3S 的水化放热曲线，划出五个水化阶段：Ⅰ－诱导前期；Ⅱ－诱导期；Ⅲ－加速期；Ⅳ－减速期；Ⅴ－稳定期。

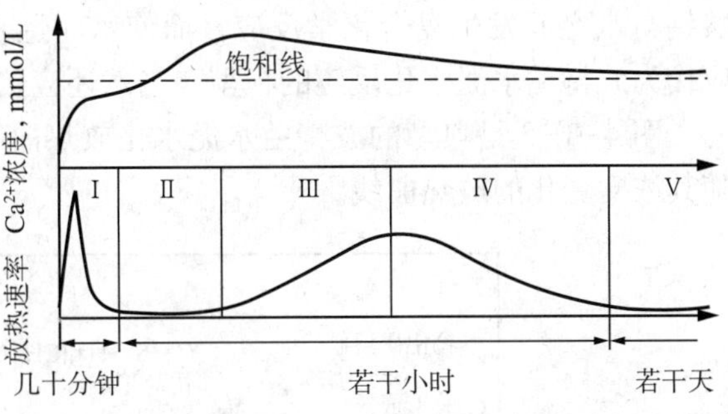

图 4-1-2 C_3S 水化放热速度和 Ca^{2+} 浓度变化曲线

诱导前期：与水混合后立即发生急剧反应，但时间很短。在大量的水化热生成同时，C_3S 表面会形成一层 C-S-H 凝胶水化层，阻止了水化反应的进一步发展。

诱导期：放热速度显著下降，是浆体能在几小时内保持塑性的原因。当溶液中 Ca^{2+} 和 OH^- 浓度达到临界饱和度时，开始析出氢氧化钙。该阶段结束时，仅有少量 C_3S 发生水化。

加速期：水化反应重新加快，反应速率随时间增长，出现第二个放热峰，当到达峰顶时加速期结束，宏观上硬化开始。

减速期：反应速率随时间下降，水化作用逐渐受扩散速率的控制。

稳定期：反应速率很低且基本稳定，水化作用完全受扩散速率控制。

2）铝酸盐水化

铝酸盐包括铝酸三钙 C_3A 和铁铝酸四钙 C_4AF，二者的水化作用相似，因此可用 C_3A 的水化作用代表铝酸盐的水化特征。与 C_3S 一样，C_3A 水化反应的第一步也是在固体和水之间的界面上进行的。虽然 C_3A 在不同的水化条件下其水化产物不同，但 C_3A 的水化反应可以用总的水化反应式表示：

$$2C_3A+27H \rightarrow C_2AH_8+C_4AH_{19} \quad (4\text{-}1\text{-}3)$$

上式中的水化产物是不稳定的六角形晶体，最终转变成稳定的正方体晶体 C_3AH_6，在一定条件下，该反应要持续几天。

$$C_2AH_8+C_4AH_{19} \rightarrow 2C_3AH_6+15H \quad (4\text{-}1\text{-}4)$$

水化铝酸钙是定形体，它的表面并不形成保护层，很快就达到完全水化。如果不加以控制，将对水泥浆流变性产生严重影响。在熟料中加入 3% ~ 5% 石膏，正是为了控制铝酸钙水化。石膏与水接触后，它们立即与铝酸钙反应，生成钙矾石，其可用以下化学反应式表示：

$$C_3A+3CS\cdot 2H+26H \rightarrow C_3A\cdot 3CS\cdot 32H \quad (4\text{-}1\text{-}5)$$

钙矾石以针状晶体形式沉淀在 C_3A 表面上，减缓了水化速率，产生了“诱导阶段”。在该阶段，石膏逐渐减少，钙矾石继续沉淀。当石膏耗尽时，C_3A 水化延缓期结束，开始快速水化。SO_4^{2-} 浓度迅速降低。钙矾石变得不稳定，而转变成片状硫铝酸钙水合物：

$$C_3A\cdot 3CS\cdot 32H+2C_3A+4H \rightarrow 3C_3A\cdot CS\cdot 12H \quad (4\text{-}1\text{-}6)$$

3）油井水泥的水化

油井水泥的水化理论与波特兰水泥的水化类似，实质上也是水泥熟料中矿物组分和硫酸钙与水之间发生复合化学反应，而使水泥逐步稠化和硬化。通常，人们用 C_3S 的水化反应作为波特兰水泥水化反应的模型，当然还应包括其他成分的水化反应。

图 4-1-3 是典型的波特兰水泥水化放热曲线，该曲线也可以粗略地认为是 C_3S 和 C_3A 随其浓度变化的放热曲线。

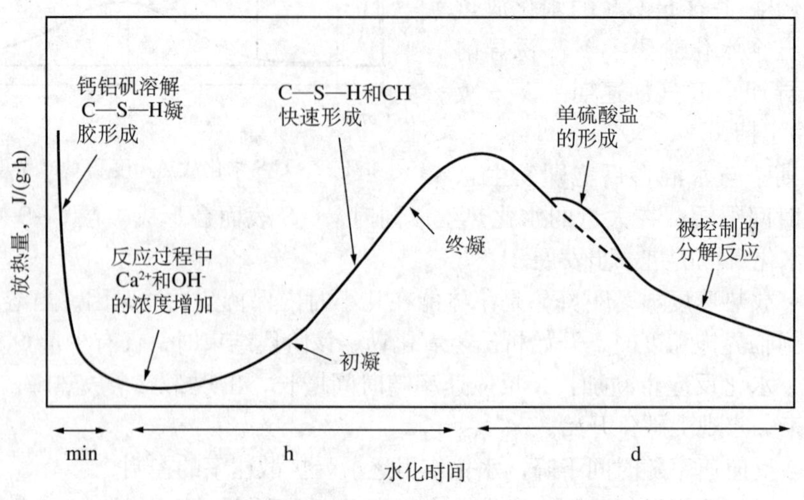

图 4-1-3　波特兰水泥水化放热曲线

4）温度对水泥水化作用的影响

温度主要影响水泥的水化速度、水化物性质、稳定性和形态等。图 4-1-4 为温度对波特兰 G 级水泥水化性能的影响，提高温度能够增加水泥的水化速度。

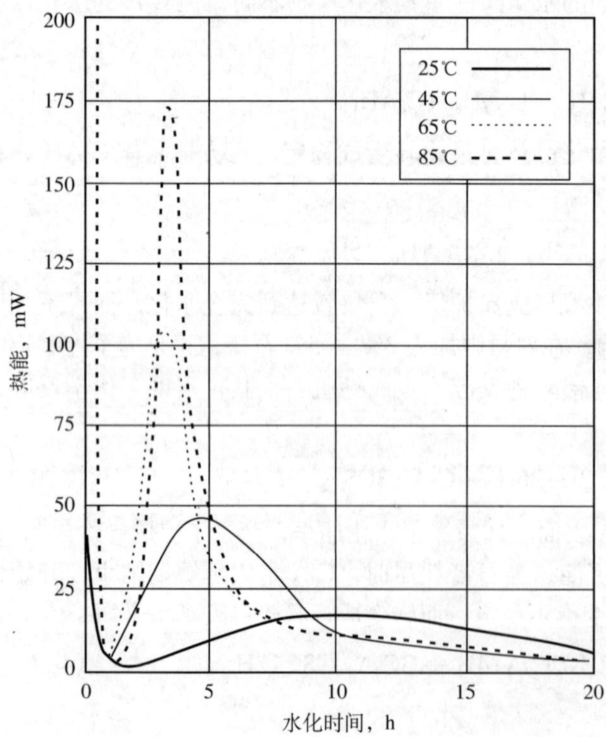

图 4-1-4　温度对波特兰 G 级水泥水化性能的影响

2. 水泥的凝结硬化

从整体来看，凝结与硬化是同一过程中的不同阶段，凝结标志水泥浆失去流动性而具有一定塑性强度。硬化则表示水泥浆固化后所建立的结构具有一定的机械强度。

1）凝结硬化阶段

洛赫尔（F. W. LOCher）等人从水化产物形成及其发展的角度，提出整个硬化过程可分为三个阶段。概括地表明了各主要水化产物的生成情况，也有助于形象地了解浆体结构的形成过程。

第一阶段：胶溶期，由于水化产物尺寸细小，数量又少，不足以在颗粒间架桥相联，网状结构未能形成，水泥浆呈塑性状态。

第二阶段：凝结期，由于钙矾石晶体的长大以及C–S–H的大量生成，产生强（结晶的）、弱（凝聚的）不等的接触点，将各颗粒初步连接成网，从而使水泥浆凝结。

第三阶段：硬化期，随着水化的进行，C–S–H、$Ca(OH)_2$、$C_4(A，F)H_{13}$、$C_3A \cdot C\overline{S} \cdot 12H$等水化产物的数量不断增加，结构更趋致密，强度相应提高。

2）凝固水泥的体积变化

油井水泥与水发生反应后，其体积比水泥加上水的总体积小。因为水化产物的密度比反应物的密度大，所以体积减小。

四、油井水泥评价试验

固井施工作业的主要原料是油井水泥，油井水泥的质量直接关系到固井质量。因此，油井水泥在使用之前必须依据国家标准GB 10238—2005《油井水泥》进行质量检验，检验合格的油井水泥方能上井使用。

1. 取样

为确保水泥试验的代表性，首先要确保取得准确样品，应采用现有的最佳取样技术。无论从散装罐、运输工具或袋中取样，水泥都应干燥和均匀。应使用合适的取样器，在多个单元抽取样品，样品应进行混合、包装并贴上标签，样品量应满足试验的需要，取样方法应按《水泥取样方法》进行。

样品到达试验地点后，应仔细检查，确保样品在运输过程中已保持密封状态并未受污染。在制备水泥浆之前，每个样品都应混合均匀。

为便于贮存，每个样品都应转移到合适的防漏容器内（如果运输过程中未使用这种容器的话），贴上正确的标识并注明日期，放在干燥、室温比较恒定的地方贮存。试验时应检查每个样品的质量，并在制备水泥浆之前将样品混合均匀。

2. 水泥化学分析

依据GB/T 176—2008《水泥化学分析方法》对油井水泥主要成分进行分析，主要包括油井水泥烧失量、不溶物、三氧化硫、二氧化硅、三氧化二铁、三氧化二铝和氧化钙的测定方法以及X射线荧光光谱分析。

1）烧失量的测定——灼烧差减法

方法提要：试样在950±25℃的高温炉中灼烧，驱除二氧化碳和水分，同时将存在的易氧化的元素氧化。通常矿渣硅酸盐水泥应对由硫化物的氧化引起的烧失量的误差进行校正，而其他元素的氧化引起的误差一般可忽略不计。

2）不溶物的测定——盐酸—氢氧化钠处理

方法提要：试样先以盐酸溶液处理，尽量避免可溶性二氧化硅的析出，滤出的不溶渣再以氢氧化钠溶液处理，进一步溶解可能已沉淀的过量二氧化硅，以盐酸中和、过滤后，残渣经灼烧后称量。

3）三氧化硫的测定——硫酸钡重量法（基准法）

方法提要：在酸性溶液中，用氯化钡溶液沉淀硫酸盐，经过滤灼烧后，以硫酸钡形式称量。测定结果以三氧化硫计。

4）二氧化硅的测定——氯化铵重量法（基准法）

方法提要：试样以无水碳酸钠烧结，盐酸溶解，加入固体氯化铵于蒸汽水浴上加热蒸发，使硅酸凝聚，经过滤灼烧后称量。用氢氟酸处理后，失去的质量即为胶凝性二氧化硅含量，加上从滤液中比色回收的可溶性二氧化硅含量即为总二氧化硅含量。

5）三氧化二铁的测定——EDTA 直接滴定法（基准法）

方法提要：在 pH=1.8 ~ 2.0、温度为 60 ~ 70℃的溶液中，以磺基水杨酸钠为指示剂，用 EDTA 标准滴定溶液滴定。

6）三氧化二铝的测定——EDTA 直接滴定法（基准法）

方法提要：将滴定铁后的溶液的 pH 值调节至 3.0，在煮沸下以 EDTA－铜和 PAN 为指示剂，用 EDTA 标准滴定溶液滴定。

7）氧化钙的测定——EDTA 滴定法（基准法）

方法提要：在 pH 大于 13 的强碱性溶液中，以三乙醇胺为掩蔽剂，用钙黄绿素—甲基百里香酚蓝—酚酞混合指示剂（简称 CMP 混合指示剂），用 EDTA 标准滴定溶液滴定。

8）X 射线荧光分析方法

方法提要：当试样中化学元素受到电子、质子、粒子和离子等加速粒子的激发或受到 X 射线管、放射性同位素源等发出的高能辐射的激发时，可放射特征 X 射线，称之为元素的荧光 X 射线。当激发条件确定后，均匀样品中某元素的荧光 X 射线强度与样品中该元素质量分数的关系如下：

$$I_i = \frac{Q_i C_i}{\mu_s} \tag{4-1-7}$$

式中 I_i——待测元素的荧光 X 射线强度；

Q_i——比例常数；

C_i——待测元素的质量分数；

μ_s——样品的质量吸收系数。

3. 水泥浆的细度测定方法

本方法主要根据一定量的空气通过具有一定空隙率和固定厚度的水泥层时，所受阻力不同而引起流速的变化来测定水泥的比表面积（细度）。在一定空隙率的水泥层中，孔隙的大小和数量是颗粒尺寸的函数，同时也决定了通过料层的气流速度。

4. 水泥浆制备方法

使用的仪器必须符合国家标准 GB 10238《油井水泥》要求。步骤为：

（1）过筛。制备水泥浆之前，应将水泥过筛。

（2）水和水泥温度。搅拌前 60s 内，搅拌器内混合水的温度应为 23±1℃，水泥温度应为 23±1℃。

（3）混合水。试验应用蒸馏水或去离子水，混合水应放入 1 个干净、干燥的搅拌浆杯内直接称量。不应再补加水来弥补蒸发、润湿等所损失的水。

（4）混合量。应按水泥浆的组分含量进行试验。由水泥浆组成可算出与其一致的混合水质量分数（以干水泥质量为基准）。

（5）水泥与水的混合。将装有所需质量的混合水的搅拌杯置于搅拌器的底座上，启动电动机，保持4000±200r/min转速，同时将水泥样品在15s内均匀加入。所有水泥加入混合水后，盖上搅拌杯盖，继续以12000±500r/min的转速搅拌35±1s。

5. 水泥浆密度测定

使用加压液体密度计测定水泥浆密度，此仪器必须符合国家标准GB 10238《油井水泥》要求。方法为：

（1）将水泥浆注入样品杯中，注入高度应略微低于样品杯上缘（约6mm）。

（2）将杯盖放在样品杯上，杯盖上的单向阀处于向下（开启）位置。把杯盖向下推入杯口，直到杯盖外圈与样品杯上缘表面接触为止。多余的水泥浆必须通过单向阀排出（注：水泥浆可能用力喷出）。样品杯盖好以后，将单向阀向上拉到关闭位置，用水冲洗样品杯和螺纹，然后将带螺纹的盖帽拧在样品杯上。

（3）加压泵的操作类似于注射器的操作。将加压泵总成的前端浸没在水泥浆中，活塞杆完全进入泵筒内，以便将水泥浆注入加压泵。然后向上拉活塞杆，水泥浆便进入加压泵筒内。

（4）将加压泵的前端推到与单向阀配套的“O”形圈表面上。在加压泵套筒上维持一个向下的力，使单向阀处于向下（开启）位置，同时向里压活塞杆，从而给样品杯施加压力。在活塞杆上应保持约220N或更大的力。

（5）杯盖上的单向阀是通过压力来驱动的，即样品杯中的压力使单向阀关闭。在活塞杆上加压的同时，逐渐提起加压泵套筒，单向阀便开始关闭。单向阀一经关闭，就释放活塞杆上的压力，然后取下加压泵。

（6）样品杯外壳应洗净、擦干，然后应将密度计放在支架刀刃上，左右移动游码直到游梁平衡为止。当游梁上的气泡处在两个刻线之间的中心位置时，游梁即达到平衡。读出游码箭头一侧四个标定刻度中的任意一个读数，即得出水泥浆的密度。

（7）向下压单向阀释放样品杯中的压力。这一操作是通过重新连接加压泵总成，并向下推加压泵套筒来完成的。

（8）将样品杯和加压泵总成中的水泥浆倒掉，所有部件均应彻底清洗干净。

为了便于操作，单向阀、杯盖和加压泵筒应涂一薄层润滑脂。

6. 游离液（游离水）测定方法

使用的仪器必须符合国家标准GB 10238《油井水泥》要求。试验步骤为：

（1）制备水泥浆。

（2）将水泥浆注入洁净、干燥的稠化仪浆杯内至同一水平面（浆杯内刻度指示槽）。

（3）根据制定的操作说明装好浆杯和相关部件，将其放入稠化仪。从完成制浆到开动稠化仪的时间间隔不超过1min。

（4）在液浴的温度恒定在27±1.7℃的条件下，在稠化仪内搅拌水泥浆20min±30s。

（5）在1min内将790±5g的H级水泥浆，或760±5g的G级水泥浆直接转移至洁净、干燥的500mL锥形瓶内。记下实际移入的体积。用橡胶片（塞）密封锥形瓶。

（6）将装有水泥浆的锥形瓶放在水平且无振动的台面上。锥形瓶的环境温度应为22.8±2.8℃。测定环境温度的温度测量元件应满足要求。

（7）静置2h±5min后将上层析出的清液用移液管或注射器移出。测量和记录析出清液的体积（准确到 ±0.1mL），并将此计数作为游离液的毫升数。

（8）将游离液的毫升数换算成占原体积（约 400mL，取决于原水泥浆的质量）的百分数，以此值作为游离液的含量（%）。

（9）游离液含量（%）的计算公式为：

$$FF = \frac{V_{FF} \cdot \rho}{m_s} \times 100\% \tag{4-1-8}$$

式中 FF——水泥浆中游离液的含量，%；

V_{FF}——游离液的体积，mL；

m_s——初始的水泥浆质量，g；

ρ——水泥浆的密度，g/cm^3。

7. 初始稠度和稠化时间测定方法

所用仪器为高温高压稠化仪，此仪器必须符合国家标准 GB 10238《油井水泥》要求。试验步骤为：

（1）组装浆杯和灌注水泥浆，步骤如下：

①清洗并润湿浆杯螺钉。

②检查橡胶隔膜。

③组装浆杯叶轴总成，并装入浆杯中。

④确保浆杯叶轮自由旋转。

⑤将水泥浆杯组合倒置，并将水泥浆灌入浆杯离顶部 6.4mm 处。

⑥当浆杯灌满时，用手敲打浆杯外壁以除去夹带的空气。

⑦拧紧浆杯底盖并确保水泥浆从中心溢出。

⑧拧紧中心塞。

⑨把浆杯外面的水泥浆擦拭干净。

⑩重新检查浆杯叶轴确保平稳转动。将浆杯总成装入加压稠化仪。

（2）温度与压力控制。在试验期间，根据合适的油井模拟试验方案对浆杯中的水泥浆升温加压。水泥浆的温度用水泥浆杯中的 J 型热电偶测量。热电偶应位于浆杯中心的位置且与浆杯叶轴垂直。由于稠化仪有很多不同的型号，必须保证热电偶与稠化仪相配套。

（3）记录稠化时间。记录从开始升温加压到水泥浆稠度达到 100Bc 所经过的时间。应记录 15 ~ 30min 内水泥浆的最大稠度，此数值为水泥浆的初始稠度。

8. 水泥浆流变性能测定方法

使用仪器有旋转黏度计、计时器、温度计或热电偶。使用的仪器应符合 GB/T 19139《油井水泥试验方法》要求。流变性能测定步骤为：

（1）将制备好的水泥浆立即倒入常压稠化仪的浆杯中，对于常压稠化仪要预先加热到所要求的实验温度 ±2℃，然后将水泥浆搅拌 20min；对于加压稠化仪，按照试验温度对应的稠化时间方案将水泥浆加热到所需要的试验温度，然后停止加热，将水泥浆尽快冷却到 85℃或试验温度（如果试验温度低于 85℃）。卸掉稠化仪的压力，然后安全地打开加压稠化仪。在搅拌水泥浆期间，油可能侵入加压稠化仪浆杯，应将这些油从水泥浆顶部吸走。

（2）将油吸走后，移去浆杯叶轴，用搅拌棒用力搅拌水泥浆 5s，确保水泥浆均匀。

（3）将水泥浆立即倒入黏度计浆杯中至刻度线处。在试验期间，黏度计浆杯、外筒和内筒都应保持在试验温度 ±2℃之间。

（4）打开旋转黏度计电动机，使外筒以最低的转速旋转，并向上移动预热浆杯，使浆杯的水泥浆液面与外筒的刻度线重合。

（5）在第一次测量之前，应记录黏度计浆杯中水泥浆的温度。在黏度计以最低转速连续旋转 10s 后测量和记录刻度盘的读数，然后按转速增加顺序，测量各转速下刻度盘的读值；再按转速降低的顺序，测量各转速下的刻度盘的读值。取同一转速下所测两组数值的平均值，作为每次测量得结果。改变转速测量时，需在外筒连续旋转 10s 时，才能测出刻度盘读数。

（6）测量水泥浆流变性能时，必须重复 3 次，误差为 ±1 格。取 3 次测量的平均值作为计算水泥浆流变参数的基本数据。

9. 抗压强度测定方法

使用的仪器符合国家标准 GB 10238《油井水泥》要求。试验步骤为：

（1）试模制备。在试模内表面和盖板、底板和接触面涂一层脱模剂。组装好的试模应不渗水，注意在试模内表面应确保没有多余的密封油脂。

（2）水泥浆制备与装模。将水泥浆倒入已装好试模深度的 1/2（一半）处。在所有试模都倒入水泥浆后，用捣棒均匀地捣拌 27 次。然后搅拌浆杯中剩余的水泥浆以防沉淀，并倒满每一试模。按上述方法，再分别搅拌 30 次。每一试模用水泥浆充满后，在试模上盖上盖板。渗漏的水泥浆样品应剔除。

（3）常压养护。在试模装好后，立即放入所需养护温度的水浴中。试模应放在水浴中距水浴底部有一定距离的带孔的隔板上，以便在养护期间水能够在样品周围循环。在试验龄期到达前大约 45min，从水浴中取出试模并拆卸。将试块立即放入水温 27±3℃的水浴中，直到抗压强度测试。

（4）加压养护。试模装好并盖上顶盖后，立即放入试验要求的初始温度 27±3℃的加压养护釜中。按试验方案加热和升压养护水泥试样。

对于养护温度等于或低于 90℃的试样，养护温度和压力保持到试样破型前 45min；对于养护温度高于 90℃的试样，在试样破型前 45min 停止加热并将试样冷却到 90℃或 90℃以下。在冷却过程中，应保持养护釜内试验压力。在破型试样前 45min，逐渐释放压力，从养护釜中取出试模，然后立即拆卸，将试样放入 27±3℃的水浴中，直到抗压强度测试。

（5）试验龄期。试验龄期是从试样放入养护釜中受温度作用到进行抗压强度测试所消耗的时间。

（6）抗压强度测试：

①对于强度大于 3.5MPa 的试样，使用抗压强度试验机加载速率为 71.7±7.2kN/min。对于强度为 3.5MPa 或低于 3.5MPa 的试样，加载速率应为 17.9±1.8 kN/min。在试样受压期间至破型前，不得调整试验机的控制器。

②抗压强度等于破型需要的力除以与压力机加载盘接触的最小横截面积。计算受压面积时试样的尺寸应准确至 ±1.6mm，求出同一试样同一时间测试的所有合格试样的平均值。将试验结果精确到 0.1MPa，并记录其结果和试验方案。

10. 水泥石渗透率测定方法

使用仪器应符合 GB/T 19139《油井水泥试验方法》要求。

1）样品制备

（1）水泥浆：

①试模样品。制备水泥浆，然后将水泥浆倒入放在平板上的干净、无油脂的水泥石渗透仪试模中。试模外部涂一层薄油脂密封。再用捣棒捣拌水泥浆 27 次，用刮刀或直尺刮平。小心地在试模上盖上盖板，以防水泥浆夹带气泡。按抗压强度试验中介绍的养护方法养护试模中的水泥浆。

②岩心样品。制备水泥浆，然后将水泥浆倒入抗压强度试验的试模中养护水泥浆。

（2）水泥石：

①试模样品。按试验条件养护水泥浆后，从养护釜或水浴中取出装有水泥石样品的试模。去掉盖板，将水泥石放在水中冷却到室温。试验之前，应将水泥石放在水流下清洗以除去杂物。用软金属丝刷、砂布或刮刀清除杂物。

②岩心样品。按试验条件养护水泥浆后，从养护釜或水浴中取出装有水泥石样品的试模，去掉盖板，将水泥石放在水中冷却到室温，并从试模中取出水泥试块。将水泥试块做成岩心。

2）油井水泥石液体渗透率试验

试验使用仪器采用水泥石渗透仪（图 4−1−5）。试验之前，用水浸透样品。试验前应一直将样品浸泡在水中，将装有水泥石的试模大面朝下密封在夹持器中，拧紧夹具确保“O”形密封圈密封在水泥石样品的上、下面。为防止水中和样品下面聚集空气，试验应按下面推荐的步骤进行：

（1）在系统中装入汞，关闭阀 A，打开 B、C 和 D，将装有新煮沸的、不含空气的过滤蒸馏水（用 0.15μm 陶瓷过滤器）的吸气瓶与阀 C 连接，并向内注水直到水从阀 D 溢出。

（2）关闭阀 B、C 和 D，打开阀 A。观察压力表 G，调节压力调节器，以使水泥试样通过，所需的压差通常为 100 ～ 1400kPa。

（3）将吸气瓶连接到阀 E 上。

（4）吸气瓶比阀 E 高 305 ～ 610mm。当夹持器拧紧到位后，稍稍打开阀 D 和阀 E，使小水流通过装有水泥石样品的试模。

（5）关闭阀 E 并完全打开阀 D。

（6）连接吸气瓶到阀 F 上，稍微打开阀 F，让水流过试样顶部并上升到量筒上，以获得参考起点。

（7）水流通过水泥石样品的时间至少为 15min，或 1mL 水通过试样进入量筒。试验期间水流流速和压差至少应测量 2 次。

3）岩心液体渗透率试验补充方法

试验用仪器采用岩心渗透仪（图 4−1−6）。试验之前，用水浸透样品。试验前应一直将

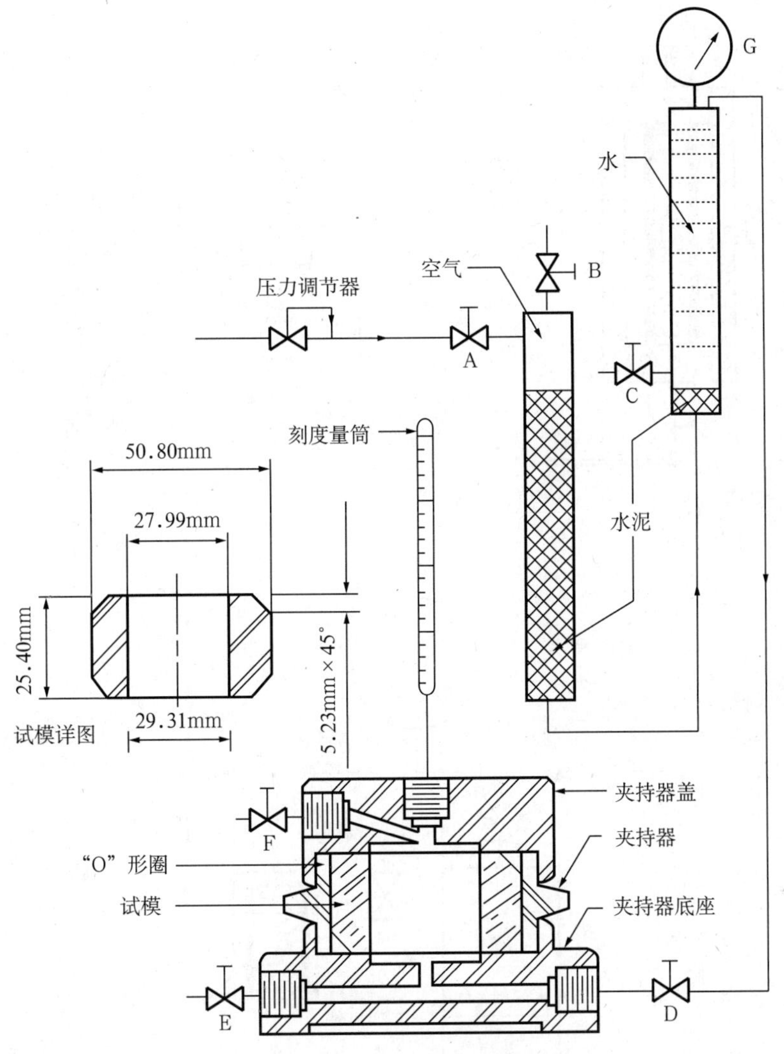

图 4–1–5　水泥石渗透仪

样品浸泡在水中。试验时，将岩心样品放入橡胶岩心夹持器中或放入夹持器内，通过机械方法将岩心样品密封在渗透仪内，否则，围压将施加在岩心夹持器组合上。

(1) 将无空气的，过滤的去离子水（用 0.15 μ m 陶瓷过滤器）充满岩心渗透仪的蓄水器中。

(2) 调节压力调节器，并关闭渗透仪上所有阀门，给渗透仪施加压力（2.07 ~ 3.45MPa）。

①关闭 A（气阀）和 F，打开阀 B，C 和到渗透仪液面阀 D 和阀 E。

②调节压力调节器，慢慢增加压力，观察压力表 G，直到稳定的液体流从岩心夹持器组合上方的阀 D 流出。

③关闭阀 D，使水流流过岩心试样。增加压力，使压力表 G 上的计数在 100 ~ 1400kPa 之间，或观察到岩心试样下部阀 E 流出液体。关闭阀 E 使水流流过流量计。

④当流速稳定，记录压力表 G 显示压力（Pa）和流速（mL/s）。试验结束后，释放压

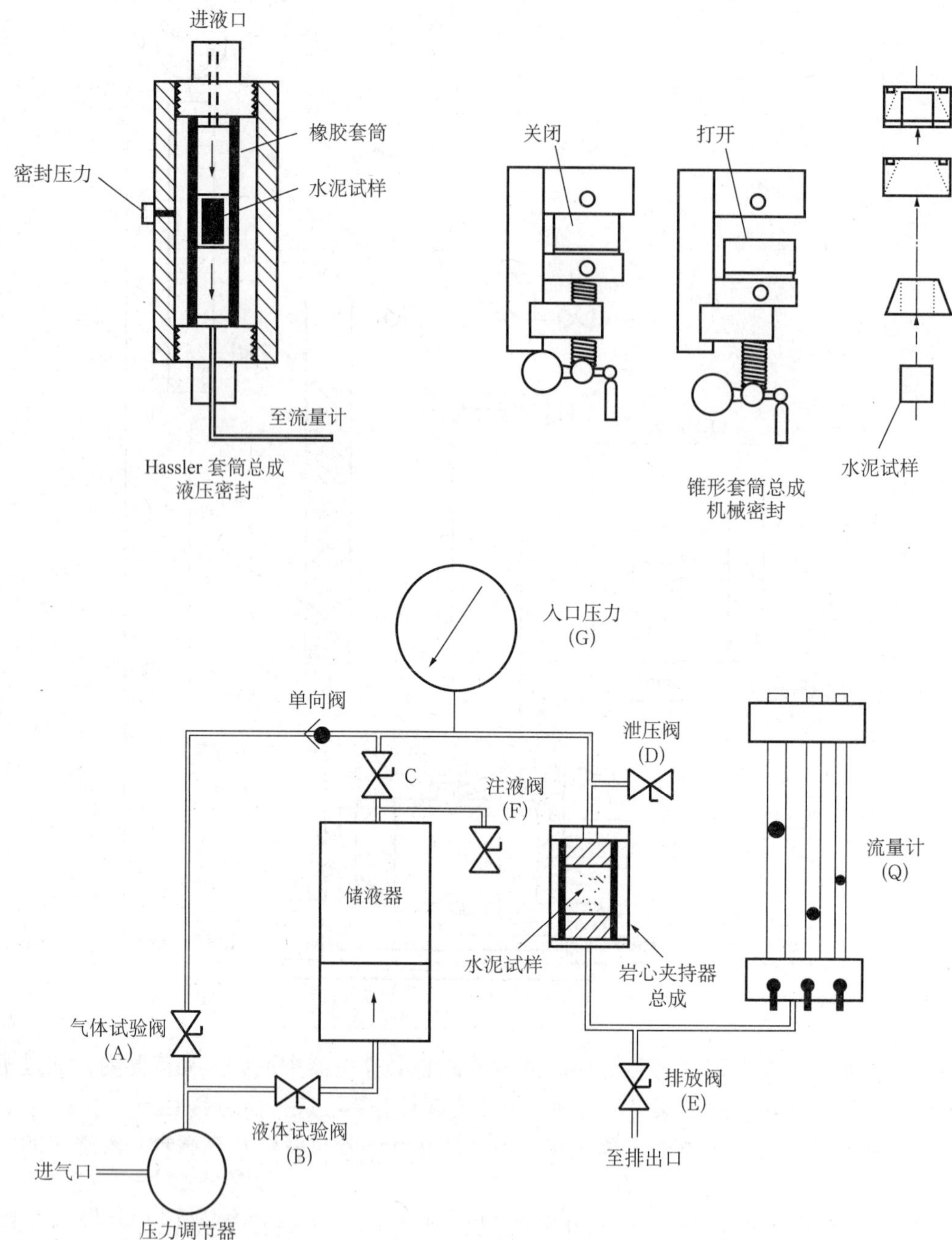

图 4-1-6　岩心渗透仪

力调节器压力，并慢慢打开阀 D 和 E，释放系统中的压力，最后取出岩心试样。

4）计算油井水泥石液体渗透率

液体通过水泥石的渗透率应利用达西定律进行计算，同时应记录实验过程中水泥养护的温度、养护压力和养护时间。计算公式为：

$$K = \frac{14700Q\mu L}{A\Delta p} \tag{4-1-9}$$

$$\Delta p = p_i - p_o \tag{4-1-10}$$

式中　K——渗透率，mD；

Q——流速，mL/s；

μ——液体的黏度，mPa · s；

L——试样的长度，cm；

A——试样的横截面积，cm^2；

p_i——进口压力，Pa；

p_o——出口压力，Pa。

5）油井水泥石气体渗透率试验

试验之前，水泥试样应在烘箱或干燥器中干燥到恒重，按下述用于测定气体通过水泥石的渗透率，本试验可迅速筛选水泥石试样，提高极低渗透率水泥配方的设计。

（1）制备试样并放置在岩心渗透仪内。

（2）调节压力调节器，关闭渗透仪上所有的阀门，给渗透仪施加气压 2.07 ～ 3.45MPa。

（3）关闭阀 B 和 C（液体试验阀），打开阀 A 和 D 到渗透仪气体一边。

（4）调节压力调节器，慢慢增加压力，直到驱除管线中所有的液体，且有气体从岩心夹持器组合上方的阀 D 冒出。

（5）关闭阀 D，使气体通过水泥岩心试样，根据压力表 G 的显示，增加压力直到观察到流量计显示流速。这时应确保阀 E 关闭。一旦流速稳定，应立即记录压力表 G 上的进口压力和流速。

（6）读数完毕，释放调节器中的压力，打开放气阀 D 和 E，并确保渗透仪管线中没有压力，最后取出岩心试样。

6）计算油井水泥石气体渗透率

水泥石的气体渗透率应用达西定律进行计算，同时应记录试验过程中水泥养护的温度、养护压力和养护时间。计算公式为：

$$K = \frac{2000\mu Q_b p_b L}{A\left(p_i^2 - p_o^2\right)} \tag{4-1-11}$$

式中　K——渗透率，mD；

μ——液体黏度，mPa · s；

Q_b——气体流速，mL/s；

p_b——大气压，atm（1atm=0.1MPa）；

L——试样长度，cm；

A——试样横截面积，cm^2；

p_i——进口压力，Pa；

p_o——出口压力，Pa。

第二节 水泥浆性能

一、水泥浆性能要求

由于油气井固井工程的特殊性，水泥浆要满足安全泵注，并具备足够的强度以支撑套管，封隔地层，因此水泥浆应满足以下要求：

(1) 能配成设计密度的水泥浆，容易混合与泵送；

(2) 流动性好，初始稠度适宜，不沉降，摩擦阻力小，均质且起泡少；

(3) 流变性符合要求，可通过外加剂调整流变性以获得好的顶替效率；

(4) 稠化时间可调，符合固井施工要求；

(5) 滤失量可以控制，具有一定的防窜性能；

(6) 具有较快的早期强度发展，且后期强度稳定；

(7) 提供足够大的套管、水泥、地层间的胶结强度；

(8) 具有抗地层水的腐蚀能力；

(9) 满足射孔条件下的较小碎裂程度。

二、水泥浆密度

水泥浆密度是水泥浆设计中影响水泥浆物理性能的基本因素。水泥浆密度主要由水、水泥、外加剂和外掺料的比例来控制。应合理设计水泥浆密度，既保证不压漏地层又能防止井喷，并有效驱替钻井液。

1. 水灰比、水固比、造浆率

水泥浆是由水和水泥混合配成的均质浆体。水灰比是指配成一定密度水泥浆所需的水和水泥的质量比。GB/T 10238 规定 G 级水泥的水灰比是 0.44，H 级水泥的水灰比是 0.38。

水固比是指配成一定密度水泥浆所需的水和固体材料（水泥、外掺料等）的质量比。

造浆率是指单位质量的水泥配成一定密度后水泥浆的体积。

2. 密度设计

应根据井下条件和施工作业要求进行水泥浆密度设计，要充分考虑到：

(1) 密度差满足顶替要求。只有顶替液平均密度大于钻井液密度才能有效顶替。

(2) 满足井下压力条件的限制。静液柱压力及流动阻力之和必须小于地层破裂压力，才不至于压漏地层。同时，静液柱压力还必须大于地层孔隙压力，以避免油气水侵窜。

(3) 水泥浆密度调节。常规水泥浆密度一般通过改变水灰比来调节，非常规水泥浆密度通过加入减轻剂或加重剂来调节。

(4) 水灰比要合适。通常，水灰比过大，流动性能好，但抗压强度就不能满足要求；水灰比过小，流动性能差，混拌、泵送困难，产生的阻力高，给固井施工带来隐患，严重时产生憋泵事故。

API 油井水泥与国产水泥规定密度为 1.78 ~ 1.98g/cm^3 水泥浆为正常密度的水泥浆。低于这个范围的为低密度水泥浆，高于这个范围的为高密度水泥浆。

3. 低密度水泥浆

获得低密度水泥浆的两种方法：

(1) 提高水固比，并控制游离液。一般加入黏性固态无机物和有机物的高吸水材料和轻质充填物，如膨润土、硅藻土、水玻璃等，这种方法只能使水泥浆密度降低至1.5g/cm³左右。

(2) 加入低密度外掺料如中空微珠或充入氮气。由于材料本身密度低能有效降低水泥浆密度，可使水泥浆密度最低降至1.0g/cm³以下。

常用低密度水泥浆体系：

(1) 膨润土低密度水泥浆。主要用于分级注水泥的领浆，作充填水泥，具有货源广、成本低、使用方便等优点，但游离液多、流动性差、稠化时间长、强度低、渗透性高。密度为1.50 ~ 1.60g/cm³的膨润土低密度水泥浆，使用温度范围为40 ~ 100℃，其24h抗压强度为4.5 ~ 8.0MPa。

(2) 水玻璃（液体硅酸钠）低密度水泥浆。硬化后抗压强度较低，游离液多等。其使用温度范围为40 ~ 90℃。水玻璃低密度水泥浆可用作领浆；由于水玻璃具有促凝作用，可配制一定密度的促凝水泥固井；可用于表层套管固井，以赢得二次开钻的时间。

(3) 粉煤灰低密度水泥浆。与膨润土或水玻璃等低密度水泥浆相比具有较高的强度，良好的稳定性，但还存在游离液多、稠化时间长、体积收缩大、低温下强度低等缺点。粉煤灰低密度水泥浆具有良好的抗腐蚀能力，对于有严重腐蚀性水、气地层的油或气井固井，可优选使用。

(4) 漂珠低密度水泥浆。与膨润土、水玻璃、粉煤灰低密度水泥浆相比，由于其低水灰比具有游离液少、水泥石强度高、渗透率较低等特点，但由于漂珠本身密度比水低，如控制不当，在水泥浆中易上浮、进水、破碎，造成浆体沉降稳定性、体积稳定性变差。漂珠低密度水泥浆与相适应的外加剂配合使用，可有效改善并提高水泥浆的综合性能。此外，近年来，通过应用紧密堆积技术，开发了高强度低密度水泥浆，其综合性能较普通漂珠低密度水泥浆有了质的飞跃，可与常规密度水泥浆性能相媲美。

(5) 泡沫低密度水泥浆。密度可低至0.9g/cm³，具有渗透率低、一定的触变性、低热导率、防气窜能力好等特点。适用于一般低压易漏地层、水敏性地层、热采井以及防气窜井的固井。

4. 高密度水泥浆

(1) 控制水灰比。净水泥浆（原浆水泥）在最低用水量时，为满足流动性能需加入分散剂；其密度范围在2.10 ~ 2.16g/cm³之间。

(2) 掺加外掺料。常见的加重材料有：盐（NaCl）、重晶石、钛铁矿、赤铁矿等。加重晶石可获得密度范围为2.10 ~ 2.40g/cm³的水泥浆；加赤铁矿可获得密度范围为2.40 ~ 2.60g/cm³的水泥浆。

三、水泥浆稳定性

对于水泥浆的稳定性应引起人们的高度重视。不稳定的水泥浆体系静止时会产生沉降，并有游离液析出，容易造成桥堵或气窜，特别是大斜度井和水平井，更容易产生高边游离液连通窜槽。

1. 游离液

游离液出现在水泥浆的顶部，它对水泥环与套管和地层的胶结和支撑有着不良的影响。如果游离液较多，上部水泥浆凝固时将形成多孔、脆性、强度性能差的水泥石。如果游离液聚集在一起，将形成水环，致使水泥环不连续，这对封固质量非常不利。

依据 GB/T 19139《油井水泥试验方法》的测试方法，对各种水泥浆游离液的控制要求可参考如下：

G 级和 H 级水泥浆，游离液≤ 1.4%（室温）；

非油层套管或尾管水泥浆，游离液≤ 1.0%；

油层套管、尾管、大斜度井水泥浆，游离液≤ 0.2%；

水平井水泥浆，游离液= 0；

防气窜水泥浆，游离液= 0。

2. 稳定性

稳定性是水泥浆的重要性能指标之一。稳定性较差的水泥浆所形成的水泥柱其致密程度从上到下非常不均匀。在大斜度井及水平井中，这种不均匀性更加突出，从井眼低边到高边，水泥石的致密程度及胶结程度在不断减弱，对水泥环的封固质量有着不良的影响。稳定性差的水泥浆，一般情况下游离液也多，同样会在水泥柱中形成油、气、水窜的通道，影响水泥环的封固质量。

水泥浆的稳定性测试按 GB/T 19139《油井水泥试验方法》规定执行。要求水泥石柱顶部和底部的密度差不大于 0.05g/cm^3，大斜度井、水平井水泥浆稳定性要求更高。

四、水泥浆滤失量

水泥浆失水是在指定的温度和压差下，30min 内通过一定面积孔隙所能滤失的自由水量。一般说来，纯水泥浆在常温、0.7 ~ 6.9MPa 压差下的滤失量大约是 1000 ~ 2000mL/30min。API 根据大量的固井实践和研究，总结出失水量和固井控制的关系。

0 ~ 200mL/30min	很好控制
200 ~ 500mL/30min	中等控制
500 ~ 1000mL/30min	勉强控制
1000 ~ 2000mL/30min	不能控制

由于水泥浆失水后水灰比减小，水泥浆的密度变大，稠度上升，流动度变小，稠化时间变短；水泥浆失水可能使顶替泵压增加，压漏低压地层。在渗透性地层、水敏性地层要严格控制水泥浆失水，否则会加重桥堵现象，严重时发生水泥浆“闪凝”。因此，水泥浆中一般需加入降失水剂来控制水泥浆的滤失量。

目前还没有统一的水泥浆失水控制标准，可参考如下（6.9MPa，30min 条件）：

充填水泥浆，滤失量≤ 250mL/30min；

生产套管固井，滤失量≤ 150mL/30min；

挤水泥，滤失量= 50 ~ 200mL/30min；

尾管、大斜度井、水平井固井，滤失量≤ 50mL/30min；

防气窜水泥浆，滤失量≤ 50mL/30min。

五、水泥浆流变性

水泥浆流变性能是注水泥流变学设计的基本参数，对固井作业的影响主要表现在两个方面：(1) 计算和控制注水泥顶替过程的循环压耗，优选固井工具和设备，并防止井眼出现憋漏现象；(2) 设计注水泥顶替过程最佳流态和两相液体的稳定顶替界面，达到提高水泥浆顶替效率和注水泥质量的目的。

1. 顶替流态

水泥浆对环空钻井液的有效顶替，除了受套管居中度（环形面的几何形状）、顶替排量、钻井液与水泥浆的胶凝强度（静切力）、密度差值影响外，顶替流态则是一个重要影响因素。当排量一定时水泥浆流体的流动剖面取决于流动状态，而流态又取决于流变参数。液体的流态有三种流型，按其流速由小到大依次为塞流、层流和紊流。研究表明：当水泥浆与钻井液密度差小于 0.2g/cm³ 时，采用紊流顶替；密度差在 0.2 ~ 0.5g/cm³ 时，塞流和紊流都有较好的顶替效率。层流在任何情况下都难以驱净钻井液，而这种钻井液又多半是滞留在环空的狭窄处。

2. 流变参数测定

测定水泥浆流变参数的方法是：

(1) 温度低于 87℃时用常压或高压黏度计测定；

(2) 温度高于 87℃时用高压黏度计测定。

3. 水泥浆流变参数计算

数十年来，计算水泥浆流变参数时，均采用常压状态下的宾汉模式或幂律模式，但都存在不够完善的地方。经采用 7400 型高温高压流变仪对水泥浆的流变参数大量测试后认为，多数流变曲线更接近于赫切尔—巴尔可莱（Herschel—Bulkley）流变模式：

$$\tau = \tau_y + kr^n \quad (\tau_y \text{为动切力})$$

当 $n=1$，$\tau_y=0$ 时，其流体为牛顿流体，可用牛顿方程表示；

当 $n=1$，$\tau_y \neq 0$ 时，其流体为塑性流体，也称宾汉流体，可用宾汉方程描述；

当 $\tau_y=0$，$n<1$ 时，其流体为假塑性流体，也称幂律流体，可用指数方程表示；

当 $\tau_y=0$，$n>1$ 时，其流体为膨胀型流体。

API 10 规范把 300、200、100、6、3r/min 读数换算后作图，如属塑性流体，用宾汉模式，若是假塑性流体，用幂律模式。

4. 流变性影响因素

温度、压力、外加剂都将影响水泥浆的流变性。温度通过加速水泥浆的水化反应速度改变流变性，外加剂如分散剂、缓凝剂及部分水溶性聚合物等也对流变性产生较大影响。加有适当量的分散剂后，水泥浆体系的屈服值可能为零，表现为牛顿流体，也可能最初的屈服值随分散剂浓度的提高而增大，随后陡降到最小值，甚至为零或负值。分散剂对水泥浆黏度的影响与其对屈服值的影响不同，随分散剂浓度的增加，水泥浆体系的黏度随之降低。

六、水泥浆稠化时间

水泥浆的稠化时间是指水泥浆在流动过程中丧失流动能力的时间，GB 10238《油井水泥》规定：从开始混浆到稠度达 100Bc 所经历的时间为可泵的极限时间。而多数固井服务公司都把稠度达到 40Bc 的时间定为现场施工的稠化时间或可泵时间。这个时限是以实验室测试和被限定的现场经验为基础选定的。

水泥浆的稠化时间应能保证井下水泥浆安全泵注，但不能过长以免明显延长候凝时间，增加油气水窜危险性及钻机非工作时间。

1. 试验温度

稠化试验的温度条件是按 GB/T 19139《油井水泥试验方法》模拟井下条件室内试验程序制定的。现场施工由于条件差异性大，根据实际情况，需要对增温程序、压力作一定的修正。稠化时间的温度条件计算采用 GB/T 19139《油井水泥试验方法》推荐公式或现场经验公式。现场水泥浆稠化时间试验温度主要取井底循环温度。

2. 稠化时间控制

为满足套管注水泥条件，到达井底时间作为养护升温时间，考虑到固井施工安全，一般是将施工时间（注水泥时间 + 驱替钻井液时间）+60 ~ 90min（安全因子）作为稠化时间。

3. 稠化时间调节

稠化时间通常与水泥矿物的水化速度、水泥—水凝胶体系的凝聚过程、加水量和外加剂等因素有关。因此，就广义上说，凡是能改变水泥的水化速度、凝聚过程和加水量状态的外加剂均可调节水泥浆的稠化时间。通常情况下，可以通过促凝剂与缓凝剂来调节水泥浆的稠化时间。

促凝就是缩短稠化时间、加速水泥浆的凝结和硬化。一般对于浅井或导管和表层套管固井就要加促凝剂促凝。常用的促凝剂有：氯化钙、氯化钠、氯化铵、氯化铝、碳酸钠、硅酸钠、甲酸钙、甲酰胺、硫酸钙、铝酸钠和铁酸钠等。这些促凝剂与水泥熟料水解出来的氢氧化钙发生反应，生成难溶的沉淀和复合物，从而加速水泥的凝结。

对于深井固井要加缓凝剂，常用的缓凝剂有木质素磺酸盐、羟基羧酸、纤维素、有机磷酸和 AMPS 共聚物。

七、水泥浆静胶凝强度

当水泥浆从液态变为固态的过程中，浆体结构发展，表现出胶凝特性，这种胶凝特性决定了阻止气体或者液体窜入浆体的能力。所谓静胶凝强度，就是指在某一时刻破坏一段胶凝流体的胶凝结构所需的最小剪切应力。

水泥浆静胶凝强度的测试方法主要有两种：一是根据水泥浆静胶凝强度的物理定义，直接测量破坏水泥浆结构所需要的最小剪切应力，再换算成为静胶凝强度；二是根据 Sabins 等人用经典剪切应力方程推导出如下等式：

$$p = \frac{4LS_{gs}}{D} \tag{4-2-1}$$

式中　p——用于克服静胶凝强度的压力，Pa；

S_{gs}——静胶凝强度，Pa；

L——水泥浆柱长度，m；

D——环空直径，m。

通过测量水泥浆柱由于静胶凝强度发展引起的压力降，再根据公式换算出静胶凝强度。

八、水泥石性能

固井注水泥必须满足各种要求，最主要的就是要在从生产层直到地面之间提供一个良好的封隔，而且任何时候都不容许完井液或地层流体通过已注了水泥的环形空间流动。因此，凝固后的水泥石性能包括抗压强度、水泥候凝时间、渗透率、弹性模量和泊松比等。水泥石的许多力学性能取决于胶体状水化产物的物理结构和硬化水泥的化学组成。

1. 水泥石的抗压强度

抗压强度是指破坏水泥试样时单位面积所作用的压力。在正常情况下，凝固的水泥石必须经受由于地层孔隙压力引起的水平压力和套管重量引起的轴向载荷，以及完井作业及油层改造措施的各种压力。从工程角度看，水泥抗压强度应满足：

（1）支承套管轴向载荷；

（2）承受钻进时的各种载荷；

（3）完井作业及油层改造措施的强度要求。

抗压强度较高的水泥石固井质量一般较好，在高应力反复作用下，抗压强度高的水泥浆体系存在易脆裂问题。一般中等强度（13.8 ~ 20.7MPa）的水泥石就具有较好的密封性能。根据经验，水泥石的抗压强度达到 3.5MPa 已能支持套管所形成的轴向载荷，满足继续钻井的要求。为适应油层开发和射孔的要求，水泥石的抗压强度值要求在 7.0 ~ 14.0MPa 之间。强度低于 7.0MPa 水泥胶结和密封性能差，高于 14.0MPa 的水泥石出现脆性，射孔时容易破裂。如果水泥石的强度低于所需压裂地层的破裂强度，不仅达不到压裂的预期效果，反而会破坏套管周围的水泥环。因此水泥石强度应根据封固目的层的需要来确定。

2. 水泥候凝时间（WOC）

国外各公司选择使用水泥及加入处理剂不同，各自规定油田 WOC 时间，并分别按表层套管、技术套管及油层套管规定了不同抗压标准。

一般情况下，表层套管的 WOC 是 12h，然后恢复钻进（个别取样 18 ~ 24h），试压数值 689kPa（最短 WOC 为 8h），深的表层套管试压取 22.6kPa/m。技术套管的 WOC 为 12 ~ 24h；油层套管的 WOC 主要取 24h。技术套管试压取 4.1 ~ 10.4MPa；生产套管试压取 4.1 ~ 10.4MPa。

水泥浆候凝时间原则上应根据水泥石的抗压强度发展来确定。一般满足支持套管的水泥石强度，应不小于 3.5MPa；满足测井和试压的水泥石强度，应不小于 13.8MPa。各个油田根据其现场实际作业要求可选择适当的候凝时间。

3. 水泥石的极限强度

水泥石在井下承受三向应力作用，依据经验，水泥石在井下极限强度值增大是受围压影响而增加，其计算公式为：

$$\sigma_1=\sigma_3+3p_c \tag{4-2-2}$$

式中 σ_1——在井下条件的极限强度，MPa；

σ_3——常压条件下的极限强度，MPa；

p_c——井下围压压力，MPa。

水泥承受的液柱压力等于钻井液柱和水泥浆柱液柱压力之和。减去地层孔隙压力值即等于 p_c（围压压力）。

4. 高温条件下水泥石的强度衰退

在正常条件下，水泥在井下凝固、继续水化时强度增加。当温度超过 110℃后，水泥石内的硅酸钙水化物变成弱孔隙结构的 α－硅酸二钙水化物，结构的改变将引起强度降低。当有腐蚀流体就加速破坏过程，温度越高其强度衰退速度也越快，110 ～ 120℃衰退缓慢，230℃时将在一个月形成破坏，310℃条件下在几天内造成强度破坏，其中膨润土体系高水灰比水泥高温稳定性更差。

采取加入硅粉或石英砂，控制强度衰退，加量在 30% ～ 35% 范围内效果较好。硅粉加入可阻止 α－硅酸二钙生成，其生成新的化合物具有更高强度，不仅阻止强度的衰退，而且降低渗透性。

5. 渗透率

渗透率是水泥石抵抗流体通过的能力，单位用 mD 表示。它与硬化水泥浆体系的孔隙率直接相关，而水灰比是影响硬化水泥浆体渗透率的重要因素。水泥石的渗透率指标对于控制腐蚀速度和防止气窜具有重要意义。常规密度水泥石的渗透率通常非常低，一般认为，其渗透率小于 0.01mD 即可。

在水泥浆中掺入胶乳等外加剂可降低凝固水泥石的渗透率，水泥石抗酸性能力提高 85%。利用紧密堆积理论，通过调节混合物固相的不同颗粒尺寸分布，使干混合物的堆积体积分数大于 0.8 而得到紧密堆积优化的水泥浆体系，水泥浆体系具有固相含量高、混合需水量低、液固比低、水泥石抗压强度发展快、渗透率低等优势。

6. 抗腐蚀性

地层中的腐蚀介质（如 H_2S、CO_2、$MgSO_4$、$MgCl_2$）会导致水泥环破坏，造成地下流体窜通，出现油、气、水窜和流失等问题。因此，水泥石必须具备一定的抗腐蚀能力。

根据腐蚀介质的不同，可将水泥石遭到的腐蚀分为以下几类：

（1）浸蚀型，$Ca(OH)_2$ 被浸出产生腐蚀；

（2）冲刷型，如 $MgCl_2$、$MgSO_4$ 的腐蚀；

（3）酸性腐蚀型，如 H_2S、H_2CO_3 的腐蚀；

（4）硫酸盐腐蚀，如 Na_2SO_4、$MgSO_4$ 的腐蚀；

（5）热腐蚀，环境温度增高对水泥石的腐蚀。

可采用模拟腐蚀环境条件下，测定水泥石强度变化、渗透率、微观结构、表观体积和化学组成的变化，以及电化学腐蚀速度等，测定水泥石的耐腐蚀性能。在水泥成分中减少铝酸三钙含量，减少凝固水泥中游离石灰量以及加入足够量硫酸钙，可提高水泥石抗硫酸盐腐蚀的能力。API 标准的各级别水泥，除 A 级与 J 级外，均分为中和高抗硫酸盐型。

7. 弹性模量

虽然水泥浆失水、稠化时间、抗压强度等基本性能满足常规井的固井作业，但随着钻井的日益复杂化，多种钻井方法（分支井、水平井、大斜度井、小井眼井）的出现以及后续增产措施实施，对水泥石的力学、热学、化学性能以及水泥环的长期密封性能提出了更高的要求。水泥石属于有先天微观缺陷的脆性材料并存在本质性的缺点：(1) 抗拉强度低，只是抗压强度的 1/7 ～ 1/12；(2) 抗破裂性能差，极限延伸率只有 0.02% ～ 0.06%；(3) 抗冲击强度低，其断裂功为 20 ～ 80J/m^2（结构钢为 5×10^5J/m^2）。单纯追求水泥环抗压强度已经远不能满足现代固井工艺的要求，在工程上越来越多的关注凝固水泥石的形变能力，具体表现形式是水泥石泊松比、冲击功和弹性模量的改善。

材料力学的研究理论表明：任何材料都具有弹性变形的能力，固体材料在受到外力作用时，在弹性变形阶段，其变形规律遵循胡克定律：

$$\sigma = E\varepsilon \tag{4-2-3}$$

式中　σ——应力，即材料单位面积上的外力，MPa；

E——弹性模量，它是材料变形能力的度量，MPa；

ε——材料形变，单位长度材料在压缩时的变形率，无量纲。

弹性模量可视为衡量水泥石产生弹性变形难易程度的指标，其值越大，使材料发生一定弹性变形的应力也越大，即材料刚度越大，亦即在一定应力作用下，发生弹性变形越小。

纤维、胶粉和胶乳增韧是改变水泥石弹性的有效途径，胶乳水泥石的动态弹性模量可降低 20%。在产生破裂前，常规水泥环只能承受 2 ～ 10 个应力循环周期，而纤维水泥体系可承受几万个应力循环周期，纤维水泥抑制裂缝发生的能力比无纤维的对比试件要高 90% ～ 100%，变形能力增加 10%，并有明显的抗冲击能量吸收作用。

8. 泊松比

泊松比是表征水泥石力学性能的又一物理参数，它是指在材料的比例极限内，由均匀分布的纵向应力所引起的横向应变与相应的纵向应变之比的绝对值，提高泊松比可提高水泥石的弹性性能，水泥石的泊松比一般在 0.1 ～ 0.2。

第三节　油井水泥外加剂及外掺料

近年来，我国油井水泥外加剂及外掺料发展十分迅速，产品更新换代很快，大致可分为 16 大类 100 余个品种，见表 4–3–1 ～表 4–3–4。

表 4–3–1　国内常用外加剂及外掺料

外加剂类型	说　明	功　能	产品代号
钻井液转化为水泥浆系列外加剂	高炉水淬矿渣	水化材料	BFS
	激活剂	促使 BFS 水化加速，调节稠化时间	BAS–1
泡沫水泥系列外加剂	发气剂	通过化学反应产生惰性气体	FCA、FCB
	稳泡剂	与发气剂配合使用，增强生成泡沫的稳定性	FCF

续表

外加剂类型	说 明	功 能	产品代号
泡沫水泥系列外加剂	增强剂	提高泡沫水泥石强度	FCP
促凝剂 / 早强剂	无机盐类	加速水泥水化、提高早期强度	氯化钙、氯化钾、氯化钠、
	无氯促凝剂	加速水泥水化、提高早期强度	三乙醇胺、甲酰胺
	复合型	加速水泥水化、提高早期强度、不影响流动性	CA901L、CA903S、CA909S、T−90
	悬浮型	不使水泥浆沉降，有减轻剂作用	硅酸钠、CP−70
	防窜型	主要用于调整井固井，具有明显的防窜效果	CA−2、CA−3、CA−4
缓 凝 剂	木质素磺酸盐类	延缓水泥水化、适用于中低温	钠盐、钙盐、铵盐或其混合物
	单宁酸及其磺甲基盐类	延缓水泥水化、适用于中低温	单宁酸、单宁酸钠、磺化褐煤
	羟基羧酸及其盐类	延缓水泥水化、适用于中高温	酒石酸、酒石酸钾钠、柠檬酸钠
	糖类化合物	延缓水泥水化、适用于中高温	葡萄糖酸钠、葡萄糖酸钙、糊精、G64
	纤维素衍生物	延缓水泥水化、适用于中高温	羧甲基纤维素、羧甲基羟乙基纤维素
	磷酸盐类	延缓水泥水化、适用于中低温	磷酸钠、磷酸氢二钠、H−1
	复合类	延缓水泥水化、适用于中低温	FCR
	复合类	延缓水泥水化、适用于中低温	BXR−200L
	复合类	延缓水泥水化、适用于中高温	BCR−300L、H88
分散剂	主要是 β 基萘磺酸盐聚合物	降低水泥浆的塑性黏度和屈服值	UNF−2、UNF−5、FDN
	木质素磺酸盐类	降低水泥浆的塑性黏度和屈服值、有缓凝作用	钠盐、钙盐
	磺化酮醛缩合物	降低水泥浆的塑性黏度和屈服值	SXY、USZ、SZ−A
	密胺磺酸盐	降低水泥浆的塑性黏度和屈服值	三聚氰胺树脂
	聚羧酸盐类	降低水泥浆的塑性黏度和屈服值	
	复合类	降低水泥浆的塑性黏度和屈服值	CF−40、BCD−200、JSS

续表

外加剂类型	说　明	功　能	产品代号
降失水剂	羟乙基纤维素	提高水泥浆黏度，使之不易脱水	S24、S27
	AMPS 共聚物类	增大水泥浆滤液黏度，并可改善滤饼结构使之致密	BXF−200L、BCF−200S
	PVA 类	水溶性聚合物吸附于水泥颗粒表面，形成吸附水化层并成不渗透膜、适用 90 ℃以下	G60S、G303、G307、F27A
	复合类		J−2B、W99
消泡剂	有机硅油	抑制泡沫生成	硅油
	有机酯类	改变泡沫表面张力、破坏泡沫	甘油、G603
	植物、矿物油	用于胶乳水泥浆	D50
防气窜剂	铝　粉	产生气体，有可压缩性	QJ625
	复合类	堵塞水泥内部空隙，降低水泥滤饼的渗透性，形成不渗透膜	胶乳、G60S、BCG−300S
增韧剂	胶乳、胶粉	改变水泥石力学性能、增加韧性	BCT−800L、BCT−880L
	纤维	改变水泥石力学性能、增加韧性	BCE−200S
防漏失剂	纤维	封堵缝隙，对水泥浆略有增稠效应	BCE−200S
膨胀剂	复合类	晶格膨胀，改善界面胶结	BCP−1S、BCP−200S、F17A
减轻剂	增加水灰比	吸水性材料，靠增加用水量降低密度	膨润土、沥青粉
	轻质材料	本身密度低	粉煤灰、漂珠
	复合类	本身密度低	PZW−A、BXE−600S
加重剂		本身密度高	重晶石、铁矿粉
高温稳定剂		防高温下水泥石强度退化	石英砂、微硅
耐腐蚀材料	复合类	防止水泥石被地下流体腐蚀	BCE−750S
前置液外加剂	冲洗液	冲洗油膜	BCS−010L
	隔离液	悬浮剂	BCS−040S
		稀释剂	BCS−021L
		加重剂	BCW−600S、重晶石

表 4–3–2　国外公司促凝剂产品目录

材料	使用说明	产品形态	BJ 公司	哈里伯顿公司	豪斯科－法玛斯特公司	圣安东尼奥公司	斯伦贝谢公司
氯化钠（盐）	一般加量 1% ~ 10%（占水重）	粒状	A–5 或盐或 NaCl	盐	水泥细度级盐	盐	D044
氯化钙	一般加量 1% ~ 3%（占水泥重）	固体	A–7 或 $CaCl_2$	$CaCl_2$	$CaCl_2$	$CaCl_2$	S1
		液体	A–7L 或 $CaCl_2$–L	液体 $CaCl_2$		液体 $CaCl_2$	D077
硅酸钠	有促凝和增稠作用	粉末或小珠状	A–2，偏硅酸钠，Diacel A	Econolite，Diacel A	EXC	偏硅酸钠，Diacel A	D79，Diacel A
		液体	A–3L 或硅酸钠	液体 Econolite	EXC–L	SE–1L，硅酸钠	D075
半水石膏或石膏	常用于生产触变水泥	粉末	A–10 或石膏	Cal–Seal，EA–2	Gyp–Cem，Quik Gyp	石膏	D053
氯化钾	KCl	粒状	A–9 或 KCl	KCl	KCl	KCl	M117
氯化铵	NH_4Cl	粒状	按需供应	按需供应	按需供应	氯化铵	按需供应
专用促凝剂			AEF–100L，T–40L				

表 4–3–3　国外公司缓凝剂产品目录

应用	温度范围	产品类型	产品形态	BJ 公司	哈里伯顿公司	豪斯科－法玛斯特公司	圣安东尼奥公司	斯伦贝谢公司
低温	≤ 82℃	木质素磺酸盐、改性木质素磺酸盐	粉末	R–3	HR–4 HR–7	R–6N	SR–2	D13
			液体	R–21L	HR–4L HR–7L	R–9L		D177
中温	52 ~ 107℃	木质素磺酸盐、改性木质素磺酸盐混合物	粉末	R–3，R–11	HR–5		SR–6	D800
			液体	R–10L R–12 R–12L	HR–6L	R–12，R–12L	SR6–1	D801
中温到高温	79 ~ 149℃	有机酸、有机酸盐混合物	粉末				Diacel LWL	
			液体					D110
中温到高温	79 ~ 149℃	羧甲基羟乙基纤维素（Diacel LWL）	粉末	R–6 或 Diacel LWL	Diacel LWL	Diacel LWL	SR–12	D8
			液体					
高温	≥ 107℃	改性木质素磺酸盐混合物	粉末	R–8	HR–12 HR–15	R–8	SR–10	D28
			液体	R–8L	HR–12L HR–13L	R–8L		D150

续表

应用	温度范围	产品类型	产品形态	BJ 公司	哈里伯顿公司	豪斯科－法玛斯特公司	圣安东尼奥公司	斯伦贝谢公司
高温	≥ 149℃	木质素磺酸盐或改性木质素磺酸盐与硼砂或硼酸盐的混合物	粉末		HR−20			
			液体			R−180X		
木质素磺酸盐类的缓凝助剂		硼砂 / 硼酸盐	粉末	R−9 或硼酸钠	Component R			D93
		非硼砂 / 硼酸盐	粉末		HR−25	R−35		D121
	≤ 121℃	合成聚合物缓凝剂	粉末	SR−30	SCR−100			
			液体	R−14L R−15LS R−20L	SCR−100L			D161 D177
	≤ 218℃	合成聚合物缓凝剂	粉末	SR−30	HR−25			D161
			液体		HR−25L			
长封固段大温差固井缓凝剂			粉末	SR−30	SCR−100			D161
			液体		SCR−100L			D110
超细水泥缓凝剂			粉末					
			液体		MMCR			
含石膏或半水石膏的触变水泥缓凝剂			粉末	R−18 SR−30		R−4		D74
永冻层固井缓凝剂		柠檬酸、柠檬酸盐或类似材料	粉末	CD−11，R−7	柠檬酸钠	R−15C		
			液体					
永冻层固井缓凝剂		木质素磺酸盐	粉末		HR−4	R−7		D13
			液体		HR−4L			D81

表 4−3−4 国外公司降失水剂产品目录

温度范围	使用说明	产品形态	BJ 公司	哈里伯顿公司	豪斯科－法玛斯特公司	圣安东尼奥公司	斯伦贝谢公司
16 ~ 49℃	用于淡水或盐浓度低于 5%（占水重）水泥浆	粉末	FL−62 BA−10	LAP−1	D−25	LTX	
		液体	BA−10L FL−45LS/LN	LA−2		LTXL	
	用于盐浓度达 10%（占水重）水泥浆	粉末			D−19 D−30	D−19 D−30	UniflexS
		液体			LD−30		UniflexL

续表

温度范围	使用说明	产品形态	BJ 公司	哈里伯顿公司	豪斯科－法玛斯特公司	圣安东尼奥公司	斯伦贝谢公司
16 ~ 49℃	用于盐浓度达 18%（占水重）水泥浆	粉末	FL−33 FL−63	Halad−322 Halad−344 Halad−413 Halad−567 GasStop HT	D−24 NFL−2	FC−19 FC−22 Sarf−100	D146 UniflexS
		液体	FL−33L FL−63L	Halad−322L Halad−322LXP Halad−344LXP Halad−413L Halad−361A Halad−600LE+ Halad−700	LD−18 LD−24		UniflexL
27 ~ 93℃	仅用于淡水水泥浆	粉末	FL−62 BA−10	LAP−1 Halad−447 GasStop HT	NL−2 NFL−3 D−33		UniflexS
		液体	BA−10L	LA−2			UniflexL
	用于盐浓度达 10%（占水重）水泥浆	粉末		GasStop HT			UniflexS
		液体	FL−45N FL−45LS	Halad−10L			D300 UniflexL
	用于盐浓度达 18%（占水重）水泥浆	粉末	FL−52 FL−24 FL−25 FL−26	Halad−9 Halad−322 Halad−413 Halad−567 Halad−12	NFL−2		D60 UniflexS
		液体		Halad−9L Halad−9LXP Halad−322L Halad−322LXP	LD−18		UniflexL
	用于盐浓度大于 18%（占水重）水泥浆	粉末	FL−33 FL−63		D−24	Sarf 3 FC−22 FC−2	D59 UniflexS
		液体	FL−33L FL−63L		LD−24		UniflexL
≤ 121℃	仅用于淡水水泥浆	粉末	FL−62 BA−10	GasStop HT Halad−413 Halad−567	D−30	Sarf 2	UniflexS
		液体	BA−10L		LD−30	LD−30	UniflexL
	用于盐浓度达 10%（占水重）水泥浆	粉末		GasStop HT Halad−413 Halad−567		FC−9	UniflexS
		液体					UniflexL

续表

温度范围	使用说明	产品形态	BJ 公司	哈里伯顿公司	豪斯科－法玛斯特公司	圣安东尼奥公司	斯伦贝谢公司
≤ 121℃	用于盐浓度达 18%（占水重）水泥浆	粉末	FL−52 FL−24 FL−25 FL−26	Halad−22A Halad−344		FC−22	D160 UniflexS
		液体		Halad−22AL Halad−22ALXP			D603 D159 UniflexL
	用于盐浓度大于 18%（占水重）水泥浆	粉末	FL−32 FL−33 FL−63				D65A UniflexS
		液体	FL−32L FL−33L FL−63L				D80A D604AM UniflexL
≤ 149℃	仅用于淡水水泥浆	粉末		GasStop HT Halad−413		Diacel LWL	UniflexS
		液体					UniflexL
	用于盐浓度达 10%（占水重）水泥浆	粉末					UniflexS
		液体					UniflexL
	用于盐浓度达 18%（占水重）水泥浆	粉末	FL−52 FL−24 FL−25 FL−26	Halad−14 GasStop HT Halad−413	D−24		UniflexS
		液体		Halad−14LXP Halad−600LE+	LD−24		UniflexL
	用于盐浓度大于 18%（占水重）水泥浆	粉末	FL−32 FL−33 FL−63	GasStop HT Halad−413			UniflexS
		液体	FL−32 FL−33L FL−63L				UniflexL
≥ 149℃	仅用于淡水水泥浆	粉末		GasStop HT Halad−413			UniflexS
		液体					UniflexL
	用于盐浓度达 10%（占水重）水泥浆	粉末		GasStop HT Halad−413			UniflexS
		液体					UniflexL
	用于盐浓度达 18%（占水重）水泥浆	粉末		GasStop HT Halad−413	D−28		UniflexS
		液体			LD−28		D73 D73.1 D158 UniflexL

续表

温度范围	使用说明	产品形态	BJ 公司	哈里伯顿公司	豪斯科－法玛斯特公司	圣安东尼奥公司	斯伦贝谢公司
≥ 149℃	用于盐浓度大于18%（占水重）水泥浆	粉末	FL−33 FL−63 FL−32	Halad−413 Halad−100A Diacel LWL GasStop HT	Diacel LWL		D8 Diacel LWL D143 UniflexS
		液体	FL−33L FL−63L FL−32L	Halad−413L Halad−361A Halad−600LE+			D158 UniflexL
38 ~ 204℃	通用和特种胶乳：丁苯胶乳。推荐用于淡水水泥浆，或许可用于盐浓度达18%（占水重）水泥浆	液体	BA−86L	Latex 2000			D600 D134 UniflexL
93 ~ 121℃	通用和特种胶乳：丙烯酸类胶乳。推荐用于淡水水泥浆	粉末		LAP−1 Halad−447			
		液体		LA−2			D600G
	用于低密度水泥浆	粉末	FL−52		D−23 D−24 NFL−2		D112 UniflexS
		液体	BJ Blue BJ 2000		LD−24		D159 D300
	盐或高温条件下的胶乳稳定剂	液体	LS−1 LS−2	稳定剂 434B 稳定剂 434C			D135
	用于低密度水泥浆中的胶乳稳定剂	液体	CD−32 CD−33	稳定剂 434B 稳定剂 434C			D138
≤ 93℃	降失水助剂	粉末					D136
≥ 93℃	降失水助剂	粉末					D121

外加剂可使水泥在不改变基本成分的情况下，改变其水泥浆性能。它与水泥的关系是相辅相成的，水泥只是作为外加剂的载体而用于固井工程。一般地说，油井水泥外加剂可分为：

（1）促凝剂：缩短水泥凝结时间，提高水泥早期强度；

（2）缓凝剂：延长水泥凝结时间；

（3）降失水剂：控制水泥浆滤液向地层滤失；

（4）分散剂（或减阻剂）：降低水泥浆黏度，改善水泥浆流变性能；

（5）加重剂：提高水泥浆密度；

（6）充填剂（或减轻剂）：降低水泥浆密度或使单位体积材料的质量减少；

（7）堵漏剂：降低循环漏失；

（8）防气窜剂：防止水泥环与套管之间产生微环空间；

（9）抗高温强度退化剂：提高水泥石热稳定性；

（10）消泡剂：消除聚合物、超细材料或盐水水泥浆产生的泡沫；

（11）改善界面胶结或膨胀剂；

（12）前置液（包括冲洗液和隔离液）和后置液；

（13）其他外加剂。

一、油井水泥外加剂

1. 促凝剂类型及其作用机理

在浅井或表层套管注水泥施工中，虽然水泥浆满足了泵送的要求，但往往存在稠化时间长、强度发展慢的问题，严重影响钻井周期和固井质量。需加入促凝剂或早强剂，以缩短稠化时间、提高早期强度，使其既能安全泵送，又能尽快形成早期强度，顺利进行后续作业。

1）无机盐类促凝剂

氯化物是最常用的油井水泥促凝剂，主要包括氯化钙、氯化钠、氯化钾和海水等。

（1）氯化钙（$CaCl_2$）。氯化钙是最有效、最经济的促凝剂，其正常加量为 2% ~ 4%（质量分数），其稠化时间在 45℃条件下可由 152min 缩短到 59min。当加量超过 6%（质量分数）时可能发生先期凝固，而且其结果难以预计。

（2）氯化钠（NaCl）。氯化钠作促凝剂应注意浓度范围。一般说来，浓度在 10%（质量分数）以下时为促凝剂；在浓度 10% ~ 18% 既不促凝，也不缓凝，其稠化时间与纯水泥浆相似；在浓度 18% 以上时表现出缓凝作用。

（3）氯化钾（KCl）。氯化钾能促进水泥浆凝固，对其流动性略有影响，与氯化钙复合使用效果更好。在泥岩、页岩、夹缝砂岩、石灰岩等注水泥时，若在水泥浆、隔离液或冲洗液中加入 0.3% ~ 1.0% 的氯化钾，可抑制黏土膨胀，防止造浆作用，以免影响胶结强度。

（4）氯化钙复合物。氯化钙与氯化钠或氯化铵等混合使用效果更好。1% 氯化钙与 2% 氯化铵的混合物，或者 2% 氯化钙与 2% 氯化钠的混合物都是良好的复合促凝剂。这些复合促凝剂，既能促凝，又不影响水泥浆的流动性能，而且还能降低水泥浆的游离水。

使用氯化钙与氯化铵的复配物，既能加速固化，又能提高早期强度。高反应热使其特别适用于低温井注水泥。

（5）海水。在海上大多使用海水配制水泥浆。海水中的氯化物（氯化钠、氯化镁和氯化钙等）含量达 2.3%，可起促凝作用。虽然海水的促凝效果不如氯化钙或它的复配物好，但依然能够用于 2000m 以内井深的油气井注水泥，这时的井底静止温度应不超过 80℃。

2）无氯促凝剂

主要包括碳酸钠、硅酸钠和石膏等无机物，以及低相对分子质量的有机物，像甲酰胺、三乙醇胺等。

（1）碳酸钠（Na_2CO_3）。纯碱用于油田固井工程是作为油井水泥的增强剂，也可在纤维素类降失水剂中加入纯碱增加流动性。如果水泥浆的初凝和终凝时间相隔较长，加入纯碱之后可以缩短这个区间，但是稠化时间与其加量之间的关系规律性差，应慎重使用。

（2）甲酰胺（$HCONH_2$）。能促进水泥浆凝结，缩短水化时间，增加水泥石强度，并可以改善水泥浆流动性能。加量为占水泥质量的 1.0% ~ 2.5%。

(3) 三乙醇胺 [$(HOCH_2CH_2)_3N$]。三乙醇胺在铝酸盐中促凝，在硅酸盐中缓凝，一般不单独使用，而是与其他外加剂配伍使用，以缓解或消除由某些分散剂或降失水剂引起的过缓凝。

(4) 硅酸钠 ($Na_2O \cdot nSiO_2$)。硅酸钠常被用作油井水泥的无 Cl^- 促凝剂，一般加量占干水泥质量的7%，促凝效果不好，且加量与凝固时间也不成直线关系，但可使水泥石在12 ~ 24h 内有较高的抗压强度。硅酸钠的促凝作用主要是由于它与水泥浆中的 Ca^{2+} 反应生成水化硅酸钙 C- S-H 胶核，从而促使水泥的水化诱导期提前结束。

(5) 石膏。对于严重漏失层，调整配比，可将稠化时间缩短到 5min，24h 抗压强度可达 6.51 MPa。为控制高压气层，加入占 A 级水泥质量的 25% ~ 50%，可产生 12 ~ 20min 闪凝。用这种方法掺和的半水石膏水泥对于压住气喷井、修补断裂套管和控制漏失等效果显著。由于加入 5% ~ 10% 半水石膏可增加水泥浆的静切力并产生触变性，对堵漏效果更好。但应特别注意施工的连续性，否则容易凝固在管线或井筒内。

3）复合促凝剂

硅酸盐水泥 60.24% ~ 63%+CMC0.32% ~ 0.60%+ 碱金属氢氧化物 3.4% ~ 6.2%+ 尿素 1.28% ~ 3.02%+ 水 34.76% ~ 27.18%。其中碱金属氢氧化物可采用氢氧化钠或氢氧化钾。在制备该溶液时，必须按顺序把氢氧化物、尿素、CMC 溶于水中。用这些材料固井，既能缩短水泥浆的凝固时间，又能提高它的流动性。

4）促凝悬浮剂

使用这种促凝剂，不使水泥浆产生沉降，并适用于任何水基水泥浆，缩短其候凝时间。它不仅含有铝酸钾、碳酸钾，还含有一定量的氢氧化钾。

5）其他促凝剂

另外还有一些促凝剂，例如铝酸钠、三聚氰胺甲醛树脂、硫酸铝、明矾、铝氧熟料、链烷醇胺—硫氨酸体系、三乙醇胺—氯化钠（或氯化钾）体系、三异丙醇胺—亚硝酸钠体系、甲酸钙 [$(HCOO)_2Ca$]、甲酸钠 (HCOONa)、硫酸钠、锂盐等，都是很好的促凝剂。它们的腐蚀作用小，早强效果也好。

2. 缓凝剂类型及作用原理

缓凝剂的作用就是能够有效地延长或维持水泥浆处于液态和可泵性的时间。油井水泥缓凝剂有以下几种类型。

1）木质素磺酸盐类

常使用的有木质素磺酸盐是钠盐、钙盐、铵盐或其混合物。还有一种就是由木质素磺酸盐经硫酸亚铁和重铬酸盐处理后得到的络合物——铁铬木质素磺酸盐（FCLS）。

目前常用的木质素磺酸钙和木质素磺酸钠，除能缓凝外，还能改善水泥浆流动性，对游离水和抗压强度亦无明显影响，但其加入易使水泥浆产生气泡，影响施工，且高温下易降解而失效，所以，只能用在 3000m 左右井深。在井底循环温度低于 87℃时单独使用，可显著延长水泥浆的稠化时间，缓凝效果较好；如加大浓度还可稍微扩大使用温度范围；如加入硼砂，可把使用温度提高到 143℃；若再加入有机酸，可进一步将使用温度提高到 193℃。

铁铬木质素磺酸盐（简称铁铬盐）是钻井液常用的稀释剂。有时也用作油井水泥的缓凝剂，一般加量为占水泥质量的 0.2% ~ 1.0%。适用温度不超过 87℃，掺量多时产生大量气泡且缓凝效果下降；若与分散剂 FDN 或 UNF 等复合使用，可用于 3000m 左右井深。由于含重金属铬离子、毒性较大，应用越来越少。

木质素磺酸铵与葡庚糖酸钠按 1∶1 质量比复配后，可作丁苯胶乳的缓凝剂，用于不渗透性防气窜水泥。

2）单宁酸及其磺甲基盐类

包括单宁酸、单宁酸钠、磺甲基五倍子单宁酸钠（SMT，简称磺化单宁）、磺甲基橡碗单宁酸钠（SMK，简称磺化栲胶）、磺甲基褐煤（简称磺化褐煤，又名磺甲基腐殖酸）、龙胶粉等。几乎各种磺甲基化合物对水泥都有缓凝作用，且随掺量的增加稠化时间相应延长。

（1）单宁酸。单宁酸是天然植物单宁在碱性条件下水解得到的有效成分，主要是多元酚基和羟基的有机物，即没食子酸（又称焦性没食子酸或焦倍酸，即 1，2，3—三羟基苯）和葡糖酸盐类。一般加量在 0.1% 以内，即可延长稠化时间，它对流动性没有太大的改善，性能比较稳定，但溶解性不好。

（2）磺化单宁和磺化栲胶。磺化单宁和磺化栲胶均有显著的缓凝效果。因为栲胶的主要成分是天然单宁，所以磺化栲胶起缓凝作用的也是单宁。与单宁相比，磺化单宁的性能要稳定得多，水溶性也好，并且使用温度范围也广，在高温下仍有较好的缓凝效果。由于分子中含有磺甲基极性基团，所以不仅可以改善水泥浆的流动性能，还有一定的降失水作用。但水泥石的抗压强度却略有下降。一般加入 0.1%（BWOC）以内，就有很好的缓凝效果。若与硼砂和酒石酸复配，可显著增大其使用温度范围。

（3）磺化褐煤。由于溶解性不好，效果不如其他的磺甲基化合物，所以使用甚少。

（4）龙胶粉。龙胶粉是很好的降失水剂，也在酸化压裂液中使用。缓凝是它的副作用，由于分散效果不好，很少用作缓凝剂。

3）羟基羧酸及其盐类

（1）酒石酸及其盐类。常用的是酒石酸（BK）和酒石酸钾钠（NaBK），是优良的高温缓凝剂，而且还有一定的分散作用，对水泥石强度无不利影响。但是加入酒石酸后，可使水泥浆的游离水和滤失量增大，常与降失水剂一起使用。酒石酸很容易被碱性介质污染，并且灵敏度很高，所以很多固井施工人员都不愿使用。但也有人认为：对酒石酸来说，不是不能用，而是不会用，使用中应严格控制加量，因它在任何温度区间，加量不与稠化时间成直线关系，而是成指数关系，稍微有点变化，就强烈地影响稠化时间。一般加量是 0.4% ～ 0.6%（BWOC），小于 0.1%（BWOC）时促凝，而大于 0.7% 时又长时间不凝，所以使用者必须慎重。另外要注意的是，在配制配浆液时，应彻底清洗所用配制罐，绝不允许有碱性污染物。

将酒石酸与氧化锌、磺化单宁、六偏磷酸盐等复合使用，可钝化灵敏度，能在 150 ～ 200℃的温度范围内使用。使用酒石酸的盐类，其灵敏度和污染性要缓和得多。若把酒石酸及其盐类与硼砂复配，在高达 250 ～ 280℃温度下使用，仍有可靠的缓凝效果。但实践发现，在温度 150℃以上使用，水泥石有严重收缩。

（2）柠檬酸及其钠盐。以缓凝为主、兼具分散作用。柠檬酸钠的缓凝作用比较温和，但分散效果差。最低加量为 0.5%（BWOC），水泥品牌不同，加量也不同，加量小时，会引起促凝；当加量达到一定值后，其缓凝作用才比较稳定，不会因加量的微小变化而引起稠化时间大幅波动。

试验表明，对于G级水泥来说，在柠檬酸加量小于0.4%时，有初凝时间短而终凝时间长的问题；当加量大于0.5%时，缓凝作用比较明显，且比较稳定。

(3) 马来酸酐（失水苹果酸酐或顺丁烯二酸酐）与异丁烯共聚物的钠盐。该共聚物中的马来酸酐与异丁烯的摩尔比为1：1，相对分子质量为6万。一般加量在0.044%(BWOC)左右，就可在温度52℃以上具有很好的缓凝效果。

4）糖类化合物

蔗糖、棉子糖和可溶性淀粉等糖类化合物是油井水泥优良的缓凝剂。其中，含有五元环（蔗糖和棉子糖）为最好，但由于缓凝效果太好，加量的微小变化都将使稠化时间出现大幅变化，故应用上受到冷遇。

(1) 葡萄糖酸钠。白色或黄色结晶状粉末，易溶于水。据报道，在井底循环温度低于93℃时，易出现过缓凝现象。有效使用温度是150℃。但试验证明，在62℃温度下，对加量非常敏感，即使是0.05%（BWOC），稠化时间也大于240min。在82～97℃时，情况要好一些，加量为0.025%～0.10%，稠化时间是120～230min。但是在120℃的温度下，即使加量为0.2%，稠化时间也不过只有114min，且随温度升高而稠度增大。α 和 β 葡萄糖酸钠均是有效的缓凝剂。

(2) 葡萄糖酸钙。当温度达到200℃时，一般采用葡萄糖酸钙作为缓凝剂。当温度达到220℃时，在2～3h之内，仍能使水泥浆保持流动状态。与波特兰水泥、矿渣水泥和API水泥都有很好的适应性，可改善水泥浆的流动能力，提高水泥石的抗压强度，降低水泥石的渗透率。

(3) 葡庚糖酸钠。葡庚糖酸钠有 $\alpha-$葡庚糖酸钠和 $\beta-$葡庚糖酸钠两种，都可以作缓凝剂。

(4) 糊精。加量小于0.6%时，有促凝作用；而大于0.6%时，表现出强烈地缓凝。加量在0.2%～0.6%的范围内，稠化时间随加量的变化曲线接近于水平，虽有促凝，但非常平缓。

5）纤维素衍生物

来源于木材或其他植物的聚多糖类，纤维素衍生物有羧甲基纤维素（CMC）及其钠盐(Na−CMC）和羧甲基羟乙基纤维素（CMHEC）两种基本类型，在水泥浆的碱性条件下较稳定。缓凝作用主要是由于聚多糖被吸附在水泥颗粒表面之后，使水渗入水泥颗粒的速度减慢。

6）有机膦酸盐类

烯基膦酸及其盐类，由于其主链结构，具有优异的水化稳定性，使用温度可高达204℃。有机膦酸盐缓凝剂的优点是它对水泥成分的微小变化不敏感，可使高密度水泥浆的黏度降低。

7）无机化合物

(1) 硼酸及其钠盐。硼酸及其钠盐（硼砂）对油井水泥有很好的缓凝作用，特别是硼酸。但加量与稠化时间不成直线关系，而呈折线或指数关系。由于灵敏度很高，若不精确到0.05%，就可能引起早凝或过缓凝。

(2) 氯化钠。氯化钠浓度大于20%（BWOW）才有缓凝作用。

（3）氧化锌。不影响水泥浆的流变性，可作触变水泥的缓凝剂。其对 C_3A– 石膏体系的水化无影响。

3. 分散剂类型及作用机理

分散剂又称减阻剂或紊流诱导剂，是重要的油井水泥外加剂之一。它可以提高水泥浆的可泵性，降低一定流速下的泵压，使注水泥施工顺利。能实现低排量下的紊流，提高对钻井液的顶替效率和固井质量。能在不破坏水泥浆流变性的条件下，减少水的用量，配出较高密度的水泥浆，可提高水泥石强度和抗渗透能力。

分散剂的主要作用是降低水泥浆的塑性黏度和屈服值。值得注意的是，过度分散会破坏由相同静电作用所建立的微结构，从而使水泥颗粒沉降或自由水增大。一般地说，塑性黏度不宜大于 35mPa · s，屈服值为 0.05 ～ 2Pa 最佳，最好不要超过 5Pa。

1）磺酸盐类

磺酸盐类是最通用的油井水泥分散剂，主要有以下几种。

（1）木质素磺酸盐。目前，国内普遍使用的是木质素磺酸钙和铁铬盐，一般用作缓凝剂，直接作分散剂使用的很少。分散作用只不过是用它作缓凝剂的副作用，所以有人常称之为分散型缓凝剂或有缓凝作用的分散剂。它是由提取酒精后的木质纸浆废液经蒸发、磺化、浓缩和干燥制成的一种棕黄色粉末，常简称 M 剂。其中木质素磺酸钙占 60% 左右，含糖量低于 12%，水不溶物含量不高于 2.5%。

由于木质素磺酸盐兼具缓凝和分散双重作用，故其加量应根据稠化时间和流变性的综合要求来确定，一般是 0.2% ～ 1.0% 较为适宜。缺点是分散效果较差，有缓凝作用，易起泡。由于木质素磺酸盐的缓凝作用，不宜作分散剂用于低温。其他木质素衍生物，如木质素羧酸盐比木质素磺酸盐的分散效果更好，但也有缓凝作用。由于它是从亚硫酸盐造纸废液中制得的副产品，化学结构不能确定，质量也不够稳定，所以它们的效果对水泥质量的变化尤为敏感，有可能出现胶凝问题。

（2）聚萘磺酸盐。聚萘磺酸盐是 β – 萘磺酸盐与甲醛的缩合产物，缩写为 PNS 或 NSFC，相当于简称为 FDN 的萘次甲基磺酸钠。市售产品有棕黄色粉末和 40% 水溶液两种。用淡水配浆时，正常加量为 0.5% ～ 1.5%。对于高含盐水泥浆体系，则需增大加量，有时可高达 4%。

由于其化学结构中带芳族共轭环，可牢固地吸附于水泥颗粒表面，所以分散效果较好。其特点是：由于其减水作用明显，故对水泥浆稀释作用强，在不破坏流变学性质的情况下，可直接配成 2.06g/cm^3 高密度水泥浆；引气量较小，早期强度发展快。缺点是容易引起水泥颗粒沉降，凝固时间受温度影响较大，有一定的缓凝作用。

（3）密胺磺酸盐。密胺磺酸盐也称三聚氰胺树脂或密胺树脂，全称为磺化三聚氰胺甲醛树脂，缩写为 PMS。是由三聚氰胺、甲醛和亚硫酸钠按 1∶3∶1 摩尔比，在一定反应条件下，经缩聚而成的水溶性聚合物。现在投入工业使用的有两种：一种是固体粉末；另一种是浓度为 20% ～ 40% 的水溶液。

（4）醛酮加成聚合物。20 世纪 80 年代研制成功的一种新型减阻剂。采用了丙酮、甲醛和亚硫酸氢钠等廉价化工原料，成本较低，分散效果较好，又耐高温，便于推广使用。

甲醛、丙酮和亚硫酸钠配比试验中发现：亚硫酸钠是决定磺化程度的，硫的比率越高，水溶性越好，但减阻效果越差。在聚合物保持水溶性的情况下，随着硫比率的减少，其分散效果逐渐增强。三种材料的最佳配比范围大约是甲醛：丙酮：亚硫酸钠为 6：3：1 (mol)。用半透膜渗析法测得的相对分子质量范围是 6000 ~ 8000，转化率约为 25%。

(5) 亚硫酸盐改性酚醛树脂。亚硫酸盐改性酚醛缩合物具有很好的分散效果，耐高温，且比较廉价。

(6) 其他磺酸盐聚合物。在这类化合物中，使用最多的是磺化栲胶、磺化单宁等。

2) 羧酸盐类

包括丙烯酰胺 / 丙烯酸共聚物或甲基丙烯酰胺 / 甲基丙烯酸共聚物、苯乙烯 / 马来酸酐共聚物，以及一些低分子糖类和羧酸或其盐类。它们都有很强的高温缓凝作用和降失水效果，在低温使用时应注意加碱或硅酸盐加以抑制。

有时也称非磺酸盐型分散剂，虽然能耐高温，但分散效果不如磺酸盐类。这类分散剂有一个完全不同于磺酸盐型的特点，那就是在开始时随着加量的增加，塑性黏度逐渐降低，但降到某个值时（该种分散剂减阻效果最佳值），再继续增加浓度，就可能出现两种情况：(1) 塑性黏度保持不变；(2) 塑性黏度反而增加。一般说来，这种非磺酸盐型的分散剂无论浓度多大，水泥颗粒也不会沉降而析出过多的自由水。

4. 降失水剂类型及其作用机理

降失水剂的作用机理有以下几种观点：(1) 提高水泥浆黏度，使之不宜脱水；(2) 提高水泥浆静切力，一旦静止即发生胶凝，既不产生静压，又不传递外压；(3) 粒度大小分布不同的颗粒材料，堵塞地层空隙或微孔；(4) 使水溶性聚合物吸附于水泥颗粒表面，形成吸附水化层，造成水泥颗粒桥接进而生成网状结构，束缚更多的自由水，堵塞水泥内部空隙，降低水泥滤饼的渗透性。根据这种原理，可作油井水泥降失水剂的只有固体颗粒材料和水溶性高分子聚合物。

1) 颗粒材料

最初用作降失水剂的是膨润土，它是以极小的颗粒进入滤饼并镶嵌在水泥颗粒之间，而使滤饼结构致密，渗透率降低。属于这类材料还有沥青、石灰石粉、热塑性树脂等。

2) 纤维素类

包括羧甲基纤维素（CMC）、羟乙基纤维素（HEC）、羧甲基羟乙基纤维素（CMHEC）、纤维素硫酸盐（$CelSO_4$）和水解聚丙烯腈（HPAN）等。它们共同的缺点是水溶性差，黏度大，其降失水性能随温度的升高而降低。

3) 淀粉类

包括羧甲基淀粉、黄原酸淀粉和丙基淀粉等。它们的共同缺点是使水泥浆增稠，耐温性差，一般只用于 60℃左右。其他性质与纤维素差不多。在水泥浆中使用较少。

4) 聚酰胺类

阴离子聚合物降失水剂中为数最多的一种，包括丙烯酰胺及其衍生物的聚合物、二元共聚物和三元共聚物等。水解聚丙烯酰胺的羧基与水泥颗粒表面有较强的作用力，常导致缓凝或絮凝，所以不适宜作水泥的降失水剂。然而二元和三元复杂聚合物在盐水水泥浆中有特别好的降失水效果。2– 丙烯酰胺基 –2– 甲基丙磺酸（SMPS）共聚物为近年来开发的新型降失水剂，具有抗盐耐温性能好的特点。

5）聚胺类

包括了聚乙二胺（PEI）、EDA、DMA、乙烯亚胺、丙烯胺等几种类型。聚胺属于阳离子聚合物，是20世纪70年代发展起来的一种降失水剂。其实聚胺本身控失水能力很差，但与分散剂和以木质素磺酸盐为基础的缓凝剂复配以后，有非常好的降失水效果。

6）磺化聚合物

属阴离子聚合物，包括磺化聚乙烯甲苯、磺化聚苯乙烯、磺化褐煤、磺化酚醛树脂、磺化木质素磺甲基酚醛树脂等。其特点在于，既具有分散作用，又具有降失水作用，但是，均不耐高温，不过，与其他化合物复配或共聚后，能耐温150℃以上。

7）聚乙烯吡咯烷酮

非离子型合成聚合物，缩写为PVP。是20世纪80年代新开发的油井水泥降失水剂，必须复合使用，在27～102℃或更高的温度范围内，都能有效地控制失水而不增加水泥浆的稠度。聚乙烯吡咯烷酮复合降失水剂，应避免在氯化钠浓度超过1%（BWOW）的场合使用，且与木质素磺酸钙不相容，因此不应混合使用。但共聚物的适应性却很强。

8）聚乙烯醇（PVA）

一种非离子型降失水剂，缩写为PVA或PVAL，低温下无缓凝作用，且与氯化钙配伍，作降失水剂成膜性好，但存在门限效应，即仅当加量达到一定的量后，才表现出良好的滤失控制能力，将滤失量从500mL/30min急剧降到20mL/30min；PVA水泥浆综合性能良好，其使用温度可达95℃左右。

5. 防气窜方法和防气窜剂

环空气窜轻则使井口带压，重则可能导致井口冒油冒气，甚至发生井喷，造成巨大经济损失。失重与二界面胶结不良是气窜的两个主要原因。为防止环空气窜，目前的防窜水泥浆体系主要从缩短胶凝强度发展过渡时间、增加气体在水泥浆中运移阻力、通过晶格膨胀或发气作用使水泥浆体积膨胀等几方面解决气窜难题。

1）可压缩水泥

包括泡沫水泥和发气水泥两种。通常泡沫水泥在高压条件下变得几乎没有可压缩性，只有在接近地面、浆体内部压力较高时，气体才有明显的膨胀。所以它在水泥浆过渡状态下，对其体积缩小的补偿作用甚微，一般不作为防气窜水泥使用。因此通常所说的可压缩水泥是指发气水泥。

2）不渗透水泥

防气窜效果最好的是不渗透水泥，而胶乳是这种水泥的主要外加剂之一。胶乳是最好的胶结辅助剂、防气窜剂、基质增强剂和降失水剂，被广泛地用于改善水泥的胶结和防止气窜作业，能够增强水泥石的弹性和抗腐蚀性能力。油井水泥用得最普遍的是苯乙烯—丁二烯共聚物（SBR）。其中，苯乙烯占胶乳质量的70%～30%，丁二烯占30%～70%。

其他不渗透水泥添加剂还有：(1)由桥塞剂和聚合物组成的FLO–LOK，其原理是保持水泥空隙内的水不动，就是不被气体驱除。(2)使用平均粒度为1μm的微硅，以填塞空隙或堵塞空隙喉道，达到防气窜的目的。(3)聚乙烯醇，通过成膜作用达到密封效果。

3）触变性水泥

所谓触变性水泥，就是在剪切作用下，如混配和顶替期间，呈流体状；一旦停止剪切，如停泵时，可迅速形成凝胶结构，转为自支撑状态；如重新被剪切，如再次开泵时，凝胶结构破坏，又可转变为可泵的流体。

从理论上讲，真正的触变性流体应该是可以连续转换的，但对触变性水泥而言，由于其随时间的推移而逐渐水化，因此，在每一次的剪切、静止循环，如开泵、停泵循环后，其胶凝强度和屈服值均趋于递增。在注水泥施工期间，停泵后重新开泵，都需要更大的启动泵压，因此，在泵送触变性水泥浆时，应尽可能避免长时间停泵。

配制触变性水泥的方法，主要是在油井水泥中加入膨润土、硫酸盐和交联聚合物。

4）零游离水水泥

不稳定的水泥浆在候凝过程中固相颗粒的沉降导致水泥柱上部形成水槽，特别是大斜度井、水平井，水泥浆的析水会形成水槽、水带，成为窜流通道。通常，加入膨润土、绿坡缕石、偏硅酸钠、硅藻土、水玻璃、天然火山灰、粉煤灰、明矾或硫酸铝、纤维素等外加剂或外掺料来控制自由水。

5）直角凝固水泥

直角凝固水泥又称无胶凝水泥或不胶凝水泥，简称RAS（Right Angle Set）水泥。这种水泥浆在凝固之前的静切力始终小于10Pa，一旦开始凝固，几分钟之内就达240Pa以上。也就是在几分钟之内就能从小于30Bc达到100Bc的稠度，显著缩短胶凝强度发展的过渡时间，减小气窜风险。

6. 消泡剂

在固井中，一般希望加入不引气的外加剂，因为在配浆和泵送的过程中，起泡会使上水效率不好，影响固井施工。固井中常用的消泡剂一般有两类：一类是醇类，另一类是硅氧烷类。

1）醇类

包括醇、醚和酯，因其廉价而广泛使用。在大多数的情况下，都是预先在配浆之前加到混合水中。

2）有机硅类

有机硅是一类高效消泡剂，与醇类不同的是在水泥浆中起到破坏泡沫生成的作用。

7. 油井水泥堵漏剂

在钻井或注水泥期间，钻井液和水泥浆常常会全部或部分地漏失到高渗透地层、自然或诱发的裂缝性地层、孔隙或孔洞性地层，造成严重后果，这就是井漏。为了控制井的漏失，已经研究和发展了许多常规的和特殊的堵漏材料，如防漏材料、聚合物和胶凝材料、桥塞剂和堵漏堵水两用剂等。

（1）防漏材料。在注水泥中，防止井漏常用的方法是降低水泥浆密度、缩短水泥柱高度和减少环空摩擦阻力，以达到平衡压力固井；也可使用硅酸钾溶液作前置液，或在水泥浆中加入片状、纤维状、颗粒状或凝胶状材料，如赛璐珞、玻璃纤维、云母片和硬沥青等控制漏失。

（2）桥塞剂。桥塞剂一般是颗粒状、薄片状、纤维状和封包吸液颗粒。在使用中可以根据情况加到水泥浆中或者与聚合物一起直接封堵漏层。

（3）有机聚合物。通常所说的化学堵漏剂指的是有机聚合物堵漏剂。主要是树脂类、丙烯腈类和胶乳类等。

（4）无机胶凝剂。以水泥和石膏等无机胶凝材料为基础的堵漏浆液，是应用最早、成本最低的堵漏剂。但是，随着工艺水平的提高，应用日益减少。

（5）堵漏堵水两用剂。在最近几年开发的众多封堵材料中，有相当一部分是堵漏堵水两用剂。包括无机胶凝剂、树脂、有机硅等。

8. 表面活性剂

通常把一种物质两种状态（如冰和水）、两种物质一种状态（如油和水）或两种物质两种状态（如水泥和空气）的接触面称为界面。在一定条件下，任何物质总是以固态、液态和气态的某一状态存在，而分别形成固相、液相和气相。因此，它们之间组成的界面就有固—固、固—液、液—液、液—气和固—气五种。气体与气体之间认为已完全混合不存在界面。若溶液中的溶质被吸附在液—气或固—液界面上，表面能就会降低。为此，把显著改变界面能的作用，称为界面活性作用，而其溶质称为表面活性物质或表面活性剂。

表面活性剂的分类方法很多，常见的是按化学结构分类。当表面活性剂溶于水时，凡能在水溶液中电离成离子的称离子型表面活性剂，而不能电离成离子的称为非离子型表面活性剂，离子型表面活性剂又分成阴离子、阳离子和两性离子表面活性剂。

二、油井水泥外掺料

1. 加重剂

增加水泥浆密度的外加剂或外掺料称加重剂。最常用的加重剂是重晶石、钛铁矿和赤铁矿等。

（1）重晶石。重晶石的化学名称是硫酸钡，分子式 $BaSO_4$。多用于加重钻井液，研磨得较细，一般要过 325 目筛，用于水泥浆时需增加水灰比，因而减弱了加重效果，还会使水泥石强度降低。有时过细的重晶石，对缓凝剂有较强的吸附作用，可能会缩短水泥浆的稠化时间，通常用于油井水泥的是通过 200 目方孔筛或专门加工通过 6 ~ 20 号方孔筛的粗颗粒重晶石，可使水泥浆密度增加到 2.28 ~ 2.40g/cm^3。

（2）钛铁矿。钛铁矿的化学分子式为 $TiO_2 \cdot Fe_3O_4$，经机械加工研磨成适宜细度的褐色粉末，可将水泥浆密度提至 2.40g/cm^3 以上。

（3）赤铁矿。赤铁矿即 Fe_2O_3，是具有金属光泽的黑色粉末，密度 4.95g/cm^3 以上，细度过 40 ~ 200 目筛。由于所需附加水少，可将密度升高到 2.40g/cm^3 以上，水泥石强度降低的也少。若与分散剂一起使用，可将水泥浆密度增加到 2.64g/cm^3 以上。但对缓凝剂有一定的吸附作用，使用时应先测试稠化时间。

其他加重剂还有磁铁矿（Fe_3O_4）、方铅矿、氧化锰等。

2. 减轻剂

减轻剂也称填充剂，是一些填充材料。主要用于降低水泥浆密度，减少固井时静水液柱压力，避免水泥浆通过裂缝性地层、多孔隙地层、高渗透性地层和溶洞漏失地层时流失，又可增加水泥造浆率，降低水泥用量，节约固井成本。按其原理划分为两类：一类主要利用材料的高吸水性能，在混合材水泥当中，保持水泥浆体的稳定性。该类材料主要有：膨润土、微硅、硅藻土、粉煤灰、硬沥青、膨胀珍珠岩、火山灰、水玻璃等。其水泥浆密度大小主要取决于水灰比的大小，而不是以减轻材料本身密度大小或掺量多少而定。另一类主要依靠减轻剂本身来降低水泥浆密度，浆体密度取决于减轻剂密度大小和掺量的多少。有漂珠和化学发泡剂等。

1）膨润土

膨润土是以蒙脱石为主要组分的原生矿物，其含量在85%以上。由两层硅氧四面体夹一层铝氧八面体组成。这种规则的层状结构造成层与层间的结合松弛，可以吸存大量水分于其结构周围，使体积膨胀。这样一来，由于自身分散与支撑作用，而具有较高的液相黏度、胶凝强度和固相悬浮能力。膨润土掺量一般是2%～20%（BWOC），每增加1%膨润土含量，就需额外补充5.3%（BWOC）的水。

2）微硅

微硅也称硅石、超细硅粉或微硅石，是生产硅、硅铁或其他硅合金的副产品——硅石蒸气冷凝物。堆积密度为0.3g/cm^3，真实密度2.2～2.6g/cm^3，平均粒度在0.1～0.2μm之间（约为水泥或飞灰颗粒的1/50～1/100），故其比面积特别大，一般在15000～25000m^2/kg之间。纯度高、细度小，反应活性特别好，是最有效的火山灰材料。由于该材料比面积较大，配制水泥浆用水量就多，所以游离水含量就少。同时，由于它的高反应活性，其低密度水泥浆的抗压强度发展也是非常迅速的。一般加量是15%～28%（BWOC）。

3）硅藻土

硅藻土，是一种生物成因的硅质矿物，主要由硅藻类微生物及部分放射性虫类在水中死后的硅质遗骸沉积而成，以无定型的SiO_2为主要活性组分，与水结合形成非晶质矿物（化学成分为$SiO_2 \cdot H_2O$），有少量的Al_2O_3，Fe_2O_3，K_2O，Na_2O，MgO，CaO和有机物胶结硅藻土外壁，并充填在硅藻壳微孔内。其真实密度为2.10g/cm^3，堆积密度为0.44g/cm^3，比表面积为6750cm^2/g，具有孔隙度大、化学性质稳定及吸附性强等特点。

4）粉煤灰

粉煤灰主要由六种矿物组成，即玻璃微珠、海绵状玻璃体、石英、氧化铁、碳粒、硫酸盐等。其中以玻璃微珠和海绵状玻璃体为主。在微珠玻璃体基质中及其颗粒表面上，可能有石英和莫来石微晶。海绵状玻璃体是形状不规则的多孔玻璃颗粒，常粗于微珠。石英物质，大部分存在于玻璃质中，也有一些单独的$\alpha-$石英。碳粒有时呈珠状，一般为不规则的多孔颗粒。粉煤灰的活性主要取决于非晶态的玻璃体成分及其结构和性质，而不是取决于结晶的矿物。玻璃体的含量越多，粉煤灰的化学活性就越高。

从形貌上可将粉煤灰颗粒分为珠状颗粒和渣状颗粒两类，珠状颗粒又可分为漂珠、空心沉珠、复珠、密实沉珠和富铁微珠五种。渣状颗粒又可分为海绵状玻璃渣粒、碳粒、钝角颗粒、碎屑和粘聚颗粒五种。

粉煤灰的密度一般为1.8～2.6g/cm^3，松散容重为600～1000kg/m^3，压实容重为1000～1400kg/m^3。粉煤灰的颗粒粒径为0.5～300μm。

5）膨胀珍珠岩

膨胀珍珠岩俗称珠光砂，又名珍珠岩粉，系以珍珠岩矿石经过粉碎、筛分、预热，在1260℃左右的高温中悬浮瞬间焙烧、体积骤然膨胀加工而成的一种白色或灰白色的中性无机砂状材料，颗粒结构呈蜂窝泡沫状。

膨胀珍珠岩有很强的吸水性，表观密度 0.25 ~ 0.5g/cm³，真实密度为 2.0 ~ 2.2g/cm³。膨胀珍珠岩微孔玻璃体结构，包含有许多不连通的孔隙，因此，用其配浆，能获得密度较低的水泥浆。

6）漂珠

漂珠是从粉煤灰中浮选出来的玻璃珠，是一种比水泥颗粒径大 3 ~ 4 倍（本身粒径 40 ~ 250μm）的密闭、薄壳、轻质玻璃质材料。其密度仅为 0.7g/cm³，珠壁厚是球珠壁直径的 5% ~ 30%。漂珠具有和粉煤灰相同的化学组成，因此同样具有活性，漂珠密闭的空心球形内包含氮气和二氧化碳，并因为其能够部分参与水化作用而有效保障水泥的强度。由于漂珠是密闭的玻璃体，只需要很少的水量即可润湿漂珠表面，是一种优良的减轻剂，可配制一般减轻剂所达不到的超低密度水泥浆，密度为 1.08 ~ 1.44g/cm³，且具有相对较高抗压强度。

7）化学泡沫水泥浆

化学泡沫水泥浆是在水泥浆中通过化学反应产生气体来降低水泥浆密度的。同其他低密度水泥相比，泡沫水泥具有密度低、渗透率低、热导率低、强度高等特点，因此，多年来在国内外得到了广泛的应用。

泡沫水泥浆主要以氮气或空气作为减轻剂。泡沫水泥浆的制备主要有两种方法，即机械充气法和化学发气法。机械法可根据需要在水泥浆中充入任意量的气体，并使气体均匀地分散在水泥浆中，形成稳定的泡沫水泥浆，这种方法可根据固井施工的实际情况，随时调节充气量满足水泥浆密度要求，但施工较复杂，地面设备较多。化学发气法是利用水泥浆中的化学剂反应，产生出气体形成泡沫水泥浆，该方法施工简便，便于现场应用。

3. 热稳定剂

热稳定剂主要是石英砂，一般二氧化硅含量可达 96% ~ 99%。分粗、细两种，通过 70 ~ 200 目方孔筛者为硅砂，通过 325 目为硅粉。

第四节 前 置 液

绝大多数钻井液，不论是水基钻井液，还是油基钻井液，往往与水泥浆存在相容性问题。在固井施工中，如果水泥浆和钻井液直接接触，会发生严重化学干涉现象，缩短水泥浆稠化时间，增加混浆稠度，引起固井事故，导致固井失败。为保证固井施工安全，提高固井质量，需要在钻井液与水泥浆中间加入一种特殊的工作液，起到隔离、缓冲、冲洗和稀释钻井液的作用，这种工作液称为水泥浆的前置液，按其功能可分为冲洗液和隔离液。

一、概述

最初是采用清水作为前置液，其隔离效果和悬浮能力较差，达不到隔离的要求。随着使用条件的改变、固井要求的提高以及各种复杂井的出现，就对隔离液本身提出了更高的要求。从 20 世纪 70 年代开始，逐渐研制出了真正意义上的冲洗液和隔离液。

1. 冲洗液

1）表面活性剂类化学冲洗液

该类冲洗液主要是以一定量的表面活性剂及复配的表面活性剂体系为主剂，利用表面活性剂所特有的表面活性（润湿性、渗透性及乳化性等）作用于井壁和套管壁，降低二界面表面张力，增强冲洗液对界面的润湿作用和冲洗作用。对于用于油基钻井液钻井的冲洗液，常使用 HLB > 8 以上的亲水性强的 O/W 型表面活性剂或复配的 O/W 表面活性剂体系。一般规律为表面活性剂的亲水性越强，冲洗和润湿界面的作用就强。该类冲洗液产品种类较多，包括：YZ−2 型化学冲洗液、YJC−1 冲洗液、CX 化学冲洗液、DMH 化学冲洗液、SMS 抗盐高效冲洗液、HQ−1 固井冲洗液。

2）有固相冲洗液

主要是由基浆及泥浆的稀释剂、页岩稳定剂、表面活性剂等配制冲洗液达到冲洗的目的和要求。此类冲洗液配制工艺简单、方便，但是有时达不到冲洗液的性能要求。根据需要加入一定量的表面活性剂，用于改善界面亲水性能，提高冲洗效率。

3）无黏土固相冲洗液体系

该类冲洗液用在采矿业中居多，也有少量用在固井工程上。主要是抑制页岩、泥岩的膨胀，抑制水敏地层，保护井壁。该类冲洗液主要以水溶性聚合物（如：天然聚合物、生物聚合物及人工合成的聚合物）为主要组分，再辅助以其他的处理剂。冲洗液中没有固相成分，对钻井井壁有稳定和防坍塌的效果。该类产品种类较多，包括：人工合成聚合物类冲洗液、天然聚合物类冲洗液、生物聚合物类冲洗液。

2. 隔离液

目前国内外所使用的隔离液有以下几类：冲洗型隔离液，乳化隔离液，黏性隔离液，抗温、抗盐、抗钙类隔离液及其他功能隔离液。

1）冲洗型隔离液

冲洗型隔离液主要加入了钻井液稀释剂（FLCS、单宁酸钠、偏磷酸钠、柴油等）、表面活性剂、固相惰性颗粒或颗粒状孔隙材料等（表 4−4−1）。利用表面活性剂的表面活性对井壁润湿、乳化和渗透等作用，再协同高分子聚合物吸附作用、固相惰性颗粒的紊流冲刷作用，可以很容易地清除套管壁和井壁上的滤饼。常用的表面活性剂有羟乙基化壬烯基苯酚、羟乙基化醇、磺化线性直链醇以及脂肪酸的酰胺化产物。根据要求的密度不同，可以选择粉煤灰、石英砂、重晶石、钛铁矿、赤铁矿等作加重剂；以瓜尔胶及其衍生物、纤维素衍生物、生物聚合物、膨润土、海泡石及坡缕石等作为增黏剂。

表 4−4−1　国内冲洗型隔离液特性

产品名称	主要组成	性能特点
含纤维石棉的冲洗隔离液	10% ~ 20% 短纤维石棉、15% ~ 20% 已酰胺生产的碱性废物和水	冲洗能力强，水泥石和管壁粘附力大，水泥石胶结质量好
含膨润土粉末的隔离液	13% ~ 15% 膨润土粉末、10% ~ 12% 橡胶屑、23% ~ 25% 颗粒状孔隙材料（浸有轻质液态烃）和水	提高紊流程度，具有冲洗性能和抗沉淀能力

续表

产品名称	主要组成	性能特点
SAPP 冲洗隔离液	焦磷酸钠（主要化学剂）、聚丙烯酰胺（用做悬浮剂）、超细碳酸钙（作加重剂）	具有稀释和改善钻井液流动能力
SNC 水基隔离液	硅酸钠、烧碱、季铵碱、纤维素	与钻井液掺混增稠呈平板型层流或塞流，有利于提高钻井液的携带能力；与水泥浆掺混变稀，流动性增强
DSF 冲洗隔离液	加工后的碱金属硅酸盐、硅基的腐蚀性惰性固体粒子、高胶质的水化黏土、氧化硅和水	密度为 1.12 ~ 1.63g/cm^3，悬浮稳定性和热稳定性良好
新型固井前置液 HQ−1	表面活性剂、无机盐、纤维素以及加重材料	低速下可达紊流，能很好地冲洗管壁与井壁
SMC 抗盐高效前置液	高分子生物聚合物、非离子表面活性剂、页岩和黏土稳定剂	稳定性好，具有降失水功能，表面活性剂可以冲洗套管和二界面的油膜，对黏土膨胀具有抑制作用
新型无机凝胶冲隔离液	天然铝镁硅酸盐矿物经特殊晶层改造形成的无机增稠剂，非离子型表面活性剂及一价、二价电解质	密度为 1.04 ~ 1.53g/cm^3，典型的宾汉流体，能在低速下实现紊流
FSG− Ⅱ防渗漏隔离液	碱金属硅酸盐、聚合物、氧化硅、无机盐和酸	通过特殊的堵塞作用和吸附作用起到防渗漏和提高水泥浆胶结质量功能
可固化冲洗隔离液	4% 膨润土浆 +0.3% ~ 0.4%LVCMC，磨细矿渣粉，表面活性剂	一定防漏堵漏功能，冲洗残留堵漏剂和原油，能使胶结界面和大肚子井段残留的钻井液参与水泥浆固化
高密度冲洗隔离液	接枝类聚合物、有机悬浮助剂、稳定剂和表面活性剂	密度 1.00 ~ 1.85g/cm^3，一定的抗温性能，冲洗效率高
BCS 隔离液	悬浮剂 BCS−040S、稀释剂 BCS-021L、加重剂 BCW−600S 和水	具有优良的加重能力、稳定性、流变性，改变套管表面的润湿性
MS−R 隔离液	生物高分子聚合物、有机溶剂、悬浮稳定剂、热稳定剂	具有抗盐能力，密度可加重到 2.0g/cm^3

2）乳化隔离液

该类隔离液可以有效地降低摩阻，润湿套管及地面表层，从而提高了界面胶结强度；以油为外相的隔离液不易伤害地层，且能够实现紊流顶替钻井液，可以有效地隔离钻井液和水泥浆。采用等体积油和水乳化类型，在井下可以类型反转，能与多种钻井液、水泥浆配伍使用，但是配制程序较繁琐，在现场使用中带来很多不便（表 4−4−2）。

表 4−4−2 乳化隔离液主要产品特性

产品名称	主要组成	性能特点
微乳液隔离液	两性表面活性剂和多组分表面活性剂	隔离液具有较强的抗盐性
W/O 型乳化隔离液	含氨绿坡缕石、卵磷酸、$BaSO_4$、四硼酸钠	解决井眼不稳定和钻井液与水泥浆产生絮凝的问题

续表

产品名称	主要组成	性能特点
改性乳化隔离液	2.0% 的油酰胺、17.3% 的红油酸、6.0% 的三聚油酸、7.05% 的沥青树脂、4.6% 的表面活性剂和 63.2% 生石灰	体系可以发生反转，能与多种钻井液和水泥浆配伍
油酰胺分散剂体系隔离液	液烃、水、乳化剂、特种表面活性剂及适量的加重剂	不易伤害地层，且能够实现紊流顶替钻井液

3）黏性隔离液

具有一定的黏度，主要靠“黏性推移”而实现塞流或低速层流顶替钻井液。所用增黏剂或稠化剂有：淀粉类、黏土类（山软木土、海泡石）等。体系中还可以加入表面活性剂，用于改变套管表面的润湿性、渗透乳化井壁，提高冲洗井壁滤饼的作用（表 4–4–3）。

表 4–4–3　黏性隔离液产品特性

产品名称	主要组成	性能特点
CS 黏性隔离液	改性淀粉、水泥浆缓凝剂、表面活性剂、钙粉和盐	靠“黏性推移”而实现塞流顶替
高黏度隔离液	一种溶剂和稠化剂（特别是山软木土）	层流或塞流黏度为 5 ～ 400mPa · s
高黏度高密度隔离液	水、海泡石及重晶石	抗温 260℃，密度达 1.80g/cm ^{3} 抗盐、抗钙，适用于高压气井

4）抗温、抗盐、抗钙及低滤失量类隔离液

固井施工中，在多种流体相互影响和井下条件复杂状况下，如井下高温、盐水水泥浆以及地层水矿化度高、水泥浆中氢氧化钙的污染及地层防水敏坍塌等都要求现场配制和使用抗温、抗盐、抗钙及低滤失量隔离液。

表 4–4–4 给出了常用抗温、抗盐、抗钙及低滤失量类隔离液的配方。

表 4–4–4　常用抗温、抗盐、抗钙及低滤失量类隔离液配方

产品名称	主要组成	性能特点
抗高温隔离液	水、活性白土（美国产）、锌盐（加重剂）、亲水表面活性剂及水泥浆缓凝剂	抗温 260℃，良好的控制滤失性能
抗盐、抗温隔离液	4.8% ～ 12.4% 木质素，0.5% ～ 1.35% 煅烧苏打，0.94% ～ 2.50% 水溶性铝或铝盐（作为木质素的保护剂）50.5% ～ 81.3% 加重剂，其余为水	抗温 150℃，可用于封固含盐地层
含亚硝酸基三甲基磷酸的隔离液	10.6% ～ 12.0% 木质素，0.1% ～ 0.5% 羟甲基纤维素，0.5% ～ 3% 纯碱或烧碱，0.02% ～ 0.5% 亚硝酸基三甲基磷酸，其余为水	抗温 175℃
热稳定隔离液	粉末状 Б Л—100，1% 重铬酸盐，3% С С Б	150℃下热稳定性和抗盐性

续表

产品名称	主要组成	性能特点
抗钙隔离液	采用现场的钻井液为母液，加入所需的石灰乳溶液和低密度的稀溶液（低碱性铁络盐碱液、丹宁碱液）	具有强的抗钙能力
XP 隔离液	无机聚合物 A、有机聚合物 B、稀释剂 C 和钙离子抑制剂 D	热稳定性和悬浮稳定性，抗钙能力强
低滤失量隔离液	水、瓜尔胶、KCl、由萘磺酸与甲醛锂盐组成的诱导剂、聚乙烯亚胺及石灰石粉	暂堵作用，形成的薄膜可被酸溶解
低滤失量高悬浮性隔离液	0.54% ~ 1.5%NaOH，3.56% ~ 9.2% 木质素残渣，8.2% ~ 63.8% 重晶石，其余为水	抗温 150℃，防止钻井液和水泥浆接触絮凝

5）其他隔离液

主要是根据井况和工程要求发展了多功能多用途特点的前置液体系，适应当今复杂井的特殊要求，见表 4–4–5。

表 4–4–5 其他隔离液

产品名称	主要组成	性能特点
充气隔离液	0.5% ~ 0.7% 表面活性剂，空气含量为 25% ~ 40%	可以克服注水泥中水泥浆从套管环沿环空向井口流动过程中因液柱压力增高而引起的损失。使用没有季节限制
多用途隔离液	25% ~ 60% S–130，0.5% ~ 6% 有机黏土，30% ~ 70% 烃类溶剂，0 ~ 10% 表面活性剂以及 0 ~ 6% 低级醇	热稳定性好（143℃），常用于深井固井
铁络盐隔离液	主要组分铁络盐	加量少、配制方便，稀释减稠、降低摩阻作用
稀释—减阻—多组合隔离液	乳化剂，增稠剂，稳定剂，分散剂，降失水剂，抗温剂和加重剂	解决一些隔离效果差、滤失量高、悬浮能力差等不足
耐沉降隔离液	40% ~ 60% 多孔粒状堇青流纹石粉末（或陶粒粉末），0.5% ~ 2% 木质素磺酸盐，其余为水	对钻井液的黏度和切力没有影响，对水泥浆稠化时间无影响，改善水泥石强度和水泥浆的沉降稳定性
低黏附力隔离液	16%PAM100，2% ~ 3% 浓度为 10% 的 $Al_2(SO_4)_3$，5% ~ 20% 浮选剂 T66	隔离液特点是黏附力小，可有效地防止钻井液与水泥浆混合

二、前置液作用原理

前置液顶替钻井液时，其驱替动力主要来自 3 个方面：(1) 泵压；(2) 流动的前置液对钻井液的黏滞力；(3) 前置液对钻井液的浮力。阻碍钻井液流动的力也有 3 个：(1) 钻井液本身的黏度和切力；(2) 套管和井壁对钻井液的黏附力；(3) 钻井液本身的重力。从驱替钻井液的动力出发，以尽可能减少钻井液流动的阻力为方向，可以设计出优质的前置液，实现对钻井液的高效顶替，提高固井质量。

1. 冲洗液作用原理

(1) 物理冲刷理论。是采用冲洗液的紊流冲刷作用和水力机械作用冲刷井壁，清除井壁虚滤饼和油污，以达到提高第一、二界面胶结强度的目的。

(2) 化学冲洗作用理论。是通过向冲洗液配方中加入一种或多种化学试剂，有效清除井壁虚滤饼和油污，改善井壁，提高水润湿环境和第一、二界面胶结强度。

(3) 聚合物吸附胶结和渗析胶结理论。利用非离子表面活性剂的润湿和洗涤特性冲洗井壁，再利用低聚合度的聚合物的吸附特性，在易坍塌地层及水敏地层产生竞争吸附，高分子聚合物优先吸附于井壁，保护易坍塌地层及水敏地层。

2. 隔离液作用原理

(1) 冲洗隔离理论。通过加入稀释剂、表面活性剂、固相惰性颗粒或颗粒状孔隙材料等，利用稀释剂降低接触段钻井液的黏度和切力，而表面活性剂的表面活性对井壁有润湿、乳化和渗透等作用，再协同高分子聚合物吸附作用、固相惰性颗粒的紊流冲刷作用，可以较容易地将滤饼从套管壁和井壁上清除掉。

(2) 平面驱替理论。向隔离液中加入增黏剂能提高黏切值，使流速剖面分布平缓，以利于驱替钻井液；而高黏切值产生的壁面剪切应力可有效清除虚滤饼及井壁残留钻井液，改善界面胶结质量。

(3) 紊动扩散理论。流动性能良好的隔离液能在较低排量下达到紊流，利用其强烈地横向扰动、扩散，使钻井液与之掺混，进而排挤出钻井液滞留区。

(4) 密度差原理。要求隔离液的密度在钻井液和水泥浆之间，在顶替过程中，由于密度级差，产生的浮力作用，大大减少了浆体之间的掺混，对提高顶替效率有促进作用。

3. 前置液改善钻井液性能的原理

1) 冲洗液有效改善钻井液流变性能，提高固井顶替效率

固井前钻井液的流变性能的优劣严重影响固井注水泥的顶替效率。钻井液触变性对水泥浆顶替效率有明显的影响，特别是在低速下顶替尤为突出。随着环空返速的增加，钻井液结构破坏，静切力减弱，附着在井壁的滞留钻井液易被驱替带走。冲洗液是密度接近于水的牛顿流体，黏度低，在井内紊流流动，其在与钻井液接触时掺混，在不破坏钻井液稳定性前提下，大大降低了钻井液的黏度和切力，改善了钻井液流动性能，提高钻井液紊流流动能力，从而提高顶替效率。

2) 前置液表面物理化学作用改善和提高界面胶结质量

加入表面活性剂的化学前置液体系能使套管表面发生润湿反转，润湿性由亲油转变为亲水，有利于清除套管表面影响界面胶结质量的油膜；加入稀释剂的前置液能稀释钻井液，并能渗透进入虚滤饼内部，拆散滤饼结构，有利于改善界面胶结质量。

3) 前置液物理化学作用和流体力学作用提高界面滞留物的有效清除

环空井眼缝隙内或井径不规则处或套管偏心处等局部滞留的钻井液在井下高温情况下胶凝稠化黏附于井壁滤饼上形成虚滤饼，再次循环钻井液，这种滞留物很难脱落，在水泥浆固化后收缩脱水与水泥环形成微裂缝，留下环空油气水窜的隐患，对油气井的寿命影响严重。流变性能可调的隔离液，通过调节黏切值增大壁面剪切应力，可有效清除残留钻井液与虚滤饼，达到改善界面胶结质量的目的。

4. 前置液用于清除二界面胶凝钻井液

目前，常规井和复杂油气井普遍存在界面胶结质量差和顶替效率低，究其原因是多种因素综合影响的结果，如固井二界面胶结状况（钻井液滞留物和界面润湿性）、固井前钻井液流变性能、水泥浆体系性能、钻井过程中的井径扩大率和套管居中度以及井下复杂条件等因素，还有钻井液与水泥浆体系化学不兼容性都严重影响着层间封隔质量和油气井寿命。

（1）胶凝稠化钻井液的影响。钻井液在起钻、测井及下套管作业时处于静止状态，并且在井下长期高温下钻井液脱水，滞留于井壁，有效驱替非常困难，对固井质量的影响巨大。特别是偏心环形空间窄边一侧及渗透性地层的井壁处、井眼不规则处将窝存滞留大量的钻井液，这些俗称“死泥浆”，清除是非常困难，严重影响固井顶替效率。

（2）钻井液高黏度、切力和高触变性影响。当钻井液在下套管、测井等作业期间长时间静止时，高黏度、高的静切力和触变性的钻井液形成较强的网状结构造成顶替困难，所以在固井前需要调整钻井液性能，改善钻井液流变性能，降黏切、抗钙侵。

（3）滤饼性能的影响。虚厚的滤饼不仅影响套管下入，而且与水泥浆胶结质量很差。固井后虚滤饼脱水收缩，产生环空微间隙，成为流体运移的通道，增加油气水窜危险性。

因此，重视固井前多周循环钻井液，控制钻井液固相含量和黏土含量，使钻井液具备良好的流变性，较低的触变性，薄韧的滤饼，以提高界面胶结质量，防止油气水窜。

三、前置液基本性能设计及相容性设计

性能优良的前置液对于提高顶替效率和二界面胶结质量，延长油气井生产寿命具有重要和现实的技术经济价值。但就国内而言，前置液体系的研制和开发基础薄弱，其重要性未能引起足够重视，以至于相当一部分油田还在以清水、稀水泥浆、钻井液简单处理来代替前置液。因此，研究如何有效利用这一特殊中间流体对提高国内油田固井质量具有普遍意义。

前置液设计时，首先必须满足两点基本要求：第一，满足环空液柱结构实现静液压力对地层流体孔隙压力的控制要求；第二，满足提高顶替效率的要求。其次要根据钻井液及水泥浆的类型、所固井井况、地层条件、施工设备等情况，确定前置液体系，优选配方，使前置液与钻井液、水泥浆均保持良好的相容性，提高固井质量，降低固井成本。

1. 前置液体系基本性能设计

1）密度设计

环空流体密度设计是平衡压力固井设计的重要内容之一。从顶替效率的角度出发，应控制流体间有一定的密度差，以获得较大的浮力效果。环空流体在密度差的作用下能够产生浮力效应，浮力效应有利于钻井液被顶替，而且随着顶替液与被顶替液密度差的增加，浮力增加，流体间的流动压力梯度增加，利于提高钻井液的顶替效率。

因此，一般情况下要满足顶替液效率要求的密度差，即要求钻井液＜前置液＜领浆＜尾浆。常规直井中，要求顶替流体与被顶替流体间密度差设计在 0.12 ～ 0.24g/cm^3 为宜。

2）用量设计

前置液能改善钻井液性能、清除虚滤饼与界面油膜，提高顶替效率与界面胶结质量，

有利于固井质量的提高。但冲洗液密度低，对井壁冲刷作用强，应控制用量，以避免无法压稳气层或是影响井壁稳定性，而隔离液密度与流变性均可调，不仅能提高钻井液置换效率，还能有效隔离钻井液与水泥浆保证施工安全，因此应提高隔离液用量。一般情况对紊流隔离液根据井眼条件按照 5 ~ 10min 紊流接触时间设计用量。套管居中度高、井径规则可以按照 5min 紊流接触时间设计隔离液用量，否则应考虑设计 10min 紊流接触时间的隔离液用量。而黏性隔离液则根据裸眼段环空容积设计用量，应保证隔离液能以多倍体积置换环空钻井液或是占据环空高度达到 300m 以上。

3）前置液的流变性设计

前置液应具有良好的流变性能，在固井施工设计中可以灵活调节，有效地改善钻井液流动能力，提高井壁和二界面胶凝稠化滞留物的清除和携带，最终提高顶替效率。前置液流变性设计包括：流性指数及稠度指数、动切力及塑性黏度和施工流量。良好的前置液流变性能使紊流速度剖面变得平缓、丰满，提高其与钻井液横向质量交换速度，增强对井壁、套管上滤饼的冲刷作用，由于流速剖面变得平缓，避免了前置液“舌进”，因而减小了前置液与钻井液的纵向质量交换，从而减少了前置液的使用量，提高了隔离效果。

减小前置液的流性指数、稠度系数、屈服应力都可以使界面稳定性增加，因为这些参数的减小可以降低黏滞应力，使流速剖面变得平缓，从而使界面稳定性和顶替效率得到提高。

从顶替机理可知，顶替流态以紊流最好，塞流次之，层流较差。但水泥浆较黏稠，达到紊流需很高的排量和泵压，有时受设备功率和井身情况的限制，往往不能采用紊流。而塞流顶替，固井施工时间很长，有时受水泥浆稠化时间的限制而无法实施。层流的流速剖面呈尖峰型，造成水泥浆中央突进，而在井壁处滞留“死钻井液”，特别在井径大处更为严重，不利于钻井液顶替。因此，在现场作业中，应优先考虑采用前置液紊流低返速顶替技术，即前置液紊流冲洗、水泥浆低返速顶替技术，以保证流动剖面层层推进，有效提高顶替效率。固井作业时合理的环空浆柱结构为：低黏切钻井液 + 冲洗液 + 隔离液 + 领浆 + 尾浆。其中塞流隔离液使用与否，可根据实际情况而定。环空流体流变性要求：

动塑比：$\left(\dfrac{\tau_0}{\eta_0}\right)_{钻井液} < \left(\dfrac{\tau_0}{\eta_0}\right)_{前置液} < \left(\dfrac{\tau_0}{\eta_0}\right)_{水泥浆}$

环空压耗：$(p_f)_{前置液} < (p_f)_{领浆} < (p_f)_{尾浆}$

临界雷诺数：$(Re)_{前置液} < (Re)_{领浆} < (Re)_{尾浆}$

4）隔离液滤失量、抗温抗盐能力以及稳定性设计

隔离液稳定性是体系设计的基本条件，优选外加剂和外掺料使隔离液在某一温度范围内具有悬浮稳定性。为满足保护油气层的要求，对隔离液的滤失量进行一定的控制，对于特殊地层，必须严格控制。岩盐层、盐膏层隔离液必须具备一定的抗盐能力；对于高温高压井，隔离液具有良好的抗温能力和高温悬浮稳定性。

2. 相容性设计

在进行前置液性能设计时，应分析钻井液与水泥浆流体污染的本质，通过材料和外加

剂的优选，设计具有优良抗污染能力的前置液，保证前置液与钻井液、水泥浆具有良好的化学相容性，相互接触掺混合界面的多相流体在注替过程中有良好的流变性，以保证流体良好地顶替。所以说，前置液必须具备优良的抗污染能力，才能依靠密度差有效隔开钻井液和水泥浆，保证各接触流体仍保持原有良好的流动性能。

相容性是指前置液与水泥浆（或钻井液）以不同比例接触混合，都能形成均质稳定的混合物，而且不会因为化学反应产生与设计要求相违背的性能变化。

配制出的前置液要进行实验室和现场的相容性试验评价，以确保其工程安全性。

1）相容试验

（1）基液准备：

①前置液：依据产品技术说明配制，并加以陈化；

②钻井液：现场取样，充分搅拌；

③水泥浆：取自现场水泥与配浆水配制。

（2）混合流体的制备：应用制备的混合流体进行流变性、稠化时间、抗压强度和失水试验。在配备流体之前，先测出基本流体数据。所有混合流体均以整个混合流体的体积分数表示，混合流体的体积应满足实验需要量进行制备。

（3）流变性能：应进行水泥浆 / 钻井液、水泥浆 / 前置液和钻井液 / 前置液的流变性能试验。对每种流体组合，推荐的比例是 95/5、75/25、50/50、25/75 和 5/95，以及比例为 25/50/25 的钻井液 / 前置液 / 水泥浆混合体。

2）稠化时间试验

对混有 5%、25% 和 50% 的前置液的水泥浆按 GB/T 19139《油井水泥试验方法》规定进行稠化时间试验，并与不混有前置液的水泥浆稠化时间的数据作对比。

四、典型前置液体系及现场应用实例

1. DSF 研磨型冲洗隔离液

DSF 冲洗隔离液能有效地隔离钻井液与水泥浆，在低速下实现紊流而提高对钻井液的顶替效率，有效地冲洗井壁和套管壁，从而提高与水泥的胶结强度。DSF 研磨型冲洗隔离液在大庆油田的探井和调整井进行试验和应用，与大庆地区普遍使用的钻井液和水泥浆均有较好的相容性；能根据需要被加重到一定的密度，热稳定性良好，在现场试验的 15 口井中，有的井由于地层坍塌井径极大，有的井因地层垮塌曾将地层憋漏，有的井因地层压力高常发生油气侵，固井难度都比较大，使用 DSF 研磨型冲洗隔离液后，施工都很顺利，返出的隔离液界面或固井质量检查时的水泥面都很清楚。

2. MS 高效前置液

MS 高效前置液 1994 年在塔北地区 10 口井推广使用后，固井合格率 100%，油气层段固井质量优质率在 95% 以上。2000 年后为提高塔河油田钻井液顶替效率和界面胶结质量，根据塔河油田水平井的具体特点在现场 7 口深水平井设计使用 MS 高效前置液，在环空流体结构设计时采用钻井液 + 冲洗液 + 隔离液 + 水泥浆的浆体结构，并合理设计密度差。7 口井前置液应用情况具体见表 4–4–6。

表 4–4–6　MS 高效前置液在塔河油田深水平井应用

井名	TK104H	TK105H	TK106H	TK107H	TK108H	TK201H	TK202H
井深，m	5091	5110	5097	5235	5195	5172	5120
水平段长，m	366	330	430	401	465	334	428
封固段长，m	623	680	637	693	796	680	641
平均井径，mm	ϕ302	ϕ313	ϕ221	ϕ238	ϕ259	ϕ230	ϕ232
隔离液用量，m^3	10	7	8	8	8	12	10

7 口井现场实施，5 口井固井质量为优良，2 口井固井质量为合格。

3. SMS 前置液体系

SMS 前置液体系在埕岛油田 CB12A 平台的三口井中进行了试验应用。与同一平台的其他井相比，所试验的三口井的第二界面胶结质量提高了 40% ~ 50%，显示出良好的应用效果（表 4–4–7）。

表 4–4–7　SMS 前置液体系在埕岛油田的应用

井　名	CB12A–2	CB12A–6	CB12A–8
井深，m	1790	1900	1893
前置液用量，m^3	4	5	6
前置液密度，g/cm^3	1.03	1.20	1.20
Q_c，m^3/min	1.5	1.8	1.8
第一界面合格率	100%	100%	100%
第二界面合格率	85%	95%	96%

4. DMH 化学冲洗液

DMH 是用于油基钻井液或油包水钻井液的固井化学冲洗液，有很强的去油污能力，提高水泥环与两个界面的胶结强度。

DMH 化学冲洗液在大庆油田肇深 5 井、树平 1 井、源 50 井、榆平 1 井 4 口井进行了应用。这 4 口井均采用了油包水钻井液体系。肇深 5 井井深 4500mm，是大庆最深的井，采用 G 级低密度缓凝剂水泥固井。树平 1 井、榆平 1 井是两口水平井，采用非渗透水泥固井。固井采用组合的前置液，即柴油 +DMH 化学冲洗液 +SAPP 隔离液。

5. 乳化隔离液和冲洗隔离液

乳化隔离液是可用于油基钻井液，又可用于水基钻井液的通用隔离液。在大庆油田同深一井（井深 3900m，封固高度 1500m）、卫深三井（井深 3400m，封固高度 2150m）、阳深一井（井深 4651m，封固高度 1850m）3 口长封深井中进行了应用，固井施工顺利，声幅测井水泥面清楚，封固良好。

2004年大庆针对调整井、深探井等特殊井中存在高压层，固井时不易压稳，易发生窜槽等复杂问题，研究出了具有冲洗和隔离双重功能的高密度冲洗隔离液体系，并在30余口定向井和疑难井上进行了应用。从延时测井图对比情况看出，使用高密度冲洗隔离液的井混窜率大大降低（特别是井下水泥环上部界面胶结较好，水泥面清晰，曲线幅值小），充分说明了高密度隔离液能有效地保证环空液柱压力，增加了水泥浆候凝期间抗油气水侵的能力，证明了隔离液在固井中的重要作用。

6. SNC水基隔离液

中原油田黄河南探区断层多，地质构造复杂，油层分散，封固井段长，增加了固井作业的难度。1986年前使用过多种隔离液，固井合格率75%～78%，1986年下半年研制出SNC水基隔离液并推广应用，1987年以来共固井248口，合格率100%。SNC水基隔离液与钻井液掺混后，将使其增稠，并呈平板型层流或塞流，有利于提高钻井液的携带能力；与水泥浆掺混，使其变稀，流动性增强。

7. SGY-1前置液

胜利油田通过对近年来固井井史资料的对比分析发现，老区块大都进入高压注水开采期，一些层位出现高压，钻开油气层前钻井液密度基本上为自然密度，钻开油气层时钻井液密度大幅度提高，属高压井，油水层高压流体容易侵入环形空间。为提高顶替效率，胜利油田在多年的固井实践中研制开发出了适合本油田的SGY-1前置液。自1999年以来，通过采取各种技术措施和提高固井工程管理，调整井固井质量矛盾突出的孤东、孤岛地区所固100多口井，固井质量全部合格，优质率接近油田平均水平。

8. FSG－Ⅱ防渗漏隔离液

辽河油田为了解决某些地区由于地层渗漏，水泥与井壁胶结质量不好，致使水泥返高达不到设计要求，固井质量差，不能满足油田开采需要等问题，研究并应用了FSG－Ⅱ防渗漏隔离液。在辽河油田部分区块应用累计1200余井次，防漏有效率达95%以上，水泥环封固高度平均提高175m，固井质量优质率提高73%，基本上解决了辽河油田易漏区块水泥低返和固井质量差的问题，效果十分显著。表4-4-8为部分随机抽取试验井与未用FSG－Ⅱ的邻井固井质量对比情况。从FSG－Ⅱ应用试验井与邻井对比的各项指标不难看出，FSG－Ⅱ的应用使固井的各项指标都得到了大幅度提高，防渗漏效果明显。

表4-4-8　FSG－Ⅱ应用的实验井与未用FSG－Ⅱ的邻井对比

组别	井别	井号	套管下深，m	设计水泥返深，m	实际水泥返深，m	水泥环比设计高出，m	平均声幅，%	封固井段质量
Ⅰ	试验井	冷46-572	1986.97	528.3	700	299	10.5	优
		冷88-562	1845.53	273			3.8	优
	对比井	冷88-558	1876.26	969.0	800	75	18.9	合格
		冷90-560	—	701.5			55.6	不合格
		冷92-562	1816.68	505.5			30	差

续表

组别	井别	井号	套管下深，m	设计水泥返深，m	实际水泥返深，m	水泥环比设计高出，m	平均声幅，%	封固井段质量
Ⅱ	试验井	冷 114−556	1568.83	326.5	600	208	11.0	优
		冷 115−363	1578.66	915.5	800		9.5	优
		冷 119−359	1578.11	335.0			6.5	优
	对比井	冷 111−359	1603.67	690.0	850	−134	28.9	差
		冷 117−152	1452.84	452.5	地面		15.5	合格
		冷 117−154	1485.55	32.5			23.4	合格
		冷 119−154	1485.54	212.5			7.2	优
Ⅲ	试验井	齐 12−44	1223	地面	地面	0	2. 5	优
	对比井	齐 2−04	1097	260	地面	−170	15.3	合格
		齐 4−16	1256	79			4.5	优
Ⅳ	试验井	洼 25−37	1430	地面	地面	0	9.4	优
	对比井	洼 27−37	1407	80	地面	−149	12.0	优
		洼 28−38	1423	218			25.9	差

9. 新型广谱水基固井隔离液

该隔离液与钻井液、水泥浆具有良好的化学兼容性。隔离液通过加入重质碳酸钙、重晶石和钛铁矿等加重材料进行加重，密度可调范围 1.20 ~ 2.60g/cm^3，隔离液流变性能灵活可调，施工工艺简单。

目前这种隔离液已在大庆油田和四川磨溪构造、九龙山构造等几十口井中使用，在高难井中也多次使用，经现场应用，可以保证施工安全，并且隔离液的效果良好。

1）四川磨溪气田应用

四川磨溪气田钻探目的为开发磨溪构造嘉二气藏的天然气资源，一般井深为 3000 ~ 3500m。地层压力梯度变化大，由表层压力系数 1.0，到嘉二层压力系数高达 2.1 ~ 2.2，油层套管钻井液密度 1.6 ~ 1.9g/cm^3，四开尾管固井前钻井液密度达 2.2 ~ 2.4g/cm^3。

针对磨溪构造地质特征和固井特点，设计了密度范围为 1.60 ~ 2.40g/cm^3 的高密度隔离液体系，进行合理的用量设计和顶替流变学设计。

隔离液现场应用的试验井固井质量合格，试压和试采井全部正常，均无环空气窜或井口漏气等现象（表 4−4−9）。

表 4−4−9　试验井固井质量评价情况

井　号	井段	碰压	井漏	电测遇阻	固井质量	环空气窜
磨 154	技套	正常	无	无	合格	无
	尾管	正常	无	无	合格	无

续表

井　号	井段	碰压	井漏	电测遇阻	固井质量	环空气窜
磨 158	技套	正常	无	无	合格	无
	尾管	正常	无	无	合格	无
磨 160	技套	未碰上	无	无	合格	无
	尾管	正常	无	无	合格	无
磨 005−2	技套	未碰上	无	无	合格	无
	尾管	正常	无	无	合格	无
磨 005−1	技套	碰上	无	无	合格	无
	尾管	正常	无	无	合格	无

2）四川九龙山构造应用

龙 16 井和龙 17 井 ϕ244.5mm 固井前钻井液漏失较严重，龙 17 井在提高地层承压能力减小钻井液漏失速度（小于 5m³/h）后强行固井，固井时使用密度 2.2g/cm³ 隔离液 10 m³，最终测得固井质量优质。龙 16 井通井 7 次，固井工艺为双级固井，固井前将排量提高到 22L/s，井下出现漏失，漏失层位在分级箍下部 70m 左右。为保证固井质量，必须将排量提高到 28 ～ 30L/s，在钻井液中加入 5% ～ 6% 的随钻堵漏剂处理后提高排量，最后符合要求后进行固井。该井使用密度 2.09g/cm³ 隔离液 26m³，最终测得固井质量优质。

3）大庆油田应用

随着大庆油田外围深层气勘探开发井数量逐年增加，深层固井普遍存在温度高、封固段长、钻井液和水泥浆易相互污染、冲洗顶替效率低的问题。而采用清水或密度较低冲洗隔离液，主要存在以下几方面的问题：(1) 采用清水作为冲洗隔离液势必降低液柱静液压力，不利于压稳；(2) 由于存在压稳方面的顾忌，现场施工中尽量减少清水的用量，但同时也减弱了它作为冲洗液的作用效果，不利于替净；(3) 由于清水与完井液和水泥浆密度、黏度相差悬殊，在固井顶替过程中，极易发生“指进”现象，致使隔离效果不佳，同时也不利于提高顶替效率；(4) 对于水敏性地层，容易造成井壁冲蚀，不利于井壁稳定。

针对大庆油田高温深井特点和固井质量存在的难题，在宋深 6 井、徐深 15 井及徐深 13 井设计并采用了前置液体系，密度范围 1.20 ～ 1.50g/cm³，温度范围要求为 90 ～ 150℃，在 150℃高温下静止 4h 时隔离液上下密度差小于 0.04g/cm³（表 4−4−10）。

表 4−4−10　大庆油田隔离液应用情况

井号	套管下深，m	固井工艺	DC 冲洗液		隔离液		
			用量，m³	环空高度，m	用量，m³	密度，g/cm³	隔离高度，m
宋深 6	3563.51	单级	12	418	11.5	1.35	400
徐深 15	4374.40	双级	14.4	626	5.2	1.35	200
徐深 13	4436.76	双级	14.4	410	7.1	1.35	200

宋深6、徐深15井和徐深13井固井施工顺利，隔离液有效隔离了钻井液与水泥浆，保证了固井施工安全，并提高了顶替效率与界面胶结质量，固井质量良好。

4）四川气田分水1井应用

分水1井是目前广谱水基固井隔离液应用最深的一口井，是西南油气田分公司部署在分水岭潜伏构造上的一口重点预探井。本井五开已用 ϕ149.2mm 钻头钻至井深7353.84m完钻，需进行 ϕ127mm 尾管悬挂固井。

此井为超深井，环空间隙小，施工摩阻大，泵压高，注替过程中易诱发井漏；由于井底温度高，水泥试验难度大，对添加剂性能要求高，且水泥浆在深井中行程长，污染实验要求高，设计使用抗高温、防硫、两凝防气窜水泥浆体系。针对此井实际情况，选用密度为1.60g/cm^{3}的低黏、抗钙隔离液，漏斗黏度控制在45s左右，屈服值≤8Pa，以减少污染并提高顶替效率。

隔离液的使用效果：固井作业期间未发生井漏，也未出现任何复杂情况，碰压25MPa；施工时间共6.5h，钻井液、隔离液返出界面清晰，相互之间无较严重污染现象，两种流体及掺混段流动性均很好；保证了施工安全及固井质量，同时隔离液的注入也起到了降低井温的作用。

第五节　水泥浆流变学

一、基本概念

1. 注水泥流变设计的宗旨

流变学是专门研究液体变形和流动的科学，论述流体剪切速率（流速）和剪切应力（压力）之间的关系。流变性影响注水泥作业的顶替设计，包括水泥浆黏度造成在顶替过程中流型及流动阻力计算。

研究水泥浆流变特性，找出能准确描述水泥浆流变特性的本构方程，能够比较科学预测注水泥施工作业时环空当量密度及泵压，从而为施工排量提供依据，并能指导水泥外加剂选择，从而改进水泥浆流变性，完成水泥浆设计。

归结上述内容，其流变性测定及流变设计的宗旨是：确定水泥浆顶替钻井液的最佳流态，并通过流动阻力计算获得平衡压力固井设计，取得最好的顶替效率。

2. 水泥浆流变方程

水泥浆是非牛顿流体，一般采用宾汉流变模式或幂律流变模式描述流变性。

1）流变模式判别

采用宾汉流变模式和幂律流变模式来描述水泥浆的流变性，流变模式的具体选用应根据实际水泥浆的剪切速率与剪切应力对两个模式的吻合程度来确定。通常用公式确定：

$$F=\frac{\Phi_{200}-\Phi_{100}}{\Phi_{300}-\Phi_{100}} \tag{4-5-1}$$

式中 Φ_{100}，Φ_{200} 和 Φ_{300} 分别表示黏度计转速为100r/min，200r/min和300r/min时对应

的黏度计读数。当 F=0.5±0.03 时选用宾汉流变模式，反之选用幂律流变模式。

2）流变参数计算：

（1）宾汉模式（$\tau=\tau_0+\eta_p\gamma$）：

$$\eta_p=0.0015\ (\Phi_{300}-\Phi_{100}) \tag{4-5-2}$$

$$\tau_0=0.511\Phi_{300}-511\eta_p \tag{4-5-3}$$

（2）幂律模式（$\tau=K\gamma^n$）：

$$n=2.096\lg\left(\frac{\Phi_{300}}{\Phi_{100}}\right) \tag{4-5-4}$$

$$K=\frac{0.511\Phi_{300}}{511^n} \tag{4-5-5}$$

3）流变参数物理含义

（1）塑性黏度（η_p）。塑性黏度是宾汉流体的性质，不随剪切速率变化。塑性黏度反映层流流动时，流体内部网架结构的破坏与恢复处于动态平衡时三部分内摩擦力的微观统计结构：①固体之间的内摩擦阻力；②固体与液体分子之间的摩擦阻力；③液体分子间的内摩擦阻力。

（2）动切力（τ_0）。流体开始作层流流动所需最小剪切力。动切力的实质是流体作层流流动时，流体内部结构一部分被拆散，同时另一部分结构又重新恢复。当拆散与恢复结构速度相等时，流体体系中仍然存在的那部分内部结构产生的剪切流动阻力。

（3）流性指数（n）。流性指数主要反映流体内部结构强弱所构成黏度的方式及非牛顿性质的强弱。n 越小，非牛顿性越强。

（4）稠度系数（K）。流体的稠度系数反映流体的稀稠程度，K 越大，流体越稠。

二、影响注水泥顶替的因素

有效驱替钻井液，提高注水泥浆的顶替效率是清除钻井液窜槽、保证水泥胶结质量和水泥环密封效果的基本前提。近几十年来，注水泥顶替机理研究一直是国内外固井技术领域重点研究的课题。通过国内外学者多年来的研究，对顶替效率（顶替效率表示水泥浆对欲封固井段的填充体积百分比）提出以下两点基本要求：

（1）欲封固的环形空间，钻井液应全部被水泥浆置换，无窜槽现象存在；

（2）水泥塞返高及管内水泥塞的高度必须符合设计要求，并且由于套管偏心引起的不同间隙处的返高差异或是注替量设计的失误出现的“替空”现象都是不允许的。

1. 井眼条件

目前特殊井井身结构复杂、井眼轨迹控制困难，加之井下井漏、垮塌等复杂情况出现，常常造成不良的井身质量，如 S 形井、大肚子井。如果井眼不规则，存在多个“大肚子”段，即使采用紊流顶替，也很难将积存在“大肚子”段的“死钻井液”顶替干净。弯曲的井眼使套管不易居中，套管的偏心使得顶替过程中易发生“扰流”。图 4-5-1 描述了套管偏心对流速的影响。若地层承压能力较差，必然会影响水泥浆密度、排量、环空浆柱结构

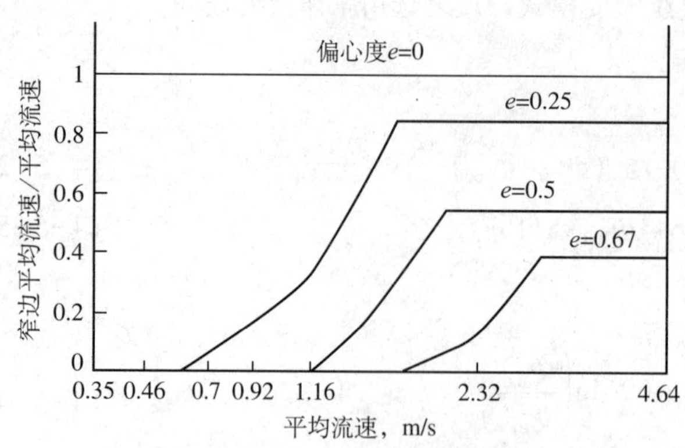

图 4-5-1 偏心对钻井液清除的影响

注：上述试验条件是 9in 井眼下入 6in 套管，流体密度为 $1.2g/cm^3$（10lb/gal），μ_p 为 0.01Pa · s，屈服强度为 0.48Pa

的设计，使得很多小井眼固井时不得不采用层流顶替，影响了环空置换效率。由以上分析可以看出，井眼条件对顶替效率影响较大。

2. 钻井液性能

钻进过程中对钻井液性能的要求与提高固井质量对钻井液性能要求两者间存在一定的矛盾性。在钻进过程中，为保持井控、钻速、防漏防卡、安全起下钻等，要求钻井液密度适当过平衡、低滤失量、强抑制能力，具有较高黏度和切力，具有高悬浮和高携屑能力以及具有优质滤饼、优良流变性和粗分散（絮凝）特性；但高触变性钻井液容易导致下完套管开泵后发生井漏，并且不易被剪切破坏，严重影响顶替效率。钻井液触变性对水泥浆顶替效率有明显的影响，特别是在低速下顶替尤为突出。从图 4-5-2 可以看出：

（1）钻井液 10min 静切力为 1 ~ 1.5Pa，水泥浆顶替效率较高，约在 80% 左右；

（2）水泥浆返速愈高，紊流程度愈强，触变性愈容易破坏，滞留的钻井液愈容易被顶替干净。

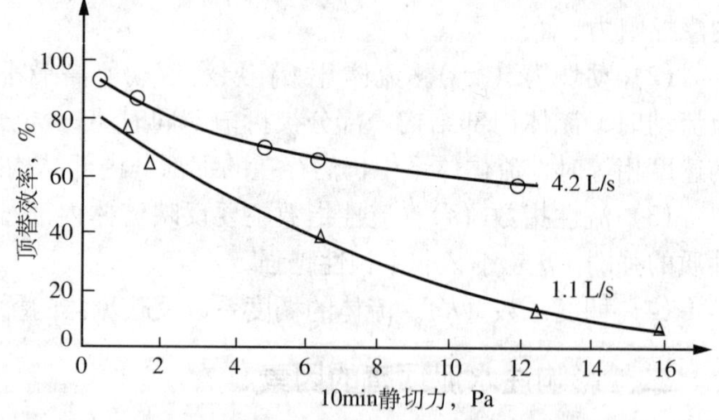

图 4-5-2 钻井液静切力对顶替效率的影响

3. 水泥浆性能

水泥浆性能直接关系到固井施工安全及顶替效率。

（1）流变性：水泥浆的流变性能是注水泥流变学设计的基本参数。为了提高环空置换效率，水泥浆切力应大于钻井液切力，亦即是水泥浆的启动压力要大于钻井液的启动压力，这样能有利于置换偏心环空窄间隙的钻井液。另外增大水泥浆动切力能改善水泥浆流速剖面，特别是在小井眼固井时，难以实现紊流顶替，水泥浆流速剖面的平缓程度很大程度上决定了顶替效率。通过数值模拟可以发现，提高水泥浆稠度系数可以提高顶替效率。

（2）失水量：控制失水是成功注水泥的重要因素。合理的水泥浆性能设计，应重视控制水泥浆失水，特别是小间隙井及易发生环空气窜的井。过大的失水易发生环空桥堵，可能引发井漏及其他固井事故。

（3）稳定性：若水泥浆的稳定性较差，导致水泥沉降，会严重影响水泥石的强度。

4. 密度差

钻井液的有效顶替与水泥浆的密度差有相应的影响，称为浮力效应。密度差与顶替效率由图 4–5–3 和图 4–5–4 可清楚看出，当密度差在 0.2g/cm³ 以上时，具有较好顶替效率，特别是在套管偏心时，应尽量增加密度差，才能获得较高的环空置换效率。

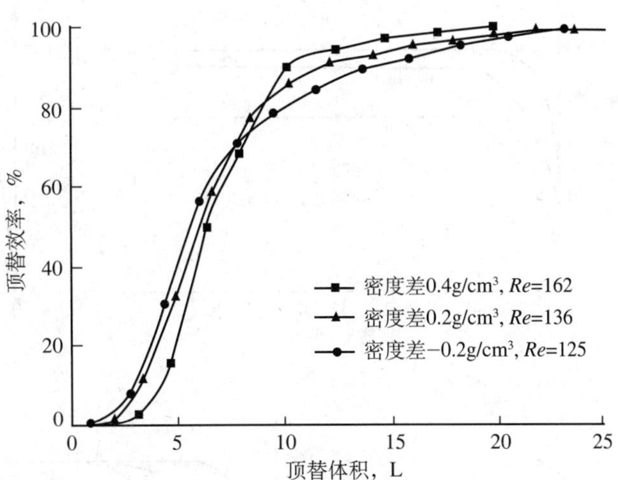

图 4–5–3　套管居中时不同密度差顶替体积与顶替效率的关系

对垂直井注水泥顶替过程中，如果水泥浆密度小于钻井液密度，顶替界面是不稳定的，钻井液的下沉会引起混浆严重，顶替效率较低。

5. 活动套管和接触时间

提高顶替效率的有效措施还包括活动套管和满足紊流状态下的最少接触时间的要求。改变顶替过程流体的流场，增加周向的旋转和回流作用，对顶替偏心环形空间窄间隙及滞留在井壁的“死钻井液”和虚滤饼是非常有利的，而活动套管可以在一定程度消除套管偏心对顶替效率带来的不利影响。

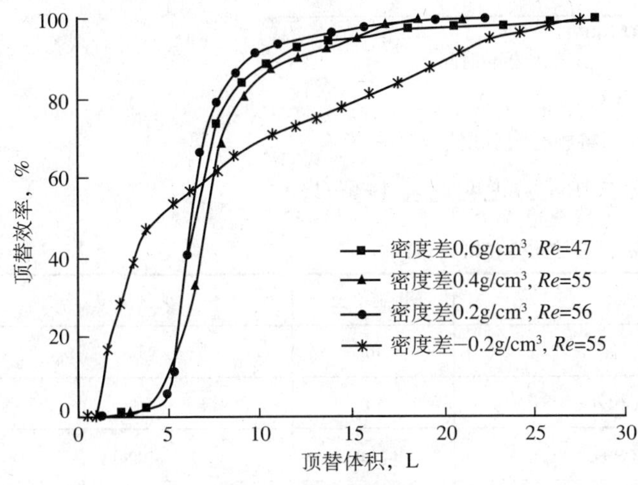

图 4–5–4　套管偏心时不同密度差顶替体积与顶替效率的关系

流体以紊流状态通过环空某位置的时间称为紊流接触时间。通过国内外研究表明，当紊流接触时间大于 10min 后，顶替效率较高，而层流对顶替效率的影响则很小。为了获得较高的环空置换效率，对于井径规则、套管居中的井眼紊流接触时间至少需要 4min，而套管偏心的井眼紊流接触时间至少需要 7min。当由于机泵能力或地层承压能力等原因不能实现水泥浆紊流顶替时，可考虑增加前置液体积，利用前置液良好的流变性，在较低排量下达到紊流顶替钻井液，提高环空置换效率。

当水泥浆处于层流或过渡流状态时，接触时间对顶替效率影响不大（图 4–5–5），而增加紊流接触时间能显著提高顶替效率，从图 4–5–5（c）可以看出当雷诺数达到 4747 时，接触时间达到 2min 左右，即能达到 100% 顶替效率。

三、顶替流动参数计算

以下主要列出宾汉模式及幂律模式摩阻、紊流临界流速、泵压、当量循环密度（ECD）计算方法。

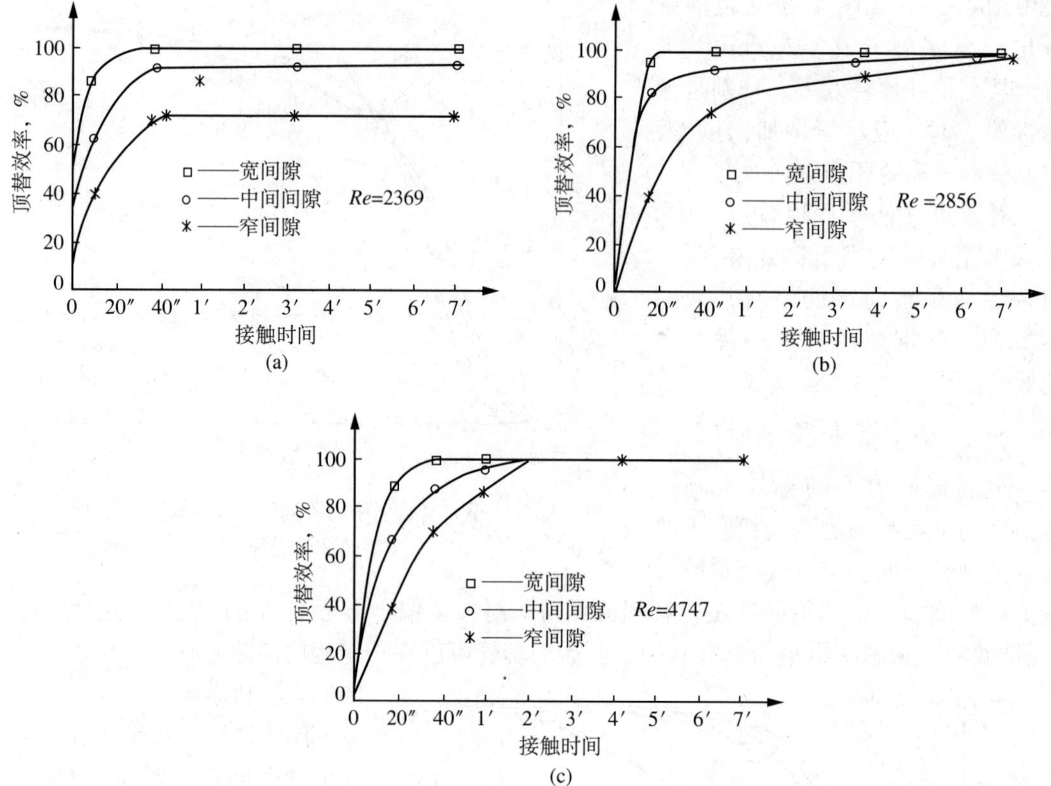

图 4-5-5 接触时间对顶替效率的影响

公式中符号说明见表 4-5-1，公式中常数说明见表 4-5-2。

表 4-5-1 公式符号说明

符号	名 称	SI 制单位	英制单位
D_i	套管内径	m	in
D_o 和 D_h	环空的内径和外径	m	in
ECD	循环当量密度	kg/m³	lb/gal
f	摩阻系数	—	—
K	幂律流体的稠度系数	$Pa \cdot s^n$	$1bf \cdot s^n/ft^2$
L	套管和环空的长度	m	ft
n	幂律流体的幂律指数	—	—
p_{fa}	环空流动压降	Pa	psi
p_{fp}	管内流动压降	Pa	psi
p_p	总泵压	Pa	psi
p_{hp}	管内静液压力	Pa	psi

续表

符号	名　称	SI 制单位	英制单位
p_{ha}	环空静液压力	Pa	psi
Re_{PL}	幂律流体的雷诺数	—	—
Re_{PL1} 和 Re_{PL2}	Re_{PL} 的临界值	—	—
Re_{BP}	宾汉流体的雷诺数	—	—
Re_{BP1} 和 Re_{BP2}	Re_{BP} 的临界值	—	—
Q	体积流量	m^3/s	bbl/min
Q_c	Q 的临界值	m^3/s	bbl/min
V	流体的平均流速	m/s	ft/s
V_c	紊流临界值	m/s	ft/s
Δp	摩阻压力	Pa	psi
μ_P	宾汉塑性流体的塑性黏度	Pa · s	cP
τ_o	宾汉塑性流体的屈服应力	Pa	$1bf/100ft^2$
ρ	流体密度	kg/m^3	1b/gal
He	赫兹数	—	—
α_c	临界核隙比	—	—
α_o	核隙比	—	—

表 4-5-2　公式中常数说明

常数	SI 制单位	英制单位
C	9.8	0.052
K_v	1	13.4828
$K_{\Delta P/L}$	1	0.01936
K_{Re}	1	927.6
$K_{Re_{PL}}$	1	$0.2325/12^n$
$K_{\mu_{P,RV}}$	1000	1
$K_{\tau_{0,RV}}$	2.0885	1
K_{μ_P}	0.001	1
K_{τ_0}	0.4788	1
$K_{Re_{BP}}$	1	927.6
K_{He}	1	37010

1. 流态判别

采用临界雷诺数来判别流体流态，临界雷诺数是随流体的性能而变化的。

紊流要求 $Re > Re_c$ 或 $V > V_c$

式中 Re——雷诺数；

Re_c——临界雷诺数。

1）宾汉塑性流体

（1）对用旋转黏度计测得的塑性黏度 $\mu_{p, RV}$ 和屈服值 $\tau_{0, RV}$ 按下面公式修正：

$$\mu_p=K_{\mu_p}\exp\left[0.9815\ln(\mu_{p, RV}K_{\mu_p, RV})-0.03832\right] \tag{4-5-6}$$

$$\tau_0=K_{\mu_p}(1.193\tau_{0, RV}K_{\tau_0, RV}-1.1611) \tag{4-5-7}$$

（2）宾汉塑性流体雷诺数的计算见表 4-5-3。

表 4-5-3 宾汉塑性流体雷诺数计算

管流	
$Re_{BP}=\dfrac{K_{Re_{BP}}V\rho D_i}{\mu_p}$ (4-5-8)	
环空流：管近似法	环空流：窄缝近似法
$Re_{BP}=\dfrac{K_{Re_{BP}}V\rho\left(D_h-D_o\right)}{\mu_p}$ (4-5-9)	$Re_{BP}=\dfrac{K_{Re_{BP}}V\rho\left(D_h-D_o\right)}{1.5\mu_p}$ (4-5-10)
注：对环空流，当 $D_o/D_h > 0.3$ 时应采用窄缝近似法。	

（3）宾汉塑性流体临界雷诺数的计算：

赫兹数计算见表 4-5-4。

表 4-5-4 赫兹数计算

管流	
$\mathrm{He}=\dfrac{K_{He}\tau_0\rho D_i^2}{\mu_p^2}$ (4-5-11)	
环空流：管近似法	环空流：窄缝近似法
$\mathrm{He}=\dfrac{K_{He}\tau_0\rho\left(D_h-D_o\right)^2}{\mu_p^2}$ (4-5-12)	$\mathrm{He}=\dfrac{K_{He}\tau_0\rho\left(D_h-D_o\right)^2}{1.5^2\mu_p^2}$ (4-5-13)
注：对环空流，当 $D_o/D_h > 0.3$ 时应采用窄缝近似法。	

临界核隙比的计算：

$$\alpha_c = 0.75 \times \frac{\left(\frac{2He}{24500}+0.75\right)-\sqrt{\left(\frac{2He}{24500}+0.75\right)^2-4\left(\frac{He}{24500}\right)^2}}{2\left(\frac{He}{24500}\right)} \tag{4-5-14}$$

临界雷诺数计算见表 4–5–5 和表 4–5–6，流态判别见表 4–5–7。

表 4–5–5　上临界雷诺数计算

管流	$Re_{BP2} = \frac{He\left(0.968774-1.362439\alpha_c+0.1600822\alpha_c^4\right)}{8\alpha_c}$　(4–5–15)
环空流（管近似法）	$Re_{BP2} = \frac{He\left(0.968774-1.362439\alpha_c+0.1600822\alpha_c^4\right)}{8\alpha_c}$　(4–5–16)
环空流（窄缝近似法）	$Re_{BP2} = \frac{He(0.968774-1.362439\alpha_c+0.1600822\alpha_c^4)}{12\alpha_c}$　(4–5–17)
注：对环空流，当 D_o/D_h > 0.3 时应采用窄缝近似法。	

表 4–5–6　下临界雷诺数计算

管流	
$Re_{BP1}=Re_{BP2}-866\ (1-\alpha_c)$	
环空流：管近似法	环空流：窄缝近似法
$Re_{BP1}=Re_{BP2}-866\times(1-\alpha_c)$　(4–5–18)	$Re_{BP1}=Re_{BP2}-577\times(1-\alpha_c)$　(4–5–19)
注：对环空流，当 D_o/D_h > 0.3 时应采用窄缝近似法。	

表 4–5–7　流态判别

流态	管流	环空流
层流	$Re_{BP} \leqslant Re_{BP1}$	$Re_{BP} \leqslant Re_{BP1}$
过渡流	$Re_{BP1} < Re_{BP} < Re_{BP2}$	$Re_{BP1} < Re_{BP} < Re_{BP2}$
紊流	$Re_{BP} \geqslant Re_{BP2}$	$Re_{BP} \geqslant Re_{BP2}$

2）幂律流体

（1）幂律流体雷诺数计算见表 4–5–8。

表 4–5–8　幂律流体雷诺数计算

管流
$Re_{PL} = \frac{K_{Re_{PL}}\rho V^{2-n} D_i^n}{8^{n-1}\left[(3n+1)/(4n)\right]^n K}$　(4–5–20)

续表

环空流：管近似法	环空流：窄缝近似法
$$Re_{PL}=\frac{K_{Re_{PL}}\rho V^{2-n}(D_h-D_o)^n}{8^{n-1}\left[(3n+1)/(4n)\right]^n K} \quad (4-5-21)$$	$$Re_{PL}=\frac{K_{Re_{PL}}\rho V^{2-n}(D_h-D_o)^n}{12^{n-1}\left[(2n+1)/(3n)\right]^n K} \quad (4-5-22)$$
注：对环空流，当 $D_o/D_h>0.3$ 时应采用窄缝近似法。	

（2）临界雷诺数的计算：

$$Re_{PL1}=3250-1150n \quad (4-5-23)$$

$$Re_{PL2}=4150-1150n \quad (4-5-24)$$

（3）流态判别见表 4-5-9。

表 4-5-9　流态判别

流态	管流	环空流
层流	$Re_{PL}\leqslant Re_{PL1}$	$Re_{PL}\leqslant Re_{PL1}$
过渡流	$Re_{PL1}<Re_{PL}<Re_{PL2}$	$Re_{PL1}<Re_{PL}<Re_{PL2}$
紊流	$Re_{PL}\geqslant Re_{PL2}$	$Re_{PL}\geqslant Re_{PL2}$

2. 紊流临界流速的计算

（1）宾汉塑性流体，见表 4-5-10。

表 4-5-10　宾汉塑性流体紊流临界流速

管流	
$$V_c=\frac{\mu_p Re_{BP2}}{K_{Re_{BP}}\rho D_i} \quad (4-5-25)$$	
环空流：管近似法	环空流：窄缝近似法
$$V_c=\frac{\mu_p Re_{BP2}}{K_{Re_{BP}}\rho\left(D_h-D_o\right)} \quad (4-5-26)$$	$$V_c=\frac{1.5\mu_p Re_{BP2}}{K_{Re_{BP}}\rho\left(D_h-D_o\right)} \quad (4-5-27)$$
注：对环空流，当 $D_o/D_h>0.3$ 时应采用窄缝近似法。	

（2）幂律流体，见表 4-5-11。

表 4-5-11　幂律流体紊流临界流速

管流	$$V_c=\left\{\frac{8^{n-1}\left[(3n+1)/(4n)\right]^n K Re_{PL2}}{K_{Re_{PL}}\rho D_i^n}\right\}^{[1/(2-n)]} \quad (4-5-28)$$

续表

环空流：管近似法	$$V_c=\left\{\frac{8^{n-1}\left[(3n+1)/(4n)\right]^n KRe_{PL2}}{K_{Re_{PL}}\rho(D_h-D_o)^n}\right\}^{[1/(2-n)]} \tag{4-5-29}$$
环空流：窄缝近似法	$$V_c=\left\{\frac{12^{n-1}\left[(2n+1)/(3n)\right]^n KRe_{PL2}}{K_{Re_{PL}}\rho(D_h-D_o)^n}\right\}^{[1/(2-n)]} \tag{4-5-30}$$
注：对环空流，当 $D_o/D_h>0.3$ 时应采用窄缝近似法。	

3. 流动摩阻压降计算

1）摩阻系数计算：

（1）宾汉塑性流体。层流流态摩阻系数计算见表 4–5–12。

表 4–5–12　宾汉塑性流体层流流态摩阻系数计算

管流	
$$f=16\left(\frac{1}{Re_{BP}}+\frac{He}{6Re_{BP}^2}\right) \tag{4-5-31}$$	
环空流：管近似法	环空流：窄缝近似法
$$f=16\left(\frac{1}{Re_{BP}}+\frac{He}{6Re_{BP}^2}\right) \tag{4-5-32}$$	$$f=24\left(\frac{1}{Re_{BP}}+\frac{He}{8Re_{BP}^2}\right) \tag{4-5-33}$$
注：对环空流，当 $D_o/D_h>0.3$ 时应采用窄缝近似法。	

在紊流状态下，无论流体在哪种几何形状内流动，摩阻系数都可由下式计算：

$$f=\frac{A}{Re_{BP}^B} \tag{4-5-34}$$

常数 A，B 取值见表 4–5–13。

表 4–5–13　公式（4–5–34）常数 A，B 值

He	A	B
$\leqslant 0.75\times10^5$	0.20656	0.3780
$0.75\times10^5<\text{He}\leqslant1.575\times10^5$	0.26365	0.38931
$>1.575\times10^5$	0.20521	0.35579

在过渡流状态下，在雷诺数为 $Re_{BP1}\sim Re_{BP2}$ 之间采用双对数近似法计算。

（2）幂律流体。层流流态摩阻系数计算见表 4–5–14。

表 4–5–14　幂律流体层流流态摩阻系数计算

<table>
<tr><td colspan="2">管流</td></tr>
<tr><td colspan="2">$$f=\frac{16}{Re_{PL}} \tag{4-5-35}$$</td></tr>
<tr><td>环空流：管近似法</td><td>环空流：窄缝近似法</td></tr>
<tr><td>$$f=\frac{16}{Re_{PL}} \tag{4-5-36}$$</td><td>$$f=\frac{24}{Re_{PL}} \tag{4-5-37}$$</td></tr>
<tr><td colspan="2">注：对环空流，当 $D_o/D_h>0.3$ 时应采用窄缝近似法。</td></tr>
</table>

在紊流状态下，无论流体在哪种几何形状内流动，摩阻系数都可按下面经验公式计算：

$$f=\frac{A}{Re_{PL}^{B}} \tag{4-5-38}$$

常数 A，B 取值见表 4–5–15。

表 4–5–15　公式（4–5–38）常数 A，B 值

n	A	B
0.2	0.0646	0.349
0.3	0.0685	0.325
0.4	0.0712	0.307
0.6	0.074	0.281
0.8	0.076	0.263
1.0	0.0779	0.250

在过渡流状态下，在雷诺数为 $Re_{PL1}\sim Re_{PL2}$ 之间采用双对数近似法进行计算。

2）摩阻压降计算

摩阻压降计算见表 4–5–16。

表 4–5–16　摩阻压降计算

管流	环空流
$$\Delta p=\frac{2\rho V^2 fK_{\Delta p/L}L}{D_i} \tag{4-5-39}$$	$$\Delta p=\frac{2\rho V^2 fK_{\Delta p/L}L}{D_h-D_o} \tag{4-5-40}$$

4. 泵压计算

最终顶替泵压等于环空与管内静液压力差和沿程摩阻压降之和，按下式计算：

$$p_P=(p_{ha}-p_{hp})+(p_{fp}+p_{fa}) \tag{4-5-41}$$

5. 循环当量密度

$$ECD=\frac{p_{ha}+p_{fa}}{CL} \tag{4-5-42}$$

6. 水泥浆流变性设计示例

设计条件（图 4–5–6）：

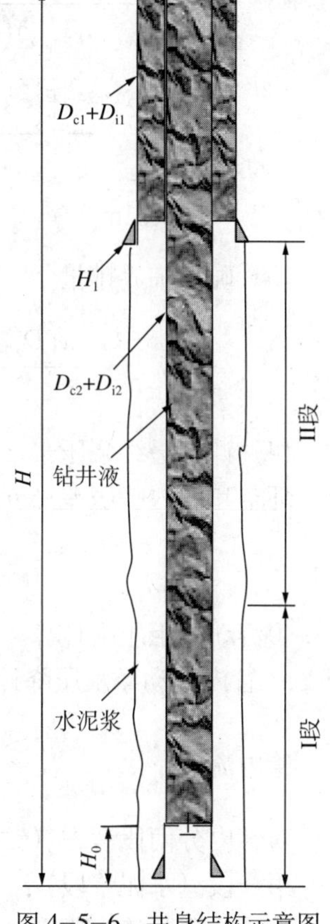

图 4–5–6　井身结构示意图

井深 H=3202m　　表层套管鞋位置 H_1=900m

表层套管外径 D_{c1}=0.2445m　　表层套管内径 D_{i1}=0.2244m

下入套管深度 L=3200m　　下入套管外径 D_{c2}=0.1778m

下入套管内径 D_{i2}=0.157m　　水泥塞高度 H_0=30m

1 段裸眼井径 D_{w1}=0.23m　　1 段长 L_1=1000m

2 段裸眼井径 D_{w2}=0.24m　　2 段长 L_2=1300m

井底循环温度 T=87℃

钻井液性能（宾汉流体）：

$$\rho = 1.65 \times 10^3 \text{kg/m}^3$$

$$\tau_0 = 0.86\text{Pa}\text{（修正后）}$$

$$\mu_P = 0.04\text{Pa} \cdot \text{s}\text{（修正后）}$$

用范氏 35 型旋转黏度计测得水泥浆流变性能见表 4–5–17。

1）水泥浆流变模式的选用

使用公式（4–5–1）判断选用何种流变模式：

$$F = \frac{\Phi_{200} - \Phi_{100}}{\Phi_{300} - \Phi_{100}} = \frac{43 - 23}{59 - 23} = 0.56$$

因为 $F \neq 0.5 \pm 0.03$

因此，水泥浆按幂律模式进行设计。

表 4–5–17　流变性测定结果

温度 ℃	水泥浆密度 kg/m³	旋转黏度计读数				
		Φ_{300}	Φ_{200}	Φ_{100}	Φ_6	Φ_3
87	1.85×10^3	59	43	23	13	8

2）水泥浆流变参数计算

由公式（4–5–4）得 $n \approx 0.8624$，由公式（4–5–5）得 $K \approx 0.141\text{Pa} \cdot \text{s}^n$。

3）紊流顶替流态设计

(1) 上临界雷诺数确定：

$$Re_{PL2} = 4150 - 1150n = 4150 - 1150 \times 0.8624 = 3158$$

(2) 按最大井径设计计算环空临界流速：

由于环空内径与环空外径之比：$D_o/D_h = D_{c2}/D_{w2} = 0.1778/0.24 = 0.74 > 0.3$

所以按公式（4–5–30）环空流窄缝近似法计算：

$$V_c=\left\{\frac{12^{n-1}\left[(2n+1)/(3n)\right]^n KRe_{PL2}}{K_{Re_{PL}}\rho\left(D_h-D_o\right)^n}\right\}^{[1/(2-n)]}$$ （式中 $D_h=D_{w2}$，$D_o=D_{c2}$）

$$=\left\{\frac{12^{0.8624-1}\left[(2\times0.8624+1)/(3\times0.8624)\right]^{0.8624}\times0.141\times3158}{1\times1.85\times10^3\times(0.24-0.1778)^{0.8624}}\right\}^{[1/(2-0.8624)]}$$

$$=1.81\mathrm{m/s}$$

(3) 确定临界排量：

$$Q=\frac{\pi\left(D_{w2}^2-D_{c2}^2\right)V_c}{4}=\frac{\pi\left(0.24^2-0.1778^2\right)\times1.81}{4}=0.037\mathrm{m^3/s}$$

(4) 计算最终泵压：

环空和管内静压差 $\Delta p_h=p_{ha}-p_{ho}$

$=9.81\times\left[(3200-30)-900\right]\times\left(1.85\times10^3-1.65\times10^3\right)$

$=4.45\times10^6\mathrm{Pa}$

①流动摩阻压降计算：

a. 管内流动摩阻压降计算：

管内流速 $$V=\frac{4Q}{\pi D_{i2}^2}=\frac{4\times0.037}{\pi\times0.157^2}=1.91\mathrm{m/s}$$

对管内分两段考虑（钻井液段和水泥浆段）。

第一段（水泥浆段）：

计算雷诺数流态判别：

$$Re_{PL}=\frac{K_{Re_{PL}}\rho V^{2-n}D_i^n}{8^{n-1}\left[(3n+1)/(4n)\right]^n K}$$

$$=\frac{1\times1.85\times10^3\times1.91^{2-0.8624}\times0.157^{0.8624}}{8^{0.8624-1}\left[(3\times0.8624+1)/(4\times0.8624)\right]^{0.8624}\times0.141}$$

$$=7142>3158$$

（式中 $D_i=D_{i2}$）

由于 $Re_{PL}>Re_{PL2}$，因此为紊流状态。

摩阻系数 $f=\dfrac{A}{Re_{PL}^B}$，$A=0.0766$，$B=0.259$

$$f=\frac{0.0766}{7142^{0.259}}=0.00769$$

摩阻压降 $$\Delta p_1=\frac{2\rho V^2 fK_{\Delta P/L}L}{D_i}=\frac{2\times1.85\times10^3\times1.91^2\times0.00769\times1\times30}{0.157}=1.98\times10^4\mathrm{Pa}$$

（式中 $D_i=D_{i2}$）

第二段（钻井液段）：

计算雷诺数流态判别：$Re_{BP}=\dfrac{K_{Re_{BP}}V\rho D_i}{\mu_P}=\dfrac{1\times1.91\times1.65\times10^3\times0.157}{0.04}=12370$

（式中 $D_i=D_{i2}$）

赫兹数　　$\text{He}=\dfrac{K_{He}\tau_o\rho D_i^2}{\mu_P^2}=\dfrac{1\times0.86\times1.65\times10^3\times0.157^2}{0.04^2}=21860$

（式中 $D_i=D_{i2}$）

$$\text{临界核隙比}\,\alpha_c=0.75\times\frac{\left(\dfrac{2\text{He}}{24500}+0.75\right)-\sqrt{\left(\dfrac{2\text{He}}{24500}+0.75\right)^2-4\left(\dfrac{\text{He}}{24500}\right)^2}}{2\left(\dfrac{\text{He}}{24500}\right)}$$

$$=0.75\times\frac{\left(\dfrac{2\times21860}{24500}+0.75\right)-\sqrt{\left(\dfrac{2\times21860}{24500}+0.75\right)^2-4\left(\dfrac{21860}{24500}\right)^2}}{2\left(\dfrac{21860}{24500}\right)}$$

$$=0.309$$

上临界雷诺数　　$$Re_{BP2}=\frac{\text{He}\left(0.968774-1.362439\alpha_c+0.1600822\alpha_c^4\right)}{8\alpha_c}$$

$$=\frac{21860\left(0.968774-1.362439\times0.309+0.1600822\times0.309^4\right)}{8\times0.309}$$

$$=4857$$

下临界雷诺数 $Re_{BP1}=Re_{BP2}-866\times(1-\alpha_c)=4857-866\times(1-0.309)=4259<Re_{BP2}$

由于 $Re_{BP}>Re_{BP2}$，因此流态为紊态。

摩阻系数 $f=\dfrac{A}{Re_{BP}^B}$，查表知 $A=0.20656$，$B=0.378$

$$f=\frac{0.20656}{12370^{0.378}}=0.00586$$

$$\Delta p_2=\frac{2\rho V^2 fK_{\Delta P/L}L}{D_i}=\frac{2\times1.65\times10^3\times1.91^2\times0.00586\times1\times(3200-30)}{0.157}=1.42\times10^6\,\text{Pa}$$

（式中 $L=L_2-H_o$，$D_i=D_{i2}$）

b. 环空流动摩阻压降计算（分三段）。

第一段（水泥段）：

环空流速 $$V=\frac{4Q}{\pi\left(D_{W1}^{2}-D_{c2}^{2}\right)}=\frac{4\times0.037}{\pi\left(0.23^{2}-0.1778^{2}\right)}=2.21\text{m/s}$$

由于 $D_o/D_h > 0.3$，所以根据公式

$$\begin{aligned}Re_{PL}&=\frac{K_{Re_{PL}}\rho V^{2-n}\left(D_h-D_o\right)^{n}}{12^{n-1}\left[\left(2n+1\right)/\left(3n\right)\right]^{n}k}\\&=\frac{1\times1.85\times10^{3}\times2.21^{2-0.8624}\left(0.23-0.1778\right)^{0.8624}}{12^{0.8624-1}\left[\left(2\times0.8624+1\right)/\left(3\times0.8624\right)\right]^{0.8624}\times0.141}\\&=3411\end{aligned}$$

（其中　$D_h=D_{w1}$，$D_o=D_{c2}$）

由于 $Re_{PL} > Re_{PL2}$，因此流态为紊流。

根据公式 $f=\frac{A}{Re_{PL}^{B}}$，$A=0.0766$，$B=0.259$。

$$f=\frac{0.0766}{3411^{0.259}}=0.00932$$

摩阻压降 $$\Delta p_3=\frac{2\rho V^{2}fK_{\Delta P/L}L}{D_h-D_o}=\frac{2\times1.85\times10^{3}\times2.21^{2}\times0.00932\times1\times1000}{0.23-0.1778}=3.22\times10^{6}\text{Pa}$$

（其中　$D_h=D_{w1}$，$D_o=D_{c2}$，$L=L_1$）

第二段（水泥浆段）：

因为设计返速时是按该段考虑的。因此，该段的雷诺数为临界雷诺数即 3158，环空流速为 1.81m/s。

根据公式摩阻系数 $f=\frac{A}{Re_{PL}^{B}}$（通过查表并线性插值，得到 $A=0.0766$，$B=0.259$）。

$$f=\frac{0.0766}{3158^{0.259}}=0.0095$$

摩阻压降 $$\Delta p_4=\frac{2\rho V^{2}fK_{\Delta P/L}L}{D_h-D_o}=\frac{2\times1.85\times10^{3}\times1.81^{2}\times0.0095\times1\times1300}{0.24-0.1778}=2.41\times10^{6}\text{Pa}$$

（其中 $D_h=D_{w2}$，$D_o=D_{c2}$，$L=L_2$）

第三段（钻井液段）：

环空流速 $$V=\frac{4Q}{\pi\left(D_{i1}^{2}-D_{c2}^{2}\right)}=\frac{4\times0.037}{\pi\left(0.2244^{2}-0.1778^{2}\right)}=2.51\text{m/s}$$

雷诺数
$$Re_{\mathrm{BP}}=\frac{K_{\mathrm{Re_{BP}}}V\rho\left(D_{\mathrm{h}}-D_{\mathrm{o}}\right)}{1.5\mu_{\mathrm{P}}}$$
$$=\frac{1\times2.51\times1.65\times10^{3}\left(0.2244-0.1778\right)}{1.5\times0.04}$$
$$=3217$$

（其中 D_{h}=D_{i1}，D_{o}=D_{c2}）

由于 $D_{\mathrm{o}}/D_{\mathrm{h}}$ ＞ 0.3 应采用窄缝近似法，所以

赫兹数
$$\mathrm{He}=\frac{K_{\mathrm{He}}\tau_{\mathrm{o}}\rho\left(D_{\mathrm{h}}-D_{\mathrm{o}}\right)^{2}}{1.5^{2}\mu_{\mathrm{P}}^{2}}$$
$$=\frac{1\times0.86\times1.65\times10^{3}\left(0.2244-0.1778\right)^{2}}{1.5^{2}\times0.04^{2}}$$
$$=856$$

（其中 D_{h}=D_{i1}，D_{o}=D_{c2}）

临界临界核隙比
$$\alpha_{\mathrm{c}}=0.75\times\frac{\left(\frac{2\mathrm{He}}{24500}+0.75\right)-\sqrt{\left(\frac{2\mathrm{He}}{24500}+0.75\right)^{2}-4\left(\frac{\mathrm{He}}{24500}\right)^{2}}}{2\left(\frac{\mathrm{He}}{24500}\right)}$$
$$=0.75\times\frac{\left(\frac{2\times856}{24500}+0.75\right)-\sqrt{\left(\frac{2\times856}{24500}+0.75\right)^{2}-4\left(\frac{856}{24500}\right)^{2}}}{2\left(\frac{856}{24500}\right)}$$
$$=0.032$$

由于 $D_{\mathrm{o}}/D_{\mathrm{h}}$ ＞ 0.3 应采用窄缝近似法，所以

上临界雷诺数
$$Re_{\mathrm{BP2}}=\frac{\mathrm{He}\left(0.968774\text{-}1.362439\times\alpha_{\mathrm{c}}+0.1600822\times\alpha_{\mathrm{c}}^{4}\right)}{12\alpha_{\mathrm{c}}}$$
$$=\frac{856\times\left(0.968774-1.362439\times0.032+0.1600822\times0.032^{4}\right)}{12\times0.032}$$
$$=2062$$

由于 $D_{\mathrm{o}}/D_{\mathrm{h}}$ ＞ 0.3 应采用窄缝近似法，所以

下临界雷诺数　$Re_{\mathrm{BP1}}=Re_{\mathrm{BP2}}-577\times（1-\alpha_{\mathrm{c}}）=2062-577\times（1-0.032）=1504$

由于 Rc_{BP} ＞ Rc_{BP2}，因此流态为紊流。

摩阻系数 $f=\frac{A}{Re_{\mathrm{PL}}^{B}}$（查表知 A=0.20656，B=0.378）

$$f=\frac{0.20656}{3217^{0.378}}=0.00976$$

摩阻压降 $$\Delta p_5=\frac{2\rho V^2 fK_{\Delta P/L}L}{D_h-D_o}=\frac{2\times1.65\times10^3\times2.51^2\times0.00976\times1\times900}{0.2244-0.1778}=3.92\times10^6\,\text{Pa}$$

（其中 $D_h=D_{i1}$，$D_o=D_{c2}$，$L=H_1$）

②最终顶替泵压：

总流动摩阻压降 $$\Delta p=\Delta p_1+\Delta p_2+\Delta p_3+\Delta p_4+\Delta p_5$$

$$=（0.0198+1.42+3.23+2.41+3.92）\times10^6$$

$$=10.9998\times10^6\text{Pa}$$

根据前面计算出的环空和管内静压差：

$$\Delta p_h=4.45\times10^6\text{Pa}$$

因此，最终顶替泵压：

$$p_P=（4.45+10.9998）\times10^6$$

$$=15.45\times10^6\text{Pa}$$

（5）井底 *ECD* 计算：

$$\begin{aligned}ECD&=\frac{p_{ha}+p_{fa}}{C\cdot L}\\&=\frac{(1650\times9.8\times900+1850\times9.8\times2300)+(3.23+2.41+3.92)\times10^6}{9.8\times3200}\\&=2098\text{kg/m}^3\end{aligned}$$

（其中 $L=H$）

7. U 形管效应计算

在注水泥顶替钻井液过程中有可能发生“U 形管效应”，尤其在从水泥浆未出套管直至返出一部分水泥浆这样一个较长时间过程，这是顶替机理所应考虑的一个重要影响因素。

“U 形管效应”在某种程度上由于注入的水泥浆密度大于井浆密度，这样就形成套管内外液柱压差，当这种压差值超过管内外沿程流动阻力损失时，这时不需要泵注，液体会自动推进，这种自动推进的形式可被认为在管内形成“液柱”的自由落体。U 形管效应开始发展至结束，是由小变大，然后由大变小的流量变化过程。由于自由落体形式出现有一个加速度问题，一般的计算方法，并不能完整描述全过程。

基于深井超深井注水泥施工注入井内流体的多样性，需要选择一种既能较准确预测施工 U 形管效应期间的返出排量又不太复杂的数学模型，推荐采用 Eular 方程来描述流体运动状态。

“U 形管效应”发生时管内加速度 a_i 计算如下式：

$$a_{\mathrm{i}}=\frac{\left(\sum_{i=1}^{n}q_{\mathrm{i}i}h_{\mathrm{i}i}-\sum_{j=1}^{m}q_{\mathrm{o}j}h_{\mathrm{o}j}-p_{\mathrm{fo}}-p_{\mathrm{fi}}\right)g}{\sum_{i=1}^{n}q_{\mathrm{i}i}h_{\mathrm{i}i}+\sum_{j=1}^{m}q_{\mathrm{o}j}h_{\mathrm{o}j}\frac{S_{\mathrm{i}}}{S_{\mathrm{o}}}} \tag{4-5-43}$$

环空加速度 a_o 计算如下式：

$$a_{\mathrm{o}}=\frac{a_{\mathrm{i}}\cdot S_{\mathrm{i}}}{S_{\mathrm{o}}} \tag{4-5-44}$$

返出排量 Q_{out} 计算如下式：

$$Q_{\mathrm{out}}=Q_{\mathrm{in}}+\int_{t_1}^{t_2}a_{\mathrm{i}}S_{\mathrm{i}}\mathrm{d}t \tag{4-5-45}$$

式中 Q_{in}——泵注排量；

S_i，S_o——管内截面积和环空截面积；

n——管内流体的段数；

m——管外流体的段数；

q_{ii}，h_{ii}——管内第 i 段流体的重度及其对应的高度，它们的乘积为静液压力；

q_{oj}，h_{oj}——管内第 j 段流体的重度及其对应的高度，它们的乘积为静液压力；

t_1，t_2——“U 形管效应”发生和终止时间；

p_{fi}、p_{fo}——套管鞋管内、外压力；

a_i、a_o——管内及环空流体的加速度。

第六节 水泥浆设计

水泥浆设计是注水泥技术的基础。为了保证施工安全，提高固井质量，需要合理设计水泥浆的性能。近代固井工程技术的发展表明：水泥浆设计不仅仅是水泥浆密度、造浆率、容积、用水量的计算，它还要考虑到完井深度、井温、井眼条件和钻井复杂问题对水泥浆的影响因素，并且要解决注水泥关键工序的顶替问题。在水泥浆设计中涉及到流变性以及水泥外加剂应用技术。同时水泥浆设计是建立在对水泥基本化学和物理性能正确使用基础上的，因此还必须遵守水泥浆稠化时间、抗压强度、失水及游离液、抗腐蚀等基本规定。

一、水泥浆设计应考虑的因素

正确的水泥浆设计取决于对井下条件和对各种影响因素认识深度，以及掌握条件的准确性，影响水泥浆设计的因素见表 4-6-1。

表 4-6-1 影响水泥浆设计的主要因素

序号	影响因素	说 明
1	井深条件所形成的温度及压力	影响类型级别选择、密度、稠化时间设计，最低抗压强度及热稳定性要求
2	钻井液密度	影响前置液和水泥浆密度选择，满足浮力效应的有效顶替，以及压力平衡的漏失与气窜问题
3	钻井液体系及类型	影响前置液类型选择及考虑水泥浆的相容性
4	地层孔隙压力及破裂压力	影响水泥浆密度设计，流变性，降阻要求，失水控制，设计环空水泥浆柱体的组合设计，控制漏失的低密度设计及控制油气窜的防窜设计
5	地层流体的含盐及含硫酸镁、硫酸钠浓度	影响水泥的抗硫酸盐性能选择
6	固井工艺方法及类型	一次注水泥，分级注水泥，尾管注水泥以及注水泥塞，挤水泥等注水泥工艺，对水泥浆的稠化时间，失水量，流变性的不同要求，以及由于工艺方法类型不同，选择规定的不同实验规范和方法
7	套管活动方式及顶替钻井液环境条件（居中度、直井、斜井、水平井等条件）	影响对水泥浆的 n，K（或 τ_y，μ_p）值的调节设计，以及相应对水泥浆的密度、胶凝强度、失水设计要求
8	井身结构，环形容积，井径变化	影响顶替流型选择，从而影响水泥浆流变参数设计、水泥浆量、充填段设计要求以及影响稠化时间要求等
9	特殊地层条件及渗透层、产层	水泥类型、流变性能、失水、密度设计
10	完井方法、射孔条件及候凝时间要求	密度、韧性、抗压强度及稠化时间设计要求

1. 压力条件

1）水泥抗压强度与稠化时间

大量试验数据表明，常压至 20.68MPa 范围，其压力对水泥抗压强度、稠化时间有较大影响，超过该范围，压力增加，其影响作用减小。水泥浆所受压力取决于液体密度和液柱高度。实际水泥浆在井下所受压力还包括流体流动所产生的流动阻力 Δp。

2）浆柱结构的压力平衡

已知封闭压力（水泥浆所受的围压条件）将提高水泥石的终凝后强度，封闭压力等于环空液柱压力之和减去地层孔隙压力。在水泥浆设计中主要关心的是设计环空液体组合所形成的液柱压力与地层间的平衡关系。

3）动态压力平衡设计

在满足有效顶替（紊流或塞流驱替钻井液）情况下要求水泥浆被成功驱替至设计位置。在顶替过程以及顶替结束后的凝固阶段环空不发生水泥浆的漏失与被油、气、水侵窜。这就是获得水泥浆设计的固井平衡。换一种说法是：注替水泥浆过程产生的总环空水泥浆设计的压力（静液柱压力加流动阻力）应小于最薄弱地层的破裂压力。驱替水泥浆到设计位置后，并在凝固失重条件下不受油气侵窜。要求其静液柱压力梯度值大于地层孔隙压力梯度值。

2. 温度条件

水泥浆试验涉及的温度包括三个：地面配浆温度、静止温度、循环温度。地面配浆温度由混合水温度与水泥温度确定（图 4–6–1）。混合水超过 38℃将缩短稠化时间，低于 15℃后将延迟水泥凝固。标准设计配浆温度规定为 26.7℃（80°F），即井口温度为 26.7℃（80°F）。静止温度是指任意井深未受干扰的温度。静止温度影响水泥石强度及水泥类型的选择（图 4–6–2），准确测量静止温度有助于合理设计水泥浆性能。因循环会引起温度下降，此时工作液温度称为循环温度。在水泥稠化时间设计时选用循环温度，这在水泥浆设计时尤为重要。深井、超深井注水泥，水泥浆性能受温度影响显著，准确掌握循环温度是确保作业成功和封隔质量的基本前提。四川龙岗与塔里木库车山前等地区井深一般都超过 6000m，安全作业和保证酸性气体封隔质量对水泥浆设计要求极高，而准确确定循环温度给固井设计带来一定困难。我国中、西部多个油气田都曾在深井、超深井完井阶段尾管固井作业中出现过严重事故，造成巨大经济损失，如贵州赤水官 3 井、塔里木塔参 1 井、英深 1 井、四川九龙山龙 16 井等，单井损失 4000 万～20000 万元，不明原因的作业失败与循环温度的潜在影响有一定关系。

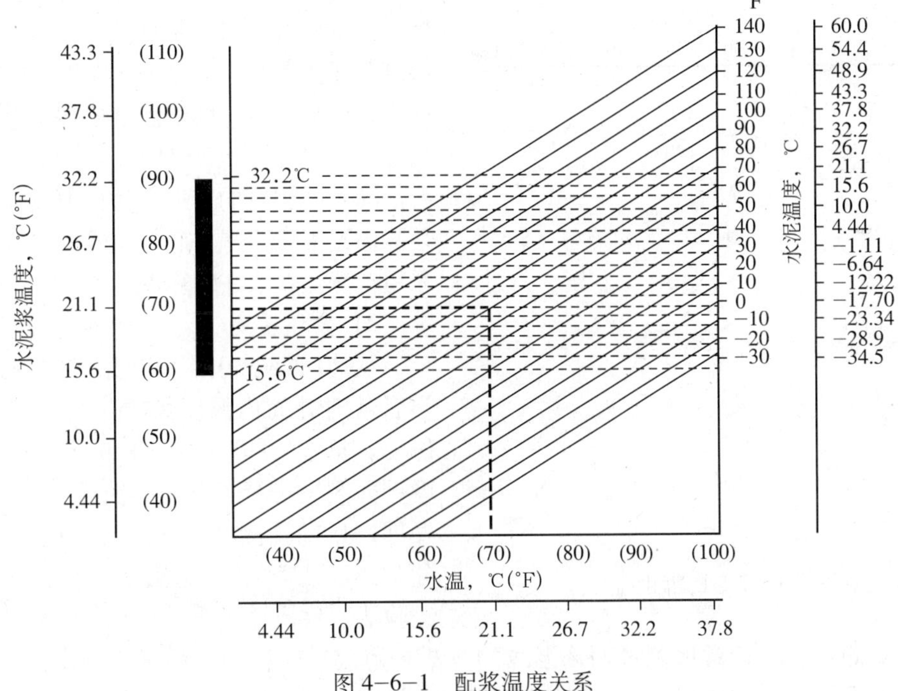

图 4–6–1　配浆温度关系

1）静止温度

单位深度地层静止温度的变化速率即称为地温梯度，通常用每 100m 或 1km 的温度增加值来表示地温梯度。地壳的近似平均地温梯度是 25℃ /km，大于这个数字就叫做地温梯度异常。近地表处的地温梯度则因地而异，其大小与所在地区的大地热流量成正比，与热流所经岩体的热导率成反比。根据定义，地温梯度越高，静止温度越高，水泥浆体系设计难度增大。

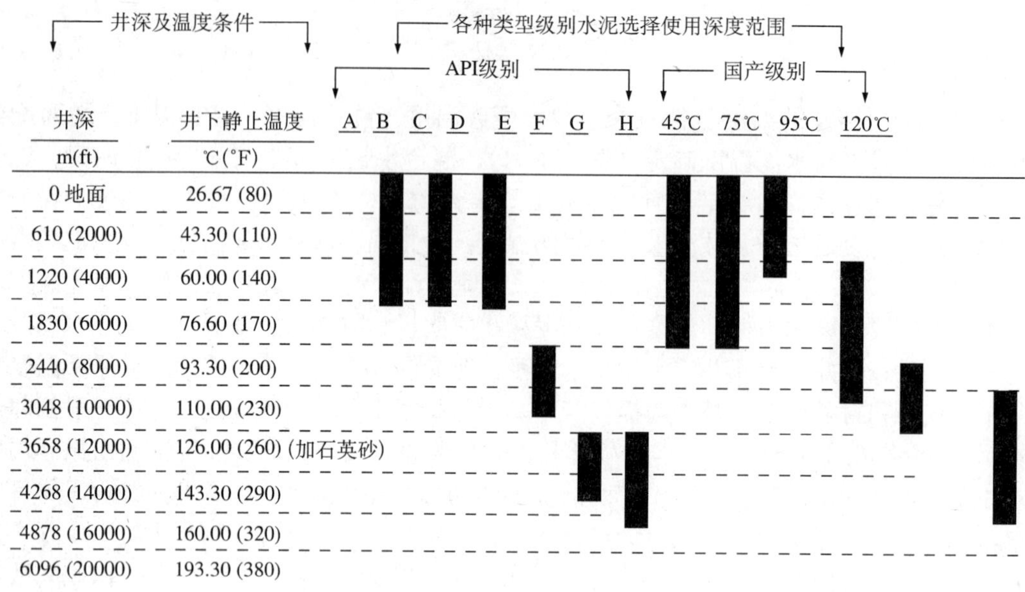

图 4–6–2　温度与水泥浆级别选用范围

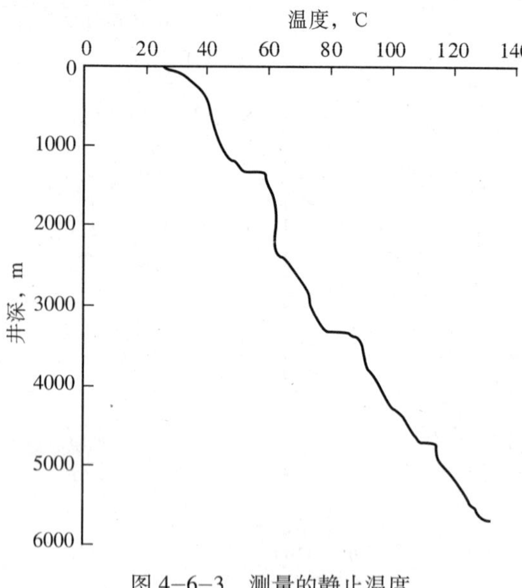

图 4–6–3　测量的静止温度

水泥石的强度关系着水泥环能否支撑套管，承受钻井、射孔带来的冲击载荷，它受温度和压力影响，其中静止温度是主要影响因素。研究表明，随着温度增加水泥石强度增加，但当温度大于 110℃后，水泥石强度会出现不同程度的衰退。为合理设计水泥石性能需要准确掌握井底静止温度。目前主要采用电测法获取井底静止温度（图 4–6–3）。

2）循环温度

从 20 世纪 30 年代开始，国内外专家学者就对井筒内温度场的分布进行了深入研究。早在 1940 年 Millikan 就针对井内温度剖面测试进行了研究。经过了 70 多年的发展，目前预测井下循环温度的方法可以分为以下四种：实测法、API 方法、现场经验法、建模计算法。

（1）实测法。一种常用测量循环温度的方法是用放在管柱内的温度接头来记录温度。这些工具可用许多种方法记录井底温度随时间的变化。第二种是随钻测量温度。但是其测量的温度反映的是工具内电子元件的温度，而不是实际循环温度。在井眼上部，由于工具产生的热量，记录的温度可能太高了。还有一种获得井底温度数据的方法是利用循环温度球获得。该方法是把热反应物质密封于保护性容器内（例如小铁球），在井眼内循环，并于地面回收。这些物质通过所发生的物理变化指明了所遇到的最大温度。尽管不知道发生这个变化的时间，但对所遇到的温度可在一定准确范围内测定（例如 ±10℃）。这些小球由于损坏或是丢失，不可能全部收回。在美国 Gulf Coast 井中测温球的回收率在 0 ~ 60% 之间。回收率取决于井眼的规则程度、钻井液密度和流速。目前国内已成功研发出随钻压力、温度测量仪器 PWD，最大井深已用到 6000m，设计测量温度为 150℃、压力 140MPa。

(2) API 方法。API 方法是美国石油学会油井水泥标准化委员会提出的注水泥温度计算方法。它是根据 1941 年在 Gulf Coast 的 5 口井实测的循环温度数据，制作出了这 5 口井测量的循环温度和井底静止温度的对应表，并力图将循环温度与井深、静态温度梯度相联系。这些数据和结论被 API 采用就构成了油井注水泥模拟实验的基础，即 API RP10B，其方法如下：

第一步：计算地层温度 BHST（选用地面温度为 27℃，地温梯度为 2.7℃ /100m）：

$$\text{BHST}=27+0.027H \tag{4-6-1}$$

式中 H——井深，m。

第二步：利用地层温度 BHST 和循环井底温度 BHCT 的关系即可求出 BHCT。

API RP10B 推荐的循环温度与深度、地温梯度的关系共有 32 个表，它给出了不同循环时间和不同地温梯度时，循环温度与静止温度及井深的关系。

(3) 现场经验法。API 方法是美国石油学会根据 Gulf Coast 实测的循环温度数据制定的标准，虽经过多次修改，但为了较准确估计循环温度，国内各个地区都有不同的适用于当地的经验公式。一般根据不同的固井层次（套管固井、ϕ177.8mm 尾管固井、ϕ127mm 尾管固井）有不同的经验公式。国外 Halliburton 与 Amoco 公司也有各自的经验公式。经验公式的一个显著特点就是区域性强、考虑因素较少、预测精度不高。

①四川地区循环温度 T_c 经验公式：

套管固井：

$$T_c=(0.8\sim0.85)\,T_s \tag{4-6-2}$$

ϕ177.8mm 尾管固井：

$$T_c=(0.8\sim0.85)\,T_s \tag{4-6-3}$$

ϕ127mm 尾管固井：

$$T_c=(0.85\sim0.9)\,T_s \tag{4-6-4}$$

②《钻井测试手册》（1978 年石油化学出版社出版）推荐的井底循环温度公式：

$$T_c=T_i+\frac{H}{168} \tag{4-6-5}$$

③哈里伯顿计算公式：

$$T_c=80+0.00053G_t^{1.04027}H^{1.27452} \tag{4-6-6}$$

式中 G_t——地温梯度。

④ Amoco 计算公式：

$$T_c=80+\frac{-8.49686+0.663574\left(T_s-80\right)}{1-0.000011162H} \tag{4-6-7}$$

式中 T_s——静止温度，℃；

T_i——钻井液出口温度，℃；

H——井深，m。

（4）建模法。建模法是根据能量守恒定律结合传热学基本公式建立数学模型，主要有简易模型和复杂模型两种。

①简易模型。简易模型的特点是：认为井内温度场是一维稳态温度场，井眼以外的地层温度分布是非稳态的，地层、钻井液物性参数均为常数，不受温度和压力的影响，未考虑热源项。因此该模型有很大的局限性。

②复杂模型。随着深井超深井钻探技术的不断发展，对井内循环温度预测的精度要求越来越高，国内外学者通过长期研究，在简易模型的基础上不断完善，提出了更为全面的复杂模型，预测精度较高，适应性较强。

二、水泥浆常规性能设计

成功的固井作业与合理的水泥浆性能设计密切相关。为保证固井施工安全及提高固井质量，固井作业前需要对水泥浆常规性能（密度、流变性、稳定性、失水、稠化时间、抗压强度）以及其他性能（防腐蚀、防漏）等进行设计。

1. 水泥浆密度设计

水泥浆密度是由水泥浆的材料决定的，水泥浆是由水泥、配浆水及外加剂或外掺料组成，它们的密度和掺量直接影响水泥浆的密度。水泥浆的密度一般可以通过改变水灰比或加入密度调节剂（减轻剂或加重剂）来进行调节，也可以采用充气等进行调节。

计算水泥浆密度的公式如下：

$$\rho_{sc}=(M_c+M_1+M_2+M_w)/(V_c+V_1+V_2+V_w) \tag{4-6-8}$$

式中 ρ_{sc}——水泥浆密度，g/cm³；

M_c——干水泥质量，g；

M_1——外加剂质量，g；

M_2——外掺料质量，g；

M_w——配浆水质量，g；

V_c——干水泥体积，cm³；

V_1——外加剂体积，cm³；

V_2——外掺料体积，cm³；

V_w——配浆水体积，cm³。

一般原浆水泥正常水灰比为标准密度，高于此值为高密度水泥浆，低于此值为低密度水泥浆。API油井水泥与国产油井水泥的水泥浆正常密度值在1.78～1.98g/cm³范围内。

当设计注入的水泥环长度确定后，密度的变化将影响环空液柱的动、静液柱压力。根据固井工艺的要求，针对不同压力的井段可以进行不同的水泥浆密度设计，例如，低密度水泥浆体系、高密度水泥浆体系等。

2. 水泥浆流变性设计

水泥浆的流变性是指水泥浆在外加剪切应力作用下流动变形的特性。水泥浆的流变性将影响水泥浆注替过程中的循环摩阻压降，并与顶替效率关系密切。流变性能良好的水泥浆能有效降低循环压耗，减小作用于井底的环空动压力，防止注水泥过程中的井漏，同时也有利于实现紊流顶替，提高环空置换效率。因此，固井设计时应该重视水泥浆流变学研究。而在高温高压下水泥浆的流变设计和流变性改善，是当前急需研究的领域，目前固井工程师与现场技术人员已认识到使用常温常压下的水泥浆流变性计算注替过程中流动压力和计算紊流接触时间是不合理的。随着计算机技术的发展，高温流变模型的研究，利用计算机考虑温度影响的流变学设计成为现实。

3. 水泥浆稳定性设计

水泥浆的稳定性应该引起固井工作人员的高度重视。已经证明许多水泥浆由于配方设计不合理，稳定性差，产生沉降，析出自由水，容易造成桥堵或气窜，特别是大斜度井和水平井，更容易产生高边游离水连通窜槽和低边水泥颗粒沉降窜槽。因此，需要科学设计水泥浆配方，提高水泥浆稳定性，防止固相沉降和自由水析出，保持水泥颗粒均匀地悬浮直至固化。

通常通过自由水含量测试和沉降稳定性测试来评价水泥浆稳定性。目前现场常用测试的是自由水含量。对于常规注水泥作业要求自由水含量小于1%，对于大斜度井和水平井，要求析水为0，沉降稳定性试验中水泥浆上、下密度差越小越好。

4. 水泥浆失水设计

控制失水是成功注水泥的关键。从油层保护角度出发，亦需要控制失水量；对气层固井的防气窜及水泥浆“失重”控制方面水泥浆失水是一个重要的设计参数。从施工安全角度出发，失水量过大会对施工造成威胁。因此，控制水泥浆失水已成为一个不可忽视的问题。

水泥浆失水分两个阶段：一是注水泥顶替过程的动态失水；二是候凝阶段的静失水。由于水泥浆注替过程，液体对井壁的冲刷作用，动失水所形成的滤饼厚度并不是无限制增加，而是较快地平衡在某一范围。静失水所形成的滤饼却不完全一样，它可能随着失水进入地层，其厚度不断增加。

5. 水泥浆稠化时间设计

水泥浆的稠化时间是指水泥浆在流动过程丧失流动的时间。按GB 10238《油井水泥》标准水泥浆的流动性能一般用稠度表示，稠度单位是Bc。当水泥浆在模拟搅拌试验中，其稠度达到100Bc时，水泥已丧失流动性能，所测得的时间定义为稠化时间。

随着水泥的不断水化，水泥浆不断变稠，直至丧失流动性。为了保证注水泥施工安全，水泥浆必须具备一定的可泵送时间。因此稠化时间应当超过施工时间60 ~ 90min。

水泥浆稠化时间设计需要注意以下几点：

（1）稠化时间应该大于施工时间1h以上以保证施工安全，防止出现意外情况，例如施工前因突发情况需要降低排量，导致施工时间延长。但是，稠化时间不应过长，避免出现候凝时间长，延缓钻进进度，或是候凝过程中的油气水窜。

（2）合理设计水泥浆体系，优选水泥浆配方，缩短稠化过渡时间，有效防止环空气窜，提高固井质量。当水泥浆顶替到位后，随着水化的不断进行，水泥浆内部空间网架结构的形成，水泥浆部分重量悬挂于井壁，出现“胶凝失重”，无法压稳地层，这时如果水泥浆内部阻力较小，气窜很可能发生。因此需要缩短水泥浆过渡时间，亦即缩短水泥浆失重到无法压稳地层至水泥浆内部形成较强的结构（胶凝强度达到240Pa）的时间。

（3）对于高温高压井固井，波特兰水泥对配方中微化学和微物理反应十分敏感，因此试验要全部采用现场配浆水和现场水泥灰大样，并且做好温度高点试验（循环温度增加5℃）、陈化试验。

6. 抗压强度

抗压强度是指破坏水泥试样时单位面积所作用的压力，抗压强度较高的水泥石固井质量一般较好。在高应力反复作用下，抗压强度高的水泥体系存在易脆裂的问题。一般中等强度（13.8 ~ 20.7MPa）的水泥石就具有较好的密封性能。根据经验，水泥石的抗压强度达到3.5MPa，已能支持套管所形成的轴向载荷，而满足继续钻进的要求。为适应油层开发和射孔的要求，水泥石的抗压强度应大于13.8MPa。强度低于7.0MPa水泥胶结和密封性能差，而强度高于14MPa的水泥石出现脆性，射孔时容易破裂。如果水泥石的强度低于所需压裂地层的破裂强度，不仅达不到压裂的预期效果，反而会破坏套管周围的水泥环。因此应根据封固目的层的需要来确定水泥石的抗压强度。

三、固井水泥压稳设计

国外已经在注水泥设计中明确要求，从开始注入水泥浆到置换钻井液到预定环空封固段的过程中，应该始终维持环空动液柱压力与地层压力的整体平衡，并获得良好的顶替效率，以实现优质固井。要进行固井水泥压稳设计，需要设计精确度较高的“U形管效应”模拟器，计算施工过程中指定位置不同时间当量循环压力（ECD）（图4−6−4），进行压稳校核，保证注替过程环空动液柱压力大于地层压力小于漏失压力。“U形管效应”发生时期环空返速计算及摩阻压降计算参见本章第五节。

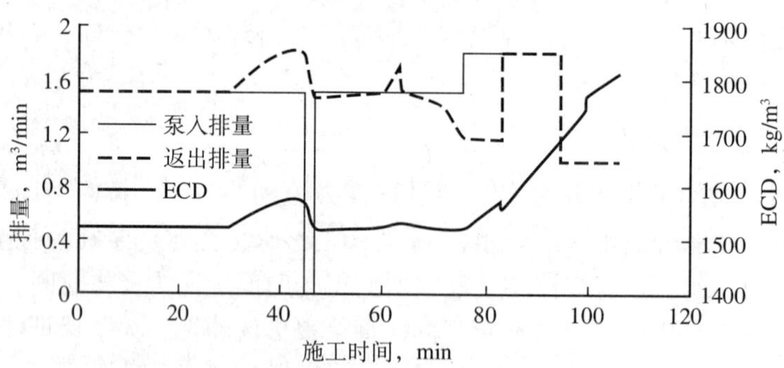

图4−6−4 计算机模拟施工过程井底当量循环压力（ECD）

四、水泥浆防窜设计

在候凝过程中由于水泥浆胶凝强度的不断增强及水泥浆基体内部孔隙不断收缩，水泥浆液柱的传压能力不断下降，很可能导致无法压稳地层，气窜的发生不可避免。目前评价气窜的方法很多，与水泥浆性能设计关系比较大的有以下几种方法。

1. 水泥浆性能系数法（*SRN*）

水泥浆性能系数法考虑了静胶凝强度发展速率、井下水泥浆真实失水速率以及井眼几何形状对防气窜能力的影响，环空发生气窜是水泥浆静胶凝强度发展和水泥浆体积损失共同作用的结果，并不取决于水泥浆的渗透率值高低。*SRN* 是一个预测水泥浆性能防气窜能力的无量纲评价参数。

$$SRN=N_{SGS}/N_{FL}$$

$$N_{SGS}=(dSGS/dt)/SGS_x \tag{4-6-9}$$

$$N_{FL}=(dl/dt)/(V/A)$$

式中　$dSGS/dt$——静胶凝强度最大增长速率；

SGS_x——静胶凝强度增长速率最大时的静胶凝强度；

dl/dt——静胶凝强度增长速率最大时的滤失速率；

V/A——单位长度环空体积 / 单位长度井眼面积，直接影响水泥浆柱压力下降速率，且将 N_{FL} 与特殊的井眼套管尺寸联系在一起。

2）修正的水泥浆性能系数法（SPN_x）

水泥浆性能系数法（*SPN*）只考虑了水泥浆的静胶凝强度发展速率和井下真实失水，未考虑水泥浆密度、井眼几何形状、水泥浆柱长度等因素，不能全面地预测环空气窜的发生，所以引入了一个考虑现场实际因素的系数 F_b，即修正 *SPN* 系数的表达式：

$$SPN_x=SPN\left(1-\frac{1}{1-F_b}\right) \tag{4-6-10}$$

$$F_b=\frac{\dfrac{\rho_c l_c+\rho_m l_m}{100}-\dfrac{4G_s l_c}{D_h-D_p}\times10^{-6}}{p_f} \tag{4-6-11}$$

式中　l_c，l_m——水泥浆柱和钻井液柱长度，m；

ρ_c，ρ_m——水泥浆和钻井液密度，g/cm^3；

D_h，D_p——井径和套管外径，m；

G_s——水泥浆静胶凝强度，Pa；

p_f——地层压力，可以钻井液液柱压力代替，MPa。

SPN_x 的评价标准如下：

(1) $F_b\neq1$，否则 SPN_x 表达式不成立，这也说明 F_b=1 时，防止气窜主要依靠 *SPN* 值。

(2) 若 $F_b<1$，则 $SPN_x\leqslant0$，说明环空水泥浆柱净压力在静胶凝强度达到 240Pa 时已不能压稳地层，则不可避免会发生气窜。

(3) 若 $F_b>1$，则 $SPN_x>0$，并且随着 *SPN* 的增大而增大，说明气窜危险加大；另一方面随着 F_b 的增大而减小，说明压稳系数越高，气窜危险性越小，反之亦然。

(4) 若 F_b 无限增大，式中的 $[1-1/(1-F_b)]$ 趋向于 1，而 $SPN\leqslant3$ 的情况下水泥浆防气窜性能较好，所以可以认定 $SPN_x\leqslant3$ 时气窜危险性最小。

实际应用时，如果水泥浆 *SPN* 值偏大，则可增加压稳系数 F_b。从另一方面说，如果某口井设计的 F_b 值比较大，则可适当放宽 *SPN* 值，减少水泥浆配方优选与实验难度。

3. 胶凝失水系数法（*GELFL*）

$$GELFL=\frac{\dfrac{\rho_c L_c+\rho_s L_s+\rho_m L_m}{100}-p_{gel}-p_{fl}}{\dfrac{\rho_g L_g}{100}} \tag{4-6-12}$$

$$p_{gel}=\frac{4\times10^{-3}SGS\cdot L_c}{D_h-D_p}，\quad p_{fl}=\frac{\Delta V_{fl}}{C_f}，\quad \Delta V_{fl}=A_j\int_{t_1}^{t_2}q_t\mathrm{d}t$$

式中 $GELFL$——水泥浆胶凝失水系数，无量纲；

L_c，L_s，L_m，L_g——环空水泥浆、隔离液和钻井液浆柱长度以及气层深度，m；

ρ_c，ρ_s，ρ_m——水泥浆、隔离液以及钻井液密度，g/cm^3；

ρ_g——气层当量密度，g/cm^3；

p_{gel}——水泥浆静胶凝强度发展引起的失重，MPa；

p_{fl}——水泥浆失水引起的失重，MPa；

SGS——静胶凝强度，MPa；

ΔV_{fl}——水泥浆静胶凝强度从 48Pa 到 240Pa 时由于失水造成的水泥浆体积收缩量，m^3；

C_f——水泥浆体积压缩系数，为 2.6×10^{-2}m^3/MPa；

t_1，t_2——水泥浆静胶凝强度分别达 48Pa 和 240Pa 的时间，min；

A_j——水泥浆段裸眼面积，cm^2；

q_t——过渡时期水泥浆单位面积上的失水速率，mL/（cm^2 · min）。

当水泥浆静胶凝强度发展到大于 240Pa 时，就具有足够的气窜阻力抵抗气体运移，此时的压力损失是可能发生气窜期间的最大压力损失，所以胶凝失水系数可变为：

$$GELFL=\frac{\dfrac{\rho_c L_c+\rho_s L_s+\rho_m L_m}{100}-\dfrac{0.96L_c}{D_h-D_p}-\dfrac{A_j}{C_f}\displaystyle\int_{t_1}^{t_2}q_t\mathrm{d}t}{\dfrac{\rho_g L_g}{100}} \tag{4-6-13}$$

评价标准：$GELFL<1$，说明环空水泥浆柱静压在静胶凝强度达到 240Pa 时已不能压稳气层，极易发生气窜，且 $GELFL$ 越小，发生气窜的可能性越大；$GELFL>1$，气窜危险程度较小，且 $GELFL$ 值越大，发生气窜的可能性越小。

五、水泥浆防腐蚀、防漏堵漏设计

1. 水泥浆防腐设计

油气井套管外水泥环是保护套管，实现层间封隔的主要屏障。CO_2 作为伴生气在油气井的地层流体中大量存在。CO_2 在湿环境下具有酸性，与碱性水泥环发生酸碱反应（炭化作用），使水泥环的强度降低，渗透率提高，最终使水泥环失去对套管的保护，失去层间封隔的功能。海相天然气藏中经常含有浓度较高的 H_2S 气体，普光气田的天然气中 H_2S 含量达到 15%。H_2S 气体的腐蚀性强，对水泥环的腐蚀主要表现在湿环境下的酸性腐蚀。腐蚀后的水泥石强度降低，渗透率升高。在中低温条件下水泥石膨胀开裂，在高温条件稍好。

对于含硫化氢地层总的设计指导思想是：首先要保证安全并结合周围环境作为一个整体来考虑，然后针对井内需要处理的腐蚀性元素做出完井配置，同时要保证能使用最大尺寸但又可行的油管，以便取得大的流量。

2. 水泥浆防漏堵漏设计

漏失井按照漏失性质分可分为三类：裂缝及溶洞性漏失、渗透性漏失和地层破裂性漏失。裂缝及溶洞性漏失一般发生在潜山溶洞或断层；渗透性漏失一般发生在高渗透砂岩层；地层破裂性漏失是发生在地层破裂压力系数较低的岩层，在固井过程中环空静液柱压力与流动阻力之和超过地层破裂压力而引起的井下水泥浆漏失。为了防止井漏，需要在固井作业前进行先期堵漏，尽可能提高地层承压能力，为固井作业提供一个稳定的作业基础，依据堵漏后的地层承压能力进行固井设计施工。在固井工艺上可以采取多级注水泥，使用多凝水泥浆体系等方法防止漏失。在固井液设计上，为了防止因漏失造成的水泥浆低返，影响环空封固质量，延缓油气资源钻探与开发速度，根据漏失类型有以下几种典型方法：

1）隔离液

使用硅酸钾、硅酸钠加磷酸盐或硅酸钾和硅酸钠的混合物作前置液，能使地层承受较大的静液柱压力。因为该类型的前置液进入高渗透性地层之后，能与地层水中的钙离子接触生成硅酸钙凝胶。如果地层内的钙离子不足，可在泵入该前置液之前适当泵入氯化钙溶液，水泥浆中高浓度的钙离子可迅速封堵地层。若属裂缝性地层，可加入一些短纤维材料或加空心漂珠降低密度，以便堵塞缝隙和降低整个液柱的静水压力。

2）低密度水泥浆

在低压易漏长封段固井中，用正常密度的水泥浆会压漏地层，造成水泥浆返高不够，固井质量难以保证，必须采用低密度水泥浆体系。已广泛使用以膨润土、硅藻土、膨胀珍珠岩、水玻璃、硅质充填物等材料配置的低密度水泥浆，用这类材料配置具有合适强度的水泥浆最低密度极限是 $1.31g/cm^3$。但是低密度水泥浆由于水灰比、外掺料较大，一般具有较低的抗压强度和较高的渗透性，其应用受到限制。目前国外已研究出高强度空心微珠水泥浆、泡沫水泥浆两种超低密度水泥浆，前者密度最低可以到 $0.96g/cm^3$，这两种体系配合使用密度可低达 $0.72g/cm^3$。20 世纪 90 年代后期，斯伦贝谢公司利用紧密堆积理论，提出了一种设计高性能低密度水泥浆的全新方法。这种方法基于正确选择用于干混合的组分，并优化配料粒度和配比，使水泥浆的流变性、稳定性、抗压强度等性能不再受水泥浆密度的限制，配制的低密度水泥浆的性能可与常规密度水泥浆的性能相媲美。而采用密度为 $0.36g/cm^3$ 的具有高强度抗压缩的空心玻璃微珠，可将低密度水泥浆密度降低至 $0.98g/cm^3$，其抗压强度可与正常密度的水泥浆相当，渗透率比正常密度的水泥石低 10 倍。

3）触变性水泥浆

触变性水泥浆在注入顶替过程中流动性能良好，泵送停止后则立即形成具有刚性、能自身支持的胶凝结构，从而可以有效解决漏失问题。因此，触变性水泥浆是解决恶性井漏问题的一项重要技术手段。触变性水泥浆在防漏堵漏上的应用包括：

（1）漏失层的注水泥作业和处理钻井过程中的井漏；

（2）在渗透地层进行补救挤水泥时，可以采用触变性水泥浆作为先导浆，以达到增加挤注压力和提高挤水泥成功率的目的；

(3) 适用于薄弱地层的固井作业。

4) 纤维水泥浆

纤维水泥浆就是在水泥浆基础配方中混入一定比例和长度的纤维材料，在高速搅拌作用下均匀分散在水泥浆里。当纤维水泥浆体系泵注到漏层时，容易在漏失通道中通过桥接作用形成网状架桥结构，架桥结构在一定压差下较为稳定。纤维水泥浆能达到较好的封堵效果，已经成功应用于油井封堵作业。

第七节　注水泥工艺

一、概述

在套管下入后，必须要用水泥车将水泥浆自套管泵入井内，使其从套管鞋返回到套管与井壁之间的环状空间，并达到一定高度。这种作业即为“注水泥”。注水泥的主要目的是隔绝油、气层和水层，或者隔绝易坍及易漏地层。需要开采时，则通过在预定层位射孔将套管和水泥穿透，打开油气层，诱导出油气流。

常规固井工艺是用水泥车、下灰车及其他地面设备配置好水泥浆，通过前置液、下胶塞与钻井液隔离后，一次性地通过高压管汇、水泥头、套管串注入井内，从管串底部进入环空，到达设计位置，以达到设计井段的套管与井壁间的有效封固。固井施工流程：注前置液→注水泥浆→压碰压塞→替钻井液→碰压→候凝。注水泥除常规的水泥浆从套管内注入并从环空上返外，还有一些用于特殊情况的注水泥方法。如双级或多级注水泥方法、内管注水泥方法、插入管的管外注水泥方法、反循环注水泥方法、延迟凝固注水泥方法等。

工艺要点：

(1) 固井前严格贯彻通井措施，扩划井壁、消除遇阻点、破除台肩，对遇阻井段应采取短起下划眼作业，对低压易漏井应提高地层承压能力。

(2) 调整钻井液性能，降低黏切值及触变性，改善与水泥浆化学兼容性，并注意控制失水及滤饼厚度。

(3) 合理设计环空浆柱结构，包括前置液用量、水泥浆返高，要求能有效避免钻井液与水泥浆直接接触发生严重化学干涉现象，造成固井事故，并且环空液柱压力能压稳显示层，阻止环空流体窜流。

(4) 以平衡压力固井为原则，科学设计施工排量，固井前校核施工压力、裸眼段各关键层位环空液柱压力，防止偏大的排量压漏地层或是偏小的排量影响顶替效率。

(5) 校核管串强度，合理设计扶正器的安放数量及间距。

(6) 准确确定井底温度、压力，为水泥浆试验提供依据。

二、注水泥参数确定

1. 套管下深

套管下深由钻井设计与地质目的而决定。而固井工艺设计所应考虑的是套管鞋所处位置、岩性状况，应避免下在坍塌层中、大井眼段或松软地层内。控制好封过油层底界长度，满足阻流环至管鞋间长度和试油开发需要的人工口袋长度。例如某些特殊情况下必须封过某岩性段长度。但主要的是设计者应考虑完钻井深与套管鞋深度之间控制的距离。尤其技术套管，钻井工艺要求这个距离越短越好，因此国外油公司规定，控制不超过 3m。设计作业在定向井中应明确标注实钻井深（测量井深 MD）和垂直井深（TVD）数据、影响温度和压力数值的计算结果。

2．套管设计参数

这主要考虑选用套管附件的连接和配置相适应强度问题，以及影响容量计算。

（1）套管强度设计由设计工程师依据标准提供设计结果，它的尺寸、壁厚、钢级、螺纹类型，分段长度和下深，影响注水泥作业设计计算及管串附件连接选择。

（2）井眼与套管外径决定水泥量设计，套管壁厚决定通径、内容积、水泥顶替容积、注水泥胶塞直径、投塞尺寸及层管挂尺寸等。

（3）套管螺纹与钢级影响附件配接的螺纹选择和强度要求，以及碰压设计、候凝压力控制的考虑。

3. 环空水泥浆充填体积

实际注水泥浆时要依据电测井径资料来计算。掌握井下环空容积及注水泥浆的动态数据记录，通过电测井径计算水泥浆的附加量（通常需要附加 10% ~ 30%），最后计算环空水泥浆充填体积。

4. 井眼条件参数

（1）钻井液性能：钻井液是影响固井质量和注水泥作业的最重要因素之一，因此要求取得钻井液性能参数。

（2）地层破裂压力梯度：全井设计的钻井液、前置液、水泥浆静液柱压力和其他流动阻力所形成的总压力应小于破裂压力。

（3）漏失问题：如果已知井下存在自然裂缝，钻进时发生循环漏失就应当进行堵漏处理，处理后才能进行注水泥作业。

（4）异常高压地层：异常压力固井是水泥浆设计应当慎重考虑的一个问题，尤其当钻井液当量密度超过 1.35g/cm^3 时，在注水泥设计上应着重解决可能的气窜问题。在方案选择上，可采用具有封隔器的尾管结构，或在水泥中加入气阻剂。

（5）特殊岩性：一般指膏盐层，控制好岩盐层的影响，首先要保持水泥与岩盐层的胶结质量，设计时应采取高密度水泥浆，从而控制塑性流动。

（6）井下温度和压力是影响水泥浆的两个主要设计参数，温度尤为重要。

5. 材料和套管附件的选择

（1）水泥及外加剂的选择：当水泥性能满足不了井下温度条件时，要加入外加剂来完成水泥浆的设计。

（2）水泥浆混配方式：主要有喷射混合、批量混合及再循环混合三种方式，其中以批量混合和再循环混合的水泥浆质量较好。

（3）常规注水泥井下管串附件的选择：一般情况下套管附件有引鞋（套管鞋或浮鞋）、

浮箍、井壁刮泥器、套管扶正器，其他情况下还可能使用套管鞋封隔工具、水泥伞以及分接箍和套管外封隔器等。

三、注水泥基本设计和计算

1. 注水泥设计主要考虑的因素

表 4-7-1 列举了注水泥设计应考虑的因素。

表 4-7-1　注水泥设计考虑的因素

考虑项目	影响因素
井眼条件	深度、井身结构、温度、压力、井径变化、井眼轨迹及“狗腿度”、地层特殊岩性（是否含盐或高压盐水层）、复杂事故及井段、井漏、井涌及压力异常表现等
钻井液	类型、密度、流变性、固相含量、滤失量、与设计水泥浆的相容性
套管及附件	套管型号、扣型、尺寸、壁厚、强度、浮箍、阻流环、浮鞋或引鞋、扶正器、刮泥器、分级注水泥工具或尾管悬挂器工具等
套管下入处理	注水泥方式、套管下入前通井及下入速度控制、中途循环、注水泥前洗井时间、注水泥期间的套管活动方式、顶替方式及顶替液、排量、顶替流态等
水泥浆	水泥浆体系、密度、稠化时间、强度、失水及流变性、水泥量、配浆方式、外加剂及外掺料的混配、冲洗液、隔离液、前置液用量及要求等
配浆注水泥设备及工具准备	水泥车（水泥泵）台数、混合形式、水泥头、胶塞、单双塞
施工组织与策划	编制施工组织策划书，明确工作分工，落实责任

2. 注水泥工艺设计的内容与程序

（1）根据地质及工程所提出的固井目的和要求，并依据井径资料、电测地层及产层数据条件进行初步方案设计，包括设计注水泥方式、管串结构、前置液使用、水泥量、替浆量，制定水泥浆试验条件，设计水泥浆体系性能要求。

（2）分析施工风险，必要时提出相应固井紧急预案。

3. 水泥用量与替浆量计算

在现场，在组织施工时需要对固井所用材料进行准备，其中水泥、各种外加剂及配浆用水所需要的用量是非常重要的部分。在注水泥施工中，用来将水泥浆从套管内顶替到环空所需要的顶替液体积——替浆量，也是注水泥施工中的一个非常重要的参数。为此，在固井前的注水泥设计中都需要对这些参数进行计算。

1）水泥用量

水泥用量指的是固井所需干水泥的重量。为计算水泥用量需先计算出固井所需的水泥浆量（水泥浆体积）。

（1）水泥浆量：

$$V_{sl}=V_{sla}+V_{slp} \tag{4-7-1}$$

式中　V_{sl}——固井所需水泥浆量，m^3；

V_{sla}——环空水泥浆量，m^3；

V_{slp}——管内水泥塞体积，m^3。

根据电测井径，将环空水泥浆封固段分为若干段（设为 n 段），环空水泥浆量为：

$$V_{sla}=\frac{1}{10000}\sum_{i=1}^{n}\frac{\pi}{4}\left(D_{hi}^2-D_c^2\right)h_i \tag{4-7-2}$$

式中　D_h——井径，cm；

D_c——套管外径，cm；

h——环空段高度，m；

i——下标，表示环空段的序号。

管内水泥塞体积为：

$$V_{slp}=\frac{\pi}{40000}D_{p1}^2h_p \tag{4-7-3}$$

式中　D_{p1}——水泥塞处套管内径，cm；

h_p——水泥塞高度，m。

（2）水泥用量：

按下式计算（视配浆水的密度值为 $1g/cm^3$）干水泥的用量：

$$W_c=\frac{\rho_{sl}}{1+m}V_{sl}=\frac{\rho_c}{1+\rho_c m}V_{sl} \tag{4-7-4}$$

式中　W_c——水泥用量，t；

ρ_{sl}——水泥浆密度，g/cm^3；

ρ_c——干水泥密度，g/cm^3；

m——用水量与水泥用量之比。

由下式计算配浆水用量：

$$W_w=mW_c \tag{4-7-5}$$

式中　W_w——配浆水用量，m^3。

在现场，实际水泥准备量和配浆用水准备量都要在理论计算的基础上加一定附加量，具体附加量据油田经验定。当知道水泥用量和水泥浆配方后，外加剂用量即可计算出来。

2）替浆量

替浆量按下式计算（设不同壁厚即不同内径套管的段数为 k）：

$$V_d=\frac{K_y}{10000}\sum_{i=1}^{k}\frac{\pi}{4}D_{pi}^2L_i \tag{4-7-6}$$

式中　V_d——替浆量，m^3；

D_p——套管内径，cm；

L——套管段长度，m；

K_y——压缩系数，无量纲（一般取 1.03）；

i——下标，表示不同壁厚套管段的序号。

4. 注水泥流变学设计

注水泥流变学设计是注水泥设计中的非常重要的部分，提高注水泥顶替效率、保证注水泥施工中井内压力平衡，是注水泥流变学设计的主要目的。

设计时需根据所有入井流体（钻井液、冲洗液、隔离液和水泥浆等）的性能，计算不同排量情况下雷诺数、临界雷诺数，以优化固井时注替排量，并实现平衡压力固井。

所谓的平衡压力固井即要求在水泥浆注替过程中保证不窜不漏，最大限度置换环空钻井液，以获得较高的顶替效率，并且在候凝过程中也能压稳地层，防止流体窜流。平衡压力固井中，环空动液柱压力满足以下关系式：

$$p_p < p_a < p_f$$

式中 p_a——环空动液柱压力（环空静液柱压力 + 环空液体流动压耗），MPa；

p_p——地层孔隙压力，MPa；

p_f——地层破裂压力（或地层漏失压力），MPa。

四、插入法固井工艺

对于表层或技术套管固井，由于替浆量大，为了节省替浆时间，减少水泥浆与钻井液在管内混浆，插入法固井得到广泛应用。插入法固井工艺是将下部连接有浮箍插头的小直径钻杆插入套管的插座式浮箍（或插座式浮鞋），与环空建立循环，水泥浆可通过钻杆水眼注到井底。这一技术可以避免因为水泥浆量设计误差而出现多注或少注水泥的情况发生，保证水泥浆能返到地面，从而减小因附加水泥量过大而造成的浪费和环境污染。插入法固井工艺套管结构为：插入式浮鞋 + 套管串（也可以为：引鞋 +1 根套管 + 插入式浮箍 + 套管串）。钻杆串结构为：插头 + 钻杆扶正器 + 钻杆串（可适当接入钻铤，以增加钻具对插入座的下压力）。

插入法注水泥工艺流程（图 4−7−1）如下：

（1）将装有带钻杆插入接头浮鞋或浮箍的套管柱下到预定位置，坐在套管卡瓦上；将钻杆底部装有插入短节的钻杆下入套管内，直到距插入座约 1m 为止。通过钻杆沟通循环，观察到从钻杆与套管之间环形空间返出钻井液为止，停泵、下放钻杆，使插入短节插入插入座内并形成密封。再重新开泵沟通循环，此时应观察到由导管与套管之间环形空间内返出钻井液。

（2）注入前置液，起到冲洗井壁、稀释钻井液、隔离钻井液与水泥浆的目的。

（3）通过钻杆注入水泥浆，水泥浆量设计应依据环空容积而定，并根据漏失情况作一定附加。

（4）替钻井液，合理设计替量，防止“替空”，管内留 $0.5m^3$ 水泥塞。

（5）碰压后，放回压，检查回压阀是否倒流，若有回流继续替少量钻井液或清水，再检查。

（6）如无回流，上提钻杆循环返出多余水泥浆，以受污染水泥浆返出井口为止。

（7）起出井下全部钻具，卸钻杆扶正器、插头，冲洗、保存。

（8）关井候凝，等待水泥浆抗压强度达到 3.5MPa 时，可转入钻插座及水泥塞工序。

技术要点：

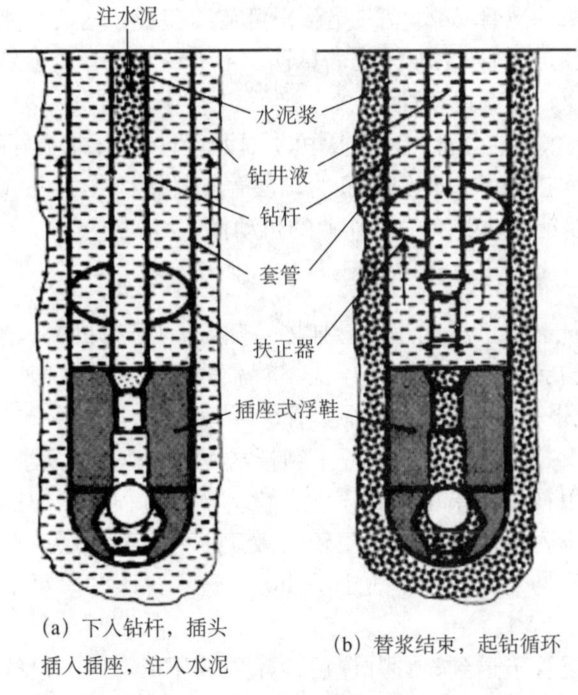

图 4-7-1　插入法注水泥工艺

(1) 在环空容积不明确的情况下，只要井口返出的水泥浆与钻井液混浆情况不严重，即可停止泵注水泥，替完钻杆内水泥浆完成碰压。

(2) 如果在水泥浆返出地面前发现井漏，应停止混合，替掉钻杆内水泥浆，从而防止大量水泥浆泵入破裂地层。

(3) 必须注意防止套管内（套管与钻杆间）外（套管与井眼间）环空压差过大，挤毁套管，对套管加压可防止压差过大。

(4) 内管注水泥的顶替排量受机泵能力和井眼条件限制，难以达到紊流顶替钻井液，可通过科学设计前置液用量、密度、流变性等，调整钻井液性能及增加水泥浆体积提高顶替效率。

五、尾管固井工艺

1. 概述

尾管悬挂固井是一种工程经济效益较高、注水泥环空阻力较低且有利于改善套管柱轴向设计和再钻进水力条件的固井方法，常常应用于深井超深井的固井作业。但尾管固井也存在一些缺点：尾管与上层套管重叠处水泥环薄弱，封固质量较差，易成为气窜通道；尾管工具易出现故障，如中心管刺漏、密封套不严或无法耐高温等；施工风险大，可能会发生固钻杆等恶性固井事故，造成巨大经济损失；尾管与上层套管重叠段环空间隙小，易造成憋堵，导致井漏。

尾管固井中未延伸到井口的套管称之为尾管。按照不同的作用一般将尾管分为以下四类：

（1）生产尾管（采油尾管）：作完井尾管，可节约套管，增大产能；

（2）技术尾管（钻进尾管）：加深技术套管，可节约套管，改变钻井液密度，留有回接可能，不改变钻进程序，具有机动性；

（3）保护尾管：用来修复套管，只需很短的一段套管，但要求很好的悬挂和注水泥质量；

（4）回接尾管：回接到井口作完井套管，覆盖损坏套管作完井或技术套管，可提高油井质量，耐内压、外挤能力，具有完井作业的机动性。

2. 尾管固井施工流程

最常用的尾管悬挂器是液压式尾管悬挂器，随着高压气井固井增多，膨胀式尾管悬挂器以良好的密封性能得到应用。使用液压式尾管悬挂器固井施工时，套管串结构与送入钻杆串结构为：引鞋 +1 根套管 + 浮箍 +1 根套管 + 浮箍 +1 根套管 + 球座短节（含托篮）+ 尾管串 + 尾管悬挂器 + 反扣接头 + 送入钻杆 + 钻杆水泥头。其施工流程（图 4–7–2）为：

（1）按作业规程用钻杆下入尾管到设计位置。下入过程按照规定灌好钻井液，控制好尾管下放速度，防止下入速度过快，产生较大激动压力压漏地层。在上层套管内下入时每下放一个立柱，速度应均匀，时间不短于 1.5min。进入裸眼井段每下放一立柱时间不短于 3.0min。

（2）尾管坐挂。尾管下送到设计井深后，开泵循环正常后，投球坐挂，然后对尾管头加压 30 ～ 50kN 旋转转盘进行倒扣，观察转盘扭矩并记录旋转圈数，如旋转圈数已超过反扣接头螺纹圈数且转盘扭矩降低则试提中心管，如悬重减少基本等于空钻杆浮重，证明倒扣成功（对于 ϕ127mm 尾管重量轻，悬重减小不明显，可通过比较提中心管前后泵压变化判断是否坐挂成功），再下放钻柱 80 ～ 100kN 于悬挂处憋压剪断球座销钉。

（3）固井前循环钻井液。一般需要循环 2 ～ 4 周，减少含砂量，控制好进出口的密度差，不超过气井固井标准规定（0.03g/cm^3）。循环时首先以小排量循环，置换出裸眼段触变性较强的钻井液，再逐渐增大排量至固井施工时的最大排量。

（4）注水泥浆及顶替水泥浆。尾管固井注水泥浆前一般要先泵入一定量的前置液，然后水泥车批混水泥浆通过与水泥头相连的高压管汇注入到井内，再释放胶塞，替浆至碰压。碰压后需要放回压检查有无回流。

（5）拆井口起钻循环。套管固井碰压以后固井施工作业即结束，但尾管固井由于其特殊性，碰压以后需要起钻循环返出喇叭口以上部分或全部水泥浆，再起出全部钻具。

（6）关井候凝。循环洗井结束后，需要关井憋压候凝弥补水泥浆失重造成的压力损失，防止环空气窜，候凝时间一般为 24 ～ 48h，实际候凝时间则根据水泥浆喇叭口强度决定。

3. 尾管固井技术难点

（1）常规尾管作业，尾管坐挂后，如果是非旋转固井悬挂器，尾管不能活动。

（2）尾管作业普遍情况是间隙小和水泥量少。通过钻杆注替水泥，循环摩阻较大，泵压较高。

（3）只能是单塞替浆，不易保持喇叭口及尾管鞋处环空水泥质量，某些情况不能使用胶塞，这样更易造成接触污染。

（4）小间隙及悬挂结构造成局部环空过水面积小，要求水泥浆应有更高的清洁度。

（5）小间隙固井，为防止水泥浆失水桥堵，水泥浆滤失量控制要求严格。

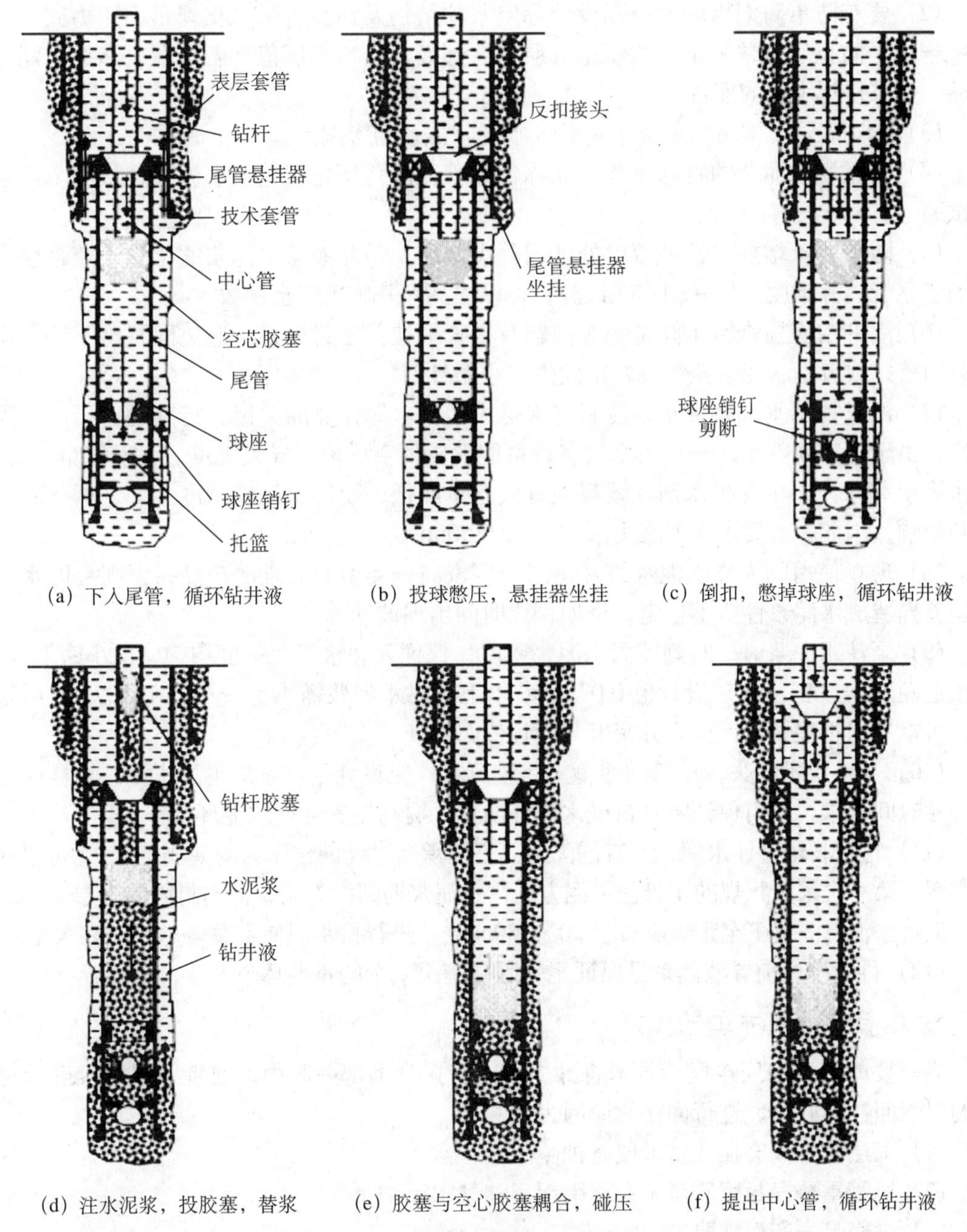

(a) 下入尾管，循环钻井液　(b) 投球憋压，悬挂器坐挂　(c) 倒扣，憋掉球座，循环钻井液

(d) 注水泥浆，投胶塞，替浆　(e) 胶塞与空心胶塞耦合，碰压　(f) 提出中心管，循环钻井液

图 4-7-2　尾管施工流程

(6) 注替水泥结束后，为保证送入钻具的安全起出，要求冲洗多余部分水泥浆（当返高超过尾管坐挂时）。因此设计尾管注水泥浆应有较长的稠化时间，但又不允许造成过低的早期强度。

4. 技术要点

(1) 做好固井前的井眼准备，为固井施工作业提供良好的井眼条件，提高低压漏失层地层承压能力，调整钻井液性能，降低钻井液黏切，有利于提高环空置换效率。

（2）要有防窜防漏措施，合理设计环空浆柱结构及注替排量，实现平衡压力固井，施工完毕后为防止水泥浆失重无法压稳气层应合理设计井口憋压值，若因漏失造成水泥返高不够，要有挤注水泥的准备。

（3）特别要注意混合水氯离子对胶乳水泥浆体系的影响。

（4）要重视水泥浆的特殊试验，如陈化试验、温差稠化试验、水泥强度试验、停泵安全试验等。

（5）随着井深增加，钻井液中处理剂种类增加，钻井液与水泥浆的化学不兼容性大大增加了尾管固井难度，作好相容性试验，可以提高固井施工安全系数。

（6）固井前应检查回压阀是否有问题及尾管悬挂器密封性能，避免固井施工结束后水泥浆回落，或者是水泥浆注替过程中发生“小循环”。

（7）严格控制水泥浆失水，控制失水是成功注水泥作业的关键，特别是对于尾管固井而言，由于环空间隙小，一旦失水过多，可能形成环空桥堵，导致失重，引发气窜；另外，失水会引起水泥浆中降失水剂、缓凝剂有效含量降低，使得水泥浆稠度上升，稠化时间也受到影响。因此一般要求水泥浆失水在 50 ~ 150mL。

（8）现场使用的大样水泥灰最好是同一厂家同一类型同一批次产品，否则会因水泥灰类型差异造成水泥浆性能不稳定，例如稠化时间出现波动等。

（9）泵注水泥浆时，时刻监测水泥浆密度，保证入井水泥浆密度均匀，减小密度波动，尽量避免水泥浆密度超过设计值 0.03g/cm^3 以上，对水泥浆需求量较小的 ϕ127mm 尾管固井，可以采用批混橇，保证入井密度与设计值一致。

（10）当地层不漏失，尾管的浮箍、浮鞋可靠，应设计足够量的附加水泥。这样既可满足接触时间要求，又可保证喇叭口处水泥环质量，提高尾管环空水泥环质量。

（11）特殊长尾管注水泥，并有漏失层（不能承受过高液柱压力的薄弱地层），可用两次注水泥。第一次采用正规的尾管注水泥方法，水泥浆返到漏失层，但不封固漏失层。第二次用标准挤水泥封隔器下至距喇叭口上 20 ~ 30m 处，进行挤水泥使重叠段尾管充满水泥。

（12）科学设计前置液体系是保证尾管固井施工安全的重要环节。

5. 尾管回接固井工艺

当需要时可采用回接尾管技术将井内的尾管接到上部井眼内，或者采用回接套管将井内的尾管回接到井口。进行回接的原因为：

（1）上层套管被磨损、挤毁或腐蚀；

（2）尾管重叠段封固质量不合格引起了油气水窜；

（3）为满足生产而需要进行的。

“注水泥后插入回接法”回接固井工艺流程（图 4-7-3）为：尾管固井作业→候凝→下带刮刀钻头的钻具清洗回接筒内壁→按下套管作业规程下回接套管→将插入头试插入回接筒→试压→将插入头提出回接筒 1 ~ 2m →循环钻井液→注隔离液→注水泥浆→释放胶塞→替钻井液碰压→下方套管使插入头插入回接筒→下压 5 ~ 10t →放回压候凝。

“先插入后注水泥回接法”回接固井工艺流程（图 4-7-4）为：尾管固井作业→候凝→下带刮刀钻头的钻具清洗回接筒内壁→按下套管作业规程下回接套管→将插入头试插入回接筒→下压 5 ~ 10t →试压→打开分级箍→循环钻井液→注隔离液→注水泥浆→释放关闭

塞→替钻井液碰压→放回压候凝。

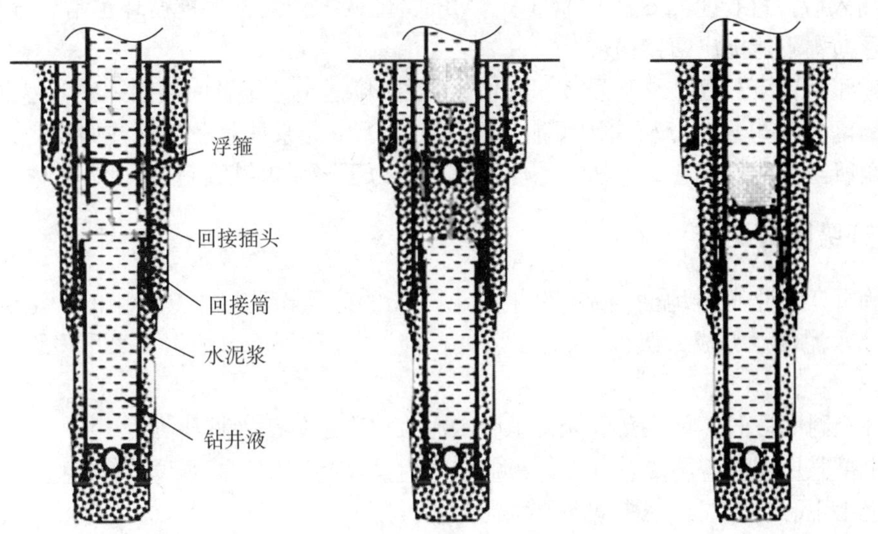

(a) 下入套管串，循环钻井液　(b) 注入水泥浆，替钻井液　(c) 碰压，回接插头插入回接筒

图 4–7–3 “注水泥后插入回接法”回接固井工艺流程

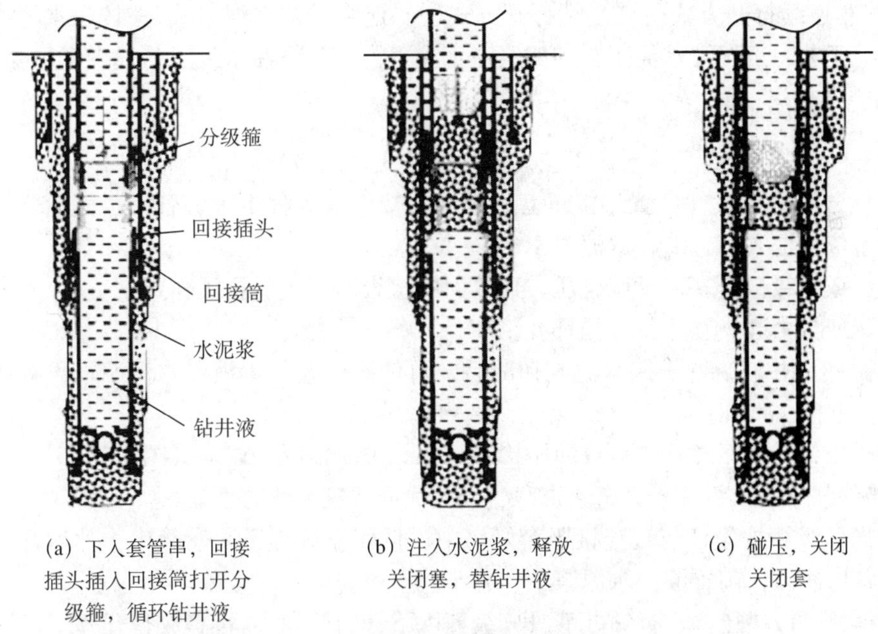

(a) 下入套管串，回接插头插入回接筒打开分级箍，循环钻井液　(b) 注入水泥浆，释放关闭塞，替钻井液　(c) 碰压，关闭关闭套

图 4–7–4 “先插入后注水泥回接法”回接固井工艺流程

尾管回接固井注意事项：

(1) 悬挂器与回接装置为同一厂家的产品，要求配套。

(2) 原有悬挂器回接筒必须完好无损。

(3) 回接前要对回接筒进行铣锥清洗和修整。

(4) 校核好回接筒深度，调整好井口高度，方可下套管。

(5) 回接管柱下部加入适量刚性扶正器，确保套管居中，顺利下入。

(6) 插入后，进行密封试压试验 3 ~ 5MPa，确认插入后，上提循环正常后方可固井。上提时其导向头不能提出回接筒。

(7) 碰压后，下放管柱并下压 5 ~ 10t，坐死回接插头。尾管回接固井中，曾发生过中途憋高压，灌香肠事故。分析原因可能是管柱内由于水泥浆柱重量使管柱伸长，回接插头循环孔关闭所至。所以应急的方法是憋压上提，压力下降后再继续施工。

六、分级固井工艺

分级固井工艺把通过地面控制可以打开和关闭的分级箍连接于套管中的一定位置，在固井时使注水泥作业分成二级或三级完成。由于以下几种原因可能需要采用多级注水泥方法：

(1) 环空封固段长，地层薄弱无法承受水泥浆柱产生的静液柱压力。

(2) 上部某层需要有不受钻井液污染的水泥封固（高密度、高强度）。

(3) 当上下有封隔层，但中间不需水泥封隔。

(4) 下部气层活跃，为防止较长水泥浆柱失重引起环空气窜。

(5) 一次注入水泥浆量大，增加施工时间，也增加水泥浆体系设计难度。

由于分级箍的不同和使用方法的不同，分级固井工艺可以分为多种类型，按施工方式可分为："非连续打开方式"、"连续打开方式"、"连续式注水泥方式"。按注水泥次数分为双级注水泥工艺、三级注水泥工艺和四级注水泥工艺。四级注水泥工艺很少采用。

1. 工艺流程

1) 非连续打开式双级注水泥工艺流程（机械式分级箍）

(1) 将分级箍按设计位置连接于套管串中，按作业规程下入套管串，然后开泵循环钻井液，接着依次注入前置液、水泥浆；

(2) 释放一级碰压塞，替浆碰压，再放回压检查回压阀是否工作正常；

(3) 释放重力塞，憋压打开循环孔；

(4) 循环钻井液，待一级水泥浆初凝后，再依次注入前置液、水泥浆，再释放二级碰压塞，替钻井液；

(5) 碰压，关闭循环孔，再放回压检查循环孔关闭情况，候凝（图 4–7–5）。

2) 连续打开式双级注水泥工艺流程（机械式分级箍，用打开塞）

(1) 将分级箍按设计位置连接于套管串中，按作业规程下入套管串，然后开泵循环钻井液，接着依次注入前置液、水泥浆；

(2) 释放一级碰压塞，替钻井液（分级箍以下管内容积），再释放打开塞；

(3) 替钻井液（分级箍以上套管内容积），打开循环孔；

(4) 循环钻井液，然后依次注入前置液、水泥浆，再释放二级碰压塞，替钻井液；

(5) 碰压，关闭循环孔，再放回压检查循环孔关闭情况，候凝（图 4–7–6）。

3) 连续打开式双级注水泥工艺流程（机械式分级箍，用重力塞）

(1) 将分级箍按设计位置连接于套管串中，按作业规程下入套管串，然后开泵循环钻井液，接着依次注入前置液、水泥浆；

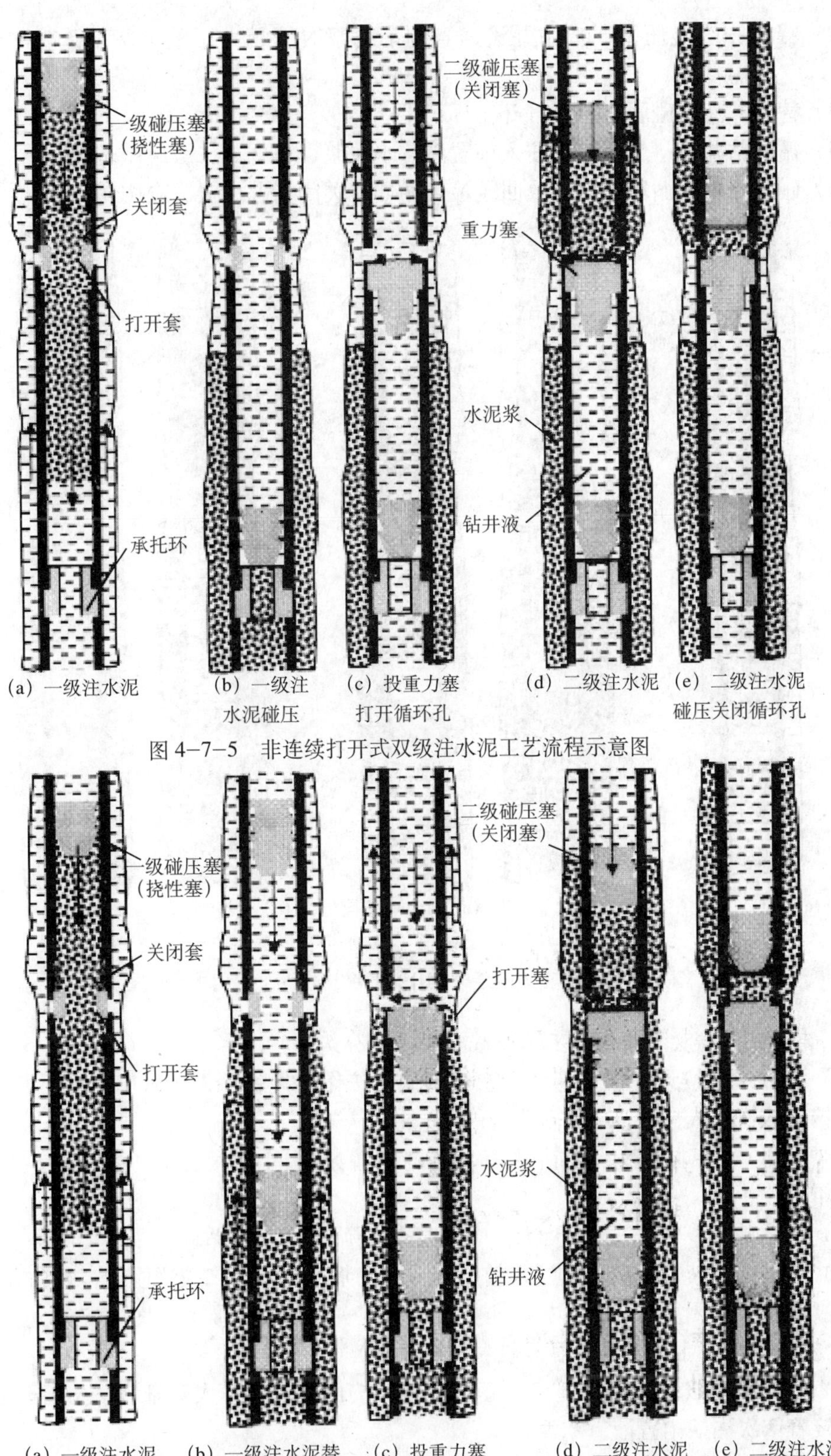

(a) 一级注水泥　(b) 一级注水泥碰压　(c) 投重力塞打开循环孔　(d) 二级注水泥　(e) 二级注水泥碰压关闭循环孔

图 4–7–5　非连续打开式双级注水泥工艺流程示意图

(a) 一级注水泥　(b) 一级注水泥替浆中途释放打开塞　(c) 投重力塞打开循环孔　(d) 二级注水泥　(e) 二级注水泥碰压关闭循环孔

图 4–7–6　用打开塞连续打开式双级注水泥工艺流程示意图

（2）释放一级碰压塞，替钻井液，当剩余替浆时间稍大于重力塞下落时间时释放重力塞；

（3）替钻井液，碰压，憋压打开循环孔；

（4）循环钻井液，然后依次注入前置液、水泥浆，再释放二级碰压塞，替钻井液；

（5）碰压，关闭循环孔，再放回压检查循环孔关闭情况，候凝（图 4–7–7）。

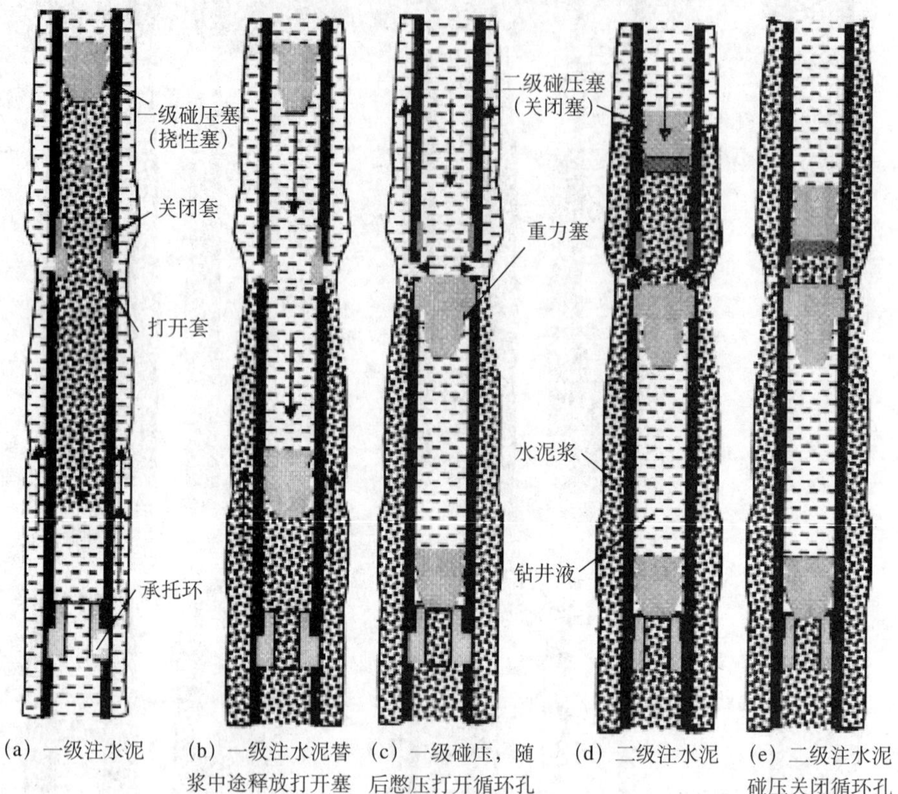

图 4–7–7　用重力塞连续打开式双级注水泥工艺流程示意图

4）连续打开式双级注水泥工艺流程（压差式分级箍）

（1）将分级箍按设计位置连接于套管串中，按作业规程下入套管串，然后开泵循环钻井液，接着依次注入前置液、水泥浆；

（2）释放一级碰压塞，替钻井液，当剩余替浆时间稍大于重力塞下落时间时释放重力塞；

（3）替钻井液，碰压，憋压（压力可根据需要调整）打开循环孔；

（4）循环钻井液，然后依次注入前置液、水泥浆，再释放二级碰压塞，替钻井液；

（5）碰压，关闭循环孔，再放回压检查循环孔关闭情况，候凝（图 4–7–8）。

5）双级连续注水泥工艺流程（机械式分级箍）

（1）将分级箍按设计位置连接于套管串中，按作业规程下入套管串，然后开泵循环钻井液，接着依次注入前置液、水泥浆；

（2）释放一级碰压塞，替钻井液（分级箍以下套管内容积），释放打开塞，依次注入前置液、水泥浆；

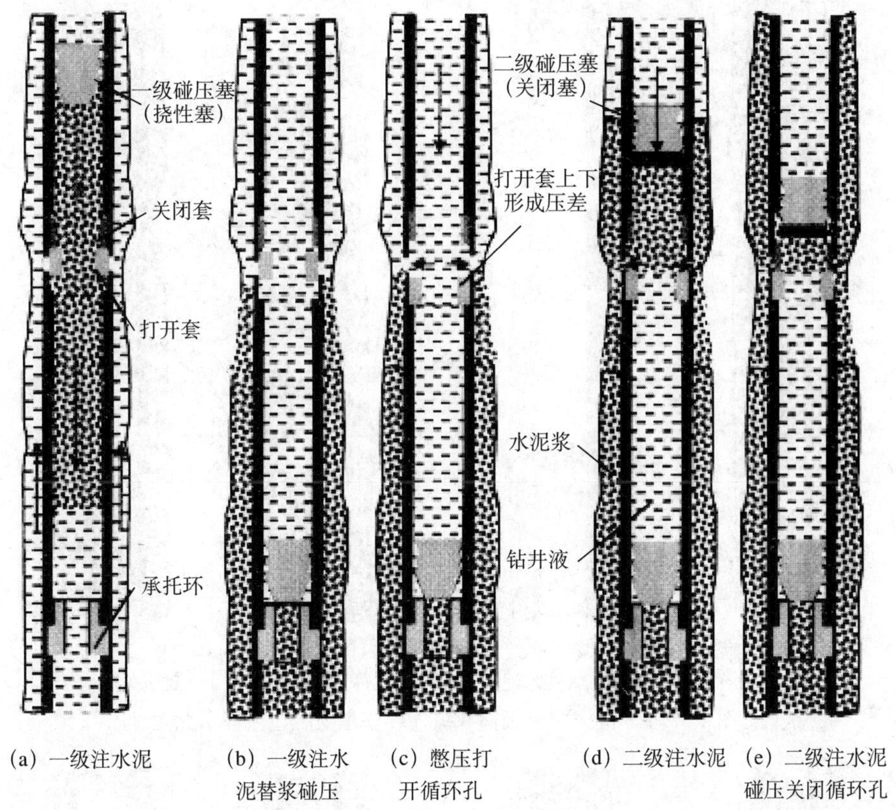

图 4-7-8　压差式分级箍连续打开式双级注水泥工艺流程示意图

(3) 释放二级碰压塞，替钻井液，打开塞打开循环孔，水泥浆进入环空；

(4) 替浆，碰压，关闭循环孔，再放回压检查循环孔关闭情况，候凝（图 4-7-9）。

6) 双级连续注水泥工艺流程（压差式分级箍）

(1) 将分级箍按设计位置连接于套管串中，按作业规程下入套管串，然后开泵循环钻井液，接着依次注入前置液、水泥浆；

(2) 释放一级碰压塞，替钻井液（分级箍以下套管内容积减去 0.5m³），释放隔离塞，注入水泥浆；

(3) 释放二级碰压塞，替钻井液，一级碰压塞碰压，憋压打开循环孔，水泥浆进入环空；

(4) 替浆，碰压，关闭循环孔，再放回压检查循环孔关闭情况，候凝（图 4-7-10）。

7) 三级注水泥工艺流程

在深井中同时存在薄弱地层、气窜或可能腐蚀套管地层，这就需要采用三级固井技术。基本过程与常规双级注水泥技术没有差别。通过套管鞋进行第一级固井，通过常规双级固井接箍进行第二级固井，然后通过顶部分级接箍进行最后一级固井。第一级通过套管鞋采用常规方法固井。采用第一胶塞坐在浮箍上形成密封。根据注水泥设计，第二级可在完成第一级固井后任何时间固井。

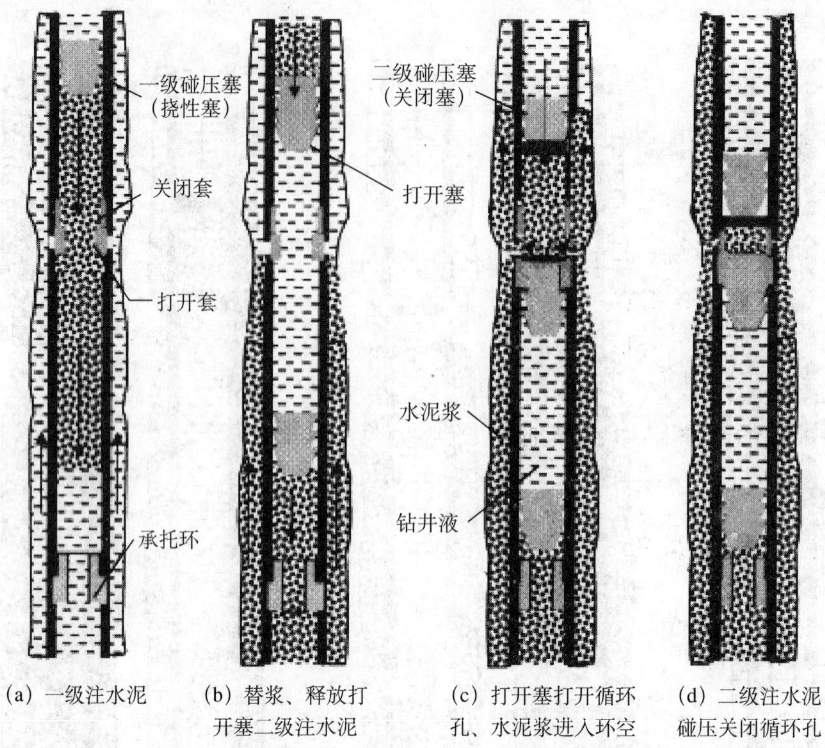

图 4-7-9　机械式分级箍双级连续注水泥工艺流程示意图

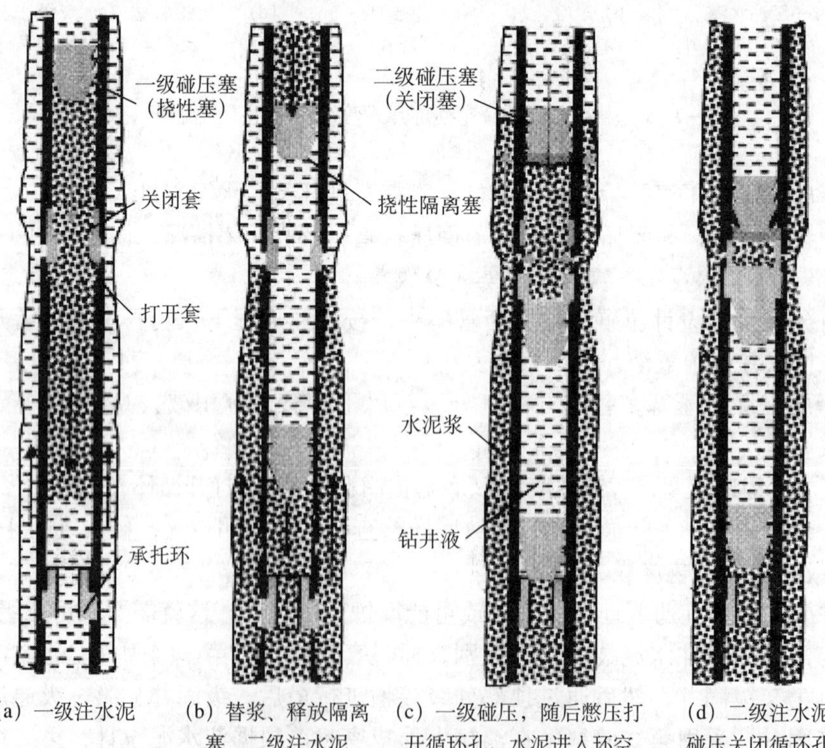

图 4-7-10　压差式分级箍双级连续注水泥工艺流程示意图

采用常规的打开塞打开下面的（第二级）分级箍开口。通过开口循环钻井液，注前置液和水泥浆。采用特殊类型的关闭塞代替常规关闭塞，关闭接箍开口。这种特殊的挠性胶塞通过顶部的分级接箍后坐在下部的分级接箍台阶上，以便加压关闭接箍开口。

最后一级固井可以在第二级固井完后的任何时间内进行，投放打开塞（比第二级使用的打开塞大）通过重力使其坐到顶部分级箍上，打开旁通口，按常规方法进行注水泥施工，采用特殊的关闭塞关闭分级箍。

2. 技术要点

（1）依据井下条件，选择分级注水泥类型。一般情况下尽可能采用正规的非连续式的分级注水泥方法。而且，若条件允许，第一级返深最好距分级箍位置保持 150 ~ 200m。一级碰压后，从井口放压确认浮鞋浮箍工作可靠，水泥不回流，方可投入打开塞，否则应推迟分级箍注水泥孔眼的打开。

（2）根据井况确定分级箍的安放位置，分级箍首先应放在井径规则、井壁稳定且井斜不大的井段，防止循环孔处地层被冲垮，造成环空堵塞。

（3）关闭塞的关闭压力：二级注水泥关闭塞碰压后，其压力值应当达到 15 ~ 20MPa（不包括管内外静液柱压差和流动阻力），因此实施关闭套关闭成功，将形成施工的最大井口压力。在设计分级注水泥施工要计算最大压力，其压力值在注水泥井口工作压力的允许范围内，否则应提高二级顶替钻井液密度来降低最大压力，同时应校核井薄弱段套管抗拉强度，增加 20MPa 压力值所附加的轴向力，其抗拉安全系数不应低于 1.5。

（4）分级箍入井前要认真检查，保证正常使用，同时检查打开塞、关闭塞及胶塞尺寸是否与分级箍配套。

（5）第一级水泥浆稠化时间一定要大于施工时间与重力塞下行时间之和，防止一级水泥面超过分级箍后，当二级循环孔打开时，出现环空堵塞。

（6）第一级水泥浆计量应准确，原则上水泥面不超过分级箍。

（7）第一级注完水泥碰压后井口泄压，当水泥浆不回流时证实下部浮箍浮鞋工作可靠，再投入打开塞。当二级循环孔打开时，应立即循环钻井液，保证二级环空畅通，待第一级水泥浆凝固后，再进行第二级固井。

3. 分级固井复杂情况及处理

（1）一级固井碰压后泄不了压。有可能浮鞋浮箍失灵，要反复二至三次试放压。如果无效，则只有内外平衡后再进行后续工序。液压式分级箍可以避免这种情况。

（2）二级固井碰压后泄不了压。有可能关闭孔未关闭，当反复二至三次关闭无效后，倒返 0.5m^3 水泥浆，关井候凝。关闭压力要考虑管柱的安全性。

（3）分级箍循环孔打不开。在稠化时间许可的前提下，可以稍候一段时间憋压打开，也可适当提高憋压压力打开。如果无效，可用钻杆带特殊工具下压打开。测声幅后，进行射孔补救二级固井。

（4）一级固井后循环洗井井漏。要立即降低排量。对于井口不返要及时正确判断，在有效封固段以上地层漏失可以小排量继续洗井，如果在有效封固段以下地层漏失可以反循环洗井，尽量进行补救。

七、其他固井工艺

1. 外插法固井工艺

外插法固井是指在套管与井眼的环形空间下入一排或多排小尺寸细管，通过细管将水泥浆注入到环空的固井方法。细管的长度取决于要求的封固段长度，细管的多少根据井径大小而定，一般井径越大用细管数越多。这些细管称为外管。将多个外管并联一起，并汇入一根注入管线，通过水泥车从该管线中向套管外环空注入水泥，并从套管外环空中返出，以达到固井的目的。外插法固井一般应用于漏失严重、地层破裂压力较低的井，或用于导管、表层套管一次注水泥未能返到地面而进行的补救注水泥方法。在没有表层套管的井固井时，为了封固上部地层也用此方法封固油层套管上部（通常称打帽子）。

外插法固井的特点是：水泥用量计算误差小，节约水泥；流动阻力小且不易漏失；水泥浆与钻井液掺混少；施工时间短；只适用于浅井；一般用于大尺寸套管固井和不能建立循环井的固井；有时也作为对水泥低返井的上部环空注水泥，以提高对套管的支撑力；在上部有技术套管的油气井固井中，当封固质量不好环空气窜时，一般至少用两根外管，外管数量越多水泥浆上返时越不易发生窜槽，封固质量越好。

2. 延迟凝固注水泥固井工艺

延迟凝固注水泥固井一般用于小环空间隙且注水泥量较少的井，受井深和温度条件限制。通过钻杆向井筒内注入较长凝固时间的缓凝水泥浆，注入结束后，将钻杆起出，在充填未凝固缓凝水泥浆井段内下入底部封闭的套管柱，靠管柱挤压水泥浆上溢，从而完成注水泥的环空充填作业。在挤压过程中根据套管的悬重灌入钻井液，增加重力与浮力的差，便于下入。这种不停地下套管使水泥浆沿环空上返的过程，具有充分活动套管时间，从而提高固井质量。水泥浆的稠化时间主要由注水泥时间和下套管时间确定，一般水泥浆的稠化时间较长。

延迟凝固注水泥固井工艺的特点是：水泥浆在环空充满率较高；注水泥流动阻力小且不易漏失；水泥浆与钻井液掺混少；但要求水泥浆稠化时间长且流动性能好；只适用于水泥量较少的井。

3. 反注水泥法固井工艺

对于漏失比较严重的井，采用常规注水泥作业可能压漏地层，在上部地层漏失性小或具有上一层套管条件时，当改变管柱浮箍浮鞋结构，则可用反注水泥法从井口环空注水泥浆。这种方法可以应用多种水泥浆柱组合，尤其适合于上部有高压层或浅层气，下部存在易漏层的井。反注水泥对下部地层的流动压降较小，同时避免管内留高塞事故发生。工艺特点是：从套管外环空按设计量向井内注水泥，再用钻井液将水泥浆顶替到预定位置，从套管内返出钻井液。有时井底严重漏失时，钻井液直接漏入地层。

反注水泥法固井的特点是：减少了因水泥浆上返时底部回压过大而造成的水泥浆漏失，从而保证水泥浆返高，减少水泥浆对产层的污染；但水泥浆顶替效率低，易产生钻井液窜槽；为保证套管底部固井质量，需要部分水泥浆返入套管，固井后要钻少量水泥塞。主要难点是水泥浆量与充填量不易掌握。

4. 选择式注水泥固井工艺

选择式注水泥固井工艺是根据开发要求，在裸眼井段的某一小段进行注水泥固井，以保证水泥浆不污染封固段上下的产层，又能保证对产层实施压裂酸化措施。该工艺多用于需要裸眼完井的低渗透产层固井，且固井后需要实施压裂酸化等增产措施，或两产层要求绝对封隔且必须要保护产层不受水泥浆污染的井固井。其工艺特点是：将分级注水泥器、多个套管外封隔器分别连接到套管串中，用专用工具将封隔器分别胀开，打开分级箍进行选择式注水泥，然后关闭分级箍，起出专用工具。

选择式注水泥固井的特点是：封固段位置准确，层间封固相对封隔器完井承压能力强，产层不受水泥浆污染，能较好保护油气层，适用于需要采取增产措施的低渗透油藏。

5. 筛管顶部注水泥工艺

对于疏松砂岩油藏的水平井，以往常采用套管固井射孔或射孔后下管内滤砂管防砂完井方式，这种完井方式既大幅度增加了投产费用，又对近井地带产生了污染，影响了油井产能。同时因防砂管打捞困难，也造成后期作业难度大、费用高。为了达到增产的目的，并降低综合开发成本，可采用筛管顶部注水泥工艺。目前该工艺在水平井完井中使用较多，适用于全井下套管，也适用于尾管。其工艺特点是：套管串结构中，在筛管顶部分别安装盲板、封隔器、分级箍，固井前将封隔器胀开，之后打开分级箍进行注水泥，然后关闭分级箍。

筛管顶部注水泥工艺适用于全井下套管固井，也适用于尾管固井。以尾管筛管顶部注水泥工艺为例介绍施工流程。首先选择不同额定操作压力（按操作顺序每个操作压力依次相差 5MPa 左右为宜）的封隔器、压差式分级箍和尾管悬挂器，按顺序位置连接于套管串中，其管串结构为：引鞋 + 筛管 + 盲管 + 一根套管 + 封隔器 + 分级箍 + 套管串 + 尾管悬挂器 + 送入钻具。其施工流程为：按下套管规程下入尾管及送入钻具→憋压坐尾管悬挂器→继续憋压胀开封隔器→继续憋压打开分级箍→开泵循环钻井液→注前置液→注水泥浆→释放钻杆胶塞→替钻井液（在钻杆胶塞与空心胶塞耦合时降低替钻井液排量）→碰压关闭分级箍→放压检查分级箍关闭情况→提出中心管→开泵循环出多余水泥浆→固井结束→起出钻具→候凝，钻掉管内多余水泥和盲板，电测交井投入生产使用。

筛管顶部注水泥固井工艺特点是，既能以筛管工艺完井，水泥浆不污染油气层，又能有效封固产层以上地层，保证产层与上部油气水层的有效封隔。筛管顶部注水泥固井工艺还能比下套管固井后再下入筛管的常规筛管完井增大筛管尺寸，使筛管尺寸和上部套管相同，有利于开发作业和增产。

第八节 挤水泥及注水泥塞

一、挤水泥技术

1. 概述

挤水泥是一种补救注水泥或修井作业。就是将水泥浆注在井中某一段，利用液体压力挤压水泥浆，使之进入环空间隙、地层缝隙或地层孔隙的一种注水泥作业方法。

挤水泥目的分为四大类：修补固井质量差的井、封堵地层、修补有问题的套管井、井口挤一段水泥起到悬挂套管的作用（俗称穿鞋戴帽）。针对油井的具体情况，挤水泥的目的是：

（1）补救注水泥不合格井，挤堵窜槽，补救水泥返高不够以及套管与水泥环及地层间的缝隙。

（2）控制气油比，使油层与相近的气层分隔开。

（3）封堵油层下边水层，控制大量出水。

（4）修补套管腐蚀孔洞或挤堵炮眼。

（5）封堵漏层。

（6）在多层注入井，对其中一层或多层封堵，使注入液进入预计层段。

（7）处理报废层的液体流窜，堵炮眼或裸眼完成井的枯竭层。

典型挤水泥作业如图 4–8–1 所示。

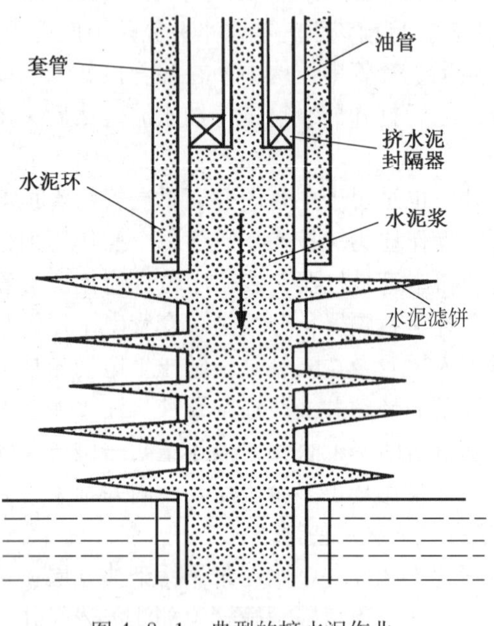

图 4–8–1　典型的挤水泥作业

不同目的的挤水泥作业，其施工压力也不同。按照挤水泥作业时井底压力是否高于地层破裂压力，通常把挤水泥分为低压挤水泥和高压挤水泥。

2．低压挤水泥

低压挤水泥是用比地层破裂压力低的压力使水泥浆进入炮眼、环空、缝隙等，利用水泥脱水充填空腔和它与地层连通的空隙。

水泥浆脱水是水泥浆内的水被挤出，其中固体颗粒在岩层表面形成水泥滤饼，水泥滤饼形成速度是地层渗透性、压差、时间和水泥浆失水性能值的函数。

在低渗透地层使用低失水水泥浆时，脱水过程变慢，使挤水泥作业时间增长；而高失水水泥浆对高渗透地层失水快并封堵可进入的孔道。

理想挤水泥作业是水泥浆应能适当控制水泥滤饼增长速度，且在孔腔、通道和整个渗透性层面上形成一均匀的滤饼（图 4–8–2）。

低压挤水泥的主要特点是所施加的压力能使水泥浆在炮眼以及可能存在孔道和裂缝处脱水形成水泥滤饼，获得挤堵成功。低压挤水泥作业及压力分布如图 4–8–3 所示。

井底压力为挤水泥时作用于地层的压力，等于井口压力加上井内液柱压力减去流动阻力。

低压挤水泥，井较深而又使用较大量的水泥浆时，长水泥浆柱压力就会压漏地层。由于漏失流走水泥浆，挤堵效果并不理想，因此应计算低压挤水泥允许最大水泥量。以下经验公式可进行具有井口压力的水泥量计算。

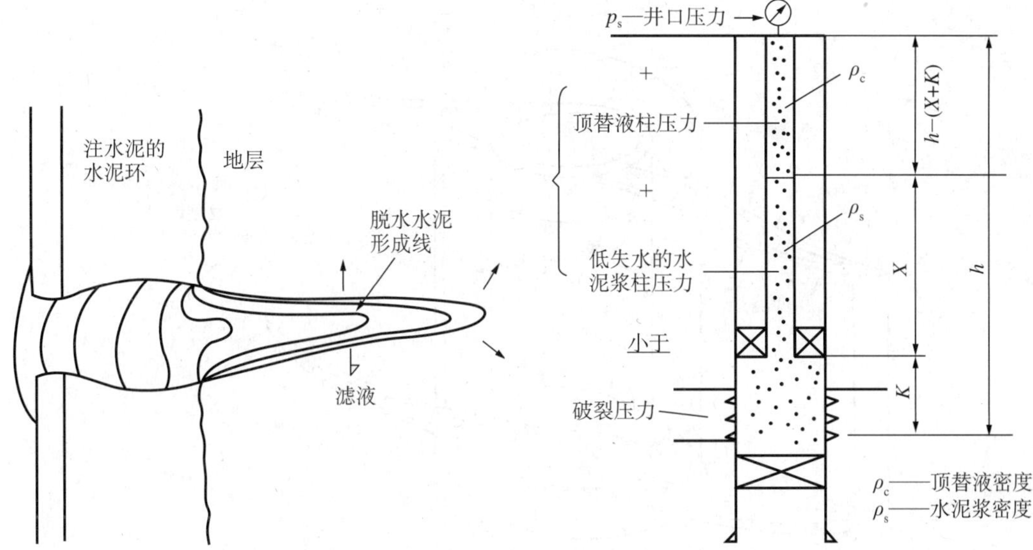

图 4-8-2　脱水水泥浆填充炮眼及通道　　　　图 4-8-3　低压挤水泥作业及压力分布

炮眼处最大允许压力 = 破裂压力 − 安全系数值

则
$$x=\frac{h\left(FG-\rho_c\right)-350}{\rho_s-\rho_c}$$

$$V_s=xV_1$$

式中　FG——地层破裂压力梯度，MPa/100m；

ρ_c——完井液（顶替液）密度，g/cm³；

ρ_s——水泥浆密度，g/cm³；

h——井口至炮眼距离，m；

x——地层能安全承受的最大水泥浆柱长度，m；

V_1——油管每米内容积，L；

V_s——最大水泥浆量，L。

3．高压挤水泥

高压挤水泥是施工时井底压力大于地层破裂压力，扩大井下地层裂缝使水泥浆进入通道孔隙，也就是通过压破炮眼处或靠近炮眼处地层，使水泥浆替进裂缝，让水泥浆充填预计空间，再使用间隙挤水泥方法，水泥浆脱水在裂缝到炮眼的整个孔道里充满水泥滤饼，如图 4-8-4 所示。

需要说明的是，化学溶液（或盐水）试挤能确定所挤地层的破裂压力。如果破裂压力大于上覆岩层压力就会产生水平裂缝；如果破裂压力小于上覆岩层压力则形成垂直裂缝。同时次生裂缝大小与裂缝产生后施加排量大小有关。

地层破裂之后泵入前隔离液及水泥浆至挤入井段，然后低速注入，注入压力随注入量增加而升高，直至井口压力显示出水泥浆已经挤入或发生脱水为止。对地层保持一定时间的压力稳定，然后放掉压力，确认挤入水泥浆不回吐，最后反循环冲洗井筒内剩余水泥浆。

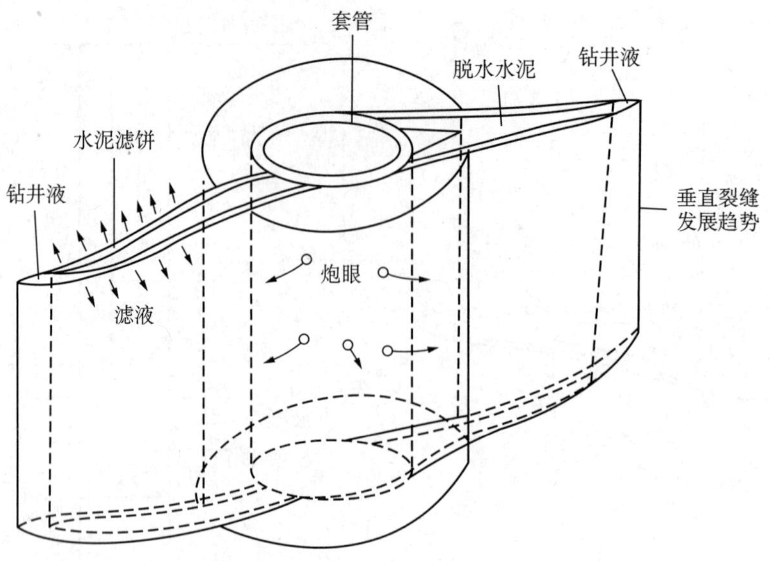

图 4-8-4　高压挤水泥作业

当建立不起所需要的挤水泥压力时，一般采用“等时间间歇挤水泥”方法。具体做法是，配好水泥至挤入段，当水泥浆至初凝（或接近初凝）时，反复多次挤水泥（图4-8-5）。

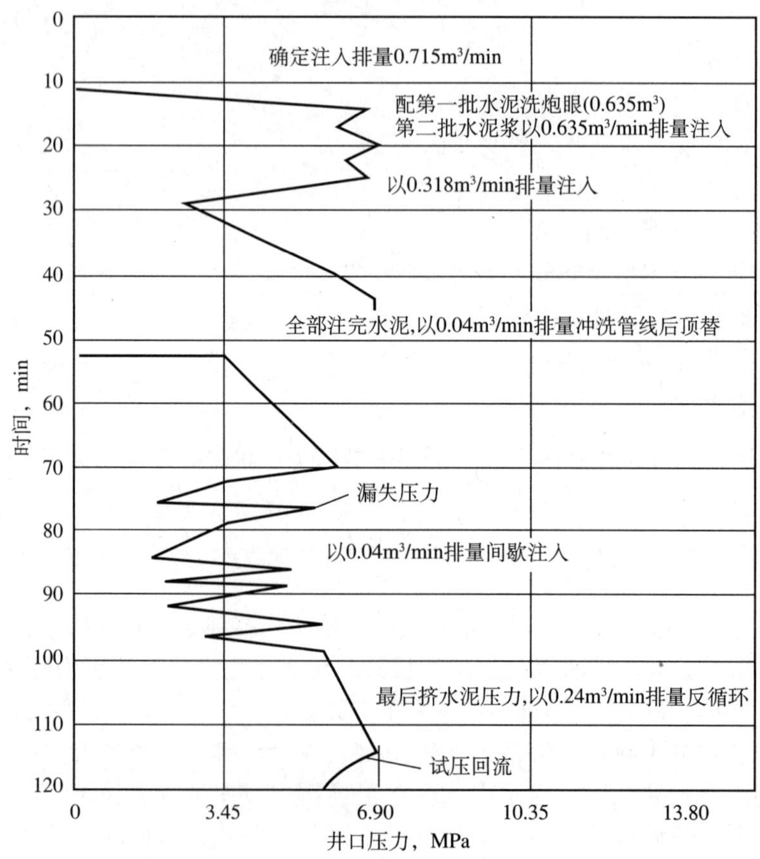

图 4-8-5　间歇挤水泥步骤

高压挤水泥方法又可分为两种：一种是封隔器挤水泥法；另一种是封闭井口挤水泥法。

封隔器挤水泥是在对井下施加高压时能隔离套管和井口，只有封隔器以下的部位才承受挤水泥压力，挤水泥施工后可通过封隔器本身的单向阀防止水泥浆从地层吐入井眼。封隔器的种类主要有两种：一种是可回收式卡瓦封隔器；另一种是易钻桥塞式封隔器。封闭井口挤水泥是通过油管或钻杆将水泥浆替至管柱底部以后，借助于关闭防喷器或井口阀门以产生挤水泥压力。

高压挤水泥的两种方法各有其特点，从工艺技术上讲使用封隔器挤水泥比封闭井口挤水泥成功率高，特别是深部高压油气井挤水泥安全可靠，可实现一套管柱多层次挤水泥作业。封闭井口挤水泥方法简单，但安全、可靠性就差一些，适用于中深部中低压油气井中单层挤水泥作业。

4. 水泥浆设计

1）稠化时间

和一次注水泥一样，温度、压力影响稠化时间。由于挤水泥的水泥浆脱水情况更为突出，另外施工作业时它不能充分循环洗井，试验温度较高。取 API H 级水泥，井深 2438m，注水泥温度 51.7℃，挤水泥温度 70.6℃，注水泥与挤水泥稠化时间见表 4–8–1。

表 4–8–1　注水泥和挤水泥水泥浆稠化时间比较

缓凝剂加量，%	稠化时间	
	套管注水泥	挤水泥
0	2 小时 16 分钟	1 小时 15 分钟
0.4	4 小时 00 分钟	2 小时 16 分钟
0.6	5 小时 32 分钟	4 小时 15 分钟
0.8	6 小时 15 分钟	4 小时 58 分钟

在一定温度、压力条件下的稠化时间设计要考虑井深、挤水泥方法。低压间歇挤水泥稠化时间应有 240 ~ 360min，浅井或堵报废孔眼时间应短。原则上为整个施工时间的 2.0 ~ 2.5 倍。总的原则是水泥浆性能应依据挤水泥地层特性和采用的工艺方法来设计。

2）水泥类型选择

主要依据温度条件而选择，并考虑将使用的降失水剂及缓凝剂的数量等。一般采用 G 级油井水泥，以外加剂来调节性能变化，深井使用 H 级油井水泥等。

3）失水量控制

失水量控制涉及所挤地层特性、渗透率、岩性以及挤水泥方法等。如高低压挤水泥方法、低压间歇挤水泥等。一般原浆水泥（纯水泥浆）6.9MPa、30min 失水量在 600 ~ 2500mL 之间。如果向高渗透性地层用低压挤水泥技术，过大失水量很快在炮眼处结成水泥瘤，使水泥浆不能有效挤入；如果失水量过小，就会在炮眼孔道上留下未脱水的水泥，一旦反循环冲洗或负压差作用，这些水泥就会被冲掉。

最佳失水量依据挤水泥地层渗透性而定：低渗透性地层，允许失水量在 100 ~ 200mL/30min；高渗透性地层 50 ~ 100mL/30min。裂缝石灰岩和白云岩地层挤水泥，使水泥浆填充地层裂缝和孔道比形成水泥滤饼更为重要，所以失水量应控制适中，选中失水水泥或较快凝水泥浆。失水量、水泥滤饼渗透率和水泥滤饼形成速度见表 4–8–2。

表 4–8–2　失水量、水泥滤饼渗透率和水泥滤饼形成时间

6.9MPa、30minAPI 失水 mL	6.9MPa 水泥滤饼渗透率 mD	形成 50.8mm 厚水泥滤饼所需要时间 min
1200	5	0.2
300	0.54	3.4
100	0.09	30
50	0.009	100

4）水泥量

需用水泥量取决于挤注水泥段长度及挤注技术。绳索式倾倒水泥方法仅几袋，而复杂的间歇挤水泥多达几百袋，一般用量在 100 ～ 200 袋。

如果采用封隔器挤水泥并在能够沟通的情况下，可按环形容积再附加 2 ～ 3 倍的水泥量进行计算。在不能沟通的情况下，采用试挤方法确定，试挤吸收量达 30L/min 以上时，水泥用量为 100 ～ 200 袋，达不到时则为 50 ～ 100 袋。

挤水泥量往往无法精确控制，应依据试挤压力、吸收量大小、需要挤水泥的地层条件及所希望的水泥隔板高度综合考虑来定，主要参考本地区的经验数据。

参考用的经验法则：

（1）低压挤水泥的 x 长度计算水泥浆用量时，多余的水泥浆能反循环出；

（2）水泥浆量不超过下井管柱的内容积量；

（3）每米射孔井段用 6.5 袋；

（4）如地层压裂之后挤入速度可达 320L/min，则最小用量为 100 袋；

（5）需控制静液柱压力和井口挤入压力，考虑使用填料水泥浆，满足不压漏地层及大的水泥量要求；

（6）次生裂缝注水泥宜采用小排量。

间歇挤水泥技术图解如图 4–8–6 所示。各种挤水泥类型的推荐水泥用量参考值见表 4–8–3。

表 4–8–3　各类挤水泥用量　　单位：袋

挤水泥类型	高压挤水泥	低压挤水泥
管鞋挤水泥	100	50
套管挤堵（尾管头）	200	100
套管挤堵	200 或 33 袋 /m	106 或 16 袋 /m
封隔产层	150 或 16 袋 /m	50 或 7 袋 /m

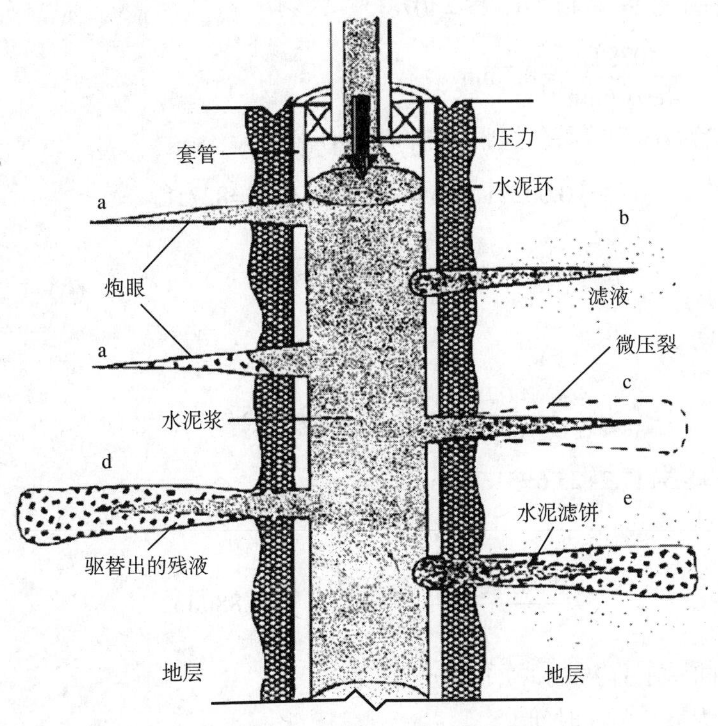

图 4-8-6 间歇挤水泥技术图解

a—水泥浆全部或部分进入炮眼及通道；b—由于液柱压力及泵压，炮眼通道充填水泥浆及含混残留钻井液溶液，滤饼封堵炮眼及通道；c—水泥浆进入，炮眼通道充填水泥浆及含混残留钻井液溶液，有小的压裂；d—水泥浆推移前置液和形成压裂；e—压裂形成，残屑物出通道，并渗透滤失液，炮眼及通道由滤饼充填

5）其他性能要求

（1）分散作用。应使用分散剂获得低屈服点的稀水泥浆，具有好的流动性。

（2）抗压强度。设计原则应满足再钻进及再次射孔振动防破裂的要求，挤水泥抗压强度不是设计要求的主要问题。

5．挤水泥作业举例

条件：某井 ϕ139.7mm × 7.72mm 套管固井水泥返至 1829mm，挤水泥射孔段 4557 ~ 4569m；BHST=151℃，钻井液密度 =1.68g/cm^3；地层：砂岩；设计施工排量：7.95L/s。设计水泥浆密度为 1.94g/cm^3，造浆率为 40.48L/ 袋，用水量 21.43L/ 袋。先用 31MPa 压力弱酸冲洗 ϕ139.7mm 套管，套管内钻井液密度 1.2g/cm^3，通过 ϕ73mm 钻杆挤水泥，前置液采用 5% 的弱 HCl。

解：

（1）水泥用量：

射孔段一般每米按 6.5 袋计算：（4569−4557）× 6.5=78 袋

注入排量超过 5.3L/s，设计最小水泥量为 100 袋。

（2）顶替容积（4557m 钻杆内容积）：4557m × 0.00271m^3/m=12.35m^3。

（3）前置液每米 10.43L，设计使用 6.36m^3 作冲洗液（接触井段按 600m 考虑）。

（4）按每袋水泥配浆 40.78L 最小泵注时间：

水泥浆容积 =100 袋 ×40.78L/ 袋 =4078L

注水泥时间 = $\dfrac{4078\,\text{L}}{480\,\text{L/min}}=8.5\text{min}$

替水泥浆至管鞋时间（替至炮眼顶部 4557m）：

$$0.00271\times4557\times1000-4078=8271\text{L}$$

$$\frac{8271\,\text{L}}{480\,\text{L/min}}=17.2\text{min}$$

挤出钻杆时间：

$$\frac{4078\,\text{L}}{159\,\text{L/min}}\text{（平均值）}=25.6\text{min}$$

上述总时间 =8.5+17.2+25.6=51.3min

冲洗时间：

$$\frac{0.00271\times4557\times1000\,\text{L}}{477\,\text{L/min}}=25.88\text{min}$$

则总作业时间 =51.3+25.88=77.18min

以 77min 作为最小泵注时间。

（5）稠化时间设计。由于最小泵注时间为 77min，考虑 2h 的安全时间，及采取低压间歇挤水泥技术，间歇时间为 25min，设计的稠化时间应为：225min。

（6）水泥浆设计：

加入 35% 硅粉满足（151℃）井下静止温度条件。

失水量控制在 150mL；稠化时间 225min。

（7）候凝时间。取压力在 3.45 ～ 6.89MPa（试压）获得满足，取候凝时间 6 ～ 8h。

（8）挤注作业计算：

井底破裂压力（当量密度 =2.16g/cm^3）$BHFP=FG\times h$=21.19kPa/m×4557m=96.56MPa

井口压力 p_s（防止挤破地层最大允许的井口压力）：

井底破裂压力 =96.56MPa

水泥浆柱压力（密度 1.94g/cm^3）：

水泥浆柱长度 = $\dfrac{4078\,\text{L}}{2.71\,\text{L/m}}=1505\text{m}$

水泥浆柱压力梯度 =1.94×0.00981=0.01903MPa/m

则水泥浆柱压力 =1505m×0.0193MPa/m=28.64MPa

管内水柱压力（密度 1.0g/cm^3）：

水柱长度 =4557m−1505m=3052m

水柱压力 =3052m×0.00981MPa/m=29.94MPa

p_s=96.56MPa−（28.64MPa+29.94MPa）=37.98MPa

取 3.45MPa 为安全系数，则

控制的最大井口压力 =37.98−3.45=34.53MPa

二、注水泥塞技术

注水泥塞，也称为打水泥塞或打灰塞，就是在井内适当位置注入水泥浆形成水泥塞的作业。

根据其目的和用途，一般将水泥塞分为完井水泥塞、转层水泥塞、侧钻水泥塞、堵漏水泥塞、纠斜水泥塞、封井水泥塞、导眼水泥塞等。总起来看，注水泥塞目的或用途主要有以下几种：

(1) 堵塞报废井及回填枯竭层位；

(2) 为纠斜、定向侧钻提供支撑；

(3) 处理钻井过程中的井漏；

(4) 为衬管式测试工具提供承座基础；

(5) 隔绝地层。

1. 注水泥塞方法

根据水泥塞的目的和用途，注水泥塞的技术方法主要有平衡塞法、倾筒法、双塞法和水泥塞定位器法等。目前，针对常规打水泥塞作业经常出现不易控制长度、水泥塞容易“打飞”、易出现“灌香肠”、“插旗杆”等实际问题，还研究开发了双塞法和水泥塞定位器等方法及辅助工具。

1) 平衡塞法注水泥塞

平衡塞法注水泥塞就是将钻杆（或油管）下至注水泥塞设计深度底部，注水泥、替浆后，管内留够水泥浆，使管内水泥面在补偿因起出钻具而下落的长度后仍高于环空水泥塞面高度，慢慢起出钻杆（或油管）使水泥塞留在原位置。一般起离塞顶面 30 ~ 50m，冲洗管内水泥浆及管外多余水泥浆。

2) 倾筒法注水泥塞

把配好的水泥浆灌入特制的倾筒内，用电缆或管柱把倾筒送至预定深度的注水泥塞方法。一般在下部（预计水泥塞下部）先压入一只固定桥塞，如图 4-8-7 所示。

3) 双塞法注水泥塞

双塞法注水泥塞与一次注水泥的双塞固井相似，注水泥塞的双塞用于钻杆内，管柱底部有特殊挡圈，下胶塞可通过挡圈而从钻杆内脱出，上胶塞则被胶塞座阻挡，通过井口泵压突增判断水泥已顶替出，并由该塞控制水泥浆回流，并在预计水泥塞下部先下入桥塞。水泥浆顶替完毕，上提钻具至预注水泥塞的顶部，反循环冲洗管内水泥及管外多余水泥浆。其施工工艺如图 4-8-8 所示。

4) 水泥塞定位器法

水泥塞定位器如图 4-8-9 所示。其内部设计了一套憋压剪断销钉的机构和一套液体的单流机构，通过与钻杆胶塞的配合使用，起到隔离钻井液和水泥浆的作用，提高水泥塞的凝固强度，并实现水泥塞的准确定位功能。

采用水泥塞定位器打水泥塞流程：将水泥塞定位器接在钻杆最底部，下钻到预定位置，开泵循环钻井液，正常后注隔离液和注入设计量的水泥浆，然后投钻杆胶塞替钻井液到碰压（有碰压显示），起钻到需要打水泥塞的顶端位置，憋压 10MPa 剪断销钉建立循环，开泵循环出多余水泥浆，起钻候凝。

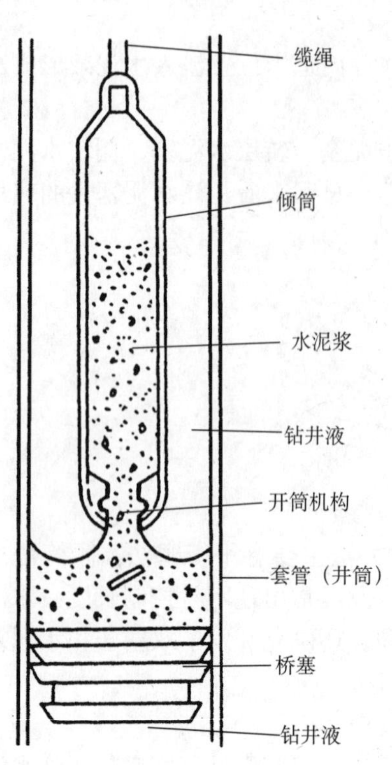

图 4–8–7　倾筒法注水泥塞

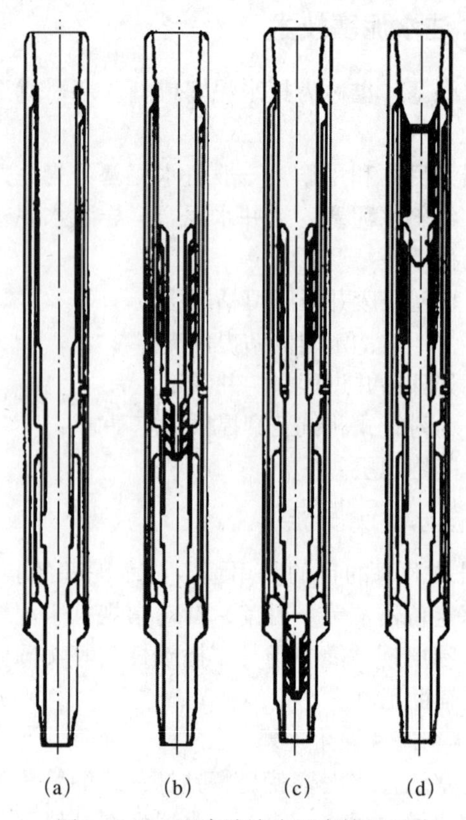

图 4–8–8　双塞法注水泥塞施工工艺
(a) 下钻；(b) 下胶塞到位；(c) 下胶塞脱出；
(d) 上胶塞碰压、水泥浆顶替完毕

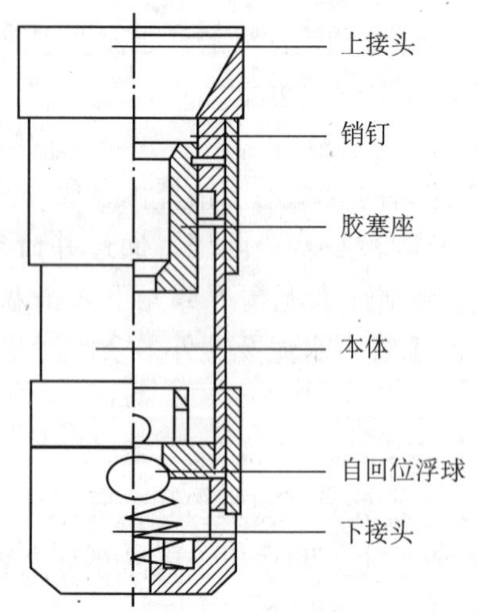

图 4–8–9　水泥塞定位器

2．水泥浆设计

1）水泥浆量

注水泥塞所需要的水泥浆量，主要取决于水泥塞长度，同时又要考虑注水泥塞的目的。

过短的水泥塞成功的难度大，设计水泥浆量要把水泥塞顶部、底部钻井液污染部分考虑在内，堵漏水泥塞还涉及施工流阻与液柱压差情况下的流速。堵底水一般用 20 ～ 30 袋水泥，定向侧钻需要保持有效抗压强度，水泥塞长度至少 60m，因要考虑被污染段水泥塞长度需钻掉，用量往往超过 200 袋。

2）水泥浆性能设计

(1) 密度应大于一次注水泥规定要求，最好按最小水量配制。

(2) 温度条件按挤水泥条件的规定设计。

(3) 依据抗压强度及稠化时间要求加入设计要求的外加剂。

(4) 通过添加水泥分散剂，在满足流变性要求的前提下减少水泥用水量能够提高水泥石的强度。在裸眼段注水泥塞应充分考虑污染对强度的影响，见表 4–8–4 和表 4–8–5。

表 4–8–4　钻井液污染对水泥石抗压强度的影响（A 级水泥两种密度）

钻井液污染量，%	水泥石抗压强度，MPa	
	密度 1.87g/cm^3	密度 2.09g/cm^3
0	20.00	48.33
10	17.44	34.50
30	9.65	20.00
60	2.34	15.96

表 4–8–5　G 级水泥浆密度变化对水泥石抗压强度的影响

水泥浆密度，g/cm^3	24h 水泥石抗压强度，MPa	
	76.6℃ 20.68MPa 养护	93.3℃ 20.68MPa 养护
1.98	57.20	72.10
2.04	76.35	87.28
2.10	81.77	88.76

3. 注水泥塞注意事项及对井下钻井液的要求

注水泥塞的特点在于要将相对体积小的水泥浆置于大的井眼中去，因此存在钻井液污染、冲稀、升温快、流阻大、压差大、易失水等一系列问题。为此，注水泥塞应当注意如下事项：

（1）把握井下情况，提高施工设计质量。取全地质、工程和现场资料，充分了解水泥塞的用途、特殊要求及井下复杂情况，做出针对性的施工设计。

（2）应有井径资料，优选规则井段。在要求允许的范围内，避开垮塌、大肚子、渗滤大的井段注水泥塞，最好在坚硬地层处注水泥塞。

（3）认真进行压力平衡计算，各项计算、计量准确。仔细计算水泥量、水量和顶替量，实际施工记录要准确，水泥量的附加数要考虑注替过程被冲稀或污染影响水泥塞质量问题。

（4）适量增大水泥浆用量，以弥补计量不准确和混浆对水泥石强度的影响。使用批混或特殊配浆方法，使水泥浆密度满足设计要求。

（5）前置液量充足，一般控制占环空高度为 200m，后置液量应与钻具（或油管）高度和前置液量所占环空高度一致（或前隔离液 1.4m^3、后隔离液 0.6m^3）。

（6）认真进行水泥实验。优选水泥浆配方，优化其综合性能，使水泥浆具有低失水、析水、沉降稳定好等优点，提高水泥石强度，对水泥浆高密度点复查其稠化时间，在保证水泥浆的稠化时间前提下，要严格控制高温缓凝剂的用量，防止水泥浆超缓凝。

（7）施工前水泥化验用的清水必须和现场施工用的清水一致，作好水泥浆与钻井液的相容性试验。

（8）认真作好注水泥塞准备。施工前充分洗井，并记录钻具重量，观察井眼的稳定情况，不稳定不能盲目施工。

(9) 注替过程尽量上下活动及转动注水泥塞管柱。

(10) 注替水泥浆完毕，上提钻具应慢，防止过大抽汲作用而引起污染。

为保证注水泥塞的成功率，应对井下钻井液提出如下要求：

(1) 井下钻井液应处于稳定状态，不漏失，不存在油气水侵情况（对于处理漏失注水泥塞情况例外）。

(2) 采取调整钻井液或水泥浆的性能来解决相容性问题，考虑隔离液作用，必要时应对注水泥塞段井壁疏松滤饼进行清除。

(3) 调节全井钻井液性能均匀一致，尤其是密度，否则将使平衡法注水泥塞失败，注塞段以下钻井液应尽可能呈高黏高切，而上部钻井液应是低黏低切和较小失水。

4. 水泥塞检验

不同目的的水泥塞，其检验标准及要求也不同。现场一般采取钻进方式，由可加压吨数来衡量水泥塞是否成功，探塞过程要求候凝 24 ～ 48h，可加压重量在 2 ～ 10t 范围。

对于报废井及封堵底水的水泥塞一般不检验；对于定向侧钻的水泥塞，要求具有更高抗压强度，往往候凝在 36 ～ 72h，通过加压及钻速来判断水泥塞是否成功。

5. 注水泥塞作业举例

条件：定向侧钻造斜位置 2987m，平衡塞注水泥塞。井眼由 ϕ215mm 冲蚀大至 ϕ222mm，使用 ϕ88.9mm 钻杆（16.67kg/m）；井下温度 108.3℃；钻井液密度 =1.56g/cm^3。

(1) 水泥浆量计算：

定向侧钻塞长度 =91.44m（井段），ϕ222mm 容积 =38.785L/m

ϕ88.9mm 钻杆内容积 =4.263L/m

ϕ222mm 和 ϕ88.9mm 的环空容积 =32.581L/m

水泥塞体积 =91.44m × 38.785L/m=3546.5L

实际注入在井下水泥塞长度为：

$$\frac{3546.5}{32.581+4.263}=96.153\text{m}$$

(2) 顶替容积：

$$4.263\times(2987-96.153)=12323.7\text{L}=12.324\text{m}^3$$

(3) 前置液类型和容积：

选择前置液密度在钻井液与水泥浆之间（1.8 ～ 2.3g/cm^3），需用的领浆（环空长度 46m）为：

$$46\times 32.581=1490.01=1.49\text{m}^3\approx 1.5\text{m}^3$$

(4) 最小注水泥塞时间：

混合水泥浆排量 =477L/min

顶替排量 =477L/min

总容积 = 水泥浆量（3547L）+ 顶替量（12324 L）=15871L

$$\frac{15871}{477}=33.3\text{min}$$

稠化时间考虑施工时间加 1 ~ 1.5h。

（5）水泥浆设计：

由于是用于侧钻的定向水泥塞，加入 15% 砂提高硬度和支持力。

密度 =1.96g/cm^3

造浆率 =34.72L/ 袋

用水量 =18.78L/ 袋

总水泥袋数 N_{sk} 为：

$$N_{sk}=\frac{3547\text{L}}{34.72}=102\text{ 袋（水泥）}$$

总用水量为：102 袋 ×18.78L/ 袋 =1916L（水）

（6）候凝时间：

设计使其水泥塞至少具有的最低强度为 20.68MPa，需候凝不少于 24h。

第九节 特殊井固井技术

一、高温高压井固井技术

高温井一般指井底地层温度高于 150℃的井；高压井一般指井底地层压力达到 69MPa 或地层压力系数达到 1.8 的井。高温高压井指井底地层温度高于 150℃且地层压力达到 69MPa 或地层压力系数达到 1.8 的井。

1．环空气窜的原因

（1）水泥浆胶凝悬挂失重、失水体积收缩、水化体积收缩导致井下有效浆柱压力下降，不足以压稳地层流体，使地层流体进入环空形成窜流。

（2）顶替不良、自由水窜通所引起的槽道形成窜流；水泥石表观体积收缩、套管变形、井壁滤饼导致界面破坏所形成的微环隙，造成窜流。

（3）高温下水泥石强度衰退，水泥石完整性破坏，逐渐解体失去封隔作用而形成窜流。

（4）气井生产过程中压力变化或温度变化导致水泥石完整性破坏而形成窜流。

2．高压气井套管设计技术

对于气层压力小于 35MPa 的井，可以不采用气密封套管，而采用普通长圆螺纹套管，连接用密封螺纹胶粘接即可满足要求。需注意的是在套管订货时要求接箍工厂机紧端也应采用密封螺纹胶粘接。这类井一般水泥可不返到地面。

对于高压气井，设计要求采用气密封螺纹套管，在下套管时还要在现场进行气密封检测，以保证套管螺纹密封可靠。

对于含 CO_2 的气井，应根据 CO_2 的分压情况，在材质上要设计不同级别的含 Cr 不锈钢套管，如果同时含 H_2S，则应设计高 Mo 不锈钢套管。

如果一次注水泥不能满足水泥上返要求，必须采用尾管固井。悬挂器推荐采用膨胀式尾管悬挂器。

3．控制气窜的注水泥技术

1）多凝段的水泥浆技术（多凝段水泥浆防气窜技术）

采用多凝段的水泥浆技术目的是要解决由于水泥浆胶凝强度造成“失重”，使整个环空液柱压力低于气层压力而产生气窜的问题，方法是相对减少液柱压力下降总值，使其保持大于气层压力。速凝水泥浆返高超过气层顶界 50 ~ 100m，速凝段水泥浆由于水泥水化失重时，缓凝水泥浆尚能传递液柱压力，这时整个环空液柱压力（钻井液段、前置液段、缓凝段水泥浆，速凝段按密度 $1.0g/cm^3$ 计算的液柱压力总和）大于气层压力。

2）环空加回压

固井施工结束后，在水泥浆失重环空压力损失的基础上利用套管头密闭环空，给环空加回压，防止水泥浆在候凝过程中由于环空压力降低导致高压流体窜入水泥环发生窜槽，而影响固井质量。

井口加压的大小可按地层承压能力及压力预测结果以及水泥浆到水柱后的环空液柱压力与地层压力的差来计算。其加压过程选择在水泥浆候凝 60min 内进行，回压值至少要补偿环空循环压耗。

3）采取机械方法阻隔气窜

即使用管外封隔器（ECP）工具，固井后将封隔器打开，使封隔器以下的环形空间处于有压力的密闭状态，防止高压气层在水泥浆失重时窜流。

4）采用化学方法的防气窜技术

（1）发气水泥。普通的水泥浆压缩系数很小，所以少量的体积损失就有可能造成较大的压力损失。当水泥浆发生水化收缩时，充气水泥浆可以补偿水泥浆体积收缩，弥补水泥浆由此造成的压力损失，保持水泥浆液柱压力大于环空中气层压力，达到防气窜的目的。目前国内外有三类充气水泥：第一类是水泥浆中加入阴离子表面活性剂、阳离子表面活性剂或两性表面活性剂，将水泥浆替至环空后，如有气体进入水泥浆中，就会生成相互独立的气泡均匀地分布在水泥浆中防止气窜的发生。第二类是在地面通过特殊的制氮设备向水泥浆中注入氮气。第三类是以钝化的铝（锌）粉作为发气剂通过化学反应生成氢气。

（2）胶乳类防窜剂。胶乳水泥是以胶乳溶液作为连续相，把水泥分散在胶乳溶液中而形成的胶凝体系。胶乳水泥浆中必须加入高浓度的表面活性剂和分散剂，以防止发生絮凝和闪凝，同时需加入有效的消泡剂，控制施工过程中泡沫的产生。胶乳水泥浆具有良好的降失水效果，失水量可以控制 50mL 以内；水泥浆的静胶凝强度发展迅速，具有良好的防窜作用，且能显著提高水泥石的韧性，水泥石的弹性模量比常规水泥石可降低 20% 以上，对水泥石强度发展影响较小。

(3) 不渗透防窜剂。不渗透防窜剂是国内目前应用较广的一类非离子型降失水剂，主剂一般为聚乙烯醇降失水剂。水泥浆水化后能降低水泥基质的渗透率，改善水泥浆的胶凝特性，提高水泥浆的防窜能力。同时，形成的不渗透膜，也可以保持环空的液柱压力，对气体的侵入也起到一定的阻挡作用。当水泥凝固后，不渗透防窜剂能堵塞水泥基质中的孔隙，降低水泥石的渗透率，减少了气体窜入的可能性。

(4) 紧密堆积型水泥浆。利用颗粒级配原理，通过优化水泥及外掺料颗粒直径分布(PSD)，优选 3 种或 3 种以上不同直径的颗粒，使单位体积内固相颗粒增加，尽可能降低水泥浆水灰比，提高水泥石的抗压强度和降低水泥石的孔隙度和渗透率。紧密堆积型水泥浆防窜作用有两个方面：一是不同粒度级配的材料在水泥石的微孔隙中，降低了基体的渗透率；二是粒度极小的材料被束缚在孔隙的游离液中，增加了流动阻力。使该水泥浆体系具有高稳定性、低失水、高早强及强防腐蚀能力。

(5) 触变水泥。触变水泥在静止时能够很快形成较高的胶凝强度，阻止环空气窜的发生，而搅动时又能变稀，恢复其流动性，即所谓的剪切稀释特性。触变水泥的作用机理为：水泥浆顶替到位后，其能够迅速形成大于 240Pa 的静胶凝强度，有效缩短水泥浆由液态转化了固态的过渡时间，减少发生环空气窜的概率。

(6) 延缓胶凝水泥浆。延缓胶凝水泥浆是指在水泥浆顶替到环空初期能够较长时间地保持液态性质，传递液柱压力，维持对气层的压力，当水泥浆水化后能够迅速形成较高的胶凝强度，尽可能减少水泥浆由液态转化为固态的过渡时间，从而大大降低了发生环空气窜或气侵的概率，这与通常所说的“直角稠化”水泥浆属于同一类水泥浆体系。

二、热采井固井技术

对于注热蒸汽井，饱和压力下温度高达 200 ~ 315℃，同时这种井承受高达 200℃温差。高温条件给固井造成如下问题：

(1) 高温对水泥石造成抗压强度破坏；

(2) 高温给井口装置附件提出更高的固定与密封要求。

1. 热采井固井的水泥及材料

在井下温度高于 110℃时，水泥中硅酸二钙（C_2S）和硅酸三钙（C_3S）的水化产物要发生晶型转变，使水泥石的强度降低。在水泥浆中掺入适量的硅粉或硅砂可以防止高温下水泥石的强度衰退。硅粉或硅砂的加量与温度有关：对于井底静止温度处于 110 ~ 204℃的井，加量为 30% ~ 40%（氧化硅（SiO_2）含量不少于 90%）；对于稠油油藏的蒸汽注入井，当蒸汽温度 240 ~ 360℃时，硅粉或硅砂加量有时可达 60%。加入硅粉后，水泥在高温条件下，SiO_2 可吸收水泥熟料水化时析出的 $Ca(OH)_2$，合成 CSH(B)，降低了“液相”中的 Ca^{2+} 浓度，这就打破了 C_2SH_2 或 C_2SH(A)，C_2SH（C）等高钙水化硅酸盐的水化平衡，从而达到防止水泥石衰退的效果。

2. 热采井固井的综合措施

(1) 在水泥浆中掺入适量的硅粉或硅砂可以防止高温下水泥石的强度衰退。硅粉或硅砂的加量与温度有关，加入量控制在水泥重量的 35% ~ 40% 之间。

(2) 应当保持水泥环全井优等质量，要有好的顶替效率。当设计水泥返出地面，要求一定量的水泥返出地面 4 ~ 8m³，排出混浆段，保持井口段水泥环质量，另外需要从全井角度考虑科学设计扶正器加量及间距。

三、深井超深井固井技术

深井一般指完钻井深为 4500 ~ 6000m 的井，超深井一般指完钻井深为 6000m 以上的井。固井深度是按油田技术水平及装备能力来确定属深井或超深井范畴的。深井注水泥概念还包括下入套管尺寸与井深的相对深度的概念因素。例如 ϕ244.5mm 套管下深超过 3800m 时，ϕ339.7mm 套管下深超过 2500m 时，均含有深井条件的注水泥特点。

1．深井超深井固井的主要特点及难点

（1）井深，井眼条件差，保证套管顺利下到位困难；

（2）下部井眼间隙小，保证套管居中、提高顶替效率及保证固井质量困难；

（3）井底温度、压力高，尾管顶部与井底温差大，对水泥浆设计及高、低温性能实验要求高，筛选合适的抗高温水泥浆体系困难；

（4）深井固井一般安全压力窗口窄，保证下套管及固井过程中的漏失及防气窜困难；

（5）深井固井对工具及附件的可靠性要求高，对工具及附件的可靠性提出了更高的要求。

2．深井固井水泥浆设计要点

深井超深井固井时，由于井底温度高，水泥浆在高温下会迅速凝结硬化，水泥石结构变疏松，渗透率增大，同时由于高温下水化硅酸钙等结构改变致使水泥石抗压强度陡降。针对这种情况，必须选择高温水泥浆体系。通常考虑选用硅粉、微硅耐高温退化水泥浆体系，并选择高温稳定性好的缓凝剂及与之相容性好的分散剂、降失水剂等外加剂。同时根据固井施工对水泥浆密度的要求，可选择相宜的加重剂。

1）可供选择高温水泥品种

在井下温度高于 110℃时，水泥石的抗压强度达到一定值后会降低。为提高水泥的热稳定性，目前国内一般采用 G 级水泥加 30% ~ 40% 石英砂（80 目）混配成抗高温水泥浆。如要采用低密度水泥浆，宜选用微珠配合作为减轻剂，同时配合石英砂来配成低密度水泥浆。目前也有部分油田采用 H 或 J 级水泥亦属高温条件使用的 API 标准水泥。

2）水泥缓凝剂选用

国内常用有机磷酸盐、改性葡萄糖以及有机聚合物等，如：天津中油渤星公司的 BXR−200L、BXR−300L、BCR−220L，河南卫辉市化工有限公司高温缓凝剂 GH−9。国外常用木质素磺酸盐、硼酸盐、纤维素衍生物、葡萄糖酸盐、有机聚合物等，如：斯伦贝谢公司的 D093、D028、D099、D110，哈里伯顿公司的 HR−13L、SCR−100、SCR−500。

3）采用平衡压力固井

水泥浆密度是依据平衡压力固井要求为基础，按各井具体情况采用常规密度水泥浆、低密度水泥浆或高密度水泥浆，或者采用不同密度配合的水泥浆。

3．深井固井注水泥顶替

1）合适的固井方案选择

深井固井长水泥浆柱及长裸眼段决定了水泥浆顶替的复杂性。由于顶替压力高，固井

过程中既要防漏，又要防止油气水的窜流。除水泥浆设计上作全面考虑外，还要结合具体井下条件，从顶替工艺出发，选择合适的注水泥方案及可靠的井下工具和附件。

2）深井注水泥顶替要考虑的因素

（1）井眼准备。通井要做到井底无沉砂、井壁无台肩、垮塌，井内无油气水侵、无漏失、无阻卡。凡全角变化率超标井，应采取措施处理，以利套管下至设计井深。进出口钻井液密度差不能超过 0.03g/cm^3。通过短起下钻检查井底沉砂与井壁不稳定情况，沉砂高度不超过 0.3 ~ 0.5m。认真解决井漏，从通井及下套管后，循环洗井液以相应排量检查，使其满足注水泥时的承压要求。

（2）长封固段固井时应根据地层压力预测和现场验证结果设计水泥浆密度，要求做到环空动态当量密度小于地层破裂压力、环空静态当量密度大于地层孔隙压力。深井固井水泥浆必须控制滤失量，水泥浆 API 滤失量应小于 100mL。

（3）顶替流型一定按设计规定执行，认真核算因“U 形管效应”，水泥浆自由落体形成环空高返速。替入排量的仪表显示要准。

（4）设计上要控制顶替的最大管内外静液柱压差值理想情况不超过 5MPa，极限情况不超过 10MPa，因为管外任何流阻增加，会造成井口高泵压，使井口和地面设备不能承受，从而导致固井失败。

（5）应采用双塞注水泥，防止接触污染的异常压力发生，同时保证套管鞋段环空水泥质量。

（6）从地面装置、施工程序、连接管汇等方面保证顶替施工的连续性，并防止顶替排量突变，要求排量均匀，并依据顶替压力逐渐升高情况，调节顶替排量。

4．深井水泥浆设计与设计基础条件关系

设计达到的目的是在获得固井压力平衡的基础上，实现优质水泥环。水泥浆体系设计与基础条件的相互影响关系如图 4–9–1 所示。

四、定向井、大斜度井及水平井固井技术

同直井相比，斜井特别是大斜度井和水平井固井的难度增大。大斜度井、水平井固井的关键技术主要体现在两个方面：一是如何确保有足够强度的套管柱能够克服阻力顺利下至设计位置；二是如何确保在水泥封固段内完全充填优质水泥浆。

1．固井技术的特点及难点

（1）套管的下入与居中问题。在大斜度井段和水平井段套管对井壁的侧压力很大，从而大大增加了下套管摩擦阻力。大斜度井段和水平井段套管居中度较低，窄边钻井液很难被水泥浆顶替走，影响顶替效率。

（2）环空的替净问题。沿着环空下部，由于岩屑和重晶石的沉淀堆积或固相颗粒浓度提高导致黏度增加，水泥浆很难驱替干净而充填。

（3）对水泥浆体系的综合性能要求高。水泥浆在大斜度井段和水平井段凝固时，在重力以及水泥浆的沉降稳定性和游离水的作用下，井眼高边易形成游离水通道，引起油、气、水窜。

（4）提高界面胶结质量困难。大斜度井、水平井常采用油基钻井液或混入大量的油基

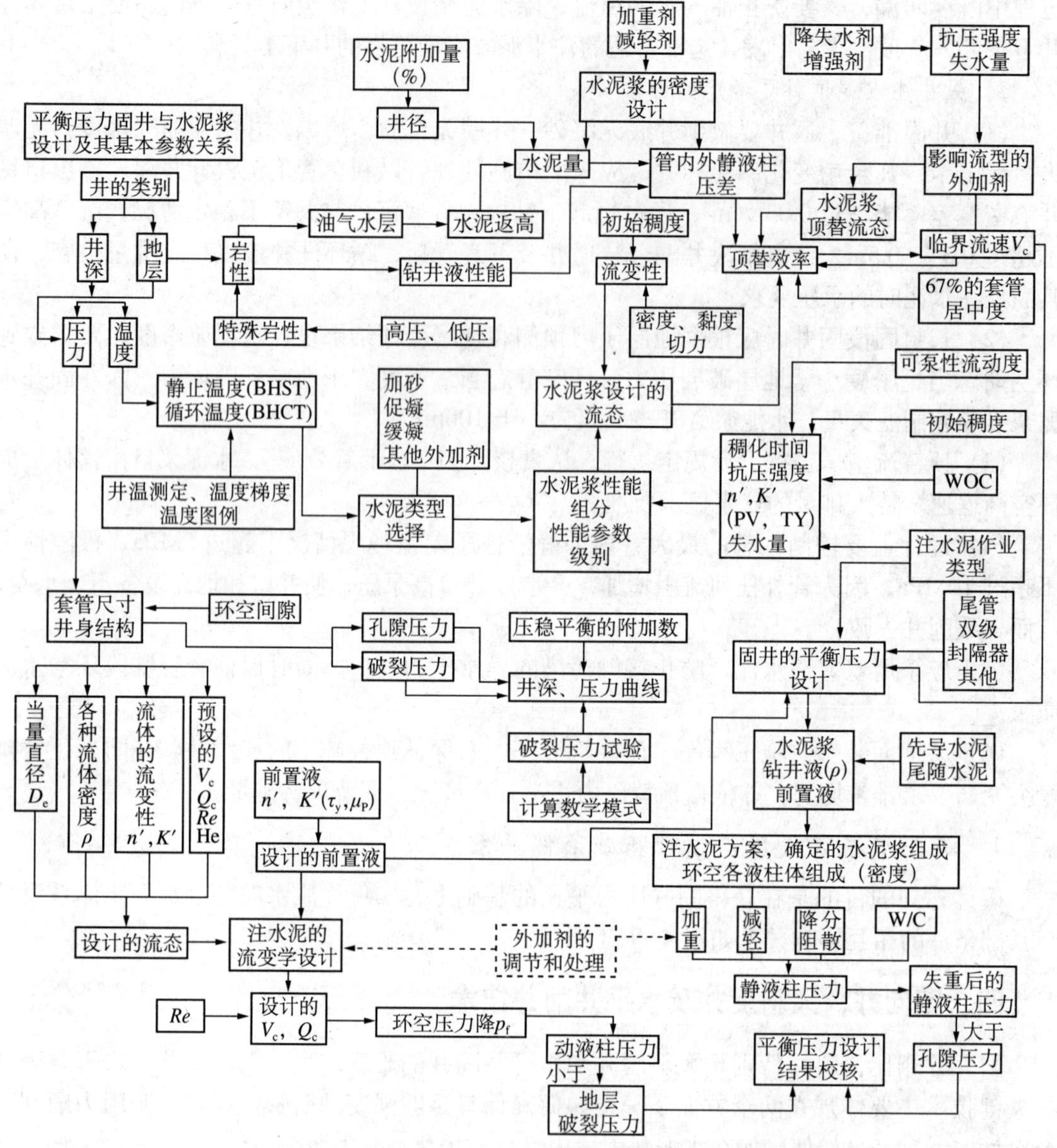

图 4-9-1　水泥浆体系设计

润滑剂，不利于水泥浆与井壁和套管壁的胶结，严重影响了第二界面的封固质量。

(5) 对套管及附件的质量要求高。普通 API 螺纹受弯曲应力后，容易发生螺纹密封能力下降。水平井对浮鞋、浮箍密封质量要求高，通常采用强制性的单流阀。

2．套管下入的摩擦阻力

1）满足套管下入的井眼允许条件

(1) 大斜度井段下套管，套管重量形成两个分力：一个轴向分力和一个侧向分力。当井斜超过 70° 时，斜井段套管重量几乎 90% 作用于井眼下侧。因此为保证套管安全下入对井眼有一定的要求。

允许套管下入的最小曲率半径 R_t 为：

$$R_t = \frac{0.125L_t^2}{0.74\Delta d - f} \tag{4-9-1}$$

式中　R_t——曲率半径，mm；

L_t——单根套管平均长度，mm；

Δd——套管接箍外径与井径差值，mm；

f——间隙值，mm（软地层 f=1.0，硬地层 f=3 ~ 6）。

井眼的曲率 K 为：

$$K < 1/R_t \tag{4-9-2}$$

设计要求套管允许弯曲变形的最大曲率 K_c 值大于 K，K_c 为：

$$K_c = K_1 K_2 \frac{Ed_o}{2\sigma_s} \tag{4-9-3}$$

式中　K_c——套管允许弯曲变形的最大曲率，1/mm；

K_1——设计所取的安全系数值（1.2 ~ 1.25）；

K_2——螺纹应力集中系数（N80 以上钢级 1.75，J55 及以下钢级取 2.0 ~ 2.5）；

E——钢的弹性系数，kPa/m²；

d_o——套管外径，mm；

σ_s——套管最小屈服极限，kPa。

（2）以全角变化率允许套管下入校核的经验公式：

$$\Delta\alpha_{z\cdot\max} = 2\arcsin\sqrt{\sin^2\left(\frac{\alpha_2-\alpha_1}{2}\right)+\sin\alpha_1\cdot\sin\alpha_2\cos^2\frac{\Delta\varphi}{2}} \tag{4-9-4}$$

式中　$\Delta\alpha_{z\cdot\max}$——最大全角变化率，(°)；

α_1——始井斜角，(°)；

α_2——终井斜角，(°)；

$\Delta\varphi$——方位角度变化，(°)。

计算满足条件，套管弯曲挠度 Z_0 值与井径关系为：

$$d_o+2Z_0 < D \text{（条件公式）}$$

$$Z_0 = \frac{5qL^4\sin\Delta\alpha_{z\cdot\max}}{38.4EI}\times 10^6$$

$$I = \frac{\pi\left(d_o^4 - d_i^4\right)}{4} \tag{4-9-5}$$

式中　d_o——套管外径，cm；

D——井径，cm；

Z_0——套管弯曲挠度，cm；

q——每米套管重量，kg/m；

L——套管长度，m；

I——转动惯量，cm^4；

d_i——套管内径，cm；

E——钢材弹性系数，kPa/m^2。

2）降低下套管摩擦阻力的方法

（1）选用优质钻井液类型，使之在井壁上形成薄而韧的滤饼。

（2）下套管通井，分段采取不同的措施，造斜点以下应进行短起下钻，通井到底循环不少于3周。下完套管循环不少于3倍井筒容积。

（3）降低滤饼摩擦阻力，加入塑料小球、漂球（或沉珠）或混入油基润滑剂。

（4）通过斜井段管柱应至少每单根加入扶正器，大斜度井应加入刚性扶正器或滚轮扶正器。

（5）下入的管径、最佳尺寸应与钻进的钻铤尺寸接近。

3. 固井工艺技术

1）通井的要求

（1）下套管前通井过程中，要求钻具带上一定尺寸的扶正器通井。通过短起下拉好井壁，清除岩屑床，保持井壁光滑、平整、无键槽。

（2）采用一定数量的高黏度钻井液循环携砂，彻底清洁井眼。

（3）起钻前采用大排量循环洗井，调整钻井液各项性能，达到良好的流变性和稳定性，含砂量小于0.3%，振动筛前无砂子返出，彻底冲洗井底泥砂，为套管顺利下入提供良好的井眼条件。

（4）控制地层流体上窜速度小于15m/h。

2）对于套管居中度的要求

套管居中度一般要求大于67%。扶正器一般是依据地层、井斜与井径变化，选择刚性（滚轮）与弹性扶正器。扶正器的安放位置可以用设计软件进行设计，扶正器的下入数量，既要考虑套管的实际下放阻力，又要兼顾套管的居中度。

3）水泥浆设计的两个重要标准

（1）控制自由水量为零或尽量降到零。避免环空上端形成自由水带。

（2）改变API自由水测定方法标准。配浆后先将水泥浆置于井下循环温度条件下，测试量筒倾斜至实际井下斜度或45°，然后测定自由水。严格控制到零。这样，可以有效地防止大斜度井、水平井高边出现自由水带窜槽。

4）前置液设计

（1）了解钻井液体系及性能，从而确定合适的前置液体系。

（2）应具有在渗透性地层的最小失水量，使之不在环空脱水或在地层表面不形成滤饼，为良好顶替创造条件。

（3）选择加入最优的表面活性剂于隔离液中，使井下获得一个水湿环境；由前置液的流变性测定和设计达到对井下最大清洗度要求，设计和计算临界流速和前置液容积。

（4）前置液组成以井下条件为依据，可分别具有冲洗液和隔离液两相，并计算合理的紊流接触时间。

5）注水泥有关综合措施

（1）大斜度井段可以根据具体情况使用刚性扶正器或弹性与刚性扶正器组合使用。应选择下入阻力小、强度较高的引鞋（或浮鞋）。浮箍应选用舌簧式。

（2）在设计条件允许情况下，应加强漂浮作用，因此应尽可能提高水泥浆密度，同时降低顶替液密度。可采用漂浮接箍来帮助套管顺利下入，以增大套管柱在钻井液中的浮力，减少套管柱在大斜度井段的摩擦阻力。

（3）应保证水泥浆和前置液的稳定性，水泥浆自由水尽量控制为0mL，沉降试验的液柱上下密度差应小于0.02g/cm³。API滤失量小于50mL（6.9MPa，30min）。

（4）应优先采用大排量顶替，并尽量采用套管漂浮技术改善顶替效果。具备条件的井，应在替浆时上下活动和转动套管。紊流设计只是以前置液是否达到紊流为标准。

（5）下套管过程分段循环钻井液并降低黏切值。

五、多分支井固井技术

多分支井是指在一口主井眼的底部钻出两口或多口进入油（气）藏的分支井眼（二级井），甚至再从二级井眼中钻出三级子井眼。主井眼可以是直井、定向井、水平井。采用注水泥固井技术（局部封固或全封固），保证主、支井眼连接处有比较可靠的液压密封性。

1．多分支井固井的主要难点

（1）由于多分支井分支井眼的窗口部分要靠固井水泥进行密封，所以对窗口部分的固井质量要求很高，对凝固后水泥环的质量及耐冲击能力要求高。

（2）多分支井环空间隙小，套管不易局中，固井过程中只能采取低排量替浆，顶替效率难以提高，在一定程度上会影响环空的封隔质量。

（3）用于多分支井固井的水泥环薄，水泥石必须具有高的抗弯曲强度、抗压强度、抗拉强度和耐久性等性能，同时也对水泥石韧性提出了更高要求。

（4）多分支井固井流体通道整体变小，注水泥作业中流动阻力明显增大，泵压增高，水泥浆在小井眼窄环空中处于高剪切状态，对水泥浆的失水及流变性性能要求高。

（5）固井灰量少，对注水泥工艺和水泥浆密度控制提出了较高要求，施工难度大，施工风险高。

（6）下套管摩阻大，特别是套管经过窗口、侧钻井段、水平井段时，保证套管安全下到位困难大。

（7）第二分支井眼开窗处水力封隔需专用工具和配套的一些工具，常用的挂钩式悬挂器，要求套管导向头能准确进入窗口，悬挂器的挂钩能挂住窗口套管壁，确保与第一井眼的对正沟通。由于环空带压间隙小，施工泵压高，对管外封隔器、双级箍、尾管悬挂器等固井工具性能要求高。

2．多分支井固井施工主要技术措施

（1）开窗时，要保证窗口规则，无毛刺，以保证套管串及以后生产过程中的其他工具顺利通过。

（2）下套管前认真通井，对缩径井段及遇阻井段反复进行划眼，达到井底无沉砂、

井壁无台肩、垮塌，井内无油气水侵、无漏失、无阻卡，为顺利下套管创造良好的井眼条件。

(3) 在最后一次通井中裸眼段钻井液中加入 2% 的塑料小球，降低下套管过程中的摩阻。

(4) 根据实测井径情况及下套管摩阻来安放扶正器的位置及数量，一方面保证套管顺利下到位，另一方面又保证套管具有较高的居中度。

(5) 管柱在通过窗口时要缓慢匀速，下套管前通井到底后大排量循环，要求环空返速大于 1.0 ~ 1.2m/s。

(6) 优选水泥浆配方，水泥浆体系宜选用塑性或胶乳水泥浆，水泥浆性能要求达到失水量低、稳定性好、流变性能好、强度发展快、韧性好等特点。

(7) 宜选用高效化学冲洗液，冲洗液应具有良好的冲洗、稀释作用，隔离液应具有良好的隔离及缓冲的作用，以提高水泥与第一界面、第二界面的胶结质量。

(8) 对二分支井段，为确保挂钩式尾管悬挂器在窗口处顺利坐挂，用陀螺导向仪进行定位。

3．多分支井固井水泥浆体系

1) 低失水乳胶水泥浆

多分支井固井水泥浆对抗弯曲、抗压、抗拉强度、韧性和耐久性等性能的要求比常规井要高，乳胶水泥则是满足这一要求的最佳选择。乳胶水泥是一种以乳胶聚合物分散相为主要成分的水泥体系。与非乳胶水泥相比，它具有如下优点：(1) 具有很高的抗弯曲、抗拉强度和良好的抗裂性能与流体滤失控制性能；(2) 渗透率和收缩率低；(3) 具有优越的胶结强度和较好的抗压强度；(4) 可抑制气侵；(5) 不需要分散剂便具有良好的流变性。

2) 低失水韧性固井水泥浆体系

通过在水泥浆体系中，加大增韧材料的量，以提高水泥石的韧性，通过分散剂等外加剂的调节，配制出分散性很好、稠度适当的塑性水泥浆。塑性水泥浆可以大大提高分支井眼或主井眼的固井质量，较好地改善在后期完井及采油作业对水泥环的冲击破坏，并且该水泥浆也有利于提高直井或水平井的固井质量，可以减少射孔对水泥环的冲击伤害，从而降低气窜或水窜的可能。

六、盐岩层固井技术

盐岩层包括钾盐层、膏盐层，均属可溶性地层或称可塑性地层。由于钻井过程易于溶解形成不规则井径以及发生塑性流动，给固井作业带来一定难度，尤其注水泥质量不高，不能形成良好的水泥环，更易使可溶性地层塑性流动，这样套管受到不均匀载荷，会使套管变形或被挤毁。

盐岩层的塑性变形与温度有关，并测得塑性流动产生挤压力梯度达 2.262kPa/m，即相当于地层的上覆盖层压力梯度。因此设计盐岩层外挤压力梯度一般取 0.023MPa/m。

1．盐岩层固井的主要难点

(1) 盐膏层一般埋藏深，由于上覆岩层压力大，软泥岩、盐、膏等地层塑性蠕变易缩径，造成套管下入困难。另外也由于钻遇盐膏层所采用的钻井液密度高，固相含量高，滤饼质量不好，也使得套管不易安全下入到位。

（2）由于塑性地层的不断蠕变，即使在遇阻不严重的情况下，下套管到位后，开泵困难，易造成井漏。

（3）复合盐膏层井段，由于垮塌、溶解、缩径易形成“糖葫芦”井段，钻井液顶替效率差；另外由于钻井液密度高，钻井液与水泥浆间密度差小，顶替时易出现窜槽。

（4）盐在不同浓度、不同温度环境下，对水泥浆性能的影响比较复杂，目前适用于盐水水泥浆的外加剂少，水泥浆配方设计困难。

（5）目前应用的含盐水泥浆一般密度高，水泥浆水灰比低，现场混配困难，且流动性差。

（6）下套管注水泥后，如果水泥与井壁间胶结差，盐层蠕变，套管承受非均质载荷，会使套管变形或被挤毁。

2．盐岩层固井施工的主要技术措施

1）保持良好的井下条件

（1）良好的井身质量是保证施工安全及固井质量的前提，也可防止套管损坏，保证环空水泥环充填良好。

（2）使用饱和盐水钻井液、油基钻井液或乳化液钻进是控制盐岩层井段溶解扩大的关键。

（3）钻井液密度是控制盐岩层井段塑性缩径关键因素之一，因此依据地区情况保持在0.018 ~ 0.023MPa/m 的钻井液密度梯度值。

2）盐岩层固井套管柱的强度设计

（1）正对盐岩层井段并上下附加 50 ~ 100m，取外挤压力梯度值在 0.023 ~ 0.024MPa/m，抗挤安全系数 S_i 不低于 1.0。

（2）为使后期作业时管内的压力降低后套管不失效，因而提高套管的抗外挤能力是保证后续钻进及开采的重要手段。如塔里木油田通常用两种套管封固盐膏层，屈服强度为140000psi 的 ϕ177.8mm × 12.65mm 套管和屈服强度为 110000psi 的 ϕ250.8mm × 15.88mm 的套管。

（3）当使用正对盐岩层超厚壁套管时，为防止管柱应力集中，其中间应加入过渡段中等壁厚段套管，过渡段长度在 30 ~ 50m。

（4）为防止因弯曲造成套管连接螺纹密封性能降低，宜选用金属对金属密封特殊螺纹套管。

3）盐岩层的注水泥工艺

（1）前置液设计。盐岩层固井一般使用抗盐隔离液、盐水隔离液或加重型油基液。如斯伦贝谢公司 D182（D149）隔离液材料与清水、加重材料按一定比例可配制成不同密度（1.20 ~ 2.40g/cm^3）的隔离液。用铁矿粉加重到 2.40g/cm^3 后 48h 不沉降或分层，而且流变性可以人为调整，能够满足有效层流顶替的需要，因此对冲洗井壁，提高顶替效率具有很好的作用。D182（D149）加重隔离液与淡水、盐水钻井液及淡水、盐水水泥浆有良好的相容性。

(2) 抗盐水泥浆体系设计。

①盐对水泥浆体系的影响。盐对水泥浆的影响十分复杂，在不同的盐浓度、不同的温度环境下，会使水泥浆产生分散、密度升高、闪凝、促凝、缓凝或稠而不凝等不同效应。

②不同含盐量水泥浆体系的优选。国内的盐层固井前期主要采取饱和盐水水泥浆固井，后来认识到饱和盐水水泥浆的缺点后，逐步采用半饱和盐水水泥浆（NaCl 占水量的 18% 以上）或低含盐水泥浆。半饱和盐水水泥浆不仅可以较好地抑制盐岩层的溶解（离子的扩散速度取决于水泥与地层之间的含盐量之差和水泥的渗透率），且水泥浆具有良好的综合性能，水泥石强度发展较快可有效阻止盐岩层塑性蠕动。高含盐及饱和盐水水泥浆主要应用于封固大段岩盐层和高压盐水层，以防止地层的溶解、大量盐侵入水泥浆中，以及改善水泥环与地层的胶结状态。

③抗盐外加剂的开发。盐对许多油井水泥外加剂的性能影响较大，甚至失去作用，以降失水剂最为突出。近年来国内开发了多元共聚物型抗盐降失水剂。用这些外加剂可以配制不同浓度的抗盐水泥浆。如天津中油渤星公司研制的降失水剂 BXF−200L，适用温度 30 ～ 180℃，适用于矿化水、海水、欠饱和盐水、饱和盐水，API 失水量可以控制到 50mL 以内，水泥石抗压强度发展正常。

4）保证井身结构的合理性

尽可能将技术套管下至盐层顶部，对盐层先期完成，实行有效的“专层专打”。若已钻开盐膏层，将上层套管下入盐膏层 2 ～ 3m，同时不能揭开盐下低压层，使该全裸眼井段有足够的承压能力，有条件采用高密度的钻井液，延缓盐膏层闭合速度，有利于套管的下入。

5）裸眼井段注防卡钻井液

由于裸眼段长，且为深井或超深井，同时使用高密度钻井液，固相含量高，流变性能较差，触变性差，摩阻大，不利于套管下入，因此在裸眼段注入润滑性能好的防卡钻井液是保证套管顺利下入的重要手段之一。但尾管固井时不使用塑料小球或类似润滑剂。

6）扶正器使用

在盐层尽量使用刚性扶正器，一是可以减小下套管阻力，二是在遇阻时还能活动套管。加入足量的扶正器，可保证套管居中，提高顶替效率。

7）关井憋压候凝

施工结束后，关井候凝，分段进行憋压，补偿由于水泥浆失重引起的井底压力降低，防止候凝期间油气水侵。

七、小井眼固井技术

全井长度大于 90% 的井段井眼小于 ϕ 177.8mm 的井为小井眼。现场一般定义生产套管直径小于 ϕ 101.6mm 的井为小井眼。

小井眼钻井造成固井作业套管与井壁之间的间隙小，水泥环薄，注水泥浆流动阻力大，施工压力高，易压漏地层，顶替效率低和小井眼固井测试困难，不能下多层套管等诸多实际问题。

1．小井眼固井技术难点

小井眼固井技术是小井眼钻井成功的关键之一，与常规井固井相比较小井眼井具有井眼小、环空间隙小等特点，给小井眼注水泥作业以及如何提高固井质量带来了挑战，主要表现在下列几个方面：

(1) 水泥环的质量问题。由于环空间隙小造成薄水泥环，对硬化后水泥石的力学性能即水泥石的韧性（抗拉、抗压、抗折、抗冲击）提出了更高的要求。

(2) 套管的扶正居中问题。由于套管直径小、套管壁变薄，容易弯曲，居中困难导致偏心和贴壁，为了减少过高的泵压，只能采取低返速的方法，导致顶替效率降低，从而影响固井质量。

(3) 水泥浆的性能问题。由于流体通道整体变小，使注水泥作业中流动阻力明显增大，造成泵压增高，使水泥浆在小井眼窄环空中处于高剪切状态，可能导致水泥浆的井下性能改变，所以对水泥浆的失水量、流变性和稳定性及稠化时间等方面提出了更高的要求。

(4) 水泥浆的流变学问题。由于环空间隙小，常规钻井液和水泥浆的流变性能不能适应这种情况，造成顶替不良，在环空中形成窜槽，尤其在套管居中度不良时，顶替效率会更差，致使井眼在油、气、水等流体存在时易于发生窜流。

(5) 施工技术问题。由于固井所需灰量少，施工压力大，对注水泥工艺和水泥浆密度控制提出了更高的要求。

2．保证小井眼固井质量的关键技术

(1) 提高水泥石韧性。小井眼固井水泥环薄，为了提高水泥石承受射孔、油气层改造等工程载荷时的抗碎裂能力，可通过改善水泥石的抗冲击韧性、抗拉强度、抗弯强度、弹性模量等塑性材料来实现。改善固井水泥环塑性的基本思路是在水泥中添加增强增韧纤维以及微膨胀材料来防止水泥环在高压下的损坏。

(2) 提高套管居中度。为了保证小井眼固井质量，就必须确保套管的居中度。依据井况合理研究并设计出符合要求的扶正器，正确安装与加放扶正器是小井眼下套管固井的关键技术之一，也是确保套管居中度的关键。

(3) 采用低滤失量、稳定性好的水泥浆。在小井眼固井中，对水泥浆的稳定性（包括游离液、滤失量）要求高。因为少量的自由水和滤失水就会在环空形成较大面积的水槽、水环及水带，这将会加剧油、气、水窜的发生。

(4) 水泥浆流变性及顶替技术。小井眼具有较小的窄环空间隙，注水泥必须用分散性较好的水泥浆，水泥浆参数在窄环空注水泥中非常关键，因为高滤失量或沉降问题发生在窄环空比常规井环空更有可能造成环空桥堵，而且过高的循环压耗可能导致地层破裂、循环漏失和潜在的井控问题。

(5) 提高水泥浆的防窜性能。注水泥浆结束后，环形空间发生油气水窜是国内外还没有很好解决的影响固井质量的难题。而小井眼天然气井由于气层压力大，流体活跃，发生气窜的概率更大。

(6) 延迟固井水泥浆研究。延迟固井技术是小井眼固井技术之一，其主要原理是：将预配制水泥浆先注入井内，然后将套管闭口插入水泥浆中，使井内水泥浆自然上返至设计高度，充分填充环形空间，候凝完井。这样在小间隙井眼固井扶正技术尚不过关的情况下，

可以有效克服或减轻套管的偏心和贴壁问题，控制水泥浆二次上返速度，控制井筒内外压力，提高顶替效率，解决不留水泥塞的问题，确保固井质量。

3．水泥浆性能要求与施工要求

1）水泥浆体系与性能要求

由于小井眼固井水泥环空窄，因此对于水泥浆胶结稳定性、流变性有特殊要求。水泥浆要求无游离液、失水量低，对于水泥浆性能、界面胶结状况等均有严格要求；水泥石应具有良好的抗压、抗震性能（弹塑性好），水泥石与套管、地层的胶结强度高。为此应根据不同井深、井温等条件进行水泥浆（包括外掺料）和外加剂的配套设计。对于深井、中深井的小井眼井，可选择胶乳水泥（或复合胶乳）、纤维水泥、微硅水泥、膨胀水泥等特种水泥浆体系，并选择与之配套的外加剂进行水泥浆设计。

2）施工要求

在小井眼固井作业前，应仔细检查套管附件（特别是浮箍、浮鞋、胶塞及扶正器）是否符合要求，检查混拌和泵送设备；调整好完井液性能；保证以一定速度成功下套管；使用低黏隔离液，顶替排量在地层能经受的情况下尽可能高；计算、设计并优化放置扶正器，扶正器数量要足够。油层段采用扩眼办法扩大井径，增加水泥环厚度。在固井中应注意：

(1) 将水泥浆密度变化控制在最小，使用中等大小的循环混配器或批混设备。

(2) 优化水泥浆流变性和排量，实现紊流顶替。

第十节　固井质量评价

固井质量评价就是在固井施工后检查是否达到了固井施工的目的。目前应用较广且较成熟的方法主要有两种：一种是水力测试法，它主要是通过水力封隔测试和确定水泥面的方法来对固井质量进行评价；另一种是利用测井方法来对固井质量进行评价。总起来说，评价固井质量的测井方法主要有以下几类：温度测井、噪声测井和声波测井。尤其是声波测井在近几年得到了迅速发展，一大批测井仪如CBL、CBL/VDL、SBT和MAK–II–SGDT、USI等得到广泛应用，从而使固井质量评价有了稳步进展。

一、固井质量的要求

对固井质量的基本要求：

(1) 依据地质及工程设计，套管下深、磁性定位、人工井底和水泥返深符合规定要求。

(2) 具有合格的套管柱强度，达到规定的套管最小内径及密封试压要求，以及井口装定要求。

(3) 具有良好的水泥环封固质量，油、气、水层不窜不漏。

(4) 水泥与套管、水泥与地层两个胶结界面有效封隔。如果第一界面、第二界面胶结好代表质量优良。从受力方面看，考虑两个主要力：水泥的剪切胶结力——支持和承载井内套管重量，该剪切胶结力亦是剪切胶结强度。水力胶结力——可防止流体或天然气在环空水泥环的窜移（这种窜移形式有界面窜移和体内窜移）。

界面窜移分套管与水泥间界面窜移（由于界面窜槽与微环隙）、水泥与地层界面窜移。套管与水泥间界面窜移主要由声幅测井来鉴定；水泥与地层界面窜移（由于界面窜槽与过厚的外滤饼所致），主要依据变密度测井来鉴定。体内窜移由顶替窜槽及不平衡固井所致，其他水泥孔隙裂缝等复杂因素亦为原因之一。采用噪声测井以及声波变密度和井温测井来作出综合判断。获得有效封隔油气水层，水泥的水力胶结力十分重要。水力胶结强度是随时间、水泥性能和温度压力变化而变化。

水泥与套管界面的胶结力：

①套管在水泥候凝过程中，如果管内的内压力变化使套管收缩形成微间隙，从而降低水力胶结力。

②管壁粗糙度增强水力胶结力。

③油湿管表面将降低第一界面的水力胶结力。

水泥与地层界面胶结力：

①水泥与地层紧密接触，将提高胶结力。

②外滤饼厚度与质量影响水力胶结力的变化。

③顶替效率不高，产生较大水力胶结强度破坏。

二、水力测试

水力测试是评价固井质量的方法之一。它可以检测临近的油、水或气、水窜槽位置及检查射孔井段的封堵效果。目前最常用的方法是耐压试验和排空试验。

1．耐压试验

耐压试验就是在井口加一定的压力，观察压力下降的情况，以检查套管柱的密封性或挤水泥质量。如果套管鞋处的压力能保持不变，则表明固井质量可靠；如果套管鞋处不能保持压力不变，则说明固井质量有问题，需要采取补救措施。

套管试压时如果压力变化快，则会导致水泥环破裂，因此试压时应严格控制升压速度与试压后降压速度，确保压力缓慢变化，减少对水泥环的损害。

2．排空试验

排空试验是一种检验水泥封固质量的钻杆测试方法（DST），它是用气举或提捞等方法，部分或全部掏空井内液体，并关井一段时间，观察井口压力有无变化，打开井口观察有无气体排出，下工具探井内液面是否升高等。在固井质量好的井段或在非渗透层封隔好的井段，在关井和开井期间压力是没有变化的。如果封堵效果不好，则会有其邻层渗透层的流体流出，使压力曲线发生变化，这时就需要进行补救水泥作业。

三、根据固井施工作业记录评价

根据固井施工记录，按表 4-10-1 的技术要求打分，如果得分大于 14，则施工质量应评价为“合格”，否则应通过其他方法检测固井质量。

表 4-10-1　根据固井施工作业记录评价施工质量

参　数	技 术 要 求	得 分
钻井液屈服值	若 ρ_m < 1.3g/cm³，则屈服值 < 5Pa 若 1.3g/cm³ ≤ ρ_m < 1.8g/cm³，则屈服值 < 8Pa 若 ρ_m ≥ 1.8g/cm³，则屈服值 < 15Pa	2
钻井液塑性黏度	符合设计要求	2
钻井液滤失量	符合设计要求	1
钻井液循环	> 2 循环周	1
水泥浆密度波动范围	若自动混拌水泥浆，则 ±0.025g/cm³ 若手动混拌水泥浆，则 ±0.035g/cm³	2
前置液接触时间	> 10min	1
水泥浆稠化时间	符合设计要求	2
水泥浆滤失量	符合设计要求	1
注替浆量	符合设计要求	1
注替排量	符合设计要求	1
套管扶正器加放	符合设计要求	1
活动套管	是	2（奖励①）
固井作业中间间断时间	< 3 min	1
施工过程中复杂情况	无	1
碰压	是	1
试压	符合设计要求	1
候凝方式	符合设计要求	1
总分数		20

① 在注水泥过程中，若活动套管，则奖励 2 分；未活动套管不扣分。

1．不可通过固井施工质量评价的情况

出现下列情况之一，施工质量不可通过评价，可用其他方法评价：

（1）施工过程中发生严重井漏，漏封油气层。

（2）水泥浆出套管鞋后施工间断时间超过 30min。

（3）灌香肠或替空。

（4）套管未下至设计井深，造成沉砂口袋不符合设计要求。

（5）固井后环空冒油、气、水。

2．采用固井施工质量评价应注意的问题

（1）根据一个开发区块中前 5 口井的施工记录，若固井施工质量均被评价为“合格”，且根据水泥胶结测井资料，水泥胶结质量均被评价为“合格”以上，则对于该区块后续的开发井，可根据施工记录评价固井质量。

（2）如果开发井的井眼扩大率大于 15%，或分井段井眼最大全角变化率超过要求，可根据水泥胶结测井资料评价固井质量。

（3）如果施工质量评价没有获得“合格”的评价结论，则要利用水泥胶结测井资料评价固井质量。

四、有关水泥环质量评价的测井方法

1．井温测井

井温测井主要用来探测井液温度随井深的变化。它利用水泥水化热造成管内流体温度升高的原理，确定管外的水泥面位置和套管外环空的窜槽。主要应用于确定管外水泥返高，也作为水泥充填程度的补充解释。水泥凝固产生的热量将使其在正常温度基础升高几度，利用这一因素完成井温测井。较明确测定水泥返高位置，就可计算充填效率，环空容积除以水泥浆体积即为充填效率，亦作为有无水泥窜槽发生的指示参数。

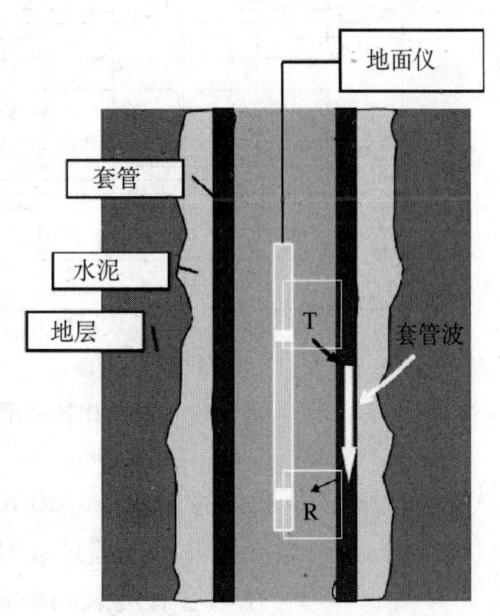

图 4-10-1　水泥胶结测井原理图

2. 声波测井（CBL）

水泥胶结测井通常采用单发单收声系，即一个声波发射器，一个声波接收器，源距多为 1m，如图 4-10-1 所示。目前尚有与变密度（VDL）合测的组合测井仪，采用单发双收声系。第一个声波接收器记录 CBL 信号，源距 0.91m。第二个声波接收器记录 VDL 信号，源距 1.52m。

注水泥后，如果套管与水泥胶结良好，套管与水泥环的声阻抗差较小，在套管与水泥环的界面上声耦合好，套管波的能量容易通过水泥环向外传播，使套管波信号有较大的衰减，则测得的 CBL 值就很低。若套管与水泥胶结不好，管外为钻井液时，套管与钻井液的声阻抗差别大，声耦合较差，套管波的能量不容易通过钻井液向地层传播，使套管波的信号减小，则 CBL 值较高，在自由套管井段，则会出现 CBL 值的最大值。

1）声波测井（CBL）解释

对于以“毫伏”（mV）为单位的声幅曲线，应转换成以自由段套管为 100% 的相对声幅曲线。

$$U=\frac{A}{A_{fp}}\times 100\% \tag{4-10-1}$$

式中　A——计算深度点的声幅值，mV；

A_{fp}——自由段套管的声幅值，mV；

U——相对声幅值，%。

目前国内油田，主要以声波测井作为水泥固结质量的鉴定手段，自由段钻井液调幅在 8 ~ 10cm，以此为 100% 基数，声幅值在 10% ~ 15% 为优质，30% 以下为合格。

2）关于胶结比

扣除套管影响后，固井水泥封固井段中水泥环完全胶结井段的声波衰减率之比为胶结比，英文缩写为 *BR*。

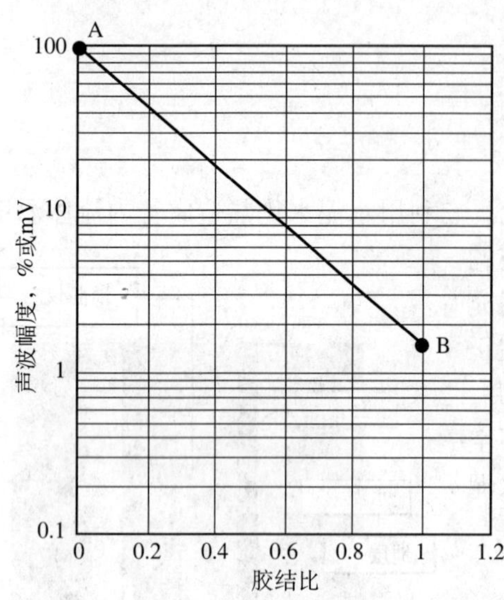

图 4−10−2　声波幅度—胶结比转换图版

（1）由声幅值转换为胶结比。根据图 4−10−2 可将声波幅度转换为胶结比。也可用下式转换：

$$BR=\frac{\lg A-\lg A_{fp}}{\lg A_g-\lg A_{fp}} \tag{4-10-2}$$

式中　*BR*——胶结比；

A——计算点的声幅值，% 或 mV；

A_{fp}——自由段套管声幅值，% 或 mV；

A_g——当次固井水泥胶结最好井段的声幅值，% 或 mV。

（2）由声波衰减率转换为胶结比。用下式可将声波衰减率转换为胶结比：

$$BR=\frac{\alpha-\alpha_{fp}}{\alpha_g-\alpha_{fp}} \tag{4-10-3}$$

式中　α——计算点的衰减率，dB/m；

α_g——当次固井水泥胶结最好井段的衰减率，dB/m；

α_{fp}——自由段套管的衰减率，dB/m。

在不进行水力压裂的条件下，可根据胶结比由图 4−10−3 查得最小纵向有效封隔长度指标。

3．变密度测井（VDL）

变密度测井通常与水泥胶结测井（CBL）配对使用，可提供第一界面、第二界面胶结的资料。组合记录仪如图 4−10−4 所示。

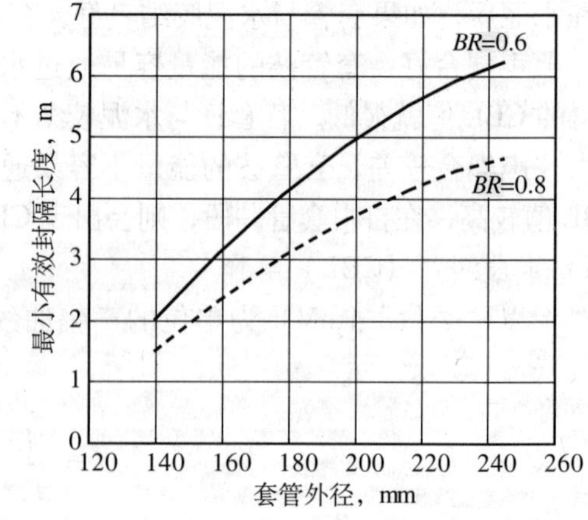

图 4−10−3　胶结比和水泥环层间最小有效封隔长度

这两种测井要求的最佳源距不同：CBL 为清楚显示套管波的衰减率要求短的源距；VDL 为了在胶结好的井段显示地层波而要求较长的源距。为达到这些目的使用双接收器装置，同时提供 0.9144m（3ft）和 1.524m（5ft）源距的变密度测井。记录设备可将 VDL 和 CBL 信号直接记录在同一胶片上，这样可更准确地了解水泥胶结质量，辨别微环隙和窜槽。

变密度测井解释如下：

（1）自由套管，传播时间范围内直而强的暗亮对比度，表明套管的强传播性。

（2）水泥窜槽会增加套管信号，但其他部分固结好，也能收到地层信号。

（3）自由套管段 CBL 及 VDL 图示特点：①强的套管波；②非常弱的地层波及无地层波；③接箍位置有明显的人字形的图像；④在接箍位置 CBL 传播时间稍有增加，幅度稍有减少；⑤套管波到达时间不随深度而变化。

根据 VDL 定性评价固井质量见表 4–10–2。

4. 分区水泥胶结测井（Segment Bond Testing，SBT）

SBT 以环绕方式在包括整个井眼的六个角度区块定量测量水泥胶结的完整性。声波换能器装在六个滑板上，滑板与套管内壁接触，进行补偿衰减测量（图 4–10–5）。

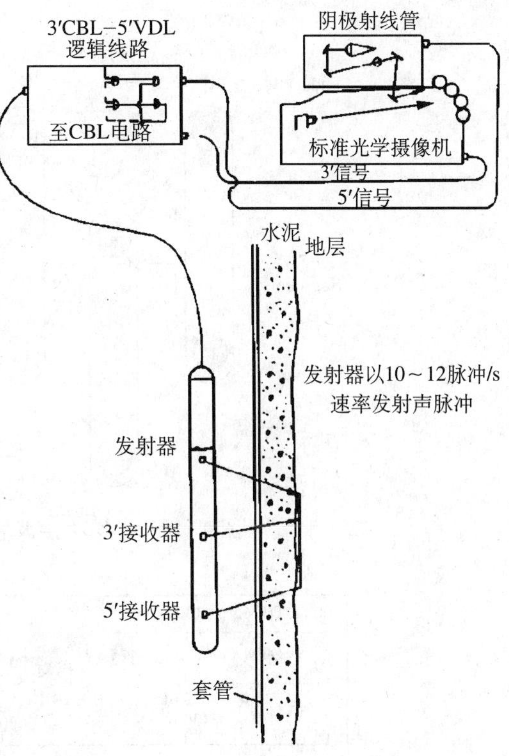

图 4–10–4　CBL–VDL 组合记录仪图示

表 4–10–2　根据 VDL 定性评价固井质量

VDL 特征		固井质量定性评价结论	
套管波特征	地层波特征	第一界面胶结状况	第二界面胶结状况
很弱或无	地层波清晰，且相线与 AC①良好同步	良好	良好
很弱或无	无，AC 反映为松软地层，未扩径	良好	良好
很弱或无	无，AC 反映为松软地层，大井眼	良好	差
很弱或无	较弱	良好	部分胶结
较弱	地层波较清晰	部分胶结（或微间隙）	部分胶结至良好
较弱	无，或地层波弱	部分胶结	差
较弱	地层波不清晰	中等	差
较强	弱	较差	部分胶结至良好
很强	无	差	无法确定

① AC 在裸眼井中测量的纵波时差曲线。

图 4–10–6 为某油田六区块 SBT 测得的 5 条曲线：

第一道：实线为自然伽马曲线（API），长虚线为六区块所测的最小声波时差（μs/ft），短虚线为最大时差。一般两者数值在 57±4μs/ft 上下变化，用于控制测井质量。

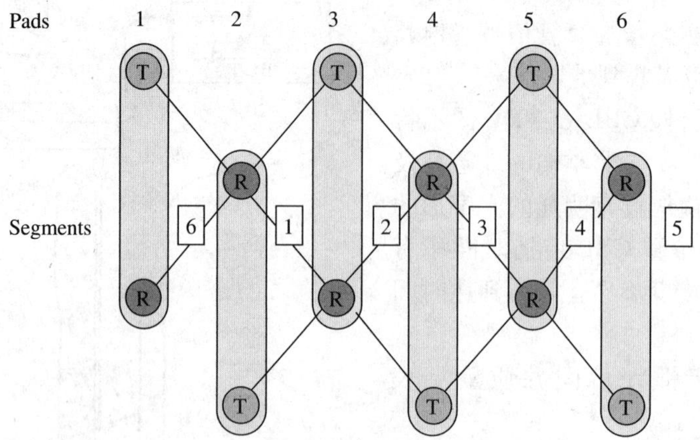

图 4-10-5　SBT 声波滑板阵列 360° 展开图

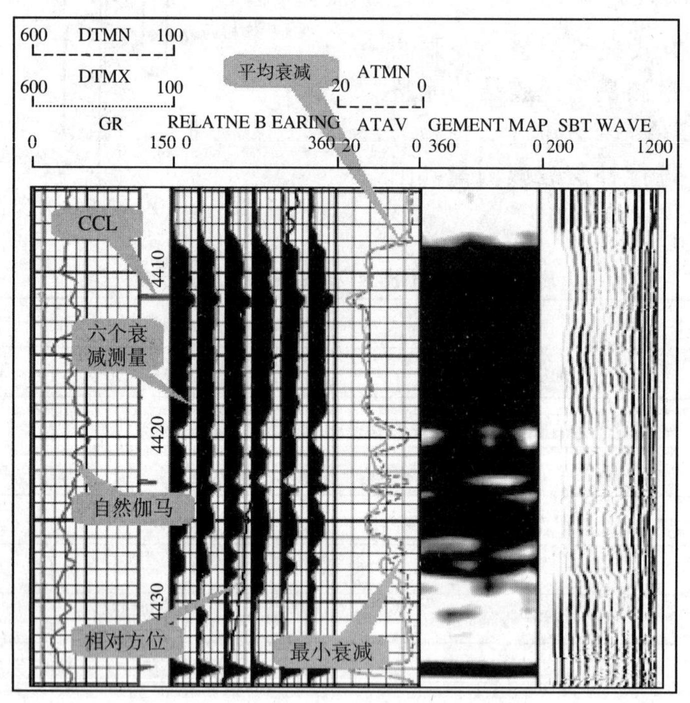

图 4-10-6　某油田六区块 SBT 测井曲线

第二道：各滑板测得的衰减曲线。

第三道：实线为六区块所测声幅衰减曲线，虚线为仪器的方位曲线。

第四道：实线为六区块声幅的平均衰减曲线，虚线为最小衰减曲线。如果两曲线有幅度，表示某一侧缺失水泥；如果在相当长深度段有连续的宽幅度差，表明水泥环内有窜槽。

第五道：为变衰减测井（VAL）或随深度变化的套管周边“胶结图”。利用由黑到白的阴影表示法，有 5 个 20% 的灰度增量。最黑的阴影区代表胶结程度大于 80%，白区为未胶结井段，另外 3 个灰度级别代表二者之间的情况。阴影区或白区的宽度指示相应井段的窜槽程度。

与 CBL/VDL 相比，SBT 能区分套管究竟是被低抗压强度的水泥完全胶结，还是存在一定的未胶结区域；与声波测井相比，它受井内流体密度、套管壁厚、薄水泥环的影响较小，能在重钻井液或油基钻井液中使用。

SBT 存在的不足：

（1）目前没有统一的解释标准。

（2）定性评价第二界面的胶结质量。

（3）当第一界面胶结差，尤其是存在微环隙时，SBT 测井很难正确评价第二界面的固井质量状况。

5．伽马—密度—厚度测井

1）仪器原理

该仪器由 6 个水泥密度探测器、1 个套管厚度探测器、1 个自然伽马探测器和与之对应的脉冲鉴别整形电路，高、低压电源及曼彻斯特编码电路组成，其原理框图如图 4–10–7 所示。

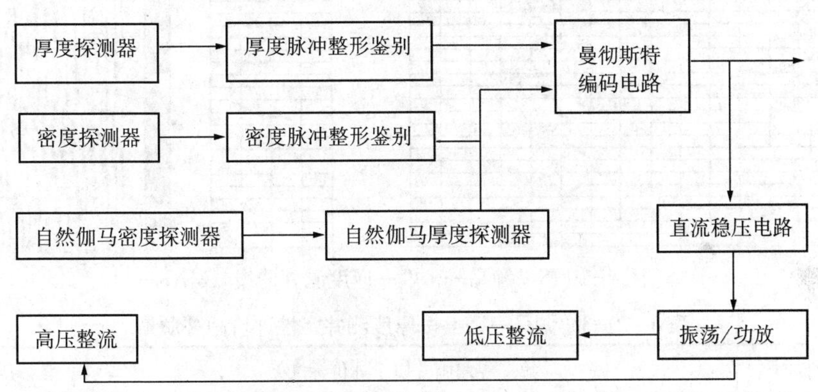

图 4–10–7　伽马—密度—厚度仪器原理框图

伽马—密度—厚度声波测井仪采用单发双收声系，因此从 2 个全波列中提取以下 6 条参数曲线：

T_1—首波到达 R_1 的时间；T_2—首波到达 R_2 的时间；ΔT—首波时差；d_{k1}—R_1 记录的首波衰减；d_{k2}—R_2 记录的首波衰减；α_k—首波的衰减系数。

再将这 6 个参数与刻度数值进行比较分析，就可以给出一、二界面的水泥固井质量评价结果。图 4–10–8 给出了伽马—密度—厚度测井曲线。

2）资料解释

伽马—密度—厚度固井测井解释方法与变密度测井基本一致，它是将测量参数与刻度数值进行比较分析，再对一、二界面的水泥固井质量进行评价，见表 4–10–3。

利用伽马密度测井结合声波变密度、自然伽马测井评价第二界面固井质量的评价标准见表 4–10–3。

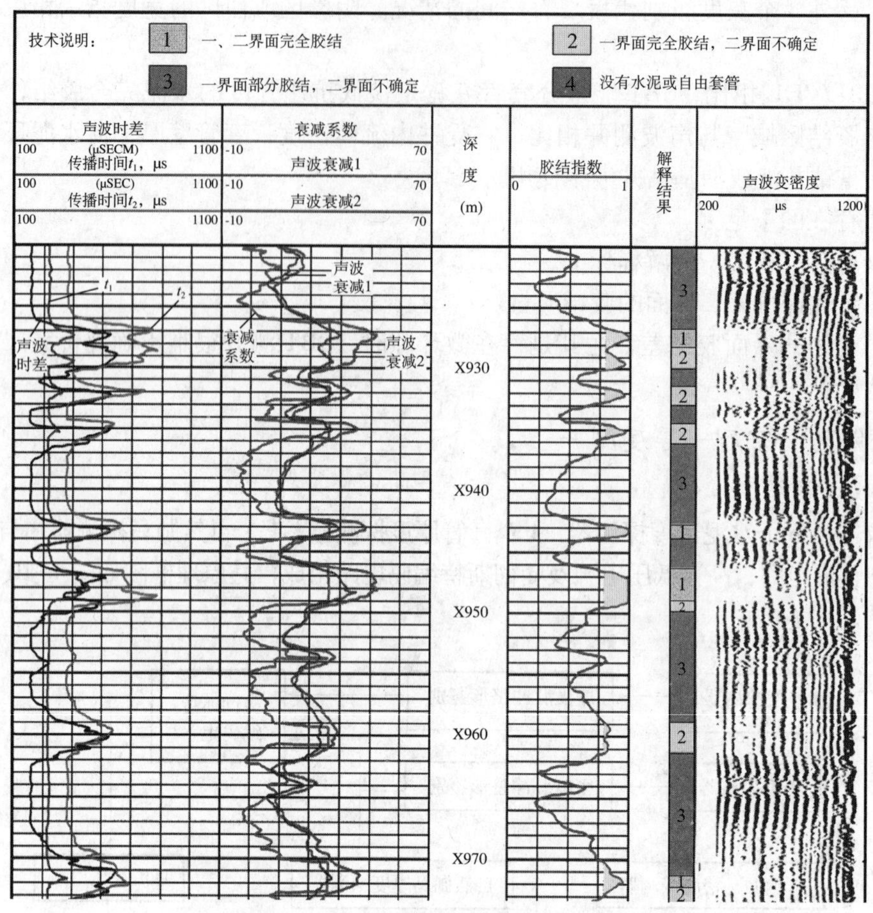

图 4-10-8 伽马—密度—厚度测井曲线（MAK-II）

表 4-10-3 伽马—密度—厚度测井定性评价固井质量

<table>
<tr><th>第一界面胶结质量</th><th colspan="3">第二界面固井质量评价标准</th><th>第二界面解释结论</th></tr>
<tr><td rowspan="3">第一界面
胶结中等或差</td><td colspan="3">平均水泥环密度中等偏大，地层波能量较大</td><td>良好</td></tr>
<tr><td colspan="3">平均水泥环密度偏小，甚至接近于钻井液密度，地层波能量很小</td><td>差</td></tr>
<tr><td colspan="3">平均水泥环密度中等</td><td>不确定</td></tr>
<tr><td rowspan="5">第一界面胶结好</td><td colspan="3">平均水泥环密度较大，甚至接近水泥密度，地层波能量较大</td><td>良好</td></tr>
<tr><td colspan="3">平均水泥环密度较小，地层波能量低</td><td>差</td></tr>
<tr><td rowspan="3">平均水泥环密度中等</td><td colspan="2">地层波能量较大</td><td>良好</td></tr>
<tr><td rowspan="2">地层波能量较小</td><td>高自然伽马值</td><td>中等</td></tr>
<tr><td>低自然伽马值</td><td>差</td></tr>
</table>

6．超声成像测井

超声成像仪（Utra Sonic Imager）主要用于套管井的水泥胶结评价及套管检查，其工作原理类似于 CET 仪，采用超声脉冲—回波法来工作。

图 4–10–9 为 USI 的结构示意图。USI 分辨率平面超声换能器，工作频率在 195 ～ 650kHz 之间，测井时由地面系统软件控制选择。它有四个不同尺寸的可更换超声的旋转头，测井时可根据套管直径和井眼直径来选用。USI 平面换能器有两种工作位置：一种是仪器下井过程中旋转头顺时针转动，换能器面对侵入井内流体中的靶板，测量流体的性质，称为流体性质测量位置；另一种是仪器提测过程中旋转头逆时针转动，换能器面对套管，测量套管腐蚀和水泥胶结情况，称为标准测量位置。

USI 测井成果显示包括多种曲线和映像，主要有以下四种：(1) 流体性质显示；(2) 水泥胶结显示；(3) 套管腐蚀显示；(4) 综合显示。

USI 声阻抗成像可提供固井质量评价的详细资料，但在解释时，应注意以下几个问题：

(1) 钻井液声阻抗是在仪器下井过程中通过流体性质测量得到的，其测量精度必须在 10% 以内，才有可能获得水泥胶结 0.5mPa · s/m 的精度。

(2) 微环会影响水泥的视声阻抗，100 μs 的微环可使水泥视声阻抗下降 50%，即使是最小的充液微环隙也会使进入水泥的剪切耦合受到损失而引起水泥视声阻抗下降约 20%。所以 USI 应在压力状态下运用以消除微环的影响。

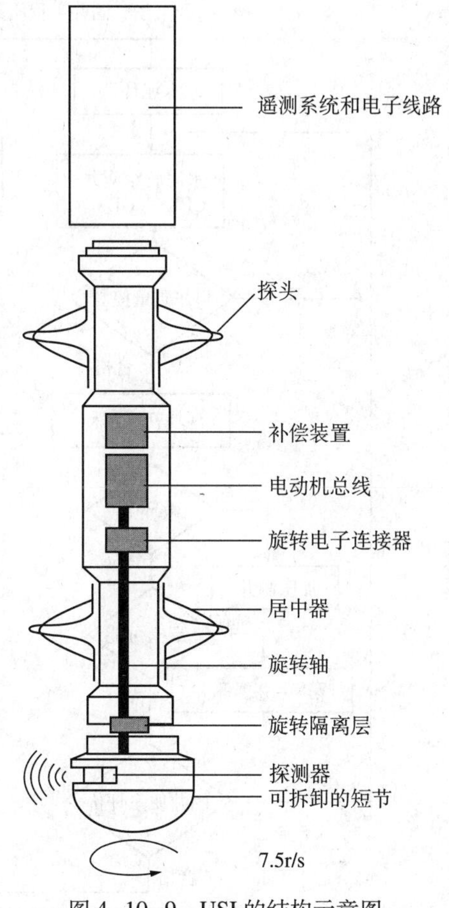

图 4–10–9 USI 的结构示意图

(3) 由于固体—固体界面和固—液界面相比较，存在剪切耦合差别，所以应知道套管后面介质是固态还是液态，才能精确确定它的声阻抗。如果套管后面是液体，那么 USI 计算出的声阻抗实际值高 10% ～ 20%。

(4) USI 偏心会影响套管内径及厚度的测量。

(5) 套管类型和质量变化会影响套管厚度成像。

(6) 实验说明，USI 在水泥环中可分辨小至 1.2in 的沟槽。

五、固井质量控制程序及水泥胶结测井指南

1. 推荐的固井质量控制程序

试油及开采井，完整的固井质量控制流程如图 4–10–10 所示。

2. 候凝时间规定

作为钻井工程作业部分，固井候凝时间以水泥浆实验为依据，确定固井作业设计书中规定的候凝时间。总的原则是在水泥胶结测井时，环空中水泥强度已经得到充分发展，胶

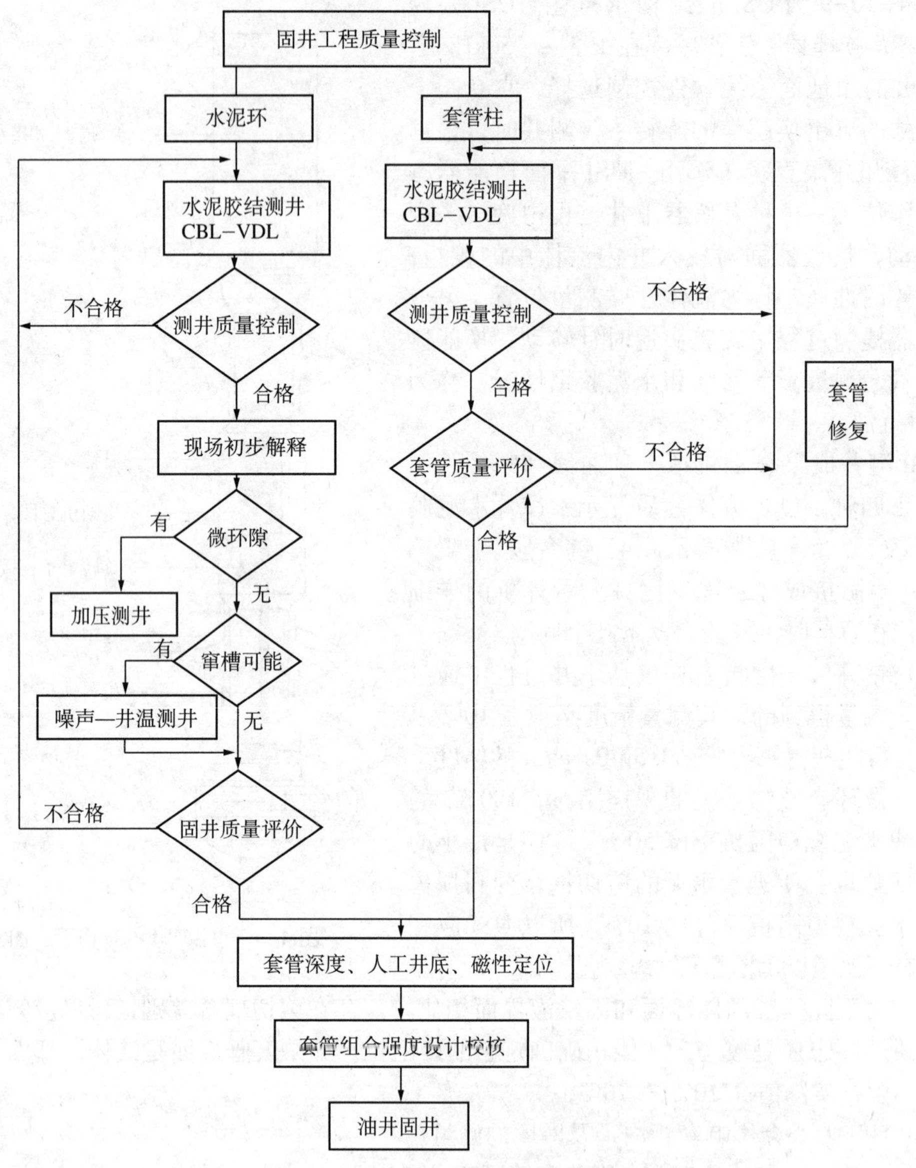

图 4-10-10 固井质量控制流程

结测井一般应在固井结束后 24 ~ 48h 进行。特殊工艺井（尾管固井、分级固井、低密度水泥浆固井等）和特殊条件固井（长封固段固井、高温井固井等）的胶结测井时间依据具体确定。

3. 水泥胶结测井资料质量要求

（1）水泥胶结测井原始资料应符合 SY/T 5132《测井原始资料质量要求》的质量要求。

（2）CBL 测井在套管波清晰的井段，应有 $T_{fp}-T < 8\mu s$（T 为套管波传播时间，T_{fp} 为自由段套管的套管波传播时间）。

（3）对于 SBT 测井，应有 DTMX−DTMN < 20μs/m。

4．水泥胶结测井指南

（1）对仪器居中的要求。对于直井，至少用三个扶正器；宜用橡皮尾翼扶正器或硬铝扶正器；扶正器直接安装在发射器—接收器部分上下以及在仪器顶部（接箍定位器，自然伽马测井仪处）。

对定向井，至少 4 个扶正器，如测自然伽马及 CBL，则用 5 个；宜用橡皮尾翼扶正器或硬铝扶正器。

扶正器直接装在发射器—接收器部分的上下位置及仪器顶部和声系顶部前，如果测自然伽马，第 5 个扶正器安置在自然伽马探测器中心附近。

（2）测井前需提供的资料：

①构造，井号。

②固井数据。

③使用的套管扶正器位置。

④有关套管数据（尺寸、壁厚、钢级、螺纹）及其相应深度。

⑤特殊提示。例如使用涂层套管，ECP 或分级箍等。

⑥环空钻井液性能数据（密度、含盐量）。

（3）检查有否完整合格图头和复印测井图。

（4）用 200 ~ 1200μs 的时间范围记录 VDL 微地震图、波列图或 *X*—*Y* 图（事先商定）。

（5）具有中等胶结质量井段发生，应以加压测井对比，当有微环隙应加压 6.9MPa 条件下进行。

（6）规定通过目的层及邻近井段控制测速为 550m/h，生产层之上，测速不大于 1100m/h。

（7）上述的上测深度要测过水泥面 50m（CBL）。

（8）检查水泥胶结测井总清单：

①测井前后曲线（幅度、传播时间、自然伽马）是否有刻度。

②有关图头的标准要求。

③重复井段是否重复测井。

④是否用传播时间及已知井段验证 VDL 或波列测井的声波到达时间（近似值）。

⑤在自由段套管，套管波的到达时间是否与计算数值一致。

⑥测井之前和之后所有曲线是否机械对零。

⑦是否进行加压测井。

⑧是否测出水泥面。

⑨是否按照 200 ~ 1200μs 时间范围进行 VDL 或波列测井。

第十一节　固井设备、工具与附件

一、常用固井设备

为固井作业的顺利完成，需要系列注水泥设备。常有的固井注水泥设备有水泥车（橇）、管汇车、仪表车、下灰车、散水泥罐、背罐车、散装水泥库设备和供水车等。

1. 水泥车（橇）

1）作用及分类

固井水泥车（橇）是专门供油田进行注水泥作业和其他挤注作业使用的特种车辆，是进行固井作用的最主要设备。

水泥车（橇）按运载方式分为车装和橇装；按传动方式分为液力机械传动和机械传动；按泵型分为三缸单作用卧式柱塞泵和双缸双作用泵；按泵装置分为单机单泵、双机双泵和单机双泵；按混浆方式分为水力射流式、回流式和复循环式。另外，还可以分为一次混浆水泥车与二次混浆水泥车；地面混浆水泥车与车台混浆水泥车；手动控制水泥车与计算机自动控制水泥车等。

2）基本组成

水泥车主要组成部分有：底盘部分、车台部分、动力系统、传动系统、工作部件、管路系统、操作控制系统。

3）基本参数

固井水泥车（橇）基本参数见表 4-11-1。

表 4-11-1　固井水泥车（橇）基本参数

参　数	参数值
最高工作压力，MPa	35、(40)、50、70、105
最大排量，m^3/min	1.2、1.5、2.1、3.0、6.0
水泥浆相对密度	0.6 ～ 2.6
水泥浆密度精度，g/cm^3	±0.05
泵排出管线标称直径，mm	60
泵吸入管线标称直径，mm	100、125、150

注：(40) 为暂保留参数。

2. 管汇车

固井管汇车适用于探井、中深井和大型固井施工作业。固井管汇车按运载方式分为汽车装和挂车装。固井管汇车基本参数见表 4-11-2。

表 4-11-2　固井管汇车基本参数

参　数	参数值
管汇最高工作压力，MPa	35、(40)、50、70、105
高压胶管内径，mm	76
高压管汇标称直径，mm	69、89

注：(40) 为暂保留参数

3. 仪表车

固井仪表车用于固井施工排量、压力、密度等参数的监测和计量，为固井施工指挥提供可靠的施工参数。固井仪表车按其运载方式分为汽车装和挂车装。

固井仪表车固定安装了固井施工综合采集仪以及固井用二次仪表、球阀、接头等。固井仪表车的基本参数见表 4-11-3。

表 4-11-3　固井仪表车的基本参数

参　数	参数值
记录显示排量范围，m^3/min	0 ~ 12
累计流量范围，m^3	0 ~ 999.99
流量计精度，%	±3
记录显示压力范围，MPa	0 ~ 150
压力显示值误差，%	±1
记录显示相对密度范围	0.6 ~ 2.6

4. 下灰车

下灰车用于各种散装水泥的装载和运输，在固井施工时与固井水泥车配合使用，为固井水泥车混配水泥浆提供连续的油井水泥。气动下灰车也可以与气动配浆装置配套使用，运输重晶石等现场需要的高密度散装物料。

下灰车按运载方式分为汽车装和半挂车装，按罐体结构分为立式罐和卧式罐，按空气压缩机类型分为活塞式、旋转式和螺杆式。

下灰车主要是以载重汽车为安装基座的移动式设备，以汽车发动机为动力源，利用压缩空气使水泥流态化后，通过管道将水泥从灰缸输送到一定高度和水平距离。下灰车基本参数见表 4-11-4。

表 4-11-4　下灰车基本参数

参　数	参数值
装灰量，t	10、12、15、20
卸灰速度，t/min	1.2 ~ 3.6
输灰管线标称直径，mm	100、125、150
空气压缩机额定排量，m^3/min	5 ~ 20
空气压缩机额定压力，MPa	0.1 ~ 0.7
气管线标称直径，mm	75

5. 散水泥罐

散水泥罐可以解决深井超深井注水泥量大、施工连续的问题。散水泥罐均为立式罐。散水泥罐基本参数见表 4-11-5。

表 4–11–5　散水泥罐基本参数

参　数	参数值
装灰量，t	30，40
罐内径 × 罐高，mm × mm	2500 × 6000，3000 × 6000
卸灰速度，t/min	1.2 ~ 3.6
输灰管线标称直径，mm	100，125，150
最高工作压力，MPa	0.5
气管线标称直径，mm	75

6. 背罐车

背罐车基本参数见表 4–11–6。

表 4–11–6　背罐车基本参数

参　数	参数值
罐外径，mm	2500，3000
提罐高度，mm	400 ~ 800
输灰管线标称直径，mm	100，125，150
最高工作压力，MPa	0.5
气管线标称直径，mm	75

7. 散装水泥库设备及干混设备

1）散装水泥库设备基本参数

散装水泥库设备按罐底座结构分为立式罐橇装底座和立式罐固定底座，其基本参数见表 4–11–7。

表 4–11–7　散装水泥库设备基本参数

参　数	参数值
单罐装灰量，t	50，100，200，500
输灰管线标称直径，mm	100，125，150
最大卸灰速度，t/min	1.2 ~ 3.6
最高工作压力，MPa	0.5
气管线标称直径，mm	75

2）固定式干混设备

固定式干混设备类型有三种：倒仓式干混装置、批混干混装置及气动分级式干混装置。

3）移动式干混设备

移动式干混设备是为了适应远离固井基地的外围固井施工作业而开发设计的一种干混装置。移动式干混装置具有便于运输、安装、操作的特点。DM2005−V20 移动式干混混合橇主要技术参数见表 4−11−8。

表 4−11−8　DM2005−V20 移动式干混混合橇主要技术参数

外形尺寸			重量 t	配料罐容量 t	混合罐容量 t	计量罐容量 t	各　罐 设计压力 MPa	电子秤量程	
长 mm	宽 mm	高 mm						配料罐 t	计量罐 t
12192	2600	3300	17	5	10	10	0.5	10	20

8. 供水车

供水车主要用来将固井用清水或外加剂药水转送到注水泥车上，以备固井注水泥、压胶塞用。一般在探井或大型固井施工时使用。供水车基本参数见表 4−11−9。

表 4−11−9　供水车基本参数

参　数	参数值
水罐容积，m^3	4，5，6
泵最大排量，m^3/min	1.5，3
泵吸入管标称直径，mm	100
泵排出管标称直径，mm	60

9. 水泥浆批量混浆车（橇）

水泥浆批量混浆车（橇）可以连续地、大批量地混配出高质量的水泥浆。当固井注水泥量非常大或水泥浆密度要求相当严格时，使用固井批量混浆车（橇），在注水泥前按设计密度混配出一定量的水泥浆，再用固井水泥车将混配好的水泥浆注入井内。

10. 油井水泥化验、检验设备

1）恒速搅拌器

恒速搅拌器是油井水泥物理性能试验、制备水泥浆的主要设备，目前国内主要采用 3060 型恒速搅拌器和 OWC−9360 型恒速搅拌器。恒速搅拌器的性能指标为低速 4000±200r/min、高速 12000±500r/min，使用电源电压为 220V。

2）水泥浆密度测定设备

目前国内用于水泥浆密度测定的设备有普通型密度计、加压密度计和数显式液体密度计。普通型密度计为 YM−3 型密度计，普遍用于现场水泥浆密度的测定。而 YYM 型加压密度计是加压压缩水泥浆中的气泡，使测量的水泥浆密度更加精确。YMS 数显式液体密度计可以测定低于 1.0g/cm^3 的水泥浆密度。

3）水泥浆稠度及稠化时间测定设备

（1）高温高压稠化仪。专用于测定油井水泥稠化时间的仪器，也可用于油井水泥及其外加剂研究及水泥厂家对水泥质量的控制检验。目前国内使用的高温高压稠化仪有 8040B 型、8240 型等高温高压稠化仪和 OWC–9380B 型高温高压稠化仪。

（2）便携式稠化仪。专用于测定油井水泥稠化时间的仪器，属于中温中压稠化仪的一种。其特点是体积紧凑、使用方便，可用于空间有限的现场、流动实验室或钻井平台上。目前国内使用的便携式稠化仪有 7720 型便携式稠化仪和 OWC–9312 型便携式稠化仪。

（3）常压稠化仪。用于油井水泥多项试验的新型仪器。该仪器不仅可直接用于油井水泥游离液及常压下油井水泥稠化时间的测定，还可辅助进行水泥浆含水量的测量、失水试验、水泥浆流变性能测定等多项油井水泥试验。目前国内使用的常压稠化仪有 1250 型常压稠化仪和 OWC–9350A（9350C）型常压稠化仪。

4）水泥石抗压强度测定设备

（1）压力机。用来测定水泥石抗压强度的主要设备，广泛应用于油井水泥的生产、检测、外加剂开发等工作。目前国内油田使用的压力机为 4207D 数字型压力试验机和 YJ–2001 型匀加荷压力试验机。

（2）高温高压养护釜。模拟井下情况养护水泥样品的试验设备。该设备主要适用于从事油井水泥研究、水泥外加剂研究和测试、水泥厂质量控制及检验等。目前国内使用的高温高压养护釜为 1910 型高温高压养护釜和 OWC–9390 型高温高压养护釜。

（3）机械性能分析仪。一种新型用于测量油、气井水泥机械性能（弹性模量与抗压强度）仪器，它可以无损伤连续测定水泥的弹性模量和抗压强度。其特点是具有自动压力补偿、温度自动控制，模拟各种井下环境，通过一次试验，可确定水泥的热弹性能和抗压强度，计算机动态记录、显示水泥泊松比、弹性模量和抗压强度与时间的发展曲线。目前有 6265Mpro 型水泥机械性能分析仪，其最高温度为 205℃，最高压力为 52MPa。

（4）静胶凝强度分析仪。用来测定经过特定时间后水泥的静胶凝强度的仪器。它采用无损检测技术，提供了一种更为便利的测试水泥抗压强度发展趋势的方法。其特点是通过一次试验，可确定水泥的静胶凝强度和抗压强度，计算机动态记录、显示静胶凝强度和抗压强度的发展曲线。目前有 5265 静胶凝强度分析仪（SGSA），其最高温度为 205℃，最高压力为 137MPa。

5）水泥浆（气、液）防窜性能测试设备

水泥浆（气、液）防窜性能测试仪是用来研究各种水泥浆体系（气、液）防窜能力的一种设备。目前国内使用的油井水泥与气（液）窜模拟测试仪有 7150 油井水泥气（液）窜模拟分析仪和 OWC–0480 油井水泥与气（液）窜模拟测试仪。其中 7150 油井水泥气（液）窜模拟分析仪的最高温度为 205℃，最高压力为 14MPa；而 OWC–0480 油井水泥与气（液）窜模拟测试仪的最高温度为 175℃，最高压力为 7MPa，用于测试水泥浆由流态至凝结期间的抗窜性能。

6）水泥浆流变性能测试设备

高温高压流变仪专门开发用于测量高温高压下完井液、钻井液等液体的流变性能，能测量牛顿型液体和非牛顿液体流变性能，包括剪切速率与时间无关的流体的流变性能，仪器也适合宾汉塑性流体、假塑性流体、膨胀性流体、触变性流体和抗流变流体，提供了一种在高温高压条件下测试水泥浆流变性能的手段。目前有7400高温高压流变仪，其最高温度为230℃，最高压力为138MPa，可调转速为0～600r/min。

7）水泥浆失水性能测试设备

失水仪是一种在模拟深井（高温高压）条件下，测定钻井液和水泥浆滤失量的仪器。目前国内使用的高温高压失水仪有7120型搅拌式失水仪和OWC−9510（9710）型失水仪。其中7120型搅拌式失水仪的最高温度为230℃，最高压力为14MPa；而OWC−9510（9710）型失水仪的工作温度为室温至175℃，最高工作压力为7MPa。

二、常用固井工具及附件

为保证固井工程质量和施工安全，套管串需要一些必要的工具、附件作为保证措施，对于一些特殊、复杂井需不同的注水泥工具及附件。常用的固井工具附件包括：浮鞋（引鞋、套管鞋）、浮箍、内管注水泥工具、套管扶正器、水泥伞、套管外封隔器、尾管悬挂器及系列附件、分级注水泥器及系列附件、水泥头、胶塞、磁性定位短节、限位卡、循环接头、套管通径规、水泥浆磁化器、热采井固井工具以及其他固井工具附件等。

1. 引鞋

用来引导套管柱沿井筒顺利下到井内，防止套管脚插入井壁岩层，减少套管下井阻力的锥状体。

国内早期的引鞋有木引鞋、金属引鞋，后来发展了水泥引鞋。目前的引鞋大多数被浮鞋所代替，只有少部分大尺寸内管注水泥作业、特殊井下套管需要水泥引鞋，没有再使用木引鞋的情况。随着水平井、大位移水平井、大曲率水平井及分支井的发展，为了减小下套管摩阻及分支井眼的重入，近年来还发展了滚轮引鞋及弯引鞋等。引鞋技术参数见表4−11−10。

其他型式的引鞋：

旋流引鞋，一种使水泥浆流出后呈旋流状上升的引鞋。

滚轮引鞋，应用于大曲率水平井、大位移井的套管引鞋，可以减小下套管摩阻。

弯引鞋，主要应用于分支井，引导套管进入分支井眼。

表4−11−10　水泥引鞋技术参数（mm）

规格	外径	循环孔直径	长度
177.8	195	70	600
244.5	270	80	
273.1	299	80	
339.7	365	90	

2. 套管鞋

上端与套管螺纹相连，下端具有内倒角并以螺纹或其他方式与引鞋相接的短节或特殊接箍。适用于表层套管和技术套管，其作用是为了后续钻进，避免钻具起钻过程挂碰套管底端，达到保护钻具和套管的目的。套管鞋技术参数见表 4–11–11。

表 4–11–11 套管鞋技术参数（mm）

规格	177.8	244.5	273.1	339.7	508.0
最大外径	195	270	299	365	533
外倒角直径	193	268	279	363	530
长度	230	270	270	270	280

3. 浮箍与浮鞋

浮箍是安装在套管串中，带有止回阀的装置，其主要作用是防止注水泥后的水泥浆倒流。目前大多数也用于控制胶塞的下行位置，起承托环或阻流环的作用。

浮鞋是将引鞋、套管鞋和浮箍制作成一体的装置，既起浮箍作用，又起引鞋作用的装置。为防止浮箍功能失效，目前大多数固井中，浮箍、浮鞋配对使用，起双保险作用。

浮箍、浮鞋技术参数见表 4–11–12。

表 4–11–12 浮箍、浮鞋技术参数

<table>
<tr><td colspan="2">尺寸代号</td><td>89</td><td>102</td><td>114</td><td>127</td><td>140</td><td>168</td><td>178</td><td>194</td><td>219</td><td>245</td><td>273</td><td>298</td><td>349</td></tr>
<tr><td colspan="2">套管尺寸，mm</td><td>88.9</td><td>101.6</td><td>114.3</td><td>127.0</td><td>139.7</td><td>168.3</td><td>177.8</td><td>193.7</td><td>219.1</td><td>244.5</td><td>273.1</td><td>298.4</td><td>349.3</td></tr>
<tr><td colspan="2">最大外径，mm</td><td>108.0</td><td>120.7</td><td>127.0</td><td>141.3</td><td>153.7</td><td>187.7</td><td>194.5</td><td>215.9</td><td>244.5</td><td>269.9</td><td>298.5</td><td>323.8</td><td>365.1</td></tr>
<tr><td colspan="2">最小内径，mm</td><td>50.0</td><td>96.0</td><td>98.0</td><td>108.0</td><td>120.0</td><td>148.0</td><td>155.0</td><td>172.0</td><td>196.0</td><td>221.0</td><td>250.0</td><td>276.0</td><td>318.0</td></tr>
<tr><td rowspan="2">长度
mm</td><td>水泥填充</td><td colspan="3">450 ~ 550</td><td colspan="4">550 ~ 650</td><td colspan="3">600 ~ 700</td><td colspan="3">450 ~ 700</td></tr>
<tr><td>非水泥填充</td><td colspan="13">300 ~ 500</td></tr>
<tr><td colspan="2">最小过水断面直径
mm</td><td colspan="7">46 ~ 60</td><td colspan="6">60 ~ 70</td></tr>
<tr><td colspan="2">浮鞋下端内倒角</td><td colspan="13">10 × 45°</td></tr>
<tr><td colspan="2">两端螺纹</td><td colspan="7">长圆或根据客户要求</td><td colspan="6">短圆或根据要求</td></tr>
<tr><td colspan="2" rowspan="2">试验压力</td><td rowspan="2">I 型</td><td colspan="3">正向承压，MPa</td><td colspan="3">20</td><td rowspan="2">II 型</td><td colspan="2">正向承压，MPa</td><td colspan="3">25</td></tr>
<tr><td colspan="3">反向承压，MPa</td><td colspan="3">30</td><td colspan="2">反向承压，MPa</td><td colspan="3">35</td></tr>
</table>

4. 内管注水泥器

对于直径比较大的套管（ϕ339.7mm 以上）且封固段又较长时，采用常规注水泥方法固井会带来很多如窜槽、水泥浆污染及替浆量不准等问题。此时，应使用内管注水泥工具进行注水泥作业。

内管注水泥工具由插头、插座和套管鞋（或引鞋）及配套扶正器、下内管工具等组成，通常叫内管注水泥器。插座主要由壳体、承托环、心管、水泥等组成（表 4–11–13）；插头主要由壳体和密封圈组成（表 4–11–14）。内管注水泥器性能要求见表 4–11–15。

表 4-11-13　内管注水泥器插座技术规格

规格参数	水泥浇注类	套管镶嵌类
总长度，mm	650 ~ 700	500 ~ 550
接箍外径	与套管接箍相同	
本体外径	与套管相同	
本体最小壁厚，mm	＞7	
配合段长度，mm	160	150
最小过流内径，mm	＞75	95
上端内螺纹	LTC	
下端外螺纹	STC	

表 4-11-14　内管注水泥器插头规格

规格参数	水泥浇注类	套管镶嵌类
总长度，mm	435	435
接箍外径	156 ~ 165	156 ~ 165
接头内螺纹	NC50	NC50
配合段长度，mm	150	147
配合段外径，mm	129	82
密封圈至配合底端，mm	15	15

表 4-11-15　内管注水泥器性能要求

内管注水泥器尺寸，mm	≤ 339.7	406.4	≥ 473.1
插座承载，N	≥ 400	≥ 300	≥ 150
插座与插头密封，MPa	≥ 9	≥ 6	≥ 5
反向密封，MPa	≥ 8	≥ 4	≥ 3

5. 套管扶正器

套管扶正器的作用是使套管能下至预定井深并促使套管位于井眼中心，以减小套管下放时的阻力和发生粘卡的可能，有利于提高水泥浆的顶替效率和使水泥环厚度分布均匀。

套管扶正器可以分为弹性扶正器、刚性扶正器、滚轮扶正器、变径扶正器等。

1）弹性扶正器

弹性扶正器可分为弓形弹性扶正器、弹性限位扶正器和旋流弹性扶正器等。弹性扶正器几何尺寸参数见表 4-11-16。

表 4-11-16 弹性扶正器几何尺寸参数

规格型号	套管尺寸 mm	井眼尺寸 mm	弹簧片最大外径 mm	环箍内径 mm
140 × 89	88.9	140	160	92
216 × 140	139.7	216	225	144
216 × 178	177.8	216	225	182
311 × 245	244.5	311	316	250
445 × 340	339.7	445	448	344
660 × 508	508.0	661	668	512

（1）弓形弹性扶正器。弓形弹性扶正器是弹性扶正器的基础型，API 10D 和 SY/T 5024《弓形弹簧套管扶正器》规定了弹性扶正器的技术参数，主要是包括最小复位力和最大启动力。

（2）弹性限位扶正器。弹性限位扶正器的扶正条是由一个较大的挠度改变为两个较小的挠度，其刚度随其受力情况变化而变化。与普通的弓形弹性扶正器相比，具有启动力小、复位强、不易发生弹性失效的特点，并能机械限位以确保套管柱居中。

（3）旋流弹性扶正器。在固井注水泥顶替技术中，传统的轴向流顶替方式不能有效替净环空顶替液，而使用旋流扶正器不仅提高套管居中度，还能使环空流体改变流速剖面而做螺旋运动，这使轴向驱替的同时，增加周向剪切驱动力，从而有利于将环空窄间隙滞留钻井液和井壁附着虚滤饼驱替干净，防止因套管柱在井筒内不居中或因滤饼的障碍发生窜槽，从而提高固井质量。在同样的井眼条件下旋流角在 30° ~ 60° 旋流长度为最长，旋流长度与旋流片的高度成正比。

2）刚性扶正器

近年来的套管刚性扶正器是随着定向井和水平井固井的发展而逐渐发展起来的，主要是为了解决井斜角较大时，弹性扶正器扶正套管困难的问题。

刚性扶正器也和弹性扶正器类似，分为直棱扶正器、旋流扶正器、纺锤扶正器等。

3）滚轮扶正器

滚轮扶正器主要由扶正器本体、扶正条和滚轮组成，由于本体的刚性和滚轮与井壁或套管内壁间的接触为滚动接触而具有比其他类型扶正器更加优越的性能。主要在斜井和水平井固井时采用。目前市场上的一种滚轮扶正器参数见表 4-11-17。

表 4-11-17 滚轮扶正器主要参数

套管尺寸 mm	最小井眼 mm	扶正器内径 mm	扶正器外径 mm	总长 mm
139.7	215.9	143	211	260
177.8	215.9	181	213.4	260
244.5	311.15	247.5	305.4	260
339.7	406.4	344	402	260

除以上发展外，目前还出现了一种变径套管扶正器，是为解决水平井及大斜度井井径不规则大肚子井眼套管居中问题。

6. 水泥伞

水泥伞是装在套管柱外，防止水泥浆下沉的伞状隔离装置。它通常安装在易漏失地层以上的套管串上，但也在分层固井和表层固井时使用。水泥伞上每一个金属片在保持优良的支持特性时可提供更大的弹性和流体通道。

水泥伞像一把倒置的伞，它由橡胶或帆布和弹簧片组成，橡胶或帆布做成漏斗状固定在弹簧片内，水泥伞也有用钢片重叠做成的。水泥伞一般按结构可以分为无加强环和有加强环两种。水泥伞技术参数见表4−11−18。

表4−11−18　水泥伞技术参数

规格 mm	长度 mm	通径 mm	外径 mm	推荐井眼尺寸，mm	
				最小	最大
127	435	130	155	194	267
139.7		143	168	200	279
177.8		181	206	229	318
244.5		248	273	305	381
279		286	301	337	413
339.7		343	368	406	479
508.0		511	536	574	648

7. 套管外封隔器

安装在套管柱上的一种可膨胀的胶囊或胶体，用来封隔该装置上下部的套管外环形空间。它能在套管与井眼的环形空间形成永久性桥堵，封隔套管与井眼环形间隙。

封隔器的作用是：密封技术套管，防止下部敏感地层受钻井液和水泥浆污染；封隔油层、气层，不使产层能量散失；封隔水层，不使产层受到水淹侵害；在筛管中使用，可进行分段压裂作业；封堵漏失层和扶正套管。

套管外封隔器一般按封隔长度分为普通型封隔器和长胶筒封隔器等。

标准的套管外封隔器结构技术参数：

(1) 施工阀销钉剪销压力：15MPa、16MPa、17MPa、18MPa任选或根据用户要求。

(2) 锁紧阀销钉剪销压力：4MPa、5MPa、6MPa任选。

(3) 限压阀销钉剪销压力：6MPa、7MPa、8MPa、9MPa任选或根据用户要求。

套管外封隔器技术参数见表4−11−19。

表4−11−19　套管外封隔器技术参数

公称直径 mm	最大外径 mm	内径 mm	总长度 mm	胶筒长度 mm	工作直径 mm	连接螺纹
114	154	100	2941	＞700	190～235	$4^{1}/_{2}$LCSG

续表

公称直径 mm	最大外径 mm	内径 mm	总长度 mm	胶筒长度 mm	工作直径 mm	连接螺纹
127	172	112	2960	> 700	205 ~ 249	5LCSG
140	180	122	2967		220 ~ 260	5¹/₂LCSG
140B	185	122				
168	208	150	2986		248 ~ 295	6⁵/₈LCSG
178	218	155	2992		255 ~ 308	7LCSG
194	234	177	3000		275 ~ 324	8⁵/₈LCSG
245	285	224	3030		325 ~ 380	9⁵/₈LCSG
273	313	253	2967		355 ~ 410	10³/₄CSG
298	344	278			380 ~ 440	11³/₄CSG

8. *尾管悬挂器及系列附件*

尾管悬挂器是用来将尾管悬挂在上一层套管上并可进行注水泥的工具。整套尾管悬挂器包括悬挂器主体、倒扣丢手接头、密封件、坐落接箍（球座和捉球座）、回接筒、回接插入筒、胶塞等。

液压式悬挂器主要由本体、液缸、卡瓦、锥体等组成，机械式悬挂器主要由本体、弹簧、卡瓦、锥体等组成，倒扣丢手接头主要由倒扣轮、钻杆短节等组成，中心密封件主要由胶塞接头、密封件、中心管等组成。

需要配合悬挂器进行注水泥及相关操作的还有刮管器、短钻杆、钻杆水泥头及钻杆通径规等。

尾管悬挂器和回接装置的主要尺寸和性能参数见表4-11-20和表4-11-21。

表4-11-20　尾管悬挂器的主要尺寸和主要性能参数

型号	上层套管尺寸 mm	尾管公称尺寸 mm	本体最大外径 mm	本体最小内径 mm	额定悬挂负荷 kN	送入工具连接螺纹	适用上层壁厚 mm	回接筒有效密封长度 mm	封隔器	
									坐封力 kN	密封能力 MPa
XG140×89	140	89	114	76	300	NC31	10.54	≥ 500	30 ~ 100	≥ 25
			117				9.17 7.72			
XG140×102	140	102	114	76	300	NC31	10.54			
			117				9.17 7.72			
XG178×114	178	114	148	99.6	500	NC38	12.65 11.51	≥ 1000	50 ~ 200	
			152		500		10.36 9.19			

续表

型号	上层套管尺寸 mm	尾管公称尺寸 mm	本体最大外径 mm	本体最小内径 mm	额定悬挂负荷 kN	送入工具连接螺纹	适用上层壁厚 mm	回接筒有效密封长度 mm	封隔器	
									坐封力 kN	密封能力 MPa
XG178×127	178	127	148	108.6	500	NC38	12.65 11.51	≥1000	50～200	≥25
			152		500		10.36 9.19			
XG194×127	194	127	163	108.6	600		12.7			
			166				10.92 9.52			
XG194×140	194	140	163	121.4	900	NC50	12.7		100～300	
			166				10.92 9.52			
XG219×127	219	127	185	108.6	900		12.7			
			192				11.43 10.16			
XG219×140	219	140	185	121.4	900		12.7			
			192				11.43 10.16			
XG244×140	244	140	212	121.4	1200		13.84			
			215				11.99 11.05 10.03			
XG244×178	244	178	212	155	1200		13.84			
			215				11.99 11.05 10.03			
XG244×194	244	194	215	171.8	1200		11.99 11.05 10.03			
XG273×194	273	194	240	171.8	1800		13.84			
			245				12.57 11.43 10.16			
XG273×178	273	178	240	155	1800		13.84 12.57			
			245				11.43 10.16			
XG340×245	340	245	308	220.5	2400		12.19 10.92 9.65		150～350	

续表

型号	上层套管尺寸 mm	尾管公称尺寸 mm	本体最大外径 mm	本体最小内径 mm	额定悬挂负荷 kN	送入工具连接螺纹	适用上层壁厚 mm	回接筒有效密封长度 mm	封隔器	
									坐封力 kN	密封能力 MPa
XG340×273	340	245	308	248	2400	NC50	12.19 10.92 9.65	≥1000	150～350	≥25
XG406×340	406	340	373	313	2400		12.57 11.13			
XG508×340	508	340	460	313	2400		16.13 12.7			
			470				11.12			
XG508×406	508	406	460	348	2400		16.13 12.7			
			470				11.12			

表 4–11–21　尾管回接装置的主要尺寸和性能参数

型号	回接套管公称尺寸 mm	有效密封长度 mm	封隔式回接装置		回接密封能力 MPa
			坐封启动力 kN	坐封力 kN	
HC89	89	≥500	80	30～100	≥25
HC102	102				
HC114	114	≥1000	120	50～200	
HC127	127				
HC140	140			100～300	
HC178	178				
HC194	194				
HC245	245				
HC273	273				
HC340	340			150～350	
HC406	406				

9. 分级注水泥器及附件

为实现双级或多级进行连续或不连续的注水泥作业，装在套管柱上预定位置具有开启和关闭功能的一种特殊装置，称为分级注水泥器或分级箍。整套分级注水泥器由分级箍本体、碰压座、下胶塞、开孔塞、关闭塞等组成。

分级注水泥器本体技术参数及胶塞长度参数分别见表 4–11–22、表 4–11–23，双级注水泥器厂家实际控制参数见表 4–11–24。

表 4–11–22 双级注水泥器本体技术参数 单位：mm

型号	最大外径	不可钻最小内径	总长度	连接螺纹
FZ89	≤ 112	≥ 79	≤ 580	$3^1/_2$TBG
FZ102	≤ 126	≥ 87	≤ 780	4TBG
FZ114	≤ 136	≥ 97	≤ 980	$4^1/_2$LCSG
FZ127	≤ 152	≥ 109	≤ 1100	5LCSG、BCSG
FZ140	≤ 180	≥ 119	≤ 1100	$5^1/_2$LCSG、BCSG
FZ178	≤ 210	≥ 154	≤ 1200	7LCSG、BCSG
FZ244	≤ 290	≥ 220	≤ 1300	$9^5/_8$LCSG、BCSG
FZ273	≤ 310	≥ 248	≤ 1300	$10^3/_4$LCSG、BCSG
FZ340	≤ 390	≥ 317	≤ 1300	$13^3/_8$LCSG、BCSG

表 4–11–23 双级注水泥器胶塞长度参数 单位：mm

型号	下胶塞	开孔塞	顶替式开孔塞	关闭塞
FZ89	≤ 300	≥ 300	≤ 350	≥ 300
FZ102	≤ 300	≥ 300	≤ 350	≥ 300
FZ114	≤ 350	≥ 350	≤ 350	≥ 300
FZ127	≤ 400	≥ 350	≤ 400	≥ 320
FZ140	≤ 450	≥ 350	≤ 450	≥ 340
FZ178	≤ 450	≥ 400	≤ 450	≥ 360
FZ244	≤ 550	≥ 450	≤ 550	≥ 380
FZ273	≤ 650	≥ 500	≤ 650	≥ 380
FZ340	≤ 750	≥ 500	≤ 750	≥ 400

表 4–11–24 双级注水泥器厂家实际控制参数

规格，mm	ϕ 139.7	ϕ 177.8	ϕ 245
最大外径，mm	168	208	282.5
通径，mm	123	159	220
总长，mm	930	930	1165
额定负荷能力，t	120	180	238
密封能力，MPa	25	25	25
开孔压力，MPa	7 ~ 8	7 ~ 8	7 ~ 8

续表

规格，mm	ϕ139.7	ϕ177.8	ϕ245
关孔压力，MPa	5	5	5
开孔塞座内径，mm	85	115	176
关孔塞座内径，mm	95	127	197
连接扣型	LTC/BTC	LTC/BTC	LTC/BTC
关闭塞长度，mm	254	280	286
重力打开塞长度，mm	264	270	394
挠性塞长度，mm	390	320	400

10. 水泥头

水泥头是注水泥作业时装在井筒管柱顶部的高压井口装置，内装胶塞，并带有与注水泥浆管线连接的接头。

水泥头按安装于不同管柱分为套管水泥头和钻杆水泥头。套管水泥头用于套管注水泥，连接螺纹为石油套管螺纹。钻杆水泥头用于钻杆注水泥，连接螺纹为石油钻杆螺纹，可安放钻杆胶塞的水泥头。

套管水泥头有单塞水泥头和双塞水泥头、旋转水泥头之分。双塞水泥头装有上胶塞和下胶塞；旋转水泥头允许与套管相对转动。

钻杆水泥头、单塞套管水泥头和双塞套管水泥头主要技术参数见表4–11–25、表4–11–26和表4–11–27。

表4–11–25　钻杆水泥头和要技术参数

公称尺寸 mm	工作压力 MPa	内径 mm	可容胶塞长度 mm	螺纹代号
73	35，50	55 ~ 60	≥ 280	NC31
89		66 ~ 73	≥ 300	NC38
127		100 ~ 108	≥ 350	NC50
140		111 ~ 120	≥ 380	FH5 9/16

表4–11–26　单塞套管水泥头主要技术参数

公称尺寸 mm	工作压力 MPa	内径 mm	可容胶塞长度 mm	挡销形式	螺纹代号
101	35，50	89 ~ 90	≥ 300	单	4TBG
114		97 ~ 103	≥ 300		$4^1/_2$LTC/BTC
127		108 ~ 116	≥ 400		5LLTC/BTC
140		119 ~ 126	≥ 400		$5^1/_2$LTC/BTC

续表

公称尺寸 mm	工作压力 MPa	内径 mm	可容胶塞长度 mm	挡销形式	螺纹代号
178	21，35	155 ~ 162	≥ 450	单 双	7LTC/BTC
194		168 ~ 177			7⁵/₈LTC/BTC
219		194 ~ 201	≥ 500		8⁵/₈LTC/BTC
244		220 ~ 225	≥ 550		9⁵/₈LTC/STC/BTC
273	14，21	248 ~ 255	≥ 550	双	10³/₄LTC/BTC
298		274 ~ 279	≥ 550		11³/₄STC/BTC
340		313 ~ 320	≥ 600		13³/₈STC/BTC
508		476 ~ 486	≥ 650	双，三	20STC/BTC

表 4–11–27　双塞套管水泥头主要技术参数

公称尺寸 mm	工作压力 MPa	内径 mm	容胶塞长 1 mm	容胶塞长 2 mm	挡销形式	螺纹代号
101	35，50	89 ~ 90	≥ 240	≥ 300	单	4TBG
114		97 ~ 103	≥ 240	≥ 300		4¹/₂LTC/BTC
127		108 ~ 116	≥ 260	≥ 400		5LLTC/BTC
140		119 ~ 126	≥ 260	≥ 400		5¹/₂LTC/BTC
178	21，35	155 ~ 162	≥ 290	≥ 450	单 双	7LTC/BTC
194		168 ~ 177	≥ 310	≥ 450		7⁵/₈LTC/BTC
219		194 ~ 201	≥ 310	≥ 500		8⁵/₈LTC/BTC
244		220 ~ 225	≥ 330	≥ 550		LTC/STC/BTC
273	14，21	248 ~ 255	≥ 360	≥ 550	双	10³/₄LTC/BTC
298		274 ~ 279	≥ 360	≥ 550		11³/₄STC/BTC
340		313 ~ 320	≥ 410	≥ 600		13³/₈STC/BTC
508		476 ~ 486	≥ 510	≥ 650	双，三	20STC/BTC

11. 胶塞

在固井作业中，胶塞起着隔离钻井液与水泥浆、刮掉套管内壁上的滤饼以及碰压的作用。套管胶塞是具有多级盘状翼的橡胶塞。

套管胶塞按应用于不同的固井工艺，可以分为常规注水泥套管胶塞（下胶塞、上胶塞）、自锁胶塞、钻杆胶塞、尾管胶塞、双级注胶塞（上、下）等几种。

常规注水泥套管胶塞技术参数见表 4–11–28。

表 4-11-28　常规注水泥套管胶塞技术参数

<table>
<tr><th>公称尺寸
mm</th><th>最大外径
mm</th><th>唇部直径
mm</th><th>主体直径
mm</th><th>下部孔径
mm</th><th>长度
mm</th></tr>
<tr><td>101</td><td>101</td><td>94 ~ 97</td><td>77</td><td rowspan="2">≥ 40</td><td rowspan="2">100 ~ 190</td></tr>
<tr><td>114</td><td>114</td><td>108 ~ 110</td><td>80</td></tr>
<tr><td>127</td><td>127</td><td>120 ~ 123</td><td>90</td><td rowspan="2">≥ 50</td><td rowspan="2">120 ~ 210</td></tr>
<tr><td>140</td><td>140</td><td>130 ~ 135</td><td>100</td></tr>
<tr><td>178</td><td>178</td><td>168 ~ 173</td><td>130</td><td rowspan="7">≥ 70</td><td rowspan="2">150 ~ 240</td></tr>
<tr><td>194</td><td>194</td><td>182 ~ 189</td><td>145</td></tr>
<tr><td>219</td><td>219</td><td>210 ~ 214</td><td>168</td><td rowspan="2">180 ~ 260</td></tr>
<tr><td>244</td><td>244</td><td>234 ~ 239</td><td>192</td></tr>
<tr><td>273</td><td>273</td><td>262 ~ 268</td><td>210</td><td rowspan="2">220 ~ 300</td></tr>
<tr><td>298</td><td>298</td><td>286 ~ 293</td><td>236</td></tr>
<tr><td>340</td><td>340</td><td>326 ~ 334</td><td>264</td><td>260 ~ 350</td></tr>
<tr><td>508</td><td>508</td><td>490 ~ 501</td><td>424</td><td>≥ 100</td><td>360 ~ 450</td></tr>
</table>

12. 磁性定位短节

根据地质要求，接在油气层顶界附近的短套管，用来确定射孔深度。其长度范围为 1 ~ 2m，钢级、壁厚与该段套管相同。

13. 限位卡

限位卡有时也叫套管卡箍，是用于固定或限制扶正器、水泥伞和刮泥器等套管外部附件活动的装置。限位卡技术参数见表 4-11-29。

表 4-11-29　限位卡技术参数

规格，mm	127	139.7	177.8	244.5	273	339.7	508
最大外径，mm	149	162	200	267	296	368	530
最小内径，mm	127	140	178	244.5	273	340	508
箍紧力，kN	12	16	16	16	16	24	40

14. 循环接头

循环接头连接于井口套管柱或钻杆顶部，用于下套管过程或送入钻杆及下完套管后进行钻井液循环。循环接头根据用途分方钻杆循环接头与水龙带循环接头两种类型。循环接头技术参数见表 4-11-30、表 4-11-31。

表 4–11–30　方钻杆循环接头技术参数

规格，mm	127	139.7	177.8	244.5	273	339.7
循环孔径，mm	70 ~ 90	70 ~ 90	70 ~ 90	70 ~ 90	70 ~ 90	70 ~ 90
长度，mm	250	300	350	350	350	400
顶盖厚度，mm	15	20	20	20	20	20
工作压力，MPa	35					

表 4–11–31　水龙带循环接头技术参数

规格，mm	127	139.7	177.8	244.5	273	339.7
循环孔径，mm	54	54	54	54	54	54
长度，mm	250	300	350	350	350	400
顶盖厚度，mm	15	20	20	20	20	20
工作压力，MPa	35					

15. 套管通径规

检查套管可通过工具或检查套管通径的工具。由于套管椭圆度的存在和套管壁厚误差，API 标准规定了不同尺寸套管通径规的外径和长度。

通径规分为规板式和筒式两种类型。常用规板式通径规主要由规板和本体组成。通径规技术参数见表 4–11–32。

表 4–11–32　通径规技术参数　　单位：mm

套管规格	通径规长度	规板有效厚度	通径规直径小于套管内径值
≤ 219.1	152	8	3.2
244.5 ~ 339.7	305	10	4.0
＞406.4	305	12	4.8

在固井工程中，除套管通径规外，还经常使用钻杆通径规，对尾管送入钻具进行通径，确保钻杆内畅通和钻杆胶塞的运行。

16. 水泥浆磁化器

水泥浆磁化器是连接在注水泥作业管汇上，以实现水泥浆磁化的专用工具。其主要作用如下：

(1) 水泥浆磁化后，结晶颗粒变细，胶结致密，水泥石的抗压强度显著提高，有利于提高水泥环对套管和地层的粘结能力。

(2) 磁化改善了水泥浆的流变性能，提高 n 值，降低 k 值，有利于水泥浆的紊流顶替。

水泥浆磁化器按类型分为内磁式和外磁式两种。内磁式与外磁式的主要区别在于前者水泥浆直接接触磁钢表面，后者水泥浆不直接与磁钢表面接触。水泥浆磁化器技术参数见表 4–11–33。

表 4-11-33　水泥浆磁化器技术参数

磁感应强度 mT	磁程长度 cm	抗内压能力 MPa	环境温度 ℃	磁体材料
200 ~ 300	50 ~ 80	35	-35 ~ 45	金属

17. 热采井固井工具

在热采井和地热井中，套管损坏的一大原因是套管受热后产生压缩应力，为消除热采井注蒸汽时套管柱应力，目前现场广泛使用的是预应力固井地锚和热应力补偿器。

预应力固井地锚将套管柱底端与地层锚定在一起，以实现提拉预应力固井作业。热应力补偿器在套管柱连接 1 ~ 3 个可以伸缩的短节，允许套管受热膨胀时靠近短节的部分有少量的伸缩。热应力补偿器主要由中心管、波纹管、平键、滑动环及密封元件组成。

预应力固井地锚技术参数见表 4-11-34 和表 4-11-35。

表 4-11-34　WA- Ⅰ型和 WA- Ⅱ型固井地锚技术参数

项　目	WA- Ⅰ	WA- Ⅱ
地锚额定负荷（安全系数＞2），kN	1000	1000
地锚张开前最大外径，mm	200	200
地锚张开后最大外径，mm	460	350
适应锚位井径，mm	200 ~ 350	225 ~ 300
最小流体通过截面积，mm^2	3317	—
悬挂销钉剪断泵压，MPa	6 ~ 8	—
打开工作压力，MPa	15 ~ 20	—
可锚内径，mm	—	159
活塞面积，mm^2	—	7400
张开角，（°）	—	12
可在提拉预应力时套管内加压力，MPa	—	15

表 4-11-35　DM 型固井地锚技术参数

项　目	ϕ 139.7mm	ϕ 177.8mm	ϕ 244.5mm
最大外径 × 长度，mm	ϕ 154 × 540	ϕ 194 × 620	ϕ 270 × 650
螺纹 （上端内螺纹、下端外螺纹）	API LTC 或 BTC	API LTC 或 BTC	API LTC 或 BTC
锚爪张开最大直径，mm	360	420	480
适应井径，mm	177.8 ~ 275	244.5 ~ 340	290 ~ 400
抗拉能力，kN	600	800	800
本体抗内压，MPa	64.6	50.9	44.5

续表

项　目	ϕ 139.7mm	ϕ 177.8mm	ϕ 244.5mm
密封能力，MPa	≥ 25	≥ 20	≥ 15
打开压力，MPa	4 ~ 6	4 ~ 6	4 ~ 6
碰压压力，MPa	12 ~ 18	12 ~ 18	12 ~ 18
胶塞自锁承压，MPa	15	15	15
循环孔最小内径，mm	35	35	57.4
内孔过流面积，mm^2	961.6	961.6	2586
上扣扭矩，N · m	5800	9110	11190
安全拉力，kN	500	600	600

热应力补偿器主要技术性能指标见表 4–11–36。

表 4–11–36　热应力补偿器主要技术性能指标

抗拉强度，kN	2660
抗挤强度，MPa	26.9
工作温度，℃	≤ 350
工作压力，MPa	≤ 20
伸缩量，mm	100 ~ 150
螺纹	梯形（BTC）

注：可在 350℃和 20MPa 压力条件下工作 500 次以上。

18. 套管刮削器

套管刮削器用来清除井下套管内壁的水泥、沙土、残留子弹、划痕、石蜡、毛刺以及其他附着物，保证套管内壁的清洁，以利所有钻井工具的正常作业。此外，封隔器及其类似工具也必须有一个清洁的接合表面。套管内壁上的附着物频繁地干扰这些工具的正常工作。固井工程主要为悬挂器的悬挂提供清洁的套管内壁。套管刮削器分为弹簧式套管刮削器和胶筒式套管刮削器。套管刮削器主要技术参数见表 4–11–37。

表 4–11–37　套管刮削器主要技术参数

套管规格 mm	连接螺纹	本体外径 mm	本体长度 mm	本体内径 mm	刮管刀数 个数 × 厚度	刀片伸出最大外径 mm	刀片伸出最小外径 mm
114.3	$2^{3}/_{8}$REG	91	971.2	19	2 × 3mm	106	95
127	NC26	94			2 × 3mm	118	105
139.7	NC31	110	1100	25.4	2 × 3mm	130	117
168	$3^{1}/_{2}$REG	130			2 × 3mm	158	141
177.8	$3^{1}/_{2}$REG	136		30.2	2 × 3mm	166	149

续表

<table>
<tr><th>套管规格
mm</th><th>连接螺纹</th><th>本体外径
mm</th><th>本体长度
mm</th><th>本体内径
mm</th><th>刮管刀数
个数 × 厚度</th><th>刀片伸出
最大外径
mm</th><th>刀片伸出
最小外径
mm</th></tr>
<tr><td>244.5</td><td>$4^{1}/_{2}$REG</td><td>203</td><td>1320</td><td rowspan="2">57.2</td><td>2 × 5mm</td><td>230</td><td>212</td></tr>
<tr><td>273</td><td>$6^{5}/_{8}$REG</td><td>228</td><td rowspan="2">1500</td><td>2 × 5mm</td><td>—</td><td>—</td></tr>
<tr><td>339.7</td><td>$6^{5}/_{8}$REG</td><td>286</td><td>71.4</td><td>2 × 7mm</td><td>—</td><td>—</td></tr>
</table>

19. 其他固井工具附件

1）液压承托式水泥帽

水泥帽固井是未下表层套管时的一项施工工艺。水泥帽的主要目的在于固定井口，防止地层流体上溢，为安装采油生产设备提供良好基础，保护浅层地下水源。

2）地层压力平衡固井工具

为平衡异常高压地层压力，固井时应用的一种专用固井工具。通过封隔器卡放位置有选择地对特殊地层进行加压：一是可以对高压层封固段内初凝水泥浆柱加压，提高环空高压层的压稳效果；二是对较低压目的层的环空进行加压，防止地层油、气、水等地层流体窜入环空，导致水泥胶结质量差。

3）套管水泥面控制器

套管水泥面控制器是为清除固井作业所出现超封环空而使用的一种装置。在固井作业后可冲掉超封环空段水泥浆的固井水泥返高。

4）振动固井工具

振动固井是在下套管、注灰、顶替和候凝的过程中，采用机械振动、液压或空气脉冲、水力冲击等手段，产生振动波作用于套管、钻井液和固井液来提高固井质量的一项新技术。振动固井技术按振动方式不同，可分为井口振动固井和井下振动固井。国内常用的振动固井工具有旋流式自激水力振荡套管鞋、翻板式水力振荡套管鞋和振动发生器等。

5）水泥承留器

水泥承留器用于二次固井操作或油、水井挤水泥作业，并且容易钻除。

6）旋流短节

旋流短节是布有螺旋分布的孔眼使水泥浆流出后呈旋流状上升的短套管。

7）套管承托环

套管承托环也叫阻流环，是控制胶塞的下行位置，确保管内水泥塞长度的套管附件。

8）刮泥器

刮泥器也叫滤饼刷，是安装在注水泥井段套管外部刮除滤饼，提高水泥环与地层胶结强度的装置。一般有往复式和旋转式两种。

9）漂浮接箍

漂浮接箍也叫漂浮箍，是连接在套管柱上，用于下套管时增加井筒内套管上浮力，降低套管与井壁之间摩擦力的装置。大位移下套管通常需要漂浮接箍。

10）旋转短节

旋转短节是连接于水泥头和联顶节之间的特殊短节，具有可转动的心轴，井下套管转动时，水泥头不转动。

11）联顶节

下套管时接在最后一根套管上，使最后一根套管坐到外层套管上或用来调节表层套管柱顶界位置，使套管柱下到预定深度，并与水泥头连接的短套管。

12）套管封隔鞋

套管封隔鞋是封隔器和套管引鞋的组合，连接在套管最底端，用于封隔下部地层并完成注水泥作业的装置。

参考文献

[1] 刘崇建，黄柏宗，等. 油气井注水泥技术理论与应用［M］. 北京：石油工业出版社，2001

[2] 李早元等. 固井前钻井液地面调整及前置液紊流低返速顶替固井技术［J］. 天然气工业，2005，(1)

[3] 杨香艳等. 高密度抗污染隔离液在川中磨溪气田现场应用［J］. 天然气工业，2006，26（11）

[4] 和传健，徐明，肖海东. 高密度冲洗隔离液的研究［J］. 钻井液与完井液，2004，9（21）

[5] 张明霞，向兴金，童志能，等. 水泥浆前置液评价方法总论［J］. 钻采工艺，2002，(25)

[6] 刘大为，田锡君，廖润康. 现代固井技术［M］. 沈阳：辽宁科学技术出版社，1994

[7] 文乾彬，梁大川，谢礼科，等. 钻井过程中井内温度分布模型概述［J］. 石油钻探技术，2007（11）：60-63

[8] 丁士东，张卫东. 国内外防气窜固井技术［J］. 石油钻探技术，2002，30（5）

[9] 姚晓. 气田开发中 CO_2 对井内管材的腐蚀与预防［J］. 钻采工艺，1996，19（6）

[10] 牟春国，杨远光，施太和，等. 水泥石碳化腐蚀影响因素及抗腐蚀方法研究［J］. 石油钻探技术，2008，3（36）

[11] 马开华，周仕明，初永涛，等. 高温下 H_2S 气体腐蚀水泥石机理研究［J］. 石油钻探技术，2008，112（36）

[12] 余婷婷，邓建民，李建，等. 纤维堵漏水泥浆的室内研究［J］. 石油钻采工艺，2007，8（29）

[13] 牛宗奎，张士健，臧学明，等 .GX-1 堵漏剂触变性研究与应用［J］. 内蒙古石油化工，2005，(1)

[14] 张德润，张旭. 固井液设计及应用［M］. 北京：石油工业出版社，2000

[15] 张明昌. 固井工艺技术［M］. 北京：中国石化出版社，2007

[16] 陈平. 钻井与完井工程［M］. 北京：石油工业出版社，2005

[17] 屈建省，许树谦，郭小阳，等. 特殊固井技术［M］. 北京：石油工业出版社，2006

第五章　钻　井　液

第一节　概　　述

当最开始应用旋转钻井方法时，用的是清水作为洗井液，在钻进含泥岩地层后，许多泥质岩屑便分散在水中而成混浊的泥水，故当时的钻井工作者就把它称作“泥浆”。随着不断地实践和科学技术的发展，用来携带清除岩屑的洗井流体，逐步发展为不但可以不含黏土，而且可用油和气体作为介质，因而形成了可适应于各种需要的不同类型的洗井流体，从此，出现了“钻井流体”这个名词。由此看来，凡是在旋转钻井中用作洗井的流体均属其范畴。但由于目前用气体钻井为数甚少，故常把它简称为“钻井液”。

钻井液技术是钻井系统工程中的一个重要组成部分。人们常用“钻井液是钻井的血液”形象地比喻其在钻井作业中的重要地位。尤其是随着石油勘探开发工作的发展，勘探领域越来越广，钻井深度不断增加，钻遇的地层日益复杂，钻井液技术越来越得到普遍的重视，并提出了更严格的要求。

随着科学技术的迅速发展，通过实践—认识—再实践，钻井液体系基本上经历了5个发展阶段，它们是：

（1）天然（或自然）钻井液体系。这种钻井液体系大约开始使用于1904—1921年间，人们使用清水造浆，不加处理剂的钻井液。由于它未进行过化学处理，也没有具体的性能要求，因此不能很好地满足钻井的要求，使用时经常出现井下复杂问题。

（2）细分散型钻井液体系。该种钻井液体系大约使用于1921—1946年间。在本阶段中，采用了黏土来配制钻井液，并加入一些化学分散剂，如纯碱和丹宁等，使其充分分散，从而大大地改善了钻井液性能，并出现了一些测定仪器，性能初步得到了控制，基本可以满足中深井的一般要求。然而，随着井的加深，井温的升高，这种钻井液性能极不稳定，尤其黏度及切力变化较大，无法满足深井和复杂井钻井需要。

（3）粗分散钻井液体系。该种钻井液体系大约使用于1946—1973年间，特点是使用了多种无机盐作抑制剂，并配合了各种耐盐的降黏剂。例如木质素磺酸盐的使用及应用降滤失剂形成了不同盐类抑制性钻井液品种，从而大大地提高其耐温及抗各种侵污能力，减少了井下复杂情况的发生，钻速有一定的提高。但是，该类型钻井液中固相含量相对较高，对提高钻速有不利影响。

（4）不分散低固相聚合物钻井液体系。该种钻井液体系大约使用于1966年以后，主要特点是使用了有机选择性絮凝剂及高分子聚合物抑制剂，例如聚丙烯酰胺及其衍生物和醋酸乙烯脂与顺丁烯二酸酐的共聚物。它们可起很好的包被作用而使岩屑在体系中不再分散。同时配备较完善的固控系统以保持较低的固相含量（5%左右），从而大幅度地提高钻速。这类钻井液一般不加强分散剂，故该类型钻井液的固相容量限较低，其胶凝强度、抗温能力稍低，适合于正常压力地区的3500～5000m的深井。

（5）随着勘探开发作业不断向深层和超深层进军，地质条件日益复杂，为应对硬脆性地层、巨厚复合盐膏层、软泥岩地层及裂缝发育等地层钻进时出现的各种井漏和井塌等复杂情况，先后出现了各种强封堵与强抑制性钻井液体系，以及抗高温深井钻井液和保护储层钻井液（完井液）体系。其代表的有：无固相清洁盐水钻井液、饱和盐水钻井液、阳离子聚合物钻井液、两性离子聚合物钻井液、抗高温聚磺钻井液、油基钻井液、正电胶钻井液、硅酸盐钻井液、甲酸盐钻井液以及泡沫钻井流体等体系。

虽然钻井液体系随着具体要求而逐步发展，形成了这 5 个阶段，但它们并不能互相取代和淘汰，后一阶段的钻井液体系也不能完全取代或淘汰掉前阶段的钻井液体系。它们同时并存，只是要根据不同地层及要求加以选择使用而已。例如，在超深井段大多仍在采用分散型体系；在开始钻进时或浅井段也常使用少加化学剂的类似自然钻井液的体系；而在地层压力比较稳定的正常地区则大量采用不分散型钻井液体系。

第二节　钻井液性能

一、钻井液密度

钻井液单位体积的质量称为钻井液的密度，常以 kg/m^3（g/cm^3）表示。在钻井工程领域，钻井液密度和相对密度是两个等同的术语。其英制单位通常为 lb/gal（即磅 / 加仑，或写作 ppg）。$1g/cm^3=8.33lb/gal$。

钻井液的密度主要用来调节钻井液静液柱压力，以平衡地层孔隙压力，防止发生井喷。有时亦用来平衡地层构造应力，控制或减轻井塌。钻井液的密度必须符合地质和工程的要求，密度过大容易造成以下不良后果：

（1）伤害油气层；

（2）降低钻井速度；

（3）过大压差易造成压差卡钻；

（4）易压漏地层；

（5）易引起过高的黏切；

（6）多消耗钻井液材料及动力；

（7）抗污染的能力下降。

而密度过低则容易发生井喷、井塌（尤其负压钻井）、缩径（对塑性地层，如较纯的黏土和盐岩层等）及携屑能力下降等。因此对密度提出如下要求：

（1）合理的钻井液密度必须根据所钻地层的孔隙压力、破裂压力及钻井液的流变参数加以确定。在正常的情况下，其密度的附加值按地层孔隙压力（坍塌压力）系数考虑，气井附加 $0.07 \sim 0.15g/cm^3$，如果是浅井，则钻井液施加到目的层的静液柱压力附加值为：气层 $3.0 \sim 5.0MPa$，油层 $1.5 \sim 3.5MPa$。

（2）提高钻井液密度必须采用合格的加重材料，用自然造浆方法来提高密度是不适宜的。

（3）对非酸敏性又需酸化的产层，应优先考虑使用酸溶性加重材料，例如石灰石粉（密度≤ $1300kg/m^3$ 者）及铁矿粉或钛铁矿粉（密度超过 $1300kg/m^3$ 者）。

二、钻井液的流变性

现场与实验室测定的流变性参数包括漏斗黏度以及六速旋转黏度计在转速为每分钟600转、300转、200转、100转、6转和3转时的刻度盘读数值，分别记作Φ_{600}、Φ_{300}、Φ_{200}、Φ_{100}、Φ_6和Φ_3，有时还需测量高温高压下的读数值。以这些测量数据计算出钻井液流变性参数。钻井液流变性计算还有其他模型，现场一般将测得的流变性参数利用各种模型进行拟合，选择相关性最好的计算模型可以提高钻井液流变性计算的精度。为客观对比与评价钻井液流变性，通常使用的流变参数有漏斗黏度（s）、表观黏度*AV*（mPa · s）、塑性黏度*PV*（mPa · s）、动切力、动塑比*YP/PV*、*n*值及*K*值等。

黏度是钻井液流动的内阻力的大小，切力是钻井液结构强度的大小，而流型系数表示钻井液流变状态。这些指标主要用来表示钻井液在钻井过程中清洗井底、携带和悬浮岩屑的能力及流动阻力的大小，直接关系着钻井速度的快慢。

钻井液的黏度和切力对钻井与地质工作有较大的影响，必须维持适当的数值，否则常会引起一些不良的后果。黏度、切力过大时对钻井的影响：

（1）流动阻力大，能量消耗高，功率低，钻速慢；

（2）净化不良（固控设备不易充分发挥效力），易引起井下复杂情况；

（3）易泥包钻头，压力激动大，易引起卡、喷、漏和塌等事故；

（4）脱气较难，影响气测并易造成气侵。

黏度和切力过低也不利于钻井，例如洗井不良，井眼净化差，甚至引起井下事故。冲刷井壁加剧易引起井塌，岩屑过细影响录井等。

因此，对钻井液的黏度和切力提出如下要求：

（1）尽可能采用较低的黏度及切力。其数值的大小，不同的密度有不同的最佳范围，详见钻井液密度与流变性能的关系部分。

(2) 低固相钻井液若使用宾汉模式，其动塑比值一般应保持在0.48左右；若使用幂律模式，其*n*值（流性指数）一般可保持在0.5～0.7。

三、钻井液造壁性能

钻井液造壁性能主要是指其护壁能力，其中包括以下两项内容：一是滤失量，即其滤液进入地层的多少；二是在井壁形成滤饼质量的好坏（包括渗透性即致密程度、强度、摩阻性及厚度）。规定室内在一定的压差下，通过$45.8cm^2 \pm 0.6cm^2$过滤面积的滤纸，经历30min时滤液的数量称为滤失量（单位为cm^3）。同时，在滤纸上沉积的固相颗粒的厚度称为滤饼厚度（单位为mm）。以它作为室内评价钻井液造壁性能好坏的指标。

钻井液的滤失量分为API滤失量、高温高压滤失量和动滤失量。API滤失量即在0.689MPa压力和常温下测定的数值。API滤失量测定仪是最常用的评价钻井液滤失量的装置，如图5–2–1所示。高温高压滤失量，即在压差3.5MPa及高温下（现场实际来确定）测定的数值，由于渗滤面积只有API滤失仪的一半，因此按照API标准，应将30min的滤失量乘以2才是高温高压滤失量。动滤失量即指钻井液在循环流动中的滤失量，目前对动滤失量的测定尚无统一的标准。

一般的规律是，同一钻井液，其滤失量愈大，滤饼愈厚。在其他条件相同的情况下，压差对滤失量的影响，不同的钻井液存在以下三种不同的情况：一是随压差增加而变大；二是不随压差而变化；三是压差愈大滤失量反而变小，这说明滤饼具有较好的压缩性。深井钻井液要求滤饼具有较好的压缩性。

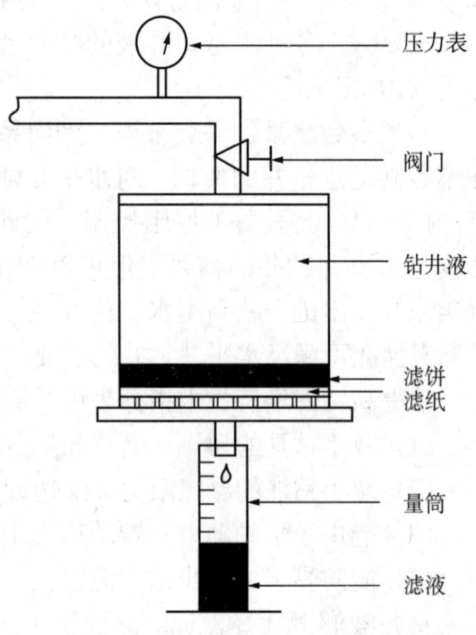

图 5–2–1 API 滤失量测定仪

钻井液的造壁性能不佳对钻井及地质工作均有不良的影响，必须加以控制。滤失量过大常会引起下列不良后果：

(1) 钻井液滤液进入地层较深，受水侵半径增大，若超过测井仪器所能测及的范围，其结果是电测解释不准确而易漏掉油气层；

(2) 滤液大量进入油气层内会引起油气层的渗透率等物性变化，伤害油气层，降低产能；

(3) 易泡垮易坍塌地层，形成不规则井眼，造成一系列井下问题，如电测困难，起下钻阻卡甚至造成卡钻或报废井眼；

(4) 在高渗透地层易造成较厚的滤饼而引起阻卡，甚至发生压差卡钻。

但在一般地层中也不需要过小滤失量，因为这样会造成处理剂的大量消耗，增加成本，也不利于提高钻井速度。

对钻井液造壁性能的要求如下：

(1) 在油气层中钻进，滤失量愈低愈有利于减少伤害，尤其在高温高压时滤失量应在 10 ~ 15cm^3 较为合适（管理条例规定在一般地层为 20cm^3）；

(2) 在易塌地层钻井，滤失量需严格控制，最好不大于 5cm^3，而一般地层可根据具体情况确定（如易造浆地层可以大些）；

(3) 要求滤饼薄而坚韧，以利于护壁；避免压差卡钻。

四、钻井液润滑性

1. 钻井液润滑性及其评价

钻井液的润滑性能通常包括滤饼的润滑性能和钻井液自身的润滑性两个方面。钻井液和滤饼的摩阻系数是评价钻井液润滑性的两个主要技术指标。钻井液的润滑性对钻井工作影响很大。特别是钻超深井、大斜度井、水平井和丛式井时，钻柱的旋转阻力和提拉阻力会大幅度提高。由于影响钻井扭矩和阻力以及钻具磨损的主要可调节因素是钻井液的润滑性能，因此钻井液的润滑性能对减少卡钻等井下复杂情况，保证安全及快速钻进起着至关重要的作用。

国内外研究者对钻井液的润滑性能进行了评价，得出的结论是：空气与油处于润滑性的两个极端位置，而水基钻井液的润滑性处于其间。用 Baroid 公司生产的钻井液极压润滑仪测定了三种基础流体的摩阻系数（钻井液摩阻系数相当于物理学中的摩擦系数），空气为

0.5，清水为0.35，柴油为0.07。在配制的三类钻井液中，大部分油基钻井液的摩阻系数为0.08 ~ 0.09，各种水基钻井液的摩阻系数为0.20 ~ 0.35，如加有油品或各类润滑剂，则可降到0.10以下。

对大多数水基钻井液来说，摩阻系数维持在0.20左右时可认为是合格的。但这个标准并不能满足水平井的要求，对水平井则要求钻井液的摩阻系数应尽可能保持在0.08 ~ 0.10范围内，以保持较好的摩阻控制。因此，除油基钻井液外，其他类型钻井液的润滑性能很难满足水平井钻井的需要，但可以选用有效的润滑剂改善其润滑性能，以满足实际需要。近年来开发出的一些新型水基仿油性钻井液，其摩阻系数可小于0.10，很接近油基钻井液，其润滑性能可满足水平井钻井的需要。

从提高钻井经济技术指标来讲，润滑性能良好的钻井液具有以下优点：

(1) 减小钻具的扭矩、磨损和疲劳，延长钻头轴承的寿命；

(2) 减小钻柱的摩擦阻力，缩短起下钻时间；

(3) 能用较小的动力来转动钻具；

(4) 能防黏卡，防止钻头泥包。

钻井液润滑性好，可以减少钻头、钻具及其他配件的磨损，延长使用寿命，同时防止黏附卡钻，减少泥包钻头，易于处理井下事故等。在钻井过程中，由于动力设备有固定功率，钻柱的抗拉和抗扭能力以及井壁稳定性都有极限。若钻井液的润滑性能不好，会造成钻具回转阻力增大，起下钻困难，甚至发生黏附卡钻和断钻具事故；当钻具回转阻力过大时，会导致钻具振动，从而有可能引起钻具断裂和井壁失稳。

2．钻井液润滑性的主要影响因素

影响钻井液润滑性的主要因素有：钻井液的黏度、密度，钻井液中的固相类型及含量，钻井液的滤失情况，岩石条件，地下水的矿化度以及溶液pH值，润滑剂和其他处理剂的使用情况等。

1) 黏度、密度和固相的影响

随着钻井液固相含量和密度增加，通常其黏度和切力等也会相应增大。这种情况下，钻井液的润滑性能也会相应变差。这时其润滑性能主要取决于固相的类型及含量。砂岩和各种加重剂的颗粒具有较高的研磨性能。钻井液中固相含量对其润滑性影响很大。随着钻井液固相含量增加，除使滤饼黏附性增大外，还会使滤饼增厚，易产生压差黏附卡钻。另外，固相颗粒尺寸的影响也不可忽视。研究结果表明，钻井液在一定时间内通过不断剪切循环，其固相颗粒尺寸随剪切时间增加而减小，其结果是双重性的：钻井液滤失有所减小，从而钻柱摩擦阻力也有所降低；颗粒分散得更细微，使比表面积增大，从而造成摩擦阻力增大。可见，严格控制钻井液黏土含量，搞好固相控制和净化，尽量用低固相钻井液，是改善和提高钻井液润滑性能的最重要的措施之一。

2) 滤失性、岩石条件、地下水和滤液pH值的影响

致密、表面光滑和薄的滤饼具有良好的润滑性能。降滤失剂和其他改进滤饼质量的处理剂（比如磺化沥青）主要是通过改善滤饼质量来改善钻井液的防磨损和润滑性能。

在钻井液条件相同的情况下，岩石的条件是通过影响所形成滤饼的质量以及井壁与钻柱之间接触表面粗糙度而起作用的。

井底温度、压差、地下水和滤液的pH值等因素也会在不同程度上影响润滑剂和其他处理剂的作用效能，从而影响滤饼的质量，对钻井液的润滑性能产生影响。

3）有机高分子处理剂的影响

许多高分子处理剂都有良好的降滤失、改善滤饼质量以及减少钻柱摩擦阻力的作用。有机高分子处理剂能提高钻井液的润滑性能，还与其在钻柱和井壁上的吸附能力有关。吸附膜的形成有利于降低井壁与钻柱之间的摩擦阻力。某些处理剂，如聚阴离子纤维素和磺化酚醛树脂等具有提高钻井液润滑性的作用。不少高分子化合物通过复配和共聚等处理，可成为具有良好润滑性能的润滑材料。

4）润滑剂

试验表明，使用清水作钻井液，摩擦阻力是较大的。而往清水中加入千分之一至千分之几的润滑剂（主要是阴离子表面活性剂）后，润滑性能会得到明显改善，表现为钻具回转工作电流下降很多。因此，使用润滑剂是改善钻井液润滑性能，降低摩擦阻力的主要途径。因此，正确地使用润滑剂可以大幅度提高钻井液的防磨损和润滑性能。钻井液润滑剂品种一般可分为两大类，即液体类和固体类。前者如矿物油、植物油和表面活性剂等，后者如石墨、塑料小球和玻璃小球等。近年来，钻井液润滑剂品种发展较快的是惰性固体类润滑剂，液体润滑剂中主要发展了高负荷下起作用的极压润滑剂及有利于环境保护的无毒润滑剂。由于环境保护的原因，沥青类润滑剂的用量正逐年减少。

目前，常用的改善钻井液润滑性能的方法，主要是通过合理使用润滑剂降低摩阻系数，以及通过改善滤饼质量来增强滤饼的润滑性。

3．对钻井液润滑剂的要求

国内外对润滑剂的研究范围较广，其中有各种表面活性剂、高分子脂肪酸及其衍生物等。钻井液润滑剂的选择应满足下列基本要求：

（1）润滑剂必须能润滑金属表面，并在其表面形成边界膜和次生结构。

（2）应与基浆有良好的配伍性，对钻井液的流变性和滤失性不产生不良影响。

（3）不降低岩石破碎的效率。

（4）具有良好的热稳定性和耐寒稳定性。

（5）不腐蚀金属，不损坏密封材料。

（6）不污染环境，易于生物降解，价格合理，且来源充足。

钻井液润滑剂除了主要提高钻具的寿命及其工作指标外，还应不影响对地层资料的分析和评价，即润滑剂应具有低荧光或无荧光性质。因此，润滑剂基础材料的选择应注意尽量不含苯环，特别是多环芳香烃的有机物质；而原油，尤其是重馏分、釜残物和沥青等因含荧光物质较多，也应尽量少用。

基于以上要求，一般植物油类，既无荧光和毒性，又易于生物降解，且来源较广，较适合作润滑材料。可选用的植物油有蓖麻油、亚麻油和棉籽油等。植物油的主要成分是脂肪酸，而脂肪酸则是润滑剂所需要的表面活性物质。经化学改性后，其表面活性可进一步提高。如磺化棉籽油就可以作为抗温抗挤压的极压润滑剂使用。磺化棉籽油还可增加矿物油的活性，使其润滑效果得以提高。

4. 钻井液中常用的润滑剂

(1) 惰性固体润滑剂。该类产品主要有塑料小球、石墨、炭黑、玻璃微珠及坚果圆粒等。

近几年发展起来的塑料小球用做润滑剂效果很好，其组成为二乙烯苯与苯乙烯的共聚物。该产品具有较高的抗压强度，是一种无毒、无臭、无荧光显示、耐酸、耐碱、抗温及抗压的透明球体，在钻井液中呈惰性，不溶于水和油类，密度为 1.03 ~ 1.05g/cm^3，可耐温 205℃以上。小球粒度分布为：10 ~ 30 目的占 45% ~ 50%，30 ~ 120 目的占 50% ~ 55%。该润滑剂一般可降低扭矩 35% 左右，降低起下钻阻力 20% 左右。它可与水基和油基的各种类型钻井液匹配，是一种较好的润滑剂，近年来发展很快。塑料小球虽然效果较好，但成本较高，所以近期又发展了用玻璃小球代替塑料小球，也达到了类似的效果。目前已证明玻璃小球能降低扭矩与阻力。玻璃小球由于可能起到了类似球轴承作用或可能因埋入滤饼，从而降低了滤饼的摩擦系数。塑料小球和玻璃小球这类固体润滑剂由于受固体尺寸的限制，在钻井过程中很容易被固控设备清除，而且在钻杆的挤压或拍打下，有破坏和变形的可能，因此在使用上受到了一定的限制。

石墨粉作为润滑剂具有抗高温、无荧光、降摩阻效果明显、加量小以及对钻井液性能无不良影响等特点。最近一种新的适用于钻井液和水泥浆的多功能固体润滑剂——弹性石墨（Resilient Graphitic Carbon，简称 RGC）已在美国路易斯安那州、得克萨斯州、俄克拉何马州、墨西哥湾和北海等地区的 200 多口井中获得了成功的应用。弹性石墨无毒、无腐蚀性，在高浓度下不会阻塞井下动力钻具；即使在高剪切速率下，它也不会在钻井液中发生明显的分散。此外，它不会影响钻井液的动切力和静切力，与各种纤维质和矿物混合物具有良好的配伍性。弹性石墨的独特结构使其能够用于各种钻井液中，具有降低扭矩、摩阻和减少磨损的作用。弹性石墨作为固体润滑剂，尤其适用于使用常规液体润滑剂效果不大的石灰基钻井液。

石墨粉能牢固地吸附（包括物理和化学吸附）在钻具和井壁岩石表面，从而改善摩擦副之间的摩擦状态，起到降低摩阻的作用；同时当石墨粉吸附在井壁上，可以封闭井壁的微孔隙，因此兼有降低钻井液滤失量和保护储层的作用。

(2) 液体类润滑剂。该类产品主要有矿物油、植物油和表面活性剂等。

液体类润滑剂又可分为油性剂和极压剂，前者主要在低负荷下起作用，通常为酯或羧酸；后者主要在高负荷下起作用，通常含有硫、磷和硼等活性元素。往往这些含活性元素的润滑剂兼有两种作用，既是油性剂，又是极压剂。

性能良好的润滑剂必须具备两个条件：一是分子的烃链要足够长（一般碳链 R 在 C_{12} ~ C_{18} 之间），不带支链，以利于形成致密的油膜；二是吸附基要牢固地吸附在黏土和金属表面上，以防止油膜脱落。许多润滑剂大多属于阴离子型表面活性物质，多含有磺酸基团，如磺化脂肪醇、磺化棉籽油、磺化蓖麻油和其他含硫的润滑剂，如硫代烷烃琥珀酸（或酸酐）的唑啉化合物；或含酯的脂肪族琥珀酸（或酸酐），如十八碳烯琥珀酸酐和二硫代烷基醇等化合物。

常用的作为润滑剂使用的表面活性剂有：OP-30、聚氧乙烯硬脂酸酯 -6、甲基磺酸铅 [$(CH_3SO_3)_2Pb$] 和十二烷基苯磺酸三乙醇胺（ABSN）等。

虽然非离子活性剂同样具有亲水基（如聚氧乙烯链），但它们不能在钻柱表面形成牢固的化学吸附。因此，也就不能在钻柱表面形成牢固的憎水非极性（或油膜）润滑层。相对来讲，润滑效果较差。

如硬水中（含高价阳离子）使用单一阴离子表面活性剂时，往往会由于产生高价盐而失效或破乳。因此，一般采用以阴离子为主、非离子为辅的复合型活性剂配方，可收到一定的润滑效果，并同时可以减少外界阳离子的影响。阴离子表面活性剂需要在碱性介质中才能保持稳定（但 pH 值过高时也会影响润滑效果），阳离子活性剂则相反，而非离子活性剂使用 pH 值的范围较大。

近年来，极压润滑剂的应用已取得明显效果。该类产品主要有国外生产的磺化妥尔油和国产脂肪烃类衍生物（代号 RH 系列）等。

随着环保意识的增强，无毒可生物降解润滑剂的使用日趋广泛。该类产品主要是不含芳香烃和双键的有机物，如以动物油和植物油为原料而制得的脂类有机物或矿物油类。这类润滑剂无毒或低毒，不污染环境，不干扰地质录井，目前该类产品已在美国路易斯安那州沿海的定向斜井中取得了很好的使用效果。在沿海某口井钻进时，在 91.44m 井深处钻杆接头被完全卡住，当加入一种叫做 Lu−brikeen 的无毒且可生物降解的润滑剂后，摩阻力由 330kN 降到 22kN，顺利地钻达 4358.64m 完钻时为止。

5. 钻井液的润滑性与钻井的关系

钻井液润滑性好，可以减少钻头、钻具及其他部件的磨损，延长使用寿命，同时防止黏附卡钻，减少泥包钻头，易于处理井下事故等。从提高钻井经济技术指标来讲，润滑性好的钻井液具有以下优点：

（1）减小钻具的扭矩、磨损和疲劳，延长钻头轴承的寿命；

（2）减小钻柱的摩擦阻力，缩短起下钻时间；

（3）能用较小的动力来转动钻具；

（4）能防卡钻，防止钻头泥包。

五、固相含量

固相含量是指钻井液中水不溶物的全部含量，常以质量分数或体积分数（%）表示，其中包括加重材料、黏土及钻屑。前者属有用固相，后者为无用固相。对各种化学剂基本不起化学反应的物质叫惰性固相（指加重材料及钻屑），与处理剂起化学反应的叫活性固相（指黏土）。

根据 100 口井统计资料做出的钻速、钻头用量及钻机工作日与钻井液固相含量的关系曲线如图 5−2−2 所示。

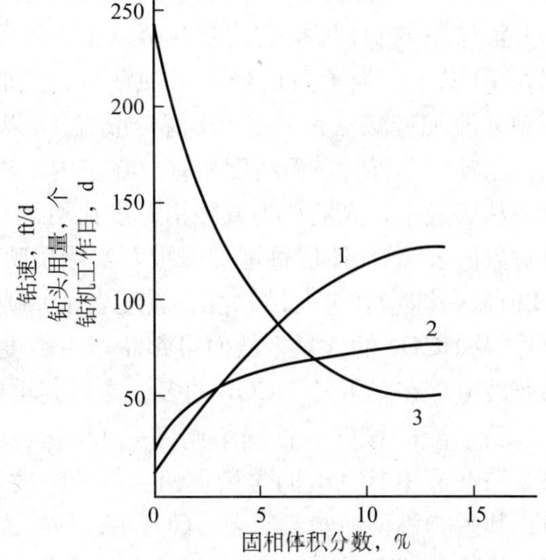

图 5−2−2　固相含量对钻速、钻头用量和钻机工作日的影响

1—钻头用量；2—钻机工作日；3—钻速

对钻井液中的无用惰性固相（钻屑）应

尽量加以清除，活性固相（黏土）要控制到规定的范围内。清除方法有化学方法和机械方法两种。前者主要使用絮凝包被剂，使钻屑不分散；而后者使用固控设备（详见第五章第十节）。总之，固相过多弊多利少：

(1) 固相含量高，钻井液柱压力大，钻速降低；

(2) 固相颗粒愈细不但对钻速影响愈大，而且侵入油气层会造成永久性堵塞，油气层受伤害严重；

(3) 固相含量高、滤失量大时，滤饼必然厚，摩阻系数增大，因而易引起井下复杂情况；

(4) 固相含量高，钻井液的流变性难以控制，且流阻大，功耗多，钻井效率低；

(5) 固相含量高时钻井液受外界影响大，且敏感（如温度和各种污染物等的影响变大）。

尽管如此，为了提供一些必要的钻井液性能，仍需有一定量的有用固相，例如，膨润土可提高黏度和切力，加重剂可提高密度。

六、钻井液酸碱度

钻井液酸碱度指的是钻井液中含碱量的多少或者它对酸中和能力的大小。人们常用 pH 值的高低来衡量钻井液酸碱值的大小。

pH 值的含意为钻井液中氢离子（H^+）浓度的负对数，即：

$$pH=-\lg[H^+]$$

例如，钻井液中氢离子浓度 $[H^+]=10^{-8}g/L$，则这时钻井液的酸碱值为：

$$pH=-\lg[H^+]=-\lg10^{-8}=8$$

pH 值为 7 时表示钻井液为中性，pH 值小于 7 为酸性，pH 值大于 7 为碱性。绝大多数钻井液体系的 pH 值均需控制在 7 以上。不分散型体系一般控制在 7.5 ~ 8.5；分散型体系都在 10 以上。为了防止 CO_2 腐蚀钻具，造成钻具断落，常把 pH 值控制在 10 以上。钙处理钻井液和硅酸盐钻井液 pH 值一般在 11 以上。在现场测量钻井液的 pH 值时常用 pH 试纸，比较简单省时，但精度稍差。在室内常用 pH 计测定，较为精确。

从实践中，人们认为直接用碱度比用 pH 值更能反映实际情况：一是 pH 值的范围是以负对数值表示，pH 值每增加一级而实际反映出的碱性离子（OH^-）浓度变化很宽，尤其是 pH 值愈高即宽度更大，故没有碱度表示精确；二是因碱度测定的数据可以用来估算 OH^-、CO_3^{2-} 及 HCO_3^- 的含量，从而可判断产生碱度的来源，而 pH 值却做不到这一点。而且区别钻井液中存在 CO_3^{2-}、HCO_3^- 的多少是极其重要，尤其对超深井钻井液的影响更大。

钻井液的碱度应根据不同钻井液类型及地层的需要而加以控制，否则会出现不良后果：钻井液中 HCO_3^- 的含量在相当低的浓度下，会造成流变性能恶化，若浓度进一步增加时，其影响不再加剧。反之，CO_3^{2-} 在低浓度下，初切力和终切力有所下降而不增高，当浓度大于某一范围时（50mg/L），流变性急剧恶化甚至达到固化程度。若使用反絮凝剂如木质素磺酸盐进行降黏处理，反而会出现更坏的结果。

在钻井液中存在 CO_3^{2-} 和 HCO_3^- 时，pH 值对其浓度有很大影响。pH 值大于 11.3 时，HCO_3^- 的浓度可以忽略；pH 值小于 8.3 时，只存在 HCO_3^-；pH 值为 8.3 ~ 11.3 时，为两种离子共存区间，称之为缓冲混合区。

一般用 M_f（甲基橙碱度）/P_f（酚酞碱度）来表示碳酸根离子的污染程度。钻井液滤液中这三种离子的质量浓度可按表 5-2-1 中的有关公式进行计算。

表 5-2-1 P_f 和 M_f 值与离子浓度之间的关系

条件	$[OH^-]$，mg/L	$[CO_3^{2-}]$，mg/L	$[HCO_3^-]$，mg/L
$P_f=0$	0	0	$1220M_f$
$2P_f < M_f$	0	$1200P_f$	1220（M_f-2P_f）
$2P_f=M_f$	0	$1200P_f$	0
$2P_f > M_f$	340（$2P_f-M_f$）	1220（M_f-P_f）	0
$P_f=M_f$	$340M_f$	0	0

当 $M_f/P_f=3$ 时，有轻度 CO_3^{2-} 污染；$M_f/P_f \geqslant 5$ 时为严重的 CO_3^{2-} 污染。故测定滤液中的 P_f 及 M_f 就可以确定两种离子污染的浓度或含量，并为处理提供根据。

七、可溶性盐类含量

在钻井液中含有多种水溶性盐类，它来源于地层和加入的化学剂及配浆用水。通常用总矿化度、含盐量（指 NaCl 含量）、含钙量及游离石灰含量表示。

总矿化度是指钻井液中所含水溶性无机盐的总浓度。含盐量单指其中氯化钠的含量。而含钙量即指所含游离 Ca^{2+} 的浓度，游离石灰（或称自由石灰）含量是指在钻井液中未溶解的 $Ca(OH)_2$ 含量。这些水溶性盐类含量均可采用一般化学分析方法加以测定。

它们对钻井液性能及地质作业有一定的影响，如：

（1）含盐量高了钻井液电阻率必然低，自然电位测井所得曲线即成为直线，如果与地层水电阻率相近还给结合深浅侧向判断油气层带来困难，因而误判地层及油、气和水层的性质。

（2）配制较高含盐量的钻井液需消耗较多的处理剂，费用较大，且会加剧钻具腐蚀，降低使用寿命。

（3）无机盐类尤其钾盐具有抑制黏土膨胀及分散的作用，故可以减轻黏土含量高对油层的伤害，并可控制地层造浆，有利于防塌。

（4）饱和盐水钻井液可防止盐岩层的溶解，获得规则井眼，有利于井壁稳定。

第三节 钻井液性能测试仪器与性能测试方法

钻井液的性能是通过专门的钻井液性能测试仪器按照标准的测试方法进行测定的。分为物理法测定和化学法测定两大类。物理法常用的测试仪器有密度计、马氏漏斗黏度计、六速旋转黏度计、切力计、静失水仪、含砂量测定仪、固相含量测定仪及滤饼黏附系数测定仪等。化学法常用的有亚甲基蓝膨润土含量测定法和钻井液滤液各种组分测定法等。

一、密度计与钻井液密度测定

1．密度计结构

密度计由钻井液杯、刻度横梁和支架三大部分构成，如图 5–3–1 所示。

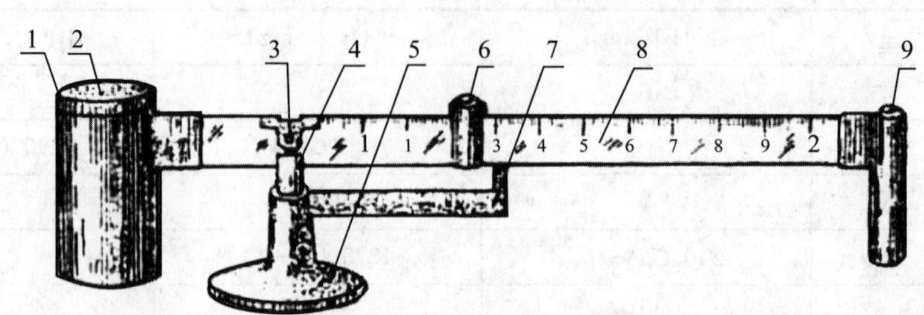

图 5–3–1　密度计

1—钻井液杯；2—杯盖；3—水平泡；4—刀架；5—支座；6—游动砝码；7—挡臂；8—横梁；9—平衡圆柱

钻井液密度计测量范围 0.96 ~ 2.50g/cm^3，精确度为 ±0.01g/cm^3。横梁上的刻度每小格表示 0.01g/cm^3。

2．钻井液密度测定

1）钻井液密度测定程序

（1）将密度计放置于水平物体面上；

（2）将待测钻井液注满清洁干燥的钻井液杯；

（3）盖上杯盖，并缓慢旋转压紧杯盖，使过量的钻井液从杯盖小孔中溢出；

（4）用手指压住杯盖孔，冲洗掉溢出的钻井液，擦干钻井液杯和杯盖；

（5）将密度计上的刀口放在支座的刀口槽上，移动横梁上的游码，使密度计杆处于平衡状态（水平泡位于中央）；

（6）读取游码左侧所示刻度，该刻度线所表示数据即为钻井液的密度值（精确到 0.01g/cm^3）；

（7）倒掉钻井液，洗净钻井液杯，擦干备用。

2）密度计的校正

（1）用清洁淡水注满洁净干燥的钻井液杯；

（2）盖好杯盖，并擦干净溢出的清水；

（3）将刀口放在支架的刀口槽上，移动游码，将游码左侧边对准刻度线 1.00 处；

（4）查看密度计杆是否处于平衡状态（水平泡位于中央），如不平衡，在平衡圆柱中加上或取出一些铅粒，使之平衡。

二、马氏漏斗黏度计及钻井液漏斗黏度测定

1．马氏漏斗黏度计结构

马氏漏斗黏度计由锥形漏斗、量杯及筛网组成，如图 5–3–2 所示。马氏漏斗黏度计各部分尺寸为：

图 5-3-2 马氏漏斗黏度计

(1) 锥形漏斗：锥体长 305mm，锥体上口直径 152mm；漏斗导流管长 50.8mm，管内径 4.76mm；漏斗总长 356mm。

(2) 筛网：孔径 1.6mm，高度 19.0mm（12 目）。

(3) 量杯：容积 946mL ± 18mL。

此外，配有秒表和温度计（-20 ~ 200℃）。

2．钻井液漏斗黏度测定

1）钻井液漏斗黏度测定程序

(1) 用手指堵住漏斗下部出口，通过筛网倒入 1500mL 钻井液；

(2) 松开手指并同时启动秒表，记录钻井液从漏斗中流出盛满 946mL 量杯所需时间（s），该时间即为马氏漏斗黏度。

(3) 记录钻井液的温度。

2）漏斗黏度计的标定方法

(1) 向漏斗中注入 1500mL 水温为 20℃的清水，流出 946mL 清水的时间应为 26s ± 0.5s。

(2) 不符合要求的漏斗应及时更换。

三、旋转黏度计与钻井液流变性能参数测定

1．直读式六速旋转黏度计结构

直读式六速旋转黏度计由动力部分、变速部分及测量部分三大部分组成，如图 5-3-3 所示。

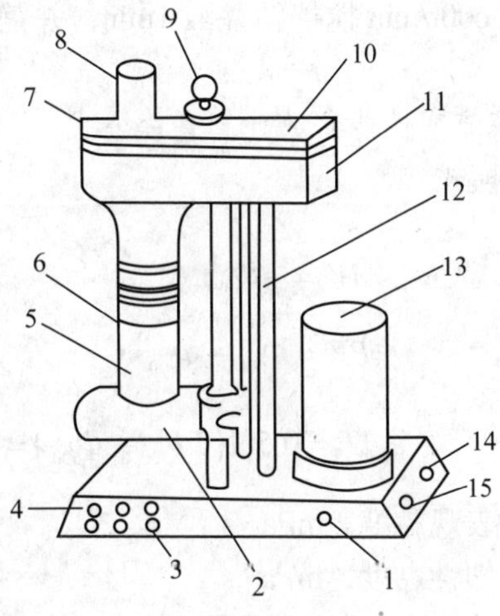

图 5-3-3 直读式六速旋转黏度计

1—总开关；2—托盘；3—开关；4—指示灯；5—外筒；6—外筒刻线；7—刻度指示；8—弹簧罩；9—变速杆；10—挡位牌；11—变速箱；12—传动杆；13—电动机；14—保险丝；15—电源插座

直读式旋转黏度计测量部分尺寸为：

（1）外筒：内径 36.83mm，长度 87.00mm，测量线下长度 58.4mm。

（2）内筒：直径 34.49mm，长度 38.00mm，底部为平面，上部为圆锥形。

（3）扭力弹簧：常数为 3.86×10^{-5}（N · m）/（°）。

（4）转速：3r/min、6r/min、100r/min、200r/min、300r/min、600r/min。

（5）样品杯：350 ～ 500mL。

（6）剪切速率：在不考虑钻井液在内外筒表面上的滑移现象条件下，外筒转速与内筒上剪切速率关系见表 5-3-1。

表 5-3-1　外筒转速与内筒上剪切速率关系对照表

外筒转速，r/min	600	300	200	100	6	3
内筒上剪切速率，s^{-1}	1022	511	340.6	170.3	10.22	5.11

2．钻井液流变性能参数测定

钻井液的流变性能参数是通过先测定钻井液在直读式旋转黏度计几个转速下的读值格数之后，再采用直读公式进行计算的。

1）不同转速下钻井液读值测定程序

（1）将待测钻井液倒入样品杯后放置在仪器的样品杯托盘上，调节高度使钻井液液面正好在外筒的刻线处，旋紧托盘手柄。

（2）将黏度计的转速调至 600r/min，从读数窗口读取稳定的读值，记录 Φ_{600} 读数。

（3）将黏度计的转速调至 300r/min，从读数窗口读取稳定的读值，记录 Φ_{300} 读数。

（4）如需要，按相同方法调整转速读取并记录 200r/min、100r/min、6r/min 和 3r/min 下的 Φ_{200}、Φ_{100}、Φ_6 和 Φ_3 读值。

（5）在 600r/min 下重新搅拌钻井液 1min，静置 10s 后，在 3r/min 下读取并记录最大读值 G_{10}''；再在 600r/min 搅拌钻井液 1min，并静置 10min 后读取并记录 3r/min 下的最大读值 G_{10}'。

2）钻井液流变性能参数计算直读公式

（1）宾汉模式：

$$AV = \frac{1}{2}\Phi_{600} \tag{5-3-1}$$

$$PV = \Phi_{600} - \Phi_{300} \tag{5-3-2}$$

$$YP = 0.511\left(2\Phi_{300} - \Phi_{600}\right) = 0.511\left(\Phi_{300} - PV\right) \tag{5-3-3}$$

式中　AV——表观黏度，mPa · s；

PV——塑性黏度，mPa · s；

YP——动切力，Pa；

Φ_{600}——600r/min 下的读值；

Φ_{300}——300r/min 下的读值；

（2）幂律模式：

$$n = 3.32\lg\left(\frac{\Phi_{600}}{\Phi_{300}}\right) \tag{5-3-4}$$

$$K = \frac{\Phi_{600}}{1022^n} \tag{5-3-5}$$

式中 n——流型指数，无量纲；

K——稠度系数，$Pa \cdot s^n$。

（3）卡森模式：

$$\tau_c^{1/2} = 0.493\left[\left(6\Phi_{100}\right)^{1/2} - \Phi_{600}^{1/2}\right] \tag{5-3-6}$$

$$\eta_\infty^{1/2} = 1.195\left(\Phi_{600}^{1/2} - \Phi_{100}^{1/2}\right) \tag{5-3-7}$$

式中 τ_c——卡森动切力，Pa；

η_∞——极限高剪切黏度，mPa · s；

Φ_{100}——100r/min 下的读值。

（4）赫巴模式：

$$\tau_y = 0.511\Phi_3 \tag{5-3-8}$$

$$n = 3.32\lg\left\{\left[\Phi_{600} - \Phi_3 / \left(\Phi_{300} - \Phi_3\right)\right]\right\} \tag{5-3-9}$$

$$K = 0.511\left(\Phi_{300} - \Phi_3\right) / 511^n \tag{5-3-10}$$

式中 τ_y——赫巴动切力，Pa；

n——流型指数，无量纲；

K——稠度系数，$Pa \cdot s^n$。

（5）钻井液静切力计算：

$$G_{10''} = 0.511\Phi_{10''} \tag{5-3-11}$$

$$G_{10'} = 0.511\Phi_{10'} \tag{5-3-12}$$

式中 $G_{10''}$——初切力，Pa；

$G_{10'}$——终切力，Pa。

3）旋转黏度计的校正

（1）刻度盘指针如未对准数值 0，应调整到对准 0。

（2）将清水作为被测流体，Φ_{600} 读数应为 15。

四、浮筒切力计与钻井液静切力测定

1. 浮筒切力计结构

浮筒切力计由钻井液杯和铝制浮筒两部件组成，如图5−3−4所示。钻井液杯中有一横断面“T”字形刻度尺，刻度尺上标有切力值，范围为0 ~ 200mg/cm²，铝制空心浮筒套住刻度尺放在切力计钻井液杯底时，铝制浮筒上边缘刚好对准刻度尺零线。其中，铝制浮筒长88.9mm，内径35.6mm，壁厚0.2mm，质量5g±0.05g；刻度尺范围为0 ~ 200mg/cm²（0 ~ 20Pa）。

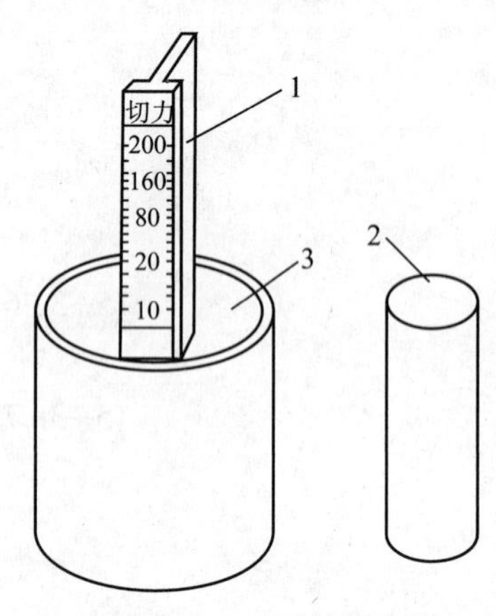

图5−3−4 浮筒切力计
1—刻度尺；2—浮筒；3—钻井液杯

2. 钻井液静切力测定

（1）将充分搅拌均匀的钻井液倒入切力计钻井液杯中（约500mL），使钻井液液面刚好与刻度尺零线相对。

（2）将洁净干燥的浮筒沿刻度尺放下，与钻井液液面接触时轻轻放手，使浮筒自由垂直下沉。

（3）当浮筒下沉到静止不动时，读出浮筒上端边缘与刻度尺相对数值即为10s静切力或者初切力。

（4）取出浮筒洗净擦干，将钻井液再次搅拌均匀后倒入切力计钻井液杯中。

（5）启动计时秒表，静止10min后，重复步骤（1）、（3），所得结果即为10min静切力或终切力。

五、中压静滤失仪及钻井液静滤失量测定

1. 中压静滤失仪结构

中压静滤失仪主要由气源总体部件、气压管路、钻井液杯、挂架和量筒4部分组成，如图5−3−5所示。

中压静滤失仪用于测定钻井液在常温下气压压力0.689MPa，滤失时间30min，通过45.8cm²±0.5cm²滤失面积的标准滤失量。其中，滤纸应为9cm的Whatman No.50型或相当的标准滤纸。

为了使用方便，通过共用一个气源而将钻井液杯并排安放在一个金属架上组成三联、四联和六联几种形制的静滤失仪。

2. 钻井液中压静滤失量测定

1）测定程序

（1）关闭减压阀和放空阀。

（2）连接好气源（氮气瓶、打气筒等）管线，顺时针旋转减压阀手柄，使压力表指示的压力低于0.7MPa。

（3）将钻井液杯口向上放置，用食指堵住钻井液杯上的小气孔，倒入钻井液，使液面与杯内环形刻度线相平（低于密封圈2 ~ 3cm）。将“O”形橡胶垫圈放在钻井液杯内台阶

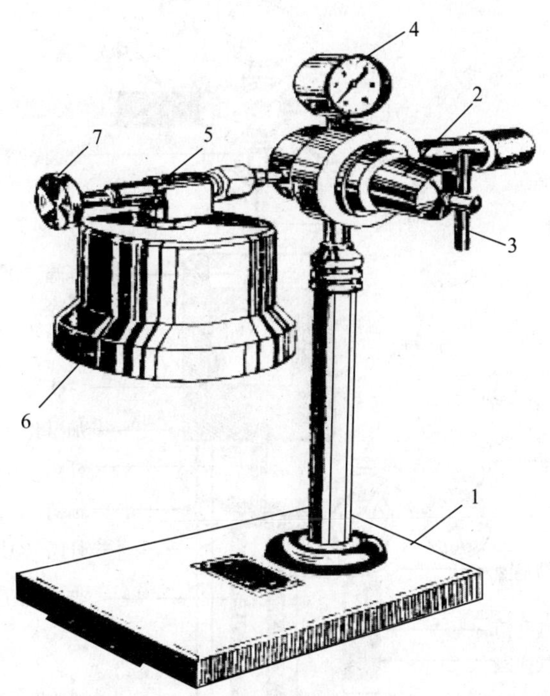

图 5-3-5　中压静滤失仪

1—底座；2—减压阀；3—减压阀手柄；4—压力表；5—三通接头；6—钻井液杯；7—放空阀

上，铺平滤纸，顺时针拧紧底盖卡牢。将钻井液杯翻转，使气孔向上，滤液引流嘴向下，逆时针转动钻井液杯 90° 装入三通接头，卡好挂架和量筒。

(4) 迅速将放空阀退回三圈，微调减压阀手柄，使压力表指示为 0.7MPa，并同时按动秒表记录时间。

(5) 在测量过程中应始终保持压力为 0.7MPa。

(6) 30min 时测试结束，切断压力源。由放气阀将杯中压力放掉，再按任意方向转动 1/4 圈，取下钻井液杯。

(7) 滤失量测定结束后，小心卸开钻井液杯，倒掉钻井液并取下滤纸，尽可能减少对滤纸的损坏。用缓慢水流冲洗滤纸上滤饼表面的稠钻井液，用钢板尺测量并记录滤饼厚度。

2）结果处理

(1) 测量 30min，量筒中接收的滤液体积就是所测钻井液标准滤失量，以毫升为单位记录下来。有时为了缩短测量时间，只测量 7.5min，其滤液体积乘以 2 即为钻井液滤失量。

(2) 测量 30min，所得滤饼厚度即为钻井液滤饼厚度。若测量 7.5min，所得滤饼厚度也需乘以 2。同时对滤饼的外观进行观察和描述，如软、硬、韧、致密与疏松等。

六、高温高压静滤失仪及钻井液静滤失量测定

1. 高温高压静滤失仪结构

高温高压静滤失仪主要由主机、管汇组件、三通组件、钻井液杯组件及滤液接收器组件 5 部分组成，如图 5-3-6 所示。

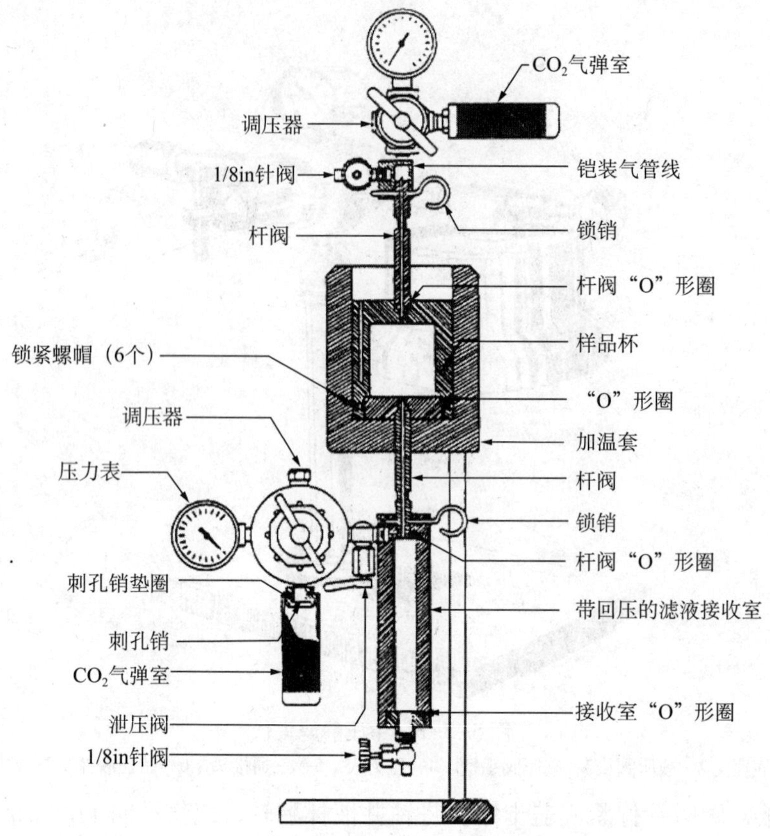

图 5-3-6 高温高压静滤失仪结构图

（1）主机：由底座、立柱及加热系统等组成，是仪器的主体组件。

（2）管汇组件：由阀座、阀芯、气源接头、调压手柄、高压胶管、压力表及放气阀等组成，是一个高压减压装置，高压经减压稳压，以提供实验所需压力。试验完毕后放出系统中的气体。

（3）三通组件：由三通、放气阀、气源接头及固定销组成。是用来连接输气管和连通阀杆，实验完后放掉管汇系统内剩余气体。

（4）钻井液杯组件：由耐腐蚀不锈钢材料的钻井液杯、温度计插孔、耐油密封圈、滤网及连通阀杆构成。钻井液杯底部过滤面积 22.6cm²，高度 11 ~ 22cm，承受压力 4 ~ 8MPa。

（5）滤液接收器组件：由回压滤失接收器、放气阀杆、密封垫圈、气源接头及固定销组成。

此外，仪器的配套材料和工具还有：

（1）过滤介质：Whatman No.50 型滤纸或同类型产品。

（2）秒表：灵敏度为 0.1s。

（3）金属温度计：量程为 0 ~ 260℃。

（4）量筒：25cm³ 或 50cm³。

（5）钢板尺最小刻度为 1mm。

高温高压静滤失仪根据实验工作压力和温度的不同组合，形成了几种型号的仪器。如型号1：最高温度为150℃，最高压力4 ~ 4.5MPa的高温高压静滤失仪；型号2：最高温度为200 ~ 250℃，最高压力7 ~ 8MPa的高温高压静滤失仪。

2．钻井液高温高压静滤失量测定

将150℃作为分界点，测定程序分为高于或低于150℃两套程序。

1）150℃以下的高温高压滤失量测定程序

（1）将金属温度计插入加热套的温度计插孔中，接通电源，预热加热套至略高于所需温度（高于5 ~ 6℃）。调节恒温开关以保持所需温度。

（2）安装好钻井液杯并关紧上部和下部的阀杆，将其放入加热套内。将加热套中的温度计移到钻井液杯上的插孔中。

（3）将高压滤液接收器连接到下部阀杆上，并在适合位置锁定。

（4）将可调节的压力源连接到上部阀杆和接收器上，并在适当位置锁定。

（5）在保持上部和下部阀杆关紧的情况下，分别调节上部和下部压力调节器至0.68MPa。打开上部阀杆，将0.68MPa压力施加到钻井液上。维持此压力直至温度达到所需温度并恒定为止。钻井液杯中的样品加热总时间不应超过1h。

（6）待温度恒定后，将顶部压力调节至0.41MPa。打开下部阀杆的同时记时，在保持选定温度 ±3℃范围内，收集滤液30min。如果在测定过程中回压超过0.68MPa，则小心地从滤液接收器中放出部分滤液以降低压力。记录滤液总体积、温度、压力和时间。

（7）将所得结果乘以2，即得到高温高压滤失量。

（8）实验结束后，关紧上部和下部阀杆，关闭气源和电源，取下压滤器，并使之保持直立的状态冷却至室温。放掉压滤器内的压力，小心取出滤纸，用水冲洗滤饼表面上的钻井液及浮泥，测量并记录滤饼厚度（mm）及质量的好坏（硬、软、韧、松等）。洗净并擦干压滤器。

2）150℃以上的高温高压滤失量的测定程序

测定程序与前述基本相同，不同点有：

（1）钻井液液面至压滤器顶部距离至少应为38mm。

（2）底部回压及顶部压力应根据所需温度定（见表5-3-2）。顶部和底部压差仍为3.5MPa。

表5-3-2 不同测试温度的推荐回压

测试温度，℃	始压（钻井液室压力），MPa	回压，MPa
＜94	3.15	0
94 ~ 149	4.14	0.67
149 ~ 177	4.48	1.03
177 ~ 190.5	4.82	1.37
191 ~ 204.5	5.17	1.73
205 ~ 218	5.86	2.40

续表

测试温度，℃	始压（钻井液室压力），MPa	回压，MPa
218.9 ~ 232	6.35	3.10
232.8 ~ 246	7.24	3.80
246.7 ~ 260	8.27	4.82

（3）测定温度在200℃以上时，滤纸下面应垫Dynalloy X−5不锈钢多孔圆盘或相当的多孔圆盘。每次试验需要使用新的多孔圆盘。

七、钻井液pH值测定

1．pH试纸比色法

（1）取一条pH试纸放在待测样品液面上。

（2）使滤液充分浸透试纸并使之变色（不能超过30s）。

（3）将试纸润湿处的颜色与试纸夹上的标准色板进行比较，将最接近的颜色所对应数字记下作为被测样品的pH值，精确到0.5单位。

（4）如果试纸颜色不好对比，则取较接近的精密pH试纸重复以上实验。

（5）这种实验方法用于一般的水基钻井液的pH值测定中。通常用pH试纸可读到0.5pH单位，用精密pH试纸可读到0.2pH单位，如要更精确测定，采用酸度计。

2．pH酸度计测定法

酸度计类型很多，如笔式、台式、数字直读式及智能式等。其中关键部件是由玻璃电极、参比电极和电流计构成。

（1）按照仪器生产厂家指定的方法，使用一定的缓冲溶液标定酸度计。

（2）将电极上多余的水珠吸干或用被测溶液冲洗两次，然后将电极浸入被测溶液中，并轻轻转动或摇动小烧杯，使溶液均匀接触电极。

（3）被测溶液的温度应与标准缓冲溶液的温度相同。

（4）校整零位，按下读数开关，指针所指的数值即是被测液的pH值。

（5）测量完毕，放开读数开关后，指针必须指在pH值为7处，否则重新调整。

（6）关闭电源，冲洗电极，并将玻璃电极浸泡在蒸馏水中。

八、钻井液碱度与未溶解（储备）石灰含量测定

1．实验仪器和药品

（1）标准硫酸溶液：0.01mol/L。

（2）酚酞指示剂溶液：1g/100mL 50%酒精水溶液。

（3）甲基橙指示剂溶液：0.1g/100mL水。

（4）滴定瓶：100mL或150mL锥形瓶，最好是白色。

（5）刻度移液管：1mL和10mL。

（6）注射器：1mL。

（7）玻璃搅拌棒。

（8）滴定管。

2．钻井液滤液碱度 P_f 和 M_f 测定程序

（1）量取 1mL 钻井液滤液放入滴定瓶中，加入 2 ~ 3 滴酚酞指示剂，摇匀，溶液呈粉红色。

（2）用浓度 0.01mol/L 硫酸标准溶液进行滴定，同时搅拌，直到粉红色刚好消失。

（3）记录所消耗的 0.01mol/L 硫酸标准溶液的毫升数，即为钻井液滤液的酚酞碱度 P_f。

（4）仍然采用已经滴定到终点的试样，加入 2 ~ 3 滴 0.1% 甲基橙指示剂，摇匀，溶液呈黄色，再继续从滴定管中逐滴加入标准硫酸溶液，同时搅动，直到指示剂颜色由黄色变为橙红色。

（5）记录所消耗的 0.01mol/L 硫酸标准溶液的毫升数，即为钻井液滤液的甲基橙碱度 M_f。

3．钻井液碱度 P_m 测定程序

（1）取 1mL 钻井液放入滴定瓶中，加入 25 ~ 50mL 蒸馏水稀释钻井液。加入 4 ~ 5 滴酚酞指示剂，搅拌下迅速滴入浓度 0.01mol/L 硫酸标准溶液直到粉红色刚好消失。

（2）记录所消耗的 0.01mol/L 硫酸标准溶液的毫升数，即为钻井液的酚酞碱度 P_m。

4．未溶解（储备）石灰含量测定程序

（1）采用前面测试程序测定钻井液滤液和钻井液酚酞碱度 P_f、P_m。

（2）采用测定钻井液固相含量的程序，测定钻井液中水的体积分数 V_w（%）。

（3）每立方米钻井液中未溶解（储备）石灰含量（kg）用下式计算：

$$石灰含量 =0.742（P_m-V_wP_f）$$

九、含砂量测定仪与钻井液含砂量测定

1．含砂量测定仪

含砂量测定仪由含砂量管、过滤筒和漏斗三组件构成，如图 5-3-7 所示。

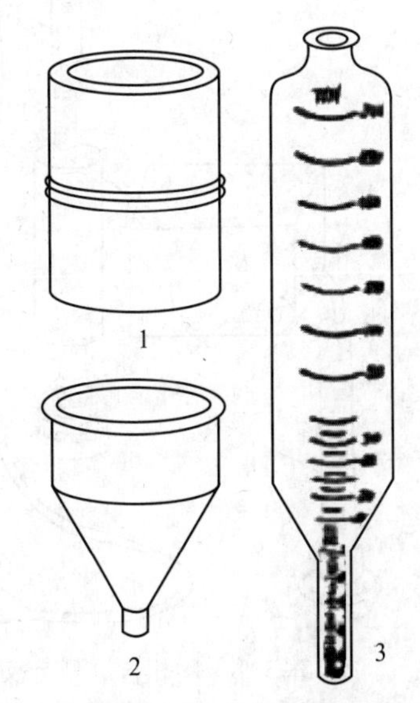

图 5-3-7 含砂量测定仪
1—过滤筒；2—漏斗；3—含砂量管

仪器组件基本参数为：

（1）含砂量管：容积 100mL，刻有可直接读出（0 ~ 20%）含砂量的刻度和刻有“钻井液”.“水”标记。

（2）过滤筒：含有过滤筛网，过滤筛网直径 63.5mm，孔径 0.074mm（200 目）。

（3）小漏斗：有两个不同直径的端部。直径大的一端

可套入筛框，直径小的一端可插入到含砂量管中。

2．钻井液含砂量测定

(1) 将待测钻井液注入含砂量管中至“钻井液”刻度线处（25mL），再注入水至水刻度线处，用手指堵住含砂量管口，剧烈摇动。

(2) 将此混合物倾入洁净润湿的筛网上，使水和小于200目的固相通过筛网而排除掉，必要时用水振击筛网，用水清洗筛网上的砂子，直到水变为清亮。

(3) 将小漏斗套在有砂子的一端筛框上，并把漏斗排出口插入含砂量管口内，缓慢倒置。用水把砂子全部冲入含砂量管内，静置使砂子下沉。读出并记录含砂量（%）。

(4) 注明取样位置，如果砂子外的粗固相（如堵漏材料）残留在筛网而进入含砂量管时，应在报告中注明。

十、固相含量测定仪与钻井液固相含量测定

1．固相含量测定仪

1）结构组成

固相含量测定仪由加热棒、蒸馏器、冷凝器及量筒等部分组成，其结构如图5-3-8所示。加热棒有两根，一根用220V交流电，另一根用12V直流电，功率都是100W。蒸馏器由蒸馏器本体和带有蒸馏器引流导管的套筒组成，两者用螺纹连接起来，将蒸馏器的引流管插入冷凝器的孔中，使蒸馏器和冷凝器连接起来，冷凝器为一长方形的铝锭，有一斜孔穿过冷凝器，下端为一弯曲的引流嘴。仪器还配有耐高温硅酮润滑剂、消泡剂和润湿剂。

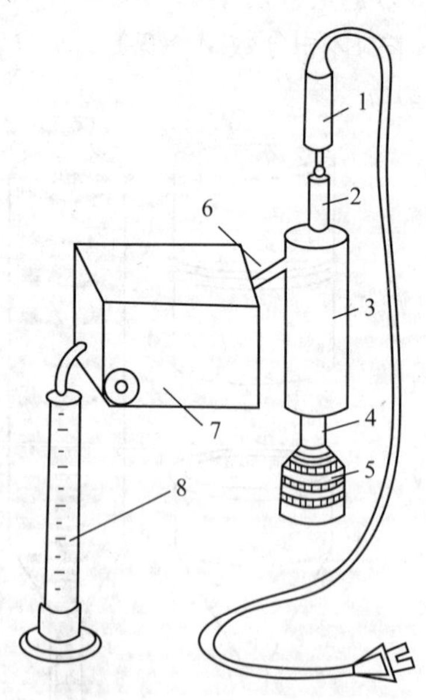

图5-3-8　固相含量测定仪
1—电源接头；2—加热棒插头；3—套筒；4—加热棒；5—样品杯；6—引流管；7—冷凝器；8—量筒

2）仪器工作原理

通过蒸馏器将钻井液中的液体（包括水和油）蒸发成气体，经引流管进入冷凝器，冷凝器把气态的油和水冷却成液体，经引流嘴进入量筒。量筒为百分刻度，可直接读出接收的油和水的体积分数。

2．钻井液固相含量测定

1）测定程序

(1) 样品杯内部和螺纹处用耐高温硅酮润滑剂涂敷一层，以便实验完毕容易清洗和减少样品蒸馏时的蒸汽损失。

(2) 用已除泡的钻井液倒满样品杯，将样品杯盖盖在样品杯上，转动杯盖直至完全封住为止，让多余钻井液从杯盖小孔中流出，将溢出钻井液擦拭干净。

(3) 轻轻地抬起杯盖，将杯盖底面的钻井液刮回样品杯中。

(4) 向钻井液中加入2～3滴消泡剂，防止蒸

馏过程中钻井液溢出，然后拧紧套筒。

(5) 将加热棒旋紧在套筒上部，并将套筒上的引流管插入冷凝器的孔中。

(6) 把洁净干燥的量筒放在蒸馏器冷凝排出口下，加入一滴润湿剂以便油水分离。

(7) 接通电源，开始加热蒸馏，直至量筒内的液面不再增加后继续加热 10min。将加热棒的电源插头拔下。

(8) 待蒸馏器和加热棒完全冷却后，将其卸开。用铲刀将加热棒上被烘干的固体刮入样品杯中，连同样品杯一起在天平上称取质量，用所称取的质量减去空样品杯的质量，得到钻井液中固体的质量。

(9) 从量筒上读取水和油的体积（mL）。

(10) 清洗并干燥蒸馏器的各部件，以备下次使用。

2）钻井液固相含量的计算

(1) 根据收集到的油和水体积及所用钻井液体积，按下式计算出钻井液中油和水的体积百分数：

$$V_{\mathrm{w}}=\frac{100\left(\text{水的体积，cm}^{3}\right)}{\text{样品体积，cm}^{3}} \tag{5-3-13}$$

$$V_{\mathrm{o}}=\frac{100\left(\text{油的体积，cm}^{3}\right)}{\text{样品体积，cm}^{3}} \tag{5-3-14}$$

$$V_{\mathrm{s}}=100-\left(V_{\mathrm{w}}-V_{\mathrm{o}}\right) \tag{5-3-15}$$

式中　V_{w}——水的体积百分数；

V_{o}——油的体积百分数；

V_{s}——固相体积百分数。

注意：上述固相体积百分数仅为样品的总体积与油和水体积的差值。此差值包括了悬浮的固相（加重材料和低相对密度固相），同时也包括了一些溶解的物质（如盐等）。

(2) 为了得到悬浮固相的体积百分数以及在这些悬浮固相内加重材料和低密度固相的相对体积，还需进行一些附加计算。

悬浮固相体积百分数计算：

$$V_{\mathrm{ss}}=V_{\mathrm{s}}-V_{\mathrm{w}}\frac{C_{\mathrm{s}}}{1680000-1.21C_{\mathrm{s}}} \tag{5-3-16}$$

式中　V_{ss}——悬浮固相的体积百分数；

C_{s}——氯离子浓度，mg/L。

低密度固相体积百分数的计算：

$$V_{\mathrm{lg}}=\frac{100\rho_{\mathrm{R}}}{\rho_{\mathrm{b}}-\rho_{\mathrm{lg}}}+\left(\rho_{\mathrm{b}}-\rho_{\mathrm{f}}\right)V_{\mathrm{ss}}-100\rho\left(\rho_{\mathrm{f}}-\rho_{\mathrm{o}}\right)V_{\mathrm{o}} \tag{5-3-17}$$

式中 V_{lg}——低密度固相的体积百分数；

ρ——钻井液密度，g/cm³；

ρ_f——滤液密度，g/cm³（对于氯化钠溶液，$\rho_f=1+0.00001090\rho_S$）

ρ_b——加重材料的密度，g/cm³；

ρ_{lg}——低密度固相的密度，g/cm³（如果是未知的，可采用 2.6g/cm³）；

ρ_o——油的密度，g/cm³（如果是未知的，可采用 0.84g/cm³)。

加重材料体积百分数计算：

$$V_b=V_M-V_{lg}$$

低密度固相、加重材料及悬浮固相浓度的计算：

$$C_{lg}=0.00977\rho_{lg}V_{lg} \tag{5-3-18}$$

$$C_b=0.00977\rho_bV_b \tag{5-3-19}$$

$$C_{SS}=C_{lg}+C_b \tag{5-3-20}$$

式中 C_{lg}——低密度固相的浓度，g/cm³；

C_b——加重材料的浓度，g/cm³；

C_{SS}——悬浮固相的浓度，g/cm³。

十一、钻井液亚甲基蓝容量（*MBC*）与膨润土含量（*MBE*）测定

1. 实验仪器与材料

（1）亚甲基蓝溶液：物质的量浓度为 0.02mol/L（3.74g 试剂级亚甲基蓝（$C_{16}H_{18}N_3SCl\cdot 3H_2O$）溶成 1L 溶液）。

注：标准的亚甲基蓝中，水的含量可能随分子式的不同而有变化。因此，在每次配制溶液前先对其水分含量进行测定，将 1.000g 亚甲基蓝样品在 93℃ ±3℃（200℉ ±5℉）干燥至恒重，然后按下式对亚甲基蓝的取样质量进行校正：

$$取样质量=3.74\times\frac{0.8555}{恒重后的样品质量}$$

（2）过氧化氢溶液：3% 溶液。

（3）稀硫酸：约 5.0mol/L。

（4）注射器：2.5mL 或 3mL 容量。

（5）锥形瓶：250mL 容量。

（6）滴定管：10mL。

（7）微型移液管：0.5mL；或带刻度移液管：lmL。

（8）量筒：50mL。

（9）搅拌棒。

（10）电炉。

（11）滤纸：Whatman No.1 型滤纸或相当的滤纸。

2．实验原理

亚甲基蓝在水中电离出一价有机阳离子，与土发生阳离子交换。在溶液中，亚甲基蓝有机阳离子呈蓝色，与黏土颗粒发生阳离子交换吸附后，黏土颗粒上虽然带上蓝色斑点，但在吸附达到饱和之前，溶液中的溶剂——水中没有过剩的有机阳离子，因而滴在滤纸上的固体斑点周围的渗透液并无蓝色出现，只有当黏土粒子吸附亚甲基蓝达到饱和状态时(准确讲应该是刚过饱和状态)，溶液中才有游离亚甲基蓝有机阳离子存在，滴在滤纸上的渗滤液由于存在染色离子，故呈绿蓝色圈。

3．实验测定程序

(1) 在已经有 10mL 水的锥形瓶中用注射器准确量取 1mL 钻井液注入锥形瓶中。

(2) 再加入 3% 的双氧水 10mL 和 0.5mL 稀硫酸（5mol/L），旋转摇匀。

(3) 将锥形瓶放在电炉上，缓慢煮沸 10min，取下后冷却到室温，再加水约 50mL，旋转摇匀。

(4) 用亚甲基蓝溶液滴定，每滴入 0.5mL 亚甲基蓝水溶液，旋转摇匀 30s，在保持固体颗粒悬浮的情况下，用搅拌棒蘸取一滴悬浮液于滤纸上，观察在染色固体斑点周围是否出现绿蓝色圈，若无则继续滴定和观察，当发现绿—蓝色圈时，摇动锥形瓶 2min，再取一滴放在滤纸上，若色圈不消失，表明已达滴定终点。若色圈消失，则应继续前述操作，直到摇动 2min 后，液滴中固体斑点周围的绿—蓝色圈不消失为止。记录亚甲基蓝溶液的消耗量。如图 5−3−9 所示。

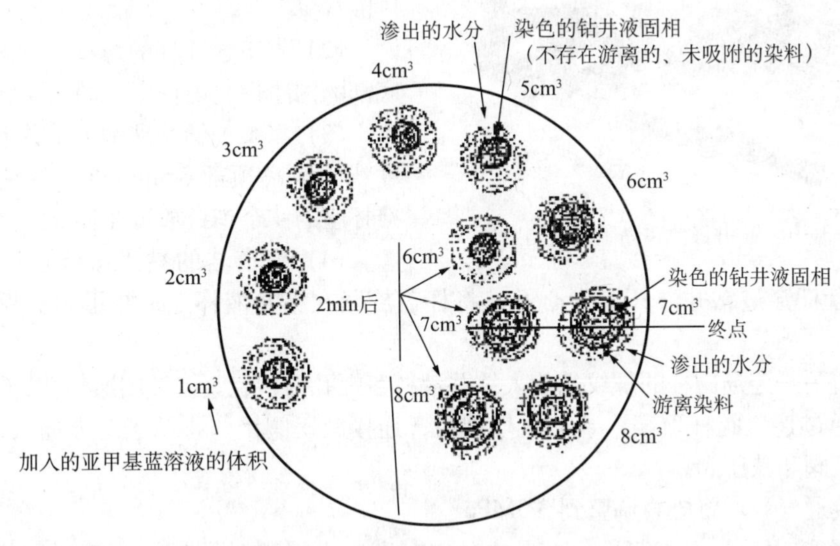

图 5−3−9　亚甲基蓝滴定终点的判断

(5) 钻井液亚甲基蓝容量（*MBC*）计算：

$$MBC = \frac{\text{滴定所消耗亚甲基蓝溶液体积（mL）}}{\text{钻井液样品体积（mL）}}$$

(6) 钻井液膨润土含量（*MBE*）计算：

取膨润土的阳离子交换容量为70mmol/100g，则：

$$MBE(\mathrm{g/L})=\frac{1000}{70}\times MBC=14.3\times MBC$$

十二、钻井液滤饼黏附系数测定仪与滤饼黏附系数测定

1．钻井液滤饼黏附系数测定仪

钻井液滤饼黏附系数测定仪由支架部件、钻井液杯部件及气源部件组成，如图5−3−10所示。仪器配有专用工具：手动加压杆、U形扳手及扭矩仪。

图5−3−10　钻井液滤饼黏附系数测定仪

仪器的主要技术参数为：

（1）气源：额定压力5MPa；工作压力3.5MPa。

（2）钻井液杯容积：240mL；过滤面积22.6cm^2。

（3）黏附盘测试直径：50.7mm。

2．滤饼黏附系数测定

（1）在钻井液杯滤网上，按顺序放好滤纸、橡胶垫圈和尼龙垫圈，用U形扳手把压圈拧紧。

（2）将下连通杆的螺纹端放入钻井液杯底部的网座螺孔内拧紧，关闭通孔。

（3）将被测钻井液倒入钻井液杯内至刻度线处或离顶部6.5mm处，将钻井液杯对准杯座的4个销钉放置在杯座上。

（4）将清洁的黏附盘装在钻井液杯盖上，黏附盘杆穿过钻井液杯盖中心孔，将杯盖旋紧在钻井液杯上，并用勾头扳手进一步旋紧。

（5）将另一连通阀杆的螺纹端旋入钻井液杯盖螺孔内，旋紧，关闭通气孔。

（6）通过连通阀杆顶端，装上放气阀组，连接减压阀组，将销子对准插入连接孔内，再关闭放气阀和减压阀。

（7）接通气源，将压力调整到3.5MPa。

（8）将20mL量筒对准下连通阀杆，放在底座上，顺时针旋转下连通阀杆90°，打开通孔，再逆时针旋转上连通阀杆90°，打开通孔，迅速调整减压阀手柄，使压力保持在3.5MPa，并开始计时。

（9）钻井液滤失30min后，取出气压筒组件，将三等分开口端放入杯盘内上方，旋紧60°左右，调整减压阀，使气压稳定在3.5MPa处保持3min（对于手动加压、立即将加压杆槽口扣住在支架横梁上，将黏附盘下压3min）。

（10）若黏附盘被黏上，旋开放气阀杆，将剩余气放空后取下气压筒组件，将扭矩扳手

上的刻度盘与指针对准零位，装上内六角套筒，套入黏附盘六角头部，向左或向右转动扭矩扳手，观察并记录黏附盘与滤饼开始滑动时刻度盘上的最大读数值 N。

（11）关闭气源，将气源减压阀调到自由部位，旋紧上连通阀杆，打开放气阀放出余气，取下减压阀，打开并取下杯盖，倒出杯内余液。

（12）旋开压圈，取出尼龙圈及橡胶圈，取出滤饼，松卸开各连接部位，清洗仪器。

（13）黏附系数计算：

$$K_f=N\times 0.845\times 10^{-2} \tag{5-3-21}$$

式中 K_f——滤饼黏附系数；

N——扭矩，N · m。

十三、钻井液滤液分析

1．钻井液滤液中 Cl^- 含量测定

1）仪器和药品

（1）实验仪器：

①刻度移液管：1mL 和 10mL 各一支。

②滴定瓶：100mL 或 150mL 锥形瓶，白色。

③搅拌用玻璃棒。

（2）实验药品：

①硝酸银标准溶液：浓度为 4.791g/L（每毫升相当于 0.001g 氯离子），应在棕色或不透明瓶中保存。

②铬酸钾指示剂溶液：5g/100mL 水。

③硫酸标准溶液：0.01mol/L; 或者硝酸标准溶液：0.02mol/L。

④酚酞指示剂溶液：1g/100mL 50% 酒精水溶液。

⑤碳酸钙：沉淀物，化学纯。

⑥蒸馏水。

2）测定程序

（1）取 1mL 或数毫升滤液放入锥形瓶中，加入 2 ~ 3 滴酚酞溶液。如果指示剂变为粉红色，则边搅拌边用移液管一滴一滴地加入酸，直到粉红色消失。如果滤液颜色深，则先加入 2mL 0.01mol/L 硫酸或 0.02mol/L 硝酸，同时搅拌，然后再加入 1g 碳酸钙并搅拌。

（2）加入 25 ~ 50mL 蒸馏水和 5 ~ 10 滴铬酸钾溶液。在不断搅拌下，用移液管逐滴加入硝酸银溶液，直至颜色由黄色变为橙红色并能保持 30s 为止。记录到达终点所消耗的硝酸银溶液的毫升数。如果硝酸银溶液用量超过 10mL，则取较少一些的滤液样品重复上述测定。

注意，如果滤液中的氯离子质量浓度超过 10000mg/L，可使用每毫升相当于 0.01g 氯离子的销酸银溶液。此时，将下面计算中的系数 1000 改为 10000。

3）滤液中 Cl^- 含量计算

$$C(Cl^-)=\frac{V_x}{V_1}\times 1000 \tag{5-3-22}$$

同时可计算出氯化钠的质量浓度：

$$C(\mathrm{NaCl}) = 1.65C(\mathrm{Cl}^-) \tag{5-3-23}$$

式中 C（Cl^-）——滤液中的 Cl^- 质量浓度，mg/L；

V_x——消耗的硝酸银溶液体积，mL；

V_l——滤液体积，mL；

C（NaCl）——滤液中的氯化钠质量浓度，mg/L。

2．钻井液滤液中 OH^-、HCO_3^- 及 CO_3^{2-} 含量测定

该实验测定程序类似于钻井液碱度测定程序。

1）仪器和药品

（1）标准硫酸溶液：0.01mol/L。

（2）酚酞指示剂溶液：1g/100mL 50% 酒精水溶液。

（3）甲基橙指示剂溶液：0.1g/100mL 水。

（4）滴定瓶：100mL 或 150mL 锥形瓶，最好是白色。

（5）刻度移液管：1mL 和 10mL。

（6）移液管：1mL。

（7）注射器：1mL。

（8）玻璃搅拌棒。

（9）滴定管。

2）测定程序

(1) 量取 1mL 钻井液滤液放入滴定瓶中，加入 2 ~ 3 滴酚酞指示剂，摇匀，溶液呈粉红色。

(2) 用浓度 0.01mol/L 硫酸标准溶液进行滴定，同时搅拌，直到粉红色刚好消失。

（3）记录所消耗的 0.01mol/L 硫酸标准溶液的毫升数，即为钻井液滤液的酚酞碱度 P_f。

（4）仍然采用已经滴定到终点的试样，加入 2 ~ 3 滴 0.1% 甲基橙指示剂，摇匀，溶液呈黄色，再继续从滴定管中逐滴加入标准硫酸溶液，同时搅动，直到指示剂颜色由黄色变为橙红色。

（5）记录所消耗的 0.01mol/L 硫酸标准溶液的毫升数，即为钻井液滤液的甲基橙碱度 M_f。

（6）氢氧根、碳酸根和碳酸氢根离子的质量浓度按照表 5-3-3 进行估算。

表 5-3-3　OH^-、CO_3^{2-} 和 HCO_3^- 的质量浓度

条　件	OH^- 质量浓度 mg/L	CO_3^{2-} 质量浓度 mg/L	HCO_3^- 质量浓度 mg/L
$P_f=0$	0	0	$1220M_f$
$2P_f < M_f$	0	$1200P_f$	1220（M_f-2P_f）
$2P_f=M_f$	0	$1200P_f$	0
$2P_f > M_f$	340（$2P_f-M_f$）	1200（M_f-P_f）	0
$P_f=M_f$	$340M_f$	0	0

3．钻井液滤液中 Ca^{2+} 和 Mg^{2+} 含量的测定

1）仪器和药品

（1）EDTA 溶液：0.02mol/L 的乙二胺四乙酸钠盐的标准溶液（1mL 该浓度 EDTA 溶液的摩尔质量与 1mL 800mg/L Ca^{2+} 溶液的摩尔质量相同）。

（2）缓冲溶液。

（3）钙指示剂：羟基萘酚蓝。

（4）铬黑 T 指示剂。

（5）滴定容器：150mL 锥形瓶。

（6）刻度移液管：1mL。

（7）移液管：1mL。

（8）抗坏血酸溶液：1% 浓度。

（9）pH 试纸。

（10）NaOH 溶液：20% 质量浓度。

（11）去离子水或蒸馏水。

2）测定程序

(1) 在 250mL 锥形瓶中加入约 50mL 去离子水和 2mL 缓冲溶液，滴入钙指示剂。

（2）若溶液变为酒红色，则加入 0.02mol/L 的 EDTA 标准溶液，使颜色刚好变为蓝色，记录所用 EDTA 体积 V_0。

（3）用移液管量取 1mL 或更多钻井液滤液样品于 150mL 锥形瓶中，同时加入 50mL 去离子水和 10mL 20% 的 NaOH 溶液，再加入少许（约 0.1g）钙指示剂。

（4）溶液出现酒红色时，用滴定管逐步加入 0.02mol/L 的 EDTA 标准溶液，并不断摇动直到颜色呈现蓝色，记录所用 EDTA 的体积 V_1。

（5）用移液管量取 1mL 钻井液滤液样品注入锥形瓶中，同时加入 50mL 去离子水，加入 10mL 缓冲溶液，再加入 1% 的抗坏血酸溶液 10 滴及铬黑 T 指示剂 5 ~ 10 滴。

（6）用 0.02mol/L 的 EDTA 标准溶液滴定到溶液由红→紫→纯蓝色即为终点，记录所消耗的 EDTA 溶液的体积 V_2。

（7）Ca^{2+} 和 Mg^{2+} 含量计算：

$$C(\mathrm{Ca}^{2+}) = V_1 \times C(\mathrm{EDTA}) \times 1000 \times \frac{40.08}{V} \tag{5-3-24}$$

$$C(\mathrm{Mg}^{2+}) = (V_2 - V_1) \times C(\mathrm{EDTA}) \times 1000 \times \frac{24.30}{V} \tag{5-3-25}$$

式中 C（Ca^{2+}）——Ca^{2+} 的质量浓度，mg/L；

C（Mg^{2+}）——Mg^{2+} 的质量浓度，mg/L；

C（EDTA）——EDTA 溶液浓度，mol/L；

V——钻井液滤液样品体积，mL；

V_1——第一次滴定消耗 EDTA 的体积，mL；

V_2——再次滴定消耗 EDTA 的体积，mL。

十四、高温高压流变性

1．热滚后基本性能测定

1）仪器

主要仪器包括：滚子加热炉、六速旋转黏度计、中压失水仪和高温高压失水仪。

2）测定程序

(1) 按设计配方和性能配制抗高温钻井液。

(2) 将配制好的钻井液高速搅拌 20min。

(3) 将钻井液按最高试验温度（高于最高地层温度 10℃以上）经滚子炉高温老化处理不同时间后（16h、48h、72h），待钻井液冷却到 50℃后测定热滚后常压下流变性。测试钻井液密度、pH 值、中压滤失量和高温高压滤失量，验证不同热滚时间性能是否一致。

不同时间热滚后性能与原浆性能均满足钻井液使用性能要求为合格。

2．流变性随温度、压力的变化

(1) 仪器：Fann75 型高温高压流变仪。

(2) 测定程序：

①保证测试仓已经过校准，且放置和固定在测试预备架上。

②将一个“O”形橡胶圈正确放置在样品杯密封槽内。

③将一个不锈钢圈平的一面朝上，小心放置在“O”形圈上。

④准确量取 140mL 样品倒入样品杯内，小心不要溅到杯壁上。

⑤小心将样品杯与测试仓上部连接好，慢慢旋紧，若感到阻力则卸开重新检查“O”形圈和钢圈，然后再慢慢旋上并用工具拧紧。

⑥通过测试仓进样口注入 15mL 样品。

⑦检查并放置好测试仓上部帽与测试仓之间的“O”形圈和不锈钢圈，拧紧测试仓上部帽。

⑧检查测试井内的“O”形圈、样品口和测试仓其余两个接口连接处的“O”形圈，如有损坏必须更换。

⑨检查测试井，确认内无异物，排水口无堵塞，温度传感器正常无弯曲。

⑩将测试仓小心地放入测试井中，用手连接并拧紧两端接口，拧紧右端锁紧螺丝。若需要更换压力液则需要提前将旧的压力液排放干净，且压力液不能重复使用。

⑪慢慢关上安全罩门。

⑫打开电源，当测试偏角与已存储角误差小 ±5° 内时，按“2”进入下一菜单。

⑬确认空压机和冷却水已打开且正常。

⑭排空样品中气泡，具体操作如下：

a．打开仪器右侧外部压力释放阀；

b．通过仪器面板输入温度（接近当前室温），压力 300psi，转速 100r/min，然后按“START/STOP”；

c．观察废液回收瓶，当压力液体排放无气泡时，停止并关紧压力释放阀。

⑮打开计算机，在桌面打开 Fann 75 操作软件，此时仪器面板前绿灯闪烁表示与软件连接正常。

⑯打开 Sequence stop name 文件，设定所需程序，点击“OK”。

⑰输入测试名称并输入弹簧值 1（或 2），点击 START AUTO.TEST 自动完成测试和数据记录。

⑱测试完成后按“COOL”钮进行降温至 100℉（43℃）以下。

⑲打印并备份数据。

⑳打开仪器右侧的泄压阀泄压至控制面板压力显示为“0”。

㉑当面板显示温度在 100℉以下、压力为零时方可打开安全罩取出测试仓并尽快清洗干净。

不同温度和压力条件钻井液性能满足使用要求为合格，如果在某一温度点性能不合格则体系不能应用于深井钻井。

十五、钻井液抑制性评价

1．岩样的制备

（1）用自来水冲洗钻屑上的钻井液，尽量除去混杂的其他层位的钻屑，用 3%（质量分数）的过氧化氢（H_2O_2）溶液洗涤一次，放在通风室内风干。

（2）过 6 目和 10 目双层分样筛。收集小于 10 目且大于 6 目的颗粒备用。

（3）将大于 6 目且小于 10 目的钻屑放入（105±3）℃的恒温烘箱中烘干 4h，粉碎，过 100 目准分样筛，装入广口瓶中备用。

2．泥页岩的膨胀性试验

（1）仪器：

① NP−01 型泥页岩膨胀试验仪：包括主机、记录仪和压力机全套设备；

②天平：精确度为 0.01g；

③游标卡尺等。

（2）测定程序：

①在测筒底盖内垫一层滤纸，旋紧测筒底盏。

②称取 10g±0.01g 钻屑粉在 105℃ ±3℃烘干 4h，并冷至室温，装入测筒内，将岩粉弄平。

③装好塞杆上的密封圈，将塞杆插入测筒，一并放在压力机上均匀加压，直至压力表上指示 4053kPa（40atm），稳压 5min。

④泄去压力，取下测筒，将塞杆从测筒内慢慢取出，用游标卡尺测量样心的原始厚度。

⑤接通电源，启动仪器，预热 15min。

⑥将装好样心的测筒安装到主机的两根连杆中间，放正。把测杆（孔盘）放入测筒内，使之与样心紧密接触，在测杆上端插入传感器中心杆。调整中心杆上的调节螺母，使数字表显示 0.00。

⑦调整记录仪测量范围为 1V（满量程相当于 10m），记录走纸速度为 0.01mm/s（不启动走纸开关），调整记录仪的调整旋钮，使记录指针对正记录纸“0”线。

⑧在测筒内注满蒸馏水，与此同时启动记录仪开关。数字表随时显示样心的线膨胀量，同时记录仪描绘出线膨胀量与时间的关系曲线（膨胀曲线）。

⑨仪器工作 16h 之后，关电源，拆下测筒和测杆并清洗干净，收存备用。

（3）计算公式：

2h 和 16h 的线膨胀率计算公式为：

$$V_H = \frac{R_t}{H} \times 100\% \tag{5-3-26}$$

式中 V_H——时间 t 时页岩的线膨胀率；

R_t——时间 t 时的线膨胀量，mm；

H——样心的原始厚度，mm。

注：（1）测量样心原始厚度时，在装入岩粉前用游标卡尺测量测筒高度（测正交四点，取平均值），样心制好后再用同样的方法测量未装样心部分的测筒高度，两次之差即为样心厚度。（2）在测筒内注入蒸馏水的同时开始记录 2h 和 16h 的膨胀量。

3．热滚回收率

（1）仪器：滚子炉、高温罐、孔眼边长为 0.420mm 的分样筛、天平（精确度为 0.lg）、电热鼓风恒温干燥箱。

（2）测定程序：

①称取 50.0g 岩样（精确至 0.1g）装入盛有 350mL 蒸馏水的高温罐中，盖紧。

②将装好试样的高温罐放入 80℃ ±3℃的钻井液滚子炉中，滚动 16h。

③恒温滚动 16h 后，取出高温罐，冷至室温。将罐内的液体和岩样全部倾倒在孔眼边长为 0.42mm 的分样筛上，在盛自来水的槽中湿式筛洗 1min。

④将筛余岩样放入 105℃ ±3℃的鼓风恒温干燥箱中烘干 4h。取出冷却，并在空气中静置 24h，然后进行称量（精确至 0.1g）。

（3）计算公式：

16h 淡水回收率计算公式为：

$$R = \frac{m}{50} \times 100\% \tag{5-3-27}$$

式中 R——孔眼边长为 0.42mm 泥页岩回收率；

m——孔眼边长为 0.42mm 筛余，g。

注意：（1）进行湿式筛洗的实验条件应尽量保持一致；（2）静置 24h 的空气湿度应尽量与风干岩样的保存环境的温度相一致；（3）为了减少偶然误差，每一个泥页岩样品应至少做 3 ~ 4 次平行测定，取平均值作为报告结果。

4．钻屑 CST 测定

（1）仪器：CST 仪（含标准孔隙度滤纸）、七速瓦楞混合器及不锈钢杯。

（2）测定程序：

①对钻屑进行清洗、烘干、磨碎以及过 100 目筛后，装入广口瓶备用；

②取 7.5g 岩样倒入不锈钢杯中，加入蒸馏水至 50mL，在 3 挡搅拌 20s；

③用注射器取 3mL 浆液，注入 CST 仪中测试，记录 CST 值；

④将剩余浆液继续在 3 挡下分别搅拌 60s 和 120s，分别测定 CST 值。

(3) 计算公式：

以时间（X）为横坐标，CST（Y）为纵坐标，做线性回归，计算 $Y=mX+b$ 中的斜率 m，截距 b 和相关系数 R。

5. 页岩吸附等温线实验

(1) 仪器和药品：

①扁形称量瓶，普通干燥器；

②氯化锌、氯化钙、硝酸钙、氯化钠和磷酸二氢钾（均为分析纯）；

③分析天平：精确度为 0.1mg；

④电热鼓风恒温干燥箱。

(2) 测定程序：

①分别称取 2.0 ~ 3.0g（准确至 0.1mg），将制备的岩心粉或钻屑粉 5 份，分别放入 5 个已洗净并在 105℃ ±3℃烘至恒重的扁形称量瓶中，放入 105℃ ±3℃的恒温烘箱中烘至恒重（两次总量之差不超过 1mg），记录每瓶干页岩的准确质量（m_1）。

②配制氯化锌、氯化钙、硝酸钙、氯化钠和磷酸二氢钾等 5 种盐的饱和溶液各 300mL（用蒸馏水，溶液中始终保持少量未溶完的盐），分别盛入 5 个干净的干燥器中，贴好标签。

③将上述 5 份干页岩粉同称量瓶一起分别放入盛有不同饱和盐溶液的 5 个干燥瓶中，打开称量瓶盖，盖好干燥器盖。在 24℃ ±1℃的环境中静置 6 天。

④ 6 天后打开干燥器，盖好称量瓶，立即在分析天平上准确称量。

⑤由④和①中已烘至恒重的扁形称量瓶的两次质量之差，得出在指定相对湿度下吸水达平衡时的页岩质量（m_2）。

⑥计算不同相对湿度下页岩的平衡吸附量：

$$EA = \frac{m_2 - m_1}{m_1} \times 100\% \tag{5-3-28}$$

式中 EA——不同相对湿度下泥页岩的平衡吸附量；

m_1——干泥页岩的质量，g；

m_2——在某一相对湿度下吸水后的泥页岩质量，g。

⑦以平衡吸附量为纵坐标，以相对湿度为横坐标，在坐标纸上作出泥页岩的吸附等温线。24℃时各种饱和盐溶液的相对湿度见表 5-3-4。

十六、钻井液化验分析仪器配备

(1) 现场分析化验仪器配备：参见表 5-3-5。

表 5-3-4 24℃时各种饱和盐溶液的相对湿度

盐	相对湿度	盐	相对湿度
氯化锌	0.100	氯化钠	0.755
氯化钙	0.295	磷酸二氢钾	0.960
硝酸钙	0.505		

注意：(1) 控制在恒温环境下。(2) 每个泥页岩试样在 5 种相对湿度下的平衡吸附量都应进行双样平行测定，取结果的平均值作图。

表 5-3-5 钻井液现场分析化验仪器配备

序号	名 称	序号	名 称
1	化验房	12	搅拌器
2	密度计 3.0g/cm³	13	电动离心机
3	密度计 2.0g/cm³	14	电热套
4	固相含量测定仪	15	架盘药物天平
5	六速旋转黏度计	16	滤液分析装置
6	马氏漏斗黏度计	17	玻璃器皿
7	API 中压失水仪	18	计算机
8	滤饼黏滞系数测定仪	19	打印机
9	含砂量测定仪	20	滚子加热炉
10	高温高压失水仪	21	秒表
11	高速搅拌器		

(2) 室内化验分析仪器：参见表 5-3-6。

表 5-3-6 钻井液室内化验分析仪器

序号	名 称	序号	名 称	序号	名 称
1	密度计	12	电动离心机	23	NP-01 型页岩膨胀试验仪
2	固相含量测定仪	13	电热套	24	游标卡尺
3	六速旋转黏度计	14	架盘药物天平	25	堵漏仪
4	马氏漏斗黏度计	15	滤液分析装置	26	高温高压储层伤害测试仪
5	API 中压失水仪	16	玻璃器皿	27	电化学分析仪器
6	滤饼黏滞系数测定仪	17	计算机	28	破乳电压仪
7	E-P 极压润滑仪	18	打印机	29	分光光度计
8	含砂量测定仪	19	滚子加热炉	30	pH 计
9	高温高压失水仪	20	CST 仪（含标准孔隙度滤纸）	31	万分之一天平
10	高速搅拌器	21	七速瓦楞混合器及不锈钢杯	32	千分之一天平
11	搅拌器	22	电热鼓风恒温干燥箱	33	秒表

续表

序号	名 称	序号	名 称	序号	名 称
34	电炉	36	真空泵	38	分子量测定仪
35	马福炉	37	分析筛	39	全套水分析仪器

第四节 常用钻井液体系及其应用

钻井液体系是指由配浆土、处理剂及连续相介质相互有机联系而构成的一个具有明确的物理性能和化学性质的整体。钻井液体系不同，其作用机理与作用效果相差很大，所以，钻井液体系的选择与使用必须首先掌握钻井液体系的类型及其特色和特点。

一、钻井液体系分类

按照钻井液组成中分散介质（连续相）的物理化学性质不同钻井液体系分为水基钻井液、油基钻井液、合成基钻井液和气体和含气钻井液。

按照钻井液固相含量有无和高低分为无固相钻井液、低固相钻井液和高固相钻井液。

按照钻井液含盐量及盐的种类分为淡水泥浆、含盐钻井液、钙基钻井液、钾钙基钻井液和有机盐钻井液。

按照钻井液对水敏性黏土矿物的水化作用强弱的抑制作用分为非抑制性钻井液和抑制性钻井液。

按照钻井液密度高低分为非加重钻井液和加重钻井液。或者更细分为低密度钻井液、高密度钻井液和超高密度钻井液。

按照钻井液中有无使用人工合成的聚合物分为非聚合物钻井液和聚合物钻井液。

由此可见，钻井液体系因观察对象不同，分类方法不同，名称叫法不同。

目前，比较通用的钻井液体系分类法有两种：国际石油行业协会分类法和国内石油行业钻井液界分类法，即API和IADC的钻井液分类方法和我国钻井液界的分类方法。

美国石油学会（API）和钻井承包商协会（IADC）将钻井液分为10种体系，水基型钻井液体系有七类，油基型钻井液体系、合成基钻井液和含气型钻井液体系各有一类。

（1）不分散水基钻井液体系。该类钻井液是用膨润土（钠土或钙土）与清水配成，或利用清水在易造浆地层钻进而自然形成，基本不加化学分散剂和其他处理剂，或仅用极少量处理剂处理，故也称为天然钻井液、自然分散钻井液或不处理钻井液。包括开钻钻井液、自然造浆钻井液及轻度处理的钻井液，通常用于表层或浅井段钻井中。

（2）分散型水基钻井液体系。以黏土粒子的高度分散来保持钻井液性能稳定的一类淡水基钻井液。钻井液处理剂主要采用护胶型天然改性降滤失剂和解絮凝剂，如传统的木质素磺酸盐、褐煤和单宁酸钠。现在使用普遍的磺化类降滤失剂，主要用于对钻井液失水和滤饼质量要求高及固相容量限高的深井和高密度钻井液井段。为了提高泥页岩的稳定性，常加入钾盐作为抑制剂。

（3）钙处理水基钻井液体系。钻井液中有无机钙盐作组分，滤液中含有游离钙离子，以适度絮凝的黏土粒子分散状态保持钻井液性能稳定的一类水基钻井液。根据提供钙离子来源的石灰、石膏和氯化钙无机钙盐种类，可以分为石灰钻井液、石膏钻井液和氯化钙钻井液。其中，低石灰钻井液中的过量石灰浓度为 3000 ～ 6000mg/L，pH 值为 11.5 ～ 12.0；而高石灰钻井液中的过量石灰浓度为 15000 ～ 150000mg/L。用石膏处理者称为石膏钻井液，其过量石膏浓度为 6000 ～ 12000mg/L，pH 值为 9.5 ～ 10.5。用氯化钙处理者称为氯化钙或高钙钻井液，在该钻井液中加入某些可抗钙的特种产品以控制各项性能。由于该种钻井液含有二价阳离子，如 Ca^{2+} 及 Mg^{2+}，故具有一定的抑制黏土膨胀的特性，能用来控制页岩坍塌、井径扩大和避免地层伤害。

（4）水基聚合物钻井液体系。以高、中、低分子量聚合物为主聚物处理剂的钻井液，聚合物对黏土和钻屑起到絮凝、解絮凝和包被作用，对钻井液性能起到增黏和降失水的作用。依据聚合物处理剂在水溶液中电离后的大分子离子电性，分为阴离子聚合物钻井液、阳离子聚合物钻井液和两性离子聚合物钻井液。聚合物的抗温及抗盐钙能力往往决定了钻井液体系的抗温及抗盐钙能力。

（5）低固相水基钻井液体系。钻井液的总固相体积含量控制在 6% ～ 10% 范围，膨润土体积含量控制在 3% 或更低的范围内，钻屑与膨润土的比值小于 2 ： 1，因此，该钻井液体系必然是不加重的低密度钻井液。达到这样的指标，需要通过处理剂对钻屑的包被、絮凝不分散作用和固控及时清除作用共同实现。因为密度低、循环压耗低及流变性好，该钻井液有利于提高机械钻速。

（6）盐水钻井液体系。主要是含有无机氯化钠盐的钻井液体系，可以含有少量的钾离子、钙离子和镁离子。常温下，NaCl 质量分数大于 1%，Cl^- 浓度为 6 ～ 189g/L 的钻井液统称为盐水钻井液。Cl^- 浓度达到 189g/L 的钻井液为饱和盐水钻井液，接近 189g/L 浓度的钻井液为欠饱和盐水钻井液。盐水来源可以是咸水、海水和人为外加的氯化钠盐。盐水泥浆主要用于盐层、盐水层及海上钻井。盐水钻井液中的处理剂主要是阴离子型处理剂。

（7）完井修井液体系。专门用于打开产层与产层接触的钻井和修井液，是为减少对油气层伤害而设计和使用的特种体系。这类体系对产层的不利影响必须能够通过酸化、氧化或完井技术及一些生产作业等补救措施消除。该体系类型丰富，包括从清洁盐水到无固相和有固相的聚合物钻井液、修井液和封隔液。

（8）油基钻井液体系。以柴油和白油为连续相的一类钻井液体系。包括两种类型：

①逆乳化（油包水乳化）钻井液，以盐水（通常为氧化钙）为分散相，油为连续相，并添加乳化剂、润湿剂、亲油胶体和加重剂等形成的稳定的乳状液体系。分散相盐水中的含盐量最高可达 50%。②全油钻井液体系。不人为加水形成分散相，仅以油作连续相的钻井液。因使用中要从地层中吸收少量的水，需要用处理剂进行性能调节控制。通常是用氧化沥青、有机土、表面活性剂、润湿剂及柴油或白油组成。通过酸、碱皂和油浓度的调节而来维持体系的黏度和凝胶性能。

（9）合成基钻井液体系。采用人工合成的有机烃代替天然矿物油作为连续相的一类钻井液体系。有机烃“合成油”种类很多，如酯类、醚类、聚 α—烯烃、线性 α—烯烃以及线性石蜡等。与常规的油基钻井液相比，合成基钻井液具有毒性低及可生物降解的环保特点。

（10）空气、雾、泡沫和气体体系。这是一类含气的低密度（密度低于 1.0g/cm³）钻井流体，气体来源可以是空气、氮气、天然气及二氧化碳气体。根据气体类型的不同和气体含量的高低，分为四种类型：①干空气流体。将干燥空气、天然气和氮气注入井内，控制气体压力和排量，依靠环空气体流速携带钻屑。②雾状钻井流体。将发泡剂注入到空气流中，与较少量产出水混合，即少量液体分散在空气介质中形成雾状流体，用它来携带和清除钻屑。③泡沫钻井液体系。由水中的表面活性剂，还可能使用黏土和聚合物，与气体介质（一般为空气）形成具有高携带能力的稳定泡沫分散体系。④充气钻井液体系。将空气注入钻井液中，以减小静液柱压力，适应低压低渗油气层及易漏地层。

我国钻井液界对钻井液体系的分类与API/IADC的分类在大类型上相同，即分为四大类钻井液：水基钻井液、油基钻井液、合成基钻井液和气体与含气钻井液。不同点在于，在水基钻井液大类中，包含的小类钻井液体系分类有所不同，某些小类钻井液体系的范围相互之间有重合地方。下面的钻井液体系介绍以我国的分类习惯为准。

二、分散型钻井液体系

以保持黏土悬浮粒子的高度分散和分离来实现钻井液性能稳定的一类淡水基钻井液。组成上由水、膨润土和使黏土粒子高度分离的天然改性降滤失剂、分散剂和解絮凝剂配制而成。传统上使用木质素磺酸盐、褐煤和单宁酸钠作为处理剂，属于强分散钻井液体系，经过发展，改型为弱分散钻井液体系，使用羧甲基纤维素钠盐、聚阴离子纤维素钠盐、聚丙烯腈钠盐及磺化类酚醛树脂降滤失剂等天然改性聚合物处理剂。主要用于对钻井液失水和滤饼质量要求高及固相容量限高的深井、超深井和高密度钻井液井段。

1. 体系特点

（1）固相容量限较高，适合配制高密度的钻井液，密度可达2.00g/cm^3，钻井液的流变性易于控制。

（2）胶体粒子含量高，滤饼质量好，滤饼致密而坚韧，护壁性强。

（3）使用了磺化类处理剂，钻井液体系耐温能力较强，可抗温180℃以上。

（4）始终保持黏土悬浮粒子处于分散和分离状态，亚微米粒子含量高。

（5）钻井液内部微观结构为“卡片式房子”结构，结构的强弱直接影响到钻井液的流变性。

2. 要求

（1）钻井液的含盐量不能过高，否则，悬浮粒子的分散性减弱，转化为盐水钻井液体系。

（2）钻井液的pH值应大于10，以利于处理剂充分发挥效能。

3. 基本配方

以磺化类钻井液基本配方为例，见表5-4-1。

表5-4-1 磺化类钻井液配方

材料和处理剂	功 用	加量，%
膨润土	提供胶体粒子	2.0～4.0
纯碱	分散剂	膨润土量×（0.05～0.08）

续表

材料和处理剂	功 用	加量，%
磺化酚醛树脂 -1	降滤失剂	1.0 ~ 5.0
磺化褐煤树脂	降滤失剂	1.0 ~ 5.0
磺化褐煤	降滤失剂	1.0 ~ 5.0
烧碱	pH 值调节剂	视需要定
重晶石或铁矿粉	加重剂	视需要定

4. 推荐性能

磺化类钻井液性能见表 5–4–2。

表 5–4–2 磺化类钻井液性能

性 能	单 位	数 值
ρ	g/cm³	1.15 ~ 2.00
FV	s	35 ~ 70
YP	Pa	3 ~ 15
PV	mPa · s	10 ~ 40
$G_{10'}/G_{10''}$	Pa	(2 ~ 8) / (5 ~ 12)
FL_{API}	mL	< 5.0
FL_{HTHP}	mL	< 15
K_f		< 0.1
pH		10 ~ 11

5. 应用范围

(1) 可用于任何非储层地层的钻井，尤其适用于深井和高温井的钻井。

(2) 适用于各种密度的加重钻井液，尤其适用于高密度钻井液。

(3) 加入防塌性封堵剂和抑制剂后，适用于稳定井壁地层钻井。

(4) 不宜用于直接打开油气储层。

三、聚合物钻井液体系

凡是使用人工合成的线性水溶性聚合物作为主要调控性能处理剂的钻井液都可称为聚合物钻井液体系。按照所使用聚合物分子在水溶液中电离出大分子离子的电性特性，聚合物钻井液体系分为阴离子聚合物钻井液体系、阳离子聚合物钻井液体系及两性离子聚合物钻井液体系三大亚类型。

1. 阴离子聚合物钻井液体系

该类钻井液可再分为不分散低固相阴离子聚合物钻井液体系和弱分散阴离子聚合物钻

井液体系。前者用于低密度低固相含量条件，后者用于较高密度和较高固相含量条件。其中，不分散低固相阴离子聚合物钻井液是使用时间最长和使用范围最广的聚合物钻井液体系。

1）不分散低固相阴离子聚合物钻井液

API/IADC 分类法将不分散钻井液定义为不作任何处理（或少量处理）的原浆，用于开钻（下表层套管前）或浅层钻井。而我国钻井液界对不分散钻井液的含义是指加入了人工合成的有机高分子絮凝剂和包被剂而具有一定抑制性的一类钻井液，其中亚微米颗粒含量大都在 10% 以内，可使配浆土粒子被包被而保持稳定的初始分散状态，钻屑因被絮凝而不能分散变细变多，从而在地面较好地得以清除，可保持低固相，有利于提高机械钻速。

（1）体系特点：

①主要使用阴离子型聚合物作为处理剂，少量使用非离子聚合物处理剂，整个钻井液体系处于强负电性分散稳定状态。

②密度低，压差小，总固相含量低，有利于辅助钻井提高机械钻速。

③亚微米颗粒的含量较低，高剪切速率下的摩阻较低，有利于增加钻头水功率，提高射流速度。

④钻井液内部微观结构为高分子聚合物与黏土粒子形成的网状结构，剪切稀释特性较强，环空携岩效率高。

⑤含有足够的包被剂和絮凝剂，低密度下能有效抑制造浆地层泥页岩的水化造浆速度。

⑥配合防塌抑制剂和封堵剂，可保持井眼的稳定性。如加入 KCl，形成 KCl 聚合物钻井液。

⑦可保护油气层，减轻伤害。因该类钻井液密度较低，可实现近平衡压力钻井，且黏土微粒含量较低，滤液对产层所含黏土矿物有抑制膨胀作用，故可减轻对油气层的伤害。

⑧阴离子聚合物钻井液是一大类钻井液，习惯上根据新引进处理剂的独特作用再取名，如加入具有浊点效应聚合醇和多元醇处理剂的聚合物钻井液叫聚合醇钻井液，加入防塌润滑剂 PRD 处理剂的聚合物钻井液叫 PRD 钻井液等。

（2）要求：

通过大量实践，形成了下列几项性能指标要求：

①固相含量（不包括加重剂的各类固相）为 4% ~ 6%（体积分数）或更小，大约相当于钻井液密度小于 1.06g/cm^3。

②钻屑与膨润土含量之比值控制在（2 ~ 3）：1 内。

③动切力（Pa）与塑性黏度（mPa · s）之比值控制在 0.36 ~ 0.48 范围。n 值控制在 0.4 ~ 0.7 范围，满足低返速携屑要求，保证钻井液在环空实现平板型层流。

④除在油气层及易塌层应对滤失量严加控制外，在较稳定地层可以适当放宽，以利于提高钻速。

⑤在整个钻井过程中尽量不用分散剂。

（3）基本配方：

阴离子聚合物可以是多元聚合物，大中小分子相互搭配，组成多种形式的不分散低固相阴离子聚合物钻井液体系。参考配方见表 5–4–3。

表 5-4-3　不分散低固相阴离子聚合物钻井液配方

材料和处理剂	功　用	加量，%
膨润土	提供胶体粒子	3.0 ~ 5.0
纯碱	分散剂	膨润土量 ×（0.05 ~ 0.08）
PAC142（K-PAN）	降滤失剂	0.5 ~ 1.5
PAC141（K-PAM、80A51）	包被增稠剂	0.5 ~ 1.0
超细碳酸钙	惰性降滤失剂	1.0 ~ 3.0
烧碱	pH 值调节剂	视需要定

(4) 推荐性能见表 5-4-4。

表 5-4-4　不分散低固相阴离子聚合物钻井液性能

性　能	单　位	数　值
ρ	g/cm^3	＜ 1.10
FV	s	20 ~ 50
YP	Pa	1.5 ~ 3.0
PV	mPa · s	3.0 ~ 15
动塑比值		0.3 ~ 0.5
n		0.4 ~ 0.8
$G_{10'}/G_{10''}$	Pa	(0.5 ~ 1.0) / (2.0 ~ 4.0)
FL_{API}	mL	5.0 ~ 10
K_f		＜ 0.1
pH		8 ~ 10

(5) 应用范围：非加重钻井液；快速钻井的泥页岩及砂岩中上部地层，非盐层和盐水层。

2）弱分散阴离子聚合物钻井液

在聚合物钻井液中加入磺化类降滤失剂，就形成了弱分散阴离子聚磺钻井液体系，主要用于深井高密度高固相钻井液，是我国深井抗高温水基钻井液的主要使用类型。

(1) 体系特点：

①密度可由低至高随意调整控制。

②钻井液内部微观结构为网状结构与卡片式房子结构共存，两种结构的强弱转换对钻井液流变特性产生重要影响，高密度时，主要以卡片式房子结构为主。

③既含有包被剂和絮凝剂，又含有磺化类降滤失剂，滤饼质量较好。

④通常加入防塌抑制剂和封堵剂，保持井壁的稳定性。如加入 KCl，形成 KCl 聚合物钻井液。

⑤体系中处理剂的抗高温抗盐膏能力决定了钻井液的抗高温抗盐膏能力。

⑥通过加入储层保护材料，可用于保护油气储层的钻完井液。

(2) 要求：

①根据不同密度，控制相应的钻井液膨润土含量范围。

②用好三级固控设备；

③非加重钻井液动切力应维持在 1.5 ~ 3Pa。加重钻井液动切力在保证加重材料悬浮稳定基础上应尽可能低。

④除在油气层及易塌层应对滤失量严加控制外，在较稳定地层可以适当放宽，以利于提高钻速。

⑤在整个钻井过程中尽量不用分散剂，但可用磺化类降滤失剂。

(3) 基本配方：弱分散阴离子聚磺钻井液参考配方见表 5-4-5。

表 5-4-5 弱分散阴离子聚磺钻井液配方

材料和处理剂	功 用	加量，%
膨润土	提供胶体粒子	3.0 ~ 5.0
纯碱	分散剂	膨润土量 ×（0.05 ~ 0.08）
PAC142（K-PAN）	降滤失剂	0.3 ~ 1.0
SMP（SPNH、磺化沥青）	降滤失剂	1.0 ~ 3.0
PAC141（K-PAM、80A51）	包被增稠剂	0.1 ~ 0.5
烧碱	pH 值调节剂	视需要定
重晶石（铁矿粉）	加重剂	视需要定

(4) 推荐性能见表 5-4-6。

表 5-4-6 弱分散阴离子聚磺钻井液性能

性 能	单 位	数 值
ρ	g/cm^3	1.10 ~ 1.80
FV	s	25 ~ 60
YP	Pa	5.0 ~ 10
PV	mPa · s	15 ~ 30
$G_{10'}/G_{10''}$	Pa	(2.0 ~ 5.0) / (5.0 ~ 10.0)
FL_{API}	mL	< 5.0
K_f		< 0.1
MBC	g/L	25 ~ 45
pH		8 ~ 10

(5) 应用范围：

①高于 1.0g/cm³ 的钻井液。

②可用于泥页岩、砂岩和石灰岩地层以及盐层和盐水层钻井。

③可用于深井。

2. 阳离子聚合物钻井液体系

以聚合物分子带有较多正电荷的大阳离子作为絮凝剂和包被剂，小阳离子作为泥页岩抑制剂，体系中同时含有非离子型和阴离子型降滤失剂的一类聚合物钻井液体系。由于阳离子聚合物基团对负电性黏土及钻屑的吸附速度和吸附牢固度提高，使得钻井液抑制水化能力和絮凝、包被能力大幅度增强。

（1）体系特点：

①比单纯的阴离子聚合物钻井液体系抑制性及絮凝能力更强，因而适用于水敏性强的泥页岩地层和含黏土矿物的储层。

②更容易实现不分散低固相聚合物钻井液性能指标。

③阳离子聚合物的加入并没有改变整个钻井液体系的弱负电性。

（2）要求：

①在造浆地层钻进，应随时保持大中小阳离子处理剂的有效浓度达到抑制性要求。

②在不造浆地层钻进，可降低阳离子用量，或注意补充预水化膨润土浆。

（3）基本配方：不分散低固相阳离子聚合物钻井液参考配方见表 5−4−7。

表 5−4−7　不分散低固相阳离子聚合物钻井液配方

材料和处理剂	功　用	加量，%
膨润土	提供胶体粒子	3.0 ~ 5.0
纯碱	分散剂	膨润土量 ×（0.05 ~ 0.08）
大阳离子	包被絮凝剂	0.1 ~ 0.3
小阳离子	降滤失剂	0.2 ~ 0.3
JT888	降滤失剂	0.3 ~ 0.5
磺化沥青	封堵剂	4.0 ~ 5.0
烧碱	pH 值调节剂	视需要定

（4）推荐性能见表 5−4−8。

表 5−4−8　不分散低固相阳离子聚合物钻井液性能

性　能	单　位	数　值
ρ	g/cm³	＜ 1.10
FV	s	45 ~ 55
YP	Pa	5.0 ~ 10
PV	mPa · s	10 ~ 20

续表

性 能	单 位	数 值
$G_{10'}/G_{10''}$	Pa	(1.5 ~ 3.0) / (2.5 ~ 7.0)
FL_{API}	mL	6.0 ~ 10
K_f		< 0.1
MBC	g/L	20 ~ 35
pH		8 ~ 10

(5) 应用范围：

①低密度和高密度钻井液都可以采用阳离子聚合物钻井液体系。

②尤其适合水敏性强的泥页岩地层钻井。

③改造后适合于用作保护储层的完井液。

3. 两性离子聚合物钻井液体系

以发生电离后，大分子链上既有阳离子也有阴离子存在的聚合物为主处理剂配制的钻井液。典型处理剂为 XY 系列降黏剂、FA 系列包被剂及 JT 系列降滤失剂。

(1) 体系特点：

①抑制性强，高剪切速率下钻井液流动阻力小，抗岩屑污染能力强。

②钻井液的配浆性与抑制性协调性好。钻井液仍然属于负电性稳定体系。

③适用于配制成和用于各种密度的钻井液。

④改造后适合于用作保护储层的完井液。

(2) 要求：

①钻井液体系中尽量不加入分散性处理剂。

②根据不同密度，严格控制相应的钻井液膨润土含量。

③用好三级固控设备。

(3) 基本配方：两性离子聚合物钻井液参考配方见表 5-4-9。

表 5-4-9 两性离子聚合物钻井液配方

材料和处理剂	功 用	加量，%
膨润土	提供胶体粒子	3.0 ~ 5.0
纯碱	分散剂	膨润土量 × (0.05 ~ 0.08)
FA-367	包被絮凝剂	0.4 ~ 0.6
XY27	降滤失剂	0.1 ~ 0.3
JT888	降滤失剂	0.2 ~ 0.4
磺化沥青	封堵剂	4.0 ~ 5.0
超细碳酸钙	惰性降滤失剂	2.0
RH3	润滑剂	0.4 ~ 0.6
RH4	润滑清洗剂	0.3 ~ 0.5
烧碱	pH 值调节剂	视需要定

(4) 推荐性能见表 5–4–10。

表 5–4–10 两性离子聚合物低固相钻井液性能

性 能	单 位	数 值
ρ	g/cm^3	< 1.06
FV	s	45 ~ 50
YP	Pa	5.0 ~ 7.0
PV	mPa · s	14 ~ 18
$G_{10'}/G_{10''}$	Pa	(1.5 ~ 3.0) / (2.0 ~ 5.0)
FL_{API}	mL	5.0 ~ 8.0
K_f		< 0.1
MBC	g/L	20 ~ 35
pH		8 ~ 9

(5) 应用范围：凡是阴离子聚合物钻井液适用的地方都可以使用两性离子聚合物钻井液。

四、盐水（钠盐基）钻井液体系

凡是 NaCl 含量超过 1%（质量分数，Cl^- 含量约为 5000mg/L）的钻井液统称为盐水钻井液。按照含盐量的高低，分为三种类型：盐水钻井液、饱和盐水钻井液和海水钻井液。

1. 体系特点与要求

(1) 盐水钻井液特点与要求：

①常温下 NaCl 含量从 1%（Cl^- 含量约为 5×10^3mg/L）到饱和（Cl^- 含量约为 1.89×10^5mg/L）之间的钻井液。

②含盐量的变化对钻井液性能产生影响，应随时检测盐含量。

③接近饱和盐水浓度前的欠饱和盐水钻井液在大段盐层钻进中经常使用。

④钻井液处理剂必须抗盐。

⑤若通过外加盐转化成盐水钻井液，注意转化时钻井液的黏度效应。

⑥对水敏性泥页岩的水化有一定的抑制性。

(2) 饱和盐水钻井液特点与要求：

①常温下 NaCl 含量达到饱和，即常温下 NaCl 浓度为 3.151×10^5mg/L，Cl^- 含量为 1.89×10^5mg/L 左右的钻井液。

②因 NaCl 溶解度随温度升高而有所增大，井内高温下钻井液会使盐层继续溶解，钻井液中 NaCl 饱和浓度升高，到接近地面随循环温度降低，钻井液会出现盐重结晶现象。表 5–4–11 是温度对 NaCl 溶解度影响数据。

③饱和含盐量的变化对钻井液性能产生影响，应随时检测盐含量。

④钻井液处理剂必须抗盐。

表 5–4–11 温度对 NaCl 溶解度影响

温度，℃	饱和溶液中的含盐量，10^5mg/L	温度，℃	饱和溶液中的含盐量，10^5mg/L
26.6	3.623	71.1	3.766
48.9	3.680	93.2	3.909

⑤若通过外加盐转化成饱和盐水泥浆，注意盐和处理剂加入顺序的转化工艺。

⑥对水敏性泥页岩的水化有较强的抑制性。注意防止非加重饱和盐水泥浆的低黏度现象。

(3) 海水泥浆特点与要求：

①采用海水配制。钻井液中含有海水成分中的无机钠盐、钙盐和镁盐等，总矿化度一般为 3.3% ～ 3.7%。海水中的主要无机盐含量见表 5–4–12。

表 5–4–12 海水的主要盐分

名 称	NaCl	$MgCl_2$	$MgSO_4$	$CaSO_4$	KCl	其他盐类
质量分数，%	78.32	9.44	6.40	3.94	1.69	0.21

②海水泥浆的含盐量几乎不会变化，要求处理剂有抗复合盐的能力。

③其他与盐水泥浆相同。

2. 基本配方

三种盐水泥浆参考基础配方见表 5–4–13。

表 5–4–13 三种盐水泥浆基础配方

海水泥浆		盐水泥浆		饱和盐水泥浆	
材料和处理剂	加量，%	材料和处理剂	加量，%	材料和处理剂	加量，%
膨润土	3% ～ 4%	膨润土	3% ～ 5%	膨润土	3.0 ～ 5.0
纯碱	膨润土量 ×（0.05 ～ 0.08）	纯碱	膨润土量 ×（0.05 ～ 0.08）	纯碱	膨润土量 ×（0.05 ～ 0.08）
CMC–MV	0.2 ～ 0.4	CMC–MV	0.2 ～ 0.4	CMC–MV	0.3 ～ 0.5
80A51	0.2 ～ 0.4	FCLS（SMT）	0.2 ～ 0.5	FCLS（SMT）	0.1 ～ 0.3
NaOH	视需要定	SMP–2（SPNH）	1 ～ 2	SMP–2（SPNH）	2 ～ 3
		K–PAM（PAC141）	0.1 ～ 0.3	K–PAM（PAC141/SK/CPA）	0.2 ～ 0.4
		NaCl	视需要定	NaCl	视需要定
		重晶石	视需要定	重晶石	视需要定
		NaOH	视需要定	NaOH	视需要定

3. 推荐性能

海水钻井液、盐水钻井液和饱和盐水钻井液性能见表 5–4–14。

表 5–4–14 三种盐水钻井液性能

性 能	海水钻井液	盐水钻井液	饱和盐水钻井液
ρ，g/cm^3	< 1.15	> 1.20	> 1.30
FV，s	20 ~ 30	40 ~ 70	30 ~ 55
YP，Pa	1.5 ~ 3.0	6 ~ 15	2 ~ 14
PV，mPa·s	6 ~ 20	10 ~ 60	8 ~ 50
$G_{10'}/G_{10''}$，Pa	(1 ~ 2) / (2 ~ 4)	(2 ~ 10) / (6 ~ 15)	(1 ~ 3) / (2 ~ 10)
FL_{API}，mL	≤ 5.0	≤ 5.0	≤ 5.0
FL_{HTP}，mL	—	≤ 15	≤ 15
K_f	≤ 0.1	≤ 0.1	≤ 0.1
MBC，g/L	10 ~ 25	20 ~ 50	20 ~ 40
pH	9 ~ 11	8 ~ 11	7 ~ 10

4. 应用范围

海水钻井液、盐水钻井液和饱和盐水钻井液的应用范围见表 5–4–15。

表 5–4–15 三种盐水钻井液的应用范围

海水钻井液	盐水钻井液	饱和盐水钻井液
海上钻井	(1) 盐层、盐膏层； (2) 盐水层； (3) 强水敏泥页岩地层	(1) 盐层、盐膏层； (2) 盐水层； (3) 强水敏泥页岩地层

五、钙处理（钙基）钻井液体系

人为在水基钻井液中加入无机钙盐，使钻井液滤液中钙离子浓度超过 100mg/L 的钻井液统称为钙处理钻井液。按照提供钙离子来源的无机钙盐类型，分为三种类型：石灰钻井液、石膏钻井液和氯化钙钻井液。有时又称作低钙、中钙和高钙钻井液。

1. 钙处理钻井液特点

(1) 对活性黏土和泥页岩地层具有一定的抑制水化膨胀能力，可以缓和造浆地层对钻井液流变性能的影响。有利于井壁稳定。

(2) 具有较强的抗 Ca^{2+} 污染、盐污染和黏土污染的能力。

2. 钙处理钻井液要求

(1) 用石灰作钙的来源时，钻井液的 pH 值应控制在 11.5 以上，使 Ca^{2+} 含量保持在 120 ~ 200mg/L，过量石灰含量为 3000 ~ 6000mg/L。

(2) 用石膏作钙的来源时，钻井液的 pH 值可保持在 9.5 ~ 10.5。其 Ca^{2+} 含量保持在 600 ~ 1200mg/L，过量石膏浓度在 6000 ~ 12000mg/L。

(3) 用氯化钙作钙的来源时，钻井液中的 Ca^{2+} 含量可较高。

(4) 在加钙盐时，必须同时加入一定量的降黏剂以避免黏度切力变化过剧，从而可维持较稳定的性能。

(5) 体系中必须保持达到要求的未溶解的（过量的）石灰或石膏，以便可自动地及时地补充被钻屑所消耗的 Ca^{2+} 含量，才能保持稳定的性能。

3. 基本配方

三种钙处理钻井液参考配方见表 5-4-16。

表 5-4-16 钙处理钻井液配方

石灰钻井液		石膏钻井液		氯化钙钻井液	
材料和处理剂	加量，%	材料和处理剂	加量，%	材料和处理剂	加量，%
膨润土	5 ~ 10	膨润土	5 ~ 10	膨润土	5 ~ 10
纯碱	膨润土量 ×（0.05 ~ 0.08）	纯碱	膨润土量 ×（0.05 ~ 0.08）	纯碱	膨润土量 ×（0.05 ~ 0.08）
SMK（SMC）	1.0 ~ 2.0	SMK（SMC）	1.0 ~ 2.0	SMK（SMC）	0.5 ~ 2.0
FCLS（SMT）	0.5 ~ 1.0	FCLS（SMT）	1.2 ~ 2.0	FCLS（SMT）	视需要定
SMP（SPNH）	0.5 ~ 1.0（用于较深井）	SMP（SPNH）	0.5 ~ 1.5（用于较深井）	SMP（SPNH）	0.5 ~ 1.5（用于较深井）
CMC-MV（PAC）	0.5 ~ 1.0	CMC-MV（PAC）	0.3 ~ 0.5	CMC-MV（PAC）	0.3 ~ 0.5
石灰	0.5 ~ 1.5	石膏	1.2 ~ 2.0	氯化钙	0.5 ~ 1.0
NaOH	视需要定	NaOH	视需要定	NaOH	视需要定
		重晶石	视需要定	重晶石	视需要定

4. 推荐性能

三种钙处理钻井液性能见表 5-4-17。

表 5-4-17 钙处理钻井液性能

性 能	石灰钻井液	石膏钻井液	氯化钙钻井液
ρ，g/cm^3	1.15 ~ 1.20	1.15 ~ 1.20	1.15 ~ 1.20
FV，s	20 ~ 30	25 ~ 30	20 ~ 30
$G_{10'}/G_{10''}$，Pa	(0 ~ 1.0) / (1.0 ~ 4.0)	(0 ~ 1.0) / (1.0 ~ 5.0)	(0 ~ 1.0) / (1.0 ~ 4.0)
FL_{API}，mL	≤ 5.0	≤ 5.0	≤ 5.0
MBC，g/L	10 ~ 25	10 ~ 25	20 ~ 40
pH	11 ~ 12	9 ~ 10.5	10 ~ 11.5

5. 应用范围

（1）可用于中等程度的造浆地层。

（2）石膏及 $CaCl_2$ 钻井液可用于钻纯石膏层。

（3）氯化钙和石膏钻井液相对于石灰钻井液用量较少。

（4）石灰钻井液中加入氯化钾形成钾钙基钻井液，抑制性更强。

（5）可加重到较高的密度，能用于高压地层钻井。

六、硅酸盐钻井液体系

凡是人为在水基钻井液中加入无机硅酸盐的钻井液统称为硅酸盐钻井液。按照提供阳离子来源的无机硅酸盐分为两种类型：硅酸钠钻井液和硅酸钾钻井液。

1. 硅酸盐钻井液特点

（1）硅酸盐钻井液有很强的稳定泥页岩地层井壁能力。

（2）因抑制性强，可以降低泥页岩水化坍塌压力，从而可以降低钻井液密度，有利于提高机械钻速。

（3）硅酸盐钻井液中可加入其他无机盐（如 KCl 等）进一步增强抑制性。

（4）硅酸盐钻井液的流变性调控是一个难点，常表现出黏度高的现象。

2. 硅酸盐钻井液要求

（1）钻井液滤液中 SiO_2 含量应高于 1000mg/L。

（2）硅酸盐的模数是硅酸盐分子中二氧化硅与金属氧化物的摩尔比。模数越大，就有越多的硅酸根离子。在溶液中聚集成胶体颗粒，对泥页岩的抑制性和钻井液的流变性产生极大影响，合理模数范围为 2.4 ～ 3.18。

（3）硅酸盐钻井液的 pH 值应大于 10。

（4）钻井液配套处理剂应选择耐硅酸盐的类型和品种。如：生物聚合物、PAC、LV−CMC、KPAM、磺化沥青、SPNH、SMT、PVT 护胶剂、络合醇 SLA−2B 及聚合醇等都与硅酸盐有较好的复配作用。

（5）使用好固控设备，钻井液中低密度固相含量应该尽可能保持较低值。

3. 基本配方

表 5−4−18 给出了硅酸钠钻井液配方。

表 5−4−18　硅酸钠钻井液配方

材料和处理剂	功　用	加量，%
膨润土	提供胶体粒子	3.0 ～ 5.0
纯碱	分散剂	膨润土量 ×（0.05 ～ 0.08）
XC	悬浮稳定剂	0.3 ～ 0.4
PAC−LV	降滤失剂	0.8 ～ 1.5
硅酸钠	抑制剂	3.0 ～ 4.0
KCl	抑制剂	2.0 ～ 5.0
烧碱	pH 值调节剂	视需要定

4. 推荐性能

硅酸钠钻井液性能见表 5−4−19。

表 5−4−19 硅酸钠钻井液性能

性 能	单 位	数 值
ρ	g/cm^3	1.10 ~ 1.25
FV	s	45 ~ 50
YP	Pa	8.0 ~ 15.0
PV	mPa · s	8.0 ~ 15.0
$G_{10'}/G_{10''}$	Pa	(1.5 ~ 3.0) / (2.0 ~ 5.0)
FL_{API}	mL	< 5.0
MBC	g/L	20 ~ 40
pH		11 ~ 11.5

5. 应用范围

(1) 泥页岩井壁不稳定地层。

(2) 硅酸盐无毒，可用于环境要求严格的区块。

(3) 硅酸盐没有荧光，可用于探井。

(4) 可用于海水泥浆。

七、甲酸盐钻井液体系

使用甲酸钾、甲酸钠和甲酸铯作连续相的钻井液叫做甲酸盐钻井液体系。

1. 体系特点

(1) 通过调节甲酸盐水溶液的浓度可以使钻井液具有很宽的密度范围，可以根据实验室获得的甲酸盐水溶液浓度与密度曲线或者数据，查找出所需要钻井液基液密度的甲酸盐量。常温下三种甲酸盐饱和溶液性能见表 5−4−20。

表 5−4−20 甲酸盐饱和溶液性能

甲酸盐	质量分数，%	密度，g/cm^3	黏度，mPa · s	pH 值
NaCOOH	45	1.338	7.1	9.4
KCOOH	76	1.598	10.9	10.6
CsCOOH	83	2.37	2.8	9.0

(2) 甲酸盐可用于配制高密度、抗高温、低固相、低伤害和无毒的钻井液。

(3) 钻井液固相含量低，固相污染容限高，对泥页岩的水化抑制性强。钻井液当量循环密度较低。

(4) 甲酸盐无毒，可生物降解，易于为环境所接受。

(5) 与地层流体和盐层配伍，产层伤害小，常用作完井液。

2. 要求

(1) 重晶石在甲酸盐溶液中有少量的溶解，加重材料的选取可以考虑使用铁矿粉。
(2) 需要优选抗盐处理剂进行配伍。
(3) 为了节约成本，注意回收甲酸盐。

3. 基本配方

以甲酸钾钻井液体系为例，基本配方见表 5−4−21。

表 5−4−21　甲酸钾钻井液配方

材料和处理剂	功　用	加量，%
膨润土	提供胶体粒子	1.0 ~ 3.0
纯碱	分散剂	膨润土量 × （0.05 ~ 0.08）
SMP−2（SPNH）	降滤失剂	3.0 ~ 5.0
PAC−LV	降滤失剂	0.5 ~ 1.5
SMC	降滤失剂	1.0 ~ 5.0
XC	胶凝剂	0.1 ~ 0.3
磺化沥青	封堵剂	2.0 ~ 4.0
甲酸钾	液体加重剂	视需要定
烧碱	pH 值调节剂	视需要定
加重材料	加重剂	视需要定

4. 推荐性能

甲酸钾钻井液性能见表 5−4−22。

表 5−4−22　甲酸钾钻井液性能

性　能	单　位	数　值
ρ	g/cm^3	1.10 ~ 2.0
FV	s	25 ~ 70
YP	Pa	2.0 ~ 25.0
PV	mPa · s	3.0 ~ 35.0
$G_{10'}/G_{10''}$	Pa	（1.5 ~ 3.0）/（3.0 ~ 9.0）
FL_{API}	mL	< 5.0
MBC	g/L	15 ~ 40
pH		> 10

5. 应用范围

(1) 直井、定向井和水平井的钻井液和完井液。

(2) 高温高压深井钻井液。

(3) 强造浆泥页岩地层钻井。

(4) 油气储层钻井。

(5) 钻盐层和盐膏互层。

八、正电胶钻井液体系

以带有正电荷的混合层状金属氢氧化物晶体胶粒(MMH)为主处理剂的钻井液体系,又称 MMH 钻井液体系。

1. 体系特点

(1) 静止后具有低凝胶特性,流动时具有很强的剪切稀释特性。钻井液凝胶结构的拆散和恢复速度很快。悬浮性能好,动塑比值高。

(2) 钻井液对水敏性黏土有较强的抑制性。由于正电胶胶液漏失到地层后仍具有结构切力,因此在 MMH 加量较大时,体系具有较好的防漏性能。

(3) 虽然 MMH 处理剂带正电性,但钻井液体系呈低负电性。

(4) MMH 无毒,不污染环境。

2. 要求

(1) 加入 MMH 前,膨润土一定要充分预水化。

(2) 钻井液 pH 值控制在 9 ~ 10。

(3) 膨润土含量控制在 35 ~ 45g/L 为佳。

3. 基本配方

正电胶钻井液基本配方见表 5–4–23。

表 5–4–23 正电胶钻井液配方

材料和处理剂	功 用	加量,%
膨润土	提供胶体粒子	2 ~ 4
纯碱	分散剂	膨润土量 ×(0.05 ~ 0.08)
FA–367	包被增稠剂	0.2 ~ 0.6
PAC–LV	降滤失剂	0.5 ~ 1.0
XY–27	降黏剂	0.4 ~ 0.8
SMP–1	降滤失剂	1.0 ~ 3.0
CMC–LV	降滤失剂	0.5 ~ 0.8
MMH	正电胶剂	0.2 ~ 0.5
烧碱	pH 值调节剂	视需要定

4. 推荐性能

正电胶钻井液性能见表 5–4–24。

表 5-4-24 正电胶钻井液性能

性 能	单 位	数 值
ρ	g/cm^3	1.06 ~ 1.15
FV	s	40 ~ 70
YP	Pa	8.0–25.0
PV	mPa · s	8.0 ~ 25.0
$G_{10'}/G_{10''}$	Pa	(4.0 ~ 8.0) / (10.0 ~ 25.0)
FL_{API}	mL	< 5.0
MBC	g/L	15 ~ 40
pH		9 ~ 10

5. 应用范围

(1) 尤其适合用于大井眼直井及定向井中携带岩屑。

(2) 因对井壁冲刷小，可用于破碎性地层钻进，保护井壁。

(3) 可用于油气储层钻井，保护储层。

九、油基钻井液体系

以油为连续相的钻井液。根据油基钻井液中含水量的多少，分为两种类型：油包水乳化钻井液（W/O），又称逆乳化钻井液，以油为外相，水为内相，油水比一般在（50 ~ 80）：（50 ~ 20）的范围内；纯油基钻井液，又称低含水量油基钻井液，含水量低于 3%。

1. 油包水乳化钻井液

（1）体系特点：

①有很强的耐温能力。由于外相油的耐温性强，故钻井液耐温可达 200℃以上，且对性能影响不大。

②具有较好的保护油层，减轻储层伤害的效能，故可用作完井液。

③有特强的抗盐膏侵污效能。因为各种无机盐及黏土在其中不能溶解和水化，故对其性能影响极小。

④配制成本较高，对测井有影响，对环境会产生污染，需要回收处理再利用。

⑤有利于提高机械钻速。

（2）要求：

①破乳电压必须严格控制，不得低于 400V。

②通过调控水相中的盐浓度（通常为 $CaCl_2$ 浓度），调节油包水乳化钻井液的活度，使钻井液的活度小于或等于不稳定地层的化学活度，防止钻井液中的水进入地层，引起井塌或储层伤害。

（3）基本配方见表 5-4-25。

（4）推荐性能见表 5-4-26。

表 5-4-25　油包水乳化钻井液配方

材料和处理剂	功　用	加量，%
白油或柴油	液相或外相	70 ~ 90
盐水	内相	10 ~ 30
亲油膨润土	胶体	3.0 ~ 8.0
氧化沥青	胶体	2.0 ~ 6.0
主乳化剂	乳化剂	2.0 ~ 5.0
辅助乳化剂	乳化剂	2.0 ~ 5.0
润湿剂	润湿剂	0.5 ~ 1.2
降滤失剂	降滤失剂	3.0 ~ 5.0
石灰	调节液相 pH 值	3.0 ~ 8.0
重晶石	加重剂	视需要密度定
$CaCl_2$/NaCl	配制盐水调节活度	视需要活度定

表 5-4-26　油包水乳化钻井液性能

性　能	单　位	数　值
ρ	g/cm^3	视需要
AV	mPa · s	30 ~ 80
PV	mPa · s	30 ~ 60
YP	Pa	2.0 ~ 10.0
FL_{API}	mL	＜ 5.0
FL_{HTHP}	mL	＜ 10.0
pH		9 ~ 10
破乳电压	V	＞ 400

(5) 应用范围：

①用于复杂地层（如极易塌层，膏泥混杂层，极易卡钻地层，软泥岩层）钻井。

②用于定向斜井，尤其是大斜度或水平井钻井。

③用于高温深井钻井。

2. 纯油基钻井液

(1) 体系特点：

①强抑制泥页岩水化能力。

②井壁和钻井液润滑性强。

③耐高温能力强。

④有利于提高机械钻速。

⑤有利于保护但不利于及时发现油层。

⑥初始配制成本高。

⑦有环保和排放问题。

（2）要求：

①必须阻止水进入纯油基钻井液中（包括地面和井下），始终保持钻井液含水量低于3%。

②可适度放宽滤失量。

③保持固控设备运转正常，防止钻屑积累过多。

④钻井液需要回收再利用。

（3）基本配方见表5–4–27。

（4）推荐性能见表5–4–28。

表5–4–27 纯油基钻井液配方

材料和处理剂	功 用	加量，%
白油或柴油	液相	97 ~ 100
亲油膨润土	胶体	2.0 ~ 5.0
氧化沥青	胶体	5.0 ~ 9.0
主乳化剂	乳化剂	2.0 ~ 5.0
辅助乳化剂	乳化剂	2.0 ~ 5.0
润湿剂	润湿剂	1.0 ~ 1.5
降滤失剂	降滤失剂	3.0 ~ 5.0
石灰	调节液相pH值	4.0 ~ 8.0
重晶石	加重剂	视需要密度定

表5–4–28 纯油基钻井液性能

性 能	单 位	数 值
ρ	g/cm^3	视需要
AV	mPa · s	30 ~ 80
PV	mPa · s	30 ~ 60
YP	Pa	1.0 ~ 5.0
FL_{API}	mL	3.0 ~ 5.0
FL_{HTHP}	mL	< 8.0
pH		9 ~ 10
含水	%	< 3.0

（5）应用范围：

①对水极为敏感的易塌易缩径泥页岩复杂地层。

②大段盐层或盐膏层。

③高温地层。

④对取准地质资料要求严格的井。

十、合成基钻井液体系

以人工合成的有机烃化学品作为基液的一类钻井液。有机烃化学品通常是含有 14 ~ 22 个碳原子的线性碳氢化合物，分子链基本上都有双键，与天然矿物油（白油）具有相同的平均密度。有机烃化学品种类很多，如聚 α—烯烃（PAO）、内烯烃、酯类、醚类、线性石蜡（LP）、线性 α—烯烃（LAO）等。

部分合成基液的毒性见表 5–4–29。

表 5–4–29　合成基液的毒性

实验内容	标准	聚 α—烯烃	内烯烃	线性 α—烯烃
$LC_{50, 10d}$，$\times 10^3$mL/L	＞ 1000	10000	7131	1268
$EC_{50, 10d}$，$\times 10^3$mL/L	＞ 20	525	303	277

1. 体系特点

（1）有机烃基液的毒性极低，可生物降解，环保性能好。

（2）除基液外，钻井液的组成与油包水乳化钻井液类似。

（3）合成基钻井液的耐温性、抑制性及润滑性类似于油包水乳化钻井液。

（4）适合用作完井液。

（5）初始配制成本高。

2. 要求

（1）基液选择不同，导致钻井液抗污染的能力不同。如酯类抗水泥污染能力弱；醚类热稳定性较差，抗固相和水泥污染能力差。要求根据实际需要，选择抗污染能力较强的基液。

（2）其他要求类似于油基钻井液。

3. 基本配方

以酯类基液为例，钻井液配方见表 5–4–30。

表 5–4–30　酯基钻井液配方

材料和处理剂	功　用	加量，%
酯	连续相或外相	70
20%$CaCl_2$ 水溶液	内相	30
有机膨润土	胶体	2.0 ~ 3.0
主乳化剂	乳化剂	2.0 ~ 4.0
辅助乳化剂	乳化剂	2.0 ~ 3.0

续表

材料和处理剂	功用	加量，%
润湿剂	润湿剂	1.0 ~ 1.5
降滤失剂	降滤失剂	3.0 ~ 4.0
增黏剂	增加黏度	0.5 ~ 1.0
碱度调节剂	调节液相 pH 值	0.3 ~ 0.6
石灰石粉	加重剂	视需要密度定

4. 推荐性能

酯基钻井液性能见表 5-4-31。

表 5-4-31　酯基钻井液的性能

性能	单位	数值
ρ	g/cm^3	1.15 ~ 1.20
AV	mPa · s	45 ~ 48
PV	mPa · s	30 ~ 38
YP	Pa	11.0 ~ 13.0
FL_{API}	mL	3.0 ~ 5.0
pH		9 ~ 10
破乳电压	V	> 700

5. 应用范围

（1）特别适用于对环境保护要求严格的地区钻井。

（2）适用于大位移井、大斜度井和水平井等特殊工艺井钻井。

十一、气体与含气钻井液体系

包括纯气体和气包液与液包气分散体系，都是密度低于 $1.0g/cm^3$ 的低密度钻井流体，分为 5 种类型。

1. 纯空气、氮气和天然气钻井流体

通过特殊设备（压风机、增压器）将大气中的空气注入钻柱作为钻井循环介质的流体叫做空气钻井流体。通过特殊制氮设备和压风机、增压器将氮气注入钻柱作为钻井循环介质的流体叫做氮气钻井流体。采用地下丰富天然气作为钻井循环介质的流体叫做天然气钻井流体。此外，还有二氧化碳、烟道气和柴油机尾气用作钻井循环介质的，但使用较少，不具代表性。

（1）特点：

①钻井流体密度 0 ~ $0.02g/cm^3$，有利于保护和及时发现油气层。

②流体密度低，有利于提高机械钻速和防漏。

③井壁岩石水分被抽干，岩石的水化不稳定现象消失。

（2）要求：

①需要特殊注入设备驱动流体。

②流体压力和排量的调控是井下携带钻屑的关键控制指标。

③转化为水基钻井液之前，需要屏蔽井壁岩石的毛细管吸力引起的吸水性，防止井壁坍塌。

④井下出水量增大到一定量后，需要及时转化为其他类型钻井液。

（3）基本配方。空气 / 氮气 / 天然气 + 防腐剂 + 干燥剂。

（4）性能。根据井眼大小和携带岩屑需要，控制气体的注入量在 100 ~ 160m^3/min。

（5）应用范围：

①低压易漏地层和油气储层。

②含水量小的地层。

③水敏性泥页岩地层。

④不含硫化氢的地层。

2. 雾状钻井流体

通常用纯气体钻井钻遇少量水出现时，使用雾状钻井流体以防止井下环空钻屑颗粒吸水后的团聚现象。

（1）特点：

①钻井流体密度 0.02 ~ 0.07g/cm^3，有利于保护和及时发现油气层。

②流体密度低，有利于提高机械钻速和防漏。

（2）要求：

①对注入气体的需要量大，往往比纯气体钻井高 15% ~ 50%。

②其他与纯气体钻井要求相同。

（3）基本配方。空气 + 水（少量）+ 发泡剂 + 防腐剂。

（4）推荐性能。根据井眼大小和携带岩屑需要，控制气体的注入量在 120 ~ 200 m^3/min。注入压力大于 2.5MPa，环空返速大于 15m/s。

（5）应用范围：

①地层出水量低于 24m^3/h 的欠平衡钻井。

②低压易漏地层和油气储层。

③不含硫化氢的地层。

3. 泡沫钻井流体

气体（通常为空气）分散于液体中所形成的分散体系。由于泡沫中气体含量较高，钻井泵上水受影响，在注入井筒中循环出来后，通常排放掉，又叫一次性泡沫钻井流体。

（1）特点：

①根据泡沫流体中是否含有固相成分，分为无固相的稳定泡沫流体和有固相的硬胶泡沫流体两种类型，后者的稳定性高于前者。

②钻井流体密度 0.07 ~ 0.50g/cm^3。

③泡沫流体黏度高，悬浮和携带钻屑能力强。

④泡沫流体密度受温度压力影响显著。

(2) 要求：

①需要特殊泡沫发生器和气体压缩机设备。

②针对含盐层和油层，发泡剂和其他处理剂需要耐盐耐油。

③井场应备有足够排放泡沫流体的地方。

(3) 基本配方见表 5–4–32。

表 5–4–32 泡沫钻井流体配方

稳定泡沫流体		硬胶泡沫流体	
材料和处理剂	加量，%	材料和处理剂	加量，%
水	100	膨润土	1 ~ 4
发泡剂	1 ~ 3	纯碱	0.05× 膨润土量
稳定剂	1 ~ 3	水	96 ~ 99
增黏剂	0.05 ~ 0.2	发泡剂	1 ~ 3
烧碱	视需要定	稳定剂	1 ~ 3
		烧碱	视需要定

(4) 推荐性能见表 5–4–33。

表 5–4–33 泡沫钻井流体性能

性 能	稳定泡沫流体	硬胶泡沫流体
ρ，g/cm^3	0.06 ~ 0.09	0.08 ~ 0.35
半衰期，h	＞10	＞12
泡沫质量	＜0.1	0.05 ~ 0.1
pH	9 ~ 10	9 ~ 10

(5) 应用范围：

①低压易漏但井壁稳定的地层。

②可用作完井液。

4. 可循环微泡沫钻井液体系

由气体（少量）与液体（通常为水）或者由气体、液体和固体多相组成的分散体系。前者称为可循环两相微泡沫钻井液体系，后者称为可循环三相微泡沫钻井液体系。

(1) 特点：

①钻井流体密度范围 0.70 ~ 0.95g/cm^3。

②微泡沫钻井液黏度高，悬浮和携带钻屑能力强。

③微泡沫钻井液当量循环密度低。

④微泡沫流体密度受温度压力影响显著，使用井深有一定限度。

(2) 要求：

①不需要特殊泡沫发生器和气体压缩机设备，利用井场配浆设备进行配制。

②选用发泡能力强和半衰期长的发泡剂才能获得稳定性强的微泡沫钻井液体系。

③针对含盐层和油层，发泡剂、稳泡剂及其他处理剂需要耐盐耐油。

④根据需要，体系中可以加入抗高温处理剂、封堵剂和抑制剂。

(3) 基本配方见表 5-4-34。

表 5-4-34 微泡沫钻井液配方

两相微泡沫钻井液		三相微泡沫钻井液	
材料和处理剂	加量，%	材料和处理剂	加量，%
水	100	膨润土	1 ~ 4
发泡剂	1 ~ 3	纯碱	0.05 × 膨润土量
稳定剂	1 ~ 3	水	96 ~ 99
增黏剂	0.05 ~ 0.2	发泡剂	1 ~ 3
烧碱	视需要定	稳定剂	1 ~ 3
		烧碱	视需要定

(4) 推荐性能见表 5-4-35。

表 5-4-35 泡沫流体性能

性 能	两相微泡沫钻井液	三相微泡沫钻井液
ρ，g/cm^3	0.60 ~ 0.98	0.70 ~ 0.98
半衰期，h	＞ 12	＞ 24
泡沫质量	0.2 ~ 0.6	0.2 ~ 0.6
pH	9 ~ 10	9 ~ 10

(5) 应用范围：主要用于低压易漏但井壁稳定地层。

5. 充气钻井液体系

将气体（空气、氮气、天然气、二氧化碳、柴油机尾气等）注入钻井液所形成的多相分散体系，气体为分散相，液体为连续相。

(1) 特点：

①充气钻井液属于不稳定的多相流。气体并不完全均匀分散在液相中，其状态有环雾流、泡状流、分散泡状流及弹状流等流态。

②钻井流体密度 0.60 ~ 0.95g/cm^3。

③充气钻井液静液柱压力低，有利于防漏和提高钻速。

④充气钻井液密度受温度压力影响显著。

⑤注气和脱气容易，满足循环使用要求。

(2) 要求：

①需要特殊的注气设备（压风机、增压器），不需要发泡剂。

②主要用于地层压力系数为 0.7 ～ 1.0 的地层。

③通过充气量的改变，随时调整钻井液密度到所需要数值。

④钻井液与气体（空气、氮气）混配比一般为 10 : 1。

⑤钻井液基液需要具有适当的黏度和切力，以利于钻井液反复充气与脱气。

（3）基本配方：钻井液 + 气体。

（4）推荐性能。一般根据携带钻屑和防止井漏需要，主要是调控注气量与钻井液排量，推荐性能见表 5−4−36。

表 5−4−36　充气钻井液性能

钻井液排量 L/s	注气量 m^3/min	气液比	密度 g/cm^3
25	0	—	1.04
25	40	27	0.50
39	35	15	0.73
42	25	10	0.82
39	35	15	0.72
38	35	15	0.73

（5）应用范围：

①低压易漏但井壁稳定地层。

②需要持续循环使用的低密度钻井液。

第五节　钻井液原材料及处理剂

钻井液所用的材料包括原材料及处理剂。原材料是指那些用作配浆而用量较大的基础材料，例如膨润土，水，油以及加重材料。而处理剂是指用于改善和稳定钻井液性能，或为满足钻井液某种性能需要而加入的化学添加剂，包括无机处理剂和有机处理剂。处理剂是钻井液的核心组分，往往很少的加量就能对钻井液性能产生极大的影响。

随着钻井液体系的不断更新，配浆原材料和处理剂的品种也在不断地增加。目前，国内外都在积极研制和开发各类新型、高效、无毒和多功能的化学处理剂，其产品的性能、质量和技术水平实际上代表了钻井液工艺技术的发展水平。据统计，1972 年我国钻井液材料和处理剂总共只有 21 种，1975 年以后开始取得突破性进展，到 1983 年底增至 76 种，1993 年增加到 16 类共 260 种。近几年在各种新型聚合物、正电胶、聚合醇、快速钻进剂和胺基抑制剂等高效处理剂的研究方面，又分别取得了新的进展。

钻井液原材料和处理剂的种类品种繁多。为了使用和研究方便，有必要将它们进行分类。目前主要有以下两种分类方法。

第一种分类方法是按其组成分类。通常分为钻井液原材料、无机处理剂、有机处理剂和表面活性剂四大类。其中无机处理剂又可分为氯化物、硫酸盐、碱类、碳酸盐、磷酸盐、硅酸盐和重铬酸盐和混合金属层状氢氧化物（即正电胶）类等。有机处理剂通常可分为天然产品、天然改性产品和有机合成化合物。按其化学组分又可分为下列几类：腐殖酸类、纤维素类、木质素类、丹宁酸类、沥青类、淀粉类和聚合物类等。

第二种分类方法是按其在钻井液中所起的作用或功能分类。我国钻井液标准化委员会根据国际上的分类法，并结合我国的具体情况，将钻井液配浆材料和处理剂共分为以下16类：(1) 降滤失剂（Filtration Reducer）；(2) 增黏剂（Viscosifier）；(3) 乳化剂(Emulsifier)，使油水乳化产生乳状液；(4) 页岩抑制剂（Shale Inhibitor）；(5) 堵漏剂（Lost Circulation Material）；(6) 降黏剂（Thinner）；(7) 缓蚀剂（Corrosion Inhibitor）；(8) 黏土类（C1ay）；(9) 润滑剂（Lubricant）；(10) 加重剂（Weighting Agent）；(11) 杀菌剂（Bactericide）；(12) 消泡剂（Defoamer）；(13) 泡沫剂（Foaming Agent）；(14) 絮凝剂（Flocculant）；(15) 解卡剂（Pipe-Freeing Agent）；(16) 其他类等。

这16类处理剂所起的作用各不相同，但在配制和使用钻井液时，并不同时使用这些处理剂，而仅仅根据需要使用其中的几种。有时，一种处理剂在钻井液中同时具有几种作用。例如，有的降滤失剂同时兼有增黏或降黏作用，絮凝剂同时兼有增黏剂的作用等。本章将以上两种分类方法结合起来，除介绍常用的配浆原材料和无机处理剂外，重点介绍几类重要的有机处理剂，即降黏制、降滤失剂、页岩抑制剂、絮凝剂和堵漏剂等。

一、钻井液配浆原材料

1. 黏土类

膨润土是水基钻井液的重要配浆材料。有的文献将膨润土定义为具有蒙脱石的物理化学性质，含蒙脱石不少于85%的黏土矿物。一般要求1t膨润土至少能够配制出黏度为15mPa·s的钻井液16m^3。钠膨润土的造浆率一般较高，而钙膨润土则需要通过加入纯碱使之转化为钠膨润土后方可使用。目前我国将配制钻井液所用的膨润土分为三个等级：一级为符合API标准的钠膨润土；二级为改性土，经过改性符合OCMA标准要求；三级为较次的配浆土，仅用于性能要求不高的钻井液。

由于无机盐对膨润土的水化分散具有一定的抑制作用，因此膨润土在淡水和盐水中的造浆率不同，盐水造浆率一般要低一些。将膨润土先在淡水中预水化，然后再加入盐水中，可以提高其在盐水中的造浆率。

膨润土在淡水泥浆中具有以下作用：(1) 增加黏度和切力，提高井眼净化能力；(2) 形成低渗透率的致密滤饼，降低滤失量；(3) 对于胶结不良的地层，可改善井眼的稳定性；(4) 防止井漏。

海泡石、凹凸棒石和坡缕缟石是较典型的抗盐耐高温的黏土矿物，主要用于配制盐水泥浆和饱和盐水泥浆。用抗盐黏土配制的钻井液一般形成的滤饼质量不好，滤失量较大。因此，必须配合使用降滤失剂。海泡石有很强的造浆能力，用它配制的钻井液具有较高的热稳定性，此外，海泡石还具有一定的酸溶性（在酸中可溶解60%左右），因此，在保护油气层的钻井液中，还可用作酸溶性暂堵剂。在我国，由于目前这几种抗盐黏土的矿源相对较少，因此在钻井液中的应用尚不普遍。

有机土是由膨润土经季铵盐类阳离子表面活性剂处理而制成的亲油膨润土。有机土可以在油中分散，形成结构，其作用与水基钻井液中的膨润土类似。

2．加重材料

加重材料（Weighting Material）又称加重剂，由不溶于水的惰性物质经研磨加工制备而成。为了对付高压地层和稳定井壁，需将其添加到钻井液中以提高钻井液的密度。加重材料应具备的条件是自身的密度大，磨损性小，易粉碎；并且应属于惰性物质，既不溶于钻井液，也不与钻井液中的其他组分发生相互作用、对钻井液性能影响较小。

钻井液的常用加重材料有以下几种：

（1）重晶石粉（Barite）。重晶石粉是一种以 $BaSO_4$ 为主要成分的天然矿石，经过机械加工后而制成的灰白色粉末状产品。按照 API 标准，其密度应达到 4.2 g/cm³，粉末细度要求通过 200 目筛网时的筛余量小于 3.0%，重晶石粉一般用于加重密度不超过 2.40g/cm³ 的水基和油基钻井液，它是目前应用最广泛的一种钻井液加重剂。采用活化或高纯度的重晶石粉可以配制密度高达 2.50g/cm³ 以上的超高密度钻井液。

（2）石灰石粉（Limestone）。石灰石粉的主要成分为 $CaCO_3$，密度为 2.7 ~ 2.9g/cm³。易与盐酸等无机酸类发生反应，生成 CO_2、H_2O 和可溶性盐，因而适于在非酸敏性而又需进行酸化作业的产层中使用，以减轻钻井液对产层的伤害。但由于其密度较低，一般只能用于配制密度不超过 1.68g/cm³ 的钻井液和完井液。不同细度的石灰石粉可以形成较好的屏蔽暂堵，成为储层保护常用的材料。

（3）铁矿粉（Hematite）和钛铁矿粉（Ilmenite）。前者的主要成分为 Fe_2O_3，密度 4.9 ~ 5.3g/cm³；后者的主要成分为 $TiO_2 \cdot Fe_2O_3$，密度 4.5 ~ 5.1g/cm³。均为棕色或黑褐色粉末。因它们的密度均大于重晶石，故可用于配制密度更高的钻井液。例如，用密度为 4.2g/cm³ 的重晶石将某种钻井液加重到 2.28g/cm³，其固相含量为 39.5%；而使用密度为 5.2g/cm³ 的铁矿粉将该钻井液加至同样密度时，固相含量仅为 30.0%。加重后固相含量低有利于流变性能的调控和提高钻速。此外，由于铁矿粉和钛铁矿粉均具有一定的酸溶性，因此可应用于需进行酸化的产层。

由于这两种加重材料的硬度约为重晶石的两倍，因此耐研磨，在使用中颗粒尺寸保持较好，损耗率较低。但另一方面，对钻具、钻头和泵的磨损也较为严重，会对核磁等测井产生影响。在我国，铁矿粉是用量仅次于重晶石的钻井液加重材料。

（4）方铅矿粉（Galena）。方铅矿粉是一种主要成分为 PbS 的天然矿石粉末，一般呈黑褐色。由于其密度高达 7.4 ~ 7.7g/cm³，因而可用于配制超高密度钻井液，以控制地层出现的异常高压。由于该加重剂的成本高，货源少，一般仅限于在地层孔隙压力极高的特殊情况下使用。如我国滇黔桂石油勘探局在官 −3 井使用方铅矿，配制出密度为 3.0g/cm³ 的超高密度钻井液。

3．配浆水和油

水是配制各种钻井液时不可缺少的基本组分。在水基钻井液中，水是分散介质，大多数处理剂均通过溶解于水而发挥其作用；在油包水乳化钻井液中，水（通常是含 $CaCl_2$ 或 NaCl 的盐水）是分散相。甚至在泡沫钻井流体中，水也是不可缺少的连续相。

室内和现场试验均表明，钻井液的性能与配浆水的水质密切相关。为了节约钻井液成本，配制钻井液时一般都是就地取水。水中含有的各种杂质，如无机盐类、细菌和气体等对钻井液的性能有很大影响。例如，无机盐会导致膨润土的造浆率降低，以及钻井液的滤失量增大；细菌可引起钻井液中的淀粉类处理剂发酵，使某些聚合物处理剂容易降解，细菌的大量繁殖还会对油气层造成伤害；气体的存在则会加剧钻具的腐蚀等。同此，配制钻井液时必须预先了解配浆水的水质，不合格的水需经过适当处理后才能使用。

自然界的水按其来源可以分为地面水和地下水；按其酸碱性可分为酸性水、中性水和碱性水；按所含无机盐的类别可分为 NaCl 型、$CaCl_2$ 型，$MgCl_2$ 型、Na_2SO_4 型和 $NaHCO_3$ 型水等。在钻井液工艺中，根据水中可溶性无机盐含量的多少，一般将配浆水分为以下三类：含盐量较少（总盐度低于 1000mg/L）的淡水、含盐量较多的盐水和含盐量达饱和的饱和盐水，与之相应的钻井液分别称作淡水泥浆、盐水泥浆和饱和盐水泥浆。此外，常将含 Ca^{2+} 与 Mg^{2+} 较多的水称为硬水。

原油、柴油和低毒矿物油也是配制钻井液时常用的原材料。在油基钻井液中，常选用柴油和矿物油作为连续相。在水基钻井液中，也常混入一定量的原油或柴油，以提高其润滑性能，并起降低滤失量的作用。在使用过程中，应注意油品的黏度不宜过高，否则钻井液的流变性不易控制。此外，还应考虑油品的价格和对环境可能造成的影响。对于探井，应考虑其荧光度对油气显示的影响。在选用原油时，应考虑其凝固点以及石蜡与沥青质含量等，以免对油气层造成不良的影响。

二、无机处理剂

按钻井液标准委员会制订的分类方法，无机处理剂被划分在其他类。无机处理剂的数量较多，本节仅介绍较常用的几种。

1．常用的无机处理剂

1）纯碱

纯碱即碳酸钠（Sodium Carbonate），又称苏打粉（Soda Ash），分子式为 Na_2CO_3。无水碳酸钠为白色粉末，密度为 2.5g/cm³，易溶于水。在接近 36℃时溶解度最大，水溶液呈碱性（pH 值为 11.5），在空气中易吸潮结成硬块（晶体），存放时要注意防潮。纯碱在水中容易电离和水解。其中电离和一级水解较强，所以纯碱水溶液中主要存在 Na^+、CO_3^{2-}、HCO_3^- 和 OH^- 离子，其反应式为：

$$Na_2CO_3 = 2Na^+ + CO_3^{2-}$$

$$CO_3^{2-} + H_2O = HCO_3^- + OH^-$$

纯碱能通过离子交换和沉淀作用使钙黏土变为钠黏土，即：

$$Ca\text{-黏土} + Na_2CO_3 \longrightarrow Na\text{-黏土} + CaCO_3 \downarrow$$

由于上述反应可有效地改善黏土的水化分散性能，因此加入适量纯碱可使新浆的滤失量下降，黏度和切力增大。但过量的纯碱会导致黏土颗粒发生聚结，使钻井液性能受到破坏。其合适加量需通过造浆实验来确定。

此外，在钻水泥塞或钻井液受到钙侵时，加入适量纯碱使 Ca^{2+} 沉淀成 $CaCO_3$，从而使钻井液性能变好，即：

$$Na_2CO_3 + Ca^{2+} = CaCO_3 \downarrow + 2Na^+$$

含羧钠基官能团（–COONa）的有机处理剂在遇到钙侵（或 Ca^{2+} 浓度过高）而降低其溶解性时，一般可采用加入适量纯碱的办法恢复其效能。

2）烧碱

烧碱（Caustic Soda）即氢氧化钠（Sodium Hydroxide），分子式为 NaOH，其外观为乳白色晶体，密度为 2.0 ~ 2.2g/cm^3，易溶于水，溶解时放出大量的热。溶解度随温度升高而增大，水溶液呈强碱性，烧碱容易吸收空气中的水分和二氧化碳，并与二氧化碳作用生成碳酸钠，存放时应注意防潮加盖。

烧碱主要用于调节钻井液的 pH 值；与丹宁和褐煤等酸性处理剂一起配合使用，使之分别转化为丹宁酸钠和腐殖酸钠等有效成分。还可用于控制钙处理钻井液中 Ca^{2+} 的浓度等。

3）石灰

生石灰即氧化钙（Calcium Oxide），分子式为 CaO。吸水后变成熟石灰，即氢氧化钙 $Ca(OH)_2$（Calcium Hydroxide）。CaO 在水中的溶解度较低，常温下为 0.16%，其水溶液呈碱性，并且随温度升高，溶解度降低。

在钙处理钻井液中，石灰用于提供 Ca^{2+}，以控制黏土的水化分散能力，使之保持在适度絮凝的状态；在油包水乳化钻井液中，CaO 用于使烷基苯磺酸钠等乳化剂转化为烷基苯磺酸钙，并调节 pH 值。但需注意，在高温条件下石灰钻井液可能发生固化反应，使性能不能满足要求，因此在高温深井中应慎用。此外，石灰还可配成石灰乳堵漏剂封堵漏层。

4）石膏

石膏的化学名称为硫酸钙（Calcium Sulfate），分子式为 $CaSO_4$。有熟石膏（Gypsum，$CaSO_4 \cdot 2H_2O$）和无水石膏（Anhydrite，$CaSO_4$）两种。石膏是白色粉末，密度为 2.31 ~ 2.32g/cm^3。常温下溶解度较低（约为 0.2%），但稍大于石灰。小于 40℃时，溶解度随温度升高而增大；大于 40℃以后，溶解度随温度升高而降低。吸湿后结成硬块，存放对应注意防潮。

在钙处理钻井液中，石膏与石灰的作用大致相同，都用于提供适量的 Ca^{2+}，其差别在于石膏提供的钙离子浓度比石灰高一些，此外用石膏处理可避免钻井液的 pH 值过高。

5）氯化钙

氯化钙（Calcium Chloride）的分子式为 $CaCl_2$，通常含有 6 个结晶水。其外观为无色斜方晶体，密度为 1.68g/cm^3，易潮解，且易溶于水（常温下约为 75%）。其溶解度随温度升高而增大。在钻井液中，$CaCl_2$ 主要用于配制防塌性能较好的高钙钻井液。用 $CaCl_2$ 处理钻井液时常常引起 pH 值降低。

6）氯化钠

氧化钠（Sodium Chloride）俗名食盐，分子式为 NaCl，为白色晶体，常温下密度约为 2.20g/cm^3。纯品不易潮解，但含 $MgCl_2$ 和 $CaCl_2$ 等杂质的工业食盐容易吸潮。常温下在水中的溶解度较大（20℃时为 36g/100g 水），且随温度升高，溶解度略有增大，见表 5–5–1 所示。

食盐主要用于配制盐水泥浆和饱和盐水泥浆，以防止岩盐井段溶解，并抑制井壁泥页岩水化膨胀。此外，为保护油气层，还可用于配制无固相清洁盐水泥浆，或作为水溶性暂堵剂使用。

表 5-5-1 不同温度下 NaCl 在水中的溶解度

温度，℃	0	10	20	30	40	50	60	70	80	90	100
溶解度，g/100g 水	35.7	35.8	36.0	36.3	36.6	37.0	37.3	37.8	38.4	39.0	39.8

7）氯化钾

氯化钾（Potassium Chloride）的分子式为 KCl，外观为白色立方晶体，常温下密度为 1.98g/cm³，熔点为 776℃。易溶于水，且溶解度随温度升高而增加。KCl 是一种常用的无机盐类页岩抑制剂，具有较强的抑制页岩渗透水化的能力。若与聚合物配合使用，可配制成具有强抑制性的钾盐聚合物防塌钻井液。关于 KCl 的防塌机理，将在有关章节中进行讨论。

8）硅酸钠

硅酸钠（Sodium Silicate）俗名水玻璃或泡花碱。分子式为 $Na_2O \cdot nSiO_2$，式中 n 称为水玻璃的模数，即二氧化硅与氧化钠的分子个数之比。n 值越大，碱性越弱。n 值在 3 以上的称为中性水玻璃，n 值在 3 以下的称为碱性水玻璃。

水玻璃通常分为固体水玻璃、水合水玻璃和液体水玻璃等三种。固体水玻璃与少量水或蒸汽发生水合作用而生成水合水玻璃。水合水玻璃易溶解于水变为液体水玻璃。液体水玻璃一般为黏稠的半透明液体，随所含杂质不同可以呈无色、棕黄色或青绿色等，现场使用的水玻璃的密度为 1.5 ~ 1.6g/cm³，pH 值为 11.5 ~ 12，能溶于水和碱性溶液，能与盐水混溶，可用饱和盐水调节水玻璃的黏度。水玻璃在钻井液中可以部分水解生成胶态沉淀，其反应式为：

$$Na_2O \cdot nSiO_2 + (y+1)H_2O \longrightarrow nSiO_2 \cdot yH_2O \downarrow + 2NaOH$$

该胶态沉淀可使部分黏土颗粒（或粉砂等）聚沉，从而使钻井液保持较低的固相含量和密度。水玻璃对泥页岩的水化膨胀有一定的抑制作用，故有较好的防塌性能。

当水玻璃溶液的 pH 值降至 9 以下时，整个溶液会变成半固体状的凝胶。其原因是水玻璃发生缩合作用生成较长的带支键的—Si—O—Si—链，这种长链能形成网状结构而包住溶液中的全部自由水，使体系失去流动性。随着 pH 值的不同，其胶凝速度（即调整 pH 直至形成胶凝所需时间）有很大差别，可以从几秒到几十小时。利用这一特点，可以将水玻璃与石灰、黏土和烧碱等配成石灰乳堵漏剂，注入已确定的漏失井段进行胶凝堵漏。因此，水玻璃是一种堵漏剂。

此外，水玻璃溶液遇 Ca^{2+}、Mg^{2+} 和 Fe^{2+} 等高价阳离子会产生沉淀，与 Ca^{2+} 的反应可用下式表示：

$$Ca^{2+} + Na_2O \cdot nSiO_2 \longrightarrow CaSiO_3 \downarrow + 2Na^+$$

所以，用水玻璃配制的钻井液一般抗钙能力较差，也不宜在钙处理钻井液中使用。但它可在盐水或饱和盐水中使用。研究表明，利用水玻璃这个特点，还可使裂缝性地层的一些裂缝发生愈合或提高井壁的破裂压力，从而起到化学固壁的作用。

硅酸盐钻井液是防塌钻井液的类型之一，在国内外应用中均取得很好的效果。配制硅酸盐钻井液的成本较低，且对环境无污染。

9）酸式焦磷酸钠和六偏磷酸钠

酸式焦磷酸钠（Sodium Acid Pyrophosphate）的分子式为 $Na_2H_2P_2O_7$，代号 SAPP，无色固体，由磷酸二氢钠加热制得。10%$Na_2H_2P_2O_7$ 水溶液的 pH 值为 4.8。六偏磷酸钠的分子式为（$NaPO_3$）$_6$，外观为无色玻璃状固体，有较强的吸湿性，易溶于水。在温水中溶解较快，溶解度随温度升高而增大，10%（$NaPO_3$）$_6$ 水溶液的 pH 值为 6.8。

在钻井液技术发展的早期，磷酸盐类处理剂曾经是用于钻井液的主要稀释剂之一。不仅对高黏土含量引起的絮凝，而且对 Ca^{2+} 和 Mg^{2+} 引起的絮凝均有良好的稀释作用。它们遇较少量 Ca^{2+} 和 Mg^{2+} 时，可生成水溶性络离子；遇大量 Ca^{2+} 和 Mg^{2+} 时，可生成钙盐沉淀。$Na_2H_2P_2O_7$ 特别对消除水泥和石灰造成的污染有很好的效果，因为用它既能除去 Ca^{2+}，又能使钻井液的 pH 值适度降低。

磷酸盐类稀释剂的主要缺点是抗温性差，超过 80℃时稀释性能急剧下降，这是由于它们在高温下会转化为正磷酸盐，成为一种絮凝剂。因此，一般在深部井段，应改用抗温性较强的其他类型的稀释剂。正是由于这一原因，近年来该类稀释剂已较少使用。

10）混合金属层状氢氧化物

混合金属层状氢氧化物（Mixed Metal Layered Hydroxide Compounds，简称为 MMH）由一种带正电的晶体胶粒所组成，常称为正电胶。目前，其产品有溶胶、浓胶和胶粉等三种剂型。实验表明，该处理剂对黏土水化有很强的抑制作用，与膨润土和水所形成的复合体具有独特的流变性能。

2. 无机处理剂在钻井液中的作用机理

无机处理剂都是水溶性的无机碱类和盐类，其中多数可提供阳离子和阴离子，也有一些与水形成胶体或生成络合物。它们在钻井液中的作用机理可归纳为以下方面。

1）离子交换吸附

主要是黏土颗粒表面的 Na^+ 与 Ca^{2+} 之间的交换。这一过程对改善黏土造浆性能、配制钙处理钻井液以及防塌等方面都很重要，对钻井液性能的影响也较大。例如，在配制预水化膨润土浆时，常加入适量 Na_2CO_3。其目的是，通过 Na^+ 浓度的增加，使之能够与钙蒙脱土颗粒表面的 Ca^{2+} 发生交换，从而使黏土的水化和造浆性能提高，分散成更小的颗粒，表现为钻井液的黏度和切力升高，滤失量降低；相反地，若在分散钻井液中加入适量 $Ca(OH)_2$ 和 $CaSO_4$ 等处理剂，随滤液中 Ca^{2+} 浓度的提高，一部分 Ca^{2+} 会与吸附在黏土颗粒上的 Na^+ 发生交换，致使钻井液体系转变为适度絮凝的粗分散状态，从而控制黏土的水化与分散。

2）调控钻井液的 pH 值

每种钻井液体系均有其合理的 pH 值范围。然而在钻进过程中，钻井液的 pH 值会因发生盐侵、盐水侵、水泥侵和井壁吸附等各种原因而发生变化，其中 pH 值趋于下降的情况更为常见。因此，为了使钻井液性能保持稳定，应随时对 pH 值进行调整。添加适量的烧碱等无机处理剂是提高 pH 值的最简单的方法，而使用酸式焦磷酸钠（SAPP）、$CaSO_4$ 或 $CaCl_2$ 等无机处理剂时，则会使钻井液的 pH 值有所下降。

3）沉淀作用

如果有过多的 Ca^{2+} 或 Mg^{2+} 侵入钻井液，将会削弱黏土的水化和分散能力，破坏钻井液的性能。此时，可先加入适量烧碱除去 Mg^{2+}，然后用适量纯碱除去 Ca^{2+}。这种沉淀作用还可用来使某些因受到污染而失效的有机处理剂恢复其作用，例如褐煤碱液和水解聚丙烯腈，如遇钙侵会分别生成难溶于水的腐殖酸钙和聚丙烯酸钙。此时，可以加入适量纯碱，使上述处理剂恢复其作用效果，这是由于所生成的 $CaCO_3$ 的溶解度比腐殖酸钙和聚丙烯酸钙的溶解度小得多，因而可使处理剂的钙盐重新转变为钠盐。

4）络合作用

利用某些无机处理剂的络合作用，同样可以有效地除去钻井液中的 Ca^{2+} 和 Mg^{2+} 等污染离子。例如，在受到钙侵的钻井液中加入足量的六偏磷酸钠，则可通过下面的络合反应除去 Ca^{2+}：

$$Ca^{2+}+(NaPO_3)_6 = [CaNa_2(PO_3)_6]^{2-}+4Na^+$$

该反应所生成的络离子 $[CaNa_2(PO_3)_6]^{2-}$ 相当稳定，将 Ca^{2+} 束缚起来，相当于从钻井液的滤液中除掉了 Ca^{2+}。

5）与有机处理剂生成可溶性盐

由于许多有机处理剂，如丹宁和腐殖酸等在水中溶解度很小，不易吸附在黏土颗粒上，因而不能发挥其效能。只有通过加入适量烧碱，使之转化为可溶性盐，如单宁酸钠和腐殖酸钠，才能充分发挥其效能。这也是钻井液应始终保持碱性环境的一个重要原因。

6）抑制溶解的作用

在钻遇盐岩和石膏地层时，常使用盐水泥浆和石膏处理的钻井液；对于大段的盐膏层，甚至使用饱和盐水泥浆。其目的一是为了增强钻井抗污染的能力，二是为了抑制和防止上述可溶性岩层的溶解，使井径保持规则。

以上介绍的是无机处理剂最基本的作用机理，它们之间往往是互相联系的。

三、有机处理剂

有机处理剂有降黏剂、降滤失剂、增黏剂、页岩抑制剂和堵漏剂等 5 类。

1. 降黏剂

降黏剂又称为解絮凝剂（Deflocculants）和稀释剂（Thinner）。钻井液在使用过程中，常常由于温度升高、盐侵或钙侵、固相含量增加或处理剂失效等原因，使钻井液形成的网状结构增强，钻井液黏度和切力增加。若黏度和切力过大，则会造成开泵困难、钻屑难以除去或钻井过程中激动压力过大等现象，严重时会导致各种井下复杂情况。因此，在钻井液使用和维护过程中，经常需要加入降黏剂，以降低体系的黏度和切力，使其具有适宜的流变性。钻井液降黏剂的种类很多，根据其作用机理的不同，可分为两种类型，即分散型稀释剂和聚合物型稀释剂。在分散型稀释剂中主要有丹宁类和木质素磺酸盐类，聚合物型稀释剂主要包括共聚型聚合物降黏剂和低分子聚合物降黏剂等。

1）丹宁类

(1) 丹宁的来源和性质。丹宁（Tannins）又称鞣质，广泛存在于植物的根、茎、叶、皮、果壳和果实中，是一大类多元酚的衍生物，属于弱有机酸。由于从不同植物中提取的丹宁具有不同的化学组成，因此丹宁的种类很多。我国四川、湖南和广西一带盛产五倍子丹宁，云南、陕西和河南一带盛产橡碗栲胶。栲胶是用丹宁为主要成分的植物物料提取制成的浓缩产品，外观为棕黄—棕褐色的固体或浆状体，一般含丹宁 20% ~ 60%。用天然植物提取和制备的工业用丹宁具有以下性质：

①为带色的非晶形固体。可溶于水，也部分溶于丙酮、甘油和乙酸乙酯等溶剂，但不溶于无水乙醇、乙醚、氯仿和苯等溶剂。

②丹宁为弱酸（由酚羟基引起），其水溶液呈酸性，味苦涩。与强酸反应时，会使丹宁沉淀而从溶液中析出。

③丹宁酸钠在高浓度的 NaCl、$CaCl_2$ 和 Na_2SO_4 等无机盐溶液中会发生盐析或生成沉淀。因此，丹宁碱液的抗盐抗钙能力较差。

④由于丹宁酸含有酯键，在 NaOH 溶液中易于水解。高温下水解加剧，降黏能力减弱。因此，丹宁碱液抗温能力在 100 ~ 200℃，仅用于浅井或中深井。

⑤丹宁分子在水中有缔合现象，且缔合程度随其浓度的增大而增加。在 1% 的五倍子丹宁水溶液中，其相对分子质量为 2500 左右，相当于二聚物；在 10% 及 20% 的水溶液中，其相对分子质量分别为 4016 和 5450。在丙酮溶液中则以单体形式存在。

⑥丹宁酸在水溶液中也可以发生水解，生成双五倍子酸（或称双没食子酸）和葡萄糖。双五倍子酸进一步水解，可生成五倍子酸。反应式分别为：

$$5(C_{14}H_9O_9)\cdot C_6H_7O+5H_2O \longrightarrow 5C_{14}H_{10}O_9+C_6H_{12}O_6$$

五倍子丹宁酸　　　　双五倍子酸　葡萄糖

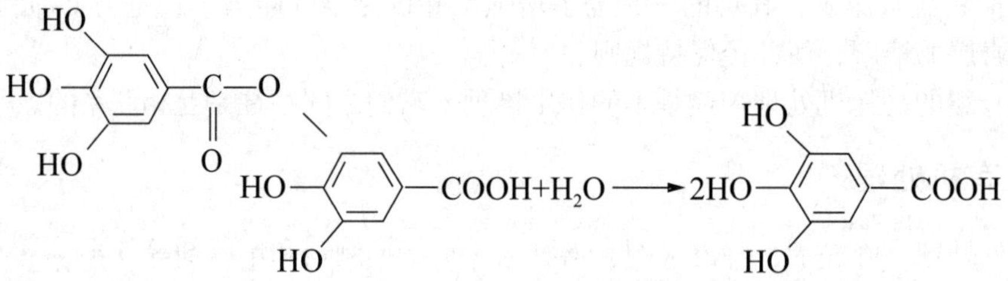

HO, HO, HO, C—O, O, HO, COOH+H_2O ⟶ 2HO, HO, HO, COOH

双五倍子酸　　　　五倍子酸

这些水解的酸性产物在 NaOH 溶液中生成双五倍子酸钠和五倍子酸钠，统称为丹宁酸钠或丹宁碱液，即丹宁在钻井液中的有效成分，简化符号为 NaT。

为了提高丹宁酸钠的使用效果，通过丹宁与甲醛和亚硫酸钠进行磺甲基化反应可制备磺甲基丹宁（SMT）。还可再进一步与 $Na_2Cr_2O_7$ 发生氧化与螯合反应制得磺甲基丹宁的铬螯合物。这两种产品的热稳定性和降黏性能比丹宁酸钠有明显提高，抗温可达 180 ~ 200℃。磺甲基丹宁产品为棕褐色粉末或细颗粒，易溶于水，水溶液呈碱性。在钻井液中一般加 0.5% ~ 1% 就获得较好的稀释效果。其适用的 pH 值范围在 9 ~ 11。抗 Ca^{2+} 可达 1000g/L，而抗盐性较差，当含盐量超过 1% 时稀释效果就明显下降。

（2）丹宁的稀释机理。一般认为，丹宁类降黏剂的作用机理是：丹宁酸钠苯环上相邻的双酚羟基可通过配位键吸附在黏土颗粒断键边缘的 Al^{3+} 处，如：

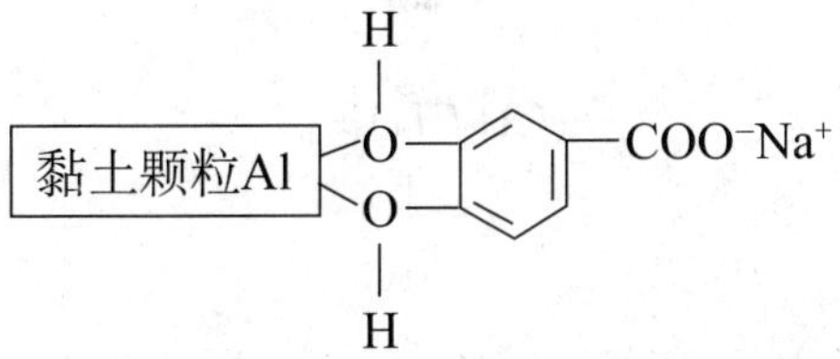

而剩余的—ONa 和—COONa 均为水化基团，它们又能给黏土颗粒带来较多的负电荷和水化层，使黏土颗粒端面处的双电层斥力和水化膜厚度增加，从而拆散和削弱了黏土颗粒间通过端—面和端—端连接而形成的网架结构，使黏度和切力下降。

因此，丹宁类降黏剂主要是通过拆散结构而起降黏作用的。也就是说，降低的主要是动切力 τ_0，而对塑性黏度 μ_p 的影响较小。若要降低 μ_p，应主要通过加强钻井液固相控制来实现。丹宁酸钠的上述稀释机理是具有代表性的，其他分散型降黏剂的作用机理均与之相似。

由于降黏剂主要在黏土颗粒的端面起作用，因此与降滤失剂相比，其用量一般较少。当加大其用量时，丹宁碱液也会在一定程度上起降滤失的作用。这是由于随着结构的拆散和黏土颗粒双电层斥力和水化作用的增强，有利于形成更为致密的滤饼。

2）木质素磺酸盐类

木质素磺酸盐是木材酸法造纸残留下来的一种废液。通常造纸厂供应的纸浆废液是一种已浓缩的黏稠的棕黑色液体，其中固体含量为 35% ~ 50%，密度为 1.26 ~ 1.30g/cm^3。其主要成分为木质素磺酸钠。

在过去相当长的一段时期，以铁铬盐为代表的木质素磺酸盐是国内外使用量最大的一类降黏剂。室内试验和现场使用经验表明，其抗温、抗盐和抗钙性能均比丹宁酸类降黏剂要强得多。铁铬盐抗温可达 150 ~ 180℃，如果加入少量的 $Na_2Cr_2O_7$ 或 $K_2Cr_2O_7$ 可进一步和氯化钙钻井液中。铁铬盐在钻井液中的加量一般为 0.3% ~ 1.0%，加量较大时兼有降滤失作用。

尽管铁铬盐是一种性能优良的降黏剂，但也存在着某些不足。其主要缺点有：使用时要求钻井液的 pH 值保持较高，这是不利于井壁稳定的；有时容易引起钻井液发泡，因此常需配合使用硬脂酸铝、甘油聚醚等消泡剂；铁铬盐钻井液的滤饼摩擦系数较高，在深井中使用时往往需要混油或添加一些润滑剂。还有很重要的一点，即铁铬盐含重金属铬，在制备和使用过程中均会造成一定的环境污染，对人体健康不利。因此，目前国内外都在致力于研制能够替代铁铬盐的无铬降黏剂。

除上述分散型降黏剂外，近年来还研制出多种聚合物型降黏剂。聚合物型降黏剂主要是相对分子质量较低的丙烯酰胺类或丙烯酸类聚合物，主要用于聚合物钻井液。研制和开发聚合物型降黏剂主要出自以下原因：常规的分散型降黏剂只能有效地降低钻井液的动切力（即所谓结构黏度），而不能使塑性黏度降低，因而导致钻井液的动塑比减小，某些分散型降黏剂还会使钻井液抑制钻屑分散的能力削弱；而聚合物型降黏剂能使动切力、塑性黏度同时降低，与此同时还能增强钻井液抑制地层造浆的能力，从而可为聚合物钻井液真正实现低固相和不分散创造条件。下面仅介绍几种比较重要的聚合物型降黏剂。

3）X−40 系列降黏剂

X−40 系列降黏剂产品包括 X−A40 和 X−B40 两种，X−A40 是相对分子质量较低的聚丙烯酸钠，其结构式为：

$$-(CH_2CH)-_n \\ | \\ COONa$$

该处理剂是先在水溶液中经游离基链式聚合制成液态产品，烘干后呈浅蓝色颗粒或白色粉末。其平均相对分子质量为5000左右，在钻井液中加量为0.3%时，可抗0.2%$CaSO_4$和1%NaCl，并可抗150℃的高温。

X–B40是丙烯酸钠与丙烯磺酸钠的相对分子质量较低的共聚物，其结构式为：

$$-(CH_2CH)-_x \quad -(CH_2CH)-_y \\ | \qquad\qquad | \\ CH_2SO_3Na \qquad COONa$$

其中丙烯磺酸钠占总单体量的5% ~ 20%（mol）。用小角度光衍射仪测得X–B40的平均相对分子质量为2340。由于在其分子中引进了$-SO_3Na$，故X–B40的抗温和抗盐、钙能力均优于X–A40，但其成本比X–A40要高。

X–40系列处理剂之所以具有较强的稀释作用，主要是由其线型结构、低相对分子质量及强阴离子基团所决定的。一方面，由于其分子量低，可通过氢键优先吸附在黏土颗粒上，从而顶替掉原已吸附在黏土颗粒上的高分子聚合物，从而拆散了由高聚物与黏土颗粒之间形成的“桥接网架结构”；另一方面，低分子量的降黏剂可与高分子主体聚合物发生分子间的交联作用，阻碍了聚合物与黏土之间网架结构的形成，从而达到降低黏度和切力的目的。但若其聚合度过大，相对分子质量过高，反而会使黏度和切力增加。

4）XY–27稀释剂

XY–27两性离子聚合物稀释剂相对分子质量约为2000，在其分子链中同时含有阳离子基团、阴离子基团和非离子基团，属于乙烯基单体多元共聚物。其主要特点是，既是降黏剂又是页岩抑制剂，与分散型降黏剂相比，它只需很少的加量（通常为0.1% ~ 0.3%）就能取得更好的降黏效果，同时还有一定的抑制黏土水化膨胀的能力。XY–27经常与两性离子包被剂FA–367及两性离子降滤失剂JT–888等配合使用，构成目前国内广泛使用的两性离子聚合物钻井液体系。同时，它在其他钻井液体系，包括分散钻井液体系中也能有效地降黏。两性离子聚合物稀释剂还兼有一定的降滤失作用，能同其他类型处理剂互相兼容，如可以配合使用磺化沥青或磺化酚醛树脂类等处理剂，以改善滤饼质量，提高封堵效果和抗温能力。

研究表明，两性离子聚合物降黏剂的降黏机理是：由于在XY–27的分子链中引入了阳离子基团，能与黏土发生离子型吸附，又由于是线性相对分子质量较低的聚合物，故它比高分子聚合物能更快更牢固地吸附在黏土颗粒上。而且XY–27的特有结构使它与高聚物之间的交联或络合机会增加，从而使其比阴离子聚合物降黏剂有更好的降黏效果。

两性离子降黏剂还具有一定的抑制页岩水化的作用，这是因为分子链中的有机阳离子基团吸附于黏土表面之后，一方面中和了黏土表面的一部分负电荷，削弱了黏土的水化作用；另一方面这种特殊分子结构使聚合物链之间更容易发生缔合，因此，尽管其相对分子质量较低，仍能对黏土颗粒进行包被，不减弱体系抑制性。此外，分子链中大量水化基团所形成的水化膜，可阻止自由水分子与黏土表面的接触，并提高黏土颗粒的抗剪切强度。

试验表明，在含有 FA−367 的膨润土浆中，只需加入少量 XY−27，钻井液的黏度和切力就急剧下降，且滤失量降低，滤饼变得致密。还发现随其加量增加，钻井液容纳钻屑的能力明显增强。

5）磺化苯乙烯－马来酸酐共聚物

磺化苯乙烯－马来酸酐共聚物（Sulfonated Styrene−Maleic Anhydride Copolymer）是由苯乙烯、马来酸酐、磺化试剂、溶剂（甲苯）、引发剂和链转移剂（硫醇）通过共聚与磺化和水解后制得的，其代号为 SSMA。相对分子质量为 1000 ~ 5000，抗温可达 200℃以上。它是一种性能优良的抗高温稀释剂，国外已在高温深井中广泛使用。但这种产品的成本较高，我国正在进行研究和试制。

6）有机硅氟共聚物类降黏剂

聚有机硅氟氧烷是指聚有机硅氧烷分子中与碳连接的氢被氟取代的有机硅化合物。钻井液用抗高温降黏剂——有机硅氟共聚物（SF）的研制围绕增加甲基含量和提高化学稳定性开展工作。SF 的分子式 $(CH_3)_x$ $(CF_3O)_y SiO$（即：聚 x 甲基 y 三氟甲氧基硅氧烷），式中 x 值可在较宽范围内调整以满足使用需要。SF 主链由 Si—O—Si 键构成，Si—O 键键能高，故有机硅的热稳定性较好。SF 分子中的 ≡Si—OH 和黏土颗粒表面上的 ≡Si—OH 键缩聚形成 ≡Si—O—Si ≡键，形成牢固的化学吸附层，使黏土表面发生润湿反转，减缓甚至阻止黏土表面的水化作用，有效防止泥页岩水化膨胀，因此有机硅高温降黏剂 SFX−PS 具有良好的抑制性能。同时其本身的裂解温度在 300℃以上，能与黏土表面产生牢固的化学吸附作用。

在大庆和四川等地区的现场应用表明，该降黏剂在钻井液密度达到 2.80g/cm^3 时仍具有很好的流变性、抗高温稳定性和抑制性，较强的抗盐抗钙污染能力以及良好的润滑性，利于防塌，减少井下复杂情况，适合异常复杂地质条件和深井超深井的地质情况。

7）AMPS 共聚物类降黏剂

AMPS 共聚物类降黏剂是在常用降黏剂单体中引入 AMPS 单体，经自由基聚合而合成的一类降黏剂产品。由于引入了 AMPS 单体，降黏剂的抗温和抗盐钙污染性能有了较大的提升，可用于超高温和超高密度等特殊钻井液体系。

抗高温降黏剂，如 AMPS 和丙烯酸二元共聚物降黏剂，代号 XJ−1，相对分子质量为 3000 ~ 8000，通过对单体比例及合成条件的优化，产品抗温达 240℃以上。在 240℃淡水泥浆中加入 0.3% 的产品，就可以显著降低钻井液的表观黏度，改善钻井液流变性，并且在盐水泥浆、饱和盐水泥浆和海水泥浆中均表现出良好的高温降黏性能，是一种适用于超高温条件下的降黏剂产品。

超高密度钻井液用降黏剂，如 AMPS、丙烯酸和天然材料接枝共聚物降黏剂，代号 JZ−1，通过调整聚合单体和天然材料的用量配比及合成条件优化，产品抗温达 150℃，抗盐达 10%，在密度 2.5g/cm^3 以上钻井液中加入 3% 的产品，在常温配浆和高温老化后均能表现出良好的降黏效果，改善钻井液流变性，是一种适用于超高密度条件下的降黏剂产品。

2．降滤失剂

降滤失剂又称为滤失控制剂（Filtration Control Agent）。在钻井过程中，钻井液的滤液侵入地层会引起泥页岩水化膨胀，严重时导致井壁不稳定和各种井下复杂情况，钻遇产层时还会造成油气层伤害。加入降滤失剂的目的，就是要通过在井壁上形成低渗透率、柔韧以及薄而致密的滤饼，尽可能降低钻井液的滤失量。降滤失剂是钻井液处理剂的重要剂种，主要分为纤维素类、腐殖酸类、丙烯酸类、树脂类和淀粉类等。由于其品种繁多，下面仅选择每一类中具有代表性的产品进行介绍。

1）纤维素类

纤维素是由许多环式葡萄糖单元构成的长链状高分子化合物，其结构式可表示如下：

```
      ┌        H     OH              ┐
      │        |     |               │
 H────┼──O     C─────C               │
      │     \ /|     |  \            │
      │      C  OH   H    \    H     │
      │     /|              \ /      │
      │    H |               C       │
      │      | H            / \      │
      │      | |          /     \    │
      │        C──────O           OH │
      │        |                     │
      └        CH₂OH                 ┘n
```

式中，n 为纤维素的聚合度。以纤维素为原料可以制得一系列钻井液降滤失剂，其中使用最多的是钠羧甲基纤维素（Sodium Carboxymethyl Cellulose），简称 CMC。

（1）钠羧甲基纤维素的制备。先将棉花纤维用烧碱处理成碱纤维，然后在一定温度下与氯乙酸钠进行醚化反应，再经老化和干燥即可制得。在反应过程中，由于分子链降解，纤维素的聚合度 n 会明显降低。

（2）钠羧甲基纤维素的结构特点和性质。钠羧甲基纤维素的结构式为：

```
      ┌        H     OH              ┐
      │        |     |               │
 H────┼──O     C─────C               │
      │     \ /|     |  \            │
      │      C  OH   H    \    H     │
      │     /|              \ /      │
      │    H |               C       │
      │      | H            / \      │
      │      | |          /     \    │
      │        C──────O           OH │
      │        |                     │
      └        CH₂OCH₂COONa          ┘n
```

在由纤维素制成钠羧甲基纤维素的过程中，除了聚合度明显降低之外，另一变化是将—CH_2COONa（钠羧甲基）通过醚键连接到纤维素的葡萄糖单元上去。通常将纤维素分子每一葡萄糖单元上的 3 个羟基中，羟基上的氢被取代而生成醚的个数称作取代度或醚化度。研究表明，决定钠羧甲基纤维素性质和用途的因素主要有两个：一是聚合度 n，二是取代度 d。

聚合度是指组成每个钠羧甲基纤维素分子的环式葡萄糖的链节数。但在同一种 CMC 产品中，各个分子链并不是等长的，所以实际测得的聚合度是平均聚合度。一般棉纤维的平均聚合度约为 1800 ~ 2000。由于制备过程中纤维素分子发生降解，聚合度要降低至原来的 1/10 ~ 1/3 倍，致使一般 CMC 产品的聚合度在 200 ~ 600 范围内，但仍属长链状大分子。

钠羧甲基纤维素的聚合度是决定其相对分子质量和水溶液黏度的主要因素。在相同的浓度和温度等条件下，不同聚合度的 CMC 水溶液的黏度有很大差别。聚合度越高，其水溶液的黏度越大。工业上常根据其水溶液黏度大小，将 CMC 分为三个等级，即：

①高黏 CMC：在 25℃时，1% 水溶液的黏度为 400 ~ 500mPa · s。一般用做低固相钻井液的悬浮剂、封堵剂及增稠剂。其取代度为 0.6 ~ 0.65，聚合度大于 700。

②中黏 CMC：在 25℃时，2% 水溶液的黏度为 50 ~ 270mPa · s。用于一般钻井液，既起降滤失作用，又可提高钻井液的黏度。其取代度为 0.8 ~ 0.85，聚合度为 600 左右。

③低黏 CMC：在 25℃时，2% 水溶液黏度小于 50mPa · s。主要用做加重钻井液的降滤失剂，以免引起黏度过大。其取代度为 0.8 ~ 0.9，聚合度为 500 左右。

取代度是决定钠羧甲基纤维素的水溶性、抗盐和抗钙能力的主要因素。从原理上说，葡萄糖环链节上的三个羟基都可以醚化，但以第一羟基的反应活性最强。取代度一般用被醚化的羟基数表示，最大值为 3。如果两个链节上只有一个羟基被醚化了，则取代度为 0.5。取代度小于 0.3 时不溶于水，小于 0.5 时难溶于水，在 0.5 以上时水溶性随取代度增加而增大。通常用做钻井液处理剂的 CMC 的取代度在 0.65 ~ 0.85 之间。取代度为 0.80 ~ 0.85 的高水溶性 CMC 适用于处理高矿化度钻井液。

钠羧甲基纤维素分子中羧钠基（—COONa）上的 Na^+ 在水溶液中易电离，生成长链状的多价阴离子，故属于阴离子型聚电解质。聚电解质水溶液的许多性质与其分子在溶液中的形态有关，容易受到 pH 值、无机盐和温度等因素的影响。

在 CMC 的浓度较低时，其水溶液的黏度受 pH 值的影响较大。在等当点（pH=8.25）附近，其水溶液黏度最大。因为此时羧钠基上的 Na^+ 大多处于离解状态，$—COO^-$ 之间的静电斥力使分子链易于伸展，所以表现为黏度较高。当溶液的 pH 值过低时，羧钠基（—COONa）将转化为难电离的羧基（—COOH），不利于链的伸展；当溶液的 pH 值过高时，$—COO^-$ 中的电荷受到溶液中大量 Na^+ 的屏蔽作用，使分子链的伸展也受到抑制。因此，过高和过低的 pH 值都会使 CMC 水溶液的黏度有所降低，在使用中应注意保持合适的 pH 值。

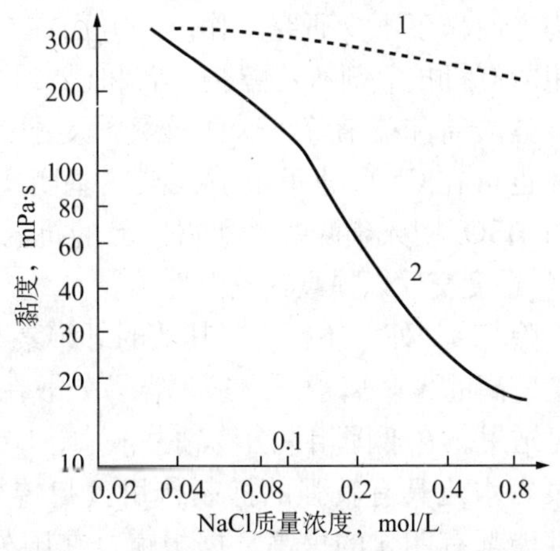

图 5-5-1 加入顺序对 CMC 溶液黏度的影响
1—NaCl 溶于 CMC 中；2—CMC 溶于 NaCl 溶液中

由于外加无机盐中的阳离子阻止—COONa 上的 Na^+ 离解，因此会降低其水溶液的黏度。而且，无机盐与 CMC 的加入顺序对黏度下降的幅度有很大影响。从图 5-5-1 的实验结果可以看出，若将 CMC 先溶于水，再加 NaCl，则黏度下降的幅度远远小于先加 NaCl，然后再加

CMC 时下降的幅度。其原因是 CMC 在纯水中离解为聚阴离子，—COO^- 互相排斥使分子链呈伸展状态，再者分子中的水化基团已经充分水化，此时即使加入无机盐去水化的作用不会十分显著，所以引起黏度下降的幅度会小些；与此相反，将 CMC 溶于 NaCl 溶液时，不仅 Na^+ 会阻止—COONa 上的 Na^+ 离解，电荷屏蔽作用促使 CMC 分子链发生卷曲，而且在盐溶液中，水化基团的水化受到一定限制，分子链的水化膜斥力会有所削弱，所以随 NaCl 含量增加，溶液浓度迅速下降。

此外，随温度升高，CMC 水溶液的黏度逐渐降低。这是由于在高温下分子链的溶剂化作用会明显减弱，使分子链容易变得弯曲。

纯净的钠羧甲基纤维素为白色纤维状粉束，具有吸湿性，溶于水后形成胶状液。它是长期以来国内外广泛使用的一种性能良好的降滤失剂。一般可抗温 130 ～ 150℃，若加入抗氧剂可将其抗温能力提高。

（3）钠羧甲基纤维素的降滤失机理。CMC 在钻井液中电离生成长链的多价阴离子。其分子链上的羟基和醚氧基为吸附基团，而羧钠基为水化基团。羟基和醚氧基通过与黏土颗粒表面上的氧形成氢键或与黏土颗粒断键边缘上 Al^{3+} 之间形成配位键使 CMC 能吸附在黏土上；而多个羧钠基通过水化使黏土颗粒表面水化膜变厚，黏土颗粒表面 ξ 电位的绝对值升高，负电量增加，从而阻止黏土颗粒之间因碰撞而聚结成大颗粒（护胶作用），并且多个黏土细颗粒会同时吸附在 CMC 的一条分子链上，形成布满整个体系的混合网状结构，从而提高了黏土颗粒的聚结稳定性，有利于保持钻井液中细颗粒的含量，形成致密的滤饼，降低滤失量（图 5-5-2）。此外，具有高黏度和弹性的吸附水化层对滤饼的堵孔作用和 CMC 溶液的高黏度也在一定程度上起降滤失的作用。

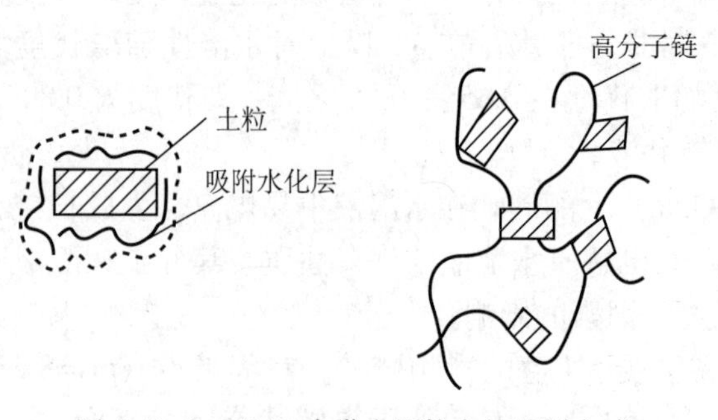

图 5-5-2 CMC 在黏土颗粒上的吸附方式

近年来，在提高 CMC 的抗温和抗盐能力方面作了不少研究工作。一方面在 CMC 的生产或使用过程中掺入某些抗氧剂。例如常用的有机抗氧剂有乙醇胺、胺和已二胺等，无机抗氧剂有硫化钠、亚硫酸钠、硼砂、水溶性硅酸盐和硫磺等。这些抗氧剂复配使用可以将 CMC 的抗温性提高 20 ～ 30℃。另一方面也可在 CMC 分子中引入某些基团。例如，CMC 与丙烯腈反应引入氰乙基后，再加入 $NaHSO_4$ 引入磺酸基，所得产品的抗温和抗盐能力有明显提高。此外，还可使用甲醛使 CMC 适度交联以提高其抗温性等。

除 CMC 外，还有一些其他的纤维素类降滤失剂。如国外产品 Drispac 是一种相对分子质量较高的聚阴离子纤维素，容易分散在所有的水基钻井液中，从淡水直至饱和盐水泥浆均可适用。在低固相聚合物钻井液中，Drispac 能够显著地降低滤失量并减薄滤饼厚度，并对页岩水化具有较强的抑制作用。与传统的 CMC 相比，Drispac 的抗温性能和抗盐与抗钙性能都有明显的提高。据报道，在国外 Drispac 的使用温度已达到 204℃。我国近年来也研制和生产了聚阴离子纤维素，其抗盐和抗钙性能及增黏和降滤失能力均比 CMC 有所增强。

2）腐殖酸类

（1）腐殖酸的来源及基本组成。腐殖酸（Humic Acid）主要来源于褐煤。褐煤是煤的一种，其煤化程度高于泥炭而低于烟煤，密度为 0.8 ~ 1.3g/cm³。褐煤中含有 20% ~ 80% 的腐殖酸。

腐殖酸不是单一的化合物，而是一种复杂的、相对分子质量不均一的羟基苯羧酸的混合物。腐殖酸难溶于水，但易溶于碱溶液。它溶于 NaOH 溶液生成的腐殖酸钠是作为钻井液降滤失剂的有效成分。

根据腐殖酸在一些溶剂中的溶解度及其颜色，一般将其分为以下三种组分：可溶于酸、碱和水，呈黄色溶液的部分，称为黄腐殖酸（或富里酸）；可溶于碱和乙醇，但不溶于酸，呈棕色溶液的部分，称为棕腐殖酸（或草木樨酸）；不溶于酸和乙醇，仅溶于碱溶液，呈黑色溶液的部分，称为黑腐殖酸（或胡敏酸）。

组成腐殖酸的元素有 C（55% ~ 65%）、H（5.5% ~ 6.5%）、O（25% ~ 35%）、N（3% ~ 4%）及少量的 S 和 P。据文献报道，腐殖酸的相对分子质量可从几百到几十万。一般认为黄腐殖酸的相对分子质量为 300 ~ 400，棕腐殖酸的相对分子质量为 0.2 万 ~ 2 万，黑腐殖酸的相对分子质量为 1 万 ~ 100 万。目前对腐殖酸的结构尚未搞清，但可以确定腐殖酸中含有多种含氧官能团，它们对腐殖酸的性质和应用有很大影响。主要的官能团有羧基、酚羟基、醇羟基、醌基、甲氧基和羰基等。由于其中有较多可与黏土吸附的官能团，特别是邻位双酚羟基，同时又含有水化作用较强的羧钠基等水化基团，使腐殖酸钠不但具有很好的降滤失作用，还兼有降黏作用。

（2）腐殖酸的主要性质。腐殖酸虽难溶于水，但由于含有羧基和酚羟基，其水溶液仍呈弱酸性。褐煤与烧碱反应生成的腐殖酸钠易溶于水，但腐殖酸钠的含量与所使用的烧碱浓度有关。如烧碱不足，腐殖酸不能全部溶解。但如烧碱过量，又使腐殖酸聚结沉淀，反而使腐殖酸钠含量降低。因此，当使用褐煤碱液作降滤失剂时，必须将烧碱的浓度控制在合适的范围内。

由于腐殖酸分子的基本骨架是碳链和碳环结构，因此其热稳定性很强。据报道，它在 232℃的高温下仍能有效地控制淡水泥浆的滤失量。

用褐煤碱液配制的钻井液在遇到大量钙侵时，腐殖酸钠会与 Ca^{2+} 生成难溶的腐殖酸钙沉淀而失效，此时应配合纯碱除钙，若用 Hm 表示腐殖酸根离子，则反应式为：

$$Ca^{2+}+2Hm = Ca(Hm)_2\downarrow$$

但如果是在用大量褐煤碱液处理的钻井液中加入适量的 Ca^{2+}，所生成的较少量的腐殖酸钙胶状沉淀可使滤饼变得薄而韧，滤失量也相应地降低。同时对钻井液中的 Ca^{2+} 浓度有一定的缓冲作用，即当 Ca^{2+} 被黏土吸附时，会使以上反应的化学平衡向左移动，从而使钙处理钻井液中的 Ca^{2+} 保持足够的量。因此，褐煤、石膏钻井液和褐煤以及氯化钙钻井液都具有抑制黏土水化膨胀，防止泥页岩井壁坍塌的作用。

（3）常用的腐殖酸类降滤失剂：

①褐煤碱液。褐煤碱液又称为煤碱剂，由经过加工的褐煤粉加适量烧碱和水配制而成，其中的主要有效成分为腐殖酸钠。除了起降滤失作用外，还可兼作降黏剂。当主要用做降滤失剂使用时，浓度可配制得高一些。当用做降黏剂时，浓度可适当低些。现场常用的配

方为褐煤：烧碱：水 =15 ：（1 ~ 3）：（50 ~ 200）。

褐煤碱液降滤失量的机理是：含有多种官能团的阴离子型大分子腐殖酸钠吸附在黏土颗粒表面形成吸附水化层，同时提高黏土颗粒的 ξ 电位，因而增大颗粒聚结的机械阻力和静电斥力，提高钻井液的聚结稳定性，使其中的黏土颗粒保持多级分散状态，并有相对较多的细颗粒，所以能形成致密的滤饼。此外，黏土颗粒上的吸附水化膜具有堵孔作用，使滤饼更加致密。

褐煤碱液是利用天然原料配制的一种低成本的降滤失剂，下面再介绍几种常用的腐殖酸改性产品。

②硝基腐殖酸钠。用浓度为 3mol/L 的稀 HNO_3 与褐煤在 40 ~ 60℃下进行氧化和硝化反应，可制得硝基腐殖酸，再用烧碱中和可制得硝基腐殖酸钠。制备时，两者的配比为腐殖酸：HNO_3=1 ：2。该反应使腐殖酸的平均相对分子质量降低，羧基增多，并将硝基引入分子中。

硝基腐殖酸钠具有良好的降滤失和降黏作用。其突出特点：一是热稳定性高，抗温可达 200℃以上；二是抗盐能力比褐煤碱液明显增强，在含盐 20% ~ 30% 的情况下仍能有效地控制滤失量和黏度。其抗钙能力也较强，可用于配制不同 pH 值的石灰钻井液。

③铬腐殖酸。铬腐殖酸是褐煤与 $Na_2Cr_2O_7$（或 $K_2Cr_2O_7$）反应后的生成物，反应时褐煤与 $Na_2Cr_2O_7$ 的质量比为 3 ：1 或 4 ：1。在 80℃以上的温度下，分别发生氧化和螯合两步反应。氧化使腐殖酸的亲水性增强，同时 $Cr_2O_7^{2-}$ 被还原成 Cr^{3+}，然后再与氧化腐殖酸或腐殖酸进行螯合。铬腐殖酸在水中有较大的溶解度，其抗盐和抗钙能力也比腐殖酸钠强。

铬腐殖酸也可在井下高温条件下通过在煤碱剂处理的钻井液中加重铬酸钠转化而得。试验表明，它既有降滤失作用，又有降黏作用。特别是它与铁铬盐配合使用时（常用配比为铬褐煤：铁铬盐 =1 ：2），有很好的协同效应。据报道，由铁铬盐、铬腐殖酸和表面活性剂（如 P−30 或 Span−80 等）组成的钻井液具有很高的热稳定性和较好的防塌效果，曾在 6280m 的高温深井（井底温度为 235℃）和易塌地层中使用，效果良好。

④磺甲基褐煤。褐煤与甲醛、Na_2SO_3（或 $NaHSO_3$）在 pH 值为 9 ~ 11 的条件下进行磺甲基化反应，可制得磺甲基褐煤，其代号为 SMC。所得产品进一步用 $Na_2Cr_2O_7$ 进行氧化和螯合，生成的磺甲基腐殖酸铬处理效果会更好。

由于引入了磺甲基水化基团，与煤碱剂相比，磺甲基褐煤的降滤失效果更进一步增强。磺甲基褐煤是我国用于探井的“三磺”处理剂之一。其主要特点是具有很强的热稳定性，在 200 ~ 230℃的高温下能有效地控制淡水泥浆的滤失量和黏度。其缺点是抗盐效果较差，在 200℃单独使用时，抗盐不超过 3%。但与磺甲基酚醛树脂配合处理时，抗盐能力可大大提高。该处理剂的性能和现场应用还将在第六章结合抗高温深井钻井液再进一步讨论。

在腐殖酸类处理剂中，还有防塌效果较好的 K21，其中含有约 55% 硝基腐殖酸钾，腐殖酸钾也可应用于防塌钻井液体系。此外，由腐殖酸与液氮反应制得的腐殖酸酰胺可用做油包水乳化钻井液的辅助乳化剂。

3）丙烯酸类聚合物

丙烯酸类聚合物是低固相聚合物钻井液的主要处理剂类型之一。制备这类聚合物的主要原料有丙烯腈、丙烯酰胺、丙烯酸和丙烯磺酸等。根据所引入官能团、相对分子质量、水解度和所生成盐类的不同，可合成一系列钻井液处理剂。这里仅介绍较常用的降滤失剂水解聚丙烯腈及其盐类、PAC 系列产品和丙烯酸盐 SK 系列产品。

（1）水解聚丙烯腈。聚丙烯腈（Polyacrylonitrile）是制造腈纶（人造羊毛）的合成纤维材料，目前用于钻井液的主要是腈纶废丝经碱水解后的产物，外观为白色粉末，密度 1.14 ~ 1.15g/cm^3，代号为 HPAN。聚丙烯腈是一种由丙烯腈（$CH_2 = CHCN$）合成的高分子聚合物。其结构式为：

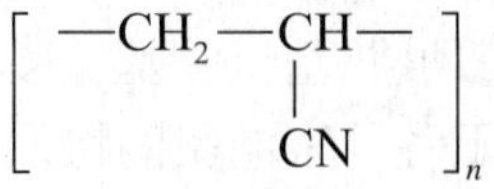

$$\left[\begin{array}{c} -CH_2-\underset{\displaystyle CN}{\underset{|}{CH}}- \end{array}\right]_n$$

式中的 n 为平均聚合度，为 235 ~ 3760，一般产品的平均相对分子质量为 12.5 万 ~ 20 万。聚丙烯腈不溶于水，不能直接用于处理钻井液。只有经过水解生成水溶性的水解聚丙烯腈之后，才能在钻井液中起降滤失作用。由于水解时所用的碱、温度和反应时间不同，最后所得的产物及其性能也会有所差别。

在 95 ~ 100℃下，聚丙烯腈在 NaOH 溶液中容易发生水解，生成的水解聚丙烯腈常用代号 Na—HPAN 表示。水解反应式可表示如下：

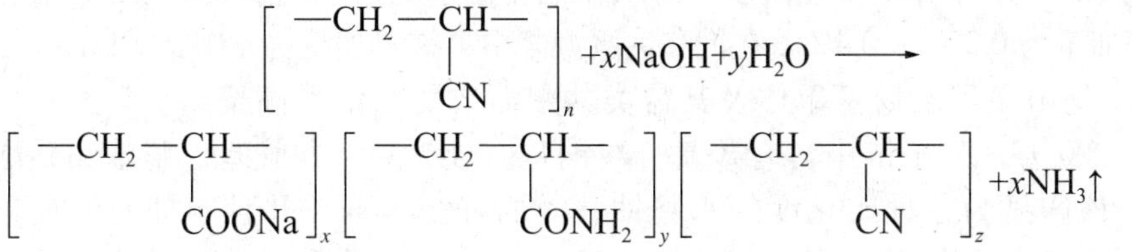

$$\left[-CH_2-\underset{\displaystyle CN}{\underset{|}{CH}}-\right]_n + xNaOH + yH_2O \longrightarrow$$

$$\left[-CH_2-\underset{\displaystyle COONa}{\underset{|}{CH}}-\right]_x \left[-CH_2-\underset{\displaystyle CONH_2}{\underset{|}{CH}}-\right]_y \left[-CH_2-\underset{\displaystyle CN}{\underset{|}{CH}}-\right]_z + xNH_3\uparrow$$

聚丙烯酸钠　　　　聚丙烯酰胺　　　　聚丙烯腈

($n=x+y+z$)

由上式可见，水解聚丙烯腈可看做是丙烯酸钠、丙烯酰胺和丙烯腈的三元共聚物。水解反应后产物中的丙烯酸钠单元和丙烯酰胺单元的总和与原料的平均聚合度之比（$x+y$）/（$x+y+z$）称为该水解产物的水解度。其分子链中的腈基（—CN）和酰胺基（$—CONH_2$）为吸附基团，羧钠基（—COONa）为水化基团。腈基在井底的高温和碱性条件下，通过水解可转变为酰胺基，进一步水解则转变为羧钠基。因此，在配制水解聚丙烯腈钻井液时，可以少加一点烧碱，以便保留一部分酰胺基和腈基，使吸附基团与水化基团保持合适的比例。实际使用中也证明水解聚丙烯腈的水解接近完全时，降滤失性能下降。所加入的聚丙烯腈与烧碱之比，一般最高时为 2.5 ：1，最低时为 1 ：1。

水解聚丙烯腈处理钻井液的性能，主要取决于聚合度和分子中的羧钠基与酰胺基之比(即水解程度)。聚合度较高时，降滤失性能比较强，并可增加钻井液的黏度和切力；而聚合度较低时，降滤失和增黏作用均相应减弱。为了保证其降滤失效果，羧钠基与酰胺基之比最好控制在 2 ：1 ~ 4 ：1。

由于 Na−HPAN 分子的主链为 C—C 键，还带有热稳定性很强的腈基，因此可抗 200℃以上高温。该处理剂的抗盐能力也较强，但抗钙能力较弱。当 Ca^{2+} 浓度过大时，会产生絮状沉淀。

除 Na−HPAN 外，目前常用的同类产品还有水解聚丙烯腈钙盐（Ca−HPAN）和聚丙烯腈铵盐（NH_4−HPAN）。Ca−HPAN 具有较强的抗盐和抗钙能力，在淡水泥浆和海水泥浆中都有良好的降滤失效果。NH_4−HPAN 除了降滤失作用外，还具有抑制黏土水化分散的作用，因此常用做页岩抑制剂。

（2）PAC 系列产品。PAC 系列产品是指各种复合离子型的聚丙烯酸盐（PAC）聚合物，实际上是具有不同取代基的乙烯基单体及其盐类的共聚物，通过在高分子链节上引入不同含量的羧基、羧钠基、羧胺基、酰胺基、腈基、磺酸基和羟基等共聚而成。该系列产品主要用于聚合物钻井液体系。由于各种官能团的协同作用，该类聚合物在各种复杂地层和不同的矿化度及温度条件下均能发挥其作用。只要调整好聚合物分子链节中各官能团的种类、数量、比例、聚合度及分子构型，就可设计和研制出一系列的处理剂，以满足降滤失、增黏和降黏等要求。其中应用较广的是 PAC141、PAC142 和 PAC143 等三种产品。

PAC141 是丙烯酸、丙烯酰胺、丙烯酸钠和丙烯酸钙的四元共聚物。它在降滤失的同时，还兼有增黏作用，并且还能调节流型，改进钻井液的剪切稀释性能。该处理剂能抗 180℃的高温，抗盐可达饱和。

PAC142 是丙烯酸、丙烯酰胺、丙烯腈和丙烯磺酸钠的共聚物。在降滤失的同时，其增黏幅度比 PAC141 小。主要在淡水、海水和饱和盐水泥浆中用做降滤失剂。在淡水泥浆中，其推荐加量为 0.2% ～ 0.4%；在饱和盐水泥浆中，推荐加量为 1.0% ～ 1.5%。

PAC143 是由多种乙烯基单体及其盐类共聚而成的水溶性高聚物，其相对分子质量为 150 万～ 200 万，分子链中含有羧基、羧钠基、羧钙基、酰胺基、腈基和磺酸基等多种官能团。该产品为各种矿化度的水基钻井液的降滤失剂，并且能抑制泥页岩水化分散。在淡水泥浆中的推荐加量为 0.2% ～ 0.5%；在海水和饱和盐水泥浆中，推荐加量为 0.5% ～ 2%。

（3）丙烯酸盐 SK 系列产品。该系列产品为丙烯酸盐的多元共聚物，其外观为白色粉末，易溶于水，水溶液呈碱性。主要用做聚合物钻井液的降滤失剂，但不同型号的产品在性能上有所区别。例如，SK−1 可用于无固相完井液和低固相钻井液，在配合用 NaCl、$CaCl_2$ 等无机盐加重的过程中，主要起降滤失和增黏的作用。SK−2 具有较强的抗盐和抗钙能力，是一种不增黏的降滤失剂。SK−3 主要用在当聚合物钻井液受到无机盐污染后，作为降黏剂，同时可改善钻井液的热稳定性，降低高温高压滤失量。

4）树脂类

该类产品是以酚醛树脂为主体，经磺化或引入其他官能团而制得。其中磺甲基酚醛树脂是最常用的产品。

（1）磺甲基酚醛树脂。磺甲基酚醛树脂（SMP−1，SMP−2）是一种抗高温降滤失剂。其合成路线是：先在酸性条件（pH=3 ～ 4）下使甲醛与苯酚反应，生成线型酚醛树脂；再在碱性条件下加入磺甲基化试剂进行分步磺化；通过适当控制反应条件，可得到磺化度较高和相对分子质量较大的产品。它的另一种合成路线是：将苯酚、甲醛、亚硫酸钠和亚硫酸氢钠一次投料，在碱催化条件下，缩合和磺化反应同时进行，最后生成磺甲基酚醛树脂。其反应式为：

$$\text{C}_6\text{H}_5\text{OH} + \text{HCHO} + \begin{matrix}\text{NaHSO}_3 \\ \text{Na}_2\text{SO}_3\end{matrix} \xrightarrow[97^\circ\text{C 回流}]{\text{OH}^-} \text{HOCH}_2\!\left[\text{C}_6\text{H}_2(\text{OH})(\text{CH}_2\text{SO}_3\text{Na})\text{—CH}_2\right]_n\!\text{OH} + n\text{H}_2\text{O}$$

磺甲基酚醛树脂分子的主链由亚甲基桥和苯环组成，又引入了大量磺酸基，故热稳定性强，可抗 180 ~ 200℃的高温。因引入磺酸基的数量不同，抗无机电解质的能力会有所差别。目前使用量很大的 SMP−1 型产品可用于矿化度小于 1×10^5mg/L 的钻井液，而 SMP−2 型产品可抗盐至饱和，抗钙也可达 2000mg/L，是主要用于饱和盐水泥浆的降滤失剂。此外，磺甲基酚醛树脂还能改善滤饼的润滑性，对井壁也有一定的稳定作用。其加量通常在 3% ~ 5%。

（2）磺化木质素磺甲基酚醛树脂缩合物（SLSP）。该产品是磺化木质素与磺甲基酚醛树脂的缩合物，代号为 SLSP。合成 SLSP 的反应一般分两步进行。首先合成磺甲基酚醛树脂，其原料和反应步骤同前，第二步再与磺化木质素缩合得到 SLSP。

SLSP 与磺甲基酚醛树脂有相似的优良性能，但在原来树脂的基础上引入了一部分磺化木质素。所以 SLSP 在降低钻井液滤失量的同时，还有优良的稀释特性。该产品的投产还有助于解决造纸废液引起的环境污染问题，成本也有所下降。缺点是该产品在钻井液中比较容易起泡，必要时需配合加入消泡剂。

（3）磺化褐煤树脂。磺化褐煤树脂是褐煤中的某些官能团与酚醛树脂通过缩合反应所制得的产品。在缩合反应过程中，为了提高钻井液的抗盐、抗钙和抗温能力，还使用了一些聚合物单体或无机盐进行接枝和交联。该类降滤失剂中比较典型的产品有国外常用的 Resinex 和国内常用的 SPNH。

Resinex 是自 20 世纪 70 年代后期以来国外常用的一种抗高温降滤失剂，由 50% 的磺化褐煤和 50% 的特种树脂组成。产品外观为黑色粉末，易溶于水，与其他处理剂有很好的相容性。据报道，在盐水泥浆中抗温可达 230℃，抗盐可达 1.1×10^5mg/L。在含钙量为 2000mg/L 的情况下，仍能保持钻井液性能稳定。并且在降滤失的同时，基本上不会增大钻井液的黏度，在高温下不会发生胶凝。因此，特别适于在高密度深井钻井液中使用。

SPNH 是以褐煤和腈纶废丝为主要原料，通过采用接枝共聚和磺化的方法制得的一种含有羟基、羰基、亚甲基、磺酸基、羧基和腈基等多种官能团的共聚物。SPNH 主要起降滤失作用，但同时还具有一定的降黏作用。其抗温和抗盐与抗钙能力均与 Resinex 相似。总的来看，其性能优于同类的其他磺化处理剂。

5）淀粉类

淀粉（Starch）的结构与纤维素相似，也属于碳水化合物，是最早使用的钻井液降滤失剂之一。淀粉从谷物或玉米中分离出来，它在 50℃以下不溶于水，温度超过 55℃以上开始溶胀，直至形成半透明凝胶或胶体溶液。加碱也能使它迅速而有效地溶胀。其他化学性质与纤维素相似，同样可以进行酯化、醚化、羧甲基化、接枝和交联反应，从而制得一系列改性产品。

在某些钻井液中，加入淀粉不仅可以降低滤失量，而且还有助于提高钻井液中黏土颗粒的聚结稳定性。淀粉在淡水、海水和饱和盐水泥浆中均可使用，经过预先胶化的淀粉，在加热时会导致外部的支链壳破裂，于是释放出内部的直链淀粉。直链淀粉更易吸水膨胀，形成类似于海绵的囊状物。因此，淀粉的降滤失机理一方面是它吸收水分，减少了钻井液中的自由水；另一方面是形成的囊状物可进入滤饼的细缝中，从而堵塞水的通路，进一步降低了滤饼的渗透性。

淀粉在使用时，钻井液的矿化度最好大一些，并且 pH 值最好大于 11.5，否则淀粉容易发酵变质。若这两个条件均不具备时，可在钻井液中加入适量的防腐剂。在高温下，淀粉容易降解，效果变差。如果温度超过 120℃，淀粉将完全降解而失效，故它不能用于深井或超深井中。高矿化度体系对细菌侵蚀有抑制作用，国内外在温度较低及矿化度较高的环境下，已广泛使用淀粉作为降滤失剂。在饱和盐水泥浆中，淀粉是经常使用的一种降滤失剂。

羧甲基淀粉（Carboxymethyl Starch）是淀粉的改性产品，代号为 CMS。在碱性条件下，淀粉与氯乙酸发生醚化反应即制得羧甲基淀粉。从现场试验情况看，CMS 降滤失效果好，而且作用速度快，在提黏方面，对塑性黏度影响小，而对动切力影响大，因而有利于携带钻屑。并且由于价格便宜，选用它作降滤失剂可降低钻井液成本。尤其是钻盐膏层时，可使钻井液性能稳定，滤失量低，并具有防塌作用。改性淀粉也更适于在盐水泥浆中使用，尤其在饱和盐水泥浆中效果最好。

羟丙基淀粉（Hydroxy Propyl Starch）的代号为 HPS。在碱性条件下，淀粉与环氧乙烷或环氧丙烷发生醚化反应，便制得羟乙基淀粉或羟丙基淀粉。由于这种改性淀粉的分子链节上引入了羟基，其水溶性、增黏能力和抗微生物作用的能力都得到了显著的改善。羟丙基淀粉为非离子型高分子材料，对高价阳离子不敏感，抗盐和抗钙污染能力很强。在处理 Ca^{2+} 污染的钻井液时，比 CMC 效果更好。HPS 可与酸溶性暂堵剂 QS−2 等配制成无黏土相暂堵型钻井液，有利于保护油气层。在阳离子型或两性离子型聚合物钻井液中，HPS 可有效地降低钻井液的滤失量。此外，HPS 在固井和修井作业中可用来配制前置隔离液和修井液等。

抗温淀粉 DFD−140 是一种白色或淡黄色的颗粒，分子链节上同时含有阳离子基团和非离子基团，而不含阴离子基团。DFD−140 抗温性能较好，在 4% 盐水泥浆中可以稳定到 140℃，在饱和盐水泥浆中可以稳定到 130℃。并且可与几乎所有水基钻井液体系和处理剂相配伍。

6）AMPS 类聚合物降滤失剂

2− 丙烯酰胺基 −2− 甲基丙磺酸（AMPS）是一种多功能的水溶性阴离子单体，常温下为具有酸味的白色结晶或粉末，熔点 185℃，极易自聚或与其他烯类单体共聚。AMPS 单体在聚合的时候，能够提供较大的侧链，增强分子链的刚性，提高产物的热稳定性；单体中含有的磺酸基团对盐不敏感，使得聚合物具有较强的抗盐性，尤其是抗高价金属盐的能力；同时 AMPS 单体引入后在一定程度上起到了抑制酰胺基水解的作用，从而提高了共聚物基团的稳定性。由于 AMPS 单体抗温和抗盐性能强，引入 AMPS 单体的多元共聚物处理剂抗温和抗盐性能有了明显提高。

AMPS 类聚合物降滤失剂按分子量和聚合单体的不同可大致分为以下几类：

中分子量 AMPS 多元共聚物，如降滤失剂 PAMS900（分子量 50 万～200 万），抗温可达 150℃，抗盐抗钙等污染能力强，具有抗温和降滤失作用，在控制钻井液滤失量的同时，有效改善了钻井液的流变性能。是配制饱和盐水泥浆的理想降滤失剂，在盐膏层钻井过程中能有效控制钻井液的滤失量。

高分子量AMPS多元共聚物，如AMPS和丙烯酰胺二元共聚物降滤失剂（PAMS601，分子量300万～500万），抗温可达180℃，抗盐可达饱和，具有增黏和降滤失能力，能有效提高钻井液的黏度，降低钻井液的滤失量，改善滤饼质量，控制固相含量，尤其应用在高温环境下其优越性更为显著，因而是海水、盐水、饱和盐水和高钙盐钻井液体系的理想降滤失剂。在体系中加入0.3%PAMS601就可以在淡水泥浆、盐水泥浆、饱和盐水泥浆和海水泥浆中表现出较强的降低滤失和提黏切能力；并且经过180℃老化后仍然能很好地控制钻井液的滤失量，表现出较强的抗温抗盐和抗钙与镁污染的能力。

两性离子共聚物，如含AMPS单体的降滤失剂CPS−2000是在处理剂中引入可形成环状结构的阳离子单体而研制的两性离子磺酸盐共聚物。由于产物分子链上既有阳离子基团，又有环状结构，不仅提高了处理剂分子在黏土颗粒上的吸附能力，而且提高了分子链刚性，从而进一步提高产物的耐温抗盐和防塌及抑制能力。在页岩滚动回收率试验中，0.3% CPS−2000水溶液的一次页岩回收率达到93.1%，相对回收率可达到98.7%，这表明CPS−2000具有较强的抑制性，能有效控制泥页岩水化分散、控制膨润土含量及固相，有利于对油气层的保护。

天然材料接枝共聚物，如丙烯酰胺、AMPS和木质素磺酸钙接枝共聚物，通过引入AMPS，合成了一种无毒无污染并且成本较低的木质素接枝共聚物钻井液降滤失剂，抗温达180℃，抗盐可达饱和，提高了木质素类产品的抗温抗盐和抗钙镁污染的能力。在体系中加入2%就可以在淡水泥浆、饱和盐水泥浆及复合盐水泥浆中表现出较好的降滤失效果和较强的抗盐抗温和抗钙镁能力。

综上所述，降滤失剂的种类和品种很多，性能和生产成本也各不相同，在进行钻井液配方设计时，必须根据地层情况和钻井的要求，合理选用降滤失剂。还有一些近年来研制的较新产品，如阳离子聚合物降滤失剂和两性离子聚合物降滤失剂等，将在有关章节中再进行讨论。

3．增黏剂

为了保证井眼清洁和安全钻进，钻井液的黏度和切力必须保持在一个合适的范围。当黏度过低时，一种方法是通过增大膨润土含量来提黏。但在聚合物钻井液中，该法会引起钻井液密度的固相含量增大，不利于实现低固相和提高机械钻速，对油气层保护也有不利影响。因此，经常采用添加增黏剂的方法。增黏剂均为高分子聚合物，由于其分子链很长，在分子链之间容易形成网状结构，因此能显著地提高钻井液的黏度。

增黏剂除了起增黏作用外，还往往兼作页岩抑制剂（包被剂）、降滤失剂及流型改进剂。因此，使用增黏剂常常有利于改善钻井液的流变性，也有利于井壁稳定。增黏剂种类很多，为避免重复，某些常用的增黏剂将在第六章“聚合物钻井液”一节中结合有关内容进行讨论。本节只介绍两种重要的增黏剂，即XC生物聚合物和羟乙基纤维素。

1）XC生物聚合物

XC生物聚合物又称做黄原胶，是由黄原菌类作用于碳水化合物而生成的高分子链状多糖聚合物，相对分子质量可高达500万，易溶于水。是一种适用于淡水、盐水和饱和盐水泥浆的高效增黏剂，加入很少的量（0.2%～0.3%）即可产生较高的黏度，并兼有降滤失作用。它的另一显著特点是具有优良的剪切稀释性能，能够有效地改进流型（即增大动塑比，降低 n 值）。用它处理的钻井液在高剪切速率下的极限黏度很低，有利于提高机械钻速；而在环形空间的低剪切速率下又具有较高的黏度，并有利于形成平板形层流，使钻井液携带岩屑的能力明显增强。

一般认为，XC 生物聚合物抗温可达 120℃，在 140℃温度下也不会完全失效。据报道，国外曾在井底温度为 148.9℃的油井中使用过。其抗盐抗钙能力也十分突出，是配制饱和盐水泥浆的常用处理剂之一。有时它需与三氯酚钠等杀菌剂配合使用，因为在一定条件下，空气和钻井液中的各种细菌会使其发生酶变，从而降解失效。

2）羟乙基纤维素

羟乙基纤维素（代号 HEC）是一种水溶性的纤维素衍生物。外观为白色或浅黄色固体粉末。它无嗅、无味、无毒，溶于水后形成黏稠的胶状液。

该处理剂是由纤维素和环氧乙烷经羟乙基化制成的产品，主要在聚合物钻井液中起增黏作用。其显著特点是在增黏的同时不增加切力，因此在钻井液切力过高致使开泵困难时常被选用。增黏程度一般与时间、温度和含盐量有关，抗温能力可达 107 ~ 121℃。

4．页岩抑制剂

概括地讲，处理剂在钻井液中所起的作用主要有两个：一是维持钻井液性能稳定，二是保持井壁稳定。凡是能有效地抑制页岩水化膨胀和分散，主要起稳定井壁作用的处理剂均可称为页岩抑制剂，又称防塌剂。本节简要介绍几种重要的有机防塌剂。

1）沥青类

沥青是原油精炼后的残留物。将沥青进行一定的加工处理后，可制成钻井液用的沥青类页岩抑制剂，其主要产品有以下几种。

(1) 氧化沥青。氧化沥青（Oxidized Asphalt）是将沥青加热并通入空气进行氧化后制得的产品。沥青经氧化后，沥青质含量增加，胶质含量降低。在物理性质上表现为软化点上升。使用不同的原料并通过控制氧化程度可制备出软化点不同的氧化沥青产品。

氧化沥青为黑色均匀分散的粉末，难溶于水，多数产品的软化点为 150 ~ 160℃，细度为通过 60 目筛的部分占 85%。主要在水基钻井液中用做页岩抑制剂，并兼有润滑作用，一般加量为 1% ~ 2%。此外，还可分散在油基钻井液中起增黏和降滤失作用。

氧化沥青的防塌作用主要是一种物理作用。它能够在一定的温度和压力下软化变形，从而封堵裂隙，并在井壁上形成一层致密的保护膜。在软化点以内，随温度升高，氧化沥青的降滤失能力和封堵裂隙能力增加，稳定井壁的效果增强。但超过软化点后，在正压差作用下，会使软化后的沥青流入岩石裂隙深处，因而不能再起封堵作用，稳定井壁的效果变差。因此，在选用该产品时，软化点是一个重要的指标。应使其软化点与所处理井段的井温相近，软化点过低或过高都会使处理效果大为降低。

(2) 磺化沥青。目前使用的磺化沥青（Sulfonated Asphalt）实际上是磺化沥青的钠盐，代号 SAS。它是常规沥青用发烟 H_2SO_4 或 SO_3 进行磺化后制得的产品。沥青经过磺化后，引入了水化性能很强的磺酸基，使之从不溶于水变为可溶于水。磺化时应控制产品中含有的水溶性物质约占 70%，既溶于水又溶于油的部分约占 40%。磺化沥青为黑褐色膏状胶体或粉剂，软化点高于 80℃，密度约为 1g/cm³。磺化沥青的防塌机理是：磺化沥青中由于含有磺酸基，水化作用很强，当吸附在页岩晶层断面上时，可阻止页岩颗粒的水化分散；同时不溶于水的部分又能起到填充孔喉和裂缝的封堵作用，并可覆盖在页岩表面，改善滤饼质量。但随着温度的升高，磺化沥青的封堵能力会有所下降。磺化沥青还在钻井液中起润滑和降低高温高压滤失量的作用，是一种多功能的有机处理剂。

(3) 天然沥青和改性沥青。国内外使用天然沥青和各种化学改性沥青产品稳定井壁已有多年的历史。不同沥青类产品稳定井壁的机理不同，沥青粉的主要作用机理是，在钻遇页岩之前，往钻井液中加入该种物质，当钻遇页岩地层时，若沥青的软化点与地层温度相匹配，在井筒内正压差作用下，沥青产品会发生塑性流动，挤入页岩孔隙、裂缝和层面，封堵地层层理与裂隙，提高对裂缝的黏结力，在井壁处形成具有护壁作用的内外滤饼。其中外滤饼与地层之间有一层致密的保护膜，使外滤饼难以被冲刷掉，从而可阻止水进入地层，起到稳定井壁的作用。

此外，为了提高其封堵与抑制能力，可将沥青类产品与其他有机物进行缩合。如磺化沥青与腐殖酸钾的缩合物 KAHM，俗称高改性沥青粉，在各类水基钻井液中均有很好的防塌效果。

2）钾盐腐殖酸类

腐殖酸的钾盐、高价盐及有机硅化物等均可用做页岩抑制剂，其产品有腐殖酸钾、硝基腐殖酸钾、磺化腐殖酸钾、有机硅腐殖酸钾、腐殖酸钾铝、腐殖酸铝和腐殖酸硅铝等。其中腐殖酸钾盐的应用更为广泛，下面作以扼要的介绍。

(1) 腐殖酸钾。腐殖酸钾（KHm）是以褐煤为原料，用 KOH 提取而制得的产品。外观为黑褐色粉末，易溶于水，水溶液的 pH 值为 8 ～ 10。主要用做淡水泥浆的页岩抑制剂，并兼有降黏和降滤失作用。抗温能力为 180℃，一般加量为 1% ～ 3%。

(2) 硝基腐殖酸钾。硝基腐殖酸钾是用 HNO_3 对褐煤进行处理后，再用 KOH 中和提取而制得的产品。外观为黑褐色粉末，易溶于水，水溶液的 pH 值为 8 ～ 10。其性能与腐殖酸钾相似。它与磺化酚醛树脂的缩合物是一种无荧光防塌剂，代号为 MHP，适于在探井中使用。

(3) K21 防塌剂。K21 防塌剂是硝基腐殖酸钾、特种树脂、三羟乙基酚和磺化石蜡等的复配产品。为黑色粉末，易溶于水，水溶液呈碱性。是一种常用的页岩抑制剂，具有较强的抑制页岩水化的作用，并能降黏和降低滤失量，抗温可达 180℃。

页岩抑制剂类产品还有许多。例如，各种聚合物类和聚合醇类有机处理剂，硅酸盐类、钾盐类、铵盐类和正电胶等无机处理剂都是性能优良的页岩抑制剂，它们将分别在有关章节中介绍。

5．堵漏剂

为了处理井漏，在现场还需使用各种类型的堵漏剂。堵漏剂又称为堵漏材料，通常将其分为以下三种类型。

1）纤维状堵漏剂

常用的纤维状堵漏剂有棉纤维、木质纤维、甘蔗渣和锯末等。由于这些材料的刚度较小，因而容易被挤入发生漏失的地层孔洞中。如果有足够多的这种材料进入孔洞，就会产生很大的摩擦阻力，从而起到封堵作用。但如果裂缝太小，纤维状堵漏剂无法进入，只能在井壁上形成假滤饼。一旦重新循环钻井液，就会被冲掉，起不到堵漏作用。因此，必须根据裂缝大小选择合适的纤维状堵漏剂的尺寸。

2）薄片状堵漏剂

薄片状堵漏剂有塑料碎片、赛璐珞粉、云母片和木片等。这些材料可能平铺在地层表面，从而堵塞裂缝。若其强度足以承受钻井液的压力，就能形成致密的滤饼。若强度不足则被挤入裂缝，在这种情况下，其封堵作用与纤维状材料相似。

3）颗粒状堵漏剂

颗粒状堵漏剂主要指坚果壳（即核桃壳）和具有较高强度的碳酸盐岩石颗粒。这类材料大多是通过挤入孔隙，并在地层孔隙中适度膨胀，而起到堵漏作用的。

其他堵漏材料还有凝胶、膨胀树脂颗粒和无渗透钻井液等。堵漏剂种类繁多，与其他类型处理剂不同的是，大多数堵漏剂不是专门生产的规范产品，而是根据就地取材的原则选用的。堵漏剂的堵漏能力一般取决于它的种类、尺寸和加量。根据试验结果，不同堵漏剂的堵漏能力见表 5–5–2。

表 5–5–2　各种堵漏剂的堵漏能力

堵漏剂名称	形　状	尺　寸	质量浓度 kg/m^3	最大堵塞缝隙 mm
坚果壳	颗粒状	5mm10 号筛目占 50%	57	5.20
塑料碎片	颗粒状	10 ~ 100 号筛目占 50%	57	5.20
石灰石粉	颗粒状	10 ~ 100 号筛目占 50%	114	3.18
硫矿粉	颗粒状	10 ~ 100 号筛目占 50%	980	3.18
坚果壳	颗粒状	10 ~ 16 筛目占 50%	57	3.18
多孔隙珍珠石	颗粒状	5mm10 号筛目占 50% 10 ~ 100 号筛目占 50%	172	2.69
赛璐珞粉	薄片状	19mm 薄片	23	2.69
锯末	纤维状	6mm 大小	29	2.69
树皮	纤维状	13mm 大小	29	2.69
干草	纤维状	1.25mm 大小	29	2.69
棉子皮	颗粒状	粉末	29	1.53
赛璐珞粉	薄片状	13mm 大小	23	1.42
木屑	纤维状	6mm 大小	23	0.91
锯末	纤维状	1.6mm 大小	57	0.43

一般来讲，地层缝隙越大，漏速越大时，堵漏剂的加量亦应越大。纤维状和薄片状堵漏剂的加量一般不应超过 5%。为了提高堵塞能力，往往将各种类型尺寸的堵漏剂混合加入，但各种材料的比例要掌握适当。表 5–5–3 给出了常用堵漏工艺。

表 5–5–3 常用堵漏工艺

漏失类型	漏失程度 m³/h	漏层几何形状	处理方法	适用钻井液类型
渗漏	0.159 ~ 1.59	水平漏层	加入细粒桥堵剂	水基和油基钻井液均有效
	0.159 ~ 1.59	诱导垂直漏层	加细粒桥堵剂的高滤失量的钻井液	
部分漏失	1.59 ~ 79.5	水平漏层	起钻静候	水基和油基钻井液均有效
	1.59 ~ 79.5	诱导垂直漏层	加中粒桥堵剂或细粒高滤失量浆液	水基和油基钻井液均有效
完全漏失	79.5 ~完全不返	水平漏层	含细粒桥堵剂的高滤失浆液； 打触变性水泥浆； 打软—硬堵塞； 打井下配制软堵塞	水基和油基钻井液均有效
深部诱导裂缝的部分或完全漏失	完全不返钻井液	垂直裂缝	起钻静候及打剪切稠化堵剂	水基钻井液有效，油基钻井液部分有效
		垂直裂缝用水基钻井液	打井内配制软—硬堵塞； 打井内配制软堵塞	水基钻井液有效
		垂直裂缝用油基钻井液	打含粗桥堵剂高滤失量的钻井液； 打挤水泥浆； 打井内配制的软堵塞	—
严重完全漏失	完全不返钻井液	水平漏层	打含粗桥堵剂高滤失量的钻井液； 打入井内配制的软—硬堵塞； 有进无出钻进，充气钻井液或下套管封隔； 采用剪切稠化堵漏剂	水基钻井液有效、油基钻井液部分有效
井内层间井喷（即井下井喷）	完全不返钻井液	诱导裂缝用水基钻井液	打井内配制的软—硬堵塞	水基钻井液有效，油基钻井液无效
		垂直裂缝用水基钻井液	用重晶石堵塞； 打井内配制软—硬堵塞； 采用剪切稠化堵剂	水基或油基钻井液均有效
		垂直裂缝用油基钻井液	打重晶石油浆堵塞； 打井内配制的软堵塞	

四、国内外主要厂商常用处理剂代号对照

国内外主要厂商常用处理剂代号对照参见表 5–5–4。

表 5–5–4　国内外厂商常用处理剂代号对照表

序号	类别	名称或主要成分	国内名称	国外名称
1	黏土类	优质膨润土或 API 钻井级膨润土	天然钠质土	M–I Gel、AQUAGEL、Wyoming Bentonite
		未经处理的天然膨润土	试验用钠膨润土	MILGEL NT、AQUAGEL、GOLD、SEAL
		经过处理的高造浆率膨润土，或增效土	—	SUPER–COL、QUIK–GEL、KWIK–THIN
		OCMA 膨润土	行标二级膨润土	MIL – BEN
		水软木土	凹凸棒石抗盐土	SALTWATER GEL、ZEOGEL、SALT GEL、Attpulgite
		海泡石黏土	海泡石（HL–Z Ⅰ，HL–Z Ⅱ）	Geo Gel、Thermogel、DUROGEL
		高岭土	钻井液用评价土	英国评价土
		有机土	801、812、821、4602	Carbo–Vis、Celtone 11、InterDrill Vistone、VG–69
2	加重剂类	API 级重晶石粉（$BaSO_4$）	重晶石粉	MIL–BAR、M–I BAR、BAROID
		铁矿粉	氧化铁粉、钒钛铁矿粉、钛铁矿粉	—
		碳酸钙粉（$CaCO_3$）	石灰石粉、碳酸钙粉	W. O. 30、BARACARB、CO–WATE、LDCARB 75
		重晶石与赤铁矿混合物	—	BAR – PLUS
		方铅矿粉（PbS）	方铅矿粉、硫化铅	Super – Wate、Galena
		各种无机盐	氯化钠、氯化钙、溴化钙	NaCl、$CaCl_2$、$CaBr_2$、$ZnBr_2$
3	增黏剂类	生物聚合物	黄孢胶、黄原胶、XC	FLOWZAN、XCD、New–Vis、BARAZAN
		高分子量纤维素衍生物的混合物	羧甲基羟乙基纤维素 CT–91	INSTAVIS
		高黏度聚阴离子纤维素	高黏度聚阴离子纤维素 PAC	DRISPAC–R、Polypac –HV、MIL–PAC HV
		高黏羧甲基纤维素	高黏 CMC、CMC–HV、HV–CMC、ZJT–1	CMC–HV、IDF RHEOPOL、MILPARK CMCHV、CELLEX（HV）
		羟乙基纤维素	HEC	W.O.21L、LIQUI–VIS、IDHEC、IDHEC–L
		石棉纤维	石棉、HN–1、SM–1、改性石棉	FLOSAL、SUPER VISBESTOS、VISQUICK
		混合聚合物	PMN–2	POLY –STAR、POLY–MIX、W.O/23、POLYMER 404
		瓜尔胶或田菁衍生物	瓜尔胶、羟乙基田菁粉	LO LOSS、SMCX、Solvitex、SG–100、GGPFSD–3
		丙烯酰胺与丙烯酸盐多元共聚物或甲叉聚丙烯酰胺	80A51、PAC 141、PHMP	—
		化学改性甜菜淀粉	—	PYRO–VIS
		混合金属层状氢氧化物	MMH、MA–01、MSF–1、MLH–2 正电胶	MMH

续表

序号	类别	名称或主要成分	国内名称	国外名称
4	降黏剂类	酸式焦磷酸钠	酸式焦磷酸盐	SAPP
		四磷酸钠	四磷酸钠	STP、OILFOS、BARAFOS、PHOS
		铁铬木质素磺酸盐	铁铬盐	UNI−CAL、Q−BROXIN、SUPERSENE、Chrome、Lignosulfonate
		无铬木质素磺酸盐	FCLS−CF、无铬木质素磺酸盐、M−9、MC	UNI−CAL CF、Q−B Ⅱ、SPESENE CF、CF LIGNOSULFONATE
		磺化丹宁，改性丹宁	磺甲基丹宁 SMT、KTN、NaT	DESCO、DESCO CF、TANNEX、TANCO
		褐煤衍生物	铬褐煤、硝基腐殖酸钠、硝基腐殖酸钾、腐殖酸铁铬、OSHM−K、Cr HM、OSAM−K、SMC	COUSTILIG
		合成聚合物高温降黏剂（马来酸酐共聚物）	SSMA	MIL−TEMP、THERMA−THIN、MELANEX −T、IDSPERSE HT
		聚合物降黏剂（低聚物降黏剂）	GN−1、XA−40、XB−40	NEW−THIN、THERMA−THIN、TACKLE、IDTHIN 500
		复合离子多元共聚物	GD−18、JT−900、XY−27、PSC90−6、PAC145	MIL THIN、THIN−X
		树皮提取物	栲胶、改性淀粉、SMK、FSK、磺化栲胶、831	Q−B−T、MIL−QUBRACHO
		褐煤产物或苛性褐煤	腐殖酸钠、NaHM、腐殖酸钾、无铬磺化褐煤、GSMC	CARBONOX、TANNATHIN、LIGCON、CAUSTI−LIG、K−LIG、XKB − LIG、CC−16
		丙烯酸聚合物	PAA、PAAS、聚丙烯酸钠	—
5	降滤失剂类	预胶化淀粉或羧甲基淀粉、聚合淀粉、羟丙基淀粉	PDF−FLO、PDF−FLO HTR、DFD− Ⅱ、DFD−140、GD 1−2、CMS、CMS−K、LSS−1、LS−2、CT−38、CMS−Na、STP	MILSTARCH、IMPERMEX、MY−OL−GEL、IDFLO LT、PERMA−LOSE（HT）、DEXTRID（HT）、POLY−SAL（HT）、THERMAPAC UL、IDFLO（HT）、BIO−LOSE
		低黏度聚阴离子纤维素	PAC − LV	DRISPAC−SL、MIL−PAC LV、PAC−L、POLYPAC−LV、IDF−FLR XL
		低黏度钠羧甲基纤维素、中等黏度钠羧甲基纤维素	MV−CMC、CMC LOVIS、CMC−LV	CELLEX（HV）、MILPARK CMC LV、IDFRHEOPOL
		AMPS/AAM 共聚物、丙烯酰胺 / 乙烯磺酸盐共聚物	—	KEM − SEAL（HT）、THERMA−CHEK（HT）、IDFLD HTR（HT）
		复合纤维素	QH−COC	—
		AMPS/AM 共聚物	—	PYRO−TROL（HT）、POLY RX（HT）、IDF POLYTEMP（HT）、DRISCAL D
		腐殖酸树脂	SPNH、PSC、SPC、SHR、SCUR、HUC	CHEMTROL X、DURENEX、RESINEX、BARANEX、IDF HI−TEMP
		褐煤钠盐	NaC、GN−1、Na−Hm、Na−NHm	LIGCO、CARBONOX、LIGCON、THNNATHIN

续表

序号	类别	名称或主要成分	国内名称	国外名称
5	降滤失剂类	聚丙烯腈衍生物或聚丙烯酸盐	Na–HPAN、HPAN、Ca–HPAN、K–HPAN、NH_4–HPAN、NPAN、PT–1、KNPAN	NEW–TROL、POLYAC、SP–101、IDF AP 21、CYPAN、WL–100
		磺甲基酚醛树脂、磺化木质素与树脂等	SMP–Ⅰ/Ⅱ、SCSP、SCUR、SLSP、SHR	—
		乙烯基单体多元共聚物	PAC 143、CPF、CPA–3、SK–Ⅰ/Ⅱ/Ⅲ、PAC–142、DHL–1、PAC–143	—
		复合离子聚合物或阳离子聚合物	JT–888 Ⅰ/Ⅱ/Ⅲ CHSP–Ⅰ	PAL
		其他	SS–8、NP924、SG–1、PSC90–4、HMF–Ⅱ、A–93、SPC	DRISCAL D
6	絮凝剂类	部分水解聚丙烯酰胺（液体）	PDF–PLUS（L）	NEW–DRILL、IDBOND、POLY–PLUS
		部分水解聚丙烯酰胺（固体）	PDF–PLUS、PHP、PHPA	NEW–DRILL HP、NEW–DRILL PLUS、EZ MUD DP、IDBOND P
		膨润土增效剂	—	GELEX、X–TEND Ⅱ、MIL–POLYMER 354、DV–68
		阳离子聚丙烯酸胺	ZXW–Ⅱ、CPAM、AM–DMC	ASP–725、PHPA–500
		聚合氯化铝、碱式氯化铝	SEG–2、碱式氯化铝	—
		聚丙烯酰胺	PAM	PAM
		选择性絮凝剂	—	FLOXIT、BARAFLOC、IDFLOC
7	页岩抑制剂类	磺化沥青	FT–342、HL–2、FT–341、JS–90	SOLTEX、BARATROL
			FT–1、FT–11、SAS、LFD–Ⅱ	ASPHASOL
		高钙性沥青	KAHM GSP	—
		油溶性氧化沥青	—	PROTECTOMAGIC
		水分散沥青	SR 401、AL、FY–KB、LET–70、AL–1	PROTECTOMAGIC M、AK–70、SHALE–BONG、STABIL–HOLE、ASPHALT–BAROID
		树脂页岩稳定剂	GLA、JHS	HOLECOAT、IDTEX、SHALE–BAN
		铝络合物	—	ALPLEX
		阳离子化合物（小阳离子）	GD 5–2、QC、FS–1、NW–1、HT–801、CSW–1、醚化剂	POLY–KAT、MCAT–A
		阳离子化合物（大阳离子）	DA–Ⅲ、MP–1、CPAM、SP–2、JH–801、ND–89（91）	KAT–DRILL、MCAT
		防塌剂	WFT–666、YZ–1	—

续表

序号	类别	名称或主要成分	国内名称	国外名称
7	页岩抑制剂类	聚丙烯酸钾 / 钙等	KHPAM、FPK、HZN 101（Ⅱ）、K−PAN、CPA−3、PMNK、MAN−101	—
		复合离子聚合物	FA−367、FPT−51	—
		长效黏土稳定剂	BCS−851、JS−7	SC−200、MFS
		无机盐类	氯化钾、碳酸钾、氯化钠、硫化铵、硫酸钙、硬石膏等	KCl、K_2CO_3、NaCl、$(NH_4)_2SO_4$、$CaSO_4$
		有机硅衍生物	硅抑制剂、SAH、PF−WLD、DASM−K、OXAM−K、GWJ	—
		复合醇基抑制剂	PF−JLX	—
8	润滑剂类	油基润滑剂	PDF−LUBE、RT−443、FK−3	MIL−LUBE、LUBE−167、MAGCOLUBE
		极压润滑剂	RH−3、ZR−110、KRH	LUBRI−FILM、EP MUDLUBE、EP LUBE、IDLUBE HP
		低毒润滑剂	RT−001、LZ−1、RT−003	AQUA−MAGIC、LUBE 153、IDLUBE
		低荧光润滑剂	RH−8501、SNR−1、GRT−2、DG−5A−525、HRHT−101	—
		塑料小珠	HZN−102、SN−1	—
		玻璃小珠	GRJ−Ⅱ	TORQUE−LESS
		复合醇润滑剂	PF−JLX	—
9	堵漏材料类	核桃、胡桃壳粒、坚果壳	核桃壳粒	MIL−PLUG、NUT−PLUG、WALL−NUT、WALNUT SHELLS
		云母	云母	MILMICA、MICATEX、MICA
		碎玻璃纸片	—	MILFLAKE、JELFLAKE、FLAKE
		纤维混合物	—	MIL−FIBER、FIBERTEX、M−I FIBER、IDF MUD FIBER
		杉木纤维	—	MIL−CEDAR、PLUG−GIT、M−CEDAR
		碎纸	—	PAPER
		混合堵漏剂	913、911、ZJX−1	MIL−SEAL、BARO−SEAL、KWIK SEAL、IDSEAL、POLY SEAL
		棉籽壳	棉籽壳	COTTONSEAD HULLS
		酸溶水泥	—	MAGNE−SET
		随钻堵漏剂	—	CHEK−LOSS、DYNAMITE RED
		细碳酸钙	QS−2、OCX−1	MIXICAL、BARACARB、W.30
		蛭石	蛭石	—
		单向压力暂堵剂（液体套管）	DF−1、DYT−1	LIQUID CASING、CHECKLOW

续表

序号	类别	名称或主要成分	国内名称	国外名称
9	堵漏材料类	贝壳渣	蚌壳粉	CONCH SHELL
		脲醛树脂	N 型脲醛树脂	—
		狄赛尔	高滤失堵漏剂、Z-DTR	DIASEAL M
		油溶性树脂	PF-BPA、JHY	—
		聚合物膨胀剂	—	SUPERSTOP
		凝胶暂堵剂	—	WL 500
		水分散硬氧化沥青	—	HOLECOAT、WONDERSEAL
10	消泡剂类	硬脂酸铝	硬脂酸铝	Aluminum Stearate
		消泡剂	MPR、SFT-E-01、CO-89	LD-8、BARA DEFOAM、IDBREAK
		醇基消泡剂	XBS-300、GB-300、N-33025、甘油聚醚、泡敌、消泡剂 7501	W.O.DEFOAM、BARA BRINE、DEFOAM-A、MAGCONOL、SURFLO
		烷基苯磺酸钠	烷基苯磺酸钠	DEFOAMER A-40、DE-FOAM L、POLY DEFOAMER
		硅油型消泡剂	DSMA-6、GD13- 1	—
11	发泡剂类	可生物降解发泡剂	AS-N-33025	FOAMANT、QUICK-FOAM、MAGCO FOAMER 76、GEL-AIR
		钻井液发泡剂	ABS、F-842	AMPLI-FOAM
12	杀菌剂类	多聚甲醛	多聚甲醛、WC-85、KB-901、KB-892	PARAFORMAL、DEHYEDE、ALDACIDE、IDCIDE、MAGCOCIDE、BACBAN Ⅲ
		氨基甲酸酯	CT 10-1	BARA-B33
		甲醛	福尔马林	HCHO
		可生物降解的硫化氨基甲酸盐	—	DRYOCIDE、IDCIDE P
		异构噻唑基化合物	—	X - CIDE 207
		环保型广谱杀菌剂	CT-101	IDCIDE L
		有机硫类	SQ-8、2-20	—
		五氯酚钠	—	DOWICIDE G、BACTERIOCIDE
13	解卡剂类	解卡剂	SJK-2、AR-1	MIL-FREE、PIPE-LAX、IDFREE、SCOT-FREE
		可加重解卡剂	—	MIL-SPOT 2、SCOT-FREE、PIPE-LAX W
		无毒水基解卡液	—	BIO-SPOT、BIO-SPOT Ⅱ、ENVIRO-SPOT
		低毒油基解卡液	—	BLACK MAGIC LT、EZ SPOT
		固体粉末解卡剂	SR-301	—
14	水基钻井液乳化剂类	阴离子型表面活性剂混合物	AS、ABSN、ABS、SPAN-80	SWS、TRIMULSO、SALINEX、ATLOSOL（-S）
		非离子型表面活性剂	OP 系列	DME、HYMUL、AKTAFLO-E

续表

序号	类别	名称或主要成分	国内名称	国外名称
15	缓蚀剂类	碱式碳酸锌	碱式碳酸锌	MIL-GRAD R、SULF-X、NO-SULF、COAT-45
		锌螯合物	—	MIL-GRAD R、SULF-X ES、BARASCAV-L、IDZAC
		亚硫酸氢铵或其他亚硫酸盐	亚硫酸钠、亚硫酸氢铵、PF-OSY、KO-1	NOXYGEN、COAT-888、IDSCAV 210、BARACOR 113、IDSCAV 310
		成膜胺	DT-1、CK-2、WSJ-02、JH-501、CT-1-6、JA-1、PD-1	AMI-TEC、ID FILM、120/220/420、UNISTEAM、CONQOR 300/101/202/303、AQUA-TEC、BARA FILM、COAT-B 1815
		有机物	8185、JC-463	SCALECHECK、SCALE-BAN、S1-3000、SURFLO-H35、BARACOR 129
16	高温稳定剂类	铬酸盐或重铬酸盐	铬酸钾、重铬酸钾、重铬酸钠、铬酸钠	—
			PF-PTS	PTS-2000
17	泥浆清洁剂类	泥浆清洁剂	RH-4、PF-D.D	MILPARK MD、D.D、M.D、CON-DET、DRLG DETERGENT
		洗涤剂	—	MIL-CLEAN、BARA-KLEAN、KLEEN-UP、IDWASH、BAROID RIG WASH
18	碱度控制剂类	NaOH	烧碱	CAUSTIC SODA
		KOH	氢氧化钾	POTASSIUM HYDROXIDE
		Na_2CO_3	纯碱	SODA ASH
		$NaHCO_3$	碳酸氢钠、小苏打	BICARBONATE
		$Ca(OH)_2$	氢氧化钙、熟石灰	MIL-LIME
		CaO	氧化钙、生石灰	MIL-LIME
		高温缓冲剂（聚合物）	—	PTS 100、THERMOBUFF
19	油基钻井液配浆材料及添加剂类	1# 柴油	1# 柴油	DIESEL OIL NO.1
		2# 柴油	2# 柴油	DIESEL OIL NO.2
		低毒矿物油	白油	ESCAID 110、HDF 200、LVT 200、BASE OIL
		人造油	脂基化合物、长链 α 烯烃	NOVASAL、ESTERS、LAO、PETRO-FREE、IO、PAO、ETHERS
		$CaCl_2$	氯化钙	—
		NaCl	氯化钠、海盐、岩盐	—
		KCl	氯化钾	—
		脂肪酸类乳化剂	环烷酸钙、硬脂酸钙、烷基苯磺酸钙、油酸钙、ABS、十二烷基磺酸钙	CARB-TEC、INVERMUL、VERSAM、INTERDRILL FL
		脂肪酸的胺衍生物	—	CARBO-MUL、INVERMUL NT、VERSACOAT、VERSAWET、INTERDRILL FL
		高活性非离子型乳化剂	—	CARBO-MIX、DRIL TREAT、INTERDRILL ESX
		油溶性聚酰胺	油酸酰胺	CARBO-MUL HT、EZ MUL NT

续表

序号	类别	名称或主要成分	国内名称	国外名称
19	油基钻井液配浆材料及添加剂类	高活性非离子型乳化剂和润湿剂	—	CARBO-TEC HW、NOVAWET
		酯基体系乳化剂	—	NOVAMUL、NOVAMOD
		石灰	石灰	LIME
		锂蒙皂石有机土	—	CARBO-GEL、GELTONE Ⅱ、VERSAGEL、VISTONE HT
		沥青类	氧化沥青	CARBO-TROL、VERSATROL、INTERDRILL S
		天然硬沥青	—	CARBO-TROL HT、INTERDRILL VISOL
		褐煤的胺衍生物	腐殖酸酰胺	CARBO-TROL A-9、DURATONE HT、VERSALIG、INTERDRILL NA
		橡胶类产品	—	CARBO-VIS HT
		聚酰胺类	—	VERSA-HRP
		两性表面活性剂	JFC、快 T	VERSA WET D
		油溶性磺酸盐	—	SURF-COTE
		合成基体系油润湿剂	—	NOVASOL

第六节　钻井液体系与性能、配方设计

钻井液设计是钻井设计的重要部分，必须严格按照钻井设计的程序与方法进行。设计人员要了解钻遇地层的岩性、理化特性及储层性能等地质情况，分析可能存在的复杂地层发生的复杂与事故情况，分析工程、地质对钻井液的特殊要求，有针对性地进行钻井液设计。

一、钻井液设计的依据

钻井液既是保证工程顺利进行的必要条件，也是发现和保护油气层的重要环节。为此，搞好油气井钻井液的设计必须同时满足地质与工程的要求和储层保护的需要，以地层特点和油气层类型特性为依据，才能达到设计的目的。

1. 根据不同的油气层特性选择钻井液体系

油气层的特性不同，对钻井液体系的要求也不同，钻井液体系必须与其相适应才能起到保护作用，并减轻伤害，获取应得的产量。我国的油气层类型主要有：

（1）中高渗砂岩储层及裂缝性油层和气层。前者如华北、辽河及胜利等油田的古潜山油层，后者如四川的三叠及二叠系石灰岩气层，它们均具有较发育的缝洞，最易漏失大量的钻井液而造成储层伤害。

（2）低压低渗透油层，以砂岩为主，如长庆油田及二连地区的油层，使用密度较大的钻井液，滤液进入后也会造成储层伤害。

(3) 中压高渗透油层以砂岩为主，如大庆油田的油层，滤液易大量进入，影响较为严重。

(4) 稠油层（如辽河和新疆等油田的稠油层）由于油质稠，流动阻力较大，受完井方法的影响较大，若完井工艺不当也常造成储层伤害。

由于各种油气层特性差别较大，受到伤害的因素也各不相同，故以油气层受伤害的内因为依据，从储层本身受到的伤害进行分类，制定的措施也才更有实际意义。

保护油气层的钻井液措施概括来讲可总结为：

(1) 钻达油气层前，必须调整好各项性能，使其基本符合要求，以尽可能减轻对油气层的伤害。

(2) 在安全的条件下，钻井液密度所造成的压力尽量低于或接近于地层孔隙压力。

(3) 钻井液中的微粒（< 1μm）含量越低越好。

(4) 尽可能使用酸溶或油溶钻井液材料。

(5) 钻井液滤液的活度与油层水相活度尽可能相当。

(6) 最好加有黏土稳定剂。

2. 根据井的不同井型选择体系

1）超深井

一般指深度大于 6000m 的井（或虽井深达不到超深井标准，但其地层最高温度达到 180℃以上的井），其特点是高温高压。因而对钻井液提出热稳定性好（即高温恒定一定时间后性能变化较小）、高温对性能影响较轻（即在高温下的性能与常温下对比不能差别过大）及在高压差下滤饼压缩性好的要求。为适应以上需要，钻井液的处理剂必须在高温下不可热解和解附（对黏土来说）而失掉其应有的作用。这类井选用油基钻井液最为理想，目前国内都选用分散型的三磺钻井液（即用磺甲基褐煤、磺甲基酚醛树脂及磺甲基栲胶等处理剂为主组成的钻井液）。近来逐步发展成聚磺钻井液，甚至个别油田使用聚合物钻井液钻成井深大于 6000m 的超深井。

2）定向斜井（包括水平井）

该类井的主要特点是井眼倾斜，甚至与地面平行，在钻进过程中钻具与井壁的接触面积较大，摩阻高。因此不但起下钻具受影响，一旦钻具因故静止，井眼极易发生阻卡甚至卡钻，在测井时也往往造成较大的困难。故对钻井液提出润滑性良好的要求。对付此类井最好选用油基钻井液，或者加有适量润滑剂（塑料小球及各种液体润滑剂）的水基钻井液，而且必须严格控制滤失量及滤饼质量。水平井中因为环空返速是唯一可以破坏岩屑床的力量，因此还需要钻井液具有较低黏切，以降低循环压耗，增加循环返速。

3）调整井（包括超高压力井）

该类井的主要特点是地层压力异常高，钻井液密度常需超过 2.00g/cm^3 甚至高达 2.70g/cm^3（如玉门油田）。造成高压的原因多数是由油层长期注水窜到较浅的层而形成的。也有原生的，如四川油田的高压气层。由于要求密度特别高，给钻井液的配制及维护带来极大的困难，故一般都选用分散型钻井液体系，如三磺钻井液，因为它可以允许更大的固相容限。在条件许可时，亦可选用油基钻井液。配制超高密度钻井液维持流变性的关键是很好地控制膨润土含量。

4）区域探井和预探井

该类井的主要要求是能够随时发现产层，这是因为在新探区，地质情况未搞清楚，为此，要求选用不影响地质录井（即钻井液荧光低）及易发现油气层位（即钻井液密度低）的钻井液体系。因此不宜使用油基或含油钻井液，而选用易于维持低密度的钻井液，如聚合物不分散型体系。

5）油层全取心井

钻该类井的目的主要是取得原始状态的岩心，以便开发部门测算油层储量。此类井的特点是地层掌握较清楚，钻油层以上地层已有一套成熟的经验，而重点要求在油层取心时钻井液不得污染岩心，保持岩心原有的各种物性。因此，最好是采用不含水或少含水的油基钻井液，也可以使用密闭液取心。

6）开发井

该类井是用来开发油田的，其特点是地层已掌握清楚，已有成熟的钻穿上部地层的经验，主要要求保护油层及快速钻井，同时要考虑钻井液成本因素。故上部采用聚合物不分散钻井液，到油层即换用相适应的完井液，以达到最好地保护产能的目的。

3．根据不同地层特点选择钻井液体系

1）高压水层对钻井液的要求

(1) 最重要的是弄清水层压力系数，调整好钻井液的密度，压死水层，不让其流入钻井液中而造成储层伤害及复杂情况。

(2) 根据水质，采用可抗相应盐污的钻井液类型。

(3) 若提高钻井液密度有损于油层或压漏以上层位，应从套管程序加以解决，即用套管加以封隔。

2）盐膏地层对钻井液的要求

(1) 若属薄层或夹层盐膏，可以选用抗盐抗钙处理剂进行钻井液性能的维护。

(2) 若属大段纯盐层，即可选用饱和盐水，并加盐抑制剂（井深超 4000m 时）。

(3) 若属巨厚复合盐层，首先必须弄清楚其盐的种类及含量，再采用饱和盐水配制与地层具有相同盐类的钻井液，二者活度应基本相同。

(4) 若属纯石膏层，可选用石膏钻井液。

(5) 为了制止塑性变形，在盐层钻进时，应适当提高钻井液密度以控制盐层缩径速度小于盐层溶解速度，保证井眼安全。

3）易塌地层对钻井液的要求

防塌是当前尚未完全解决的技术难题，易塌层性质差别较大，条件千变万化，不可能用一套要求就能适合所有类型的塌层，其基本原则是：

(1) 不能在易塌地层采用负压钻井，即钻井液液柱压力不得低于易塌层的孔隙压力与坍塌压力。

(2) 在易塌层钻井，钻井液的黏度和切力不能过低，返速也不能过高，以免形成紊流冲刷井壁，加剧井塌。

(3) 钻井液的胶凝强度不能过大，以免造成起下钻及开泵时压力波动过大引起井塌。

(4) 在水敏性强的地层钻井，要求钻井液的高温高压滤失量控制在 12mL，不超过

15mL。

(5) 对脆性页岩及微裂缝发育塌层，最好选用沥青质封堵剂（包括矿物油及植物油渣沥青)，起到封闭缝隙、减少进水的防塌作用，需要注意沥青质封堵剂的软化点要与地层温度及循环温度相适应。

(6) 使用抑制性较强的钻井液体系，如钾基钻井液，滤液中 K^+ 的浓度不得低于 1.80kg/m^3。

(7) 若坍塌层特别复杂，水基钻井液不能解决，可使用平衡活度的油基钻井液。

4) 易卡地层对钻井液的要求

易发生压差卡钻的地层，主要是指高渗透性地层，如粗砂岩等，易形成较厚的滤饼。主要要求如下：

(1) 降低压差是防卡的有效措施。

(2) 固相含量尽可能降低，特别是没有用的低密度固相不要超过 6%（体积比)。

(3) 根据钻井液类型不同，应选择有效的润滑剂，对探井即应选用无荧光润滑剂。

(4) 控制固相成分的粒径大小级配，要具有一定的细粒成分，以在近井壁地带形成内滤饼。

(5) 应储备必要数量的解卡剂，一旦发生压差卡钻，可以及时浸泡解卡。

5) 易漏地层对钻井液的要求

(1) 浅部松散易漏地层应使用高膨润土含量及高黏切钻井液体系，虽然加入膨润土可能使密度略有增高，但防漏效果更好。必要时可加入适量的 MMH。

(2) 深部或有一定胶结强度地层应考虑较低黏切钻井液，一方面降低循环压耗，另一方面也便于加入堵漏材料。

(3) 裂缝性储层可加入适量纤维状堵漏材料，利用纤维材料在裂缝中形成阻塞进行防漏。

(4) 发生井漏首先要搞准井漏位置。根据漏失量的大小判断漏层性质。针对漏层性质选用相应堵漏措施（见表 5–5–3)，在可能的情况下，最好把漏层钻穿后再采取堵漏措施。

(5) 严禁因静切力过大，下钻时开泵过猛而憋漏地层。

4. 根据工程要求确定钻井液性能

钻井工程对钻井液的性能要求体现在下列两大方面：一是确保安全钻井，就是要求性能能够符合井下具体情况，能够对付井下出现的复杂情况，包括压差卡钻，井塌及井漏等；二是提高机械钻速。提高机械钻速的要求如下。

1) 尽可能保持近平衡的钻井

所谓“近平衡钻井”是指无论在钻井中或起下钻时，由钻井液对地层所产生的最小压力要尽量接近地层的孔隙压力。具体地说就是，尽可能降低钻井液密度的附加值，做到既安全又快速钻井。为此提出下列几点具体要求：

(1) 预测准所钻地层的孔隙压力及破裂压力，精确地确定所钻地层压力系数，为设计合理的套管程序提供可靠的必要条件，并算准平衡地层孔隙压力所需的静液柱压力。

(2) 调整钻井液的流变性能时，在保持洗井效能的前提下，尽可能采用较低的黏切，以便在正常起钻速度下尽可能降低因抽吸而引起的压力降。

(3) 绝对避免钻头泥包，尤其是在强造浆地层钻进时。要求钻井液有较强的抑制性，故在钻井液中应加防泥包剂（或称洗涤剂）。

(4) 尽可能降低钻井液流动阻力及保持适当的排量，要求在钻井液中加入有效的润滑剂（或称减阻剂），以便降低由此所引起的对地层的附加压力。

2）具有良好的剪切稀释特性

“剪切稀释特性”是指钻井液的表观黏度随剪切速率而变化的性质。现代钻井技术要求钻井液通过钻头喷嘴时的黏度（即在高剪切速率下的黏度）变小，以便在一定的喷嘴压降下，增加喷速，而要求其出钻头水眼后上返时（即在环空低剪切速率下）的黏度变大，以便彻底清洗井底，而且这种变化要快，即瞬时改变（钻井液一出水眼马上变稠）。高与低剪切速率下钻井液黏度变化幅度的大小，表征着该类钻井液的剪切稀释特性的强弱。环空黏度过大，流动阻力也大，对地层的回压必然增高，流压增大，钻速下降。因此，对剪切稀释特性强弱的要求应该控制在低水眼黏度下，环空黏度达到满足清洗井底和携带钻屑要求的范围内就可以了。过高或过低都对钻速的提高不利。

3）较强的洗井眼及携屑能力

在钻进中，井底洁净与否直接影响钻头的切削效率。若井底的岩屑不能及时被带走，就会受到钻头的重复切削，钻速及钻头寿命就会受到影响。若岩屑虽被及时冲离井底，而钻井液的携带能力差，岩屑上返速度慢，那么可能环空岩屑浓度过大，易堵塞环空空间，当量密度增加，流动阻力增大，对井壁的压力也增大，压差增加，易发生井漏。而且大量岩屑易黏附井壁，造成缩径，引起起下钻阻卡，产生井下各种复杂情况，影响钻井，甚至发生井下事故。

环空中钻井液岩屑含量，指环空中钻井液所含岩屑的浓度，以百分数表示。国外经过长时间的试验及实践得出结论，环空钻井液岩屑含量保持在5%以内是比较安全的。胜利油田的实践证明，只需从钻井液及工程上采取相应措施，例如起钻前先充分循环钻井液，接单根时晚停泵，钻进一定进尺后短起下钻，尽可能提高泵排量，以及很好地调整钻井液流变参数，把岩屑运载比（即岩屑的上返速度与钻井液在环空上返速度之比值）控制在0.5以上，把岩屑在环空钻井液中的含量放宽到9%，井下也是安全的。

在泵排量最大许可范围内，环空间隙一定的情况下，要达到上述岩屑浓度要求，主要应从调整钻井液性能入手。从钻井液本身的性能看，岩屑上升速度与密度及黏切有关。钻井液的密度越大，即同样的岩屑在钻井液中所受的浮力越大，下沉速度越慢。但不能从密度上去寻求解决方法，因为它会影响到钻速。故应从黏切上去解决钻井液携砂能力问题。要想调整钻井液流变参数，就必须先确定钻井液适应哪种流变模式，而后才能以其反映携砂能力的指标加以要求。例如，用动塑比值来要求属于宾汉模式流体的钻井液，而用 n 值来要求适应幂律模式流体的钻井液。这两种类型钻井液分别要求如下：宾汉模式的动塑比值为0.48；幂律模式的 n 值为0.5 ~ 0.7。

除了上面所列的储层、井型、地层和工程4个方面以外，对下列方面亦应加以考虑：

(1) 所使用的钻机类型及固控设备。应重点考虑各种设备的配备能力。大型钻机设备齐全，例如包括大功率钻井泵、高压循环系统和固控设备和完善齐全的井控设施。钻机泵功率不足，固控设备不全，钻井液处理设备简单，应选用低固相和聚合物钻井液，一些特种体系，如油基钻井液就不能适应。而要选用气体体系钻井时，更应另配特种设备，如空气压缩机等，才能适应。

(2) 井身结构及地层压力。应主要考虑对各种特殊地层的封隔程度。对产层，若采用先期完成方案，应尽量选用完井液体系打开储层；若是后期完成井，打开产层时只需选用其他体系稍加改造以适应储层保护的需要。对存在异常压力地层的井，井身结构未能实现不同压力系统的分隔，则应采用能扩大钻井安全密度窗口的钻井液体系，如较强的堵漏与提高地层承压能力，降低坍塌压力的钻井液体系。

(3) 地理及自然条件。主要是考虑水源、水质及运输问题。在海上及海滩地区钻井，离淡水源较远，故适合选用盐水钻井液体系（包括盐水及海水钻井液）。若在农田较多的区域内钻井，那么最好选用抑制性很强的聚合物钻井液体系，可以大大地降低废钻井液的排放数量而减轻对农田的污染。若于边远地区钻井，对钻井液的材料应选择用高效及用量少的品种及优质钠膨润土，以降低运输费用。

二、钻井液设计的内容

完成前期准备工作，并选定钻井液体系后，每口井都必须搞好设计。

1. 科学合理设计钻井液密度

严格按地层压力设计钻井液密度，保证钻井期间不溢流、不漏、不塌，严禁在没有欠平衡井口控制情况下，靠负压钻井发现油气层。

2. 以密度确定最佳固相含量及流变性能

钻井液的密度主要受其所含固相影响，也是影响流变参数的主要因素。故随着密度的变化，固相含量及流变性能也跟着发生变化。一般均以密度为根据选择在不同密度下的最佳固相含量及流变性能的范围。

用图 5-6-1 及图 5-6-2 即可优选设计钻井液的固相含量、塑性黏度及动切力的最佳范围。

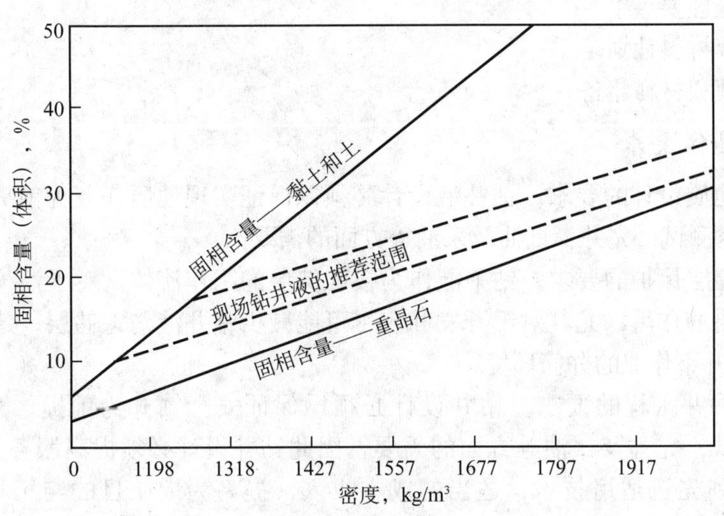

图 5-6-1 钻井液密度与固相含量的关系

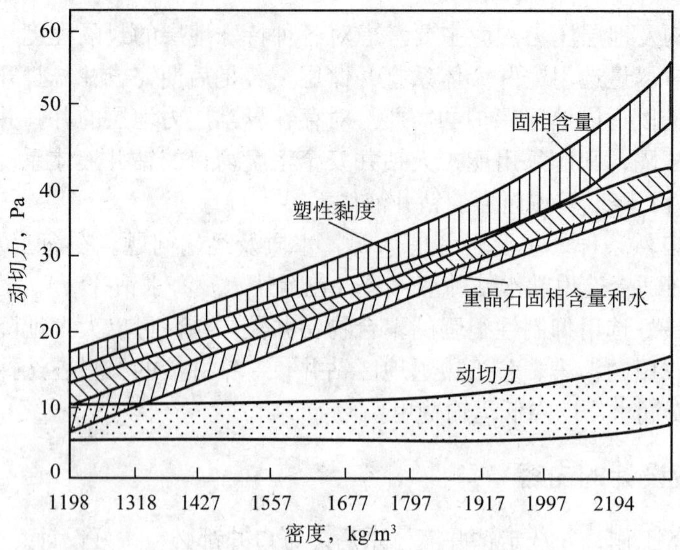

图 5-6-2　钻井液密度与动切力的关系

3．按规定的内容进行分层设计

各井的钻井液必须按要求的内容，逐一根据本井的具体情况，进行设计。

(1) 地层分层及特点；

(2) 地层融化特性分析；

(3) 储层敏感性分析；

(4) 地层压力系统与钻井液密度设计；

(5) 分段钻井液类型和性能范围；

(6) 复杂地层及油气层钻井液处理措施；

(7) 维护处理要点；

(8) 钻井液材料计划；

(9) 钻井液和材料储备。

4．设计具体要求

(1) 满足地质设计的要求。钻井液设计必须以保证实现地质任务为前提，充分考虑录井、测井、中途测试、完井、试油及采油等方面的需要。

(2) 满足储层保护的要求。钻井液作为接触储层的工作流体，对于油气层的后期开发等具有至关重要的作用，尤其对于开发井应尽可能减少钻井液伤害储层，建立良好的采油(气) 与注水及井下作业的井筒环境。

(3) 满足钻井工程的要求。钻井设计必须以保证安全钻井为前提，充分考虑录井、测井、中途测试、完井及试油等方面的需要，因此钻井设计必须提高服务于工程的意识。通过采取一系列先进适用技术，适当的成本投入，提高为地质目的与工程服务的质量。如探井应为油气发现与评价创造良好的条件，钻井液密度尽可能接近于地层孔隙压力，避免使用影响气测与录井的添加剂，有利于录井捕捉油气显示，提高井眼质量，并为录井和试油创造良好的环境，减少油气层伤害，为准确评价油气层创造条件。对于开发井应建立良好的采油（气）与注水及井下作业的井筒环境，保证油气井安全生产与后期作业。

（4）安全与环保优先。钻井活动对安全与环境影响巨大，钻井液本身就是安全环保的敏感因素，又对钻井工程的安全起到至关重要的作用，更需要引起更大的关注。钻井液材料的运输、存放及使用都应满足环境保护的要求，在环境敏感地区应优先采用无毒、低毒的钻井液体系。

第七节　钻井液的使用与维护

一、钻井液性能调整与控制

1．钻井液密度

钻井液的密度必须符合地质和工程的要求，钻井中钻遇水层、高压地层或低压油层，密度发生变化需加以调整时，可采用下列方法调整：

（1）在对其他性能影响不大时，加水降低密度是最有效且经济的办法。

（2）加用处理剂配成的胶液，可降低密度且能保持原有性能。

（3）加优质轻钻井液也可降低密度，但降低幅度较小。

（4）混油也可在一定程度上降低密度，但要注意对地质录井的影响。

（5）充气亦可大大地降低密度，如钻低压油层可用充气钻井液。

（6）提高密度可加入各种加重材料，其中以重晶石粉最为理想。

（7）加重钻井液时不能太猛，应逐步提高，一般以每个循环周增加 $0.10g/cm^3$ 为宜。

（8）对加重前的钻井液固体含量与性能必须加以控制。加重本身就是增加固相，此外加重剂都含有杂质，这些杂质也会导致黏切增加，因此加重前的固相含量愈低，黏度切力亦应愈低。

2．钻井液的流动性

钻进时钻井液的黏度切力发生变化时，可采用下列方法加以调整：

（1）对原浆性能影响不大时可加清水或稀浆降低黏度切力。

（2）最常用的办法是加降黏剂，降低黏度和切力，不同的钻井液应选用不同的降黏剂。

（3）根据黏度切力升高的原因而采用相适应的措施降低。例如，钙污染引起的黏度切力升高，应加入除钙剂，即加入有机磷酸盐类最佳；若因造浆强的地层引起的，应加入强抑制剂较佳。

（4）提高黏度切力可采用高聚物有机增黏剂，如高黏度 CMC 或复合离子型聚丙烯酸盐类。

（5）若携砂能力差，用改性石棉最理想。而在饱和盐水泥浆中可用抗盐黏土提黏度和切力。

（6）对于超高密度钻井液，当需要降低黏切时，先放掉一部分高黏切钻井液到储备罐中，再配制部分低黏切新浆补充进体系中，当发生井漏等需要补充钻井液时再启用储备罐中的超高密度钻井液进行配制。

3．钻井液造壁性能

降低滤失量可根据钻井液的类型及当时的具体情况而选用适当的降滤失剂。目前较常用的是低黏度CMC，若降滤失量的同时又希望提高黏度，可采用中黏度CMC。聚合物钻井液常用聚丙烯腈盐类（钠盐、钙盐或铵盐）。在超深井段应选用抗温能力强的酚醛树脂（SMP−I）。使用饱和盐水泥浆时可选用 SMP−II。

4．固相含量

（1）根据需要配备良好的净化设备，彻底清除无用固相；

（2）必须严格控制膨润土的含量，使用钻井液的密度愈高，井愈深，温度愈高，即膨润土的含量应愈低，一般应控制在 30 ~ 80kg/m^3；

（3）在轻钻井液中固相的含量应不超过 10%（体积比）或密度不大于 1150kg/cm^3（1.15g/cm^3）；

（4）无用固相含量与膨润土含量的比值应控制在 2 ∶ 1 ~ 3 ∶ 1。

5．钻井液酸碱度

对钻井液的酸碱度有以下要求：

（1）一般钻井液 pH 值控制在 8.5 ~ 9.5，P_f 在 1.3 ~ 1.5mL；

（2）饱和盐水泥浆 P_f 在 1mL 以上，而海水泥浆 P_f 在 1.3 ~ 1.5mL；

（3）含 H_2S 或高含 CO_2 或 HCO_3^- 的地层钻进时，应控制钻井液的 pH 值达到 10 以上；

（4）深井耐高温钻井液应严格控制 CO_3^{2-} 含量，一般应把 M_f/P_f 的比值控制在 3 以内而不得超过 5。

6．可溶性盐类含量

针对各种具体情况，对钻井液中的各种盐含量有不同的要求，例如淡水泥浆的含盐量不得超过 10kg/m^3，而钻盐岩层钻井液的含量随时保持饱和状态，甚至可以过饱和。对水敏性地层，含一定量 K^+ 的钻井液有利于防塌。

二、钻井液的污染和处理

1．钙镁污染和处理

1）污染的来源

钙镁污染源可能来源于以下几个方面：

（1）配浆水：地下和地面的水可以 $CaSO_4$、$CaCl_2$、$MgSO_4$、$MgCl_2$ 和 $MgCO_3$ 的形式含有大量的 Ca^{2+} 和 Mg^{2+}。

（2）海水中除主要含有食盐 NaCl 以外还含有一定含量的 $MgCl_2$。

（3）含无水石膏（$CaSO_4$）和有水石膏（又称生石膏 $CaSO_4 \cdot 2H_2O$ 或 $CaSO_4 \cdot 1/2H_2O$）的地层。它们的厚度因地区不同在几米至几百米的范围内变化。另外，经常有或薄或厚的石膏层与含盐地层间互共存。

2）钙镁侵钻井液性能的变化

总的来说钙镁侵会造成流变参数和滤失量升高，钻井液性能变化的幅度根据具体情况随污染物的浓度和钻井液固相含量及化学成分，以及钻井液原来的性能而变化。

（1）配浆水中有钙和镁会抑制膨润土的水化，导致膨润土造浆率下降，配出的浆 *PV* 和 *YP* 较低，滤失量 *FL* 较高。

（2）海水或地下水中含有的 Mg^{2+} 会使钻井液的 *PV*、*YP* 和 *FL* 升高的同时使 pH 值降低，因为 Mg^{2+} 会与 OH^- 结合生成 Mg（OH）$_2$ 沉淀，化学反应方程式为：

$$Mg^{2+}+2OH^- \longrightarrow Mg(OH)_2\downarrow$$

3）处理

（1）配浆水中的钙通常用纯碱来处理（1.0mg/L 的 Ca^{2+} 用 0.00266kg/m^3Na_2CO_3 处理），化学反应方程式为：

$$Ca^{2+}+Na_2CO_3 \longrightarrow CaCO_3\downarrow +2Na^+$$

钻井液滤液中钙的溶解度随钻井液 pH 值和烧碱含量的变化而变化（图 5−7−1，图 5−7−2）。

（2）石膏层对钻井液的污染在浓度低的情况下可用加纯碱以及一些降黏剂如 FCLS、NH_4−HPAN、XY−27 或 HmK 等处理（1.0mg/L 的 Ca^{2+} 用 0.000931lb/bbl 或 0.00266kg/m^3 Na_2CO_3 处理），化学反应方程式为：

$$CaSO_4+Na_2CO_3 \longrightarrow CaCO_3\downarrow +Na_2SO_4$$

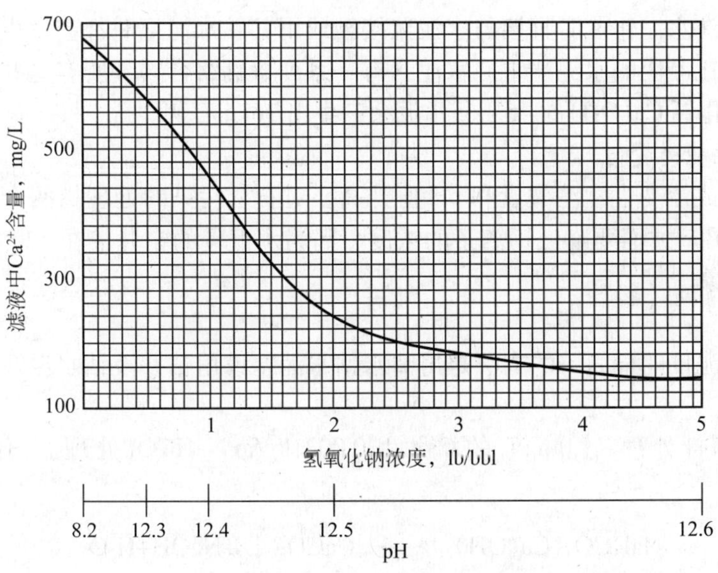

图 5−7−1　氢氧化钠浓度对钙溶解度的影响（22℃）

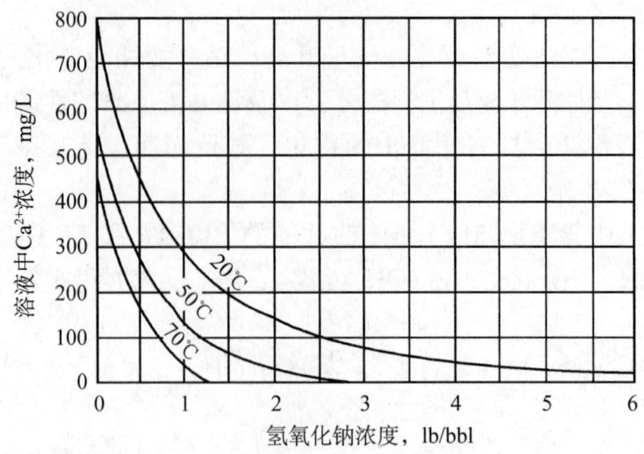

图 5-7-2　NaOH 浓度对 $Ca(OH)_2$ 溶解度的影响

如大段石膏层造成浓度较高的污染则应按小型试验数据加入降黏剂和降滤失剂，将钻井液转化成钙基钻井液。

(3) 镁污染的处理。

①使用海水泥浆时，镁可用烧碱处理，当 pH 值大于 10.5 时，大部分镁离子可以生成 $Mg(OH)_2$ 沉淀而被除去（1.0mg/L 的 Mg^{2+} 用 0.0046kg/m^3NaOH 处理），化学反应方程式为：

$$Mg^{2+}+2NaOH \longrightarrow Mg(OH)_2\downarrow+2Na^+$$

②到遇到严重镁污染时，持续加入 NaOH 会使黏度升高。这种情况下钻井液可根据小型试验用烧碱结合降黏剂和降滤失剂处理，使其转化成石膏钻井液。

2. 水泥—石灰污染和处理

1) 污染物来源

当钻井液在注水泥作业时直接与水泥浆接触或用其钻水泥塞时都会发生水泥侵。水泥浆造成的污染要比凝固的水泥严重。水泥含有一系列含钙络合物。所有这些络合物与水反应都会生成氢氧化钙 $Ca(OH)_2$。45.4kg 水泥会产生出 36kg 石灰。

2) 钻井液性能的变化

石灰侵会造成流变性、滤失量和 pH 值升高。对石灰污染的处理指两个方面：一方面要降低 pH 值，另一方面要降低钙离子的浓度，因为水泥侵的钻井液在 120℃（250℉）以上会发生固化现象。

3) 处理

(1) 避免水泥侵的最简单的方法是用清水钻水泥塞或用钻井液钻水泥塞时，把污染的那段钻井液放掉。

(2) 加小苏打处理（1.0mg/L 的 Ca^{2+} 用 0.0021kg/$m^3$$NaHCO_3$ 处理），化学反应方程式为：

$$NaHCO_3+Ca(OH)_2 \longrightarrow CaCO_3\downarrow+NaOH+H_2O$$

用小苏打 $NaHCO_3$ 与石灰反应只中和了石灰的氢氧根离子的一半，另一半转化成了

NaOH。因此使用小苏打处理石灰侵会使 pH 值升高，这在温度较高的情况下（> 120℃或 250℉）会造成钻井液固化。

（3）使用一些有机酸，如褐煤、丹宁酸、腐殖酸或 FCLS 粉结合一些降滤失剂处理石灰污染会使 pH 值得到有效控制，这样就使石灰侵钻井液转化成石灰基钻井液。这样得到的石灰基钻井液可以有效地抑制黏土和页岩的水化，并可在钙侵地层正常工作。

提示：不建议使用纯碱来处理水泥侵，因为这样石灰所含的氢氧根离子会全部转化成氢氧化钠，它会使 pH 值剧烈升高从而冒钻井液固化的危险。其化学反应方程式为：

$$Na_2CO_3+Ca(OH)_2 \longrightarrow CaCO_3\downarrow+2NaOH$$

（4）应在钻井液中保留 100 ~ 200mg/L（硬度测试法测出的）过剩 Ca^{2+}，这样在遇到碳酸根离子—碳酸氢根离子污染时可自动地改善钻井液的性能。可使用以下公式估算钻井液中的过剩石灰含量：

$$过剩石灰含量=0.74(P_m-F_w\cdot P_f)\ (kg/m^3) \tag{5-7-1}$$

式中 P_m——钻井液酚酞碱度；

P_f——滤液酚酞碱度；

F_w——固相含量测定仪测得的钻井液含水质量分数。

3．盐侵和处理

1）盐侵来源

盐侵可来自地下盐水层、岩盐层和盐丘、蒸发岩层或配浆水。如同我们所了解的，造成盐侵的主要成分是食盐（NaCl），但也包括数量不等的氯化钾（KCl）、氯化镁（$MgCl_2$）和氯化钙（$CaCl_2$）。

2）盐侵后钻井液性能的变化

钻井液含有低浓度的盐会造成流变参数和滤失量升高，然而盐浓度很高并伴有 Ca^{2+} 和 Mg^{2+} 时，会抑制膨润土水化和导致钻井液絮凝，表现为流变参数下降，滤失量大幅度升高；并且 pH 值会明显降低，这是因为伴随盐侵会有大量的 Mg^{2+} 侵入，生成了 $Mg(OH)_2$ 沉淀，使氢氧根离子减少。

3）处理

（1）将盐侵钻井液加淡水稀释的同时加入一些聚合物和一些有机分散剂（解絮凝剂）来缓解黏度的下降。这种方法只适用于盐侵浓度不高的情况，因为加淡水的数量是受到黏度和密度降低的限制的。

（2）当有大量的盐侵时，有效的处理办法是加入大量的分散剂（解絮凝剂）（如 SMT、FCLS 或无铬木质素磺酸盐）和降滤失剂（如 SMP、SPNH、PAC 或淀粉类衍生物）以及胶凝剂（如 MMH 或 XC），将钻井液转化成盐水泥浆体系。

（3）在海水或某些地层水中会含有相当数量的 $MgCl_2$，它们与 NaCl 共存，这时应持续加入 NaOH，以保持 pH 值。加入 NaOH 一方面可以保持 pH 值，另外还可调控钻井液滤液中钙的溶解度（图 5-7-1）。

（4）在一些地区，石膏层经常与岩盐层及盐水层交互存在。钻井液中钙离子溶解度会随盐溶解度的升高而升高。这时，应加入纯碱 Na_2CO_3 以除去钙离子，同时还应配合加入一定数量的烧碱，以控制钙离子浓度，因为正如同在讲述钙侵内容时所述，Ca^{2+} 的溶解度同时受滤液中食盐和 pH 值的影响（图 5-7-1、图 5-7-2 和图 5-7-3）。

(5) 在处理盐侵时，所有粉状的化学添加剂应先用淡水配成溶液，以使其预水化和预溶解，这样它们会取得较好地处理效果。

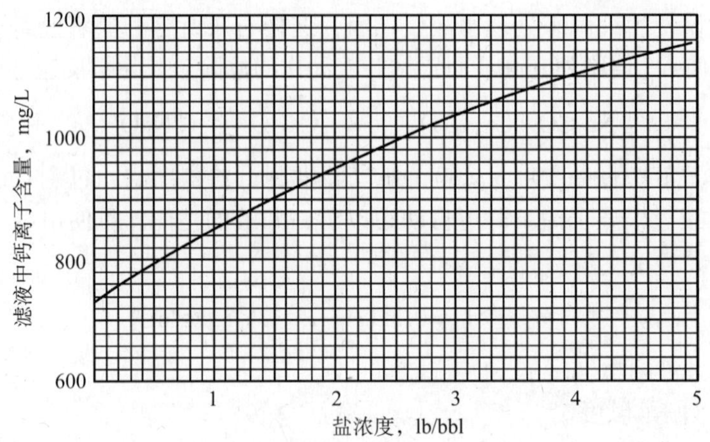

图 5-7-3　盐浓度对钙溶解度的影响（22℃）

4．碳酸根和碳酸氢根离子污染和处理

1）污染物来源

(1) 地面：CO_2 可在钻井液枪、钻井液混合设备、钻井泵和固相设备工作时随空气一起侵入。

(2) 地下的含 CO_2 气的地层。

(3) 处理钙侵和水泥侵时加纯碱 Na_2CO_3 过量。

(4) 一些有机添加剂如木质素及木质素磺酸盐等的高温分解。

(5) 加重材料或碳酸钙桥堵剂中所含的杂质一起加到钻井液中。

2）碳酸根和碳酸氢根离子污染后钻井液性能的变化

碳酸根离子随钻井液 pH 值可以三种形式存在：H_2CO_3、HCO_3^- 和 CO_3^{2-}（图 5-7-4）。碳酸根离子和碳酸氢根离子侵会造成钻井液黏度和滤失量升高，pH 值降低。有时这些现象迷惑了一些现场工程师，他们忽略了碳酸根离子和碳酸氢根离子的污染会导致这些问题产生，而认为是其他的污染所造成的。碳酸根离子和碳酸氢根离子的分析数据以及对钻井液流变性、滤失量和 pH 值变化的综合分析有助于得出正确的结论。

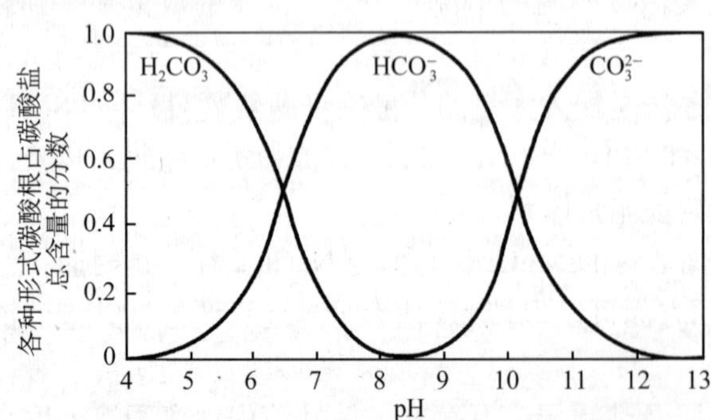

图 5-7-4　各种形式碳酸根占碳酸盐总含量的分数

3）处理

一般钻井液中的碳酸根离子含量为 1200 ~ 2400mg/L。然而其具体数值有

时会超出这个范围，它取决于钻井液固相含量、温度以及钻井液化学成分等因素。

碳酸根离子（CO_3^{2-}）可用钙处理的方法使其生成碳酸钙沉淀将其除去，而碳酸氢根离子（HCO_3^-）不能直接除去，必须先使它与氢氧根离子（OH^-）反应转换生成碳酸根离子后才可能除去。Ca^{2+} 可通过石灰或石膏提供。

（1）用石灰处理，反应式为：

$$CO_3^{2-}+HCO_3^-+2Ca(OH)_2 \longrightarrow 2CaCO_3\downarrow +H_2O+3OH^-$$

当用石灰处理碳酸根—碳酸氢根离子污染时，会使 pH 值升高。为此，为降低 pH 值，可以加入一些有机酸处理剂或加石膏处理。

（2）用石膏处理。用石膏处理必须同时加入石灰或烧碱，这样可以维持 pH 值不降低，反应式为：

$$CO_3^{2-}+HCO_3^-+2Ca^{2+}+OH^- \longrightarrow 2CaCO_3\downarrow +H_2O$$

（3）不管应用上述两种方法中的哪一种，钻井液必须同时用一些降黏剂和降滤失剂处理，从而使钻井液获得满意的流变和滤失性能。具体的方案由室内小型试验确定。

（4）处理碳酸根—碳酸氢根离子污染需使用的石灰和石膏的相应数量列于表 5–7–1。

表 5–7–1 处理碳酸根—碳酸氢根离子污染所需的石灰和石膏的数量

处理离子	石灰 $Ca(OH)_2$ lb/bbl	石膏 $CaSO_4$ lb/bbl	烧碱 NaOH lb/bbl
1.0mg/L CO_3^{2-}	0.00043	0.001	—
1.0mg/L HCO_3^-	0.00021	—	0.00023

（5）建议不要把钻井液中的碳酸根完全除去，而应至少保持 1000 ~ 1200mg/L。

5．硫化氢污染的处理

硫化氢有剧毒，对金属设备有很强的腐蚀性。空气中微量的硫化氢在几分钟内就会对操作人员造成致命的后果。硫化氢不仅会使钻井液性能受到破坏，而且更加重要的是涉及人身安全和劳动保护。

1）污染物来源

地下含硫化氢的地层会造成严重的硫化氢污染，而一些化学添加剂（如一些磺酸盐）会造成浓度轻微的污染。

2）处理

（1）作为预防和辅助措施，加入烧碱或石灰将钻井液的 pH 值维持在高于 10。

（2）加入碱式碳酸锌 $Zn(OH)_2\cdot ZnCO_3$（1.0mg/L 硫化氢使用 0.002lb/bbl 或 0.00572kg/m^3 碱式碳酸锌）。

为了取得更好的效果，以上两种方法应同时采用。如果已预测到一个含硫化氢的地层，以上两种措施作为预防应提前进行。

6. 氧的污染和处理

1）氧的来源

氧通过下述渠道进入钻井液：

(1) 在钻井液搅拌、循环、钻井液枪冲刺和振动筛振动时空气混入钻井液。

(2) 向钻井液中加水和处理剂时空气被带入。

(3) 化学添加剂分解。

2）氧腐蚀机理

氧对铁的腐蚀反应式为：

$$Fe \longrightarrow Fe^{2+}+2e$$

$$O_2+2H_2O+4e \longrightarrow 4OH^-$$

$$2Fe+2H_2O+O_2 \longrightarrow 2Fe^{2+}+4OH^- \longrightarrow 2Fe(OH)_2$$

$$4Fe(OH)_2+2H_2O+O_2 \longrightarrow 4Fe(OH)_3\downarrow$$

以上反应式可以合成下面一个完整的反应式：

$$4Fe+6H_2O+3O_2 \longrightarrow 4Fe(OH)_3\downarrow$$

反应最后的产物为 $Fe(OH)_3$，它是一个疏松的鳞片状的红褐色沉积物。当环境的 pH 值大于 4 时，$Fe(OH)_3$ 不溶于水，它可在管材表面形成一个保护膜，从而可以防止氧的进一步腐蚀。如果环境中有丰富的 Cl^- 存在，$Fe(OH)_3$ 保护膜的形成会受到阻碍，而当 Cl^- 的浓度升高时，腐蚀速度进一步加快。

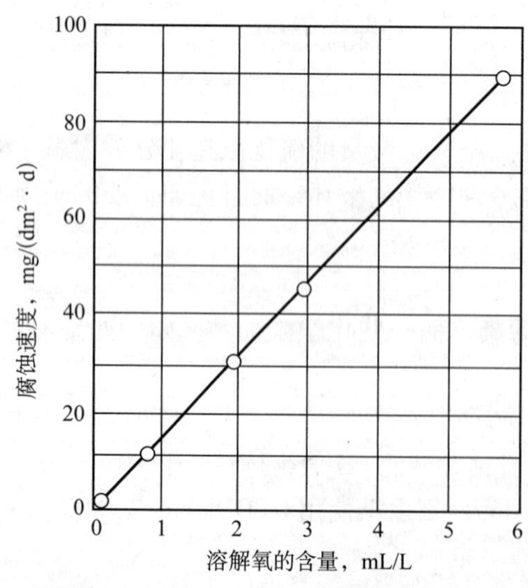

图 5-7-5 溶解氧浓度对氧腐蚀速度的影响

3）影响氧腐蚀的因素

(1) 腐蚀环境中氧的浓度。钻井液中溶解氧的浓度越高，氧腐蚀速度越快，二者成正比变化（图 5-7-5）。

(2) 溶液中氧的溶解度。氧的溶解度随温度、压力和溶液中 Cl^- 浓度的变化而变化，溶解氧的浓度越高，腐蚀速度越快。氧在不同温度的水中的溶解度见表 5-7-2。氧的溶解度在盐水中要比在淡水中低得多，其含盐量越高，氧的溶解度越低（表 5-7-3）。

(3) pH 值。

当溶液 pH 值大于 4 或高至呈碱性时，则生成的 $Fe(OH)_3$ 保护层变得不溶于水，在金属表面形成一个牢固的保护膜，减缓了腐蚀速度。

表 5–7–2 氧在不同温度的水中的溶解度

温度，℃	30	32	34	36	38	40	42	44
溶解度 mg/L	7.6	7.4	7.2	7.0	6.8	6.6	6.4	6.2

表 5–7–3 氧不同矿化度的水中的溶解度

矿化度，mg/L 溶解度，mg/L 温度，℃	0	5000	10000	15000	20000
0	14.62	13.79	12.97	12.14	11.32
1	14.23	13.41	12.61	11.82	11.03
2	13.84	13.05	12.28	11.52	10.76
3	13.48	12.72	11.98	11.24	10.50
4	13.13	12.41	11.69	10.97	10.25
5	12.80	12.09	11.39	10.70	10.01
6	12.48	11.79	11.12	10.45	9.78
7	12.17	11.51	10.85	10.21	9.57
8	11.87	11.24	10.61	9.98	9.36
9	11.59	10.97	10.36	9.76	9.17
10	11.33	10.73	10.13	9.55	8.98
11	11.08	10.49	9.92	9.35	8.80
12	10.83	10.28	9.72	9.17	8.62
13	10.60	10.05	9.52	8.98	8.46
14	10.37	9.85	9.32	8.80	8.30
15	10.15	9.65	9.14	8.63	8.14
16	9.95	9.46	8.96	8.47	7.99
17	9.74	9.26	8.78	8.30	7.84
18	9.54	9.07	8.62	8.15	7.70
19	9.35	8.89	8.45	8.00	7.56
20	9.17	8.73	8.30	7.86	7.42
21	8.99	8.57	8.14	7.71	7.28
22	8.83	8.42	7.99	7.57	7.14
23	8.68	8.27	7.85	7.43	7.00

续表

温度，℃ \ 溶解度，mg/L \ 矿化度，mg/L	0	5000	10000	15000	20000
24	8.53	8.12	7.71	7.30	6.87
25	8.38	7.96	7.56	7.15	6.74
26	8.22	7.81	7.42	7.02	6.61
27	8.07	7.67	7.28	6.88	6.49
28	7.92	7.53	7.14	6.75	6.37
29	7.77	7.39	7.00	6.62	6.25
30	7.63	7.25	6.86	6.49	6.13

4）氧腐蚀的表现和外观

凹坑、鳞片剥落或结垢。

5）氧腐蚀的预防

（1）防止空气混入钻井液。

（2）加入除氧剂，如亚硫酸钠 Na_2SO_3 或亚硫酸铵 $(NH_4)_2SO_3$，反应式为：

$$2Na_2SO_3+O_2 \longrightarrow 2Na_2SO_4$$

$$2(NH_4)_2SO_3+O_2 \longrightarrow 2(NH_4)_2SO_4$$

（3）加入金属表面成膜剂：有机胺类成膜剂溶于柴油配成 10% 的溶液，起钻时将其喷在钻杆表面或在钻杆内和环空中（导管内）放入 40 ~ 60L 成膜剂溶液。

7. 原油的侵入和处理

1）原油侵入的发现

当油层压力在短时间内未得到平衡就会发生原油侵入井内的情况，应及时发现原油侵并尽快使地层压力得到控制。原油侵入井内的体积依情况不同而变化，这主要取决于钻井液压力和地层压力的差值以及压力控制的过程是否进行得及时和顺利。这种原油侵入的方式多出于疏忽大意，发生较少。一般原油侵多发生在起下钻具抽汲时。原油侵入可通过对振动筛的观察和钻井液循环罐液面升高来判断。

2）原油侵入的处理

（1）在探井，因原油侵入干扰录井，应将原油污染的那部分钻井液排放掉。

（2）在生产井，应通过加入一定量的乳化剂和充分循环将其乳化并混入钻井液。被均匀乳化的油能改善钻井液的润滑性并提高其性能的稳定性。

（3）原油侵入总是伴随气侵同时发生。

第八节 保护油气层的钻井液体系

一、保护油气层对钻井液的要求

1．储层敏感分类

各种油气层内在情况差别较大，受到伤害的因素也各不相同，故以油气层受伤害的内因为依据，将储层进行分类如下：

1）速度敏感

速度敏感性储层中含有胶结不十分牢固的微粒（可以是某种黏土矿物，也可以是非黏土矿物），流经该处的速度超过临界速度时，就会把这些微粒冲下来，随液流流动被带到喉道处堆积而堵塞油流通道，对油层造成伤害。对付这种储层，首先应选用具有低高温高压滤失量的钻井液，使进入油层的滤液量少，流速低，不超过临界速度；其次，在试油及采油时，应控制产量，使油在储层中的流速在临界值以内。

2）水敏

水敏性储层中含较多的水敏黏土矿物，如蒙皂石。当钻井液滤液在压差作用下进入储层时，就会使此类矿物吸水水化膨胀而堵塞或部分堵塞油层通道，增加油的流阻，降低渗透率而造成伤害。对付这种储层最好采用不滤失水的油基钻井液或气体钻井液；其次可采用具有较强抑制性的钾基钻井液，以及加有黏土稳定剂的钻井液。

3）酸敏

酸敏性储层中含有较多的遇酸可产生沉淀物的矿物，例如绿泥石、黄铁矿、赤铁矿及菱铁矿等。因其含有铁，当酸进入储层（如油层酸化）时，就会与酸发生化学反应，释放出铁离子（Fe^{3+} 及 Fe^{2+}），随着注入流体的增加，pH 值发生变化就会造成 Fe（OH）$_3$ 凝胶的沉淀而伤害储层；其次，有些储层含有黏土和地层微粒并与碳酸盐共生，当遇酸后碳酸盐溶解而释放出微粒，并在孔隙中分散运移，又当电离环境改变时，也会引起这些微粒的迅速絮凝，而堵塞在孔隙中，造成渗透率降低。对付此种储层，就不必采用酸溶性的处理剂或加重剂，因为此储层应避免用酸化来解堵及增产，最好使用加有油溶性树脂的钻井液或油基钻井液。

4）化学敏感

化学敏感性储层中含一些与外来液可起化学反应而产生化学沉淀的物质。例如油层水中含有 CO_2，它与进入油层的含钙滤液易形成 $CaCO_3$ 沉淀，又如储层水中含有 Mg^{2+}，当遇碱性较高的滤液侵入时也会产生 $Mg(OH)_2$ 沉淀，从而堵塞油层通道，伤害油层。对付这类储层应选用可与地层水相匹配的钻井液体系，例如，当油层水中含大量 Mg^{2+}，就不能选用高碱石灰处理的钻井液；若含 CO_2 者即不能选用钙处理钻井液。

5）物理敏感

物理敏感性储层容易引起储层湿润性转变、水锁及乳化等物理变化，因为储层发生湿润反转后（即常由水湿润变化为油湿润），岩层表面吸附大量油从而降低储层渗透率，而产层中的油水运动受到流速、温度、压力和毛细管压力的影响就会形成水锥和水锁而增加流阻，伤害储层。其次，当油与外来水相形成乳状液时，亦对储层起封堵作用而伤害油层。对付该类储层应避免使用加有可改变湿润性及易形成乳状液的表面活性剂的钻井液。

6）应力敏感

应力敏感性储层因作用在其上的有效应力增大而引起渗透率降低。随着有效应力增大，使储层岩石受到压缩，而使其孔隙度减小和渗透性降低。任何岩石受力后都会产生变形，也都会产生应力敏感，只是应力敏感的程度不同而已。应力敏感性较强的储层包括裂缝性储层、疏松砂岩储层及高压低渗透性气藏。对付该类储层应首先使用避免孔隙压力与钻井液液柱压力产生过大的压差，必要时添加有效的解水锁剂。

7）温度敏感

温度敏感性储层由于外来流体进入而引起储层温度下降，导致其渗透率变化。由于储层温度下降，可能会导致有机结垢、无机结垢和储层中的某些矿物发生变化。温度敏感性较强的储层包括深井高温储层、稠油储层和深水域储层。对付该类储层应首先使用与储层岩石和地层流体配伍的钻井液；另一方面，设法缩短打开储层的时间。

2．储层保护要求

钻井液是与油气层接触的第一种工作流体，因此，钻开油气层钻井液不仅要满足安全、快速、优质和高效的钻井工程施工需要，而且要满足以下保护油气层的技术要求：

1）钻井液密度必须与储层孔隙压力相适应

无论是发生井漏与溢流，都会对储层造成严重伤害。因此井身结构与钻井液密度设计必须考虑储层孔隙压力系统，使钻井液柱压力与地层孔隙压力相适应，避免发生井漏与溢流。

2）钻井液中固相颗粒与油气层渗流通道匹配

钻井液中除保持必须的膨润土、加重剂和暂堵剂等外，应尽可能降低钻井液中膨润土和无用固相的含量。依据所钻油气层的孔喉直径，选择匹配的固相颗粒尺寸大小、级配和数量，用于控制固相侵入油气层的数量与深度。此外，还可以根据油气层特性选用暂堵剂，在油井投产时再进行解堵。对于固相颗粒堵塞会造成油气层严重伤害且不易解堵的井，钻开油气层时，应尽可能采用无固相或无膨润土相钻井液。

3）钻井液必须与油气层岩石相配伍

（1）对于中、强水敏性油气层应采用不引起黏土水化膨胀的强抑制性钻井液。

（2）对于盐敏性油气层，钻井液的矿化度应控制在两个临界矿化度之间。

（3）对于碱敏性油气层，钻井液的 pH 值应尽可能控制在 7 ~ 8。如需调控 pH 值，最好不用烧碱作为碱度控制剂，可用其他种类的、对油气层伤害程度低的碱度控制剂。

（4）对于非酸敏油气层，可选用酸溶处理剂或暂堵剂。

（5）对于速敏性油气层，应尽量降低压差和严防井漏。

（6）采用油基或油包水钻井液或水包油钻井液时，最好选用非离子型乳化剂，以免发生润湿反转等。

4）钻井液滤液组分必须与油气层中流体相配伍

确定钻井液配方时，应考虑以下因素：

（1）滤液中所含的无机离子和处理剂不与地层中流体发生沉淀反应。

（2）滤液与地层中流体不发生乳化堵塞作用。

（3）滤液表面张力低，以防发生水锁作用。

（4）滤液中所含细菌在油气层所处环境中不会繁殖生长。

5）钻井液的组分与性能都能满足保护油气层的需要

（1）所用各种处理剂对油气层渗透率影响小。

（2）尽可能降低钻井液处于各种状态下的滤失量及滤饼渗透率，改善流变性，降低当量钻井液密度和起下管柱或开泵时的激动压力。

（3）钻井液的组分还必须有效地控制处于多套压力层系裸眼井段中的油气层可能发生的伤害。

二、保护油气层的水基钻井液

由于水基钻井液具有成本低、配制处理维护简单、处理剂来源广、可供选择的类型多以及性能容易控制等特点，并具有较好的保护油气层效果，因此，是国内外钻开油气层常用的钻井液体系。

1．无固相清洁盐水泥浆

该类钻井液不含膨润土及其他任何固相，密度通过加入不同类型和数量的可溶性无机盐进行调节。选用的无机盐包括 NaCl、$CaCl_2$、KCl、NaBr、KBr、$CaBr_2$ 和 $ZnBr_2$ 等，各种常用盐水基液的密度范围见表 5-8-1。由于其种类较多，密度可在范围内调整，因此基本上能够在不加入任何固相的情况下满足各类油气井对钻井液密度的要求。无固相清洁盐水泥浆的流变参数和滤失量通过添加对油气层无伤害的聚合物来进行控制。为了防止对钻具造成的腐蚀，还应加入适量缓蚀剂。

1）NaCl 盐水体系

在以上各种无机盐中，NaCl 的来源最广，成本最低。其溶液的最大密度可达 1.18g/cm^3 左右。当基液配成后，常用的添加剂为 HEC（羟乙基纤维素）和 XC 生物聚合物等。配制时应注意充分搅拌，使聚合物均匀地完全溶解，否则不溶物会堵塞油气层。通常还使用 NaOH 或石灰控制 pH 值。若遇到地层中的 H_2S，需提高 pH 值至 11 左右。

表 5-8-1　各类盐水基液所能达到的最大密度

盐水基液	21℃时饱和溶液所能达到的最大密度 g/cm^3	盐水基液	21℃时饱和溶液所能达到的最大密度 g/cm^3
NaCl	1.18	$NaCl/CaCl_2$	1.32
KCl	1.17	$CaBr_2$	1.81
NaBr	1.39	$CaCl_2/CaBr_2$	1.80
KBr	1.20	$CaCl_2/CaBr_2/ZnBr_2$	2.30
$CaCl_2$	1.40		

2）KCl 盐水体系

由于 K^+ 对黏土晶格的固定作用，KCl 盐水液被认为是对付水敏性地层最为理想的无固相清洁盐水泥浆体系。该体系使用聚合物的情况与盐水体系基本相同，KCl 与聚合物的复配使用使该体系对黏土水化的抑制作用更强。单独使用 KCl 盐水液的不足之处是配制成本高，且溶液密度较小。为了克服以上缺点，KCl 常与 NaCl 或 $CaCl_2$ 复配，组成混合盐水体系。只要 KCl 质量分数保持在 3% ~ 7%，其抑制作用就足以得到充分的发挥。

3）$CaCl_2$ 盐水体系

$CaCl_2$ 盐水基液的最大密度可达 1.40g/cm³。为了降低成本，$CaCl_2$ 也可与 NaCl 配合使用，所组成的混合盐水的密度范围为 1.20 ~ 1.32g/cm³。该体系需添加的聚合物种类及用量范围与 NaCl 体系亦基本相似。

4）$CaCl_2/CaBr_2$ 混合盐水体系

当油气层压力要求钻井液密度在 1.40 ~ 1.80g/cm³ 范围内时，可考虑选用 $CaCl_2/CaBr_2$ 混合盐水液。由于混合盐水液本身具有较高的黏度（漏斗黏度可达 30 ~ 100s），因此只需加入较少量聚合物。HEC 和生物聚合物的一般加量范围均为 0.29 ~ 0.72g/L。该体系的适宜 pH 值范围为 7.5 ~ 8.5。当混合液密度接近于 1.80g/cm³ 时，应注意防止结晶的析出。配制 $CaCl_2/CaBr_2$ 混合液时，一般用密度为 1.70g/cm³ 的溶液作为基液。如果所需密度在 1.70g/cm³ 以下，就用密度为 1.38g/cm³ 的 $CaCl_2$ 溶液加入上述基液内进行调整；如果需将密度增至 1.70g/cm³ 以上，则需加入适量的 $CaBr_2$ 固体，然后充分搅拌直至完全溶解。

5）$CaBr_2/ZnBr_2$ 与 $CaCl_2/CaBr_2/ZnBr_2$ 混合盐水体系

以上两种混合盐水体系的密度均可高达 2.30g/cm³，专门用于某些超深井和异常高压井。配制时应注意溶质组分之间的相互影响（如密度、互溶性、结晶点和腐蚀性等）。对于 $CaCl_2/CaBr_2/ZnBr_2$ 体系，增加 $CaBr_2/ZnBr_2$ 的质量分数可以提高密度，降低结晶点，然而成本也相应增加；而增加 $CaCl_2$ 的质量分数，则会降低密度，使结晶点上升，配制成本却相应降低。使用无固相清洁盐水泥浆钻开油气层的优点在于：可避免因固相颗粒堵塞而造成的油气层伤害；可在一定程度上增强钻井液对黏土矿物水化作用的抑制性，减轻水敏性伤害；由于无固相存在，机械钻速可显著提高。但由于该类钻井液的配制成本高，工艺较复杂，对固控要求严格，还有对钻具及套管腐蚀较严重和易发生漏失等问题，因此在使用上受到较大的限制。目前，国内外主要将无固相清洁盐水液用做射孔液和压井液。

6）甲酸盐（有机盐）无固相体系

为了克服无固相清洁盐水液腐蚀性强的缺点，近年来研制出一种新型的无固相甲酸盐钻井液。它由甲酸的碱金属盐——甲酸钠、甲酸钾和甲酸铯等配制而成。这种新型的盐水泥浆具有以下特点：能预防大多数油气层的黏土水化膨胀及分散运移；不含卤化物，腐蚀性极低；在不加固体加重剂的情况下，可提供钻井所需的高密度，使用甲酸铯时盐水液密度可高达 2.30g/cm³，可以方便地实现低固相和低黏度；在 150℃高温条件下可保持性能稳定；易于泵送，环空压耗低；甲酸盐容易生物降解，因而也有利于环境保护。

7）聚胺高性能（无固相）体系

近年来，国内外研制出一种聚胺高性能钻井液体系，主要由有机聚胺强抑制剂、阳离子包被剂、可生物降解增黏剂、降滤失剂、高效润滑清洁剂和无机盐等组成。有机聚胺能强化抑制页岩及软泥岩的水化，消除钻头泥包，减少稀释量；阳离子包被剂可包被钻屑，抑制黏土分散，稳定泥页岩；可生物降解增黏剂和降滤失剂，有利于环保；高效润滑清洁剂可吸附在金属表面，提高钻速，防止泥包，增加润滑性；无机盐用于提高体系抑制性和密度。该钻井液体系总体抑制性超强，润滑清洁和防泥包性能优异，环境保护性能优良，是打开储层以及钻穿复杂泥页岩地层的优良钻井液体系。

2. 水包油钻井液

水包油钻井液是将一定量的油（通常选用柴油）分散在淡水或不同矿化度的盐水中，形成的一种以水为连续相及油为分散相的无固相水包油乳状液。其组分除水和油外，还有水相增黏剂、降滤失剂和乳化剂等。其密度可通过改变油水比和加入不同类型和不同质量分数的可溶性无机盐来调节，最低密度可达 0.89g/cm^3。一开始这类钻井液是为解决辽河油田静北地区古潜山油藏的井漏和油层伤害问题而研制的。该地区属于裂缝性油藏，原始压力系数只有 1.04。经多年开采，压力系数已降至 0.7 ~ 0.8，有时甚至更低。自 1987 年后，尽管所使用的钻井液密度已降低到 1.03g/cm^3，还是有 35% 的井发生严重漏失，对油层造成严重伤害。经大量室内研究，确认新研制的水包油钻井液比较适用于该地区，因为它具有密度低、抗高温以及性能稳定的特点，抑制黏土水化的能力也较强。这类钻井液曾先后在该地区 33 口油井上使用，均取得了很好的保护油气层的效果。随后，在新疆和华北油田也成功地得到应用。

实验发现，水包油钻井液油相体积分数（f_0）的大小对所形成乳状液的稳定性和密度有直接的影响。当 f_0 在 0.26 以下时，易形成水包油乳状液；当 f_0 在 0.74 以上时，易形成油包水乳状液；而当 f_0 在 0.26 与 0.74 之间时，究竟形成何种乳状液，则主要取决于配制方法和所选用乳化剂的性质。在研制过程中，发现选用亲水亲油平衡值（HLB 值）为 12 ~ 13 的某些阴离子表面活性剂较适于配制水包油钻井液。当其加量保持在 0.7% 以上时，乳状液的稳定时间大于 72h，并且在 120℃温度下静置 36h 之后，性能保持稳定。当 f_0 等于 0.35 时，所配成的水包油钻井液的密度可降至 0.93g/cm^3。水包油钻井液的滤失量和流变性能可通过在水相或油相中加入各种与储层相配伍的处理剂来调整。这种钻井液特别适用于技术套管下至油气层顶部的低压、裂缝发育以及易发生漏失的油气层。同时，也是欠平衡钻井中的一种常用钻井液体系。其不足之处是油的用量较大，因而配制成本较高；同时对固控的要求较高，维护处理也有一定难度。

3. 无膨润土暂堵型聚合物钻井液

膨润土颗粒的粒度很小，在正压差作用下容易进入油气层且不易解堵，从而造成永久性伤害。为了避免这种伤害，可使用无膨润土暂堵型聚合物钻井液体系。该体系由水相、聚合物和暂堵剂（Bridging Agent）固相颗粒组成。其密度依据油气层孔隙压力，通过加入 NaCl 或 $CaCl_2$ 等可溶性盐进行调节，但也不排除在某些情况下（地层压力系数较高或易坍塌的油气层）仍然使用重晶石等加重材料。其滤失量和流变性能主要通过选用各种与油气层相配伍的聚合物来控制，常用的聚合物添加剂有高黏 CMC、HEC、PHP 和 XC 生物聚合物等。暂堵剂也在很大程度上起降滤失的作用。在一定的正压差作用下，所加入的暂堵剂在近井壁地带形成内滤饼和外滤饼，可阻止钻井液中的固相和滤液继续侵入。目前常用的暂堵剂按其不同的溶解性分为以下三种类型：

1）酸溶性暂堵剂

常用的酸溶性暂堵剂为不同粒径范围的细目 $CaCO_2$。$CaCO_2$ 是极易溶于酸的化合物，且化学性质稳定，价格便宜，颗粒有较宽的粒度范围，因此是一种理想的酸溶性暂堵剂。对于密度低于 1.68g/cm^3 的钻井液，它还可兼作加重剂；而对于密度更高的钻井液，则应配合使用 $FeCO_3$ 才能加重至所需的密度。有时根据需要，还应加入适量的缓蚀剂、除氧剂和高温稳定剂等。当油井投产时，可通过酸化而实现解堵，恢复油气层的原始渗透率。但这类暂堵剂不宜在酸敏性油气层中使用。选用酸溶性暂堵剂时应注意其粒径必须与油气层孔径相匹配，使其能通过架桥作用在井壁形成内外滤饼，从而能有效地阻止钻井液中的固相或滤液继续侵入。试验表明，能否有效地起到暂堵作用，主要不取决于暂堵剂固相颗粒的质量分数，而是取决于颗粒的大小和形状。一般情况下，如果已知储层的平均孔径，可按照“三分之一架桥规则”选择暂堵剂颗粒的大小。在实际应用中，有时可根据室内评价实验或现场经验来确定暂堵剂的粒度范围。目前，对于多数储层，一般采用不同粒径粗细混合的暂堵材料，暂堵剂的加量一般为 3% ~ 5%。

2）水溶性暂堵剂

使用水溶性暂堵剂的钻井液通常称为悬浮盐粒钻井液体系。它主要由饱和盐水、聚合物、固体盐粒和缓蚀剂等组成，密度范围为 1.04 ~ 2.30g/cm^3。由于盐粒不再溶于饱和盐水，因而悬浮在钻井液中。常用的水溶性暂堵剂有细目氯化钠和复合硼酸盐（$NaCaB_3O_5 \cdot 8H_2O$）等。这类暂堵剂可在油井投产时，用低矿化度水溶解盐粒而解堵。正是由于投产时储层会与低矿化度的水接触，故该类暂堵剂不宜在强水敏性的储层中使用。

3）油溶性暂堵剂

常用的油溶性暂堵剂为油溶性树脂。按其作用方式不同可分为两类：一类是脆性油溶性树脂，在钻井液中主要用于架桥颗粒，如油溶性的聚苯乙烯、改性酚醛树脂和二聚松香酸等；另一类是可塑性油溶性树脂，其微粒在一定压差作用下可以变形，主要作为充填颗粒。油溶性暂堵剂可被产出的原油或凝析油自行溶解而得以清除，也可通过注入柴油或亲油的表面活性剂将其溶解而解堵。

试验表明，如果将不同类型的暂堵剂适当进行复配，会取得更好的使用效果。无膨润土暂堵型聚合物钻井液通常只适于在技术套管下至油气层顶部，并且油气层为单一压力层系的油气井中使用。虽然这种钻井液有许多优点，但由于其配制成本高，使用条件较为苛刻，特别对固控的要求很高，故在实际钻井中并未广泛采用。辽河油田的稠油先期防砂井、古潜山裂缝性油藏，以及长庆油田低压低渗油层所钻的井上曾使用过这种钻井液。

4．低膨润土暂堵型聚合物钻井液

膨润土对油气层会带来危害，但它却能够给钻井液提供所必需的流变和降滤失性能，还可减少钻井液所需处理剂的加量，降低钻井液的成本。低膨润土暂堵型聚合物钻井液的特点是，在组成上尽可能减少膨润土的含量，使之既能使钻井液获得安全钻进所必需的性能，又能够对油气层不造成较大的伤害。在这类钻井液中，膨润土的含量一般不得超过 50g/L。其流变性和滤失性可通过选用各种与油气层相配伍的聚合物和暂堵剂来控制。除了含适量膨润土外，其配制原理和方法与无膨润土暂堵型聚合物钻井液相类似。例如，新疆克拉玛依油田克 84 井钻开储层时，便采用了典型的低膨润土暂堵型聚合物钻井液体系。该井三开钻井液配方为：3% 膨润土浆 +0.3%FA367+0.3%XY−27+0.5%JT888+7%KCl+5%SMP−1+3%SPNH+0.6%NPAN +1%RH−101+2% 单封（或 KYB，或 XWB−1）+2%QCX−1+1.5%JHY+ 适量铁矿粉。低膨润土暂堵型聚合物钻井液已在我国各油田得到较广泛的应用。

5．改性钻井液

我国大多数油气井均采用长段裸眼钻开油气层，技术套管未能封隔油气层以上的地层。这种情况下，为了减轻油气层伤害，有必要在钻开油气层之前，对钻井液进行改性。所谓改性，就是将原钻井液从组成和性能上加以适当调整，以满足保护油气层对钻井液的要求。经常采取的调整措施包括：

（1）废弃一部分钻井液后用水稀释，以降低膨润土和无用固相含量。

（2）根据需要调整钻井液配方，尽可能提高钻井液与油气层岩石和流体的配伍性。

（3）选用适合的暂堵剂，并确定其加量。

（4）降低钻井液的 API 和 HTHP 滤失量，改善其流变性和滤饼质量。

使用改性钻井液的优点是应用方便，对井身结构和钻井工艺无特殊要求，而且原钻井液可得到充分利用，配制成本较低，因而在国内外均得到广泛的应用。但由于原钻井液中未清除固相以及某些与储层不相配伍的可溶性组分的影响，因此难免会对油气层有一定程度的伤害。

6．屏蔽暂堵钻井液

屏蔽暂堵是 20 世纪 90 年代在我国发展起来的一项技术。其特点是利用正压差，在一个很短的时间内，使钻井液中起暂堵作用的各种类型和尺寸的固体颗粒进入油气层的孔喉，在井壁附近形成渗透率接近于零的屏蔽暂堵带（或称为屏蔽环），从而可以阻止钻井液以及水泥浆中的固相和滤液继续侵入油气层。由于屏蔽暂堵带的厚度远远小于油气井的射孔深度，因此在完井投产时，可通过射孔解堵。屏蔽暂堵带的形成已通过大量试验得以证实。室内试验数据表明，暂堵剂颗粒可在原始渗透率各不相同的储层中形成渗透率接近于零的屏蔽暂堵带，其厚度一般不应超过 3cm；其渗透率随压差增加而下降，表明一定的正压差是实现屏蔽暂堵的必要条件。为了检验在实际钻井过程中其渗透率和厚度各有多大，吐哈油田在陵 10−18 井使用屏蔽暂堵钻井液钻开油层，并通过取心进行检测。检测结果表明，屏蔽环的渗透率均小于 1mD，暂堵深度在 0.58 ~ 2.09cm。当切除岩心的屏蔽环后，渗透率基本上可完全恢复。

屏蔽暂堵带的形成是有条件的。除需要有一定的正压差外，还与钻井液中所选用暂堵剂的类型、含量及其颗粒的尺寸密切相关。其技术要点是：

（1）用压汞法测出油气层孔喉分布曲线及孔喉的平均直径。

（2）按平均孔喉直径的 1/2 ~ 2/3 选择架桥颗粒（通常用细目 $CaCO_3$）的粒径，并使这类颗粒在钻井液中的含量大于 3%。

（3）选择粒径更小的颗粒（大约为平均孔喉直径的 1/4）作为充填颗粒，其加量应大于 1.5%。

(4) 再加入1%～2%可变形的颗粒，其粒径应与充填颗粒相当，其软化点应与油气层温度相适应。这类颗粒通常从磺化沥青、氧化沥青、石蜡及树脂等物质中进行选择。

通过实施屏蔽暂堵保护油气层钻井液技术（简称屏蔽暂堵技术），可以较好地解决裸眼井段多套压力层系储层的保护问题。目前，该项技术已在全国多个油田广泛推广应用。

传统屏蔽暂堵理论及方法均是依据储层的平均孔喉直径来优选暂堵剂的颗粒尺寸，当储层孔隙结构的均质性较强时，这些方法是比较有效的。而一般来说，储层的孔隙结构具有很强的非均质性，孔喉尺寸一般呈正态分布，较大尺寸的孔喉尽管数量比较少，但对渗透率的贡献却非常大，而数量较多的小孔喉对渗透率贡献很小或几乎没有贡献。这样，使用传统的暂堵理论及方法，难以有效封堵对油气层渗透率贡献很大的这部分大尺寸孔喉。为了解决这一问题，需要在钻井完井液中加入具有连续粒径序列分布的暂堵剂颗粒。依据理想充填理论建立的理想充填暂堵技术满足了上述要求。这种技术充分考虑了储层的非均质性，通过将几种不同粒度分布的暂堵剂颗粒按一定比例混合，形成了与目标储层孔喉尺寸分布相匹配的理想充填暂堵颗粒组合。

7．生物酶可解堵钻井完井液

生物酶可解堵钻井完井液利用生物酶制剂与相应的钻井液处理剂和屏蔽暂堵剂复配，形成生物酶可解堵钻井液体系，在近井壁形成一个渗透率几乎为零的屏蔽层，达到暂堵的效果。钻进结束后，该层中的钻井液处理剂和屏蔽暂堵剂在生物酶的催化作用下发生生物酶降解，由长链大分子变成了短链小分子的降解，黏度逐渐下降，最后完全降解为二氧化碳和水等无机物。先前形成的滤饼自动解除，储层孔隙中的阻塞物消除，从而解除对储层孔隙的封堵，使得地下流体通道畅通，恢复油气层渗透率，达到超低污染和低伤害，保护油气层的目的。该项技术能有效解决治理井壁漏失坍塌与有效保护好油气层的矛盾。同时，生物酶还能够降解原油，增强原油流动能力，从而在根本上实现提高原油采收率的目的。另外，也可以采用包含某种易被生物酶降解的钻井完井液处理剂，组成生物酶可解堵钻井完井液体系，当钻完井后，再注入生物酶解堵工作液实施解堵。对低渗和超低渗储层保护有着较广阔的发展前景。

三、保护油气层的油基及合成基钻井液

1．油基钻井液

目前使用较多的油基钻井液是油包水乳化钻井液。由于这类钻井液以油为连续相，其滤液是油，因此能有效地避免对油气层的水敏伤害。与一般水基钻井液相比，油基钻井液的伤害程度较低。但是，使用油基钻井液钻开油气层时应特别注意防止因润湿反转和乳化堵塞引起的伤害，同时还应防止钻井液中过多的固相颗粒侵入储层。

国内外一些研究者曾系统地评价了油基钻井液及其组分对油藏岩石润湿性的影响，普遍认为亲水岩石在与油基钻井液相互作用后很容易转变为亲油。例如，法国学者 Cuiec 的实验研究结果表明，在总共15个经不同配方油基钻井液污染的亲水岩样中，有13个转变为亲油，只有2个变为中性润湿；并证实作为基油的柴油对岩石润湿性的影响并不显著，作为乳化剂和润湿剂的各种表面活性剂与岩石表面的相互作用是导致润湿性改变的主要原因。因此，在使用油基钻井液钻开储层时，防止发生润湿反转的关键在于必须选用合适的

乳化剂和润湿剂。一般来讲，对于砂岩储层，应尽量避免使用亲油性较强的阳离子型表面活性剂，最好是在非离子型和阴离子型表面活性剂中进行筛选。

油基钻井液的配制成本高，易造成环境污染，因而在使用上受到限制。与水基钻井液相比，目前在我国油基钻井液的使用相对较少。

2．合成基钻井液

合成基钻井液组分与传统的矿物油基钻井液类似，加量也大致相同。它是以人工合成或改性有机物，即合成基液为连续相，盐水为分散相，再加上乳化剂、有机土、降滤失剂和加重剂等组成的油包水乳化钻井液。合成基钻井液具有油基钻井液的许多优点，如润滑性好、抑制性强，对油气层伤害程度低。同时，合成基液不与水互溶，不含芳香族化合物、环烷烃化合物和噻吩化合物，故该类钻井液无毒，可生物降解，对环境无污染；其燃点较矿物油高，发生火灾和爆炸的可能性小；其凝固点比矿物油低，可在寒冷地区使用；不含荧光物质，解决了录井和试油资料解释等问题。合成基钻井液特别适用于高风险的陆上或海洋复杂地质条件和复杂结构井等。

四、保护油气层的气体类钻井流体

对于低压裂缝性油气层、稠油层、低压强水敏或易发生严重井漏的油气层，由于其压力系数低（往往低于 0.8），要减轻正压差造成的伤害，需要选择相对密度低于 1 的钻井流体来实现近平衡或欠平衡压力钻井。使用气体类钻井流体便可以实现这一点。气体类钻井流体按其组成可分为 4 类：空气、雾、泡沫和充气钻井液，其中后两种已在我国得到推广应用。这 4 种流体的共同特点是：密度小，钻速快，通常在负压条件下钻进，因而能有效地钻穿易漏失地层，减轻由于正压差过大而造成的油气层伤害。相关内容参见第十章。

第九节　钻井液的主要计算及常用数据表

一、体积计算

（1）井眼内钻井液容积：

$$V_b = D_b^2 / 2 \tag{5-9-1}$$

式中　V_b——井眼容积，$m^3/1000m$；

　　　D_b——井眼直径，ft。

（2）环空钻井液体积：

$$V_n = \frac{D_b^2 - D_p^2}{2} \tag{5-9-2}$$

式中　V_n——环空体积，$m^3/1000m$；

　　　D_p——钻具直径，ft。

（3）钻具替换体积：

$$V_d = W_d \times 0.12438 \tag{5-9-3}$$

式中　V_d——钻具替换体积，$m^3/1000m$；

W_d——钻具重量，kg/m。

（4）长方形钻井液储罐体积：

$$V_s=L\times h\times b \tag{5-9-4}$$

式中　V_s——长方形储罐体积，m^3；

L——长度，m；

h——高度，m；

b——宽度，m。

二、钻井液循环数据计算

（1）钻井液环空返速：

$$V_R=Q/V_n \tag{5-9-5}$$

式中　V_R——环空返速，m/min；

Q——泵量，m^3/min；

V_n——环空体积，m^3/m。

（2）钻井液从井底上返时间：

$$t_R=V_n/Q \tag{5-9-6}$$

式中　t_R——钻井液上返时间，min/m；

V_n——环空体积，m^3/m；

Q——泵排量，m^3/min。

三、密度及压力换算

（1）钻井液液柱压力梯度：

$$p=\rho\times 0.9808 \tag{5-9-7}$$

式中　p——钻井液液柱压力梯度，MPa/100m；

ρ——钻井液密度，g/cm^3。

（2）钻井液循环当量密度：

$$\rho_c=p/0.9808 \tag{5-9-8}$$

式中　ρ_c——钻井液循环当量密度，g/cm^3；

p——地层孔隙压力梯度，MPa/100m。

四、用重晶石加重钻井液的密度计算

（1）计算公式：

$$G=1000\times\frac{V\times\rho_1(\rho_2-\rho_0)}{\rho_1-\rho_2} \tag{5-9-9}$$

式中　G——所需重晶石的数量，kg；

V——钻井液原体积，m^3；

ρ_0——原钻井液的密度，g/cm^3；

ρ_1——重晶石本身的密度，g/cm^3（重晶石的密度为 $4.2g/cm^3$）；

ρ_2——加重后钻井液的密度，g/cm^3。

（2）钻井液加重表：

按以上公式计算各钻井液加重后的密度及 $100m^3$ 钻井液密度每增加 $0.1g/cm^3$ 时所需重晶石的千克数，结果见表 5-9-1。

表 5-9-1　钻井液加重表

加重后钻井液的密度，g/cm^3	每 $1m^3$ 钻井液每增加 $0.1g/cm^3$ 密度时所需重晶石数量，kg	加重后钻井液的密度，g/cm^3	每 $1m^3$ 钻井液每增加 $0.1g/cm^3$ 密度时所需重晶石数量，kg	加重后钻井液的密度，g/cm^3	每 $1m^3$ 钻井液每增加 $0.1g/cm^3$ 密度时所需重晶石数量，kg
2.60	262.50	1.70	168.00	1.19	139.53
2.50	247.06	1.60	161.54	1.18	139.07
2.40	233.33	1.50	155.56	1.17	138.61
2.30	221.05	1.45	152.73	1.16	138.16
2.20	210.00	1.40	150.00	1.15	137.70
2.10	200.00	1.35	147.37	1.14	137.25
2.00	190.91	1.30	144.83	1.13	136.81
1.90	182.61	1.25	142.37	1.12	136.36
1.80	175.00	1.20	140.00	1.11	135.92

五、用水降低钻井液密度的计算

（1）计算公式：

$$G = 1000 \times \frac{V \times \rho_1 \left(\rho_2 - \rho_0\right)}{\rho_1 - \rho_2} \tag{5-9-10}$$

式中　G——所需加入的水量，kg；

V——钻井液原体积，m^3；

ρ_1——水的密度，g/cm^3（水的密度为 $1.00g/cm^3$）；

ρ_0——原钻井液的密度，g/cm^3；

ρ_2——降低后钻井液的密度，g/cm^3。

（2）维持钻井液密度时加入 $1m^3$ 水所需重晶石的数量：

$$G = 1000 \times \frac{4.20\left(\rho - 1.00\right)}{4.20 - \rho} \tag{5-9-11}$$

式中　G——加水后所需重晶石量，kg；

ρ——钻井液密度，g/cm^3。

（3）降低密度表。按照以上公式而计算出各钻井液降低后的密度及每 1m³ 钻井液密度每降低 0.10kg/m³ 时所需的水量，以“m³”表示，结果见表 5−9−2。

表 5−9−2　降低钻井液密度所需水量

原浆密度，g/cm³	每 1m³ 钻井液降低 0.1g/cm³ 密度时所需水量，kg	原浆密度，g/cm³	每 1m³ 钻井液降低 0.1g/cm³ 密度时所需水量，kg	原浆密度，g/cm³	每 1m³ 钻井液降低 0.1g/cm³ 密度时所需水量，kg
2.60	62.50	1.70	142.86	1.19	526.32
2.50	66.67	1.60	166.67	1.18	555.56
2.40	71.43	1.50	200.00	1.17	588.24
2.30	76.92	1.45	222.22	1.16	625.00
2.20	83.33	1.40	250.00	1.15	666.67
2.10	90.91	1.35	285.71	1.14	714.29
2.00	100.00	1.30	333.33	1.13	769.23
1.90	111.11	1.25	400.00	1.12	833.33
1.80	125.00	1.20	500.00	1.11	909.09

六、常用钻井液材料的密度

常用钻井液材料的密度见表 5−9−3。

表 5−9−3　各种常用钻井液材料的密度

材料名称	密度，g/cm³	材料名称	密度，g/cm³
水	1.00	石膏	2.90
重晶石	4.00 ~ 4.50	纯碱	2.50
膨润土	2.30 ~ 2.70	生石灰	1.15 ~ 1.25
氧化铁	4.30 ~ 5.00	烧碱	3.40 ~ 3.90
黏土	2.50 ~ 2.70	海泡石土	1.80 ~ 1.90
石灰石	2.71 ~ 2.90	钛铁矿	4.70
褐铁矿	4.60 ~ 4.70	水泥	3.15
硅石	2.10 ~ 2.70	贝岩	1.90 ~ 2.60
方铅矿	7.00 ~ 7.50	石灰岩	2.60 ~ 2.80
氯化钠	2.16	沥青	1.10 ~ 1.50
氯化钙	2.50	甘油	1.26

七、不同温度下水的密度

不同温度下水的密度见表 5−9−4。

表 5-9-4 不同温度下水的密度

温度		密度		
℉	℃	lb/gal	lb/ft^3	g/cm^3
32	0	8.34	62.42	0.999
40	4.44	8.34	62.42	0.999
50	10	8.34	62.42	0.999
60	15.5	8.34	62.42	0.999
70	21.1	8.33	62.31	0.998
80	26.6	8.32	62.23	0.996
90	32.2	8.31	62.13	0.995
100	37.7	8.29	62.02	0.993
110	43.3	8.27	61.89	0.990
120	49.9	8.25	61.74	0.988
130	54.4	8.23	61.56	0.986
140	60	8.20	61.37	0.982
150	65.5	8.18	61.18	0.980
160	71.1	8.15	60.98	0.976
170	76.6	8.12	60.77	0.973
180	82.2	8.09	60.55	0.968
190	87.8	8.06	60.32	0.965
200	93.3	8.04	60.12	0.963
210	98.9	8.01	59.88	0.959
212	100.0	8.00	59.83	0.958
220	104.4	7.97	59.63	0.955
230	110	7.94	59.37	0.951
240	115.5	7.90	59.11	0.946
250	121.1	7.86	58.83	0.941
260	127.1	7.83	58.55	0.938
270	132.2	7.79	58.26	0.933
280	137.8	7.75	57.96	0.928
290	143.3	7.71	57.65	0.923
300	148.9	7.66	57.33	0.917

八、氯化钠在水中的最高溶解度

氯化钠在不同温度下的溶解度见表 5-9-5。

表 5–9–5　不同温度 NaCl 的溶解度

温度，℃	温度，℉	NaCl 溶解度，%
0	32	26.3
20	68	26.5
50	122	27.0

九、海水的平均密度及成分

海水的平均密度为 1.025g/cm³。因地区不同，离岸远近不同，海水中的成分有所变化，故只列出平均公认的数据，见表 5–9–6。

表 5–9–6　海水的平均成分

离子名称	mg/L	kg/m³	lb/bbl
钠（Na^+）	10440	10.440	3.66
钾（K^+）	375	0.375	0.131
钙（Ca^{2+}）	410	0.410	0.144
镁（Mg^{2+}）	1270	1.270	0.445
氯离子（Cl^-）	18970	18.970	6.65
硫酸根离子（SO_4^{2-}）	2720	2.720	0.954
二氧化碳（CO_2）	90	0.090	0.0315
其他成分	80	0.080	0.028

十、NaCl 溶液的电阻率

由于含盐，钻井液是一种较好的抑制性类型，对抑止地层造浆及减轻井塌具有较好的作用，然而它却影响钻井液的电阻率，干扰测井解释，故必须掌握 NaCl 溶液的电阻率，见表 5–9–7。

表 5–9–7　不同温度下不同浓度 NaCl 的电阻率

浓度 mg/L	温度 ℃	电阻率 Ω · m	浓度 mg/L	温度 ℃	电阻率 Ω · m
1000	60	2.8	1000	100	1.8
2000	60	1.8	2000	100	0.9
5000	60	0.6	5000	100	0.38
10000	60	0.32	10000	100	0.21
50000	60	0.08	50000	100	0.053
100000	60	0.045	100000	100	0.032
200000	60	0.028	200000	100	0.018

十一、常用指示剂的 pH 范围

指示剂是钻井液化学分析常用的重要药剂，掌握它的 pH 值范围及颜色变化，即可很好地在滤液化学分析中选择好指示剂，见表 5–9–8。

表 5–9–8　各种指示剂 pH 值范围及颜色变化

指示剂名称	pH 值范围	颜色变化情况
酸性甲酚红	0.2 ~ 1.8	红→黄
酸性间甲酚红紫	1.2 ~ 2.8	红→黄
百里酚蓝	1.2 ~ 2.8	红→黄
苯里红	2.4 ~ 4	红→黄
溴甲酚红	3.8 ~ 5.4	黄→蓝
溴酚蓝	3.0 ~ 4.6	黄→蓝
甲基红	4.4 ~ 6.0	红→黄
氯酚蓝	5.2 ~ 6.8	黄→红
溴甲酚红紫	5.2 ~ 6.8	黄→红紫
溴百里酚蓝	6.0 ~ 7.6	黄→蓝
酚红	6.8 ~ 8.4	黄→红
甲酚红	7.2 ~ 8.8	黄→红
间甲酚红紫	7.9 ~ 9.2	黄→红紫
百里酚蓝	8.0 ~ 9.6	黄→蓝
酞红	8.6 ~ 10.2	黄→红
甲苯红	10.0 ~ 11.6	红→黄
对羟基联苯橙	11.0 ~ 12.6	黄→橙

十二、各种酸和碱及其溶液的 pH 值

pH 值对钻井液的性能及处理剂的效能有较大的影响，故掌握常用酸碱溶液的 pH 值是极其重要的，见表 5–9–9。

表 5–9–9　各种酸碱溶液的 pH 值

名称	摩尔浓度	pH 值	名称	摩尔浓度	pH 值
盐酸	1	0.1	酒石酸	0.1	2.2
	0.1	1.1	草酸	0.1	1.6
	0.01	2.0	苹果酸	0.1	2.2
硫酸	1	0.3	硼酸	0.1	5.2
	0.1	1.2	柠檬酸	0.1	2.2
	0.01	2.1	甲酸	0.1	2.3
正磷酸	0.1	1.5	乳酸	0.1	2.4
亚硫酸	0.1	1.5	苯甲酸	0.1	3.0

续表

名称	摩尔浓度	pH 值	名称	摩尔浓度	pH 值
明矾	0.1	3.2	偏硅酸钠	0.1	12.6
石碳酸	0.1	3.8	磷酸三钠	0.1	12.0
亚砷酸	饱和	5.0	碳酸钠	0.1	11.6
氢氰酸	0.1	5.1	氨水	1	11.6
硫氰酸	0.1	4.1		0.1	11.1
氢氧化钠	1	14.0		0.01	10.6
	0.1	13.0	氰化钾	0.1	11.0
	0.01	12.0	氧化镁	饱和	10.5
氢氧化钾	1	14.0	氢氧化亚铁	饱和	9.5
	0.1	13.0	碳酸钙	饱和	9.4
	0.01	12.0	硼砂	0.01	9.2
石灰	饱和	12.4	碳酸氢钠	0.1	8.4

第十节　钻井液固相控制

一、概述

1．钻井液固相控制的意义

钻井液中的固相，从其作用来分可分为两类：一类是有用固相，如膨润土、化学处理剂和重晶石粉等；另一类是有害固相，如钻屑（清水开钻，利用钻屑自然造浆者除外）、劣质膨润土和砂粒等。从密度上来分可分为高密度的固相和低密度的固相。其中高密度固相（4.0g/cm^3 以上）多半是惰性物质，如石灰岩、花岗岩或重晶石等。这类固相与钻井液中的液相基本不起反应，仅增加钻井液的密度。难于清除的是低密度（1.6 ~ 2.6g/cm^3）的固相，如膨润土类（大多数是钙膨润土）、页岩或黏泥类。这类土质会在钻井液的液相中水化分散，再加上机械破碎，愈变愈细，表面积无限增大。所谓钻井液固相控制，就是要清除有害固相，保存有用固相，以满足钻井工艺对钻井液性能的要求。通常，将钻井液固相控制简称为固控。

固控是实现优化钻井的重要手段之一，已成为直接影响安全、优质及快速钻井和保护油气层的重要因素。正确地进行固相控制可以保护油气层，降低钻井扭矩和摩阻，降低环空抽吸的压力波动，降低压差卡钻的可能性，提高钻井速度，延长钻头寿命，减轻设备的磨损，提高钻井液循环系统易损件的寿命，增加井眼稳定性，改善下套管条件，减轻环境污染，降低钻井液费用等。

2．固控方法

固相控制的方法很多，常用的有以下 4 种。

第一种是稀释法，它是用清水或其他较稀的流体来稀释钻井液。

尽管目前固控设备已比较完善，但实际钻井中还常常不得不依靠稀释来维持钻井液的性能。所谓稀释是指向钻井液体系中加水或较稀的流体，包括胶液或低黏低固相钻井液。

第二种是替换法，它是用性能符合要求的新钻井液替换出一定量的高固相含量钻井液，从而降低总的固相含量。

上述两种方法往往同时采用。

第三种是机械方法。它是通过振动筛、除砂器、除泥器、清洁器和离心机等机械设备，利用筛分及离心分离等原理，将钻井液中的固相按密度和颗粒大小不同而分离开，根据需要决定取舍，以达到控制固相的目的，是一种低成本的固相控制途径。各种设备分离能力和分离粒度大小不同，因此各有不同的用途。

第四种是化学方法。它是利用在钻井液中加入絮凝剂或采用不分散体系钻井液来控制钻屑，使之凝聚或者尽量不分散，有利于机械排除或者化学沉除。这种方法是机械方法清除固相的补充，二者相辅相成。目前，利用化学方法沉除钻屑大概有三种形式：

(1) 在浅井阶段（井深小于 2500m），当地质及钻井条件允许时，在钻井液中加入絮凝剂（如聚丙烯酰胺），使黏土颗粒聚沉在地面大沉砂坑中。

(2) 在地面上安装上一个絮凝罐，将井口返出的钻井液由此罐中加入絮凝剂，然后再使之通过除砂器和除泥器等设备。这种方法也需要有专人负责，要能在保持钻井液性能稳定，并达到地质部门要求的条件下进行。

(3) 采用不分散体系钻井液。这是目前较广泛采用的一种方法。

二、钻井液中的固相

1. 钻井液中固相的分类及粒度分布

1) 固相分类

钻井液中的固相，按固相粒度大小分类，根据美国石油学会（API）的规定，分成三大类：

(1) 黏土（或胶体），粒度小于 2μm；

(2) 泥，粒度为 2 ~ 74μm；

(3) 砂（或 API 砂），粒度大于 74μm。

2) 钻井液中固相的粒度分布

钻井液中固相粒度分布见表 5-10-1。

表 5-10-1 钻井液中固相粒度分布

分类	粒度大小，μm	质量百分数，%
砂	＞ 2000	0.8 ~ 2
	250 ~ 2000	0.4 ~ 8.7
	74 ~ 250	2.5 ~ 15.2
泥	44 ~ 74	11.0 ~ 19.8
	2 ~ 44	56.0 ~ 70.0
黏土	＜ 2	5.5 ~ 6.5

表 5−10−1 中质量百分数给出的是变化范围，各地情况不同。但不难看出，较大的（大于 2000μm）和较小的（小于 2μm）颗粒都不多。若以 74μm 为界，大于 74μm 的颗粒只有 3.7% ~ 25.9%，其余都是小于 74μm 的颗粒，其中的有害固相也应清除。因此，仅以含砂量（大于 74μm）多少，作为检验钻井液净化程度的标准是不妥当的。

API 对于重晶石粒度的规定：小于 74μm 粒度的应占 97%，其中小于 44μm 粒度的应占 94%。对于膨润土，小于 74μm 粒度的应该占 96% 以上。

3）颗粒大小对钻井和钻井液的影响

颗粒大小对钻井液性能的影响主要取决于颗粒表面积的大小，当大颗粒分散成小颗粒后，体积虽然没有改变，但表面积增加了，就会使吸附的水增多，导致钻井液性能变坏，不利于钻进。因此，在钻井时第一次循环就必须采取有效措施，将井底返到地面的钻屑尽可能多地清除掉。这样可以提高机械钻速，减少对油气层的伤害。

2．固相的数学分析

钻井液不仅含有膨润土和淡水，也含有油、氯化钠和盐类。当钻井液蒸干时，溶解态的物质都会以固体形式保存下来。而油会降低液相平均密度。所以，在分析固相时，这些因素都要考虑。

1）非加重钻井液固相分析

一般在淡水泥浆中，钻井液密度 ρ_m 与固相含量的关系是：

$$\rho_m = \rho_w(1-V_s) + \rho_s V_s \tag{5-10-1}$$

式中 ρ_w——淡水密度，一般 ρ_w=lg/cm^3；

V_s——固相含量，%（体积）；

ρ_s——固相密度，g/cm^3。

该式实际上是质量平衡式。对于只含低密度固相的非加重钻井液：

$$V_l = 0.625(\rho_m - 1) \tag{5-10-2}$$

式中 V_l——低密度固相含量，%（体积）。

2）加重钻井液固相分析

对于加重钻井液，还应考虑高密度固相，相应的方程为：

$$V_l = \frac{\rho_m - \rho_l V_s - \rho_w(1-V_s)}{\rho_h - \rho_l} \tag{5-10-3}$$

或

$$V_h = V_s - V_l \tag{5-10-4}$$

式中 V_h——高密度固相含量，%（体积）；

ρ_h——高密度固相的密度，g/cm^3（对于重晶石 ρ_h=4.2g/cm^3）。

3）油基钻井液固相分析

对于油基钻井液，则方程为：

$$V_l = \frac{\rho_w(1-V_s-V_o) + \rho_p V_p + \rho_h V_s - \rho_m}{\rho_h - \rho_l} \tag{5-10-5}$$

$$V_h = \frac{\rho_m - \rho_l V_l - \rho_o V_o - \rho_w (1 - V_s - V_o)}{\rho_h - \rho_l} \tag{5-10-6}$$

式中　V_o——油的含量，%（体积）；

ρ_o——油的密度，一般 ρ_o=0.84g/cm³。

4）含有可溶解物质的固相分析

先根据氯离子（Cl⁻）浓度计算水相密度 ρ_w，然后根据蒸馏出的水含量和氯离子含量计算水相含量 V_w。计算模型：

$$V_l = \frac{\rho_w{'} V_w{'} + \rho_o V_o + \rho_h V_s - \rho_m}{\rho_h - \rho_l} \tag{5-10-7}$$

$$V_h = \frac{\rho_m - \rho_l V_s - \rho_o V_o - \rho_w{'} V_w{'}}{\rho_h - \rho_l} \tag{5-10-8}$$

其中 $\rho_w' = \rho_w (1 + 1.94 \times 10^{-6} \times [Cl^-]^{0.95})$

$V_w' = (1 + 5.88 \times 10^{-8} \times [Cl^-]^{1.2}) \times$　蒸馏出水的含量

$V_s = 1 - V_w' - V_o$

式中　ρ_w'——水相密度，g/cm³；

V_w'——水相含量，%（体积）；

[Cl⁻]——氯离子浓度，mg/L。

例：已知用重晶石加重的盐水泥浆，氯离子含量 [Cl⁻]=30000mg/L，油含量 V_o=0.05，蒸馏出的水含量为 0.78，钻井液密度 ρ_m=1.44g/cm³。求高低密度固相含量 V_h 和 V_l 各为多少？

解：根据经验公式，有：

$$\rho_w' = 1 \times (1 + 1.94 \times 10^{-6} \times 30000^{0.95}) = 1.035$$

$$V_w' = 0.78 \times (1 + 5.88 \times 10^{-8} \times 30000^{1.2}) = 0.7908$$

$$V_s' = 1 - 0.7908 - 0.05 = 0.1592$$

由式（5-10-7）和式（5-10-8）得：

$$V_l = \frac{1.035 \times 0.7908 + 0.84 \times 0.05 + 4.2 \times 0.1592 - 1.44}{4.2 - 2.6} = 0.0557$$

$$V_h = 0.01592 - 0.0557 = 0.1035$$

即高密度固相为 10.35%，低密度固相为 5.57%。

5）低密度固相中的膨润土和钻屑

用亚甲基蓝溶液测出膨润土和钻屑的阳离子交换容量，就可以算出各自的含量。通常所测钻井液样品的阳离子交换容量，实际上是平均值。

$$V_b = \frac{C_a - C_d}{C_b - C_d} \times V_l \tag{5-10-9}$$

$$V_d = V_1 - V_b \qquad (5\text{-}10\text{-}10)$$

式中 V_b——膨润土含量，%（体积）；

V_d——钻屑含量，%（体积）；

V_l——低密度固相含量，%（体积）；

C_d——钻屑的阳离子交换容量，克当量 /kg；

C_b——膨润土的阳离子交换容量，约为 0.65 克当量 /kg；

C_a——膨润土和钻屑阳离子交换容量的平均值。

$$C_a = \frac{\text{钻井液的亚甲基蓝容量(克当量/m}^3)}{\text{低密度固相(kg/m}^3)}$$

对于大多数水基钻井液，低密度固相含量不超过 6%（体积）为宜。其中膨润土占 2% ~ 3%，钻屑占 3% ~ 4%。这样就能使钻井液具有最佳的流变性和滤失量。

三、固控设备

为了尽可能地清除钻井液中的所有“有害固相”，目前已广泛应用振动筛、除砂器、除泥器、清洁器、除气器和离心机等固控设备。

1. 振动筛

1）工作原理和作用

振动筛是一种筛分设备，它通过机械振动把大于网孔的固体和通过吸附作用将部分小于网孔的固体筛离出来。从井口返出的钻井液由进料罐流向振动着的筛网表面，固相从筛网尾部排出，含有小于网孔固相的液相透过筛网流入在用钻井液系统，从而完成分离作用（图 5-10-1）。

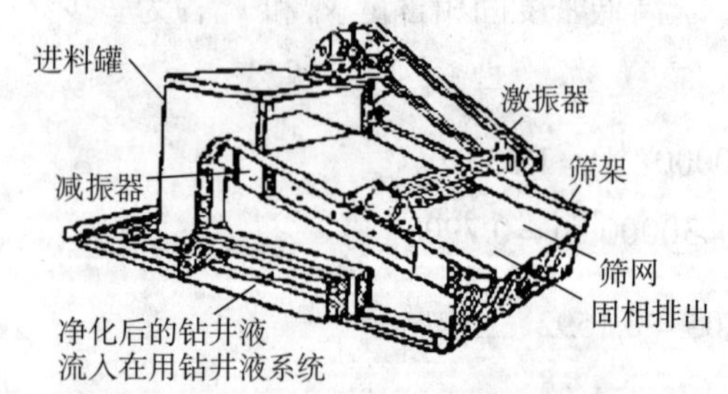

图 5-10-1　振动筛简图

2）筛网

（1）筛网种类和金属丝编织筛网规格。振动筛的筛网主要有以下几种：钢丝筛网，丝绸或塑料筛网，带孔筛板，微缝筛板或楔形断面钢丝筛网。常用筛网规格见表 5-10-2。

表 5-10-2　筛网规格

网孔基本尺寸 mm	金属丝直径 mm	筛网面积百分比 %	单位面积筛网质量 kg/m³	相当英制目数 目 /in
2.00	0.500	64	1.26	10
	0.450	67	1.04	
1.60	0.500	58	1.50	12
	0.450	61	1.25	
1.00	0.315	58	0.952	20
	0.280	61	0.773	
0.560	0.280	44	1.18	30
	0.250	48	0.974	

续表

网孔基本尺寸 mm	金属丝直径 mm	筛网面积百分比 %	单位面积筛网质量 kg/m^3	相当英制目数 目/in
0.425	0.224 0.200	43 46	0.976 0.808	40
0.300	0.200 0.180	36 39	1.01 0.852	50
0.250	0.160 0.140	37 41	0.788 0.634	60
0.200	0.125 0.112	38 41	0.607 0.507	80
0.160	0.110 0.090	38 41	0.485 0.409	100
0.140	0.090 0.071	37 41	0.444 0.302	120
0.112	0.056 0.050	44 48	0.336 0.195	150 160
0.110	0.063 0.056	38 41	0.307 0.254	160
0.075	0.050 0.045	36 39	0.252 0.213	200
0.063 0.056	0.045 0.040	31 37		250
0.050 0.045	0.032 0.030	34 39		325

振动筛可用筛网密度取决于振动加速度、筛网强度、孔眼形状等，目前发展趋势是向高密度、大处理量方向发展。

(2)“桥糊”和堵筛。在使用振动筛时，还应注意“桥糊”和堵筛两种现象（图5−10−2）。“桥糊”——当高黏度的钻井液通过筛网时，筛网被渐渐堵塞，直至完全糊住，这种现象叫“桥糊”作用，也叫糊筛。

堵筛——与网孔大小相近的钻屑楔入网孔造成的堵塞现象叫做“堵筛”，也叫砂堵。

由于“桥糊”作用，筛网的分离粒径比网孔尺寸更细。可以肯定，网孔尺寸越小，钻井液黏度越大，则“桥糊”作用越明显。实际上，一定网孔尺寸筛网的许可处理量主要取决于钻井液的塑性黏度和固相含量，而不是密度。

图 5−10−2 “桥糊”现象

在网孔尺寸相同的条件下，编织钢丝越细，筛网许可处理量就越大，但是筛网的寿命就会越短，二者互相矛盾。在设计和选用筛网时，要兼顾这两方面的因素。

(3) 单层筛网和叠层筛网。振动筛所用筛网有单层的，也有叠层的。为了提高细筛网的寿命和抗堵塞能力，不但有两层筛网重叠在一起的叠层筛网，还有三层筛网重叠在一起的叠层筛网。这种叠层筛网顶层最细，可用 0.160/0.090mm（100 目）筛网。中层用比顶层稍粗的筛网，底层用 1.60/0.500mm（12 目）粗筛网作支撑用。这种叠层筛网的面积比普通筛网小 28 倍，但处理量高 81%，分离的固相也细得多。美国 Brandt 11 型振动筛即用此筛网。

此外，还有顶层筛网分块粘接的叠层筛网，使用寿命更长，且破损后只需局部更换。

（4）筛网的布置方式。根据振动筛的不同设计，筛网有多种不同的布置方式，如图 5−10−3 所示。有水平、倾斜、平—斜、阶梯等形式。如按钩边筛网的绷紧方向区分，又有纵向和横向两种。

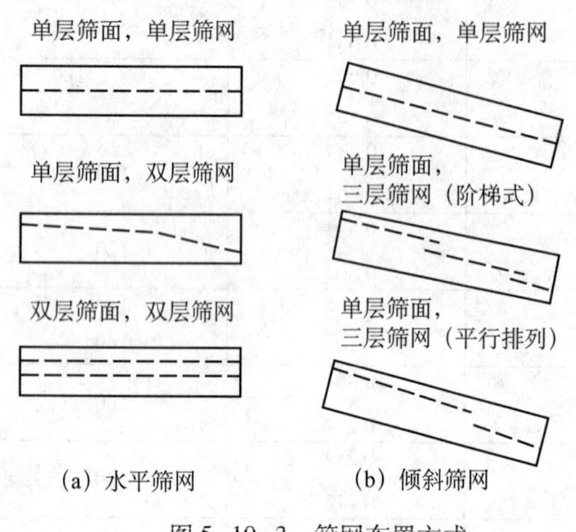

图 5−10−3　筛网布置方式

此外，还有层与层之间有一定空间距离的双层筛网和多层筛网。双层筛网振动筛的上层用粗筛网，下层用细筛网。上层粗筛网清除粗固相，可减轻下层细筛网的负担，以便更有效地清除较细固相，达到一个振动筛除去更多细固相的目的。其缺点是下层筛网的检查、清洗、维护保养及更换等比上层更困难，因而使用不普遍。

3）振动型式

振动筛依靠振动将钻屑抛出筛面，从而实现钻屑高效分离。振动筛有二维振动和三维振动两种型式。

（1）二维振动。二维振动的运动轨迹为平面曲线，有圆周运动、椭圆运动和直线运动三种，如图 5−10−4 所示。

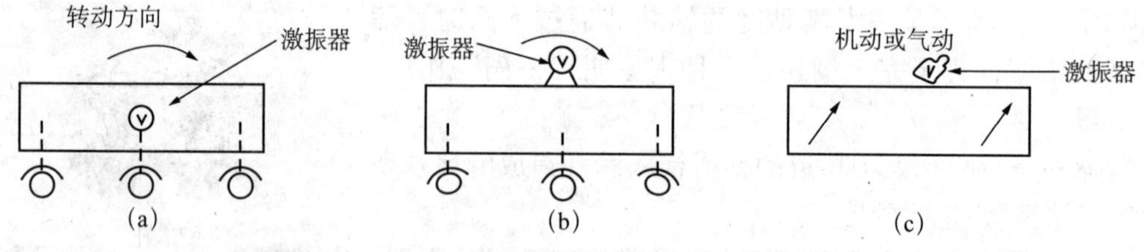

图 5−10−4　振动筛的运动型式（二维振动）

如果把激振器安装在振动装置的重心处，则产生圆周运动，从而在筛网上产生搬运岩屑的作用。钻屑在筛网出口处不会积存，即使筛网处于水平状态，甚至向上倾斜几度也都能顺利排屑。筛网向下倾斜，钻屑就被迅速排掉；筛网向上倾斜，钻井液的许可处理量可大大地增加。长庆油田生产的圆振型振动筛就属于这种类型，双层振动筛也属于这种类型。

如果把激振器置于重心上方，则产生两种运动组合，即两端呈椭圆形运动，中心呈圆周运动。这种双重性运动，使钻屑在出口处有积存的趋势，筛网向下倾斜才能解决出口积存钻屑的问题。美国 Swaco 公司的振动筛就属于这种类型。

如果激振器产生的合力呈直线，并使合力通过筛架质心，将会产生纵向直线运动。上冲程时钻屑向上抛起，下冲程时钻屑垂直落下，一般情况下合力与筛面成60°角较好。这种运动方式可给钻屑更多的能量，而动力消耗较少，能使处理量提高，筛网寿命延长。长庆油田研制的2ZZS−D振动筛，Sweco公司的直线筛即为此种类型。

（2）三维振动。这种振动筛的激振器安装在垂直放置的轴上，筛面上任一点在水平面内的运动轨迹是圆，在切向和径向平面的运动轨迹是椭圆，如图5−10−5所示。其运动合成轨迹为空间曲线，而在筛面上呈均匀的螺旋流型。这种振动筛分离效率高，筛网寿命长。但是，筛网的预制较困难，因而成本较高，使用和维修也不方便。

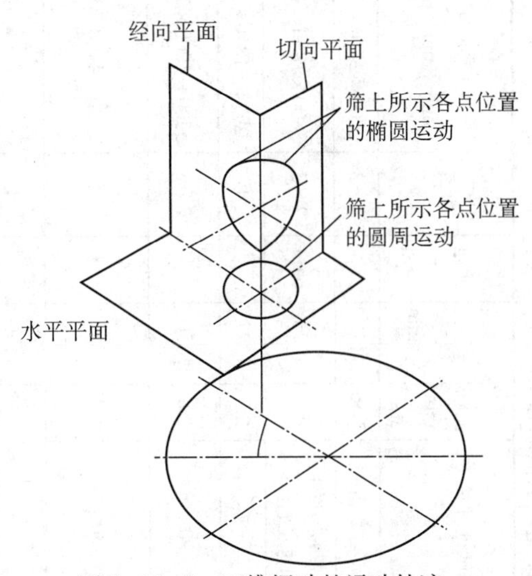

图5−10−5 三维振动的运动轨迹

美国Sweco公司和Pioneer公司圆形清洁器下方的振动筛即属此种。大港和胜利油田也研制了类似的清洁器。

4）合理选用振动筛

在整个固控系统中，振动筛具有最先最快分离钻井液中固相的特点。相对于其他机械分离设备，其单位成本排除固相的量最大，是一种经济高效的分离设备。

在选用振动筛时，除根据固相尺寸及粒度分布选择合适的筛网外，还应考虑的一个很重要的因素是筛网的许可处理量。振动筛的处理能力应能适应钻井过程中的最大排量。影响振动筛处理量的因素，除其本身运动参数的选择外，还有钻井液类型（水基或油基）、密度和黏度、固相大小和多少以及网孔尺寸等。筛网越细，黏度越大，处理量就越小。一般黏度增加10%，处理量则降低2%。密度相同时，由于油基钻井液或逆乳化钻井液要比水基钻井液的黏度及表面张力大，所以，同样的筛网对前者的许可处理量就会小些。对于上部井段，不能用网孔很小的筛网，一般选用0.425/0.224mm，0.250/0.160mm，0.200/0.125mm（40目，60目，80目）的筛网。为了满足大排量的要求，往往还需要2台或3台振动筛并联使用。因此，没有一口井可以只用一种尺寸的筛网成功地处理全井钻井液的。在选择振动筛时，一定要考察其适用条件。

使用振动筛时还应注意下列事项：

（1）正确地安装和操作。

（2）电源的电压和频率必须符合要求。

（3）筛网的张紧程度要适当。松紧不合适，筛网寿命会大大缩短，甚至可从7～10天降至2～3h。

（4）网孔尺寸必须合适，使钻井液覆盖筛网总长度达75%～80%。这样既可充分利用振动筛的容量，又可防备处理量波动。对于多层筛网的振动筛，应把不同网孔尺寸的筛网恰当地组合起来使用。单层筛应使用同样尺寸的筛网。

（5）安装水管线，及时清洗筛网，防止堵塞。

（6）不允许钻井液旁通振动筛（有堵漏材料时除外）。

国内外主要厂家生产的振动筛型式及主要性能参数等见表5−10−3。

表 5–10–3　国内外主要厂家生产的振动筛

厂家	型号	结构型式	筛网面积 mm^2	筛网规格 mm	单筛处理量 m^3/h	振幅 mm	振动频率 次 /min	振动加速度 g	电机功率 kW	外形尺寸 mm × mm × mm	质量 kg	备注
长庆	2YNS–B	双联叠层	2 × 1480 × 1120	0.425/0.200/1.60/0.500	180（黏度 20s）	3.56	1178		2 × 3	2700 × 2310 × 1430	1700	
	2ZZS–D	双联叠层	2 × 1480 × 1120	0.425/0.200,0.250/0.160,0.200/0.112 / 1.60/0.500	126（黏度 180s 密度 1.82g/cm³）	4.1	1178	6.63	2 × 3	3800 × 1860 × 1300		直线振型
华北	NS1 × 1.15/2	阶梯式叠层	2 × 1150 × 1000	0.425/0.200/1.60/0.500		2.3	1327		4	2974 × 1870 × 980	1656	
大港	SCS	双联双层	2 × 1500 × 1100	长方形孔	90	2.8	1450		2 × 3	5500 × 3000 × 2700	4100	激振力 2 × 13700N
胜利	ZS3	双联叠层	2 × 1830 × 1127	上 1.00/0.280,0.560/0.280 下 0.425/0.200 ～ 0.250/0.160 / 1.60/0.500	180	3.2	1350	6.7	2 × 5.5	2820 × 4400 × 1200	1810	激振力 625N
中原	TZS–C	阶梯式叠层	2 × 1150 × 1200	0.425/0.200	180（黏度 50s 密度 1.5g/cm³）	3 ～ 4	1140	4 ～ 4.9	4			
宝鸡厂	2NS–851	双联单层	2 × 1520 × 1150	1.00/0.280 或 0.560/0.280	108		1422		2 × 3	4070 × 2158 × 1027	1869	
	2NS–852	双联叠层	2 × 1110 × 1500	0.560/0.280 或 0.425/0.200	144		1158		2 × 3	3770 × 2224 × 1140	1613	
Brand	TANDENII	单个双层（叠层）	1829 × 699	0.200/0.112 ～ 0.056/0.045	181 ～ 272（密度 1.2g/cm³）	3.3	1750	5.3	3.73	2902 × 2083 × 1403	2495	
Pioneer	标准型	单个双层	1219 × 1524	0.200/0.112	68（密度 1.2g/cm³）	3.9	1350	4	3.73	2032 × 1829 × 1168	1452	
Rumba	102	双联双层	2 × 1219 × 1524	0.425/0.200/1.00/0.280	316（密度 1.2g/cm³）	1.9	1750	3.3	2 × 3.73	3962 × 2375 × 1372	2631	
	101	单个双层	1219 × 1524	0.425/0.200/1.00/0.280	158（密度 1.2g/cm³）	1.9	1750	3.3	3.73	2375 × 2308 × 1267	1270	
Swaco	SUPER SCREEN	单个阶梯	1419 × 1219	0.200/0.112	249.5（密度 1.2g/cm³）	6.99	1140	5.1	3.73	3480 × 1880 × 1372	2177	
Sweco	“Full–Flu”	单个单层		0.560/0.280 ～ 0.056/0.045					3.73	3356 × 1807 × 1753	2270	直线振型
	圆形筛	双联单层	ϕ 1219mm	1.00/0.280 ～ 0.160/0.090	272				1.87	3505 × 2032 × 1499	2452	三维振动

注：（1）国内厂家只写油田名称，为油田所属厂，宝鸡厂为宝鸡石油机械厂的简称。

（2）未注明振型者均为二维振动。

2. 除气器

1）除气器的作用

除气器能有效地控制钻井液的气侵，避免由于气侵钻井液的再循环导致钻井泵的气锁，而引起严重井喷事故，还可以安全有效地排除有毒气体和易燃气体。

除气器虽然不直接参与钻井液的固相控制，但在钻井液中气体含量较多时，会使钻井液密度下降，致使离心泵压力降低，而直接影响旋流器的工作。因此，除气器在钻井过程中是不可缺少的。除气器应安装在沉砂罐和第一级旋流器之间。

2）除气器的种类

除气器有真空式、常压式和离心式三种。

(1) 真空式除气器。真空式除气器有立式罐和卧式罐等型式。其工作原理是，用真空泵吸入钻井液，经薄膜紊流后分离出气体，由真空泵抽走。它由二通阀控制真空罐体内的液面：当罐体内液面上升，三通阀关闭真空泵与罐体之间的通路，使罐体与大气相通，气体进入罐体，真空度下降，减少钻井液进入量，增加排出量；当液面下降至一定高度时，二通阀关闭大气通路，使真空泵与罐体接通，这样，抽吸罐内的气体，提高罐的真空度。如此反复作用，调节罐体内液面，保证罐体内的真空度，达到除去钻井液中气体的目的。

现场使用情况证明，真空式除气器性能良好。其主要缺点是比较笨重，安装操作比较复杂，消耗功率较多。凡使用这种除气器的固控系统，都得配备一套离心泵喷射器机组，以便把除过气的钻井液从真空处理室中抽吸出来。

(2) 常压式除气器。常压式除气器如图5−10−6所示。它主要由自通风式离心泵和喷射罐组成，不需要真空泵和真空罐。工作时，气侵钻井液由泵上部与其同轴的螺旋式叶轮进入离心泵，然后沿着立管被泵送到喷射罐，在罐上的蝶形阀和立管上端之间极薄的圆形隔板上形成高速薄层，并以很大的冲击力甩向罐的内壁，产生涡流，促使钻井液中的气泡浮到钻井液表面而肢裂，经钻井液槽排出。与此同时，一部分气泡自螺旋式叶轮外，沿着泵轴和泵支架间逸出，其除气效果比真空式除气设备好。

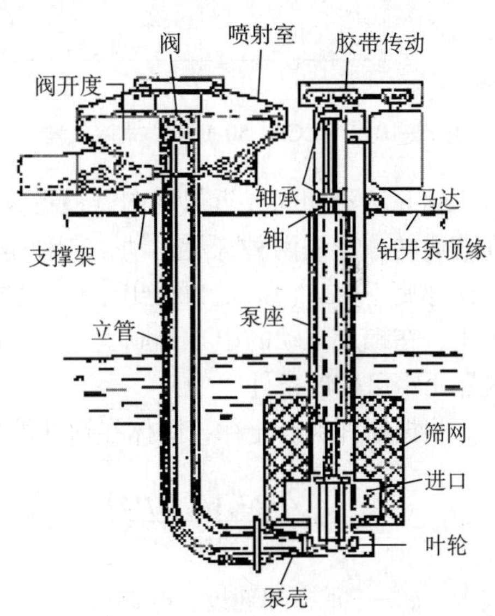

图5−10−6　常压式除气器

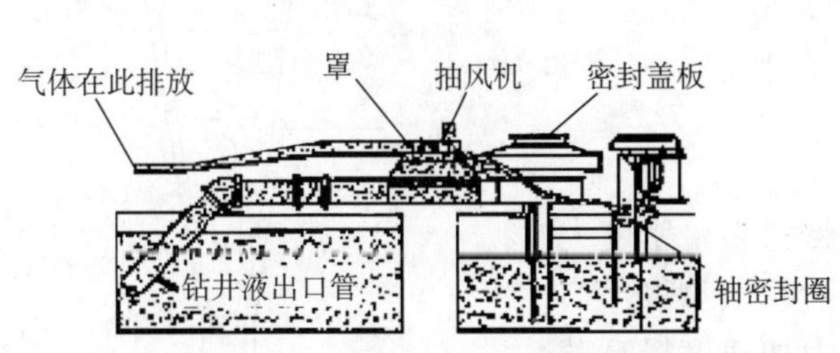

图5−10−7　改进后的常压式除气器

除气器除去的气体需要用管子排离井场或安装在海上时，则需另配抽风机。有的改装成图5−10−7的结构，其优点是，经过除气的钻井液流进下一个罐（或隔舱）时，不会再重新进入气体。

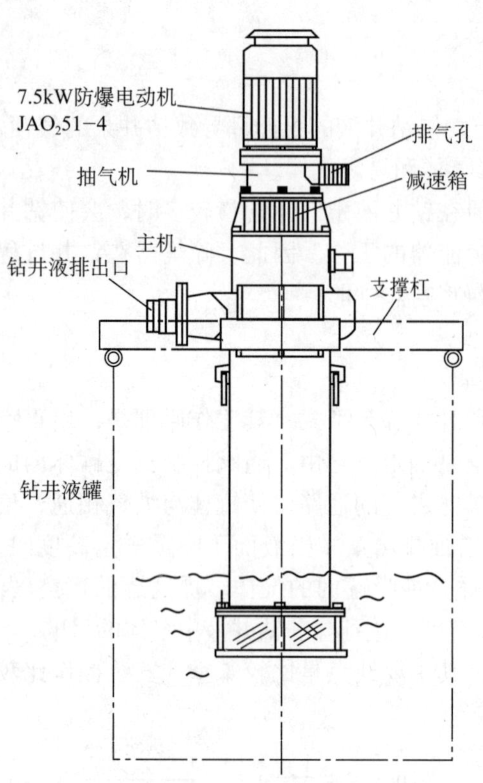

图 5-10-8 LCH-50 Ⅱ离心式除气器

(3) 离心式除气器。离心式除气器是比较新的除气器。它利用离心分离原理，将钻井液中的气体分离出来。中原油田钻井工艺研究所研制的LCH-50 Ⅱ离心式除气器如图 5-10-8 所示。它是由电动机、抽气机、减速箱和主体等构成，能处理全井钻井液，钻井液循环量少时，浸入高度降低，处理量减少，达到平衡。钻井液循环量大时，浸入高度增加，处理量相应增大，达到新的平衡。除去的气体由抽气机输送到井场外，可以保证安全。

此外，还有钻井液—气体分离器，主要用于分离游离状态的气体。国内外主要厂家生产的除气器规格见表 5-10-4。

3. 旋流器

1) 旋流器的结构及工作原理

旋流器的结构如图 5-10-9 所示。上部壳体呈圆筒状，形成进口腔。侧部有一切向进口管，顶部中心有一涡流导管，构成溢流口。壳体下部呈圆锥形，锥角一般为 15°～20°。底部为底流口，固体从该口排出。

钻井液沿切向或近似切向（最近又已出现阿基米德螺线进口）由进口管进入旋流器内高速旋转，形成两种螺旋运动：一种是在离心力作用下，较大较重的颗粒被甩向器壁，沿壳体螺旋下降，由底流口排出；另一种是液相和细颗粒形成的内螺旋向上运动，经溢流口排出。在螺旋运动的中心形成空气柱，产生一个低压区，有吸力（手指可感觉到），这是旋流器正常工作的条件。

根据斯托克斯定律，固体在钻井液中的沉降速度 v_s 为：

$$v_s = \frac{20gd_s^2(\rho_s - \rho_m)}{9\mu}, \text{ cm/s} \quad (5-10-11)$$

式中 g——重力加速度，cm/s^2；

d_s——固体最大直径，cm；

ρ_s——固体密度，g/cm^3；

ρ_m——钻井液密度，g/cm^3；

μ——钻井液黏度，Pa · s。

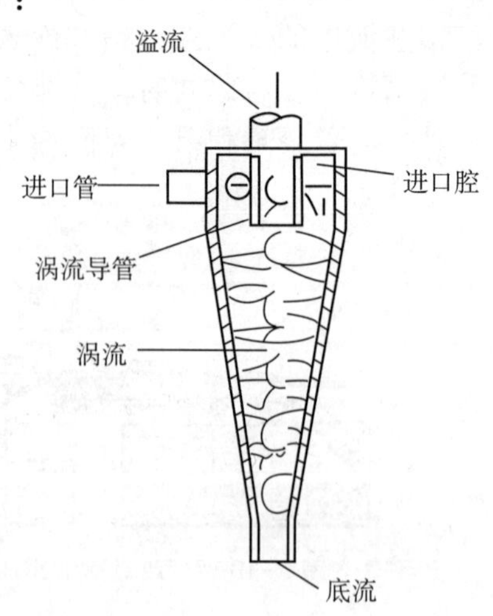

图 5-10-9 旋流器的结构

由此可知：小颗粒的沉降比大颗粒慢得多；密度大的颗粒比密度小的颗粒沉降快；钻井液密度大、黏度大，则颗粒沉降慢。如果用离心的方法把重力加速度提高若干倍，则颗粒的沉降速度就会增大若干倍，这就是使用旋流器和离心机的原理。

表 5-10-4 国内外主要厂家生产的除气器

厂家（或产地）	型号	结构型式	处理能力 m^3/h	电动机功率 kW	外形尺寸（长 × 宽 × 高）mm	质量 kg
中原油田	LCH-50 II	离心式	180	7.5	2150(总高)	850
宝鸡厂	CQ_2-4	卧式真空	226.8	13	4150 × 3060 × 3160	3700
内江机厂	NCQ_2-3.7/2.3	立式真空	158.8	5.6	2260(高) × 10160(直径)	454
Baroid	—	常压式	113.4	3.73	2137 × 1575 × 1372	1085
Brandt	DG-5	立式真空	226.8	3.73	2438 × 1905 × 1524	1771
Brilco	DG-10	立式真空	158.8	5.6	1753 × 1016 × 2260	454
Pionceer	"SEE-FLO"	常压式	181.4	11.2	1152 × 1048 × 2598	826
	CD-800	离心式	317.5	18.7	2540(高) × 1350(宽)	999
	CD-1400	离心式	113.4 ~ 226.8	14.9	1346 × 1041 × 813	1612
Rumba	RV-1200/600	卧式真空	226.8	2.24	3988 × 2261 × 1067	1521
Swaco	DG-2	离心式	90.7 ~ 181.4	—	2184 × 1956 × 1245	1090
Sweco	DG-4	离心式	181.4 ~ 362.8	—	2489 × 2311 × 1245	1544

固体颗粒在钻井液中的沉降速度 v_{SM} 等于相当尺寸的固体颗粒在水中的沉降速度 v_{sw}。据此可计算旋流器在特定钻井液条件下分离颗粒的大小和效果。

例：一个 100mm 的旋流器，处理黏度为 0.003Pa · s 的水溶液时，能分离出 25μm 的固体，假设用来处理密度为 1.44g/cm³，黏度为 0.027Pa · s 的钻井液，该旋流器能分离多大尺寸的低密度固相和高密度固相呢？

解：令 $K=\dfrac{20g}{9}$，则斯托克斯定律可写成：

$$v_x=\frac{Kd_s^{\ 2}(\rho_s-\rho_m)}{\mu}$$

因而 $v_{sw}=K\times25^2\times(2.6-1)/0.003$；对于低密度固相，$v_{SM}=Kd_s^{\ 2}\cdot(2.6-1)/0.027$，当 $v_{sw}=v_{SM}$ 时，可求出 d_s=84μm；对于高密度固相（重晶石），可求出 d_s=56μm。由此可得，比重晶石颗粒大 50% 的低密度固相与重晶石以同等速度沉降。

旋流器的分离效率与固体颗粒之间的关系可用图 5-10-10 来表示。

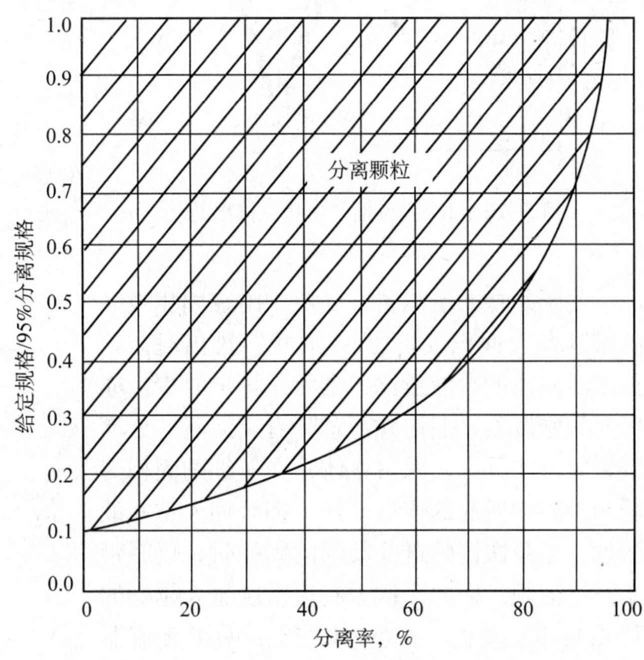

图 5-10-10 旋流器的分离效果与固体颗粒的关系

例：一个旋流器能分离 95% 的 70 μm 固体颗粒，对于 28 μm 的固体颗粒能分离多少？

解：由 28/70=0.4，从图 5-10-10 上得到分离效率约为 70%，即该旋流器可排除 70% 的 28 μm 颗粒。

2）平衡式旋流器

在一定压力下，将清水泵入旋流器，并调节底流口大小至底流无液体排出，此时，底流口的大小为平衡点，这种旋流器称为平衡式旋流器。固控投备中多用此种旋流器，把含有固相的液体泵入时，固相就会从底流口排出，每个排出的固体颗粒表面都黏附一层自由薄膜。

以下是调节时的几种现象：

(1)“干底”。如果将底流口调节到比平衡点开口小时，在平衡点与实际的底流开口之间会出现一层干的锥形砂层。如果用这种旋流器分离极细的固体时（小于 44 μm），被分离的细颗粒企图穿过砂层而失去表层的水膜，从而造成底流开口堵塞，形成“干堵”，这种调节称为“干底”调节。

(2)“湿底”。如将底流口调节到比平衡点大时，则会有锥形旋转液流排出（除非有大量的分离固相占据了不平衡底流开口的空间），这种调节称为“湿底”调节。

(3)“伞状”排出。在正常工作时，底流口同时有两股流体相对流过：一股是空气吸入，另一股是含固相的稠浆呈伞状排出，如图 5-10-11 所示。这时，在开口处形成环形屏障，吸入的空气使底流开口畅通，保证旋流器在最高效率下工作。

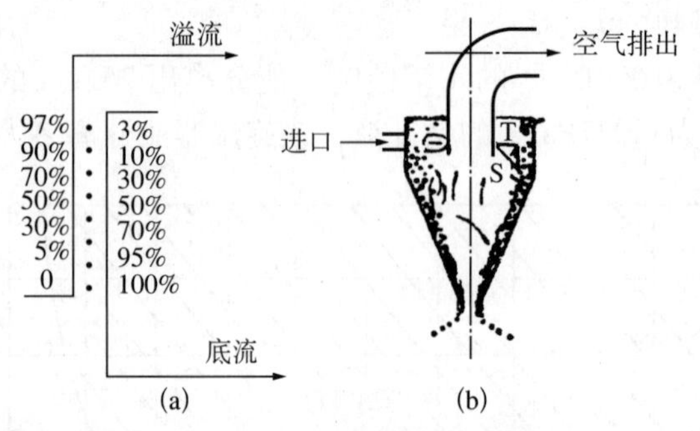

图 5-10-11 底流呈“伞状”排出的平衡式旋流器

(4)“绳状”排出。当进料中固相含量过大，被分离的固相含量超过旋流器的最大许可排量时，就产生“过载”，此时底流呈“绳状”排出，如图 5-10-12 所示。这时空气不会被吸入，底流开口不再有环状屏障，而成为阻流嘴。出现这种情况时，许多完全在旋流器清除范围之内的固相颗粒，就会折向溢流管返回钻井液体系，这时清除的固相量仅为“伞状”排出时的 50%。

对于平衡式旋流器，底流中附在固相表面的液体与表面积成正比。“绳状”排出时，单位重量固体的含液量比“伞状”排出时少，亦即底流密度大，但这并不意味着旋流器的分离效果好。实际上，保留在体系中较细的固相与较粗的固相所起的作用一样，都会加大钻井液密度。当再次清除这些较细的固相时，仍将带走一些液相。因此，认为底流密度越大越好的观点是不正确的。图 5-10-13 表明了旋流器底流呈“伞状”排出和“绳状”排出时的分离曲线。

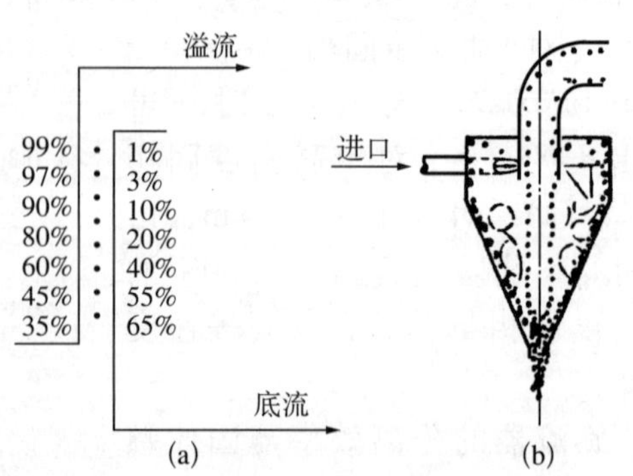

图 5-10-12 底流呈“绳状”排出的平衡式旋流器

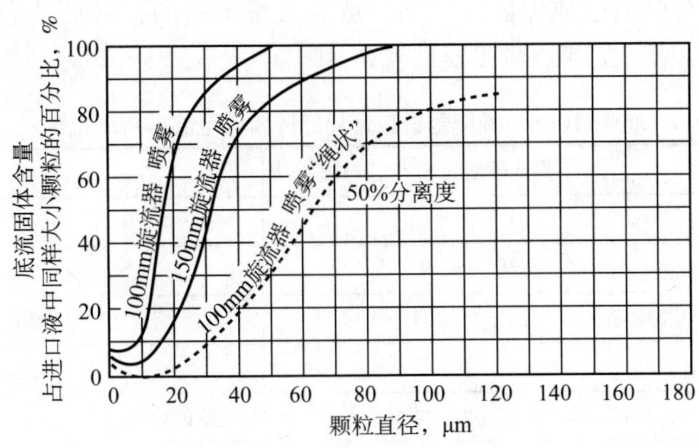

图 5-10-13 旋流器分离曲线

3）淹没底式旋流器

这种旋流器的特点是没有平衡点开口，溢流口和底流口在任何工况下始终起阻流嘴作用。若把清水泵入这种旋流器，当底流口开至 10mm 时，则底流喷出一股 l0mm 液流。如果液体中含有固相，则底流中就会含有固相，但它对底流排量的影响甚小。使用这种旋流器时，要根据钻井液中固相含量多少随时调节底流口的大小，以免漏失大量钻井液。

4）旋流器的砂堵

(1) 底流砂堵。旋流器的底流发生砂堵将影响其净化能力，加速内衬和涡流导管的磨损，因此一经发现，必须立即清除或更换。旋流器正常工作与底流砂堵比较见表 5-10-5。

表 5-10-5 旋流器正常工作与底流砂堵比较

比较项目	正常工作	底流砂堵
钻井液进口速度	高	高
旋流作用	大	大
工作条件	在平衡条件下工作	不能在平衡条件下工作
分离能力	强	有部分能力
底流排砂	良好	无砂子排出
溢流	干净	含有较大尺寸的砂子
旋流器磨损	正常	快

底流砂堵的原因：调节不当，造成干底排出，或 者是含砂量太多，造成旋流器过载。

排除底流砂堵的方法：把底流口调到最大；增加旋流器数量；让前一级固控设备中除去更多的固相；选用较大平衡点的旋流器。

(2) 进口管砂堵。进口管砂堵又可分为局部砂堵和全部砂堵，发生局部砂堵时，进口腔内的流体速度变低，此时旋流器只起一种旋流漏斗的作用，底流中钻井液漏失量可达平衡点开口时的 5 ~ 100 倍。有时底流中还混有从溢流管汇中倒流下来的清洁钻井液。在这种条件下工作的旋流器，必将浪费大量钻井液。因此，一经发现，必须立即解堵或更换。进口管全部砂堵，有可能造成无底流排出，或是大量干净的钻井液从溢流管汇倒流下来。旋流器进口管局部砂堵与全部砂堵比较见表5-10-6。

表5-10-6 旋流器进口管局部砂堵与全部砂堵比较

比较项目	局部砂堵	全部砂堵
钻井液进口速度	低	等于零
旋流作用	无	无
工作条件	“淹没底”（压力喷出）条件下工作	“淹没底”（压力喷出）条件下工作
分离能力	没有	没有
底流	钻井液全部从底流漏失，漏失量大	已除砂的钻井液从管汇中倒流下来，漏失量大
旋流器磨损	不磨损	不磨损
使用费用	高	极高

进口管砂堵的原因：钻井液的管理不严密。如果钻井液未经过振动筛，或者振动筛的筛网破损，最容易造成进口管砂堵。

5）旋流器的处理能力和分离能力

旋流器的处理能力包括进料能力和排除固体颗粒能力。进料能力是指在一定进料压头下所能处理的进料量，通常称作处理量。在同一压头下，进料密度不同，其工作压力也不同。如某一旋流器，设计为23m水头，进料量是6.3L/s，则在0.44MPa压力下密度为2g/cm³的钻井液，应该与0.22MPa压力下密度为1g/cm³的钻井液进料量相同，因为其压头是一样的。为了提高排除固体颗粒的能力，在旋流器内应有较大的离心力，要有适于细小颗粒排出的流型，有较大的平衡点，以便在超载前能以最快速度排出下沉的固体颗粒。

分离能力是指旋流器在一定条件下分离粒度的大小及分离数量的多少。分离数量的多少通常以百分比表示，又叫分离效率。通常所说的D_5分离点又叫中分点，是指旋流器分离效率为50%的颗粒大小（以当量直径表示）。也就是说，该直径的颗粒有50%从底流排出，有50%从溢流口流出，保留在体系中。

一般情况下，旋流器的分离能力与旋流器的直径有关，直径越大分离的颗粒也越大，直径越小分离的颗粒也越小。同一直径的旋流器由于设计不同，分离能力和处理能力也不同。因此，在选用旋流器前，应对其工作条件、处理能力和分离能力有全面的了解。

6）旋流器的分类

旋流器按其直径不同，可分为除砂器、除泥器和微型旋流器三类。

（1）除砂器。直径150～300mm的旋流器称为除砂器。其处理能力，在进料压力为0.2MPa时不低于20～120m³/h。正常工作的除砂器能清除约95%大于741μm的钻屑和约50%大于40μm的钻屑。为了提高使用效果，在选用除砂器时，其许可处理量必须为钻井时最大排量的125%。

（2）除泥器。直径100mm和150mm的旋流器称为除泥器。其处理能力，在进料压力为0.2MPa时不低于10～15m³/h。正常工作的除泥器能清除约95%大于40μm的钻屑和约50%大于15μm的钻屑。除泥器能除去12～13μm的重晶石，因此不能用它来处理加重钻井液。在使用中，除泥器的许可处理量应为钻井时最大排量的 125% ~ 150%。

（3）微型旋流器。直径 50mm 的旋流器称为微型旋流器。其处理能力，在进料压力为 0.2MPa 时不低于 5m³/h，分离粒度范围为 7 ~ 25μm。主要用于处理非加重钻井液，以除去超细颗粒。

使用旋流器时，在进料压头得到保证的条件下，应经常调节底流口大小，避免过载和损失昂贵的钻井液。

国内外主要厂家生产的除砂器、除泥微型旋流器分别列于表 5–10–7 和表 5–10–8 中。

表 5–10–7　国内外主要厂家生产的除砂器

厂家（产地）	型号	旋流器规格 mm × 数量	进料压头 MPa	处理量 m³/h	分离粒度 μm	外形尺寸 mm	质量 kg	备注
华北油田	4T8	200 × 4	0.39	200		1285 × 1200 × 1477.5	638	
大港油田	CS84–2 × 300	300 × 2	0.35	200	74			
胜利油田	ZCS255 × 2	250 × 2	0.29	191	＞ 74	2102 × 1157 × 1250	588	
宝鸡厂	CS6 × 8″B $CS_1$210	200 × 6 250 × 2	0.24 0.24	238 248	40 ~ 50 40 ~ 50	1905 × 1200 × 1390 1905 × 1200 × 1390	569 517	
长庆油田	ZCS250 × 2	250 × 2	0.25	200	30 ~ 40	1500 × 1700 × 1000	500	
Brandt	SRS–2 立式 SRC–2 卧式	300 × 2 300 × 2	0.224 0.224	226.8 226.8		1613 × 838 × 1851 1876 × 1448 × 927	477 438	尚有 SRS–1 尚有 SRC–1
Pioneer	S2–12 T10–6	300 × 2 150 × 10	0.224 0.224	226.8 226.8				尚有 S1–12,S3–12,S4–12 尚有 T3–6，T4–6，T8–6，T12–6
Rumba	500GPM 1000GPM	250 × 1 250 × 2	0.224 0.212	113.4 226.8	＞ 74 ＞ 74	1930 × 756 × 1041 1930 × 1187 × 1041	327 382	尚有 1500GPM
Swaco	212 立式 212 卧式	300 × 2 300 × 2	0.212 0.212	226.8 226.8	40 ~ 74 40 ~ 74	1041 × 914 × 1778 1981 × 1016 × 889	511 468	尚有 112 立式 尚有 112 卧式
Sweco	PIOCO2VB 立式 PIOCO 2B 卧式	250 × 2 250 × 2		226.8 226.8		1524 × 889 × 2032 1829 × 1017 × 1067	409 363	尚有 PIOCO1VB 尚有 PIOCO1B

表 5–10–8　国内外主要厂家生产的除泥微型旋流器

厂家（产地）	型号	旋流器规格 mm × 数量	进料压头 MPa	处理量 m³/h	分离粒度 μm	外形尺寸 mm	质量 kg	备注
胜利油田	2CN120 × 12	120 × 12	0 .34	300	＞ 30	2600 × 855 × 1680	673	
Brandt	SE8	100 × 8	0 .224	109		1461 × 813 × 1105	293	尚有 SE6，SE12
Pioneer	T10–4	100 × 10	0.224	113 .4	45			尚有 T4（6,8,12,16,20,24）–4
Rumba	10 锥	120 × 10	0.224	181	20 ~ 74	1930 × 1118 × 1356	463	尚有 4,6,8,12,14 ,16 锥

续表

厂家（产地）	型号	旋流器规格 mm× 数量	进料压头 MPa	处理量 m³/h	分离粒度 μm	外形尺寸 mm	质量 kg	备注
Swaco	6T4	100×6	0.272	204	25 ～ 40	1676×762×1422	314	尚有 4T4，8T4
	202	50×20	0.448	114.3	7 ～ 25	2921×762×1626	692	微型旋流器
Sweco	P04C16B	100×16		181		2165×1016×1454	568	尚有 P04C08B,P04C12B

4．钻井液清洁器

钻井液清洁器是旋流器与超细网振动筛的组合，上部为旋流器，下部为超细网振动筛。

钻井液清洁器是二次处理设备。它处理钻井液的过程分为两步：第一步是旋流器把钻井液分离成低密度的溢流和高密度的底流；第二步是超细网振动筛将高密度的底流再分离成两部分，一部分是重晶石和其他小于网孔的颗粒透过筛网，另一部分是大于网孔的颗粒从筛网尾部排出。筛网一般在 0.160/0.090 ～ 0.045/0.032mm（100 ～ 325 目）之间。这要根据振动型式、钻井液类型和固相负荷来决定选用何种筛网（表 5–10–9）。旋流器的底流量只是总循环量的 10% ～ 20%，因此，筛网的“桥糊”和“堵塞”不是严重问题。

表 5–10–9 国内外主要厂家生产的钻井液清洁器

厂家（产地）	型号	旋流器规格 mm× 数量	进料压头 MPa	处理量 m³/h	筛网孔基本尺寸 mm	外形尺寸 mm	质量 kg	备注
华北油田	NCS300×2/1.4×0.6	300×2	0.35	180	0.112/0.056	2115×1285×1843	1008	圆形筛
大港油田	NQJ–250×2/2×0.6	250×2	0.3	200	0.200/0.112 ～ 0.112/0.056	2236×1605×1735		
中原油田	NQJ100×12/1	100×12	0.38	200	0.160/0.090 ～ 0.112/0.056	2120×1230×2240		
胜利油田	NQJ100×12/2×0.6	100×12	0.38	200	0.160/0.090 ～ 0.112/0.056	2160×1220×1900		
宝鸡厂	2×12″	300×2	0.4	340	0.140/0.071 ～ 0.112/0.056	3120×1525×1761	1114	
	ZCNQ120×10	120×10	0.34	200	0.160/0.090 ～ 1.60/0.500	3500×1550×1630	1290	
长庆油田	NS–821	120×8	0.34	238	0.112/0.056	1900×1100×1720	873	
	NJ–861	120×8	0.32	180	0.200/0.112 ～ 0.112/0.056	1780×1700×1800	1000	直线筛，12目筛网与叠层粘接钩边筛网任意组合
	ZQJ2502/1.50.6	2502	0.25	200	0.200/0.112 ～ 0.075/0.050			
Brandt	20 锥	100×20	0.224	272	0.112/0.056，0.075/0.050	1880×1778×1918		尚有 10 锥，20 锥双联
Pioneer	16×4″（高容量）	100×16（高容量）	0.224	180 (270)		2337×1524×2099	1816	圆形筛，尚有 4in 高容量旋流器或 6in 旋流器 8 个

续表

厂家（产地）	型号	旋流器规格 mm× 数量	进料压头 MPa	处理量 m^3/h	筛网孔基本尺寸 mm	外形尺寸 mm	质量 kg	备注
Rumba	10 锥	120×10	0.272	181	0.140/0.071 ～ 0.045/0.032	2743×1981×1905	1562	
Swaco	6T4	100×12	0.272	204	0.160/0.090 ～ 0.075/0.050	2834×1303×1432	949	
	8T4SS	100×16	0.272	272	0.112/0.056	3226×1873×2267	2925	
Sweco	H48C00011	(HV084) 100×8		90	0.112/0.056, 0.075/0.050	1829×1219×2260	1090	圆形筛，筛网直径 1220mm (48in) 尚有 HV124_ HV105_ HV125

清洁器的处理量就是其上部旋流器的处理量。清洁器的型式按其下部振动筛的型式区分，一般有长方形和圆形两种。长方形振动筛产生二维振动，圆形振动筛产生三维振动。

有的井队因为担心旋流器底流“跑”钻井液，希望在除砂器底流口下加振动筛，以回收部分钻井液。但一定要注意，所加振动筛不能选用比 0.160/0.090mm（100 目）还粗的筛网。同时，透过筛网的物料决不允许进到在用体系中去，而应返回除砂器上游，再进行处理。否则，通过除砂器处理所得到的效益会全部丧失，并造成很大浪费。

5．离心机

1）离心机的类型

离心机有沉淀式、筛筒式、水力涡轮式和叠片式等多种类型，而在石油钻井中处理钻井液用的多数是前三种。这里主要介绍沉淀式离心机。

2）沉淀式离心机的结构及工作原理

沉淀式离心机的结构如图 5-10-14 所示。

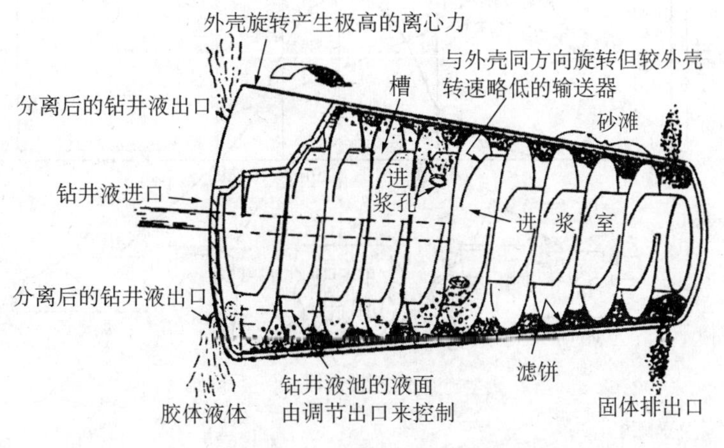

图 5-10-14　离心机结构简图

其外壳通常以 1500 ~ 3000r/min 的速度旋转。螺旋输送器多数是双头的，也有单头的，它通过一个减速器与外壳相连。当改变减速器齿轮的齿数时，也可获得不同转速。处理的钻井液通过离心机空心轴中间的管子流入进浆室，再由输送器上的进浆孔进入分离室。由于外壳转速极高，使“钻井液池”内的钻井液获得相当于外壳的转速，重而粗的颗粒甩向外壳内壁，形成固液两相分离。固体被输送器送到外壳的小端，经固体排出口排出，液体从外壳大端排出口排出。通常，钻井液从进入离心机到流出离心机总共只有 10 ~ 80s 的时间，“钻井液池”中的液面靠调节离心机上 8 ~ 12 个钻井液出口来控制。从“钻井液池”以外到固体排出口之间的那段外壳壁称为“砂滩”。当滤饼通过这一段“砂滩”时，受到离心力与挤压力的作用，所有的自由水被挤掉，并随同胶体颗粒和可溶解的颗粒一起返回到“钻井液池”。从固体排出口排出的固体没有吸附水。为了提高分离效率，可加水稀释进入离心机的钻井液，以将其漏斗黏度降低至 37s。对于油基钻井液，因其黏度较高，离心机效率更低一些，可以少用一些油进行稀释，也可用加热的方法降低黏度。

3）离心机的应用

离心机主要用在加重钻井液中回收重晶石和清除细小固相及胶体，在非加重钻井液中清除钻屑，也可用离心机对旋流器的底流排出物进行二次分离，回收液相，排除钻屑。

离心机的转速和容量对处理量和分离粒度有很大影响。工作转速 3250r/min，处理量 6L/s 的高速离心机，对水基加重钻井液可分离重晶石至 2μm，钻屑至 3μm。而工作转速为 2500r/min 时，可分离重晶石至 61μm，钻屑 91μm。工作转速为 1900r/min 时可分离钻屑至 100 ~ 120μm。

对于油基钻井液，离心机的分离粒度没有那样细小。因为油的表观黏度大于水基钻井液中水的黏度，而分离点近似地与表观黏度的平方根成比例加大。所以，在使用离心机时，应选择合适的转速和处理能力，以取得预期效果。国内外主要厂家（公司）生产的离心机列于表 5−10−10 中。

各级固控设备所分离的粒度范围如图 5−10−15 所示。

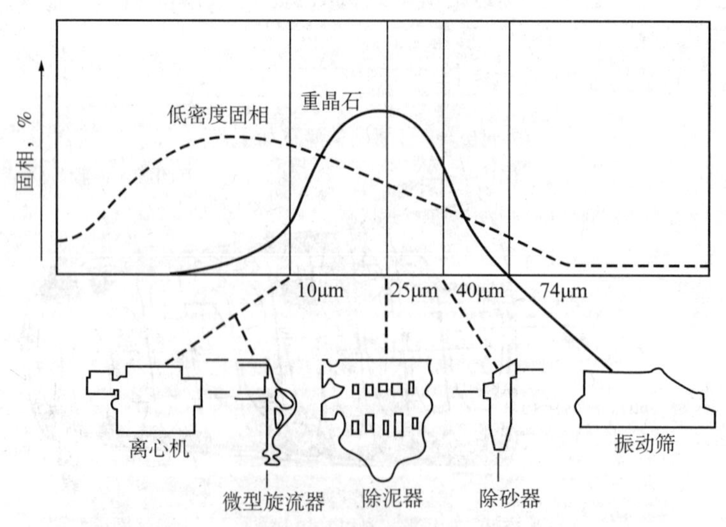

图 5−10−15　各级固控设备分离的粒度

表 5–10–10 国内外主要厂家（公司）生产的离心机

厂家	型号	转筒直径 mm	转筒长度 mm	转筒转速 r/min	最大加速度 g	减速比	分离粒度 μm	处理量 m^3/h（密度，g/cm^3）	驱动方式	电动机功率 kW	外形尺寸 mm	质量 kg
上海化工机械厂	LW355×860–N	355	860	1600 ~ 2400	1144	57 : 1	4.6	20(1.08)	双电动机	18.5+ 5.5=24	2730×1885×1035	2207
Baroid	C–1	457	710	1600 ~ 2000	1022	40 : 1	8 ~ 10	14(1.08)	液压	22	2743×2286×762	1816
	C–2	609	965	1500 ~ 2300	1803	80 : 1		22(1.08)	液压	56	3670×1981×1318	3269
Brandt	CF–1	457	710	1600 ~ 2000	1022	40 : 1	8 ~ 10	18(1.20)	电	30	2743×1549×1549	2134
	CF–2	609	965	1400 ~ 1900	1230	40 : 1	4 ~ 5	34(1.20)	电	45	3302×1575×1600	3405
Pioneer	标准	457	710	1500 ~ 2000	1022	80 : 1		8(1.20)	电或电液	15		
	M–I	457	710	1500 ~ 2000	1022	80 : 1		16(1.20)	电或电液	37		
	M–II	457	1219	1800	828	80 : 1		34(1.20)	电或电液	45		
	M–III	457	1778	1800	828	80 : 1		45(1.20)	电或电液	75		
Rumba	“H–G”	353	760	3250 ~ 4000	3180	165 : 1	2	16(1.20)	电	30		
Swaco	414	353	865	1600 ~ 3250	2100	60 : 1	10 ~ 12	20(1.08)	双电动机	18+6=24	2743×1778×914	2679
	518	353	1465	1900 ~ 3250	2100	60 : 1	10 ~ 12	56(1.08)	双电动机	18+6=24	3327×1778×914	2906

6. 辅助设备

1）离心泵和螺杆泵

离心泵是通过把液体的流速转换成静压头而产生压力的机械设备。在固控系统中，用离心泵为除砂器、除泥器和清洁器等供料。为了保证正常工作，要求离心泵有额定的扬程和排量。离心泵工作时压头维持不变，如果输送流体的密度改变，则压力值也会改变。离心泵和旋流器一定要匹配得当。使用时，泵的排量不得超过额定值，泵内不得吸入空气，以免引起“气穴”现象而影响工作。为此，泵的吸入管应潜入液面以下适当深度，流速为1.22 ~ 3m/s 时，潜深不低于 0.61 ~ 2m。

螺杆泵的工作原理与密封螺旋输送器相似，随着转子在定子内转动，形成空腔，空腔携带着被处理的介质逐渐向泵的排出端移动。螺杆泵用于为离心机进料。螺杆泵通常由变速马达或液压马达驱动，转速为 100 ~ 900r/min。必须注意，一定不能在干态下使泵运转，否则会引起定子过分磨损。

在使用高容量离心机时，就得用离心泵。最好在离心机和离心泵之间安装阀门，如遇钻井液性能改变引起离心机堵塞，可以调整进料速度。

2）沉砂罐（锥形罐）

沉砂罐（锥形罐）用来沉淀透过振动筛的颗粒，防止堵塞或损坏下一级的固控设备。罐体不必过大，但应够深。罐底有斜坡通向排出口，排出口闸门应能快速打开和关闭，并且，要足够大，以免堵塞。根据沉砂的严重程度，或在每次起下钻过程中，或在适当的时候，必须把其中的固体颗粒排掉。沉砂罐不能搅拌，也决不能作旋流器等的吸入罐。

振动筛和沉砂罐的关系应该是，透过筛网的液流能从振动筛的一侧流出，通过沉砂罐进行沉淀；或者是从振动筛另一侧流出，绕过沉砂罐。这样可以防止加重钻井液中的加重材料在沉砂罐中沉淀。

3）钻井液罐

钻井液罐是储存、配制和循环钻井液用的，其容量应足够容纳钻井过程中钻井液的最大循环量，并应有足够的储备能力。可以制成几个独立的罐，也可制成带有隔舱的大罐。

一般来说，对于 3200m 深的井，钻井液罐的容量不小于 165m^3，储备罐容量不小于 80m^3；4500m 深的井，钻井液罐的容量不小于 200m^3，储备罐的容量不小于 120m^3；6000 ~ 8000m 深的井，钻井液罐的容量不小于 270m^3，储备罐的容量不小于 160m^3。

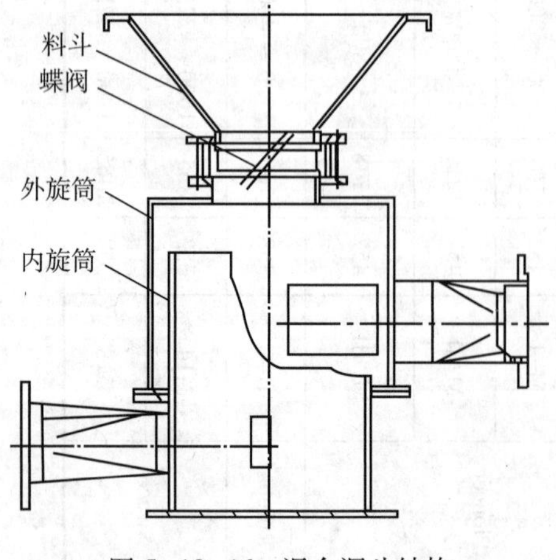

图 5-10-16　混合漏斗结构

钻井液罐上应配备有搅拌器和钻井液枪等，以便将钻井液搅拌均匀，防止沉淀。

4）混合漏斗

为了保证钻井液的性能，需要添加膨润土和加重剂等。混合漏斗就是为添加这些材料而设置的。

混合漏斗有旋流式和离心式两种。离心式混合漏斗效果比较好。大港油田研制的 CX-200 型混合漏斗如图 5-10-16 所示。有一定压力的钻井液，由进液口沿切向泵入内旋筒，与从料斗加入的添加剂混合后，溢入外旋筒，再由沿切向布置的排液口排到体系中去。

5）化学药品罐

化学药品罐用于添加烧碱、丹宁和其他化学药品，配药罐上装有搅拌器和放空阀等，药罐容量为 2 ~ 3m^3，该罐应置于混合罐上。

6）其他

为了使井口返出的钻井液通过地面处理设备回到钻井泵再返入井中，就需要井口返出管线、高架槽和管汇等，将各种设备连成统一整体，这是根据现场的实际情况决定的。但应注意，一定要布置合理，减少管线的弯曲和盘绕，以尽量减少阻力损失。

四、固控系统的合理选择及经济分析

1. 选择固控系统的依据

选择固控系统应依据以下内容：

(1) 需要清除和控制的固相类型及粒度分布，即各种尺寸范围的颗粒所占的体积百分比；

(2) 钻井液密度及类型；

(3) 每级固控设备（离心机除外）的处理量不小于钻井泵最大排量的 125%；

(4) 钻井液费用、钻井液的液固相费用比及其他费用。

2. 非加重钻井液的固控系统

非加重钻井液的固控系统如图 5-10-17、图 5-10-18 及图 5-10-19 所示。

图 5-10-17 是一个基本系统，该系统在很大程度上依靠除砂器和除泥器。当快速钻井时，除泥器应连续开动。其中离心机主要用于排除细小的固相。该系统可减少稀释物用量，有一定的经济效益。图 5-10-18 增加了微型旋流器，它能除去大量 7 ~ 25μm 的颗粒，但在底流中会损失大量钻井液，如果每立方米钻井液价格很低，这在经济上还是可行的。

图 5-10-19 是在图 5-10-18 的基础上又增加一台离心机，以处理微型旋流器的底流。微型旋器与离心机组合所清除的固相，比振动筛、除砂器和除泥器组合所清除的固相要多。在没有或只有很小贮浆池的井场，增加这台离心机很重要。

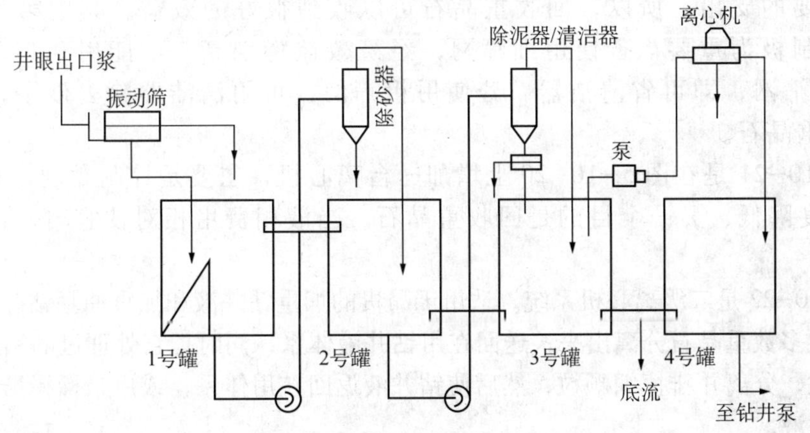

图 5-10-17 非加重钻井液固控系统（一）

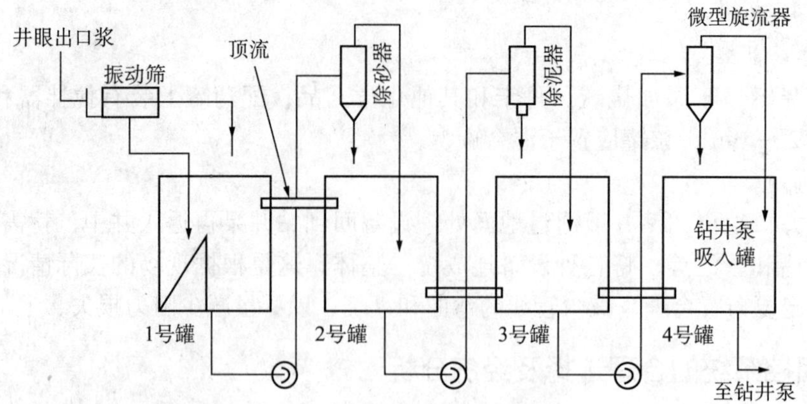

图 5-10-18 非加重钻井液固控系统（二）

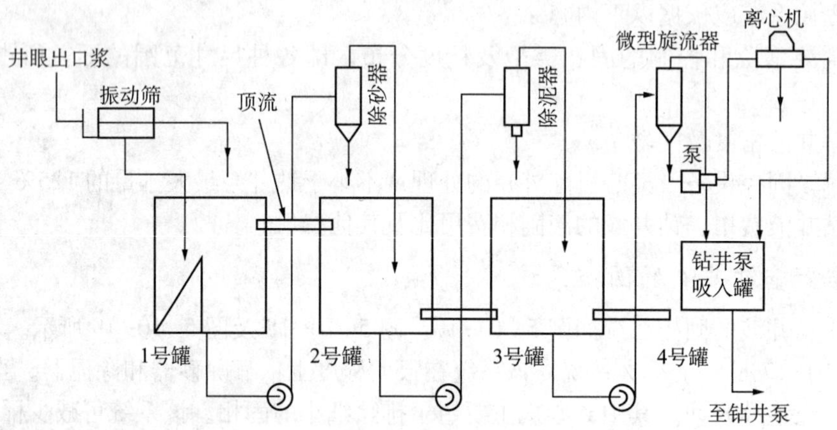

图 5-10-19 非加重钻井液固控系统（三）

3. 加重钻井液的固控系统

加重钻井液的固控系统如图 5-10-20、图 5-10-21 及图 5-10-22 所示。

图 5-10-20 是用于加重钻井液的基本系统。当钻井液加重后，加重材料的费用就成为重要的支出，所以，回收重晶石可以收到很好的效益。其中第一级振动筛对固相控制极为重要，若使用细筛网，经济效益特别高。如能用 0.112/0.056mm（150 目）筛网，即可省清洁器。若使用粗筛网，可用清洁器除去砂子，但可能会损失部分重晶石。

图 5-10-21 是在图 5-10-20 上增加一台离心机，主要是控制黏度，它可除掉胶体，使黏度降低，另一个目的是回收重晶石。当液相费用相对便宜时，该系统效果最佳。

图 5-10-22 是二级离心机系统。适用于昂贵的加重钻井液和加重油基钻井液。第一台离心机把大多数重晶石分离出来，送回在用钻井液体系，同时把它处理过的钻井液送入第二台离心机，分离并排掉细颗粒，然后使钻井液返回在用体系，或用来稀释第一台离心机的进口钻井液。

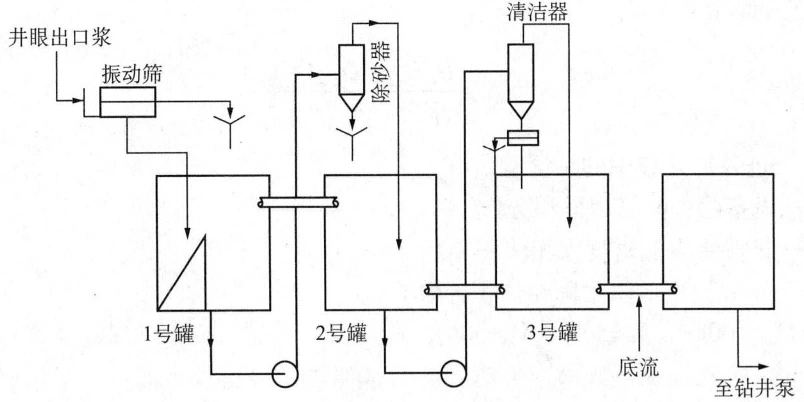

图 5-10-20　加重钻井液固控系统（一）

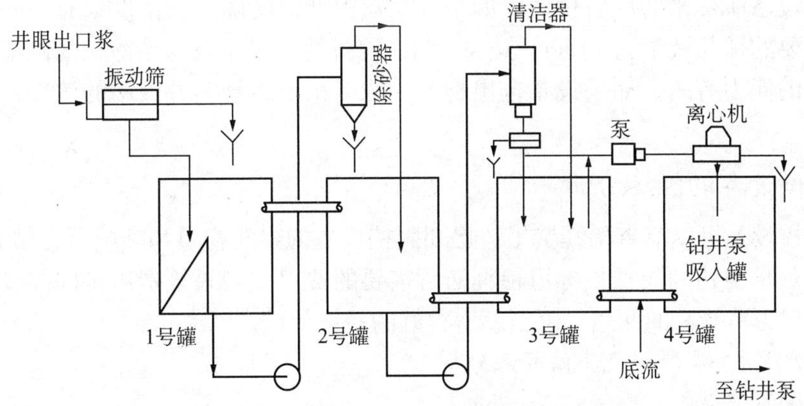

图 5-10-21　加重钻井液固控系统（二）

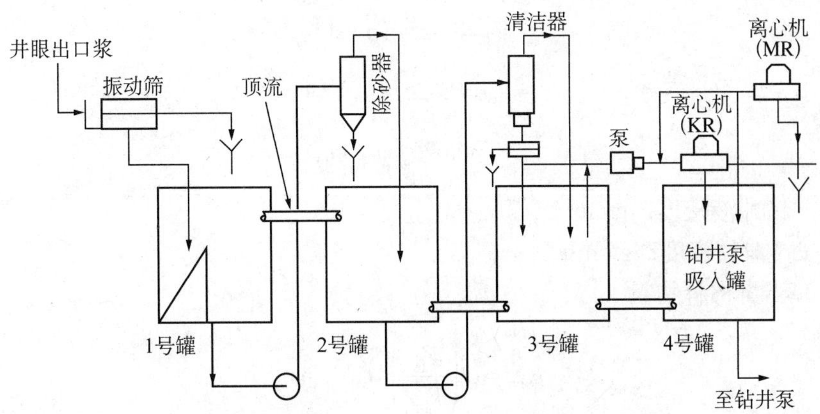

图 5-10-22　加重钻井液固控系统（三）

4. 使用固控设备减少钻井液消耗

研究表明，钻进时钻井液维护费用的 90% 左右是由于钻屑影响所致。正确地使用固控设备，就能大量清除钻屑，减少钻井液消耗，从而取得显著的经济效益。钻井液消耗量 U_m

(m^3) 可用下式计算：

$$U_m = \frac{D_{se}V_{lr}}{V_{ld}} + \frac{D_{se}(1-V_{lr})}{V_{lm}} \tag{5-10-12}$$

式中 D_{se}——进入钻井液中的钻屑量，m^3；

V_{lr}——设备除去的钻屑体积分数；

V_{ld}——排泄物中低密度固相体积分数；

V_{lm}——钻井液中低密度固相体积分数。

若已知 D_{se}=100m^3，V_{lr}=50%，V_{ld}=50%，V_{lm}=5%，按式（5-10-12）计算，钻井液消耗量 U_m=1000m^3。也就是说，如果一半钻屑是以 50% 的浓度排掉，而另一半钻屑以同样浓度留在钻井液中，那么钻开 100m^3 岩石就需要 1000m^3 钻井液。如果将设备除去钻屑的百分比提高到 80%，其余数据不变，则钻井液消耗量为 460m^3，减少了一半以上。由此可以看出良好的固控设备所带来的经济价值。如果排泄物中低密度固相的浓度只有 20%，其余数据不变，则需要的钻井液量为 1150m^3。这表明，设备的效果不仅与清除钻屑的能力有关，也与浓集固相的能力有关。如果设备排出物中的浓度小于本身钻井液中的浓度，那么该设备就无效。

5．固控设备的经济分析

使用固控设备可以节省稀释费用。已知固控设备的排泄物量和其中所含钻屑的百分比，通过计算，可求出达到同样指标用稀释法所需要的费用。如果该费用是固控设备费用（包括购置费、动力费等）的两倍，那么就有很好的经济效益。

1）非加重钻井液所用设备的经济分析

（1）精确测定设备的排量 Q（m^3/h）。

（2）分别计算排泄物和钻井液的低密度固相体积分数 V_{ld} 和 V_{lm}，以及二者之差 V_{le}。

$$V_{ld}=0.625\ (\rho_d-1)$$

$$V_{lm}=0.625\ (\rho_m-1)$$

$$V_{le}=0.625\ (\rho_d-\rho_m)$$

式中 ρ_m——钻井液密度，g/cm^3；

ρ_d——排泄物密度，g/cm^3。

（3）计算当量稀释物量。

$$E_{dv} = Q\left(\frac{V_{le}}{V_{lm}}\right)\ (m^3/h)$$

（4）根据单位体积稀释物的费用及设备每天工作的时间，计算设备节约的价值 V_s。

$$V_s = E_{dv}P_mT\ \ (元/d)$$

式中 P_m——单位体积稀释物费用，元/m^3；

T——设备每天工作时间，h。

将上面的公式合并，则有：

$$V_s = Q \times \frac{P_d - P_m}{\rho_m - 1} \times P_m T \quad (\mathrm{m^3/h}) \tag{5-10-13}$$

将该值与设备费用比较，即可确定设备的经济效益。

例如，已知某设备的排量 Q=0.341m³/h，排泄物密度 ρ_d=1.80g/cm³，钻井液密度 ρ_m=1.08g/cm³，设备工作时间 T=16h/d，稀释物价格 P_m=28.1 元/m³。根据式（5−10−13）算出设备的节约价值 V_s=1380 元/d。若这台设备的总费用为 690 元/d（即 1380 元的一半）或更少，则使用该设备是合理的。

2）加重钻井液所用振动筛、清洁器和离心机的经济分析

对非加重钻井液设备的分析方法基本上也适用淡水加重钻井液的设备（回收重晶石的离心机除外）。但对油基或盐水泥浆，则有所不同。

加重钻井液所用设备的分析方法如下：

（1）测出设备排量。

（2）测出设备排泄物和本体钻井液的密度。

（3）测出设备排泄物和本体钻井液中的固相体积分数。

（4）计算设备排泄物和本体钻井液中所含高密度固相的百分比和低密度固相的百分比，按下式计算设备节约的当量稀释物价值：

$$V_s = Q \times \frac{V_{le}}{V_{lm}} \times P_m T \quad (\text{元/d}) \tag{5-10-14}$$

（5）如果有额外排掉的加重剂（如细网振动筛非常旧或在相当的条件下工作时），用下式计算其价值：

$$V_{wd} = Q(V_{hd} - V_{hm}) \times 4.2 P_w T \quad (\text{元/d}) \tag{5-10-15}$$

式中 P_w——加重剂价格，元/t；

V_{hd}——排泄物中高密度固相体积分数；

V_{hm}——钻井液中高密度固相体积分数。

有的设备排泄物中重晶石的浓度低于本体钻井液，则式（5−10−14）得负值，表示额外的节约量。有时损失的费用大于当量稀释物节约量的费用，这种情况下，关掉设备比使用设备更有利，因为这时与稀释相比，总的节约是负值。

（6）总的节约费用 V_{sn} 可用下式计算：

$$V_{sn} = V_s - V_{wd} \quad (\text{元/d}) \tag{5-10-16}$$

例如，已知下列数据（见表 5−10−11）：排量 Q=0.114m³/h，每天工作时间 T=18h，加重剂价格 P_W=337 元/t，钻井液价格 P_m=943 元/m³。

表 5-10-11 已知数据

参　数	排泄物	钻井液
密度，g/cm³	2.04	1.86
固相体积分数，%	0.36	0.30
高密度固相体积分数，%	0.29	0.24
低密度固相体积分数，%	0.07	0.06

按式（5-10-13）计算节约的稀释物价值 V_s=322.5 元 /d；按式（5-10-15）计算额外排掉的加重剂价值 V_{wd}=145.2 元 /d；按式（5-10-16）计算设备净节约价值 V_{sn}=177.3 元 /d。

除非这台设备的总费用在 88.68 元 /d 以下，或用某种方法改进它的功能，否则，使用这台设备就不合算。

3）离心机回收重晶石的经济分析

（1）测定设备的排量 Q（m³/h）。注意，这与前面不同，这里测定的是液相排量。

（2）由于离心机只除去超细颗粒和液相，而不是固相和本体钻井液，所以，计算当量稀释物量 E_{dv} 的公式应为：

$$E_{dv}=Q\left(\frac{V_{le}}{V_{lm}}\right)\quad\left(m^3/h\right)$$

（3）计算所节约的重晶石价值 V_{sw}：

$$V_{sw}=E_{dv}V_{hm}\times 4.2P_wT\quad(元/d)$$

（4）由于一些有用的重晶石将随钻屑一起排掉，所以，节约的重晶石减去损失的重晶石就是设备的总节约费用：

$$V_{sn}=Q\times\frac{V_{ld}}{V_{lm}}\times(V_{hm}-V_{hd})4.2P_mT\quad(元/d)\qquad(5-10-17)$$

例如，已知离心机数据见表 5-10-12。

表 5-10-12 已知数据

参　数	排泄物	钻井液
密度，g/cm³	1.14	2.09
固相含量，%	0.055	0.37
高密度固相含量，%	0.035	0.06
低密度固相含量，%	0.020	0.31

排量 Q=3.42m³/h，工作时间 T=18h/d，加重剂价格 P_w=377 元 /t。

按式（5-10-17）计算，其节约费用 V_{sn}=16489 元 /d。

很明显，这台离心机是很合算的。上述数据来自一口实际井，钻井液密度并不特别高。对加重钻井液来说，离心机回收重晶石是经济上最合算的设备，但一定要注意，不可滥用。

4）油基或盐水泥浆所用设备的经济分析

需要的数据有：钻井液和设备排泄物中高密度和低密度固相体积分数，含油量，对所用盐的类型校正后的实际含水量，重晶石的体积分数，每立方米钻井液加的处理剂，每立方米钻井液的费用。

这些钻井液很昂贵，对其进行详细分析是值得的。

(1) 测出设备排量 Q（m^3/h）。

(2) 确定当量稀释物：

$$E_{dv} = Q\left(\frac{V_{le}}{V_{lm}}\right) \quad (m^3/h) \tag{5-10-18}$$

(3) 计算总的当量稀释物费用：

$$V_s = E_{dv} P_m T \quad (元/d) \tag{5-10-19}$$

(4) 计算排掉的油费用 C_{od}：

$$C_{od} = Q V_{od} P_o T \quad (元/d) \tag{5-10-20}$$

式中 V_{od}——排泄物中油的体积分数；

P_o——油的价格，元/m^3。

(5) 确定排掉的处理剂费用 C_{cd}：由于处理剂分散在盐水相或油相中，必须把每立方米本体钻井液的费用进行换算，以确定排掉的处理剂费用。

对油基钻井液，有：

$$C_{cd} = Q\left(\frac{V_{od}}{V_{om}}\right) P_c T \quad (元/d) \tag{5-10-21}$$

式中 V_{om}——钻井液中油的体积分数，%；

P_c——单位体积钻井液中所加处理剂费用，元/m^3。

对盐水泥浆：

$$C_{cd} = Q\left(\frac{V_{bd}}{V_{bm}}\right) P_c T \tag{5-10-22}$$

式中 V_{bd}——排泄物中盐的体积分数，%；

V_{bm}——钻井液中含盐量，%。

(6) 计算排掉的加重剂费用 C_{wd}：

$$C_{wd} = Q V_{hd} P_w T \quad (元/d) \tag{5-10-23}$$

(7) 计算排掉的盐水费用 C_{bd}：

$$C_{bd} = Q V_{bd} P_B T \quad (元/d) \tag{5-10-24}$$

式中 P_B——盐水价格，元/m^3。

(8) 计算所用设备比稀释法的净节约价值：

$$V_{sn} = V_s - C_{od} - C_{cd} - C_{wd} - C_{bd} \tag{5-10-25}$$

例如，已知某井的数据见表 5−10−13，试分析其经济效益。

表 5−10−13　某井数据

参　数	排泄物	钻井液
密度，g/cm^3	2.65	1.747
固相含量，%	0.6277	0.3268
高密度固相含量，%	0.1912	0.1273
低密度固相含量，%	0.4365	0.1995
油含量，%	0.3356	0.6211
盐含水量，%	0.0356	0.0511
盐含量，ppm	6233	3233

排量 Q=0.456m^3/h，工作时间 T=18h/d，加重剂价格 P_w=463 元 /t，油价格 P_o=736.5 元 /m，盐水价格 P_B=2967 元 /m^3，处理剂价格 P_c=576 元 /m^3，钻井液总费用 P_m=1467 元 /m^3。

按上述步骤计算：

已测得 Q=0.456m^3/h；

按式（5−10−18）计算，E_{dv}=0.6849m^3/h；

按式（5−10−19）计算，V_s=18085 元 /d；

按式（5−10−20）计算，C_{od}=2029 元 /d；

按式（5−10−21）计算，C_{cd}=2555 元 /d；

按式（5−10−23）计算，C_{wd}=6967 元 /d；

按式（5−10−24）计算，C_{bd}=867 元 /d；

按式（5−10−25）计算，V_{sn}=5667 元 /d。

如果设备总费用超过 2834 元 /d，则该设备在经济上是不合算的。

6. 固控系统的经济分析

1）根据钻井液用量对固控系统进行经济分析

可以由已钻井段的钻井液报表及多种方法计算钻井液用量。将此法与稀释法所需要的量相比，就得出固控系统的效益。

计算钻井液用量可以得到如下的益处：可以预测邻井钻井液用量；计算固控系统的经济价位，可以与其本身的费用进行比较；确定钻井液处理工作及固控设备性能的偏差；确定处理剂及膨润土的需要量。

2）确定钻井液用量的几种方法

（1）根据用水量确定钻井液用量 U_m：

$$U_m = \frac{R_{wm}}{V_{wm}} \quad (m^3) \qquad (5-10-26)$$

式中　R_{wm}——用水量，m^3；

V_{wm}——钻井液中水的体积分数，可从钻井液报表中得到。

（2）对于油基钻井液：

$$U_m = \frac{U_o}{V_o} \tag{5-10-27}$$

式中 U_o——钻井液中油的体积，m^3；

V_o——钻井液中油的体积分数，可从钻井液报表中得到。

（3）对于加重钻井液：

$$U_m = \frac{U_w}{C_w} \tag{5-10-28}$$

式中 U_w——加重剂用量，t；

C_w——加重剂含量，t/m^3。

可以算出：

$$C_w = V_{hm}\rho_m \tag{5-10-29}$$

式中 V_{hm}——钻井液中高密度固相百分比；

ρ_m——钻井液中加重剂密度，g/cm^3。

为便于进行固相分析，必须有一个阶段保持钻井液密度相当稳定。

（4）可由钻屑量及设备除去的钻屑量百分比进行计算，其中，进入钻井液的钻屑量：

$$D_{se} = \frac{1}{4}\pi d^2 l W_f \tag{5-10-30}$$

式中 d——井眼直径，m；

l——井眼长度，m；

W_f——冲蚀系数，即井径与钻头直径之比。

设备除去的钻屑所占百分比：

$$V_{lr} = \frac{D_{sd}}{D_{se}} \tag{5-10-31}$$

式中 D_{sd}——设备除掉的钻屑量，m^3。

例如，已知钻井液报表见表 5-10-14，估算使用固控系统的效益。

表 5-10-14 某井钻井液报表

日期	1-5	1-6	1-7	1-8	1-9
井深，m	3561.3	3635.3	3665.3	3757.0	377.1
密度，g/cm^3	1.981	1.981	1.981	1.981	1.9581
漏斗黏度，s（马氏）	57	55	55	58	58
表观黏度，Pa·s	52×10^{-3}	54×10^{-3}	55×10^{-3}	52×10^{-3}	59×10^{-3}
塑性黏度，Pa·s	42×10^{-3}	45×10^{-3}	42×10^{-3}	43×10^{-3}	50×10^{-3}

续表

日期	1−5	1−6	1−7	1−8	1−9
动切力，Pa	7.5	9.0	13.0	9.0	9.0
切力，Pa	0 ~ 2.0	1 ~ 1.5	0 ~ 3.5	0 ~ 2.5	0 ~ 2.0
pH	10.0	10.5	11.0	11.0	11.0
失水量，mL	1.0	1.3	1.2	1.4	1.4
滤液酚酞黏度	1.2	1.5	1.2	1.5	1.5
含 Cl^-，ppm	2100	2200	2100	2100	3000
固相含量，%	0.35	0.34	0.35	0.35	0.35
重晶石用量，t	20.41	11.34	9.07	11.34	27.22
钻头直径，m	0.216	0.216	0.216	0.216	0.216

根据表 5−10−14 可得出本井段的有关数据：

井眼直径（未考虑冲蚀）d=0.216m

钻井深度 L=215.8m

钻井液平均密度 ρ_m=1.981g/cm^3

加重剂用量 U_w=79.38t

钻井液中平均固相体积分数 V_{sm}=0.348

其中低密度固相体积分数 V_{lm}=0.083，计算式为：

$$V_{lm}=\frac{\rho_w(1-V_s)+\rho_h V_s-\rho_m}{\rho_h-\rho_{lm}}$$

式中 V_s——固相体积分数；

ρ_h——高密度固相的密度；

ρ_m——钻井液的密度；

ρ_{lm}——低密度固相的密度；

ρ_w——加重剂的密度。

高密度固相体积分数，V_{hm}=0.265

按方法（3）计算：

根据式（5−10−29），C_w=1.113t/m^3

根据式（5−10−28），U_m=71.32t/m^3

根据式（5−10−30），产生的钻屑 D_{se}=7.896m^3

假定稀释全部钻屑所用钻井液量：

$$M_{dx}=\frac{7.896}{0.086}=95.14\text{m}^3$$

实际钻井液用量与稀释法钻井液用量之比，即稀释系数 $D_f=\dfrac{71.32}{95.14}=0.75$。

消耗了用稀释法所需钻井液的四分之三。如果这套系统用于另一口井，可计算将全部钻屑稀释到另一口井要求的低密度固相含量所需要的钻井液量，这个数乘以 0.75 就是预测的实际钻井液用量。若再乘以单位体积钻井液费用，就可以估算出在该层段的钻井液费用。在某些情况下，稀释法的用量比实际用量还要少，结果稀释系数大于 1，这就说明错误地使用了固控设备。这种情况一般发生在把清洁器用于高密度钻井液或过度使用离心机回收重晶石时，出现这种情况，就要立即检查设备和操作情况。

在固控工作进行中，定期分析钻井液报表，有助于及时发现设备本身的问题或钻井液处理过分的问题。如果钻井液用量比预测的高，就说明设备工作不合适；如果用量正常，而钻井液费用比预料的高，就可能是处理过分了。

3）选用效率高的设备代替原设备

如果已知设备排泄物中的钻屑体积分数，用方法（4）可以求出进入钻井液的钻屑除去的百分比。若前者未知，可以假定对非加重钻井液和油基钻井液为 0.5，此时公式为：

$$V_{lr}=\frac{\dfrac{U_m}{D_{se}}+1-\dfrac{1}{V_{lm}}}{\dfrac{1}{V_{ld}}-\dfrac{1}{V_{lm}}} \tag{5-10-32}$$

其中，U_m 可用前述 4 种方法的一种或几种以上求出，V_{ld} 可以实测，或采用上述假定；V_{lm} 可由钻井液报表或邻井实测得到。

例如，数据同前例，假定 V_{ld}=0.5。则根据式（5−10−32）V_{lr}=0.20。如考虑增加设备来提高清除效率，可用方法（4）中的公式计算所减少的钻井液用量。根据钻井液价格就可算出减少的费用，用这个数值可判断增加的设备是否值得。

第十一节 钻完井液废弃处理

在钻井过程中，会产生大量的废弃物。这些废弃物存留于井场储存池，随着储存池的渗漏、溢出及淹没等，可能会对地下水和地表水产生不良影响，并危及周围生态环境，甚至可能造成污染事故。钻完井作业废物处理是长期困扰油田的环保难题。

一、钻完井作业废物来源及组成

通常情况下，石油钻井作业过程中会产生大量的钻井废水、废弃钻井液和钻井岩屑等废弃物，遇有特殊作业可能产生少量的有毒废弃流体，如有机烃、酸液和高盐流体等。由于这部分废弃流体在废弃物总量中占很少部分（一般占废弃物总量的 5% 以内），现场大多将其排往废浆储存池，部分有特殊环保要求的井场将这类废弃流体运往指定地点进行处理。实际情况亦表明，钻井废水、废弃钻井液和钻井岩屑是钻井过程中可对环境形成长期影响的主要污染物。

钻井废水是产生于钻井作业过程的一种特殊工业废水，它的主要产生渠道有以下几种：（1）钻井液散落；（2）储油罐和机械设备的油料散落；（3）岩屑冲洗和钻井设备冲洗；（4）钻井过程中的酸化和固井作业产生的大量废水；（5）钻井事故（特别是井喷）产生的大量废水；（6）天然降雨以及生活废水排入废液池等。钻井废水约占总废弃物的

5% ~ 10%。综合分析以上各种钻井废水产生的渠道，可知钻井废水中的主要污染物是钻井液、油类及泥砂，而泥砂一般都能在废液池中很快沉降下来，在废水中较稳定存在的则是钻井液和油类。

废弃钻井液的主要来源为：一部分是钻井过程中排放的多余或废钻井液；另一部分是地面循环系统盛放的和为了处理复杂情况储备的钻井液；再一部分是固井时水泥浆置换出的钻井液。废弃钻井液约占总废弃物的 70% 左右，所含污染物主要是各种有害的钻井液处理剂和活性剂。

在钻井过程中钻井液的一个基本功能就是把钻头破碎的岩屑从井底带出井眼，保持井眼净化。因此，钻井岩屑主要为固体颗粒状，也有一部分以泥砂的形式混在钻井液中。钻井岩屑约占总废弃物的 20%，所含污染物主要是侵蚀到钻屑中的钻井液。

油气钻井过程中使用的钻井液，根据钻井液中的流体介质和体系的组成特点总体上可分为：水基钻井液、油基钻井液和气基钻井液。水基钻井液在应用中占据着主导地位，现用的钻井液 80% 以上是聚合物水基钻井液。水基钻井液是一种极为复杂的分散体系，它以黏土和水为基础，使黏土分散在水中形成的一种较稳定的分散体系，其颗粒一般在 2 ~ 100μm，具有胶体和悬浮体的综合性质；另外，为了确保钻井及测试安全的需要，钻井液中需加入大量的钻井液添加剂，将黏土颗粒变得更加分散和稳定，从而使钻井液成为了一种更为特殊的胶体稳定体系。相应地，废弃钻井液主要是由黏土、钻屑、加重材料、化学添加剂、无机盐、污水和污油组成的多相稳定胶体悬浮液。

根据钻井作业的性质，废水和废弃钻井液的产生形式以间歇式为主。其中钻井废水在产生时往往混有一定量的废弃钻井液，因此可将钻井废水看作废弃钻井液的高倍稀释物。也就是说，钻井废水中几乎包含所有的钻井液添加剂成分，只是其浓度随着水的稀释降低而已。

钻井岩屑是钻井液的井底携带物，在钻井过程中钻井液与钻屑充分接触，混为一体，因此，钻井岩屑废弃物的污染物成分与废弃钻井液组成一致，只是岩屑与钻井液添加剂的配比不同而已。

由此可见，钻完井作业废物的主要来源是钻井废水、废弃钻井液和钻井岩屑。而钻完井作业废物的组成与废弃钻井液组成一致，主要是由黏土、钻屑、加重材料、化学添加剂、无机盐、污水和污油（油基钻完井作业废物则含有大量的油类，如柴油、原油、植物油、矿物油等）组成的多相稳定胶体悬浮液。

二、钻完井作业废物污染特征

钻井液是石油和天然气钻井过程中必不可少的工程流体。为达到安全快速钻井的目的，使用了各种类型的钻井液添加剂，而且随着钻井深度增加和难度加大，钻井液中加入的化学添加剂的种类和数量也越来越多，使得其废弃物的成分也变得越来越复杂，而在钻完井作业废物中存在着多种环境污染物，包括钻井液添加剂、油类、盐类（尤其是氯离子）和多种金属离子（如铬、铅、镁、镉、锌等）或化合物，给环境造成极大的危害。下面对以上几类污染物的环境污染特征进行阐述。

1. 钻井液添加剂的环境污染特征

现代石油钻井作业所用的钻井液助剂大致可以分为造浆材料、加重材料、降滤失剂、增黏剂、乳化剂、页岩抑制剂、降黏剂、絮凝剂、润滑剂、杀菌剂、消泡剂、解卡剂、缓蚀剂、抗温剂和堵漏剂等 15 大类，加上特种钻井液如泡沫流体及饱和盐水泥浆等所需的部分体系稳定材料，钻井液添加剂最终可扩展为 16 大类。添加剂除造成水体重金属离子含量较高外，各种有机添加剂或人工合成高分子材料的自然降解也会导致水体的 COD（化学需氧量）、BOD_5（五日生物需氧量）以及 LAS（阴离子表面活性剂）、硫化物以及酚等化学物质的含量增高，影响水生物的生长。

2. 无机盐类的环境污染特征

石油钻井作业中由于钻进工艺的需要，常常要使用盐水泥浆，这类钻完井作业废物如果不进行专门的脱盐处理直接排入环境，则会造成盐污染。同样，以淡水作为基础连续相的钻井液由于各种添加剂的影响，常常会导致体系的总矿化度升高，钻井液在循环使用过程中亦会溶解部分地层中所含有的无机盐类，造成钻井液水相部分的矿化度升高。根据 Cl^- 测定结果，现场使用的淡水基钻井液滤液中氯化物含量一般大于 600mg/L，有近半数的井滤液中氯化物含量大于 10^3mg/L。而在国标 GB 5084—85 中明确限定了农灌水的 Cl^- 含量应小于等于 300mg/L（二类），长期采用高含盐（Cl^- 含量大于 500mg/L）水灌溉农田，会导致土壤板结、肥力下降，并使植物难以从土壤中吸收水分，最终加速土壤的盐碱化程度。

3. 重金属的环境污染特征

钻完井作业废物的重金属污染是环境影响因素的又一个特征。重金属广泛分布于钻井废水与废弃钻井液中，根据分析结果，废水中重金属主要以可溶态和离子交换态存在，废钻井液中重金属多以吸附态、络合态、碳酸盐态和残渣态存在。钻完井作业废物（包括人类社会由于生产和生活所产生的绝大部分废弃物）的最终归宿是土壤，因此土壤成了所有污染物的最终承载体，对于重金属而言，由于它在土壤中一般不易因水的作用而迁移，也不能被微生物降解（生物工程领域未见有关于存在重金属吞噬菌的报道），而是不断积累，并有可能转化为毒性更大的甲基类化合物（如甲基汞、有机铅、有机砷、有机锡），因此重金属污染可能成一种终结污染。

4. 有机烃（油类物质）的环境污染特征

石油类物质是钻井液中不可避免的组分，在 EPA 的规定中，排放的废弃钻井液 LC_{50} 值最低限度为 30000ppm，而在此标准制定之后所开发的新型钻井液助剂其 LC_{50} 值要求至少达到 10^5ppm。糠虾实验结果表明，普通的水基钻井液中若含有 2% 以上的矿物油时，其毒性会急剧升高，LC_{50} 值一般小于 30000ppm，当钻井液体系中复配有芳香类化合物时，LC_{50} 值会降低至 10^3ppm 数量级，属于高毒性物质。如淡水基 CLS 钻井液加 2% 矿物油（芳香物含量为 10%）后，LC_{50} 为 22500ppm，当芳香物含量为 15% 时，LC_{50} 降至 4740ppm。

另外，过量的油漂浮于水体水面会影响空气和水体界面间的氧交换，溶解于水体中的油可被微生物氧化分解，因此油类物质不仅降低水体的复氧速度，而且消耗水中溶解氧，最终导致水质恶化变臭。

总之，钻完井作业废物危害环境的主要成分是烃类、盐类、各类聚合物、重晶石中的杂质和沥青等改性物，表现为成分复杂、COD 值高、矿化度高、色度深、悬浮物含量高、含有多种污染因子以及环境污染负荷大。钻完井废液无害化处理已经成为长期以来困扰油气田环境保护工作者的一大难题。

三、钻完井作业废物处理技术

国外在 20 世纪 50 年代就开始加强对钻井液废弃物的处理，开发和采用了一系列无害化处理技术。同时，很早就开始对钻井液处理剂和各种钻井液体系进行生物降解实验和生物毒性评价实验，积极研究钻井液体系可能对环境造成的污染和相应的治理办法。美国环境保护署（EPA）在 1982 年就针对墨西哥湾海上水基钻井液制定了严格的排放标准(NPDE5)，为处理和排放钻井液废弃物提供了环境法律基础。我国对钻井液废弃物的处理通过引进、消化和自主创新，在许多油田上陆续应用了一系列处理技术。目前，国内外发展的处理技术主要包括以下几种。

1. 就地排放法

主要用于常规水基钻井液，这是最传统的处理方式。常规钻井液的化学添加剂比较简单，毒性较小，污染程度较低，在环境中易自然净化。通常将钻井液废弃物进行自然沉降和适当的化学絮凝处理后，就地直接排放。

2. 回注安全地层法

该方法是将钻井液废弃物通过井眼注入地层中或保留在环空中。为了防止地下水和油层被污染，关键是选择合适的安全地层（注入层通常是压裂梯度较低，地层渗透性差的地层，而上下盖层必须致密、强度高)。有些毒性较大又难以处理的废弃钻井液可以通过回注法处理。回注方法有 2 种：(1) 注入非渗透性地层。用压裂液在机械作用下加压到足以将地层压裂的压力，将要处理的废弃钻井液注入地层裂缝中，撤销压力时，周围地层中的裂缝自行关闭，从而防止地层中的废弃钻井液发生迁移。现在海上钻井时，许多情况下的废弃钻井液处理就是采用该方法。(2) 注入地层或井眼环形空间。将废弃钻井液通过井眼注入安全地层或井眼的环形空间。但该方法对地层有严格的要求，深度必须大于 600m。一般钻井液的处理可以采用该方法。存在的问题是：这种处理费用成本较高，且仍有可能污染地下水和油层，在美国和加拿大的应用受到严格限制。

3. 回填处理法

先将钻井液大土池里沉降分离的钻井液废弃物上部的水澄清（必要时加入絮凝剂)，达到规定指标后，就地排放。剩下的污泥，待其自然干燥到一定程度，在其上面加土填埋。钻井液废弃物顶部保持 1 ~ 1.5m 厚的土层，再恢复地貌。该方法适用于含盐量少的水基钻井液。特点是处理费用低，对钻井液大土池周围的地下水污染的可能性小，其浸出液浓度可以控制在可接受的限制范围以内。石油环境研究委员会对填埋在坑内的钻完井作业废物通过中子探针通道管、测渗计、真空萃取湿度杯和石膏阻塞剂等环境监测仪器在坑周围设点，就地表水和受辐射的土壤进行了跟踪研究，结果发现该方法对地表水和其辐射的土壤有很大的影响。所以回填法要慎用。

4. 坑内密封法

实质上是一种特殊的回填处理。其做法是，先在储存坑的底部和四周铺垫一层有机土（通常用量为 21 ~ 28kg/m^2），上面铺一层厚度为 0.51mm 的塑料膜衬层，再盖一层有机土，以防塑料膜破裂。经上述处理后的储存坑，成为钻井废液充填池，待钻井废液中水分基本蒸发完后，再盖上有机土顶层，回填，恢复地貌。

5. 填埋冷冻法

在比较寒冷的地方，废弃钻井液和钻屑可以注入冻土层，将这些废弃物永久地冷冻在冻土层中，这样就不会发生迁移造成环境的污染。美国阿拉斯加州的北斜坡地区使用该方法，通过使用废弃物处理设备已成功地将 190.8×10^4m^3 钻完井作业废物注入到 609.6m 深的地下冷冻层。并跟踪了它的潜在污染情况，发现结果非常理想。虽然钻完井作业废物具有一定的温度，注入到冷冻层后对里面的温度有影响，但是这个影响很微弱，不会使冷冻层的冷冻物融化，相反可以将废弃物永久冷冻起来而不让其发生迁移。在适宜的区域采用该方法处理钻完井作业废物可以达到很好的处理效果。

6. 土地耕作法

其原理是去除上部的水层，将钻井液大土池内的废渣（污泥和钻屑）直接喷撒到土壤表面以下 10 ~ 12.7cm（视其中的有害成分的含量而定），再用土壤耕作机将其与土壤混合。利用土壤吸附、降解和固定废弃钻井液中的有害金属离子和有机无机处理剂，从而达到无害化处理钻井液废弃物的目的。

7. 运至指定场地集中处理法

用抽吸车将钻井液运至指定场地，集中处理，适用于油基及水基钻井废液。若属危险性废弃物，应运至安全场地进行处理。由于该方法处理费用过高，只在特殊情况下才采用。

8. 分散处理法

废弃钻井液部分可以采用分散法处理。废弃钻井液一般呈碱性，集中堆放容易导致该区域的土壤碱化，采用分散的方法处理，有利于降低碱度。特别是若分散到酸性土壤中，由于它中和了土壤中的酸性，可以起到改良土壤的作用。当然，必须在满足环境保护要求的前提下才能采用该方法。假如不能符合环保要求就必须改用其他适合的方法。对少量的油基钻井液也可用分散法处理。

9. 循环使用法

有些废弃钻井液、废水和废材料等可循环使用。水是最有可能被循环使用的，例如从钻井液中分离出来的废水可用于清洗钻头；清洗钻头后的废水可以收集后再循环使用。生产水经过处理后再注入井内以平衡井内压力，也可用于重油的处理。该法要求安装的设备能便利地使用可重复利用的废材料，例如安装循环系统以便收集溶剂和其他能够收集的材料并在井场重复使用。有些暂时废弃的钻井液（如改变钻井液的密度和黏度等时处理的一部分钻井液）在适当的时候又可以在该井使用，或运到另一口适合的井上再使用。

10. 回收再利用法

回收再利用处理废弃钻井液方法不失为一项既经济又合理的处理方法。油基、酯基还有合成基钻井液使用后，可回收其基液后再用于其他井作为钻井液的基液或作为燃料等其他用途。还有钻井液中的添加剂也可以采用适当的方法回收再利用。很多废弃材料都是可以回收再利用的。

11. 破乳法

有的钻井液本身是乳状液，同时钻井液在钻井过程中由于水和油的渗入可能形成半乳状液。这给钻完井作业废物的处理带来了困难，严重污染了环境，所以必须要实施破乳。破乳可以采用传统的添加化学剂的方法，利用化学剂的特性破乳。如利用电解质所带电荷的性质不同，或者通过加入化学剂降低钻井液的黏度等。但这些方法由于添加了化学剂，一方面提高了成本，另一方面给环境又带来了新的影响。目前，国内外已经开展了钻井液破乳新技术研究，如委内瑞拉石油公司实施的微波破乳法，此外，还有剪切破乳、加热浮选破乳等。

12. 焚烧法

焚烧也是一种非常洁净的处理钻完井作业废物的方法，因为在焚烧炉的烟窗内都安置有除尘、回收和气体吸收的装置。回收的油和其他物质可以用于油基钻井液的基液或移作他用，剩余的灰烬可以综合利用，对环境没有不良影响。但这要求必须具有很高的温度（1200 ~ 1500℃）。现在国外使用一项称作加热解吸的技术，用于加热解吸油基钻井液中钻屑含有的油类物质（温度大约为 400℃）。加热解吸油基钻井液钻屑的技术已经成熟，在北海油田用其处理油基钻井液中的钻屑，分离钻屑中的油类物质，钻屑中的剩余含油量小于 1%，可以直接排放到海洋中，符合国际和国家的环保要求，解决了海上使用油基钻井液产生的油基钻屑处理困难的问题。

13. MTC 转化技术

MTC（Mud To Cement）转化技术是利用钻井液废弃物较好的降滤失性和悬浮性，通过加入高炉水淬矿渣和其他外加剂，将钻井液废弃物转化为固井液，从而变废为宝，既消除了钻井液外排所造成的污染，又赋予钻井液废弃物新的用途。国外 20 世纪 50 年代开始研究 MTC 技术，90 年代初随着良好的分散剂和有机促凝剂的开发和应用，形成了以 Willson 为代表的波特兰水泥转化技术和以 Cowan 为代表的矿渣转化技术，使 MTC 技术具有工业应用价值。中国石油大学和中国石油天然气勘探开发研究院的 MTC 技术已在冀东和吉林等油田成功应用，但其处理的钻井液废弃物量仅限于井筒内，地面钻井液废弃物暂时没有得到处理和利用。

14. 固化处理

钻井液废弃物固化处理技术是近些年发展起来的一种钻井液无害化处理技术。其原理是向钻井液废弃物中加入具有固结性能的固化剂，使其转化成类似混凝土似的固化体，固结其内的有害成分，如重金属离子、有机物、油类等，可显著减小对土壤的渗滤，从而减少对环境的影响和危害。适用的钻井液体系主要为膨润土型、部分水解聚丙烯酰胺、木质素磺酸铬和油基钻井液等。现在对废弃钻井液的固化已有许多成熟的技术，可用于不同废弃钻井液的固化。

15. 固液分离法

固液分离法是利用化学絮凝剂絮凝、沉降和机械分离等强化措施，使废弃钻井液中的固液两相得以分离。废弃钻井液中含有膨润土，但膨润土本身具有很强的水化能力，再加上加有大量的添加剂，使得其中的固体颗粒很难分离出来。采用加水稀释法可以使大量的加重剂通过自然沉降法分离出来，但是还是很难破坏由水化能力很强的黏土颗粒和多种护胶剂组成的钻井液胶体体系。加入无机和有机絮凝剂后，可以破坏固体颗粒表面结构，中和表面的电荷，减少颗粒之间的静电引力，促使固相颗粒聚结变大，从而达到固液分离的目的。

16. 生物处理法

生物处理钻完井作业废物的方法有许多种。微生物降解法是利用微生物将有机长链或有机高分子降解成为环境可接受的低分子或气体。使用该方法的困难是如何选择合适的微生物菌种和载体。生物絮凝法是在废弃钻井液中加入特殊的微生物，使一些高分子有机物絮凝并且沉积下来，可用于钻井废水的处理。该方法中所用微生物必须是通过自然筛选或诱变培育及基因工程、细胞工程技术获得的特种微生物。这些微生物同时还可以对某些有机物进行降解，如邻苯酚、间苯酚和对苯酚就可以在这样的微生物作用下，发生生物降解。

17. 其他方法

对于特殊井场钻完井作业废物有专门的处理方法，主要包括：

(1) 海上废弃钻井液的处理。海上钻井由于位置特殊，废弃钻井液的处理就有了特别之处。它不能同陆上废弃钻井液那样进行处理，必须考虑海洋环境的特殊性。海上废弃钻井液具体处理情况如下：水基钻井液的处理——假若水基钻井液废弃物符合国家和国际环境保护要求，可以直接排放到海里，不会造成环境污染。有些可以注入海底，这主要是对那些离海岸线很远的而又不能直接排放的钻完井作业废物。它是通过井眼，在一定的压裂压力下将废钻井液注入海底。对那些毒害比较大，离海岸线又比较近，在海上不能处理的废弃钻井液，必须要运到陆地上来集中处理。油基钻井液的处理——可以运到陆地上来集中处理，也可以采用适当的方法回收油（加热回收法，管柱浮油回收法等）再将其钻屑抛入海中，也可以用溶剂将钻井液中的油和有机物洗涤干净，再排入大海，或是用机械的方法将钻屑中的油和有机物除去，剩余物倒入海中，但这些方法除油都不太彻底。

(2) 低 pH 值和含高活性钙离子、镁离子和铁离子的钻完井作业废物的处理。一般情况下，钻井液的 pH 值都是比较高的（pH 值大于 10），这样的钻完井作业废物如果与土壤混合，能中和土壤中的酸性物质，还能改良土壤，可以说是有益的。但有些钻完井作业废物却含有一些酸性物质，具有较高的酸性，使得废弃物中的铁、镁和钙等元素成为具有活性的离子进入到土壤中，导致一些离子不能被植物吸收，这样的废弃物如果与土壤混合，将使土壤进一步恶化，酸化板结，甚至会造成土壤的贫化，导致土壤的浪费。必须要预先对这样的废弃物进行处理，石灰是最理想的处理剂，用石灰进行处理可得到比较满意的效果。

(3) 油基钻井液产生的废弃物处理。对于大规模地使用油基钻井液钻井所产生的钻完井作业废物的处理可以采用焚烧和填埋等方法。但单独井采用这种技术的成本太高，不可取。采用复合混合法可以较好地解决这个问题，复合材料可以为一种粉末和木屑。该粉末具有很好的吸油性能，每千克粉末可以在水中吸收 0.7kg 的油，同时它还具有固氮、臭味防护、气味跟踪及良好的降解能力。该方法主要是利用该粉末来固油（将油固定下来，不使它流动和扩散）、生物降解和固氮（使得这种复合混合物含有氮，具有可供植物吸收的营养元素——氮）。木屑为木材加工厂的副产品，主要是起疏松作用。这两种原料混合使用是一种良好的烃类改良剂。油基钻井液钻井后产生的废弃钻井液按上面介绍的方法处理时，首先要对废弃钻井液进行分离，回收钻井液中的基液，然后才能按上述方法处理。将除去基液后的钻屑与混合料（粉末和木屑）充分混合。然后将它平辅在一个大场地，不要压实，而要保持相当的疏松程度，让它具有足够的氧气和水分，如有必要可在其中通入氧气，添加水。这样能很快生物降解，同时固氮，成为一种肥料，进入表土层和次表土层，可让植物吸收。经过这样降解后，残留物没有毒性，对环境没有影响，也不会对环境带来潜在的影响，从根本上消除了对环境的影响。这种技术在现场处理钻完井作业废物时使用方便，处理速度快，降低了劳动强度，节约了成本。

(4) 存在天然放射物的井场钻完井作业废物的处理。放射物质对人们的影响主要通过两个途径：一是放射物放出射线，不直接与身体接触，只要相隔足够的距离和尽可能减少放射能力，一般不会对身体造成危害；另一途径是放射污染物直接与身体接触，这种危害是很大的，必须要十分小心，尽可能避免与这些污染物接触，以免造成不必要的伤害，而且也要尽可能避免污染环境和给环境造成伤害。这些废弃物可以采用适当的方法来处理。将废弃物注入已堵塞的或废弃的井中，并保证水位在地下水位以下；或在满足有关环境保护的法规要求后排放到海洋中；或将它转化到环境可允许的含量内，并储存在一个特别指定的用于存放天然放射废弃物的地方；甚至可以将它排放到一个孤立的和不能蒸发的池中；有些废弃物可由原子能管理机构来处理。为了更好地解决放射性废弃物的处理问题，降低处理费用，美国国家能源部研究了一种新的处理方法——盐穴处理的技术。在发现有放射源的地方，使用的设备和工具也会被放射废弃物污染，因此，必须妥善处理，防止造成二次污染。

四、钻井完井废液的直接回收及再利用

完钻后每口井的钻井完井作业废液产生量一般达 100 ～ 300m^3，如果长期存放在井场不加处理，这将给环境带来严重的危害。这些流体能否进一步应用和有经济价值，取决于它们的组分和含污染物的标准。如果经过技术评价，作业废液被认为有进一步使用的可能性，就将被回收再利用。如果没有进一步使用的可能性，就应该以一种有利于环境的方式进行无害化处理。

1. 直接回收利用钻井完井废弃物

直接回收利用钻井完井废弃物的方式有两种：一种是直接转运；另一种是建站回收。

(1) 直接转运。直接转运的方式即是在运输及邻近井位允许的条件下，直接将钻井液转运到新井场使用。其优点是直接回收井场用过的钻井完井液，避免了对环境污染，环境效益十分明显。如果运输距离较短，钻井液又不需要任何化学处理就能继续使用，则新井成本可以大幅度降低，这种回收的方法是比较理想和节约成本的。

(2) 建立钻井液回收站回收再利用。在一个构造或井网内，在条件许可的情况下，选择一个适中的地点，建立一个简易钻井液回收站，将井场使用过的钻井完井液拉到附近的回收站，对钻井液进行适当性能的检测和处理，调整至符合钻井要求的性能再运至新井场，被重新利用。国外很多油田分别就地建立钻井液站（公司）进行处理后的中转工作。

20 世纪 80 年代后期开始，国内一些油田如四川、辽河和大港等油田，选择适当的地点建立了钻井完井液的回收站，将使用过的钻井完井液进行初步评价，同时综合考虑各种运输成本及管理费用等，确定有价值回收或适当加以处理，然后重新运送到附近的井场使用。主要目的是为实现资源的循环利用，既可减少废弃物的排放，有利于环境保护，又可适当降低新井的钻井液成本。直接回收是提供一种高经济效益的方法，既有社会效益，也有环境效益。

2. 离心分离技术回收固体物和加重剂

利用离心分离装置等将钻完井废液中的有用固相进行分离回收，如加重剂等。加重剂一般为惰性物质，与其他材料不发生反应且密度高，因此适宜用离心分离方法将有用的固体进行回收。

3. 高密度钻井废液干燥成粉重新利用

采用固液分离技术将钻井液进行固液分离，上部清液经处理后直接被重新利用（或作配浆水或作清洁井场钻台和机房等用水），固体部分经进一步蒸发干燥，制成钻井液粉，加入到新配的钻井液中作为处理剂进行利用。

国内油田对废钻井液固化干燥成粉回收再利用技术进行了探索。应用实践表明：密度大于 1.70g/cm^3 的重钻井液固化回收可作加重剂使用，固化回收前应净化除砂，尽量减少岩屑含量；密度小于 1.70g/cm^3 的钻井液则以固化掩埋较好，这样既可减少对环境的污染，又有利于钻井工艺的要求，有明显的经济和社会效益。

4. 钻井完井废液转化为水泥浆的 MTC 技术

钻井液转化为水泥浆（Mud To Cement，MTC）技术可以减少钻井液废液的处理量，同时还可将本井场钻井液配制成固井用钻井液，进行再利用，还可避免传统注水泥作业中水泥浆被钻井液污染后所造成的顶替效率差，水泥石强度差等问题。20 世纪 90 年代以来，随着全球对环保意识的加强，废钻井液的处理费用日益提高，同时性能优异的分散剂和促凝剂等化学品也被开发出来，出现了以 Willsion 为代表的波特兰水泥转化技术和以 Cowan 为代表的矿渣转化技术，使 MTC 技术的优势在钻井工程中得以充分发挥。国内各油田通过室内攻关研究，将该技术成功应用于表层套管和技术套管固井作业中，先后完成几百口井的固井施工，固井合格率 100%，优质率在 80% 以上，取得了很好的经济效益和社会效益。

为了将各种不同体系和配方的钻井完井废液转化为水泥浆，必须使用一些特殊的化学处理剂，包括高炉水淬矿渣、激活剂、增强剂、缓凝剂和分散剂等。常用配方如：1# （高温地热井）矿渣 + 15% 硅粉 + 井浆 + 激活剂 + 激活助剂 + 分散剂。2# （高温稠油热深井）矿渣 + 10% 硅粉 + 水泥 + 井浆 + 激活剂 + 激活助剂。

5. 作业废物回注技术（CRI）

钻屑回注（Cuttings Re-Injection，简称 CRI）技术是将钻完井作业废物中的固体（钻屑或其他固体）用适当设备研磨粉碎后与流体（水、废钻井液）和添加剂混合配制成回注浆体后，将浆体在超过地层压裂压力下回注至设计的地层，使浆体中固体成分被永久性载留在压裂的裂缝中，实现钻完井作业废物零排放处理的目的。钻屑回注（CRI）技术起源于20 世纪 80 年代，这种回注的方式来处理废弃物是一种安全可靠及经济环保的有效处理方法，将废物永久地排放在其原属的地层，不再有将来其他的处理责任，在海洋上达到零排放，有效保护海洋环境。

钻屑回注（CRI）的流程：(1) 将平台振动筛上筛除的钻屑通过传输系统输送到研磨成浆系统的粗罐中，在罐中加适量的水配成粗浆；(2) 经过粗罐中的研磨泵将其中的钻屑粉碎，粉碎后的粗浆经过分拣系统将尚未达到回注粒度要求的钻屑经研磨机研磨后返回粗罐，达到回注粒度要求的浆进入细罐中，添加适当的处理剂来调整浆体的性能，使其符合回注的要求；(3) 回注浆可经缓冲罐暂时储存，然后经回注泵注入井下地层中。工艺流程如图 5-11-1 所示。

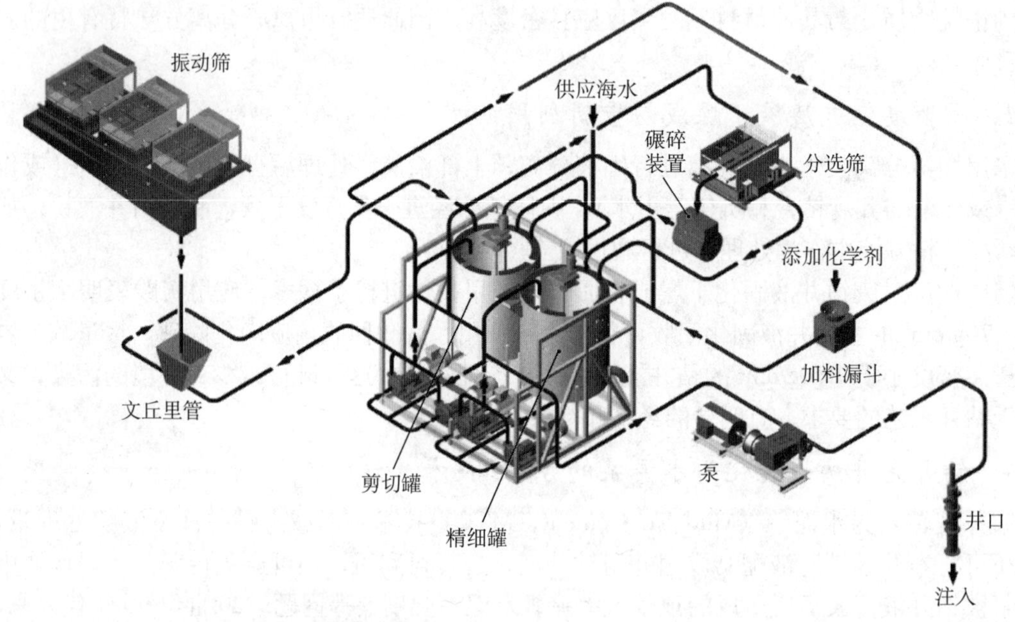

图 5-11-1　钻屑回注工艺流程图

在回注设计过程中，要合理地设计回注浆体性能，包括浆体的黏度、凝胶强度、剪切速率、密度、悬浮能力、颗粒大小及固相含量等方面。钻屑浆的流变性取决于钻屑来源的岩石性质、固液混合比和原钻井液的流变性等因素。回注浆体的密度也是一个很重要的参数，根据国外经验回注浆体的密度一般控制在 1.1 ~ 1.3g/cm^3。

回注地层选择的基本思路如下：(1) 通过对测井资料的分析，包括地层的地应力、弹性模量和破裂压力等，然后作出对回注地层的初步选择；(2) 对初步选定地层的岩性、厚度、破裂压力和地层渗透性等做详细的分析，充分考虑工程和地质情况，最后对初选地层做出评价。回注地层除要考虑井位布置、断层及天然裂缝等影响外，选择的基本要素还包括：回注地层要避开储层位置；回注层具有较低的破裂压力，且上下具有破裂压力较高的地层作为隔层。现场回注作业中一般选择低地应力、中高渗透率的砂岩层作为回注层，配合低渗透率和高地应力的泥岩限制裂缝在垂向上的延伸程度。

6．废弃钻井完井液固液分离后的综合利用

1）分离处理后的液体再利用

虽然废弃钻井完井液中重金属离子的含量大多超过国家规定的排放标准，特别是Cr^{3+}、Pb、Cu、As等严重超标，但经强化化学絮凝固液分离后，从废液中分离出来的水所含重金属离子浓度极低。对美国现场废弃钻井液以及国内江汉油田和江苏油田的含盐废浆、含油废浆及含聚合物废浆等系统研究表明，脱出水中重金属Cr小于我国工业“废水”的最高允许排放浓度（0.5mg/L，以Cr^{6+}计），影响脱出水外排的主要因素是COD和盐含量。

很多研究者分别采用光催化氧化法、混凝－Fenton氧化法、微电解法、酸化—中和—混凝法、酸化中和—混凝—活性炭吸附法、混凝沉降—微电解—催化氧化法等研究了钻井完井废液COD的去除方法，这些方法要么处理过程复杂，要么处理费用高昂，很少具有实际操作价值。直到现在也还没有经济有效和切实可行的钻井废水达标外排处理办法。

另外，钻井完井废液脱出水的盐含量问题目前也没有很好的解决办法。我国农业灌溉用水标准规定氯化物（以Cl^-计），对非盐碱土农田来说，不超过300mg/L，全盐含量不超过1500mg/L。而一般脱出水的氯化物含量都在10^3数量级，至少要稀释10倍以上才能达到对农作物无害的最低标准，但实际无法进行稀释。比较可行的办法是将脱出水回用，或作为井场冲洗钻台及钻具用水，或作为重新配制钻井液的配浆水。

研究发现，固液分离时所加入的有机阳离子絮凝剂在脱出水中还有一定的残留量，这些阳离子物质在配制新钻井液时会起到一定的防塌作用，对岩屑的回收率有明显的影响（表5-11-1）。脱出废水中所含的一些盐类和高分子处理剂和表面活性剂等保留在水相中重复配浆使用，可以减少部分新加处理剂的用量，获得较高的经济效益。

表5-11-1 脱出水对岩屑稳定性的影响

阳离子絮凝剂含量，%	0.01	0.1	0.3	0.5
地层黏土岩屑回收率，%	19.1	56.5	77.6	72.8

另一方面，用脱出水配制的新钻井液黏度和切力都比用清水配制的钻井液大，可能是无机絮凝剂水解后产生的水合铝离子或水合铁离子所致。一般钻井液均属中强碱性，当将pH值调整至9左右时，即会将铝离子或铁离子絮凝除去，其对钻井液性能的影响几可忽略（表5-11-2）。因此，将固液分离出的水用于配制新钻井液可能是其最好的出路。

表5-11-2 用现场废浆固液分离脱出水配制的新钻井液性能变化比较

性能	漏斗黏度 s	密度 g/cm³	中压滤失量 mL	高压滤失量 mL	pH	静切力 Pa	表观黏度 mPa·s	塑性黏度 mPa·s	动切力 Pa	动塑比	*n*	*K*
现场钻井液（真119井）	58	1.17	9	12.8	8	3/15	28.5	19	9.5	0.5	0.58	0.52
水处理浆	42	1.16	9.8	14	7.5	2/15	21	14	7	0.5	0.58	0.38
废液处理浆	90	1.16	11.2	15.4	8	4/30	27	15	12	0.8	0.47	1.05
加碱废液处理浆	48	1.16	10	14	8	2/18	22	14	8	0.6	0.55	0.49

2）分离处理后污泥的综合利用

废浆经固液分离后，所得的固形废弃物（污泥）的体积是原废浆体积的30% ~ 50%，含水量大大降低，便于运输和集中处理。但是，如果将污泥直接填埋，其中所含盐类等物质将对环境产生影响。对此，除采用污泥固化处理法以外，也可将污泥作为填充物按适当比例掺入水泥中，利用其所含水溶性高分子添加剂与水泥、沙石、石膏和水的相互作用，形成高强高抗折路用建材。

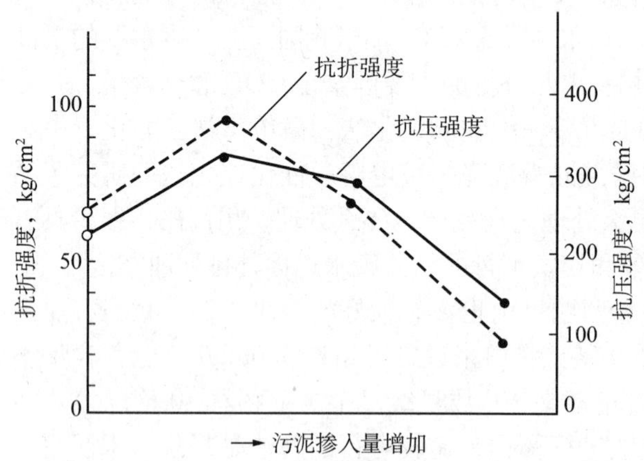

图 5-11-2　污泥掺入量对水泥石强度的影响

图 5-11-2 是将固液分离后的污泥掺入普通水泥后测得的水泥石力学性能变化，其抗折强度和抗压强度分别提高了24.4%和49.0%，可用于铺路或作其他建材。为防水泥石中污泥带入的氯离子在长期遇水淋洗后渗出，可将聚苯乙烯涂料涂于水泥石表面，待溶剂挥发后成膜，可有效降低氯离子的渗出。

综合上述实验结果，采用化学强化固液分离法，可以使废钻井液处理后的水质达到回用要求。固液分离后的固相含水率较低，固相污染物浸出率较低，如将其密封填埋或与水泥等固化铺路，则污染物的污染扩散会更小。

3）无固相钻完井液的直接回收利用

在完井和修井作业中，无固相流体尤其是高密度盐水泥浆已经得到了广泛应用。由于高昂费用和自然矿物资源的限制，回收和再利用无固相流体中尤其是高密度完井修井液的溴盐是非常必要的。

任何流体回收的目的都是产生一种清洁的、可重新使用的流体。就完井液和修井液而言，清洁的概念不仅意味着没有悬浮固相，还意味着不含有那些对地层产生伤害的胶体或可溶性物质。过滤是清除悬浮固相所应用的常规技术，但必须预先对流体中的污染物进行处理，否则无法有效清除流体中分散的胶质和可溶解的污染物。

从无固相完井液和修井液中除去污染物的处理通常涉及化学和物理两个过程。大于2μm的不溶性非胶质颗粒的清除通过过滤完成。而当污染物是胶质的或掺杂物时，就需要先用化学方法进行预处理，使污染物在溶液中形成沉淀，再通过过滤除去。

当污染物中含有铁离子时，可首先降低废液的pH值，使胶质的铁或铁的络合物在低pH值下复原为水合铁离子。然后向流体中加入氧化剂，以增加铁离子的氧化状态，再提高pH值生成铁离子氢氧化物沉淀。降低pH值，加氧化剂，再升高pH值的处理过程也可将其他过渡金属离子污染物（即镍离子、镁离子、铬离子）转化成高氧化状态，达到便于清除的目的。

盐水完井液的化学性质相当稳定，然而，在高温条件下，如井场火灾或由其他火源引起大火，游离的氯气、溴气和这些元素的酸气（HBr、HCl）就会被释放出来。这些气体能引起窒息，刺激眼睛和喉咙，严重时会损害气管或肺黏膜。因此，在回收利用过程中，加入氧化剂和酸时必须在通风区域进行，并且常备齐全的防毒面具和做好安全防护措施。

五、钻井完井废液的固液分离技术

钻井完井废液的固液分离技术是指对钻井完井废液运用一定的设备和处理技术进行固液分离，对液体和固体的分离物或者直接回收处理，或者后期固化再利用（图 5-11-3）。

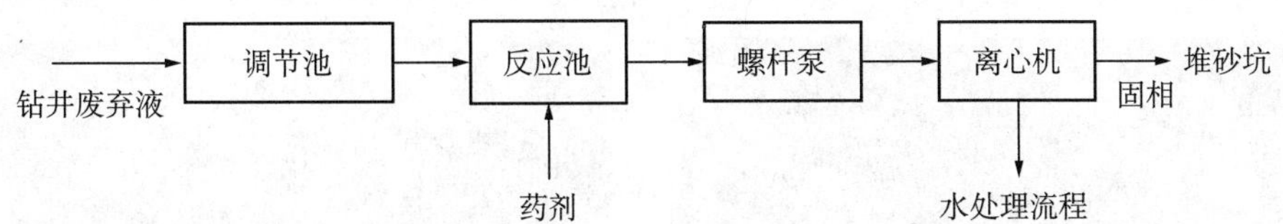

图 5-11-3 钻井废弃液处理固液分离工艺流程图

根据钻井工程技术的要求，钻井液中常常加入许多不同种类的添加剂，多种护胶剂的协同作用使钻井完井液胶体体系十分稳定。经过固控设备处理后，废浆中的固相主要是超细颗粒，粒径小于 20μm，它们与残余的添加剂构成了水基废浆的胶体分散体系。随着颗粒粒径的减小，破坏废浆胶体体系的难度增大，固液分离也就更困难。

在实现固液分离的过程中，必须优先理解并评估废弃钻井完井液的胶体稳定性，进而优选合适的絮凝剂和絮凝工艺，采用合理的处理设备结构和设计，便于现场使用和管理，为废弃钻井完井液的无害化处理提供技术保障。

1. 胶体脱稳机理及方法

废弃钻井液主要是由水、黏土、钻屑、钻井液添加剂以及油类等组成的多组分悬浮体系。配制钻井液用的膨润土本身就具有很强的水化能力，钻井液中固相的平均尺寸为 30 ~ 40μm，而膨润土的平均粒径为 0.2 ~ 4μm，从而使膨润土粒子成为钻井液体系高效的固体乳化剂和胶体稳定剂。而钻井液中又加入了大量的各有机高分子护胶剂，这些物质本身在溶液中都可形成较强的阴离子或阳离子稳定胶团。存在于废弃钻井液体系中具有表面活性的固体比普通污泥要高得多，正是由于它们的存在，严重地影响着废弃钻井液的化学脱稳脱水。

通过加入絮凝剂和凝聚剂改变钻井液的物理化学性质，破坏钻井液的胶体体系，促使悬浮的细小颗粒聚结成较大的絮凝体，再由离心机等机械手段达到固液分离的目的。但是，由表 5-11-3 的数据可知，仅靠现有的多级固控设备尚不能彻底实现固液分离。因此，废弃钻井液化学脱稳作为机械分离的预先处理步骤是必不可少的。

表 5-11-3 多级固控设备清除废弃钻井液中固相的范围和数量

设备	可清除固相的尺寸，μm	分离出的固相量，%
60 目筛	234	14
120 目筛	117	22
200 目筛	74	30
12in 除砂器	40	42
4in 除泥器	25	58
2in 水力旋流器	10	62
回收重晶石离心机	8	83
高速离心机	2	94

根据 DLVO 理论，胶体颗粒的絮凝作用机理为：

（1）电中和作用：加入的化学剂使胶体颗粒表面电荷中和，形成絮凝体（图 5-11-4）。

（2）压缩双电层作用：加入的化学剂降低废弃液中固相颗粒表面的 ζ 电位，从而降低排斥能 VR，使颗粒能被吸引力吸引产生疏松絮凝体（图 5-11-5）。

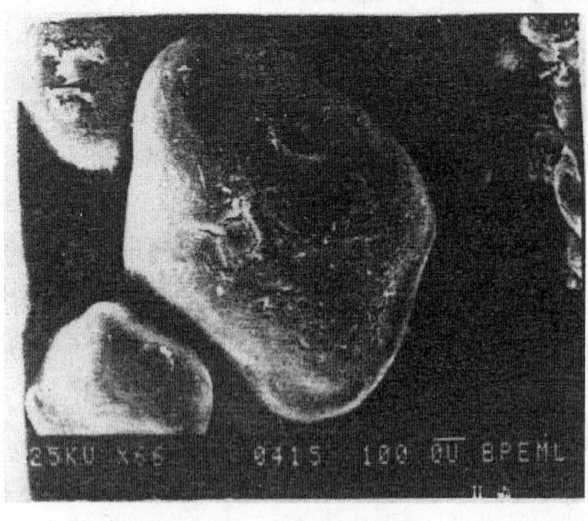

图 5-11-4 胶体脱稳过程

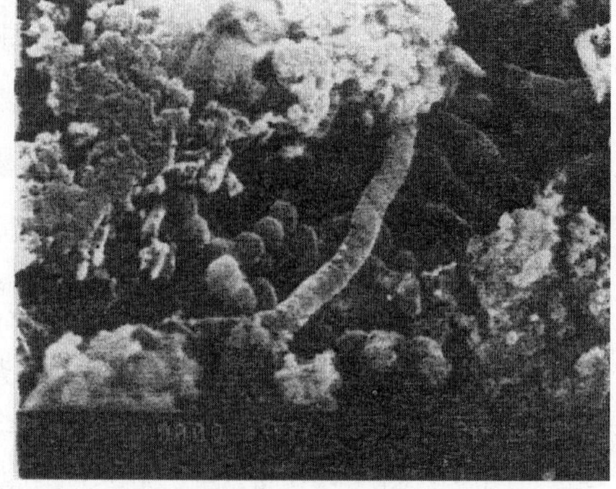

图 5-11-5 吸附架桥作用

（3）网捕和卷扫作用：在水溶液中，絮凝剂发生水解，形成水合金属高分子螯合物，中和胶体负电荷，同时这些高分子具有三维空间立体结构，随着高分子化合物体积的收缩，胶体和悬浮物颗粒被清扫下来（图 5-11-6）。

（4）桥联作用：溶液中胶体和悬浮物颗粒通过絮凝架桥连接成絮凝沉淀物（图 5-11-7）。

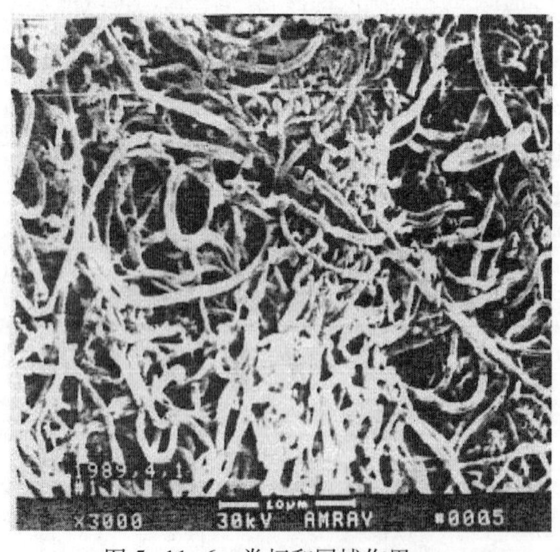

图 5-11-6 卷扫和网捕作用

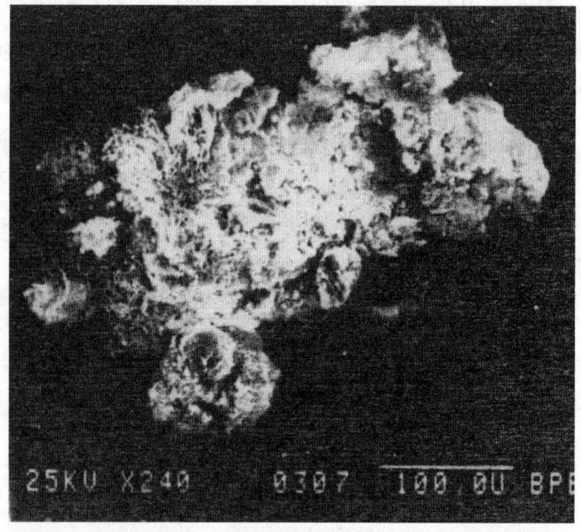

图 5-11-7 形成的大絮体——矾花

2. 固液分离用絮凝剂

絮凝剂和助凝剂在废弃钻井液化学脱稳脱水固液分离中的重要作用已被人们所认识，特别是废钻井完井液中粒径小于 20μm 的那部分超细颗粒必须依靠絮凝作用才有可能被清除。在钻井完井液体系中加入阳离子絮凝剂后，絮凝剂吸附在固相颗粒表面，中和颗粒表面负电荷，造成 ζ 电位下降。当 ζ 电位降到一定数值（零电点附近）后，体系即脱稳絮凝。

目前常用的絮凝剂有 $Al_2(SO_4)_3$、$CaCl_2$、$KAl(SO_4)_2$、$Fe_2(SO_4)_3$、$FeCl_3$、H_2SO_4、HCl、聚合硫酸铁（PFS）及聚合氯化铁（PFC）及聚合氯化铝（PAC）等物质。使用较多的助凝剂为非离子型、阳离子型或阴离子型的聚丙烯酰胺类衍生物。国内外的研究表明，将这些助凝剂和絮凝剂复合使用，并辅以机械脱水，可使废弃钻井液达到较好的固液分离效果。

1）絮凝剂分类

絮凝剂从组成上可分为无机型、有机型和复合型；从结构上又可分为低分子型和高分子型；从电性上又可分为阳离子型、阴离子型和非离子型。表 5−11−4 列出了一些比较常用的絮凝剂。

表 5−11−4 常用絮凝剂分类及组成

结 构	分 子 量	常用絮凝剂品种	
无机型	无机低分子型	明矾（KA）、硫酸铝（AS）、硫酸铁（FS）、氯化铁（FC）等	
	无机高分子型	阳离子型	聚合铝化氯（PAC）、聚合硫酸铁（PFS）、聚合磷酸铝（PAP）、聚合磷酸铁（PFP）等
		阴离子型	活化硅酸（AS）、聚合硅酸（PS）等
有机型	天然高分子型	淀粉衍生物、甲壳素、木质素、腐殖酸等	
	合成高分子型	阴离子型	聚丙烯酰胺（PAM）、水解聚丙烯酰胺等
		阳离子型	聚丙烯亚胺、乙烯吡啶类等
		非离子型	聚氧乙烯（PEO）等
	微生物絮凝型	NOC−1 等	
复合型	无机—无机	聚氯化铝铁（PAFC）、聚硫酸铝铁（PAFS）、聚硅酸铝（PASS）、聚硅酸铝铁（PSFA）、聚磷氯化铁（PPFC）、聚硫酸氯化铝（PASC）等	
	无机—有机	聚合铝—聚丙烯酰胺、聚合铝—甲壳素等	

(1) 有机高分子絮凝剂。有机高分子絮凝剂有天然和人工合成两类。目前以聚丙烯酰胺及其衍生物为中心合成的高分子絮凝剂已获得广泛应用。

天然高分子有机絮凝剂：具有分子量分布广、活性基团多及结构多样化等特点。而且，其原料来源丰富，价格低廉，尤为突出的是它安全无毒，对人体健康无任何伤害，可生物降解，有良好的环境可接受性。

天然絮凝剂大多与其他带有特殊官能团的化合物接枝共聚后，再用于处理废水，主要有淀粉类、半乳甘露聚糖类、纤维素衍生物类、微生物多糖类及动物骨胶类等五大类。其中，壳聚糖絮凝剂在美国和日本已广泛应用，其可用于饮用水的处理，最大的优点是可生物降解，而且不带来二次污染。我国的壳聚糖资源非常丰富，但对其研究尚处于起步阶段。

另外，天然高分子絮凝剂来源有限，且性质不稳定，现场使用较多的则是人工合成的高分子絮凝剂。

人工合成型有机高分子絮凝剂：目前，主要有聚丙烯酰胺及其衍生物类、改性淀粉类和聚乙烯吡啶等。以聚丙烯酰胺使用最多，其产量约占合成高分子絮凝剂生产总量的80%左右。聚丙烯酰胺类絮凝剂有许多衍生物，根据其荷电性和适应的水介质环境不同，又细分为阴离子型、阳离子型、非离子型、两性离子型、酸型和碱型等不同品种，每种又有分子量大小和电性强弱之分。

聚丙烯酰胺（PAM）：PAM是一种水溶性线型高分子化合物，属非离子型絮凝剂。聚丙烯酰胺靠氢键作用而溶解于水，不受pH值和盐类的影响。作为絮凝剂使用时其相对分子质量在150万～800万，液体的含量与分子量有关，分子量大则其含量低，但大多数为3%左右。固体的溶解要经过溶胀过程，分子量越高，溶解越慢。

部分水解聚丙烯酰胺（HPAM）：HPAM是由聚丙烯酰胺水解制得，分子链上含有阴离子和非离子基团，相对分子质量为100万～1000万，水解度一般为25%～30%，水溶性较好。

阳离子化聚丙烯酰胺（CPAM）：CPAM也称为季铵化聚丙烯酰胺，它有很多品种，由聚丙烯酰胺改性制得，分子链上含有季铵盐阳离子基团。由于聚丙烯酰胺可以和不同的物质反应进行季铵化，故可得到分子结构不同的多种阳离子化聚丙烯酰胺。现常用的有3种，多数为液体，相对分子质量100万～500万，阳离子度一般为8%～20%。

丙烯酰胺类共聚物：丙烯酰胺与丙烯酸盐共聚或聚丙烯酰胺水解，都能生成阴离子型聚丙烯酰胺，其易受pH值和盐类的影响，在酸性介质中羧基COOH—的解离受到限制，对某些矿物的吸附活性较低。如果导入强酸性磺酸基代替弱酸性羧基，可改善其在酸性环境中的解离。丙烯酰胺与其他水溶性单体的共聚物主要有：丙烯酰胺—二甲基二烯丙基氯化铵共聚物、丙烯酰胺—三甲基烯丙基氯化铵共聚物和丙烯酰胺—二甲基二烯丙基氯化铵—丙烯酸三元共聚物。这些共聚物大多数是液体，含量5%～30%，相对分子质量30万～180万，阳离子度一般为15%～25%。

接枝淀粉类：包括丙烯酰胺—淀粉接枝共聚物、（甲基）丙烯酸—淀粉接枝共聚物、丙烯腈—淀粉接枝共聚物、甲基丙烯酸甲酯—淀粉接枝共聚物等，这些共聚物大多数是液体，含量1%～10%，相对分子质量30万～800万。

与无机絮凝剂相比，有机絮凝剂用量少，絮凝速度快，受共存盐类、介质及环境温度影响小，处理过程短，生成的污泥量少。阳离子聚丙烯酰胺（CPAM）和丙烯酰胺类阳离子共聚物还具有一定的破乳、除油和杀菌能力。有机高分子絮凝剂在国内外广泛用于石油、印染、食品、化工和造纸等废水的处理中，但其价值昂贵，且大多絮凝剂本身或其水解和降解产物有毒，应用领域受到了一定的限制。

（2）无机高分子絮凝剂。无机絮凝剂以其低毒、廉价及制备方法相对简单等优点始终占据市场主导地位，最初主要使用$Al_2(SO_4)_3$、$AlCl_3$和$FeCl_3$等第一代无机盐类。1980年以后，先后开发及引进了聚合氯化铝（碱式氯化铝）(PAC)、聚合氯化铁（PFC）、聚合硫酸铝（PAS）、聚合硫酸铁（PFS）及聚合磷酸铝（PAP）等第二代无机絮凝剂——无机高分子絮凝剂（IPF）生产技术。

更具特色的第三代无机絮凝剂——多核无机高分子絮凝剂（MC-IPF）：聚合氯化铝铁

(PAFC)、聚合硫酸铝铁 (PAFS)、聚合磷酸铝铁 (PAFP)、聚合硅酸铝 (PASi)、聚合硅酸铁 (PFSi) 及聚合硅酸铝铁 (PAFSi) 等不断被研制出来。但限于生产成本增加或产品存储稳定期缩短，MC−IPF 的商品化产品并不多。目前，在各种水处理中用量最大和使用最广的仍然是利用各种工艺生产的 PAC。

铝系混凝剂：氯化铝、硫酸铝和明矾等传统铝盐絮凝剂的主要作用机理是通过对水中胶粒的双电层压缩作用、吸附架桥作用及沉积物卷扫作用使胶体粒子脱稳，发生聚集和沉降。当今，絮凝剂已经进入了“高分子时代”，聚合氯化铝及各种铝系无机高分子絮凝剂可以通过调节不同的碱化度来制备。这样，在水处理混凝过程中可以较为容易地采用控制与预制的方式来达到对絮凝最佳形态的调节，提高絮凝剂对各种水质的絮凝效果。

聚合氯化铝包括纯的聚氯化铝 (PAC)、含少量硫酸根离子的聚硫氯化铝 (PACS) 和含少量铁离子的聚氯化铝铁 (PAFC)。聚合氯化铝为黄色或无色树脂状固体，其水溶液为黄色或无色透明液体。聚合氯化铝与酸发生解聚反应，使聚合度和盐基度降低，最后变成正铝盐。聚合氯化铝与碱发生反应，使聚合度和盐基度提高，可生成 $Al(OH)_3$ 沉淀或铝酸盐。聚合氯化铝与硫酸铝或其他多价酸盐混合时，易生成沉淀。

铁离子具有与铝离子同样的三价离子特性，与常用混凝剂三氯化铁、硫酸铝及聚合氯化铝相比，有许多明显的优点，如净水过程中生成的矾花大，强度高，沉降快。在污水处理时对某些重金属离子及 COD、色度、恶臭等均有显著的去除效果，对处理水 pH 值适应范围广 (pH 为 4 ~ 11)，且 PFS 溶液对设备的腐蚀性小，因此许多国家都在研制和应用 PFS。

(3) 微生物絮凝剂。微生物絮凝剂是利用生物技术，从微生物或其分泌物提取和纯化而获得的一种安全、高效且能自然降解的新型水处理剂，至今发现具有絮凝性的微生物已超过 17 种，包括霉菌、细菌、放线菌和酵母菌等。一般来说，微生物所产生絮凝物质的相对分子质量多在 10^4 万以上。

不同絮凝剂产生菌产生絮凝剂的条件不同，主要受培养基的碳源、氮源、培养温度、初始 pH 值及通气速度等影响。从发酵液中提取和纯化微生物絮凝剂的方法有多种，一般采用抽滤或离心的方法去除菌体，然后根据发酵液的组分及絮凝物质的种类和性质而采用乙醇、硫酸铵盐析或丙酮、盐酸胍等沉淀获得。对于结构较为复杂的絮凝剂的提取，则需用酸、碱或有机溶剂反复溶解和沉淀以得到粗品。絮凝剂的纯化一般将粗品溶于水或缓冲溶液中，通过离子交换，凝胶色谱纯化，也有把粗品溶解，去除不溶物，透析纯化。

微生物絮凝剂应用范围广，活性高，安全无害，不污染环境，广泛用于畜产、建材、印染废水及给水的处理，并可消除污泥膨胀，现仅处于发展阶段，今后很可能取代有机和无机絮凝剂。

(4) 多核复合型高分子絮凝剂。近年来，高效复合型絮凝剂的研制与开发逐步成为当前絮凝剂研究的热点。含有活性硅酸（聚合硅酸）的多核无机高分子絮凝剂（下文简称 Si−IPF）是 20 世纪 80 年代末开发研制的一类新型无机高分子絮凝剂（简称 IPF），以其同时具有电性中和吸附架桥作用特性，絮凝效果好，处理后水中残留铝量及残留色度低和相对较低的成本等优点引起水处理界的极大关注，成为 IPF 研究的一个热点，研究人员对其改性及增效性进行了研究，提出无机复合型絮凝剂可从增长聚链和增多聚核实现增效的目的。

2）助凝破胶剂

在实施固液分离处理时，如能使胶体体系的稳定性破坏，导致废液中的主要钻井完井液处理剂失去护胶作用，进而破坏胶体悬浮体系的稳定性，将对固液分离起到极大促进作用。试验证明，除选择合适的絮凝剂外，在高浓度的钻井完井废液中加入一定量的无机混合酸酸化，也能使废液中的主要钻井完井液处理剂失效，达到初步沉降处理的目的，成为实现高效固液分离的有效手段之一。

在钻井废液中可加入高浓度硫酸作为助凝破胶剂。在废浆处理实验中加入由 H_2SO_4 和 H_3PO_4 的混合酸作为助凝剂，混合强酸的加入可以改变 HPAM 分子中基团的离子性质，增加聚电解质中非离子链节的成分，从而降低聚电解质与水分子间的亲和力（溶剂化作用）。随着加入酸量的增多，大分子上非离子链节数增多，大分子在水中溶解度显著降低。当 pH 值小于 2.5 时，HPAM 分子间和分子内可以发生亚胺化反应，使大分子在水中的溶解度降低。

多年实践表明，现有的絮凝剂和助凝剂还存在着用量大、絮凝效率低及絮凝体易返胶等缺点，不能完全满足废弃钻井液固液分离的要求。针对废弃钻井液中固相颗粒水化分散性能好、护胶剂数量多、浓度高以及抗盐能力强等特点，建议开发研制大分子量及高电荷密度的高效絮凝剂。

3．固液分离效果影响因素

1）絮凝剂的选择

针对不同的现场条件，在不适于固化处理的地区，影响固液分离的首要因素是絮凝剂及其优化加量。废弃钻井液的含水率通常为 80% ~ 90%，采用化学处理、自由沉降、离心分离或压滤分离的方法，最终可使废钻井液体积减少 50% ~ 70%，残渣固相含量最高可达 50% ~ 70%。

作为絮凝剂最主要品种的聚丙烯酰胺及其衍生物，不同分子量的 HPAM 对固液分离自然出水率的影响不同。但相对分子质量在 700 万以上的 HPAM 配制时溶解困难，不易在黏稠的废钻井液中分散，只能使用很稀的溶液，这样会增大絮凝剂的体积，给施工带来不便。因此，建议现场选用相对分子质量为 300 万 ~ 500 万的 HPAM，即能基本达到固液分离要求。

HPAM 的吸附与架桥作用和絮凝固相颗粒的能力与废钻井液中的固相含量有关，为提高絮凝脱水效率，在实施固液分离时，应先向体系加入水进行稀释。

单一的有机絮凝剂和单一的无机絮凝剂用于处理钻井完井废液固液分离时均有一些缺点，一般将二者配合使用，这样既可以降低絮凝剂的使用量，又可以提高固液分离的效率，还能提高分离出的水的质量。

2）助凝剂的选择

选择合适的助凝剂可以改善絮凝剂的絮凝效果，降低固液分离出水的浊度，对以中强碱性为主的钻井完井废液来说，强酸是一种性能良好的廉价助凝剂。对多数絮凝剂来说，无论是有机型、无机型还是复合型，一般其最佳作用范围均在中性附近，此时用量相对较少，絮凝处理效果较好，且处理后的水呈中性便于利用。除此之外，硫酸铝、三氯化铝和硅藻土等也是钻井废液固液分离的优良助凝剂，硫酸铝和三氯化铝的溶液本身也是强酸性的（pH 值为 2 ～ 3），可以很好地中和废浆体系的 pH 值，提高有机絮凝剂的絮凝能力，同时本身对废浆也具有很好的脱稳絮凝能力，对废弃钻井液的固液分离起到了较强的协同作用。这实际上也是有机絮凝剂与无机絮凝剂配合使用的结果。

3）*废液稀释比*

废弃钻井液的黏稠严重地妨碍着絮凝剂在其内部的分散和絮凝，加入絮凝剂和助凝剂以前对其进行加水稀释是必要的，未经稀释的废钻井液无法进一步使固液分离。因为当固体颗粒上的电荷被中和或部分中和的同时，也起了破坏水化层保护膜的作用，使水化程度降低。这时，黏土颗粒开始聚结，连接成网状结构，并把水包在网状结构之中。稀释后加大了颗粒间的距离，加入絮凝剂之后，就减少了形成网状结构的可能性。不同的废液体系和不同的脱水条件，最佳稀释比不同。

用于稀释废弃钻井液的水不需要经过任何特殊处理，只要出水的质量能达到工业排放污水的要求，也可以使用废弃钻井液固液分离后分离出的水。

4）*絮凝动力学优化*

胶体微粒间存在范德华力吸引作用，而在微粒相互接近时因双电层的重叠又会产生排斥作用，两种作用均与微粒间的距离有关，都可以用相互作用位能来表示，胶体的稳定性就决定于二者的相对大小。对絮凝过程动力学的研究指出，快速絮凝和慢速絮凝的结合，以及梯度絮凝和多级串联絮凝的结合，有利于同向絮凝和差向絮凝的形成，这为固液分离装置的设计提供了理论依据。通过优化絮凝动力学条件，在絮体（絮花或矾花）的形态、结构、粒度、密度和强度等方面获得最佳组合，才能实现高效钻井完井废液强化固液分离的过程。

六、废弃油基钻井液处理及油回收利用

油基钻井液由基础油、水、土、乳化剂、稳定剂和降滤失剂等添加剂配制而成，其润滑性、抑制性和热稳定性好，保护油气层性能优良，在地质复杂井、大斜度井和水平井等钻井中应用较多。由于油基钻井液成本高，完钻后一般转井处理后循环利用，但钻进过程中和完钻顶替后都会产生不少废弃油基钻井液，而且油基钻井液多次反复使用后性能会恶化，也会有一些钻井液被废弃掉。由于废弃油基钻井液含有大量的矿物油，是国家明文规定的危险废弃物，直接排放势必造成严重的环境污染。国外对钻屑含油量均有严格的规定，欧洲自 1993 年起要求固体废物中油类物质的含量小于 1%，2000 年 11 月后达到零排放。我国虽然还没有明文规定钻井废弃物中矿物油含量标准，但是将含矿物油废弃物列为危险废物，而且在农用污泥中石油类含量控制在 3000mg/kg 干泥以内，要求非常严格。目前处理废弃油基钻井液一般采用集中填埋或回注地层方法，这不能完全解决废弃油基钻井液的污染问题，同时也浪费了其中的大量柴油资源。

1．*废弃油基钻井液的性质*

乳化钻井液体系包括油包水型钻井液体系和水包油型钻井液体系两种，水包油型钻井液体系因其价格较低，配制处理方便而应用广泛。

水包油型钻井液体系是在水基钻井液中加入油和水包油型乳化剂配制而成的乳液体系。配制水包油型钻井液的油可以用矿物油或合成油。前者主要用柴油或机械油，其中影响测井

的荧光物质（芳香烃物质）可用硫酸精制法除去；后者主要为不含荧光物质的有机化合物，如直链烷烃、直链烯烃、聚 α—烯烃、脂肪酸与醇的反应产物等，在使用时要求这些合成油的性质与矿物油的性质相近，即 25℃时密度在 0.76 ~ 0.86g/cm³ 范围内，黏度在 2 ~ 6mPa · s 范围。配制水包油型钻井液的乳化剂都是水溶性表面活性剂，如烷基磺酸钠、烷基醇硫酸酯钠盐、聚氧乙烯烷基醇醚及山梨糖醇酐聚氧乙烯醚等。

为加强水包油型钻井液体系的稳定性及滤失性等应用性能，水包油型钻井液体系中还加入有一些有机或无机稳定剂，如氧化沥青、磺化沥青及黏土等物质。在使用过程中，还会有一些钻屑和黏土被混入进来。因此，这种体系废弃时，成为一种由油、水、固体颗粒和表面活性剂与电解质组成的复杂的乳化体系（图 5–11–8）。

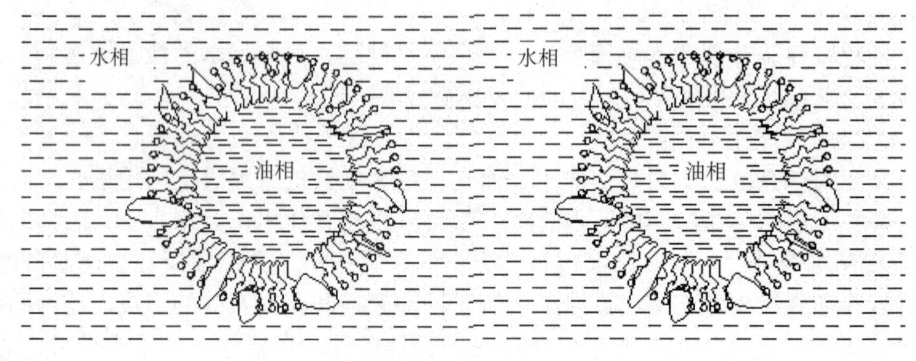

图 5–11–8　水包油型乳化体系示意图

由于存在大量的油—水液液界面和油—固与水—固固液界面，这种体系在热力学上是不稳定的，趋于自行分离成为油、水、固相三相。但是，体系中含有大量乳化剂、稳定剂和固体颗粒，使体系有很好的动力学稳定性。乳化剂在油水界面的吸附大大降低了油水界面张力，降低体系的热力学不稳定性；分散的油滴表面吸附有较多的阴离子，形成带负电的扩散双电层，这些同性电荷的相互排斥，阻止了油滴碰撞聚并；固体颗粒表面吸附各种化学物质，具有适中的油水润湿性，与乳化剂和稳定剂一起吸附在油水界面，形成一层颇为稳定的界面膜，对体系起到了很好的稳定作用；此外，体系加入的水溶性高分子提高了水外相的黏度，也加强了体系的稳定性。这些因素的综合作用使得水包油钻井液体系在动力学上非常稳定。

因此，对废弃油基钻井液的处理并回收其中含油，必须设法减弱体系中稳定性因素，减少乳化剂、稳定剂及固体颗粒在油水界面的吸附，压缩界面双电层，削弱界面膜的强度，最终使体系破乳，分散的油滴得以聚并形成大油珠析出。

2. 废弃油基钻井液处理方法

由于废弃油基钻井液稳定性很好，体系中除含有配浆的油、有机土及乳化剂等成分外，还含有大量的钻屑，固相含量很高，处理难度很大。已经研究的油基钻井液（包括含油钻屑）回收油的方法主要有以下几种。

(1) 热蒸馏法。热蒸馏是目前含油钻屑处理的主要方式。将含油钻屑加入密闭减压系统中，外部供给热量（如用热空气），使含油钻屑中的烃类成分挥发，达到净化土壤的目的。挥发的烃类经冷凝得以回收。回收的油可再用于配制油基钻井液或作燃料或其他用途。

固体残渣可用于工程建设，如修路和掩埋等。如英国的处理工厂能处理 1000 ～ 15000t 含油钻屑。

热蒸馏法适用于被轻质油污染的土壤或含油污泥，是最常用的规模化处理含油钻屑 / 土壤方法，油收率高。但这种方法能耗很高，对设备要求高，小型处理不经济。

（2）溶剂萃取法。采用己烷、乙酸乙酯或氯代烷等低沸点有机溶剂将油基钻井液中的油类溶解萃取出来，萃取液经闪蒸蒸出溶剂得到回收油，闪蒸出的有机溶剂可以继续循环使用。这种方法易于实现，适合各种规模的含油钻屑回收油处理，但溶剂挥发性大，安全要求严格，成本高。

（3）超临界流体抽提法。超临界流体抽提法是将含油污泥与超临界流体（如超临界 CO_2、丙烷、TEA 等）混合，油泥中的油被萃取到溶剂中，溶剂经减压后回用，被萃取出的油回收。此法流程较长，处理费用高，对于被难于降解的剧毒有机物污染的土壤较为适用。

（4）汽提法。将水蒸气充入废弃油基钻井液中，由于气相中油的蒸气压降低而使得油不断从油基钻井液中气化成油蒸气。油蒸气随水蒸气带出，冷凝混合蒸气后进行油水分离而回收油类。

（5）洗涤破乳法。采用水溶性破乳剂将废弃油基钻井液破乳分离成顶层油、中间水层和底层黏土层三相，离心可加速分离，然后再作进一步处理。顶层油可回收使用或作进一步处理后使用，中间水层中添加处理剂可循环使用，底层黏土层可用微生物法或其他方法进行无害化处理。

洗涤法工艺设备简单，操作条件温和，容易实现，但得到的固相往往含油较高，需要与固化法或者微生物法等处理方法联合使用才能实现无害化处置。

3．“洗涤—析油—离心分离”油回收技术

油基钻井液是一种水包油型钻井液体系，由水、柴油、乳化剂、稳定剂、稀释剂、抗温降滤失剂和 KOH 及 Na_2CO_3 等添加剂组成。废弃油基钻井液中还含有大量黏土、钻屑和加重剂等固相材料。对废弃油基钻井液的污染物含量分析表明，主要污染物为矿物油，其余几种污染物都在标准规定范围之内。可见，只要对废弃油基钻井液中的油充分回收，将可达到《农用污泥中污染物控制标准》（GB 4284—84）规定的排放标准，实现废弃油基钻井液的无害化处置。

废弃油基钻井液处理与油回收技术的工艺研究首先进行溶剂选择研究，包括溶剂的用量、使用温度、复配添加剂的种类和用量等工艺参数的试验研究，再进行油、水、渣三相分离工艺参数的研究，包括混凝剂与絮凝剂的加量及沉降性能研究等。

七、废弃钻井完井液固化处理

钻井完井作业废液固化技术是指对其钻井完井废物进行固化处理的技术，即通过在废物中加入一定数量的固化剂与之发生一系列复杂的物理化学变化，利用一些固化装备（若有条件可以使用离心机）或污水池，实现使废物（污泥、淤泥、钻屑、黏土）中的污染物相对稳定或固定在固化体中，降低固化体的沥滤性和迁移作用。此方法能显著降低废钻井液中金属离子和有机质对土壤的侵蚀和土壤沥滤程度，从而减少对环境的影响和危害，回填还耕也比较容易，是取代简单回填法的一种更易为人们接受的方法。

对废物的固化方法可以采用直接固化法和对固液分离出的沉淀物（淤泥、污泥等）进行固化，即先进行固液分离再对沉淀物进行固化，固化体填土、掩埋或回收利用作为再生的建筑材料等。钻井完井废液固化技术的核心问题是固化剂的选择和固化工艺技术措施，同时还必须对固化效果进行科学评价。

1．固化剂与固化体系

1）固化剂的基本特性

为了使固化后污染物得到有效控制，近十年来，国内油田普遍使用各种固化剂加入废钻井完井液体中，取得了长足进步，目前公认固化法处理废钻井完井液是一种行之有效的方法。

固化剂作用有两种：一是将可溶性的成分转化为难溶性；另一种是把有害成分用土壤封闭和包裹在其中，从而达到降低其淋滤、沥滤性及迁移作用。由于不同品种和配比的固化剂所得固化物的强度不同，浸出液的 COD 及色度等也不同，固化法所用的化学固化剂分为有机系列和无机系列两大类。

无机固化剂主要有：硅酸盐水泥、石灰、石膏、磷石膏、水玻璃、氯化钙、硫酸铝、无定形硅灰、粉煤灰、炉渣、水泥窑灰、高炉矿渣、波特兰水泥及波特兰水泥混合物等，它的优点是：原料价廉易得，使用方便，处理费用低，固结和解毒效果好，稳定周期长(可达 10 年以上)，原料无毒，抗生物降解，低水溶性及低水渗透性，固结物机械强度高，对高固相含量废物的处理效果好等；缺点是需在特定条件下使用，适用范围窄，固化剂用量大，处理后体积增加。

有机固化剂主要有：三乙醇胺、聚乙烯醇、甘油、酚醛树脂、氨基甲酸乙酯聚合物、尿醛树脂及热固性树脂，如沥青、聚乙烯、聚脂、环氧乙烷、丙烯酰胺凝胶体、聚丁二烯等。有机系列固化剂具有应用范围广，适用于多种类型废物的处理，且有固化有机废物效果好的优点；但处理费用较高，可能会引起有机固化剂降解，且该类固化剂使用时，需与乳化剂一起使用。

2）常用固化剂

(1) 水泥—水泥窑粉基固化剂。此法适用于盐水钻井完井液固化处理。水泥窑粉与水泥混合物进行固化处理，废流体沉淀 1 ~ 2 天后，排出上层液体，将预算量的固化剂混合物均匀地分散到储存坑表面，用反铲将固化剂和钻井废渣混合均匀，加入填料使其混合，以水泥作为黏合剂将废渣和填料密封在一起形成大团块，使其固化成坚硬基岩，而后用泥土覆盖，即可恢复地貌进行复耕，一般固化时间需要 12 ~ 24h。

(2) 水泥—三氯化铁基固化剂。将三氯化铁引入废弃钻井液固化过程，既可提高固液絮凝分离的速度，又可获得高强度的固化物，因为 Fe^{3+} 与废钻井液中的许多阴离子基团发生交联或络合反应，有利于浸出液 COD 的去除，并能保证固化物经多次浸泡仍不脱附。

(3) 水泥—石灰—炉渣基固化剂。废弃钻井液固化剂复合配方主要使用 G 级油井水泥、石灰、粉煤灰、炉渣或高炉矿渣组成，依据不同的钻井液性能，可选用以下几组基本配方。

①水泥 30% ~ 35%+ 石灰 10% ~ 15%+ 粉煤灰 15% ~ 20%；

②水泥 30% ~ 35%+ 石灰 10% ~ 15%+ 高炉矿渣 20% ~ 25%；

③水泥 25% ~ 30%+ 石灰 10% ~ 15%+ 高炉矿渣 10% ~ 15%。

（4）水泥—硅酸钠基固化剂。水泥—硅酸钠基固化剂的主凝剂为水泥（7% ~ 12%），助凝剂为硅酸钠（水玻璃）（2% ~ 3%），催化剂为工业硫酸铝（0.1% ~ 0.5%），其步骤是先加工业硫酸铝，待完全溶解后，加入水玻璃搅拌均匀，最后匀速加入水泥，2 ~ 7 天后固化强度可高达 1.2MPa。

（5）直接固化用固化剂 TG−1。对于 pH 值较高，含盐量较低而铁铬木质素磺酸盐（FCLS）使用量较大的聚磺钻井液体系，固化剂 TG−1 加量约为 10% 时，即可使废屑连同脱水泥浆残渣一同固化，24h 后的胶结强度大于 40kPa。用清水浸泡，其含油和 COD 均下降至符合排放标准（含油小于 20ppm，COD 小于 500ppm）。固化后形成的水泥石块用清水泡不变形不开裂，浸出水 pH 值为 7 ~ 8，可将水泥石块安全埋入地下或作它用。

2．固化作用机理

由于钻井废液固化剂的主要组分是水泥、石灰、硫酸盐、碳酸盐、水玻璃及三氯化铁等不同类别的物质，分别作为凝聚剂、交联剂、凝结剂、促凝剂和早强剂等，因此钻井废液的固化机理必然也是多样的。

1）水泥基固化剂固化机理

用水泥基固化剂进行固化是普遍采用的方法之一，它是水泥的水合和水硬胶凝作用对废物进行固化处理。水泥基固化剂的主要组分是硅酸盐水泥，硅酸盐水泥是粒度很细的含钙无机化合物的混合物，在水中能够水化和硬化。

经过煅烧的水泥熟料几乎是完全结晶的，其主要是由硅酸三钙（$3CaO \cdot SiO_2$，简写为 C_3S）、硅酸二钙（$2CaO \cdot SiO_2$，C_2S）、铝酸三钙（$3CaO \cdot Al_2O_3$，C_3A）及铁铝酸四钙（$4CaO \cdot Al_2O_3 \cdot Fe_2O_3$，$C_4AF$）等 4 种化合物组成。

C_3S 是水泥产生强度的主要化合物，化学活性大，有很高的反应活性，约占水泥质量的 40% ~ 65%。C_2S 是一种缓慢水化的矿物，能逐渐地、长期地增长水泥石的强度，约占水泥质量的 20% ~ 30%。C_3A 是促使水泥快速水化的矿物成分，约占水泥质量的 10% 以下。

水泥固化反应过程由快速水化阶段、诱导阶段、水化反应加速阶段、水化反应减缓阶段和扩散阶段组成。水泥水化过程最终产生大量的水化硅酸钙凝胶（$m_1CaO \cdot SiO_2 \cdot m_2H_2O$，C−S−H）、水化硫铝酸钙（钙矾石）（$3CaO \cdot Al_2O_3 \cdot 3CaSO_4 \cdot 31H_2O$，$C_3A \cdot 3CaSO_4 \cdot H_{31}$）和 $Ca(OH)_2$（CH）等，并充满整个水化体系，水化产物之间聚集形成网状结构，并越来越密，从而使整个体系形成一定强度。

2）火山灰基固化剂固化机理

粉煤灰、炉渣和高炉矿渣都属于火山灰类材料，基结构大体上可认为是非晶型的硅铝酸盐，其玻璃体是由富钙连续相和富硅分散相组成的，具有分相结构的联结致密的整体。其分相玻璃体结构决定了粉煤灰、炉渣和高炉矿渣只是有潜在的水化活性，在石灰和水玻璃等激活剂的激发下（pH > 12）才可能水化，是一种与碱和水三者之间的反应，而不像水泥水化那样是水泥—水之间的反应。

随着晶体的不断长大，逐渐包裹住渣体颗粒，游离水减少，强度增加。同时粉煤灰、炉渣和高炉矿渣能与水泥水化产生的 $Ca(OH)_2$ 及所投加的 $Ca(OH)_2$ 起二次反应生成 O−Si 凝胶，不仅使混凝相中游离 $Ca(OH)_2$ 相对减少，而且使固化物越加密实，从而增加固化物的后期强度。

3）水玻璃基固化剂固化机理

水玻璃（硅酸钠）基固化剂以水玻璃为主要成分，其他辅助材料（酸性材料）配合反应，与含有废弃物的钻井完井液混合，具有加快固化速度的作用。水玻璃（硅酸钠）基固化剂能与水泥水化产物 $Ca(OH)_2$ 反应，使水化进一步加快，使废弃物自动脱水。同时，其在 pH 值不大于 9 的情况下能游离出硅酸单体，硅酸单体易通过羟基桥联和氧基桥联的方式进行缩聚，生成不可逆转的无机高分子硅氧烷胶体——活化硅胶，对废钻井液颗粒产生黏联剂的作用，使废弃钻井液得以固化。

4）复合型固化剂固化机理

当复合型固化剂进入钻井废液后，经充分混合，其速溶微粒首先吸收钻井液水相，发生水解反应，水解产物 Ca^{2+}、Al^{3+} 和 Fe^{3+} 等对体系土相产生去水化作用，使黏土发生凝聚。同时，与废液中的有机高分子处理剂发生不同程度的交联，钻井废液逐渐丧失流动性，这一过程在几分钟至十几分钟完成，可称为凝聚期，它基本完成对钻井废液圈闭，只是这种圈闭显得微弱。此后，进入固相固化发育期，固化剂其余组分逐渐吸水进行水化反应，生成多种难溶的水合物晶体并随水化的深入而不断发育，其结果是体系固相随时间的增延而增多。新增固相在发育过程中与体系原固相（即钻井废液中原已存在的各种固相悬浮微粒）互相交织，有利于体系向固体方向转变。当体系总固相增加至一定量后，最终使流动的钻井废液转变为固态体系。

5）直接固化体系的固化机理

直接固化体系是将废弃钻井液不经固液分离而直接一次性固化。直接固化体系是由凝聚剂、助凝剂和多种胶结（固结）剂等组成的，其作用机理探讨如下。

固化体系中的凝聚剂能够有效地中和钻井废液的碱性，使溶液介质变为中性，彻底破坏钻井废液的胶体体系，致使钻井废液化学脱稳脱水，凝聚剂与钻井废液中许多不同形式的有机阴离子基团交联，导致钻井废液中的残留有机物和固相颗粒形成稳定的絮凝体，从而有效地减少了溶液中有机物的浓度，保证钻井废液固化后达到很好的 COD 去除率。同时凝聚剂能够与钻井废液中重金属离了生成多元羟基含金属离子的络合物，并沉淀丁固化体晶格中，从而有效地减少钻井废液中的重金属含量。

固化体系中的助凝剂，对钻井废液中的黏土颗粒和有机物有吸附絮凝作用，同时参与钻井废液固化体系整体晶格的形成。

固化体系中胶结剂，主要是将絮凝体进一步胶结包裹起来，使之形成一个具有很好抗水蚀能力和一定强度的固化体。固化体系将这些处理剂叠加使用，效果优于单一使用。不同类型的钻井废液体系，应该使用不同的固化体系。

3．固化工艺技术

固化废钻井液工艺主要分为两种：先固液分离再分别处理和不经固液分离直接固化。苏联采用直接固化的多，而美国采用分离后固化的占主要。我国已试验的大多数都是直接固化，因其所用的设备较大，施工不方便，残留体积较大，在应用中存在很多问题。而固液分离后再固化的还未有大规模现场成功的先例，固化工艺是固化处理技术的核心问题。

1）钻井废液固化处理工艺

钻井废液与固化剂经过加药漏斗和管道混合后，可以采取三种方法：(1) 直接喷洒在地上，废液体因加入固化剂后凝聚固化，在很短的时间内就失去流动性，成为塑性体，使其自然堆成一个土堆，在空气中干燥 24h 以上，即成为坚硬的固化体。(2) 将固化剂直接注入废液池中，搅拌，使之充分混合，在空气中自然干燥 24h 以上，固化体强度随时间增长而增加。(3) 将固液分离后的沉淀物进行固化。

钻井废液固化处理关键在于因地制宜和按需要正确选用合理的工艺程序，经现场试验，摸索出以下固化处理工艺步骤（图 5-11-9）：

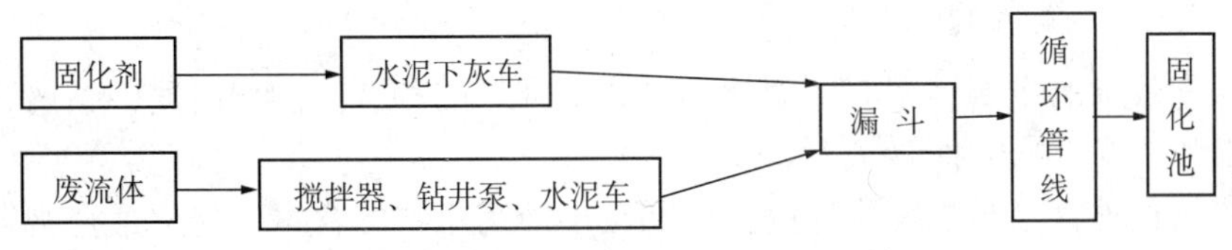

图 5-11-9 钻井废液固化处理工艺步骤

(1) 钻井废液在罐内进行充分循环，密度达到均匀一致。

(2) 取样，进行小型试验，选定固化剂加量范围，依据各地实况选择不同的施工时固化物状态，如旱地，采用就地堆放半流动状态；斜坡地采用不流动状态；需要通过管道沟渠，运移异地堆放，可采用流动状态。以上三种流动状态，应以控制固化剂加量来实现，但对固结时间有不同影响。

(3) 施工时，所用设备可分别选用钻井泵或水泥车泵，通过混合漏斗处直接加固化剂，其中混合漏斗的选型和漏斗喷嘴直径大小的选择均对固化物效果有一定影响。

(4) 施工时，固化剂加入速度，按泵送排量而定，建议一边固化施工，一边直观测算钻井废液与固化剂实物比例。

(5) 施工结束，短时间内尽量避免人为造成的外来水源浸泡而影响固化物陈化。

(6) 施工结束 24h 取样，检测固化物物理性能，待固性稳定后取样分析浸泡水质。

(7) 按需要确定固化物处理方法，实施方法有：一是原地堆放和运至异地堆放；二是挖土深埋复耕，其埋土量和深度厚度视地貌情况而定。

2）隔离固化工艺

(1) 室内试验结果。优选出最佳无机絮凝剂和有机絮凝剂，PCC、DTR、绵籽壳、花生壳、甘蔗、云母、蛭石、皮革粉、粗竹席、纸板和塑料泡沫等均可作为隔离层材料。隔离层一般在 5 ~ 15cm 就可以达到较理想的效果，其加量与装钻井废液的建筑物表面积成正比关系。水泥、漂珠、粉煤灰和石英砂等均可作为固化层材料，漂珠、粉煤灰和石英砂必须与水泥混合使用。以水泥 +20% ~ 30% 漂珠石作为固化层配方，固化层厚度在 4 ~ 10cm 就可达到土地再利用要求，固化外材料加量与装钻井废液的建筑表面积成正比关系（图 5-11-10）。

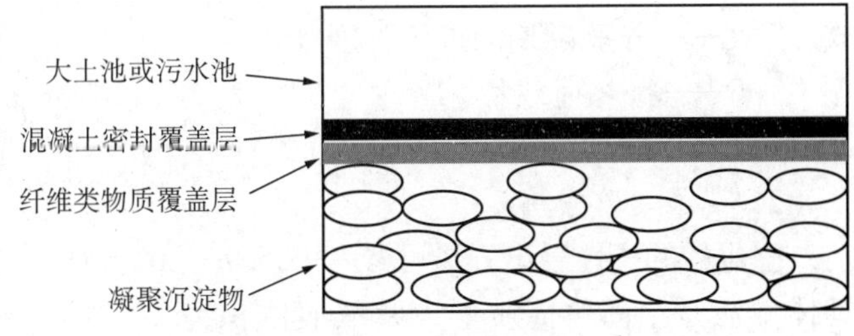

图 5-11-10 隔离覆盖层结构示意图

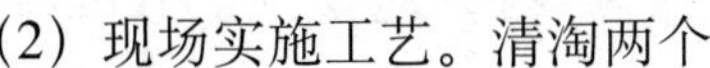

(2) 现场实施工艺。清淘两个

循环罐，一个罐配制无机絮凝剂 $Al_2(SO_4)_3$ 溶液，另一个罐配制有机絮凝剂 PHP 溶液，溶液浓度根据小样试验确定。启动钻井泵向大土池或污水里先均匀加入无机絮凝剂溶液，然后均匀加入有机絮凝剂溶液，待絮凝物完全沉淀后，用塑料管或小水泵吸出上部清液入污水处理罐。若吸出的清液未达到国家排放标准，作进一步处理，直到达标外排。吸出清液后将不流动大块状凝聚沉淀物面大致推平，然后在其上面均匀铺上一层纤维类物质或粗竹席，加量多少可由小样试验确定。用搅拌器或水泥车配制水泥浆直接加在纤维类物质上面，建议先直接加入一定量水泥浆于纤维类物质上面，待其凝固有一定强度后，再加入剩余水泥浆，让水泥浆凝固既成功。测试可承受的压力，覆土使土地还耕，进行土地再利用。

4．影响固化效果的因素

影响固化效果的主要因素有：固化剂（添加剂）的种类、固化时间、钻屑含量、固相含量以及废钻井液中的含油量等。

添加剂的种类直接影响固化体的强度和浸出液污染物的含量，优化最佳配方可形成好的固化体。固化时间对固化体的强度影响不大，但随着时间的延长，浸出液中污染物含量会减少。现场的钻屑也是一大污染源，研究表明，固化体的抗压强度 R_{7d} 随钻屑含量的增加而提高，同时还降低了浸出液的 COD、色度和悬浮物的值，pH 值基本没有变化，外加适量的钻屑不但减少了钻屑对环境的污染，同时还提高了固化物的密实性和坚硬性。固化物中的固相含量越高，固化物的抗压强度 R_{5d} 越大，钻井废液中的固相含量增加一倍，其固化物的抗压强度约提高 10%。

虽然混油的废钻井液固化后浸出液的 COD 值不一定特别高，但却更难固化，固化体浸出液的 COD 值也较高。这是因为油在其中以水包油乳状液形式存在，油水不相溶，也不易被黏土、加重剂和钻屑等吸附。在固化体固结过程中，虽然乳化油滴与各种固相挤靠在一起，但它们之间的黏结力并不强，容易浸出而进入水中，含油高的废钻井液相对更难固化处理。

5．固化效果评价方法

固化方法的处理目的是要达到消除废物中的金属离子和有机物质对水体、土壤和生态环境的影响和危害。固化时，除了要控制有害物质的渗透性外，还要求固化产物具有一定的抗压强度，使之在各种环境条件下都具有较高的稳定性。

1）抗压强度评价实验方法

称取钻井废物 50g，加入固化添加剂，然后搅拌均匀，于规定尺寸的模子中成型，使其形成一定强度的固形产物，通过测定固化体的抗压强度评价固化效果。

抗压强度是反映固化产物固化强度的物理指标，其定义为：

$$R_a=P/A \tag{5-11-1}$$

式中 R_a——试验龄期的抗压强度；

P——破坏荷载；

A——试样承压面积。

2）浸泡实验方法

固化体的毒性浸出方法可参考 HJ557—2010《固体废物浸出毒性浸出方法水平振荡法》，具体做法是：固化体质量：萃取液体积为 1 ： 10，室温下，振荡速度为（110±10）次 /

min，振荡浸泡 8h，静置 16h，浸出液经微孔滤纸（孔径 0.45μm）过滤后，再按照国家环保局颁布的《水和废水检测分析方法》（最新版）的有关要求，分别测试有害物质的含量。

钻井废液中主要的污染指标是重金属铬、COD 和油含量，因此衡量固化效果的好坏，主要在于控制铬、COD 和油含量的大小。

3）模拟雨水淋沥实验方法

钻井废液固化后的固体废物受到雨水冲淋和浸泡，其中的有害成分将会转移，通过模拟雨水淋沥实验，制备淋沥液，分析淋沥液中有害成分的含量，可用以鉴别与判断经固化后的固体废物中污染吸附强度的大小。模拟雨水淋沥实验就是参照上述固体浸出毒性试验方法制定的一种简易试验方法，方法如下：实验前先将钻井废液分别用不同方法固化（例如用固化剂 BT−5−2+20% 的钻屑固化；FNG 固化剂和稻田土按照一定比例混合；CO−H 固化剂和稻田土按照一定比例混合；GH−1 固化剂和稻田土按照一定比例混合等），分别等待 2 天、5 天和 30 天后，对制得的固化体进行模拟雨水淋沥实验。

八、环境可接受性及其评价方法

对于海洋石油开发和内陆河流与湖泊石油的开发，钻井液体系不仅要满足钻井工艺和储层保护的要求，而且必须满足环境保护的要求。各国政府对石油公司的废物排放都制订了严格的法规，美国环保署（EPA）批准以糠虾（Mysid shrimp）法作为钻井液生物毒性评价标准方法，其糠虾试验 LC_{50} 值必须超过 30000ppm 时，废弃钻井液和钻屑才允许向海洋排放；我国环境保护部和国家质量监督检验检疫总局推荐采用发光细菌法作为评价工业废弃物生物毒性的批准方法。废弃钻井完井液的贮存、处置和管理应满足国家环境保护法和水污染防治法、固体废物污染环境防治法的要求。

目前国内外尚无统一的钻井完井液环境可接受性评价标准，但随着环保意识的加强和国家各项相关法律法规的出台，各大油田和环保研究机构已经纷纷开展这方面的研究。按照《危险废物鉴别标准》（GB 5085.1 ~ 3），钻井完井液环境可接受性评价指标至少要包括三类，即腐蚀性指标（pH 值）、急性生物毒性和浸出毒性。此外，国外 OSPAR、OECD 和 ISO 等组织对有机污染物提出了严格的管理要求，其评价指标中还有石油类和生物降解性两项指标。针对废弃钻井液的腐蚀性污染、浸出毒性元素污染、烃类污染、有机物污染和生物毒性污染，将钻井完井液体系环境可接受性评价指标分为 pH 值、浸出毒性（COD、SS、镉、汞、铬、铅、砷）、石油类、生物毒性和生物降解性 5 类进行介绍。

1．浸出毒性的测定指标和测定方法

依据 GB 4284—84《农用污泥中污染物控制标准》、GB 15618—1995《土壤环境质量标准》和 GB 20425—2006《污水综合排放标准》规定的部分指标和分析方法，结合国内土壤质量监测中认可的检测方法，介绍浸出毒性中化学需氧量 COD，悬浮物 SS，色度，重金属离子总镉、总汞、总铅、总铬、六价铬以及总砷离子含量的监测方法，可以根据实际情况参考选用。

1）化学需氧量（COD）测定方法

（1）GB 11914—89《水质　化学需氧量的测定　重铬酸盐法》。适用于各种类型 COD 值大于 30mg/L 的水样，对未经稀释水样的测定上限为 700mg/L。本标准不适用于含氯化物

浓度大于 1000mg/L（稀释后）的钻井完井液体系中的 COD_{Cr} 测定。

（2）HJ/T 132—2003《高氯废水　化学需氧量的测定　碘化钾碱性高锰酸钾法》。规定了高氯废水化学需氧量的测定方法，适用于油气田和炼化企业氯离子含量高达几万至十几万毫克每升高氯废水化学需氧量（COD）的测定。方法的最低检出限 0.20mg/L，测定上限为 62.5mg/L。适用于氯离子含量大于 1000mg/L 的钻井完井液体系中的 COD 的测定。

（3）HJ/T 70—2001《高氯废水　化学需氧量的测定　氯气校正法》。适用于氯离子含量小于 20000mg/L 的高氯废水中化学需氧量（COD）的测定。方法检出限为 30mg/L。本方法消除了高氯离子含量对 COD 测定的干扰，可作为高氯废水中 COD 测定方法之一，适用于油田、沿海炼油厂、油库、氯碱厂及废水深海排放等废水中 COD 的测定。

2）重量法测悬浮物（SS）测定方法

水质中的悬浮物是指水样通过孔径为 0.45μm 的滤膜，截留在滤膜上并于 103 ～ 105℃烘干至恒重的物质。悬浮物 SS 标准指标及检测方法见 GB/T 11901—1989《水质悬浮物的测定重量法》，标准规定了水中悬浮物的测定，适用于地面水及地下水，也适用于生活污水和工业废水中悬浮物测定。

3）稀释倍数法分析评定色度

用稀释倍数法分析评定色度检测方法见 GB/T 11903—1989《水质色度的测定》。将样品用光学纯水稀释至用目视比较与光学纯水相比刚好看不见颜色时的稀释倍数作为表达颜色的强度，单位为倍。同时用目视观察样品，检验颜色性质：颜色的深浅（无色、浅色或深色），色调（红、橙、黄、绿、蓝和紫等），包括样品的透明度（透明、混浊或不透明）。

4）原子荧光光度法测定总砷含量

总砷指单体形态以及无机和有机化合物中砷的总量。GB/T 7485—1987《水质　总砷的测定　二乙基二硫代氨基甲酸银分光光度法》规定二乙基二硫代氨基甲酸银分光光度法测定水和废水中的砷。测定原理：锌与酸作用，产生新生态氢，在碘化钾和氯化亚锡存在下，使五价砷还原为三价；三价砷被初生态氢还原成砷化氢（胂）；用二乙基二硫代氨基甲酸银—三乙醇胺的氯仿液吸收胂，生成红色胶体银，在波长 530nm 处，测量吸收液的吸光度。

5）总汞含量测定方法

总汞指原水样中无机的、有机结合的、可溶的和悬浮的全部汞的总和。GB/T 15555.1—1995《固体废物总汞的测定冷原子吸收分光光度法》规定了测定固体废物浸出液中总汞的高锰酸钾—过硫酸钾消解冷原子吸收分光光度法。在一般情况下，测定范围为 0.2 ～ 50μg/L。

在硫酸—硝酸介质及加热条件下，用高锰酸钾和过硫酸钾等氧化剂，将试液中的各种汞化合物消解，使所含的汞全部转化为二价无机汞。用盐酸羟胺将过量的氧化剂还原，在酸性条件下，再用氯化亚锡将二价汞还原成金属汞。在室温下通入空气或氮气，使金属汞气化，通入冷原子吸收测汞仪，在 253.7nm 处测定吸光度值。汞蒸气浓度与吸收值成正比。

6）原子吸收分光光度法测定金属离子铅和镉

GB/T 17141—1997 标准规定了测定土壤中铅与镉的石墨炉原子吸收分光光度法。检出限（按称取 0.5g 试样消解定容至 50mL 计算）为铅 0.1mg/kg，镉 0.01mg/kg。测定原理为，采用盐酸—硝酸—氢氟酸—高氯酸全消解的方法，彻底破坏土壤的矿物晶格，使试样中的待测元素全部进入试液。然后，将试液注入石墨炉中。经过预先设定的干燥、灰化及原子化等升温程序使共存基体成分蒸发除去，同时在原子化阶段的高温下铅与镉化合物离解为基态原子蒸气，并对空心阴极灯发射的特征谱线产生选择性吸收。在选择的最佳测定条件下，通过背景扣除，测定试液中铅与镉的吸光度。

7）二苯碳酰二肼分光光度法测六价铬

GB/T 7467—1987 标准规定了水质六价铬的测定方法，适用于地面水和工业废水中六价铬的测定。本方法最低检出浓度为 0.004 mg/L，测定上限浓度为 1.0 mg/L。测定原理是：在酸性溶液中，六价铬与二苯碳酰二肼反应生成紫红色化合物，于波长 540nm 处进行分光光度测定。

8）总铬含量测定方法

总铬含量的检测方法见 GB/T 7467—1987 和 GB/T 7466—1987。总铬的测定原理：将三价铬氧化成六价铬后，用二苯碳酰二肼分光光度法测定，当铬含量高时（大于 1mg/L）也可采用硫酸亚铁铵滴定法。

（1）高锰酸钾氧化——二苯碳酰二肼分光光度法。在酸性溶液中，试样的三价铬被高锰酸钾氧化成六价铬。六价铬与二苯碳酰二肼反应生成紫红色化合物，于波长 540nm 处进行分光光度测定。过量的高锰酸钾用亚硝酸钠分解，而过量的亚硝酸钠又被尿素分解。

（2）硫酸亚铁铵滴定法。在酸性溶液中，以银盐作催化剂，用过硫酸铵将三价铬氧化成六价铬。加入少量氯化钠并煮沸，除去过量的过硫酸铵及反应中产生的氯气。以苯基代邻氨基苯甲酸做指示剂，用硫酸亚铁铵溶液滴定，使六价铬还原为三价铬，溶液呈绿色为终点。根据硫酸亚铁铵溶液的用量，计算出样品中总铬的含量。

2. 石油醚萃取重量法测定石油类含量

石油类又称矿物油，其测定方法见表 5-11-5。无论是哪一类方法，测试之前都需要进行萃取，常用的萃取溶剂有石油醚、已烷、三氯三氟乙烷和四氯化碳等非极性或弱极性的溶剂。不同的测定方法对萃取溶剂有特殊的选择性，以避免溶剂对后续测试带来的干扰。

表 5-11-5 石油类测定方法比较

方法名称	检测范围，mg/L	特 点
重量法	≥ 10	不受油品种类限制，但操作复杂，灵敏度低
紫外分光光度法	0.05 ~ 50	操作简单，灵敏度高，但标准油品的取得较困难，数据的可比性差
荧光法	0.002 ~ 20	灵敏度最高，但当组分中芳香烃数目不相同时，所产生的荧光强度差别很大
非分散红外分光光度法	0.02 ~ 1000	操作简便，灵敏度较高，但当样品含大量芳香烃及其衍生物时，对测定结果的影响较大
红外光度法	≥ 0.01	适用范围广，结果可靠性好

按照 GB 4284—84《农用污泥中污染物控制标准》规定的矿物油含量为 3000mg/kg（干泥），加拿大 Alberta EUB 钻井废物管理指南 50 对烃类的指标为 0.1%（干泥），结合国

标和国内钻井液润滑剂等处理剂的技术水平，以及石油类物质对植物生长影响的研究成果，推荐钻井完井液的石油类含量控制指标为不超过3000mg/kg。

3．pH值测定方法

GB 5085.1—2007《危险废物毒性鉴别　腐蚀性鉴别》以pH值为鉴别标准，规定当pH值不小于12.5或者pH值不大于2.0时固体废物为危险废物；土壤质量、地表水及地下水水质等标准中都有对pH值有相应的规定。因此，将钻井完井废液pH值环境评价指标推荐为6～9。

4．生物毒性的测定方法

生物毒性包括急性毒性和慢性毒性，评价的方法也较多。急性生物毒性试验方法包括糠虾试验法、发光细菌法、藻类生长抑制试验、蚤类活动抑制试验、鱼类急性毒性试验和小鼠急性毒性试验等，其中钻井液毒性应用最多的是糠虾试验法和发光细菌法。糠虾试验法和发光细菌法在美国EPA和API都得到认可，国内的GB/T 15441—1995《水质 急性毒性的测定　发光细菌法》和国外的Microtox® 发光细菌法均采用明亮发光杆菌（*Photobacterium phosphoreum*）。国家质量监督检验检疫总局和国家海洋总局共同发布的GB/T 18420.1—2009《海洋石油勘探开发污染物 生物毒性分级》和GB/T 18420.2—2009《海洋石油勘探开发污染物 生物毒性检验方法》，采用对虾仔虾和卤虫幼体进行毒性试验。

《海洋石油勘探开发污染物生物毒性分级》主要规定了钻井液、钻屑和采出水在不同海区的生物毒性检验的频率及生物毒性容许值，并对样品的检验方法和结果判定提出要求；《海洋石油勘探开发污染物生物毒性检验方法》主要规定了钻井液、钻屑和生产水等污染物的样品采集、样品处理、试验生物种类、试验方法及质量控制等要求。以下重点对应用较广的糠虾生物实验法、微毒性分析法、生物冷光累积实验和发光细菌法进行介绍。

1）糠虾生物试验方法

糠虾（Mysid shrimp）生物试验方法是20世纪70年代中期由EPA美国环境保护局与石油工业界共同制定的唯一的钻井液毒性评价方法。这一方法主要是为保护近海水质，限制将油基钻井液、岩屑和毒性超过限度的水基钻井液排入海中，目前我国在石油及海洋业中引用了API的糠虾生物试验法来评价钻井液完井液的毒性。

糠虾生物试验法是美国EPA唯一批准的标准方法，但这种方法精度不高，物种来源不便、操作困难、耗时、试验成本高（每次试验至少需要360只糠虾，成本约为1000美元）。国内参考API 13H中规定的生物毒性试验评价方法，在20世纪80年代中后期基本采用这种方法开展了对钻井液体系和处理剂的生物毒性试验评价工作，将生物毒性等级划分见表5-11-6，并初步拟定了生物毒性试验鉴定程序。

表5-11-6　生物毒性等级分类

毒性分级	剧毒	高毒	中毒	微毒	实际无毒	排放限制标准
LC_{50}，ppm	＜1	1～100	100～1000	1000～10000	＞10000	＞30000

2）微毒性分析法

由于糠虾生物试验过程及条件极为繁杂，试验精度不高，专用设备需要专门的场地，现场使用极不方便，试验结果误差较大。因此研究人员研究了一种新的试验方法——微毒性分析法（Microtox toxicity analyzer），微毒性分析法是利用发光菌生物冷光的光强对不同毒性物质的不同响应研制而成的快速生物毒性测试方法。发光是发光细菌健康状况的一种标志，当毒性物质存在时，发光细菌的发光能力减弱，甚至为零。生物毒性越强，细菌的发光能力越弱。利用光强测定仪测定发光细菌在不同待测物中的生物毒性大小。EC_{50} 是指使发光细菌的光强减少一半时待测物试验液的浓度。EC_{50} 值越大，生物毒性越小；反之则越大。

3）生物冷光累积实验

该试验方法的原理与微毒性试验一样，只是所用生物和测量方法不同而已，试验所用生物采用海藻植物，由于海藻是植物类，生长快，当加有海藻的钻井液试样被剪切搅拌时，便发出劈劈啪啪的爆破声，并伴有闪光，因此，测量这种闪光的总通量（累积流量）而不是光强，该法操作简单，适用于现场测试毒性。

4）发光细菌法

发光细菌法是明亮发光杆菌（Photobacterium Phosphoreum）为标准菌种，该菌自海水中分离得到。其发光机理是借助活体细胞内具有三磷酸腺苷（ATP）、荧光毒（FMN）和荧光酶等发光要素。这种发光过程是该菌体的一种新陈代谢过程，即氧化呼吸链上的光呼吸过程。当细菌体内分成荧光酶、荧光毒和长链脂肪醛时，在氧的参与下，能发生生物化学反应，反应结果便产生发光。当细胞活性高，处于积极分裂状态时，细胞 ATP 含量高，发光强；休眠细胞 ATP 含量明显下降，发光弱；当细胞死亡，ATP 立即消失，停止发光。处于活性期的发光菌，当加入毒性物质时，菌体就会受到抑制甚至死亡，体内 ATP 含量也随之降低甚至消失，发光度下降至零。这种方法与微毒性法相似，具有快速、简便和廉价等优点，是我国测试水质急性生物毒性的推荐标准方法之一。

5．生物降解性的检测方法

评定有机物生物降解性的方法很多，主要有 BOD/COD 比值评定方法（包含 BOD_5/COD_{Cr} 的比值评定法，BOD/THOD 的比值评定法，TOC 和 TOD 的评定法，三角瓶静培养筛选技术评定方法），生化呼吸线评定方法，利用脱氢酶活性的测定和三磷酸腺苷（ATP）量的测定以及目标物浓度变化等方法来评价生物降解性。在国外，许多组织如欧洲经济合作与发展组织（OECD）、美国试验与材料协会（ASTM）、瑞士联邦材料和试验所（EMPA）以及日本国际贸易工业部（MITI）等都建立了自己的标准方法。英国和澳大利亚等国均推荐采用 OECD 和 ISO 系列标准对钻井废物的生物降解性进行评价。OECD 和 ISO 系列标准的生物降解性的可信度很好，但这些方法均存在耗时长（28 ~ 77 天），操作繁琐，成本高等缺点。

BOD_5 是指有机物在微生物作用下 5 日内被氧化分解所需要的氧量，可反映有机物在微生物作用下的总体含量变化；COD_{Cr} 是指有机物在强氧化剂重铬酸钾的作用下被氧化分解所消耗的氧量，可反映有机物的总体含量水平。因此，在有机物快速生物降解试验中，BOD_5/COD_{Cr} 比值可以反映有机物的生物降解性，比值越大越容易生物降解。

BOD_5/COD_{Cr} 比值评价有机物的生物降解性在国内外环保都得到认可，由于 BOD 和 COD 等指标检测容易，一般环保监测单位均有条件进行检测，因此选用 BOD_5/COD_{Cr} 的比值评价钻井液处理剂和体系的生物降解性。有机物生物降解性的BOD/COD比值评定法的评价标准见表5–11–7。

表5–11–7　钻井完井液废弃物及处理剂生物降解性试验评价标准

试验方法	技 术 指 标			
BOD/COD	$Y>25$	$15<Y<25$	$5<Y<15$	$Y<5$
生物降解性	容易	较易	较难	难

注：Y表示BOD与COD的比值。

附录　常用相关标准

（1）SY/T 5358—2010《储层敏感性流动实验评价方法》。

（2）SY/T 6540—2002《钻井液完井液损害油层室内评价方法》。

（3）SY/T 5559—1992《钻井液用处理剂通用试验方法》。

（4）SY/T 5613—2000《泥页岩理化性能试验方法》。

（5）SY/T 6335—1997《钻井液用页岩抑制剂评价方法》。

（6）SY/T 5621—1993《钻井液测试程序》。

（7）SY/T 6622—2005《评价钻井液处理系统推荐作法》。

（8）SY 5490—1993《钻井液试验用钠膨润土》。

（9）SY 5091—1993《钻井液用磺化栲胶》。

（10）GB/T 16782—1997《油基钻井液现场测试程序》。

（11）GB/T16783.1—2006《石油天然气工业　钻井液现场测试　第1部分：水基钻井液》。

（12）GB/T 5005—2010《钻井液材料规范》。

（13）SY/T 5596—2009《钻井液用处理剂命名规范》。

（14）QSH 0278—2009《气体钻井气液转换技术规程》。

（15）SY/T 5233—1991《钻井液用絮凝剂评价程序》。

（16）SY/T 6615—2005《钻井液用乳化剂评价程序》。

（17）SY/T 5559—1992《钻井液用处理剂通用试验方法》。

（18）SY/T 5548.4—1992《钻井液用材料验收一般规定》。

（19）QSH 1020 1458—2009《钻井液用抗盐抗温降失水剂通用技术条件》。

（20）QSH 1020 1878—2008《钻井液用油基润滑剂通用技术条件》。

（21）QSH 0042—2007《钻井液用磺甲基酚醛树脂技术要求》。

（22）QSH 0280—2009《无固相钻井液完井液技术规程》。

（23）SH 0279—2009《油包水泥浆工艺技术规程》。

（24）QSH 0323—2009《钻井液用页岩抑制剂技术要求》。

（25）GB/T 5005—2010《钻井液用重晶石粉》。

（26）SY 5093—1992《钻井液用羧甲基纤维素钠盐（CMC）》。

（27）SY/T 5758—2011《钻井液用润滑小球评价程序》。

（28）SY/T 5679—1993《钻井液用褐煤树脂 SPNH》。
（29）SY/T 5353—1991《钻井液用改性淀粉》。
（30）SY 111—2007《油田化学剂、钻井液生物毒性分级及检测方法 发光细菌法》。
（31）SY/T 6285—2011《油气储层评价方法》。

第六章　钻头与钻井参数设计

钻头是直接破碎岩石形成井眼的工具，直接影响钻井速度。石油钻井中按钻头结构分为刮刀钻头、牙轮钻头、金刚石钻头和取心钻头四大类。金刚石钻头根据不同的切削齿材料分为天然金刚石钻头、PDC 钻头及 TSP 钻头（或巴拉斯钻头）。提高钻井速度还需要针对不同钻头特点优化钻井参数。

第一节　概　　述

一、石油钻井的钻头结构形式

早期石油钻井采用顿钻的方式钻井，采用的钻头是刀翼式冲击钻头，随着旋转钻井方式的出现，产生了适合于旋转钻井的刮刀钻头。刮刀钻头通常由本体和刀翼组成，依靠钻具旋转，刮削破碎地层。早期的刮刀钻头底部形状通常是平底式或阶梯式。刮刀钻头形状图如图 6−1−1 所示。

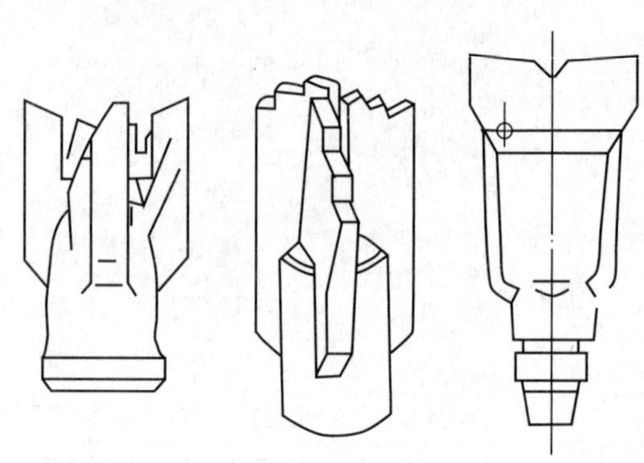

图 6−1−1　刮刀钻头形状图

刮刀钻头具有钻井速度快，加工简单等特点，但其不利处在于无法适应坚硬的地层，特别是砾石层，非常容易导致钻头损坏。另外刮刀钻头对井身质量难以进行有效控制，易于产生井斜及井径不规则等问题。为提高钻头对地层适应性，产生了冲击破岩的牙轮钻头。牙轮钻头在钻具旋转驱动下，每只牙轮会绕其轴转动，从而使牙轮上的齿产生向下的冲击，破碎岩石。牙轮钻头由钻头体、牙爪（巴掌）及牙轮轴、牙轮及牙齿、轴承、储油润滑密封系统以及喷嘴等部分组成。牙轮钻头结构如图 6−1−2 所示。

与刮刀钻头相比，牙轮钻头可以适应各种不同的地层，钻出的井眼光滑，易于对井斜进行有效的控制。因此目前牙轮钻头仍是使用最多的钻头。

牙轮钻头的不利之处是在较均质泥岩情况下，钻速较刮刀钻头显著降低，为提高钻井速度，对刮刀钻头进行了改进，产生了金刚石钻头与 PDC 钻头、TSP 钻头。

金刚石钻头是通过孕镶的方式，将细小的金刚石颗粒混入钻头冠部的碳化钨胎体内，在钻进硬地层时，随着碳化钨不断被磨损，出露的金刚石颗粒切削岩石。

PDC 钻头是改进刮刀钻头的冠部形状，使其工作更稳定，并在每个刀翼的顶部安装由人工生产的金刚石复合片，依靠坚硬的 PDC 复合片切削地层。主要有钻头体、冠部、水力结构（包括水眼或喷嘴、水槽亦称流道、排屑槽）、保径和切削刃（齿）等 5 部分，PDC 钻头结构如图 6−1−3 所示。

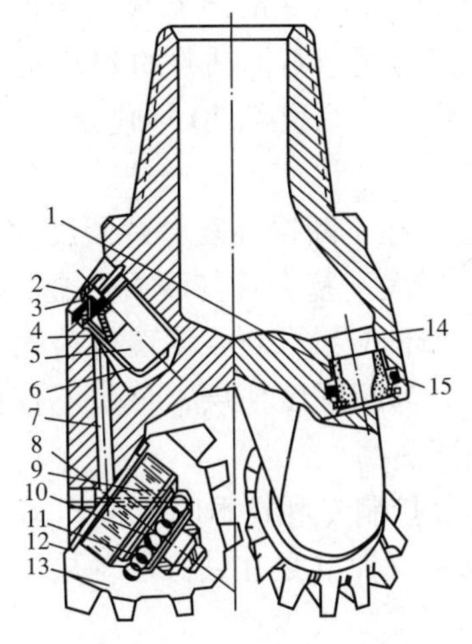

图 6-1-2　牙轮钻头结构图

1—牙爪；2—喷嘴；3—传压孔；4—压盖；5—压力补偿膜；6—储油腔；7—护膜杯；8—长油杯；9—滚柱；10—滚珠；11—衬套；12—密封圈；13—牙轮；14—"O"形环；15—卡簧挡圈

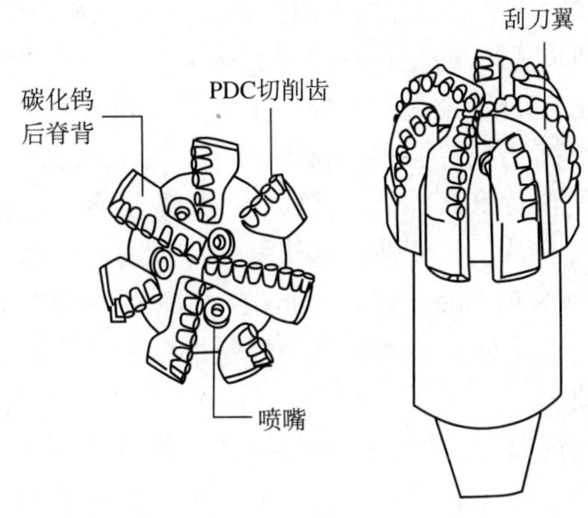

图 6-1-3　PDC 钻头结构图

取心时需要取心钻头，早期的取心钻头是在外本体中镶入碳化钨颗粒，随着 PDC 钻头与金刚石钻头不断进步，目前通常的取心钻头是 PDC、TSP、天然金刚石等刮削类钻头。其中 PDC 取心钻头适应软到中硬地层，硬地层通常需要天然金刚石取心钻头或 TSP 取心钻头。

二、国内外钻头的发展简况

在石油钻井中，到目前为止使用最多的，能适应各种地层的钻头是牙轮钻头。早在 1909 年就出现了第一个牙轮钻头，在这以后的几十年里，牙轮钻头有了很大的发展，钻头的材质、切削部分、钻头轴承和清洗装置等都有很大的改进。牙轮钻头中使用最多的是三牙轮钻头。

牙轮钻头最初是钢齿钻头，每一只牙轮中的齿都是与牙轮本体同样的材质。后来出现了镶齿钻头，与钢齿钻头相比，由于镶入的齿硬度更高，可以适应更硬的地层。针对不同的地层，发展了各种不同结构形状的镶齿，并通过改变牙轮的外廓形状与超覆及移轴等技术配合，以提高钻井速度。

20 世纪 90 年代以后，出现了牙齿表面敷焊硬质合金的钢齿钻头，这类钻头在大幅度提高钻井速度的同时，提高了钻头齿的耐磨性。

牙轮在工作时会产生相对于每只牙轮轴的转动，轴承的失效是钻头的最常见的失效方式。为此出现了各种提高寿命的轴承技术，早期多采用滚动轴承，后来出现了密封储油润滑技术及滑动轴承技术等，进一步提高了轴承的寿命。

目前最新的钻头设计理论是采取各牙轮均衡受力，开发高转速，长寿命钻头。研究提高每颗齿破岩效果的提高钻速的钻头。

21 世纪初 RBI 公司推出的牙轮钻头矢量（Vectored）镶齿技术（国内叫偏转镶齿）使得按照牙齿的镶装方向选择钻头能更好地适应不同的地层。

人造金刚石聚晶复合片（PDC）是1959年由南非德比尔（De beers）公司首次研制成功，以后不断发展完善。1973年美国克里斯坦森公司生产出用于石油钻井的PDC钻头，并于同年11月进行了现场试验，1975年开始工业性研制，于20世纪70年代末获得成功。20世纪80年代中开始大面积推广应用PDC钻头。

PDC钻头的复合片质量直接关系到钻头寿命与钻速，在不断提高复合片硬度与耐磨性基础上，DBS公司首先提出了依靠互相嵌入的爪形齿，增大了复合片与硬质合金的接触面积，提高了粘接强度与散热效果，后来又进一步改进为环爪齿。2004年瑞得公司推出了超强复合片PDC钻头，该钻头PDC复合片前部1/4部分为超强度薄层，该层不仅提高了PDC复合片的耐磨性，也使复合片自锐性更好，机械钻速更高。

2008年Hughes Christens公司将Smooth Cut切削深度控制专利技术应用到PDC钻头的设计工作，使钻头能够更为平稳地钻进，从而减轻切削齿（尤其是在钻夹层地层时）的早期磨损。

国内自20世纪50年代钻井工作量大幅度增长时建立了钻头生产体系。20世纪80年代分别引进了具国际先进水平的休斯与克里斯坦森钻头生产线，形成了江汉牙轮钻头与川石PDC钻头生产厂。20世纪90年代初DBS公司与新疆石油管理局合资成立了XJ–DBS钻头公司，合资期间保持技术与DBS公司同步。

目前国内已建成了满足国内需要的钻头生产体系，可以生产各种类型的钻头，通过对中国地层提高钻井速度的分析，不断改进钻头设计，保持与国际先进相近的技术水平。

三、提高钻井速度技术

钻头、钻压和转速优选与钻井参数设计是钻井设计的重要组成部分。在井身结构确定之后，它是影响钻井质量、速度、成本和安全的最重要的因素。一方面钻头确定后，通过钻压、转速与水力参数的最佳配合可以提高钻井速度；另一方面钻头的设计也要考虑能强化钻井参数，使钻井速度能更快。

1．钻头、钻压及转速优选

钻头的合理选型及钻压和转速优选对提高钻进速度，降低钻井综合成本起着重要作用。选择钻井参数一般应按照直接钻井成本最低原则，以钻头厂家推荐的最高钻压和最高转速作为约束条件进行钻头优选。根据试验估算法和钻井模式优选法优选最优钻压和最优转速。

2．钻井参数设计

多年来，我国开展了喷射钻井及优选参数钻井，基本弄清楚了钻井参数与地层的关系和钻井参数之间的相互关系，能够根据地层特性定量地优选优配钻井参数，取得了显著的经济效益，使钻井设计从经验阶段发展到科学阶段。钻井参数可分为固定参数和可调参数两大类。

（1）固定参数主要指地层参数，如地层的可钻性，地层对钻压、转速、水力参数和钻井液参数的敏感指数，以及地温梯度，地层的化学组分对钻井液的适应性等。另外，地层的孔隙压力和破裂压力除对确定合理的井身结构的作用外，对钻进中实现平衡钻井来说也是制约钻井参数的关键条件。所有钻井参数的优选优配都是以这些地层固有参数为依据的。

（2）可调参数主要指钻进中的三大类参数，它包括：机械参数——钻头类型、钻压与转速；水力参数——泵型选择、泵压、排量和水眼组合；钻井液性能和流变参数——主要指钻井液体系、密度、初切力、n 值、K 值、塑性黏度和极限高剪黏度等流变参数。

在喷射钻井技术发展的基础上，Amoco 公司最早应用最优化钻井技术，采用了钻井数据采集系统，建立了数据库、程序库和数据分析中心，通过有线或无线传输，远距离还通过卫星传输，形成了实时监控的钻井信息网络；引进应用了计算机技术，编了钻井设计、钻井施工、井斜控制、定向井丛式井、钻井液、井控和安全、地层压力预测、设备评选及固井完井等程序；还发展了钻井模拟器技术，可对钻井全过程进行数字模拟，进行方案决策，优化设计，实时监控。

20 世纪 80 年代以来，钻井人工智能系统已在海洋钻井、深井和人员培训中得到应用，取得了明显的经济效益。

第二节　地层可钻性与钻头选型

岩石可钻性是表征岩石破碎难易程度的参量，它是岩石的物理力学性质在钻井过程中的综合反映。随着钻井技术水平的提高，先后出现了许多从量的概念上评价岩石可钻性的方法。例如，以抗压强度、d 指数、压痕指数、纵波速度、抗钻强度（Drilling Strength）、实钻速度、杨氏钻速模式中的地层可钻性系数和微钻头可钻性等几十种，这充分说明了地层的复杂性和地层岩石可钻性是受多因素控制的综合指标。

对于某一固定的岩心或地层可以通过室内试验来测定岩石可钻性，也可以用现场试钻数据应用一定的模型来计算岩石可钻性。实际上由于地层的非均质性，地层可钻性也具有一定的统计规律，中国石油大学尹宏锦教授经过多年的试验研究，建立了以地层的非均质为基础的统计地层可钻性，即地层宏观可钻性，也就是用试验方法和数理统计方法研究地层可钻性。近年来，研究人员研究了声波测井法和岩石破碎分形法确定岩石可钻性的方法。

一、岩石可钻性的测定及计算方法

1．微钻头试验法测定岩石可钻性

岩石可钻性可以通过微钻头试验架测得。其试验参数采用休斯公司的，钻头直径 31.75mm（$1^1/_4$in），钻压 889.66N，转速为 55r/min，深 2.4mm（3/32in）。试验时，在每块岩心试样上钻三个孔，取其平均值为该岩石试样的钻时 T(s)，对 T 取以 2 为底的对数值，作为该岩石的级值：

$$K_{\mathrm{d}} = \log_2 T \tag{6-2-1}$$

式中　K_{d}——岩石的级值；

T——岩石试样的钻时，s。

2．声波测井法确定岩石可钻性

声波时差是岩石密度 ρ、杨氏模量 E 和泊松比 μ 的函数[12]，而 ρ、E 和 μ 又是描述岩石强度和硬度及弹性的物理参量。大量的试验研究证明：声波时差较好地体现了岩石的物理力学性质。声波时差与岩石可钻性在本质上是相同的，都反映了岩石的综合物理力学性质，只是表现形式不同而已。因此，从理论上讲，声波时差与岩石可钻性之间应该存在确定的关系，利用声波时差资料可以求取岩石可钻性。实现方法如下：在室内利用可钻性测定仪确定地层岩石的可钻性级值，结合测井资料中的声波时差进行回归统计，按照数理统计中单因素分析的方法，以相关系数 R、标准方差及统计检验值为标准，对回归方程进行优选。

确定首波始点，测出声波在岩样中的穿透时间，即可按下式求得声波时差值：

$$\Delta t = t/L \qquad (6\text{-}2\text{-}2)$$

式中 Δt——岩样的声波时差，μs/m；

t——声波穿透岩样的时间，μs；

L——岩样的长度，m。

声波时差与岩石可钻性之间存在确定的关系：

$$K_{\rm d} = a + b\ln(\Delta t)$$

在实验室条件下，利用声波时差资料确定岩石可钻性的计算模式为：

$$\hat{K}_{\rm d} = 32.977 - 4.95\ln(\Delta t) \qquad (6\text{-}2\text{-}3)$$

实验室条件与实际测井条件的差异并不影响声波时差与岩石可钻性的一般关系，但却影响计算模式中系数 a 和 b 的取值。因此，实际应用时应根据实际资料对模式作适当的修正。

例 为检验计算模式的实际符合情况，收集了胜利油田东辛地区的 41 块岩心资料和相应井段的声波时差测井资料，并按下述步骤对资料进行处理：

（1）在华石 III 型岩石可钻性测定仪上测定岩心的可钻性级值；

（2）读取岩心对应井段的声波时差测井数据；

（3）利用式（6−2−3）计算岩石可钻性级值；

（4）分层位求出可钻性的实测级值的平均值和计算级值的平均值；

（5）实测值与计算值的比较见表 6−2−1。

表 6−2−1 岩石可钻性实测值与计算值的比较

地层层位	井段，m	实测级值	计算级值 $\hat{K}_{\rm d}$	修正值 $K_{\rm d}$	相对误差，%
馆陶组	1246 ~ 1446	1.619	3.054	1.748	7.97
东营组	1386 ~ 1757	2.414	3.704	2.410	0.17
沙一段	1706 ~ 2290	3.205	4.337	2.977	7.11
沙三段	2661 ~ 2709	2.415	3.912	2.530	4.76

表 6−2−1 可看出，岩石可钻性的计算级值［由式（6−2−3）计算］与实测级值之间存在一定的误差。分析其原因，主要是由实验室条件与声波时差测井的实际工作条件的差异所造成的。在实验室内，声波时差不受井下因素（围压、井内流体、滤饼等）的影

响，被测岩心的物理力学性质（孔隙度、含水饱和度、强度等）也与地下岩层不同，所用的测试仪器也有差别。研究表明，上述差别并不影响声波时差与岩石可钻性的一般关系 $K_{\mathrm{d}}=a+b\ln(\Delta t)$，但却影响方程中系数 a 和 b 的取值。因此，不能直接应用计算模式式（6–2–3）来确定实际条件下的岩石可钻性，而应根据实际条件下的声波时差测井资料和岩石可钻性资料，对计算模式作适当的修正。

计算模式的修正以东辛地区部分岩心的实测可钻性级值 K_{d} 为纵坐标，以计算可钻性级值 $\hat{K}_{\mathrm{d}}$ 为横坐标作散点图。实测可钻性级值 K_{d} 与计算值 $\hat{K}_{\mathrm{d}}$ 呈良好的线性关系。采用回归分析方法，可得 K_{d} 与 $\hat{K}_{\mathrm{d}}$ 的关系式为：

$$K_{\mathrm{d}}=1.024\hat{K}_{\mathrm{d}}-1.386 \tag{6–2–4}$$

相关系数 R=0.987。

整理后可得胜利油田东辛地区岩石可钻性的实际计算模式，即：

$$K_{\mathrm{d}}=32.382-5.067\ln(\Delta t) \tag{6–2–5}$$

用修正模式式（6–2–5）计算出来的东辛地区各层段的可钻性见表 6–2–1，最大相对误差不超过 8%，能够满足工程要求。

3. *岩石破碎分形法确定岩石可钻性*

牙轮钻头破碎岩石后，产生许多大小不一的碎块，收集所有碎块，应用分级筛网称其不同尺寸下的累计质量分布，然后用质量统计法求得岩石碎块尺度分布的分形维数称之为破碎分形维数。

实验结果发现，此分形维数与岩石的可钻性关系密切，因此，可以用此分形维数来表达岩石可钻性，具有实时特点，有望成为岩石可钻性理想的评价指标。

设有一系列不同孔径为 r 的“筛子”对上返岩屑进行筛选，直径小于 r 的碎屑颗粒漏下去，记为 $N_{下}(r)$；直径大于 r 的碎屑颗粒留在上面，记为 $\mathrm{N}_{上}(r)$；颗粒总数 $N(r)$；$M(r)$ 为直径小于 r 的碎屑颗粒的累计质量；M 为碎屑颗粒的总质量。那么钻头破碎后得出岩心碎屑粒度分形规律：

$$\frac{M(r)}{M}=\left(\frac{r}{x_m}\right)^{3-D} \tag{6–2–6}$$

式中　D——分形维数。

因此（3–D）为 $\dfrac{M(r)}{M}$—r 在双对数坐标下的斜率值，$\dfrac{M(r)}{M}$ 为直径小于筛网尺寸 r 的碎屑颗粒的累计百分含量。

以大庆油田升深 2–7 井岩屑为例进行试验，实验设备有：试样筛，天平。

试样筛的筛孔是方形，孔径分级为 1.0mm、1.6mm、2.0mm、5.0mm 和 10.0mm。天平主要是称量每级筛上的上返岩屑质量，进而计算出每一级筛下的质量百分比，见表 6–2–2。

表 6–2–2　上返岩屑筛分组成表

样本深度，m	不同筛网尺寸下可通过质量百分比，%					
	0mm	1.0mm	1.6mm	2.0mm	5.0mm	10.0mm
3270	0	3.52	20.04	27.76	73.43	95.52
3280	0	2.81	20.37	32.93	72.27	95.74
3290	0	3.18	18.55	28.73	64.51	95.79
3300	0	4.25	33.00	47.08	85.09	97.42

将上述分析结果建立 $\dfrac{M(r)}{M}$—r 的双对数坐标系，画出分布曲线图，图 6–2–1 是不同深度地层岩屑筛分后，其岩屑的分形曲线图。

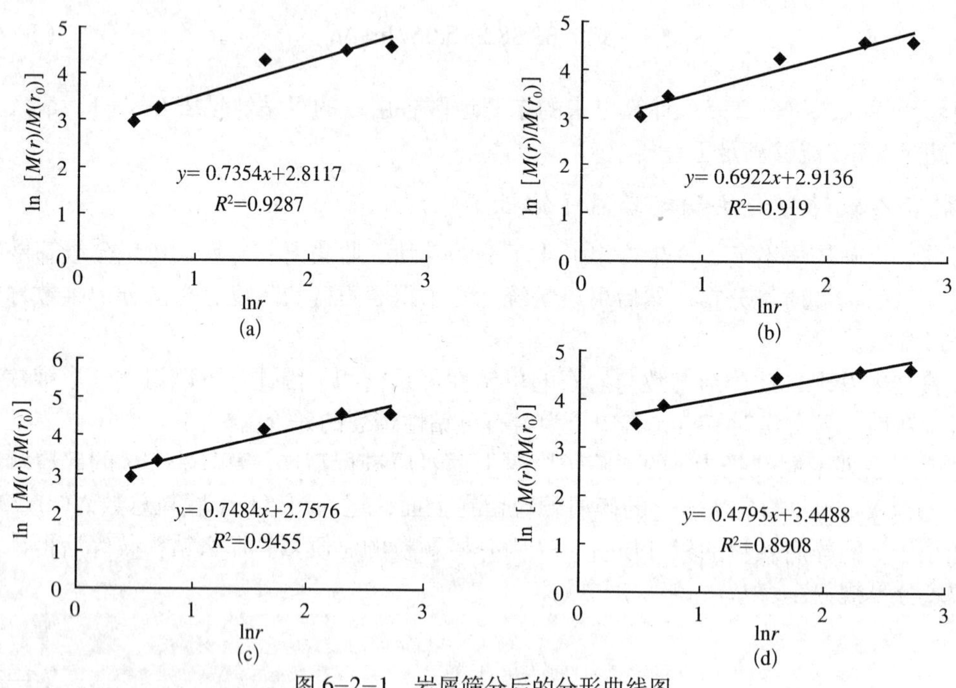

图 6–2–1　岩屑筛分后的分形曲线图

对双对数坐标系下每组数据点的曲线进行线性回归，回归各项系数见表 6–2–3。

表 6–2–3　上返岩屑筛分回归相关性系数表

样本深度，m	3–D	分形维数 D	相关系数
3270	0.735	2.265	0.9287
3280	0.6922	2.3078	0.919
3290	0.7484	2.2516	0.9455
3300	0.4795	2.5205	0.8908

通过对各组岩样碎屑粒度分布分析表明，岩屑粒度分布具有良好的分形特征，相关系数达0.90。

将对应深度的岩心进行微钻头可钻性试验，然后以分形维数为横坐标，以可钻性级值为纵坐标，在直角坐标系中绘图（图6–2–2）。进行直线拟合得到岩石可钻性级值与岩石分形维数的关系。

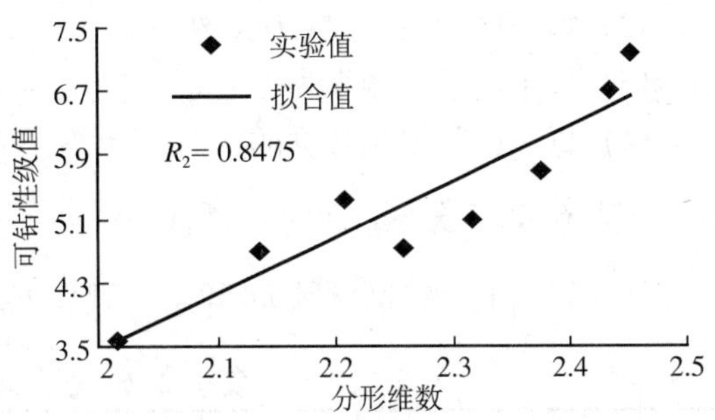

图6–2–2　岩屑筛分后的分形曲线图

根据回归关系式可以对微牙轮钻头可钻性级值表中分级标准进行换算，可以得到根据岩石分形维数确定的分级标准见表6–2–4。

表6–2–4　岩屑分形维数与可钻性级值对应关系

类别	软				中				硬		
可钻性级值	1	2	3	4	5	6	7	8	9	10	11
分形维数	≤ 1.73	1.73 ~ 1.85	1.85 ~ 1.95	1.95 ~ 2.07	2.07 ~ 2.18	2.18 ~ 2.29	2.29 ~ 2.40	2.40 ~ 2.51	2.51 ~ 2.62	2.62 ~ 2.74	2.74 ~ 2.85

应用此表，可以在钻井过程中实时取得上返岩屑，实时确定所钻地层的可钻性级值。

二、地层可钻性的数理统计规律

由于地层岩石的非均质性，对于同一块岩心几次测得的岩石可钻性并不完全相同，计算的岩石可钻性也不相同，因此岩石可钻性具有统计规律。

1．理论假设

假设地层是不均质体来研究它的规律。地层的不均质性反映在所测得的岩样的微钻时T值具有很大的分散性。地层在深度方向或平面方向，其可钻性都是很不均匀的。

设一个地层以X为代表，这个地层整体可以代表一个层位；一个地区的地层，也可以代表全国所有油田的地层。地层中某一个点X_i是抽样测定的第i点的可钻性。则X_i为地层整体的随机变量，每个X_i的值大小不定，经随机取样测得一组数据X_i（i=1,2,3，…，N），便成为X的一组观察值，是容量为N的一个样本。经过上述工作之后，应用数理统计的方法求出地层整体的性质。

2．统计分析步骤

(1) 将随机抽样测得的一组K_{di}值（i=1，2，3，…，N）按大小次序排列，并划分为若干区间。我们把地层可钻性级值划分为10个区间，见表6–2–5。

表6–2–5　地层级值划分区间

地层级值区间K_d	< 2	$2 \leqslant K_d < 3$	$3 \leqslant K_d < 4$	$4 \leqslant K_d < 5$	$5 \leqslant K_d < 6$	$6 \leqslant K_d < 7$	$7 \leqslant K_d < 8$	$8 \leqslant K_d < 9$	$9 \leqslant K_d < 10$	> 10
地层可钻性级别	Ⅰ	Ⅱ	Ⅲ	Ⅳ	Ⅴ	Ⅵ	Ⅶ	Ⅷ	Ⅸ	Ⅹ

（2）每个区间 K_{di} 个数为频数 m_i。

（3）每个区间的频率为 $W_i=m_i/N$。

（4）每个区间单位长度的频率为 $m_i/N_d\Delta K_d$

按表 6–2–5 分区 $\Delta K_d=1$，所以 $W_i=\dfrac{m_i}{N}$ 。

把计算出的分区间频数 m_i 和累计频率 $F_N(K_{di})$ 列入表 6–2–6 中。

表 6–2–6 各区间的概率和累计概率

区间	频数	累计频数	频率	累计频率	$F_N(K_{di})-F(K_{di})$
K_{di}	m_i	m_iN	$W_i=\dfrac{m_i}{N}$	$F_N(K_{di})$	(DN)

（5）作出地层可钻性统计分布直方图。以 K_{di} 为横坐标，以 W_i 为纵坐标作出岩石可钻性频率的分布直方图，得出统计分布图。

（6）计算出样本的均值 $\overline{K_d}$ 和均方差 S。

$$\overline{K_d}=\frac{1}{N}\sum_{i=1}^{N}(K_{di}) \tag{6–2–7}$$

根据大数定律，随机变量 K_d 的算数平均值 $\overline{K_d}$ 可作为数学期望的估计值，有：

$$S=\sqrt{\frac{1}{N}\sum_{i=1}^{N}(K_{di}-\overline{K_d})^2}\quad(i=1,2,3,...,N) \tag{6–2–8}$$

$\overline{K_d}$ 是分布中心，代表抽样地层总数；S 是地层极值波动范围；N 是样本容量。

（7）地层可钻性理论分布。根据尹宏锦教授等对 11 个油田的地层可钻性统计分析的结论，地层可钻性等级样本服从正态分布的假设，经检验可以接受。这个结论表明了地层总体的统计性质，是实际应用的埋论依据。

地层可钻性极值 K_{di}（i=1，2，3，…，N）作为随机变量的一组观察值，它服从正态分布，K_{di} 落在（K_{d1}，K_{d2}）区间的概率是：

$$P(K_{d1}<K_d<K_{d2})=\frac{1}{\sqrt{2\pi}}\int_{\frac{K_{d1}-a}{\sigma}}^{\frac{K_{d2}-a}{\sigma}}e^{-\frac{1}{2}}dt \tag{6–2–9}$$

应用拉普拉斯函数表（表 6–2–5）：

$$P(K_{d1}<K_d<K_{d2})=\Phi(\frac{K_{d2}-a}{\sigma})-\Phi(\frac{K_{d1}-a}{\sigma}) \tag{6–2–10}$$

查概率分布函数表即可得出存在该区间的概率。

正态分布的参数 a 就是随即变量 K_d 的数学期望 $\overline{K_d}$ ，其另一数 σ 就是随即变量 K_d 的均方差 S。即 $a=\overline{K_d}$ ，$\sigma=S$ 。

则应用上式求概率可变为：

$$P\left(K_{d1} < K_d < K_{d2}\right) = \Phi(\frac{K_{d2} - \overline{K_d}}{S}) - \Phi(\frac{K_{d1} - \overline{K_d}}{S}) \tag{6-2-11}$$

计算出各区间的概率 $P(K_{di})$ 和累计概率 $F(K_{di})$ 列入表 6-2-6 中。

(8) 用柯尔莫哥洛夫准则检验分布。从表 6-2-5 中取出理论分布 $F(K_{di})$ 与统计分布 $F_N(K_{di})$ 的最大偏值 D_{max}，则构造统计量为：

$$\lambda = \sqrt{N}D$$

差函数 $P\left(\lambda\right) = 1 - \sum_{K=-\infty}^{+\infty}\left(-1\right)^K e^{-2K^2\lambda^2}$ 数值可查。

如果 $P(\lambda)$ 足够大则所统计地层可钻性级值服从 $N(\overline{K}_d, S)$ 正态分布假设，可以接受。

3. 统计地层可钻性应用举例

例　把济阳凹陷沉积盆地沉积岩作为一个地层整体，抽样测定了它的岩石可钻性级值（表 6-2-7）。求：

（1）地层整体的统计地层可钻性 $\overline{K}_d$ ；

（2）地层级值波动范围 S ；

（3）验证地层可钻性级别统计分布图和理论分布图，并计算各类地层级别所占的百分比，按地层级别做出钻头选型计划。

解：把表 6-2-7 中 212 个数据输入统计程序，得：

（1）$\overline{K}_d$ =5.280674；

（2）S=1.895634；

（3）分别列出地层级值区间、频数、频率、累计频率 $F_N(K_{di})$、概率、累计概率 $F(K_{di})$ 和 $\left|F_N(K_{di}) - F(K_{di})\right| = D$。

表 6-2-7　岩石可钻性级值

地　层	岩心井段，m	K_{di}
明化镇组	954 ~ 984	2.737，2.927，0.263，0.678，1.807，2.558
馆陶组	984 ~ 1239.5	2.838，2.235，1.021，4.955，2.623，5.112，4.998，1.322，0.678，1.137，1.500，2.807，1.819，7.065
东营组		1.035，1.350，3.412，2.537，7.153
沙一段	2726.25 ~ 3031	5.416，6.327，5.178，6.750，5.725，9.064，5.197，4.781，6.756，7.006，5.270，5.168，5.263，8.633，4.853，5.986，5.178，6.253
沙二段	2313 ~ 2844	5.392，5.836，8.954，3.585，3.433，3.632，6.049，3.852，4.193，5.132，4.238，3.541，4.753，4.748，6.318，5.419，3.689，0.678，2.807，1.263，5.774，3.450，3.523，4.185
沙三段	2884 ~ 3152.6	7.572，5.229，5.812，5.073，8.432，3.357，4.507，4.519，2.750，4.343，5.038，2.397，1.678，9.177，8.436，4.749，3.812，5.972，4.215
沙四段	2949.2 ~ 3238.5	6.304，7.117，6.848，4.884，3.970，6.551，6.388，6.157，7.815，6.116，6.270，6.018，6.218，7.547，5.693，5.452，3.940，5.678，6.859，4.149，5.078，9.841，6.246，6.065，5.850，5.835，5.842，6.184，6.546，5.770，6.329，8.267，6.799，3.874，4.348，3.935，3.741

续表

地 层	岩心井段，m	K_{di}
白垩系孔店组	1979 ~ 1983	3.628，3.638，4.689，5.263
中生界	2058 ~ 2059	4.482，4.895，4.096
二叠 | 石炭系		6.370，6.471，5.722，5.473，5.852，5.934，5.079，4.435，3.569，4.895，3.502，3.340，5.305，5.060，5.000，7.564，7.832，6.364，4.098，4.549，4.706，7.750，6.213
奥陶系	1836 ~ 2076	5.827，6.464，5.997，5.266，3.897，2.933，7.721，5.503，5.248，4.936，4.788，7.340，5.896，4.887，5.393，8.038，6.172，4.988，7.332，5.534，7.849，4.975，4.112，7.682，4.952，7.862，7.341，7.822，6.673，7.328，8.100
寒武系	1271 ~ 2001	6.227，6.036，7.144，7.566，6.978，7.339，4.397，6.887，6.970，7.346，7.346，5.419，6.436，7.746，6.213，7.484
震旦系	1603 ~ 1603.4	9.730

注：σ_{n-1}=1.895634，$\overline{K_d}$ =5.280674，N=212。

概率计算：

$$P(K_{d1}<K_d<K_{d2})=\frac{1}{\sqrt{2\pi}}\int_{\frac{K_{d1}-\overline{K_d}}{S}}^{\frac{K_{d2}-\overline{K_d}}{S}}e^{-\frac{t}{2}}dt$$

应用拉普拉斯函数，得：

$$P(K_{d1}<K_d<K_{d2})=\Phi_2(\frac{K_{d2}-\overline{K_d}}{S})-\Phi_1(\frac{K_{d1}-\overline{K_d}}{S})$$

已求出 $\overline{K_d}$ =5.280674，S=1.895634，以（K_{d1}，K_{d2}）为区间代入上式，查概率分布表，可求出落在该区间的概率。

例如，求区间（K_{d5}，K_{d6}）=（5，6）。

$$\Phi_1(\frac{5-5.2806}{1.8956})=\Phi_1(-0.1480)\longrightarrow 0.05882$$

$$\Phi_1(-0.1480)=1-(0.5+0.05882)=0.4411$$

$$\Phi_2(\frac{6-5.2806}{1.8956})=\Phi_2(0.3795)\longrightarrow 0.1478$$

$$\Phi_2(0.3795)=0.5+0.1478=0.6478$$

则

$$P(5,6)=0.6478-0.4411=0.2067$$

其他区间的计算以此类推，计算结果列入表 6−2−8，并作出统计分布直方图和概率正态理论分布如图 6–2–3 所示。

表 6–2–8　岩石可钻性等级统计表

等级区间	频数	累计频数	频率	累计频率 F_N	概率	累计概率 F	ABS（F_N–F）
<1	4	4	0.0189	0.0189	0.0093	0.0093	0.0095
1 ~ <2	10	14	0.0472	0.0660	0.0299	0.0392	0.0268
2 ~ <3	13	27	0.0613	0.1274	0.0729	0.1121	0.0152
3 ~ <4	25	52	0.1179	0.2453	0.1356	0.2477	0.0025
4 ~ <5	35	87	0.1651	0.4104	0.1921	0.4398	0.0294
5 ~ <6	47	134	0.2217	0.6321	0.2073	0.6471	0.0151
6 ~ <7	38	172	0.1792	0.8113	0.1705	0.8176	0.0063
7 ~ <8	29	201	0.1368	0.9481	0.1068	0.9245	0.0236
8 ~ <9	7	208	0.0330	0.9811	0.0510	0.9755	0.0057
9 ~ <=10	4	212	0.0189	1.0000	0.0185	0.9940	0.0060

注：样本平均值 =5.280674，样本标准差 =1.895634，样本分布检验 P(SQR(N) ×D) =0.9928908。

查表 6–2–8 找出 D_{max}=0.0294，有：

$$\lambda=\sqrt{N}\cdot D_{max}=\sqrt{212}\times 0.0294=0.428$$

由 $P(\lambda)=P(0.428)$，查表概率函数分布得：$P(\lambda)=0.992$，足够大，说明样本分布检验可以接受。

作出地层可钻性统计分布直方图和概率分布图。根据表 6–2–8 中的数据作图 6–2–3，从第三步检验服从正态分布分成 10 个地层级别区间的概率，就是各地层级别所占的百分比。按此统计规律的结果，安排钻头生产和订货计划，是可以满足钻头选型要求的。

4．地层可钻性的梯度规律

1）原理

根据经验可知，地层埋深越深越难钻，另外就是地层年代越老越难钻，通过可钻性的测定，揭示了这种规律。例如，上面举的例题中，在新近纪明化镇组地层，平均可钻性级值为 1.8296 级，而在它下面的馆陶组地层平均可钻性为 2.9394 级。东营组地层可钻性为 3.0952 级。另外，如古生界奥陶系地层，虽然由于造山运动上升 1800 ~ 2000m 井段，但其平均可钻性为 6.09 级。尽管它的井段相当于其他地区东营组所在的井段，但是平均可钻性极值却比东营组高出 1 倍多。这就是说，地层可钻性的梯度规律受地层压实规律和成岩年代两种因素的控制，必须同时考虑这两种

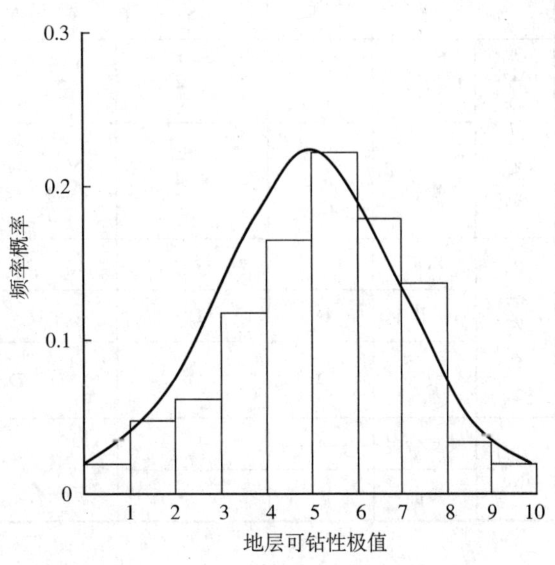

图 6–2–3　岩石可钻性分布图

因素。

2）预测地层可钻性极值的梯度公式

根据以上原理，在建立一个地区的地层梯度可钻性极值公式时，应按如下步骤进行：

（1）先按地层年代分层计算出分层的平均可钻性极值和均方差，如果一个地区在该层取心不足，可以找相邻地区对应层位的数值作补充。

（2）按地质人员提供的地质剖面分层厚度，求出分层的平均井深，不必按取心深度去回归处理，但应作深度压实校正。

（3）把平均井深和平均$\overline{K_d}$值输入回归处理程序，即可建立该地区地层梯度可钻性公式。

三、钻头选型

对于预探井或较少钻头使用经验的井，钻头选型一般是依据邻井的岩心可钻性试验及测井资料确定所钻地层的可钻性级值，进行钻头选型，钻井过程中根据钻头的使用效果进行个性化设计，不断针对实际钻井效果改进钻头设计，提高钻头使用效果。在有较多钻头使用经验的地区，可以统计分析不同钻头的使用效果，选择最佳的钻头组合。

1. 可钻性法

根据地层可钻性选择钻头，可以取得钻速高、进尺多和成本低的效果。为此，需要建立地层级别与钻头类型的对应关系。根据地层统计可钻性和地层级值梯度公式，确定所钻井段的级值与适合于这种级别地层的钻头类型，建立起对应关系，就可以方便地选好钻头类型。利用表 6–2–9 进行钻头选型。

表 6–2–9　钻头类型与地层级别对应关系表

<table>
<tr><td colspan="2">地层级别</td><td>Ⅰ～Ⅲ</td><td>Ⅲ～Ⅳ</td><td>Ⅳ～Ⅵ</td><td>Ⅵ～Ⅷ</td><td>Ⅷ～Ⅹ</td><td>≥Ⅹ</td></tr>
<tr><td colspan="2">地层级值</td><td>$K_d < 3$</td><td>$3 \leqslant K_d < 4$</td><td>$4 \leqslant K_d < 6$</td><td>$6 \leqslant K_d < 8$</td><td>$8 \leqslant K_d < 10$</td><td>$K_d \geqslant 10$</td></tr>
<tr><td colspan="2">国际
地层分类</td><td>黏软
SS</td><td>软
S</td><td>软～中
S～M</td><td>中～硬
M～H</td><td>硬
H</td><td>极硬
EH</td></tr>
<tr><td rowspan="2">IADC
钻
头
编
码</td><td>铣齿钻头</td><td>1–1</td><td>1–2</td><td>1–3、2–1、
1–4、2–2</td><td>2–3、3–1、
2–4、3–2</td><td>3–3、3–4</td><td></td></tr>
<tr><td>镶齿钻头</td><td>4–1
4–2
4–3</td><td>4–4</td><td>5–1、5–3、
5–2、5–4</td><td>6–1、6–3、
6–2、6–4</td><td>7–1、7–3、
7–2、7–4</td><td>8–1、8–3、
8–2、8–4</td></tr>
<tr><td rowspan="3">金
刚
石
钻
头</td><td>PDC</td><td></td><td></td><td></td><td></td><td></td><td></td></tr>
<tr><td>金刚石</td><td>D_1</td><td>D_1</td><td>D_2</td><td>D_3</td><td>D_4</td><td>D_5</td></tr>
<tr><td>取心</td><td>D_7</td><td>D_7</td><td>D_7、D_8</td><td>D_8</td><td>D_8</td><td>D_9</td></tr>
<tr><td rowspan="2">刮刀
钻头</td><td>硬质合金</td><td colspan="2">→</td><td colspan="4" rowspan="2"></td></tr>
<tr><td>聚晶</td><td colspan="2">→</td></tr>
</table>

2．统计分析法

1）经济效益指数法

统计分析法的基本原理是分析钻头使用的指标，选择能使每米钻井成本最低的钻头组合为最佳钻头组合，为便于现场统计分析，杨进等根据钻头进尺、机械钻速和钻头成本等三个因素的综合指标来评价钻头的使用效果，其评价结果与每米钻井成本法总体上是一致的。钻头经济效益指数计算模型为[14]（杨进等，1998）：

$$E_b = \alpha F v / C_b \tag{6-2-12}$$

式中 E_b——钻头经济效益指数；

α——方程系数；

v——钻头机械钻速，m/h；

F——钻头总进尺，m；

C_b——钻头费用，元/只。

该方法比每米钻井成本法更优越。一方面，它不需要计算每米钻井成本中难以求准的钻井辅助时间；另一方面，钻头经济效益指数对进尺和机械钻速两种因素比较敏感，它不仅体现了钻头的直接经济效益，而且突出了钻头带来的潜在经济效益。应用该方法进行钻头性能评价时，经济效益指数越大，说明该钻头性能越优，应优先选用经济效益指数大的钻头。

2）比能法

比能这一概念最早是由 Farrelly 等于 1985 年提出来的。比能的定义为：钻头从井底地层上钻掉单位体积岩石所需要做的功。其计算公式为：

$$E_s = 4W\pi D^2 + kNT_b D^2 R \tag{6-2-13}$$

式中 E_s——比能；

T_b——钻头扭矩，kN · m；

N——转速，r/min；

R——机械钻速，m/h；

W——钻压，kN；

k——常数；

D——钻头直径，mm。

该方法将钻头比能作为衡量钻进效果好坏的主要因素。钻头比能越低，表明钻头的破岩效率越高，钻头使用效果越优。该方法在原理上很简单，但在现场应用时，钻头扭矩不易计算和直接测量。

3）模糊聚类分析法

聚类分析是按一定的要求和规律将事物进行分类的一种数学方法。用模糊数学方法对具有模糊性的对象进行聚类分析就会更加符合客观实际。模糊聚类分析是基于模糊等价关系来进行的，其主要步骤包括：

确定分类对象，抽取因素数据。设待分类对象的全体用论域 $X=\{x_1, x_2, \cdots, x_3\}$ 来表示，每一对象 x 由一组数据 $X=\{x_{i1}, x_{i2}, \cdots, x_{i3}\}$（$i$=1,2,3，…，$n$）表示它的特征，模糊聚类分析就是根据这些原始数据，建立 X 上的模糊相似矩阵 $\boldsymbol{R}=\left(r_{ij}\right)_{n\times n}$，然后采用适当的方法进行聚类。

建立模糊相似矩阵。用数 $r_{ij}\in[0,1]$ 来刻划对象 x_i 与 x_j 之间的相关程度，而设模糊矩阵 $\boldsymbol{R}=\left(r_{ij}\right)_{n\times n}$，其中 $r_{ij}=r_{ji}$，$r_{ij}=1$（i，j=1,2,3，…，n）。这样 $\boldsymbol{R}$ 是一个模糊相似矩阵。r_{ij} 的确定方法有很多种，如相关系数法、最大最小法、算术平均最小法及绝对值指数法等。经研究对比发现采用相关系数法效果较好。

在建立了模糊相似矩阵 r_{ij} 之后，就可按照 r_{ij} 进行模糊聚类。用于模糊聚类的常用方法有传递闭包法、直接聚类法和最大数法。在此采用传递闭包法进行聚类。无论利用哪种聚类方法，都要求选择一个最佳的值$\lambda\left(\lambda\in[0,1]\right)$，以便确定一种最佳的分类。已有研究发现除了凭经验判定，可用 F 统计量来选定 λ 的最佳值。

设 X 为论域，n 为样本数(即 $n=\{X\}$)，m 为分类的方案数，有 $m\leqslant n$。由 T 所有样本各自成类或全部成一类，这两种情况在实际应用中没有多大的意义，因此，实际上有$(m-2)$个分类方案可供选择。引入统计量 F，有：

$$F=\frac{\sum_{i=1}^{r}n_i\left(\overline{y_i}-\overline{y_n}\right)^2/(r-1)}{\sum_{i=1}^{r}\sum_{j=1}^{n_j}\left(y_i-\overline{y_n}\right)^2/(n-r)} \tag{6-2-14}$$

这里，r 为类数，n 为样本总数，n_j 为第 j 类的样本数，$\overline{y_i}$ 第 i 类样本的平均值，$\overline{y_n}$ 为全体样本的平均值。按式（6-2-14）计算各 F 值。给定置信度 α 查表得临界值，将各 F 值与 F_α 作比较。如果 $F>F_\alpha$，根据数理统计方差分析理论，知道类与类之间差异显著，说明分类比较合理，然后在满足 $F>F_\alpha$ 的所有情形中，取差值（$F-F_\alpha$）。最大者的 F 所对应的 λ 值，其所对应的分类即为最佳分类。

选型步骤及依据：

（1）建立已知地层的岩石力学参数与钻头类型数据库。已知地层是指知道其岩性和岩石可钻性这些岩石力学参数及所钻用钻头情况的地层。对已钻井各个地层的岩石可钻性、硬度、抗压强度及抗剪强度与实际所使用的钻头类型建立一一对应的数据库（矩阵），为下一步模糊聚类做准备。

（2）计算所钻地层岩石力学参数，并加入到已建立好的数据库中。将所钻地层的岩石可钻性、硬度、抗压强度和抗剪强度等加入到已知地层的岩石力学参数矩阵中，通过上述模糊聚类分析可确定出所钻地层与已知地层的亲疏关系。

（3）参照最接近的已知地层所使用的钻头进行钻头选型。

根据上述方法确定的地层亲疏关系，就可参照与所钻地层最接近的某一或某几种已知地层的钻头选用情况选择钻头。

3．钻头个性化设计

1）牙轮钻头的个性化设计

钻头个性化设计是通过分析起出钻头的损坏特征，结合钻井速度的评估，综合考虑机械钻速及钻进进尺的平衡，改进设计钻头的设计，提高钻头的使用效果。

随着计算机技术的广泛应用和各种现代设计理论的飞速发展，计算机辅助设计方法和优化设计方法现在已经逐渐应用到牙轮钻头的设计当中。具体设计步骤如下：

（1）钻头基本参数计算。根据钻头规定尺寸和类型，用计算机辅助设计软件可确定钻头计算直径、钻头轴线和牙轮轴线夹角与偏移值等主要参数。

（2）计算外排齿打磨前后的钻头规径、牙轮锥体大圆半径、外排齿的打磨量和外排齿的位置。然后计算背锥齿的位置及打磨背锥时砂轮的安装角度。这些计算有利于增强钻头的保径作用和延长钻头使用寿命。

（3）绘制牙轮啮合图及井底击碎图，并进行相邻牙轮齿圈之间的空间最小间隙计算，绘出空间啮合图。相邻两个牙轮啮合齿圈之间的空间最小间隙的计算是钻头设计中非常重要的一环。

（4）齿圈布置计算和齿距计算。齿圈布置计算能算出各圈牙齿在井底的径向滑移量、各齿痕圈的平均直径及齿痕圈之间的未破碎宽度等，能使齿圈布置有利于提高钻头破岩效率。通过齿圈计算，可使设计出的钻头在井下钻进时，牙齿基本上不落入钻头上一圈打出的破碎坑中，钻头破岩效果更好。

（5）钻头与井底接触齿数计算及牙齿不等距布置计算。根据钻头钻进时牙齿在井底运动的规律，建立钻头牙齿触地齿数的计算程序并进行计算，利用最优化计算方法可使钻头牙齿触地齿数达到最佳结果，从而确定各圈牙齿齿数和牙齿不等距布置方案。

（6）牙齿在井底滑动速度计算及牙齿偏转角计算。可以根据牙齿在井底运动速度的方向来确定牙齿布置的角度，使牙齿在井底有较大刮切面积，有利于提高钻头机械钻速。

（7）绘制钻头井底轨迹图，并进行牙齿轨迹覆盖井底状况的分析和计算，可得到定量反映覆盖状况的“综合直方图”。这项计算和绘图可使钻头设计人员在设计阶段预知牙齿在井底的轨迹以及定量的覆盖状况，就能从钻头在井底破岩的角度去对比各种设计方案，选择最佳设计方案，从而提高钻头设计质量，大大缩短新钻头的研制周期。

（8）钻头轴承尺寸和公差确定。根据钻头钻进时轴承各部分的工作情况和受力状况，确定轴承各部分的尺寸和公差。

（9）计算钻头各部分尺寸公差对钻头直径的影响。这项计算通过误差理论分析能合理地确定钻头各部分的公差，有利于保证钻头的设计质量。

（10）应用计算机辅助设计软件在计算机上绘制钻头的全套设计图形，结合上述计算的各种参数数据以及实际工作需要继续进行系统优化设计工作。

2）PDC 钻头的设计

PDC 钻头设计包括钻头冠部剖面形状设计、切削齿布置设计、抗涡动设计、切削齿工作角设计和水力结构等内容。

（1）剖面形状设计。常用钻头冠部形状主要有：浅锥型、双锥型和抛物线型三种。目前，国内外一般都根据经验（实验室实验结果，实钻资料的统计分析结果）来选择较合适的钻头冠部形状。

（2）布齿设计。PDC 钻头布齿设计包括径向布齿设计和周向布齿设计两部分。径向布齿设计即井底覆盖设计，将所有的切削齿按照一定的方式沿井眼径向排列，形成对井底的覆盖，目前已提出的径向布齿方法有等体积布齿、等功率布齿和等磨损布齿三种。周向布齿设计就是按一定的方式将切削齿分布在钻头冠部表面上，目前采用的切削齿布置方式主要有两种：刀翼式和散布式。

(3) 切削齿工作角设计。切削齿的工作角是指切削齿的后倾角（α）和侧转角（β）。后倾角的大小直接影响齿的破岩效率和寿命。较小的切削角有利于切削齿吃入岩石，破岩效率较高。较大的后倾角有利于保护切削齿，工作寿命长。侧转角主要影响岩屑清除效果。根据研究成果，软地层的PDC钻头应采用10° ～ 20° 后倾角，而硬地层钻头采用20° ～ 25° 后倾角为宜，并以20° 作为PDC切削齿的标准后倾角。侧转角的主要作用是使切削齿对齿前岩屑产生一个外推力，防止"泥包"钻头。其经验取值范围为10° ～ 15°。

(4) 抗涡旋设计。目前PDC钻头的抗涡旋技术可归纳为以下几种：力平衡设计；旋转刀翼设计；同轨布齿设计；复合布齿设计；低摩擦保径设计。

(5) PDC钻头的水力结构设计。水力结构设计一直是PDC钻头设计中的一大难题，由于井底流场实验研究的复杂性和高难度，以及数值模拟方法的不完善性，迄今为止尚未形成有效实用的PDC钻头水力结构优化设计方法。目前，PDC钻头水力结构仍处于经验设计阶段，即根据已经取得的实验室结果和实践经验进行设计。

四、国内外常用钻头

1. 常用牙轮钻头

1）江汉石油钻头股份有限公司牙轮钻头

江汉石油钻头股份有限公司（以下简称江钻股份）牙轮钻头产品的型号代码由以下4部分组成：

(1) 钻头直径代号：用数字（整数或分数）表示，单位一般为英寸。

(2) 钻头系列代号：MD表示高速马达钻头；MINI−MD表示小井眼钻头；SMD表示超高速马达钻头；HF表示硬地层钻头；SWT表示高效钢齿钻头；A表示空气钻井钻头；HJ表示滑动轴承金属密封钻头；HA表示滑动轴承橡胶密封钻头；GJ表示滚动轴承金属密封钻头；GA表示滚动轴承橡胶密封钻头；SKF表示浮动轴承橡胶密封钻头；SKH表示滑动轴承橡胶密封钻头；SKG表示滚动轴承橡胶密封钻头；SKW表示非密封钻头。

(3) 钻头分类号：采用SPE/IADC 23937的规定，由三位数字组成，首位数为切削结构类别及地层系列号，第二位为地层分级号，末位数为钻头结构特征代号。

(4) 钻头附加结构特征代号：为了满足特殊钻井需要，需对钻头做局部改进或加强时，则在分类号后加附加结构特征。代号采用一个或多个字母表示。通常可在镶齿钻头上增加T和S特殊结构特征，以及H、Y、L、G和C附加结构特征，钢齿钻头增加T、L、G和C结构特征。

例如，江钻股份钻头"$8^1/_2$ SMD 537 D"所代表的含义为：直径为$8^1/_2$in（215.9mm）；SMD系列（超高速马达系列）；IADC分类号为537（低抗压强度的软—中等地层的滑动轴承镶齿钻头）；附加结构特征D表示掌背金刚石复合齿保径。

江钻股份牙轮钻头产品及推荐钻压、转速见表6−2−10。

表 6–2–10　江钻股份牙轮钻头使用参数推荐表

钻头系列	系列型号	正常钻压，kN/mm（钻头直径）	转速，r/min
MD 高速马达钻头	MD437	0.35 ~ 1.00	300 ~ 60
	MD447、MD447X	0.35 ~ 1.03	300 ~ 60
	MD517、MD517K、MD517X	0.35 ~ 1.05	300 ~ 60
	MD537K、MD537X	0.35 ~ 1.07	300 ~ 60
	MD617X、MD637HX、MD637HY、MD647HX	0.50 ~ 1.10	220 ~ 40
MINI–MD 小井眼牙轮钻头	MD437	0.35 ~ 0.9	300 ~ 60
	MD447X	0.35 ~ 1.00	300 ~ 60
	MD517X、MD537X、MD617HX	0.35 ~ 1.05	200 ~ 60
	MD637HY	0.35 ~ 1.10	200 ~ 40
SMD 超高速马达钻头	SMD437	0.35 ~ 1.00	450 ~ 60
	SMD447、SMD447X	0.35 ~ 1.03	450 ~ 60
	SMD517、SMD517K、SMD517X	0.35 ~ 1.05	450 ~ 60
	SMD537K、SMD537X	0.35 ~ 1.07	450 ~ 60
	SMD617X、SMD637HX、SMD637HDY、SMD647HDX、SMD647HDY	0.50 ~ 1.10	300 ~ 40
HF 硬地层钻头	HF537、HF617、HF637H、HF637HY	0.35 ~ 1.05	220 ~ 40
	HF647HY、HF647H	0.35 ~ 1.10	200 ~ 40
	HF737H、HF837H	0.35 ~ 1.20	180 ~ 40
SWT 高效钢齿钻头	SWT117、SWT127	0.65 ~ 1.00	120 ~ 80
	SWT137	0.65 ~ 1.03	120 ~ 60
A 空气钻井牙轮钻头	A537C、A547C	0.35 ~ 0.7	200 ~ 50
	A617C	0.35 ~ 0.75	180 ~ 40
	A627CH、A627CHY、A637CHY	0.35 ~ 0.8	180 ~ 40
YC 单牙轮钻头	YC437、YC517、YC537、YC617、YC637	0.26 ~ 0.74	180 ~ 60
HJ 滑动轴承金属密封钻头	HJ117、HJ127	0.30 ~ 0.90	300 ~ 80
	HJ437	0.35 ~ 0.90	200 ~ 60
	HJ517G HJ527G	0.35 ~ 1.05	200 ~ 50
	HJ537G	0.50 ~ 1.05	200 ~ 40
	HJ617G	0.50 ~ 1.05	180 ~ 40
	HJ637G	0.50 ~ 1.10	180 ~ 40
	HJ737G	0.50 ~ 1.20	180 ~ 40
SKH 滑动轴承橡胶密封钻头	SKH116SKH126	0.30 ~ 0.90	150 ~ 80
	SKH437	0.35 ~ 0.90	140 ~ 60
	SKH517	0.35 ~ 1.05	120 ~ 50
	SKH537	0.50 ~ 1.05	110 ~ 40
SKG 滚动轴承橡胶密封钻头	SKG114	0.27 ~ 0.70	150 ~ 80
	SKG124	0.25 ~ 0.70	150 ~ 80
	SKG435	0.20 ~ 0.70	150 ~ 80
	SKG515	0.25 ~ 0.70	150 ~ 80

2）宝石机械成都装备制造分公司牙轮钻头

宝石机械成都装备制造分公司（以下简称宝成公司）牙轮钻头产品的型号代码由以下4部分组成：

(1) 钻头直径代号：用数字（整数或分数）表示，单位一般为英寸。

(2) 钻头系列代号：钻头系列代号的首字母为“S”，代表川石钻头。SV/SVT 表示六点定位马达钻头；SJ/SJT 表示金属密封轴承钻头；S 表示常规橡胶密封滑动轴承 / 滚动轴承钻头，非密封滚动轴承钻头；SG 表示改进型滚动密封轴承钻头；SK 表示空气冷却滚动轴承钻头；SD 表示单牙轮钻头；SL 表示领眼扩眼钻头。

（3）钻头分类号：采用 SPE/IADC 23937 的规定，由三位数字组成，首位数为切削结构类别及地层系列号，第二位为地层分级号，末位数为钻头结构特征代号。

（4）钻头附加结构特征代号：为了满足特殊钻井需要，需对钻头做局部改进或加强时，则在分类号后加附加结构特征。附加技术特征通常包括 C、E、G、GG、K、L、W、X和Y等。

例如，宝成公司钻头“$8^1/_2$ SVT 537 G” 所代表的含义为：钻头直径为 $8^1/_2$in(215.9mm)；SVT系列(六点定位马达钻头系列)；IADC分类号为 537(低抗压强度的软到中等地层的滑动轴承镶齿钻头)；附加结构特征 G表示爪尖 /爪背加强保径。

宝成公司牙轮钻头产品的推荐钻压及转速见表 6−2−11。

表 6−2−11　宝成公司牙轮钻头使用参数推荐表

钻头系列	系列型号	钻压，kN/mm（钻头直径）	转速，r/min
SV 六点定位马达钻头	SVT437、SVT447	0.35 ~ 0.9	240 ~ 70
	SVT517 SVT527	0.35 ~ 1.0	220 ~ 60
	SVT537 SVT547	0.45 ~ 1.0	220 ~ 50
	SV617	0.45 ~ 1.1	200 ~ 50
SJ 金属密封轴承钻头	SJT117	0.35 ~ 0.8	240 ~ 80
	SJT127、SJT437、SJT447	0.35 ~ 0.9	240 ~ 70
	SJT517、SJT527	0.35 ~ 1.0	220 ~ 60
	SJT537、SJT547	0.45 ~ 1.0	220 ~ 50
	SJ617、SJ627	0.45 ~ 1.1	200 ~ 50
	SJ637	0.5 ~ 1.1	180 ~ 40
S 橡胶密封滑动轴承钻头	S116、S117	0.35 ~ 0.8	150 ~ 80
	S126、S127	0.35 ~ 0.9	150 ~ 70
	S136、S137	0.35 ~ 1.0	120 ~ 60
	S216、S217	0.4 ~ 1.0	100 ~ 60
	S246、S247	0.4 ~ 1.0	80 ~ 50
	S417、S437、S447	0.35 ~ 0.9	150 ~ 70
	S517、S527	0.35 ~ 1.0	140 ~ 60
	S537、S547	0.45 ~ 1.0	120 ~ 50
	S617、S627	0.45 ~ 1.1	90 ~ 50
	S637	0.5 ~ 1.2	80 ~ 40
S 橡胶密封滚动轴承钻头	S114、S115	0.3 ~ 0.75	180 ~ 60
	S124、S125	0.3 ~ 0.85	180 ~ 60
	S134、S135	0.3 ~ 0.95	150 ~ 60
	S214、S215	0.35 ~ 0.95	150 ~ 60
	S244、S245	0.35 ~ 0.95	150 ~ 50
	S324、S325	0.4 ~ 1.0	120 ~ 50
	S515、S525	0.35 ~ 0.9	180 ~ 60
	S535、S545	0.35 ~ 1.0	150 ~ 60
	S615、S625	0.35 ~ 1.0	120 ~ 50
	S635	0.4 ~ 1.1	120 ~ 50
S 非密封滚动轴承钻头	S111	0.3 ~ 0.75	200 ~ 80
	S121	0.3 ~ 0.85	200 ~ 80
	S131	0.3 ~ 0.95	180 ~ 80
	S211	0.35 ~ 0.95	180 ~ 80
	S241	0.35 ~ 0.95	180 ~ 70
	S321	0.4 ~ 1.0	150 ~ 70
SG 改进型滚动密封轴承钻头	SG115	0.3 ~ 0.75	200 ~ 80
	SG125	0.3 ~ 0.85	200 ~ 80
	SG135	0.3 ~ 0.95	180 ~ 80
	SG215	0.35 ~ 0.95	180 ~ 80

续表

钻头系列	系列型号	钻压，kN/mm（钻头直径）	转速，r/min
SG 改进型滚动密封轴承钻头	SG435、SG445	0.35 ~ 0.95	150 ~ 60
	SG515、SG525	0.3 ~ 0.8	200 ~ 80
	SG535、SG545	0.35 ~ 0.9	180 ~ 80
	SG615、SG625	0.35 ~ 1.0	180 ~ 80
	SG635	0.4 ~ 1.1	150 ~ 60
SK 空气冷却滚动轴承钻头	SK512	0.35 ~ 0.7	120 ~ 60
	SK542	0.4 ~ 0.8	100 ~ 60
	SK612	0.5 ~ 0.9	100 ~ 60
	SK732	0.6 ~ 1.1	90 ~ 50
SD 单牙轮钻头	SD527	0.3 ~ 0.7	120 ~ 50
	SD547	0.3 ~ 0.7	100 ~ 50
	SD617	0.4 ~ 0.8	90 ~ 50
SL 领眼扩眼钻头	SL117	0.35 ~ 0.9	150 ~ 70
	SL127		
	SL517	0.4 ~ 1.0	120 ~ 60
	SL537		

3）天津立林机械集团有限公司牙轮钻头

天津立林机械集团有限公司（以下简称立林公司）牙轮钻头产品的型号代码由以下 4 部分组成：

（1）钻头直径代号：用数字（整数或分数）表示，单位一般为英寸。

（2）钻头系列代号：钻头系列代号的首字母为“L”（代表立林钻头），其后有 1 ~ 2 个英文字母，共同构成钻头系列代号。LE/LET 表示橡胶密封钻头；LD 表示金属密封钻头；LA 表示特殊布齿钻头；LF 表示浮动轴承钻头。

（3）钻头分类号：采用 SPE/IADC 23937 的规定，由三位数字组成，首位数为切削结构类别及地层系列号，第二位为地层分级号，末位数为钻头结构特征代号。

（4）钻头附加结构特征代号：为了满足特殊钻井需要，需对钻头做局部改进或加强时，则在分类号后加附加结构特征。附加技术特征通常包括 G、L、D、Y、X、K、C、E和 SP等。

例如，立林公司钻头“$8^1/_2$ LD 517 G”所代表的含义为：钻头直径为 $8^1/_2$in(215.9mm)；LD系列(金属密封系列)；IADC分类号为 517(低抗压强度软地层的滑动轴承镶齿钻头)；附加结构特征 G表示掌背加强保径。

立林公司牙轮钻头推荐钻压及转速参数见表 6–2–12。

表 6–2–12　立林公司牙轮钻头使用参数推荐表

钻头系列	系列型号	钻压，kN/mm（钻头直径）	转速，r/min
LET 橡胶密封修边齿钻头	LET 117	0.48 ~ 1.00	160 ~ 80
	LET 127		150 ~ 70
	LET 137		130 ~ 60
	LET 147		160 ~ 50
	LET 115、LET 125、LET 135、LET 145	0.4 ~ 0.7	200 ~ 80
	LET 415		180 ~ 80
	LET 435		160 ~ 80
	LET 515		140 ~ 80
	LET 535		120 ~ 80

续表

钻头系列	系列型号	钻压，kN/mm（钻头直径）	转速，r/min
LE 橡胶密封钻头	LE 417	0.5 ~ 0.7	150 ~ 80
	LE 437		130 ~ 50
	LE 447	0.5 ~ 0.9	120 ~ 50
	LE 517		100 ~ 45
	LE 537	0.6 ~ 0.9	80 ~ 45
	LE 617 LE 637	0.6 ~ 1.0	60 ~ 45
	LE 737	0.6 ~ 1.1	60 ~ 45
	LE 837	1.0 ~ 1.3	60 ~ 45
	LE 114	0.4 ~ 0.7	200 ~ 80
LEA 橡胶密封特殊布齿钻头	LEA 417	0.4 ~ 0.9	140 ~ 70
	LEA 437、LEA 447		140 ~ 60
	LEA 517	0.5 ~ 1.0	120 ~ 50
	LEA 537、LEA 547		110 ~ 50
	LEA 617	0.6 ~ 1.1	100 ~ 40
	LEA 637	0.7 ~ 1.2	80 ~ 40
	LEA 737		70 ~ 40
	LEA 837		60 ~ 40
LD 金属密封钻头	LD 417	0.4 ~ 0.9	280 ~ 60
	LD 437		260 ~ 60
	LD 447		250 ~ 60
	LD 517	0.5 ~ 1.0	250 ~ 60
	LD 537		230 ~ 60
	LD 547		260 ~ 60
	LD 617	0.6 ~ 1.1	220 ~ 50
	LD 637	0.7 ~ 1.2	200 ~ 40
LF 浮动轴承钻头	LF417、LF437、LF447	0.4 ~ 1.0	300 ~ 60
	LF517、LF537、LF547	0.4 ~ 1.1	280 ~ 60
	LF617、LF637	0.5 ~ 1.2	220 ~ 40
	LF737	0.5 ~ 1.3	220 ~ 40

4）国外主要厂商牙轮钻头型号对照

见表 6–2–13、表 6–2–14。

5）国民油井公司瑞德牙轮钻头

国民油井公司瑞德牙轮钻头产品的型号代码由以下四部分组成：

钻头直径代号 | 系列代号 | 分类号 | 附加结构特征代号

（1）钻头直径代号：用数字（整数或分数）表示，单位一般为英寸。

（2）钻头系列代号：见表 6–2–15。

（3）钻头分类号：由两位数字组成，首位数为地层系列号，第二位为钻头类型。

（4）钻头结构特征代号：为了满足特殊钻井需要，需对钻头做局部改进或加强时，则在分类号后加附加结构特征。代号采用 1 个或多个字母表示：A—楔形齿，C—中心喷嘴，M—强化水力设计，K—掌背保护，D—金刚石强化设计。

例如，“8½" R30AMKDH” 钻头表示：8½"—钻头直径；R—系列（RockForce™ 系列）；IADC 分类号为 30（中到中硬高抗压强度地层的滑动轴承镶齿钻头）；AMKDH—附加结构特征，其中 A—楔形齿，M—强化水力设计，K—掌背保护，DH—背锥金刚石保护。

表 6−2−13　国外主要厂商牙轮钻头型号对比表（铣齿）

钻头系列	地层系列		钻头类型	钻头特征																			
				标准滚珠轴承（1）				密封滚珠轴承（4）				密封滚珠轴承保径（5）				密封滑动轴承（6）				密封滑动轴承保径（7）			
				瑞德	休斯	史密斯	帝陛艾斯	瑞德	休斯	史密斯	帝陛斯	瑞德	休斯	史密斯	帝陛艾斯	瑞德	休斯	史密斯	帝陛艾斯	瑞德	休斯	史密斯	帝陛艾斯
铣齿钻头	1	软地层低抗压强度和高可钻性	1	Y11	R1	DSJ	XN1		GTX−1	SDS		T11	GX−1X GTX−1V GTX−G1 MX−1 MXL−1	XR+ GSSH+ TCTi+	XT1S, EBXT1	S11, RT1	GT−1	FDS	XS−1	TC10 TC11 RT1G S11G	GX−1X GT−1 STX−1 GT−G1H MX−1 MXL−1 MXLB−1	XR+ FDS+ TCTi+	XSC1 EBXS1 QH1
			2		R2	DTJ												FDT		RT12G			QH2
			3	Y13	R3	DGJ	XN3		GTX−3	MGG		T13	GTX−G3 MX−3 MXL−3	MSDGH GGH+	XT3, EBXT3					RT3G S13G	STX−3 MX−3 MXB−3 MXL−3	MFDGH FDGH	XS3 EBXS3 QH3
	2	中到中硬地层高抗压强度	1				XN4							SVH	XT4		ATJ−4			RT4G S21G	ATJ−G4	GFVH FVH	XS4 EBXS4 QH4
			2			OFM																	
	3	硬研磨性地层	1				XN5																
			2		R7																		QH7
			4																		ATJ−G8		

表 6–2–14 国外主要厂商牙轮钻头型号对比表（镶齿）

钻头系列	地层系列	钻头类型	密封滚珠轴承保径（5）				密封滑动轴承保径（7）			
			瑞德	休斯	史密斯	帝陛艾斯	瑞德	休斯	史密斯	帝陛艾斯
镶齿钻头	4 软地层低抗压强度和高可钻性	1	T41 S41	GTX–00，GTX–03，MX–00，MXL–00，MX–03，MXL–03，MX–05H	GSi01B，GS01，GS02B，GS03B，Gi03B，G04B，GS04B，TCTi01	XT（D）00–05（D），EBXT（D）00–05（D）	R01A，R03A	GX–00，GX–03，MXB–00，MX–03，MXB–03，MXL–03CH，MX–05，MXL–05	GFSi01，GFS04，MFS04，MFi04	XS（D）00–05（D），EBXS（D）00–05（D），QH02，QH04，QH05
		2	T42		GS05，GSi06B，G08B，GS08B	XT（D）06–09（D），EBXT（D）06–09（D）	R07A		GF05，GFi05B，GFSi06，MF05B	XS（D）06–09（D），EBXS（D）06–09（D），QH08，QH09
		3	T43 S43	GTX–09，GTX–11H，MX–09，MXL–09，MXL–11	G10B，GS10B，GSi12UB，TCT10	XT（D）10–13（D），EBXT（D）10–13（D）	R09A，R12A，RD12，S43A，RH09A，RH12A	GX–09，STX–09，GX–11，MX–09，MXB–09，MXL–09，MXLB–09，MX–11，MXL–11	F10，F12，GF08B，GF10B，GFS10B，GF12T，XR12，MF10T，XR10T，TCT11，TCT12	XS（D）10–13（D），EBXS（D）10–13（D），QH10，QH12
		4	T44 S44		GSi15B，G15，GSi18B，GSi20B，G11Y，M15S，15JS	XT（D）14–17（D），EBXT（D）14–17（D）	R14，R14A，R15，R15A，RD15，S44，RH14A，RH15A	GX–18，STX–18，MX–18，MXB–18，MXL–18	FH16，FHi18，MF15M，F15T，MF19，GF15，GFS15B，XR15，XRi15G	XS（D）14–17（D），EBXS（D）14–17（D），QH14，QH16
	5 中到中硬地层高抗压强度	1	T51 S51	GTX–20，GTX–22，MX–20，MXL–20	G20，GS20B，G25，20GMS，2JS，GSi20B	XT（D）18–23（D），EBXT（D）18–23（D）	R20A，R21A，R22A，R23A，RD21，RH20A，RH21A，RH22A，RH22，R22，S51A，S51X	GX–20，STX–20，GX–22，GX–23，GX–25，MX–20，MXB–20，MXL–20，MXLB–20，MX–22	F15H，F2，MF2，MF15H，FHi20，FHi21，FHi23，GFi20，GF21，GF25，GFS20，MFS20，XR20，XR25，F25Y，GF20Y，XR20Y，TCTi20	XS（D）18–23（D），EBXS（D）18–23（D），QH18，QH20，QH21，QH22
		2	T52	GTX–28，MX–20C，MX–28，MXL–28	G28B	XT（D）24–27（D），EBXT（D）24–27（D）	R19A，R24，R24A，R25，R25A，R27，R28A，RD25，52，RH28A	GX–20C，STX–20C，GX–28，MXL–20C，MX–20CH，MXB–20CH，MX–28，MXLB–28，MXL–28	GF26，F27，GFS28，FHi28，GFi28B，FHi29，FHi25，F26Y，MF26Y，FHi24Y，GF27Y，XR20TY	XS（D）24–27（D），EBXS（D）24–27（D），QH24–28
		3	T53 S53	MX–30H，GTX–30，GTX–33	G30，GS30B，3JS	XT（D）28–33（D），EBXT（D）28–33（D）	R30，R30A，R35，R36，RD33，JA53，RH30，RH30A，S53A	GX–30，STX–30，MX–30，MXB–30，MXL–30	F3，F30，FH30，FHi30，FHi31，FH32，GF30，MF30T，XR30，XR32	XS（D）28–33（D），EBXS（D）28–33（D），QH29–31，QH33

续表

钻头系列		地层系列	钻头类型	密封滚珠轴承保径（5）				密封滑动轴承保径（7）			
				瑞德	休斯	史密斯	帝陛艾斯	瑞德	休斯	史密斯	帝陛艾斯
镶齿钻头	5	中到中硬地层高抗压强度	4	S54	GTX–30C GTX–33CG MX–33CG		XT（D）34–39（D），EBXT（D）34–39（D）	R34，R34A，R35A，R37，RH37，S54A	GX–30C，STX–30C，GX–33，GX–35，STX–35，GX–38C，MXB–30C，MXL–30C，MXB–30CH，MX–35，MXL–35，MXB–35CG，MX–38C，MXL–38C	FHi35，GFi35，F37Y，FHi37Y，FHi38Y，F39Y，XR30Y，XRi35，XR35Y	XS（D）34–39（D），EBXS（D）34–39（D），QH34，QH36–39
	6	中硬地层高抗压强度	1	T61 S61		G40，G40Y，4JS	XT（D）40–45（D），EBXT（D）40–45（D）	R40，R40A，RH40，RH40A，S61A	GX–40，GX–44，MX–40，MXL–44G	FH40，FHi45，F40，F45H，MF40H，GF40H，XR38，XR40，XR45Y，F47Y，FH43Y，GF47Y	XS（D）40–45（D），EBXS（D）40–45（D），QH40，QH42–45
			2		GTX–40C GTX–44C MXL–44C MX–44CG		XT（D）46–51（D），EBXT（D）46–51（D）	R44A，R45，R48，R48A，JA62，RH44A，RH45，RH48，R44，S62，S62A	STX–40C，GX–44C，STX–44C，GX–45C，MX–40C，MXB–40CG，MX–44C，MXL–44C	FH50，FHi50，F46HY，F47HY，GF45Y，GF50Y，XR40Y，XR45Y，XR50	XS（D）46–51（D），EBXS（D）46–51（D），QH47，QH48，QH50
			3		MX–55		XT（D）52–59（D）	R50，JA63，RH50，S63	HR–50，STX–50，GX–55，STX–55，HR–55R，MX–50，MX–55，MXL–55	F57Y，GF50YB，F50YA，XR50Y	XS（D）52–59（D），EBXS（D）52–59（D），QH55，QH57
			4				XT（D）61，63，67，69（D）	R60，R65RH60	GX–66，STX–66，GX–68，MX–66，MXL–66，MX–68，MXB–68，MXL–68，MXLB–68	F59Y，F67Y，GF67Y，XRi65Y	XS（D）61，63，67，69（D），EBXS（D）61，63，67，69（D），QH69
	7	硬研磨性地层	1	IADC 代码示例 HP53:IADC537 5= 钻头系列（中－中硬地层镶齿钻头） 3= 钻头类型 7= 钻头特征（滑动轴承和保径）			XT（D）71，73，75（D）				XS（D）71，73，75（D），EBXS（D）71，73，75（D），QH67，QH69
			3				XT（D）77，79，81（D）	R70	STX–70，STX–77	F7，XR68Y，XR70Y	XS（D）77，79，81（D），EBXS（D）77，79，81（D），QH79
			4				XT（D）83，85，89（D）	R75		XR75Y	XS（D）83，85，87，89（D），EBXS（D）83，85，87，89（D）
	8	极硬研磨性地层	1				XT（D）91，93（D）	R80，R85	HR–88，STX–88	F80Y，GF80Y，XR80Y	XS（D）91，93（D），EBXS（D）91，93（D），QH93
			2				XT（D）95，97（D）		GX–89	F85Y	XS（D）95，97（D），EBXS（D）95，97（D）
			3				XT（D）99（D）	R90，R85	STX–90，GX–95，GX–98M，HR–98，HR–99，STX–99	F90Y，FHi90Y，XR90Y	XS（D）99（D），EBXS（D）99（D），QH91，QH99

表 6-2-15 国民油井公司瑞德牙轮钻头系列代号表

钻头系列	系列代码	钻头特性及其适用性	尺寸范围，in	取代原系列
Titan™	T	滚动轴承	$12^1/_4 \sim 26$	EMS，MS
RockForce™	R，RT	新型滑动轴承	$3^3/_4 \sim 12^1/_4$	TD，SL
RockForce™Directional	RD	定向井用新型滑动轴承	$7^7/_8 \sim 12^1/_4$	—
TuffCutter™	TC	粉末冲压铣齿钻头	$7^7/_8 \sim 12^1/_4$	—
TuffDuty™	TD，D	滑动轴承	$7^7/_8 \sim 12^1/_4$	HP，EHP
Sabre™	SL	小井眼滑动轴承	$3^3/_4 \sim 6^3/_4$	EHP，HP
S 系列	S	标配牙轮钻头（含小尺寸）	$7^1/_2 \sim 12$	—
Y 系列	Y	标配牙轮钻头	$12^1/_4 \sim 26$	—
JetAir	JA	适用空气钻井	$7^7/_8 \sim 11$	—
ShredR ™		连续油管钻水泥塞钻头	$4^3/_8 \sim 4^3/_4$	—

2. 常用 PDC 钻头

PDC 钻头为金刚石钻头的分类，IADC 有关 PDC 钻头分类标准包含在金刚石钻头分类标准中。IADC 金刚石钻头的分类标准由 4 个字符表示，第 1 个字符为字母，其他 3 个字符均由阿拉伯数字表示（图 6-2-4），具体分类方法见表 6-2-16。

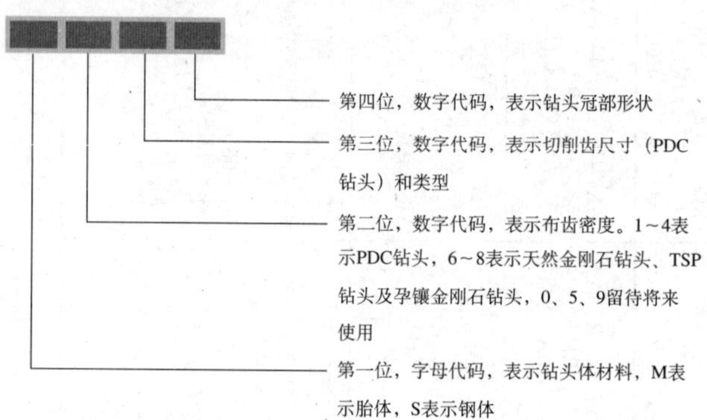
第四位，数字代码，表示钻头冠部形状
第三位，数字代码，表示切削齿尺寸（PDC钻头）和类型
第二位，数字代码，表示布齿密度。1～4表示PDC钻头，6～8表示天然金刚石钻头、TSP钻头及孕镶金刚石钻头，0、5、9留待将来使用
第一位，字母代码，表示钻头体材料，M表示胎体，S表示钢体

图 6-2-4 IADC 金刚石钻头分类标准

第一位代码为字母代码，表示钻头体的材料，代码 M 表示钻头体为胎体，代码 S 表示钻头体为钢体。

第二位代码为数字代码，表示金刚石钻头的类型与布齿密度。由 0 ~ 9 构成，1 ~ 4 表示 PDC 钻头，6 ~ 8 表示单晶和聚晶金刚石钻头，0、5 和 9 备用。由于 PDC 钻头和单晶与聚晶金刚石钻头布齿密度无法用同一参数表征，分别制订了不同的布齿密度表示方法：PDC 钻头的布齿密度采用当量齿数表征；单晶和聚晶金刚石钻头的布齿密度采用金刚石颗粒的粒度表征。

由于聚晶金刚石复合片的直径不同，同一钻头可能使用不同直径的齿组合。为此将钻头上所有不同直径切削齿（不包括规径面上的齿）面积的总和折算为直径为 1/2in 切削齿的数量，折算得出的齿数乘以一个与钻头直径有关的系数便得到当量齿数。当量齿数的公式为：

$$Z = \frac{16 \times \sum_{i=1}^{n} Z_i d_i}{D} \tag{6-2-15}$$

式中　Z——钻头的当量齿数；

D——钻头直径；

n——钻头上切削齿的种类数（相同直径的切削齿归入一类）；

Z_i，d_i——分别代表第 i 种齿的数量和直径（不包括规径面上的 PDC 齿）。

第三位数字代码，PDC 钻头与单晶和聚晶金刚石钻头表示的含义不同。对于 PDC 钻头，第三位数字代码表示钻头所用切削齿的尺寸；对于单晶和聚晶金刚石钻头，第三位数字代码表示钻头类型。

表 6–2–16　PDC 钻头的分类

第一位字符		第二位字符	第三位字符		第四位字符			
钻头体材料		PDC 齿密度代号（当量齿数）	PDC 齿直径代号		PDC 钻头冠部形状代号			
胎体	钢体		分级代号	尺寸 mm	鱼尾形	短冠部 (<58mm)	中等冠部 (58 ~ 114mm)	长冠部 (>114mm)
M	S	1 稀 (≤ 30)	1	>24	1	2	3	4
			2	14 ~ 24				
			3	<14				
		2 中 (>30 ~ 40)	1	>24				
			2	14 ~ 24				
			3	<14				
		3 密 (>40 ~ 50)	1	>24				
			2	14 ~ 24				
			3	<14				
		4 高密 (>50)	1	>24				
			2	14 ~ 24				
			3	<14				

由于 PDC 钻头的切削齿尺寸有多种，不同尺寸的切削齿适应的地层性能不同，为便于区分和选用，采用代码 1、2 和 3 分别表示钻头所用的齿的直径。当同一只钻头上出现几种直径的切削齿时，直径代号的确定以数量最多的齿（不包括规径面上的齿）为依据。

由于单晶和聚晶金刚石钻头种类较多，采用数字代码 1～ 4分别表示不同的钻头类型。

第四位数字代码表示钻头冠部形状。钻头冠部形状类型以钻头冠部轮廓高度划分为 4 类（图 6–2–5），采用数字代码 1 ~ 4 表示。

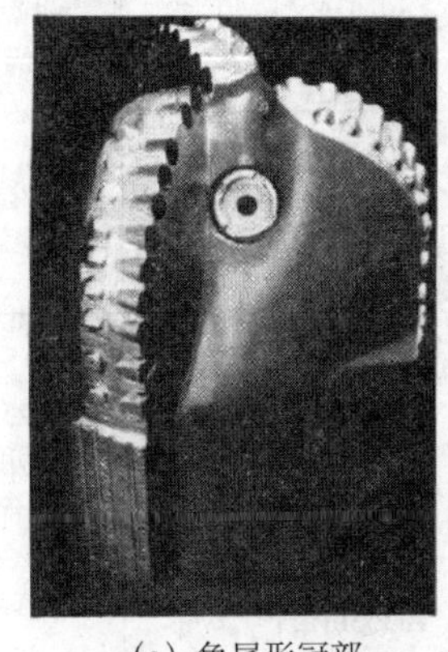
(a) 鱼尾形冠部

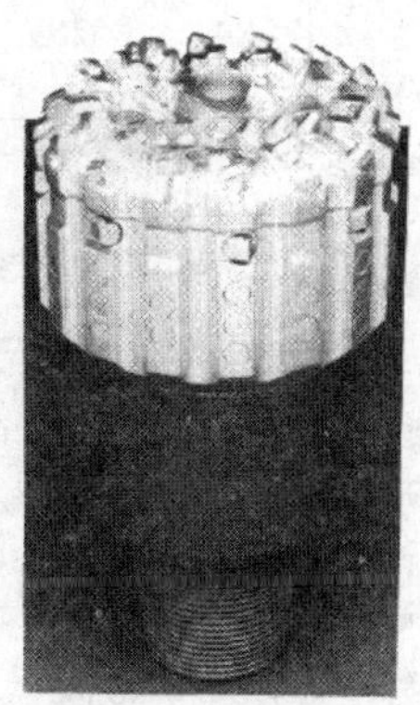
(b) 短冠部

(c) 中等冠部

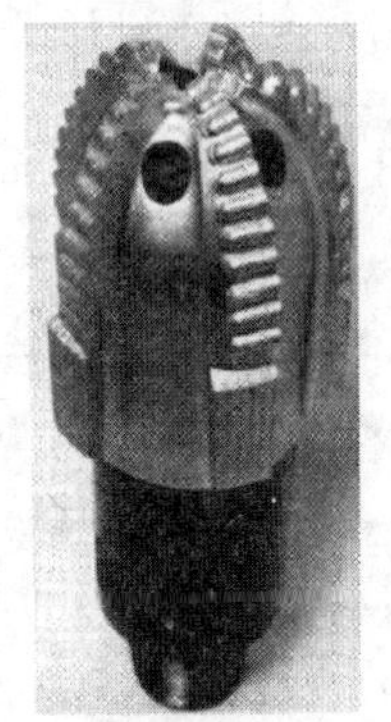
(d) 长冠部

图 6–2–5　金刚石钻头冠部标准图

由于金刚石钻头的冠部形状与破岩、清岩及导向性能等密切相关，冠部形状多样。因此，本标准仅给出了冠部形状的4种类型，没有制定一种包含冠部轮廓高度与钻头直径的公式来划分冠部种类，而要求钻头生产商生产的钻头冠部形状分为符合本工业标准要求的4类即可。

例如，按照IADC标准的钻头编码S231：表示PDC钻头；钻头体为钢体式；中等布齿密度；切削齿直径为13.44mm；钻头冠部形状为鱼尾形。

国内钻头制造厂家一般都有自己的钻头命名代码，为便于钻头选型，钻头厂家将其钻头分类代码与相应的IADC牙轮钻头的代码一并列出。

1）四川川石·克锐达金刚石钻头有限公司PDC钻头

（1）四川川石·克锐达金刚石钻头有限公司（以下简称川克公司）钻头代码见表6-2-17。

表6-2-17 川克公司金刚石钻头代码

前缀代码		数字代码			后缀代码
字母		第一位	第二位	第三位	
钻头系列		切削齿系列	钻头冠部形状	布齿密度	供选择特征
G AG AB/R BD STR	复合片	3：$^{3}/_{8}$in PDC 4：$^{1}/_{2}$in PDC 5：$^{3}/_{4}$in PDC	1～3：短抛物线 4～6：中抛物线 7～9：长抛物线	1～3：低密度 4～6：中密度 7～9：高密度	D、G、K、M、S、U、C1、C2、C3
S	巴斯拉	2：三角聚晶 7：圆柱聚晶	—	1～3：低密度 4～6：中密度 7～9：高密度	G、CE、P
D	天然金刚石	—	—	—	G、GE、SM

例如，“$8^{1}/_{2}$AG536D”钻头表示：$8^{1}/_{2}$in—直径215.9mm；AG—金系列抗回旋PDC钻头；5—切削齿尺寸3/4in；3—短抛物线冠部形状；6—中密度布齿；D—用于定向。

（2）川克公司金刚石钻头系列型号及选型指南见表6-2-18。

表6-2-18 川克公司金刚石钻头系列型号及选型指南

IADC钻头编码	地层	岩性	“金”系列	常规系列	“BD”系列	“星”系列	巴斯拉及天然金刚石
111～126 417	极软地层，含黏性夹层和低抗压强度	黏土、泥灰岩	G573、G574、G554、AG554	R554、R574、R431、R526、AR554	BD554	STR554	
116～126 417～447	软地层，低抗压强度高可钻性	黏土、盐岩石膏、页岩	AG574、AG554、G426、G526、G554、G534、G582、AG26	R526、R574、AR426、R433、R434、R482、R426	BD535、BD536P、BD445P	STR382	
136～216 417～447	软至中硬地层，低抗压强度的均质夹层地层	砂岩、页岩、白垩岩	G444、AG526、AG435、G535、G536、G545、G482、G534、G526、G546、G382、G582、G434、G438、G548、G435、G437	R535、AR426、R335、AR435、R435、R436、R434、AR536、AR54、R547、R545、R426	BD445H、BD447P、BD447、BD445、BD535、BD536H	STR445、STR386、STR335	5225、S725、D331、D262、D41

续表

IADC 钻头编码	地层	岩性	"金"系列	常规系列	"BD"系列	"星"系列	巴斯拉及天然金刚石
437 ~ 517	中至硬地层，中等抗压强度，含少量研磨性夹层的地层	页岩、砂岩、石灰岩	AG44、G447、G438、G449、G536、G547、G548、G435、G437、G448	R536、AR536、AR545、R547、R44、R418、R437、R447、AR437、R54	BD536H、DB445H、BDN47H、BD449	STR447、STR426、STR445、STR386	5226、S248、5278、S280、5725、S41、S331、S262
517 ~ 637	硬至致密地层，高抗压强度，无研磨性	粉砂、砂岩、石灰岩、白云岩			BD447H、BD449H		D24、S278、S280、S279
647 ~ 638	极硬和研磨性地层	火成岩					S278、S279、S290

(3) 川克公司推荐钻压和转速。川克公司推荐 PDC 钻头的使用参数为：钻压范围 0.10 ~ 0.49kN/mm（钻头直径）；转速范围 80 ~ 300r/min。

2) 四川成都百施特金刚石钻头有限公司 PDC 钻头

(1) 四川成都百施特金刚石钻头有限公司（以下简称百施特公司）钻头代码见表 6-2-19。

表 6-2-19　百施特公司金刚石钻头代码

系列	字符及数字代码	变化范围	代表意义
复合片钻头	字母	M、MS、MC	钻头系列和类型
	第一组数字	25、19、16、13、08	切削齿尺寸（mm）
	第二组数字	3 ~ 12	刀翼数量
	第三组数字	1 ~ 9	冠部形状和布齿密度
	后缀字母	A、H、P、M、R、RS、S、SG、SS	钻头设计特征
天然金刚石钻头	字母	N,NC 等	钻头类型（全面 / 取心）
	第一组数字	1 ~ 12	金刚石粒度
	第二组数字	1 ~ 3	布齿密度
	第三组数字	1 ~ 9	冠部形状
热稳定聚晶金刚石钻头	字母	P，PC	钻头类型（全面 / 取心）
	第一组数字	1 ~ 3	聚晶类型及规格
	第二组数字	1 ~ 3	布齿密度
	第三组数字	1 ~ 3	冠部形状
孕镶金刚石钻头	字母	I、IC	钻头类型（全面 / 取心）
	第一组数字	20 ~ 80	单晶粒度
	第二组数字	1 ~ 3	孕镶块密度
	第三组数字	1 ~ 9	冠部形状

前缀字母分别表示意义如下：

M—胎体 PDC 钻头；MS—钢体 PDC 钻头；MC—胎体 PDC 取心钻头；N—天然金刚石钻头；NC—天然金刚石取心钻头；P—热稳定聚晶金刚石钻头；PC—热稳定聚晶金刚石取心钻头；I—孕镶金刚石钻头；IC—孕镶金刚石取心钻头；MB—双心钻头；MDR—随钻

扩眼工具。

后缀字母分别表示意义如下：

SG—特殊保径；RS—旋转导向钻头；SGS—特殊保径、螺旋刀翼；SS—螺旋保径、螺旋刀翼；M—混装齿；MSS—混装齿、螺旋保径、螺旋刀翼。

（2）百施特公司金刚石钻头系列型号及选型指南见表 6–2–20。

表 6–2–20　百施特公司金刚石钻头系列型号及选型指南

IADC 钻头编码	地层	岩性	金刚石钻头
111 ~ 124	极软，低抗压强度	黏土、粉砂岩、砂岩	MS1945、MS1951、MS1953
116 ~ 137	软，低抗压强度	黏土、泥灰岩、盐岩、页岩、褐煤、砂岩	MS1951、M1951、M1953、M1963、M1965
517 ~ 527	中软，低抗压强度的均质夹层地层	黏土、泥灰岩、褐煤、砂岩、粉砂岩、硬石膏、凝灰岩	MS1951、MS1963、M1953、M1963、M1964、M1965、MS1973
517 ~ 537	中等抗压强度的非均质夹层地层	泥岩、石灰岩、硬石膏、钙质砂岩、页岩	MS1963、M1963、M1964、M1965、M1973、M1974
537 ~ 617	中硬，中等抗压强度和含研磨性夹层的地层	石灰岩、硬石膏、白云岩、砂岩、页岩	M1963、M1964、M1965、M1973、M1974、M1975、M1985、M1674、M1677、M1365、M1386、M1388
627 ~ 637	硬，高抗压强度的硬及致密地层	钙质页岩、硅质砂岩、粉砂岩、石灰岩	M1985、M1674、M1677、M1386、M1388
637 ~ 837	极硬和研磨性地层	石英石、火成岩	13018、13026、13028

（3）百施特公司推荐 PDC 钻头钻压和转速。百施特公司推荐 PDC 钻头的使用参数为：钻压范围 0.10 ~ 0.60kN/mm（钻头直径）；转速范围 60 ~ 260r/min。

3）胜利油田金刚石钻头厂金刚石钻头

（1）胜利油田金刚石钻头厂（以下简称胜利钻头厂）金刚石钻头代码见表 6–2–21。

表 6–2–21　胜利钻头厂金刚石钻头代码

系列	字母	变化范围	代表意义	说明
P	第	P	PDC	
	第二	0 ~ 4	切削齿尺寸	0：<13mm；1：13 ~ 17mm；2：17 ~ 22mm；3：22 ~ 25.4mm；4：>25.4mm
	第三	1 ~ 9	冠部形状	1 ~ 9：长抛物线 ~ 近平底
	第四	1 ~ 9	布齿密度	1 ~ 3：低密度；4 ~ 6：中密度；7 ~ 9：高密度
	第五	M 或 S	基本类型	M：胎体；S：钢体
	第六	F 或 O…	布齿方式	F：复合式；O：散布式
	第七	D，H…	特殊用途代号	D：定向侧钻井；H：水平钻井
T	第一	T	TSP 钻头	
	第二	5 ~ 8	切削齿形状	5：三角形；6：圆柱形；7：圆片型；8：四方形
	第三	1 ~ 4	冠部形状	1：单锥形；2：双锥形；3：圆弧形；4：刮刀形
	第四	1 ~ 9	布齿密度	同 P 系列
	第五	D，H…	特殊用途代号	同 P 系列
N	第一	N	TIP 钻头	
	第二	9	切削齿形状	
	第三	1 ~ 4	冠部形状	同 T 系列
	第四	1 ~ 9	布齿密度	同 P 系列
	第五	D，H…	特殊用途代号	同 P 系列

续表

系列	字母	变化范围	代表意义	说明
PB 或 TB	第一	P 或 T	钻头切削齿类型	P：双心 PDC 钻头，T：TSP 钻头
	第二	B	双心钻头	
	第三	0 ~ 8	切削齿类型 / 尺寸	0 ~ 4：同 P 系列；5 ~ 8：同 T 系列
	第四	1 ~ 9 或 1 ~ 4	冠部形状	PB ~ 9：同 P 系列；TB ~ 4：同 T 系列
	第五	1 ~ 9	布齿密度	同 P 系列
	第六	M 或 S	基本类型	同 P 系列（仅用于 PB 系列）
PC 或 TC 或 NC	第一	P、T、N	切削齿类型	P：PDC 齿；T：TIP 齿；N：天然金刚石
	第二	C	取心钻头	
	第三	0 ~ 9	切削齿类型 / 尺寸	0 ~ 4：同 P 系列；5 ~ 8：同 T 系列；9：同 N 系列；
	第四	1 ~ 4	冠部现在	同 T 系列
	第五	1 ~ 9	布齿密度	同 P 系列
	第六	M 或 S	基本类型	同 P 系列（仅用于 PC 系列）
	第七	L	特殊用途代号	密闭取心

例如，“P265MF−215.9”钻头表示：P—PDC 钻头；2—ϕ 19mm 切削齿；6—浅圆弧冠部剖面；5—中密度布齿；M—基体是胎体；215.9—钻头直径 215.9mm。

（2）胜利钻头厂金刚石钻头系列型号及选型指南见表 6−2−22。

表 6−2−22　胜利钻头厂金刚石钻头系列型号及选型指南

IADC 编码	地层		P 系列	T 系列	N 系列	双心系列	取心系列
	特性	岩性					
111 ~ 126 417	低抗压强度的极软地层，黏土层	黏土、泥灰岩	P273M、P273MF、P263M、P263MF、P264M、P264MF、P173M、P174M、P272M、P163M、P163M			PB135S、PB135M	PSC136、PMC136
116 ~ 126 417 ~ 447	低抗压强度和高可钻性的软地层	泥灰岩、盐岩、石膏、页岩	P23M、P273MF、P263MF、P264M、P264MF、P173M、P174M、P272M、P162M、P163M、P274MF、P275MF、P273MJ、P265M、P265MF、P185M、P175M、P184M、P185MO、P284M、P283MF、P283MJ、P165M			PB135S、PB135M、PB234M	PSC136、PMC136、PSC136m、PSC136mb、PSC143b
136 ~ 216 517 ~ 537	低抗压强度夹层的软至中等地层	砂岩、页岩、白垩泥岩	P264F、P174M、P274MF、P257M、P257MF、P273MJ、P265M、P265MF、P185M、P175M、P184M、P185MO、P284M、P283MF、P283MJ、P165M	T528		PB135M、PB234M、TB528	PSC136、PMC136、PSC136m、PSC136mb、PSC143b、TMC536、TMC536m、TMC616、TMChl6m
537 ~ 627	高抗压强度低研磨性的致密中至硬地层	页岩、泥岩、砂岩、石灰岩、白云岩、石膏	P275M、P275MF、P185M、P185MO、P284M、P176MF、P284M、P176MF、P256M、P165M、P286M、P277M、PO74M、P266M、P22MF、P264MJ、P178MH、P167M	T528、T536、T538、		TB528	TMC536、TMC536m、TMC616、TMChl6m、NMC938

续表

637 ~ 737	极高抗压强度、中研磨性的致密地层	泥岩、砂岩、粉砂岩		T538	N926、N938	TB528	TMC536、TMC616、NMC938
637 ~ 737	极硬研磨性的地层	石英岩、火山岩			N926、N938		NMC938

(3) 胜利钻头厂推荐钻压和转速。胜利钻头厂推荐PDC钻头的使用参数为：钻压范围0.08 ~ 0.45kN/mm(钻头直径2 ~ 11.5kN/in)；转速范围：60 ~ 300r/min。

4) 史密斯公司 PDC 钻头

史密斯公司 PDC 钻头分类及特性见表 6–2–23。

表 6–2–23 史密斯公司 PDC 钻头分类及特性

新钻头代号	钻头系列代号对照					
	标准胎体 M	ARCS 胎体 MA	双扭胎体 MDT	导向胎体 MRS	标准钢体 S	导向钢体 SRS
316	M81				S81	
319	M97					
322					S989	
406	M07					
411						
413	M58					
416	M78，M781，M785，M79，M80					
419	M93，M94，M96，M962					
422	M988				S988	
509	M27					
513	M54					
516	M75，M76，MGR75，MGR751，MGR77			MRS75	S75	
519	M90，M91，M92，M925			MRS91	S90，S91	
522					S987	
609	M09，M20					
611	M285		MDT285	MRS285		
613	M45，M50，M510，M52		MDT48，MDT52	MRS48	S50	
616	M72，M721，M73，M74，M746，M764	MA74	MDT74	MRS72，MRS731，MRS74，MRS741	S73	SRS73
619	M87，M88，MGR88	M89	MDT89	MRS87，MRS89，MRS891	S88，S89	SGR87
622		MA985		MRS985	S985，S986	
713	M40，M42			MRS41		
716	M70，M71				S71	SRS71
719				MRS85	S86	
809	M20					
811	M283					
813	M36，M37，M371，M38，M381，M382，M383	MGR38			S38	
816	M65，M67，M68，M69	MGR68		MRS68，MGR681	S68	SRS68
819	M83	MGR84		MRS84	S83	
822		MGR994		MRS98	S983	SRS983
909	M09，M16，M18					

续表

新钻头代号	钻头系列代号对照					
	标准胎体 M	ARCS 胎体 MA	双扭胎体 MDT	导向胎体 MRS	标准钢体 S	导向钢体 SRS
913	M33，M34	MA32	MDT34，MDT35，MDT45	MRS34		
916	M62	MA62，MA621	MDT62	MRS62		
919		MA82		MRS82		
922		MA982				
1016	M60	MA61				
1019		MA81，MA821				
1209	M09					
1213		MA31				
1216		MA29，MGR29				
1513	M33					
1609	M09					
2009	M09					

5）休斯克里斯坦森公司 PDC 钻头

休斯克里斯坦森公司 PDC 钻头分类及特性见表 6–2–24。

表 6–2–24　休斯克里斯坦森公司 PDC 钻头分类及特性

钻头分类	适用配套技术或地层	钻头尺寸，in	刀翼数	切削齿尺寸，in
Genesis XT（HC–Z）	采用 Zenith 系列切削齿和新的布齿方式	$3^{1}/_{8} \sim 17^{1}/_{8}$	3 ~ 10	3/8 ~ 5/8
Genesis（HC）				
Genesis（HCM）	螺杆导向	$3^{1}/_{8} \sim 17^{1}/_{2}$	3 ~ 10	3/8 ~ 3/4
Genesis（HCR）	旋转导向	$3^{1}/_{8} \sim 17^{1}/_{2}$	3 ~ 10	3/8 ~ 3/4
RWD2	随钻扩眼	$2^{3}/_{4} \sim 17^{1}/_{2}$	3 ~ 5	—
HedgeHog（HH）	最硬和研磨性最强的地层	$3^{3}/_{4} \sim 17^{1}/_{2}$	—	—
天然金刚石（D,T）	研磨性较强较硬的地层	—	—	—
巴拉斯（S）	中到硬地层	—	—	—
侧钻（ST）	软地层中侧钻	—	—	—
高速磨铣（DSM）	套管开窗	—	—	—
EZ Case（EZC）	使用尾管或套管方式对地层进行划眼或钻新地层	—	—	—

6）国民油井公司瑞德 PDC 钻头

国民油井公司瑞德 PDC 钻头的型号代码由以下六部分组成：

钻头直径代号	系列代号	切削齿类型	刀翼数和切削齿尺寸	本体材料	改进版本号

例如，“$8^{1}/_{2}$" RSX516M–D1”钻头表示：$8^{1}/_{2}$"—钻头直径；RS—适用旋转导向钻井的 PDC 钻头；X—TReX® 切削齿（或 R—Rapor® 或 H—Helios™ 切削齿）；5—5 个刀翼；16—16mm 切削齿；M—胎体（或 S—钢体）；D1—改进版本号。国民油井公司瑞德 PDC 钻

头类及特征，见表 6–2–25。

表 6–2–25　国民油井公司瑞德 PDC 钻头类及特征

钻头系列	系列代码	钻头特性及其适用性	尺寸范围，in
Titan™	TF	大尺寸 PDC 钻头	$14^3/_4$ ~ 26
Titan™ 超级 DuraDiamond™	TU	超级耐研磨 PDC 钻头	$17^1/_2$ ~ 28
常规 PDC	DS	适用转盘钻、马达、旋转导向钻井	$4^3/_4$ ~ $12^1/_4$
Rotary Steerable	RS	适用旋转导向钻井	$5^3/_4$ ~ 26
Motor Steerable	MS	适用马达定向钻井	$4^3/_4$ ~ $18^1/_8$
Seeker™	SK	定向钻井钻头	$4^5/_8$ ~ $18^1/_8$
FuseTek™	FT	孕镶 PDC 混合型钻头	6 ~ $18^1/_2$
SpeedDrill®	SD	释放地层应力，高钻速钻头	$3^3/_4$ ~ $12^1/_4$
Side Track	ST	适用侧钻钻井	$5^7/_8$ ~ $12^1/_4$
Drill-Out Bicenter	CSD™	可钻套管鞋双心钻头	$4^3/_4 \times 5^5/_8 \times 3^3/_4$ ~ $19^1/_4 \times 23^1/_4 \times 13^1/_2$

7）国民油井公司瑞德金刚石钻头

国民油井公司瑞德金刚石钻头型号代码由以下六部分组成：

| 钻头直径代号 | 系列代号 | 金刚石刀翼体积 | 金刚石颗粒强度 | 本体材料 | 改进版本号 |

例如，"$8^1/_2$" DD4540M–A1" 钻头表示：$8^1/_2$"—钻头直径；DD—DuraDiamond® 耐久金刚石钻头；45—金刚石刀翼体积；40—金刚石颗粒强度；M—胎体（或 S—钢体）；A1—改进版本号。国民油井公司瑞德金刚石钻头分类及特征见表 6–2–26。

表 6–2–26　国民油井公司瑞德金刚石钻头分类及特征

钻头系列	系列代码	钻头特性及其适用性	尺寸范围，in
DuraDiamond®	DD	耐久金刚石钻头，适用坚硬地层	$4^1/_4$ ~ $12^1/_4$

国民油井公司瑞德天然金刚石钻头型号代码由以下三部分组成：

| 系列 | 每克拉金刚石颗粒数 | 金刚石品质 |

例如，"828 4–6–P" 天然金刚石钻头表示：828—系列；4–6—每克拉金刚石颗粒数；P—优质（或 M—西非或 L—正八面体）。国民油井公司瑞德金刚石钻头分类及特征见表 6–2–27。

表 6–2–27 国民油井瑞德天然金刚石钻头分类及特征

钻头系列	系列代码	钻头特性及其适用性	尺寸范围，in
天然金刚石钻头	828 4–6–P	天然金刚石钻头，适用坚硬地层	$3^3/_4$ ~ $13^1/_2$

第三节　影响钻速因素及作用机理

一、钻井参数相互作用机理

钻井过程中钻压与转速是钻头进行破岩的机械能量，在钻压与转速作用下，井底岩石产生破碎，而水力能量一方面可及时将破碎的岩石冲离井底，从而避免重复破碎（或影响

PDC 钻头的切削齿切削效率）；另一方面，水力能量还可以促使破岩产生的裂纹扩展，使 PDC 钻头切削齿前沿更少的岩屑堆集，从而能提高钻井速度。

早期国外学者通过模拟试验认为，水力参数达到打多快清多快的程度后，如再提高水力参数就对机械钻速不起作用了。1976年 James H. Allen提出钻压和转速与水力参数的匹配关系，也认为镶齿钻头所需的 *WN*值小，因而不需更大的钻井泵提供较高的水力能量。美国早期多数学者持这种观点，即认为水力参数只要满足清岩的需要就够了，再提高是浪费。

进入 20世纪 80年代后，对水力参数的作用有新的认识。《油气杂志》（1983年 6月）发表 Adams和 Mailand的文章指出，立管压力达到 34.3～ 41.2MPa的高压钻井比常规 21MPa钻井可节约成本 25%；在软地层泵压超过 14MPa就有破岩作用，如提高到 35MPa，对沉积岩都有破岩作用。

近期研究表明，水力加机械联合破岩可提高钻速，延长钻头寿命，而且射流冲击点靠近切削齿前 2 ～ 4mm 效果好。认为切削齿使岩石产生裂缝，水力对破碎坑的冲蚀和水楔作用扩展裂纹，二者相辅相成，可以提高破岩效率。

通过试验可得如下关系 ：

$$v = 0.19375W^{1.71919}N_{\mathrm{B}}^{0.27924} \tag{6-3-1}$$

式中　W——钻压，t ；

N_{B}——钻头比水功率，W/mm² ；

v——机械钻速，m/h。

图 6-3-1 所示为砂岩钻压及钻头比水功率与机械钻速的关系，从图 6-3-1 中可以直观地看出，在低钻压下，钻速曲线受水力影响增加的较小 ；在高钻压下，钻速曲线变陡，受水力影响较大。得出以下认识：

（1）钻压增加，水力钻速曲线由缓变陡，水力指数由小变大，在高钻压高水功率搭配下，得到更高的机械钻速。说明岩石在机械和水力参数联合作用下存在着明显的交互作用机理。

（2）地层的水力敏感指数受机械参数的影响很明显。也就是说岩石在较高的机械参数作用下产生较大的破碎坑和裂纹，有利于水力的冲蚀和水楔作用，提高钻速。因而，在测定地层的水力指数时，在优选的钻压和转速组合下测得的数据才有实用价值。例如，在致密的石灰岩上，不加钻压，仅靠水力冲刺，几乎没有效果。

（3）在石灰岩和花岗岩的试验中，也得出相同的规律性，即岩石的可钻性影响岩石的水力指数。

图 6-3-2 为同一断块相邻的两口井于沙三段地层井深为 2900m 的钻压与钻速的关系，从图 6-3-2 可以明显地看出水力能量对提高钻速的作用。

二、钻井液对钻速影响机理

1. 水基钻井液的两种体系

水基钻井液在钻井中使用最多，在它的发展过程中形成了分散体系和不分散体系。

分散体系的钻井液加了强分散剂，使钻井液中的低密度固相（钻屑）分散的很细，小于 2μm 的固相占主要比例，不分散体系的钻井液不加强分散剂，加入包被剂，能抑制泥岩分散，保持粗的固相粒度，见表 6–3–1 及表 6–3–2。

通过固相粒度测定和分析，可以对分散体系、不分散体系、强分散剂和包破剂有一个定量的评定指标。使用西德 Frisch 公司 20 型光学沉淀扫描分析仪，测定时，取样稀释成固相含量不超过 1% 的溶液，输入液体密度、黏度、固相密度、扫描时间和形状系数，即可自动绘出固相粒度分布的积分曲线，实验结果具有高的精确度。

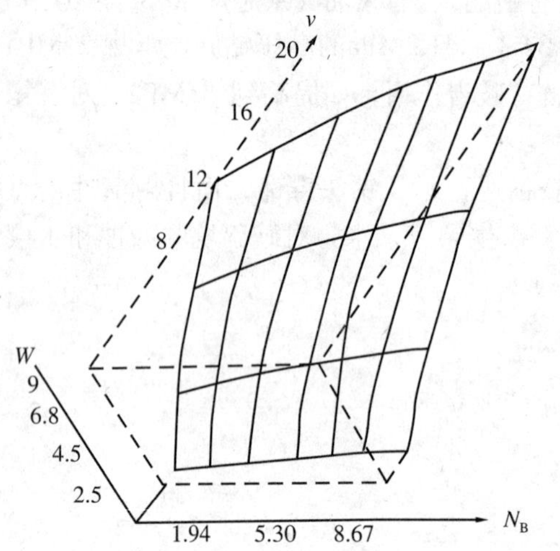

图 6–3–1　砂岩钻压及钻头比水功率与机械钻速的关系

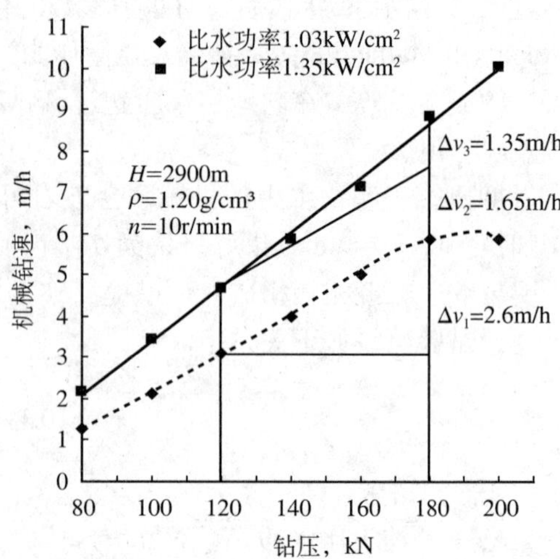

图 6–3–2　不同水力条件下钻压与钻速的关系

表 6–3–1　分散体系钻井液的固相粒度分布

钻井液体系	配 方	固相颗粒分布，%							备 注
		2μm	5μm	10μm	20μm	30μm	40μm	50μm	
分散	钻井液加 2.5% 栲胶碱液	93	95.5	97.5	99	—	—	—	累计百分数
	钻井液加 2% 铁铬盐	78.5	93.5	98	—	—	—	—	

表 6–3–2　常用处理剂对地层土的作用

处理剂	试验配方	固相颗粒分布，%							备注
		2μm	5μm	10μm	20μm	30μm	40μm	50μm	
铁铬盐	1% 铁铬盐溶液 50mL+0.25g 地层土	44	56	68	83	—	—	—	累计百分数
清 水	50mL 蒸馏水 +0.25g 地层土	35.8	59	75	94	—	—	—	
PAC	0.3%PAC 溶液 50mL+0.25g 地层土	6.2	36	68	94	—	—	—	

试验表明，常用的铁铬木质素磺酸盐和栲胶碱液是强分散剂，而 FA367、JT888、HEC、XC、PRD、JMP、PAC和 HPAN等均对泥岩有抑制分散作用和包被作用。

2．不加重水基钻井液在不同剪切速率区适应的流变模式

对两种体系五种类型多种配方的不加重水基钻井液，以变速流变仪和毛细管黏度计实测的流变曲线，用常用的四种流变模式进行拟合，发现在三个流速区（环空区、钻具水眼区、钻头水眼区）吻合最好的流变模式是：

（1）环空流速区，剪切速率为 5.1～255s^{-1}(3～150r/min）时，应用修正幂律模式最准确。

（2）钻具内流速区，相当于剪切速率 170 ～ 1022s^{-1}（100 ～ 600 r/min)，实际的流变曲线与各种流变模式都很吻合。在钻具中主要是计算紊流压耗，需要确定塑性黏度，用宾汉模式 $PV=\Phi_{600}-\Phi_{300}$ 即可。

（3）钻头水眼流速区，相当于剪切速率 10^4 ～ 10^6s^{-1}，验证结果，卡森模式最接近实测的视黏度。

试验结果表明，在室温下，当 Φ_{600} 读数超过 60，Φ_3 读数超过 15，常用的几种流变模式都不太吻合。对于深井和加重钻井液的流变特性，应当进一步做系统的模拟试验。

3．钻井液主要参数对机械钻速的作用机理

1）钻头水眼液体黏度与机械钻速的关系

上面已经验证，钻头水眼液体黏度可以用卡森极限高剪黏度预测，其计算公式为：

$$\eta_\infty=\left[1.195(\Phi_{600}^{\frac{1}{2}}-\Phi_{100}^{\frac{1}{2}})\right]^2 \quad \text{mPa·s} \qquad (6\text{–}3\text{–}2a)$$

或

$$\eta_\infty=\left[2.4142(\Phi_{600}^{\frac{1}{2}}-\Phi_{300}^{\frac{1}{2}})\right]^2 \quad \text{mPa·s} \qquad (6\text{–}3\text{–}2b)$$

式中　Φ_{600}，Φ_{300}，Φ_{100}——旋转黏度计读数。

试验是在胜利油田钻井研究院全尺寸台架上进行的。用 ϕ152mm镶齿钻头，分别在砂岩、石灰岩和花岗岩上进行，固定钻压 60kN，转速 58r/min，钻井液密度 1.03g/cm^3，排量 17.15L/s，泵压 10.79MPa，改变水眼液体黏度从 1～ 18.3mPa· s。试验数据曲线如图 6–3–3所示。

分析试验结果：

（1）在 4 ～ 5 级的砂岩钻头水眼液体黏度中对钻速影响十分明显。

（2）水眼液体黏度为 1 ～ 10mPa · s 时对钻速影响十分敏感。

（3）岩石可钻性级值增大，水眼液体黏度对钻速影响有减小的趋势。

2）钻井液固相含量与机械钻速的关系

钻井液密度是影响钻速的主要因素之一，其中包括固相含量、固相粒度分布和压差对钻速的影响。

固相含量与机械钻速的关系是在无压差全尺寸台架上进行的。用 ϕ152mm镶齿牙轮钻头，保持钻压 60kN，转速 60r/min，排量 17.15L/s，泵压 10.78MPa，水眼液体黏度 4～5mPa· s，改变固相含量 2%～ 11.14%，在砂岩、石灰岩和花岗岩上进行了钻速试验。试验结果如图 6–3–4所示。

分析试验结果：

（1）固相含量作为单独因素对钻速确有明显影响，对不同的岩石影响也不同，随岩石可钻性级值增加而降低。

（2）钻井液中加入粒度较大的重晶石（6～ 74μm）这一惰性固相对水眼液体黏度影响不大。

（3）在没有压差的条件下，固相影响钻速的机理尚不清楚。但实验结果是肯定的。

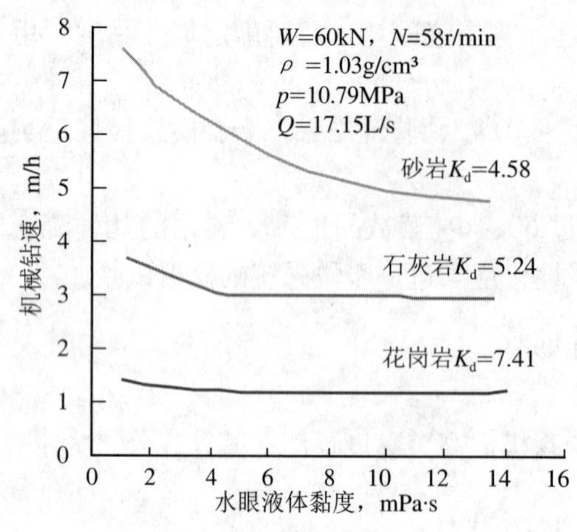

图 6–3–3　机械钻速随水眼液体黏度变化曲线

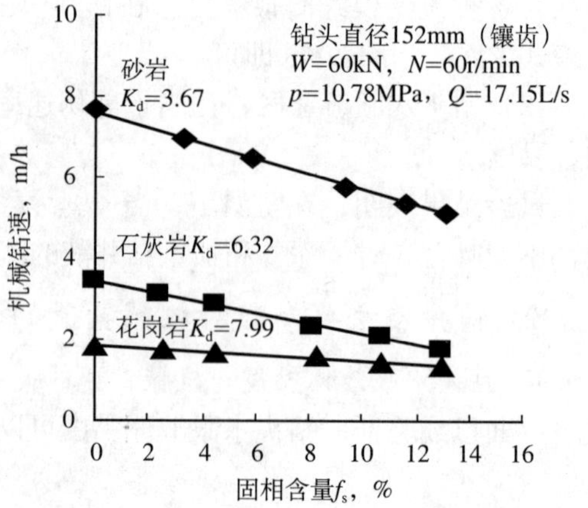

图 6–3–4　机械钻速随固相含量变化曲线

低密度固相粒度分布对钻速的影响：黏土颗粒亚微细颗粒含量增加，相对钻速有明显降低；亚微细固相（<1μm 的胶体颗粒）比粗颗粒固相对钻速的影响大 12 倍。膨润土钻井液小于 1μm 的固相占 13%；膨润土钻井液加木质素磺酸盐分散剂小于 1μm 的固相颗粒占 80%；而膨润土浆加聚合物的钻井液，固相小于 1μm 的只占 6%。这就表明了分散体系钻井液的钻速比不分散体系慢的原因。从机理上讲，亚微细固相在井底压差的作用下，更容易堵塞破碎坑的裂纹，使岩屑在"压持效应"下难以清除。

3）压差对钻速的影响

Bourgoyne 等人根据大量试验数据统计分析，得出压差与钻速关系式为：

$$V_{pe} = V_{peo} e^{-\beta \Delta p} \tag{6–3–3}$$

式中 V_{pe}——钻速，m/h；

V_{peo}——零压差时的钻速，m/h；

Δp——井底压差，MPa；

β——与岩石性质有关的系数。

实际钻速与零压差条件下的钻速之比称为压差影响系数，用 C_p 表示。即 $C_p = \dfrac{V_{pe}}{V_{peo}} = e^{-\beta \Delta p}$ 。

为满足平衡钻井的要求，根据实践经验，按控制井底静液柱压差为 1.4 ～ 3.4MPa，就要严格控制钻井液密度，尽可能采用不分散体系钻井液，加重时要严格控制低密度固相含量，使其不得超过经验方程计算的上限值。

4．环空钻井液流变参数的优选

环空钻井液流变参数的优选原则是，在提高钻速的前提下，满足井眼安全的三个约束条件。

1）井眼净化能力

在钻井过程中，钻屑不断进入环形空间，根据实验和现场验证，要使钻屑的进入速度与最终固相含量达到平衡，岩屑的输送比应为50%以上。这里说的岩屑输送比就是井眼净化能力，以 LC 表示：

$$LC = 1 - \frac{v_s}{v_a} \geqslant 50\% \tag{6-3-4}$$

式中　v_s——岩屑下沉速度；

v_a——环空平均流速。

关于岩屑下沉速度的计算，由于岩屑形状多样化，涉及的边界条件非常复杂，只能按理想化的条件导出岩屑滑沉速度公式，而在一般情况下还是凭经验和观察岩屑的球形化当量直径代入公式进行计算。

岩屑滑沉速度公式有多种形式，一般环空流态介于层流到紊流的过渡流态区，推荐应用下列公式，比较接近实际情况：

$$v_s = \frac{0.071 d_s (2.5 - \rho)^{0.667}}{\rho^{0.333} \mu^{0.333}} \tag{6-3-5}$$

式中　d_s——岩屑当量直径。

根据试验，软地层刮刀钻头取 d_s=15mm，牙轮钻头 d_s=10mm。

井眼净化能力 LC 不小于50%时，环空岩屑浓度就可以保持小于或等于平衡值，这时可满足井眼的净化要求（不包括垮塌增加的浓度）。

2）环空岩屑浓度

在满足井眼净化条件的前提下，环空岩屑浓度取决于机械钻速和排量，从1941年Pigott提出岩屑浓度 C_a 最高不得超过5%一直沿用至今，普遍认为岩屑浓度超过5%是不安全的。通过我国东部地区多年实践，在快速钻井中，机械钻速高达300m/h以上，往往发生环空堵塞，卸扣打倒车，严重时泵压升高，循环失灵，造成卡钻事故。经过对净化能力的计算与控制，机械钻速不超过150m/h，岩屑浓度可达到9.0%也能保证安全钻进。

3）井眼冲蚀与井眼稳定的关系

井眼稳定问题是钻井过程中经常遇到的而且也是最复杂的问题之一。其影响因素多，且地质条件千变万化。国内外学者虽然对井眼稳定做了大量的试验研究，但迄今为止仍没有找到定量的解决办法。

在钻井过程中引起井眼不稳定的地层主要有：

（1）易水化膨胀的黏软泥岩；

（2）水化剥落的泥页岩；

（3）压力异常的泥页岩；

（4）发生蠕变的盐岩层；

(5) 胶结差，具有应力的岩层；

(6) 不连续沉积的风化交界带和断层破碎带。

鉴别这些类型主要还是靠经验和观察，配合必要的矿场分析。引起井垮的主要原因包括井眼稳定力学问题、泥页岩水化和工程措施三个方面。解决方法仍然是根据试验和经验选择钻井液配方，调整钻井液密度和流变参数，同样的地层采取不同的工艺措施可以产生井眼稳定和不稳定两种截然不同的结果。

在钻井液配方和密度选择合适的情况下，井眼耐冲刷的能力存在一个临界状态，确定这个临界状态对优选环空流变参数是一个约束条件。

实际上，环空流态具有对井壁的冲刷作用。推荐应用下列公式计算环空流态的 Z 值。通过理论推导和室内试验，Z 等于 808 是层流到紊流的界限，相当于水力学中的雷诺数 “2100”。

$$Z = 1517.83 \frac{(D_{\mathrm{H}} - D_{\mathrm{P}})^n {v_{\mathrm{a}}}^{2-n} \rho}{5000^n n^{387} K} \qquad (6-3-6)$$

式中 Z——流态 Z 值（无量纲）；

D_{H}，D_{P}——分别表示钻头直径和钻具外径，cm；

v_{a}——钻井液环空平均返速，m/s；

n——流型指数；

K——稠度系数，$\mathrm{Pa \cdot s}^n$；

ρ——钻井液密度，$\mathrm{g/cm^3}$。

但是井壁能承受的流态临界 Z 值与层流变紊流的 Z 值（Z=808）是两个截然不同的概念，前者与井壁岩层的应力状态、岩层强度及水化能力等有关，叫做井眼稳定 Z 值。而后者是流体力学中层流—紊流的临界值。

对于不同地区的易坍塌地层，不同的钻井液配方，井眼稳定 Z 值是不同的。确定的方法是，用数据库中的钻井液资料、地层井段和井径资料，进行统计分析，这是一个经验统计数据。如在胜利油田东部地区上部明化镇组黏软泥岩井段 Z 为 6000；馆陶组—东营组 Z 为 3000；沙河街组泥岩井段 Z 为 2000。

应用以上三个约束条件 $LC \geqslant 0.5$，$C_{\mathrm{a}} \leqslant 9\%$，$Z \leqslant$ 井眼稳定 Z 值，就可以优选出满意的环空流变参数，从而取得钻速快，井眼稳定和安全的效果。

第四节 钻井水力参数的设计方法

钻井水力参数优选在中国起源于“六五”期间的优选参数钻井，在当时的石油工业部钻井司领导下，推广高压喷射钻井理论，强调泵压上三台阶。

喷射钻井理论和实践都证明了提高泵压才能收到实效，只有提高泵压才能充分利用泵的水功率。在此基础上才能优选排量和喷嘴组合及钻压和转速，才能大幅度地提高机械钻速，降低钻井成本。因此，喷射钻井一个核心的问题是提高泵压。我国喷射钻井三个阶段的划分，就是以泵压为主要标志的。

一、优选泵型

通过本章前述理论分析，并参照实际效果，随着喷射钻井技术和优选参数钻井技术的逐步发展和工业化，钻井系统工程中各项配套技术应运而生，同步发展。大功率钻井泵是现代化钻井工程中的重要环节。

二、喷射钻井常用的两种工作方式

我们选定了机泵组以后，它的额定水功率就是一个常数，即：

$$N_m = p_m \cdot Q_m = C \tag{6-4-1a}$$ *

$$N_m = \frac{p_m \cdot Q_m}{7.5} = C' \tag{6-4-1b}$$

式中　N_m——泵的额定水功率，kW；

p_m——缸套额定泵压，MPa；

Q_m——缸套的额定排量，L/s；

C，C'——常数。

泵组所提供的水力能量，一部分消耗于沿程损失，一部分为钻头所利用。一般在软—中软地层采用最大冲击力工作方式，在硬地层采用最大水马力工作方式。其最优的分配方式存在以下关系。

1. 最大冲击力工作方式

$$F_b = 0.102\rho Q v_b \tag{6-4-2}$$

式中　F_b——钻头冲击力，kgf；

ρ——钻井液密度，g/cm³；

Q——排量，L/s；

v_b——钻头喷嘴喷射速度，m/s。

$$v_b = 44.7\left(\frac{p_b}{\rho}\right)^{0.5} \tag{6-4-3a}$$ *

$$v_b = 14\left(\frac{p_b}{\rho}\right)^{0.5} \tag{6-4-3b}$$

式中　p_b——钻头压力降，MPa（kgf/cm²）。

$$p_b = p_m - p_p \tag{6-4-4}$$

$$p_b = K_p \cdot Q^{1.8} \tag{6-4-5}$$

式中　K_p——钻具内外地面管汇总压耗系数；

p_p——钻具内外地面管汇沿程压力损失，MPa。

将式（6-4-3）、式（6-4-4）、式（6-4-5）代入式（6-4-2），得：

$$F_b = \begin{cases} 4.56\rho^{0.5}\left(p_m Q^2 - K_p Q^{3.8}\right)^{0.5} & (6\text{–}4\text{–}6a) \\ 1.43\rho^{0.5}\left(p_m Q^2 - K_p Q^{3.8}\right)^{0.5} & (6\text{–}4\text{–}6b) \end{cases}$$

当 $0 < Q < Q_m$ 时，p_m 为常数，泵在额定泵压下工作。

对式（6–4–6）求极值：

$$\frac{dF_b}{dQ} = 0$$

得

$$p_{p优} = 0.526 p_m \quad (6\text{–}4\text{–}7)$$

$$p_{b优} = 0.474 p_m \quad (6\text{–}4\text{–}8)$$

当 $Q > Q_m$ 时，泵在额定水功率下工作，所以：

$$p \cdot Q = C$$

p 为排量取 Q 时泵的最高工作压力。有：

$$p_b = p_s - p_p$$

代入式（6–4–3），再代入式（6–4–2），得：

$$F_b = 1.43\rho^{0.5}\left(CQ - K_p Q^{3.8}\right)^{0.5} \quad (6\text{–}4\text{–}9)$$

对式（6–4–9）微分，求极值：

$$\frac{dF_b}{dQ} = 0$$

得

$$3.8K_p Q^{2.8} = p_s Q$$

$$3.8K_p Q^{1.8} = p_s$$

$$3.8 p_{p优} = p_s$$

所以

$$p_{p优} = 0.263 p_s \quad (6\text{–}4\text{–}10)$$

$$p_{b优} = p_s - p_{p优} = 0.737 p_s \quad (6\text{–}4\text{–}11)$$

2. 最大水功率工作方式

当 $Q < Q_m$ 时，泵只能选定缸套的额定水泵压 p_m 下工作。

钻头水功率：

$$N_b = \frac{p_b \cdot Q}{7.5} = \frac{1}{7.5}(p_m - p_p)Q$$

$$N_b = \frac{1}{7.5}(p_m Q - K_p Q^{2.8})$$

对上式微分求极值，得：

$$\frac{dN_b}{dQ} = 0$$

得

$$p_{p优} = \frac{1}{2.8} p_m$$

$$p_{p优} = 0.357 p_m \tag{6-4-12}$$

$$p_{b优} = p_m - p_{p优} = 0.643 p_m \tag{6-4-13}$$

当 $Q > Q_m$ 时，$p_s \cdot Q=C$ 泵在额定水功率下工作，则：

$$N_b = \frac{p_b \cdot Q}{7.5} = \frac{1}{7.5}(p_s - p_p)Q$$

$$N_b = \frac{1}{7.5}(C - K_p \cdot Q^{2.8})$$

从上式可以看出，当 $Q \to Q_m$ 时，$K_p Q^{2.8}$ 最小，因而钻头可获得最大水功率 N_{bmax}。

为了说明排量选择范围的条件，在这里引出临界井深和临界压耗的概念。临界井深就是泵在额定排量 Q_m 工作时循环压耗等于优选的循环压耗 $p_{p优}$时的井深，即：

最大冲击力方式：

$$\begin{cases} p_{p优1} = 0.263 p_m = K_{pc1} \cdot Q_m^{1.8} \\ \quad (\because Q = Q_m, \therefore p_s = p_m) \\ p_{p优2} = 0.526 p_m = K_{pc2} \cdot Q_m^{1.8} \end{cases}$$

最大水功率方式：

$$p_{p优3} = 0.357 p_m = K_{pc3} \cdot Q_m^{1.8}$$

上式中，K_{pc1}、K_{pc2} 和 K_{pc3} 是相当临界井深的临界压耗系数。

$$K_{pc} = K_0 + K_1 L_1 + K_2 (L_C - L_1) \tag{6-4-14}$$

式中　L_1——钻铤长度，m；

L_C——临界井深，m；

K_0——地面管汇压耗系数；

K_1——每米钻铤的内外压耗系数之和；

K_2——每米钻杆的内外压耗系数之和。

这些系数均可用下式计算出来：

钻杆与钻铤内：

$$K = \frac{1.2336\rho^{0.8}PV^{0.2}}{d^{4.8}} \tag{6-4-15a}$$

钻杆与钻铤外：

$$K = \frac{0.01406\rho^{0.8}PV^{0.2}}{d^{4.8}} \tag{6-4-15b}$$

式中 ρ——钻井液密度，g/cm³；

PV——钻井液塑性黏度，mPa · s；

$$d^{4.8} = \begin{cases} d\text{钻具的水眼直径或钻杆相当内径，mm（in）；} \\ (D_H - D_P)^3 (D_H + D_P)^{1.8}\text{，钻具外环空，mm（in）；} \end{cases}$$

D_H——钻头直径或井径，mm（in）；

D_P——钻具外径，mm（in）。

地面管汇内外压耗系数：

$$K_0 = \begin{cases} 3.77 \times 10^{-4} \times \rho^{0.8}PV^{0.2} \\ 3.844 \times 10^{-3} \times \rho^{0.8}PV^{0.2} \end{cases}$$

钻铤内外压耗系数：

$$K_1 = \begin{cases} 1.2336\left[\dfrac{1}{(D_H - D_P)^3 (D_H + D_P)^{1.8}} + \dfrac{1}{d^{4.8}}\right]\rho^{0.8}PV^{0.2} \\ 0.01406\left[\dfrac{1}{(D_H - D_P)^3 (D_H + D_P)^{1.8}} + \dfrac{1}{d^{4.8}}\right]\rho^{0.8}PV^{0.2} \end{cases}$$

钻杆内外压耗系数：

$$K_2 = \begin{cases} 1.2336\left[\dfrac{1}{(D_H - D_P)^3 (D_H + D_P)^{1.8}} + \dfrac{1}{d^{4.8}}\right]\rho^{0.8}PV^{0.2} \\ 0.01406\left[\dfrac{1}{(D_H - D_P)^3 (D_H + D_P)^{1.8}} + \dfrac{1}{d^{4.8}}\right]\rho^{0.8}PV^{0.2} \end{cases}$$

将 K_0、K_1 和 K_2 代入式（6-4-14），解出 L_C：

最大冲击力方式：

$$L_{C_1} = \frac{\dfrac{0.263p_m}{Q_m^{1.8}} - K_0 - K_1L_1}{K_2} + L_1 \tag{6-4-16a}$$

$$L_{C_2}=\frac{\dfrac{0.526p_m}{Q_m^{1.8}}-K_0-K_1L_1}{K_2}+L_1 \tag{6-4-16b}$$

最大水功率方式：

$$L_{C_3}=\frac{\dfrac{0.357p_m}{Q_m^{1.8}}-K_0-K_1L_1}{K_2}+L_1 \tag{6-4-17}$$

应用式（6−4−16a）、式（6−4−16b）和式（6−4−17）求临界井深，只要已知钻具结构和钻井液密度 ρ 和塑性黏度 PV，即可求出。

综合以上分析，对不同工作方式的优选条件列入表 6−4−1 和表 6−4−2。

在现场实际应用中，为了保持泵在高压下持续运转，并考虑经济可行的原则，一般泵的持续工作压力比选定缸套的额定泵压 p_m 要小一些，即 $p_m'=Kp_m$（$0.8<K<1$）。而柴油机驱动的机泵组，泵的额定冲数是在柴油机的额定负荷转速下实现的。因此，当已选定了缸套，最大排量就是 Q_m。在表 6−4−1 中的排量选择范围 $Q>Q_m$ 是实现不了的。只有在直流电动机驱动的机泵组才能实现。

表 6−4−1　最大冲击力优选条件

井深范围	$L<L_{C_1}$	$L_{C_1}<L<L_{C_2}$	$L>L_{C_2}$
排量选择范围	$Q>Q_m$	$Q=Q_m$	$Q<Q_m$
优选排量 $Q_{优}$	$Q_{优1}=\left(\dfrac{0.263p_s}{K_p}\right)^{\frac{1}{1.8}}$	$Q_{优}=Q_m$	$Q_{优2}=\left(\dfrac{0.526p_m}{K_p}\right)^{\frac{1}{1.8}}$
泵的工作压力 I	p_s	p_m	p_m
优选循环压耗 $p_{p优}$	$p_{p优1}=0.263p_s$	$0.263p_m<p_{p优}<0.526p_m$	$p_{p优2}=0.526p_m$
优选钻头压降 $p_{b优}$	$p_{b优1}=0.737p_s$	$0.737p_m>p_{b优}>0.474p_m$	$p_{b优2}=0.474p_m$
最大冲击力 F_{bmax}	$1.43Q_{优1}\sqrt{\rho\cdot p_{b优1}}$	$1.43Q_m\sqrt{\rho\cdot p_{b优}}$	$1.43Q_{优2}\sqrt{\rho\cdot p_{b优2}}$

表 6−4−2　最大水功率优选条件

井 深 范 围	$L>L_{C_3}$	$L<L_{C_3}$
排量选择范围	$Q<Q_m$	$Q>Q_m$
优选排量 $Q_{优}$	$Q_{优}=\left(\dfrac{0.357p_m}{K_p}\right)^{\frac{1}{1.8}}$	$Q_{优}=Q_m$
泵工作压力	p_m	p_m
循环压耗 $p_{p优}$	$p_{p优3}=0.357p_m$	$p_{p优3}\leqslant 0.357p_m$
钻头压降 $p_{b优}$	$p_{b优3}=0.643p_m$	$p_{b优3}\geqslant 0.643p_m$
最大钻头水功率 N_{bmax}	$0.643N_{实}$①	$\geqslant 0.643N_{实}$

① $N_{实}$是当 $Q<Q_m$ 时保持额定泵压 p_m 以及泵的实发水功率，即 $N_{实}=p_m\cdot Q_{优}$。

三、计算循环压耗

在一口井设计中由浅到深的每一个井段，根据表 6–4–1 或表 6–4–2 确定了工作泵压 p_m，优选了排量，则环空上返速度为：

$$v_a = 12.742\frac{Q}{D_H^2 - D_P^2} \qquad (6\text{–}4\text{–}18a)$$

$$v_a = 1.975\frac{Q}{D_H^2 - D_P^2} \qquad (6\text{–}4\text{–}18b)$$

层流紊流临界返速为：

$$v_{ac} = 0.00508\left[\frac{9876n^{0.387}K}{\left(D_H - D_P\right)^n \rho}\right]^{\frac{1}{2-n}} \qquad (6\text{–}4\text{–}19a)$$

$$v_{ac} = 0.00508\left[\frac{20626n^{0.387} \cdot K \cdot 2.54^n}{\left(D_H - D_P\right)^n \rho}\right]^{\frac{1}{2-n}} \qquad (6\text{–}4\text{–}19b)^*$$

计算循环压耗的公式是：

若 $v_a \leqslant v_{ac}$，有

$$\Delta p_a = 0.000768\frac{\theta_r \cdot L}{D_H - D_P} \qquad (6\text{–}4\text{–}20a)$$

$$\Delta p_a = 0.00195\frac{\theta_r \cdot L}{D_H - D_P} \qquad (6\text{–}4\text{–}20b)$$

式中　Δp_a——环空井段的层流压降，MPa。

$$PV = \Phi_{600} - \Phi_{300}$$

$$\Phi_r = \Phi_0 + Kr^n$$

$$K = \frac{\Phi_{300} - \Phi_0}{511^n}$$

式中　Φ_{600}，Φ_{300}，Φ_0——选定的钻井液参数。

若 $v_a > v_{ac}$，有：

$$p_a = \frac{0.01406PV^{0.2}\rho^{0.8}Q^{1.8}L}{\left(D_H - D_P\right)^3\left(D_H + D_P\right)^{1.8}} \qquad (6\text{–}4\text{–}21a)$$

$$p_a = \frac{1.2236PV^{0.2}\rho^{0.8}Q^{1.8}L}{\left(D_H - D_P\right)^3\left(D_H + D_P\right)^{1.8}} \qquad (6\text{–}4\text{–}21b)^*$$

式中　p_a——环空紊流压耗，MPa。

钻具内紊流压耗：

$$p=\frac{0.01406\rho^{0.8}PV^{0.2}Q^{1.8}L}{d^{4.8}} \tag{6-4-22a}$$

$$p=\frac{1.2336\rho^{0.8}PV^{0.2}Q^{1.8}L}{d^{4.8}} \tag{6-4-22b} *$$

地面管汇压耗：

$$p_0=0.003844\rho^{0.8}PV^{0.2}Q^{1.8} \tag{6-4-23a}$$

$$p_0=3.77\times10^{-4}\rho^{0.8}PV^{0.2}Q^{1.8} \tag{6-4-23b} *$$

则设计井深的总循环压耗 p_P 为：

$$p_P=p_0+p_1+p_{a1}+p_2+p_{a2} \tag{6-4-24}$$

式中　p_0——地面管汇压耗，MPa；

p_1——钻铤内压耗，MPa；

p_{a1}——钻铤外压耗，MPa；

p_2——钻杆内压耗，MPa；

p_{a2}——钻杆外压耗，MPa。

同时验证循环压耗优选条件，

最大冲击力方式：$p_{p优2}\leqslant 0.526p_m'$　；

最大水功率方式：$p_{p优3}\leqslant 0.357p_m'$　。

若 p_p不满足上面的最优条件，此时已选定了 ρ 和 PV，可求出压耗系数 K_p代入表 6-4-3或表 6-4-4相应的 $Q_{优}$公式，求出 $Q_{优}$，再代入式(6-4-21）～式(6-4-24）求得 p_p 即可满足。

四、钻头水力参数的计算

（1）钻头压降：

$$p_b=p_m-p_{p优}$$

$p_{p优}$为优选的循环压耗，MPa。将 p_b代入下式，可求得优选的水眼组合当量直径。

$$d_c=\sqrt{d_1^2+d_2^2+d_3^2+\cdots}$$

$$p_b=899.27\frac{\rho Q^2}{\left(d_1^2+d_2^2+d_3^2\right)^2} \tag{6-4-25a}$$

$$p_b=9170\frac{\rho Q^2}{\left(d_1^2+d_2^2+d_3^2\right)^2} \tag{6-4-25b}$$

$$p_b = 23050\frac{\rho Q^2}{\left(d_1^2 + d_2^2 + d_3^2\right)^2} \quad (6\text{-}4\text{-}25c)$$

式中 d_1，d_2，d_3——水眼直径，mm。

（2）钻头水功率、比水功率及泵输出水功率：

$$N_b = p_b \cdot Q \quad (6\text{-}4\text{-}26a)^*$$

$$N_b = \frac{p_b \cdot Q}{7.5} \quad (6\text{-}4\text{-}26b)$$

$$\text{钻头比水功率} = N_b / (\pi D^2 / 4) \quad (6\text{-}4\text{-}27)$$

$$N_s = \frac{p_s Q}{7.5} \quad (6\text{-}4\text{-}28a)$$

$$N_s = P_s \cdot Q \quad (6\text{-}4\text{-}28b)^*$$

式中 p_s——泵的工作压力，MPa；

Q——泵的排量，L/s。

（3）钻头冲击力：

$$F_b = 0.102\rho Q v_b \frac{1.826}{1 + 0.14m} \quad (6\text{-}4\text{-}29)$$

$$m = \frac{L}{d_0}$$

式中 F_b——钻头冲击力，kN；

L——水眼出口至井底距离，mm；

d_0——水眼直径，mm。

$\frac{1.826}{1+0.14m}$是喷射速度降低系数。由于喷射距离 $L > 5.9d_0$ 引起冲击力衰减，故 m 取值范围为 $m > 5.9$（流线型或等变速型喷嘴，等速核长度 L_0=5.9d_0，扩散角 α=8°，$2\tan\frac{\alpha}{2} = 2\tan 4^\circ = 0.14$）。

（4）喷射速度：

$$v_b = \frac{10^3 Q}{A_n} \quad (6\text{-}4\text{-}30)$$

式中 v_b——喷射速度，m/s；

Q——排量，L/s；

A_n——水眼总面积，mm^2。

应该指出，以上计算的钻头水力参数是钻头喷嘴出口处的水力参数，与实际到达井底的水力参数有一定差别。20 世纪 80 年代，石油大学（北京）沈忠厚等人通过研究淹没非自由钻井射流动力学和井底能量衰减规律，建立了优选井底水力参数的新模式和新程序。

五、优选喷嘴组合

1．牙轮钻头喷嘴优选

不同直径的喷嘴组合，能改善井底流场的压力梯度，提高清岩能力，从而使机械钻速有所提高，相当于增加钻头比水功率，故称为喷嘴等效比水功率。实质上是更有效地利用了钻头水功率。喷嘴等效比水功率采用加权平均的方法计算。

喷嘴组合见表 6–4–3。

$$HP_e = 3HP_b \frac{d_1^4 + d_2^4 + d_3^4}{\left(d_1^2 + d_2^2 + d_3^2\right)^2} = 3r \cdot HP_b \tag{6–4–31}$$

式中　HP_e——喷嘴等效比水功率；

HP_b——钻头比水功率；

d_1，d_2，d_3——分别为喷嘴直径。其中，有关系式：

$$r = \frac{d_1^4 + d_2^4 + d_3^4}{\left(d_1^2 + d_2^2 + d_3^2\right)^2}$$

表 6–4–3　喷嘴组合

名　称	喷嘴组合 $d_e=C$	r	$3r$	$d_{小}/d_{大}$
三等径	$d_1=d_2=d_3$	1/3	1.00	1
二大一小	$d_1=d_2=\frac{1}{2}d_3$	0.5	1.50	0.5
二等	$d_1=d_2$，$d_3=0$	0.5	1.50	1
一大一小	$d_1=\frac{1}{2}d_2$，$d_3=0$	0.68	2.04	0.5
单喷嘴	$d_1=d_e$，$d_2=d_3=0$	1.00	3.00	

组合喷嘴能提高机械钻速，已通过实践得到了证实。西南石油学院做了系统的室内试验和现场验证。

在川中矿区的试验中，$8\frac{1}{2}$in 牙轮钻头单喷嘴比三等径喷嘴平均钻速提高 13.3%，钻速提高的幅度与所钻地层的水力敏感指数有关。定量验证组合水眼的效应仍需进一步进行实验。在设计中，选择喷嘴组合时建议：

(1) $8\frac{1}{2}$in 钻头在软地层中，可采用二小一大，直径比为 0.5 的组合；在中硬地层中，可采用一大一小双喷嘴，直径比为 0.5 的组合。

(2) 大直径钻头，如 $12\frac{1}{4}$in 钻头，可采用一个中心喷嘴加两个不等径喷嘴。

(3) 可采用加长喷嘴，把喷射距离控制在冲蚀能力最强的位置。一般为 4 ~ 6 倍于喷嘴出口直径。

(4) 设计中先求出喷嘴总面积，再确定最小直径喷嘴（为了防堵一般不小于 7mm），然后配最大直径喷嘴，使直径差尽可能拉大，而总面积不变。

2．PDC 钻头喷嘴优选

PDC 钻头出厂时一般都已备好喷嘴，如果实际排量与推荐的最佳排量有差异，需要更换水眼时，应充分考虑各排屑槽水力分布的一致性。

六、符号说明

本节公式中符号说明见表 6-4-4。

表 6-4-4　符号说明

符号	名称	法定单位（带 * 的公式用）	常用单位（不带 * 的公式用）
N_m	泵的额定功率	kW	hp
p_m	缸套额定泵压	MPa	kg/cm^2
Q_m	缸套额定排量	L/s	L/s
F_b	冲击力	kN	kgf
ρ	钻井液密度	g/cm^3	g/cm^3
Q	排量	L/s	L/s
v_b	喷射速度	m/s	m/s
p_b	钻头压降	MPa	kg/cm^2
p_p	循环压耗	MPa	kg/cm^2
p_S	循环总泵压	MPa	kg/cm^2
PV	塑性黏度	mPa · s	mPa · s
d	钻杆当量内径	mm	in
L	钻具长度	m	in
D_H	井径或钻头直径	mm	in
D_{P1}	钻具外径	mm	in
p_m	缸套持续运行泵压	MPa	kg/cm^2
v_a	环空返速	m/s	m/s
v_{ac}	层流—紊流临界返速	m/s	m/s
n	流型指数	无量纲	无量纲
K	稠度系数	Pa · s^n	lb · s/100ft^2
Δp_a	环空层流压耗	MPa	kg/cm^2
τ	剪切应力	MPa	lb/1000ft^2
γ	剪切速率	s^{-1}	s^{-1}
p_a	环空紊流压耗	MPa	kg/cm^2
p	钻具内紊流压耗	MPa	kg/cm^2
d_1，d_2，d_3	喷嘴直径	mm	mm
d_e	喷嘴当量直径	mm	mm

第五节 牙轮钻头钻压和转速优选

一、优选原则和约束条件

1．优选原则

按直接钻井成本最低的原则进行优选牙轮钻头钻压和转速。

2．约束条件

（1）最大钻压 W_{max} 或最高转速 n_{max} 不超过厂家推荐钻压 W_{ra} 和推荐转速 n_{ra}。

（2）最优钻压 W_{opt} 与最优转速 n_{opt} 的乘积应小于钻头厂家推荐的钻压与转速乘积的允许值，即（$W_{opt}\cdot n_{opt}$）<（$W_{ra}\cdot n_{ra}$）。

（3）钻头轴承最终磨损量 $b_f\leqslant 1$，牙齿最终磨损量 $h_f\leqslant 1$。

（4）在易斜地层钻进，应达到 SY/T 5088—2008《钻井井身质量控制规范》中评定井身质量项目规定的井身质量指标。

二、钻压和转速的优选方法

1．试验估算法

（1）直接采用钻头厂家提供的（$W_{ra}\cdot n_{ra}$）值或依据地层特性估算 W_{es}（W_{es} 为估算法求取的钻压）。

（2）按下式计算 n_{es}（n_{es} 为估算法求取的转速）：

$$n_{es}=\frac{W_{ra}\cdot n_{ra}}{W_{es}} \tag{6-5-1}$$

（3）若 W_{es} 与 n_{es} 的乘积不符合约束条件，则重复前二步骤，直到选定为止。

2．钻井模式优选法

（1）机械钻速方程：

$$v_{pe}=\frac{131.27}{(5.5076)^{d}\times 60^{\lambda}\times(10.26)^{f}}\cdot W_s^{\,d}\cdot n_r^{\lambda}\cdot HP_e^{\,f}\cdot e^{\Delta\rho_d(\rho_d-1.15)} \tag{6-5-2}$$

$$HP_e=3P_{bs}\cdot\frac{d_1^4+d_2^4+d_3^4}{\left(d_1^2+d_2^2+d_3^2\right)^2} \tag{6-5-3}$$

式中 v_{pe}——机械钻速，m/h；

W_s——单位钻头直径钻压（比钻压），kN/mm；

n_r——转速，r/min；

HP_e——钻头喷嘴等效比水功率，W/mm^2；

d——钻压指数；

λ——转速指数；

f——水力指数；

$\Delta\rho_d$——钻井液密度差系数；

ρ_d——钻井液密度，g/cm³；

P_{bs}——钻头单位面积水功率（比水功率），W/mm²；

d_1，d_2，d_3——喷嘴直径，mm。

（2）钻头牙齿磨损：

$$\frac{dH}{dt}=\frac{A_f\cdot P(n_r+4.35\times10^{-5}n_r^3)}{259.58D_1\cdot d_b(W_{cr}-W_s)(1+C_1h_f)} \tag{6-5-4}$$

$$W_{cr}=\frac{10D_2}{D_1\cdot d_b} \tag{6-5-5}$$

式中 W_{cr}——单位钻头直径临界比钻压，kN/mm；

$\frac{dH}{dt}$——钻头牙齿磨损速度；

A_f——地层研磨性系数；

P——钻头类型系数（查表 6–5–1 得到）；

D_1，D_2——钻压影响系数；

d_b——钻头直径，mm；

C_1——牙齿磨损减慢系数；

h_f——钻头牙齿磨损量。

表 6–5–1 钻头类型系数

齿型	适用地层	系列号	类型	P	Q_a	C_1	L_1
铣齿钻头	软	1	1	2.5	1.088×10^{-4}	7	1.0
			2				
			3	2.0	0.8790×10^{-4}	6	1.2
			4				
	中	2	1	1.5	0.653×10^{-4}	5	1.2
			2	1.2	0.522×10^{-4}	4	
			3				
			4	0.9	0.392×10^{-4}	3	
	硬	3	1	0.65	0.283×10^{-4}	2	1.4
			2	0.5	0.218×10^{-4}	2	
			3				
			4				
镶齿钻头	特软	4	1	0.5	0.218×10^{-4}	2	1.0
			2				
			3				
			4				
	软	5	1				
			2				
			3				
			4				

续表

齿型	适用地层	系列号	类型	P	Q_a	C_1	L_1
镶齿钻头	中	6	1	0.5	0.218×10^{-4}	2	1.2
			2				
			3				
			4				
	硬	7	1	0.5	0.218×10^{-4}	2	1.4
			2				
			3				
			4				
	坚硬	8	1				
			2				
			3				

（3）钻头轴承磨损方程：

$$\frac{\mathrm{d}B}{\mathrm{d}t}=\frac{n_\mathrm{r}(d_\mathrm{b}\cdot W_\mathrm{s})^{1.5}}{30.68b} \tag{6-5-6}$$

式中　b——钻头轴承工作系数。

（4）钻井直接成本方程为：

$$C_\mathrm{u}=\frac{C_\mathrm{b}+C_\mathrm{r}(t_\mathrm{d}+t_\mathrm{t}+t_\mathrm{cn})}{F_\mathrm{b}} \tag{6-5-7}$$

3．推荐钻井模式中系数、指数的确定

（1）钻压指数 d：

$$d=0.5366+0.1993K_\mathrm{d} \tag{6-5-8}$$

（2）转速指数 λ：

$$\lambda=0.9250-0.0375K_\mathrm{d} \tag{6-5-9}$$

（3）水力指数 f：

$$f=0.7011-0.05682K_\mathrm{d} \tag{6-5-10}$$

（4）钻井液密度差系数 $\Delta\rho_\mathrm{d}$：

$$\Delta\rho_\mathrm{d}=0.97673K_\mathrm{d}-7.2703 \tag{6-5-11}$$

（5）C_1，P，Q_a 见表 6−5−1。

（6）钻压影响系数 D_1 和 D_2 见表 6−5−2。

（7）钻头轴承工作系数 b 由现场资料确定。

（8）地层研磨性系数 A_f 由下式确定：

$$A_\mathrm{f}=\frac{259.58D_1\cdot d_\mathrm{b}(W_\mathrm{cr}-W_\mathrm{s})\cdot(h_\mathrm{f}+C_1h_\mathrm{f}^2/2)}{t_\mathrm{d}\cdot P(n_\mathrm{r}+4.35\times10^{-5}n_\mathrm{r}^3)} \tag{6-5-12}$$

表 6–5–2 钻压影响系数

钻头直径 mm	159	171	200	220	244	251	270	311	350
D_1	0.0198	0.0187	0.0167	0.0160	0.0148	0.0146	0.0139	0.0131	0.0124
D_2	5.50	5.60	5.94	6.11	6.38	6.44	6.68	7.15	7.56

4．确定地层可钻性级值 K_d

（1）按地层年代分层计算出分层平均可钻性级值和均方差（如果在一个地层中取心不足，可以找相邻地区对应层位的数值作补充）。

（2）按地质提供的地层剖面分层厚度，求出分层的平均井深，并作深度压实校正。

（3）将平均井深和分层可钻性级值输入回归处理程序，确定该地区地层可钻性级值。

5．确定钻头寿命

根据地层研磨性系数确定钻头寿命：

（1）当 $A_f \leqslant 4$ 时，则由轴承决定钻头寿命 T_b：

$$T_b = \frac{30.68 b_f \cdot b}{n_r \left(d_b \cdot W_s\right)^{1.5}} \tag{6–5–13}$$

（2）当 $A_f > 4$ 时，则由牙齿决定钻头寿命 T_d：

$$T_d = \frac{259.58 D_1 \cdot d_b (W_{cr} - W_s) \cdot (h_f + C_1 h_f^2 / 2)}{A_f \cdot P(n_r + 4.35 \times 10^{-5} n_r^3)} \tag{6–5–14}$$

6．优选最优钻压和最优转速

应以厂家推荐的 W_{max} 和（$W_{ra} \cdot n_{ra}$）为约束条件，应用优选钻压及转速的计算程序搜索（$W_{ra} \cdot n_{ra}$）的最优组合值。

第六节 PDC 钻头钻压与转速优选

PDC 钻头的切削齿为聚晶金刚石复合片。聚晶金刚石复合片由聚晶金刚石薄片与硬质合金支撑体复合而成，聚晶金刚石层具有极强的耐磨性。同时聚晶金刚石与硬质合金支撑部分耐磨性差异明显，破岩过程中具有“自锐性”，切削齿在钻井过程中始终保持良好的锋利性。聚晶金刚石复合片上述特性使得 PDC 钻头在使用过程中能够自始至终保持较高的机械钻速并具备很高的使用寿命。但聚晶金刚石复合片耐冲性能较差，在冲击载荷作用下会出现崩裂和脱层等现象，导致 PDC 钻头主要以冲击破坏的形式失效。

岩石性能、钻井参数和钻井方式等诸多因素对 PDC 钻头性能都有影响，使得 PDC 钻头钻井机械钻速模型和磨损模型的研究极其复杂，特别是钻头的失效原因更是多样化（见表 6–6–1），有关钻井参数优选理论和方法的研究很不完善，至今没有得到比较准确的 PDC 钻头机械钻速模式和磨损模式，因而没有形成系统的 PDC 钻头钻压与转速优选的理论与方法，目前 PDC 钻头钻压与转速的优选主要采用估算的方法。

表 6-6-1　钻头的磨损或失效原因分析

磨损特征	磨损类型	失效方式	原因分析
任何部位齿无磨损［图 6-6-1（a)］	无磨损	井下长时间工作后，齿交变冲击载荷的作用，金刚石层崩裂或脱落而失效，或考虑安全性强行报废	地层松软，研磨性极弱，切削齿的耐磨性等性能满足地层要求
内锥齿或中心部位 1-4 齿无磨损，而外锥部位齿出刃部分磨平［图 6-6-1（b)］	轻度磨损	外锥齿出刃部分磨平后，切削结构破坏报废	切削齿的耐磨性等性能满足地层要求。但由于外锥部位切削齿承受的比耗远大于内锥部位，造成结构性磨损。
内锥齿磨损，外锥齿磨平［图 6-6-1（c)］	严重磨损	外锥齿出刃部分磨平后，切削结构破坏报废	切削齿的耐磨性与抗冲击能力与地层强度与研磨性的要求有一定的差距，并伴有结构性磨损
钻头切削齿出刃部分全部磨平［图 6-6-1（d)］	过度磨损	外锥齿出刃部分磨平后，切削结构破坏报废	切削齿的耐磨性等性能不能适应地层的研磨性与强度的要求

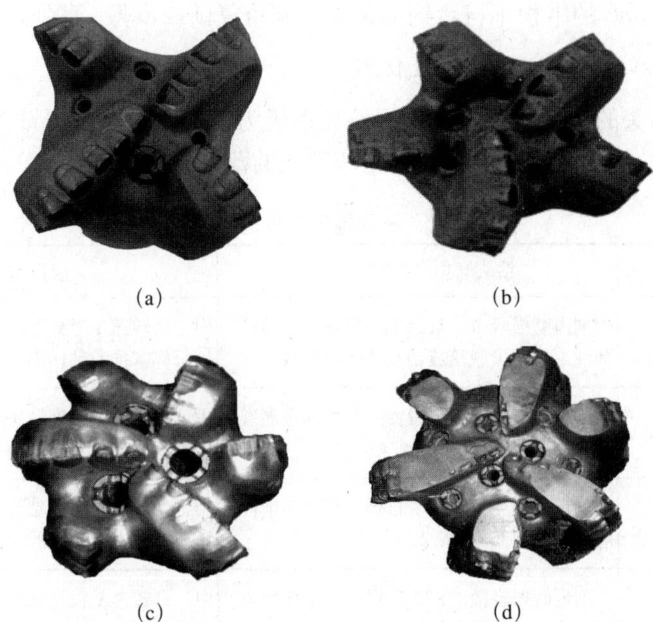

图 6-6-1　PDC 钻头磨损与失效形式分类图片

一、优选原则和约束条件

1．优选原则

按直接钻井成本最低的原则进行优选 PDC 钻头钻压与转速。

2．约束条件

（1）最大钻压 W_{max} 或最高转速 n_{max} 不超过厂家推荐钻压 W_{ra} 和推荐转速 n_{ra}。

（2）最优钻压 W_{opt} 与最优转速 n_{opt} 的乘积应小于钻头厂家推荐的钻压与转速乘积的允许值，即（$W_{opt} \cdot n_{opt}$）＜（$W_{ra} \cdot n_{ra}$）。

（3）切削齿最终磨损量小于切削齿直径的 1/2。

（4）在易斜地层钻进，应达到 SY/T 5088—2008《钻井井身质量控制规范》中评定井身质量项目规定的井身质量指标。

二、钻压和转速的优选方法

1．试验估算法

（1）直接采用钻头厂家提供的（$W_{ra} \cdot n_{ra}$）值或依据地层特性估算 W_{es}（W_{es} 为估算法求取的钻压）。

（2）按下式计算 n_{es}（n_{es} 为估算法求取的转速）：

$$n_{es} = \frac{W_{ra} \cdot n_{ra}}{W_{es}} \tag{6-6-1}$$

（3）若 W_{es} 与 n_{es} 的乘积不符合约束条件，则重复前二步骤，直到选定为止。

2．厂家推荐值结合地层岩性优化法

由于 PDC 钻头的使用效果与地层岩性关系极为密切，通常根据钻头磨损特征，地层岩石性能结合厂家的推荐值确定合理的钻压和转速的范围（见表 6–6–2）。

表 6–6–2　不同地层岩性的钻井参数优化

岩石性能	钻头磨损或失效特征	推荐钻压与转速
软—中软	切削齿磨损轻微，自始至终保持一致的锋利性；切削齿脱落或钻头疲劳而失效	中、高转速；考虑井眼的净化状况逐渐增加钻压至厂家推荐钻压的小至中值
中软—中硬非研磨性	切削齿磨损，钻头自锐性差；切削齿崩裂或磨损而失效	中、高转速；根据钻头的磨损状况逐渐增加钻压至厂家推荐钻压的最大值
中软—中硬研磨性地层	切削齿磨损严重，钻头自锐性好；切削齿磨损或崩裂而失效	中、低转速；根据钻头的磨损状况逐渐增加钻压至厂家推荐钻压的中至大值
硬塑性地层	切削齿磨损轻微，钻头自锐性差；切削齿脱落或钻头疲劳失效	中、高转速；根据钻头的磨损状况逐渐增加钻压至厂家推荐钻压的中至大值
硬研磨性地层	切削齿磨损严重，钻头自锐性好；切削齿磨损或崩裂而失效	低转速；根据钻头的磨损状况逐渐增加钻压至厂家推荐钻压的大值
软硬交错地层或其他易产生冲击载荷的地层	切削齿崩裂失效	低转速；根据钻头的磨损状况逐渐增加钻压至厂家推荐钻压的中值

三、PDC 钻头磨损分级

PDC 钻头切削齿磨损特征示意如图 6–6–2 所示。

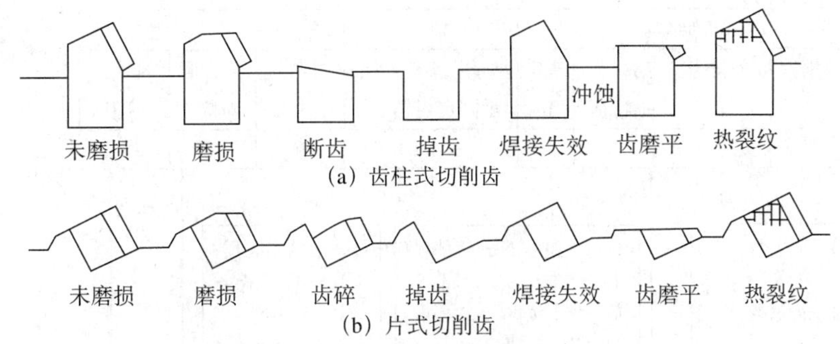

图 6-6-2　切削齿磨损特征示意图

PDC 钻头磨损分级形式及编码如图 6-6-3 所示。空格用于记录磨损钻头的 8 个方面的因素，把齿高磨损分为 0 ～ 8 级。这个分级方法同样适用于 TSP 钻头和天然金刚石钻头，0 级没有磨损，4 级磨损掉一半，依此类推。

第 1 位和第 2 位分别填写半径内 2/3（内区）和外 1/3（外区）的牙齿磨损情况。进行钻头磨损分级时，记入各区平均磨损量（内（外）排齿磨损级总和 / 内（外）排齿数），如图 6-6-4 所示。

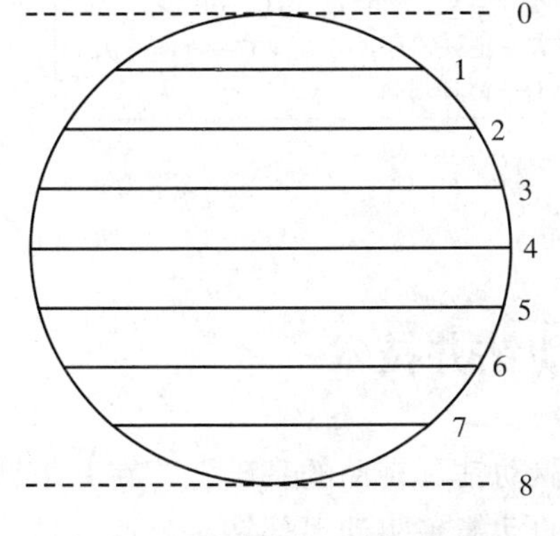

图 6-6-3　切削齿磨损分级示意图

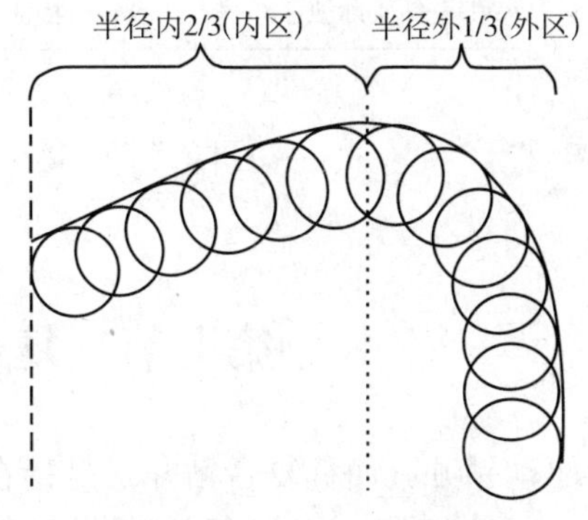

图 6-6-4　半径内区和外区示意图

第 3 位（双字母）填写第一磨损特征，即钻头外表有何明显变化，并给出了固定齿钻头磨损特征及符号。第 4 位填写第一磨损特征发生的部位：内锥、鼻部、外锥台肩、保径和整个接触面。

POC 钻头第 4 位为 X，第 6 位填直径变化，如果钻头直径未变，填“0”，如果钻头外径磨小了，以 1/16in 为单位填写。第 7 位填写钻头第二磨损特征，与第 3 位用同样的符号。第 8 位表征起钻原因。所有数字代码及符号意义如图 6-6-5 所示。

钻头磨损分析是钻头优化的依据，对于重点区块、重点井，厂家应与现场结合在认真分析使用钻头基础上不断改进钻头设计，提高使用效果，钻头使用人员应及时向厂家反馈钻头磨损特征，以利于厂家改进钻头。这就是钻头个性化设计。

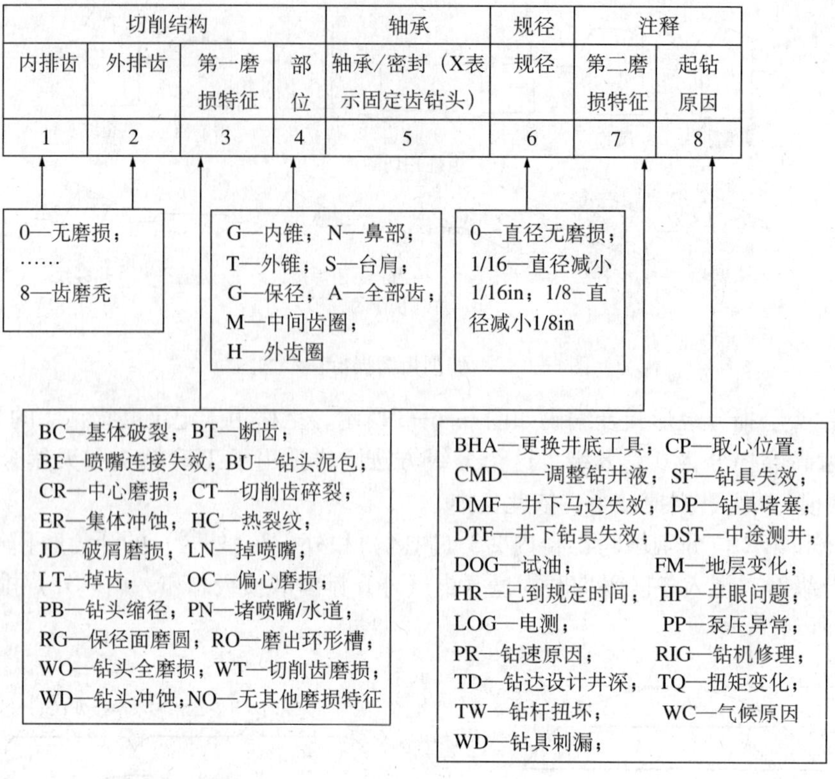

切削结构
轴承
规径
注释
内排齿
外排齿
第一磨损特征
部位
轴承/密封（X表示固定齿钻头）
规径
第二磨损特征
起钻原因
1
2
3
4
5
6
7
8
0—无磨损；
……
8—齿磨秃
G—内锥；N—鼻部；
T—外锥；S—台肩；
G—保径；A—全部齿；
M—中间齿圈；
H—外齿圈
0—直径无磨损；
1/16—直径减小1/16in；1/8-直径减小1/8in
BC—基体破裂；BT—断齿；
BF—喷嘴连接失效；BU—钻头泥包；
CR—中心磨损；CT—切削齿碎裂；
ER—集体冲蚀；HC—热裂纹；
JD—破屑磨损；LN—掉喷嘴；
LT—掉齿；OC—偏心磨损；
PB—钻头缩径；PN—堵喷嘴/水道；
RG—保径面磨圆；RO—磨出环形槽；
WO—钻头全磨损；WT—切削齿磨损；
WD—钻头冲蚀；NO—无其他磨损特征
BHA—更换井底工具；CP—取心位置；
CMD——调整钻井液；SF—钻具失效；
DMF—井下马达失效；DP—钻具堵塞；
DTF—井下钻具失效；DST—中途测井；
DOG—试油；FM—地层变化；
HR—已到规定时间；HP—井眼问题；
LOG—电测；PP—泵压异常；
PR—钻速原因；RIG—钻机修理；
TD—钻达设计井深；TQ—扭矩变化；
TW—钻杆扭坏；WC—气候原因
WD—钻具刺漏；

图 6-6-5　IADC 钻头磨损分析示意图

第七节　复合驱动钻井技术

复合驱动钻井（简称复合钻井）是指在地面驱动钻具转动的基础上，在井下钻具组合中加一动力驱动装置，该装置利用钻井液循环时的动能来驱动下部钻头高速运转，其转速可以通过钻井液流量的变化在一定范围内进行调整。在复合钻井工艺中，钻头的驱动由地面驱动（转盘驱动或顶部驱动）和地下驱动（一般为井下螺杆钻具或涡轮钻具）两部分组成，钻头的转速是两部分驱动转速的合成。动力钻具的高转速特性，带动与之配合的高转速 PDC 钻头与高转速牙轮钻头快速切削岩石，提高机械破岩能量，从而提高机械钻速，同时利用钻铤的横向力进行纠斜。

一、螺杆钻具与 PDC 钻头复合钻井

进入 20 世纪 90 年代以来，随着井下动力钻具制造工艺和性能参数等各项技术的进步，大功率大扭矩低速螺杆逐渐趋于成熟并普遍应用于实践，配合高效钻头进行复合钻进的条件已经成熟。随着定向井的比例越来越大，以及大斜度大位移井和水平井的逐年增多，在此基础上出现了适应各种井型的一系列导向螺杆钻具，为复合钻进技术的推广应用提供了拓展空间。螺杆钻具与 PDC 钻头复合钻井主要用于中深部地层的快速钻进、大倾角易斜地层中的防斜快打、定向井中造完斜后原钻具的直接稳斜钻进、深井和小井眼中的

高效钻进等。

1．基本原理

螺杆钻具利用钻井液循环时的动能来驱动钻头高速运转，其转速可以通过钻井液流量的变化在一定范围内进行调整。螺杆钻具带动与之配合的高转速钻头，快速切削岩石，提高机械破岩能量，从而提高机械钻速。

2．钻具组合和钻井参数

螺杆钻具由于转速较高，其转速一般在 100 ～ 500r/min，远远高于钻机转盘的转速。在可钻性强的软—中软地层能获得较高的机械钻速和较好的防斜纠斜效果。

(1) 通常在直井中不用扶正器，在大倾角易斜地层中钻进时可在适当钻具部位带一只扶正器组成钟摆钻具组合，以利于防斜和纠斜，在更易斜地区采用弯螺杆钻具，利用弯螺杆钻具组合的涡动特性，实现动力学防斜。

(2) 钻进时的钻压既要考虑到地层需要，又要考虑到螺杆的要求，使钻头达到最佳工作状态，即机械钻速最快。排量的选择在满足钻井要求的同时，不要超过螺杆钻具允许的最大排量，可考虑选用带分流孔的空心转子螺杆钻具来解决大排量问题。

3．施工工艺技术

(1) 由于螺杆钻具划眼时会导致螺杆的轴承承受更高的负荷，造成螺杆先期损坏，因此应避免螺杆钻具下钻时划眼。复合钻进前应采用刚性不低于复合钻进的钻具组合进行通井，保证井眼畅通，下钻顺利。维护和调整好钻井液性能。

(2) 根据设计并结合实际钻井过程的需要选用合理的钻具结构。

(3) 复合钻进下井钻铤和接头应进行探伤，下井钻具要认真检查水眼及螺纹，保证水眼畅通，上扣达到规定的扭矩，防止井下动力钻具形成的反扭矩倒开钻具。下钻过程中如遇阻应起钻通井，不得硬压或划眼。

(4) 复合钻进初期井底造形时钻头可能转速较高，应更为小心使用较小的钻压，逐步增加钻压快速钻进。钻进参数的调整应根据机械钻速和测斜情况来定。

二、涡轮钻具与 PDC 钻头复合钻井

1．技术原理

采用涡轮钻具配合高效 PDC 钻头复合钻井技术，是利用涡轮钻具的高转速特性，带动与之配合的高转速 PDC 钻头，快速切削岩石，提高机械破岩能量，从而提高机械钻速，同时利用钻铤的横向力进行纠斜。

2．涡轮钻具的结构与特性

涡轮钻具的结构如图 6-7-1 所示，包括上端带大小头的外壳，被压紧短节压紧而安装在外壳内的定子，下端带有下部短节并与钻头相连的主轴，套装在主轴上的转子，以及止推轴承和扶正轴承等。定子和转子是由特殊的叶片组成。

涡轮钻具工作时，涡轮钻具利用高速高压的钻井液冲击涡轮定子及转子叶片，反向弯曲的定子及转子叶片将钻井液的液体能转换成机械能。涡轮钻具的工作特性曲线如图 6-7-2

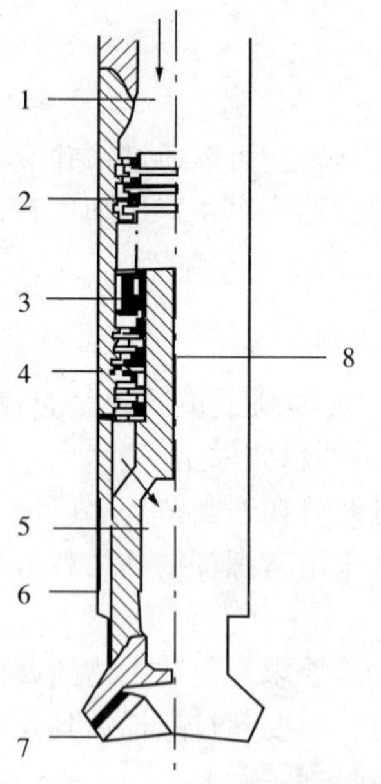

图 6–7–1　涡轮钻具结构示意图

1—钻井液；2—止推轴承；3—径向轴承；4—驱动部分；5—钻井液；6—扶正轴承；7—钻头；8—主轴

所示。图中的横坐标为涡轮转速，纵坐标为功率和扭矩。图中三组曲线表示不同的钻井液流量。每组曲线有一个最优转速（n_0）。涡轮钻具各参数之间有以下关系：

（1）转速（n）与流量（Q）成正比，扭矩（M）压差（Δp）与流量的平方成正比，功率与流量的三次方成正比。即：

$$n_1 / n_2 = Q_1 / Q_2 \tag{6-7-1}$$

$$M_1 / M_2 = (Q_1 / Q_2)^2 \tag{6-7-2}$$

$$\Delta p_1 / \Delta p_2 = (Q_1 / Q_2)^2 \tag{6-7-3}$$

$$\Delta P_1 / \Delta P_2 = (Q_1 / Q_2)^3 \tag{6-7-4}$$

显然，足够的流量是涡轮钻具发出足够功率和扭矩的前提。

（2）在一定流量下，涡轮钻具的转速随扭矩的减小而增大，在空转时，转速达到最高，所以不应当用涡轮钻具进行划眼。

3．涡轮钻具的特点

涡轮钻具的工作转速为 150 ～ 1000r/min，比螺杆钻具高，在普通钻井液中可正常工作，工作寿命为 800 ～ 1000h，比螺杆钻具（120 ～ 200h）长，涡轮钻具无橡胶件，耐高温，工作温度可达 250 ～ 300℃，在高温高压深井钻井中占有优势。

4．施工工艺技术

（1）PDC 钻头入井前，井眼需要清洁，保证井下无上一只钻头的掉齿等落物，若上一只钻头掉齿必须用打捞工具将其捞出打捞干净，待井下情况正常后方可入井。

（2）起钻后带扶正器通井一次，若有阻卡现象，必须划眼至畅通。

（3）下钻前和起钻后在井口将涡轮钻具传动轴部分完全浸入钻井液后进行小排量(20L/s）测试，记录排量和立压，查看涡轮钻具整机外观是否有损伤。

（4）下钻过程中防止下部钻具组合与井口导管头相碰，在下部钻具组合通过套管鞋和进入裸眼段时一定要小心，并注意起下钻速度和缩径井段；起下钻遇阻时不允许硬提硬压，遇阻不超过 30 ～ 50kN；上下活动钻具无效时，应立即通知现场涡轮钻具技术专家或钻井工程师，不得硬提硬压；如果划眼，采用间断开泵，并试着用正常钻进时 2/3 的排量，增加排量必须经由涡轮钻具专家批准。

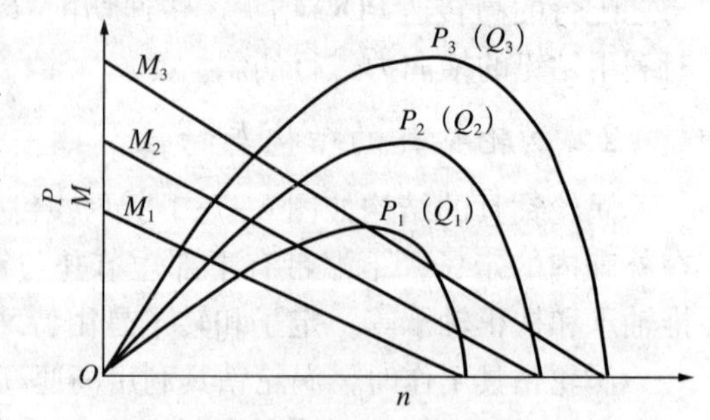

图 6–7–2　涡轮钻具工作特性图

（5）必须使用钻杆滤清器：每次卸完方钻杆

后须由专人负责将滤清器从转盘面上的钻杆接头中取出，并检查其是否干净和完好，将干净且完好的钻杆滤清器放入鼠洞内准备使用的钻杆接头内。

(6) 钻头距井底 7.0 ~ 9.0m 时缓慢开单泵小排量（20L/s）循环，启动转盘，井口有钻井液返出时缓慢下放钻具，清洗井底，以小钻压（10 ~ 20kN）进行井底造型，钻进 0.3 ~ 0.5m 后逐渐将排量和钻压增加至设计值；司钻采用试钻法，根据钻时及转盘扭矩变化适当调整钻压（最大钻压不超过 50kN），以获得最佳机械钻速。

(7) 钻进过程中必须启动除砂器和除泥器等固控设备，如钻井液有持续加重现象，应开启离心机。

(8) 涡轮钻具复合钻进过程中每隔一定时间或每次接单根，且钻井泵与转盘开启后均需及时校正大钩悬重和钻压。

(9) 送钻均匀，严防溜钻顿钻，时刻注意钻压、泵压、钻时及扭矩变化情况；泵压变化超过 1.0MPa 时司钻必须立即上报现场涡轮钻具技术专家。

(10) 根据实际情况或设计要求每钻进 50 ~ 150m 进行单点或多点井斜测量。

(11) 保证足够上扣扭矩（涡轮节壳体与接头之间、涡轮节与配合接头之间及涡轮节与传动轴头之间的上扣扭矩为 17000 ~ 19000N · m，上扣时液压大钳钳口夹持位置应在距离涡轮钻具端面 250mm 范围内，禁止液压大钳钳口夹持涡轮节及传动轴壳体中间部位）。

(12) 起钻后，须在井口用一定量清水将涡轮钻具各部件内部钻井液流道清洗干净，待清水流出约 5min 后将各部件下端护丝拧紧，并从各部件上部内螺纹处灌入 5 ~ 10L 干净机油，以防涡轮钻具生锈，并将上部螺纹护丝戴好，以免意外损坏螺纹及端面。

第八节　高压喷射钻井技术

高压喷射钻井技术是指钻井过程中通过高压泵来提高井底水力能量的提高机械钻速钻井新技术，该技术通过高压钻井泵来实现，通过并泵或减小喷嘴直径两种方式实现。

一、国内外喷射钻井及优化钻井发展简况

1. 国外喷射钻井及优化钻井发展简况

美国从 1938 年开始研究喷射钻井，开始时只注意提高排量，试验没有取得明显的效果。到 1948 年 4 月，用喷射式刮刀钻头，进行了 26 口井的现场试验。在得克萨斯海湾地区的试验证明，钻速的提高与喷射速度成正比。

喷射式钻头开始时是刮刀钻头，20 世纪 50 年代制成了喷射式牙轮钻头，60 年代出现了硬质合金镶齿钻头，由滚动密封轴承发展到滑动密封轴承，钻头寿命平均达到 120h 以上，最高的 268h，比普通牙轮钻头提高 5 倍多。

随着喷射钻井的发展，对钻井液提出了更高的要求，泛美石油公司于 1966 年试验成功了低固相不分散体系聚合物钻井液。随后发展了生物聚合物钻井液。

20 世纪 50 年代以后，美国对在喷射钻井基础理论方面的研究比早期更为重视，这是在整个钻井技术发展的科学阶段（1948—1968 年）的一个突出的特点。先后成立了喷射钻

井协会、钻井液协会及钻压转速协会，各大石油公司投资组织科研力量深入研究钻井基础理论和应用技术。通过 20 年的研究试验，喷射钻井已经具备了一套比较完整的理论，那就是“钻井水力学”，研究了射流的特性与喷嘴结构及水力参数、破岩及清岩的作用。1960年，Kendall 和 Goins 提出喷射钻井最大水功率、最大冲击力和最高喷射速度三种工作方式，通过验证，前两种效果显著，解决了最大限度地利用喷射钻井能量的问题。还研究了井底流场，以提高清岩效果，到 60 年代形成了环空流变学，研究钻井液的流变参数的优控优配方法，找出了钻井液最优工作区。60 年代中期，钻井液类型和固控理论有了很大发展，这样就形成了喷射钻井破岩、清岩、携岩和除岩及能量利用一整套理论。

2. 国内喷射钻井及优化参数钻井工艺发展简况

1）喷射钻井工艺试验

国内喷射钻井的研究工作开始于 20 世纪 60 年代，1964 年，北京石油学院钻井教研室刘希圣教授带研究生对淹没非自由射流特性和喷嘴结构进行了系统的试验，取得了喷嘴水力特性的有关数据，建立了各种喷嘴剖面的曲线方程。

1973 年开始研究喷射钻井工艺技术。在 20 世纪 60 年代研制成功刮刀钻头、满眼钻具和聚丙烯醚胺钻井液（GX-1 型）的基础上，消化应用喷射钻井理论，研制了喷射式聚晶金刚石钻头，改造了钻井泵，继续试验 PAM 钻井液和净化装置等项目。

通过多年研究试验，各项配套技术取得了进展。高压大功率泵和喷射式金刚石刮刀钻头基本定型。水力参数和流变参数相互适应的优选方法，通过室内和现场验证说明计算准确，制作了图表、计算尺和计算机程序，均可应用于生产。可以连续取得主要钻井参数资料。钻井液净化初步实现了二级匹配，连续运行，对低固相钻井液处理剂做了初步试验，对环空流变学开展了试验验证工具，水力破岩机得到了初步证实。通过现场高压喷射综合试验，钻速有较大突破，成本下降幅度大，高压喷射钻井比一般喷射钻井钻速提高了一倍，钻井成本降低约 1/3。其技术经济效果如图 6-8-1 所示。

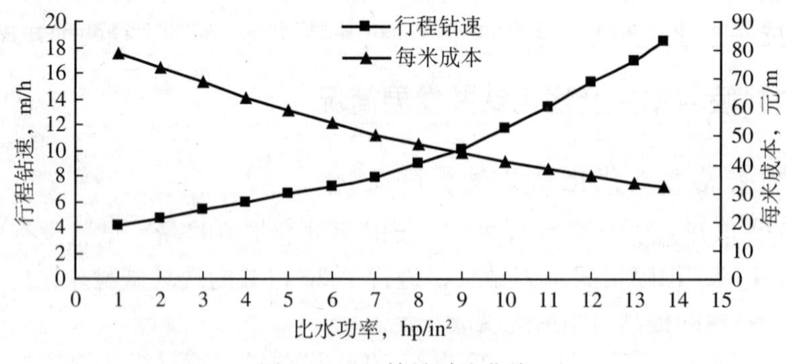

图 6-8-1 效益对比曲线

2）喷射钻井的推广应用

从 1978 年石油工业部组织推广喷射钻井、低固相钻井液和高效率喷射式钻头三大技术以后，钻井速度有了很大提高。喷射钻井经历了三个发展阶段：

第一阶段泵压 10 ~ 12MPa 为喷射钻井的初级阶段，钻井速度慢，成本高，经济效益低；

第二阶段泵压 14 ~ 15MPa 为喷射钻井的中级阶段，钻井速度中等，经济效益中等；

第三阶段泵压 18 ~ 20MPa 为喷射钻井的高效率阶段，钻井速度快，经济效益高。

二、高压喷射钻井提速机理

1．高压喷射钻井可以及时清洗井底，避免岩屑重复破碎

高压水射流冲击井底，可以形成较强的井底漫流，从而及时清除井底已破碎的岩石，避免钻头重复破碎，达到提高钻井速度的目的。

2．高泵压可以提高牙轮钻头破岩效率

牙轮钻头冲击破碎井底岩石，冲击除形成崩出的碎块外，还有许多裂纹存在，这些裂纹在水力能量不足时会在钻井液压持作用下再次闭合，造成钻头的重复破碎。而水力能量越强，就有连接强度更大的裂纹被撕开，形成破碎，从而大幅度提高钻井速度。

3．大排量有利于防止 PDC 钻头切削齿泥包

PDC 钻头在切削地层岩石时，由于齿的推压作用，总有部分岩屑粘附在齿上，这将影响齿再切入地层，使 PDC 齿破岩效率降低，如果排量低则会使更多岩屑堆集在 PDC 齿前，使钻速更低。而排量越大，钻头水槽中流速越高，就更多地冲洗齿上粘附的岩屑，防止切削齿泥包，使钻速更快。

4．地面高泵压为大功率井下动力钻具提供足够的水力能量

目前井下动力钻具有向大功率发展的趋势，但大功率井下动力钻具的压降大，需更高的泵压支撑。受泵压限制，我国至今没有发展大功率井下动力钻具。地面高泵压为大功率井下动力钻具提供足够的水力能量。

三、高压喷射钻井设备

钻井泵泵压的提高，有利于提高钻井进尺，但对钻机设备及配件来说，具有一定的挑战性。为了保证高压喷射钻井的顺利进行，必须对主要承压件及钻井泵易损件进行专门的改造和配件准备。高压喷射钻井对钻井设备的要求较高。目前主要设备配置包括：

1．钻井泵

F−1600 钻井泵，缸套内径 130 ~ 230mm，额定压力 52 ~ 19MPa，额定冲数 105 次 /min；

F−2200 钻井泵，缸套内径 120 ~ 190mm，额定压力 51.9 ~ 20.7MPa，额定冲数 120 次 /min。

目前国内已研发成功了 F−3000 等大功率钻井泵。

2．高压管汇

高压喷射钻井高压管汇通径一般 102mm × 70MPa，双立管所有焊口均经过 X 射线探伤检查，水龙带需静水试压，均合格后使用。

3．循环和净化系统

高压喷射钻井净化系统一般应配备 4 级净化装置和 4 台 DERRICK 振动筛，单台处理量 55.5L/s，可保证筛布 150 目下过流密度 1.35g/cm^3 钻井液 100L/s。

高压喷射钻井钻机设备及配件面临的主要问题：

(1) 对钻井泵易损件（主要包括：缸套、活塞、泵阀、空气包气囊及阀盖密封圈等）要求更高，需要采用正规厂商高质量产品。

(2) 高压管汇及高压水龙带的耐压能力需适应高于钻进泵压 1.5 倍的要求。

(3) 水龙头冲管、密封以及钻具螺纹的高压密封性能。

四、高压喷射钻井现场试验

1990 年，胜利油田在 6 口井进行了泵压 30MPa 的高压喷射钻井试验。结果表明，与泵压 18 ~ 22MPa 喷射钻井相比（同类型井）钻井速度提高 1 倍，直接钻井成本下降 6.43%。

2001 年，中原油田在桥 55−2 井进行了泵压 34MPa 的高压喷射钻井试验，机械钻速提高 20% 左右。在卫 22−80 井进行了最高泵压为 40MPa 的喷射钻井试验，机械钻速提高 2 倍。

2006 年，新疆油田在莫深 1 井应用高压喷射钻井加个性化优质 PDC 钻头，进行了泵压 30 ~ 35MPa 的高压喷射钻井试验，平均钻速比相邻同类型井提高了 21% ~ 58%。莫深 1 井三开 12¼in 井眼钻井泵压达到 32MPa 以上，与邻井同井段 8½in 钻头相比，机械钻速达到了 3.47m/h，提高了 1.2 倍。

2009 年中原石油勘探局塔里木钻井公司分别在 TH12233 井和 TP308X 井进行了泵压 35MPa 的高压喷射钻井试验，与邻井同井段相比，机械钻速提高了 78% ~ 262%。

第九节　新型破岩方法与工具

为了提高深井硬地层机械钻速，缩短钻井周期，研究人员不断开展新型破岩钻井方法与工具的研究，如超高压射流破岩钻井、空化射流破岩钻井、超临界二氧化碳破岩钻井、粒子冲击破岩钻井和激光破岩钻井等。本节简要介绍冲旋钻井、水力脉冲空化射流钻井及井下增压超高压射流钻井方法。

一、冲旋钻井

1. 冲旋钻井工作原理

冲旋钻井原理是在普通旋转钻进的基础上，再加上一个冲击器。冲击器是一种井底动力机械，一般接在井底钻头或岩心管的上端，依靠高压气体或钻井液推动其活塞冲锤上下运动，撞击钻头，钻头在冲击动载和静压旋转的联合作用下破碎岩石。冲击动载使得岩石中裂隙扩张，并形成大体积的破碎，提高了破碎岩石的速度。其主要技术特点是：

(1) 岩石的破碎是受钻头的冲击压入和回转刮削联合作用完成的。

(2) 在较坚硬的岩石上，冲旋钻进基本上是体积破碎，不是研磨破碎，因此具有更高的钻井效率。

(3) 由于是高频冲击破碎，破岩时间极短，硬岩岩性变化对破碎效果影响不大。在钻头上不易形成偏斜力矩，因此形成的井眼规则，质量好。

(4) 高频冲击破碎使岩石对钻头的研磨相对减少，钻头寿命相对延长。

(5) 由于破岩方式是利用高频冲击和回转实现的，因此，钻进过程不必采用过高的钻压和转速，钻柱受力情况也相应得到改善。

2. 冲旋钻井工具

冲击器属于井下动力工具，是冲旋钻井的核心部件，其性能好坏直接决定了冲旋钻井的效果。目前世界各国研制出的冲击器类型较多，按动力方式不同可分为液动、气动、电动、气液混合及机械作用等形式。在石油钻井领域研究应用最广泛的是液动和气动两种。

1) 液动式射流冲击器

液动射流式冲击器是以一个双稳的射流元件作为控制机构，由于双稳射流元件具有附壁和切换的特性，可控制流体按一定的规律进入冲击器活塞工作腔体的上腔和下腔，从而推动活塞冲锤作上下往复运动。其基本结构如图 6-9-1 所示。

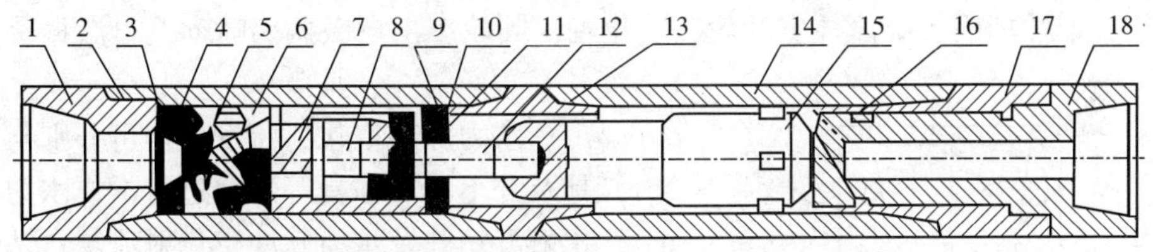

图 6-9-1　液动式射流冲击器

1—上接头；2—外缸；3—合金喷嘴；4—分流压盖；5—弹性挡圈；6—射流元件；7—缸体；8—调整锥杆；9—圈柱销；10—缸套；11—缸盖；12—活塞杆；13—中接头；14—外管；15—冲锤；16—半圈卡；17—八方套；18—下接头

钻井泵输出的高压钻井液，经钻柱输入喷嘴时产生附壁效应，假如先附壁于右侧，则由右输出道输出进入缸体的上腔，推动活塞及冲锤下行撞击砧子，完成一次冲击。在右输出道输出同时，反馈信号回至右信号控制孔，在活塞行程末了使主射流切换附壁于左侧并经左输出道进入缸体的下腔，推动活塞及冲锤回程，同样在左输出道输出的同时，反馈信号又回到左信号孔，将主射流切换到右侧，如此往返，实现冲击动作，上下缸体内回水，则通过输出道而排到放空孔，再经水道到达井底钻头，冲洗井底后返回到地表井口。

2) 气动式射流冲击器

气动冲击器（又称空气锤）是气动冲旋钻井的关键部分。根据其配气方式的不同可分为有阀式和无阀式两大类。有阀式指推动活塞上下运动的压缩空气是由配气机构的阀片控制；无阀式是利用布置在活塞和缸体侧壁上的配气系统控制活塞往复运动。

二、水力脉冲空化射流钻井

自 2005 年以来，水力脉冲空化射流钻井技术在国内外十多个油田不同区块不同井段进行了多重组合现场试验和应用，平均提高机械钻速 15% 以上。水力脉冲空化射流发生器结构简单，使用方便，可靠性强，对现有的钻井装备、工艺参数、钻井液性能以及软—硬地层等具有良好的适应性，试验钻井液密度范围为 1.1 ～ 2.0g/cm^3，试验最大井深达 6162m，工具使用寿命达260h以上，可以满足现场使用，为深井钻井提供了一种安全高效的钻井新技术。

1. 工作原理

水力脉冲空化射流钻井是水力脉冲射流和自振空化射流耦合的一种钻井新技术，该技术通过水力脉冲空化射流发生器来实现。钻进过程中，水力脉冲空化射流发生器安装于钻头和钻铤或井下动力钻具之间，将流体的扰动作用和自振空化效应耦合，使进入钻头的常规连续流动调制成振动脉冲流动，钻头喷嘴出口成脉冲空化射流，产生水力脉冲、瞬时负压和空化冲蚀三种效应。通过水力脉冲和空化射流的组合作用改变井底流场及岩石应力状态，达到提高破岩和携岩效率的作用。由于压力脉动可在钻头附近形成低压区，能够减井底岩石的压持效应，间断的产生欠平衡状态，可以较大幅度提高钻井速度。

2. 工具结构和钻具组合

水力脉冲空化射流发生器的结构如图6−9−2所示，主要由上内螺纹接头、下内螺纹接头、本体、弹性挡圈、导流体、叶轮、叶轮轴、叶轮座、自激振荡喷嘴及自激振荡腔室等组成。

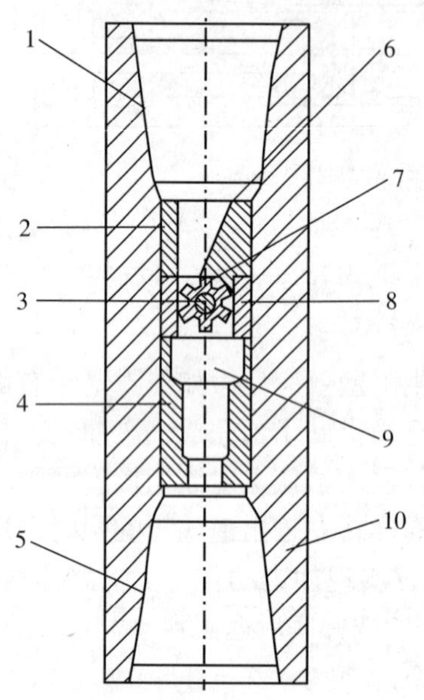

图6−9−2 水力脉冲空化射流发生器结构示意图

1—上内螺纹接头；2—导流体；3—叶轮轴；4—自激振荡喷嘴；5—下内螺纹接头；6—弹性挡圈；7—叶轮；8—叶轮座；9—自激振荡腔室；10—本体

水力脉冲空化射流发生器可分别与常规钻具及井下动力钻具等配合进行常规水力脉冲空化射流钻井及水力脉冲空化射流复合钻井，在现有钻井参数条件下，可较大幅度提高机械钻速，为深井钻井提供了一种安全高效的钻井新技术。

常规水力脉冲空化射流钻井钻具组合为：钻头+水力脉冲空化射流发生器+钻铤+钻杆；水力脉冲空化射流复合钻井钻具组合为：钻头+水力脉冲空化射流发生器+螺杆钻具+钻铤+钻杆。

三、井下增压超高压射流钻井

井下增压超高压射流钻井可以大幅度地提高水射流的压力（100 ~ 240MPa），实现超高压射流辅助机械破岩钻井，可以显著提高深井和超深井的钻井速度。

井下增压超高压射流钻井工作原理：钻井液分成两部分，约10% ~ 20%的钻井液经过增压器被处理为超高压液体，从安装于钻头上的特殊喷嘴流出；而其他部分液体经增压器和钻柱之间的环空流入钻头，从普通喷嘴流出，然后合并携屑返回地面。

井下增压装置是实现超高压射流钻井的关键设备，从国内外研究现状来看，大致分为螺杆增压器、涡轮增压器、射流式井下增压器和钻柱减振增压器等。下面简要介绍射流式井下增压器和钻柱减振增压器。

1. 射流式井下增压器

1）工作原理

射流式井下增压器的工作原理如图 6–9–3 所示。假定输入活塞位于输入活塞缸的上位(即上死点)，此时换向机构受控使输入活塞缸的下腔与第 2 切换流道的连通通道关闭，同时打开下腔与泄流通道的连通通道。此时双稳射流元件的第 2 切换流道受背压的影响，流体压力增大，使流体附壁于第 1 切换流道，并通过该流道进入输入活塞缸的上腔，同时由于节流元件的作用，活塞缸上腔的流体压力大于下腔，因此输入活塞在该压差作用下向下运动，同时带动输出活塞缸的输出活塞向下运动，输出活塞缸中的流体通过输出流道输出高压射流，而输入活塞缸下腔中的流体通过泄流通道泄流。

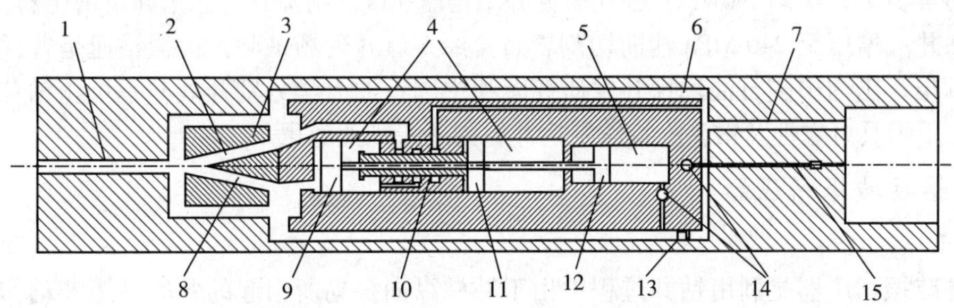

图 6–9–3 射流式井下增压器工作原理

1—输入流道；2—第 2 切换流道；3—双稳射流元件；4—输入活塞缸；5—输出活塞缸；6—节流元件；7—泄流通道；8—第 1 切换流道；9—输入活塞；10—组合阀总成；11—输入活塞；12—输出活塞；13—节流元件；14—单向阀；15—输出流道

当输入活塞运动到下位（即下死点）时，组合阀换向机构受控换向，使输入活塞缸的下腔与泄流通道的连通通道关闭，同时打开活塞缸下腔与第 2 切换流道的通道，此时活塞缸上腔在背压作用下压力增大，与上腔连通的第 1 切换流道压力增加，输入流道输入的流体附壁切换到第 2 切换流道，并通过该流道流入下腔中，在下腔和上腔流体动压差作用下，推动输入活塞向上运动，输出活塞缸的输出活塞随之向上运动，输出活塞缸的下腔同时通过单向阀补入工作流体。当输入活塞运动到上位（即上死点）时，组合阀换向机构受控换向，使活塞缸的下腔与第 2 切换流道的连通关闭而打开输入活塞缸的下腔泄流通道的连通通道，开始下一个高压射流输出循环。在工具的工作过程中，脉动射流的输出频率取决于输入排量和活塞的运动行程，同时，在射流的输出频率一定的条件下可以通过改变活塞直径调整射流输出增压比和超高压射流输出排量。

2）工具结构

射流式井底增压装器的外部结构件主要由上接头、外缸和下接头组成。装置内部包括射流换向元件、活塞缸体、上下活塞、组合阀总成、活塞杆和小活塞等。外部结构件通过钻杆螺纹连接，并将内部的各个零部件定位在其中（图 6–9–4）。

工具设计参数：适用井径大于等于 215.9mm，设计增压比大于 7 ： 1，输入排量 20L/s，输出排量大于 1L/s，输出压降大于 50MPa，设计射流脉动输出频率大于 3Hz。

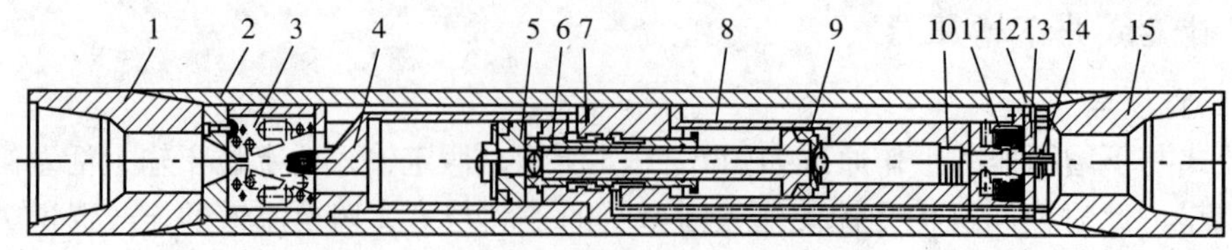

图 6-9-4　射流式井下增压装置结构图

1—上接头；2—外缸；3—射流换向元件；4—上缸体；5—上活塞；6—活塞杆；7—组合阀总成；8—下缸体；9—下活塞；10—小活塞；11—单向阀；12—节流嘴；13—托盖；14—高压输出管；15—下接头

3）井下增压器试验

1993 年开始，美国 FlowDril 公司研究井下增压超高压射流钻井。用井下增压器将 1/7 ~ 1/10 的钻井液增压至 240 MPa 辅助切割岩石。经 5 口井现场试验，机械钻速是普通钻井的 1.1 ~ 3.5 倍。国内中国石油勘探开发研究院和中国石油大学分别开展井下增压钻井研究和试验，由于工具可靠性及钻头需特殊制造等原因还未工业应用。

2．钻柱减振增压器

1）工作原理

钻柱减振增压器是利用钻井过程中由于钻柱纵向振动所引起的井底钻压波动作为能量来源，通过钻柱的纵向振动带动井下柱塞泵的柱塞上下运动，并利用钻压波动压缩钻井液使之增压并通过钻头上的某一特制喷嘴产生超高压射流。

因为钻柱的振动，由此产生钻压的波动。当钻柱振动产生的作用力超过弹簧的预紧力后，在此作用力下，弹簧被压缩，钻柱带动活塞下行，吸入阀关闭，增压液腔内的流体被压缩，最终成为高压流体，当流体的压力超过一定值后，单向阀打开，高压流体从高压液流通道流向钻头，从钻头上的高压喷嘴喷出，辅助钻头破碎岩石，起到辅助破岩提高钻速的作用。当钻柱带动活塞继续下行时，由于高压流体的喷出，增压液腔内的流体压力减小，当其压力小于一定值后，单向阀关闭，直到下一冲程增压腔内的流体压力高于一定值后，单向阀才再次打开。当增压腔内的流体对活塞的反作用力和弹簧对钻柱的反作用力之和与钻柱向下运动的力相平衡时，钻柱向下的振动停止，此过程为泵的下冲程。

受钻柱振动的影响，当钻柱上行时，钻柱带动活塞向上运动，弹簧受力减小，增压液腔内余下流体的压力逐渐恢复；当其压力低于常规钻井液压力时，吸入阀在钻柱中液流压力的作用下打开，钻柱中的流体进入并充满增压液腔；当钻柱向上运动到一定高度后，弹簧对钻柱的反作用力与钻柱向下的力相平衡时，钻柱停止向上运动，此时钻压达最小值，泵的上冲程结束。

2）钻柱减振增压器试验

2010 年，钻柱减振增压钻井工具在胜利油田桩古 10−58 井中生界地层进行了首次井下试验。试验钻进井段为 3457.5 ~ 3482.5m，钻进 25.0m，平均机械钻速 6.20m/h，比未使用减振增压装置的邻井相同井段和地层的机械钻速提高了 8.25 倍。

第二次现场试验在胜利油田罗 69井东营组沙四段地层进行，试验钻进井段为 2200～2910m，钻进 710m，井下停留时间共计 96h43min，纯工作时间 65h，平均机械钻速 10.92m/h，比未使用减振增压装置的邻井相同井段和地层的机械钻速提高了 1.86倍。

参 考 文 献

[1] 钻井手册（甲方）编写组 . 钻井手册（甲方）[M] . 北京：石油工业出版社，1990.

[2] 解俊昌 . 喷射钻井工艺技术 [M] . 北京：石油工业出版社，1987.

[3] 郭学增 . 最优化钻井理论基础与计算 [M] . 北京：石油工业出版社，1987.

[4] 张绍槐 . 喷射钻井理论与计算 [M] . 北京：石油工业出版社，1986.

[5] 陈庭根，管志川 . 钻井工程理论与技术[M] .东营：中国石油大学出版社，2008.

[6] 杜晓瑞，王桂文，王得良，赵彦等 . 钻井工具手册 [M] . 北京：石油工业出版社，1999.

[7] 孙宁，苏义脑，李根生 . 钻井工程技术进展 [M] . 北京：石油工业出版社，2006.

[8] 李克向 . 21 世纪钻井技术展望 [J] . 钻采工艺，1999，22（6）：1–6.

[9] 沈忠厚 . 水射流理论与技术 [M] . 东营：石油大学出版社，1998.

[10] 尹宏锦 . 实用岩石可钻性 [M] . 东营：石油大学出版社，1988.

[11] 楚泽涵 . 声波测井原理 [M] . 北京：石油工业出版社，1987.

[12] 邹德永，程远方，查永进，李维轩 . 利用岩屑波速随钻检测地层可钻性及优选钻头类型 [J] . 石油大学学报（自然科学版），2005，29（1）：37–40.

[13] 杨进，高德利，郑权方 . 岩石声波时差与岩石可钻性的关系及其应用 . 钻采工艺，1998，21（2）：1–3.

[14] 李士斌，闫铁等 . 地层岩石可钻性的分形表示方法 [J] . 石油学报，2006，27（1）：124–127.

[15] 申守庆编译 . 美国十大钻头公司的十大钻头新技术[J] .国外油田工程，2002，18（7）.

[16] 卢芬芳 ,徐昉 ,申守庆 .美国钻头技术最新进展[J] .石油机械，2005，33(6)：86–87.

[17] Greenberg J. Improved design processes allow bits to fit specific applications, set new drilling records [J] .Drilling Contractor, 2008，64（4）：80–84.

[18] 罗纬，陈金山 . 牙轮钻头变曲率滚动轴承的实验研究 [J] . 石油矿场机械，1992，21（4）：1–4.

[19] 谭春飞，王镇泉，蔡镜仑 . 新型高速牙轮钻头滑动轴承的试验研究 [J] . 石油机械，1996，24（2）：12–15.

[20] 胡琴，刘清友 . 复合齿形牙轮钻头及其破岩机理研究 [J] . 天然气工业，2006，26（4）：77–79.

[21] 况雨春，伍开松，杨迎新，马德坤 . 三牙轮钻头破岩过程计算机仿真模型 [J] . 岩土力学，2009，30（S1）：235–238.

[22] 刘谦 . 复合钻进技术在吐哈油田的应用 [J] . 石油钻探技术，2002，30（2）：38–40.

[23] 谭春飞，蔡镜仑 . 利用涡轮钻具提高深井钻速的试验研究 [J] . 石油钻探技术，2003，30（5）：30–32.

[24] 杨顺辉 . 液动射流式冲击器的研究现状与发展方向 [J] . 石油机械，2009，37（2）：73−76.

[25] 李根生，史怀忠，牛继磊，黄中伟 . 水力脉冲空化射流钻井机理与试验 [J] . 石油勘探与开发，2008，35（2）：239 ~ 243.

[26] 汪志明，薛亮 . 射流式井底增压器水力参数理论模型研究 [J] . 石油学报，2008，29（2）：308-312.

[27] 王太平，程广存，李卫刚，芦风山 . 国内外超高压喷射钻井技术研究探讨 [J] . 石油钻探技术，2003，31（2）：6−8.

[28] 吴应凯，王国华，蒋建伟 . 莫深 1 井 PDC 钻头优化设计及应用 [J] . 新疆石油天然气，2008，4（3）：17−21.

[29] SY/T 5234—2004　优选参数钻井基本方法及应用 [S] .

附录　优化参数钻井基本方法及应用（节选自 SY/T 5234—2004）

一、优选钻头类型的方法

1．时差法

（1）收集符合数据处理要求的邻井（区）物探资料、设计井地质任务书和地质设计和图样，以及有关的地质、钻井及测井资料。

（2）用时差转换模式计算时差值：

$$\Delta t_s = \Delta t_c B^a \tag{1}$$

式中，B 为横波与纵波传播时差之比；a 为与传播时差比值的矿物颗粒尺寸校正系数。

（3）依据各地层组段（井段）相对应的原则，选出待设计井段的钻头类型。

（4）若选择钻头类型不合适，重复上述第（2）和第（3）项，直到选定为止。确定所有设计井段以至全井钻头类型序列。

2．最低成本法

（1）计算钻井直接成本值：

$$C_u = \frac{C_b + C_r(t_d + t_t + t_\infty)}{F_b} \tag{2}$$

（2）以参考井钻头的 F_b、v_{pe} 和 t_d 等技术经济指标为依据，按最低成本的原则，优选设计各地层组段（井段）的钻头类型，形成全井钻头序列。

3．岩石可钻性法

（1）确定岩石可钻性级值有两种方法：

①按 SY/T 5426 计算微钻时和微钻速，确定岩石可钻性级值；

②利用声波测井资料预测地层岩石可钻性级值，其数学模型如下：

海相沉积砂岩地层剖面：

$$K_{\mathrm{dyms}} = 1.190812\mathrm{e}^{0.0003 v_{\mathrm{pdh}}} - 0.1427 \tag{3}$$

海相沉积泥岩地层剖面：

$$K_{\mathrm{dymm}} = 1.20939\mathrm{e}^{0.0003 v_{\mathrm{pdh}}} + 0.1151 \tag{4}$$

陆相沉积砂岩地层剖面：

$$K_{\mathrm{dym}} = 0.018(0.004AC^{1.6378})^{0.6868} \tag{5}$$

陆相沉积碳酸盐岩地层剖面：

$$K_{\mathrm{dycc}} = 0.0123(24.435AC^{1.6378})^{0.7329} \tag{6}$$

(2) 根据各地层组段（井段）相对应的原则，选出待设计井段与岩石可钻性级值对应的钻头类型，初定该钻头类型序列。

(3) 按已建立的该地区岩石可钻性级值梯度公式计算各相应地层组段岩石可钻性级值，复核选定设计钻头类型序列。

(4) 若选定的钻头类型现场难以实施时，可按国际钻井承包商协会（IADC）编码等效原则确定钻头类型，形成全井钻头序列。

4．综合分析法

(1) 根据岩石可钻性级值，参照邻井相应井段钻头资料，计算出成本最低的钻头，进行综合分析对比，并结合厂家推荐的钻头型号，确定全井各段的钻头类型。

(2) 预测钻井技术经济指标，找出全井成本最低的钻头序列：

①应用动态模糊目标规划理论，计算初定各井段钻头类型；

②综合分析确定全井成本最低的钻头类型序列。

5．比能法

(1) 计算各地层组段（井段）钻头的比能值：

$$E_{\mathrm{s}} = \frac{K_{\mathrm{a}} \cdot W \cdot n_{\mathrm{r}} \cdot t_{\mathrm{d}}}{d_{\mathrm{b}} \cdot F_{\mathrm{b}}} \tag{7}$$

(2) 绘制井深 D 与 E_{s} 值散点图，进行数理统计分析。

(3) 以参考井钻头的比能值为依据，以比能值越低越适应地层和地层层位等同的两个原则，优选出单只钻头以至全井钻头类型序列。

二、优选钻井液体系及参数

1．优选钻井液体系

根据地层岩性特点，选择使用与岩性相匹配的钻井液体系。

2．优选钻井液密度

（1）以地层孔隙压力梯度剖面为基础，确定合理的钻井液密度。

（2）预测地层孔隙压力梯度不准时，在钻进过程中应以随钻地层孔隙压力监测结果为依据进行调整。钻井液密度安全附加值为：油井 0.05 ~ 0.10g/cm^3 或控制井底压差 0.5 ~ 3.5MPa；气井 0.07 ~ 0.15g/cm^3 或控制井底压差 3.0 ~ 5.0MPa。但在实际确定钻井液密度时，应综合考虑。

（3）在同一井段有盐膏层或易塌泥页岩等岩层时，钻井过程中应取钻该岩层力学平衡所需的钻井液密度。

3．优选钻井液流变参数

1）约束条件

满足井眼安全的三个约束条件：

（1）环空岩屑净化系数 LC 大于或等于 0.5；

（2）环空岩屑浓度 C_a 小于或等于 9%；

（3）环空流态指示值 Z 小于井壁稳定系数 Z_o。

2）钻井液流变参数模式

（1）基本流变参数。

根据验证结果，推荐使用低、中、高不同剪切速率范围内更接近实际流变曲线的模式，同时应考虑便于计算。在整个剪切速率范围内，钻井液的基本流变参数有 6 个：

①初切力 τ_i：其值等于旋转黏度计 3r/min 读数；

②流型指数：

$$n = 3.32 \lg \frac{\Phi_{600}}{\Phi_{300}} \tag{8}$$

③稠度系数：

$$K = \frac{0.479\Phi_{300}}{511^n} \tag{9}$$

④塑性黏度：

$$\mu_{pv} = \Phi_{600} - \Phi_{300} \tag{10}$$

⑤屈服值（动切力）：

$$\tau_{yp} = 0.479(2\Phi_{300} - \Phi_{600}) \tag{11}$$

⑥卡森黏度（接近钻头喷嘴黏度）：

$$\eta_\infty^{1/2} = 2.4142(\Phi_{600}^{1/2} - \Phi_{300}^{1/2}) \tag{12}$$

只要用旋转黏度计测得钻井液 Φ_3、Φ_{300} 和 Φ_{600} 三个数据，便可根据式（8）~式（12）计算出上述流变参数。其中，式（8）和式（9）用于较低剪切速率范围，即 γ =15 ~

150s^{-1} 的幂律模式；式（10）和式（11）用于中剪切速率范围，即 γ=120 ~ 1022s^{-1} 的宾厄姆模式；式（12）用于高剪切速率范围，即 γ=10^5 ~ 10^{6}s^{-1} 的卡森模式。

(2) 相关流变参数。

相关流变参数分别按式(13) ~式(23) 计算：

$$v_n = \frac{1273Q}{d_\mathrm{h}^2 - d_\mathrm{p}^2} \tag{13}$$

$$\gamma = \frac{1200v_\mathrm{a}}{d_\mathrm{h} - d_\mathrm{p}} \tag{14}$$

$$\theta_r = \tau_\mathrm{i} + K \cdot \gamma^n \tag{15}$$

$$\mu_\mathrm{f} = \frac{514.9n^{0.119} \cdot \theta_r}{\gamma} \tag{16}$$

$$v_\mathrm{s} = \frac{0.071d_\mathrm{rc}(\rho_\mathrm{rc} - \rho_\mathrm{d})^{0.667}}{\rho_\mathrm{d}^{0.333} \cdot \mu_\mathrm{f}^{0.333}} \tag{17}$$

$$LC = \frac{v_\mathrm{a} - v_\mathrm{s}}{v_\mathrm{a}} \tag{18}$$

$$C_\mathrm{a} = \frac{(v_\mathrm{a}/v_\mathrm{s})\ C_\mathrm{e}}{(v_\mathrm{a}/v_\mathrm{s})\ -1+C_\mathrm{e}} \tag{19}$$

$$C_\mathrm{e} = \frac{Q_\mathrm{c}}{Q_\mathrm{c} + Q} \tag{20}$$

$$Q_\mathrm{c} = \frac{\pi d_\mathrm{h}^2 v_\mathrm{m}\left(1-\phi\right)}{144} \times 10^{-5} \tag{21}$$

$$v_\mathrm{cr} = 0.00508\left[\frac{2.04\times10^4 n^{0.387} \cdot K \cdot 25.4^{\pi}}{\left(d_\mathrm{h} - d_\mathrm{p}\right)^n \rho_\mathrm{d}}\right]^{1/(2-n)} \tag{22}$$

$$Z = 808\left(\frac{v_\mathrm{a}}{v_\mathrm{cr}}\right)^{2-\pi} \tag{23}$$

Z 大于或等于 808 时为紊流，Z 小于 808 时为层流。

3）钻井液流变参数计算与分析

利用钻井液流变参数设计程序和分析程序进行流变参数的设计计算。

4）推荐钻井液环空流变参数

能满足优选参数钻井工艺要求的钻井液环空流变参数推荐控制范围是：

(1) τ_i：0 ~ 0.5Pa；

(2) n：0.4 ~ 0.7；

(3) K：0.01915 ~ 0.1915Pa · s^n；

(4) μ_{pv}：3 ~ 15mPa · s；

(5) τ_{yp}：≤ 4Pa

(6) μ_{∞}：3~10mPa · s。

5）钻井液性能和环空流变参数的统计

用概率统计分析方法，确定本地区的常规钻井液性能和环空流变参数的控制范围。

三、优选钻井水力参数

1．原则

(1) 钻井泵的输出功率为额定功率的 80% ~ 90%。

(2) 泵压大于或等于 16MPa。

(3) 钻头水功率大于钻井泵输出功率的 50%。

2．内容

1）根据地层水力指数优选泵压

(1) 用钻速方程多元回归、现场释放钻压法中变泵压钻速试验数据和根据地层可钻性梯度级值等方法，可求得地层水力指数。

(2) 当每小时的燃料费、每小时配件维修费之和与每小时钻机作业费之比值等于地层水力指数时，用迭代法可求出对应地层水力指数的最经济泵压。

(3) 大多数地层水力指数在 0.30 ~ 0.60 范围内，除电驱动机泵组外，现有的机泵组都达不到最优（经济）泵压的要求。当泵的条件受到限制时，根据满足环空返速条件的流量选择钻井泵的额定泵压最为经济。

(4) 现场最优（经济）泵压就是在用泵的最高工作泵压，一般取额定泵压的 75% 左右。当继续提高泵压，增加钻头水功率，机械钻速不再明显提高时，这个泵压就是该地区的泵压上限或称最优（经济）泵压。

2）优选流量

(1) 按最大钻头水功率工作方式计算临界井深，确定初定流量。若计算井深（钻头钻达深度）大于临界井深，则最优流量为初定流量；若计算井深小于临界井深，则额定流量为最优流量。

(2) 以井眼扩大系数为依据，以各井段井壁承受流态指示值 Z 的上限和环空岩屑净化系数 LC 大于或等于 0.5 为约束条件，采用概率统计分析方法，找出既不冲垮井壁又保持井眼净化的环空返速范围和流量范围，使钻头水功率大于或等于 0.643 倍地面钻井泵实发水功率的流量为优选的流量。

3）优选喷嘴直径

推荐使用组合喷嘴。软地层一般采用“一大两小（等径）”三个喷嘴组合；中、中硬和硬地层采用“一大一小”双喷嘴，大小喷嘴直径比为 1 ：（0.60 ~ 0.68）。

4）钻井水力参数计算模式

(1) 流型指数 n 值的计算见式（8）。

(2) 稠度系数值 K 的计算见式（9）。

（3）塑性黏度 μ_{pv} 的计算见式（10）。

（4）屈服值（动切力）τ_{yp} 的计算见式（11）。

（5）环空上返速度 v_n 的计算见式（13）。

（6）环空流态的判断：

①宾厄姆流体：

a. 计算：

$$v_{cr}=\frac{30.864\mu_{pv}+[\left(30.864\mu_{pv}\right)^2\times 123.5\tau_{yp}\cdot\rho_b\left(d_h-d_p\right)^2]^{0.5}}{24\rho_b\left(d_h-d_p\right)} \tag{24}$$

$$Re=\frac{9800\left(d_h-d_p\right)v_p{}^2\cdot\rho_b}{\tau_{yp}\left(d_h-d_p\right)+12v_a\cdot\mu_{pv}} \tag{25}$$

b. 判断：$v_n\geqslant v_{cr}$ 或 $Re\geqslant 2100$ 为紊流；$v_n\leqslant v_{cr}$ 或 $Re\leqslant 2100$ 为层流。

②幂律流体：

a.计算：临界流速 v_{cr}的计算见式(22)，流态指示值 Z的计算见式(23)。

b. 判断 $v_n\geqslant v_{cr}$ 或 $Z\geqslant 808$ 为紊流；$v_n\leqslant v_{cr}$ 或 $Z<808$ 为层流。

（7）岩屑滑落速度的计算见式（17）。

（8）表观黏度的计算：

①宾厄姆流体：

$$\mu_f=\mu_{pv}+0.112\left[\frac{\tau_{yp}\left(d_h-d_p\right)}{v_a}\right] \tag{26}$$

②幂律流体：

$$\mu_f=1075\,n^{0.119}\cdot K\left[\frac{1200v_a}{d_h-d_p}\right]^{n-1} \tag{27}$$

（9）环空岩屑净化系数的计算见式（18）。

（10）地面管汇压耗的计算：

①宾厄姆流体：

$$\Delta p_g=k_g\cdot Q^{1.8} \tag{28}$$

$$k_g=3.767\times 10^{-4}\rho_d^{0.8}\cdot\mu_{pv}^{0.2} \tag{29}$$

②幂律流体：

$$\Delta p_g=k_g\cdot Q^{[14+(n-2)(1.4-\lg n)]/7} \tag{30}$$

$$k_g=8.09\times 10^{-4}(\lg n+2.5)\cdot\rho\left\{\frac{4.088\times 10^{-3}K}{\rho_d}\times\left[\frac{4.093(3n+1)}{n}\right]^n\right\}^{(1.4-\lg n)/7} \tag{31}$$

（11）管内压耗的计算：

①宾厄姆流体：

$$\Delta p_{\mathrm{i}}=k_{\mathrm{i}}\cdot L\cdot Q^{1.8} \tag{32}$$

$$k_{\mathrm{i}}=7628\rho_{\mathrm{d}}^{1.8}\cdot\mu_{\mathrm{pv}}^{0.2}\cdot\frac{1}{d_{1}^{4.8}} \tag{33}$$

②幂律流体：

$$\Delta p_{\mathrm{i}}=k_{\mathrm{i}}\cdot L\cdot Q^{[14+(n-2)(1.4-\lg n)]/7} \tag{34}$$

$$k_{\mathrm{i}}=\frac{64846(\lg n+2.5)\cdot\rho_{\mathrm{d}}}{d_{\mathrm{i}}^{5}}\left\{\frac{7.71\times10^{-11}d_{\mathrm{i}}\cdot K}{\rho_{\mathrm{d}}}\times\left[\frac{2.546\times10^{6}\left(3n+1\right)}{n\cdot d_{\mathrm{i}}^{3}}\right]^{n}\right\}^{(1.4-\lg n)/7} \tag{35}$$

（12）环空压耗的计算：

①宾厄姆流体：

a. 层流：

$$\Delta p_{\mathrm{a}}=\frac{61.1\mu_{\mathrm{pv}}Q\cdot L}{\left(d_{\mathrm{h}}-d_{\mathrm{a}}\right)^{3}\left(d_{\mathrm{h}}+d_{\mathrm{a}}\right)}+\frac{0.004\tau_{\mathrm{py}}\cdot L}{d_{\mathrm{h}}-d_{\mathrm{a}}} \tag{36}$$

b. 紊流：

$$\Delta p_{\mathrm{a}}=k_{\mathrm{a}}\cdot L\cdot Q^{1.8} \tag{37}$$

$$k_{\mathrm{a}}=\frac{7628\rho_{\mathrm{d}}^{0.8}\cdot\mu_{\mathrm{pv}}^{0.2}}{\left(d_{\mathrm{h}}-d_{\mathrm{a}}\right)^{3}\left(d_{\mathrm{h}}+d_{\mathrm{a}}\right)^{1.8}} \tag{38}$$

②幂律流体：

a. 层流：

$$\Delta p_{\mathrm{a}}=\frac{0.004K\cdot L}{d_{\mathrm{h}}-d_{\mathrm{a}}}\left[\frac{5.09\times10^{6}Q(2n-1)}{n\left(d_{\mathrm{h}}-d_{\mathrm{a}}\right)\left(d_{\mathrm{h}}+d_{\mathrm{a}}\right)^{2}}\right] \tag{39}$$

b. 紊流：

$$\Delta p_{\mathrm{a}}=k_{\mathrm{a}}\cdot L\cdot Q^{[14+(n-2)(1.4-\lg n)]/7} \tag{40}$$

$$k_{\mathrm{a}}=\frac{79419\left(\lg n+2.5\right)\rho_{\mathrm{d}}\cdot L}{\left(d_{\mathrm{h}}+d_{\mathrm{a}}\right)^{2}\left(d_{\mathrm{h}}-d_{\mathrm{a}}\right)^{3}}\left\{\frac{6.2967\times10^{-11}K\left(d_{\mathrm{h}}+d_{\mathrm{a}}\right)^{2}\left(d_{\mathrm{h}}-d_{\mathrm{a}}\right)^{3}}{\rho_{\mathrm{d}}}\times\left[\frac{5.09\times10^{6}\left(2n-1\right)}{n\left(d_{\mathrm{h}}+d_{\mathrm{a}}\right)\left(d_{\mathrm{h}}-d_{\mathrm{a}}\right)^{2}}\right]^{n}\right\}^{(1.4-\lg n)/7} \tag{41}$$

（13）循环压耗的计算：

$$k_{cs} = k_g + k_p + k_c \tag{42}$$

$$k_p = k_{pi} + k_{pa} \tag{43}$$

$$k_c = k_{ci} + k_{cs} \tag{44}$$

$$\Delta p_p = \Delta p_{pi} + p_{pa} \tag{45}$$

$$\Delta p_c = \Delta p_{ci} + \Delta p_{ca} \tag{46}$$

$$\Delta p_{cs} = \Delta p_g + \Delta p_p + \Delta p_c \tag{47}$$

（14）钻头压降的计算：

$$k_b = \frac{554.4\rho_d}{A_j^2} \tag{48}$$

$$\Delta p_b = k_b \cdot Q^2 \tag{49}$$

（15）钻井泵工作压力的计算：

$$p_s = \Delta p_{cs} + \Delta p_b \tag{50}$$

（16）喷射速度的计算：

$$v_j = \frac{1000Q}{A_j} \tag{51}$$

（17）射流冲击力的计算：

$$F_j = \rho_b \cdot v_j \cdot Q \tag{52}$$

（18）钻头水功率的计算：

$$P_b = \Delta p_b \cdot Q \tag{53}$$

（19）钻井泵实发水功率的计算：

$$P_p = p_s \cdot Q \tag{54}$$

（20）钻头单位面积水功率的计算：

$$P_{bs} = \frac{1000P_b}{A_b} \tag{55}$$

（21）钻井泵水功率利用率的计算：

$$\eta = \frac{P_b}{P_p} \tag{56}$$

(22) 设计喷嘴总面积的计算：

$$A_j = \left(\frac{554.4 \rho_d \cdot Q^2}{\Delta p_b} \right)^{0.5} \tag{57}$$

(23) 临界井深的计算：

①宾厄姆流体：

a. 最大钻头水功率工作方式：

$$D_{cr} = \frac{0.357 p_r - k_g \cdot Q_r^{1.8} - k_c \cdot L_c \cdot Q_r^{1.8}}{k_p Q_r^{1.8}} + L_c \tag{58}$$

b. 最大冲击力工作方式：

$$D_{cr} = \frac{0.526 p_r - k_g \cdot Q_r^{1.8} - k_c \cdot L_c \cdot Q_r^{1.8}}{k_p Q_r^{1.8}} + L_c \tag{59}$$

②幂律流体：

a. 最大钻头水功率工作方式：

$$D_{cr} = \frac{\dfrac{7 p_r}{21 + (n-2)(1.4 - \lg n)} - (k_g + k_c \cdot L_c) Q_r^{[14+(n-2)(1.4-\lg n)]/7}}{k_p \cdot Q_r^{[14+(n-2)(1.4-\lg n)]/7}} + L_c \tag{60}$$

b. 最大冲击力工作方式：

$$D_{cr} = \frac{\dfrac{14 p_r}{28 + (n-2)(1.4 - \lg n)} - (k_g + k_c \cdot L_c) Q_r^{[14+(n-2)(1.4-\lg n)]/7}}{k_p \cdot Q_r^{[14+(n-2)(1.4-\lg n)]/7}} + L_c \tag{61}$$

(24) 最优流量的计算：

①宾厄姆流体：

a. 最大钻头水功率工作方式：

$$Q_{opt} = \left(\frac{0.357 p_r}{k_g + k_p \cdot L_p + k_c \cdot L_c} \right)^{\frac{1}{1.8}} \tag{62}$$

b. 最大冲击力工作方式：

$$Q_{opt} = \left(\frac{0.526 p_r}{k_g + k_p \cdot L_p + k_c \cdot L_c} \right)^{\frac{1}{1.8}} \tag{63}$$

②幂律流体：

a. 最大钻头水功率工作方式：

$$Q_{\mathrm{opt}}=\left(\frac{\dfrac{7p_{\mathrm{r}}}{21+(n-2)(1.4-\lg n)}}{k_{\mathrm{g}}+k_{\mathrm{p}}\cdot L_{\mathrm{p}}+k_{\mathrm{c}}\cdot L_{\mathrm{c}}}\right)^{\frac{7}{14+(n-2)(1.4-\lg n)}} \tag{64}$$

b. 最大冲击力工作方式：

$$Q_{\mathrm{opt}}=\left(\frac{\dfrac{14p_{\mathrm{r}}}{28+(n-2)(1.4-\lg n)}}{k_{\mathrm{g}}+k_{\mathrm{p}}\cdot L_{\mathrm{p}}+k_{\mathrm{c}}\cdot L_{\mathrm{c}}}\right)^{\frac{7}{14+(n-2)(1.4-\lg n)}} \tag{65}$$

5）公式使用说明

（1）用途。

用于优选参数（喷射）钻井水力参数设计和分析。

（2）注意事项。

①计算钻杆内压耗时，若钻杆接头内径与钻杆本体内径相等或比值大于 85%，则可直接运用公式；若接头内径与本体内径比值为 85% ～ 70%，则将接头长度累加到一起，作为一段管柱单独计算压耗，再与钻杆本体压耗合并作为钻杆压耗。

②在计算临界井深和最优流量时，无论环空是层流还是紊流状态，都应用环空紊流压耗系数代入公式。

③应根据钻井液类型选用给出的宾厄姆和幂律两种流体计算公式。

（3）计算步骤。

①钻井水力参数设计目的是设计流量和喷嘴尺寸，使其充分发挥及合理利用泵功率。计算步骤为：

a. 根据地层剖面和钻头进尺把全井分成若干井段，即确定设计井深。

b. 根据钻机类型，选择能持续高压运转的钻井泵型；缸套尺寸选择后，即对应有额定泵压 p_{r} 和额定流量 Q_{r}。

c. 选择某一种最优工作方式。

d. 有相应的适合优选参数（喷射）钻井的钻井液设计。

e. 确定钻井液流变模式，计算钻井液流变参数。

f.用初选缸套的额定泵压和额定流量计算临界井深 D_{cr}，然后与钻头的起钻井深 D比较，若 $D\leqslant D_{\mathrm{cr}}$，则 $Q_{\mathrm{opt}}=Q_{\mathrm{r}}$，按 Q_{r}和 p_{r}设计喷嘴尺寸；若 $D\geqslant D_{\mathrm{cr}}$，则计算 Q_{opt}后，按 $L_{\mathrm{C}}>0.5$和 p_{r}设计喷嘴尺寸(若 Q_{r}大于环空冲蚀流量，则按小于冲蚀流量设计喷嘴)。

g. 用 Q_{opt} 计算环空岩屑净化系数 $N_{\mathrm{es}}=\dfrac{W_{\mathrm{ra}}\cdot n_{\mathrm{ra}}}{W_{\mathrm{es}}}$。若 $L_{\mathrm{C}}>0.5$，则满足携岩要求，否则，重复步骤 b 和步骤 f。再次检验，直至满足携岩要求。

h. 计算其他水力参数。

②水力参数分析用途是根据实测数据，进行随钻水力参数分析或完钻资料处理。计算步骤为：

a. 根据实测旋转黏度计读数确定钻井液流变模式，计算钻井液流变参数；

b. 根据实际泵压和喷嘴等参数，用迭代法求流量；

c. 计算各水力参数。

第七章　井 控 技 术

在常规钻井作业中，坚持近平衡钻井，做好井控工作，既可以减少对油气产层的伤害，及时发现和保护油气层，又可以防止井喷和井喷失控，实现安全钻井。

在石油天然气勘探开发中，地层流体（油、气、水）一旦失去控制，就会导致井喷和井喷失控，使井下情况复杂化，无法进行正常钻井作业，甚至毁坏钻井设备，破坏油气资源，污染自然环境并危及钻井人员、井场周边居民和油气井的安全。井喷后，特别是钻井液喷空后的压井，对油气产层可能造成严重污染和伤害。因此，井喷失控或着火是油气勘探开发中性质最为恶劣，损失难以估计的灾难性事故。

用井喷作为发现油气产层的方法是错误的。发现油气产层的科学手段应是对地质和录井资料、岩心和油气水分析资料及测井和测试资料等进行综合分析。

钻井液对油气产层伤害的程度，不能以钻井液密度的大小作为衡量的尺度，而应以井筒钻井液液柱压力与地层压力的差值（Δp）大小来评价。近平衡钻井就是在现有井控装备和技术水平下尽可能保持较小的压力差值（Δp），保证安全钻进，提高钻井速度并减小对油气产层的伤害。

第一节　概　　述

一、井控的概念

搞好井控首先必须准确掌握地层压力和搞好异常地层压力预测。地层异常压力的预测主要是根据地震资料、测井资料、测试资料和钻井参数（包括钻井液参数）变化的综合指数等来进行，详见第二章。

井控技术是油气井压力控制技术的简称。井控技术包括井控工艺技术和井控装备技术。根据井控技术实施的不同阶段划分为一次井控技术、二次井控技术和三次井控技术。

1. 一次井控技术（一次控制）

在钻井作业中，采用合适密度的钻井液液柱来控制地层流体压力，实现近平衡钻井。

正确的实施一次控制技术，关键在钻前应做好地层压力预报，从而设计合适的钻井液密度和合理的井身结构；在钻井过程中做好随钻压力监测，并根据监测结果修正钻井液密度和井身结构设计。

2. 二次井控技术（二次控制）

当在用设计钻井液密度偏低或因其他原因，井底压力小于地层流体压力时，地层流体就会进入井筒（溢流），此时，需借助井控设备泵入经调整的钻井液重新恢复井筒压力平衡。

二次控制技术的核心是早期发现溢流显示，及时实施关井程序，采取合适的压井方法进行压井作业。

3. 三次井控技术（三次控制）

二次控制失败，因各种原因失去了对地层流体的控制，发生地面或地下井喷，这时需采用特殊的技术和装备恢复对地层流体的控制。

搞好井控应立足于一次井控。但由于地层压力预报和检测结果与地层流体的实际状态有差异，以及钻井作业与地质因素的隐蔽性和不确定性，因此，在尽力维护钻井液液柱对地层流体的有效控制的前提下，搞好井控的重点应放在二次控制。

第二节　钻井设计对井控的要求

钻井设计对井控的要求主要有：安全距离、套管设计、地层分段钻井液密度、邻近井油气水显示、地层强度试验、井控装置配套、加重钻井液及加重剂储备、含硫化氢和二氧化碳井的设计、钻调整井设计、完井井口装置和弃井的安全要求等。满足这些要求的依据是由甲方提供的地层压力剖面（含地层孔隙压力和地层破裂压力）、浅气层资料和钻调整井时所需要的注水后分层压力动态变化资料。

一、安全距离

为保障钻井井场周边公共设施、高危场所及工矿企业职工和居民的生命财产安全，钻井设计必须明确油气井井口与公共设施、高危场所及工矿企业之间的安全距离。

（1）油气井井口距高压线及其他永久性设施不小于75m；距民宅不小于100m；距铁路和高速公路不小于200m；距学校、医院和大型油库等人口密集性和高危性场所不小于500m。

（2）在地下矿产采掘区钻井，井筒与采掘坑道和矿井通道之间的距离不少于100m；套管下深应封住开采层并超过开采段100m。

（3）在草原、苇塘及林区钻井时，井场周围应有防火墙或隔离带，隔离带宽度不小于20m。

（4）对井场周围一定范围内的居民住宅、学校、厂矿（包括开采地下资源的矿业单位）、国防设施、高压电线和水资源情况以及风向变化等进行勘察和调查，并在地质设计中标注说明。

（5）油气井井口距井场值班房、发电房、库房及化验室等工作房及油罐区不小于30m；发电房与油罐区相距不小于20m；锅炉房在井口上风方向距井口不小于50m。

（6）一般油气井井口之间的距离应不小于5m；高压高含硫油气井井口与其他任何井井口之间的距离最小不能小于8m；丛式井井组之间距离不小于20m。

（7）钻井现场的生活区与井口的距离应不小于100m。

特殊情况不能满足上述规定时，由建设单位与施工单位组织相关单位进行安全和环境评估，按评估意见处理。

二、套管设计

为有效地保护地层压力不同的油气产层，避免钻井作业中产生漏、喷、卡、塌等井下复杂情况，套管设计除遵循正常的设计程序外还必须满足井控技术的要求：

（1）原则上应避免同一裸眼井段有两个以上压力梯度不同的油气水层。

（2）考虑套管鞋处裸露地层不会被钻下部地层时的钻井液液柱压裂，也不会因溢流关井或进行压井作业而被压裂。

（3）应避免长裸眼井段不下技术套管的做法，否则，在打开油气层前后可能出现塌、漏、喷、卡等复杂情况。

（4）预探井和复杂井以及对地质情况把握不清的其他井套管程序设计，在考虑封隔钻进过程中出现的垮塌层、盐水层、石膏层、煤层和漏层及压力梯度相差悬殊的地层等因素的同时，应留有再下一层套管的余地。

（5）含硫化氢和二氧化碳等有毒气体的油层套管，有毒有害气体含量较高的复杂井技术套管固井时，水泥应返至地面。

（6）应制定措施避免套管在钻井作业中的磨损和确保固井质量合格，消除因套管破损和水泥环窜漏带来的井控隐患。

（7）在含硫化氢等腐蚀性气体钻井套管设计中，套管材质选择不仅要考虑强度还要考虑抗腐蚀的能力。

三、地层分段钻井液密度

根据全井地层压力剖面（包括浅气层资料）确定合理的安全附加当量钻井液密度值或安全附加压力值，要考虑保证安全钻进和保护油气层，提高机械钻速，在已开发地区还要参照地层动态压力数据。此外，还须结合本井井控装置配套程度和钻井人员的井控技术水平。

安全附加当量钻井液密度值：油井和水井应为 0.05 ~ 0.10g/cm^3，气井应为 0.07 ~ 0.15g/cm^3。也可按附加井底压差的方法来设计钻井液密度：油井和水井安全附加压力值为 1.5 ~ 3.5MPa，气井安全附加压力值为 3.0 ~ 5.0MPa。

四、邻近井油气水显示提示

根据邻近井油气水显示层位、井深、地层流体类型、地层压力、该层钻进所用钻井液密度、钻井液性能变化情况、钻井参数变化情况、溢流量或漏速、漏失量以及处理概况和测试资料等，提示本井各地层可能出现的油气水显示。

五、地层强度试验

其目的有二：一是了解套管鞋处地层破裂压力值；二是钻开高压层前了解上部裸眼地层的承压能力。

（1）破裂压力试验，详见本手册第二章。

（2）地层承压能力试验。

在钻开高压油气层前，用钻开高压油气层的钻井液循环，观察上部裸眼地层是否能承受钻开高压油气层钻井液动液柱压力，若发生漏失则应堵漏后再钻开高压油气层，这就是地层承压能力试验。

承压能力试验也可以采用分段试压的方式进行，即每钻进 100 ~ 200m，就用下部地层钻进的钻井液循环试验一次。

六、井控装置配套

井控装置及专用工具的配套按 SY/T 5964—2006《钻井井控装置组合配套、安装调试与维护》执行。要根据地层压力和不同的井下情况选用各次开钻防喷器组合形式、压力等级、尺寸系列、试压标准及其他配套井控设备与专用工具和监测仪表（详见本章第三节）。

七、加重钻井液及加重剂储备

为了及时有效地排除溢流，顺利地进行压井作业，钻开高压油气层前井队必须储备足够的加重钻井液及加重剂。根据现场经验，加重钻井液密度应比在用钻井液密度高 0.2g/cm^3 以上，加重钻井液储备量不少于井筒容积。加重剂储备量应能使在用钻井液密度提高 0.3g/cm^3 以上。

八、含硫化氢和二氧化碳井的设计

钻井设计中要注明含硫化氢和二氧化碳地层及其深度和估计含量，并严格执行 SY/T 5087—2005《含硫化氢油气井安全钻井推荐作法》所阐述的安全准则，防止硫化氢溢出地层，减少和防止井下管材和地面设备的破坏，以及人身伤亡和环境污染。

（1）既含 H_2S，又含 CO_2 的油气井，若 H_2S 分压超过含硫油气井的界定条件时，应按含 H_2S 的油气井设计。

（2）地质设计的特殊要求：

①对探井周围 3km 及生产井周围 2km 范围内的居民住宅、医院、学校和厂矿等高危场所，以及铁路、公路和输电线路等公共设施进行勘测，并在设计书中标明其位置。

②在江河干堤附近钻井应标明干堤与河道位置，同时应符合国家安全环保规定。

（3）钻井工程设计的特殊要求：

①含硫天然气井应使用抗硫套管和油管等其他管材、工具和井口设备。在井下温度高于 93℃以深的井段，井下管材和工具可不考虑其抗硫性。

②钻开高含硫地层的设计钻井液密度，其安全附加密度或安全附加压力在规定的范围内，无论油井或气井都应取上限。

③应储备井筒容积 1 ~ 2 倍，密度值大于在用钻井液密度的钻井液。应储备满足需要的钻井液加重材料和处理剂，储备足够的除硫剂。

④在钻开含硫地层前 50m，应将钻井液的 pH 值调整到 9.5 以上直至完井。若采用铝制钻具，pH 值控制在 9.5 ~ 10.5。

⑤不允许在含硫油气层进行欠平衡钻井。

九、钻调整井设计

在开发区钻调整井时，要注意注水后分层压力的动态变化情况，并提出相应的分片停注泄压措施。

十、完井井口装置

根据地层流体中硫化氢和二氧化碳的含量及地层压力，选择完井井口装置的型号、压力等级和尺寸系列。并能满足进一步采取增产措施（压裂、酸化等）和后期注水与修井的需要。

十一、弃井的安全要求

弃井封堵作业应有施工设计，除按程序进行审批外，还应由有资质的单位对封堵设计进行安全评价。已封堵的弃井，其套管头应露出地面，并定期巡查。已封堵的弃井需建立单井档案，记录封堵作业施工设计、安全评价、封堵作业日期和巡检情况等资料。

第三节 井 控 装 置

井控装置是指实施油气井压力控制技术所需的专用设备、管汇、专用工具、仪器和仪表。

一、油气井井控装置的标准配套

为了满足油气井压力控制的要求，井控装置必须能在钻井过程中对地层压力、钻井主要参数和钻井液量等进行实时准确地监测和预报；当发生溢流或井喷时，能迅速关井，节制井筒内流体的排放，并及时泵入高密度钻井液压井，在维持稳定的井底压力条件下重建井底压力平衡。即使发生井喷失控乃至着火事故，也具备有效的处理条件。因此，标准配套的井控装置应由以下主要部分组成（图 7-3-1）。

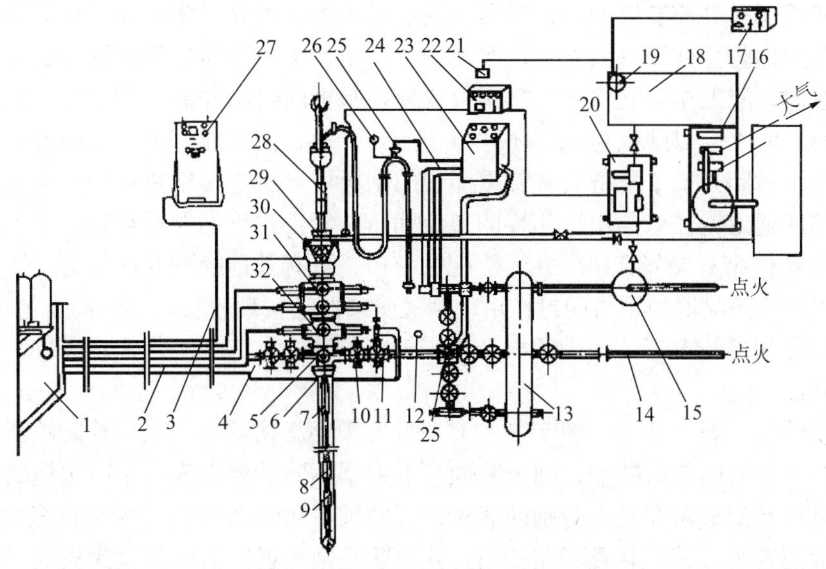

图 7-3-1 井控装置标准配套示意图

1—防喷器远程控制台；2—防喷器液压管线；3—防喷器气管束；4—压井管汇；5—四通；6—套管头；7—方钻杆下旋塞；8—旁通阀；9—钻具止回阀；10—手动闸阀；11—液动闸阀；12—套管压力表；13—节流管汇；14—放喷管汇；15—钻井液气体分离器；16—真空除气器；17—钻井液池液面监测仪；18—钻井液罐；19—钻井液池液面监测装置传感器；20—钻井液灌注装置；21—钻井液池液面报警器；22—钻井液灌注装置报警箱；23—节流管汇控制箱；24—节流管汇控制管线；25—压力传感器；26—立管压力表；27—防喷器司钻控制台；28—方钻杆上旋塞；29—溢流管；30—环形防喷器；31—双闸板防喷器；32—单闸板防喷器

(1) 以液压防喷器为主体的钻井井口：包括液压防喷器、控制系统、套管头、四通等；

(2) 以节流管汇为主的井控管汇：包括节流管汇、压井管汇、防喷管线、放喷管线、反循环管线、点火装置等；

(3) 钻具内防喷工具：包括方钻杆上下旋塞、钻具止压阀等；

(4) 以监测和预报地层压力为主的井控仪表：包括钻井液返出量、钻井液总量监测、钻井参数监测和报警仪器等；

(5) 钻井液加重、除气与灌注设备：包括液气分离器、除气器、加重装置及起钻自动灌钻井液装置等；

(6) 井喷失控处理和特殊作业设备：包括不压井起下钻加压装置、旋转控制头或旋转防喷器、井下安全阀、灭火设备、切割与拆装井口工具等。

根据有关规定的要求，首先应配齐的井控装置有：液压防喷器和节流压井管汇及控制系统、套管头、方钻杆上旋塞、方钻杆下旋塞、钻具旁通阀、钻具止回阀、钻井液除气器、液气分离器、起钻灌钻井液装置和循环罐液面监测装置等。

二、液压防喷器

1. 结构及工作原理

液压防喷器主要有闸板防喷器和环形防喷器两大类。

1）闸板防喷器

闸板防喷器是井控装置的关键部分，主要用途是在钻井、修井及试油等过程中控制井口压力，有效地防止井喷事故发生，实现安全施工。闸板防喷器具体可完成以下作业：当井内有管柱时，配上相应规格的半封闸板或变径闸板能封闭井筒与管柱间环形空间；当井内无管柱时，配上全封闸板可全封闭井口；当处于紧急情况时，可用剪切全封闸板剪断井内管柱，并全封闭井口；配备具有悬重能力的闸板可以悬挂一定重量的钻具；在封井情况下，通过与四通或壳体旁侧出口相连的节流和压井管汇进行钻井液循环、节流放喷、压井和洗井等特殊作业；与节流和压井管汇配合使用，可有效地控制井底压力，实现平衡钻井作业。由于闸板防喷器的压力助封作用，闸板防喷器还实现较长时间的高压情况下的关井，但在油气高速喷出情况下，关闭闸板会带来较大的冲击，甚至不能实现关井，需借助环形防喷器截断油气流。

闸板防喷器（图 7−3−2、图 7−3−3）一般有单闸板防喷器、双闸板防喷器和三闸板防喷器或更多层数的闸板防喷器，闸板腔内可以根据不同的要求安装不同规格的闸板。特别要注意的是剪切闸板对配置有特别的要求，有的闸板防喷器不能直接安装剪切闸板。闸板防喷器一般都有闸板锁紧装置，在长期封井时防止闸板退回而导致密封失效。锁紧方式主要有手动锁紧和液压自动锁紧方式。

闸板防喷器的作用原理是：当液控系统高压油进入左右液缸闸板关闭腔时，推动活塞带动闸板轴及左右闸板总成沿壳体闸板腔分别向井口中心移动，使闸板抱紧钻杆，实现封井。当高压油进入左右液缸闸板开启腔时，推动活塞带动闸板轴及左右闸板总成向离开井口中心方向运动，打开井口。闸板开关由液控装置的换向阀控制。

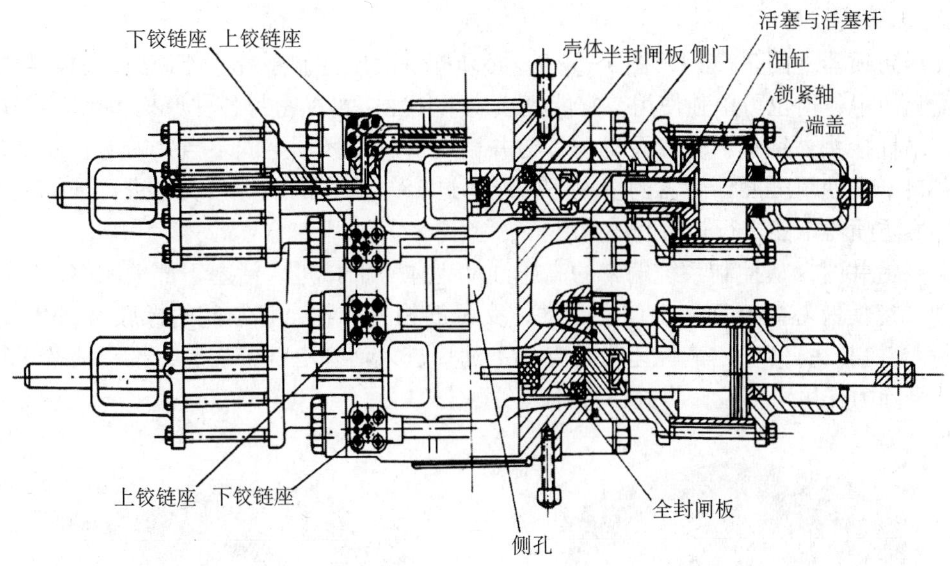

图 7–3–2 双闸板防喷器

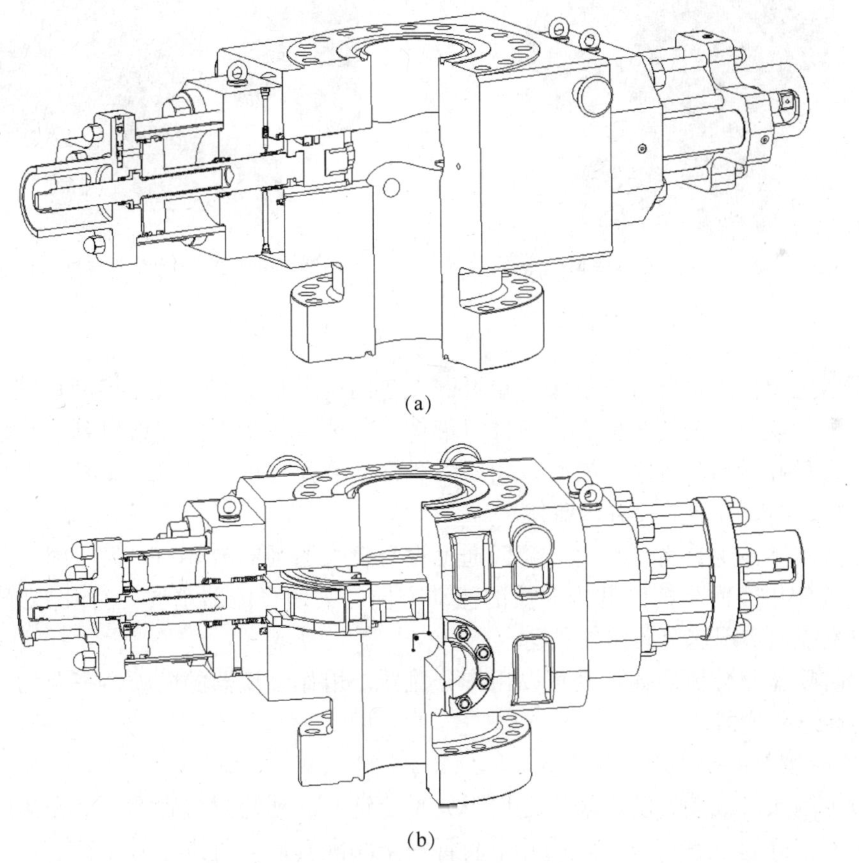

(a)

(b)

图 7–3–3 铸造结构闸板防喷器

2）环形防喷器

环形防喷器（图 7–3–4，图 7–3–5）必须配备液压控制系统才能使用，通常与闸板防喷器配套使用，但也可单独使用。它能完成以下作业：可以密封各种形状和尺寸的方钻杆、钻杆、钻杆接头、钻铤、套管及电缆等与井筒所形成的环形空间；当井内无管柱时，能全封闭井口；在使用缓冲储能器的情况下，能通过 18° 台肩的对焊接头，进行强行起下钻作业。环形防喷器不能进行长时间的封井。

需要封井时，从控制系统输来的高压油从壳体下油口进入活塞下部关闭腔推动活塞向上运动，迫使胶芯沿球面向上向心运动，支承筋相互靠拢，将其间的橡胶挤向井口中心，实现封闭井口。打开时，液控压力从壳体上油口进入活塞上部开启腔，推动活塞下行，胶芯在本身弹力作用下复位，将井口打开。

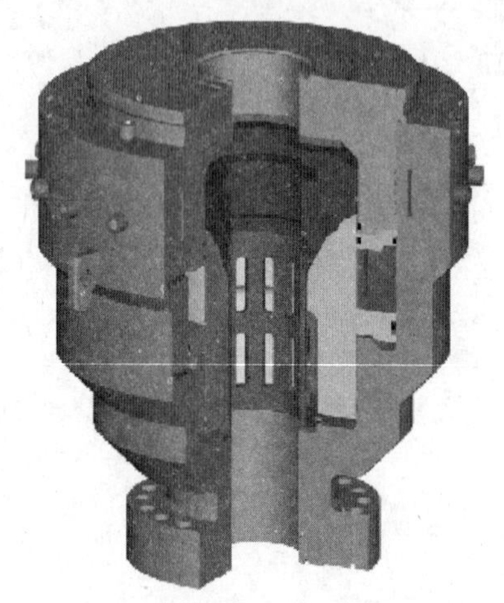

图 7–3–4 环形防喷器（锥形胶芯）

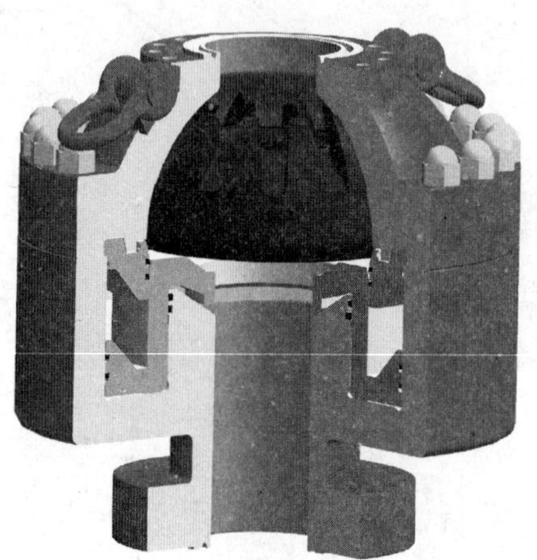

图 7–3–5 环形防喷器（球形胶芯）

3）分流器

分流器主要用于油气井钻探中表层井眼钻进时的井控。它与液压控制系统、分流四通及阀门等配套使用，使受控的井内流体（液体、气体）按规定的路线输到安全地点，保证钻井操作人员和设备的安全。它可以密封各种形状和尺寸的方钻杆、钻杆、钻杆接头、钻铤和套管等，同时分流放喷井内流体。

在分流器本体上或者配套的分流四通上设有较大通径的放喷口。使用时，分流器不作为封闭井口使用，而是控制井内介质的流动方向。关闭分流器前要先打开放喷口的阀门，应在控制系统上实现这个动作的联动。

环形防喷器与分流四通配套可以用作分流器，用作分流器的防喷器主要为一些专用的大通径的环形防喷器。

4）旋转控制头（或旋转防喷器）

旋转控制头（或旋转防喷器）是用于欠平衡钻井的动密封装置。与液压防喷器、钻具止回阀和不压井起下钻加压装置或井下套管安全阀配套后，可进行带压钻进与不压井起下钻作业。详见本手册第十章。

2. 防喷器型号及技术参数

1）防喷器型号

防喷器的型号表示如下：

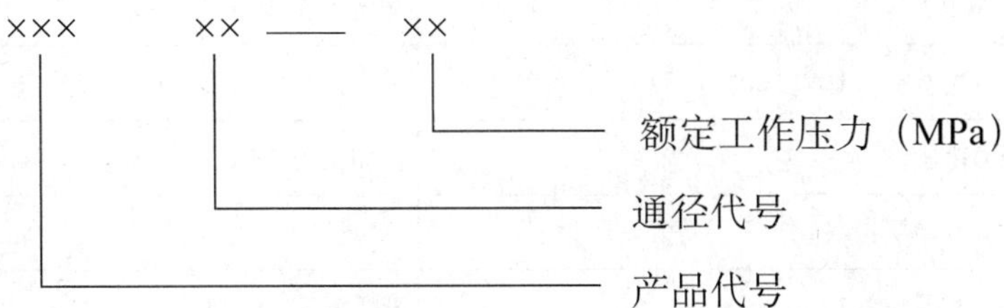

（1）产品代号：FZ——单闸板防喷器；
2FZ——双闸板防喷器；
3FZ——三闸板防喷器；
FH——球形胶芯环形防喷器；
FHZ——锥形胶芯环形防喷器；
FS——四通。

（2）通径代号见表 7–3–1。

表 7–3–1　防喷器通径代号

通径代号	通径规格 mm（in）	通径代号	通径规格 mm（in）
18	180（$7^1/_{16}$）	53	530（$20^3/_4$）
23	230（9）	54	540（$21^1/_4$）
28	280（11）	68	680（$26^3/_4$）
35	350（$13^5/_8$）	75	750（$29^1/_2$）
43	430（$16^3/_4$）	76	760（30）
48	480（$18^3/_4$）		

（3）额定工作压力共有 6 个等级见表 7–3–2。

表 7–3–2　防喷器额定工作压力

14MPa（2000psi）	21MPa（3000psi）	35MPa（5000psi）
70MPa（10000psi）	105MPa（15000psi）	140 MPa（20000psi）

如：2FZ35–70 表示通径为 $13^5/_8$in，工作压力为 70MPa 的双闸板防喷器。

2）主要技术参数和指标

防喷器主要技术参数和指标见表 7–3–3。

表 7-3-3 闸板防喷器和环形防喷器的主要技术参数和指标

防喷器类型	闸板防喷器	环形防喷器
技术参数和指标	主通径	主通径
	额定工作压力	额定工作压力
	承压件温度等级（T0、T20、T75）	承压件温度等级（T0、T20、T75）
	操作压力范围	操作压力范围
	闸板层数（单层、双层、三层等）	密封范围
	侧法兰规格及位置	液压源接口规格
	端部连接方式（法兰、栽丝、卡箍）	端部连接方式（法兰、栽丝、卡箍）
	闸板配置规格	
	锁紧方式（手动或液压自动）	
	液压源接口规格	

金属材料的温度等级见表 7-3-4。

表 7-3-4 金属材料的温度等级

温度等级代号	API 代码	工作温度范围，℃（℉）
T75	75	−59 ~ 121（−75 ~ 250）
T20	20	−29 ~ 121（−20 ~ 250）
T0	00	−18 ~ 121（0 ~ 250）

接触井液的非金属密封件温度等级。用两个字母组合来代表上限和下限，见表 7-3-5。

表 7-3-5 温度级别的字母含义

下限（第一位）		上限（第二位）	
字母	温度，℃（℉）	字母	温度，℃（℉）
A	−26（15）	A	82（180）
B	−17.8（0）	B	93（200）
C	−12.2（10）	C	104（220）
D	−6.7（20）	D	121（250）
E	−1（30）	E	149（300）
X	4（40）	X	82（180）

如 AB 代表 −26 ~ 93℃的温度级别，具体的温度级别在密封件上标记。

3. 国内外主要厂家与产品

国外的主要防喷器生产厂家有 Cameron、Shaffer 和 Hydril 三家公司，国内主要生产厂家有河北华北石油荣盛机械制造有限公司（简称华北荣盛）、上海神开石油化工装备股份有限公司、陕西宝鸡石油机械有限责任公司等。目前，国内生产的陆地和海洋水上防喷器基本覆盖了全系列，最高工作压力达到了 140MPa（表 7–3–6、表 7–3–7）。国产的防喷器已经广泛应用于国内各大油气田和国外众多国家和地区。

表 7–3–6 闸板防喷器规格系列（华北荣盛）

工作压力 MPa（psi）	通径，mm（in）								
	180 ($7^1/_{16}$)	230 (9)	280 (11)	350 ($13^5/_8$)	430 ($16^3/_4$)	480 ($18^3/_4$)	530 ($20^3/_4$)	540 ($21^1/_4$)	680 ($26^3/_4$)
14（2000）	F			C				C、CS	CS
21（3000）	F、FS、C、CS	C	C、CS、FS	C、CS	CS		C、CS FS		CS
35（5000）	F、FS、C、CS	C、CS	C、CS、FS	C、CS FS	CS	CS		CS、FS	
70（10000）	F、CS	C	C、CS、FS	FS、CS		FS		CS、FS	
105（15000）	FS	FS	FS	FS		FS			
140（20000）			FS						

注：F—锻造结构；FS—锻造结构且具有剪切功能；C—铸造结构；CS—铸造结构且具有剪切功能。

表 7–3–7 环形防喷器规格系列（华北荣盛）

工作压力 MPa（psi）	通径，mm（in）								
	180 ($7^1/_{16}$)	230 (9)	280 (11)	350 ($13^5/_8$)	430 ($16^3/_4$)	480 ($18^3/_4$)	530 ($20^3/_4$)	540 ($21^1/_4$)	750 ($29^1/_2$)
3.5（500）									A
14（2000）								A	
21（3000）	D	D	D	D	A		D		
35（5000）	D	D	D	D，A	A	D		D	
70（10000）	A		A	A		A			
105（15000）			A						

注：A—锥形胶芯；D—球形胶芯。

国产陆地和水上用防喷器其规格品种与国外相比相差无几，海洋用水下防喷器在国内还处于刚刚起步阶段。国产防喷器的结构几乎包含了目前世界上各种型式的防喷器，在使用和维护的便利性方面都有创新设计。防喷器能实现的功能如剪切、变径及耐温等方面也基本可以满足钻井的要求。国产环形胶芯的最高压力等级达到了 70MPa，使用温度范围达

到了 −7 ~ 121℃，闸板防喷器的密封件使用温度范围达到了 −18 ~ 121℃，部分密封件使用温度范围达到了 149℃。

Cameron 公司的闸板防喷器在陆地上以 U 型和 UM 型防喷器为代表，水下防喷器以 UII 和 TL 型应用较多（表 7−3−8）。U 型和 UM 型防喷器采用了长圆型闸板腔，主要承压件采用了模锻制造，侧门的开关采用液压操作。其缺点是使用剪切闸板时，要更换侧门总成的零件。Cameron 公司的环形防喷器应用相对较少，其环形防喷器重量轻，但是结构复杂。Cameron 公司的 CAMRAM 350 闸板防喷器密封件的最高使用温度达到了 177℃（350° F），适用于高浓度硫化氢环境下的水基和油基钻井液。

表 7−3−8　Cameron 公司闸板防喷器规格系列

工作压力 MPa（psi）	通径，mm（in）								
	180 （7¹/₁₆）	230 （9）	280 （11）	350 （13⁵/₈）	430 （16³/₄）	480 （18³/₄）	530 （20³/₄）	540 （21¹/₄）	680 （26³/₄）
14（2000）								U	
21（3000）	U、UM		U	U	U		U		U
35（5000）	U、UM		U、UM	U、UM	U	TL		U	
70（10000）	U、UM		U、UM	U、UM、TL	U	TL、U		U	
105（15000）	U、UM		U、UM	U、UM		TL、EVO			
140（20000）			FS			EVO			

注：U，UM—陆地用防喷器；TL—水下用防喷器。

Shaffer 公司的闸板防喷器主要以近似矩形闸板腔、铰链旋转开关侧门为特点，在世界上应用很广泛（表 7−3−9）。Shaffer 公司的环形防喷器主要以球形胶芯为特点，该结构的防喷器高度低（表 7−3−10）。

表 7−3−9　Shaffer 公司闸板防喷器规格系列

工作压力 MPa（psi）	通径，mm（in）							
	180 （7¹/₁₆）	230 （9）	280 （11）	350 （13⁵/₈）	430 （16³/₄）	480 （18³/₄）	530 （20³/₄）	540 （21¹/₄）
14（2000）								LWS
21（3000）	Chasovoy	LWS、LWP	LWS	SL			LWS	
35（5000）	Chasovoy、LWS	LWS	LWS	SL	SL	SL、NXT、SLX		SL
70（10000）	SL		SL	SL、NXT	SL	SL、NXT、SLX		SL
105（15000）	SL		SL	SLX		SL、NXT、SLX		

表 7-3-10 Shaffer 公司环形防喷器规格系列

工作压力 MPa（psi）	通径，mm（in）								
	180 ($7^{1}/_{16}$)	230 (9)	280 (11)	350 ($13^{5}/_{8}$)	430 ($16^{3}/_{4}$)	480 ($18^{3}/_{4}$)	530 ($20^{3}/_{4}$)	540 ($21^{1}/_{4}$)	760 (30)
7（1000）				B					B
14（2000）								B	
21（3000）	B	B	B	B			B		
35（5000）	B	B	B	W、B	W、D	W、D		W、D	
70（10000）	B		W	W		W、NXT			

注：本表的防喷器型式字母代号仅为说明方便而用，非原厂使用代号，字母对应型式见图 7-3-6。

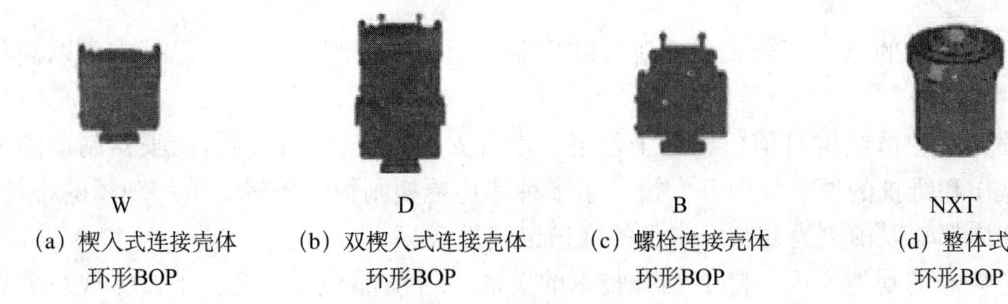

W（a）楔入式连接壳体环形BOP　D（b）双楔入式连接壳体环形BOP　B（c）螺栓连接壳体环形BOP　NXT（d）整体式环形BOP

图 7-3-6 环形防喷器型式

Hydril 公司的闸板防喷器的闸板高度低，重量轻（表 7-3-11）。

Hydril 公司的环形防喷器应用比较广，其结构稳定性比较好，承压能力高（表 7-3-12）。一般的环形胶芯丁腈橡胶（Nitrile Rubber）使用温度范围为 −1 ~ 82℃，天然橡胶使用温度范围为（Natural Rubber）−35 ~ 107℃，GX 型式的环形胶芯使用最高温度达到了 132℃。

表 7-3-11 Hydril 公司闸板防喷器规格系列

工作压力 MPa（psi）	通径，mm（in）							
	180 ($7^{1}/_{16}$)	230 (9)	280 (11)	350 ($13^{5}/_{8}$)	430 ($16^{3}/_{4}$)	480 ($18^{3}/_{4}$)	530 ($20^{3}/_{4}$)	540 ($21^{1}/_{4}$)
14（2000）								●
21（3000）	●	●	●	●			●	
35（5000）	●	●	●	●		●		●
70（10000）	●		●	●		●		
105（15000）	●			●		●		
140（20000）			●					

表 7-3-12 Hydril公司环形防喷器规格系列

工作压力 MPa（psi）	通径，mm（in）								
	180（$7\frac{1}{16}$）	230（9）	280（11）	350（$13\frac{5}{8}$）	430（$16\frac{3}{4}$）	480（$18\frac{3}{4}$）	530（$20\frac{3}{4}$）	540（$21\frac{1}{4}$）	750（$29\frac{1}{2}$）
3.5（500）									MSP
14（2000）	MSP	MSP	MSP	—	—	—	—	MSP	
21（3000）	GK	GK	GK	GK		—	—	—	
35（5000）	GK	GK	GK	GX/GK	GK	GL	—	GL	
70（10000）	GK	—	GX	GX	—	GX	—	—	
105（15000）	GK	—	GX	GX	—	—	—	—	
140（20000）	GK	—	—	—	—	—	—	—	

从钻井装备的整体配套来看，目前防喷器的压力等级和尺寸系列已基本可以满足油气勘探开发的需要。

防喷器的主体结构目前已经趋于稳定，没有太大的变化。目前各防喷器制造商主要是致力于操作和维护的便利性而开发设计了多种快速更换闸板的机构，节约现场的维护时间，但这种结构都较以前更为复杂，本身的维护也较复杂。

在防喷器的功能方面，随着钻井技术的发展，目前都有所扩充。主要体现在剪切功能上，同时对变径闸板、悬挂钻具闸板以及一些偏心闸板和双孔闸板都逐渐有配备要求。对密封件的要求也逐渐提高，比如满足高地温梯度及高含硫化氢油气井的要求等。

三、控制系统

液压防喷器都必须配备相应的控制系统。控制系统的功用就是用储能器储存的液压油使防喷器迅速开关。当液压油由于使用消耗，油量减少，油压降低到一定程度时，控制装置将自动给储能器补充压力油，使储能器液压油的压力始终保持在一定的范围内。

控制装置由远程控制台（又称蓄能器装置或远控台）、司钻控制台（又称遥控装置或司控台）以及辅助控制台（又称辅助遥控装置）组成，还可以根据需要增加氮气备用系统和压力补偿装置等，如图 7-3-7 所示。

远程控制台由油泵、蓄能器组、控制阀件、输油管线和油箱等元件组成。通过操作三位四通转阀（换向阀）可以控制压力油输入防喷器油腔，直接使防喷器实现开关。远程控制台通常在井场上面对井架大门左侧，距井口 25m 远处安装。

司钻控制台是使远程控制台上的三位四通转阀动作的遥控设备，间接操作防喷器开关。司钻控制台安装在钻台上司钻岗位附近。

辅助控制台安置在值班房或队长房内，作为应急的遥控装置备用。

氮气备用系统可为控制管汇提供应急辅助能量。如果蓄能器和 / 或泵装置不能为控制管汇提供足够的动力液，可以使用氮气备用系统为管汇提供高压气体，以便开关防喷器。

压力补偿装置是控制装置的配套设备，可以减少环形防喷器胶芯的磨损，同时也会在过接头后使胶芯迅速复位，确保钻井安全。

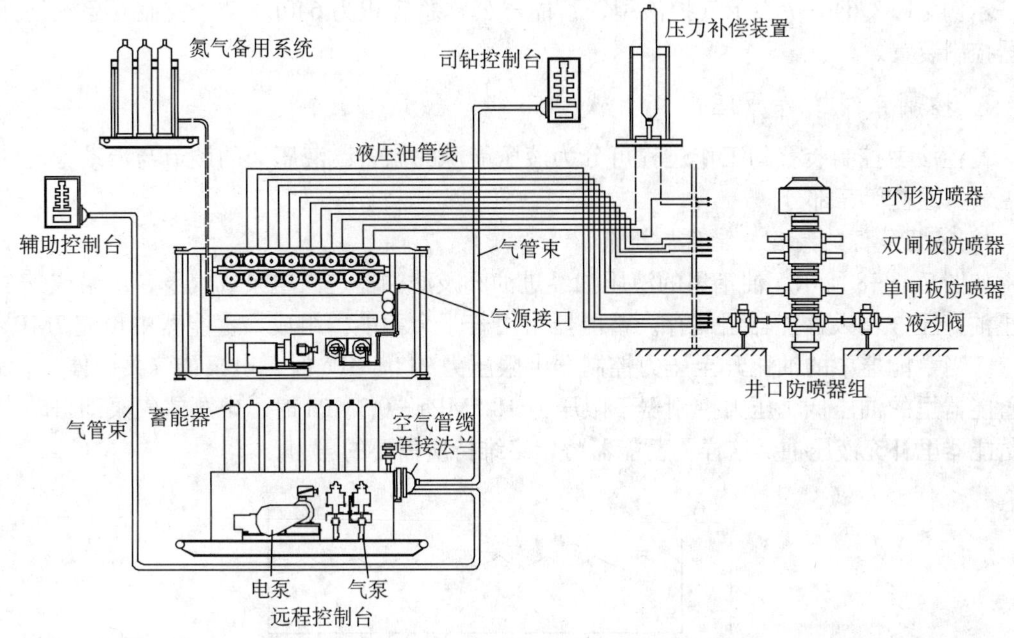

图 7-3-7 防喷器控制系统组成示意图

控制装置上的三位四通转阀的遥控方式有三种：液压传动遥控、气压传动遥控和电传动遥控。据此，控制装置分为三种类型，即所谓液控液型、气控液型和电控液型。

(1) 液控液型。它是利用司钻控制台上的液压换向阀，将控制液压油经管路输送到远程控制台上，使控制防喷器开关的三位四通转阀换向，将蓄能器的高压油输入防喷器的液缸，开关防喷器。

(2) 气控液型。它是用司钻控制台上的气阀，将压缩空气经空气管缆输送到远程控制台上，使控制防喷器开关的三位四通转阀换向，将蓄能器高压油输入防喷器的液缸，开关防喷器。

(3) 电控液型。它是用司钻控制台上的电按钮或触摸面板发出电信号，电操纵三位四通转阀换向而控制防喷器的开关。电控液型又可分为电控气—气控液和电控液—液控液型两种。

防喷器控制装置型号表示方法如下：

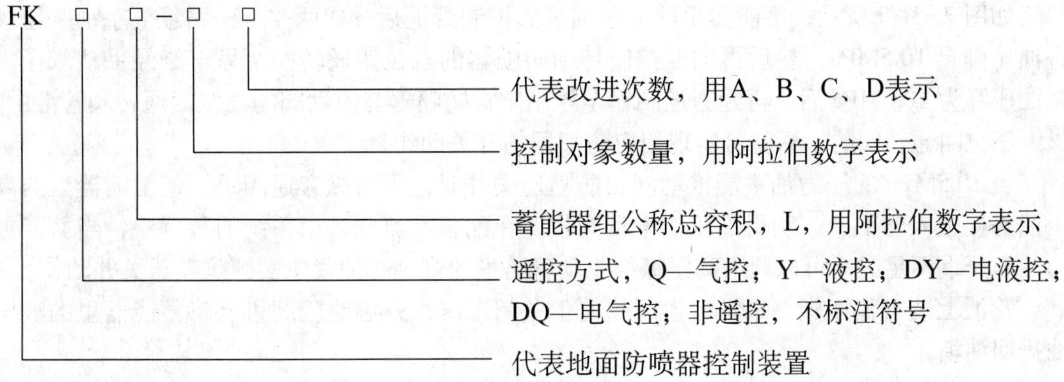

示例：FKQ640−7 表示气控液型，蓄能器公称总容积为 640L，7 个控制对象的地面防喷器控制装置。

1. 控制系统工作原理

气控液型控制装置的工作过程可分为液压能源的制备、液压油的调节与流动方向的控制、气压遥控等三部分。

1）液压能源的制备、储存与补充

如图 7−3−8 所示，油箱里的液压油经进油阀及滤油器进入电泵或气泵，电泵或气泵将液压油升压并输入蓄能器组储存。蓄能器组由若干个蓄能器组成，蓄能器中预充 7MPa 的氮气。当蓄能器中的油压升至压力控制器上限压力 $21^{0}_{-0.7}$MPa 时，电泵或气泵即停止运转，当蓄能器里的油压低于压力控制器下限压力 18.5MPa ± 0.3MPa 时，电泵或气泵即自动启动往蓄能器里补充液压油。这样，蓄能器将始终维持所需要的压力。

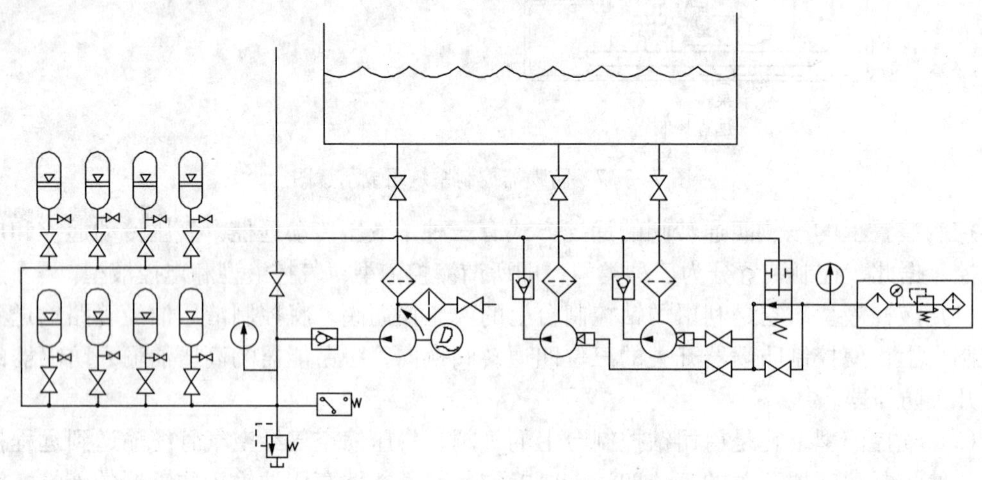

图 7−3−8　控制装置的液控流程——液压能源的制备

气泵的供气管路上装有气源处理元件、液气开关以及旁通截止阀。通常，旁通截止阀处于关闭工况，只有当需要高于 $21^{0}_{-0.7}$MPa 的压力油时，才将旁通截止阀打开，利用气泵获得高压液能。

2）液压油的调节与流动方向的控制

如图 7−3−9 所示，蓄能器里的液压油进入控制管汇后分成两路：一路经气手动减压阀将油压降至 10.5MPa，然后再输至控制环形防喷器的三位四通转阀；另一路经手动减压阀将油压降为 10.5MPa 后，再经旁通阀输至控制闸板防喷器与液动阀的三位四通转阀管汇中。操纵三位四通转阀的手柄就可实现相应防喷器的开关动作。

当 10.5MPa 的压力油不能推动闸板防喷器关井时，可操纵旁通阀手柄使蓄能器里的高压油直接进入管汇中，利用高压油推动闸板。在配备有氮气备用系统的装置中，当蓄能器的油压严重不足时，可以利用高压氮气驱动管路里的剩余存油紧急实施防喷器关井动作。

管汇上装有泄压阀。平常，泄压阀处于关闭工况，开启泄压阀可以将蓄能器里的液压油排回油箱。

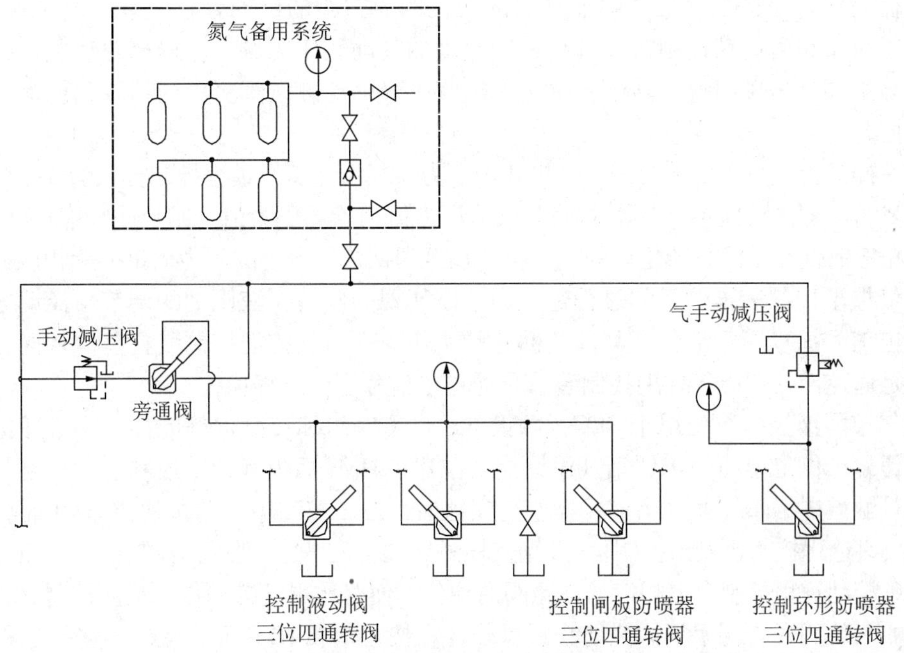

图 7–3–9 控制装置的液控流程——液压油的调节与流向的控制

3）气压遥控

气压遥控流程如图 7–3–10 所示。压缩空气经气源处理元件（包括过滤器、减压器、油雾器）后再经气源总阀（二位三通换向转阀）输至各三位四通气转阀（空气换向阀或三位四通换向滑阀）。三位四通气转阀负责控制远程控制台上双作用气缸（二位气缸）的动作，从而控制远程控制台上相应的三位四通转阀手柄，间接控制井口防喷器的开关动作。

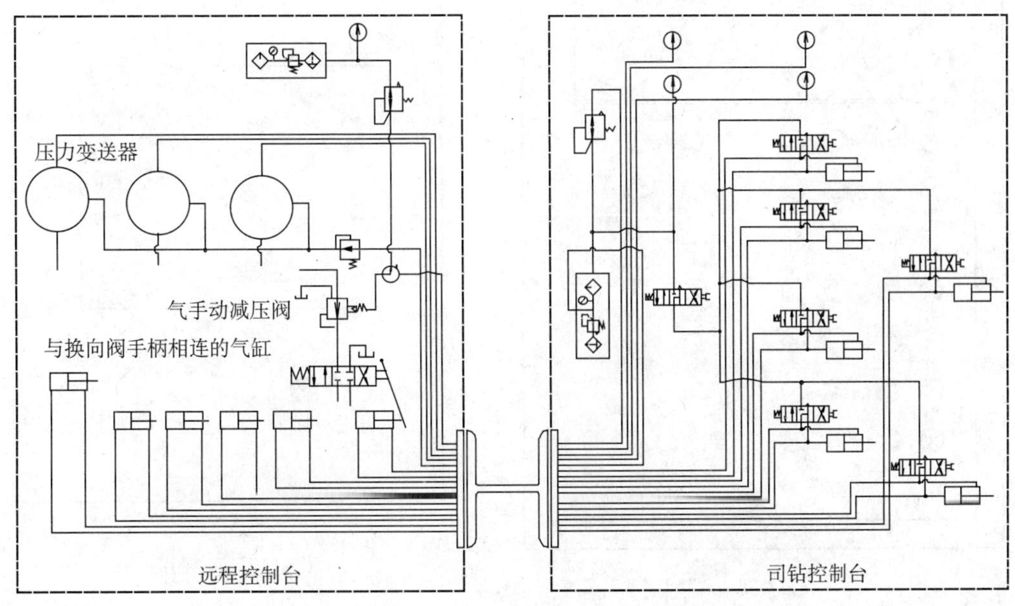

图 7–3–10 控制系统的气压遥控流程

远程控制台上控制环形防喷器开关的三位四通转阀的供油管路上装有气手动减压阀。该气手动减压阀由司钻控制台或远程控制台上的气动调压阀调控。调控路线由远程台显示盘上的分配阀（三位四通气转阀）决定。通常，气手动减压阀应由司钻控制台上的气动调压阀调控。

司钻控制台上有 4 个压力表，其中 3 个压力表显示油压。远程控制台上的 3 个气动压力变送器将蓄能器的油压值、环形防喷器供油压力值和管汇压力值（闸板防喷器供油压力值）转化为相应的低气压值。转化后的气压再传输至司钻控制台上的压力表以显示相应的油压。

电气控型控制装置的工作过程也分为液压能源的制备、液压油的调节与流动方向的控制以及电信号遥控等三部分，其前两部分的工作原理与气控型控制装置基本相同，不同之处主要是遥控部分，电气控型控制装置是通过电信号进行远程遥控。

电气控型液控装置使用了 PLC、触摸屏、电磁阀组和传感器等元件，采用通信电缆传递控制信号，供电电缆为按钮箱（司钻控制台）和 HMI 面板（辅助控制台）供电。对 PLC 编程，对触摸屏编辑界面，当需要操作防喷器时，按下按钮箱上的按钮或 HMI 面板上的触摸屏触板对远程控制台发出控制信号，通过信号电缆将信号传到远程控制台电控箱内的 PLC 上，PLC 控制远程控制台上相应的电磁阀的动作，使双作用气缸动作，从而控制远程控制台上相应的三位四通转阀手柄。为防止误操作，在按钮箱和 HMI 面板上，当遥控远程控制台的三位四通转阀的动作时，需要同时按下二级操作按钮和相应的按钮或触摸屏触板才能完成操作。在按钮箱和 HMI 面板上各有 4 个压力表显示远程台上的压力值，并能显示当前远程控制台上的三位四通转阀的开关位置，还可以对远程台上的气手动减压阀调控压力。

当突然断电时，控制装置的不间断电源要为电控制部分提供至少 2h 的备用能量。

安装在钻台上的按钮箱和安装在值班室里的 HMI 面板的示意图如图 7 － 3－11 所示。

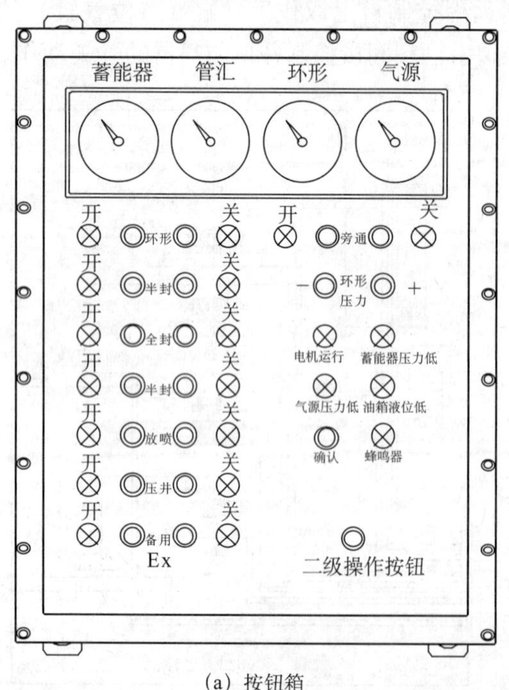

（a）按钮箱

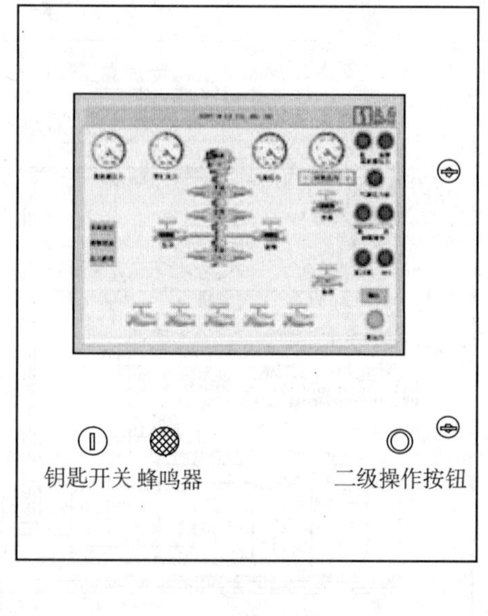

（b）HMI面板

图 7－3－11　按钮箱和 HMI 面板示意图

2. 控制装置的辅助功能

控制装置还有参数报警、备用氮气供给、压力补偿及油箱电加热等辅助功能。

1）报警装置

远程控制台可以安装报警装置，对蓄能器压力、气源压力、油箱液位和电动泵的运转进行监视，当上述参数超出设定的报警极限时，可以在远程控制台和司钻控制台上给出声光报警信号，提示操作人员采取措施。操作人员应当利用报警仪所提供的信息，以及其他仪表所提供的信息，综合分析设备的工作状态，确保地面防喷器控制装置可靠工作。

报警装置的功能如下：

（1）蓄能器压力低报警；

（2）气源压力低报警；

（3）油箱液位低报警；

（4）电动泵运转指示。

2）氮气备用系统

氮气备用系统由若干高压氮气瓶组成。氮气备用系统通过隔离阀、单向阀及高压球阀与控制管汇连接。如果蓄能器和/或泵装置不能为控制管汇提供足够的压力液，可以使用氮气备用系统为管汇提供高压气体，以便关闭防喷器。

氮气备用系统与控制管汇的连接方式能防止压力液进入氮气备用系统，操作时应当避免氮气进入蓄能器回路。氮气备用回路设计有排放控制阀，用于控制高压氮气的排出，以防止高压氮气排入油箱。

氮气备用系统通过减压器将高压氮气转变为较低压力，经软管线与司钻控制台的进气口连接，当钻机的空压机组失效时，该装置可为司钻控制台提供远程操作所需的气源压力，进而实现在司钻台关闭防喷器组。

3）压力补偿装置

在不压井强行起下管串的作业中，当钻杆接头通过环形防喷器时，会在液压系统中产生压力波动。将压力补偿装置安装在控制环形防喷器且距环形防喷器较近的管路上，管路压力的波动会立即被吸收，从而可以减少环形防喷器胶芯的磨损，同时也会在过接头后使胶芯迅速复位，确保钻井安全。

4）油箱电加热装置

油箱电加热装置可以对控制系统远程控制台油箱内的液压油进行加热。环境温度过低会造成控制装置油箱内的液压油过稠甚至凝固，将严重影响控制装置的正常使用。

加热装置采用先进的技术原理和元器件，加热过程全部自动化，工作安全可靠。操作人员亦可人工操作，并利用加热装置所提供的信息，了解其工作状态。

四、井控装置常见故障和原因及其排除

1. 防喷器封闭不严

（1）闸板防喷器闸板前端硬物卡堵，闸板尺寸与钻柱不符；花键轴套与轴套卡死；橡胶老化，应更换闸板。

（2）环形防喷器支承盘靠拢仍封闭不严，应更换胶芯。

(3) 旧胶芯严重磨损脱块，应更换。

2. 防喷器关闭后打不开

(1) 检查管线是否正确连接，是否堵塞或破裂，回油滤清器是否太脏。

(2) 检查蓄能器压力油是否耗完，有无足够压缩空气。

(3) 检查三位四通转阀是否卡死，不能换向；或因在司钻控制台（或辅助控制台）上操作三位四通气转阀的时间太短（少于 5s）。

(4) 环形防喷器长时间关闭后，胶芯易产生永久变形和老化；或胶芯下有凝固水泥，应更换或清洗。

(5) 闸板防喷器锁紧轴未解锁或锁紧轴粘连锈蚀；闸板体与闸板轴处挂钩断裂，或闸板体与压块之间螺钉剪断，应更换零件。

3. 防喷器开关不灵活

(1) 检查液压油是否进水太多，使阀芯生锈；低温下易在管线中结冰，堵塞管线，卡住阀芯。要放掉油箱底部的积水。

(2) 所有管线在连接前，是否用压缩空气吹扫，接头是否清洗干净。

(3) 油路有漏油，防喷器长时间不活动，有脏物堵塞等，均会影响开关的灵活性。

(4) 液压油中混有气体（控制装置有噪音），应循环排气。

4. 当启动电泵往蓄能器里充油时充油时耗大大超过估算时间

表明远程控制台不正常，产生这种现象的原因与处理方法见表 7 － 3−13。

表 7−3−13　电泵启动后蓄能器压力表升压很慢的原因与处理方法

序　号	故障原因	处理方法
1	电泵柱塞密封装置的盘根过松或磨损	上紧压紧螺母或更换密封圈
2	进油阀微开	全开进油阀
3	吸入滤清器堵塞，不畅	清洗滤清器
4	油箱油量过少	加油
5	泄压阀微开	关闭泄压阀
6	三位四通转阀手柄未扳到位	转阀手柄扳到位
7	管路刺漏	检修

5. 电泵启动后，蓄能器压力表不升压

其故障原因和处理方法见表 7−3−14。

表 7−3−14　电泵启动后，蓄能器压力表不升压的原因及处理方法

序　号	故障原因	处理方法
1	进油阀关死	全开进油阀

续表

序 号	故障原因	处理方法
2	吸入滤清器堵死	清洗滤清器
3	油箱油量极少或无油	加油
4	泄压阀全开	关闭泄压阀

6. 蓄能器充油升压后，油压稳不住，压力表不断降压

其故障原因及处理方法见表 7–3–15。

表 7–3–15 蓄能器充油升压后油压不稳，蓄能器压力表不断降压的原因与处理方法

序 号	故障原因	处理方法
1	管路活接头（油壬）及弯头泄漏	检修
2	三位四通转阀手柄未扳到位	转阀手柄扳到位
3	泄压阀、三位四通转阀、安全阀等元件磨损，内部漏油	修换阀件（可从油箱上部侧孔观察到阀件的泄漏现象）
4	泄压阀未关死	关紧泄压阀

7. 电泵电动机不启动

柱塞密封装置的密封圈如果压得过紧，可能导致电泵启动困难，应适当放松压紧螺帽。

电动机启动瞬间，若电压低于 330 V，电动机无法启动补压，应调整井场发电机组电压，同时加粗供电电缆线。对于 18.5kW 及以下的单电动机，其供电电缆至少应为 6mm^2，当供电电缆过长时，应将电缆线加粗至 10mm^2 甚至 16mm^2，以减少在输电线上的压降。尤其是电动机启动瞬间，其启动电流是工作电流的 5 ～ 7 倍，瞬时电流过大导致在输电线上的压降过大而使电动机在负载时无法启动。

当电动机处于停止状态时，用万用表量出的电压值不能代表实际电动机运行时的工作电压。

检查电路中的各元件是否有松动及接触不良等现象。当用万用表测得三相绕阻短路以及某相不通时，说明受潮或烧坏。

检查热继电器是否脱扣，在为热继电器复位前应仔细察看造成热继电器脱扣的原因，如断相或电压低引起电动机堵转等，要将故障排除后再对热继电器复位。

8. 蓄能器不储能

检查瓶内有无氮气，或充气阀处是否漏气。另外，胶囊及单流阀损坏，截止阀未打开，或油路堵塞等原因也会导致蓄能器不储能。

9. 电动泵不能自动停止运行

检查压力控制器是否正常，是否在接头处堵塞或漏油。

10. 在司钻控制台上不能开关防喷器或相应动作不一致

检查空气管缆，是否管芯接错、管芯折断或堵死，连接法兰密封垫是否窜气。

五、套管头

套管头是套管与井口装置之间的重要连接件，它的下端通过螺纹与表层套管相连，上端通过法兰或卡箍与钻井井口装置或完井井口装置相连。因此，在钻井期间，套管头是井口防喷器的组成部分，在完井之后，又是采油气井口装置的永久性组成部分。

套管头的作用 ：

（1）通过悬挂器支撑除表层之外的各层套管的重量 ；

（2）承受井口装置的重量 ；

（3）在内外层套管之间形成压力密封 ；

（4）为可能蓄积在两层套管柱之间的压力提供出口，或在紧急情况下向井内泵入流体 ；

（5）可进行钻采方面的特殊作业，例如，补注水泥或酸化压裂时从侧孔加压以平衡油管内压力。

套管的悬挂方式有心轴式和卡瓦式悬挂。心轴式悬挂器的连接螺纹与所用套管的螺纹一致，其用材应符合 SY/T 5087—2005《含硫化氢油气井安全钻井推荐作法》的规定。卡瓦式悬挂器符合 GB/T 22513—2008《石油天然气工业　钻井和采油设备　井口装置和采油树》及 SY/T 6137—2005《含硫化氢的油气生产和天然气处理装置作业的推荐作法》的规定。含硫气井要注意套管头悬挂方式的选择。

套管头按悬挂的套管层数分为单级套管头（图 7–3–12）、双级套管头（图 7–3–13）和三级套管头（图 7–3–14），其型式符合 SY 5201 的规定。其基本参数见表 7–3–16，表 7–3–17 和表 7–3–18。

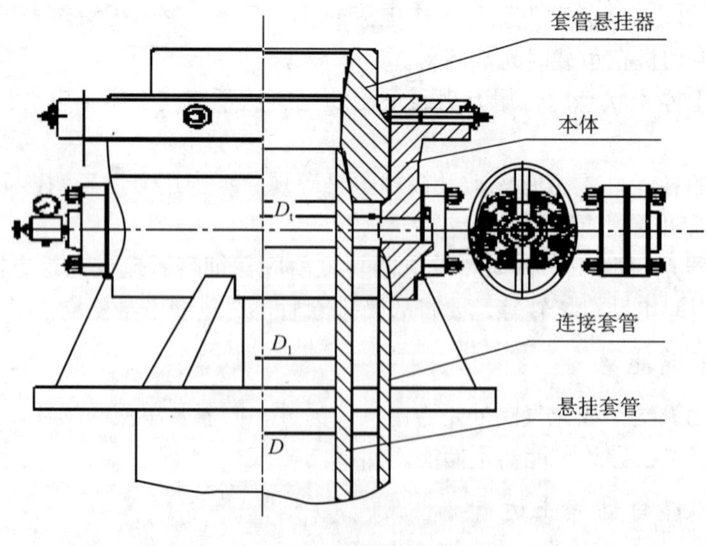

图 7–3–12　单级套管头

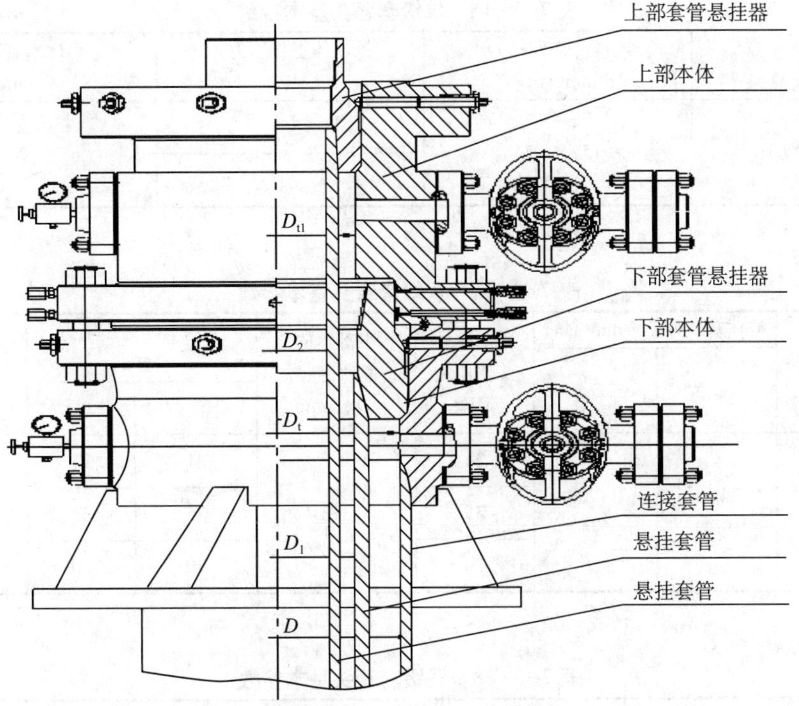

图 7-3-13 双级套管头

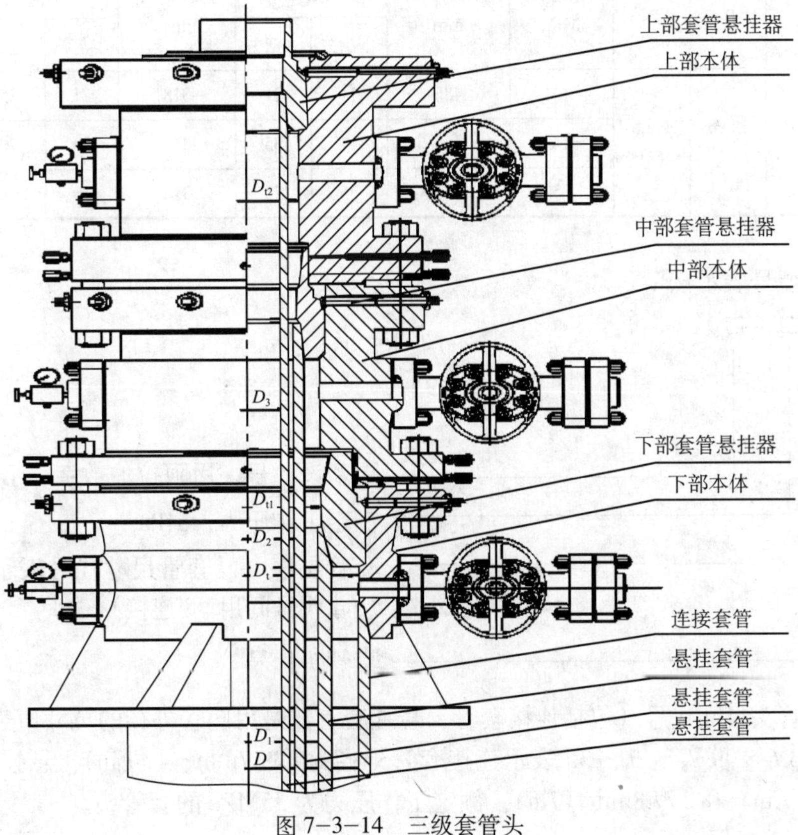

图 7-3-14 三级套管头

表 7-3-16　单级套管头基本参数

连接套管外径 D mm（in）	悬挂套管外径 D_1 mm（in）	本体工作压力 MPa	本体垂直通径 D_t mm
244.5（$9^{5}/_{8}$）	177.8（7）	35	230
		70	

表 7-3-17　双级套管头基本参数

连接套管外径 D mm（in）	悬挂套管外径，mm（in）		下部本体工作压力 MPa	下部本体垂直通径 D_t，mm	上部本体工作压力 MPa		上部本体垂直通径 D_t，mm
	D_1	D_2			下法兰	上法兰	
339.7（$13^{3}/_{8}$）	244.5（$9^{5}/_{8}$）	177.8（7）	21	318	21	21	230
			35		35	35	
			70		70	70	

表 7-3-18　三级套管头基本参数

连接套管外径 D mm（in）	悬挂套管外径，mm（in）			下部本体工作压力 MPa	下部本体垂直通径 D_t mm	中部本体工作压力 MPa		中部本体垂直通径 D_{t1} mm	上部本体工作压力 MPa		下部本体垂直通径 D_{t2} mm
	D_1	D_2	D_3			下法兰	上法兰		上法兰	下法兰	
508（20）	339.7（$13^{3}/_{8}$）	244.5（$9^{5}/_{8}$）	177.8（7）	14	486	14	21	318	21	35	230
				14	486	14	35	318	35	70	230
				35	486	35	70	318	70	105	230

套管头型号表示法：

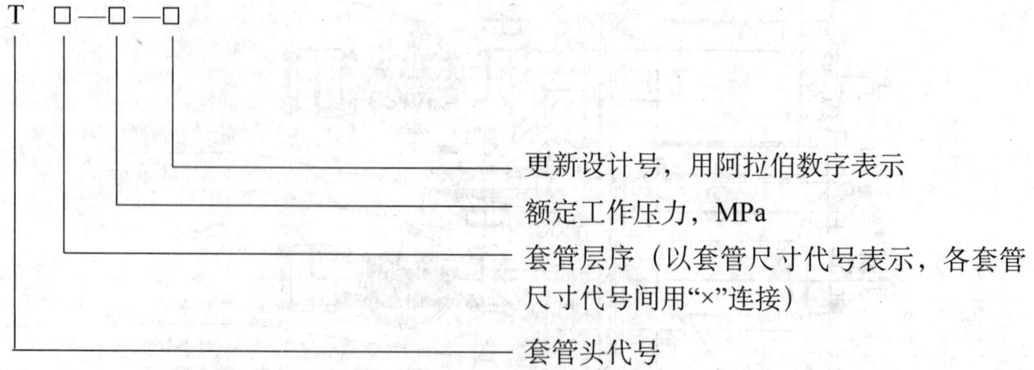

注：套管头尺寸代号（包括连接套管、悬挂套管）是用套管外径的英寸值表示。

例：T$13^{3}/_{8}$× $9^{5}/_{8}$× 7—35 表示连接套管外径为 339.7mm（$13^{3}/_{8}$in）、悬挂套管外径为 244.5mm（$9^{5}/_{8}$in）和 177.8mm（7in）、额定工作压力为 35MPa 的套管头。

六、节流与压井管汇

节流与压井管汇是控制井内流体和井口压力，实施油气井压力控制技术的必要设备。

在油气井钻进中，井筒中的钻井液一旦被地层流体所污染，就会使井底压力和地层压力之间的平衡关系遭到破坏，导致溢流。在防喷器关闭的条件下，循环出被污染的钻井液，或泵入高密度钻井液压井，重建井内压力平衡关系时，可利用节流管汇中的节流阀控制一定的回压，来维持稳定的井底压力，避免地层流体的进一步侵入。节流管汇由主体和控制箱组成。节流管汇水平安装在井架底座右外侧，如图 7-3-15 和图 7-3-16 所示。

当不能通过钻柱进行正常循环或在某些特定条件下必须实施反循环压井时，可通过压井管汇向井中泵入钻井液，以达到控制油气井压力的目的。同时还可以通过它向井口注入清水和灭火剂，以便在发生井喷时避免着火或井喷着火后灭火。压井管汇主要由单向阀、平板阀、压力表以及三通或四通组成。压井管汇水平安装在井架底座左外侧，如图 7-3-17 所示。

选用的节流管汇和压井管汇其额定工作压力应与防喷器的额定工作压力值相匹配。在低寒地区使用时，节流压井管汇可采用保温或排尽液体或灌入合适的防冻液等方法防冻。

在井控车间，压井管汇和防喷管线应作 1.4 ~ 2.1MPa 的低压试验和额定工作压力试压；节流管汇按各控制元件的额定工作压力分别试压，并应作 1.4 ~ 2.1MPa 的低压试验。

在作业现场安装好后，压井管汇、防喷管线和节流管汇的各控制元件应试到额定工作压力，节流阀各控制阀以外的放喷管线试压应不低于 10MPa。

无论是节流压井管汇和钻井井口装置，还是采气井口上的闸阀，现在大多数采用平行闸板结构的明杆平板阀。平板阀在使用中只能是全开或全关，决不能处于半开半闭状态。为了保证阀板与阀座之间能浮动，使其达到理想的密封效果，因此开关到底后必须再回转 1/4 ~ 1/2 圈；为了保证阀板与阀座之间得到良好润滑，要定时给阀腔补注特种密封润滑脂。

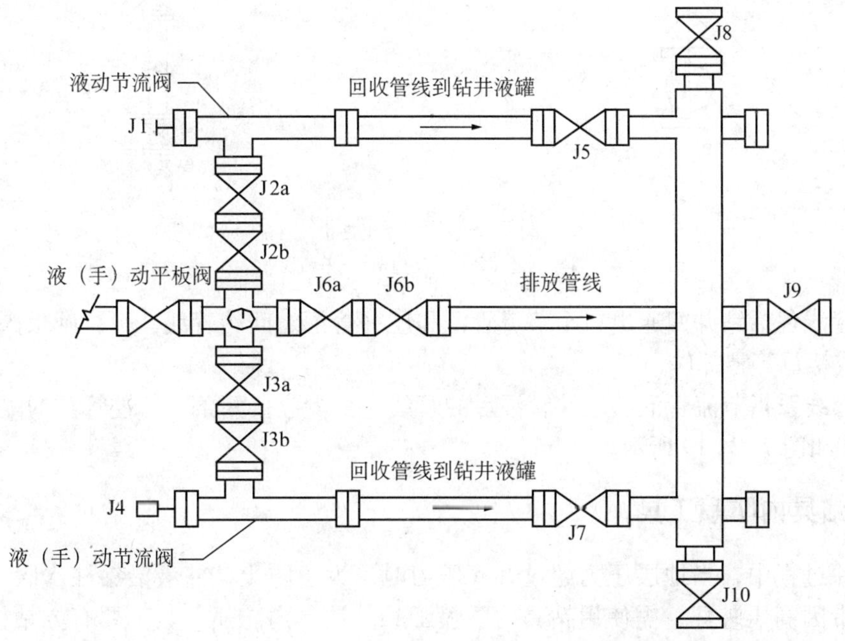

图 7-3-15 工作压力 35MPa 和 70MPa 节流管汇配套示意图

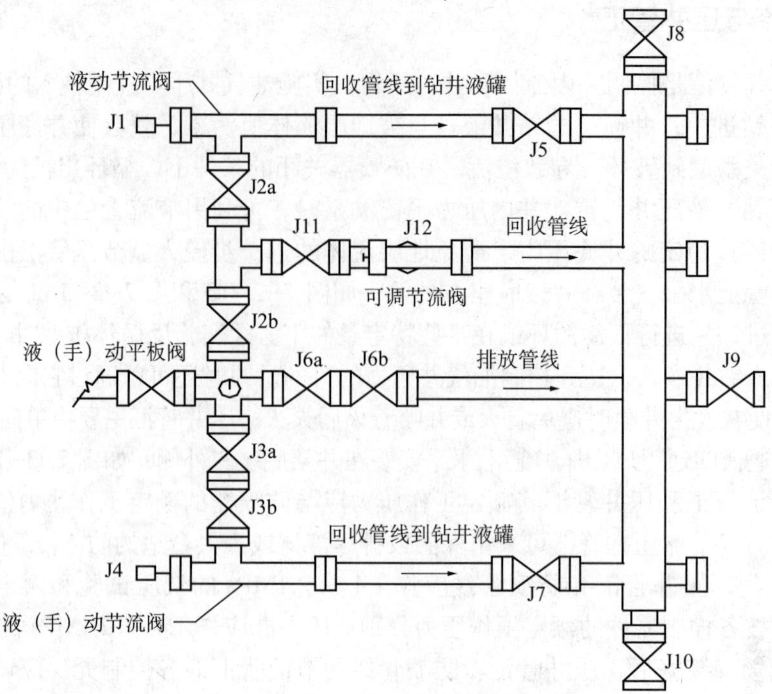

图 7–3–16　工作压力 105MPa 节流管汇配套示意图

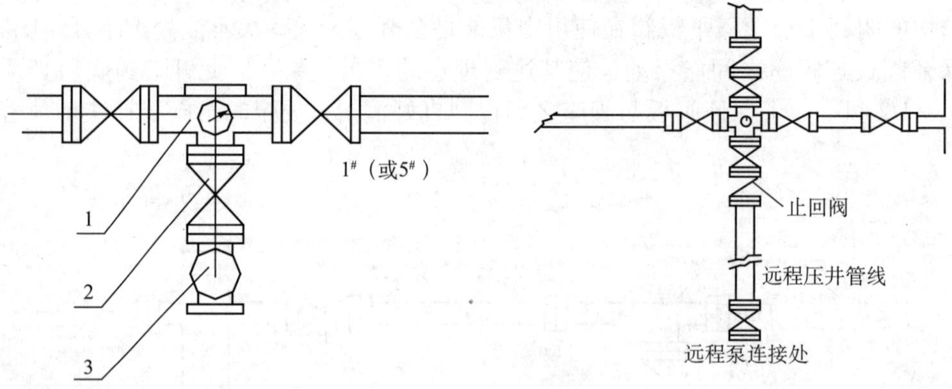

图 7–3–17　压井管汇

1—五通；2—平板阀；3—单流阀

防喷管线包括钻井四通出口至节流管汇和压井管汇之间的管线、平行闸板阀、法兰及连接螺栓或螺母等零部件。

放喷管线系指节流管汇和压井管汇后的管线，至少应接两条。井控管汇的配置示例如图 7–3–18 和图 7–3–19 所示。

七、钻具内防喷工具

在钻井过程中，当地层压力超过井底压力时，为了防止钻井液沿钻柱水眼向上喷出，防止水龙带因高压憋坏，需使用钻具内防喷工具。钻具内防喷工具主要有方钻杆上旋塞、方钻杆下旋塞和钻具止回阀等。

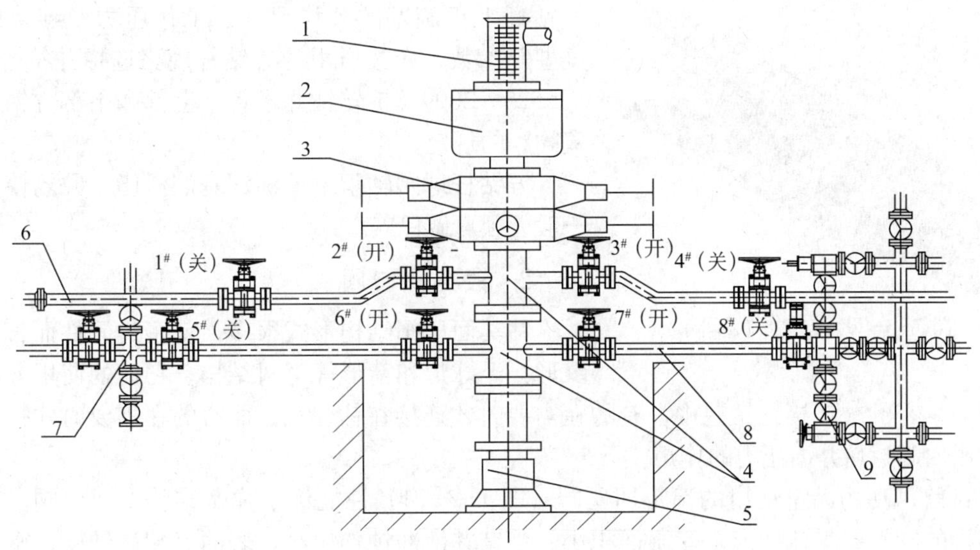

图 7-3-18　双钻井四通井口井控管汇示意图

1—防溢管；2—环形防喷器；3—闸板防喷器；4—钻井四通；5—套管头；6—放喷管线；7—压井管汇；8—防喷管线；9—节流管汇

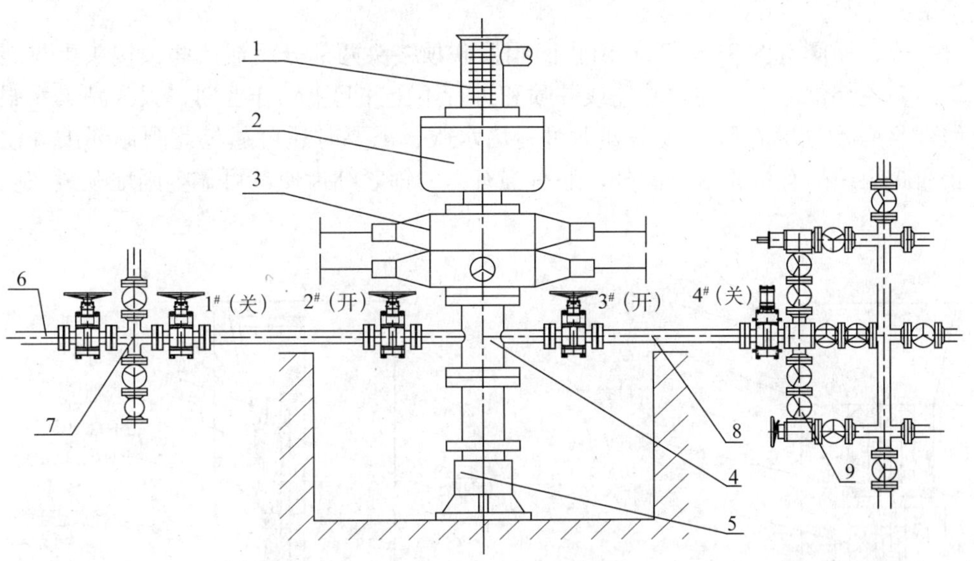

图 7-3-19　单钻井四通井口井控管汇示意图

1—防溢管；2—环形防喷器；3—闸板防喷器；4—钻井四通；5—套管头；6—放喷管线；7—压井管汇；8—防喷管线；9—节流管汇

1. 方钻杆上旋塞与下旋塞

方钻杆上旋塞，接头螺纹为左旋螺纹（反扣），使用时安装在方钻杆上端。方钻杆下旋塞，接头螺纹为右旋螺纹（正扣），使用时安装在方钻杆下端。

方钻杆上下旋塞一般采用球阀结构，其开启和关闭大多采用手动方式，使用时用专用扳手将球阀转轴旋转 90° 实现开关（图 7-3-20）。上旋塞也有采用气动远程控制方式的。

图 7–3–20　方钻杆旋塞阀

方钻杆上下旋塞的公称尺寸、工作压力及连接螺纹类型等参数，应按所用的方钻杆规格选择并符合 SY/T 5525—2009《旋转钻井设备　上部和下部方钻杆旋塞阀》的规定。

方钻杆球阀轴承中填满锂基润滑脂，井场使用时一般无须再做保养。

2. 钻具止回阀

钻具回压阀结构形式很多，就密封元件而言，有碟形、浮球形和箭形等密封结构。它们的使用方法也不相同，有的被连接在钻柱中，有的在需要时才连接在钻柱上，而有的在需要时才投入钻具水眼内起封堵井内压力的作用。

目前，现场大量使用的箭形回压阀（图 7–3–21）性能优于弹簧式碟型回压阀。它采用箭形的阀针，呈流线形，受阻面积小，受钻井液冲蚀作用小，表面有较高硬度，密封垫采用耐冲蚀和抗腐蚀的尼龙材料，其整体性能好，箭形止回阀维护保养方便。应注意使用完毕后，立即用清水把内部冲洗干净，拆下压帽涂上黄油。定期检查各密封元件的密封面，是否有影响密封性能的明显的冲蚀斑痕，若有则需更换。这种阀使用时可接于方钻杆下部或接于钻头上部。

投入式止回阀（图 7–3–22）由止回阀及联顶接头两部分组成。联顶接头事先装在靠近钻铤的钻柱部位上，当发生井涌或井喷和进行不压井起下钻作业时，投入钻具水眼的止回阀组件将自动锁紧在联顶接头处即可封堵水眼。需要时还可通过此阀循环出气侵钻井液。止回阀组件除有橡胶密封圈外，还有强有力的锁紧细齿使其可靠牢固地锁紧在联顶接头处。

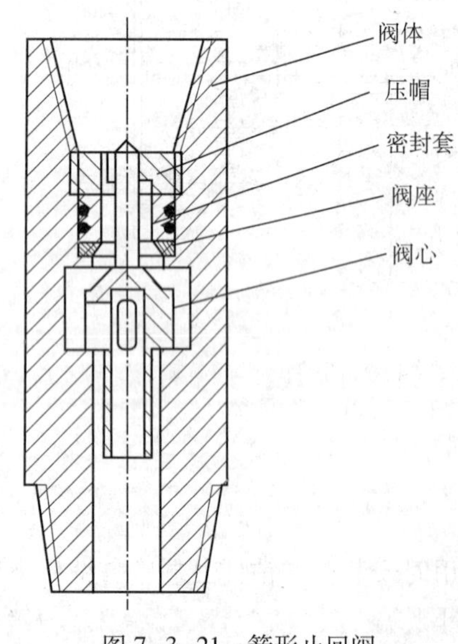

图 7–3–21　箭形止回阀

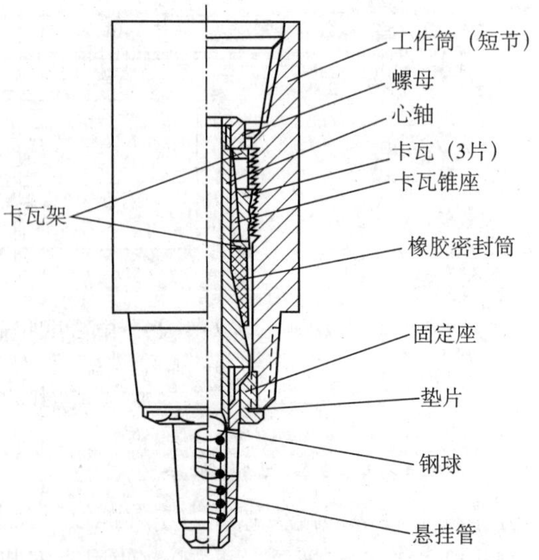

工作筒（短节）
螺母
心轴
卡瓦（3片）
卡瓦锥座
卡瓦架
橡胶密封筒
固定座
垫片
钢球
悬挂管

图 7–3–22　投入式止回阀

3. 钻具旁通阀

钻开油气层前将钻具旁通阀（图 7–3–23）接在钻具回压阀之上 30 ~ 50m 处，压井作业中钻头水眼被堵时，旁通阀可建立新的循环通道继续实施压井作业。使用方法是：一旦发现钻头水眼被堵而无法解堵时，卸掉方钻杆，投球后再接方钻杆使球落至钻具旁通阀阀座处（若钻头水眼未堵死，可用小排量泵送），开泵后只要泵压升高到一定压力值就剪断固定销，使阀座下行直到排泄孔全部打开，泵压随即下降，建立起新的循环通道。

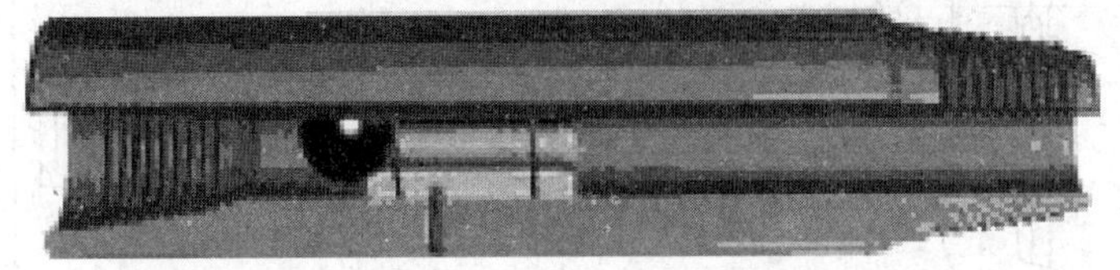

图 7–3–23　钻具旁通阀

八、钻井液灌注装置

钻井液灌注装置包括重力灌注式装置、强制灌注式装置和自动灌注式装置三种。

1. 重力灌注式装置

重力灌注式装置是一种简单的灌注装置，计量罐安装在井口附近较高位置，起钻时当井内液面下降后，司钻打开注入阀，计量罐中的钻井液借助其出口高于井口，在重力作用下注入井内，保持井内液面高度，当井眼灌满钻井液时关闭注入阀。认真记录核实灌入量与钻杆排代量是否相等。计量罐的钻井液注完后，可及时泵送补充。

2. 强制灌注式装置

强制式灌注装置由单独的补给计量罐、补给泵（司钻和钻井液工两地控制）、超声波液位计（司钻和钻井液工两地监视，显示钻井液体积）以及立于钻台上的司钻直读式标尺等组成。

3. 自动灌注式（反循环式）装置

自动灌注式装置由传感器、电控柜、显示箱和灌注系统组成。其工作原理是：安装在高架槽上的传感器把井筒液流信号转化为电信号输至电控柜中，由电子控制系统指挥灌注系统，按预定时间向井内灌注钻井液并能自动计量和自动停灌，预报溢流和井漏。自动灌注钻井液装置的组成与井场安装情况如图 7–3–24 所示。

九、除气设备

除气器是井控作业中必不可少的重要设备，钻井过程中在钻遇油气层时，钻井液会被气侵。而气侵钻井液如不能得到及时处理，轻者使钻井泵效率下降而导致钻井液断流；重者会造成密度下降并形成恶性循环，使井内液柱压力急剧下降，很容易引起溢流乃至井喷。因此，在钻探井、气井或高气油比的井时必须配备除气设备。当钻井液中含有气体时，可先经气体分离器脱掉气侵钻井液中的大气泡，然后将其送入真空除气器进一步 脱气，有效地恢复其密度，避免盲目加重而带来加重剂的大量浪费或把地层压漏，同时有利于压井时迅速排除溢流。

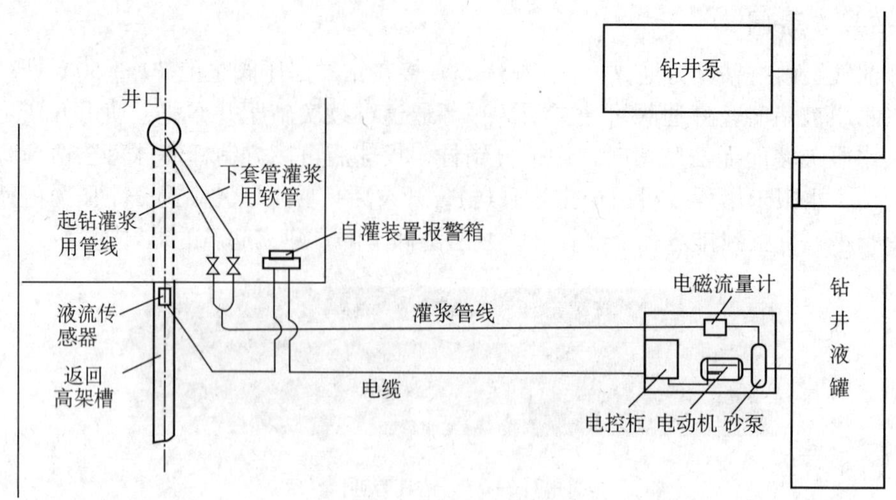

图 7-3-24　自动灌注钻井液装置组成与布置示意图

除气器依其结构或工作原理不同，可分为液气分离器和真空除气器。

1. 液气分离器

常用的液气分离器是沉降式液气分离器。按照控制分离室内液面的方法，沉降式液气分离器分为浮球式和静液（"U" 形管）式两种。结构如图 7-3-25 所示。

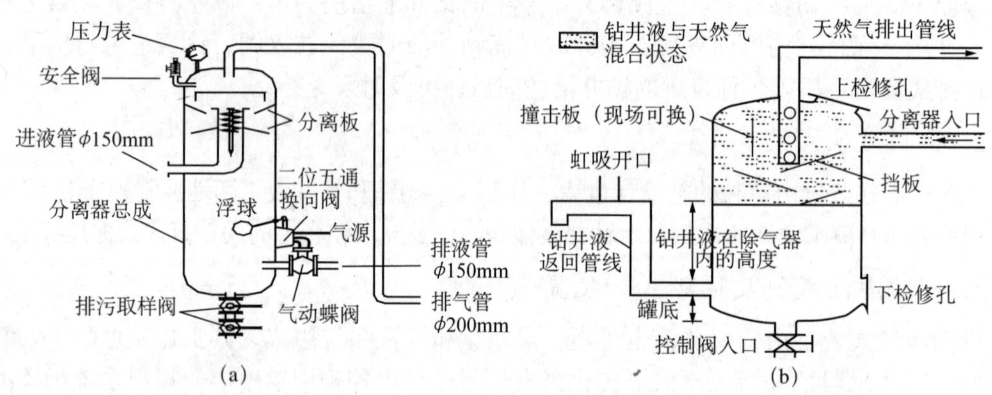

图 7-3-25　液气分离器

液气分离器用来处理从节流管汇出来的含气钻井液，除去钻井液中的空气与天然气，回收初步净化的钻井液。钻井作业中，要求液气分离器的处理量不小于井口返出流量的 1.5 倍，允许采用两台以上的液气分离器并联或串联使用。

液气分离器的工作原理是：从井内经节流管汇返出的含气钻井液进入分离器，经分离板表面积增大，并在分离板上分散成薄层使气体暴露在钻井液的表面，气泡破裂，从而使钻井液和气体得到分离。分离出的气体从分离器顶部经排气管引至远离井口处燃烧掉。

2. 真空除气器

真空式除气器的作用是在钻井过程中及时除掉气侵钻井液中的气体，恢复钻井液原密度和黏度。典型的真空除气器结构如图 7−3−26 所示。

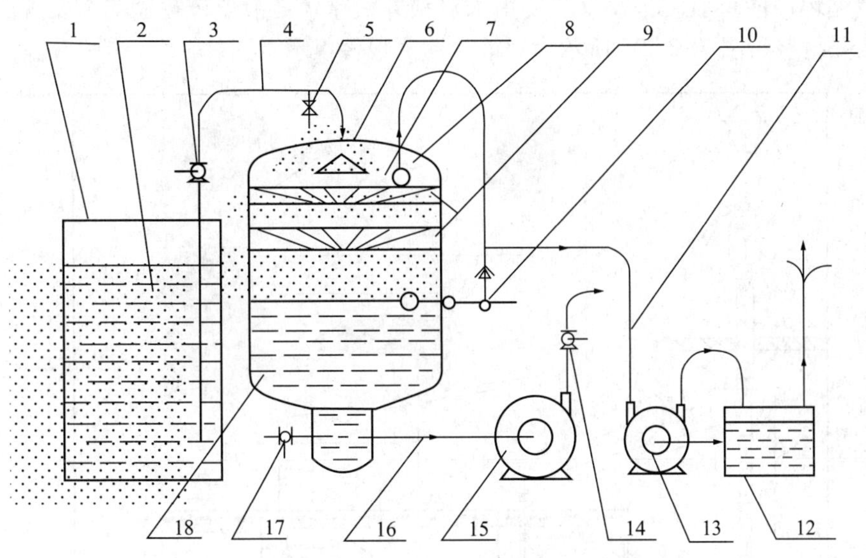

图 7−3−26　真空除气器结构示意图

1—钻井液池；2—气侵钻井液；3—进液阀；4—进液管；5—放空阀；6—伞板；7—安全阀；8—气体；9—斜板；10—液控机构；11—气管；12—水箱及循环水；13—真空泵；14—排液阀；15—砂泵；16—出液管；17—排污管；18—脱气钻井液

工作时气侵钻井液在罐内外压差的作用下，通过进液阀被送到罐的顶部入口，进入罐内以后，由上到下通过伞板和二层斜板，被摊成薄层，其内部的气泡被暴露到表面并破裂，气液得到分离，气体往上被真空泵的吸入管吸出而排往大气中，脱气后的钻井液下落聚集在罐的底部，由安装在底部的砂泵送回净化系统供钻井使用。

安装在罐中的液位控制机构是为限制罐内液位高度而设计的，它由一个浮球、连杆机构及进气阀组成。当罐内液位超过设计允许高度时，浮球被浮起，在连杆机构的作用下，进气阀被打开。此时真空泵的吸入口与大气相通，从而使罐内压力升高，这样罐内外压差减小，进入罐内的钻井液流量减少，液面随之降低，进气阀又自动关闭，液位控制机构就是通过进气阀的关开来控制罐内外的压差，调节进入罐内钻井液的流量，从而达到进出液量平衡和罐内液位的相对恒定。

罐顶部的放空阀是用来调节罐内真空度和清洗罐内部而设计的。当罐内真空度过高时，适当打开放气阀，调节到适当的真空度。

罐内顶部出气口设计有进气安全阀，是为防止液面达到罐的顶部进入真空泵而设计的。

钻井作业现场使用的另一种真空式除气器，是将旋流漏斗并联于真空室，借助钻井液在旋流漏斗内的快速流动，使分离室内形成真空，其结构简单，维修方便，且分离效果也较好。

使用真空式除气器应注意，排液管线必须埋入钻井液罐内或钻井液槽内，否则不能形成真空。排气管线必须接出距井口 50m 以外。

十、钻井液循环池液位监测报警仪

钻井液循环池液位监测报警仪主要用来对钻井液循环池液位进行监测，发现溢流和井漏异常显示并报警。图 7-3-27 所示为一液位监测报警仪示意图。

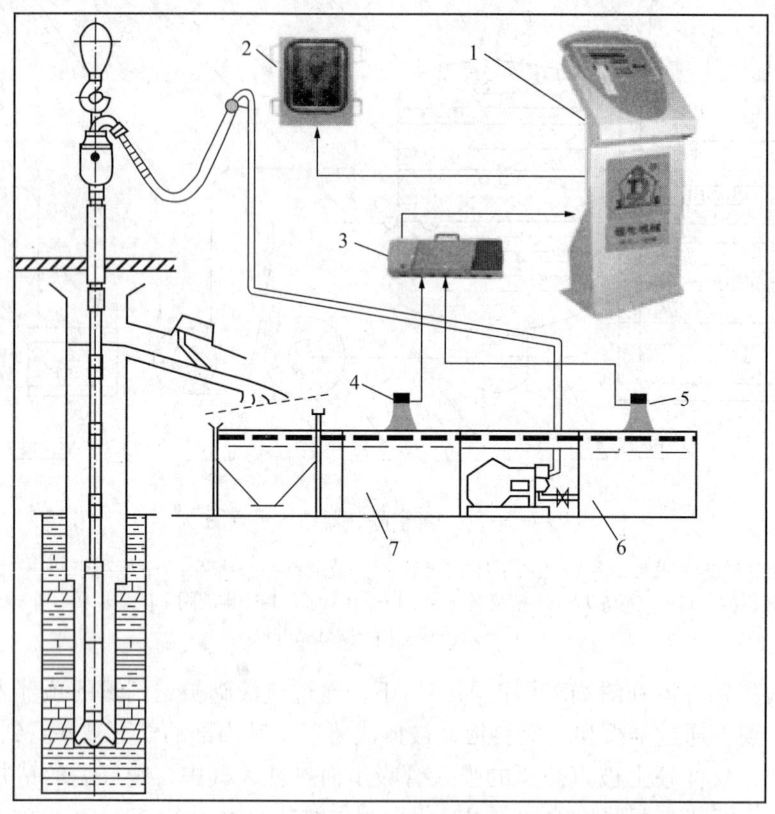

图 7-3-27　钻井液循环池液位报警仪示意图

1—微机台；2—显示报警器；3—接线盒；4—液位传感器；5—液位传感器；6—钻井液循环池；7—钻井液循环池

液位监测报警仪通常要具有以下功能。

（1）数据采集和处理功能：能实时测量单个钻井液循环池的液位与液量和钻井液循环池的总液量以及变化量，并将数据进行分析处理。

（2）显示与报警功能：微机台和钻台安装的显示报警器能同步显示钻井液循环池的上述参数。当钻井液液位超过或低于设定值时，微机台和显示报警器将同时进行溢流和井漏异常显示与报警。

（3）报表打印功能：能定时输出打印钻井液罐液位数据报表，实时输出打印溢流和井漏异常显示与报警数据资料报表。

（4）数据存储功能：能将采集的数据传送到计算机数据库存储，以便进行相应的数据分析处理。

在钻井现场，钻井液循环池内液面波动对监测数据带来较大影响，导致其准确性不如人工监测。为消除误差，可在钻井液循环池内监测区域设置缓冲隔离带，或采取其他可维持液面相对稳定的措施。

十一、应急抢险灭火设备

1. 抢险人员掩护设备和冷却保护设备

油气井发生井喷失控着火，其火势猛烈，燃烧面大，辐射热强，在进行清障、切割、拆除旧井口及换装新井口等抢险作业中，必须对抢险人员和设备进行掩护和冷却保护。

以遥控水炮为代表的系列冷却掩护灭火设备见表 7−3−19。水炮掩体和消防雪炮如图 7−3−28 和图 7−3−29 所示。

表 7−3−19　冷却掩护灭火设备

序号	设备名称	序号	设备名称
1	水泵机组	6	遥控水炮
2	自动化掩体（遥控）	7	手抬消防泵
3	掩体	8	消防雪炮
4	水炮	9	超大风量排烟机
5	移动水炮		

图 7−3−28　水炮掩体

图 7−3−29　消防雪炮

（1）手抬消防泵：消防掩护，泵取压力水。

（2）超大风量排烟机：工作现场排烟，使空气流动，可吹散工作区域烟气，排解有毒有害气体。

2. 清障设备

无论失控井着火与否，都要清除井口装置周围可能使其歪斜或倒塌的损毁设备，如转盘、井架、钻具和其他工具等，将井口完全暴露，使油气喷流集中向上，给灭火与拆装井口创造有利条件。

以高压水力喷砂带火切割设备为代表的系列清障设备见表 7−3−20。液压环形坡口机如图 7−3−30 所示，远距离喷砂切割装置如图 7−3−31 所示。

表 7-3-20 清障设备

序号	设备名称	序号	设备名称
1	近距离超高压水力喷砂切割装置	7	长矛割炬
2	远距离双喷头切割装置	8	等离子切割工具
3	远距离水力喷砂带火单管切割装置	9	动力桅杆吊
4	远距离控制火焰切割机	10	超长臂挖掘机（包括液动夹持器、液压剪切器、液压破碎器）
5	液压环形坡口机	11	手提液动破碎器
6	移动式套管造扣机	12	螺母破碎器

图 7-3-30 液压环形坡口机

图 7-3-31 远距离喷砂切割装置

(1) 手提液动破碎器：用于对地面工作空间的扩展，可破碎混凝土。

(2) 螺母破碎器：在抢险过程中螺纹变形，螺母无法旋出情况下使用。

3. 拆卸和换装井口装备

井喷失控着火后的抢险灭火工作，主要是围绕怎样重建井口装置，重新控制油气喷流这一环节进行的，因而，拆卸被损坏的旧井口装置无法利用的部分和抢装新井口装置的特殊设备和工具尤为重要。

以远距离控制自行式带火抢装井口作业机为代表的系列井口重建设备见表 7-3-21，部分设备如图 7-3-32 和图 7-3-33 所示。

(1) 整体吊装井口卡箍法兰：井喷或失控着火情况下在光套管上安装底法兰。

(2) 特殊双法兰短节：用于不同规格（压力级别和通径）井口装置间的转换。

表 7-3-21 井口重建设备

序号	设备名称	序号	设备名称
1	整体吊装井口卡箍法兰	3	推土机
2	特殊双法兰短节	4	远距离控制自行式带火重建井口作业机

图 7–3–32 带火重建井口作业机

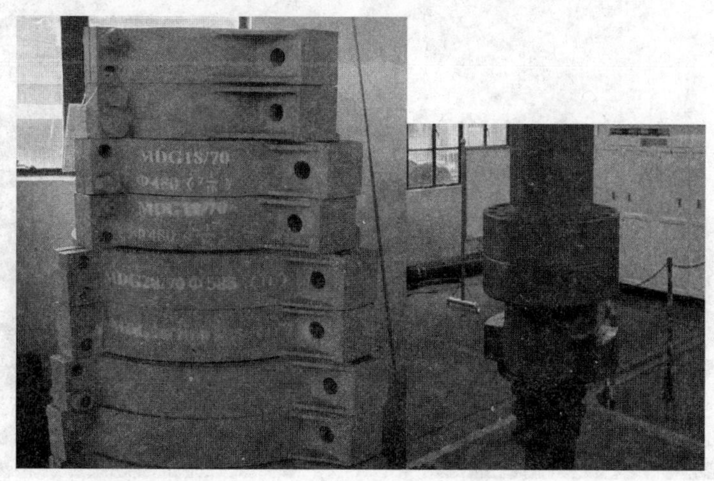

图 7–3–33 整体吊装井口卡箍法兰

4. 参数监测及人员防护设备

在抢险作业的全过程应持续对现场环境温度及有毒有害气体的浓度等参数进行监测，对抢险作业人员的生命安全和健康提供保护。

呼吸装备及个人防护网络系统以及抗毒抗高温设备等个人安全保护设备见表 7–3–22。部分设备如图 7–3–34 ~ 图 7–3–40 所示。

表 7–3–22 参数监测和个人安全保护设备

序号	设备名称	序号	设备名称
1	远程多功能气体监测仪	7	红外线遥感测温仪
2	复合气体监测仪	8	测距仪
3	Cl_2 检测仪	9	望远镜
4	H_2S 监测仪	10	正压式空气呼吸器
5	SO_2 检测仪	11	空气呼吸器充气机
6	VOC 检测仪	12	长管呼吸器

续表

序号	设备名称		序号	设备名称	
13	防噪音安全头盔		16	抗高温保护装置	耳塞
14	防热辐射安全头盔				冷冻背心
15	个人防护可视网络系统				安全靴（长、短）
16	抗高温保护装置	抗高温防火服			安全保护带
		战斗服			吸震绳
		保护镜			防爆电筒
		防沙镜			

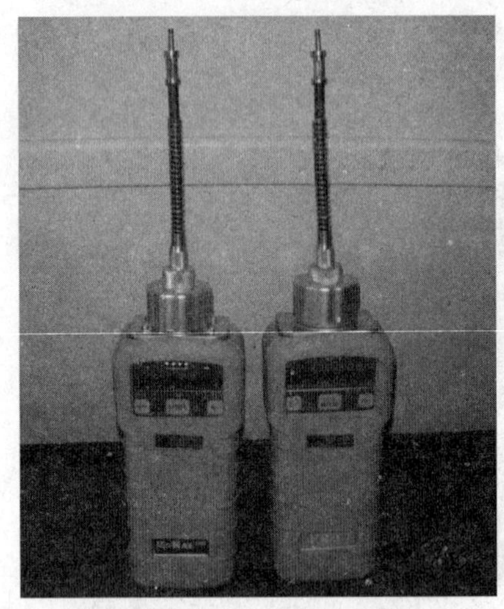

图 7-3-34　复合气体监测仪

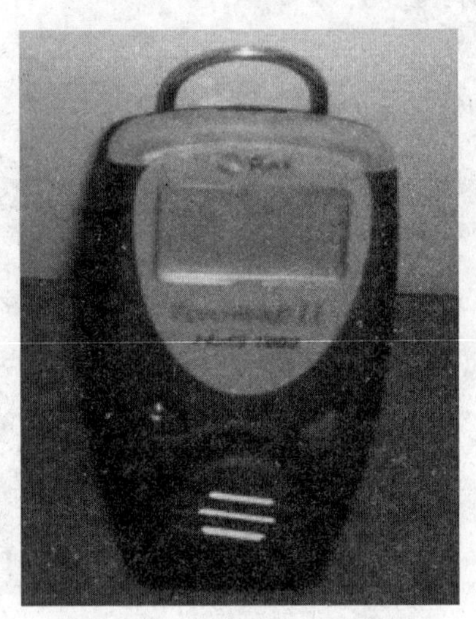

图 7-3-35　有毒气体监测仪

图 7-3-36　远程多功能气体监测仪（同时监测 CO、O_2、CH_4 及 VOC）

（1）正压式空气呼吸器：用于操作人员进入有毒有害气体工作环境。

（2）空气呼吸器充气机：给空气呼吸器充气。

（3）长管呼吸器：通过一根长管连接供气站与进入危险区域的操作人员，为其输送清洁空气，能达到持续供气的目的。

（4）防噪音安全头盔：用于抢险高噪音环境，可起到保护听力的作用。

（5）防热辐射安全头盔：用于抢险高温环境，头盔采用特殊材料制成，能承受高温，同时有很强的反热辐射功能。

（6）个人防护可视网络系统：实现无线监控，可通过机站连接的计算机检测佩戴人员空气呼吸器气瓶气压及人员工作状态。

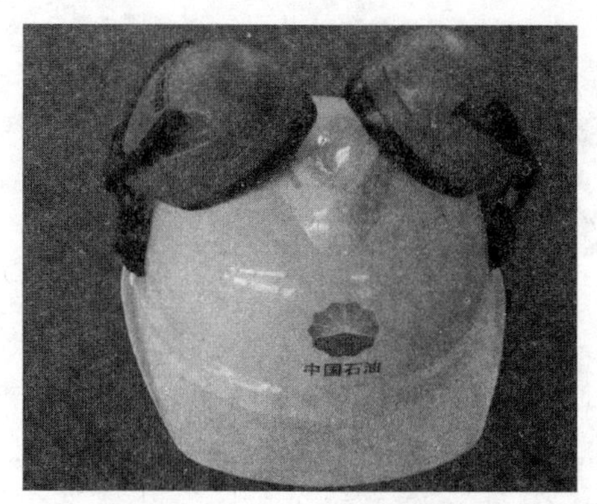

图 7-3-37 保护镜

图 7-3-38 防沙镜

图 7-3-39 抗高温防火服

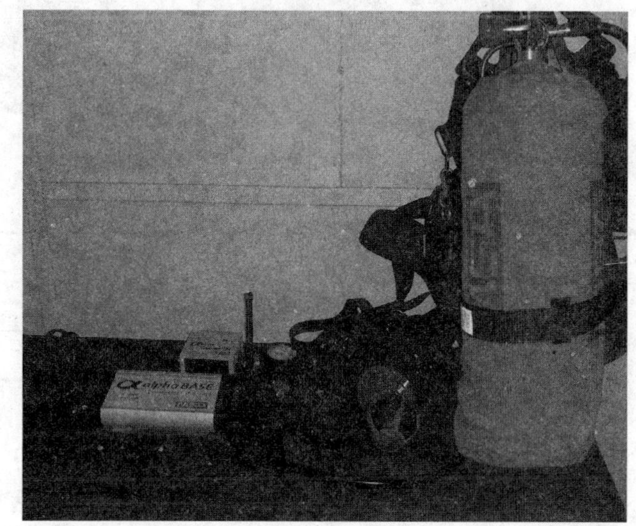

图 7-3-40 正压式空气呼吸器

（7）抗高温保护装置：用于操作人员进入火场高温环境，起到防火隔热的作用。包括抗高温防火服、救护绳、战斗服、防沙镜、保护镜、耳塞、冷冻背心、安全靴（长、短）、安全保护带、吸震绳和防爆电筒等器具。

5. 抢险通信装备

为让上级机关及抢险指挥部和专家及时了解抢险作业现场情况，并把他们的建议、决策和方案迅速传到现场，需配置高效能的抢险通信装备。抢险通信系统如图 7-3-41 所示。

实现指挥部与现场救援的快速信息传递用设备见表 7-3-23。

（1）防爆对讲机（带耳毂传输）：用于抢险高噪音环境，通过耳毂震动传递声音。

（2）无线可视泄漏通信安全绳：该装置为操作人员配置可视头盔，操作人员通过头盔上的摄像头可将操作员所处危险区域的环境情况传到监护点，也可通过对讲机和后方对话，如果操作人员出现危险，可用安全绳将操作人员拖回。

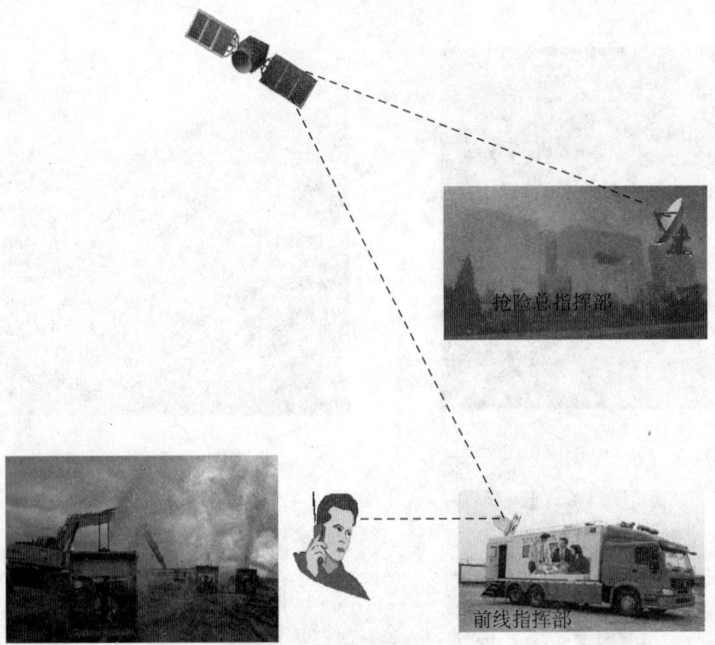

图 7-3-41　抢险通信系统

表 7-3-23　**信息传递设备**

序号	设备名称	序号	设备名称
1	防爆对讲机（带耳毂传输）	3	无线可视泄漏通信安全绳
2	仪器车	4	泄漏通信救生安全绳

6. 带压作业设备

针对井喷失控必须进行带压作业的情况，如井内无钻具需强行下钻具入井，应配置带压作业设备，见表 7-3-24。

表 7-3-24　**带压作业设备**

序号	设备名称	序号	设备名称
1	液控带压钻孔机	4	不压井起下钻装备
2	带压换阀门工具	5	旋转防喷器
3	失控井抢装止回阀智能机械手		

（1）液控带压钻孔机：在有圈闭压力的容器、阀门或管体上钻孔，可实现远程液压控制操作，降低作业人员风险。

（2）带压换阀门工具：用于带压换阀作业，包括手工具、密封卡子、密封圈及闸门等。

（3）失控井抢装止回阀智能机械手：井喷失控，内防喷工具失效后抢装钻柱内防喷工具。

（4）不压井起下钻装备：不压井起下井内管柱，一般与旋转防喷器配合使用（图 7-3-

42）。

7. 其他抢险设备

其他抢险设备见表 7–3–25。

表 7–3–25　其他抢险设备

序号	设备名称	序号	设备名称
1	移动照明设备	9	热水高压洗消泵
2	工具集装箱	10	复合洗眼器
3	叉车	11	多功能环锯
4	空气压缩机	12	大功率冲击扳手
5	试压泵	13	液动扳手
6	抢险套管头	14	手台式发电机
7	多规格特殊钢圈、螺栓螺母	15	井口防爆工具
8	金刚石链锯	16	远程点火装置

（1）移动照明设备：用于抢险现场的照明。

（2）工具集装箱：用于存放抢险设备及工具，便于设备管理和抢险过程中设备运输。

（3）水下液压破拆工具：可用于水下混凝土物体的切割破碎。

（4）热水高压洗消泵：用于地面或设备的强力热水清洗。

（5）多功能环锯：携带方便，可进入较为狭窄的空间进行作业。

（6）大功率冲击扳手：用于井口螺栓的上卸扣。液压驱动，系统带有棘轮系统和扭力倍增系统。

（7）液动扳手：拆卸或上紧螺母。

图 7–3–42　不压井起下钻装备

（8）特殊套管头：抢险专用套管头，两瓣式设计，安装时不需要切割气流或液流，降低作业风险。

（9）井口防爆工具：所有防爆工具用铍铜制成，防止操作过程中与金属物撞击产生火花引起爆炸着火。包括铜榔头、铜撬杠、铜扳手和铜套筒等。

第四节　钻开油气层的井控

一、钻开油气层前的准备工作

钻开油气层前的准备工作应从思想、组织、物资器材和技术措施等方面着手。

（1）严格执行《井控操作证》制度。从事钻井生产、技术和安全管理的各级人员应持证上岗。

（2）井队技术人员要向全体职工进行工程、地质、钻井液和井控设备等方面的技术措施交底。

（3）落实溢流早期显示观察岗位和“关井程序”操作岗位，坚持井队干部在生产作业区 24h 值班制度。

（4）所有井控设备、专用工具、消防设备、电（气）路系统应配齐并处于正常状态。

（5）井队须严格执行钻井设计，钻井液密度及其他性能应符合设计要求。检查是否有足够的加重钻井液和加重剂储备。

（6）进行班组防喷演习，各钻井作业班应每月进行不少于一次不同工况下的井喷演习。

（7）钻至油气层上部 50 ~ 100m 时，要用钻开油气层的钻井液循环一周，对上部裸眼地层进行承压能力试验。

（8）防火及防硫化氢安全措施：

①井场钻井设备的布局要符合防火要求。

②井场电器设备、照明器具及输电线路的安装，须符合安全规定和防火防爆要求。并按规定配齐泡沫灭火器、干粉灭火器、消防水带、直流水枪、消防专用铁铣和消防桶等器材。

③钻开油气层前要清除柴油机排气管积炭，防止排气管排火星。排气管出口不得正对油罐。钻台下和井口装置周围禁止堆放杂物和易燃物。钻台和机房下面应无积油。

④钻开含硫化氢地层前应对硫化氢检测与报警仪器、仪表、人身防护设备、风向指示设备及排风设备等进行检查和测试。

⑤放喷管线布局要考虑当地季节风风向、居民区、道路和各种设施等的具体情况。

（9）严格执行钻开油气层前准备工作检查验收制度，未经检查合格，不能钻开油气层。

二、钻开油气层技术措施

钻开油气层技术措施是以维持井底压力平衡、尽早发现溢流显示为重点而制订的，加上后几节的关井和压井，构成了油气井压力一次控制和二次控制的主要内容。

（1）加强地层对比，及时提出地质预报，尤其是异常高压地层上部盖层的预报要力求准确。

（2）用 *dc* 指数和气测资料等对异常地层压力进行随钻监测，综合分析对比资料和数据以提高地层压力检测的精度。

（3）在进入预计中的油、气、水层前，调整钻井液性能必须通知司钻，停钻调整好后再继续钻进，以免因调整钻井液性能而掩盖溢流的某些显示。

（4）根据现场井控装置配套情况、井控技术水平和地层及地层流体特点等，规定关井时的最大允许溢流量，一般应不超过 $2m^3$。

（5）钻开油气层后进行起下钻作业时，必须进行短程起下钻，测定油气上窜速度。从井底到油气层上 300m 的起钻速度要严加控制。按规定及时灌满钻井液并校核灌注量，作好记录。起完钻要及时下钻，检修设备时应将钻具下到套管鞋处。严禁在空井情况下进行设备检修。

（6）钻台上准备一根防喷钻杆单根（带与钻铤螺纹相符合的配合接头和钻具止回阀）。

（7）钻开油气层后应避免在井场使用电焊或气焊。若需动火，应执行 SY/T 5858—2004 标准中的安全规定。

（8）电测前井内情况必须正常，油气上窜速度小于 20m/h，连续测井 24h 必须下入钻具进行通井循环。井场准备切断电缆工具，若井内异常时，及时切断电缆，将防喷钻杆单根强行下入，控制井口。钻开油气层后发生卡钻需泡油、混油或因其他原因要调整钻井液密度时，其液柱压力不能小于裸眼段中的最高地层压力。

（9）若发生井喷而井口无法关闭时，应立即关闭柴油机及井场、钻台和机房等处的全部照明灯，打开探照灯（晚上），灭绝火源，组织警戒，并尽快由注水管线和消防水枪向井口注水和喷水防火。

第五节　预防和发现溢流

当井底压力小于地层压力时就会发生溢流。溢流的严重程度主要取决于地层的孔隙度、渗透率和欠平衡时负压差值的大小。地层孔隙度和渗透率越高，负压差值越大，则溢流就越严重。

一、溢流显示和征兆

地层流体流入井筒会给钻井参数、钻井液参数及井筒状态等方面带来变化，这些变化称为溢流显示。地面上还可观察到可能发生溢流的征兆。溢流显示和征兆主要有以下几方面：

（1）蹩跳钻，钻速突快或钻进“放空”。这可能是钻遇高压油气层的征兆。当钻遇异常高压地层过渡带时，地层孔隙度增大，破碎单位体积岩石所需能量减少，加上井底压差减小有利于井底清岩，此时钻速会突然加快。钻遇碳酸盐岩裂缝发育层段或钻遇溶洞时，往往会发生蹩跳钻或钻进“放空”现象。

（2）悬重减少或增加，泵压上升或下降。若高压层盖层和过渡带较薄时，打开高压层后会因井底压力突然增加，悬重减少泵压亦会升高。当地层流体随钻井液在环空上返时，因天然气膨胀环空液柱平均密度下降，而使泵压下降，钻具在受侵钻井液中所受浮力减小而悬重增加。若溢流为盐水时、其密度小于钻井液密度则悬重增加；其密度大于钻井液密度时则悬重减少。若钻井液抗盐性差，则钻井液黏度增加，泵压上升。油溢流使钻井液密度下降，因而悬重增加。

（3）钻井液返出量增大，钻井液循环池液面升高。当泵排量未变时，地层流体进入井筒有助于钻井液在环空加速上返，出口管处钻井液返出量会大于泵入量，尤其是天然气溢流在接近井口时，返出量会明显大于泵入量。在没有人为地增加循环池钻井液量的情况下，地层流体进入井筒会使钻井液总量增加，循环池液面升高。对于裂缝和孔隙性碳酸盐岩油气藏，产层往往也是漏层，因此，有时是先漏失，出口管返出量减小甚至断流，待井筒液面下降到一定程度后导致井喷。

（4）钻井液性能发生变化。不同的地层流体进入井筒，会给钻井液性能带来不同的影响，如密度和黏度上升或下降；钻井液中气泡含量、氯离子含量及气测烃类含量增加；油花增多；油味、天然气味和硫化氢味增浓以及返出钻井液温度增高等。

(5) 起钻时钻井液灌入量少于应灌入量或灌不进钻井液。由于起钻抽汲使地层流体进入井筒，部分填补或完全填补了起出钻具的体积，因而钻井液灌入量会少于计算灌入量或灌不进。

(6) 停泵后钻具静止时，井筒钻井液外溢。这种情况除钻井液加重后刚泵一会就停泵，钻柱内钻井液密度比环空钻井液密度高得多，井筒钻井液溢出外，则表明地层流体正在流入井筒。

溢流主要而直接的显示是出口管钻井液返出量增大，循环池液面升高，起钻时钻井液灌入量少于应灌入量或灌不进钻井液，停泵后钻具静止时，井筒钻井液外溢等。当钻进中发现钻速突快、放空、蹩跳钻、悬重变化、泵压变化或气测异常等溢流征兆时，应立即停钻观察或关井观察，根据情况判断是否发生溢流。因为钻速突快可能是所钻地层岩性发生变化，泵压下降可能是钻具刺漏或断落引起，悬重下降也可能是钻具断落的缘故。

二、溢流的原因及其尽早发现

溢流发生的原因很多，最本质的原因是井内压力失去平衡，井底压力小于地层压力。井内压力失去平衡主要是因为：

(1) 地层压力掌握不准确，这是新探区和开发区钻调整井时经常遇到的情况。裂缝性碳酸盐岩地层和其他硬地层（花岗岩、玄武岩等）压力更难准确掌握。其结果是设计钻井液密度小于地层压力当量钻井液密度。

(2) 钻进中钻井液密度因地层流体的不断侵入而降低。

(3) 起钻未按规定灌钻井液或井漏致使井筒液面下降。表 7–5–1 和表 7–5–2 分别列出了常用规范钻杆钢材体积（排代量）和不同井眼起钻钻井液液面下降高度。

表 7–5–1　常用规范钻杆钢材体积

通称尺寸 mm (in)	壁厚 mm	名义重量 kg/m	平均实际质量 kg/m	每米排代体积 L/m	组成 27.4m 长立柱的排代体积 L		
					一柱	五柱	十柱
73.0 ($2^7/_8$)	5.5	10.20	10.91	1.39	38.2	191	382
	9.2	15.49	16.22	2.07	56.8	284	568
88.9 ($3^1/_2$)	6.5	14.15	15.23	1.95	53.6	268	536
	9.3	19.81	20.53	2.63	72.0	360	720
	11.4	23.08	23.96	3.06	83.9	420	839
114.3 ($4^1/_2$)	6.9	20.48	22.44	2.87	78.7	393	785
	8.6	24.72	26.49	3.38	82.7	413	827
	10.9	29.79	32.14	4.05	111	555	1110
127.0 (5)	7.5	24.18	26.33	3.36	92.2	461	922
	9.2	29.04	30.65	3.92	107	537	1073

表 7−5−2　不同井眼起出 ϕ 127mm（5in）钻杆液面下降

钻杆长，m / 液面下降，m / 井眼 mm (in)	10	20	30	50	80	90
215.9（$8^1/_2$）	1.01	2.02	3.06	5.05	8.08	9.09
244.5（$9^5/_8$）	0.79	1.58	2.37	3.95	6.32	7.11
311.2（$12^1/_4$）或 339.7（$13^3/_8$）	0.45	0.9	1.35	2.25	3.6	4.05

(4) 停止循环时，作用在井底的环空压耗消失，使井底压力减小。如果钻井液密度略小于地层压力当量密度，钻进时无显示，停止循环时发生溢流，就是环空压耗消失的缘故。

(5) 起钻抽汲使井底压力减小。上提钻柱时，由于钻井液的黏滞作用产生使井底压力减少的瞬时附加压力值称为抽汲压力。抽汲压力可通过分别计算起钻时钻杆内和环空钻井液在层流及紊流流态下流动压力损失以及钻头压降来计算。

层流流态时：

$$p_{sbi}=\frac{KL\gamma_i^n}{24500} \tag{7-5-1}$$

$$p_{sba}=\frac{KL\gamma_a^n}{24500(D_h-D_p)} \tag{7-5-2}$$

紊流流态时：

$$p_{sbi}=\frac{0.2\rho_m f_i v_i^2 L}{D_i} \tag{7-5-3}$$

$$p_{sba}=\frac{0.2\rho_m f_a v_a^2 L}{D_h-D_p} \tag{7-5-4}$$

钻头压降：

$$p_{bt}=\frac{0.08\rho_m Q_i^2}{C^2 d_e^4} \tag{7-5-5}$$

式中　p_{sbi}——钻杆内压力损失，MPa；

p_{sba}——环空内压力损失，MPa；

p_{bt}——钻头压降，MPa；

K——稠度系数，$dyn \cdot s^n/cm^2$；

n——流性指数；

L——钻具长度，m；

γ_i——钻杆内剪切速率，s^{-1}；

γ_a——环空内剪切速率，s^{-1}；

v_i——钻杆内钻井液流速，m/s；

v_a——环空内钻井液流速，m/s；

D_i——钻杆内径，cm；

D_p——钻杆外径，cm；

D_h——井眼直径，cm；

C——水眼流量系数，C=0.95 ~ 0.98；

d_e——水眼当量直径，$d_e=\sqrt{d_1^2+d_2^2+d_3^2}$，$d_1$、$d_2$和$d_3$分别为钻头三个水眼的直径；

ρ_m——钻井液密度，g/cm^3；

Q_i——钻具内钻井液流入环空的量，L/s；

f_i——钻具内摩阻系数；

f_a——环空摩阻系数。

当$p_{sba}=p_{sbi}+p_{bt}$时，钻头下部压力才处于平衡，钻具内和环空钻井液才能同时流动，此时计算的p_{sba}值就是所求的抽汲压力值。计算时因Q_i难以确定，须假设一任意Q_i值进行试算，直到p_{sba}与（$p_{sbi}+p_{bt}$）两者误差在2%以内即可。

上述公式中的有关参数由以下公式计算：

$$v_i=\frac{12.73Q_i}{D_i^2} \tag{7-5-6}$$

$$v_a=1.5v_p\left(0.5+\frac{D_p^2-D_i^2}{D_h^2-D_p^2}\right)-\frac{12.73Q_i}{D_h^2-D_p^2} \tag{7-5-7}$$

式中　v_p——平均起钻速度，m/s。

采用范氏黏度计300r/min和600r/min读数计算，则：

$$n=3.32\lg\frac{\Phi_{600}}{\Phi_{300}}$$

$$K=\frac{5.11\Phi_{300}}{511^n}$$

$$\rho_i=\frac{800v_i}{D_i}\left(\frac{3n+1}{4n}\right)$$

$$\rho_a=\frac{1200v_a}{D_h-D_p}\left(\frac{2n+1}{3n}\right)$$

钻具内流体雷诺数：

$$Re_i=\frac{100v_i D_i\rho_m}{K\gamma_i^{n-1}}$$

环空流体雷诺数：

$$Re_{\mathrm{a}}=\frac{100v_{\mathrm{a}}(D_{\mathrm{h}}-D_{\mathrm{p}})\rho_{\mathrm{m}}}{K\gamma_{\mathrm{a}}^{n-1}}$$

令：C_1=3470－1370n，　C_2=4270－1370n。

当 $Re \geqslant C_2$ 时，钻井液流态为紊流。则摩阻系数：

$$f=\frac{a}{Re^{b}}$$

式中，a=（lg$n$+3.93）/50，b=（1.75－lg$n$）/7。

当 $Re \geqslant C_1$，钻井液流态为层流。则，

钻具内摩阻系数：

$$f_{\mathrm{i}}=\frac{16}{Re_{\mathrm{i}}}$$

环空摩阻系数：

$$f_{\mathrm{a}}=\frac{24}{Re_{\mathrm{a}}}$$

当 $C_1 < Re < C_2$，钻井液流态为过渡流。则，

钻具内摩阻系数：

$$f_{\mathrm{i}}=\frac{16}{C_1}+\left(a/C_2b-16/C_1\right)\left(Re_{\mathrm{i}}-C_1\right)/800$$

环空摩阻系数：

$$f_{\mathrm{a}}=\frac{24}{C_1}+\left(a/C_2b-24/C_1\right)\left(Re_{\mathrm{a}}-C_1\right)/800$$

例 1：井深 4500m，井眼 21.6cm（$8^1/_2$in），钻杆 ϕ 12.7cm（5in），钻井液密度 1.5g/cm^3，钻铤 17.8cm（7in）×75.48m、15.9cm（$6^1/_4$in）×103.58m，起钻速度 0.1 ~ 1m/s，Φ_{600}=78，Φ_{300} = 52，喷嘴尺寸 1.27cm×3。

计算的不同起钻速度下抽汲压力值列于表 7–5–3。

改变抽汲压力计算公式中的参数，计算结果表明，若起钻速度越快，井越深，钻井液切力和黏度越大，滤饼越厚，钻头泥包越严重则抽汲越严重，井底压力减小值越大。影响抽汲压力的众多因素中，重要的是控制起下钻速度和钻井液的 n 值与 K 值。

表 7–5–3　不同起钻速度下的抽汲压力值

起钻速度 m/s	抽汲压力 MPa	当量钻井液密度 g/cm^3
0.1	1.357	0.030
0.2	1.847	0.041
0.3	2.250	0.050
0.4	2.568	0.057

续表

起钻速度 m/s	抽汲压力 MPa	当量钻井液密度 g/cm³
0.5	2.870	0.064
0.6	3.057	0.068
0.7	3.237	0.072
0.8	3.488	0.078
0.9	3.583	0.080
1	3.770	0.084

上述抽汲压力计算公式是一种近似计算，它未考虑诸如井温和压力对 n 值与 K 值的影响；钻杆接头、稳定器和井径变化对钻井液流速的影响；钻具作加速或减速运动时，惯性力对抽汲压力的影响；钻具刚开始运动时，破坏钻井液静切力对抽汲压力的影响。计算公式中的摩阻系数等参数计算，也是采用的经验公式。

预防溢流发生最重要的是在整个钻井过程中，始终保持井底压力略大于地层压力，并针对溢流发生的原因采取相应的预防措施。

尽早发现溢流显示是搞好井控作业的关键环节，它关系到关井后立管压力和套压值的大小，关系到压井过程中最大套压值的高低和井口装置、套管及地层所承受负荷的大小，关系到溢流能否发展为井喷、井喷失控或着火。

钻井人员要能尽早发现溢流显示，就必须充分认识本地区油气产层的地质特点，地层流体的理化特性、溢流显示和征兆，并配备可靠的监测溢流显示的仪器仪表，尤其是落实溢流显示观察人员的岗位责任。

三、气侵对井底压力的影响

油或盐水溢流在随钻井液从井底往井口的运移过程中，其体积和压力几乎不发生变化。由于天然气的理化特性，天然气溢流在随钻井液从井底往井口上返过程中，其压力要降低，体积要膨胀。因此，天然气溢流愈接近井口，它排代的钻井液量就会愈来愈多，井底压力就会逐渐降低（图 7–5–1）。

天然气侵入钻井液以后钻井液液柱减少值可通过下式计算：

设天然气膨胀是等温过程，则：

$$\Delta p=\frac{2.30(1-a)p_{\mathrm{s}}}{a}\lg\frac{p_{\mathrm{s}}+p_{\mathrm{m}}}{p_{\mathrm{s}}} \tag{7-5-8}$$

式中 Δp——天然气侵入钻井液后钻井液静液柱压力减少值，MPa；

p_{s}——井口环空压力，MPa；

p_{m}——天然气侵入钻井液前钻井液静液柱压力，MPa；

a——天然气侵入钻井液前后地面钻井液密度比值 $\left(a=\frac{\rho_{\mathrm{s}}}{\rho_{\mathrm{m}}}\right)$；

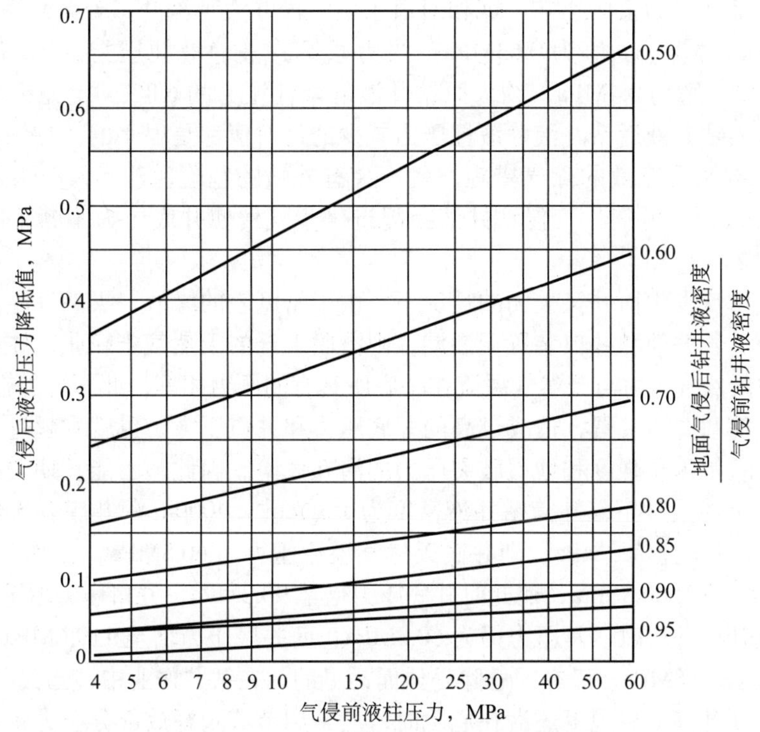

图 7-5-1　天然气侵入钻井液后对钻井液静液柱压力的影响

ρ_s——天然气侵入钻井液后地面钻井液密度，g/cm^3；

ρ_m——天然气侵入钻井液前地面钻井液密度，g/cm^3。

若天然气膨胀不是等温过程，则上式为：

$$\Delta p=\frac{2.30(1-a)\ Z_a T_a p_s}{aZ_sT_s}\lg\frac{p_s+p_m}{p_s} \tag{7-5-9}$$

式中　Z_s——天然气地面压缩系数；

Z_a——天然气平均压缩系数；

T_s——井口天然气温度，K；

T_a——天然气平均温度，K。

如天然气井底压缩系数为 Z_b，井底温度为 T_b，则：

$$Z_a=\frac{Z_s+Z_b}{2}$$

$$T_a=\frac{T_s+T_b}{2}$$

设 p_s 为 0.098MPa，天然气膨胀是等温过程，按不同的 a 和 p_m 值计算的 Δp 作成图 7-5-1。由图可见，即使地面气侵钻井液密度只是原来密度的一半，钻井液静液柱压力减少值也不超过 0.74MPa。对于同一钻井液密度，图中横坐标也表示不同井深。从图中可看出，气侵对静液柱压力值的影响，就相对值来说，浅井大于深井。若原浆密度为 1.5g/m³，a 为 0.5，4000m 井深 Δp 值为 0.63MPa，约为原钻井液静液柱压力的 1.1%；而对 400m 井深的浅井，Δp 则为 0.4MPa，约为原钻井液静液柱压力的 6.8%。但无论是深井还是浅井，天然气侵入钻井液后钻井液静液柱压力减少的绝对值都是很小的。在钻进过程中，钻井液受侵后只要采取有效的除气措施，就不会有井喷的危险。若不及时有效地除气，反复将气侵钻井液泵入井筒，气侵钻井液会因进一步气侵使井底压力不断下降，从而诱发井喷。

在天然气溢流发生而井又关闭的情况下，由于密度差的缘故，天然气溢流会滑脱上升并在井口积聚。若井筒和井口装置无渗漏，则滑脱上升的天然气未膨胀，体积无变化，因而井口积聚的天然气压力与天然气溢流在井底所具有的压力相等。此压力加在钻井液柱上，作用于整个井筒和井口装置，造成过高的井底压力和井口压力，也就有超过井口装置额定工作压力、套管抗内压强度和地层破裂压力的潜在危险。因此，不能长期关井而不排除溢流。例如，在上述条件下，井筒钻井液密度为 1.5g/cm³，4000m 深井底有天然气溢流（忽略其高度），关井套压为 2MPa，则井底天然气溢流压力为 60.8MPa。当其升至 2000m 时，天然气溢流压力仍为 60.8MPa，而此时井底压力增至 90.2MPa，井口压力增至 31.4MPa。当此天然气溢流升至井口时，其压力仍为 60.8MPa，而井底压力增至 119.6MPa，井口装置承受的负荷亦增至 60.8MPa，潜在的危险是显而易见的。在钻井作业中，当关井一段时间后，如井口压力不断升高，出现上述潜在危险时，应开启节流阀释放部分压力。若释放压力时有钻井液喷出，则应向井内补注钻井液。

第六节　关井和关井压力

尽早地发现溢流显示后，立即正确地按关井程序控制井口，以免溢流进一步恶性发展，造成复杂情况，然后根据关井立管压力计算地层压力和压井参数。

一、选择关井方式，制定关井程序

关井方式有“硬关井”和“软关井”两种。所谓硬关井，是当发生溢流或井喷后，在防喷器和四通等的旁侧通道全部关闭的情况下关闭防喷器；而软关井是当发生溢流或井喷后，在节流阀通道开启，其他旁侧通道关闭的情况下关闭防喷器，然后关节流阀。

液压系统在工作过程中，由于液流通道的突然关闭或开启，使液流速度急剧变化，将会引起系统中液体动量的迅速变化，其动能几乎全部转化为压力能，产生“液击”现象，闸板防喷器在硬关井时由于高速流体向上冲出，可能导致防喷器闸板芯子损坏。当发生溢流或井喷时（特别是高压、高产油气井），若采用硬关井方式将会使井内喷出的地层流体和钻井液速度骤然变为零；而产生“液击”，使井口装置、套管和地层所承受的压力急剧增加，甚至超过井口装置的额定工作压力、套管抗内压强度和地层破裂压力。

若能做到尽早地发现溢流显示，则硬关井时产生的“液击”现象就较弱。按硬关井方式制定的关井程序较按软关井方式制定的关井程序简单，控制井口的时间短。但鉴于过去硬关井造成的失误，推荐采用软关井方式。

1. 常规钻机关井操作程序

(1) 钻进中发生溢流时的关井操作程序：

①发：发出信号；

②停：停转盘，停泵，上提方钻杆；

③开：开启液（手）动平板阀；

④关：关防喷器（先关环形防喷器，后关半封闸板防喷器）；

⑤关：先关节流阀（试关井），再关节流阀前的平板阀；

⑥看：认真观察并准确记录立管和套管压力及循环池钻井液增减量，并迅速向队长或钻井技术人员及甲方监督报告。

(2) 起下钻杆中发生溢流时的关井操作程序：

①发：发出信号；

②停：停止起下钻作业；

③抢：抢接钻具止回阀和旋塞阀；

④开：开启液（手）动平板阀；

⑤关：上提钻具使接头提离转盘面，关防喷器（先关环形防喷器，后关半封闸板防喷器）；

⑥关：先关节流阀（试关井），再关节流阀前的平板阀；

⑦看：认真观察并准确记录立管和套管压力及循环池钻井液增减量，并迅速向队长或钻井技术人员及甲方监督报告。

(3) 起下钻铤中发生溢流时的关井操作程序：

①发：发出信号；

②停：停止起下钻作业；

③抢：抢接钻具止回阀（或旋塞阀或防喷单根）及钻杆；

④开：开启液（手）动平板阀；

⑤关：上提钻具使接头提离转盘面，关防喷器（先关环形防喷器，后关半封闸板防喷器）；

⑥关：先关节流阀（试关井），再关节流阀前的平板阀；

⑦看：认真观察并准确记录立管和套管压力及循环池钻井液增减量，并迅速向队长或钻井技术人员及甲方监督报告。

(4) 空井发生溢流时的关井操作程序：

①发：发出信号；

②开：开启液（手）动平板阀；

③关：关防喷器（先关环形防喷器，后关全封闸板防喷器）；

④关：先关节流阀（试关井），再关节流阀前的平板阀；

⑤看：认真观察并准确记录立管和套管压力及循环池钻井液增减量，并迅速向队长或钻井技术人员及甲方监督报告。

2. 顶驱钻机关井操作程序

(1) 钻进中发生溢流时关井操作程序：

①发：发出信号；

②停：上提钻具，停顶驱，停泵；

③开：开启液（手）动平板阀；

④关：关防喷器（先关环形防喷器，后关半封闸板防喷器，再打开环形防喷器）；

⑤关：先关节流阀（试关井），再关节流阀前的平板阀；

⑥看：认真观察并准确记录立管和套管压力及循环池钻井液增减量，并迅速向队长或钻井技术人员及甲方监督报告。

(2) 起下钻杆中发生溢流时关井操作程序：

①发：发出信号；

②停：停止起下钻作业；

③抢：抢接防喷单根或钻具止回阀和旋塞阀；

④开：开启液（手）动平板阀；

⑤关：上提钻具使接头提离转盘面，关防喷器（先关环形防喷器，后关半封闸板防喷器，再打开环形防喷器）；

⑥关：先关节流阀（试关井），再关节流阀前的平板阀；

⑦看：认真观察并准确记录立管和套管压力及循环池钻井液增减量，并迅速向队长或钻井技术人员及甲方监督报告。

(3) 起下钻铤中发生溢流时关井操作程序：

①发：发出信号；

②停：停止起下钻作业；

③抢：抢接防喷单根；

④开：开启液（手）动平板阀；

⑤关：上提钻具使接头提离转盘面，关防喷器（先关环形防喷器，后关半封闸板防喷器，再打开环形防喷器）；

⑥关：先关节流阀（试关井），再关节流阀前的平板阀；

⑦看：认真观察并准确记录立管和套管压力及循环池钻井液增减量，并迅速向队长或钻井技术人员及甲方监督报告。

(4) 空井发生溢流时关井操作程序：

①发：发出信号；

②开：开启液（手）动平板阀；

③关：关防喷器（先关环形防喷器，后关全封闸板防喷器，有条件时应下入防喷单根再关半封闸板）；

④关：先关节流阀（试关井），再关节流阀前的平板阀；

⑤看：认真观察并准确记录立管和套管压力及循环池钻井液增减量，并迅速向队长或钻井技术人员及甲方监督报告。

井队人员只有在理解关井程序中每一个动作含意的基础上，才能熟练掌握和正确操作。如“适当打开节流阀”就是只打开节流阀开度的1/2，这样既能减弱“液击”现象，又能缩短关井时间。“关防喷器”动作，应持续到闸板防喷器关闭后，经检查确认井口已安全控制住，再打开环形防喷器才结束。“关节流阀、试关井”和第7个动作，都是为防止关井过程中和关井后，立管压力和套压超过允许关井压力而制订的。

二、测定关井立管压力的方法

1.“U”形管原理

将钻柱和环空视为一连通的“U”形管，井底所在地层视为“U”形管底部。若环空发生溢流后关井，则钻柱、环空及地层压力系统有如下关系：

$$p_d+p_{md}=p_p=p_a+p_{ma} \tag{7-6-1}$$

式中 p_d——关井立管压力，MPa；

p_{md}——钻柱内钻井液静液柱压力，MPa；

p_p——地层压力，MPa；

p_a——关井套压，MPa；

p_{ma}——环空钻井液静液柱压力，MPa。

2. 钻柱中未装钻具止回阀时测定关井立管压力

可直接从立管压力表上读出。但值得注意的是，发生溢流后由于井眼周围的地层流体进入井筒，致使井眼周围的地层压力形成压降漏斗，即此时井眼周围地层压力低于实际地层压力，愈远离井眼，愈接近或等于原始地层压力。一般情况下，待关井连续读出立压，待立压基本稳定后，井眼周围的地层压力才恢复到原始地层压力（图7–6–1)，此时读到的立管压力值才是地层压力与钻柱内钻井液静液柱压力之差。井眼周围地层压力恢复时间的长短与欠平衡压差、地层流体种类、地层产量及地层渗透率等因素有关。

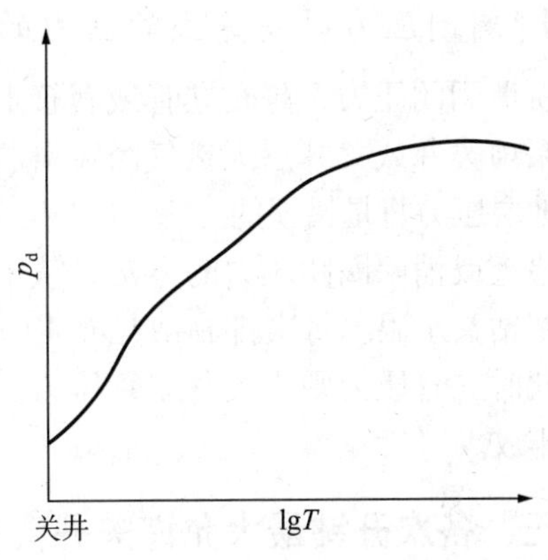

图 7–6–1 井底压力恢复时间对关井立管压力的影响

3. 钻柱中装有钻具止回阀时测定关井立管压力的方法

1）不循环法

在不知道压井泵速和该泵速下的循环压力时采用。

(1) 在井完全关闭的情况下，缓慢启动泵并继续泵入到泵压突然升高。

(2) 注意观察套压，当套压开始升高时停泵，并读出立管压力值。

(3) 若套压升高为某一数值时，从读出的立管压力值中减去套压升高值，则为测定的关井立管压力值（图 7–6–2)：

$$p_d = p_{dl} - \Delta p_a \tag{7-6-2}$$

式中 p_d——关井立管压力值，MPa；

p_{dl}——停泵时立管压力读值，MPa；

Δp_a——关井套压升高值，MPa。

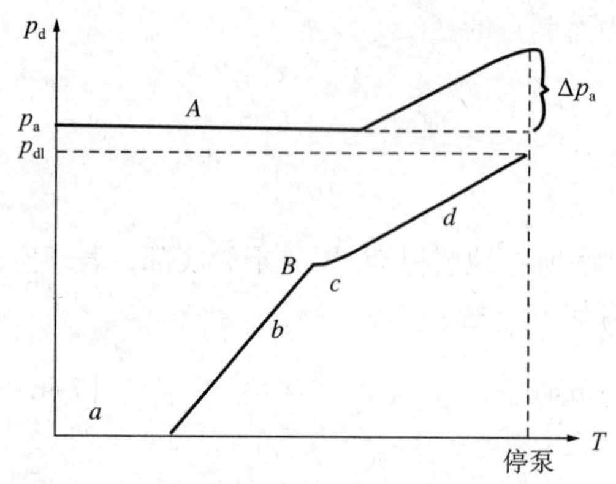

图 7-6-2　不循环法测关井立管压力

A—套压变化曲线；B—立管压力变化曲线；
a—启动泵后，充满地面管汇钻井液量；
b—压缩钻具内止回阀以上钻井液；
c—顶开止回阀；d—压缩环空钻井液和溢流

2）循环法

在知道压井泵速和该泵速下的循环压力时采用。

（1）缓慢启动泵，调节节流阀保持套压等于关井套压。

（2）使泵速达到压井泵速，套压始终等于关井套压。

（3）读出立管总压力，减去循环压力，则差值为关井立管压力值：

$$p_d=p_T-p_c \tag{7-6-3}$$

式中　p_T——立管总压力，MPa；

p_{ci}——压井泵速下的循环压力，MPa。

4. 圈闭压力对关井立管压力的影响

所谓圈闭压力，是在立管或套管上记录到的超过平衡地层压力的压力值。产生的原因是停泵前关井或关井后天然气溢流滑脱上升。显然，若用含有圈闭压力的关井立管压力值计算地层压力将是错误的。

检查或消除圈闭压力的方法是从节流阀排放钻井液，这样可避免污染钻柱内钻井液以及堵塞钻头水眼。每次排放钻井液 40 ～ 80L，并观察立管压力，直到立管压力停止下降为止。此时立管压力则为关井立管压力。若排放钻井液过程中，立管压力一直下降到零，则停止排放。

三、各次开钻最大允许关井套压值

发生溢流关井时，其最大允许关井套压原则上不得超过井口装置的额定工作压力、套管抗内压强度（按 80% 计）和地层破裂压力（应考虑钻井液液柱压力）三者中的最小者。

第七节　压　　井

压井，就是发现溢流关井后，泵入能平衡地层压力当量钻井液密度的加重钻井液，并始终控制井底压力略大于地层孔隙压力以排除溢流，重建井眼—地层系统的压力平衡关系。压井过程中，控制井底压力略大于地层压力是借助节流管汇控制一定的井口回压来实现的。

一、压井基本数据计算

1. 判断溢流类型

设 G_w 为溢流压力梯度，则：

$$G_w = G_m - \frac{p_a - p_d}{h_w} \tag{7-7-1}$$

式中　G_m——钻具内钻井液压力梯度，MPa/m；

h_w——井底溢流高度，m。

$$h_w = \frac{\Delta V}{V_a} \tag{7-7-2}$$

式中　ΔV——溢流体积，m^3；

V_a——环空容积系数，m^3/m。

若 G_w 为 0.0105 ~ 0.0118MPa/m，则为盐水溢流。

若 G_w 为 0.00118 ~ 0.00353MPa/m，则为天然气溢流。

若 G_w 为 0.00353 ~ 0.0105MPa/m，则为油溢流或混合流体溢流。

2. 地层压力 p_p

$$p_p = p_d + 0.01\rho_m H \tag{7-7-3}$$

式中　p_d——关井立管压力，MPa；

ρ_m——钻柱内钻井液密度，g/cm^3（为简化计算，取 $1kg/cm^2$=0.1MPa）；

H——深度，m。

3. 压井钻井液密度 ρ_{m1}

$$\rho_{m1} = \rho_m + \Delta\rho \tag{7-7-4}$$

$$\Delta\rho = \frac{100 p_d}{H} + \rho_e \tag{7-7-5}$$

式中　ρ_{m1}——压井钻井液密度，g/cm^3；

$\Delta\rho$——压井所需钻井液密度增量，g/cm^3。

ρ_e 和 p_e 分别为安全附加当量钻井液密度和安全附加压力，取值范围见本章第二节。

4. 压井循环立管总压力

(1) 压井时，井底存在如下平衡关系：

$$p_d + p_c - p_{1d} + p_{md} = p_p + p_{1a} = p_a + p_{1a} + p_{ma} \tag{7-7-6}$$

式中　p_c——循环压力，MPa；

p_{1d}——钻柱内和钻头水眼循环压耗，MPa；

p_{md}——钻柱内钻井液静液柱压力，MPa；

p_p——地层压力，MPa；

p_a——关井套压，MPa；

p_{ma}——环空钻井液静液柱压力，MPa；

p_{1a}——环空循环压耗，MPa。

通常，p_{1a} 不大，就是在最大排量下也不会超过 1.5MPa。实际上，p_{1a} 使井底压力增加，是平衡地层压力的安全因素。因此，在计算中可忽略不计，则上式简化为：

$$p_d+p_c-p_{1d}+p_{md}=p_p=p_a+p_{ma} \tag{7-7-7}$$

那么，压井循环时要始终控制井底压力不变，且略大于地层压力，就可以通过控制相应的立管总压力来实现：

$$p_T = p_d+p_c \tag{7-7-8}$$

式中 p_T——立管总压力，MPa。

（2）压井钻井液刚泵入钻柱时立管初始循环总压力为：

$$p_{Ti} = p_d+p_{ci} \tag{7-7-9}$$

式中 p_{Ti}——初始循环总压力，MPa；

p_{ci}——压井排量下的循环压力，MPa。

p_{ci} 可用三种方法求得：

第一种方法：实测法。在即将钻达高压层时，要求井队每天早班用选定压井排量循环，并记录下循环压力，以此作为压井时的循环压力。

为了降低钻井泵、井口装置及节流管汇等设备的负荷，使压井钻井液的泵入速度与钻井液加重速度同步，压井时须以低排量施工。通常：

$$Q_r = (1/3 \sim 1/2)\ Q \tag{7-7-10}$$

式中 Q_r——压井排量，L/s

Q——钻进时钻井泵正常排量，L/s。

第二种方法：溢流发生后，用关井套压求初始循环总压力。

①缓慢开启节流阀并启动泵，控制套压等于关井套压。

②使排量达到 Q_r，保持套压等于关井套压。

③此时的立管压力表读值近似于所求初始循环总压力。

值得注意的是，此法中保持套压不变的时间要短（< 5min），以免压漏地层。此法的优点在于钻遇异常高压层前未记录压井排量下的循环压力；或者虽有记录，但变换了泵或更换了缸套等情况下可测定初始循环总压力。

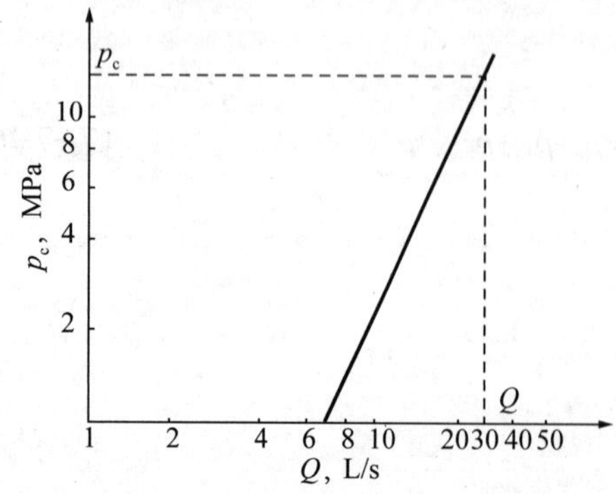

图 7-7-1　排量与循环压力关系曲线

第三种方法是根据水力学公式计算，但误差较大。也可用图解法求 p_{ci}。若已知钻进时排量为 Q 时，泵压为 p_c，根据循环系统压力损耗公式：

$$p_c = KQ^2$$

可在双对数坐标纸上通过点（p_c，Q）作一条斜率为 2 的直线（图 7-7-1）。然后，可依据此直线求该循环系统任意泵排量下的循环压力。

（3）压井钻井液到达钻头时的立管终了循环总压力为：

$$p_{\mathrm{Tf}} = \frac{\rho_{\mathrm{m1}}}{\rho_{\mathrm{m}}} p_{\mathrm{ci}} \tag{7-7-11}$$

式中 p_{Tf}——终了循环总压力，MPa。

5. 压井钻井液从地面到达钻头时所需时间

$$t_{\mathrm{d}} = \frac{V_{\mathrm{d}} H}{60 Q_{\mathrm{r}}} \tag{7-7-12}$$

式中 t_{d}——压井钻井液从地面到达钻头时间，min；

V_{d}——钻具容积系数，L/m。

6. 压井钻井液充满环空所需循环时间

$$t_{\mathrm{a}} = \frac{V_{\mathrm{a}} H}{60 Q_{\mathrm{r}}} \tag{7-7-13}$$

式中 t_{a}——压井钻井液充满环空循环时间，min；

V_{a}——环空容积系数，L/m。

二、压井方法

根据溢流井喷井自身所具备的条件及溢流和井喷态势，压井方法可分为常规压井方法和特殊压井方法两类。所谓常规压井方法，就是溢流或井喷发生后，能正常关井，在泵入压井钻井液过程中始终遵循井底压力略大于地层压力的原则完成压井作业的方法，如二次循环法（司钻法）、一次循环法（工程师法）及边循环边加重等方法。所谓特殊压井方法，就是溢流和井喷井不具备常规压井方法的条件而采用的压井方法，如井内钻井液喷空后的天然气井压井、井内无钻具的压井及又喷又漏的压井等。

1. 常规压井方法

1）关井立管压力为零时的压井

这种情况表明，在用钻井液之静液柱压力足以平衡地层压力，溢流发生是因抽汲、井壁扩散气及钻屑气等使钻井液静液柱压力降低所致。

（1）关井套压亦为零，这种情况只需敞开井口循环就能排除溢流。

（2）关井套压不为零，这种情况须用节流管汇控制回压才能排除溢流。具体施工步骤是：

①用压井排量 Q_{r} 循环，此时立管压力表读值非常接近 p_{ci}。

②调节节流阀，使立管压力等于（p_{ci}+p_{a}），并保持压力不变循环一周，将溢流排除，停泵观察则 p_{a} 为零。

2）二次循环法（又称司钻法）压井

发现溢流关井求压后，第一循环周用原钻井液循环以排除环空中被侵污的钻井液，待压井钻井液配制好后，第二循环周泵入压井钻井液压井。具体施工步骤是以控制立管压力的变化而制订的。

（1）第一循环周：缓慢启动泵，在利用节流管汇保持套压等于关井套压的前提下，使

排量达到压井排量 Q_r 并维持不变，此时立管总压力接近 p_{Ti}，保持 p_{Ti} 不变直到溢流被全部排除。立即停泵并关闭节流阀，此时观察到的套压等于关井立管压力值。

（2）第二循环周：缓慢启动泵，调节节流阀维持套压（等于关井立管压力）不变，直到泵排量达到 Q_r 并保持不变，这时立管总压力接近 p_{Ti}。

泵入密度为 ρ_{m1} 的压井钻井液，调节节流阀使立管总压力在压井钻井液从地面到达钻头的时间 t_d 内，从初始循环总压力 p_{Ti} 降到终了循环总压力 p_{Tf}（在压井钻井液从地面到达钻头的时间 t_d 内，也可以调节节流阀使套压值始终等于关井立管压力值，即所谓套压控制方式）。

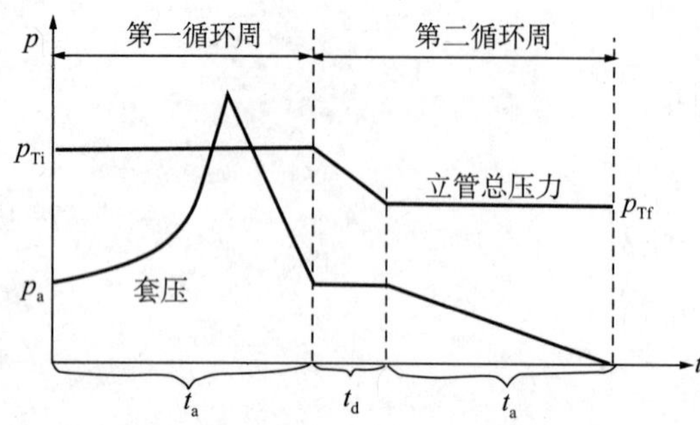

图 7-7-2　二次循环法压井（天然气溢流）立管压力和套压变化典型曲线

当压井钻井液在环空上返时，调节节流阀保持立管总压力始终等于 p_{Tf}。当压井钻井液返出井口时，套压降到零，压井作业结束。

二次循环法整个压井作业中，立管压力和套压典型变化曲线如图 7-7-2 所示。为保证压井作业的安全，须计算压井过程中最大套压和套管鞋处所承受的最大压力值，以避免井口压力超过最大允许套压值和压漏地层。若溢流为天然气，则最大套压出现在溢流顶面到达井口时：

$$p_{amax} = \frac{p_p - HG_m - p_w \pm \sqrt{\left(p_p - HG_m - p_w\right)^2 + 4\frac{p_p T_s Z_s}{T_b Z_b} h_w G_m}}{2} \qquad (7-7-14)$$

式中　p_{amax}——最大套压，MPa；

G_m——原钻井液柱静液压力梯度，MPa/m；

T_s，T_b——井口和井底天然气温度，K；

Z_s，Z_b——井口和井底天然气压缩系数；

h_w——井底天然气溢流高度，m；

p_w——气柱重量所产生的压力，MPa。

天然气重量在井底造成的压力梯度 G_w 可取值为：

$$G_w = \frac{SP_p}{29.3T_b Z_b} \qquad (7-7-15)$$

式中　S——天然气重量与同体积空气重量之比，与天然气组分有关，一般取 0.6 左右。

套管鞋处地层所受最大压力发生在天然气溢流顶面到达套管鞋处时，有：

$$p_{hmax} = \frac{p_p - (H-h)G_m - p_w \pm \sqrt{\left[p_p - (H-h)G_m - p_w\right]^2 + 4\frac{p_p T_h Z_h}{T_b Z_b} h_w G_m}}{2} \qquad (7-7-16)$$

式中　p_{hmax}——套管鞋处地层所受最大压力，MPa；

h——套管鞋井深，m；

T_h——套管鞋处天然气溢流温度，K；

Z_h——套管鞋处天然气压缩系数。

从上述两公式可看出，钻进时欠平衡越严重，溢流量越大，则 p_{amax} 和 p_{hmax} 越大。因而，避免压井过程中产生过高套压和压漏地层的重要措施，是尽早发现溢流显示与征兆，迅速正确地按关井程序控制井口。

例 1：某井在井深 4000m 钻遇高压气层，发现溢流后立即关井，测得循环池增量为 1.5m^3，关井立管压力 2.5MPa。该井用 ϕ215.9mm（8$^1/_2$in）钻头、ϕ127mm（5in）钻杆钻进（设无钻铤），套管鞋井深 2500m，钻井液密度 1.2kg/L。压井排量为 10L/s 时，循环压力为 6.5MPa。安全附加当量钻井液密度选用 0.07kg/L，地面温度 20℃，地温梯度 1℃/35m，井口和井底及套管鞋处天然气压缩系数分别为 0.8、1.2 和 1.05，同体积天然气和空气重量之比为 0.6。试计算关井套压和所需压井参数，以及用二次循环法压井时的最大套压值和套管鞋处地层所受最大压力值。

解：查表得钻杆容积系数 V_d = 9.26L/m，环空容积系数 V_a = 23.97L/m。

（1）地层压力：

$$p_p = p_d + 0.01\rho_m H = 2.5 + 0.01 \times 1.2 \times 4000 = 50.5\text{MPa}$$

（2）关井套压：

$$\text{井底溢流高度 } h_w = \frac{\Delta V}{V_a} = \frac{1500}{23.97} = 62.6\text{m}$$

$$p_a = p_p - 0.01\rho_m (H - h_w) = 50.5 - 0.01 \times 1.2 (4000 - 62.6) = 3.25\text{MPa}$$

（3）初始循环总压力：

$$p_{Ti} = p_d + p_{ci} = 2.5 + 6.5 = 9\text{MPa}$$

（4）压井钻井液密度：

$$\rho_{m1} = \rho_m + \frac{100 p_d}{H} + \rho_e = 1.2 + \frac{100 \times 2.5}{4000} + 0.07 = 1.33\text{kg/L}$$

（5）终了循环总压力：

$$p_{Tf} = \frac{\rho_{m1}}{\rho_m} p_{ci} = \frac{1.33}{1.2} \times 6.5 = 7.2\text{MPa}$$

（6）压井钻井液到钻头和从井底返至地面时间：

$$t_d = \frac{V_d H}{60 Q_r} = \frac{9.26 \times 4000}{60 \times 10} = 62\,\text{min}$$

$$t_a = \frac{V_a H}{60 Q_r} = \frac{23.97 \times 4000}{60 \times 10} = 160\,\text{min}$$

（7）压井过程中最大套压：

T_b=4000×1/35+273=387.3K

T_s=20+273=293K

G_m=0.01ρ_m=0.01×1.2=0.012MPa

$$G_w=\frac{Sp_p}{29.3T_bZ_b}=\frac{0.6\times 50.5}{29.3\times 387.3\times 1.2}=0.0022\text{MPa/m}$$

p_w=$h_w\cdot G_w$=62.6×0.0022=0138MPa

则：

$$p_{amax}=\frac{p_p-HG_m-p_w\pm\sqrt{(p_p-HG_m-p_w)^2+4\frac{p_pT_sZ_s}{T_bZ_b}h_w\cdot G_m}}{2}$$

$$=\frac{50.5-4000\times 0.012-0.138}{2}$$

$$\pm\frac{\sqrt{(50.5-4000\times 0.012-0.138)^2+4\times\frac{50.5\times 293\times 0.8\times 62.6\times 0.012}{387.3\times 1.2}}}{2}$$

$$=\frac{2.36\pm 9.06}{2}$$

取正根：p_{amax}=5.71 MPa。

（8）套管鞋处地层所受最大压力：

T_h=2500×1/35+273=344.4K

$$p_{hmax}=\frac{p_p-(H-h)G_m-p_w\pm\sqrt{\left[p_p-(H-h)G_m-p_w\right]^2+4\frac{p_pT_hZ_h}{T_bZ_b}h_wG_m}}{2}$$

$$=\frac{50.5-(4000-2500)\times 0.012-0.138}{2}$$

$$\pm\frac{\sqrt{\left[(50.5-4000-2500)\times 0.012-0.138\right]^2+4\times\frac{50.5\times 344.4\times 1.05\times 62.6\times 0.012}{387.3\times 1.2}}}{2}$$

$$=\frac{32.36\pm 34.14}{2}$$

取正根：p_{hmax}=33.3 MPa。

3）一次循环法（又称工程师法或等候加重法）压井

发现溢流关井后，将配制的压井钻井液直接泵入井内，在一个循环周内将溢流排除并压住井。按控制立管压力的变化制定的具体施工步骤是：

（1）缓慢启动泵，调节节流阀维持套压等于关井套压，直到排量达到压井排量 Q_r 并保持排量不变，这时的立管总压力接近 p_{Ti}。

(2) 泵入密度为 ρ_{m1} 的压井钻井液，调节节流阀使立管总压力在压井钻井液从地面到达钻头时间 t_d 内，从初始循环总压力 p_{Ti} 降到终了循环总压力 p_{Tf}。

(3) 当压井钻井液在环空上返时，调节节流阀保持立管总压力始终等于 p_{Tf}。压井钻井液返出井口时，套压降到零，压井作业结束。

在一次循环法整个压井作业中，立管压力和套压典型变化曲线如图 7-7-3 所示。若排除的是盐水溢流或油溢流时，随着压井钻井液液柱在环空的高度增加，因溢流在上返过程中不膨胀，套压只有逐渐减小，直到为零（图 7-7-4）。

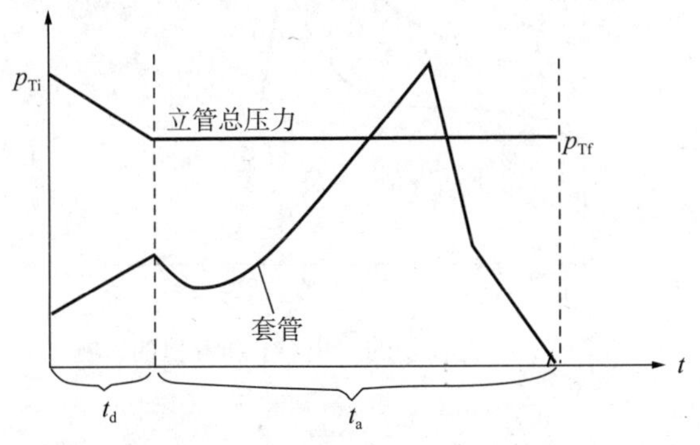

图 7-7-3 一次循环法排除天然气溢流立管压力和套压典型变化曲线

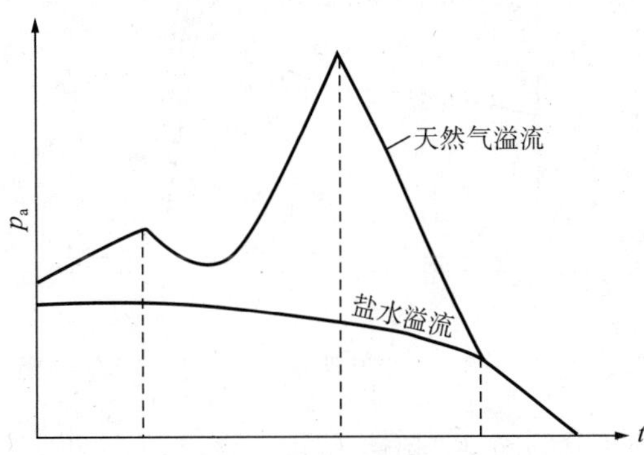

图 7-7-4 一次循环法排除天然气溢流和盐水溢流时套压变化对比

一次循环法排除天然气溢流，当压井钻井液到钻头和溢流顶面到井口时，各产生一个套压峰值，其中较大者则为最大套压。在其他条件相同时，压井钻井液与原钻井液密度差越大，则最大套压值越大，在压井钻井液到达钻头时可能出现最大套压值（图 7-7-5）；其他条件相同时，溢流量越大，则最大套压值越大，在溢流顶面到达井口时可能出现最大套压值（图 7-7-6）。

压井钻井液到达钻头时，套压峰值可按下式计算：

$$p_{ab} = p_b - HG_m - p_w + \frac{p_b T_x Z_x h_w G_m}{(p_b - YG_m - p_w) T_b Z_b} \tag{7-7-17}$$

式中 p_{ab}——压井钻井液到达钻头时套压峰值，MPa；

p_b——井底压力（可近似取 p_p 值），MPa；

Y——钻柱内原浆在环空所占高度，m；

T_x，Z_x——分别为溢流底面上升 Y_m 后的温度（K）和压缩系数。

溢流顶面到达井口时的套压峰值可用下式计算：

$$p_{as} = p_b - HG_m - Y_m (G_{m1} - G_m) - p_w + \frac{p_b Z_s T_s h_w G_m}{(p_b - Y_m G_{m1} - YG_m - p_w) Z_b T_b} \tag{7-7-18}$$

式中 p_{as}——溢流顶面到达井口时的套压峰值，MPa；

Y_m——压井钻井液环空返高，m；

G_{m1}——压井钻井液柱静液压力梯度，MPa/m；

T_s，Z_s——分别为溢流顶面到达井口时的温度（K）和压缩系数。

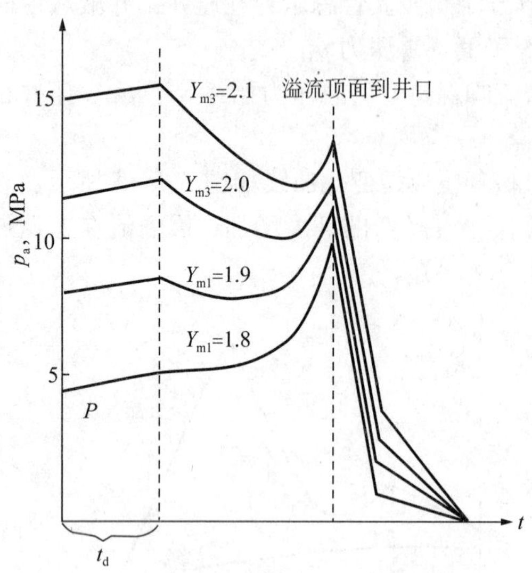

图 7−7−5　欠平衡严重程度对套压峰值的影响

图 7−7−6　溢流量的大小对套压峰值的影响

Y_m 由下式计算：

$$Y_m = \frac{b \pm \sqrt{b^2 - 4G_{m1}\left[(H-Y)(p_b - YG_m - p_w) - \frac{p_p Z_s T_s h_w}{Z_b T_b}\right]}}{2G_{m1}}$$

$$b = p_b + HG_{m1} - Y\left(G_{m1} + G_m\right) - p_w$$

例 2：其他条件同二次循环法压井例 1。设 Z_x=1.05，求一次循环法压井时的套压峰值。

解：

$$Y = \frac{V_d H}{V_a} = \frac{9.26 \times 4000}{23.97} = 1545.3\text{m}$$

$$T_x = \frac{4000 - 1545.3}{35} + 273 = 343\text{K}$$

故

$$p_{ab} = p_b - HG_m - p_w + \frac{p_b T_x Z_x h_w G_m}{(p_b - YG_m - p_w)T_b Z_b}$$

$$= 50.5 - 4000 \times 0.012 - 0.138 + \frac{50.5 \times 343 \times 1.05 \times 62.6 \times 0.012}{(50.5 - 1545.3 \times 0.012 - 0.138) \times 387.3 \times 1.2}$$

$$= 3.28\text{MPa}$$

$G_{m1} = 0.01\rho_{m1} = 0.01 \times 1.33 = 0.0133\text{MPa/m}$

$$b=p_p+HG_{m1}-Y\ (G_{m1}+G_m)\ -p_w$$
$$=50.5+4000\times0.0133-1545.3\ (0.0133+0.012)\ -0.138$$
$$=64.54$$

$$Y_m=\frac{b\pm\sqrt{b^2-4G_{m1}\left[(H-Y)(p_b-YG_m-p_w)-\dfrac{p_bZ_sT_sh_w}{Z_bT_h}\right]}}{2G_{m1}}$$

$$=\frac{64.54\pm\sqrt{(64.54)^2-4\times0.0133\left[(4000-1545.3)(50.5-1545.3\times0.012-0.138)-\dfrac{50.5\times0.8\times293\times62.6}{1.2\times387.3}\right]}}{2\times0.0133}$$

$$=\frac{64.54\pm9.75}{0.0266}$$

所以，有 $Y_m{'}$ =2792.8m ; $Y_m{''}$ =2059.8m。

因为（$Y_m{'}+Y$）＞ H，则有 Y_m=2059.8。

$$p_{as}=p_b-HG_m-Y_m\left(G_{m1}-G_m\right)-p_w+\frac{p_bZ_sT_sh_wG_m}{(p_b-Y_mG_{m1}-YG_m-p_w)Z_bT_b}$$
$$=50.5-4000\times0.012-2059.8(0.0133-0.012)-0.138$$
$$+\frac{50.5\times0.8\times293\times62.6\times0.012}{(50.5-2059.8\times0.0133-1545.3\times0.012-0.138)\times1.2\times387.3}$$
$$=4.01\text{MPa}$$

因为 p_{as} ＞ p_{ab}，所以压井过程中最大套压值发生在天然气溢流顶面达到井口时，其值为 4.01MPa。

一次循环法压井过程中套管鞋处地层所受最大压力，因环空液柱组成与二次循环法不同，其计算方法也不同。当溢流顶面到达套管鞋时，溢流高度（h_h）与钻柱内原钻井液在环空所占高度（Y）之和与套管鞋以下裸眼井段长（$H-h$）比较，若：

（1）（h_h+Y）≥（$H-h$），即压井钻井液还未进入环空。套管鞋处地层所受压力达最大，其计算方法与二次循环法相同。

（2）（h_h+Y）＜（$H-h$），即压井钻井液已进入环空。套管鞋处地层所受最大压力按下述公式计算。

压井钻井液刚到钻头时，套管鞋处地层所受压力（p_{hb}）等于此时套压峰值（p_{ab}）与套管鞋以上钻井液液柱压力之和，即：

$$p_{hb}=p_{ab}+hG_m$$

压井钻井液进入环空后，溢流顶面到达套管鞋处地层所受压力（p_{hm}）：

$$p_{hm}=\frac{b\pm\sqrt{b^2+\dfrac{4p_bh_wG_{m1}T_hZ_h}{T_bZ_b}}}{2}$$

$$b=p_b-(H-h-Y)G_{m1}-YG_m-p_w$$

若　$p_{hb}>p_{hm}$，则 $p_{hmax}=p_{hb}$；

$p_{hb}<p_{hm}$，则 $p_{hmax}=p_{hm}$。

计算套管鞋处地层所受最大压力 p_{hmax} 时，因溢流顶面到套管鞋处，其高度 h_h 与 p_{hmax} 有关，所以 (h_h+Y) 是否大于 $(H-h)$ 难以判断。计算时可先按 $(h_h+Y)\geqslant(H-h)$ 的情况，试算 p_{hmax} 和 h_h，再算出溢流以下井眼长度 Y_1。若 $Y_1<Y$，则试算的 p_{hmax} 即为所求；若 $Y_1>Y$，则应按 $(h_h+Y)<(H-h)$ 的情况计算 p_{hmax}。

例 3：计算例 2 中一次循环法压井时，套管鞋处地层所受最大压力。

先按 $(h_h+Y)\geqslant(H-h)$ 的情况试算。

二次循环法压井计算结果：$p_{hmax}=33.3\text{MPa}$。

故

$$\therefore\qquad h_h=\frac{p_b h_w T_h Z_h}{p_{h\max} T_b Z_b}=\frac{50.5\times 62.6\times 1.05\times 344.4}{33.3\times 387.3\times 1.2}=73.9\text{m}$$

而

$$Y=1545.3\text{m}$$

$$Y_1=(H-h-h_h)=1426.1\text{m}$$

所以 $Y_1<Y$。

试算的 $p_{hmax}=33.3\text{MPa}$ 即为一次循环法压井过程中，套管鞋处地层所受最大压力。

无论采用一次循环法或二次循环法压井，均可照下述作业图表（表 7–7–1）填写参数并实施压井作业。

4）边循环边加重法压井

这种方法常用于现场。当储备的钻井液与所需压井钻井液密度相差较大，要加重调整，且井下情况（如易卡钻）需及时压井时，则采用此法压井。此法在现场施工中，由于钻柱中的压井钻井液密度不同，给控制立管压力以维持稳定的井底压力带来困难。若压井钻井液密度等差递增，并均按钻具内容积配制每种密度的钻井液量，则立管循环总压力也就等差递减，易于控制。

将密度为 ρ_m 的原浆提高到密度为 ρ_{m1} 的压井钻井液，密度每提高一次，其达到钻头时，则循环总压力降低 Δp_T 为：

$$\Delta p_T=\frac{p_{Ti}-p_{Tf}}{100(\rho_{m1}-\rho_m)}$$

此公式的物理意义是：压井钻井液密度每提高 0.0lkg/L，则立管循环总压力需降低 Δp_T。一旦压井钻井液密度提高到 ρ_{m1} 并达到钻头后，应保持循环总压力为 p_{Tf} 不变，直到 ρ_{m1} 的钻井液返出井口。其立管压力变化曲线如图 7–7–7 所示。

上述几种常规压井方法在排除天然气溢流时，套压会升得较高，这是正常的，只要套压不超过井口装置的工作压力，套管抗内压强度的 80% 和地层破裂压力所允许关井套压三者中的最小者，就可继续施工。

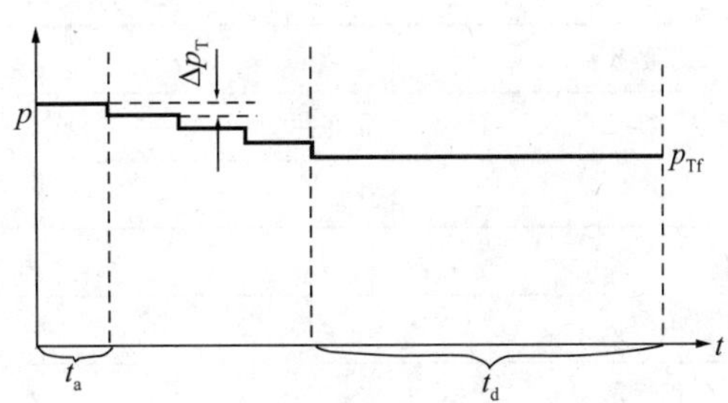

图 7–7–7 边循环边加重法压井立管压力变化典型曲线

几种常规压井方法也各有其优缺点。譬如在相同条件下就施工时间而言，发现溢流关井后等候压井的时间，二次循环法和边循环边加重法较短，而一次循环法较长。但总体压井作业时间，一次循环法较短，边循环边加重法和二次循环法较长。压井过程中出现的套压峰值，二次循环法较大，边循环边加重法次之，一次循环法较小。压井过程中给地层施加的应力，尤其是给浅部地层施加的应力峰值，二次循环法较大，边循环边加重法次之，一次循环法较小。几种方法中，边循环边加重法施工难度较大。

在面临常规压井作业需选择压井方法时，不仅按几种方法的优缺点进行选择，还要根据本井的具体条件，如溢流类型，加重钻井液和加重剂的储备情况，设备的加重能力，地层是否易卡易垮，井口装置的额定工作压力以及井队的技术水平等来选择。

2. 特殊压井方法

针对不同的特殊井控问题，常采用以下几种特殊压井方法。

1）井内钻井液喷空后的天然气井压井

因井控工作失误，或受井口装置额定工作压力、套管抗内压强度及地层承压能力的限制，溢流发生后不能关井而被迫放喷，致使井筒钻井液喷空后所采用的压井方法。这种压井方法是一次循环法在特殊情况下压井的具体应用。压井作业见表 7–7–1。

此方法的基本原理是：设钻井液喷空后的天然气井在压井过程中，环空存在一“平衡点”。所谓平衡点，即压井钻井液返至该点时，井口控制套压与平衡点以下压井钻井液静液柱压力之和能平衡地层压力。压井时，当压井钻井液未返至平衡点前，保持套压等于最大允许套压；当压井钻井液返至平衡点后，在泵排量不变的情况，用节流阀调整套压来控制立管总压力始终等于压井钻井液返至平衡点时的立管总压力，直至压井钻井液返出，套压也降至零。

“平衡点”按下式求出：

$$H_{\mathrm{B}}=\frac{100p_{\mathrm{aB}}}{\rho_{\mathrm{m1}}} \tag{7–7–19}$$

式中 H_{B}——“平衡点”深度，m；

p_{aB}——最大允许控制套压，MPa。

在无法关井求压的情况下，压井钻井液密度只能根据邻井或相邻构造的地质、测试资料提供。据式（7–7–19）$0.01\rho_{\mathrm{m1}}H_{\mathrm{B}}=p_{\mathrm{aB}}$，即压井过程中控制的最大套压等于“平衡点”以上至井口压井钻井液静液柱压力。当压井钻井液返至“平衡点”以后，随着液柱的增加，控制套压减小直至零，压井钻井液返至井口，环空井底压力始终维持一常数，且略大于地层压力。因此，压井钻井液密度的确定尤其要慎重。

表 7–7–1　压井作业表

预先记录数据	井号：	日期：	填写人：
井深：	垂直井深：	套管尺寸 / 重量 / 钢级：	
层位：	井眼尺寸：	套管抗内压强度的 80%：	
钻杆尺寸 / 重量：		地层破裂压力：	
钻杆容积系数：		井口装置额定工作压力：	
环空容积系数：		在用钻井液密度：	
一号泵		二号泵	
压井排量 Q_r	循环压力 p_{ci}	压力排量 Q_r	循环压力 p_{ci}
溢流后关井记录数据	井深：	垂直井深：	层位：
溢流量 ΔV：	关井立管压力 p_d：		关井套压 p_a：
压井参数计算			
安全附加当量钻井液密度 ρ_e：		压井钻井液密度增量 $\Delta\rho$ ：	
压井钻井液密度 ρ_{ml}：		压井排量 Q_r：	
初始循环总压力 p_{Ti}：		终了循环压力 p_{Tf}：	
钻杆循环时间 t_d：		环空循环时间 t_a：	
压井钻井液从地面到钻头立管循环总压力变化			
压井方法：	p_T		
循环时间			
ρ_T			

压井过程中，为了尽快在环空建立起液柱，压井排量应以在用缸套下的最大泵压计算，而不采用常规压井中的低排量。

2）井内无钻具的压井（也称空井压井）

空井，即井内无钻具或仅有少量钻具，但能关井。空井压井常采用的方法有置换法、压回法和强行下钻到井底的方法。

（1）置换法。当井内钻井液已大部分喷空，天然气溢流已滑脱上升到井口时，可直接采用此法压井；若天然气溢流即将到达井口时，需关井等待天然气溢流滑脱上升到井口后再采用此法压井。其具体做法是，向井内泵入定量钻井液，关井使其下落，然后放掉一定量的套压。套压降低值与泵入的钻井液产生的液柱压力相等，即：

$$\Delta p_{a}=0.01\rho_{m1}\frac{\Delta V}{V_{h}} \tag{7-7-20}$$

式中　Δp_a——套压每次降低值，MPa；

ΔV——每次泵入钻井液量，m^3；

V_h——井眼容积系数，m^3/m。

重复上述过程就可以逐步降低套压。一旦泵入的钻井液量等于井涌和井喷关井时循环池增量，溢流就全部排除了。置换法进行到一定程度后，置换的速度将因释放套压和挤钻井液的间隔时间变长而趋缓慢，此时可强行下钻到井底，采用常规压井方法压井。强行下钻时，钻具应装有钻具止回阀，最好能灌满钻井液。当钻具进入井筒钻井液中时，还应泄掉与进入钻具的体积相等的钻井液量。

置换法压井时，泵入的钻井液性能应有助于天然气滑脱。

（2）压回法。所谓压回法，就是从环空泵入钻井液把进入井筒的溢流压回地层，特别是含硫化氢的溢流。此法适用于空井外溢及井涌初期，天然气溢流未滑脱上升或其上升不很高，套管下得较深，裸眼短，以及只有一个产层且渗透性很好的情况。具体施工方法是：以最大允许关井套压作为施工的最高工作压力挤入钻井液。挤入的钻井液可以是钻进用钻井液或稍重一点的钻井液，挤入的钻井液量至少等于关井时循环池增量，直到井内压力平衡得到恢复。使用压回法要慎重，不具备上述条件的溢流最好不要采用。

（3）强行下钻到底循环压井法。这里所采取的强行下钻到底工艺不同于井喷失控处理时采取的强行下钻工艺，它是在井口关闭的情况下进行的，而后者是在放喷以保持较低的井口回压下进行的。强行下钻时必须根据下入钻具的体积，放掉相同体积的钻井液量。当溢流为天然气时，还需考虑溢流向上运移过程中的膨胀，以及钻柱进入柱状天然气溢流后对套压带来的影响。此时，套压将相应提高以维持井底压力不变。

3）井内钻井液喷空且井内又无钻具的压井

这种情况需不压井下钻或不压井强行下钻后再进行压井。若发生在油井，一般可在关井的前提下，用环形防喷器（最好用自封头）下钻。下钻时要间歇排放出等于钻具入井体积的液量，以避免地层流体在钻具入井中受压缩而增加井口压力和井底压力。若这种情况发生在气井，一般应在放喷以保持较低井口压力条件下下钻。

是采用不压井下钻，或是采用不压井强行下钻，要根据克服井压对钻具的上顶力而需要的加压力来决定。加压力由下式计算：

$$F=10^6 S\cdot p+f-G \tag{7-7-21}$$

式中 F——加压力，N；

S——钻具承压面积，m^2；

p——钻具末端所受油气压力，MPa；

f——防喷器胶芯或自封头胶芯对钻具的摩擦阻力，N；

G——考虑了浮力的钻具重力，N。

根据计算结果，若加压力为正值则采用不压井强行下钻工艺；若加压力为负值则采用不压井下钻工艺。强行下钻需要一套给钻具加压以克服油气上顶力的加压设备，这种专用设备有机械绳索式（图7-7-8）和液力加压式（图7-7-9）两种。无论是不压井下钻或不压井强行下钻，钻具都要装钻具止回阀并及时灌满钻井液。

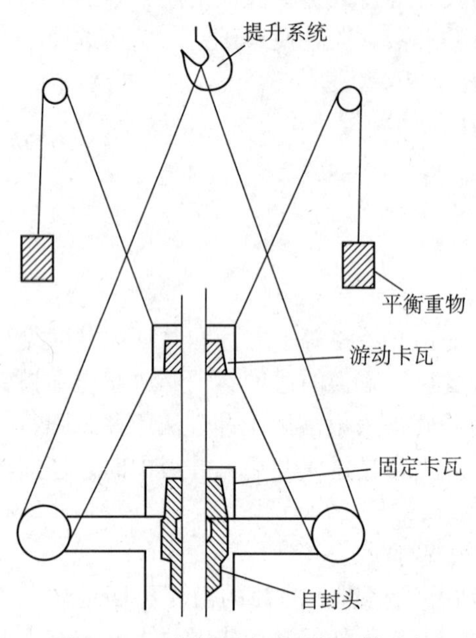

图7-7-8 机械绳索式强起下钻设备

4）又喷又漏的压井

即井喷与漏失同存于一裸眼井段中的压井。这种情况需优先解决漏失问题，否则，压井时因压井钻井液的漏失而无法维持井底压力略大于地层压力。根据又喷又漏产生的不同原因，其表现形式可分为上喷下漏、下喷上漏和同层又喷又漏。

（1）上喷下漏的处理。上喷下漏俗称“上吐下泻”。这是因在高压层以下钻遇低压层（裂缝、孔隙十分发育）时，井漏将钻进钻井液和储备钻井液消耗殆尽，井内得不到钻井液补充，使井内液柱压力降低而导致上部高压层井喷。其处理步骤是：

①在高压产层以下钻遇井漏，应立即停止循环，间歇定时定量反灌钻井液以降低漏速，尽可能维持一定液面来保证井内液柱压力略大于高压产层的地层压力。

确定反灌钻井液的量和间隔时间有三种方法：第一种是通过对地区钻井资料的分析统计出的经验数据决定；第二种是用井内液面监测仪表（如回声仪）测定漏速后决定；第三种是由建立的钻井液漏速计算公式决定。最简单的漏速计算公式是：

$$Q=\frac{\pi D^2 h}{4T} \tag{7-7-22}$$

式中 Q——漏速，m^3/h；

h——时间 T 内井筒动液面下降高度，m；

T——时间，h；

D——井眼平均直径，m。

此外，还有一些考虑了地层因素（如孔隙度、地层裂缝张开度、油气运移通道的长度和直径等）、钻井液性能（如塑性流型钻井液的动切应力、塑性黏度等）、井底压差和水力

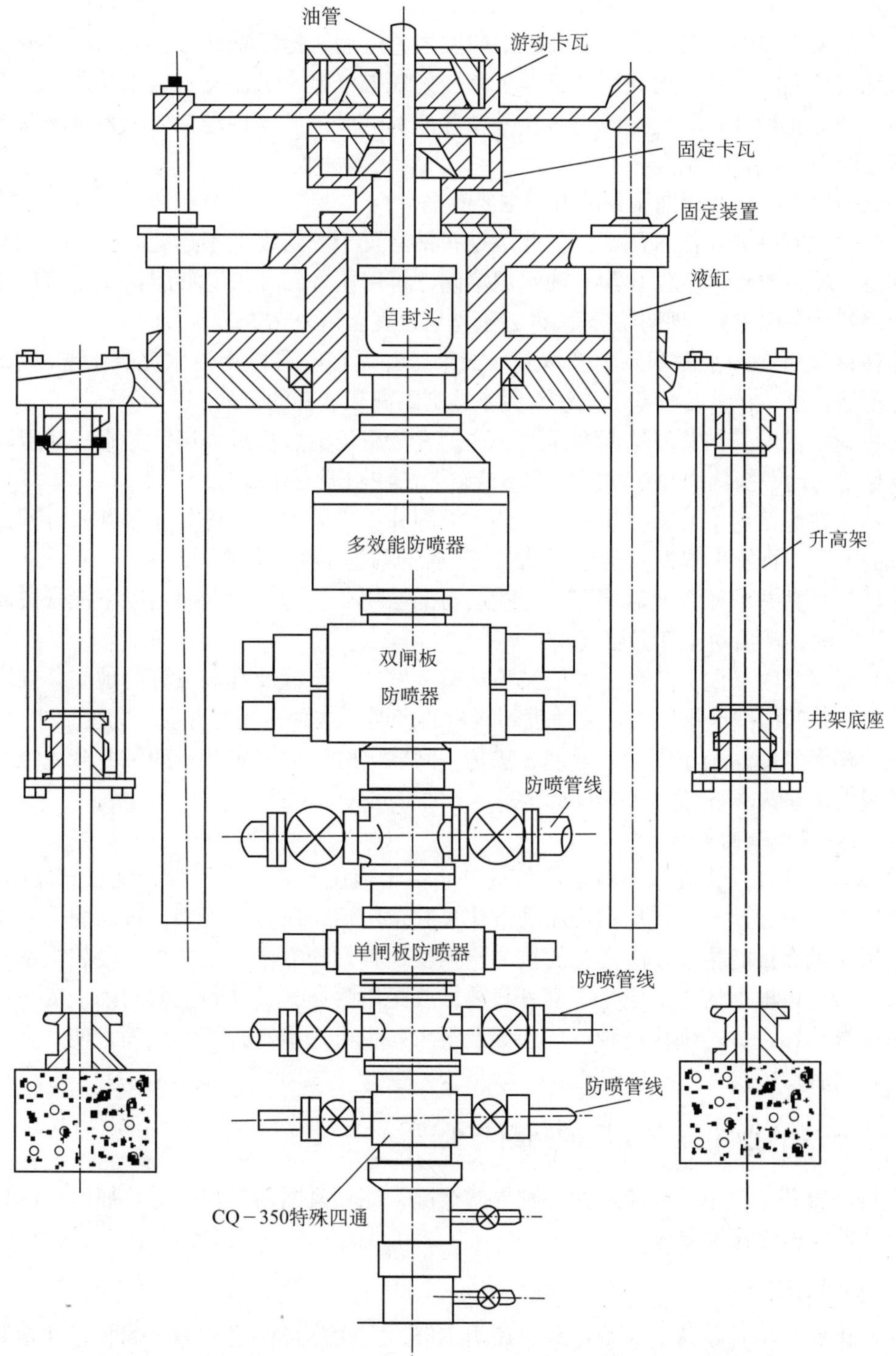

图 7–7–9 液力加压式强行起下钻设备在某井作业时的安装示意图

阻力系数等因素的计算钻井液漏速的公式，但目前还难以应用于现场。

②反灌钻井液的密度应是产层压力当量钻井液密度与安全附加当量钻井液密度之和。

③当漏速减小，井眼—地层压力系统呈暂时动平衡状态后，可着手堵漏，堵漏成功后

就可压井了。

(2) 下喷上漏的处理。当钻遇高压地层发生溢流后，提高钻井液密度压井而将高压层上部某地层压漏时，就会出现所谓下喷上漏。处理方法是：溢流发生后压井造成上部地层漏失，立即停止循环，间歇定时定量反灌钻井液。然后隔开喷层和漏层，再堵漏以提高漏层的承压能力，最后压井。

隔离喷层和漏层及堵漏压井的方法主要有：

①注水泥塞隔离和注水泥堵漏。此法是将钻具置于喷层以上不远处，注一水泥塞以隔离喷漏层。然后对上部地层找漏并注水泥堵漏，再用压井钻井液对漏层试压合格后才钻开水泥塞。若为多层漏失，则层层试漏，漏了再堵，直至恢复钻进。

②注重晶石塞和水泥塞隔离及堵漏。如果压井后在喷层以上注水泥难于形成水泥塞，则改注重晶石塞，在重晶石塞以上注水泥塞达到隔离和堵漏的目的。

③注一定密度的钻井液堵漏和压井。这种方法用于漏层接近喷层，井眼—地层压力系统不易稳定的动平衡状态和在漏层位置不清，无法注水泥塞作业时。

④不压井起钻后下套管，压井，再注水泥固井。当起下钻中途井喷压井时，预知的喷层上部的低压层将发生漏失，在允许提前下套管的前提下可采取此法。

⑤注超重钻井液压井然后堵漏。若喷层与漏层相距甚远，可在漏层以下注一段超重钻井液压住井喷，然后对上部漏层堵漏。

(3) 同层又喷又漏的处理。同层又喷又漏多发生在裂缝及孔洞发育的地层，或压井时井底压力与井眼周围产层压力恢复速度不同步的产层。这种地层对井底压力变化十分敏感，井底压力稍大则漏，稍小则喷。处理方法是：间歇定时反灌一定数量的钻井液，维持低压头下的漏失，起钻，下光钻杆堵漏或起钻，下油管完井。

5) 浅井段溢流的处理

这种情况往往发生在未下技术套管的井。由于表层套管下得不深，地层破裂压力低，浅井段发生溢流后就不能使用常规压井方法关井求压后再压井。否则，过高的关井压力会压漏地层，也有可能超过表层套管的抗内压强度。其处理方法一般是打一段超重钻井液控制溢流，然后再根据情况决定是下套管封隔，或是用膨胀式钻井封隔器封隔，或是调整钻井液密度继续钻进。若确认这种浅气层储量很少，也可采取有控制的放喷，使其在短时间内衰竭，然后封堵或直接恢复钻进。

三、压井作业中异常情况的判断与处理

在正常压井作业中，可能遇到各种异常情况，如钻具断落或堵塞等，届时应能作出正确判断并采取相应补救措施。

1. 钻具断落

压井作业中钻具断落则立管循环总压力下降，二次循环法第一循环周和压井钻井液在环空中上返时更为明显。若排除的是天然气溢流，钻具折断处在溢流以上，则套压稳定，不像正常排除天然气溢流那样缓慢升高。

补救措施视具体情况决定。若经计算溢流在折断处以上，可继续压井。这种折断发生在二次循环法第一循环周时，排除溢流后应再次提高按关井求压计算的压井钻井液密度，

使压井作业结束时，折断处以上的压井钻井液柱加上折断处以下的原钻进钻井液柱所产生的井底压力能平衡地层压力。若溢流在折断处以下，则注入超重钻井液使井底压力平衡地层压力，然后下钻连接落鱼，恢复循环继续施工。

若钻具因硫化氢腐蚀脆断，有条件时则需打捞落鱼后下防硫钻具继续施工。

当天然气溢流在折断处以下时，可用置换法排除溢流。

2. 钻具刺漏

其显示和影响与钻具断落基本一样，只是不太明显。压井中刺漏继续恶化会最终导致钻具断落，应引起施工人员的足够重视。

补救措施是首先要确定刺漏位置，如观察新泵入的加重钻井液或着色钻井液，或其他混有易识别物的钻井液返出地面的时间，确定钻具刺漏部位。假如刺漏接近井口，可不压井起钻更换钻具（不压井起钻前，或投堵塞器，或注入一段高密度钻井液封堵钻杆）；如刺漏发生在钻头喷嘴座孔，则继续压井施工。

3. 钻具堵塞

其显示为泵压上升。堵塞往往是加重钻井液时，加入了大量重晶石而未加足膨润土之类的胶体悬浮剂，致使重晶石沉淀造成的。这种堵塞有时可用反循环或泵压振荡解堵，否则，只有在深处钻杆上射孔另建循环通路。钻杆上射孔时特别应注意不要把套管射穿，射孔位置要选择在地层的破裂压力值能满足压井中不发生漏失的地方。

4. 钻头泥包或水眼堵塞

出现这种异常情况可上下活动钻具以解除钻头泥包，打开钻具旁通阀另建循环通道以解决钻头水眼被堵问题，若无旁通阀时则可炸掉喷嘴以恢复循环。

5. 节流管汇堵塞

此时套压会急剧上升，主要原因是破碎的钻杆胶皮护箍或泥砂与岩屑堆积在节流阀节流口引起的，解堵方法是开大节流口。若仍不能解堵就启用备用支路，并清洗被堵支路。

6. 井漏

正常压井中出现井漏往往是压力敏感的产层本身发生的漏失。井漏使套压下降，甚至钻井液漏后不返出。此时可采用降低压井排量，调整钻井液性能的处理方法。

四、井控作业中易出现的错误做法

井控作业中的错误做法会带来不良后果，轻者会延误恢复井眼—地层压力系统平衡的时间，重者会造成井下事故和更加复杂的井控问题。

1. 发现溢流后不及时关井，仍循环观察

这只能使溢流更严重，地层流体侵入井筒更多。尤其是天然气溢流，因向上运移中膨胀而排出更多的钻井液。此时的关井立管压力就有可能包含圈闭压力，据此求算的压井钻井液密度就高，压井时立管循环总压力、套压及井底压力也愈高，发现溢流后继续循环还可能诱发井喷。

2. 发现溢流后把钻具起到套管内

操作人员担心关井期间钻具处于静止状态而发生粘附卡钻，即使钻头离套管鞋很远也要将钻具起到套管内，从而延误了关井时机，让更多的地层流体进入了井筒，其后果是求算的压井钻井液密度比实际需要的高。其实，处理溢流时防止钻具粘附卡钻的主要措施是尽可能地减少地层流体进入井筒。

对于易发生粘卡的地区，若井口装置有两个以上液压防喷器，关井后在关井套压不超过 14MPa 的前提下可以间隔一定时间上下活动钻具。如用环形防喷器关井活动钻具，则只能上下活动，不能旋转，严禁通过平台肩接头；如用闸板防喷器活动钻具，则不允许将钻具接头撞击闸板面。

3. 起下钻溢流时仍企图起下钻完

这种情况大多发生在起下钻后期发生溢流时，操作人员企图抢时间起下钻完。但往往适得其反，关井时间的延误会造成严重的溢流，增加井控的难度，甚至恶化为井喷失控。其正确方法是关井再下钻到底，或关井后压井，再下钻到底。

4. 关井后长时间不进行压井作业

对于天然气溢流，长时间关井天然气会滑脱上升积聚在井口，使井口压力和井底压力增高，以致会超过井口装置的额定工作压力、套管抗内压强度和地层破裂压力。若长期关井又不活动钻具，还会造成卡钻事故。

5. 压井钻井液密度过大或过小

压井钻井液密度过大，在于地层压力求算不准确。压井钻井液密度过大会造成过高的井口压力和井底压力，过小会使地层流体持续侵入而延长作业时间。

6. 排除天然气溢流时保持钻井液循环池液面不变

地层流体是否进一步侵入井筒，取决于井底压力的大小。排除天然气溢流时要保持循环池液面不变，唯一的办法是降低泵速和控制高的套压。关小节流阀不允许天然气在循环上升中膨胀，其恶果是套压不断升高，地层被压漏，甚至套管断裂，卡钻，以致发生地下井喷和破坏井口装置。

排除溢流保持循环液池液面不变的方法仅适于不含天然气的盐水溢流和油溢流。

7. 企图敞开井口使压井钻井液的泵入速度大于溢流速度

当井内钻井液喷空后压井，又因其他原因无法关严（如只下了表层套管，井口装置刺漏等），若不控制一定的井口回压，企图在敞开井口的条件下，尽可能快地泵入钻井液建立起液柱压力，把井压住往往是不可能的。尤其是天然气溢流，即使以中等速度侵入井筒，它从井筒中举出的钻井液比泵入的多。可行的办法是在控制最大井口回压下，提高压井钻井液密度（甚至超重钻井液），加大泵入排量并发挥该排量下的最大泵功率。

8. 关井后闸板刺漏仍不采取措施

闸板刺漏是因闸板胶芯损坏不能封严钻具，若不及时处理则刺漏愈加严重，很快就会刺坏钻具，致使钻具断落。正确的做法是带压更换闸板。

第八节 井喷失控的处理

井喷失控可分为地面失控和地下失控。地下失控也称为地下井喷，系指高压层的地层流体大量流入被压裂的薄弱地层。本节只介绍对地面失控的处理。井喷失控泛指井喷后井口装置和井控管汇失去了对油气井的有效控制，甚至着火。

油井失控和气井失控各有其特点和复杂性，以油为主的高气油比的井处理更为困难。由于天然气具有密度小（仅为原油的0.7‰），可压缩和膨胀，在钻井液中易滑脱上升，易爆炸燃烧，难以封闭等物理化学特性，因而稍有疏忽，气井和含气油井比油井更易井喷和失控着火。其井喷失控处理方法主要是围绕着怎样使井口装置及井控管汇重新控制油气喷流而进行的。井喷失控井虽各有其特点和复杂性，但基本处理方法却是相同的。

一、成立现场抢险组，制定抢险方案

井喷失控的处理是一项复杂危险的工作，需精心组织和施工。险情一旦发生，按井喷失控的严重程度启动相应级别的应急预案，并迅速成立现场抢险组，统一指挥和协调抢险工作。抢险组应根据现场所了解的油气流喷势大小，井口装置和钻具的损坏程度，结合对钻井和地质资料的综合分析制定有效的处理方案，调集抢险人员和设备，请地方政府支援并动用地方应急资源。

二、未着火的失控井应严防着火，无论着火与否皆要保护好井口装置

钻机和井架等设备烧毁，不但会造成直接经济损失，还会使事故的处理更为复杂。因而，井喷失控后首先要防止着火。除采取本章第五节所述的有关防火措施外，应准备充足的水源和供水设备，至少达到每小时供水 500 ～ 1000m^3 的能力，并以每分钟 1 ～ 2m^3 的排水量经防喷器四通向井内注水和向井口装置及周围喷水，达到润湿喷流和清除火星的目的。一旦发生井喷，消防车必须进入现场值班。

对于已着火的井，同样应由防喷器四通向井内注水，向井口装置喷水，这样可以冷却保护井口装置，避免零部件烧坏和在其他毁坏设备（如井架、钻机、钻具及工具等）的重压下变形。

三、设置警戒线，划分安全区

在井场周围设置必要的观察点，定时取样测定油气喷流的组分、硫化氢含量、空气中的天然气浓度及风向等有关数据，并设置警戒线和划分安全区，疏散人员，严格警戒。及时将贮油罐等隐患设备和物资拖离危险区，避免引起人身中毒和油罐及高压气瓶的爆炸。

四、清除井口周围的障碍物

无论失控井着火与否，都得清除井口装置周围可能使其歪斜、倒塌及妨碍处理工作进行的障碍物，如转盘、转盘大梁、防溢管、钻具和下塌的井架等，暴露和保护井口装置。对于着火的失控井，清除障碍物可使燃烧的喷流集中向上，给灭火及换装井口创造条件。着火井应在灭火前带火作业（切割、拖拉）清除障碍物。清理工作要根据地理条件和风向，

在消防水枪喷射水幕的保护下，本着“先易后难、先外后内、分段切割、逐步推进”的原则进行。切割手段有氧炔焰切割、纯氧切割和水力喷砂切割等。

未着火的失控井在清除设备时还要提防产生火花。防止方法，一是要大量喷水，二是要使用铜榔头和铜撬扛等铜制工具。凡含有毒气体的未着火井要注意防毒，避免人身伤亡。若有毒气体含量很高，毒性很强，人员的生命受到巨大威胁，人员撤离无望，又不能有效地在短时期内控制时，可考虑对油气井井口实施点火以减小产生的恶果。

五、灭火

可采用下述方法扑灭不同程度的油气井火灾。

1. 密集水流法

此法是以足够的排量，从防喷器四通向井内注水和向井口喷水的同时，用消防水枪集中喷射在向上燃烧的火焰最下部形成一完整水层，并逐步向上移动水层，把火焰往上推以切断井内喷流与火焰的“联系”，达到灭火的目的。但此法灭火能力较小，仅适用于小产量，喷流集中向上的失控井。抢险作业中，现大多采用引火筒在清障后将燃烧的油气喷流集中向上。

2. 突然改变喷流方向灭火法

此法是在注入和喷射水流的同时，突然改变喷流的方向，使喷流与火焰瞬时中断而灭火。改变气流方向可借助特制遮挡工具或被拆吊的设备（如转盘等）来实现。此法的灭火能力也有限，只适于中等以下产量，喷流集中于同一方向的失控井。

3. 空中爆炸灭火法

此法是将炸药放在火焰下面，利用爆炸时产生的冲击波将喷流往下压的同时，把火焰往上推，造成喷流与火焰的瞬时切断。同时，爆炸产生的二氧化碳等废气又起到隔绝空气的作用，火焰在双重作用下熄灭。

爆炸的规模要严格控制，既能灭火又不会损坏井口装置。对炸药的性能应有特殊要求，如撞击时不易爆炸，遇水时不失效，高温下不易爆炸和引爆容易等。

4. 快速灭火剂综合灭火法

此法将液体灭火剂经防喷器四通注入井口与油气喷流混合，同时向井口装置喷射干粉灭火剂包围火焰，内外灭火剂综合作用达到灭火的目的。选择的液体灭火剂和干粉灭火剂必须保证让其使用后不会发生环境污染和人身伤害等次生灾害。

必须强调的是，密集水流法是上述几种灭火方法须同时采用的最基本方法，其喷水量应达到使井口装置和其他设备及构件充分冷却，全面降温至滴水程度。为了防止灭火后复燃，火灭后仍需继续向井内注水和向井口装置外部及周围设备和构件喷水。

5. 钻救援井灭火法

此法是在失控着火井附近钻一口或多口定向井与失控着火井连通，然后泵入压井钻井液压井灭火同时完成。

理想的救援井应在井喷层段与喷井相交，当然，这需要精确的定向控制技术。一般来说，救援井与喷井总是立体相交而隔有一段距离，但可借助救险井的水平射孔和压裂，及其他方法使之连通。

救援井压井的目的是制止与其连通的失控着火井油气流继续喷出，因此，应采用本节后面叙述的压井作业。压井时，还需考虑救援井井口装置、套管和地层的承压能力。

六、设计和换装新的井口装置

根据失控井的特点和下一步作业的要求，设计和换装新的井口装置以重新控制喷流。设计新井口装置的主要原则是：

（1）在油气敞喷情况下便于安装，其通径不小于原井口装置的通径，密封钢圈要固定。

（2）原井口装置各部件因损坏和变形等原因不能利用的必须拆除以保证新井口装置安装后的承压能力。

（3）能大通径放喷控制低回压，避免承压能力降低了的原井口装置保留部分（如底法兰等）因过高的回压发生破坏。

（4）优先考虑安全可靠地控制井喷的同时，应兼顾控制后进行井口倒换、不压井起下管柱、压井及处理井下事故等作业。

（5）空井失控井的新井口装置最上面，一般都应装一个大通径的中压闸门，在敞喷的情况下先用它关井，可避免直接用闸板防喷器关井时闸板橡胶密封件被高速喷射的油气流冲坏。

拆除旧井口装置，可采用绞车加压扶正、导向及长臂吊车整体吊离。安装新井口装置，可采用整体吊装（图7–8–1）或分件扣装（图7–8–2）法进行。无论井口装置的拆除或安装，都应尽可能远距离操作，尽量减少井口周围的作业人数，缩短作业时间，消除着火的可能性。施工前须预先进行技术交底和模拟演习。新井口装置安装好后，失去控制的喷流就变成了有控制的放喷，给下一步处理创造了条件。

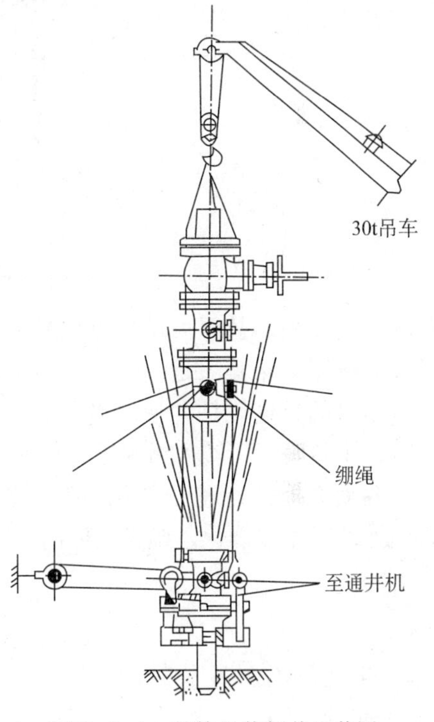

图7–8–1　整体吊装新井口装置

七、不压井强行起下管柱、压井或不压井完井

井喷失控事故的复杂性，除井口装置及井控管汇损坏外，多数情况下钻具（或油管）被冲出井筒或掉入井内，或钻具在井口严重损坏与变形。新井口装置安装好后，一般都要进行不压井强行起下管柱或打捞作业，然后是压井或不压井完井。

井喷失控井的压井施工，因产层较长时间地敞喷，原始能量损失较大，还需考虑“压堵兼施”的方案对付压井中可能出现的漏失。对于产量大、地层压力梯度高及渗透性好的产层，为使压井钻井液尽快在井内形成液柱，除尽可能控制较高的井口套压外，还需具备“三个优势”。其一是钻井液密度优势，即压井钻井液密度比按估算地层压力计算的压井钻

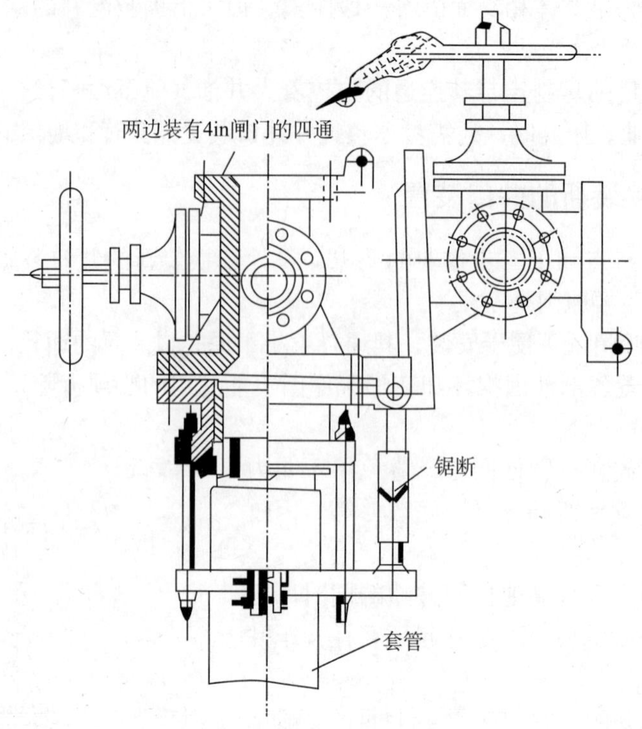

图 7-8-2　分件扣装新井口装置

井液密度要高，甚至可用超重钻井液压井；其二是排量优势，即以所用缸套额定泵压下的最大排量压井；其三是钻井液贮备量的优势，即压井钻井液贮备量至少三倍于井筒，并备有一定量的低密度钻井液。当井内液柱形成，可通过液柱压力加上控制套压略大于地层压力时，压井施工可转入常规压井作业。

井喷失控的处理工作不应在夜间进行，以免发生抢险人员伤亡事故，以及因操作失误而使处理工作复杂化。施工的同时，不应在现场进行可能干扰施工的其他作业。

第八章　钻柱与下部钻具组合设计

由方钻杆（采用顶驱时可不用方钻杆）、钻杆、钻铤及其他井下工具组成的管串称为钻柱，它是钻井工程中不可或缺的入井工具，在钻井过程中，通过钻柱把钻头与地面连接起来。下部钻具组合（Bottomhole Assembly，简称“BHA”），是指钻柱下部包括钻头、钻铤、稳定器、随钻测量系统及井下动力钻具等在内的近钻头钻具组合，是实施垂直钻井或定向钻井不可或缺的井下钻井系统，是井眼轨迹控制的主要技术手段。

随着钻井深度的增加和钻井工艺的发展，对钻柱性能的要求越来越高。由于钻柱工况十分复杂与恶劣，它往往是钻井工作与装备的薄弱环节。钻具事故是最常见的钻井事故之一，直接影响钻井工程的安全、质量和效率，甚至导致一口井的工程报废。下部钻具组合是钻柱的重要组成部分，直接影响井身质量和机械钻速。所以，根据井下工况及工艺要求，合理设计钻柱与下部钻具组合，对于预防钻具事故，提高钻头的工作效率和使用寿命，有效控制井眼轨迹（防斜或定向控制），从而实现安全、优质、快速钻井的优化目标及完成各种井下作业等均具有十分重要的实际意义。

第一节　钻柱的作用与组成

一、钻柱的作用

钻柱的主要作用包括以下几个方面：

（1）提供从钻机到钻头的钻井流体通道，即输送钻井流体；

（2）把地面动力（扭矩）传递给钻头并给钻头加压（钻压），使钻头旋转破碎岩石；

（3）控制钻头方向沿设计轨道钻进；

（4）通过扭矩及振动等信息感知井下钻头及工况；

（5）起下钻头及井下测控工具和动力钻具等。

钻柱除了以上在正常钻进中的作用之外，还具有其他一些重要作用：

（1）通过钻柱可了解钻头和井下工具的工作情况、井眼状况及地层变化等；

（2）通过钻柱可进行钻井取心，处理井下事故与复杂情况，打捞落物，水平井钻杆传输测井，穿心打捞电测仪器等，并可实施挤水泥等特殊作业；

（3）利用钻柱可对地层流体及压力特性等进行中途测试与评价。

二、钻柱的组成

钻柱的具体组成随不同的钻井目的要求而有所不同，但主要分为钻杆段和下部钻具组合段两大部分。钻杆段包括普通钻杆和加重钻杆，有时也加入扩眼器；下部钻具组合则包括钻铤、稳定器、减振器、震击器、扩眼器及其他井下控制工具等。特殊的下部钻具组合还可能包括随钻测量工具、测试工具及打捞工具等。图 8-1-1 是一种典型的常规钻柱结构设计方案，水龙头和方钻杆上部接头（左旋螺纹，即反扣），从方钻杆下端到钻头的所有接头都是右旋螺纹（即正扣）。

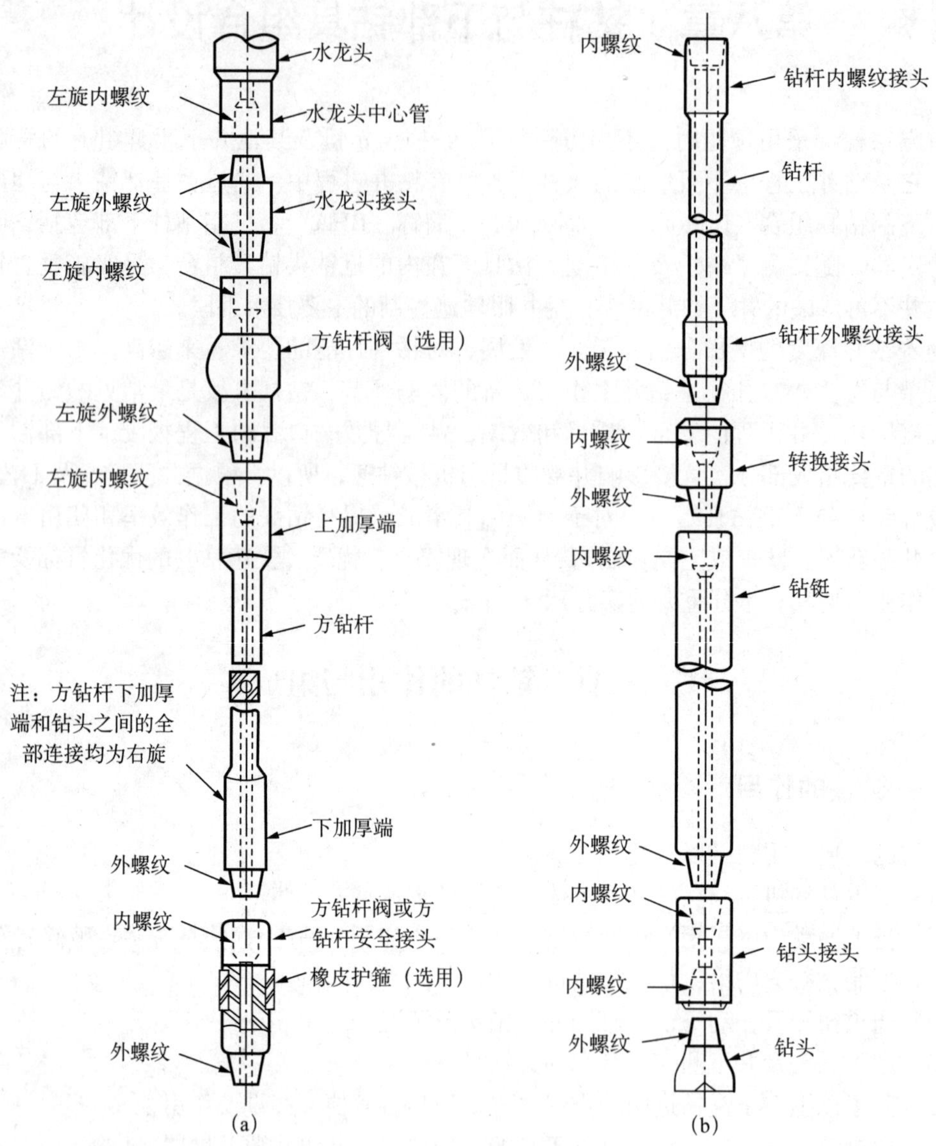

图 8-1-1　典型的钻柱结构

三、下部钻具组合及其主要构件

目前旋转钻井是最常用的钻井方式，旋转钻井又分为转盘（或顶驱）旋转钻井和井下动力钻具旋转钻井，若是前者，则整个钻柱在机械驱动下处于旋转状态，同时带动钻头旋转钻进；若是后者，则井下动力钻具的转子带动钻头旋转钻进（水力驱动钻井）。因此，按旋转钻井两种方式，下部钻具组合可相应地分为转盘钻具组合和井下动力钻具组合两大类。转盘钻具组合通常由钻头、钻铤（或加重钻杆）、稳定器（或牙轮扩眼器）及其他结构单元组成，是一种在地面转盘驱动下，与整个钻柱一起旋转钻进的下部钻具组合，在现场得到广泛应用；井下动力钻具组合由钻头、井下动力钻具（包括直动力钻具和弯外壳动力钻具）、弯接头、稳定器及其他结构单元组成，通常整个钻柱不转动，只是钻头靠井下动力钻具水力驱动而旋转，以滑动方式钻进。若在使用井下动力钻具的同时又开动转盘（或顶驱）旋转钻进，则称之为复合旋转钻井（俗称“双驱”钻井）。无论是垂直钻井还是定向钻井，如何优化设计下部钻具组合，是一个复杂的关键技术问题。

1. 钻铤

钻铤的主要作用是提供足够的钻压，并保持钻头钻进方式稳定，钻铤的重量也使钻杆处于受拉状态，以防钻杆弯曲。

另外，在使用磁性测斜仪测斜时，为了保证磁罗盘读数不受铁磁化的干扰，要求使用无磁钻铤对磁性测斜仪加以屏蔽，以避免磁罗盘产生的误差。无磁钻铤通常由磁导率很低的合金制成。

2. 加重钻杆

加重钻杆比普通钻杆的壁厚大，接头尺寸长，两端接头之间有整体式耐磨垫，具有稳定器的作用。加重钻杆象钻铤一样，能在受压状态下工作。在定向井或水平井中使用加重钻杆的主要目的是：(1) 克服钻柱摩阻效应；(2) 减少压差卡钻事故；(3) 减少钻经狗腿时工具接头发生破坏的危险性。在定向井或水平井钻柱中，钻铤和钻杆之间可有20根或更多根加重钻杆。

3. 稳定器

稳定器是一种最大包络外径接近钻头的短接头，其主要作用是改变钻具的弯曲力学特性，以满足井眼轨迹控制的要求。稳定器中通常最大外径部分是由筋带构成，筋带的形状可以是直的，也可以是螺旋形的，如图 8–1–2 所示。

(1) 焊接筋带式：钢质筋带焊在稳定器本体上，钻井液可从筋带之间流过。筋带与井壁接触，在软地层中会引起井眼扩大，如图 8–1–2 (a) 所示。

(2) 整体筋带式：这种稳定器比焊接筋带式稳定器价格高，因为它是由同一根金属材料经机械加工制成的，一般用于增大接触面。筋带表面镶有碳化钨，其目的是在研磨性较强的地层中具有较好的耐磨性，如图 8–1–2 (b) 所示。

(3) 套筒式：这种稳定器由本体和固定在本体上可更换的套筒组成。这种稳定器的优点在于可更换筋带已被磨损的套筒，或换上另一种尺寸的套筒。对研磨性地层，可在筋带上镶嵌碳化钨，如图 8–1–2 (c) 所示。

(4) 非旋转套筒式：这种稳定器的用途是使钻铤保持居中，橡胶套筒允许钻柱转动而橡胶套筒本身保持静止。因此，筋带的磨损远小于其他类型的稳定器，可用于较硬的地层，如图 8–1–2 (d) 所示。

稳定器可装在钻头上方紧靠钻头处（近钻头稳定器），也可装在下部钻具组合上的任一位置（钻具稳定器）。如果需要的话，也可把两个稳定器串联起来使用。要想缩短两个稳定器的间距，可使用短钻铤，其长度为 3 ~ 5m；若需要在钻铤某点处产生支点，可以使用卡箍式稳定器。需要注意的是，任何装在磁性测斜仪附近的稳定器都必须用无磁性材料制造，以防测斜结果受到干扰。

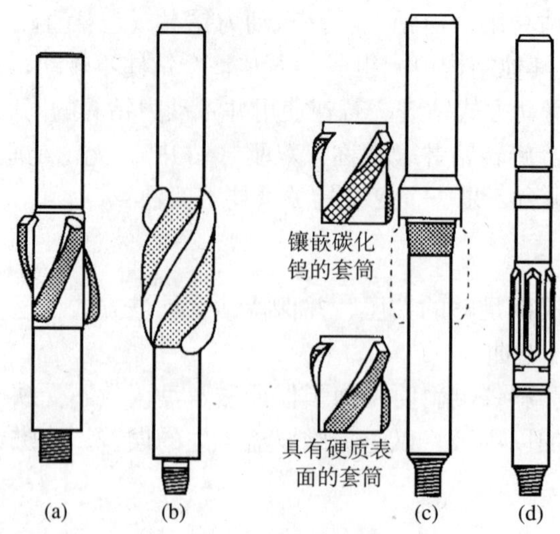

图 8-1-2　稳定器

(a) 焊接筋带式；(b) 整体筋带式；(c) 套筒式；(d) 非旋转套筒式

4. 牙辊扩眼器

在某些情况下，可用牙辊扩眼器取代稳定器，在满足定向钻井特性要求的同时，以确保在研磨性地层中能够钻出标准设计尺寸的井眼。牙辊扩眼器有多个滚轮与井壁接触，如图 8-1-3 所示。

5. 井下动力钻具

井下动力钻具（俗称井下马达），主要包括涡轮钻具、螺杆钻具及电动钻具三种，其中前两种是靠钻井液能量驱动的液力钻具（目前在我国得到广泛应用），第三种是靠电力驱动的电动钻具。井下动力钻具主要由定子和转子两大部分组成，在井下通常连接在钻铤和钻头之间，工作时靠转子带动钻头旋转破碎岩石，整个钻柱可以不旋转。井下动力钻具与弯接头或弯外壳或偏心稳定器等特殊构件有机组合，可以设计成各种定向造斜工具，能够实现各种不同的井眼轨迹控制目标（如定向、增斜或降斜、稳斜及扭方位等）。

图 8-1-3　牙辊扩眼器

第二节　钻柱构件的规范和特性

一、方钻杆

方钻杆的驱动部分断面为中空的四边形或六边形，由于壁厚比钻杆大三倍左右，并用高强度的合金钢制造，故具有较高抗拉强度与抗扭强度。

1. 方钻杆结构

方钻杆由驱动部分及上下接头等组成。上部接头螺纹为左旋螺纹，下部接头螺纹为右旋螺纹，水眼为圆形。其两端接头与方钻杆对焊在一起，或由整根钢管制成。

方钻杆可根据外形分为以下两种形式：

（1）四方方钻杆：管体横截面内为圆形、外为正四方形的方钻杆，代号 FZGS。结构如图 8-2-1 所示。

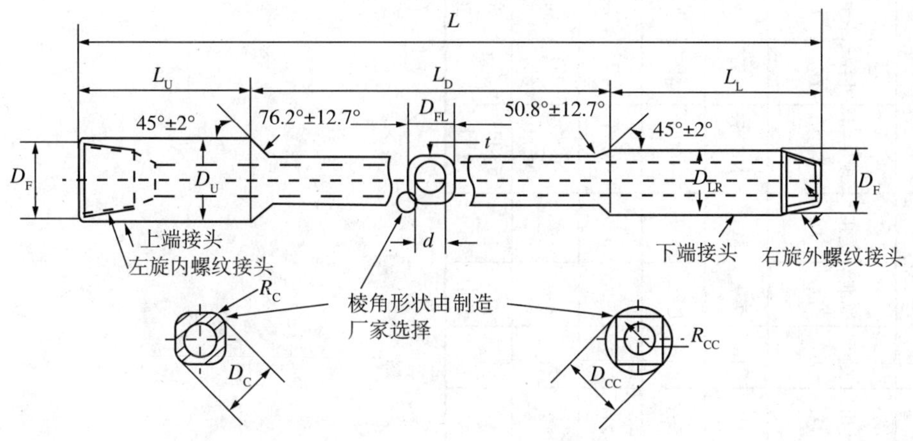

图 8-2-1　四方方钻杆结构

（2）六方方钻杆：管体横截面内为圆形、外为正六方形的方钻杆，代号 FZGL。结构如图 8-2-2 所示。

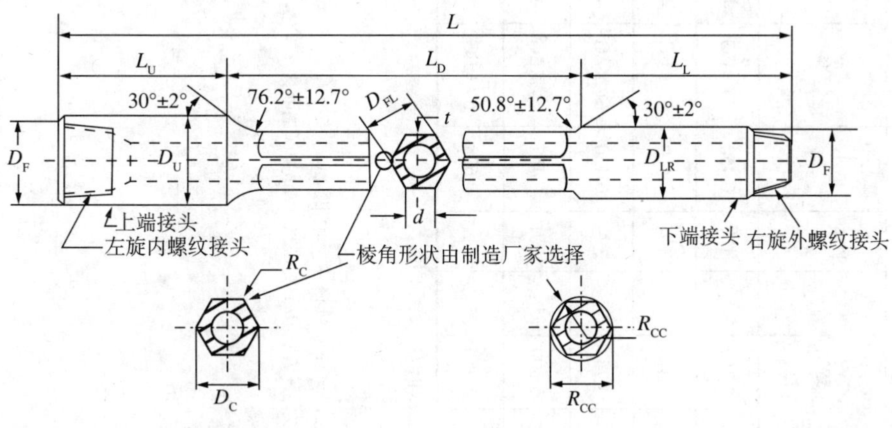

图 8-2-2　六方方钻杆结构

2. 方钻杆尺寸规格

方钻杆规格是按照方钻杆驱动部分对边宽度来分类的，长度一般比钻杆单根长 2 ~ 3m。API Spec7 标准规定方钻杆尺寸规格见表 8-2-1 和表 8-2-2。SY/T 6509 标准规定方钻杆尺寸规格见表 8-2-3 和表 8-2-4。

3. 方钻杆化学成分及力学性能要求

SY/T 6509 标准规定方钻杆应采用供需双方认可的钢种制造。化学成分中硫和磷的含量均不得超过 0.035%。

方钻杆的力学性能应符合表 8-2-5。

表 8-2-1　API 四方钻杆规格（API Spec 7）

方钻杆规格①	驱动部分长度 ft		全长 ft		驱动部分，in						上端内螺纹连接，in							下端外螺纹连接，in				
											左旋规格和类型		外径			倒角直径						
	标准② L_D	选用② L_D	标准③ L	选用③ L	对边宽④ D_{FL}	对角宽⑤ D_C	对角宽⑥ D_{CC}	半径⑦ R_C	半径⑫ R_{CC}	偏心孔最小壁厚 t	标准	选用	标准⑧ D_U	选用⑧ D_U	长度⑨ L_U	标准⑩ D_F	选用⑩ D_F	规格和类型	外径⑧ D_{LR}	长度⑨ L_L	倒角直径⑩ D_F	内径⑪ d
$2^1/_2$	37	—	40	—	$2^1/_2$	$3^9/_{32}$	3.250	$^5/_{16}$	$1^5/_8$	0.450	$6^5/_8$REG	$4^1/_2$REG	$7^3/_4$	$5^3/_4$	16	$7^{21}/_{64}$	$5^{19}/_{64}$	NC26	$3^3/_8$	20	$3^{17}/_{64}$	$1^1/_4$
3	37	—	40	—	3	$3^{15}/_{16}$	3.875	$^3/_8$	$1^5/_6$	0.450	$6^5/_8$REG	$4^1/_2$REG	$7^3/_4$	$5^3/_4$	16	$7^{21}/_{64}$	$5^{19}/_{64}$	NC31	$4^1/_8$	20	$3^{61}/_{64}$	$1^3/_4$
$3^1/_2$	37	—	40	—	$3^1/_2$	$4^{17}/_{32}$	4.437	$^1/_2$	$2^7/_{32}$	0.450	$6^5/_8$REG	$4^1/_2$REG	$7^3/_4$	$5^3/_4$	16	$7^{21}/_{64}$	$5^{19}/_{64}$	NC38	$4^3/_4$	20	$4^{37}/_{64}$	$2^1/_4$
$4^1/_4$	37	51	40	54	$4^1/_4$	$5^9/_{16}$	5.500	$^1/_2$	$2^3/_4$	0.457	$6^5/_8$REG	$4^1/_2$REG	$7^3/_4$	$5^3/_4$	16	$7^{21}/_{64}$	$5^{19}/_{64}$	NC46 NC50	$6^1/_4$ $6^3/_8$	20	$5^{23}/_{32}$ $6^1/_{16}$	$2^{13}/_{16}$ $2^{13}/_{16}$
$5^1/_4$	37	51	40	54	$5^1/_4$	$6^9/_{32}$	6.750	$^5/_8$	$3^3/_8$	0.625	$6^5/_8$REG	—	$7^3/_4$	—	16	$7^{21}/_{64}$	—	$5^2/_1$FH NC56	7 7	20 20	$6^{23}/_{32}$ $6^{47}/_{64}$	$3^1/_4$ $3^1/_4$

①四方钻杆规格一栏数值与第 6 栏的对边宽数值 D_{FL} 是相同的。

② L_D 的公差为 +6，−5。

③ L 的公差为差为 +6，−0。

④ D_F 的公差，对规格 $2^1/_2$ ~ $3^1/_2$in 为：$+^5/_{64}$，−0；对规格 $4^1/_4$in 和 $5^1/_4$in 为：$+^3/_{32}$，−0。

⑤ D_C 的公差，对规格 $2^1/_2$in、3in 和 $3^1/_2$in 为：$+^1/_8$，−0；对规格 $4^1/_4$in 和 $5^1/_4$in 为：$+^5/_{32}$，−0。

⑥ D_{CC} 的公差为 +0.000，−0.015。

⑦ R_C 的公差，所有规格均为 $\pm^1/_{16}$。

⑧ D_U 和 D_{LR} 的，所有规格均为 $\pm^1/_{32}$。

⑨ L_U 和 L_L 的差公差，所有规格均为 $+2^1/_2$，−0。

⑩ D_F 的公差，所有规格均为 $\pm^1/_{64}$。

⑪ d 的公差，所有规格均为 $+^1/_{16}$。

⑫仅是参考尺寸。

表 8-2-2 API 六方钻杆规格（API—Spec7）

驱动部分长度 ft			全长 ft			驱动部分，in					上端内螺纹连接，in							下端外螺纹连接，in				
											左旋规格和类型		外径		倒角直径							
方钻杆规格①	标准② L_D	选月② L_D	标准③ L	选用③ L	对边宽④ D_{FL}	对角宽⑤ D_C	对角宽⑥ D_{CC}	半径⑤	半径⑩ R_{CC}	偏心孔最小壁厚 t	标准	选用	标准⑤ D_U	选用⑤	长度⑦ L_U	标准⑧ D_F	选用⑧ D_F	规格和类型	外径⑤	长度⑦ L_L	倒角直径⑧ D_F	内径⑪ d
3	37	—	40	—	3	$3^3/_8$	3.375	$^1/_4$	$1^{11}/_{16}$	0.475	$6^5/_8$REG	$4^1/_2$REG	$7^3/_4$	$5^3/_4$	16	$7^{21}/_{64}$	$5^{19}/_{64}$	NC26	$3^3/_8$	20	$3^{17}/_{64}$	$1^1/_4$
$3^1/_2$	37	—	40	—	$3^1/_2$	$3^{31}/_{32}$	3.937	$^1/_4$	$1^{31}/_{32}$	0.525	$6^5/_8$REG	$4^1/_2$REG	$7^3/_4$	$5^3/_4$	16	$7^{21}/_{64}$	$5^{19}/_{64}$	NC31	$4^1/_8$	20	$3^{61}/_{64}$	$1^3/_4$
$4^1/_4$	37	51	40	54	$4^1/_4$	$4^{13}/_{16}$	4.781	$^5/_{16}$	$2^{25}/_{64}$	0.625	$6^5/_8$REG	$4^1/_2$REG	$7^3/_4$	$5^3/_4$	16	$7^{21}/_{64}$	$5^{19}/_{64}$	NC38	$4^3/_4$	20	$4^{37}/_{64}$	$2^1/_4$
$5^1/_4$	37	51	40	54	$5^1/_4$	$5^{31}/_{32}$	5.900	$^3/_8$	$2^{61}/_{64}$	0.625	$6^5/_8$REG	—	$7^3/_4$	—	16	$7^{21}/_{64}$	—	NC46 NC50	$6^1/_4$ $6^3/_8$	20	$5^{23}/_{32}$ $6^1/_{16}$	3^k $3^1/_4{}^k$
6	37	51	40	54	6	$6^{13}/_{16}$	6.812	$^3/_8$	$3^{13}/_{32}$	0.625	$6^5/_8$REG	—	$7^3/_4$	—	16	$7^{21}/_{64}$	—	$5^2/_1$FH NC56	7 7	20 20	$6^{23}/_{32}$ $6^{47}/_{64}$	$3^1/_4$ $3^1/_4$

①四方钻杆规格一栏数值与第 6 栏的对边宽数值 D_{FL} 是相同的。

② L_D 的公差为 +6，−5。

③ L 的公差为差为 +6，−0。

④ D_{FL} 的公差，对所有规格均为：$+^1/_{32}$，−0。

⑤ D_C、D_{LR}、D_U 和 R_C 的公差，对所有规格均为：$+^1/_{32}$。

⑥ D_{CC} 的公差为 +0.000，−0.015。

⑦ L_U 和 L_L 的差公差，所有规格均为 $+2^1/_2$，−0。

⑧ D_F 的公差，所有规格均为 $\pm^1/_{64}$。

⑨ d 的公差，所有规格均为 $+^1/_{16}$，−0。

⑩仅是参考尺寸。

⑪$5^1/_4$ 六方钻杆，$2^{13}/_{16}$ 内径（孔径）是可选的。

表 8-2-3　四方钻杆的尺寸规格（SY/T 6509）

规格 mm (in)		驱动部分长度		全长		驱动部分						上端内螺纹连接							下端外螺纹连接				内径 d
												螺纹规格和类型 左旋		外径		倒角直径							
		标准 L_D	选用 L_D	标准 L	选用 L	对边宽 D_{FL}	对角宽 D_C	对角宽 D_{CC}	半径 R_C	半径 R_{CC}	偏心孔最小壁厚 t	标准	选用	标准 D_U	选用 D_U	长度 L_U	标准 D_F	选用 D_F	规格和类型	外径 D_{LR}	长度 L_L	倒角直径 D_F	
63.5	$2^1/_2$	11280	—	12190	—	63.5	83.3	82.55	7.9	41.3	11.43	$6^5/_8$REG	$4^1/_2$REG	196.9	146.1	406.4	186.1	134.5	NC26	85.7	508	82.9	31.8
76.2	3	11280	—	12190	—	76.2	100.0	98.43	9.5	49.2	11.43	$6^5/_8$REG	$4^1/_2$REG	196.9	146.1	406.4	186.1	134.5	NC31	104.8	508	100.4	44.5
88.9	$3^1/_2$	11280	—	12190	—	88.9	115.1	112.70	12.7	56.4	11.43	$6^5/_8$REG	$4^1/_2$REG	196.9	146.1	406.4	186.1	134.5	NC38	120.7	508	116.3	57.2
108.0	$4^1/_4$	11280	15540	12190	16460	108.0	141.3	139.70	12.7	69.9	12.07	$6^5/_8$REG	$4^1/_2$REG	196.9	146.1	406.4	186.1	134.5	NC46	158.8	508	145.3	71.4
108.0	$4^1/_4$	11280	15540	12190	16460	108.0	141.3	139.70	12.7	69.9	12.07	$6^5/_8$REG	$4^1/_2$REG	196.9	146.1	406.4	186.1	134.5	NC50	161.9	508	154.0	71.4
133.4	$5^1/_4$	11280	15540	12190	16460	133.4	175.4	171.45	15.9	85.7	15.88	$6^5/_8$REG	—	196.9	—	406.4	186.1	—	$5^1/_2$FH	177.8	508	170.7	82.6
133.4	$5^1/_4$	11280	15540	12190	16460	133.4	175.4	171.45	15.9	85.7	15.88	$6^5/_8$REG	—	196.9	—	406.4	186.1	—	NC56	177.8	508	171.1	82.6

表 8-2-4 六方钻杆的尺寸规格（SY/T 6509）

规格		驱动部分长度		全长		驱动部分						上端内螺纹连接							下端外螺纹连接				内径 d
												螺纹规格和类型 左旋		外径		倒角直径							
mm	in	标准 L_D	选用 L_D	标准 L	选用 L	对边宽 D_{FL}	对角宽 D_C	对角宽 D_{CC}	半径 R_C	半径 R_{CC}	偏心孔最小壁厚 t	标准	选用	标准 D_U	选用 D_U	长度 L_U	标准 D_F	选用 D_F	规格和类型	外径 D_{LR}	长度 L_L	倒角直径 D_F	
76.2	3	11280	—	12190	—	76.2	85.7	85.73	6.4	42.9	12.1	$6^5/_8$REG	$4^1/_2$REG	196.9	146.1	406.4	186.1	134.5	NC26	85.7	508	82.9	31.8
88.9	$3^1/_2$	11280	—	12190	—	88.9	100.8	100.00	6.4	50.0	13.3	$6^5/_8$REG	$4^1/_2$REG	196.9	146.1	406.4	186.1	134.5	NC31	104.8	508	100.4	44.5
108.0	$4^1/_4$	11280	15540	12190	16460	108.0	122.2	121.44	9.9	60.7	15.9	$6^5/_8$REG	$4^1/_2$REG	196.9	146.1	406.4	186.1	134.5	NC38	120.7	508	116.3	57.2
133.4	$5^1/_4$	11280	15540	12190	16460	133.4	151.6	149.86	9.5	75.0	15.9	$6^5/_8$REG	—	196.9	—	406.4	186.1	—	NC46	158.8	508	145.3	71.4
133.4	$5^1/_4$	11280	15540	12190	16460	133.4	151.6	149.86	9.5	75.0	15.9	$6^5/_8$REG	—	196.9	—	406.4	186.1	—	NC50	161.9	508	154.0	71.4
152.4	6	11280	15540	12190	16460	152.4	173.0	173.02	9.5	86.5	15.9	$6^5/_8$REG	—	196.9	—	406.4	186.1	—	$5^1/_2$FH	177.8	508	170.7	82.6
152.4	6	11280	15540	12190	16460	152.4	173.0	173.02	9.5	86.5	15.9	$6^5/_8$REG	—	196.9	—	406.4	186.1	—	NC56	177.8	508	171.1	82.6

表 8-2-5 方钻杆的力学性能（SY/T 6509）

下端接头外径范围 mm	屈服强度 $\sigma_{t0.2}$ MPa	抗拉强度 σ_b MPa	伸长率 δ_4 %	表面布氏硬度 HB	夏比冲击吸收功 J
85.7 ~ 174.6	≥ 758	≥ 965	≥ 13	≥ 285	≥ 54
177.8	≥ 689	≥ 930	≥ 13	≥ 285	≥ 54

4. 方钻杆的强度及其与套管的尺寸配合

根据表 8–2–6 方钻杆强度及其与套管的尺寸配合，按给定的套管尺寸选择合适公称尺寸的方钻杆。方钻杆驱动部分的寿命直接与方补心的配合有关，四方钻杆通常比六方方钻杆允许有更大的间隙，故其寿命比较长。一般大型钻机都使用四方方钻杆，小型钻机多用六方方钻杆，但欠平衡钻井时由于方钻杆需要在运动中反复通过旋转防喷器胶芯，需使用六方钻杆。

5. 磨损控制

新的方钻杆与新的方补心配合工作之初，在棱角附近是点接触，方钻杆和补心开始磨损后，痕迹不断加宽直到允许的最大值，此时即应更换方钻杆。各种尺寸方钻杆的最大磨损痕迹宽度如图 8–2–3 所示。

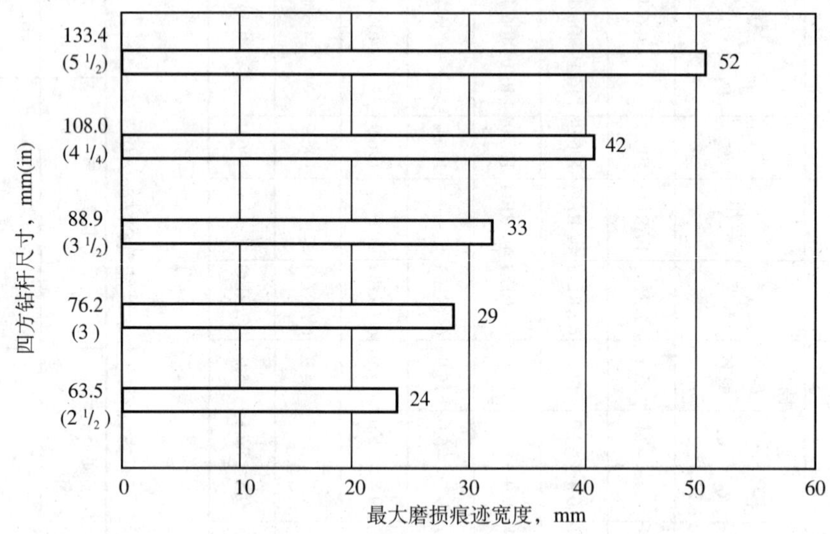

图 8–2–3 方钻杆最大磨损痕迹宽度

二、钻杆

一般钻杆是由管体与接头通过对焊方式连接。

1. 钻杆管体

钻杆管体是轧制的无缝钢管，为了加强管体与接头处的强度，管体两端对焊部分是加厚的，加厚形式有内加厚，外加厚及内外加厚三种，如图 8–2–4 和图 8–2–5 所示。

钻杆管体的钢级分为两组：

第 1 组——E 级钻杆；

第 3 组——所有高强度级钻杆（X95、G105 和 S135 钢级）。

1）钻杆管体尺寸及规范

钻杆管体是按照管子的外径尺寸来命名的，外加厚管子的外径是指管体外径，而不是加厚部分外径。钻杆管体的名义重量和壁厚见表 8–2–7，尺寸见表 8–2–8 和表 8–2–9。除有特别说明外，所说技术要求均适用于两组钻杆。

表 8-2-6　方钻杆强度表（API RP 7G）

方钻杆尺寸及类型 mm（in）		内径 mm	下端外螺纹		推荐最小套管外径，in	抗拉屈服值，kN		抗扭屈服值，N·m		驱动部分抗弯屈服值 N·m	驱动部分在屈服应力时的内压 MPa
			螺纹形式	外径 in		下端外螺纹	驱动部分	下端外螺纹	驱动部分		
四方	63.5（$2^1/_2$）	31.75	NC26	$3^3/_8$	$4^1/_2$	1850	1980	13100	16800	16800	205.5
	76.2（3）	44.45	NC31	$4^1/_8$	$5^1/_2$	2380	2590	19600	26700	27100	175.8
	88.9（$3^1/_2$）	57.15	NC38	$4^3/_4$	$6^5/_8$	3220	3230	30800	39300	40100	153.1
	108.0（$4^1/_4$）	71.44	NC46	$6^1/_4$	$8^5/_8$	4680	4660	53350	68100	70000	134.5
	108.0（$4^1/_4$）	71.44	NC50	$6^3/_8$	$8^5/_8$	6320	4660	77600	68100	70000	134.5
	133.4（$5^1/_4$）	82.55	$5^1/_2$FH	7	$9^5/_8$	7150	7580	99000	137000	139400	142.0
六方	76.2（3）	38.1	NC26	$3^3/_8$	$4^1/_2$	1580	2400	11250	27800	25200	184.1
	88.9（$3^1/_2$）	47.63	NC31	$4^1/_8$	$5^1/_2$	2200	3160	18150	42700	38800	175.8
	108.0（$4^1/_4$）	57.15	NC38	$4^3/_4$	$6^5/_8$	3220	4660	30800	77000	69800	172.4
	133.4（$5^1/_4$）	76.2	NC46	$6^1/_4$	$8^5/_8$	4260	6710	48050	138700	126100	142.0
	133.4（$5^1/_4$）	82.55	NC50	$6^3/_8$	$8^5/_8$	5120	6210	63350	130300	118800	142.0
	152.4（6）	88.9	$5^1/_2$FH	7	$9^5/_8$	6500	8610	89900	204000	185800	125.5

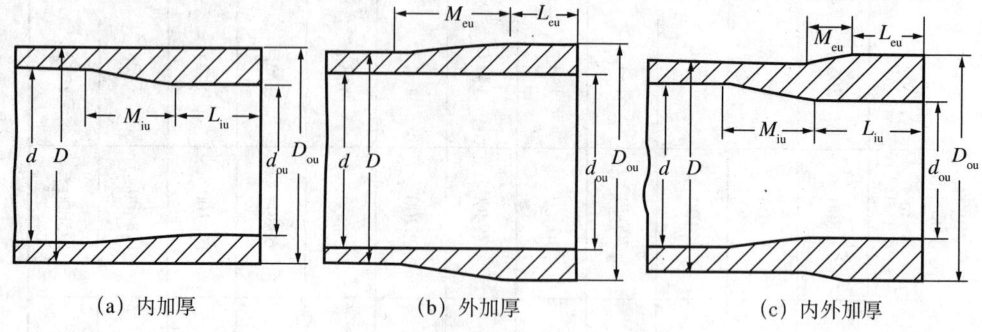

(a) 内加厚　(b) 外加厚　(c) 内外加厚

图 8-2-4　对焊钻杆加厚（第 1 组）

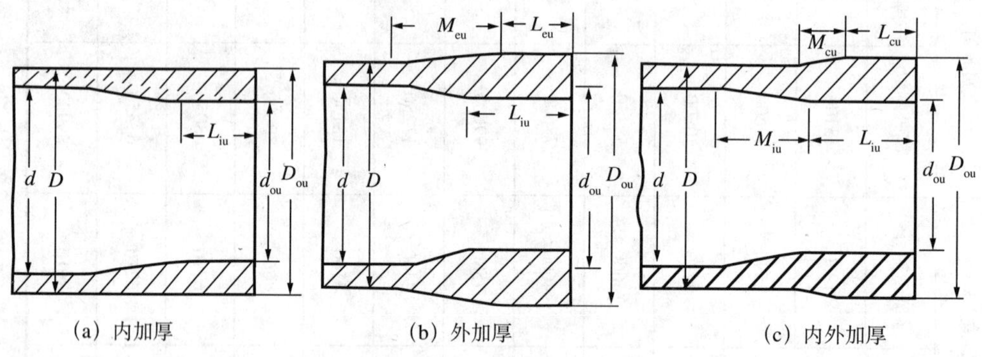

(a) 内加厚　(b) 外加厚　(c) 内外加厚

图 8-2-5　对焊钻杆加厚（第 3 组）

表 8-2-7　API 标准钻杆表

尺寸规格 in	名义重量	计算平端重量 W_{pe}		外径 D		壁厚 t		钢级	加厚端，供对焊钻杆接头用
		kg/m	lb/ft	mm	in	mm	in		
$2^3/_8$	6.65	9.33	6.27	60.3	2.375	7.11	0.280	E、X、G、S	外加厚
$2^7/_8$	10.40	14.47	9.72	73.0	2.875	9.19	0.362	E、X、G、S	内加厚或外加厚
$3^1/_2$	9.50	13.12	8.81	88.9	3.500	6.45	0.254	E	内加厚或外加厚
$3^1/_2$	13.30	18.34	12.32	88.9	3.500	9.35	0.368	E、X、G、S	内加厚或外加厚
$3^1/_2$	15.50	21.79	14.64	88.9	3.500	11.40	0.449	E	内加厚或外加厚
$3^1/_2$	15.50	21.79	14.64	88.9	3.500	11.40	0.449	X、G、S	外加厚或内外加厚
4	14.00	19.27	12.95	101.6	4.000	8.38	0.330	E、X、G、S	内加厚或外加厚
$4^1/_2$	13.75	18.23	12.25	114.3	4.500	6.88	0.271	E	内加厚或外加厚
$4^1/_2$	16.60	22.32	15.00	114.3	4.500	8.56	0.337	E、X、G、S	外加厚或内外加厚
$4^1/_2$	20.00	27.84	18.71	114.3	4.500	10.92	0.430	E、X、G、S	外加厚或内外加厚
5	16.25	22.16	14.88	127.0	5.000	7.52	0.296	X、G、S	内加厚
5	19.50	26.70	17.95	127.0	5.000	9.19	0.362	E	内外加厚

续表

尺寸规格 in	名义重量	计算平端重量 W_{pe}		外径 D		壁厚 t		钢级	加厚端，供对焊钻杆接头用
		kg/m	lb/ft	mm	in	mm	in		
5	19.50	26.70	17.95	127.0	5.000	9.19	0.362	X、G、S	外加厚或内外加厚
5	25.60	35.80	24.05	127.0	5.000	12.70	0.500	E	内外加厚
5	25.60	35.80	24.05	127.0	5.000	12.70	0.500	X、G、S	外加厚或内外加厚
$5^1/_2$	21.90	29.52	19.83	139.7	5.500	9.17	0.361	E、X、G、S	内外加厚
$5^1/_2$	24.70	33.57	22.56	139.7	5.500	10.54	0.415	E、X、G、S	内外加厚
$6^5/_8$	25.20	33.04	22.21	168.3	6.625	8.38	0.330	E、X、G、S	内外加厚
$6^5/_8$	27.72	36.06	24.24	168.3	6.625	9.19	0.362	E、X、G、S	内外加厚

注：本规范可适用有特殊端部加工的钻杆。

表 8-2-8 对焊钻杆加厚尺寸和重量（第 1 组）

1	2		3		4	5	6	7	8	9	10	11	12		13
规格	名义重量[1]	外径 D mm	壁厚 t		内径 d mm	计算重量		加厚尺寸[5][6]，in							
			mm	in		平端 W_{pe} kg/m	加厚[4] e_W kg	外径[2] D_{ou} +3.18 −0.79	管端内径[3] d_{ou} ±1.59	内加厚长度[7] L_{iu} +38.10[8] −12.70	最小内锥面最小长度[7] M_{iu}	最小外加厚长度 L_{eu}	外锥面长度 M_{ou} min	max	最大管端至加厚消失处长度 $L_{eu}+M_{ou}$
内 加 厚 钻 杆															
$2^7/_8$	10.40	73.02	9.19	0.362	54.64	14.47	1.45	73.02	33.34	44.45	38.1	—	—	—	—
$3^1/_2$	9.50	88.90	6.45	0.254	76.00	13.12	2.00	88.90	57.15	44.45	—	—	—	—	—
$3^1/_2$	13.30	88.90	9.35	0.368	70.20	18.34	2.00	88.90	49.21	44.45	38.1	—	—	—	—
$3^1/_2$	15.50	88.90	11.40	0.449	66.10	21.79	1.54	88.90	49.21	44.45	38.1	—	—	—	—
4[9]	11.85	101.60	6.65	0.262	88.30	15.68	1.91	101.60	74.60	44.45	—	—	—	—	—
4	14.00	101.60	8.38	0.330	84.84	19.27	2.09	107.95	69.85	44.45	50.8	—	—	—	—
$4^1/_2$[9]	13.75	114.30	6.88	0.271	100.54	18.23	2.36	120.65	85.72	44.45	—	—	—	—	—
5[9]	16.26	127.00	7.52	0.296	111.96	22.16	3.00	127.00	95.25	44.45	—	—	—	—	—
外 加 厚 钻 杆															
$2^3/_8$	6.65	60.35	7.11	0.280	46.13	9.34	0.82	67.46	46.10	—	—	38.10	38.10	—	101.60
$2^7/_8$	10.40	73.02	9.19	0.362	54.64	14.47	1.09	81.76	54.64	—	—	38.10	38.10	—	101.60
$3^1/_2$	9.50	88.90	6.45	0.254	76.00	13.12	1.18	100.02	76.00	—	—	38.10	38.10	—	101.60

续表

1	2		3		4	5	6	7	8	9	10	11	12		13
规格	名义重量①	外径 D mm	壁厚 t		内径 d mm	计算重量		加厚尺寸⑤⑥，in							
			mm	in		平端 W_{pe} kg/m	加厚④ e_W kg	外径② D_{ou} +3.18 −0.79	管端内径③ d_{ou} ±1.59	内加厚长度⑦ L_{iu} +38.10⑧ −12.70	最小内锥面最小长度⑦ M_{iu}	最小外加厚长度 L_{eu}	外锥面长度 M_{ou} min	外锥面长度 M_{ou} max	最大管端至加厚消失处长度 $L_{eu}+M_{ou}$
$3^1/_2$	13.30	88.90	9.35	0.368	70.20	18.34	1.81	100.02	66.09	—	—	38.10	38.10	—	101.60
$3^1/_2$	15.50	88.90	11.40	0.449	66.10	21.79	1.27	100.02	66.09	—	—	38.10	38.10	—	101.60
4⑨	11.85	101.60	6.65	0.262	88.30	15.68	2.27	114.30	88.30	—	—	38.10	38.10	—	101.60
4	14.00	101.60	8.38	0.330	84.84	19.27	2.27	115.90	84.84	—	—	38.10	38.10	—	101.60
$4^1/_2$⑨	13.75	114.30	6.88	0.271	100.54	18.23	2.54	128.60	100.53	—	—	38.10	38.10	—	101.60
$4^1/_2$	16.60	114.30	8.56	0.337	97.18	22.32	2.54	128.60	97.18	—	—	38.10	38.10	—	101.60
$4^1/_2$	20.00	114.30	10.92	0.430	92.46	27.84	2.54	128.60	92.46	—	—	38.10	38.10	—	101.60
内外加厚钻杆															
$4^1/_2$	16.60	114.30	8.56	0.337	97.18	22.32	3.68	120.65	80.17	63.50	50.80	38.10	25.40	38.10	—
$4^1/_2$	20.00	114.30	10.92	0.430	92.46	27.84	3.91	121.44	76.20	57.15	50.80	38.10	25.40	38.10	—
5	19.50	127.00	9.19	0.362	108.62	26.70	3.91	131.78	93.66	57.15	50.80	38.10	25.40	38.10	—
5	25.60	127.00	12.70	0.500	101.60	35.80	3.54	131.78	87.31	57.15	50.80	38.10	25.40	38.10	—
$5^1/_2$	21.90	139.70	9.17	0.361	121.36	29.52	4.81	146.05	101.60	57.15	50.80	38.10	25.40	38.10	—
$5^1/_2$	24.70	139.70	10.54	0.415	118.62	33.57	4.09	146.05	101.60	57.15	50.80	38.10	25.40	38.10	—
$6^5/_8$	25.20	168.28	8.38	0.330	151.52	33.05	11.75	177.80	135.00	114.30	50.80	76.20	—	—	139.70
$6^5/_8$	27.70	168.28	9.19	0.362	149.90	36.06	10.90	177.80	135.00	114.30	50.80	76.20	—	—	139.70

①管子规格和名义重量（第1栏）供订货时鉴别用。

②内加厚钻杆加厚部分的外径（D_{ou}）公差应为 +3.18mm，−0mm，在此公差范围内允许存在少许外加厚。

③内加厚及内外加厚钻杆的最大内径锥度为 20.8mm/m（2.08%）。

④因端部加工而增减的重量。

⑤规定的加厚尺寸不一定与成品焊接配件的内孔和外径尺寸一致。加厚尺寸的选择应适应于各种内孔的钻杆接头，在组合件最终加工后焊接区应保证有足够的横截面积。

⑥经买方与制造厂协商。E 级钻杆的加厚长度可与第 3 组所列的更高钢级一样。

⑦ $3^1/_2$in × 13.3lb/ft 外加厚钻杆有少许内加厚。

⑧ $6^5/_8$in 规格管子的 L_{iu} 公差 +50.8mm，−12.7mm。

⑨这些尺寸和重量是试用的。

表 8-2-9　对焊钻杆加厚尺寸和重量（第 3 组）

1	2		3		4	5	6	7	8	9	10	11	12
规格	名义重量①	外径 D mm	壁厚 t		内径 d mm	计算重量		加厚尺寸⑤，in					
			in	mm		平端 W_{pe} kg/m	加厚④ e_W kg	外径② D_{ou} +3.18 −0.79	管端内径③ d_{ou} ±1.59	内加厚长度⑥ L_{iu} +38.10 −12.70	最小内锥面长度 M_{iu}	最小外加厚长度 L_{eu}	最小管端至加厚消失处长度 $L_{eu}+M_{ou}$
内加厚钻杆													
$2^{7}/_{8}$	10.40	73.02	0.362	9.19	54.64	14.47	2.45	73.02	33.34	88.90	—	—	—
$3^{1}/_{2}$	13.30	88.90	0.368	9.35	70.20	18.34	3.36	88.90	49.21	88.90	—	—	—
4	14.00	101.60	0.330	8.38	84.84	19.27	4.00	107.95	66.68	88.90	—	—	—
5	16.25	127.00	0.296	7.52	111.96	22.16	6.17	127.00	90.49	88.90	—	—	—
外加厚钻杆													
$2^{3}/_{8}$	6.65	60.32	0.280	7.11	46.10	9.33	2.09	67.46	39.69	107.90	—	76.20	139.70
$2^{7}/_{8}$	10.40	73.02	0.362	9.19	54.64	14.47	2.82	82.55	49.21	107.90	—	76.20	139.70
$3^{1}/_{2}$	13.30	88.90	0.368	9.35	70.20	18.34	4.63	101.60	63.50	107.90	—	76.20	139.70
$3^{1}/_{2}$	15.50	88.90	0.449	11.40	66.10	21.79	3.72	101.60	63.50	107.90	—	76.20	139.70
4	14.00	101.60	0.330	8.38	84.84	19.27	6.54	117.48	77.79	107.90	—	76.20	139.70
$4^{1}/_{2}$	16.60	114.30	0.337	8.56	97.18	22.32	7.81	131.78	90.49	107.90	—	76.20	139.70
$4^{1}/_{2}$	20.00	114.30	0.430	10.92	92.46	27.84	7.27	131.78	87.31	107.90	—	76.20	139.70
5	19.50	127.00	0.362	9.19	108.62	26.70	9.81	146.05	100.01	107.90	—	76.20	139.70
5	25.60	127.00	0.500	12.70	101.60	35.80	9.63	149.22	96.84	107.90	—	76.20	139.70
内外加厚钻杆													
$3^{1}/_{2}$	15.50	88.90	0.449	11.40	66.10	21.79	5.03	96.04	49.21	107.90	—	76.20	139.70
$4^{1}/_{2}$	16.60	114.30	0.337	8.56	97.18	22.32	3.95	120.65	73.02	63.50	100	38.10	76.20
$4^{1}/_{2}$	20.00	114.30	0.430	10.92	92.46	27.84	7.99	121.44	71.44	107.90	100	76.20	139.70
5	19.50	127.00	0.362	9.19	108.62	26.70	7.63	131.78	90.49	107.90	100	76.20	139.70
5	25.60	127.00	0.500	12.70	101.60	35.80	6.99	131.78	84.14	107.90	100	76.20	139.70
$5^{1}/_{2}$	21.90	139.70	0.361	9.17	121.36	29.52	9.53	146.05	96.84	107.90	100	76.20	139.70
$5^{1}/_{2}$	24.70	139.70	0.415	10.54	118.62	33.57	8.36	146.05	96.84	107.90	100	76.20	139.70

续表

<table>
<tr><td>1</td><td colspan="2">2</td><td colspan="2">3</td><td>4</td><td>5</td><td>6</td><td>7</td><td>8</td><td>9</td><td>10</td><td>11</td><td>12</td></tr>
<tr><td rowspan="2">规格</td><td rowspan="2">名义重量①</td><td rowspan="2">外径
D
mm</td><td colspan="2">壁厚
t</td><td rowspan="2">内径
d
mm</td><td colspan="2">计算重量</td><td colspan="6">加厚尺寸⑤，in</td></tr>
<tr><td>in</td><td>mm</td><td>平端
W_{pe}
kg/m</td><td>加厚④
e_W
kg</td><td>外径②
D_{ou}
+3.18
−0.79</td><td>管端内径③
d_{ou}
±1.59</td><td>内加厚长度⑥
L_{iu}
+38.10
−12.70</td><td>最小内锥面长度
M_{iu}</td><td>最小外加厚长度
L_{eu}</td><td>最小管端至加厚消失处长度
$L_{eu}+M_{ou}$</td></tr>
<tr><td>6⁵/₈</td><td>25.20</td><td>168.28</td><td>0.330</td><td>8.38</td><td>151.52</td><td>33.05</td><td>11.75</td><td>177.80</td><td>135.00</td><td>114.30</td><td>100</td><td>76.20</td><td>139.70</td></tr>
<tr><td>6⁵/₈</td><td>27.70</td><td>168.28</td><td>0.362</td><td>9.19</td><td>149.90</td><td>36.06</td><td>10.90</td><td>177.80</td><td>135.00</td><td>114.30</td><td>100</td><td>76.20</td><td>139.70</td></tr>
</table>

①管子规格和名义重量（第 1 栏）供订货时鉴别用。

②内加厚钻杆加厚部分的外径（D_{ou}）公差应为 +3.18mm，−0mm，在此公差范围内允许存在少许外加厚。

③内加厚及内外加厚钻杆的最大内径锥度为 20.8mm/m（2.08%）。

④因端部加工而增减的重量。

⑤规定的加厚尺寸不一定与成品焊接配件的内孔和外径尺寸一致。加厚尺寸的选择应适应于各种内孔的钻杆接头，在组合件最终加工后焊接区应保证有足够的横截面积。

⑥ 6⁵/₈ 规格管子的 L_{iu} 公差 +50.8mm，−12.7mm。

2）钻杆管体的化学成分和材料要求

钻杆管体化学成分要求见表 8−2−10。钻杆管体材料的晶粒度应为 6 级或比 6 级更细，非金属夹杂物应符合表 8−2−11。

表 8−2−10 钻杆管体化学成分要求（质量分数）

钢	P max	S max
所有组	0.020	0.015

表 8−2−11 非金属夹杂物要求

A		B		C		D		总和
细	粗	细	粗	细	粗	细	粗	
≤ 2.0	≤ 1.5	≤ 2.0	≤ 1.5	≤ 2.0	≤ 1.5	≤ 2.0	≤ 1.5	≤ 10

3）钻杆力学性能

钻杆管体的拉伸性能要求见表 8−2−12，加厚部分的拉伸性能应与管体一致（除伸长率外），最小伸长率的确定见表 8−2−12 中的公式。屈服强度应是使试样在标距长度内一定得总伸长时所需要的拉伸应力，总伸长由引伸计测得。纵向夏比冲击试验，纵向试样 21℃ ±2.8℃（70° F±5° F）温度下试验的最小吸收能要求见表 8−2−13。

表 8-2-12　拉伸性能要求

组别	钢级	屈服强度				最小抗拉强度	
		min		max			
		MPa	psi	MPa	psi	MPa	psi
1	E75	517	75000	724	105000	689	100000
3	X95	655	95000	862	125000	724	105000
	G105	724	105000	931	135000	793	115000
	S135	931	135000	1138	165000	1000	145000

注：(1) 50.80mm（2in）范围内的最小伸长率应由下式确定：

$$e = 625000\frac{A^{02}}{U^{09}}$$

式中　e——标距为 50.80mm（2in）时的最小伸长率，以百分数表示，精确到最近似的 0.5%。

A——拉伸试样的横截面积，单位为平方英寸（in^2），是以规定外径或试样名义宽度和规定壁厚计算的，数值精确到最近似的 0.01in^2。A 值取计算值与 0.75in^2 的较小者。

U——规定的抗拉强度，单位为磅 / 平方英寸（psi）。

(2) 不同尺寸和钢级的条形拉伸试样的最小伸长率见表 8-2-13。

新钻杆与旧钻杆强度可从 API RP7G 中查得，新钻杆强度数据见表 8-2-13。

2. 钻杆接头

钻杆接头（以下简称接头）可按连接螺纹分为正规型（REG）、内平型（IF）和贯眼型（FH）三种，后来又出现了数字型（NC），每种螺纹又可分右旋和左旋。

内平接头（IF）：用于外加厚和内外加厚钻杆，这种钻杆加厚处的内径和接头内径及管体内径基本一致，故钻井液流动阻力小，有利于水功率的利用。但接头外径大容易磨损，强度较低。

贯眼型接头（FH）：用于内加厚或内外加厚钻杆。这种钻杆接头内径等于管体加厚处内径，但小于管体内径，钻井液流动阻力大于内平式接头，但外径较小。

正规型接头（REG）：适用于内加厚钻杆，接头内径小于钻杆加厚部分内径，加厚部分内径又小于管体内径。钻井液流动阻力最大，但外径小，强度大。

数字型接头（NC）：1964 年，美国石油学会以及钻井和服务设备委员会为了改进旋转台肩式接头螺纹连接的工作性能，采用了新型数字型接头系列。这种数字型接头以螺纹中径（英寸和十分之一英寸数字值）来表示，具有 1.651mm 的平螺纹顶和 0.965mm 的圆形螺纹底。螺纹牙型以 V-0.038R 来表示，并可与 V-0.065 相连接。随后又将 API 标准中的全部内平型接头和除 5$^1/_2$FH 外的全部贯眼型接头均列为废弃型接头而逐渐淘汰。在数字型接头中有几种和旧的 API 表中的接头有相同的节圆直径、锥度、螺距和螺纹长度，所以可以互换（见表 8-2-14）。

1) 钻杆接头尺寸规格

钻杆接头的尺寸规格应符合图 8-2-6 和表 8-2-15。内螺纹接头的吊卡扣合处根据吊卡形式可制成锥形台肩或直角台肩，如图 8-2-6 所示。

表 8-2-13 新钻杆的强度数据

钻杆外径		名义重量		抗扭屈服强度 kN·m					按最小屈服强度的最小抗拉力，kN					最小抗挤压力 Mpa					按最小屈服强度计算的抗内压力				
mm	in	N/m	lb/ft	D	E	95	105	135	D	E	95	105	135	D	E	95	105	135	D	E	95	105	135
60.3	$3^{3}/_{8}$	97.12	6.65	6.21	8.46	10.71	11.85	15.25	451.02	615.04	779.06	861.02	1107.00	78.89	107.58	136.27	150.62	193.65	78.27	106.69	135.17	149.38	192.07
73.0	$2^{7}/_{8}$	151.86	10.40	11.47	15.64	19.82	21.90	28.16	699.45	953.75	1208.10	1335.27	1716.79	83.52	113.86	144.20	159.38	204.96	83.59	114.00	144.34	159.58	205.17
		138.71	9.50		19.15					864.40					69.24					65.66			
88.9	$3^{1}/_{2}$	194.14	13.30	18.42	25.12	31.82	35.17	45.21	886.02	1208.41	1530.66	1691.73	2175.11	71.38	97.31	123.31	136.27	175.17	69.79	95.17	120.55	133.24	171.31
		226.22	15.50	20.94	28.55	36.16	39.97	51.39	1053.38	1436.28	1819.27	2010.78	2585.29	84.83	115.65	146.55	161.93	208.20	85.17	116.14	147.10	162.55	209.03
101.6	4	172.95	1185		26.36					1026.77					58.00					59.31			
		204.34	14.00	23.135	31.53	39.94	44.15	56.75	931.24	1269.77	1605.45	1777.66	2285.60	57.45	78.27	99.17	109.65	139.10	54.76	74.69	94.62	104.55	134.41
		200.71	13.75		35.07					1201.56					49.65					54.48			
114.3	$4^{1}/_{2}$	242.30	16.60	30.58	41.71	52.83	58.39	75.07	1078.52	1470.90	1863.09	2059.24	2647.58	52.25	71.65	87.93	95.32	115.86	49.72	67.78	85.86	94.90	122.00
		291.95	20.00	36.63	49.97	63.28	69.94	89.92	1345.55	1834.89	2324.18	2568.82	3302.76	65.58	89.38	113.24	125.17	160.89	63.45	86.48	109.58	121.10	155.72
127.0	5	284.78	19.50	40.87	55.73	70.59	78.03	100.32	1290.86	1760.31	2229.71	2464.39	3168.51	50.96	68.96	82.83	89.58	108.27	48.07	65.52	83.03	91.72	118.00
		372.40	25.60	51.88	70.74	89.61	99.05	127.36	1729.92	2358.97	2988.08	3302.58	4246.19	68.27	93.10	117.93	130.34	167.58	66.34	90.48	114.62	126.76	162.89
139.7	$5^{1}/_{2}$	319.71	21.91	50.35	68.66	86.97	96.12	12.358	1426.36	1945.06	2463.72	2723.05	3501.08	45.59	58.21	68.96	74.04	87.85	43.59	59.38	75.24	83.17	106.96
		360.52	24.70	56.16	76.59	97.02	107.23	137.87	1622.50	2212.49	2802.48	3097.49	3982.30	52.90	72.14	89.10	96.55	116.70	50.07	68.27	86.48	95.58	122.96

注：本表数据根据 API RP 7G 整理。

表 8-2-14　数字型钻杆接头互换表

数字型接头	可以互换的 API 标准的接头	数字型接头	可以互换的 API 标准的接头
NC26	$2^{3}/_{8}$IF	NC40	4FH
NC31	$2^{7}/_{8}$IF	NC46	4IF
NC38	$3^{1}/_{2}$IF	NC50	$4^{1}/_{2}$IF

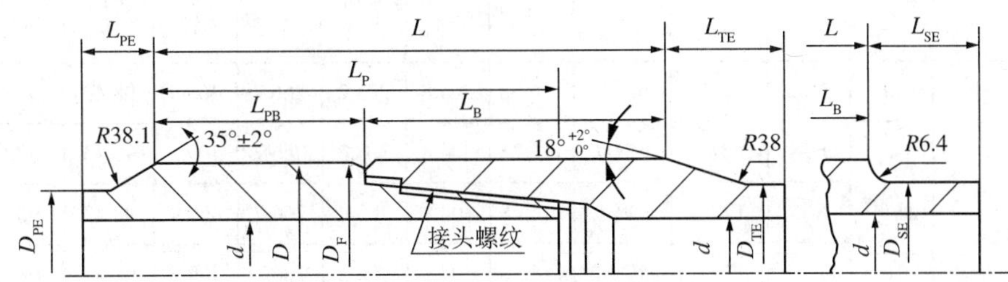

图 8-2-6　钻杆接头

表 8-2-15　钻杆接头尺寸

钻杆②				钻杆接头 mm									
钻杆接头代号①	规格和类型	标称质量 kg/m	钢级	内外螺纹接头外径 ±0.8 D	外螺纹接头内径③ +0.4 −0.8 d	内外螺纹接头台肩倒角直径 ±0.4 D_F	外螺纹接头体长度 +6.4 −9.5 L_P	外螺纹接头大钳空间 ±6.4 L_{PB}	内螺纹接头大钳空间 ±6.4 L_B	内外接头组合长度 ±12.7 L	最大外螺纹接头焊颈直径 D_{PE}	最大内螺纹接头焊颈直径 D_{TE}，D_{SE}	外螺纹接头对钻杆抗扭强度比
NC26 ($2^{3}/_{8}$IF)	$2^{3}/_{8}$EU	9.90	E75	85.7	44.45	82.95	254.0	177.8	203.2	381	65.09	65.09	1.10
			X95	85.7	44.45	82.95	254.0	177.8	203.2	381	65.09	65.09	0.87
			G105	85.7	44.45	82.95	254.0	177.8	203.2	381	65.09	65.09	0.79
NC31 ($2^{7}/_{8}$IF)	$2^{7}/_{8}$EU	15.49	E75	104.8	53.98	100.41	266.7	177.8	228.6	406.4	80.96	80.96	1.03
			X95	104.8	50.80	100.41	266.7	177.8	228.6	406.4	80.96	80.96	0.90
			G105	104.8	50.80	100.41	266.7	177.8	228.6	406.4	80.96	80.96	0.82
			S135	111.1	41.28	100.41	266.7	177.8	228.6	406.4	80.96	80.96	0.82
NC38	$3^{1}/_{2}$EU	14.15	E75	120.7	76.20	116.28	292.1	203.2	266.7	469.9	98.43	98.43	0.91
NC38 ($3^{1}/_{2}$IF)	$3^{1}/_{2}$EU	19.81	E75	120.7	68.26	116.28	304.8	203.2	266.7	469.9	98.43	98.43	0.98
			X95	127.0	65.09	116.28	304.8	203.2	266.7	469.9	98.43	98.43	0.87
			G105	127.0	61.91	116.28	304.8	203.2	266.7	469.9	98.43	98.43	0.86

续表

钻杆②				钻杆接头 mm									
钻杆接头代号①	规格和类型	标称质量 kg/m	钢级	内外螺纹接头外径 ±0.8 D	外螺纹接头内径③ +0.4 −0.8 d	内外螺纹接头台肩倒角直径 ±0.4 D_F	外螺纹接头体长度 +6.4 −9.5 L_P	外螺纹接头大钳空间 ±6.4 L_{PB}	内螺纹接头大钳空间 ±6.4 L_B	内外接头组合长度 ±12.7 L	最大外螺纹接头焊颈直径 D_{PE}	最大内螺纹接头焊颈直径 D_{TE}，D_{SE}	外螺纹接头对钻杆抗扭强度比
NC38 ($3^1/_2$IF)	$3^1/_2$EU	19.81	S135	127.0	53.98	116.28	304.8	203.2	266.7	469.9	98.43	98.43	0.80
		23.09	E75	127.0	65.09	116.28	304.8	203.2	266.7	469.9	98.43	98.43	0.97
			X95	127.0	61.91	116.28	304.8	203.2	266.7	469.9	98.43	98.43	0.83
			G105	127.0	53.98	116.28	304.8	203.2	266.7	469.9	98.43	98.43	0.90
NC40 (4FH)	$3^1/_2$ EU	23.09	S135	139.7	57.15	127.40	292.1	177.8	254.0	431.8	98.43	98.43	0.87
	4IU	20.85	E75	133.4	71.44	127.40	292.1	177.8	254.0	431.8	106.36	106.36	1.01
			X95	133.4	68.26	127.40	292.1	177.8	254.0	431.8	106.36	106.36	0.86
			G105	139.7	61.91	127.40	292.1	177.8	254.0	431.8	106.36	106.36	0.93
			S135	139.7	50.80	127.40	292.1	177.8	254.0	431.8	106.36	106.36	0.87
NC46 (4IF)	4EU	20.85	E75	152.4	82.55	145.26	292.1	177.8	254.0	431.8	114.30	114.30	1.43
			X95	152.4	82.55	145.26	292.1	177.8	254.0	431.8	114.30	114.30	1.13
			G105	152.4	82.55	145.26	292.1	177.8	254.0	431.8	114.30	114.30	1.02
			S135	152.4	76.20	145.26	292.1	177.8	254.0	431.8	114.30	114.30	0.94
	$4^1/_2$IU	20.48	E75	152.4	85.73	145.26	292.1	177.8	254.0	431.0	119.06	119.06	1.20
	$4^1/_2$IEU	24.73	E75	158.8	82.55	145.26	292.1	177.8	254.0	431.0	119.06	119.06	1.09
			X95	158.8	76.20	145.26	292.1	177.8	254.0	431.0	119.06	119.06	1.01
			G105	158.8	76.20	145.26	292.1	177.8	254.0	431.0	119.06	119.06	0.91
			S135	158.8	69.85	145.26	292.1	177.8	254.0	431.0	119.06	119.06	0.81
		29.79	E75	158.75	76.20	145.3	292.1	177.8	254.0	431.0	119.07	119.07	1.07
			X95	158.75	69.85	145.3	292.1	177.8	254.0	431.0	119.07	119.07	0.96
			G105	158.75	63.50	145.3	292.1	177.8	254.0	431.0	119.07	119.07	0.96
			S135	158.75	57.45	145.3	292.1	177.8	254.0	431.0	119.07	119.07	0.81
NC50 ($4^1/_2$IF)	$4^1/_2$EU	20.48	E75	168.28	98.43	154.0	292.1	177.8	254.0	431.8	127.00	127.00	1.32

续表

钻杆②				钻杆接头 mm									
钻杆接头代号①	规格和类型	标称质量 kg/m	钢级	内外螺纹接头外径 ±0.8 D	外螺纹接头内径③ +0.4 −0.8 d	内外螺纹接头台肩倒角直径 ±0.4 D_F	外螺纹接头体长度 +6.4 −9.5 L_P	外螺纹接头大钳空间 ±6.4 L_{PB}	内螺纹接头大钳空间 ±6.4 L_B	内外接头组合长度 ±12.7 L	最大外螺纹接头焊颈直径 D_{PE}	最大内螺纹接头焊颈直径 D_{TE}，D_{SE}	外螺纹接头对钻杆抗扭强度比
NC50 ($4^{1}/_{2}$IF)	$4^{1}/_{2}$EU	24.73	E75	168.28	95.25	154.0	292.1	177.8	254.0	431.8	127.00	127.00	1.23
			X95	168.28	95.25	154.0	292.1	177.8	254.0	431.8	127.00	127.00	0.97
			G105	168.28	95.25	154.0	292.1	177.8	254.0	431.8	127.00	127.00	0.88
			S135	168.28	88.90	154.0	292.1	177.8	254.0	431.8	127.00	127.00	0.81
		29.79	E75	168.28	92.08	154.0	292.1	177.8	254.0	431.8	127.00	127.00	1.02
			X95	168.28	88.90	154.0	292.1	177.8	254.0	431.8	127.00	127.00	0.96
			G105	168.28	88.90	154.0	292.1	177.8	254.0	431.8	127.00	127.00	0.86
			S135	168.28	76.20	154.0	292.1	177.8	254.0	431.8	127.00	127.00	0.87
	5IEU	29.05	E75	168.28	95.26	154.0	292.1	177.8	254.0	431.8	130.18	130.18	0.92
			X95	168.28	88.90	154.0	292.1	177.8	254.0	431.8	130.18	130.18	0.86
			G105	168.28	82.55	154.0	292.1	177.8	254.0	431.8	130.18	130.18	0.89
			S135	168.28	69.85	154.0	292.1	177.8	254.0	431.8	130.18	130.18	0.86
		38.13	E75	168.28	88.90	154.0	292.1	177.8	254.0	431.8	130.18	130.18	0.86
			X95	168.28	76.20	154.0	292.1	177.8	254.0	431.8	130.18	130.18	0.86
			G105	168.28	69.85	154.0	292.1	177.8	254.0	431.8	130.18	130.18	0.87
$5^{1}/_{2}$EH	5IEU	29.05	E75	177.80	95.25	170.7	330.2	203.2	254.0	457.2	130.18	130.18	1.53
			X95	177.80	95.25	170.7	330.2	203.2	254.0	457.2	130.18	130.18	1.21
			G105	177.80	95.25	170.7	330.2	203.2	254.0	457.2	130.18	130.18	1.09
			S135	184.15	88.90	170.7	330.2	203.2	254.0	457.2	130.18	130.18	0.98
		38.13	E75	177.80	88.90	170.7	330.2	203.2	254.0	457.2	130.18	130.18	1.21
			X95	177.80	88.90	170.7	330.2	203.2	254.0	457.2	130.18	130.18	0.95
			G105	184.15	88.90	170.7	330.2	203.2	254.0	457.2	130.18	130.18	0.99
			S135	184.15	82.55	170.7	330.2	203.2	254.0	457.2	130.18	130.18	0.83

续表

钻杆②				钻杆接头 mm									
钻杆接头代号①	规格和类型	标称质量 kg/m	钢级	内外螺纹接头外径 ±0.8 D	外螺纹接头内径③ +0.4 −0.8 d	内外螺纹接头台肩倒角直径 ±0.4 D_F	外螺纹接头体长度 +6.4 −9.5 L_P	外螺纹接头大钳空间 ±6.4 L_{PB}	内螺纹接头大钳空间 ±6.4 L_B	内外接头组合长度 ±12.7 L	最大外螺纹接头焊颈直径 D_{PE}	最大内螺纹接头焊颈直径 D_{TE}，D_{SE}	外螺纹接头对钻杆抗扭强度比
$5^1/_2$EH	$5^1/_2$IEU	32.62	E75	177.80	101.60	170.7	330.2	203.2	254.0	457.2	144.46	144.46	1.11
			X95	177.80	95.25	170.7	330.2	203.2	254.0	457.2	144.46	144.46	0.98
			G105	184.15	88.90	170.7	330.2	203.2	254.0	457.2	144.46	144.46	1.02
			S135	190.50	76.20	170.7	330.2	203.2	254.0	457.2	144.46	144.46	0.96
		36.79	E75	177.80	101.60	170.7	330.2	203.2	254.0	457.2	144.46	144.46	0.99
			X95	184.15	88.90	170.7	330.2	203.2	254.0	457.2	144.46	144.46	1.01
			G105	184.15	88.90	170.7	330.2	203.2	254.0	457.2	144.46	144.46	0.92
			S135	190.50	76.20	180.2	330.2	203.2	254.0	457.2	144.46	144.46	0.86
$6^5/_8$FH	$6^5/_8$IEU	37.54	E75	203.20	127.00	195.7	330.2	203.2	279.4	482.6	176.21	176.21	1.04
			X95	203.20	127.00	195.7	330.2	203.2	279.4	482.6	176.21	176.21	0.82
			G105	209.55	120.65	195.7	330.2	203.2	279.4	482.6	176.21	176.21	0.87
			S135	215.90	107.95	195.7	330.2	203.2	279.4	482.6	176.21	176.21	0.86
		41.29	E75	203.20	127.00	195.7	330.2	203.2	279.4	482.6	176.21	176.21	0.96
			X95	209.55	120.65	195.7	330.2	203.2	279.4	482.6	176.21	176.21	0.89
			G105	209.55	120.65	195.7	330.2	203.2	279.4	482.6	176.21	176.21	0.81
			S135	215.90	107.95	195.7	330.2	203.2	279.4	482.6	176.21	176.21	0.80

①钻杆接头代号表示适用连接的螺纹规格和类型。

②所示钻杆尺寸和类型，标称质量及钢级是供订货时识别之用。

③内径 d 不适于内螺纹接头，内螺纹接头内径由制造厂确定。

注：(1) 颈部直径 D_{PE}、D_{TE}、D_{SE} 和内径 d 均为成品尺寸，其焊接加工前尺寸由供需双方商定。

(2) 外螺纹长度（见 GB/T 9253.1）可减少至 88.9mm，以适应 76.2mm 内径。

2）钻杆接头化学成分和材料要求

钻杆接头化学成分要求见表 8−2−16。材料的晶粒度应为 6 级或比 6 级更细，非金属夹杂物应符合表 8−2−17。

3）钻杆接头的力学性能要求

钻杆接头的拉伸性能和硬度应符合表 8−1−18 的规定。钻杆接头纵向和横向冲击性能分别应符合表 8–1–19 和表 8–1–20 的规定。表 8–1–19 和表 8–1–20 中将钻杆内外螺纹接头的质量等级分为 1 级、2 级和 3 级，并分别规定了三个级别材料的冲击功要求，用户可根据钻杆的使用条件选择其中的一个级别作为钻杆接头纵向冲击功的要求。小尺寸试样冲击吸收能见表 8–2–21。

表 8–2–16　钻杆接头化学成分要求（质量分数）

钢	P max	S max
所有组	0.020	0.015

表 8–2–17　钻杆接头非金属夹杂物要求

A		B		C		D		总和
细	粗	细	粗	细	粗	细	粗	
≤ 2.0	≤ 1.5	≤ 2.0	≤ 1.5	≤ 2.0	≤ 1.5	≤ 2.0	≤ 1.5	≤ 10

表 8–2–18　钻杆接头的拉伸性能和硬度

抗拉强度 σ_b MPa	屈服强度 $\sigma_{0.2}$ MPa	伸长率 δ_4 %	硬度 HB
≥ 965	≥ 827	≥ 13	≥ 285

表 8–2–19　钻杆接头纵向冲击功要求

材料质量等级	试验温度 ℃ ±2.8	一组三个试样的最小 平均冲击功 J	一组内任何试样的 最小冲击功 J
1 级	−20	70	61
2 级	−20	60	52
3 级	−20	54	47

注：表中的冲击功值是夏比 V 型缺口 10mm × 10mm 全尺寸试样的试验值。

表 8–2–20　钻杆内螺纹接头横向冲击功要求

材料质量等级	试验温度 ℃ ±2.8	一组三个试样的最小 平均冲击功 J	一组内任何试样的 最小冲击功 J
1 级	−20	60	50
2 级	−20	52	43
3 级	−20	43	37

注：表中的冲击功值是夏比 V 型缺口 10mm × 10mm 全尺寸试样的试验值。

表 8-2-21 小尺寸试样冲击吸收能要求

试样规格 mm × mm	夏比冲击吸收功的百分数 %
10 × 10	100
10 × 7.5	80
10 × 5.0	55

4）钻杆接头抗扭强度与上扣扭矩

钻杆接头抗扭强度一般小于管体抗扭强度，其数值与钢材的强度、接头尺寸、螺纹参数、螺纹及台肩相互配合接触面摩擦系数等因素有关。

使用正确的上扣扭矩是防止接头失效的最主要措施。推荐的上扣扭矩是以接头材料强度的 60% 以及合格螺纹脂为依据确定的。

钻杆接头抗扭矩强度及上扣扭矩可查阅 API RP 7G。

3. 在用钻杆分级

在用钻杆级别的确定，根据接头和管体的分级结果，取较低者的级别为该钻杆的级别。

1）钻杆接头级别的确定

按表 8-2-22 分别确定接头各单项检测项目的级别，取最低级定为该钻杆接头的级别。

接头外径的测定：在距内外螺纹密封台肩面 25mm 处，沿圆周方向每隔 120° 测量一次外径，取其平均值。所用量具示值精度 0.5mm。

内螺纹台肩面最小宽度测定：沿圆周方向每隔 120° 测量一次台肩面宽度，取最小值如有磨偏，直接取最小值。所用量具示值精度 0.1mm。

2）钻杆管体级别的确定

按表 8-2-23 分别确定管体各单项检测项目的级别，取最低级定为该钻杆管体的级别。

外径检测：管子在管架上滚动，同时将外径规平稳地靠上管壁，沿管子轴向移动。外径规在管子全长上形成连续的螺旋轨迹，螺距约 30cm。如受管架尺寸限制，管子可朝一个方向滚动 1~2 圈，然后再朝另一个方向滚动 1~2 圈，但螺旋线在管子上任意 30cm 长度内必须至少有一个整圈。判断出应力引起的变细处最小外径，和变粗处最大外径，以及卡瓦部位压痕及变细处最小外径。找出最大磨损处位置，标记进行测量。

4. 钻杆焊区

1）焊前准备

钻杆接头和钻杆管体焊接部分内外径应相适应。钻杆管体钢级、规格、型式、尺寸及公差应符合有关钻杆的规定，钻杆接头应符合有关钻杆接头的规定。

修复钻杆焊前应检查钻杆钢级，并按有关标准对钻杆管体进行分级检查，三级钻杆不再进行焊接修复。

对于重复修复的钻杆，旧焊缝可完全切除，也可保留一条旧焊缝，但焊后新旧焊缝之间的距离不得小于 50mm。

表 8-2-22　在用钻杆接头分级标准

管子数据						1 级（优级）			2 级		
规格 1	规格 2	管子外径 mm	名义重量 kg/m	管子钢级	钻杆接头规格	钻杆接头最小外径 D_{tj} mm	钻杆接头最大外径 d_{tj} mm	内螺纹接头台肩最小宽度 S_W mm	钻杆接头最小外径 D_{tj} mm	钻杆接头最大外径 d_{tj} mm	内螺纹接头台肩最小宽度 S_W mm
$2^3/_8$	4.85	60.33	7.22	E75	NC26	79.38	50.01	1.19	78.58	52.39	0.79
					WO	77.79	53.98	1.59	76.99	54.77	1.19
					$2^3/_8$OHSW	76.20	53.18	1.59	75.41	55.77	1.19
					$2^3/_8$SL−H90	75.41	55.56	1.59	74.61	56.36	1.19
	6.65	60.33	9.90	E75	$2^3/_8$PAC	70.64	34.93	3.57	69.06	40.48	2.78
					NC26	80.96	53.18	1.98	80.17	54.77	1.59
					$2^3/_8$SL−H90	76.99	53.18	2.38	75.41	54.77	1.59
					$2^3/_8$OHSW	77.79	52.39	2.38	76.99	53.98	1.98
				X95	NC26	82.55	50.80	2.78	81.76	53.18	2.38
				G105	NC26	83.34	49.21	3.18	82.55	51.59	2.78
$2^7/_8$	6.85	73.03	10.19	E75	NC31	93.66	64.29	1.98	92.87	68.26	1.59
					$2^7/_8$WO	92.08	65.88	1.98	91.28	67.47	1.59
					$2^7/_8$OHLW	88.90	61.91	2.78	87.31	63.50	1.98
					$2^7/_8$SL−H90	88.90	65.88	2.38	87.31	66.68	1.59
	10.40	73.03	15.48	E75	NC31	96.84	63.50	3.57	95.25	65.88	2.78
					$2^7/_8$XH	94.46	61.12	3.57	92.87	63.50	2.78
					NC26	85.73	43.66	4.37	84.93	46.83	3.97

续表

管子数据						1级（优级）			2级		
规格1	规格2	管子外径 mm	名义重量 kg/m	管子钢级	钻杆接头规格	钻杆接头最小外径 D_{tj} mm	钻杆接头最大外径 d_{tj} mm	内螺纹接头台肩最小宽度 S_W mm	钻杆接头最小外径 D_{tj} mm	钻杆接头最大外径 d_{tj} mm	内螺纹接头台肩最小宽度 S_W mm
$2^7/_8$	10.40	73.03	15.48	E75	$2^7/_8$OHSW	91.28	57.94	3.97	90.49	60.33	2.78
					$2^7/_8$SL−H90	91.28	62.71	3.57	89.69	64.29	2.78
					$2^7/_8$PAC	79.38	30.96	5.95	79.38	35.72	5.95
					NC31	99.22	58.74	4.76	97.63	61.91	3.97
					$2^7/_8$SL−H90	93.66	58.74	4.76	92.08	61.12	3.97
				G105	NC31	100.01	57.15	5.16	98.43	60.33	4.37
				S135	NC31	103.19	51.59	6.75	101.60	71.44	5.95
$2^7/_8$	10.40	73.03	15.48	X95	Nc31	99.22	58.74	4.76	97.63	61.91	3.97
					$2^7/_8$SL−H90	93.66	58.74	4.76	92.08	61.12	3.97
				G105	NC31	100.01	57.15	5.16	98.43	60.33	4.37
				S135	NC31	103.19	51.59	6.75	101.6	71.44	5.95
$3^1/_2$	9.50	88.9	14.14	E75	NC38	111.92	80.96	3.18	110.33	57.15	2.38
					$3^1/_2$OHLW	108.74	78.58	3.18	107.95	80.17	2.78
					$3^1/_2$SL−H90	106.36	80.17	2.78	105.57	80.96	2.38
4	14.00	101.6	20.83	E75	NC40	122.24	82.55	4.76	120.65	84.93	3.97
					NC46	134.14	100.01	3.57	132.56	102.39	2.78
					4SH	112.71	65.88	5.95	111.13	69.06	5.16
					4OHSW	128.59	93.66	4.37	127.00	96.04	3.57
					4H90	125.41	92.87	3.57	123.83	94.46	2.78

续表

管子数据						1级（优级）			2级		
规格1	规格2	管子外径 mm	名义重量 kg/m	管子钢级	钻杆接头规格	钻杆接头最小外径 D_{tj} mm	钻杆接头最大外径 d_{tj} mm	内螺纹接头台肩最小宽度 S_w mm	钻杆接头最小外径 D_{tj} mm	钻杆接头最大外径 d_{tj} mm	内螺纹接头台肩最小宽度 S_w mm
4	14.00	101.6	20.83	X95	NC40	125.41	77.79	6.35	123.03	80.96	5.16
					NC46	136.53	96.84	4.76	134.94	100.01	3.97
					4H90	127.79	88.90	4.76	126.21	91.28	3.97
				G105	NC40	127.00	74.61	7.14	124.62	78.58	5.95
					NC46	138.11	95.25	5.56	135.73	97.63	4.37
					4H90	129.38	87.31	5.56	127.79	88.11	4.76
				S135	NC46	141.29	88.90	7.14	139.70	92.87	6.35
	15.70	101.6	23.36	E75	NC40	123.83	79.38	5.56	121.44	83.34	4.37
					NC46	134.97	99.22	3.97	133.35	100.81	3.18
					4H90	126.21	91.28	3.97	124.62	92.87	3.18
				X95	NC40	127.00	75.41	7.14	124.62	78.58	5.95
					NC46	138.11	95.25	5.56	135.73	97.63	4.37
					4H90	129.38	87.31	5.56	127.79	89.69	4.76
				G105	NC46	138.91	92.87	5.95	137.32	96.04	5.16
					4H90	130.97	84.93	6.35	128.59	88.11	5.16
				S135	NC46	143.67	86.52	8.33	140.49	83.34	6.75
$4^1/_2$	16.60	114.3	24.70	E75	$4^1/_2$FH	136.53	92.08	5.16	134.14	94.46	3.97
					NC46	137.32	96.05	5.16	135.73	98.43	4.37
					$4^1/_2$OHSW	138.11	100.01	5.16	136.53	102.39	4.37

续表

管子数据						1级（优级）			2级		
规格1	规格2	管子外径 mm	名义重量 kg/m	管子钢级	钻杆接头规格	钻杆接头最小外径 D_{tj} mm	钻杆接头最大外径 d_{tj} mm	内螺纹接头台肩最小宽度 S_w mm	钻杆接头最小外径 D_{tj} mm	钻杆接头最大外径 d_{tj} mm	内螺纹接头台肩最小宽度 S_w mm
$4^1/_2$	16.60	114.3	24.70	E75	NC50	145.26	107.95	3.97	144.46	111.92	3.57
					$4^1/_2$H−90	135.73	99.22	4.76	134.14	101.60	3.97
				X95	$4^1/_2$FH	139.70	86.52	6.75	137.32	90.49	5.56
					NC46	140.49	91.28	6.75	138.11	94.46	5.56
					NC50	148.43	105.57	5.56	146.84	107.95	4.76
					$4^1/_2$H−90	138.91	95.25	6.35	136.53	97.63	5.16
				G105	$4^1/_2$FH	141.29	92.87	7.54	138.91	96.04	6.35
					NC46	142.08	88.90	7.54	139.70	92.08	6.35
					NC50	150.02	103.19	6.35	147.64	106.36	5.16
					$4^1/_2$H−90	139.70	92.87	6.75	138.11	96.04	5.95
				S135	NC46	146.84	80.17	9.92	143.67	85.73	8.33
					NC50	153.99	96.84	8.33	151.61	100.81	7.14
	20.00	114.3	29.76	E75	$4^1/_2$FH	138.91	88.90	6.35	136.53	92.08	5.16
					NC46	139.70	92.08	6.35	137.32	95.25	5.16
					NC50	147.64	106.36	5.16	146.05	109.54	4.76
					$4^1/_2$H−90	137.32	96.04	5.56	135.73	98.43	4.76
				X95	$4^1/_2$FH	142.88	81.76	8.33	140.49	85.73	7.14
					NC46	143.67	86.52	8.33	141.29	90.49	7.14
					NC50	150.81	101.60	6.75	149.23	104.78	5.95

续表

管子数据						1 级（优级）			2 级		
规格 1	规格 2	管子外径 mm	名义重量 kg/m	管子钢级	钻杆接头规格	钻杆接头最小外径 D_{tj} mm	钻杆接头最大外径 d_{tj} mm	内螺纹接头台肩最小宽度 S_w mm	钻杆接头最小外径 D_{tj} mm	钻杆接头最大外径 d_{tj} mm	内螺纹接头台肩最小宽度 S_w mm
$4^1/_2$	20.00	114.3	29.76	X95	$4^1/_2$H−90	141.29	90.49	7.54	138.91	94.46	6.35
				G105	NC46	145.26	82.55	9.13	142.88	88.11	5.95
					NC50	153.19	99.22	7.94	150.02	102.39	6.35
				S135	NC50	157.96	91.28	10.32	154.78	96.04	8.73
5	19.50	127	29.02	E75	NC50	149.23	103.98	5.95	147.64	107.16	5.16
				X95	NC50	153.19	98.43	7.94	150.81	101.60	6.75
					5H−90	148.43	97.63	7.54	146.05	92.87	6.35
				G105	NC50	154.78	96.04	8.73	152.40	100.01	7.54
					5H−90	150.02	95.25	8.33	147.64	98.43	7.14
				S135	NC50	161.93	78.58	11.51	173.04	92.08	9.92
					$5^1/_2$FH	171.45	107.95	9.53	168.28	103.98	7.94
	25.60	127	38.09	E75	NC50	153.19	99.22	7.94	150.81	102.39	6.75
				E75	$5^1/_2$FH	165.10	117.48	6.35	154.78	120.65	5.16
				X95	NC50	157.96	90.49	10.32	154.78	96.04	8.73
					$5^1/_2$FH	169.07	111.13	8.33	166.69	112.71	7.14
				G105	NC50	159.54	87.31	11.11	156.37	92.87	9.53
					$5^1/_2$FH	170.66	108.74	9.13	168.28	112.71	7.94
				S135	$5^1/_2$FH	176.21	99.22	11.91	173.04	104.78	10.32

续表

管子数据						1级（优级）			2级		
规格1	规格2	管子外径 mm	名义重量 kg/m	管子钢级	钻杆接头规格	钻杆接头最小外径 D_{tj} mm	钻杆接头最大外径 d_{tj} mm	内螺纹接头台肩最小宽度 S_w mm	钻杆接头最小外径 D_{tj} mm	钻杆接头最大外径 d_{tj} mm	内螺纹接头台肩最小宽度 S_w mm
$5^1/_2$	21.90	139.7	32.59	E75	$5^1/_2$FH	164.31	117.48	6.35	154.78	120.65	5.16
				X95	$5^1/_2$FH	168.28	110.33	7.94	165.89	115.09	6.75
					$5^1/_2$H−90	157.16	100.01	8.33	154.79	105.57	7.41
				G105	$5^1/_2$FH	170.66	108.74	9.13	167.48	112.71	7.54
				S135	$5^1/_2$FH	176.21	100.01	11.91	173.04	105.57	10.32
	24.70	139.7	36.75	E75	$5^1/_2$FH	166.69	110.59	7.14	164.31	119.06	5.95
				X95	$5^1/_2$FH	170.66	108.74	9.13	167.48	112.71	7.54
				G105	$5^1/_2$FH	172.24	105.57	9.92	169.86	110.33	8.73
				S135	$5^1/_2$FH	178.59	94.46	13.10	174.63	101.60	11.11
$6^5/_8$	25.20	168.28	37.50	E75	$6^5/_8$FH	188.91	138.91	6.35	187.33	141.29	5.56
				X95	$6^5/_8$FH	193.68	131.76	8.73	190.50	136.53	7.14
				G105	$6^5/_8$FH	195.26	129.38	15.88	192.88	134.14	8.33
				S135	$6^5/_8$FH	200.82	119.06	12.30	197.64	125.41	10.72

表 8-2-23　钻杆管体分级标准

等级状况		1 级（优级）：2 道白线	2 级：1 道黄线	3 级：1 道橘线
外表面状况	外径磨损	剩余壁厚不低于公称壁厚的 80%	剩余壁厚不低于公称壁厚的 70%	剩余壁厚低于公称壁厚的 70%
	摔坑或凿坑	外径不低于公称外径的 97%	外径不低于公称外径的 96%	外径低于公称外径的 96%
	刻痕与缩颈	外径不低于公称外径的 97%	外径不低于公称外径的 96%	外径低于公称外径的 96%
	卡瓦部位机械损伤：切口和凿槽	深度不超过平均临近壁厚①的 10%，并且剩余壁厚不低于公称壁厚的 80%。	深度不超过平均临近壁厚①的 20%，并且横向剩余壁厚不低于公称壁厚的 80%，纵向剩余壁厚不低于公称壁厚的 70%。	深度超过平均临近壁厚①的 20%，或横向剩余壁厚低于公称壁厚的 80%，或纵向剩余壁厚低于公称壁厚的 70%。
	伸长	外径不低于公称外径的 97%	外径不低于公称外径的 96%	外径低于公称外径的 96%
	胀大	外径不大于公称外径的 103%	外径不大于公称外径的 104%	外径大于公称外径的 104%
	外表面腐蚀	剩余壁厚不低于公称壁厚的 80%	剩余壁厚不低于公称壁厚的 70%	剩余壁厚低于公称壁厚的 70%
	纵向切口或凿槽	剩余壁厚不低于公称壁厚的 80%	剩余壁厚不低于公称壁厚的 70%	剩余壁厚低于公称壁厚的 80%
	横向切口和凿槽	剩余壁厚不低于公称壁厚的 80%	剩余壁厚不低于公称壁厚的 80%	剩余壁厚低于公称壁厚的 80%
	裂纹	无②	无②	无②
内表面状况	腐蚀凹坑	剩余壁厚不低于公称壁厚的 80%	剩余壁厚不低于公称壁厚的 70%	剩余壁厚低于公称壁厚的 70%
	内壁腐蚀和磨损	剩余壁厚不低于公称壁厚的 80%	剩余壁厚不低于公称壁厚的 70%	剩余壁厚低于公称壁厚的 70%
	裂纹	无②	无②	无②

①平均临近壁厚通过测量临近切口或凿槽最深部位每个边的壁厚来确定。

②任一等级的钻杆有刺孔或裂纹出现时，都必须用红色条带标识，表示这种钻杆不能继续使用。

对于修复钻杆，焊前应对钻杆加厚部分和过渡区的内外表面进行磁粉或荧光渗透探伤，不允许存在裂纹、折叠及皱折等表面缺陷。并应对加厚部分和过渡区进行超声波探伤检查。

对于新钻杆，焊前或焊后应对钻杆加厚部分和过渡区的内外表面进行磁粉或荧光渗透探伤，不允许存在裂纹、折叠及皱折等表面缺陷。并应对加厚部分和过渡区进行超声波探伤检查。

焊前应将焊接端面和内外表面上的黑皮、铁锈、油污和灰尘等彻底清除。

2）焊接及焊后热处理工艺要求

根据摩擦焊机类型及焊接对象的不同，应采用不同的焊接工艺。

焊后应清除焊缝内外表面上的飞边。

根据钻杆钢级的要求，E75 钻杆焊后可采用正火 + 回火或淬火 + 回火热处理；X95、G105 和 S135 各钢级钻杆焊后采用淬火 + 回火或正火 + 回火热处理。

3）焊接技术及钻杆摩擦焊区质量要求

在摩擦焊接钻杆批量生产前，应进行焊接及热处理工艺评定。

当焊接及热处理设备条件、工艺参数或焊接材料、钻杆规格等改变时，应重新进行工艺评定。工艺评定的主要内容包括焊区宏观和显微组织、硬度分布及力学性能等项内容。

焊区不应存在焊接裂纹及未熔合等缺陷。

焊区不应存在未回火的马氏体及粗大的过热组织，晶粒度应为 6 级或更细小。

焊区夹杂物应符合表 8−2−17 规定。

焊接及热处理完成后，其热影响区不应在钻杆加厚过渡区之内。

焊区拉伸性能应符合表 8−2−24 规定，焊区同一部位沿壁厚方向的硬度差不大于 5 个 HRC 单位或 35 个 HV 单位。

表 8−2−24 焊区力学性能要求

钢 级	屈服强度 MPa	抗拉强度 MPa	延伸率 %
E75	≥ 517	≥ 689	≥ 13
X95	≥ 609	≥ 712	
G105	≥ 655	≥ 724	
S135	≥ 724	≥ 793	

焊缝冲击性能应符合表 8−2−25 规定。表 8−2−25 中将焊缝的质量等级分为 1 级、2 级和 3 级，并分别规定了三个级别的焊缝冲击功要求，用户可根据钻杆的使用条件选择其中的一个级别作为摩擦焊接钻杆焊缝的冲击功要求。

钻杆焊区应进行侧弯试验；导向弯曲后，位于试样弯曲面的焊缝区，在任何方向上测量时不应有超过 3.1mm 的开裂缺陷。试验中试样尖角引起的开裂可以忽略，除非有明显的证据表明这一开裂是夹渣或其他内部缺陷造成。

表 8-2-25　钻杆摩擦焊缝冲击功要求

钢级	焊缝质量等级	试验温度 ℃ ±2.8	一组三个试样的最小平均冲击功 J	一组内任何试样的最小冲击功 J
S135	1 级	−20	54	47
E75、X95、G105、S135	2 级	−20	30	25
E75、X95、G105、S135	3 级	+21	30	25

注：夏比冲击功是指 10mm × 10mm 全尺寸试样的要求，若采用小尺寸试样，则按表 8-2-13 的规定进行换算。

三、加重钻杆

钻具组合中，用于普通钻杆和钻铤的过渡区，缓和两者弯曲刚度的变化，减少钻杆的损坏；可以代替一部分钻铤，在钻深井中可以减少扭矩和提升负荷，增加钻深能力；起下钻不用提升短节和安全卡瓦，操作方便，减少起下钻时间。在定向井中使用，可以在较低扭矩的情况下高速钻进，减小了钻柱的磨损和破裂。由于其刚性比钻铤小，和井壁接触面积小，也不容易形成压差卡钻。

1. 整体加重钻杆结构、尺寸及规格

加重钻杆两端有超长的外加厚接头，中间有一个或两个加厚部分。其结构如图 8-2-7 所示，尺寸规格应符合表 8-2-26 所示。为了控制管体偏心度，整体加重钻杆壁厚差应符合表 8-2-27 的规定；内螺纹接头与钻杆吊卡扣合处可按需方要求制成 18° 锥形台肩或直角台肩，如图 8-2-8 所示；如需方要求整体加重钻杆螺纹连接部位带应力分散结构，可按图 8-2-9、图 8-2-10 和表 8-2-28 的规定加工，也可由需方自定形式加工。

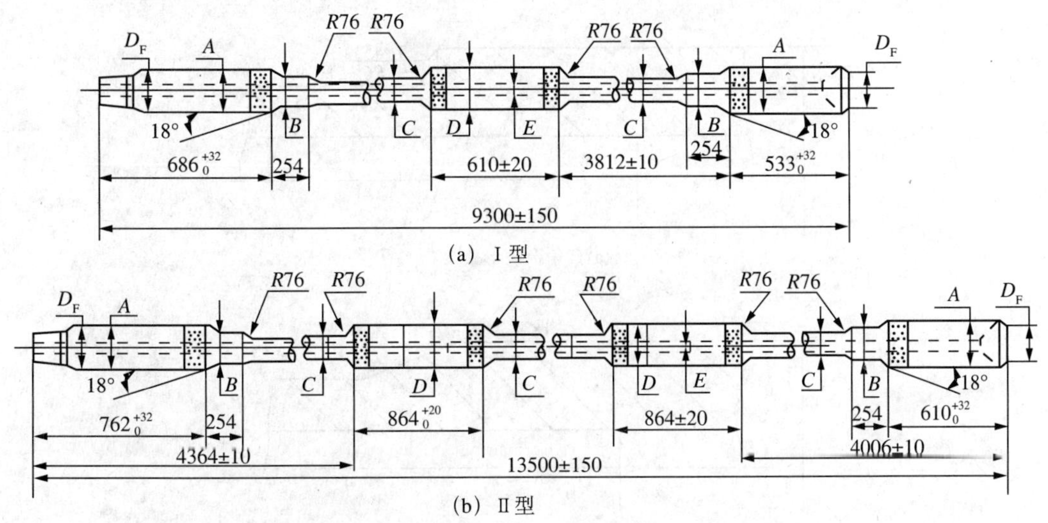

图 8-2-7　整体加重钻杆结构

根据使用工况的实际需要，用户与制造厂可以对Ⅰ型整体加重钻杆的单根总长度协商确定

表 8−2−26　整体加重钻杆的尺寸规格

规格	外径 D		内径 E		接头				管体 加厚部分尺寸		单根质量 kg
	mm	in	mm	in	型式	外径 A mm	外径 A in	内外螺纹台肩倒角 D_F mm	中部 D mm	端部 B mm	
Ⅰ型（单根长度为 9300mm）											
ZH−JZ66−$6\frac{5}{8}$FH−Ⅰ	168.3	$6\frac{5}{8}$	114.3	$4\frac{1}{2}$	$6\frac{5}{8}$FH	209.6	$8\frac{1}{4}$	195.70	184.2	176.21	965
ZH−JZ55−$5\frac{1}{2}$FH−Ⅰ	139.7	$5\frac{1}{2}$	92.1	$3\frac{5}{8}$	$5\frac{1}{2}$FH	177.8	7	170.7	152.4	144.5	730
ZH−JZ50−NC50−Ⅰ	127.0	5	76.2	3	NC50	168.3	$6\frac{5}{8}$	154.0	139.7	130.2	700
ZH−JZ45−NC46−Ⅰ	114.3	$4\frac{1}{2}$	71.4	$2\frac{13}{16}$	NC46	158.8	$6\frac{1}{4}$	145.3	127.0	117.5	585
ZH−JZ35−NC38−Ⅰ	88.9	$3\frac{1}{2}$	52.39	$2\frac{1}{16}$	NC38	120.7	$4\frac{3}{4}$	116.3	101.6	92.1	370
ZH−JZ29−NC31−Ⅰ	73.03	$2\frac{7}{8}$	50.8	2	NC31	104.8	$4\frac{1}{8}$	100.4	84.1	81.0	220
Ⅱ型（单根长度为 13500mm）											
ZH−JZ50−NC50−Ⅱ	127.0	5	76.2	3	NC50	168.3	$6\frac{5}{8}$	154.0	139.7	130.2	945
ZH−JZ45−NC46−Ⅱ	114.3	$4\frac{1}{2}$	71.4	$2\frac{13}{16}$	NC46	158.8	$6\frac{1}{4}$	145.3	127.0	117.5	790

表 8−2−27　整体加重钻杆各部位壁厚差

位　置	内外螺纹接头	中部加厚处	管　体
壁厚差	≤ 12%t	≤ 12%t	≤ 16%t

注：t 为理论壁厚。

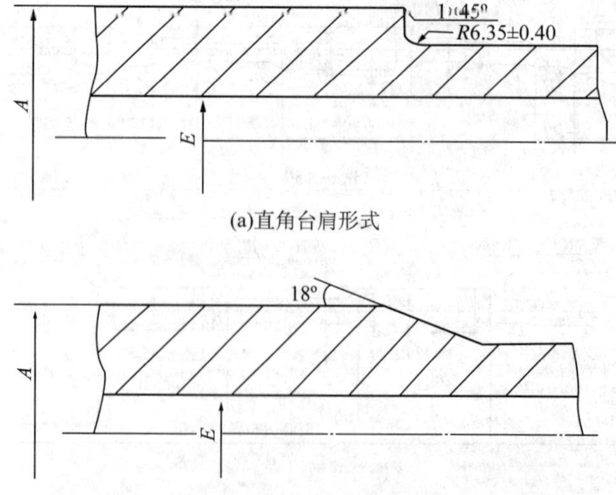

(a)直角台肩形式

(b)18°锥形台肩形式

图 8−2−8　接头台肩形式

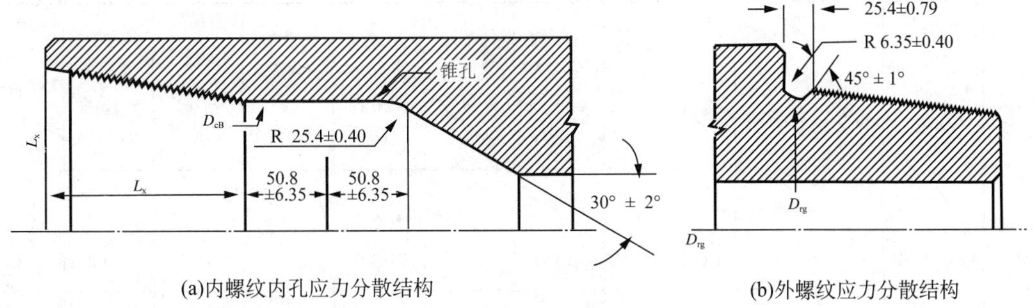

(a)内螺纹内孔应力分散结构　　　　(b)外螺纹应力分散结构

图 8-2-9　螺纹连接部位应力分散结构（单位：mm）

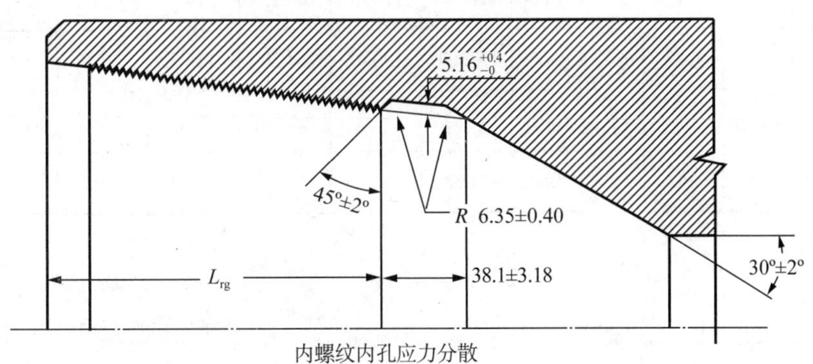

内螺纹内孔应力分散

图 8-2-10　替代的内螺纹连接部位应力分散结构

表 8-2-28　整体加重钻杆螺纹连接部位应力分散结构尺寸

整体加重钻杆螺纹类型	内螺纹台肩面至最后一牙刻痕长度 ±1.6 L_X mm	内螺纹圆柱段直径 +0.40 0 D_{CB} mm	内螺纹圆柱段后的锥段锥度 ±20.83 mm/m	外螺纹槽直径 0 −0.79 D_{RG} mm	内螺纹端面至应力分散结构长度 0 −3.2 L_{RG} mm
NC38（3¹/₂IF）	88.9	88.11	166.67	89.10	92.1
NC46（4IF）	101.6	106.76	166.67	109.93	104.8
NC50（4¹/₂IF）	101.6	117.48	166.67	120.45	104.8

2. 整体加重钻杆螺纹

整体加重钻杆螺纹端尺寸应符合表 8-2-29 规定。

3. 整体加重钻杆耐磨带

整体加重钻杆的两端接头和管体中间加厚部分应敷焊耐磨带，敷焊部分应先加工敷焊槽，敷焊前后尺寸应符合图 8-2-11 规定。敷焊后，耐磨带外表面应平整过渡，基体不得有裂纹和焊层剥落等缺陷。表面硬度不低于 HRC50。

表 8-2-29　整体加重钻杆螺纹端尺寸

螺纹类型	螺纹牙型	螺距 P mm	每25.4mm牙数	锥度	螺纹基面中径 C	外螺纹锥部大端直径 D_L	外螺纹圆柱部分直径 $D_{LF\pm0.40}$	外螺纹锥部小端直径 D_S	外螺纹锥部总长度 $L_{PC\,-3.2}^{\;0}$	内螺纹最小有效螺纹长度 L_{BT}	内螺纹锥部长度 $L_{BC\,0}^{\;+9.5}$	内螺纹扩锥孔大端直径 $Q_{C\,-0.4}^{\;+0.8}$
					mm							
NC31	V−0.038R	6.350	4	1:6	80.848	86.131	82.96	71.323	88.9	92.1	104.8	87.7
NC38	V−0.038R	6.350	4	1:6	96.723	102.006	98.83	85.065	101.6	104.8	117.5	103.6
NC46	V−0.038R	6.350	4	1:6	117.500	122.784	119.61	103.734	114.3	117.5	130.2	124.6
NC50	V−0.038R	6.350	4	1:6	128.059	133.350	130.43	114.300	114.3	117.5	130.2	134.9
5½FH	V−0.050	6.350	4	1:6	142.011	147.955	—	126.797	127.00	130.2	142.9	150.0
6⁵/₈FH	V−0.050	6.350	4	1:6	165.598	171.526	—	150.368	127.00	130.2	142.9	173.8

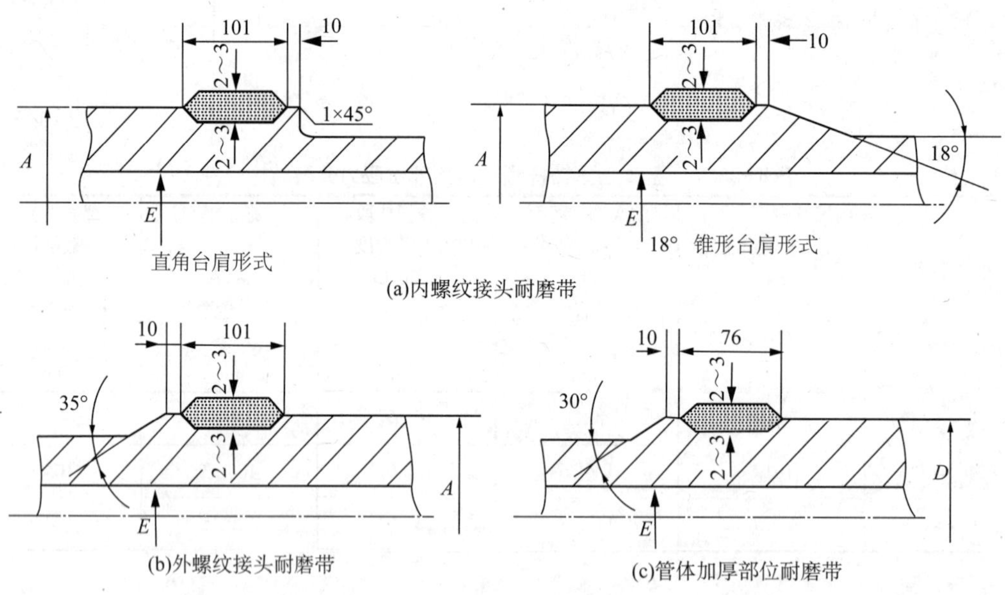

图 8-2-11　整体加重钻杆耐磨带形式及尺寸要求（单位：mm）

4. 化学成分及力学性能要求

整体加重钻杆用钢化学成分中硫和磷含量不得超过 0.035%。加重钻杆管体和接头的机械性能应符合表 8-2-30 的规定。深井、定向井、大位移井和水平井等钻井作业中钻具承受高扭矩，整体加重钻杆内螺纹接头横向夏比冲击吸收功 A_{KV}（单个值）≥ 100J。

表 8−2−30　整体加重钻杆管体和接头的力学性能要求

抗拉强度 R_m MPa	屈服强度 $\sigma_{r0.2}$ MPa	伸长率 A %	硬度	夏比冲击吸收功 A_{KV} J
≥ 964	≥ 758	≥ 13	HB285 ~ HB341	平均值≥ 54 单个值≥ 47

5. 整体加重钻杆标记与包装

整体加重钻杆，应在距外螺纹台肩面 300mm 的外螺纹接头的外表面上加工一个标记槽，标记槽的形状和尺寸由制造厂和用户协商确定。成品整体加重钻杆出厂前应按下列顺序在标记槽内用钢字打印如下标记。

(1) 制造厂厂标（或厂名）；

(2) 出厂时间；

(3) 接头型式；

(4) 外径；

(5) 内径；

(6) 制造标准号。

出厂后整体加重钻杆标记按下列原则命名：

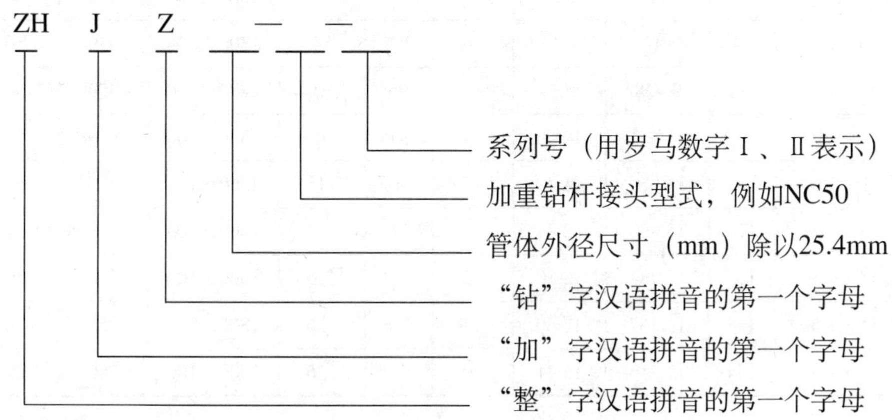

四、铝合金钻杆

铝合金钻杆的主要特点是：重量轻，可提高钻机的钻深能力；韧性大，弹性好，与井壁的摩擦力小；挠性好，具有很好的抗疲劳性能，在弯曲井段或在大斜度井及水平井中使用比较有利。

1. 铝合金钻杆管体

1) 管体的外形和尺寸

铝合金钻杆的长度应符合表 8−2−31 和图 8−2−12 规定。

铝合金钻杆的形状和尺寸，对于带内加厚端的管体应符合图 8−2−12 和表 8−2−32 规定；对于带外加厚端的管体应符合图 8−2−13 和表 8−2−33 规定；对于带加厚保护器的钻杆应符合图 8−2−14 和表 8−2−34、表 8−2−35 规定；外加厚的钻杆端部如图 8−2−15 所示，内加厚钻杆端部如图 8–2–16 所示，钻杆加厚保护器如图 8–2–17 所示。

表 8–2–31　铝合金钻杆长度　　单位：m

管体交货时条件	范围		
	1	2	3
带钻杆接头 $L_{pj}{}^{+0.25}_{-0.15}$	6.20	9.10	12.40
不带钻杆接头 $L_{p}{}^{+0.25}_{-0.15}$	5.80	8.70	12.00

注：根据制造厂和购方协议可订购其他长度的管体。

表 8–2–32　铝合金带内加厚端的铝合金钻杆（见图 8–2–12）　　单位：mm

管体尺寸			计算质量		加厚端尺寸						
外径 D ±1%	壁厚，t	内径 d	平端 kg/m	加厚（两端）kg	壁厚 t_1	内径 d_1	倒角直径	加厚端长度		过渡带长度	
								内螺纹 L_{1ib}	外螺纹 $L_{1ip}\pm50$	接箍端 $l_2\pm30$	平端
64	8±1.0	48	3.911	1.41	13	38	38	250±50	350	50	250
73	9±1.0	55	5.028	2.22	16	41	44	250±50	350	50	250
90	9±1.0	72	6.364	3.00	16	58	60	250±50	350	50	250
103	9±1.0	85	7.385	7.17	16	71	71	1000±100	350	50	250
114	10±1.0	94	9.078	8.43	16	82	84	1300±100	350	50	300
129	9±1.0	111	9.428	13.17	17	95	95	1300±100	350	50	300
129	11±1.0	107	11.331	12.66	19	91	95	1300±100	350	50	300
147	11±1.0	125	13.059	11.40	17	113	115	1300±100	350	50	300
147	13±1.5	121	15.260	12.74	20	107	115	1300±100	350	50	300
147	15±1.5	117	17.284	12.30	22	103	115	1300±100	350	50	300
170	11±1.5	148	15.267	13.60	17	136	136	1300±100	350	50	300
170	13±1.5	144	17.816	15.31	20	130	136	1300±100	350	50	300

表 8–2–33　铝合金带外加厚端的铝合金钻杆（见图 8–2–13）　　单位：mm

管体尺寸				计算质量		加厚端尺寸						
外径 D ±1%	壁厚，t		内径 d	平端 kg/m	加厚（两端）kg	壁厚 t_1	外径 D_1		倒角直径 d_8	加厚端长度 L_1		过渡带长度（两端）L_2
										内螺纹 +150 −100 L_{1eb}	外螺纹 ±50 L_{1ep}	+300 −450 L_{2e}
90	8	±1.0	74	5.726	4.65	13	100	+2.5 −1.0	74	350	350	500
114	10	±1.0	94	9.078	11.02	19	132	+2.5 −1.0	98	350	350	500

续表

管体尺寸				计算质量		加厚端尺寸						
外径 D ±1%	壁厚，t		内径 d	平端 kg/m	加厚（两端）kg	壁厚 t_1	外径 D_1		倒角直径 d_8	加厚端长度 L_1		过渡带长度（两端）L_2
										内螺纹 +150 −100 L_{1eb}	外螺纹 ±50 L_{1ep}	+300 −450 L_{2e}
129	9	±1.0	111	9.428	22.61	18	147	+2.5 −1.0	114	1300	350	500
133	11	±1.0	111	11.715	17.70	18	147	+3.5 −2.0	114	1300	350	500
140	13	±1.5	114	14.412	8.71	16.5	147	+3.5 −2.0	114	1300	350	850
147	11	±1.5	125	13.059	30.12	21.5	168	+3.5 −2.0	130	1300	350	500
151	13	±1.5	125	15.66	24.54	21.5	168	+3.5 −2.0	130	1300	350	500
155	15	±1.5	125	18.331	18.79	21.5	168	+3.5 −2.0	130	1300	350	500
164	9	±1.5	146	12.177	32.28	19.5	185	+3.5 −2.0	146	1300	350	500
168	11	±1.5	146	15.075	27.06	19.5	185	+3.5 −2.0	146	1300	350	500

表 8-2-34　带内加厚和加厚保护器的铝合金钻杆　　单位：mm

钻杆外径 D	加厚保护器[①]		
	外径 D_{pt} +3.0 −2.8	保护器加厚长度 L_3 ±50	过渡带长度 L_4 ±150
129	150	300	1800
147	172	300	1800
170	197	300	1800

①加厚保护器的中点应位于不加厚管长的中心（允许偏差 ±100）。

表 8-2-35　带外加厚和加厚保护器的铝合金钻杆　　单位：mm

钻杆外径 D	加厚保护器[①]		
	外径 D_{pt} +3.0 −2.8	保护器加厚长度 L_3 ±50	过渡带长度 L_4 ±150
129	146	300	1800

续表

钻杆外径 D	加厚保护器①		
	外径 D_{pt} $^{+3.0}_{-2.8}$	保护器加厚长度 L_3 ±50	过渡带长度 L_4 ±150
133	146	300	1800
140	172	300	1800
147	172	300	1800
151	172	300	1800
155	172	300	1800
164	185	300	1800
168	185	300	1800

①加厚保护器的中点应位于不加厚管长的中心（允许偏差 ±100)。

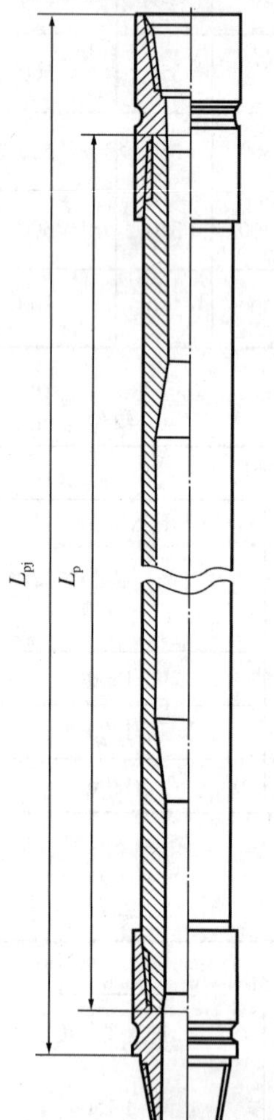

图 8-2-12　带内加厚的铝合金钻杆

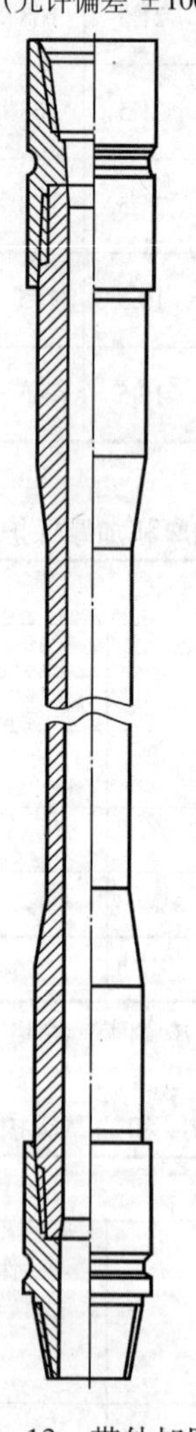

图 8-2-13　带外加厚的铝合金钻杆

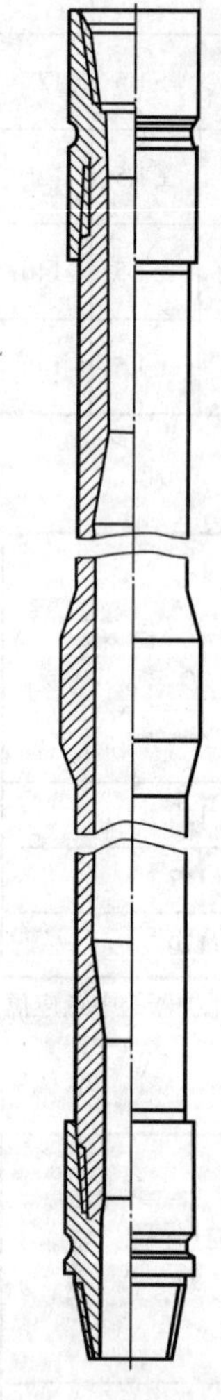

图 8-2-14　带加厚保护器的铝合金钻杆

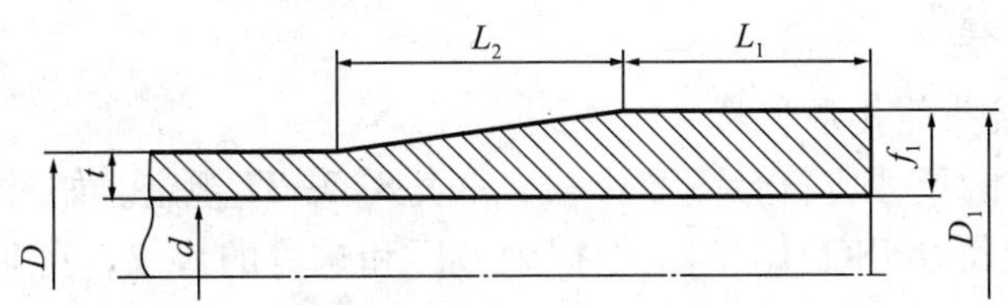

图 8-2-15　带外加厚的铝合金钻杆端部

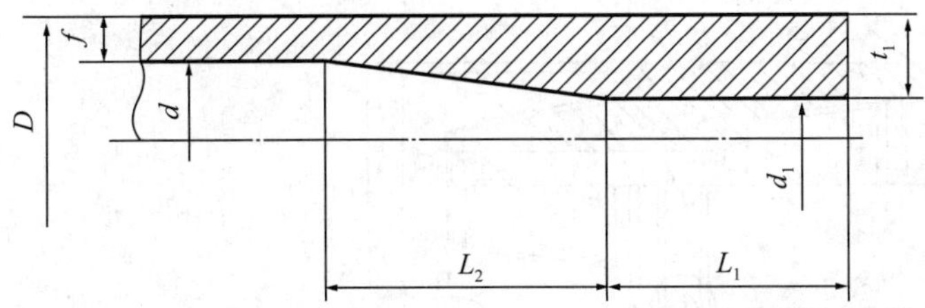

图 8-2-16　带内加厚的铝合金钻杆端部

2）铝合金钻杆管体的材料要求、热处理及化学成分要求

铝合金钻杆管体材料要求见表 8-2-36，铝合金钻杆应进行固溶热处理并随后进行人工或自然失效。在进行最终热处理之后不应进行冷加工，除非该钻杆要进行正常矫直或螺纹加工。对于铝合金钻杆材料化学成分要求，残余铅含量应控制在 0.005%。

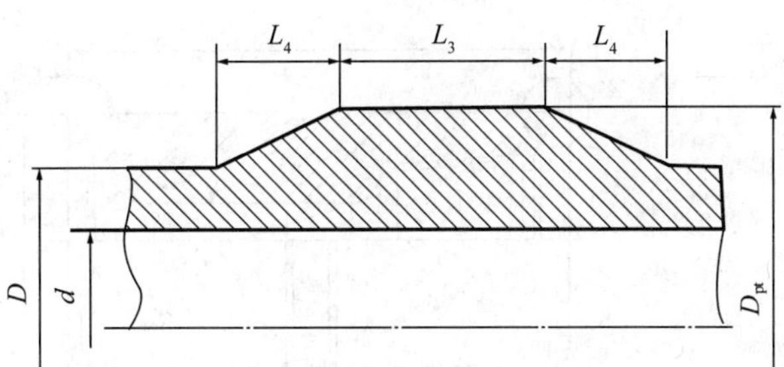

图 8-2-17　铝合金钻杆的加厚保护器

表 8-2-36　铝合金钻杆的材料要求

特性	材料组			
	Ⅰ	Ⅱ	Ⅲ	Ⅳ
合金系	Al—Cu—Mg	Al—Zn—Mg	Al—Cu—Mg—Si—Fe	Al—Zn—Mg
最小屈服强度（0.2% 残余变形法）MPa	325	480	340	350
最小抗拉强度，MPa	460	530	410	400
最小伸长率，%	12	7	8	9
最高操作温度，℃	160	120	220	160
在 3.5% 氯化钠溶液中的最大腐蚀率 g/（$m^2 \cdot h$）	—	—	—	0.08

注：(1) 允许采用其他铝合金系，只要购方同意且该合金满足以上四组材料中任意一组的要求。室温下的屈服强度在最高温度下暴露时间超过 500h 时可能会降低 30% 以上。

(2) 表中给出的合金力学性能的试验温度为 21℃ ±3℃。

2. 铝合金钻杆接头

1）铝合金钻杆接头的外形和尺寸

铝合金钻杆接头的尺寸应符合图 8-2-18 和表 8-2-37 规定。如果旋转台肩接头螺纹，则钻杆接头的尺寸应符合 ISO 10424。根据制造厂和购方的协议，可采用其他钻杆接头的尺寸和设计。

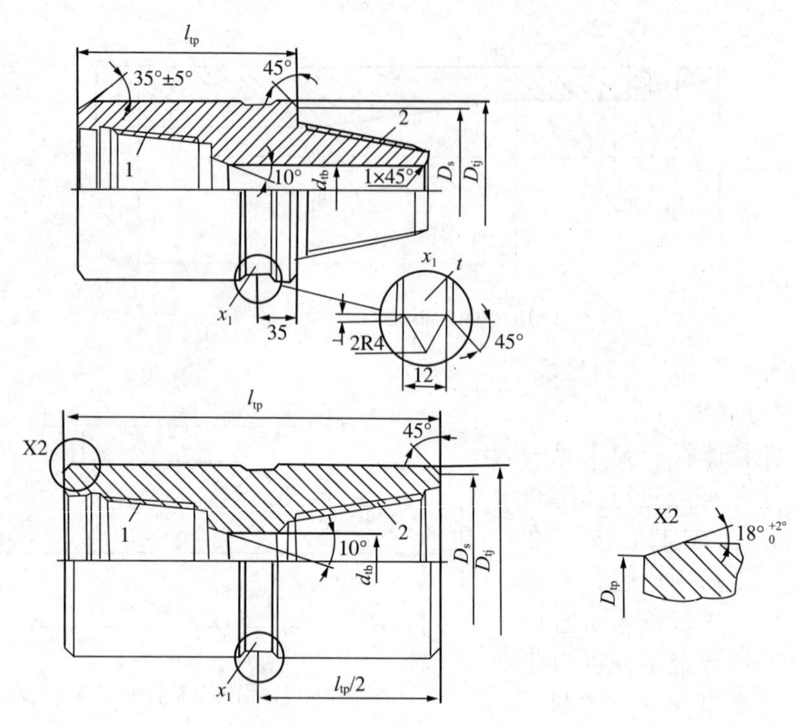

图 8-2-18 铝合金钻杆的接头

1—TT 型螺纹；2—螺旋台肩型螺纹

表 8-2-37 铝合金钻杆接头尺寸

钻杆		钻杆接头							螺纹类型	
D	t	D_{tj}	D_s	D_{se}	d_{tp}	d_{tb}	l_{tb}	l_{tp}	钻杆接头	钻杆
带外加厚钻杆										
90	8	118	114	99.0	74	74	275	185	NC38	TT90
114	10	155	150	123.0	99	94	320	210	—	TT22
129	9	172	169	138.0	110	111	340	225	5¹/₂FH	TT138
133	11	172	169	141.9	110	111	340	225	5¹/₂FH	TT138
147	11	195	188	156.0	135	125	365	244	6⁵/₈FH	TT158
151	13	195	188	160.0	135	125	365	244	6⁵/₈FH	TT158
155	15	195	188	164.0	135	125	365	244	6⁵/₈FH	TT158

续表

钻杆		钻杆接头							螺纹类型	
D	t	D_{tj}	D_s	D_{se}	d_{tp}	d_{tb}	l_{tb}	l_{tp}	钻杆接头	钻杆
164	9	203	196	173.0	124	146	365	244	$6^5/_8$FH	TT172
168	11	203	196	177.0	124	146	365	244	$6^5/_8$FH	TT172
带内加厚钻杆										
64	8	80	76	55.0	34	38	240	163	NC23	TT50
73	9	95	91	64.0	27	41	260	170	NC26	TT63
90	9	110	106	81.0	40	58	275	185	NC31	TT79
103	9	118	114	94.0	74	73	275	185	NC38	TT90
114	10	145	140	105.0	70	84	305	195	NC44	TT104
129	9	155	150	120.0	99	99	320	210	NC50	TT177
129	11	155	150	120.0	99	95	320	210	NC50	TT177
147	11	178	171	156.0	101	113	340	235	$5^1/_2$FH	TT138①
147	13	178	171	156.0	101	107	340	235	$5^1/_2$FH	TT138①
147	15	178	171	156.0	101	103	340	235	$5^1/_2$FH	TT138①
170	11	203	196	161.0	124	136	365	244	$6^5/_8$FH	TT158①
170	13	203	196	161.0	124	130	365	244	$6^5/_8$FH	TT158①

①根据制造厂与购方协议，可采用 TT136 螺纹连接。

2）铝合金钻杆钢制接头材料性能要求

铝合金钻杆钢制接头的材料应符合表 8-2-38 的要求。

表 8-2-38　铝合金钻杆钢制接头的材料要求

特性	要求
最小屈服强度（0.2% 残余变形法），MPa	735
最小抗拉强度，MPa	880
最小伸长率，%	13
最小纵向夏比 V 型缺口吸收能要求①，J	三次试验的平均值 70（单个值 47J）
最小布氏硬度，HBW	285

①根据购方与制造厂的协议，并在订单上加以注明，夏比冲击试验应在 −10℃ ±3℃条件下进行。

注：(1) 外螺纹接头机械性能的确定应符合 ASTM 370。

(2) 经与购方协商可采用其他标距长度。在这种情况下，相应的伸长率值应根据 ISO 2566—1 获得。在有争议的情况下，标距长度应采用 $l_0=5.65\sqrt{S_0}$。

(3) 表中给出的接头机械性能的试验温度为 21℃ ±3℃。

3. 铝合金钻杆管体与接头的连接（TT 型螺纹尺寸）

钻杆接头的螺纹尺寸应符合图 8-2-19(a) 和表 8-2-39 规定，管体的螺纹尺寸应符合图 8-2-19（b）和表 8-2-40 规定。图 8-2-20 为钻杆和钻杆接头螺纹形状的尺寸。

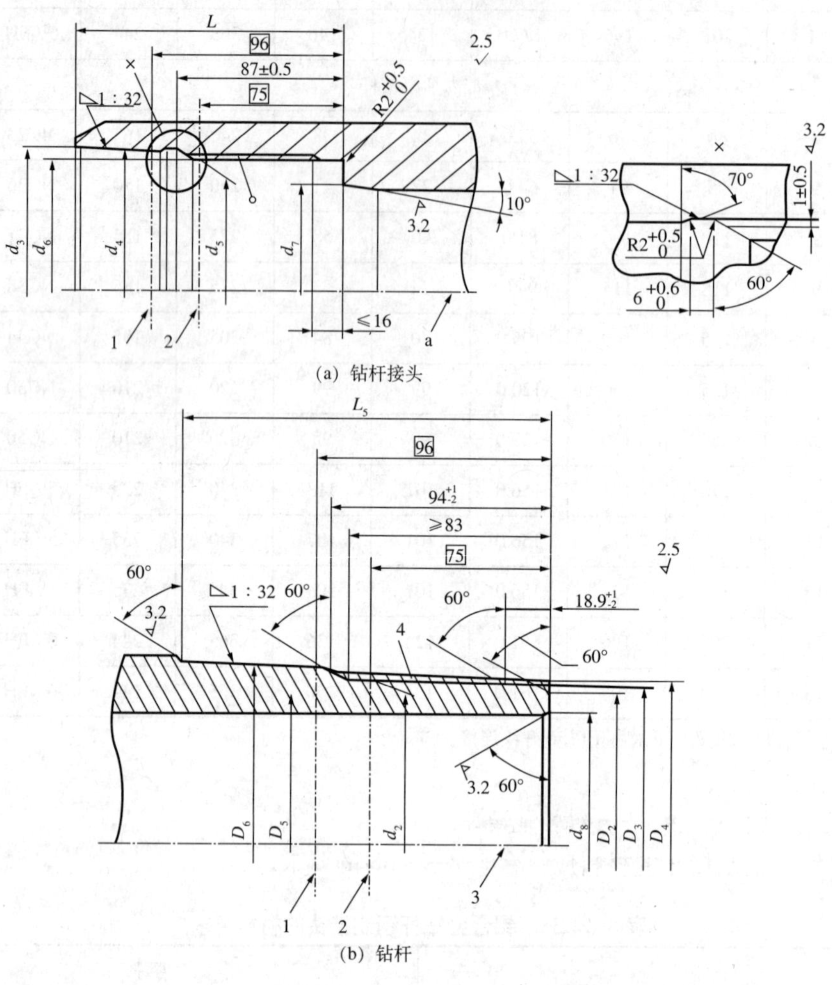

图 8-2-19 铝合金钻杆—钻杆接头螺纹连接

1—设计面；2—参考面；3—螺纹轴线；4—TT 型螺纹；a—全轮廓螺纹长度应为 83mm

表 8-2-39 铝合金钻杆接头—钻杆螺纹尺寸 单位：mm

	螺纹类型	d_3 ①	$d_{4\ -10}^{\ 0}$	$d_5 \pm 0.05$	d_6 ①	$l \pm 0.3$
带外加厚端钻杆	TT90	97.345	96.22	90.32	92.101	132
	TT122	129.525	128.15	122.25	124.281	140
	TT138	145.495	144.12	138.22	140.251	140
	TT158	165.445	164.07	158.17	160.201	140
	TT172	179.395	178.02	172.12	174.121	140

续表

	螺纹类型	$d_3$①	$d_{4\,-10}^{\;\;0}$	$d_5\pm0.05$	$d_6$①	$l\pm0.3$
带内加厚端的钻杆	TT53	60.425	59.30	53.40	55.181	132
	TT63	70.405	69.28	63.38	65.161	132
	TT79	86.375	85.25	79.35	81.131	132
	TT90	97.345	96.22	90.32	92.101	132
	TT104	111.575	110.20	104.30	106.331	140
	TT117	124.535	123.16	117.26	119.291	140
	TT136	143.495	142.12	136.22	138.251	140
	TT138	145.495	144.12	138.22	140.251	140
	TT158	165.465	164.09	158.19	160.221	140

①参考尺寸。

表 8-2-40　铝合金钻杆—钻杆接头螺纹尺寸　　单位：mm

	螺纹类型	$D_2\pm0.05$	$D_2\pm0.08$	$D_{3\,-0.6}^{\;\;0}$	D_4	D_5	$D_6\pm0.05$	l_5
带外加厚端钻杆	TT90	90.60	82	86.5	91.656	93.5	96.5	150
	TT122	122.60	112	118.5	123.656	125.5	128.5	160
	TT138	138.60	129	134.5	139.656	141.5	144.5	160
	TT158	158.60	148	154.5	159.656	161.5	164.5	160
	TT172	172.60	163	168.5	173.656	175.5	178.5	160
带内加厚端的钻杆	TT53	53.60	45	49.8	54.656	56.5	59.5	150
	TT63	63.60	55	59.5	64.656	66.5	69.5	150
	TT79	79.60	71	75.5	80.656	82.5	85.5	150
	TT90	90.60	82	86.5	91.656	93.5	96.5	150
	TT104	104.60	96	100.5	105.656	107.5	110.5	160
	TT117	117.60	109	113.5	118.656	120.5	123.5	160
	TT136	136.60	128	132.5	137.656	139.5	142.5	160
	TT138	138.60	130	134.5	139.656	141.5	144.5	160
	TT158	158.60	150	154.5	159.656	161.5	164.5	160

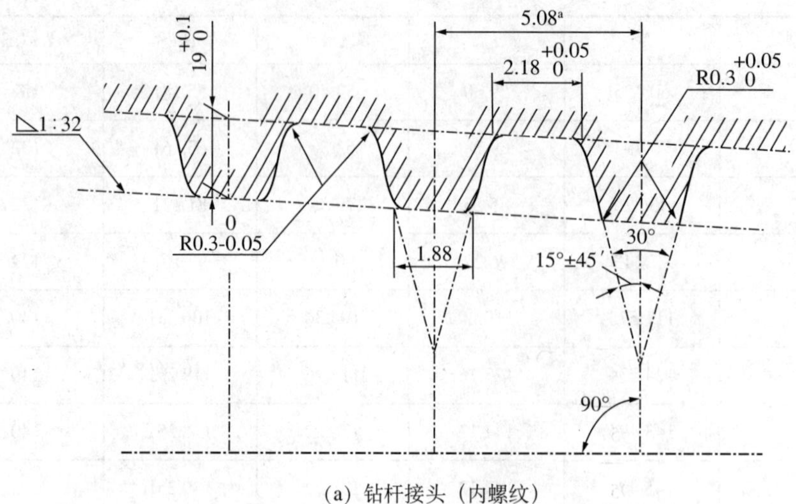

(a) 钻杆接头（内螺纹）

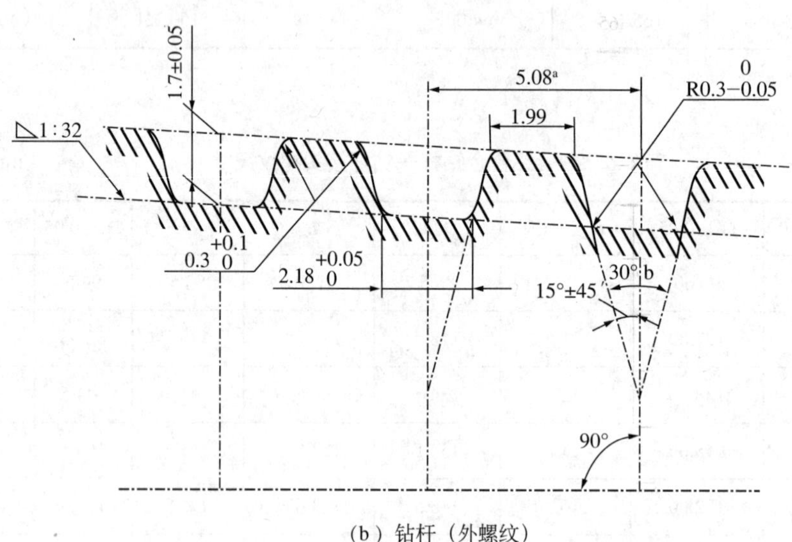

(b) 钻杆（外螺纹）

图 8−2−20　铝合金钻杆和钻杆接头的 TT 型螺纹形状

五、钻铤

钻铤可根据材料分为普通钻铤和无磁钻铤（C 型）两种类型。单位长度的重量比同尺寸的钻杆大 4 ~ 5 倍。钻铤由合金钢制造，用棒料或空心棒镗孔制成，一般是在管体上直接加工连接螺纹。

1. 钻铤结构及尺寸规范

普通钻铤分为 A 型和 B 型，无磁钻铤为 C 型。

A 型（圆柱式）：用普通合金钢制成的，管体横截面内外皆为圆形的钻铤，代号为 ZT。

B 型（螺旋式）：用普通合金钢制成的，管体外表面具有螺旋槽的钻铤。根据螺旋槽不同又分为两种形式，即 I 型和 II 型，代号分别为 LTI 和 LT II 。

C 型（无磁钻铤）：用磁导率很低的不锈合金钢制成的，管体横截面内外皆为圆形的钻铤，代号为 WT。

钻铤的结构应符合图 8−2−21，图 8−2−22 和图 8−2−23 规定。尺寸规范应符合表 8−2−41 规定。

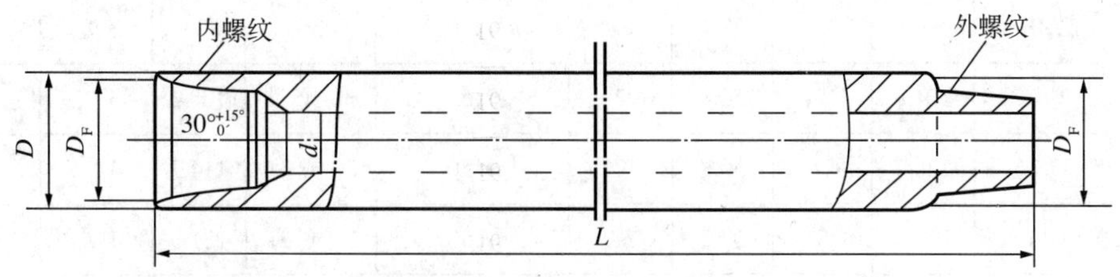

图 8−2−21　A 型和 C 型钻铤结构

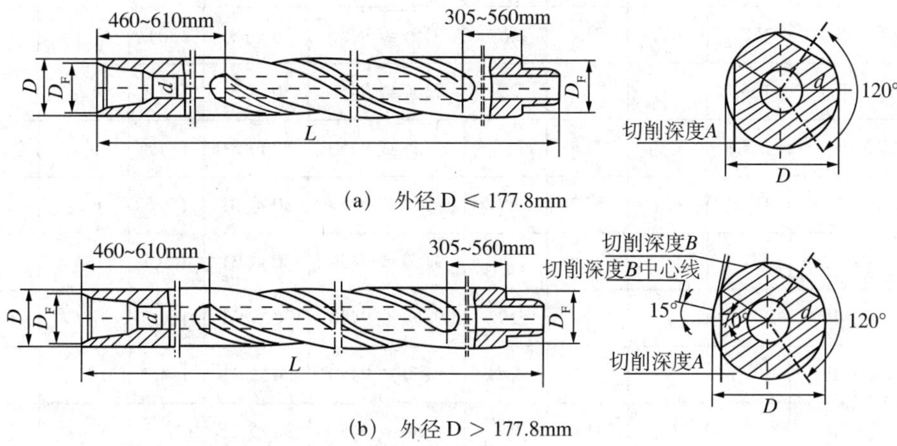

图 8−2−22　B Ⅰ型钻铤结构

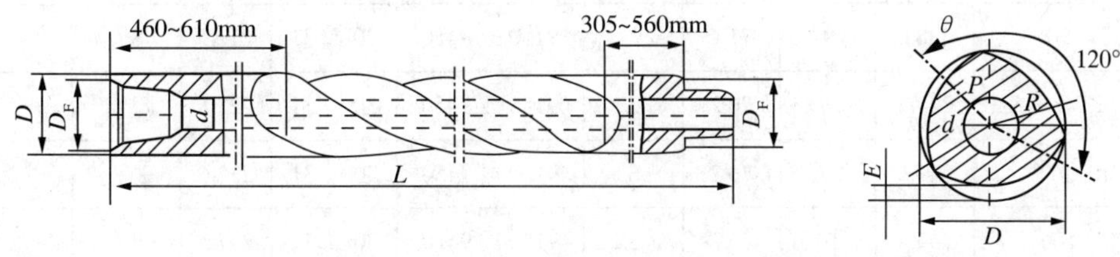

图 8−2−23　B Ⅱ型钻铤结构

表 8-2-41　钻铤的尺寸规格

钻铤螺纹型号	外径 D		内径 d		长度 L		台肩倒角直径 D_F		参考的弯曲强度比②
	mm	in	mm	in	mm	in	mm	in	
NC23−31①（试行）	79.4	$3^{1}/_{8}$	31.8	$1^{1}/_{4}$	9150	30	76.2	3	2.57
NC26−35（$2^{3}/_{8}$IF①）	88.9	$3^{1}/_{2}$	38.1	$1^{1}/_{2}$	9150	30	82.9	$3^{17}/_{64}$	2.42
NC31−41（$2^{7}/_{8}$IF）	104.8	$4^{1}/_{8}$	50.8	2	9150	30 或 31	100.4	$3^{61}/_{64}$	2.43
NC35−47	120.7	$4^{3}/_{4}$	50.8	2	9150	30 或 31	114.7	$4^{33}/_{64}$	2.58
NC38−50（$3^{1}/_{2}$IF）	127.0	5	57.2	$2^{1}/_{4}$	9150	30 或 31	121.0	$4^{49}/_{64}$	2.38
NC44−60	152.4	6	57.2	$2^{1}/_{4}$	9150 或 9450	30 或 31	144.5	$5^{11}/_{16}$	2.49
NC44−60	152.4	6	71.4	$2^{13}/_{16}$	9150 或 9450	30 或 31	144.5	$5^{11}/_{16}$	2.84
NC44−62	158.8	$6^{1}/_{4}$	57.2	$2^{1}/_{4}$	9150 或 9450	30 或 31	149.2	$5^{7}/_{8}$	2.91
NC46−62（4IF）	158.8	$6^{1}/_{4}$	71.4	$2^{13}/_{16}$	9150 或 9450	30 或 31	150.0	$5^{29}/_{32}$	2.63
NC46−65（4IF）	165.1	$6^{1}/_{2}$	57.2	$2^{1}/_{4}$	9150 或 9450	30 或 31	154.8	$6^{3}/_{32}$	2.76
NC46−65（4IF）	165.1	$6\ ^{1}/_{2}$	71.4	$2^{13}/_{16}$	9150 或 9450	30 或 31	154.8	$6^{3}/_{32}$	3.05
NC46−67（4IF）	171.4	$6^{3}/_{4}$	57.2	$2^{1}/_{4}$	9150 或 9450	30 或 31	159.5	$6^{9}/_{32}$	3.18
NC50−67③（$4\ ^{1}/_{2}$IF）	171.4	$6^{3}/_{4}$	71.4	$2^{13}/_{16}$	9150 或 9450	30 或 31	159.5	$6^{9}/_{32}$	2.37
NC50−70（$4^{1}/_{2}$IF）	177.8	7	57.2	$2^{1}/_{4}$	9150 或 9450	30 或 31	164.7	$6^{31}/_{64}$	2.54
NC50−70（$4^{1}/_{2}$IF）	177.8	7	71.4	$2^{13}/_{16}$	9150 或 9450	30 或 31	164.7	$6^{31}/_{64}$	2.73
NC50−72（$4^{1}/_{2}$IF）	184.2	$7^{1}/_{4}$	71.4	$2^{13}/_{16}$	9150 或 9450	30 或 31	169.5	$6^{43}/_{64}$	3.12
NC56−77	196.8	$7^{3}/_{4}$	71.4	$2^{13}/_{16}$	9150 或 9450	30 或 31	185.3	$7^{19}/_{64}$	2.70
NC56−80	203.2	8	71.4	$2^{13}/_{16}$	9150 或 9450	30 或 31	190.1	$7^{31}/_{64}$	3.02
$6^{5}/_{8}$REG①	209.6	$8^{1}/_{4}$	71.4	$2^{13}/_{16}$	9150 或 9450	30 或 31	195.7	$7^{45}/_{64}$	2.93
NC61−90	228.6	9	71.4	$2^{13}/_{16}$	9150 或 9450	30 或 31	212.7	$8^{3}/_{8}$	3.17
$7^{5}/_{8}$REG	241.3	$9^{1}/_{2}$	76.2	3	9150 或 9450	30 或 31	223.8	$8^{13}/_{16}$	2.81
NC70−97	247.6	$9^{3}/_{4}$	76.2	3	9150 或 9450	30 或 31	232.6	$9\ ^{5}/_{32}$	2.57
NC70−100	254.0	10	76.2	3	9150 或 9450	30 或 31	237.3	$9^{11}/_{32}$	2.81
$8^{5}/_{8}$REG	279.4	11	76.2	3	9150 或 9450	30 或 31	266.7	$10^{1}/_{2}$	2.84

①钻铤螺纹类型 :NCXX—数字型；IF—内平型；REG—正规型，括号内是可以互换的钻铤螺纹类型。

②弯曲强度比：内螺纹危险断面抗弯截面模数与外螺纹危险断面抗弯截面模数之比。

③仅适用于 C 型钻铤。

2. 钻铤螺纹尺寸

钻铤螺纹尺寸应符合图 8−2−24 和表 8−2−42 规定。

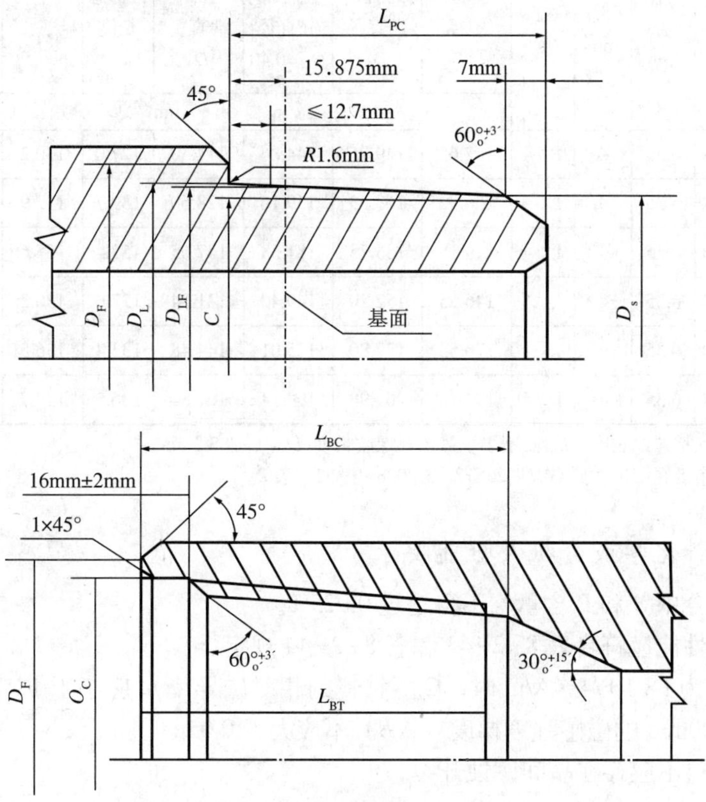

图 8−2−24　钻铤螺纹尺寸

表 8−2−42　钻铤螺纹尺寸

螺纹类型	螺纹牙型	螺距 P mm	每 25.4 mm 牙数	锥度	螺纹基面中径 C	外螺纹锥部大端直径 D_L	外螺纹圆柱部分直径 D_{LF}=0.40	外螺纹锥部小端直径 D_S	外螺纹锥部总长度 $L_{PC}{}^{0}_{-3.2}$	内螺纹最小有效螺纹长度 L_{BT}	内螺纹锥部长度 $L_{BC}{}^{+9.5}_{0}$	内螺纹扩锥孔大端直径 $Q_C{}^{+0.8}_{-0.4}$
					mm							
NC23	V−0.038R	6.35	4	1∶6	59.82	65.10	61.90	52.40	76.2	79.4	92.1	66.7
NC26	V−0.038R	6.35	4	1∶6	67.77	73.05	69.85	60.35	76.2	79.4	92.1	74.6
NC31	V−0.038R	6.35	4	1∶6	80.85	86.13	82.96	71.32	88.9	92.1	104.8	87.7
NC35	V−0.038R	6.35	4	1∶6	89.69	94.97	92.08	79.10	95.2	98.4	111.1	96.8
NC38	V−0.038R	6.35	4	1∶6	96.72	102.01	98.83	85.07	101.6	104.8	117.5	103.6
NC44	V−0.038R	6.35	4	1∶6	112.19	117.48	114.27	98.43	114.3	117.5	130.2	119.1
NC46	V−0.038R	6.35	4	1∶6	117.50	122.78	119.61	103.73	114.3	117.5	130.2	124.6
NC50	V−0.038R	6.35	4	1∶6	128.06	133.35	130.43	114.30	114.3	117.5	130.2	134.9

续表

螺纹类型	螺纹牙型	螺距 P mm	每25.4mm牙数	锥度	螺纹基面中径 C	外螺纹锥部大端直径 D_L	外螺纹圆柱部分直径 D_{LF}=0.40	外螺纹锥部小端直径 D_S	外螺纹锥部总长度 $L_{PC}{}_{-3.2}^{0}$	内螺纹最小有效螺纹长度 L_{BT}	内螺纹锥部长度 $L_{BC}{}_{0}^{+9.5}$	内螺纹扩锥孔大端直径 $Q_C{}_{-0.4}^{+0.8}$
					mm							
NC56	V−0.038R	6.35	4	1∶4	142.65	149.25	144.86	117.50	127.0	130.2	142.9	150.8
NC61	V−0.038R	6.35	4	1∶4	156.92	163.53	159.16	128.60	139.7	142.9	155.6	165.1
NC70	V−0.038R	6.35	4	1∶4	179.15	185.75	181.38	147.65	152.4	155.6	168.3	187.3
$6^5/_8$REG	V−0.050R	6.35	4	1∶6	146.25	152.20	149.40	131.04	127.0	130.2	142.9	154.0
$7^5/_8$REG	V−0.050R	6.35	4	1∶4	170.55	177.80	175.01	144.48	133.4	136.5	149.2	180.2
$8^5/_8$REG	V−0.050R	6.35	4	1∶4	194.73	201.98	199.14	161.84	136.5	139.7	152.4	204.4

注：(1) 内螺纹完整螺纹长度（L_{BT}）不小于最大外螺纹长度（L_{PC}）加 3.2mm。

(2) 标准的钻铤螺纹尺寸见 GB/T 22512.2—2008 中表 1、表 2。

3. 钻铤材料化学成分机及性能要求

钻铤化学成分中 S 和 P 含量均不得超过 0.025%。

钻铤的机械性能应符合表 8−2−43 和表 8−2−44 规定。

当磁场强度为 $1\times10^5/4\pi$ A/m 时，C 型钻铤的相对磁导率 μ_r 应小于 1.010；C 型钻铤沿内孔任意相距 100mm 的磁感强度梯度（ΔB）不应大于 0.05μT。

C 型钻铤材料不应存在晶间腐蚀开裂。

表 8−2−43　A 型和 B 型钻铤的力学性能

外径范围		屈服强度 $\sigma_{0.2}$		抗拉强度 σ_b		伸长率 δ_4 %	硬度	夏比冲击功 A_{Kr} J
mm	in	MPa	psi	MPa	psi			
79.4 ~ 171.4	$3^1/_8$ ~ $6^3/_4$	≥ 758	≥ 110，000	≥ 965	≥ 140，000	≥ 13	HB285 ~ HB341	≥ 54
177.8 ~ 279.4	7 ~ 11	≥ 689	≥ 100，000	≥ 930	≥ 135，000	≥ 13	HB285 ~ HB341	≥ 54

表 8−2−44　C 型钻铤的力学性能

外径范围		屈服强度 $\sigma_{0.2}$		抗拉强度 σ_b		伸长率 δ_4 %	硬度 HB	夏比冲击功 A_{Kr} J
mm	in	MPa	psi	MPa	psi			
79.4 ~ 171.4	$3^1/_8$ ~ $6^3/_4$	≥ 758	110000	≥ 827	120000	≥ 18	—	—
177.8 ~ 279.4	7 ~ 11	≥ 689	100000	≥ 758	110000	≥ 20	—	—

4. 钻铤螺纹连接部位应力分散槽

如需方要求螺纹连接部位带应力分散结构，可按图 8−2−25、图 8−2−26 和表 8−2−45

规定加工，也可由需方自定。推荐采用内螺纹连接的后扩孔应力释放结构，但在图 8–2–26 中所示的应力释放槽是有利于应力释放的。

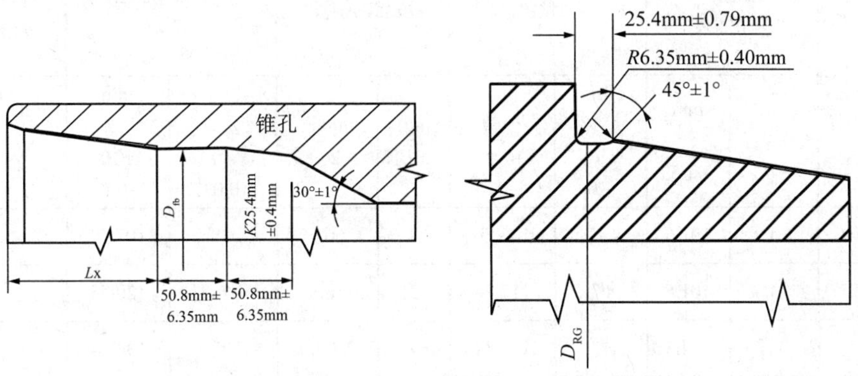

（a）内螺纹后扩孔应力分散结构　　（b）外螺纹后扩孔应力分散结构

图 8–2–25　钻铤螺纹连接部位应力分散结构

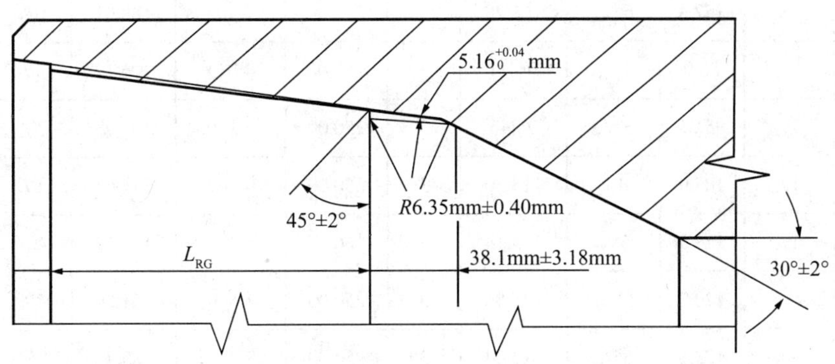

图 8–2–26　替代的钻铤内螺纹连接部位应力分散结构

表 8–2–45　钻铤连接部位应力分散结构

钻铤螺纹类型	内螺纹件台肩面至最后一牙刻痕长度 L_X		内螺纹圆柱段直径 D_{CB}		内螺纹件圆柱段后的锥段锥度		外螺纹槽直径 D_{RG}		可替代内螺纹台肩面至应力分散槽的长度 L_{RG}	
	in 公差 $\pm ^1/_{16}$	mm 公差 ±1.59	in 公差 $+^1/_{64}$ −0	mm 公差 +0.40 −0.0	in/ft $\pm ^1/_4$	mm/m ±20.83	in 公差 +0 −0.031	mm 公差 +0.0 −0.79	in +0 $-^1/_8$	mm +0.0 −3.18
NC35	$3^1/_4$	82.6	$3^{15}/_{64}$	82.15	2	166.67	3.231	82.07	$3^3/_8$	85.73
NC38（$3^1/_2$IF）	$3^1/_2$	88.9	$3^{15}/_{32}$	88.11	2	166.67	3.508	89.10	$3^5/_8$	92.08
NC40	4	101.6	$3^{21}/_{32}$	92.87	2	166.67	3.772	95.81	$4^1/_8$	104.78
NC44	4	101.6	4	101.60	2	166.67	4.117	104.57	$4^1/_8$	104.78

续表

钻铤螺纹类型	内螺纹件台肩面至最后一牙刻痕长度 L_X		内螺纹圆柱段直径 D_{CB}		内螺纹件圆柱段后的锥段锥度		外螺纹槽直径 D_{RG}		可替代内螺纹台肩面至应力分散槽的长度 L_{RG}	
	in 公差 $\pm\frac{1}{16}$	mm 公差 ±1.59	in 公差 $+\frac{1}{64}$ −0	mm 公差 +0.40 −0.0	in/ft $\pm\frac{1}{4}$	mm/m ±20.83	in 公差 +0 −0.031	mm 公差 +0.0 −0.79	in +0 $-\frac{1}{8}$	mm +0.0 −3.18
NC46（4IF）	4	101.6	$4\frac{13}{64}$	106.76	2	166.67	4.326	107.59	$4\frac{1}{8}$	104.78
NC50（$4\frac{1}{2}$IF）	4	101.6	$4\frac{5}{8}$	117.48	2	166.67	4.742	120.45	$4\frac{1}{8}$	104.78
NC56	$4\frac{1}{2}$	114.3	$4\frac{51}{64}$	121.84	3	250.00	5.277	134.04	$4\frac{5}{8}$	117.48
NC61	5	127.0	$5\frac{15}{64}$	132.95	3	250.00	5.839	148.31	$5\frac{1}{8}$	130.18
NC70	$5\frac{1}{2}$	139.7	$5\frac{63}{64}$	152.00	3	250.00	6.714	170.54	$5\frac{5}{8}$	142.88
NC77	6	152.4	$6\frac{35}{64}$	166.29	3	250.00	7.402	188.01	$6\frac{1}{8}$	155.58
$4\frac{1}{2}$REG	$3\frac{3}{4}$	88.9	$3\frac{23}{32}$	96.44	3	250.00	4.013	106.17	$3\frac{7}{8}$	92.08
$4\frac{1}{2}$FH	$3\frac{1}{2}$	95.25	$3\frac{61}{64}$	94.46	3	250.00	4.180	101.93	$3\frac{5}{8}$	98.43
$5\frac{1}{2}$REG	$4\frac{1}{4}$	108.0	$4\frac{1}{2}$	114.30	3	250.00	4.869	123.67	$4\frac{3}{8}$	111.13
$6\frac{5}{8}$REG	$4\frac{1}{2}$	114.3	$5\frac{9}{32}$	134.14	2	166.67	5.417	137.59	$4\frac{5}{8}$	117.48
$7\frac{5}{8}$REG	43/4	120.7	$5\frac{55}{64}$	148.83	3	250.00	6.349	161.26	$4\frac{7}{8}$	123.83
$8\frac{5}{8}$REG	$4\frac{7}{8}$	123.8	$6\frac{25}{32}$	172.24	3	250.00	7.301	185.45	5	127.00

注：NC23、26、31 与 $2\frac{3}{8}$IF 和 $2\frac{7}{8}$IF 螺纹因壁薄而不带连接部位应力分散结构。

5. 钻铤低扭矩结构

当钻铤外径超过 $10\frac{1}{2}$in（266.7mm）时，采用的 $8\frac{5}{8}$REG 连接应加工低扭矩结构，尺寸应符合图 8−2−27 规定。

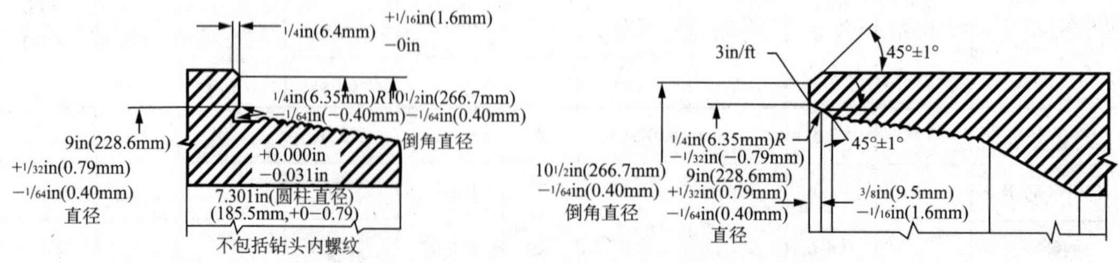

图 8−2−27　在外径大于 $10\frac{1}{2}$ in（266.7mm）（不包括钻头内螺纹）加工 $8\frac{5}{8}$ 常规型接头低扭矩结构

6. B 型钻铤螺旋槽结构

B 型钻铤的螺旋槽尺寸应符合表 8–2–46 和表 8–2–47 规定。

表 8–2–46　BI 型钻铤的螺旋槽尺寸

外径 *D*		切削深度 *A*	导程 ±25.4	切削深度 *B*
mm	in	mm	mm	mm
98.4	$3^7/_8$	4.0±0.79	914	—
101.6 ~ 111.1	4 ~ $4^3/_8$	4.8±0.79	914	
114.3 ~ 130.2	$4^1/_2$ ~ $5^1/_8$	5.6±0.79	965	
133.4 ~ 146.1	$5^1/_4$ ~ $5^3/_4$	6.4±0.79	1067	
149.2 ~ 161.9	$5^7/_8$ ~ $6^3/_8$	7.1±1.59	1067	
165.1 ~ 177.8	$6\ ^1/_2$ ~ 7	7.9±1.59	1168	
181.0 ~ 200.0	$7^1/_8$ ~ $7^7/_8$	8.7±1.59	1626	5.6±0.79
203.2 ~ 225.4	8 ~ $8^7/_8$	9.5±1.59	1727	6.4±0.79
228.6 ~ 250.8	9 ~ $9^7/_8$	10.3±2.37	1829	7.1±1.59
254.0 ~ 276.2	10 ~ $10^7/_8$	11.1±2.37	1930	7.9±1.59
279.4	11	11.9±2.37	2032	8.7±1.59

注：BI 型钻铤有 3 个螺旋槽，右旋，均布。

表 8–2–47　BII 型钻铤的螺旋槽尺寸

外径 *D*		最大切削深度 $E=2e$ ①	导程 ±25.4 mm
mm	in		
120.7	$4^3/_4$	4.8	1000
155.6	$6^1/_8$	6.4	
158.8	$6^1/_4$	6.4	
171.5	$6^3/_4$	7.1	
184.2	$7^1/_4$	7.9	
190.5	$7^1/_2$	7.9	
196.9	$7^3/_4$	7.9	
203.2	8	9.5	
209.6	$8^1/_4$	9.5	
215.9	$8^1/_2$	9.5	
228.6	9	9.5	
241.3	$9^1/_2$	11.9	

续表

外径 D		最大切削深度 $E=2e$ ①	导程 ±25.4 mm
mm	in		
254.0	10	11.9	1000

① BII 型钻铤外轮廓曲线方程：

$$\rho = R - e\ (1-\cos 3\theta)$$

式中，ρ—极径；θ—极角；R—半径；e—系数。

注：BII 型钻铤有 3 个螺旋槽，右旋，均布。

7. 井底型钻铤接头

适用于井底型钻铤接头外径规格范围见表 8–2–48。

表 8–2–48　井底型钻铤接头

规格（外径） in	底部内螺纹连接	倒角直径	
		±$^1/_{64}$in	±0.40mm
$4^1/_8$ ~ $4^1/_2$	$2^7/_8$REG	$3^{39}/_{64}$	91.68
$4^3/_4$ ~ 5	$3^1/_2$REG	$4^7/_{64}$	104.38
6 ~ 7	$4^1/_2$REG	$5^{21}/_{64}$	135.33
7 ~ $7^1/_4$	$5^1/_2$REG	$6^1/_2$	165.10
$7^3/_4$ ~ 9	$6^5/_8$REG	$7^{23}/_{64}$	186.93
$9^1/_2$ ~ 10	$7^5/_8$REG	$8^{15}/_{32}$	215.11
11	$8^5/_8$REG	$9^{35}/_{64}$	242.49

8. 钻铤规格尺寸及其螺纹的选用

钻铤的损坏主要是连接螺纹的损坏，在很多情况下它是弯曲应力造成的结果，而不是扭转应力造成的。根据钻铤尺寸选用合适的连接螺纹，对于保证其抗弯强度是至关重要的。内螺纹与外螺纹连接时弯曲强度比为 2.5：1，通常被认为是平衡的，即等强度连接。所谓内、外螺纹弯曲强度比，是指外螺纹末端处内螺纹接头截面模数与离接头台肩 19mm（3/4in）处外螺纹接头截面模数之比（计算公式及方法可参见 API RP7G）。根据钻井条件，弯曲强度比将相应减小，当弯曲强度比下降到 2.0：1 以下时，连接就可能出现问题，如内螺纹接头胀大，内螺纹接头断裂或是最后一圈螺纹发生疲劳裂纹。因此，根据钻铤的内外径选择合适的连接方式是十分重要的。各钻井区块所允许的弯曲强度比可能是不一样的，应根据钻铤螺纹失效强度确定最适合的弯曲强度比。

可按照 API RP7G 确定各规格钻铤的螺纹。

9. 钻铤的紧扣扭矩

紧扣扭矩不当可能导致钻铤螺纹密封失效或疲劳断裂失效。API RP7G 推荐了各规格钻铤的最小紧扣扭矩，它是以应力值 430.923MPa（62500lb/in^2）确定的。最大紧扣扭矩一般大于最小值的 10%。

第三节　钻柱的设计与计算

一、钻铤柱的设计与计算

1. 钻铤尺寸的确定

钻铤尺寸决定着井眼的有效直径（图 8–3–1），伍兹和鲁宾斯基提出井眼的有效直径等于钻头直径与钻铤外径的平均值：

$$有效井眼直径=\frac{钻头直径+钻铤外径}{2} \qquad (8-3-1)$$

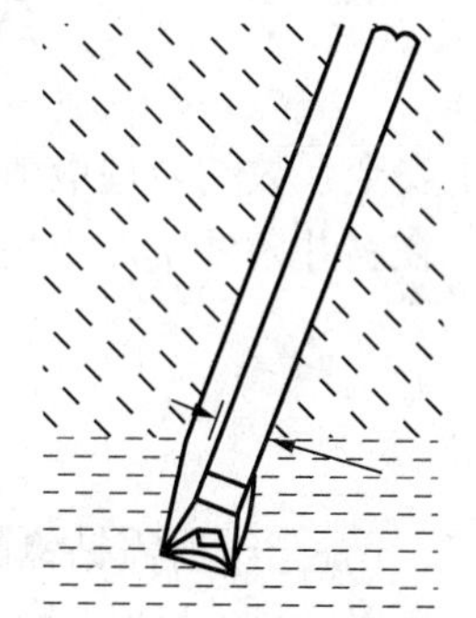

图 8–3–1　井眼的有效直径

霍奇发展了这一结论，提出了允许最小钻铤外径的计算式：

$$允许最小钻铤外径=2倍套管接箍外径-钻头直径 \qquad (8-3-2)$$

钻铤柱中最下一段钻铤（一般应不少于一立柱）的外径应不小于这一允许最小外径，才能保证套管的顺利下入。

采用光钻铤柱钻进，这一结论是正确的。如果下部钻具组合中安放了稳定器，则可以采用稍小外径的钻铤。

钻铤柱中选用的最大外径钻铤应保证在打捞作业中能够套铣。

表 8–3–1 是推荐的与各种钻头直径对应的钻铤尺寸范围。

表 8–3–1　推荐的钻铤尺寸范围（SY 5172）

钻头直径 mm（in）	钻铤直径 mm（in）
120.6（$4^3/_4$）	79.3（$3^1/_8$），88.9（$3^1/_2$）
142.9（$5^5/_8$）～152.4（6）	104.7（$4^1/_8$），120.6（$4^3/_4$）
157.8（$6^1/_4$）～171.4（$6^3/_4$）	120.6（$4^3/_4$），127.0（5）
190.5（$7^1/_2$）～200.0（$7^7/_8$）	127.0（5）～158.7（$6^1/_4$）
212.7（$8^3/_8$）～222.2（$8^3/_4$）	158.7（$6^1/_4$）～171.4（$6^3/_4$）
241.3（$9^1/_2$）～250.8（$9^7/_8$）	177.8（7）～203.2（8）
269.9（$10^5/_8$）	177.8（7）～228.6（9）
311.1（$12^1/_4$）	228.6（9）～254.0（10）
374.6（$14^3/_4$）	228.6（9）～254.0（10）
444.5（$17^1/_2$）	228.6（9）～279.4（11）
508.0（20）～660.4（26）	254.0（10）～279.4（11）

在大于 190.5mm（$7^1/_2$in）的井眼中，应采用复合（塔式）钻铤结构，但相邻两段不同外径钻铤的外径差不应过大。合理控制钻铤柱中相邻两段不同规范（外径、内径及材料等）钻铤的抗弯刚度 EI_Z 的比值，以避免在连接处以及最上一段钻铤与钻杆连接处产生过大的应力集中与疲劳，根据经验这一比值应小于 2.5。一般情况下，相邻两段钻铤外径差值以不超过 25.4mm 为宜。

2. *钻铤长度的确定*

钻铤长度取决于选定的钻铤尺寸与所需钻铤重量。

按目前广泛采用的浮力系数法，应保证在最大钻压时钻杆不承受压缩载荷。所需钻铤重量由下式计算 ：

$$\text{所需钻铤重量} = \frac{\text{设计的最大钻压} \times \text{安全系数}}{\text{钻井液的浮力系数}} \tag{8-3-3}$$

式中安全系数的合理取值范围是 1.15 ～ 1.25。

在斜井条件下，应按下式计算所需钻铤的重量 ：

$$W_{DC} = \frac{S_t W_{ob}}{K_b \cos\alpha} \tag{8-3-4}$$

式中 W_{DC}——所需钻铤的重量，kN ；

W_{ob}——设计最大钻压，kN ；

S_t——安全系数，无量纲 ；

K_b——钻井液浮力系数，无量纲 ；

α——井斜角，（°）。

根据钻铤的重量并考虑钻铤尺寸选择的有关因素，即可确定各段钻铤的长度和钻铤柱的总长度。

在钻水平井或大斜度井时，为避免大斜度段钻铤产生过大的摩阻和扭矩，应代之以加重钻杆甚至普通钻杆。

上述确定钻铤重量及长度的方法来源于鲁宾斯基关于“中性点”的论述，即中性点将钻柱分为两部分，上段在钻井液中的重量等于大钩载荷，下段钻柱的重量等于钻压。而设计钻铤长度时应保证中性点始终处于钻铤柱上。

二、钻杆柱的设计与计算

不论在起下钻还是正常钻进时，经常作用在钻杆且数值较大的力是拉力，所以钻杆柱的设计主要考虑钻柱自身重量的拉伸载荷，并通过一定的设计系数来考虑起下钻时的动载及其他力的作用。在一些特殊作业时也需要对钻杆的抗挤及抗内压强度进行计算。

钻杆柱设计必要的参数是 ：

（1）设计下入深度 ；

（2）井眼尺寸 ；

（3）钻井液密度 ；

（4）抗拉安全系数或超拉极限；

（5）抗挤安全系数；

（6）钻铤长度、外径、内径及每米重量；

（7）钻杆规范及等级。

1. 抗拉强度

抗拉强度设计的目的是要求最上部的钻杆有足够的强度承受全部钻柱（钻杆、钻铤、稳定器、钻头等）在钻井液中的重量，这个载荷可以用下式计算（钻头与稳定器的重量可以忽略或包括在钻铤重量之内）：

$$P=\left(L_{dp}q_{dp}+L_{c}q_{c}\right)K_{b} \tag{8-3-5}$$

或

$$P=(\sum L_{dp}q_{dp}+\sum L_{c}q_{c})K_{b}$$

式中 P——井口以下浸没在钻井液中的钻柱载荷，kN；

L_{dp}——钻杆长度，m；

L_{c}——钻铤长度，m；

q_{dp}——单位长度钻杆在空气中的重量，kN/m；

q_{c}——单位长度钻铤在空气中的重量，kN/m；

K_{b}——钻井液的浮力系数，无量纲。

在钻杆规范中可以查得各种尺寸、钢级与级别钻杆的抗拉强度值。

要十分注意，规范所给的数值是按最小面积、壁厚和屈服强度计算的理论值。在API规范中规定的屈服强度不是材料开始永久变形的特定点，而是根据已发生总变形时的应力，这个变形包括全部弹性变形和一些塑性（永久）变形，如果实际载荷达到所给极限就会发生轻微永久伸长。为了避免这种情况的发生，最大允许设计拉伸载荷 P_{a} 应小于规范所给的理论抗拉强度 P_{t}，一般取比例系数为0.9，即：

$$P_{a}=0.9P_{t} \tag{8-3-6}$$

计算的载荷 P 与最大允许拉伸载荷的差值代表了超拉余量（M_{OP}）：

$$M_{OP}=P_{a}-P \tag{8-3-7}$$

P_{a} 与 P 的比值即为安全系数（S_{t}）：

$$S_{t}=P_{a}/P \tag{8-3-8}$$

合理选择安全系数和超拉余量是极为重要的，安全系数或超拉极限过小，容易造成钻杆损坏，过大又会造成浪费。设计者应充分考虑整个钻井过程可能出现的各种超载情况和程度，如卡钻，起下钻时加速或减速引起的动载等。

在深井中，由于钻柱重量大，当钻杆坐于卡瓦中时将受到很大的箍紧力，当合成应力接近或达到材料的最小屈服强度时，会导致卡瓦挤毁钻杆。为了防止钻杆被卡瓦挤毁，要求钻杆的屈服强度 σ_{s} 与拉伸应力 σ_{t} 的比值不能小于一定数值（表8–3–2），也就是说，要限制钻杆的拉伸载荷。如果考虑这一因素，选定的设计安全系数应不小于 σ_{s} 与 σ_{t} 的最小比值。

表 8-3-2　防止卡瓦挤毁钻杆的 σ_s/σ_t 最小比值

卡瓦长度 in	摩擦系数 μ	横向负载系数 K	钻杆尺寸，in						
			$2^3/_8$	$2^7/_8$	$3^1/_2$	4	$4^1/_2$	5	$5^1/_2$
			最小比值，σ_s/σ_t						
12	0.06	4.36	1.27	1.34	1.43	1.50	1.58	1.66	1.73
	0.08①	4.00	1.25	1.31	1.39	1.45	1.52	1.59	1.66
	0.10	3.68	1.22	1.28	1.35	1.41	1.47	1.54	1.60
	0.12	3.42	1.21	1.26	1.32	1.38	1.43	1.49	1.55
	0.14	3.18	1.19	1.24	1.30	1.34	1.4	1.45	1.50
16	0.06	4.36	1.20	1.24	1.30	1.36	1.41	1.47	1.52
	0.08①	4.00	1.18	1.22	1.28	1.32	1.37	1.42	1.47
	0.10	3.68	1.16	1.2	1.25	1.29	1.34	1.38	1.43
	0.12	3.42	1.15	1.18	1.23	1.27	1.31	1.35	1.39
	0.14	3.18	1.14	1.17	1.21	1.25	1.28	1.32	1.30

①摩擦系数 0.08 用于正常润滑情况。

2. 钻杆长度的确定

设计钻杆柱通常要确定某种特定尺寸、钢级和级别的钻杆的最大长度。根据上述钻杆拉伸载荷、最大允许设计拉伸载荷及超拉余量（或安全系数的概念），即可导出确定钻杆最大长度的计算式：

$$L_{dp}=\frac{0.9P_t}{S_tK_bq_{dp}}-\frac{q_cL_c}{q_{dp}} \tag{8-3-9}$$

或

$$L_{dp}=\frac{0.9P_t-M_{OP}}{K_bq_{dp}}-\frac{q_cL_c}{q_{dp}} \tag{8-3-10}$$

在钻深井和超深井时往往采用复合钻杆柱，即钻杆柱由几种不同尺寸、壁厚或不同钢级的钻杆组成。这种钻杆柱比起单一尺寸钻杆有很多优点，它既能满足强度要求，又能减轻钻柱重量，允许在一定钻机负载能力下钻达更大的井深。

设计复合钻柱应自下而上地确定各段钻杆的最大长度，承载能力较低的应置于钻铤之上，并按上述公式计算其最大长度；承载能力强的钻杆置于较弱钻杆之上，其最大长度仍按上述公式计算，但需要将式中钻铤段在空气中的重量 q_cL_c 一项换成其下部钻杆段与钻铤段在空气中的总重量。将钻铤之上的钻杆柱分段，其中性质相同的钻杆作为一段，并自下而上依次编号为 1，2，…，i，…，n，则每段钻杆柱最大长度的计算式为：

$$L_{\mathrm{dp}i}=\frac{0.9P_{ti}}{S_t K_b q_{\mathrm{dp}i}}-\frac{1}{q_{\mathrm{dp}i}}\left(q_c L_c+\sum_{j=1}^{i-1} q_{\mathrm{dp}j} L_{\mathrm{dp}j}\right) \tag{8-3-11}$$

或

$$L_{\mathrm{dp}i}=\frac{0.9P_{ti}-M_{\mathrm{OP}}}{K_b q_{\mathrm{dp}i}}-\frac{1}{q_{\mathrm{dp}i}}\left(q_c L_c+\sum_{j=1}^{i-1} q_{\mathrm{dp}j} L_{\mathrm{dp}j}\right) \tag{8-3-12}$$

式中　$L_{\mathrm{dp}i}$——第 i 段钻杆的长度，m；

$q_{\mathrm{dp}i}$——单位长度第 i 段钻杆在空气中的重量，kN/m；

P_{ti}——第 i 段钻杆的理论抗拉强度，kN。

3. 抗挤强度

在钻杆测试过程中，由于钻杆内被掏空，而管外是钻井液柱，或钻杆内有密度较低的地层流体（图 8-3-2），管内外压差必然对钻杆造成一个外挤力（与套管受外挤一样），为了避免钻杆管体被挤扁，钻杆柱受最大挤压力处的挤压力应小于该处钻杆的最低挤扁压力。

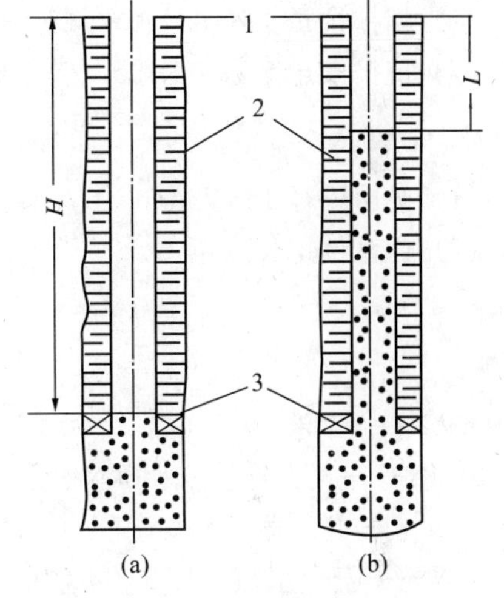

图 8-3-2　钻杆受外挤压力情况

1—钻井液；2—地层流体；3—最大挤压力处

不同尺寸、钢级与级别的钻杆的最低挤扁压力可在钻杆标准中查得，确定允许外挤压力应除以适当的安全系数。

$$p_{ac}=\frac{p_p}{S_t} \tag{8-3-13}$$

式中　p_{ac}——允许外挤压力，MPa；

p_p——理论最低挤扁压力，MPa；

S_t——安全系数，一般应不小于 1.125

4. 抗内压强度

钻杆偶尔也会承受较大的净内压力，有关标准中列有使钻杆屈服的最低净内力的理论值，用适当的安全系数去除它，即得许用净内压力。

5. 抗扭强度

在钻斜井和深井以及扩眼和处理卡钻时，钻杆的抗扭强度是关键参数，这个问题将另行专门讨论。有关标准给出了各种尺寸、钢级与级别钻杆的理论抗扭强度。

在钻井过程中加于钻杆上的实际扭矩难于测量时，可用下式近似地计算：

$$M=\frac{30}{\pi}\frac{P_m}{N}=9.549\frac{P_m}{N} \tag{8-3-14}$$

式中　M——给钻杆加的扭矩，kN · m；

P_m——使钻柱旋转所用的功率，kW；

N——每分钟的转数，r/min。

应特别注意的是，在一般情况下加于钻杆上的扭矩不允许超过钻杆接头的实际紧扣扭矩，推荐的钻杆接头的紧扣扭矩在相关标准中已有规定。

三、典型钻柱的设计示例——以超拉极限为基础

1. 设计参数

（1）井深：5000m；

（2）井径：215.9mm（$8^1/_2$in）；

（3）钻井液密度：1.2g/cm^3；

（4）钻压：180kN；

（5）井斜角：3°；

（6）超拉余量：200kN（本例假设）；

（7）抗挤安全系数：1.125（本例假设）。

2. 钻铤选择

（1）选用外径 158.75mm（$6^1/_4$in）、内径 57.15mm（$2^1/_4$in）钻铤，每米重 1.35kN。

（2）计算钻铤长度：

$$L_c = \frac{S_t W_{ob}}{K_b q_c \cos\alpha} \tag{8-3-15}$$

式中 L_c——钻铤长度，m；

W_{ob}——最大钻压，180kN；

α——井斜角，3°；

S_t——安全系数，1.18（本例假设）；

K_b——浮力系数，为 0.847；

q_c——钻铤在空气中的平均线重，1.35kN/m。

$$L_c = \frac{180 \times 1.18}{1.35 \times 0.847 \times 0.998} = 186(\text{m})$$

按每根 10m 长计算，最接近的长度为 190m（19 根钻铤）。

3. 选择第一段（与钻铤连接的）钻杆

（1）选用 127mm（5in），0.29kN/m，E 级配 NC50（X·H）型钻杆接头（外径 161.9mm，内径 95.25mm）的一级（优质类）钻杆，接头加钻杆每米重 0.312kN。

（2）计算最大长度：

$$L_{dp1} = \frac{0.9P_{t1} - M_{OP}}{K_b q_{dp1}} - \frac{q_c L_c}{q_{dp1}}$$

$$= \frac{(1384 \times 0.9) - 200}{0.312 \times 0.847} - \frac{1.35 \times 190}{0.312}$$

$$= 3134(\text{m})$$

显然，需要增加一段高强度钻杆，方能达到设计井深。

4. 选择第二段钻杆

（1）选用 ϕ127mm（5in），0.29kN/m，X95 级配 NC50（X·H）型钻杆接头（外径 161.9mm，内径 88.9mm）的新钻杆，接头加钻杆每米重 0.314kN。

（2）计算第一段钻杆与钻铤在空气中的总重：

$$q_{\mathrm{dp1}}L_{\mathrm{dp1}}+q_{\mathrm{c}}L_{\mathrm{c}}=0.312\times3134+1.35\times190=1234(\mathrm{kN})$$

（3）第二段钻杆最大长度为：

$$\begin{aligned}L_{\mathrm{dp2}}&=\frac{0.9P_{\mathrm{t2}}-M_{\mathrm{OP}}}{K_{\mathrm{b}}q_{\mathrm{dp2}}}-\frac{q_{\mathrm{dp1}}L_{\mathrm{dp1}}+q_{\mathrm{c}}L_{\mathrm{c}}}{q_{\mathrm{dp2}}}\\&=\frac{(2229\times0.9)-200}{0.314\times0.847}-\frac{1234}{0.314}\\&=2860(\mathrm{m})\end{aligned}$$

钻柱总长已超过设计井深。

最后设计的钻柱组合见表 8−3−3。

表 8−3−3　钻柱组合

项　目	长度 m	在空气中重 kN	在钻井液中浮重 kN
钻铤： 外径 158.75mm、内径 57.15mm	190	256.5	217.3
第一段钻杆： 127mm，0.29kN/m，E 级，一级	3134	977.8	828.2
第二段钻杆： 127mm，0.29kN/m，95 级，新钻杆	1676	526.3	445.7
合计	5000	1760.6	1491.2

5. 校核抗挤强度

当钻杆柱内掏空时，外挤压力由下式计算：

$$p_{\mathrm{c}}=10^{-3}H\gamma_{\mathrm{g}} \tag{8-3-16}$$

式中 p_{c}——在井深 H 处的外挤压力，MPa；

H——井深，m；

γ_{g}——管外钻井液重度，kN/m³。

$$p_{\mathrm{c}}=10^{-3}\times4810\times12=57.72(\mathrm{MPa})$$

ϕ127mm，0.29kN/m，E 级，一级钻杆的抗挤扁压力为 48.74MPa，显然它低于实际可能产生的外挤压力。

按抗挤安全系数为 1.125，计算钻杆的最大长度为：

$$L_{\max}=\frac{10^3 p_c}{S_t \gamma_g}=\frac{48.74\times10^3}{12\times1.125}=3610(\mathrm{m})$$

当钻杆柱下至这个深度以下时，必须警惕可能会发生损坏。

四、拉伸载荷对抗挤强度的影响

有些时候（如钻杆测试过程中，上提钻杆松动封隔器时）钻杆要承受双轴载荷——拉伸载荷与挤压力的作用。在这种情况下，钻杆的抗挤强度与套管一样应进行修正，利用双轴应力椭圆图（图 8–3–3）可以求出在拉伸载荷作用下钻杆的抗挤强度与无拉伸载荷时的抗挤强度（名义抗挤强度）的比值。具体计算方法如下：

（1）先根据下式计算钻杆轴向应力与钻杆钢材平均屈服强度的百分比值 Z：

$$Z=\frac{\text{钻杆的轴向拉应力}}{\text{钢材的平均屈服强度}} \tag{8-3-17}$$

各种钻杆钢级的平均屈服强度（MPa）如下：

E 级	586.054
X95 级	758.423
G105 级	827.370
S135 级	989.740

（2）在图 8–3–3 右上方水平坐标上找出与 Z 值对应的点，从此点向下作垂线与椭圆线相交，再由交点作水平线与中间的垂直坐标相交，此点之值即为在拉伸载荷作用下的抗挤强度与名义抗挤强度之百分比值。

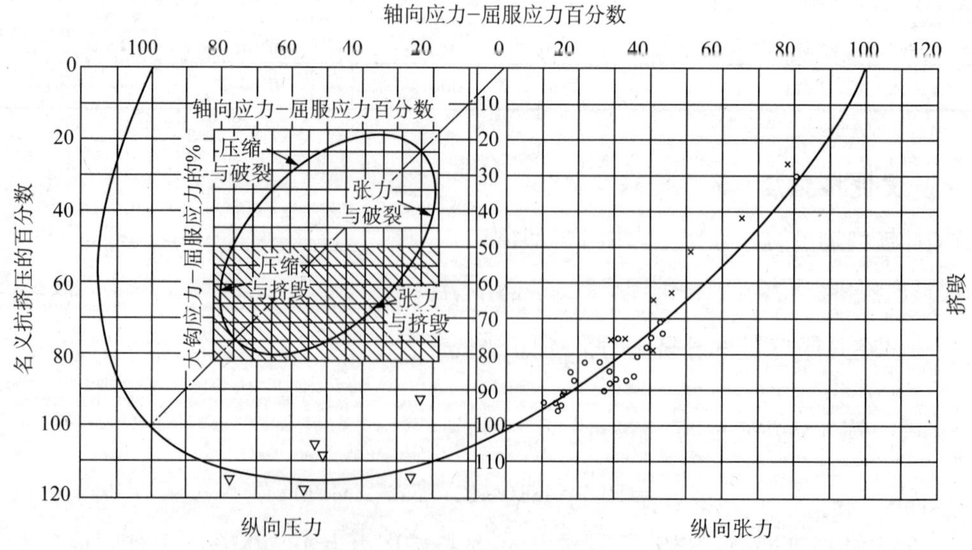

图 8–3–3 双轴应力椭圆图

o，×—张力与挤毁；∇—压缩与挤毁

(3) 以所得之百分比值乘以名义抗挤强度即得在拉伸载荷下的抗挤强度。注意，对于各级别用过的钻杆，应采用折减的截面积和强度值，在实际计算中还应考虑安全系数。

第四节 井斜控制技术

井斜是钻井中较为普遍存在的一个技术难题，它直接关系到钻井的井身质量和破岩效率。20 世纪 20 年代末期，人们发现了钻井过程中的井斜问题，并认识到在实际上要想钻成一口绝对垂直的井是不可能的。40 年代末至 50 年代初期，井斜控制成为钻井领域倍受关注的关键技术问题之一。50 年代至 70 年代初，井斜控制理论研究取得了重要进展，并形成了一套比较完整的垂直钻井工艺。

我国幅员辽阔，油气资源分布广，大多数地区在钻井中都不同程度地存在着井斜问题，有些地区（如山前构造等）井斜问题还比较严重。长期以来，我国钻井工作者在钻柱力学、钻头与地层相互作用及防斜打快钻井技术等方面开展了不少研究和试验工作，取得了一批重要研究成果，发展了井斜控制理论与技术，为解决各种井斜控制问题奠定了基础。

一、井斜的原因

钻井实践表明，井斜的原因是多方面的，如地质条件、钻柱下部组合、钻井参数及钻井设备安装等因素，都会不同程度地影响井斜。但归纳起来，造成井斜的主要原因有两个方面：第一是钻头与地层相互作用方面的原因，即由于所钻地层的非均质性和构造形态使钻头破岩作用不平衡而造成井斜；第二是钻柱力学方面的原因，即下部钻具组合纵横弯曲变形使钻头力学作用不平衡而造成井斜。

1. 地层因素

地层因素是影响井斜的客观原因。大量实践证明，虽然采用相同的技术手段，但在不同的地区钻井或钻遇不同的地层构造时，所发生的井斜程度确有不同，甚至存在很大的差异。

(1) 沉积岩层不同方向的可钻性存在有差异（具有各向异性），一般来说，垂直层面方向的可钻性较好，所以在钻遇这类地层时，钻头易于沿着地层可钻性较好的方向钻进（图 8-4-1），从而导致自然井斜。

(2) 在倾斜的层状地层中钻进时，由于在层面交界处的岩石不能长时间支持钻压而趋向沿垂直层面发生破碎，因而井眼下倾一侧的层面上形成小斜台（图 8-4-2），它对钻头施加了一个横向作用力，把它推向地层的上倾方向，从而引起井斜，这就是所谓地层的“小变向器”作用。地层构造越陡、层状性越强及钻压越大，这种造斜作用也越大。

(3) 在软硬交错地层钻进时，可能产生突发性的严重井斜问题（图 8-4-3），当钻头从软地层进入硬地层时，由于钻头在 A 和 B 两侧的破碎力不均，使钻头的钻进方向向地层上倾方向倾斜，当钻头从硬地层进入软地层时，由于类似前面所述小变形器的作用，迫使钻头沿地层上倾方向钻进。

(4) 钻头在破碎呈倾斜的层状岩石时，牙齿在地层上倾方向一侧形成较多的岩屑量（图 8-4-4）。由于两侧的不均衡产生的增斜力，也迫使钻头改变方向。

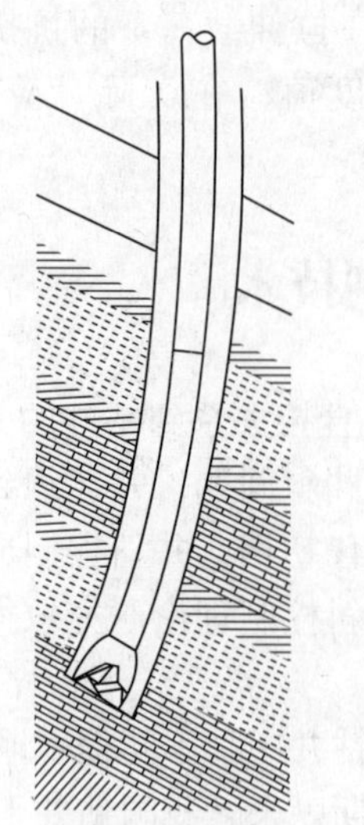

图 8-4-1　地层可钻性的各向异性效应

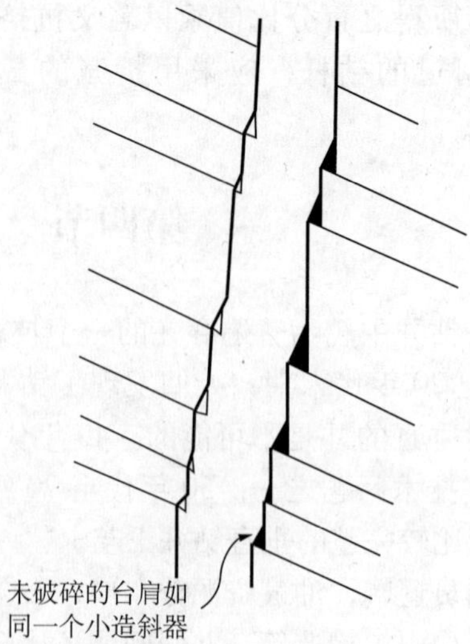

未破碎的台肩如
同一个小造斜器

图 8-4-2　地层“小变向器”造斜作用

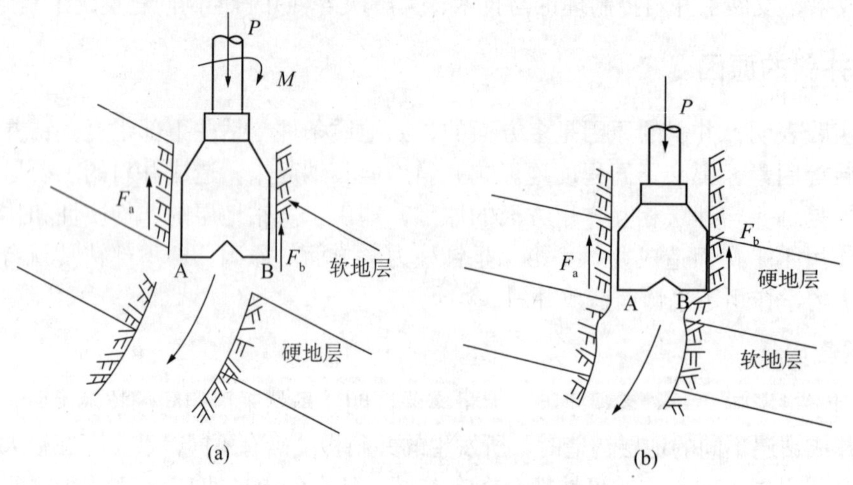

图 8-4-3　岩性变化对井斜的影响

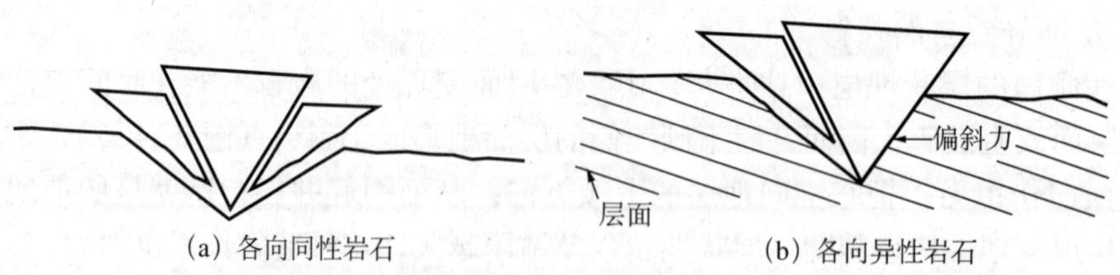

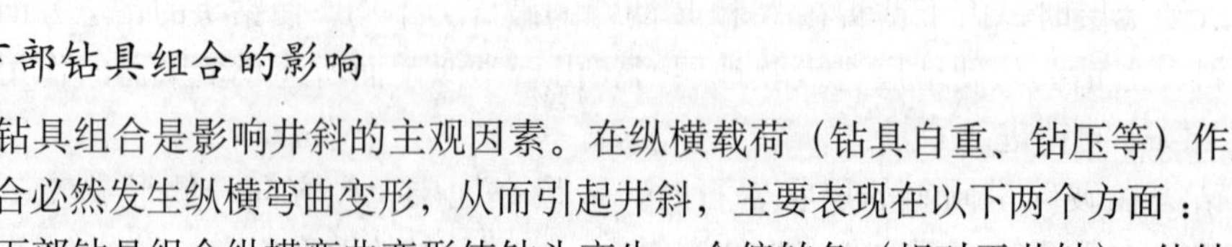

图 8-4-4　钻头牙齿两侧的不均衡破碎引起井斜

2. 下部钻具组合的影响

下部钻具组合是影响井斜的主观因素。在纵横载荷（钻具自重、钻压等）作用下，下部钻具组合必然发生纵横弯曲变形，从而引起井斜，主要表现在以下两个方面：

(1) 下部钻具组合纵横弯曲变形使钻头产生一个偏转角（相对于井轴），使钻头指向偏离了原来的井眼轴线，由于钻头的切削能力具有各向异性，从而导致井斜。

（2）下部钻具组合纵横弯曲会产生一个钻头侧向力，它迫使钻头产生不平衡侧向切削，从而使其钻进方向偏离原来轨道。对于传统的钟摆钻具组合而言，尽管它能够产生一个有利于防斜的钻头钟摆力，但钻压的作用效果则相反，使钟摆钻具组合的防斜能力削弱。

因此，可以说，下部钻具结构、钻压作用及井眼几何约束等因素，从主观上决定了下部钻具组合的纵横弯曲程度及其对井斜的影响效果。

二、地层造斜力及其计算模式

如上所述，人们通过大量的现场观测、室内实验及理论分析，建立了若干关于典型地层影响井斜的定性理论和定量理论，在实际工程中起到了一定的指导作用。从实际情况看，地层各向异性钻井理论受到了普遍重视和应用，并不断得到发展和完善。正交各向异性地层及横观各向同性地层，是钻井工程中经常钻遇的典型地层。若地层的物理和力学性质（或可钻性）沿地层的法向、倾向及走向互异，则称其为正交各向异性地层；若地层的物理和力学性质（或可钻性）沿地层层面均同又异于其法向，则称其为横观各向同性地层。地层的各向异性，可用岩石各向异性指数（Rock Anisotropy Index）来表征。若各向同性钻头沿地层倾向（dip）、走向（strike）及法向（normal）的钻速分别为 $R_{\rm dip}$、$R_{\rm str}$ 及 $R_{\rm n}$，相应的净作用力为 $F_{\rm dip}$、$F_{\rm str}$ 及 $F_{\rm n}$，则在地层三个正交方向上的钻井效率可分别定义如下：

$$\left.\begin{aligned} D_{\rm dip} &= \frac{R_{\rm dip}}{F_{\rm dip}} \\ D_{\rm str} &= \frac{R_{\rm str}}{F_{\rm str}} \\ D_{\rm n} &= \frac{R_{\rm n}}{F_{\rm n}} \end{aligned}\right\} \tag{8-4-1}$$

因此，正交各向异性地层的岩石各向异性指数有两个（$I_{\rm r1}$ 和 $I_{\rm r2}$），可定义如下：

$$\left.\begin{aligned} I_{\rm r1} &= \frac{D_{\rm dip}}{D_{\rm n}} \\ I_{\rm r2} &= \frac{D_{\rm str}}{D_{\rm n}} \end{aligned}\right\} \tag{8-4-2}$$

根据地质构造学或电测方法，可以了解地层的倾角及走向等几何形态，若要确定地层的机械性质，则需要进行岩石力学实验，或利用实钻资料（录井、测井等资料）反求。按着地层各向异性指数 $I_{\rm r1}$ 和 $I_{\rm r2}$ 之间（或 $D_{\rm dip}$、$D_{\rm str}$ 及 $D_{\rm n}$ 之间）的大小关系，可将正交各向异性地层划分为十二类，即：

（1）地层 1：$I_{\rm r1} < I_{\rm r2} < 1$　　（$D_{\rm dip} < D_{\rm str} < D_{\rm n}$）；

（2）地层 2：$I_{\rm r1}=I_{\rm r2} < 1$　　（$D_{\rm dip}=D_{\rm str} < D_{\rm n}$）；

（3）地层 3：$I_{\rm r1} < I_{\rm r2} < 1$　　（$D_{\rm dip} = D_{\rm str} < D_{\rm n}$）；

（4）地层 4：$I_{\rm r1} > I_{\rm r2} > 1$　　（$D_{\rm dip} > D_{\rm str} > D_{\rm n}$）；

（5）地层 5：$I_{\rm r2} < I_{\rm r1} < 1$　　（$D_{\rm str} < D_{\rm dip} < D_{\rm n}$）；

（6）地层 6：$I_{r1} < 1 < I_{r2}$　　$(D_{dip} < D_n < D_{str})$；

（7）地层 7：$I_{r1} < I_{r2}=1$　　$(D_{dip} < D_{str}=D_n)$；

（8）地层 8：$I_{r2} > I_{r1} > 1$　　$(D_{str} > D_{dip} > D_n)$；

（9）地层 9：$I_{r2} < 1 < I_{r1}$　　$(D_{str} < D_n < D_{dip})$；

（10）地层 10：$I_{r1} > I_{r2}=1$　　$(D_{dip} < D_{str}=D_n)$；

（11）地层 11：$I_{r1}=1 > I_{r2}$　　$(D_{dip}=D_n > D_{str})$；

（12）地层 12：$I_{r1}=1 < I_{r2}$　　$(D_{dip}=D_n < D_{str})$。

当 $I_{r1}=I_{r2}=I_r$ 时，则化简为横观各向同性地层，其可划分为两类（如上述的地层 2 和地层 3）。对于横观各向同性地层，可建立地层造斜特征量计算模式如下：

$$G_\alpha = \frac{(1-I_r)(\cos\alpha\sin\gamma\cos\Delta\varphi - \sin\alpha\cos\gamma(\cos\alpha\cos\gamma + \sin\alpha\sin\gamma\cos\Delta\varphi)}{I_r + (1-I_r)\left[(\sin\gamma\sin\Delta\varphi)^2 + (\cos\alpha\sin\gamma\cos\Delta\varphi + \sin\alpha\cos\gamma)^2\right]} \tag{8-4-3}$$

$$G_\varphi = \frac{(1-I_r)\sin\gamma\sin\Delta\varphi(\cos\alpha\cos\gamma + \sin\alpha\sin\gamma\cos\Delta\varphi)}{I_r + (1-I_r)\left[(\sin\gamma\sin\Delta\varphi)^2 + (\cos\alpha\sin\gamma\cos\Delta\varphi - \sin\alpha\cos\gamma)^2\right]} \tag{8-4-4}$$

式中　G_α——地层造斜特征参量井斜分量，无量纲；

G_φ——地层造斜特征参量方位分量，无量纲；

γ——地层倾角，(°)；

α——井斜角，(°)；

$\Delta\varphi$——井斜方位角与地层上倾方位角之差，(°)。

G_α 和 G_φ 的大小不仅与地层的各向异性性质有关，而且还受地层几何产状及井眼几何位置等因素的影响。因此，可用 G_α 和 G_φ 来描述地层自然造斜特性（各向异性钻井特性），相应的地层造斜力计算模式如下：

$$GF_\alpha = G_\alpha W_{ob} \tag{8-4-5}$$

$$GF_\varphi = G_\varphi W_{ob} \tag{8-4-6}$$

式中　GF_α——地层造斜力井斜分量（以增斜效果为正），kN；

GF_φ——地层造斜力方位分量（以减方位效果为正），kN；

W_{ob}——钻压，kN。

应当指出，GF_α 和 GF_φ 只是在钻井条件下地层各向异性钻井特性的一种等效表达形式，与钻头机械力有着本质的区别，地层的各向异性性质是产生 GF_α 和 GF_φ 的内因，施加的钻压（W_{ob}）则是外因。用地层造斜力的概念解释和描述岩性比较稳定的地层和同一个层段的井斜机理是比较合乎实际情况的，但不适用于软硬交界面上突发的井斜问题。

在式（8-4-3）和式（8-4-4）两式中取 $\Delta\varphi=0$，便可得到以下地层造斜特征参量井斜分量的计算公式（式中符号意义同前）：

$$\begin{cases} G_\alpha = \dfrac{(1-I_r)\tan(\alpha-\gamma)}{I_r + \tan^2(\alpha-\gamma)} \\ G_\varphi = 0 \end{cases} \tag{8-4-7}$$

应用式（8−4−7）可以计算所钻地层在井斜方向上的自然造斜特性，建立 G_α 随（$\alpha-\gamma$）和岩石各向异性指数（I_r）变化的预测图版，如图 8−4−5 和图 8−4−6 所示。

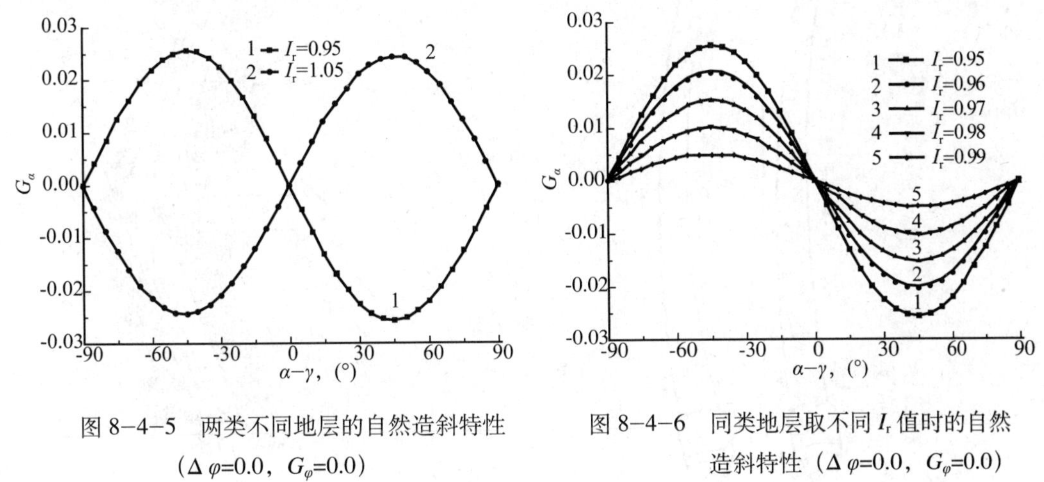

图 8−4−5　两类不同地层的自然造斜特性（$\Delta\varphi$=0.0，G_φ=0.0）

图 8−4−6　同类地层取不同 I_r 值时的自然造斜特性（$\Delta\varphi$=0.0，G_φ=0.0）

三、井斜的危害

在过去很长一个时期，人们只是把井斜的危害归结于井斜角过大问题，因而常常采用轻压吊打等消极办法来保持小井斜角钻进。这样不仅严重影响了机械钻速，而且不能从根本上消除井斜造成的井下复杂情况。钻井实践表明，井斜的危害主要来自于井斜的急剧变化（如“狗腿”井段），尤其是在钻深井时，“狗腿”所产生的危害会更大。

（1）处于“狗腿”井段的钻柱旋转时要产生很大的交变弯曲应力（图 8−4−7），当最大应力（包括弯曲应力和拉应力）达到一定数值时就会产生钻具疲劳破坏。

（2）在“狗腿”井段及拉伸载荷作用下，钻柱（尤其是钻杆接头部位）与井壁接触会产生较大的侧向力（图 8−4−8），它不仅使钻柱和套管等井下管具产生过度磨损，而且还会形成井眼键槽，从而导致起下钻困难甚至卡钻事故等。

（3）钻杆接头在较大侧向力作用下紧靠井壁旋转，摩擦产生的热量会使接头温度升高到钢的临界温度之上，加之钻井液的冷却作用，接头交替受热和冷却，其表面容易产生热龟裂而导致接头损坏。

（4）严重的“狗腿”有可能妨碍测井和下套管等作业的顺利实施，并因环空水泥封固不均匀而影响固井质量。

四、井斜控制的要求

1. 井眼曲率的定义及计算

从一个测点 A 到另一个测点 B，井眼前进方向变化的角度（两点处井眼前进方向线之间的空间夹角），既反映了井斜的变化，又反映了井斜方位的变化。人们将此角度称为两点间的全角变化值或“狗腿角”，通常以 θ 来表示。相邻两个测点 A 和 B 之间的全角变化值 θ 可按下式计算（最小曲率法）：

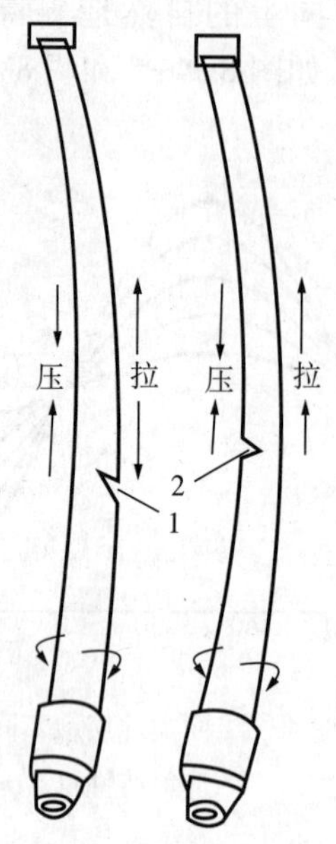

图 8-4-7　钻杆疲劳（1 和 2 表示缺陷的开启和闭合）

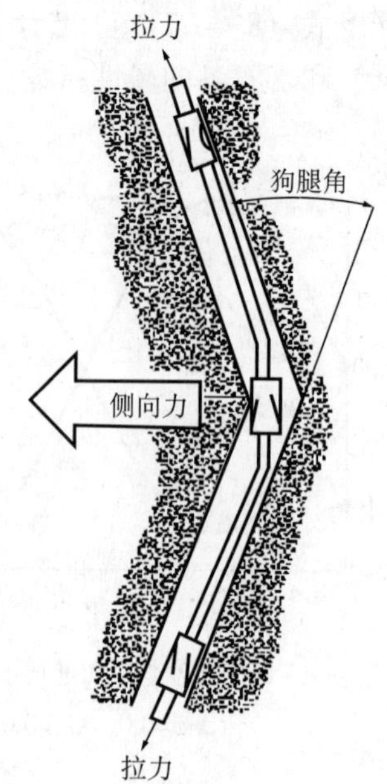

图 8-4-8　钻杆接头上的侧向力

$$\theta = \arccos\left[\cos\alpha_A \cos\alpha_B + \sin\alpha_A \sin\alpha_B \cos\left(\phi_B - \phi_A\right)\right] \tag{8-4-8}$$

式中　α_A，ϕ_A——测量点 A 处的井斜角和井斜方位角，（°）；

α_B，ϕ_B——测量点 B 处的井斜角和井斜方位角，（°）；

θ——相邻两个测点 A 和 B 之间的全角变化值，（°）。

所谓井眼曲率，就是指井眼前进方向的变化快慢或井眼弯曲的程度，相邻两个测点 A 和 B 之间的测段井眼曲率可用相应的全角变化值表达如下：

$$K = \frac{30\theta}{\Delta L} \tag{8-4-9}$$

式中　K——相邻两个测量点 A 和 B 之间的井眼曲率，（°）/30m；

ΔL——相邻两个测量点 A 和 B 之间的测段长度，m。

井眼曲率也称为全角变化率，又称狗腿严重度（简称“狗腿度”），它们都是同一个概念。井眼曲率不仅与井斜角的变化和方位角的变化有关，而且与井斜角的大小也有直接关系。当两个测量点间的井斜方位没有变化时，井眼曲率就等于井斜变化率。

2. 最大井眼曲率的概念

确定允许的最大井眼曲率（或狗腿严重度的极限）的主要依据如下：

(1) 在“狗腿”井段，钻杆的最大应力不应超过其疲劳极限，从而避免钻杆的疲劳破坏。

钻杆的疲劳破坏不仅取决于“狗腿”的严重程度，同时还与“狗腿”段钻杆的拉伸载荷大小、钻杆的尺寸和性能及通过“狗腿”段的出现次数等因素有直接关系。可利用如图 8-4-9 所示的诺模图直接查算可避免钻杆疲劳破坏的允许最大井眼曲率。

（2）在“狗腿”井段，钻杆接头对井壁的侧向力不应超过规定值，以避免钻具过度磨损、钻杆接头热裂及形成键槽卡钻等危害。

接头上的侧向力与井眼曲率及拉伸载荷成正比。侧向力的合理极限值与地层岩性有一定关系，一般推荐这个极限为 9kN。在一定的钻杆拉伸载荷下，利用图 8-4-10 可直接查算出对应于不同接头侧向力极限值所允许的最大井眼曲率。

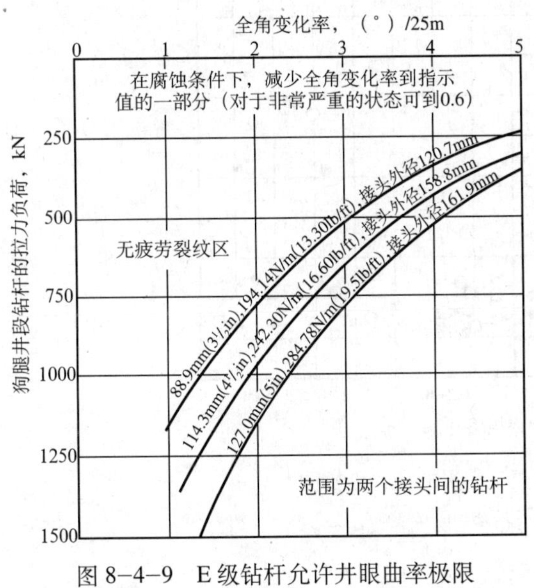

图 8-4-9　E 级钻杆允许井眼曲率极限

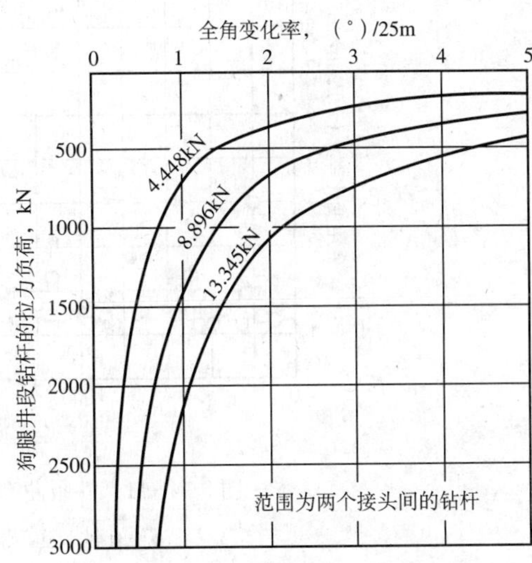

图 8-4-10　钻杆接头上的侧向力允许的最大井眼曲率

根据以上两点，可以概括地说，离井口越近的井段，允许的最大井眼曲率越小；随着井深增加，则钻柱长度越大，上部井段所允许的最大井眼曲率也就越小。

上述关于允许的最大井眼曲率定量计算来源于理论分析，其具体数值一般都比较大，考虑到实际钻井情况比理论分析要复杂得多，实际允许的最大井眼曲率值应低于理论值，一般推荐在表层套管以下的最大井眼曲率不应超过 1° 15′ /25m（或 1° 30′ /100ft）。由于键槽的形成与起下钻次数有关，所以越接近完钻井深的最大井眼曲率值可以适当放宽。表 8-4-1 给出了推荐允许的最大井眼曲率值。

表 8-4-1　推荐的允许最大井眼曲率值

井段范围 m	测段长度 m	允许最大井眼曲率 （°）/30m
0 ~ 122	30.5	1.5
122 ~ 1830	61	1.5
1830 ~ 3660	61	2.5
3660 ~ 4270	61	3.5
4270 ~ 4575	61	4.0

各地的作业区，甚至不同井的钻井条件不尽相同，具体允许的最大井眼曲率规范也不

应该完全一致。合理的规范最好是根据该地区已钻井的资料，用统计分析方法来确定，即通过实钻资料统计分析找出易发生钻具事故和键槽等复杂情况的最大井眼曲率（图 8-4-11），并根据钻井条件的变化不断进行修订，从而既保证井身质量，又不致增加过多的防斜费用。

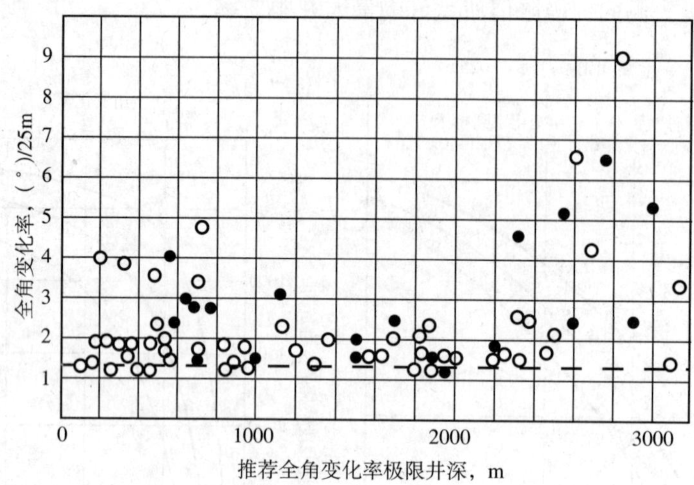

图 8-4-11　井眼曲率与复杂情况的统计分析图

●—有阻卡复杂情况；○—无复杂情况

3. 井斜角的控制

在易斜地区进行垂直钻井时，根据地质设计要求适当控制分井段的最大井斜角也是必要的，以保证井底位置处于设计规定的目标范围之内。一般情况下，上部井段的井斜角可控制得较小些，随着井深增加，只要井底水平位移不超过设计范围，井斜角可适当放大。

4. 井斜方位控制

在进行垂直钻井时，一般不对井斜方位提出具体要求，但在地质条件比较复杂的情况下（如地层倾向变化较大时），应采取有效措施控制井斜方位的变化，以便减小它对井身质量的不利影响。井斜方位的变化，不仅影响井眼曲率，而且更影响井眼挠率，应根据具体情况进行定量分析并提出控制要求。

五、防斜打直钻井工艺

在垂直钻井工程中，应采用综合性的防斜工艺措施，才能收到预期的防斜打直效果，尤其是在易斜地区宜认真应对。

1. 了解地层的自然造斜特性

因为地层因素是影响井斜的客观因素，所以应充分了解和掌握所钻地层的自然造斜特性，尤其是在易斜地区更应高度重视，如果忽视这一基本的重要因素，则往往会导致井斜控制的失败，甚至造成严重的作业后果。

在作钻井工程设计时，应充分了解所钻地层的倾角大小和岩性状况。在有条件的情况下，要根据地层倾角和岩石各向异性指数，将各层段的地层造斜特征参量计算出来（或根据图表查出来），以定量掌握各层段的地层造斜特性，这是制定防斜打直工艺措施的客观基础。另外，对于地层的稳定性也应给予足够的重视，它是选择下部钻具组合的基本类型时应当考虑的重要客观因素。

2. 合理的井斜控制设计

在钻井设计中，应根据地层造斜特性和地质设计对井斜控制的要求作出分井段设计，它包括分井段的允许最大井眼曲率和最大井斜角。在满足井斜控制标准要求的前提下，一方面力求井斜趋势稳定，避免井斜加剧和频繁的增减变化，另一方面还要尽力满足解放钻压的要求，以利于提高机械钻速和作业效率。

在开始的井段保持较小井斜角是必须的（如井深100m以内，井斜不宜超过1°），其后应允许井斜角逐渐上升，只要井底的水平位移不超过设计规定的范围。在地层造斜效应较强的情况下，片面追求全井都保持很小的井斜角是无益的，因为采用“轻压吊打”的防斜措施必将大大降低机械钻速，延长钻井时间及增加钻井费用等。

3. 采用合理的下部钻具组合

以鲁宾斯基（Lubinski A.）为代表的国内外专家认为，在转盘钻井中的钻柱基本上处于自转状态，因而可采用静力学方法对底部钻具组合的受力和变形进行分析研究，并由此形成了静力学防斜理论与技术，相应的下部钻具组合即为传统的满眼钻具组合和钟摆钻具组合。

1）满眼钻具组合

满眼钻具组合可以控制井眼全角变化率，在地层造斜特性不严重时可以控制较好的井身质量。传统的满眼钻具组合，是基于静力学分析结果，认为钻铤弯曲和钻头横向偏斜是引起井斜变化的主要原因。这种钻具组合能有效地控制井斜变化率，避免出现严重狗腿度。同时，这种钻具组合本身的弯曲特性受钻压的影响较小，在地层造斜效应不太严重的情况下可以采用较大的钻压，从而增加了钻头的机械能量以提高破岩效率和钻进速度。需要注意的是，满眼钻具组合只适合于防斜或稳斜，而绝不可以用于纠斜作业；井眼稳定和形状规则是保证满眼钻具组合使用效果的重要井况条件，如果在钻进过程中因各种原因（井壁垮塌、钻井流体冲蚀井壁等）造成井径扩大使稳定器失去有效支撑时，将导致满眼钻具组合防斜控制的失败，从而引起井斜的急剧变化，其后果比使用钟摆钻具组合更为严重。由于满眼钻具组合带有多个稳定器，一旦发生钻具断落，则打捞工作将更复杂一些。因此，应充分考虑以上注意事项，根据实际情况确定是否选用这种下部钻具组合类型。

（1）近钻头稳定器。靠近钻头的稳定器应采用井底型稳定器并紧接钻头，期间不应加装配合接头或其他工具（如打捞杯等）。

为了增强近钻头稳定器抗衡横向力偏斜力及限制钻头横向切削的作用，在中等易斜地层应采用有效稳定长度较长的近钻头稳定器，也可以在有效稳定长度较短的近钻头稳定器上直接接一只钻柱型稳定器，这只稳定器以采用短稳定器为最好；在严重易斜地层则应采用有效稳定长度更长的近钻头稳定器，或者在近钻头稳定器上直接接两只钻柱型稳定器。

（2）中稳定器与上稳定器的安放高度的确定。中稳定器与上稳定器的安放高度与满眼钻具组合的使用效果有重要的关系。确定中稳定器与上稳定器理想安放高度的原则是尽量减小下部钻柱弯曲变形，从而使钻头偏斜角和作用在钻头上的弯曲偏斜力为最小值。

中稳定器的理想安放高度主要取决于短钻铤尺寸、稳定器与井壁间隙值、井斜角及钻井液密度等因素。

一般情况下可用下式计算中稳定器的理想安放高度 L：

$$L = \sqrt[4]{\frac{16EI \cdot e}{q \sin\alpha}} \tag{8-4-10}$$

式中 EI——短钻铤的抗弯刚度，$kN \cdot m^2$；

e——中稳定器与井眼的间隙值，m；

q——单位长度短钻铤在钻井液中的重量，kN/m；

α——井斜角，(°)。

应根据实际条件，尽可能选用适当的短钻铤，使中稳定器的实际安放高度接近理想高度。

上稳定器安放在中稳定器的上部，一般相距一根钻铤单根，长度约 9m 左右。

针对特殊要求，可采用比较精确的数学力学方法计算确定中稳定器和上稳定器的理想安放高度。组合部分采用单一尺寸钻铤时，采用纵横弯曲梁法计算较为简单方便。

(3) 提高钻柱组合的弯曲刚度。为了提高钻柱组合的弯曲刚度，在稳定器之上适当位置根据需要可以再加稳定器。满眼组合部分的钻铤，特别是短钻铤，应采用最大外径厚壁钻铤。

(4) 稳定器与井壁之间的间隙控制。稳定器与井壁之间的间隙与满眼钻具组合的使用效果关系甚为重要，适当严格控制（特别是井斜较为严重的层段），一般这一间隙越小越好，尤其是近钻头稳定器和中稳定器，与井壁间的实际间隙过大往往导致满眼钻具组合失效。

控制稳定器与井壁间的间隙的措施有两条：

①保证稳定器有足够大的直径；

②保持井眼稳定，避免井径在钻进的短时间内明显扩大。

一般情况下，近钻头稳定器和中稳定器直径与钻头直径的差值应不大于 3mm，上稳定器直径与钻头直径的差值应不大于 6mm。

2) 钟摆钻具组合

钟摆钻具组合依靠稳定器以下钻具在斜井眼中向下的分量起到降斜作用，其设计要点是尽量延长稳定器以下钻具长度，但要防止稳定器以下钻具与井壁接触形成支点，也要减少因钻具弯曲而导致钻头指向上井壁。为减少上部钻具弯曲影响，有时采用双稳定器钟摆钻具和柔性钟摆钻具等。钟摆钻具组合主要包括单稳定器钟摆钻具组合及多稳定器钻具组合等。这种钻具组合主要是利用倾斜井眼中的钻头与稳定器或“切点”之间的钻铤重力的横向分力，迫使钻头趋向井眼低边降斜钻进，以达到纠斜和防斜的效果。这个横向分力通常称为“钟摆力”，它使钻头产生降斜力以抵抗地层及钻具弯曲产生的造斜力等。钻头与稳定器或“切点”之间钻铤的长度（称为钟摆长度）、单位长度重量和抗弯刚度，以及所钻地层、所用钻头及施加的钻压等，是影响井斜控制的主要因素。遵循钟摆钻具组合防斜打直理论，认为加大钻压及钻具弯曲均不利于防斜打直，因而在易斜地区打直井时，往往通过减小钻压甚至“吊打”来实现防斜或纠斜的目的，结果严重地制约了垂直钻井的机械钻速。

应当特别指出，地层因素对钟摆钻具组合防斜效果的影响十分突出。如果实际的地层造斜特征参数与预测结果不符，井斜趋势可能与计划完全相反。而当地层造斜特征参数多变，即岩层变化很频繁时，井斜变化很难控制而极易造成“狗腿”。

在钻头上面适当高度处安放稳定器作支点，可以增加有效的钟摆长度，这是增加钟摆力的有效方法。

设计单稳定器钟摆钻具组合主要是确定稳定器的安放高度（与钻头的间距）。在保证稳定器以下的钻铤在纵横弯曲载荷下产生弯曲变形，其最大挠度处不与井壁接触的前提下，尽可能高地安放稳定器，可以获得最大的钟摆抗斜力，这种钟摆钻具组合的抗斜效果一般都优于无稳定器钟摆钻具组合（图 8-4-12)。

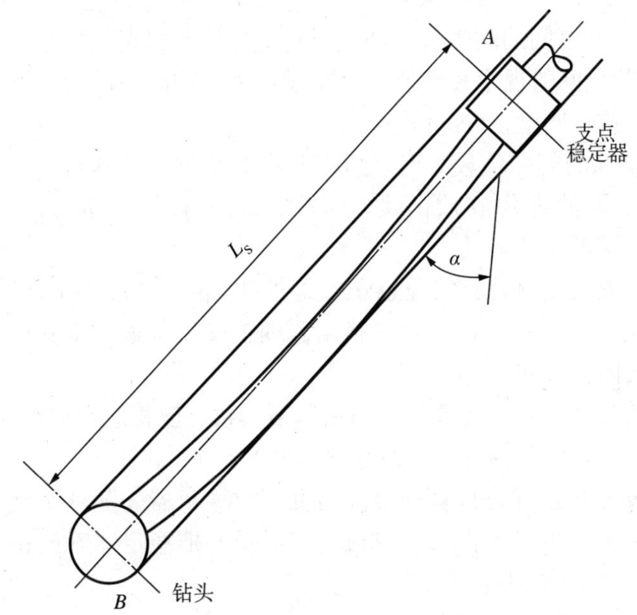

图 8-4-12　单稳定器钟摆钻具组合

稳定器的理想安放高度取决于井眼尺寸、钻铤尺寸、稳定器直径、井斜角、钻压及钻井液密度等因素。

当稳定器以下采用同一尺寸钻铤时，可把钟摆钻具简化为一个简支梁（图 8-4-13)，即可导出计算稳定器的理想安放高度的公式：

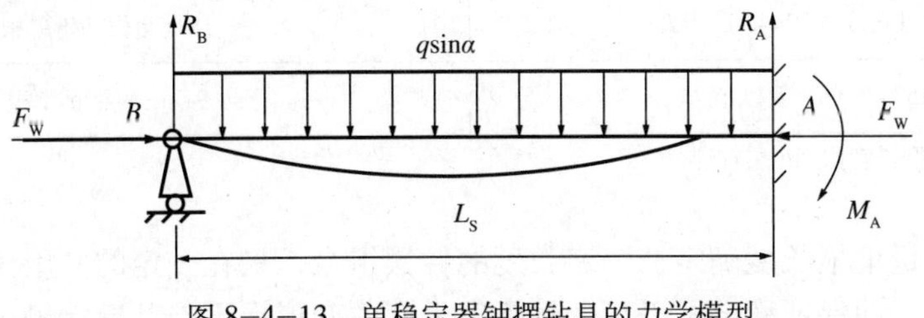

图 8-4-13　单稳定器钟摆钻具的力学模型

$$L_s = \sqrt{\frac{-b + \sqrt{b^2 - 4ac}}{2a}} \tag{8-4-11}$$

$$a = \pi^2 q \sin\alpha$$

$$b = 184.6W\left(0.667 + 0.333\frac{e}{r}\right)^2 \cdot \left(r - 0.42e - 0.08\frac{e^2}{r}\right)$$

$$c = -184.6\pi^2 EI\left(r - 0.42e - 0.08\frac{e^2}{r}\right)$$

其中 L_s——稳定器的理想安放高度，m；

q——单位长度钻铤在钻井液中的浮重，kN/m；

α——井斜角，(°)；

W——钻压，kN；

e——稳定器与井壁间的间隙值，即井眼直径与稳定器直径的差值之半，m；

r——钻铤与井壁间的视半径差值，即井眼直径与钻铤外径的差值之半，m；

EI——钻铤的抗弯刚度，$kN \cdot m^2$。

当稳定器与井壁间的间隙值较小时，可以不计其影响，即令其值为零，此时仍可用式（8−4−11）计算稳定器的理想安放高度，式中，$a=\pi^2 q\sin\alpha$；$b=82Wr$；$c=-184.6\pi^2 rEI$。式中符号意义及单位同前。

稳定器的实际安放高度与计算的理想安放高度的差值一般应小于计算高度的 10%。

利用这一简单实用的计算方法计算的稳定器理想安放位置与用其他更精确的数学力学方法计算的高度是大体相近的。

如果实际井斜角和钻压与计算井斜角和钻压不一致，应相应地调整稳定器的安放高度，才能保证这种组合的有效性并维持最大的钟摆抗斜力。

在钻井现场，要完全按理论计算的准确高度安放稳定器并随意调整其位置，一般是很困难的。在通常情况下，可以根据钻铤单根的实际长度把稳定器安放在某一合理的高度范围内。表 8−4−2 是推荐的常用钟摆组合。

表 8−4−2 推荐的常用钟摆组合

井眼直径 mm（in）	稳定器高度 m
339.72（$13^3/_8$）及以上	≈ 36（四根钻铤单根）
244.47（$9^5/_8$）～ 311.15（$12^1/_4$）	≈ 27（三根钻铤单根）
193.67（$7^5/_8$）～ 244.47（$9^5/_8$）	≈ 18（两根钻铤单根）
152.40（6）及以下	≈ 9（一根钻铤单根）

注：每根钻铤单根长度按 9m 左右计。

根据实际钻铤单根长度确定的一定长度的钟摆组合，只在一定的井斜角范围和钻压范围内使用才有效，即保证稳定器以下的钻铤发生弯曲变形后不与井壁接触。可用下面的公式计算这种组合的允许最大井斜角 α_{max}（钻压一定时）和允许最大钻压 W_{max}（井斜角一定时）：

$$\alpha_{max}=\arcsin\left[\frac{184.6\pi^2 EI\left(r-0.42e-0.08\dfrac{e^2}{r}\right)-184.6WL^2\left(0.667+0.333\dfrac{e}{r}\right)^2\left(r-0.42e-0.08\dfrac{e^2}{r}\right)}{\pi^2 qL^4}\right]$$

（8–4–12）

$$W_{max}=\frac{184.6\pi^2 EI\left(r-0.42e-0.08\dfrac{e^2}{r}\right)-\pi^2 qL\sin\alpha L^4}{184.6L^2\left(0.667+0.333\dfrac{e}{r}\right)^2\left(r-0.42e-0.08\dfrac{e^2}{r}\right)} \quad (8–4–13)$$

式中　L——稳定器的实际安放高度，m。

其余符号及单位同前。当稳定器与井壁间隙 e 值为零时，上两式分别简化为：

$$\alpha_{max}=\arcsin\frac{184.6\pi^2 rEI-82WrL^2}{\pi^2 qL^4} \quad (8–4–14)$$

$$W_{max}=\frac{184.6\pi^2 rEI-\pi^2 qL^4\sin\alpha}{82rL^2} \quad (8–4–15)$$

为了增加下部钻铤柱的刚性及提高防粘卡能力，可以采用多稳定器钟摆钻具组合，即在单稳定器钟摆钻具组合支点稳定器之上间隔一定长度（一般是间隔 1 根钻铤）再安放一只或多只稳定器。

4. 用钟摆钻具控制井斜的计算问题

1）各向异性指数 h 的确定

不同岩性的地层 h 值是不一致的。岩性一致的地层 h 应是一个定值。根据稳斜时钻头上力的平衡关系，可得 h 值的计算式：

$$h=\frac{0.5Lq\sin\alpha_s-W\sin\theta_B}{0.5W\sin2(\gamma-\alpha_s)} \quad (8–4–16)$$

式中　L——钟摆长度，m；

q——单位长度钻铤在钻井液中的浮重，kN/m；

α_s——井斜角，（°）；

W——钻压，kN；

θ_B——钻头偏斜角，（°）；

γ——地层倾角，（°）。

当采用光钻铤时，根据纵横弯曲梁理论，有：

$$L^4 = \frac{24EI \cdot y}{q\sin\alpha_s \cdot X} \tag{8-4-17}$$

$$\theta_B = \frac{L^3 qX\sin\alpha_s}{24EL} + \frac{r}{L} \tag{8-4-18}$$

式中 EI——钻铤的抗弯刚度，kN · m² ；

α_s——稳斜角，(°)；

r——钻铤和井眼间的视半径（即井眼直径和钻铤外的差值之半），m ；

X——超越函数，代表纵向力对横向弯曲的影响。$X = \frac{3(\tan\mu - \mu)}{\mu^3}$，其中 $\mu = \frac{1}{2}\sqrt{\frac{W}{EI}}$。

用逐步逼近法可以求解 L 和 θ_B 的数值。

显然，利用实际地质和钻井资料可以确定井斜稳定井段地层的各向异性指数值（注意：地层倾角 γ 和钻压 W 亦应该是稳定的）。

如果采用单稳定器钟摆钻具组合，则可用以下二式计算稳斜井段的 h 值：

$$h = \frac{\frac{3}{8}L_s q\sin\alpha_s - W\sin\theta_B}{\frac{1}{2}W\sin2(\lambda - \alpha_s)} \tag{8-4-19}$$

$$\theta_B = \frac{L_s^3 qX\sin\alpha_s}{48EI} \tag{8-4-20}$$

注意，地层倾角 γ 和钻压 W 亦是稳定的。

2）定量控制井斜时钻压的确定

当采用光钻铤钻具组合钻井时，根据稳斜时钻头上力的平衡关系，可得对应稳斜角 α_s 的钻压计算公式如下：

$$W = \frac{0.5Lq\sin\alpha_s}{0.5h\sin2(\gamma - \alpha_s) + \sin\theta_B} \tag{8-4-21}$$

式中的 L 及 θ_B 仍按式（8-4-17）和式（8-4-18）计算。

当采用单稳定器钟摆钻具组合时，可用下式计算对应稳斜角 α_s 的钻压值：

$$W = \frac{0.375L_s q\sin\alpha_s}{0.5h\sin2(\gamma - \alpha_s) + \sin\theta_B} \tag{8-4-22}$$

式中 L_s——钻头与稳定器之间的长度，m。

3）井斜与钻压定量关系表的使用

常用的井斜与钻压定量关系表是根据稳斜条件下地层倾角、各向异性指数值、钟摆钻具组合及井眼尺寸一定时，井斜角与钻压之间的定量关系制作的，主要有两个方面的用途：一是根据井眼尺寸、钻铤尺寸、地层倾角和异性指数等级，确定与计划井斜角对应的钻压及支点稳定器安放高度；二是根据实钻资料（井斜基本稳定时的井眼尺寸、钻铤尺寸、地层倾角、钻压、井斜角等）确定地层的各向异性指数等级。

常用的井斜与钻压定量关系表是按鲁宾斯基的计算方法制作的，其中地层等级对应的各向异性指数数值见表8-4-3。

表8-4-3　横观各向同性地层的各向异性分级

地层等级	各向异性指数（h值）	地层等级	各向异性指数（h值）
A	0.557	K	0.099
B	0.491	L	0.076
C	0.430	M	0.060
D	0.374	N	0.046
E	0.324	O	0.034
F	0.272	P	0.025
G	0.226	Q	0.018
H	0.183	R	0.011
I	0.150	S	0.007
J	0.122	T	0.003
		U	0.000

常用井斜与钻压表只适用于光钻铤和按理想位置安放稳定器的钟摆钻具组合，不适用于钟摆长度已定的常用钟摆钻具组合。当采用这种组合时，可以利用前面所述公式计算钻压值。

4）多稳定器钟摆钻具组合

在井斜严重的地层，用满眼钻具组合钻进时，井斜要逐渐增大，当接近或达到设计允许的最大值时，必须改用钟摆钻具组合并控制钻压进行纠斜作业，使井斜角缓慢降下来。然而，一旦恢复满眼钻进作业，当满眼钻具组合下至纠斜钻进的井段时，则会遇阻甚至卡钻。为了避免这种情况的发生，可采用多稳定器钟摆钻具组合方式（图8-4-14），这样在恢复满眼钻进时，一般只需在钟摆钻铤长度井段划眼即可。

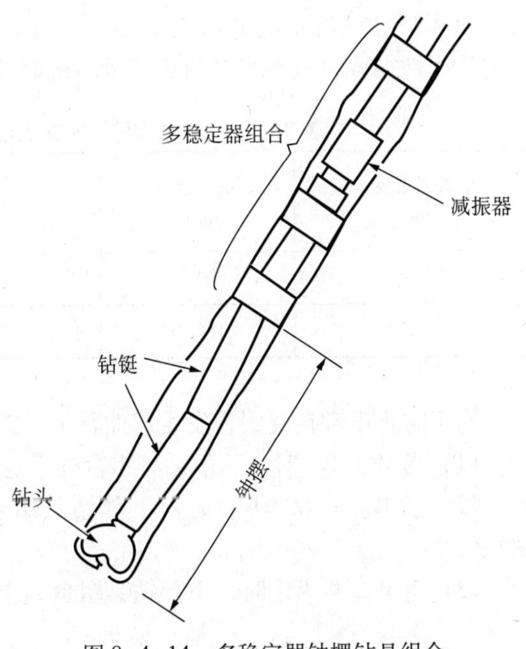

图8-4-14　多稳定器钟摆钻具组合

5）钻压控制准则

在钻进过程中，钻压是影响井斜最直接和最灵活的因素，钻压变化会直接导致井斜的变化。合理的钻压要根据地层造斜特性、下部钻具组合及井斜控制要求等实际情况来确定。一方面要充分重视经验，另一方面要适时测斜与调整钻压值。

采用多稳定器钻具组合钻进时，井斜的大小和趋势对钻压变化特别敏感，所以应根据实际情况严格控制钻压的大小。同时，采用多稳定器钻具组合钻进时，常常出现井斜的急剧变化，其根本原因是地层造斜特性剧烈变化所致，这时也应通过调整钻压加以控制。

受井眼约束的钻柱及其下部钻具组合，其钻压超过一定数值时，将会失去原来的直线平衡稳定状态而发生屈曲。钻柱及其下部钻具组合的屈曲行为往往引发多种危害，一般也不利于井斜控制。因此，在实际工作中一般应防止钻柱及其下部钻具组合的屈曲。根据我国学者的研究成果，受斜直井眼约束钻柱的临界屈曲钻压值可用以下公式计算：

$$W_{cr} = 2.00\sqrt{\frac{EIq_{m}\sin\alpha}{r_{c}}} \tag{8-4-23}$$

$$W_{hel} = 2.75\sqrt{\frac{EIq_{m}\sin\alpha}{r_{c}}} \tag{8-4-24}$$

式中 W_{cr}——初始屈曲临界钻压值，kN；

W_{hel}——螺旋屈曲临界钻压值，kN；

α——井斜角，(°)；

EI——钻铤的抗弯刚度，kN · m^2；

q_m——钻铤在钻井液中的单位长度浮重，kN/m；

r_c——井眼半径与钻柱外半径之差，称为井眼视半径，m。

根据式（8–4–23）和式（8–4–24），当井斜角为零（α=0°）时，则有 $W_{cr}=W_{hel}=0$。显然，这个计算结果不符合垂直井临界屈曲钻压的实际情况。事实上，对于一个具体问题而言，井斜角应该存在一个最小值，只有当井斜角大于这个最小值时，上述这两个计算公式才适用，而且可以结合垂直井临界屈曲计算方法确定井斜角的最小值。表 8–4–4 给出了两种常用尺寸情况下的井斜角最小值，由此可见，式（8–4–23）和式（8–4–24）对井斜角的适用性很强，只有当井斜角接近零度时才出现不合理现象。

表 8–4–4　上述临界屈曲钻压值计算公式适用的最小井斜角举例

井眼直径 mm	钻铤直径 mm	初始屈曲计算适用的 最小井斜角 α_{cr} (°)	螺旋屈曲计算适用的 最小井斜角 α_{hel} (°)
311.15	203.20	0.26	0.32
215.90	158.75	0.16	0.21

为了防止下部钻具组合发生屈曲行为，对钻压值（W_{ob}）应进行控制，其判别式如下：

（1）当 $W_{ob}<W_{cr}$ 时，下部钻具组合处于稳定状态；

（2）当 $W_{cr} \leqslant W_{ob}<W_{hel}$ 时，下部钻具组合处于初始屈曲状态（通常是正弦或蛇形屈曲）；

（3）当 $W_{hel} \leqslant W_{ob}$ 时，下部钻具组合处于螺旋屈曲状态。

6）钻头各向异性控制

钻头的类型及结构特性对井斜也有不可忽略的影响。无论是牙轮钻头还是PDC钻头，其结构特性一般都有利于沿轴向钻进。因此，钻头沿轴向的破岩效率往往优于沿侧向的破岩效率，即钻头破岩效率具有各向异性特性。钻头各向异性可用钻头各向异性指数（I_b）来表征，它被定义为钻头横向破岩效率与其轴向的比值。I_b的定义域及其钻井特性为：$I_b=0$，钻头只有轴向钻进能力；$I_b<1$，钻头侧向钻进能力较小；$I_b=1$，钻头各向同性；$I_b>1$，钻头侧向钻进能力较大；$I_b\to\infty$，钻头只有侧向钻进能力。

因此，在实际工作中，应针对不同的下部钻具组合设计或优选合适的钻头，科学利用钻头的各向异性钻井特性。例如，当采用导向钻具组合时，对于“指向式”导向钻具组合，应匹配以具有低侧切能力的长保径钻头（I_b值较小）；而对于“推靠式”导向钻具组合，宜匹配以具有高侧切能力的短保径钻头（I_b值较大）。所谓“指向式”导向，是利用“弯曲结构”迫使钻头指向改变的导向控制模式；所谓“推靠式”导向，是利用导向控制力迫使钻头偏斜的导向控制模式。

第五节 钻具失效预测预防

钻具失效一直是制约油气井安全生产的一个重要难题。特别在近几年，由于深井及超深井等复杂工况井的开发数量逐年增加，钻杆接头纵向开裂、管体腐蚀及腐蚀疲劳断裂、钻铤螺纹疲劳断裂次数也明显增多。如西部某油田2008年钻具失效事故达到了100起，这些失效事故的发生，给钻井安全生产造成了隐患，使钻井成本增加，钻井周期延长。目前，虽然钻具制造技术有了长足发展，钻具的化学成分、热处理工艺，夹杂物控制更严，力学性能有了明显的提升，油田管具公司和井队管理水平与检测水平也有了大幅度提高，但是失效事故仍频繁发生。因此，开展针对新环境和新钻井工艺情况下的钻具失效预测与预防技术的研究，对预防钻具失效，保障钻井过程中的钻具安全具有重要意义。

一、钻具失效机理

机械产品的零件或部件处于下列三种情况就可以认为发生了失效：(1) 完全不能工作；(2) 可以工作，但不能令人满意的实现预期功能；(3) 受到严重损伤不能可靠而安全地继续使用。失效机理是指引起产品、部件或装备或其零件失效的物理化学变化等内在原因或过程。失效机理相当于医学上的“病理”。失效类型和失效机理的关系就是宏观与微观的关系，只有两者紧密地结合起来，才能由表及里地揭示产品或装备失效的本质，提出有效的预防措施。

钻具失效是指钻具在使用过程中受到外在环境和力的作用而导致不能继续完成预期的功能。常见的钻具失效有：疲劳失效、腐蚀失效、腐蚀疲劳失效、塑性断裂或变形失效、脆性断裂失效、摩擦损伤失效、应力腐蚀失效等。不同的失效形式有不同的失效机理，因此，对钻具失效机理的分析，要从具体的失效形式出发，结合钻具的使用工况和环境，进行科学的分析和判断。如最常见的氧腐蚀失效的机理是腐蚀介质氧与钻具的铁金属元素发生了化学反应，铁元素失去电子转化为正二价的铁离子，环境中的氧得到电子，在水分子的共同作用下形成氢氧根离子，从而使铁不断地溶入水环境，造成铁元素的流失而发生腐蚀。而疲劳失效的机理是钻具在交变载荷（应力）的作用下，经过较长时间的变应力作用（或较多的应力循环周次）后，使受力处的组织发生疲劳损伤，当损伤累积到一定程度后，量变发生质变，材料本体萌生疲劳裂纹，在力的作用下，裂纹扩展，裂纹扩展到一定程度后会导致钻具发生刺漏失效或断裂失效。

对钻具失效机理的研究，必须针对不同的失效形式进行研究，对于不同的失效，其失效时的裂纹或断面特征也会不同，如疲劳失效的特点有：导致钻具材料产生疲劳裂纹的应力载荷常常远低于材料的屈服强度；疲劳裂纹断面或扩展面没有明显的塑性变形；具有明显的疲劳裂纹源区及疲劳裂纹扩展区。虽然不同形式的失效机理各不相同，但这些失效也具有一些共同的特点，那就是失效往往发生在材料或工件的最薄弱处，如结构突变或表面损伤等形成的应力集中处。

腐蚀疲劳失效是钻具常见的失效形式，普遍认为，腐蚀疲劳过程应从两方面进行考虑：一是腐蚀介质如何加速了裂纹的萌生和扩展；二是循环应变是怎样促进了腐蚀进程的发展。由于腐蚀介质和形变对材料的交互作用在各个阶段所起的作用不同，因此，腐蚀疲劳规律非常复杂，目前流行的观点是腐蚀应力集中、选择性电化学侵蚀、钝化膜的开裂，介质吸附和氢致开裂等。钻具上常见的腐蚀疲劳是腐蚀应力集中和氢致开裂两种。

钻具的腐蚀疲劳失效往往是腐蚀介质（包括钻井液，地层水，温润的大气）和弯曲应力共同作用的结果，钻具失效往往发生在应力集中处，如钻杆的内加厚过渡区区域，钻具螺纹连接应力最大处的螺纹牙底。钻具腐蚀过程可归结为：新钻具→蚀坑形成和裂纹萌生→裂纹扩展→刺漏失效或断裂。蚀坑的形成和钻杆材料成分及腐蚀介质有关，在弱碱性条件下，钻具会因为材料中合金元素的差异发生局部腐蚀的小孔腐蚀或全面腐蚀的不均匀腐蚀，这种表面腐蚀既可能在使用过程中形成，也可能在井场存放或管理站贮存期间发生，如四川潮湿的空气和钻具中残留的钻井液，都会在钻具内外表面形成腐蚀坑。尤其是钻杆的内加厚过渡区，该处由于管子内径由小变大，高压钻井液在通过此区域时会造成涡流或滞流，产生气蚀。同时，在使用后存放时，容易残留钻井液，造成腐蚀的形成。外加应力和介质的共同作用下，腐蚀加速和扩大，在蚀坑底部导致应力集中。当外加应力循环到一定周次后，蚀坑底开始萌生裂纹。钻杆的内加厚过渡带终了处正好是钻杆截面突变处，存在应力集中，同时在钻井过程中更易在此处弯曲，从而裂纹萌生和扩展的速度都远高于钻杆其他位置，这也是钻杆失效常发生在内加厚过渡带区域的重要原因。

二、钻具失效预测方法

在钻具失效预测上，常用的理论是有限寿命理论，即通过对钻具的有限寿命进行预测来对钻具的失效时间和使用寿命进行预测。它包括疲劳全寿命预测和剩余寿命预测两种，目前使用较多也较成熟的钻具失效预测方法是钻具疲劳寿命预测，其原理是通过对材料疲劳损伤累积的计算，计算出钻具在给定的载荷工况下产生疲劳裂纹的时间及疲劳裂纹扩展而不发生断裂的时间。在钻井过程中，钻杆会承受交变应力，尤其是在弯、斜井段或“狗腿度”严重的井段，这些交变应力会导致钻杆发生疲劳损伤，损伤的严重程度与钻杆所受的应力和应力循环次数有关。由于钻杆的疲劳损伤是不能恢复的，钻杆在各个时期或井段产生的损伤量会进行叠加，当总的损伤量达到一定的临界值时就会出现疲劳失效。为了计算累积损伤的总和，不少学者提出了许多理论，最常用的是线性损伤理论。其原理是根据

$\sigma-N$ 曲线的定义，在恒定应力幅 σ_1 下运转 N_1 次时，将产生疲劳失效，在应力幅运转 n_1 次时，将产生部分疲劳损伤量 D_1，$D_1=n_1/N_1$。在包含不同应力水平的应力谱下运转时，应力谱中各个不同应力水平 σ_i 都产生一个损伤 D_i。当这些损伤率总和达到 1 时，就意味着出现疲劳失效。这种理论假说比较简单，但由于它没有考虑某些因素的影响，在预测失效时会有较大误差，在实际应用中，常采用过于保守的方法来进行钻具疲劳寿命的计算。产生误差的原因主要有：

(1) 钻具受力载荷不准确。由于目前在钻柱受力方面还没有很准确的计算和预测，各种复杂的钻井工艺也在不断地被采用和推广，每一种新的钻井工艺将使钻具的受力发生根本性的变化，如常用的泥浆钻井和气体欠平衡钻井，在这两种钻井工艺下，钻具的受力差异很大，失效形式也表现出明显的差别。使用牙轮钻井时采用的高钻压低转速，和使用 PDC 钻头时采用的低钻压高转速钻井，两者的受力工况也差异很大。

(2) 钻具使用情况不准确。国内对钻具在使用过程中的管理还没有实现信息化，对每一根钻具的实际使用时间，在钻柱中的使用位置，使用的井况等直接关系到钻具使用寿命计算的参数不能准确获得，如在钻具管理上，往往以同一批调拨上井的钻具计算钻具的使用时间，入井和没有入井的钻具往往混在一起运回管具公司，无法进行有效的区分。这些管理信息的不准确，在进行钻具的寿命预测时就只能以最长使用时间计算。

因此，要对钻具的疲劳寿命进行更精确的计算和预测，需要解决的问题还很多。包括对钻具受力工况的进一步认识和掌握，对钻具管理手段的更科学化，钻具失效机理的系统研究，以及钻柱材料和结构的抗疲劳特性研究等。

三、钻具失效预防技术

钻具失效的预防，是油田用户最关心的问题，这是降低和减少钻具失效事故的重要技术手段，尤其是可以减少和避免大量同类失效事故的发生。它包括两方面的内容：一是钻具失效原因分析；二是钻具失效预防措施研究。

导致钻具失效的原因很多，主要包括钻具质量问题，使用操作不当问题，以及环境工况问题。随着钻井新工艺和钻井新技术的采用，以及钻探的油气储层的地层的复杂性，使得近年来钻具失效中的环境工况导致的钻具失效事故比例有增加的趋势。如近年来时常出现的硫化氢或其他酸性油气田勘探过程中导致的钻具应力腐蚀开裂失效和腐蚀及腐蚀疲劳失效，深井和超深井工况下产生的摩擦热裂、钻具接头磨损等。针对钻具失效原因，预防钻具失效的措施有：

1. 提高钻具质量

对复杂工况下的钻井施工，预防钻具失效的一项重要措施是进行钻具的适用性评价，由于目前的钻具标准和钻具的质量水平没有同步，对一些复杂工况下的钻具，应对钻具进行适用性评价，以确定能满足此等工况下的钻具性能的基本条件，从而可以有效地减少和预防钻具失效事故的发生。如在复杂工况施工中，钻杆内螺纹接头摩擦热裂失效时有发生，通过研究发现，当钻杆内螺纹接头的横向冲击韧性值达到 80J 以上时，可以减少摩擦热裂失效。而钻杆内螺纹接头的横向冲击韧性值在标准里没有规定，国内的钻杆生产厂家已具有达到此标准的生产水平，因此，在拟用于这些井况的钻杆，可以通过与生产厂家制定订货技术协议来获得。

2. *规范钻具操作*

制定科学的钻具使用操作规范，包括钻具的装运过程操作规范，钻具在入井前的宏观检查分析，钻具起下钻台时的操作及保护，钻具上卸扣操作及钻具在钻井过程中和处理井下复杂情况时的操作规范等，并严格执行，可以有效地减少和预防失效事故。

3. *加强钻具的科学管理和使用*

对钻具进行分级管理，将钻具按不同的质量状况进行分级，不同级别对应不同使用工况和环境，针对拟使用的钻井作业工况，合理地对钻具资源进行配置，在充分保证钻具安全可靠性的同时，使钻具物尽其用。同时，制定科学的钻具探伤周期和修理周期，使钻具管理更科学化。

4. *提高检测技术*

提高检测技术包括三方面：一是厂家提高检测技术，避免不合格的产品流入市场；二是油田管具公司提高检测技术，避免不合格的钻具发送到井队投入使用；三是提高井队现场的检测技术，在井队现场进行检测，可以实现在钻井过程中对入井使用一段时间又要连续入井使用的钻具进行检测，以及时发现可能已存在的裂纹，避免超标缺陷钻具入井。

5. *优化钻具组合*

在使用钻具时，应根据所钻遇的地层特点和所采用的钻井工艺，合理地制定钻井参数；根据地层环境特点，尤其是腐蚀环境和复杂地层，对钻具的防腐蚀性能和力学性能提出明确要求。同时，在钻具组合上，应注意钻柱在整个结构上的刚度平滑过渡，钻柱“中性点”位置应落在钻铤上，尽可能在钻柱组合中加入减振器和5柱以上的加重钻杆，从而使钻具组合更科学，有效地缓解钻具的受载，提高钻具的使用寿命，降低失效事故的发生。

四、典型钻具失效案例分析

钻具失效的原因往往是多方面的，失效形式也是多种多样，每一根钻具的失效都有其特定的环境和使用工况。归纳起来，钻具的失效形式主要有断裂、变形、磨损、腐蚀，其中断裂包括疲劳、腐蚀疲劳、塑性断裂、脆性断裂、应力腐蚀断裂等。据中国石油管工程技术研究院对钻具失效形式统计分析，80%的钻具失效都属于疲劳失效或腐蚀疲劳。由于钻具的使用环境及钻具的日常管理和维护特点，单纯的钻具疲劳失效并不多见，往往是腐蚀和疲劳共同相互作用的结果。当然，单纯由一种原因引起的失效情况比较少，往往是几个方面综合共同作用的结果。

1. *疲劳与腐蚀疲劳案例*

某井在钻探过程中，发生多起钻杆刺漏失效事故，造成了很大的物力、财力和时间损失。失效钻杆的刺漏裂纹位于管体上，钻杆外壁没有明显的腐蚀坑，内壁涂层完好。经测量，失效钻杆管体的有效壁厚和外径都在标准范围内。用磁粉探伤对失效钻杆管体进行无损检测时，发现失效钻杆管体上存在多条微裂纹，其中一条沿周向约25mm长，如图8-5-1所示。

打开失效钻杆上的裂纹，可见裂纹面呈圆弧形，颜色较暗，较为平坦。在扫描电子显微镜下可观察到明显的疲劳条纹，如图 8–5–2 所示。对裂纹表面进行能谱分析，裂纹表面含有一定量的氧元素，如图 8–5–3 所示。

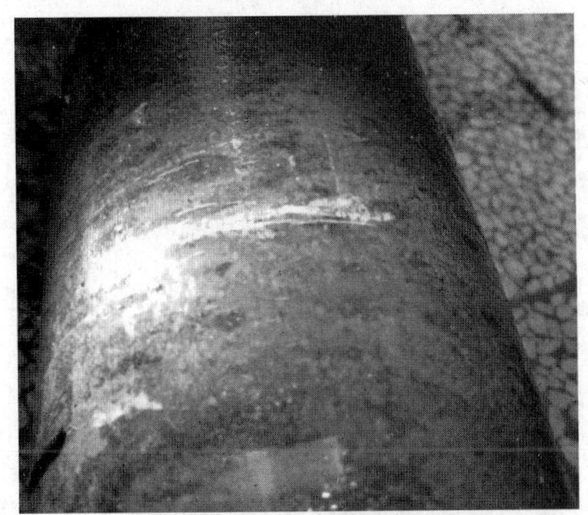

图 8–5–1　钻杆外表面发现的微裂纹

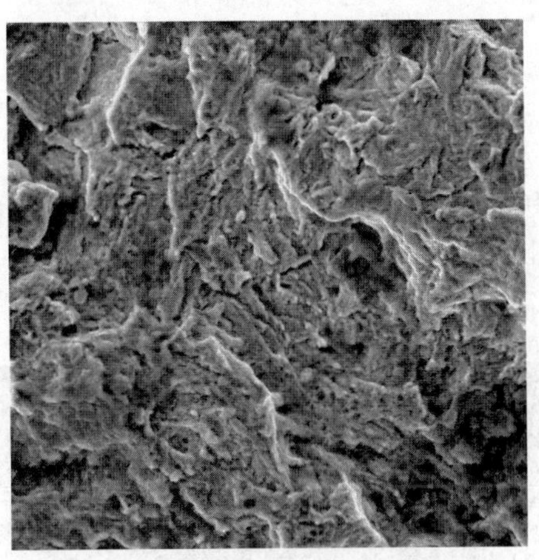

图 8–5–2　裂纹面微观疲劳条纹

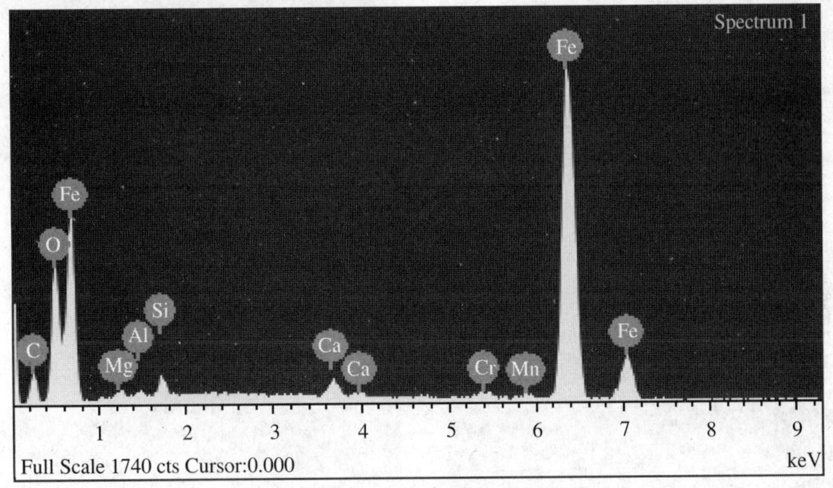

图 8–5–3　裂纹表面能谱分析图

对失效钻杆进行金相显微组织和裂纹微观分析结果表明，钻杆组织无异常，是回火索氏体组织，在钻杆外表面，存在大量起源于腐蚀坑底的微裂纹，裂纹两侧组织与基本组织相同（图 8–5–4）。

失效钻杆的化学成分、金相组织及力学性能都符合标准。磁粉探伤时，在刺漏裂纹附近发现了多条横向微裂纹。显微组织分析时观察到这些裂纹起源于钻杆外表面腐蚀坑底，且裂纹两侧组织与基体组织相同。在对裂纹扩展面进行微观形貌分析时，在裂纹扩展面上发现了疲劳辉纹，同时发现有较多的氧元素。综合这些分析结果，可以判定，钻杆的失效形式是疲劳失效，裂纹起源于腐蚀坑底。

从失效钻杆的使用工况来看，根据现场调研资料，失效钻杆位于钻杆第一柱下单根，经计算，正好处于整个钻柱的“中性点”区域，也正好是整个钻柱结构上的一个刚度突变点，钻杆管体承受着钻压变化导致的拉压交变载荷和上部钻杆柱弯曲产生的弯曲载荷，在这些载荷的综合作用下，管体上存在应力集中的外表面腐蚀坑很快产生疲劳裂纹，并迅速扩展，导致第一柱下单根的钻杆管体频频发生疲劳失效。在钻柱组合设计中，应尽可能地使整个钻柱的“中性点”落在钻铤上，恶劣的受力载荷是导致钻杆失效的因素。

2. 应力腐蚀开裂案例

某油田在钻探过程中，发生了钻杆内螺纹接头纵向开裂，导致钻杆接头脱扣落井，如图 8-5-5 所示。在内螺纹接头上存在多条沿轴向扩展的纵向裂纹，最长裂纹扩展长度近 200mm。钻杆接头的裂纹起源于密封台肩端面的外表面，裂纹源及扩展区平齐，无宏观塑性变形，颜色较暗，整个断口上有较多的腐蚀产物，具有明显的硫化氢应力腐蚀开裂特征。

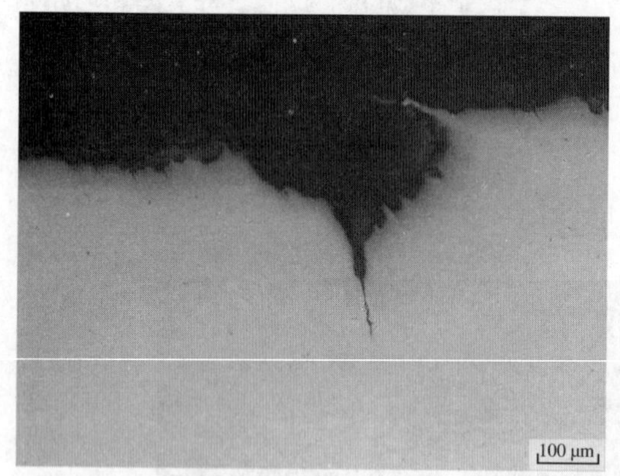

图 8-5-4　钻杆外壁起源于腐蚀坑底的裂纹

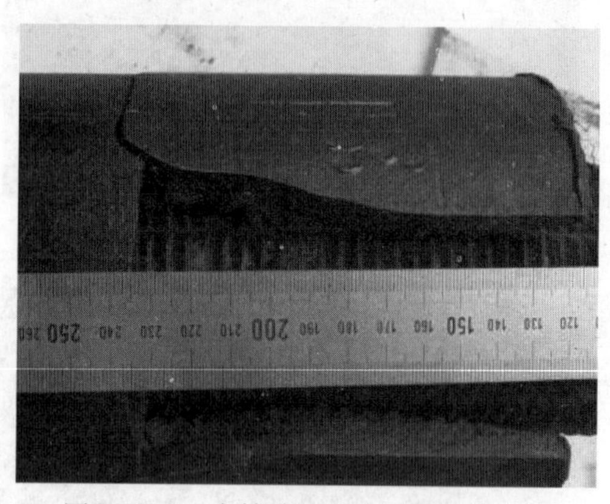

图 8-5-5　失效钻杆接头纵向裂纹形貌

通过扫描电子显微镜对断面进行观察和分析，可以看到裂纹面明显发黑，表面有腐蚀产物覆盖，如图 8-5-6 所示；裂纹面上有较多二次裂纹，二次裂纹呈典型的沿晶开裂痕迹，如图 8-5-7 所示；能谱分析结果表明，断口上腐蚀产物中含有较多的硫（S）和氧（O）元素，如图 8-5-8 所示。

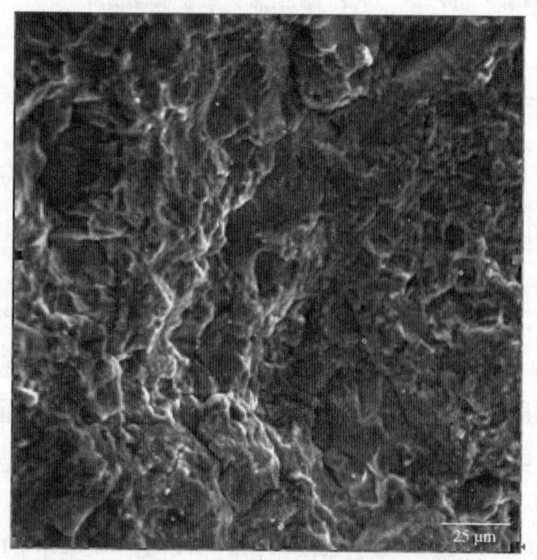

图 8-5-6　断面上的腐蚀形貌

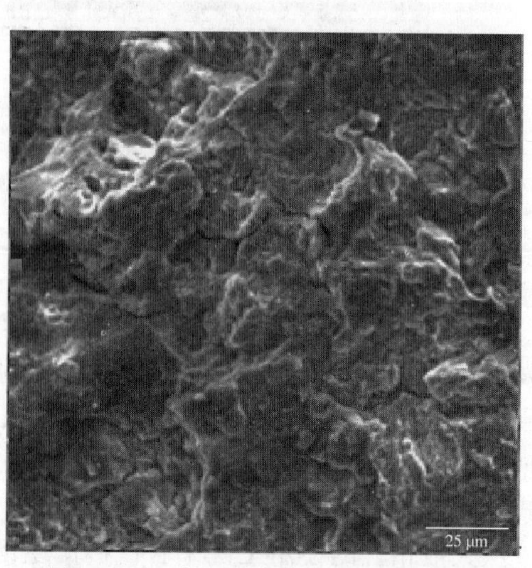

图 8-5-7　断面上的沿晶二次裂纹形貌

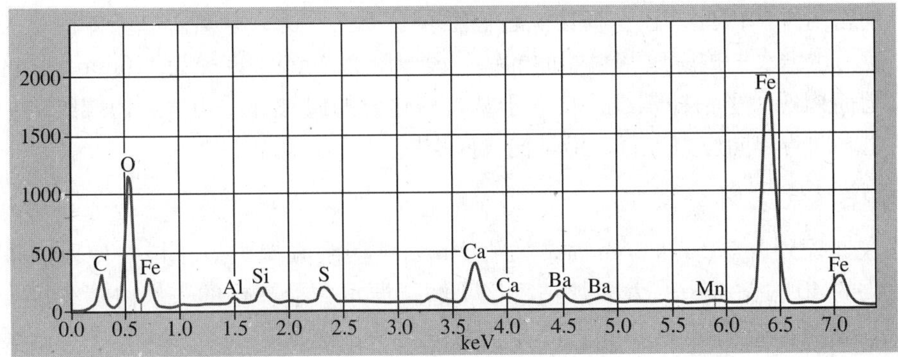

元素	C	Si	S	O	Ca	Al	Mn	Fe
百分含量，%	9.59	1.25	1.26	19.06	3.91	0.54	0.74	58.73

图 8-5-8　断口表面腐蚀产物能谱图及腐蚀产物元素的百分含量

金相分析结果表明裂纹由外壁起源，向内壁扩展，裂纹两侧的组织与基本组织相同，无异常（图 8-5-9 和图 8-5-10）。

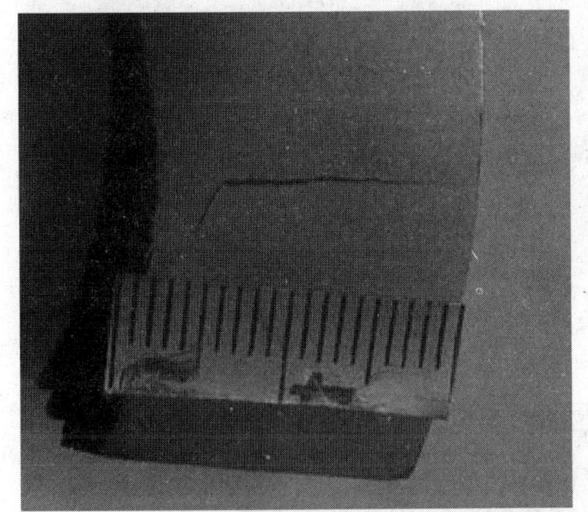

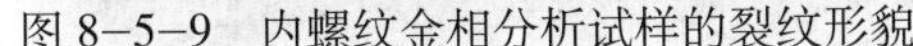

图 8-5-9　内螺纹金相分析试样的裂纹形貌

图 8-5-10　内螺纹试样裂纹局部晶粒及组织

对失效钻杆接头材料的力学性能和化学成分检测结果符合标准要求。

综合分析认为，失效钻杆接头材料是中碳锰钢，在含 H_2S 的钻井液环境中时能发生硫化物应力腐蚀开裂失效，H_2S 含量越高，发生硫化物应力腐蚀开裂失效的机率也越大。失效钻杆接头的断口和裂纹扩展形貌在宏观上表现出明显的硫化氢应力腐蚀特征，通过对断口的能谱检测分析，确认了断口上的腐蚀产物中含有较多的硫（S）和氧（O）元素，在对断口进行微观分析时，发现断口上存在明显的沿晶二次裂纹形貌。此外，根据该井在钻探中的资料显示，该井是一口富含硫化氢的高压气井，硫化氢的百分含量达到了 125.53g/m^3。钻杆接头是在悬挂于井中数日后，在静止自重状态下发生的突然断裂，断口处的钻杆承受拉应力载荷。理论和实验证明，金属材料或构件发生应力腐蚀开裂必须同时具备特定环境、足够大的拉应力及特定的组织成分这三项条件。失效钻杆接头断裂时的环境和工况符合产生应力腐蚀开裂的条件，断口特征也符合应力腐蚀开裂特征，可以判定：钻杆接头发生的断裂失效为硫化氢应力腐蚀开裂引起的断裂。

钻杆接头是通过施加上扣扭矩在内外螺纹接头的密封台肩面形成接触压力来保证螺纹

连接部分的密封性。因此，在钻杆接头台肩上存在周向应力，随着上扣扭矩的增大，台肩上的周围应力也增大。内螺纹密封端面的镗孔段厚度为9mm，直径为120mm，该区域可看作是薄壁圆筒构件，当钻杆螺纹连接处于富含硫化氢的腐蚀介质中时，内螺纹接头应力腐蚀裂纹萌生方向与周向应力垂直，沿轴向方向扩展。

3. 摩擦裂纹案例

某井在钻探到井深5174.16m时，发生5in钻杆接头频繁失效，该井使用的是全新钻杆，在回收的40根钻杆中，大多数钻杆接头磨损严重，最严重的一根内螺纹接头外径只有146mm，密封面最小宽度4mm。12根内螺纹接头上有明显的裂纹，其中有两根钻杆被刺。送检分析的钻杆内螺纹接头开裂形貌如图8-5-11所示，接头表面光滑明亮，有两条对称的穿透壁厚的纵向裂纹，经磁粉探伤检测发现接头外表面有多条裂纹，耐磨带龟裂较多（图8-5-12）。

图8-5-11　钻杆接头开裂形貌

图8-5-12　磁粉探伤发现的裂纹和龟裂纹

将裂纹打开检查，裂纹起源于外表面。断口呈黑色，覆盖着腐蚀产物，看不到断口真实形貌，这说明裂纹是逐渐形成并扩展的，受到了环境的腐蚀。对覆盖物进行能谱分析表明，覆盖物含大量的氧元素。将断口表面覆盖物进行清理后观察断口形貌，可见断面上有较多的二次裂纹，局部区域二次裂纹呈沿晶特征，如图8-5-13所示。

使用金相显微镜观察到接头外表面局部有磨损“白亮层”马氏体组织，厚度约为0.02mm，裂纹起裂于白亮层，如图8-5-14和图8-5-15所示。

试验表明失效钻杆接头材料性能符合标准要求。

该钻杆接头满足摩擦热开裂的特征：(1)钻杆接头承受了高的侧向接触力和强烈的摩擦作用；(2) 裂纹呈纵向分布，而且有多条；(3)裂纹源在接头外表面，通常靠近密封台肩处；(4) 裂口面呈脆性形貌，并覆盖腐蚀产物；(5)裂纹在外表面处与表面呈一定的角度。钻杆接头裂纹是摩擦热裂纹。钻杆与井壁或套管的强烈的摩擦作用产生的热量导致该接头外表面组织相变，形成硬脆的马氏体组织，导致接头开裂失效。在接头表面堆焊耐磨带是预防接头摩擦热裂的最有效方法，同时选用合适耐磨带也是减少套管磨损的最可靠方法。

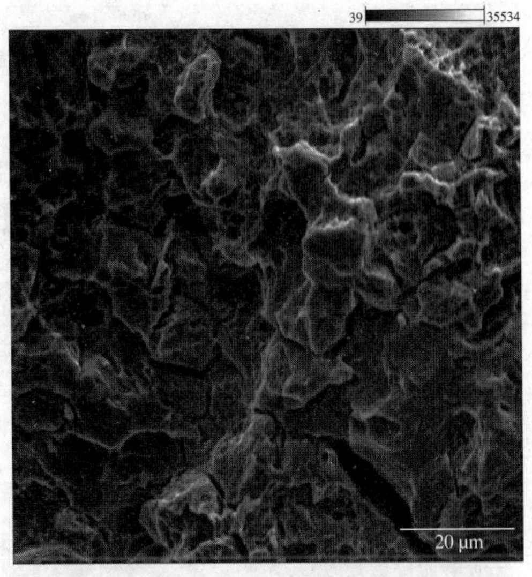

图 8-5-13　断口微观形貌

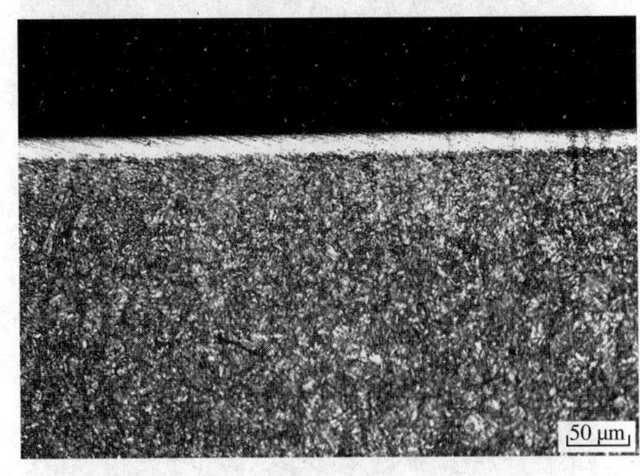

图 8-5-14　外表面局部“白亮层”组织

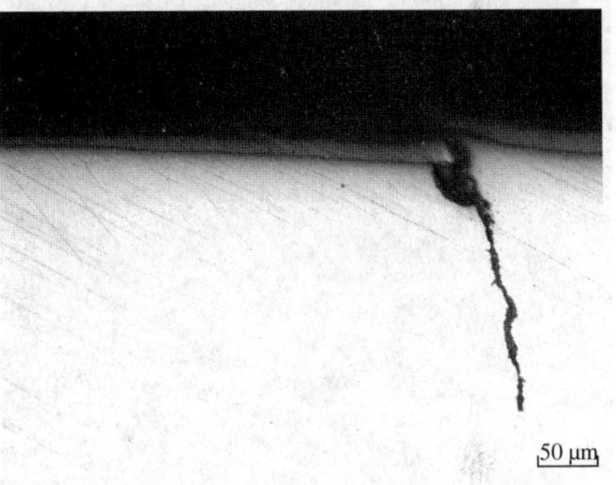

图 8-5-15　外表面裂纹

图 8-5-16　变扣接头的断口形貌

4. 质量缺陷案例

某井在中途测试过程中发生了一起钻具变扣接头（320×NC35 公）外螺纹断裂失效，该接头在第一螺纹处整齐断开，断口形貌如图 8-5-16 所示。

经检测，该接头的化学成分、拉伸性能和硬度符合标准规定，但冲击功远低于标准的规定，平均值只有 12J。材料的金相分析结果表明，材料组织为回火索代体与上贝氏，组织呈条带状分布，如图 8-5-17 和图 8-5-18 所示。

对接头断口和冲击断口用电子显微镜进行观察，可见接头断口平坦，断面较为粗糙，有明显的“人”字纹，高倍下观察断口，可见较多的二次裂纹，且有沿晶特征，如图 8-5-19 所示；冲击断口的显微形貌为解理，局部区域有沿晶的二次裂纹，如图 8-5-20 所示。

图 8-5-17 基体组织

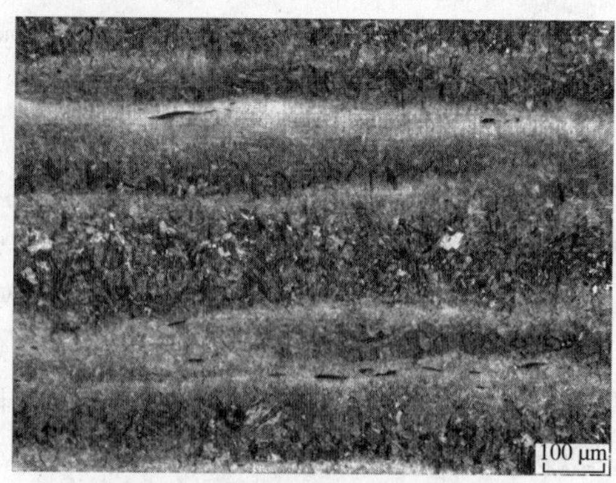

图 8-5-18 条带状组织形貌

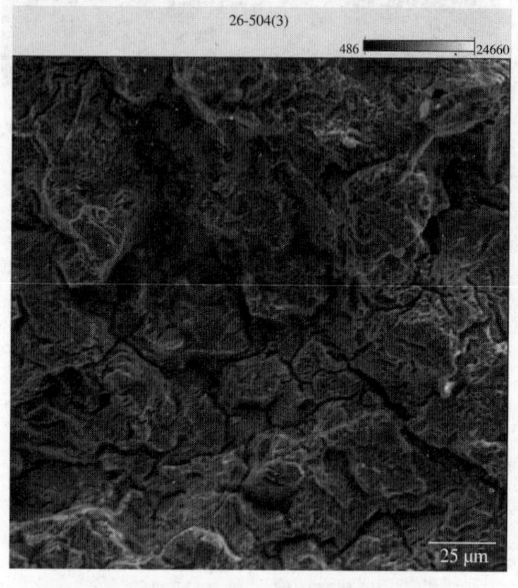

图 8-5-19 接头断口显微形貌

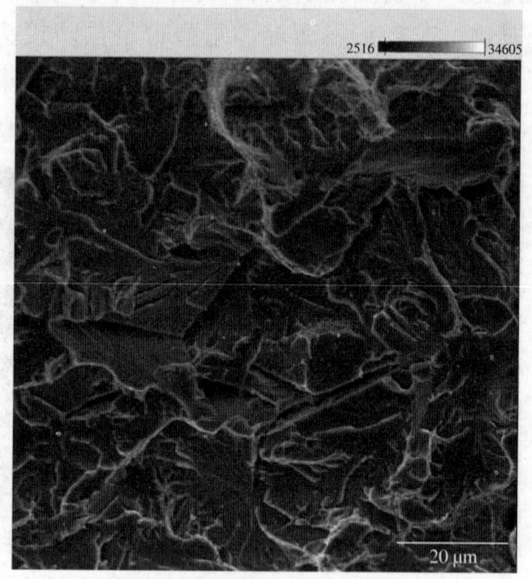

图 8-5-20 冲击断口显微形貌

分析认为：试样断口平坦，断面较为粗糙，且有明显的“人”字纹，材料冲击韧性远低于标准值，断定该变扣接头的断裂属于脆性断裂。

由断裂力学可知，材料性质（断裂韧性）、设计（工作）应力及临界裂纹尺寸三者相互制约决定了构件的断裂条件。假定设计应力一定时，若构件材料的韧性很低，即使构件带有很小的裂纹，裂纹也会发生失稳扩展，导致构件发生脆性断裂。该变扣接头脆性断裂正是由于其材料断裂韧性过低引起。